처음 엄마가 된
당신을 응원합니다

드림

중앙books

Contents

임신

기다리던 아기가 찾아왔어요

출산

드디어 엄마, 아빠를 만났어요

육아

누구나 초보 엄마인 시절이 있어요

PART 3 월령별 돌보기

PART 4 육아의 기초

PART 5 아기의 첫 파티

PART 6 영양 만점 이유식

PART 7 아기 병 예방과 돌보기

BOOK in BOOK

1 280일간의 태교 여행

2 0~3세 오감 자극 놀이

3 두뇌발달 교육

우리 아이 잘 자라고 있나요?

이 책에 도움을 주신 분들

어른 모델 권지혜 김아름 양수미 장선영
아이 모델 강소이 김나은 김다은 노아윤 맹연후 문정원 문지원 박이준 배지오 배건욱 성시윤 송용욱 오승현 이시아 이시안 이시은 이우림 이예건 전유하 최민기 최현채
의상 스타일링 김지연
헤어 메이크업 진민경

지난 14년간 선배 엄마들의 꾸준한 사랑을 받아온
내 생애 첫 임신 출산 육아책이
새롭게 바뀌었습니다!

소중한 생명을 잉태해서 건강하게 키워 낳는 일,
그 과정은 같지만 시대에 따라 방법은 변합니다.

친정엄마처럼 살갑고
전문가처럼 꼼꼼히 알려줄
한 권의 책이 여기 있습니다.

축복 같은 시간 동안 곁에 두고 필요할 때마다 펼쳐보세요.

이 책의 감수를 맡아주신 분들

임신 **김수현**(강남차병원 산부인과 교수)

김수현 교수는 차 의과학대학교 의학과를 졸업하고 서울아산병원 인턴, 분당차병원 산부인과 레지던트를 거쳐 현재 강남차병원 산부인과에서 조교수로 재직 중이다. 산모의 권리를 존중하고 의료 개입을 최소화한 자연주의 출산클리닉과 거꾸로 있는 아이의 자연분만 가능성을 높이는 역아외회전술 클리닉을 운영하며 산모와 태아의 건강한 출산을 돕고 있다.

출산 **성중엽**(미래&희망 산부인과 원장)

서울대학교 의과대학을 졸업하고, 서울대학교 산부인과 전공의를 수료했으며, 서울대학교 산부인과 전임의와 원자력병원 산부인과 전임의를 거쳤다. 한림대학교 성심병원 산부인과 임상 조교수를 역임하고 서울대학교 대학원 산부인과학 박사 과정 중에 있다. 임신 관리와 분만, 부인과 종양 및 복강경 수술이 전문 분야로 건강한 출산과 산후 관리, 부인과 질환 치료에 앞장서고 있다.

육아 **심규홍**(상계백병원 소아청소년과 부교수)

서울대학교 의과대학을 졸업하고 현재 인제대학교 상계백병원 소아청소년과 부교수로 활동 중이다. 현재 대한주산의학회 사무총장이며 대한신생아협회 정보홍보위원회 간사로 활동하고 있다. 전문 진료 분야는 신생아 질환으로, 신생아 건강관리는 물론 조산아의 예방접종 등 가장 위험하고 주의해야 할 신생아 시기의 질병 예방과 치료에 힘쓰고 있다.

임신

기다리던 아기가 찾아왔어요

임신 테스트기의 결과를 기다리는 동안 가슴이 두근거립니다. 정말 임신일까? 초음파로 콩알만 한 아기집을 보니 '이제야 나도 엄마가 되는구나' 하고 실감이 납니다. 기쁨 반 설렘 반… 묘한 기분에 사로잡힙니다. 아기를 만나기 전 예비 엄마는 많은 변화를 겪습니다. 물도 제대로 삼키지 못하는 입덧으로 고통 받기도 하고 하루가 다르게 배 속에서 툭툭 발길질을 하며 존재감을 발휘하는 아기 덕분에 행복해하기도 하지요. 임신은 경이로운 경험입니다. 그만큼 저마다 증상도 다양합니다. 소중한 아기와 함께 만들 첫 번째 추억, 임신 기간을 건강하고 즐겁게 보내세요.

MOTHERLY CHART ❶

한눈에 보는 임신 개월별 모습

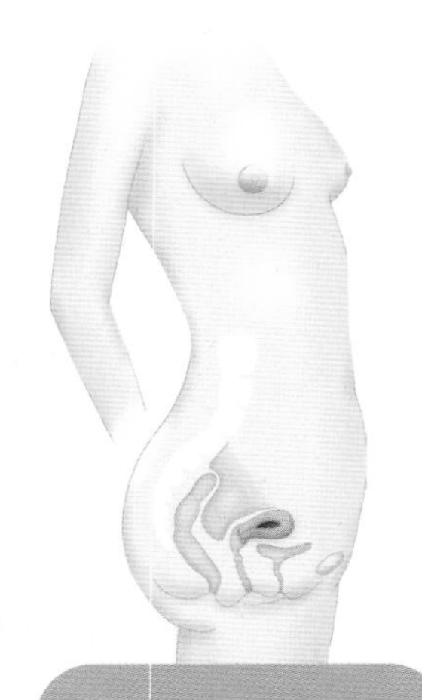

임신 1개월(1~4주)

태아의 키와 체중

약 1㎝(아기집만 보인다)

자궁의 크기

주먹만 한 크기

엄마의 증상

- 한기가 느껴지거나 변비가 생긴다.
- 몸이 나른하면서 잠이 쏟아진다.
- 감기가 든 것처럼 미열이 있다.

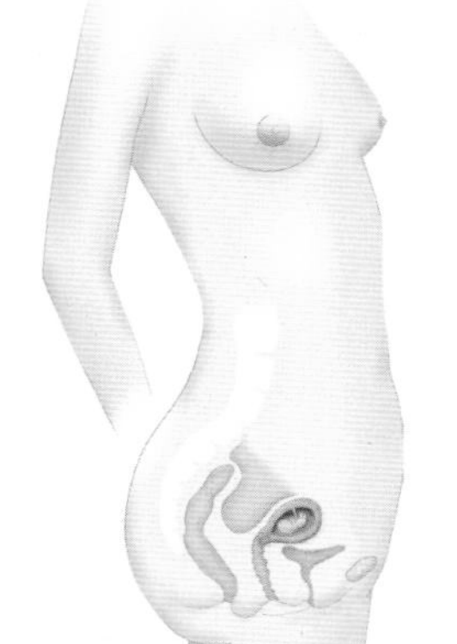

임신 2개월(5~8주)

태아의 키와 체중

약 2㎝, 약 1g(8주)

자궁의 크기

약간 큰 주먹만 한 크기

엄마의 증상

- 기초 체온이 계속 높게 유지되고 생리가 멎는다.
- 유방이 부풀고, 유두가 검어지면서 약간 딱딱해진다. 유방에 핏줄이 확실하게 나타난다.
- 구토가 나고 음식 냄새가 역겨워진다.
- 쉽게 피로해지고 소변이 자주 마려운 등 임신과 관련된 증세를 조금씩 경험하기 시작한다.
- 유백색의 질 분비물이 많아진다.
- 피부가 건조해지고 가렵다.

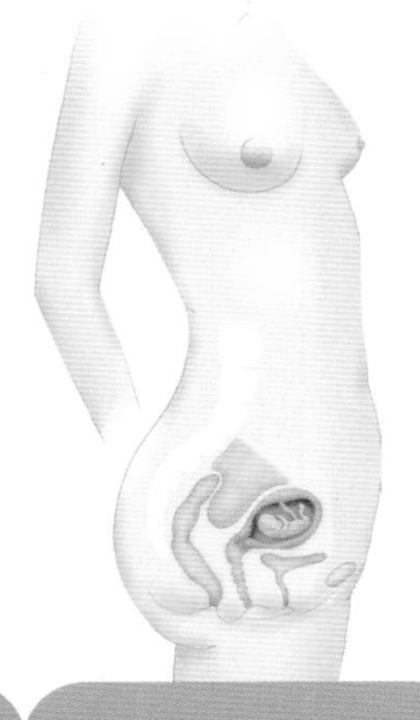

임신 3개월(9~12주)

태아의 키와 체중

약 4~6㎝, 약 20g

자궁의 크기

아랫배에서 만져질 만한 크기

엄마의 증상

- 아랫배가 콕콕 쑤시거나 땅긴다.
- 자궁원형인대가 늘어나 날카로운 통증이 생기기도 한다.
- 다리가 저리면서 땅기기도 한다.
- 두통이 자주 생긴다.
- 소변이 자주 마렵고 변비가 생긴다.
- 기미 등 색소성 피부 트러블이 생기기 시작한다.
- 소변보는 횟수가 잦아지고 변비나 설사가 일어나기 쉽다.
- 유방이 눈에 띄게 커진다.
- 입덧이 지속된다.

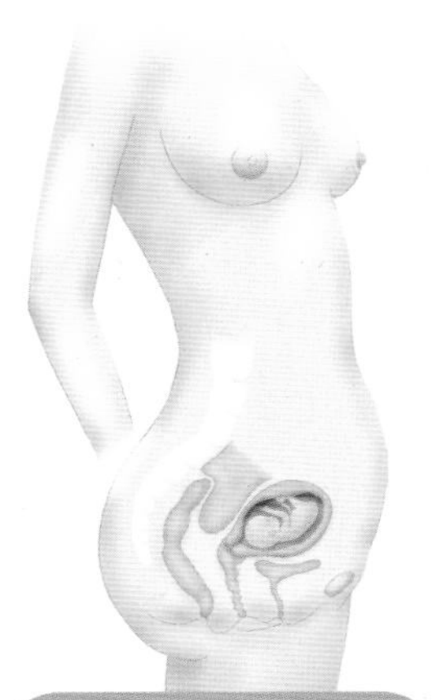

임신 4개월(13~16주)

태아의 키와 체중

약 10~12㎝, 약 70~120g

자궁의 크기

아기 머리만 한 크기

엄마의 증상

- 손발이 항상 따뜻하며, 몸도 따뜻해져 임신 전보다 더워진다.
- 기초 체온은 고온기에서 저온기로 이동한다.
- 젖꼭지 주변 유륜의 색이 서서히 짙어지고 넓어진다.
- 신트림이 오르거나 속이 쓰리기도 한다.
- 분비물과 땀이 많아진다.
- 몸과 마음이 안정되면서 심리적인 불안함이 사라진다.

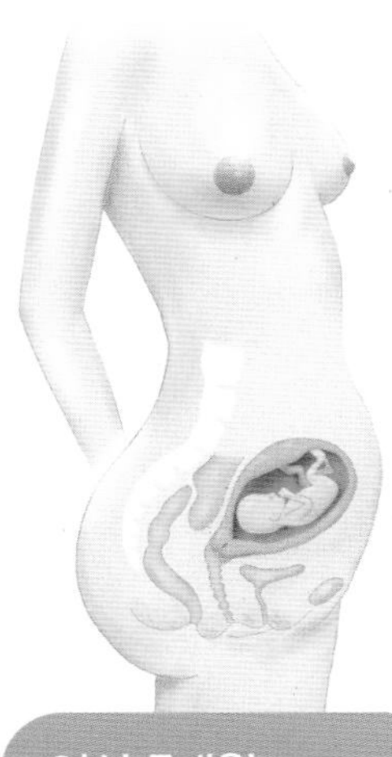

임신 5개월(17~20주)

태아의 키와 체중

약 15~20㎝, 약 300g

자궁의 크기

어른 머리만 한 크기

엄마의 증상

- 입덧이 줄어들고 식욕이 생긴다.
- 첫 태동을 느낀다. 꼬르륵거리거나 물방울이 터지는 것 같다.
- 배가 불러오면서 요통을 느낄 수 있다.
- 유두에서 분비물이 나오기 시작한다.
- 본격적으로 체중이 늘기 시작한다.
- 배, 가슴, 엉덩이 부위에 튼살이 생기기 시작한다.

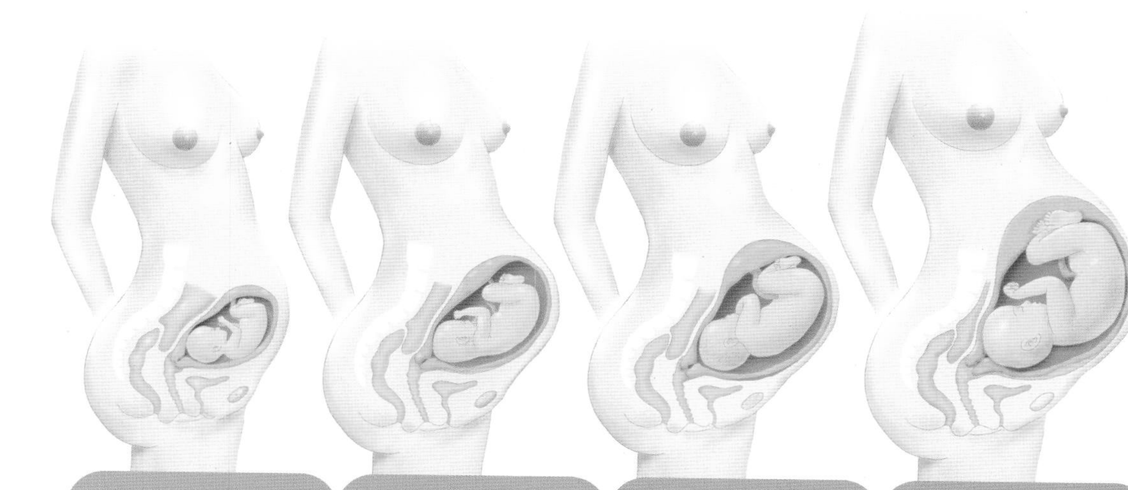

임신 6개월(21~24주)

태아의 키와 체중

약 25~30㎝,
약 500~600g

자궁저 높이

약 20~24㎝

- 배가 불러 한눈에 임신부임을 알게 된다.
- 허리 결림과 요통이 나타난다.
- 체중이 매주 500~600g 정도 늘어 다리가 저리고 붓는다.
- 배를 만져보면 태아의 위치를 알 수 있다.
- 태동이 강해지지만 산모만 느낄 수 있다.
- 출산에 대한 두려움, 몸의 변화 등으로 우울함을 느끼기도 한다.
- 허벅지, 종아리 등에 정맥류가 생기기 쉽다.
- 배꼽이 튀어나온다.

임신 7개월(25~28주)

태아의 키와 체중

약 35~38㎝, 약 1㎏

자궁저 높이

약 24~28㎝

- 배에 보라색의 가느다란 임신선이 생긴다. 가슴도 커지고 젖꼭지 주변으로 작은 융기가 돋아난다.
- 자궁이 배꼽과 가슴 중간 정도에 위치하게 되어 위를 압박해 소화가 잘 안 된다.
- 하복부와 다리 쪽에 정맥류가 선명해진다.
- 반듯하게 누우면 숙면을 취하기 어렵다.
- 출산에 대한 불안감이 엄습한다.
- 변비와 치질이 심해진다.

임신 8개월(29~32주)

태아의 키와 체중

약 40~43㎝, 약 1.5~1.8㎏

자궁저 높이

약 25~30㎝

- 몸이 둔해졌음을 실감하게 된다.
- 태동이 가장 활발한 시기로, 아기의 발차기가 실제 자궁 수축과 구분이 어려울 정도다.
- 갈비뼈에 통증이 느껴진다.
- 외음부와 유두의 색이 짙어진다.
- 무리하면 배가 땅기는 등 위험 증세가 나타난다.
- 급속히 커지는 자궁의 무게와 균형을 맞추기 위해 등뼈가 뒤쪽 방향으로 굽어 등과 허리에 통증이 생기기 쉽다.
- 허리나 등 부분의 통증이 자주 일어나고 쉽게 피로를 느낀다.
- 땀띠 등 피부염이 생기고 손발은 물론 다리, 얼굴이 붓기도 한다.
- 간혹 불규칙하게 자궁이 공처럼 뭉친다.

임신 9개월(33~36주)

태아의 키와 체중

약 45~46㎝, 약 2.3~2.6㎏

자궁저 높이

약 28~32㎝

- 밤에 자다 다리에 쥐가 나기 쉽다.
- 불규칙한 자궁 수축으로 배 땅김을 느낀다.
- 변비가 심해지기도 하고 치질과 하지정맥류가 악화되기도 한다.
- 갑자기 의욕이 생겼다가도 쉽게 피로를 느낀다.
- 배가 가렵다.
- 불면증이 심해진다.
- 발목과 발이 더 많이 붓고 손과 얼굴도 붓는다.
- 임신선이 눈에 띄게 진해진다.

임신 10개월(37~40주)

태아의 키와 체중

약 50㎝, 약 3.0~3.4㎏

자궁저 높이

약 32~34㎝

- 젖꼭지에서 노르스름한 초유가 분비된다.
- 자궁이 밑으로 미끄러져 내려오면서 방광을 압박해 기침을 하거나 크게 웃으면 오줌을 지릴 수 있다.
- 점차 자궁이 골반 쪽으로 내려오면서 숨쉬기가 편해진 듯한 느낌이 들지만 아랫배는 갈수록 묵직해져 소변이 자주 마렵다.
- 언제든지 진통이 와서 출산할 수 있는 시기로 가진통이 느껴진다.
- 아랫배와 넓적다리 부분에 통증을 느낀다.
- 간혹 파수가 먼저 되기도 한다.

MOTHERLY CHART ❷

개월별 체크리스트

	건강한 임신을 위한 수칙	시기별 산전 검사
임신 1개월	☐ 건강한 태아와 행복한 임신 생활을 위해 임신 계획을 세우세요. ☐ 다음 생리 전까지 약과 X선, 전자파 등을 조심하세요. ☐ 술, 담배, 커피 등을 멀리하세요. ☐ 기형아 예방을 위해 임신부용 엽산제를 복용하세요. ☐ 사우나, 열탕 목욕을 삼가세요. ☐ 인스턴트 음식을 피하고 건강 식단을 꾸리세요.	
임신 2개월	☐ 유산에 특히 신경 써서 조심히 생활하세요. ☐ 유산 방지를 위해 비타민 E를 듬뿍 섭취하세요. ☐ 단백질, 칼슘이 풍부한 음식을 드세요. ☐ 병원은 신중하게 선택하세요. ☐ 입덧 완화를 위해 비타민 B6, B12를 충분히 섭취하세요. ☐ 즐겁고 명랑한 기분을 유지하도록 노력하세요.	**소변 · 혈액 검사** 임신을 확인하기 위해 처음 하는 진단법. 소변과 혈액 속의 임신 호르몬을 확인한다. **질식 초음파 검사** 초음파 검사를 통해 태낭의 위치와 크기, 태아의 심장 박동을 확인한다.
임신 3개월	☐ 균형 있는 식단이 중요해요. ☐ 태아 성장을 위해 칼슘을 충분히 섭취하세요. ☐ 물을 하루 8잔 정도 마시세요. ☐ 몸을 차갑게 하거나 미끄러지지 않도록 주의해 유산을 방지하세요. ☐ 흰색 면 속옷을 입으세요. ☐ 커피는 하루에 1잔 이하가 적당해요. ☐ 방광염에 걸리지 않게 주의하세요.	**태아 목덜미 투명대 검사(10~12주)** 태아 목덜미 뒤에 생기는 부종인 투명대의 두께를 측정해 다운증후군 위험도를 검사. **융모막 융모 검사(10~13주)** 기형아 출산 경험이 있거나 태아 기형이 의심되는 경우 염색체 이상을 검사. **산모 혈청 태아 DNA 선별 검사(10~12주)** 산모 혈청에서 태아 DNA를 분석하여 태아 염색체 이상의 위험도를 예측.
임신 4개월	☐ 영양 섭취에 신경 쓰세요. ☐ 오래 서 있거나 갑자기 일어나지 마세요. ☐ 가벼운 스트레칭이나 운동으로 몸을 풀어주세요. ☐ 사우나 목욕은 삼가세요.	**쿼드 검사(15~20주)** 태아의 척추 기형 및 선천성 기형의 위험도를 예측. **통합 선별 검사(16~20주)** 태아 목덜미 투명대 검사 시기의 혈액 검사 결과와 쿼드 검사 시기의 결과를 모두 종합해 기형의 위험도를 예측하는 검사. 이상이 있을 때 양수 검사를 실시한다. **양수 검사(16~18주)** 기형아 출산 경험이 있거나 고령 임신부의 경우 염색체 이상을 검사.
임신 5개월	☐ 임신부용 속옷을 준비하세요. ☐ 철분제와 임신부 종합영양제를 복용하세요. ☐ 가벼운 여행을 하세요. ☐ 태동이 있을 때마다 태아와 대화를 나누세요. ☐ 오래 서 있거나 무거운 것을 들지 마세요. ☐ 칼슘과 요오드가 풍부한 음식을 먹어요.	**정밀 초음파 검사(20~24주)** 태아의 성장 발육 정도, 외형적 기형 등을 상세하게 진단.

	건강한 임신을 위한 수칙	시기별 산전 검사
임신 6개월	☐ 섬유질이 풍부한 음식을 먹어 변비와 치질을 예방하세요. ☐ 임신부 교실에 참가하세요. ☐ 튼살에 주의하세요. ☐ 미끄럼 방지가 있는 발이 편한 신발을 신으세요. ☐ 양치질에 더욱 신경 쓰세요.	
임신 7개월	☐ 염분 섭취에 주의하세요. ☐ 저칼로리 식사를 하세요. ☐ 3일 간격으로 체중 증가를 체크하세요. ☐ 출산 준비를 시작하세요. ☐ 임신중독증을 조심하세요. ☐ 왼쪽으로 누워서 쉬세요.	**임신성 당뇨 검사(24~28주)** 거대아 및 양수 과다증 등의 원인이 되는 당뇨를 체크하는 검사.
임신 8개월	☐ 출산 시 호흡법을 연습해두세요. ☐ 조산으로 인한 통증에 대해 알아두세요. ☐ 임신중독증 예방에 좋은 물과 콩을 충분히 드세요. ☐ 배를 자극하거나 부딪치지 않도록 주의하세요. ☐ 출산용품을 준비하세요. ☐ 아연, 칼륨 섭취를 늘리세요.	**3D 입체 초음파 검사** 필수 검사는 아니지만 태아의 얼굴 등을 관찰하기 위한 검사.
임신 9개월	☐ 부드러운 음식을 조금씩 나눠 먹어요. ☐ 적당한 걷기 운동으로 체력을 단련하세요. ☐ 배가 뭉치면 바로 누워 휴식하세요. ☐ 이상 신호와 분만 증세를 구분하세요. ☐ 일주일에 한 번씩 병원 검진을 받으세요. ☐ 입원을 위한 준비물을 챙기세요. ☐ 출산 시 남편이 할 일을 체크하세요. ☐ 외출 시에는 산모수첩과 건강보험증을 챙기세요.	**막달 검사(34~38주)** 혈액 · 소변 · 흉부 X선 · 심전도 등의 검사를 통해 분만 전 임신부의 건강 상태를 점검한다. **태아 안녕 검사(34주 이후)** 태동 검사 또는 NST 비수축 검사. 임신부 배 위에 감시 장치를 대고 태아의 심장 박동과 임신부의 자궁 수축 여부를 확인한다.
임신 10개월	☐ 피로하지 않을 만큼 몸을 움직이세요. ☐ 남편도 분만에 참여할지 결정하세요. ☐ 몸을 청결하게 하세요. ☐ 순산 체조나 걷기 운동을 하세요. ☐ 힘을 길러주는 음식을 먹어요. ☐ 순산을 위한 복식호흡을 연습하세요.	

싣는 순서

PART 1

임신 기초 상식

초보 임신부는 하루하루가 궁금한 것 투성이다. “이건 먹어도 될까?”, 조금만 피곤해도 “너무 무리한 것 아닐까?” 등 모든 것이 불안하고 걱정되어 인터넷 검색창만 두드린다. 임신은 질병이 아니다. 몸 상태를 살피며 마음 편하게 아기와 시간을 보내는 것이 무엇보다 중요하다. 하지만 소중한 생명을 잉태한 만큼 기본적으로 알고 지켜야 할 원칙과 지침들이 있기 마련이다. 임신을 확인하는 법부터 산부인과 선택까지 초기에 알아야 할 기초 상식에 대해 알아본다.

01

임신의 과정

난자와 정자가 만나 수정란이 되고 이 수정란이 분열해 태아가 된다. 수없이 많은 시도 끝에 신비로운 잉태가 이루어져 드디어 소중한 생명이 엄마 배 속에서 자라는 과정이 바로 '임신'이다.

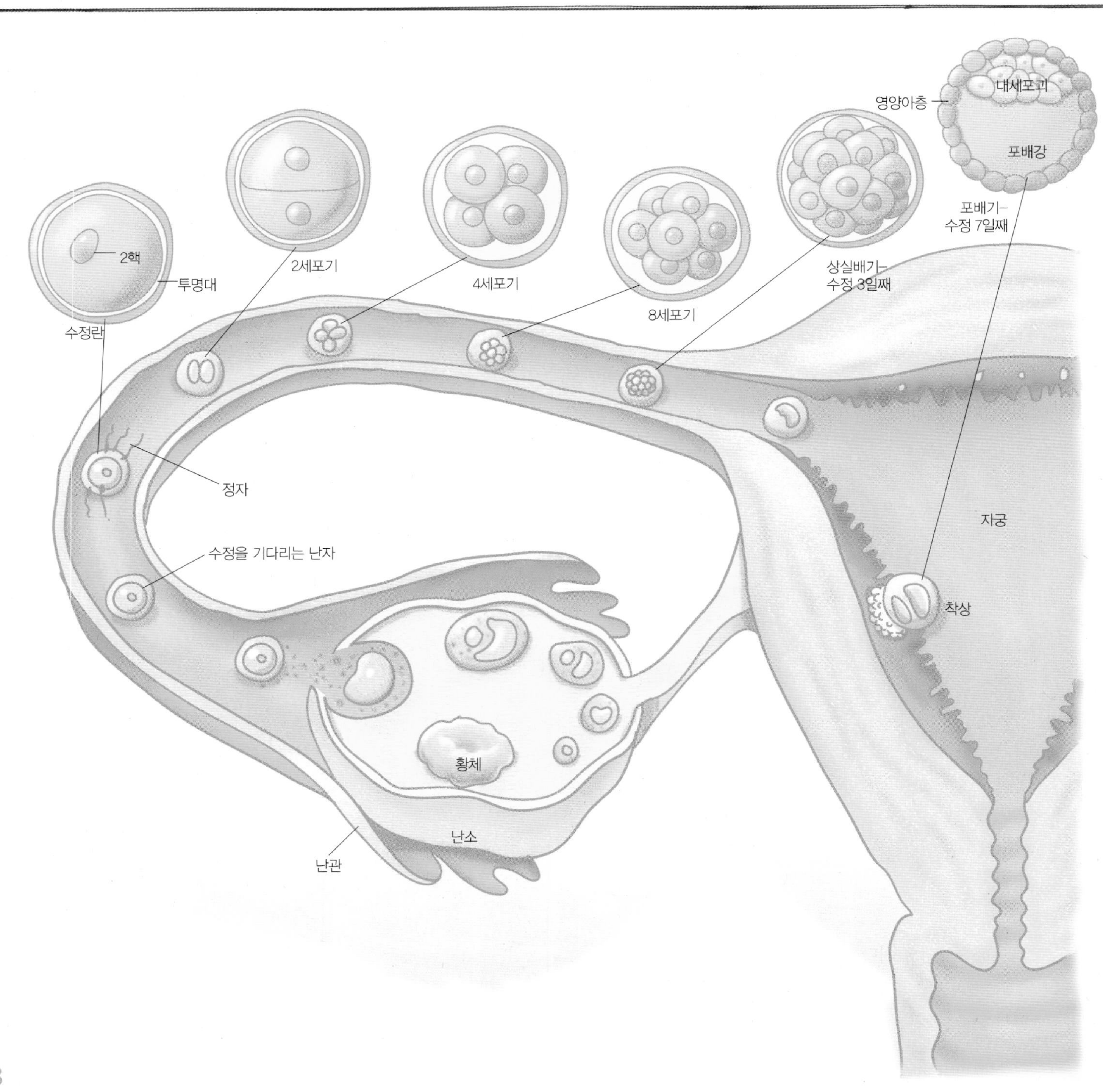

여성의 질은 산성인 반면 남성의 정자는 알칼리성이기 때문에 튼튼하지 않은 정자는 자궁에 도착하기도 전에 질 속에서 죽는다. 생존력과 운동력이 강한 정자만이 살아남아서 자궁 입구에 도착하는데 아직 안심하기엔 이르다. 자궁경관에서 분비되는 점액이 세균을 막는 검문소 역할을 해 뚫고 나가는 것이 만만치 않기 때문이다. 이를 뚫고 나간 정자는 자궁을 통과하여 올라가서 소량의 점액이 흐르는 나팔관의 아래쪽을 연어처럼 팽대부까지 거슬러 올라가야 한다. 드디어 험난한 길을 거쳐 나팔관에 도착한 정자는 수정할 난자를 만난다. 가임기 여성의 몸에서 배란되는 난자는 평생 400개 정도밖에 되지 않는다. 드디어 만난 난자와 정자가 안전하게 자궁에 착상되어 임신이 이뤄진다.

임신이 이뤄지는 과정

배란

난소에서 난자가 배출되는 것을 배란이라 한다. 난소 안에는 작은 난포세포(난포를 키울 수 있는 어미세포)가 무수히 많고, 하나의 난포 안에서 1개의 난자를 키울 수 있다. 매달 보통 15~20개의 난포만이 난자를 키우고, 그중 하나만이 선택되어 난자를 숙성시켜서 배출하게 되는데 이것이 바로 배란이다. 배출된 난자는 난소 밖으로 나와 나팔관을 거쳐 자궁 쪽으로 흘러가고 도중에 정자와 만나 수정된다. 보통 난자는 배란 후 24시간 동안 정자와 수정할 수 있다. 배란기가 되면 점액량이 많아지고 체온이 높아진다. 이때 아랫배가 불편한 배란통 증세가 나타나는데, 사람에 따라 정도가 다르다.

수정

난소에서 나온 난자는 정자처럼 스스로 움직일 수 없어 난관에서 분비되는 점액을 따라 자궁 쪽으로 흘러가다 제일 먼저 달려오는 건강한 정자를 만난다. 정자의 머리 부분에서는 히알루로니다아제라는 효소가 분비되는데, 이 효소는 난자를 감싸고 있는 표면을 녹이는 역할을 한다. 막의 한 부분이 뚫리면 정자의 머리부터 난자 속으로 빨려 들어간다. 더 이상 헤엄칠 일이 없어진 꼬리는 그 순간 떨어져 나가고 난자 속으로 들어간 정자의 핵은 난자의 핵 옆에서 잠시 쉬다가 몇 시간 뒤 합쳐진다. 정자가 난자를 만나기까지 걸리는 시간은 4~6시간 정도. 이렇게 만들어진 수정란은 지속적으로 분할하며 착상하기 위해 나팔관을 통해 서서히 자

난자와 정자 이야기

난자

난자는 정자와 달리 동그란 모양을 하고 있다. 크기는 정자의 약 10배로 0.1㎜ 정도. 난자가 이렇게 큰 이유는 핵 외에도 영양물질인 세포질을 가지고 있기 때문이다. 이 세포질의 일부는 수정 후 분열하여 개체 발생에 필요한 에너지 공급원이 되고, 일부는 개체를 구성하는 물질이 된다. 난자는 양쪽 난소에서 한 달에 1개씩 번갈아가면서 나오고 평균 수명은 약 24시간이다.

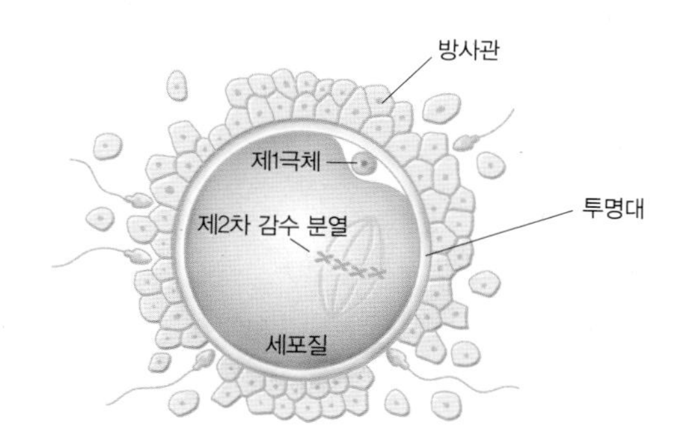

정자

고환에서 만들어지는 정자는 한 번에 2억 마리 이상 배출되며 부고환으로 옮겨가 성숙 단계를 거친다. 그런 뒤 정낭에 보관되었다가 사정할 때 여성의 자궁 속으로 들어간다. 정자는 머리와 몸통, 꼬리로 이루어져 있다. 사정으로 나온 2억 개의 정자 중 약 15%는 기형적인 정자다. 하지만 이 정자들은 임신할 능력이 없고, 난자를 만나러 가는 도중 도태되기 때문에 기형아의 원인이 되지는 않는다.

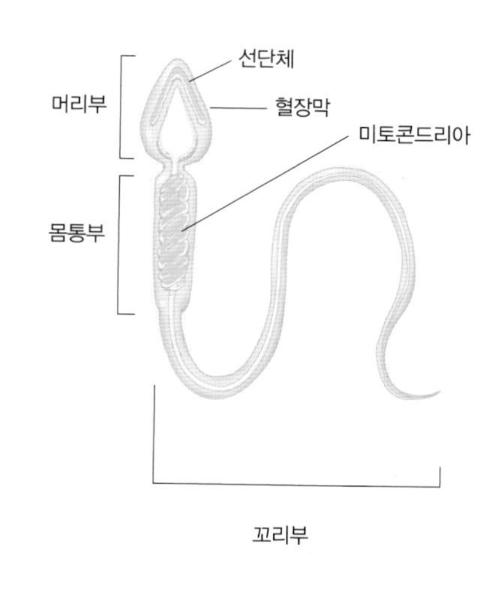

궁으로 이동한다. 한 번 사정할 때 방출되는 정자의 수는 수천만~2억 개 정도로 개인차가 크다. 이 가운데 자궁을 거쳐 난관(나팔관)에 도달하는 정자는 100개 미만이며, 이 중 제일 먼저 도착한 단 한 개만이 난포에서 발육한 난자와 결합하여 수정란이 된다. 그럼 쌍둥이는 어떻게 된 것일까? 1개의 수정란이 2개의 태아로 분열하면 일란성 쌍둥이고, 난자가 2개 배란되어 각각 1개의 정자와 수정해 수정란이 2개 생기면 이란성 쌍둥이가 된다.

난할

난자와 정자가 결합하여 수정이 되면 2세포기가 되고 이후 세포 분열을 거쳐 세포수가 늘어나게 된다. 이 과정을 난할이라고 하는데 그동안 세포는 자라지 않고 세포 분열만 일어나 크기가 점점 작아진다. 수정란이 2세포가 되는 데 12시간이 걸리고 수정 후 3일이면 8세포기, 4일이면 16~64개의 세포가 되는 상실배기를 거쳐 5일째 포배기로 발달하면서 자궁 내로 들어와서 수정 후 약 6~7일째 착상이 된다.

착상

수정란의 분할을 거쳐 배반포 단계의 배아가 자궁으로 들어가 자궁벽(자궁내막) 표면에 부착하는 것을 착상이라고 한다. 수정란이 도착하면 자궁벽은 호르몬의 변화로 혈관이 두꺼워지면서 착상에 필요한 준비를 갖춘다. 자궁내막에 도착하면 약 2~3일 후부터 수정란이 내막의 표면을 녹이고 그곳에 진입해서 서서히 파묻는 착상이 된다. 이때부터 착상한 태아는 모체로부터 산소와 영양분을 공급받고 자란다. 이 시기에 수정란의 염색체가 유전자 배열을 마치며 태어날 아기의 유전 형질이 결정된다. 이때부터 임신이 본격적으로 시작되는 것이다. 개인에 따라 배란 일주일 후 적은 양의 착상혈이 보이거나 배를 쥐어짜는 듯한 복통이 일시적으로 생길 수 있다.

배란을 알려주는 징후

점액량이 증가한다

배란이 가까워지면 자궁경부의 점액량이 많아지고 바깥쪽으로 흘러나오면서 감촉도 달라진다. 달걀흰자위처럼 점액이 투명하고 미끈하며 탄력성이 있을 때 임신할 확률이 가장 높다. 점액은 정자가 자궁을 거쳐 나팔관으로 들어가 난자에 빨리 갈 수 있도록 필요한 영양분을 제공하고 정자를 보호하는 역할을 한다.

기초 체온이 높아진다

난자가 배출되면 체온을 상승시키는 호르몬인 프로게스테론의 분비를 촉진해서 체온이 높아진다. 본인은 체온 변화를 느끼지 못하지만 기초 체온을 측정하는 체온기를 이용하면 알 수 있다. 체온이 상승하기 전 2~3일과 상승 후 2~3일인 총 6일을 가임 기간으로 본다. 일반적으로 정자는 난소에서 3~5일간 생존하므로 난자와 만날 확률이 높은 체온 상승 전 2~3일이 임신 확률이 가장 높은 시기다.

아랫배가 불편하다

아랫배가 가볍게 아프거나 뒤틀리는 듯한 통증이 느껴지는데 바로 배란 통증이다. 이런 증상은 몇 분에서 몇 시간 동안 계속될 수도 있다. 배란 통증은 보통 5명 중 1명꼴로 경험한다. 배란통을 느꼈다면 이 날짜를 기준으로 자신의 배란일을 계산하면 된다.

배란일 계산법

생리 주기법

가장 손쉽게 할 수 있는 배란일 계산법으로 배란일을 계산하려면 자신의 생리 주기를 정확하게 알고 있어야 한다. 이는 생리 주기가 규칙적인 경우에 활용할 수 있다. 배란일은 다음 생리 주기가 시작될 예정일에서 거꾸로 세어 12~16일 전이다. 배란은 4~5일 중 단 하루에만 이뤄진다. 예를 들어 생리 주기가 28일인 여성은 보통 14일째 되는 날이 배란일이다. 배란일에 맞춰 임신을 시도할 때는 배란일 앞뒤로 3일이 가임 기간이고 2~3일 간격으로 부부관계를 하는 것이 효과적이다. 생리 주기가 불규칙적인 경우 기초 체온 측정법이나 배란테스터기를 사용해야 임신 확률이 높다.

기초 체온 측정법

배란 이후에는 프로게스테론의 작용에 의해 체온이 0.5~1℃ 오른다. 매일 아침 잠에서 깨 바로 체온을 체크한다. 36.7℃를 기준점으로 하여 매일 측정한 체온을 기록한다. 최소 4개월 이상 체온을 기록해야 스스로의 배란일을 알 수 있다. 보통 체온은 배란되는 날이나 배란되기 하루 전 가장 낮게 측정된다. 체온이 상승하기 직전부터 7일 후까지 임신이 잘 되는 기간으로 그 기간 동안 부부관계를 격일로 한다.

배란 진단 시약

시중에 판매하는 배란 진단 시약으로 배란일을 체크할 수 있다. 오후 소변을 시약으로 테스트하여 양성이면 다음 날 정도에 배란이 된다는 의미이므로 부부관계를 하면 된다.

자궁

자궁은 골반강 한가운데에 있는 장기로 골반 앞쪽에는 방광이, 뒤쪽에는 직장이 위치한다. 임신 전에는 길이 약 8~9㎝, 너비 6㎝, 두께 4㎝ 정도로 큰 달걀만 한 크기이고 무게는 70g 정도 되지만 만삭 때는 약 110g 정도까지 커진다. 수정란이 착상하면 태아가 될 부분과 태반이 될 부분이 나뉘어 형성되고, 태아와 태반이 계속 성장한다.
자궁협부라는 부분을 경계로 위쪽 ⅔를 자궁체부, 아래쪽 ⅓을 자궁경부라고 부른다. 자궁경부 한가운데에는 자궁경관의 입구인 자궁경구가 있는데 열려 있는 상태다. 임신하면 자궁경부의 각종 분비선에서 진한 점액을 분비해 세균의 침입을 막는다. 자궁체부라고 부르는 자궁의 두꺼운 벽은 거의 근육으로 이루어져 분만 시 태아를 자궁 밖으로 미는 역할을 한다. 또한 분만 후에는 자궁 근육이 강하게 수축되면서 혈관을 수축시켜 출혈을 막아준다. 분만 후 자궁 근육이 잘 수축되지 않으면 과다 출혈의 위험이 있다.

난소와 나팔관

난소는 자궁 양쪽에 1개씩 있으며 3×2×1.5㎝ 정도의 크기로 조그마한 살구 모양이다. 스테로이드 호르몬을 합성해 생리와 임신에 중요한 역할을 하며, 양쪽 난소에서 한 달에 한 번씩 번갈아가며 난자를 배란한다. 나팔관은 난관이라고도 하며 난자와 정자가 지나가는 길이다. 자궁 양쪽에 1쌍씩 있는데 난자와 정자가 수정하는 데 적절한 환경을 제공하는 한편 수정란을 자궁으로 이송하는 기능을 한다. 나팔관 각 끝부분에는 손가락 모양의 돌기가 나 있는데 이 돌기들은 난소로부터 난자를 가로채어 나팔관으로 운반하는 역할을 한다. 나팔관에 염증이 생겨 내부가 막히거나 주변과 유착하면 불임의 원인이 되기도 한다. 수정된 난자가 자궁강 내에 도착하지 못하고 나팔관의 한 부분인 팽대부에 착상해 임신이 되는 경우를 '자궁 외 임신'이라고 한다.

질

질은 대음순, 소음순, 음핵으로 이루어진 외성기에서 자궁으로 이르는 통로다. 질 점막에는 주름이 많아 출산 시 태아의 머리가 통과할 수 있을 정도로 탄력이 강하다. 질 분비액 때문에 항상 축축하며 강한 산성을 띠어 세균 감염을 막는다. 특히 임신 기간에는 산의 농도가 높아져 태아를 감염으로부터 지켜준다.

태반과 탯줄

태반은 태아와 엄마 사이에서 태아의 생존과 성장에 필요한 산소와 영양분을 공급받고 임신에 필요한 호르몬을 직접 생산해 분비시키는 구조물이다. 태아를 감싸고 있던 장막의 일부가 자궁 내벽과 합쳐져 태반을 형성한다. 태반은 수정란이 착상한 곳을 중심으로 자리 잡아 임신 13주가 되면 융모 조직이 발달하면서 완성된다. 크게 호르몬 분비와 산소 공급 및 노폐물을 내보내는 두 가지 기능을 한다.
태반에서 가장 큰 정맥은 모체로부터 영양분과 산소가 풍부한 혈액을 태아에게 공급하고, 2개의 작은 동맥은 태아의 몸에서 나온 노폐물과 탄산가스를 내보낸다.
태반은 태아가 성장하면서 함께 커지고, 융모성 성선 자극 호르몬을 비롯해 여러 가지 호르몬을 분비해 임신을 잘 유지해준다. 이 호르몬은 태아의 발육을 돕는 한편 유선을 발달시켜 모체를 출산하기 좋은 상태로 변화시킨다.
태아에게 나쁜 것은 태반이 걸러내지만 바이러스처럼 미세한 것은 태반을 통과하기 때문에 태아가 간염 등 바이러스성 질환에 감염되는 경우가 종종 있다. 모체가 복용한 약도 태반을 거쳐 태아에게 영향을 미친다. 태반을 통해 모체의 항체도 통과하는데 이 항체로 생긴 면역력은 생후 6개월까지 유지된다. 태반은 태아와 탯줄로 연결되어 있으며 탯줄은 태반에서 태아의 배꼽으로 연결되어 물질 교환의 역할을 담당한다. 성숙한 태아의 탯줄은 지름 1㎝, 길이 50㎝ 정도로 2개의 동맥과 1개의 정맥으로 이뤄진다.

양수

태아는 양막이라고 하는 얇은 막에 둘러싸여 있다. 이 양막에는 양수가 가득 차 있으며 양수는 태아를 보호하는 역할을 한다. 임신 기간 동안 태아는 양수 속에 둥둥 떠서 지낸다. 태아는 자궁 속에서 공기 대신 양수로 호흡한다. 임신 주수에 따라 양수의 양이 점점 늘어나는데 임신 초기엔 20㎖였던 것이 임신 중기에는 400㎖, 38주에는 1000㎖까지 늘어났다가 출산이 가까워질수록 양이 줄어 800㎖ 정도를 유지한다. 또한 양수에는 태아의 세포 중 일부가 섞여 있어 고위험 임신부나 고령 임신부는 양수 검사를 통해 태아의 건강 정보를 알 수 있다. 양수는 태아의 건강 척도이므로 임신 기간 동안 산전 검사를 받을 때 양수의 양을 잘 관찰해야 한다.

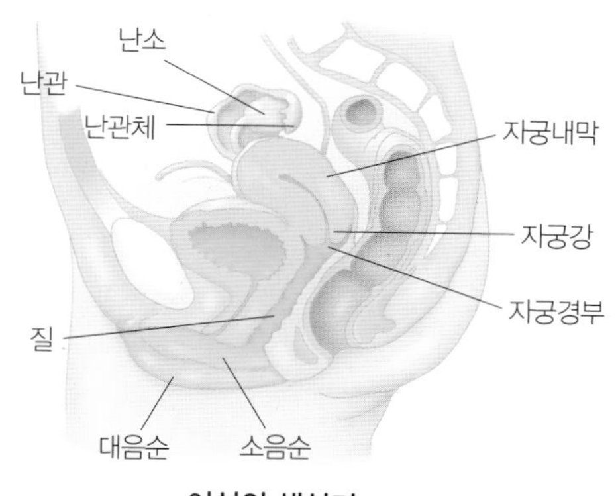

여성의 생식기

02 임신 징후와 진단법

사람에 따라 임신 징후와 나타나는 시기가 다르므로 임신이 의심될 때는 곧바로 확인한다. 임신을 하면 생리가 중단되는 것 외에도 다양한 자각 증상이 나타나므로 여러 가지 임신 징후를 미리 알아두자.

임신하면 나타나는 증상

생리가 일주일 이상 늦어진다

가장 쉽게 임신을 예감할 수 있는 증상은 생리 지연. 생리가 규칙적인 경우, 생리 날짜가 일주일에서 열흘 정도 늦어진다면 임신을 의심한다. 그러나 평소 생리가 불규칙하거나 여행, 피로, 스트레스, 호르몬 이상, 갑작스러운 체중 증가나 감소 등으로 생리가 중단 또는 지연되기도 하므로 늦어졌다고 해서 무조건 임신이라고 단정할 수는 없다. 착상 과정에서 2~3일 동안 소량의 출혈이 있을 수 있어 생리혈로 착각하기도 한다. 착상에 의한 출혈(착상혈)은 팬티에 약간 묻을 정도로 양이 적으므로 잘 체크해서 임신 여부를 확인한다.

임신 4~6주에 증상을 느낀다

예민한 임신부는 수정된 지 며칠 만에도 임신 증상을 알아차리지만 대부분은 임신 4~6주가 되어야 증상을 느낀다. 간혹 임신 3개월이 되도록 느끼지 못하는 사람도 있다. 임신 초기에는 특히 조심해야 하는데, 임신인 줄 모르고 약을 복용하거나 흡연이나 음주를 한 경우 열 달 내내 불안감에 시달린다. 따라서 임신이 의심될 때 즉각 임신 여부를 확인해야 안전하게 임신을 유지할 수 있다. 가장 빠르고 쉽게 확인할 수 있는 방법은 임신 진단 시약 테스트로, 결과가 양성으로 나오더라도 반드시 병원을 찾아 진단을 받는다.

몸이 춥고 열이 나는 감기 증상이 나타난다

임신을 하면 13~14주까지 기초 체온이 36.7~37.2℃로 높아져 미열이 느껴진다. 몸이 나른해지면서 피곤하고, 열이 나고 으슬으슬 추위를 느낀다. 이런 증상은 여성 호르몬인 프로게스테론(황체 호르몬)의 영향으로 나타나며, 이는 새 생명을 잉태한 임신부의 몸을 보호하기 위한 자연스러운 변화다. 마치 감기 증상과 같아서 임신인 줄 모르고 감기약을 복용하기 쉽다. 생리 예정일이 지난 뒤에 감기 증상이 느껴질 때는 먼저 임신 여부를 테스트한 뒤 감기약 처방을 받는 것이 안전하다.

유방이 커지면서 아프다

임신으로 인한 프로게스테론 호르몬의 작용으로 유방이 커지고 탱탱해지며 스치기만 해도 아픈 증세가 나타난다. 또 멜라닌 색소가 증가해 유두 부분이 붉은색에서 갈색으로 짙게 변한다. 하지만 몸이 호르몬 증가에 익숙해지면 통증은 가라앉는다. 유방의 변화는 주로 임신 2~3개월에 나타나기 시작한다.

입덧 증상이 나타난다

메스꺼움과 함께 가벼운 구토 증상이 나타난다. 임신하면 후각이 예민해져 평소에는 아무렇지도 않던 음식이나 화장품 냄새에 거부감을 느끼게 된다. 음식에 대한 기호도 달라져 예전에 좋아하던 음식이 갑자기 싫어지기도 한다. 위산 분비가 감소해 신 음식이 먹고 싶어지는데, 이런 입덧 증상은 대부분 임신 3~5개월이면 가라앉는다. 임신을 하면 체내 황체 호르몬이 식도와 위장에 이르는 괄약근을 이완시켜 속쓰림과 구토 또는 변비를 일으키기도 한다. 생리가 늦어지고 위장 장애 증상이 나타나면 산부인과에서 검사를 받도록 한다.

질 분비물이 늘어난다

수정란이 자궁에 착상하면 혈액순환이 활발해지고 자궁의 활동이 늘어나 분비물이 많아진다. 질 분비물인 대하는 두 가지 특징이 있다. 임신하면서 생기는 대하는 유백색으로 냄새가 나지 않는 것이 특징. 반면 염증 때문에 생기는 대하는 고름같이 누런 빛깔을 띠고 냄새가 나므로 스스로 분별할 수 있다. 만약 거무스름한 색을 띠거나 혈흔이 보이면 곧바로 병원 치료를 받는다.

자주 소변을 보고 변비가 생긴다

프로게스테론 수치가 높아지고 융모성 성선 자극 호르몬(HCG)이 분비되면서 혈액이 골반 주위로 몰려 방광에 자극을 준다. 이런 방광 자극 때문에 소변이 자주 마렵다. 빈뇨는 임신 11~15주에 나타났다가 임신 중기에 사라진다. 그러나 임신 후기에 태아의 머리가 방광을 누르면 다시 나타난다. 커진 자궁이 장을 압박해 변비도 생긴다. 변비는 임신 기간 내내 지속되며 심하면 치질로 악화되기도 하므로 임신 초기에 변비 증상이 보이면 유산균을 먹는 등 적극적으로 대처한다. 다만 관장이나 변비약 사용은 전문의의 조언을 구하는 것이 좋다.

기미 · 주근깨가 두드러진다

임신하면 멜라닌 색소가 증가하면서 기미나 주근깨가 생긴다. 원래 있던 사람은 더욱 두드러져 보인다. 또 유방, 복부, 외음부, 겨드랑이 밑 등에 색소 침착이 나타나기도 한다. 배꼽에서 치골 위까지 옅은 색의 임신선이 생기는데, 이는 임신 호르몬의 영향 때문이다. 출산하고 몇 달 지나면 사라진다.

임신을 확인하는 진단법

임신 진단 시약 테스트

약국에서 판매하는 임신 진단 시약으로 임신 여부를 집에서 가장 빠르고 손쉽게 알아볼 수 있다. 임신하면 임신 호르몬인 융모성 성선 자극 호르몬이 소변으로 배출되는데, 시약으로 이 존재 여부를 알아내는 것. 수정 후 14일 이내에도 확인이 가능하지만, 생리 예정일이 며칠 지난 후 테스트하면 보다 정확하다. 임신 호르몬이 많이 축적된 아침에 일어나 아무것도 마시지 않고 첫 소변으로 측정해야 결과가 정확하다. 너무 덥거나 오염된 곳에서 테스트하면 채취한 소변이 변질될 수 있다. 정확도는 95% 이상이지만 너무 초기인 경우 음성으로 나올 수 있고 자궁 외 임신일 수도 있으므로 반드시 병원을 방문해 확인한다. 설명서에 명시된 시간을 지키고 결과가 음성이면 최소한 일주일 후에 재검사를 한다.

소변 검사

병원에 가면 처음 하는 진단으로, 소변 속에 있는 융모성 성선 자극 호르몬을 검출해 임신을 확인하는 방법이다. 소변 검사는 수정된 지 14일만 지나도 90% 정도 확인이 가능하다.

혈액 검사

병원에서 하는 방법으로 수정란의 융모에서 다량 분비된 융모성 성선 자극 호르몬이 혈액 속으로 흡수되므로 혈액 속 융모성 성선 자극 호르몬 여부로 임신을 확인한다. 수정된 지 2주 후에 하면 임신 여부를 호르몬 수치로 정확히 알 수 있어서 소변 검사보다 결과가 정확하다.

초음파 검사

소변 검사, 혈액 검사 등으로 임신이 확인되면 초음파 검사를 한다. 막대기 모양의 초음파 탐촉자를 질에 넣어 실시하는 검사로 임신 초기에는 태아가 보이지 않으므로 초음파로 '아기집'이라고 하는 태낭을 확인한다. 초음파 검사는 혈액 검사 수치가 어느 정도 높게 체크되거나, 마지막 생리일로부터 5주가 지난 후에 실시한다. 그전에는 태낭이 보이지 않을 수도 있기 때문이다. 태낭이 자궁에 정상적으로 안착하면 정상적인 자궁 내 임신으로 진단할 수 있다.

03 고령 임신

결혼과 출산 연령이 높아지면서 자연스럽게 고령 임신이 늘고 있다. 병원에서 고령 임신 또는 고위험 임신부로 분류되어도 임신 초기부터 제대로 관리하면 건강하게 아기를 낳을 수 있다.

고령 임신이란

세계보건기구(WHO)와 국제산부인과학회는 초산 여부와 상관없이 만 35세 이상을 고령 임신부로 분류한다. 여성은 평생 동안 사용할 난자를 가지고 태어나기 때문에 임신 및 출산의 위험 요소를 점검할 때 일반적으로 엄마의 나이를 먼저 확인한다. 임신부의 나이가 많을수록 고혈압, 임신중독증, 난산, 조산 등이 발생할 위험이 높아지기 때문에 고위험 임신부로 분류되기 쉽다. 이렇듯 임신부의 나이가 많으면 여러 가지 위험 상황에 더 쉽게 노출되므로 병원에서도 여러 검사를 권하기 때문에 불안하다. 하지만 철저히 계획 임신을 하고 임신 후에는 산전 관리를 잘하면 고령 임신부도 충분히 안전하게 출산할 수 있다. 만약 만 35세 이상이거나 자궁근종, 자궁내막증, 골반유착 등의 질환이 있는 여성이라면 정상적인 부부생활을 하는 데도 6개월 동안 임신이 되지 않으면 전문의와 상의해 적극적으로 난임을 극복한다.

고령 임신을 위한 계획

산전 검사 후 계획 임신을 한다

고령 임신은 20대 여성에 비해 상대적으로

임신 확률이 떨어지므로 임신하기까지 시간이 오래 걸릴 수 있다. 최소 임신 3개월 전에는 산전 검사를 통해 건강을 체크한다. 특히 산전 검사 외에도 종합 검진을 통해 건강을 확인하는 것이 중요하다. 고혈압이나 자궁의 질병이 있으면 임신 후에도 유산 등의 원인이 될 수 있으므로 임신 전 치료를 받거나 약물로 조절해야 한다.

운동으로 건강 관리를 한다

비만이나 과체중인 경우에는 여성 호르몬의 밸런스를 깨뜨려 배란 장애와 생리 불순을 일으키기도 한다. 반면 나이가 많다고 해도 규칙적으로 운동을 하고 건강한 생활습관으로 신체 나이를 젊게 유지하면 임신 확률이 높아진다. 임신을 계획한다면 유산소 운동을 시작하자. 나이가 들수록 자궁이나 난소의 혈액순환 능력이 떨어지는데 요가, 필라테스, 스트레칭, 수영, 조깅 등 유산소 운동을 꾸준히 하면 잘 쓰지 않는 근육의 가동범위를 넓혀 주고 혈액순환을 촉진해 생식기관이 튼튼해진다.

건강한 음식을 챙겨 먹는다

임신을 계획했다면 맵고 짠 음식이나 튀긴 음식, 인스턴트 음식을 즐기는 습관을 고쳐야 한다. 나트륨, 트랜스지방 등이 함유된 음식을 오랜 시간 섭취하면 고혈압과 임신중독증 등의 위험이 높아진다. 특히 맵고 짠 음식을 다량 섭취하면 체내 수분이 늘어나 부종이 심해질 뿐 아니라 신장에 부담을 줘 혈압을 높이므로 삼가야 한다. 육류는 고단백 부위 위주로 골라 먹고 엽산이 풍부한 녹색 채소, 버섯, 호두 등을 식단에 포함시켜 저염식으로 조리해 건강하게 챙겨 먹는다.

남편도 임신을 준비한다

남자는 나이와 상관없이 계속 정자를 만드므로 나이를 중요하지 않게 여기기 쉽다. 하지만 남자 역시 35세부터는 정액의 양이 감소하고 정자의 운동성도 현저하게 떨어져 고령일수록 생식 능력이 떨어진다. 임신을 계획 중이라면 여자 못지않게 남자도 건강 관리를 해야 한다. 임신 계획 최소 3개월 전부터 흡연과 음주를 피하고 산화성 스트레스로부터 정자를 보호하는 엽산, 아연, 비타민 등을 꾸준히 복용하는 노력을 기울인다.

건강한 출산을 위한 생활법

편한 마음으로 임신 기간을 즐긴다

나이가 젊을 때 임신을 하는 것이 좋지만 고령 임신이라고 해서 무조건 임신과 자연 분만이 어려운 것은 아니다. 고령 임신부들은 젊은 임신부에 비해 상대적으로 경제적인 면이나 사회 경험이 많은 데서 오는 여유로움이 아기를 키우는 데 긍정적으로 작용한다. 나이 때문에 태아가 잘 자라는지 임신 기간 동안 마음을 졸일 필요는 없다. 충분히 자고 건강한 음식을 먹고 규칙적으로 생활하면서 두 개의 심장이 뛰는 임신 기간을 즐기도록 노력하자.

체중 관리를 철저하게 한다

고령 임신부는 일반 임신부에 비해 기초대사량이 낮아서 체중이 더 쉽게 는다. 체중이 급격하게 늘면 임신성 당뇨나 임신중독증이 생길 수 있다. 저칼로리, 고단백 식품 위주의 균형 잡힌 식단으로 챙겨 먹고 적절한 운동으로 임신 중 15kg 이상 체중이 증가하지 않도록 철저하게 관리한다. 임신 중기 이후에는 요가, 수영 등 몸에 무리를 주지 않으면서 체력을 키우는 운동을 한다.

하루 2번 충분히 휴식을 취한다

고령 임신부는 일반 임신부보다 혈관이 줄어들어 태반에 충분한 혈액이 공급되지 않을 수도 있다. 태아가 엄마 자궁 안에서 잘 성장하기 위해서는 혈액을 원활하게 공급받아야 한다. 하루 2번 30분 이상 의식적으로 편안하게 누워 쉬는 시간을 통해 몸을 이완시킨다. 또한 장시간 서 있으면 혈액순환이 잘 되지 않아 몸에 무리가 오기 쉬우므로 주의한다.

산후 관리를 확실히 한다

고령 임신부는 젊은 임신부보다 출산 후에도 몸의 회복 기간이 길어질 수밖에 없다. 적어도 두 달 정도는 산후 조리를 하는 것이 좋으며 회복을 위해 산후 검진을 철저하게 한다. 산욕기에는 체력이 급속도로 떨어지고 면역력이 약해져 여러 가지 합병증이 생길 수 있으므로 충분한 휴식을 취하고 풍부한 영양 보충으로 후유증이 없도록 한다.

고령 임신부의 양수 검사

양수 검사는 다운증후군 등 염색체 질환을 99% 정도 진단할 수 있는 검사로 정확도가 높지만 검사 비용이 고가다. 고령 임신의 경우 염색체 이상 기형아가 태어날 확률이 20대에 비해 3배 높기 때문에 주치의와 상담 후 양수 검사 필요 여부를 결정하는 것이 좋다. 35세 미만의 임신부는 임신 15~20주에 쿼드 검사 또는 통합검사를 통해 양성(고위험군)이 나오면 양수 검사를 선택적으로 받는다.

어떤 경우에는 임신 초기 태아의 조직을 대신해 태반 조직 중 일부로 염색체 이상을 알아보는 융모막 검사를 할 수 있는데, 양수 검사보다 더 이른 시기인 임신 3개월 이전에 검사할 수 있다는 장점이 있다.

04

쌍둥이 임신

최근 유전적인 이유나 불임 치료 등 여러 가지 요인으로 쌍둥이 임신이 크게 늘고 있다. 쌍둥이 임신은 일반 임신에 비해 합병증과 조산할 확률이 높으므로 임신 초기부터 각별한 관리가 필요하다.

쌍둥이 임신의 원인

일반적인 임신은 하나의 태아가 생기는데 하나가 아닌 2개 이상의 태아를 한 번에 갖는 경우를 다태 임신, 즉 쌍둥이 임신이라고 한다. 사랑스러운 아기들을 한꺼번에 둘 이상 얻는 것은 너무나 행복하고 기쁜 일이지만 그만큼 임신 기간 내내 엄마는 힘들고 조심해야 할 점이 많다. 예전에 다태 임신은 유전적인 경우(가족력이 있는 경우)가 많았으나 최근에는 인공 수정이나 시험관 아기 시술로 인해 생기는 다태임신이 많다. 이는 배란유도제를 사용해 한 번에 여러 개의 난자가 배란되거나, 수정란을 두개 이상 넣어주기 때문이다. 일란성 쌍둥이의 빈도는 약 1/250로 일정하다고 알려져 있지만, 이란성 쌍둥이의 빈도는 인종, 가족력, 불임치료 여부 등의 영향을 받는 것으로 알려져 있다. 그 밖에 만 35세 이상의 고령 임신부일수록, 키가 크고 체중이 많이 나갈수록, 아기를 많이 낳았을수록 배란을 촉진하는 호르몬이 더 많이 생성되어 쌍둥이를 임신할 확률이 높다.

쌍둥이 임신의 종류

유전 형질이 같은 일란성 쌍둥이

쌍둥이는 일란성 쌍둥이와 이란성 쌍둥이로 나뉜다. 일란성 쌍둥이는 1개의 정자와 1개의 난자가 결합한 후 세포분열 과정에서 수정란이 2개로 분리되어 발생한다. 따라서 100% 유전적으로 동일하며 성별, 혈액형이 같다. 수정란이 자궁 안에서 갑자기 2개로 분리되는 원인에 대해서는 아직 정확하게 밝혀지지 않았다. 수정란이 자궁에 착상하기 이전, 즉 수정 후 5일 이전에 2개로 분리되는 경우는 마치 이란성 쌍둥이들처럼 각각 다른 융모막과 양막을 가지게 되는데, 이들 중 일부는 양막이 함께 붙어 있기도 하다. 착상 후 분리되는 경우에는 동일한 융모막에서 성장한다. 일란성 쌍둥이의 ⅔는 1개의 융모막에 2개의 양막을 가지고 나머지는 2개의 융모막에 2개의 양막을 가진다. 3% 미만은 1개의 융모막과 1개의 양막을 가진 경우도 있다. 일란성 쌍둥이는 인종, 나이, 유전, 출산 경력과 상관없이 발생 빈도가 일정하다고 알려져 있고, 약 1000명의 임신부당 3~5명 정도 나타난다.

유전의 원인이 큰 이란성 쌍둥이

이란성 쌍둥이는 2개의 난자와 2개의 정자가 자궁 내에서 각각 결합해 성장한다. 따라서 성별이나 혈액형이 다를 수 있고 생김새나 성격도 다르다. 이란성 쌍둥이는 서로 다른 융모막과 양막에 둘러싸여 성장한다. 이란성 쌍둥이는 인종, 유전, 임신부의 연령, 출산 경력 그리고 불임 치료약 등의 영향을 받는 것으로 알려져 있다. 시험관아기 시술로 동시에 여러 개의 배아를 넣는 경우 이란성 쌍둥이 또는 3명 이상의 다태아가 자리 잡을 수 있다.

쌍둥이 진단 시기

쌍둥이 임신은 임신 진단 시약 테스트나 소변 검사 등으로는 알기 어렵다. 임신 6~8주경 초음파 검사로 알 수 있다. 성별 또한 두 태아의 성별이 다른 경우 확실히 이란성이라고 말할 수 있지만 성별이 같은 경우 출산 전에 뚜렷하게 알지 못한다. 태반이 2개라고 해도 일란성 쌍둥이일 수 있으므로 산후 혈액형 또는 유전자 검사를 통해 확인한다. 간혹 한쪽 태아가 자궁 안에서 사망하는 일이 있을 수도 있다. 초기 초음파 검사에서는 보이다가 그다음 초음파 검사에서 보이지 않는 경우 이에 해당한다. 쌍둥이 임신부 30명 중 1명꼴로 생기는데 '쌍둥이 소실 징후' 또는 '배니싱 트윈'이라고 한다. 임신 14주 이전에 이런 현상이 생기면 사망한 태아는 저절로 흡수되어 큰 문제가 생기지 않지만 임신 중기 이후에 발생하면 임신부는 합병증이 발생할 수도 있다. 만약 일란성 쌍태아인데 한쪽 태아가 죽을 경우 양쪽 태아 간의 혈류 균형이 일시적으로 무너지면서 살아남은 태아 쪽의 혈류에 급격한 변화가 생겨서 살아남은 태아에게 여러 가지 후유증을 남길 가능성이 높다. 이렇듯 쌍둥이 임신은 일반 단태 임신보다 임신부와 태아 모두에게 위험성이 높으므로 주기적인 산전 진찰이 꼭 필요하다.

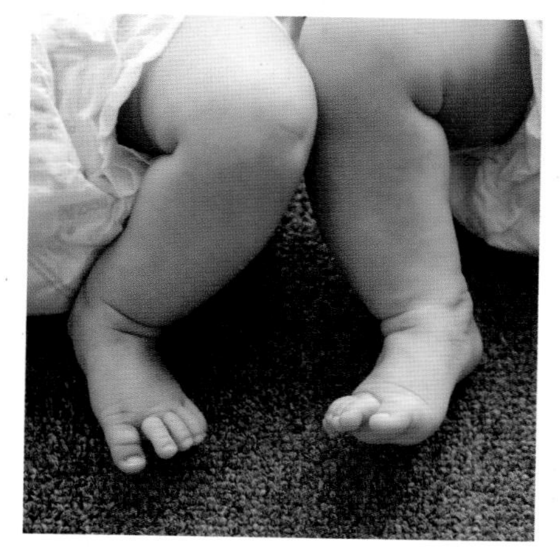

쌍둥이 임신 중 생기기 쉬운 질병

쌍둥이 임신에서는 양막의 개수가 중요하다. 양막이 1개인 경우 하나의 보호막 안에서 두 명의 태아가 성장하므로 서로 움직이다가 탯줄이 꼬이는 등 위험이 커져 그만큼 임신 합병증이 높아지게 된다. 그러므로 임신 제1삼분기에 초음파 검사를 통해 양막 및 융모막의 개수를 확인해야 한다.

빈혈

임신을 하면 태반을 성장시키기 위해 철분이 많이 필요하다. 쌍둥이 임신부는 둘 이상의 태아에게 철분을 공급해야 하므로 약 70%가 철 결핍성 빈혈에 걸릴 정도로 철분량이 부족하다. 임신 말기에는 혈액량이 40~50% 이상 증가하는데 쌍둥이 임신의 경우 50~60% 증가하고 이를 혈액으로 계산하면 약 500㎖에 해당된다. 출산 시 평균적으로 소실되는 출혈량은 500㎖이고 쌍둥이 출산 시 소실되는 출혈량은 1000㎖로 출산을 앞두면서 필요한 혈액 소실 양만큼 증가하게 된다. 따라서 단태 임신부보다 2배 많은 하루 60~100㎎의 철분제를 임신 초기부터 출산 후 3개월까지 섭취해야 한다.

임신중독증

쌍둥이 임신부가 임신중독증에 걸릴 확률은 16% 이상이다. 임신중독증은 혈압이 갑자기 상승하고 얼굴과 팔다리가 부으며 눈이 침침해지는 증세가 나타난다. 임신중독증에 걸리면 심한 경우 뇌출혈, 요독증, 경련, 태반 조기 박리 등을 일으켜 임신부와 태아에게 치명적인 위험이 될 수 있다. 본인이나 가족 중에 고혈압이 있거나 지난 임신에서 임신중독증을 경험했던 임신부는 임신 초기부터 고혈압을 체크하고 저염식을 먹는 등 충분한 안정을 취한다.

임신성 당뇨

태아는 태반을 통해서 모체로부터 영양분을 공급받으므로 임신 중 혈당 증가는 태아에게 큰 영향을 미친다. 임신 중에는 인슐린 저항성은 높지만 인슐린 분비가 원활하지 않아 임신부의 2~4%가 임신성 당뇨에 걸린다. 쌍둥이 임신부는 단태아 임신부에 비해 임신성 당뇨에 걸릴 위험이 2배에 달한다. 단 음식은 삼가고 임신 중에 체중이 갑자기 늘지 않도록 식단 조절에 각별하게 유의해야 한다.

조산

쌍둥이 임신 시 임신 37주 이전의 조기 진통의 확률이 50%에 이른다. 특히 과대 자궁이 문제가 된다. 자궁 내 2명 이상의 태아와 그 부속물이 발육 성장함에 따라 자궁이 과도하게 늘어나 임신부에게 부담을 증가시킨다. 따라서 조산의 위험성이 커지고 분만 후 자궁 수축 부전으로 인해 산후 출혈이 일어나는 요인이 되기도 한다. 조기 진통을 겪는 쌍둥이 임신부의 ⅓ 정도가 조산을 하므로 쌍둥이 임신부는 임신 중 조산을 예방하기 위해 최선을 다해야 한다.

양수 과다증

일부 쌍둥이 임신부 중 양수의 양이 비정상적으로 증가하는 양수 과다증이 생길 수 있다. 양수 과다증이 심해지면 임신부의 신장 기능이 저하될 수 있다. 소변의 양이 감소하고 혈액을 통한 신장 기능의 검사 수치가 증가할 수 있지만 분만 후에는 대부분 정상으로 돌아온다.

저체중아

쌍둥이 임신은 조기 분만의 빈도가 높은데 이로 인해 저체중아나 미숙아를 출산할 확률이 높아진다. 태아의 수가 많으면 많을수록, 그리고 2개의 수정란이 아닌 하나의 수정란에서 임신이 된 경우 태아의 발육이 제한될 가능성이 더 높다. 쌍둥이는 임신 28~30주까지는 단태아와 거의 비슷하게 성장하지만 그 후부터는 체중 증가율이 떨어진다.

태반 조기 박리

태반이 분만 전에 자궁벽에서 떨어지는 태반 조기 박리는 쌍둥이 임신에서 더 잘 나타난다. 태반 조기 박리는 조산을 야기할 수도 있고 임신 말기나 출산 후 한 달 이전에 쌍둥이 중 한 명이 사망하는 원인이 되기도 한다.

태아 기형

선천성 기형은 단태아에 비해 태아의 수가 많을수록 증가한다. 기형의 유형을 살펴보면 단태아의 경우 주요 기형이 생길 빈도가 1%인 데 비해 쌍둥이 임신은 2%에 이른다. 미세 기형은 단태아는 약 2.5%지만 쌍둥이는 약 4% 빈도다. 다태 임신에만 나타나는 기형으로 대표적인 것이 샴쌍둥이로 태아의 신체가 일부 서로 붙어 태어난다.
또한 염색체 이상으로 인한 기형도 단태 임신보다 높고, 고령 임신일수록 확률이 증가한다. 만약 쌍둥이의 어느 한쪽이나 양쪽 모두에 양수 과다증이 있다면 염색체 이상이 있을 가능성이 높다.

쌍둥이 임신의 분만

37주가 만삭이다

단태 임신은 만삭이 40주인 데 반해 쌍둥이 임신은 출산 예정일을 37주로 잡는다. 이는 태아의 성장 속도가 다르기 때문. 단태 임신은 태아의 폐가 임신 36주에 성숙하지만 쌍둥이 임신은 태아의 폐 성숙이 이보다 좀 더 일찍 완성된다. 그리고 자궁이 단태 임신에 비해서 더 빨리 많이 늘어나기 때문에 쌍둥이 임신의 80% 정도가 출산 예정일보다 3주 정도 빨리 진통이 온다. 쌍둥이 임신부는 병원을 선택할 때 미숙아 치료 시설을 잘 갖추고 있는 병원인지 확인하는 것이 안전하다.

태아가 둘 다 정상 위치일 때 자연 분만을 한다

쌍둥이 임신은 태아가 모두 머리를 아래로 향하고 있는 정상 자세일 때 자연 분만이 가능하다. 하지만 이럴 확률은 50% 정도에 불과하다.

쌍둥이는 자연 분만을 할 때 대개 한 명이 먼저 태어나고 10~15분 후 다시 진통이 시작되면서 또 한 명이 태어난다. 합병증 없이 잘 진행된다면 대체적으로 두 번째 출산은 비교적 쉽다. 하지만 첫째 아이의 분만 직후 둘째 아이의 위치가 바뀌거나 탯줄이 먼저 밀려나오는 등의 문제가 있다면 즉시 제왕절개를 해야 한다.

쌍둥이 임신부의 생활 수칙

물을 많이 마신다

쌍둥이 임신부는 최소한 하루 2ℓ 이상의 물을 의도적으로 많이 마시는 것이 좋다. 탈수 증세가 있으면 조기 진통과 조산의 위험이 높아지므로 항상 주위에 물병을 준비해두고 챙겨 마신다.

심장에 무리가 가는 일을 삼간다

임신을 하면 태아가 성장하면서 자궁이 커져 심장을 압박할 뿐만 아니라 혈류량도 늘어나기 때문에 심장에 부담을 주게 된다. 맥박이나 한 번의 수축으로 심장에서 나가는 혈액의 양이 증가하면 심장이 그만큼 더 많은 일을 해야 하므로 쌍둥이 임신부는 심장에 무리가 가는 일은 피하고 혈압 관리에 신경 쓴다. 숨이 차거나 가슴이 두근거릴 때는 반드시 병원을 찾는다.

엽산과 철분 공급을 충분히 한다

쌍둥이 임신부는 일반 임신부에 비해 순환하는 혈액량이 많고 출산 시에도 출혈이 많기 때문에 더 많은 철분과 엽산을 충분히 복용해야 한다. 또한 칼로리, 단백질, 필수지방산 등이 많이 필요하므로 질 좋은 단백질 섭취는 물론 골고루 영양을 챙긴다. 철분은 단태 임신부보다 2배 많은 하루 60~100㎎을, 엽산은 하루 1000㎍ 이상을 복용한다.

제왕절개 수술을 계획한다

쌍둥이 임신부는 80% 이상이 제왕절개 수술로 아기를 낳는다. 두 아기가 모두 정상 자세이더라도 임신 중이나 출산 도중 위험한 상황이 발생할 위험이 많기 때문에 제왕절개 가능성을 염두에 두어야 한다. 분만 중 위급 상황 등에 빠르고 안전하게 대처할 수 있는 시설과 의료진이 있는 병원인지 사전에 꼼꼼하게 확인한다.

쌍둥이의 합병증

샴쌍둥이

신체 일부가 붙어서 태어나는 샴쌍둥이는 약 6만 번 출산에 한 번 정도로 보고된다. 결합 부위에 따라 형태가 다양한데 가장 많은 곳이 가슴 부분의 결합으로 약 40%를 차지한다.

한쪽 태아에게만 심장이 있는 경우

한쪽 태아에게만 심장이 있고 반대쪽 태아의 심장이 없는 기형태아를 무심체라고 하는데 일란성 쌍둥이에게 나타난다. 무심체는 정상 태아로부터 탯줄로 연결되어 피를 공급받아 성장하지만, 단일 태반의 연결된 혈관이 정상 태아의 심장 기능에 부담을 줄 수도 있으므로 부정적인 영향을 초래할 수 있다.

쌍둥이 간 수혈증후군

단일 융모막 쌍태아에게 생기는 현상으로 단일 태반의 연결된 혈관 중에 한쪽의 태아로부터 다른 쪽의 태아에게 혈액이 일방적으로 들어가는 상태를 말한다. 이렇게 되면 태아 간에 체중 차이가 나타나고 피를 받는 쪽의 태아(수혈아)는 심장 비대, 태아 수종 및 양수 과다증, 울혈성 심부전이 나타나며, 혈액을 빼앗기는 태아(공혈아)는 발육부전, 양수 과소증, 태아 가사 등을 보이게 된다. 두 태아 사이에 양수량이 차이가 많이 나거나 태아의 크기가 많이 차이 날 때, 단일 융모막 태반의 한쪽 태아에게 수종성 변화가 나타날 때 의심할 수 있다.

불일치 쌍둥이

두 태아 간의 체중 차이가 큰 경우를 말한다. 이는 태반을 통한 혈액 공급이 공평하게 이루어지지 않아서 생긴다. 그 밖에도 자궁 내 공간이 작거나 유전적인 차이가 원인이 될 수 있다. 임신 초기부터 이런 차이가 크다면 한쪽 태아가 사망할 가능성도 크다.

병원 선택법

임신 10개월 동안 임신부와 태아의 건강을 세심하게 살펴야 하는 만큼 병원 선택은 신중해야 한다. 중간에 병원을 바꾸면 번거로움이 따르므로 처음부터 나의 상황에 맞는 병원을 고르는 것이 좋다.

병원을 선택하는 기준

건강 상태에 맞는 병원을 선택한다

임신부 본인이나 태아의 건강에 특별한 문제가 없다면 굳이 입소문난 산부인과 병원을 찾을 필요는 없다. 다만 심장 질환이나 고혈압 등 특정 질환이 있거나 고령 임신, 임신중독증, 임신성 당뇨, 전치태반, 산후출혈 등 고위험 임신부라면 산부인과 전문병원이나 종합병원을 선택하는 것이 좋다. 임신 10개월 동안은 물론 출산 시 생길 만약의 위험에 대비한 시설이 갖춰져 있어야 안전하게 출산할 수 있기 때문이다. 본인 건강 상태에 따라 병원 유형을 선택하고 거리, 의료진, 편의시설 등을 주변 선배 엄마들에게 묻거나 산부인과 관련 카페를 검색해 비교한 뒤 결정한다.

집과 가까운 병원이 좋다

임신 10개월 동안 보통 13~15회 정도 검진을 받으므로 혼자서도 무리 없이 다닐 만한 거리가 좋다. 직장을 다니는 임신부라면 회사에서 다니기 좋은 동선인지 체크한다. 또 산후 검진 때의 편의성은 물론 한밤중에 진통이 오는 긴급 상황을 충분히 고려해야 하므로 가급적 차로 1시간 이내 거리의 집과 가까운 곳을 선택한다.

분만 가능 여부와 병원 시설을 확인한다

개인 산부인과 병원 중에는 분만을 하지 않는 곳도 있다. 중간에 병원을 바꾸지 않도록 분만이 가능한지 미리 확인한다. 또 마취과나 소아과 의료진 유무 및 응급 상황 대처 능력, 병실 상태 등도 잘 고려해 선택한다. 분만실과 입원실은 위생적이고 쾌적한 시설을 갖추고 있는지 살핀다. 모유 수유는 가능한지, 입원실은 몇 인실인지, 소아과와 연계되어 있는지 등도 꼼꼼하게 확인한다. 또 산전 교육이나 태교 프로그램이 있는지도 알아봐 임신 중 도움을 받는다.

분만 방법을 고려해 선택한다

일반적인 자연 분만은 상관없지만 특이한 분만을 원한다면 해당 병원이 시설을 갖추고 있는지 확인해야 한다. 병원마다 선호하는 분만 방법이 다르므로 각 병원의 대표 분만법을 참고하면 선택하는 데 도움이 된다. 르봐이에 분만이나 그네 분만, 가족 분만, 자연주의 분만 등을 운영하고 있는지, 분만 후 캥거루 케어가 가능한지 꼼꼼하게 확인하고 분만법과 병원을 선택한다.

출산 비용을 고려한다

병원별로 시설이나 의사의 임상 경험이 다르기 때문에 각종 검사비나 출산 비용에 차이가 있다. 시설이 좋은 병원에서 출산한다면 최상이겠지만 경제적인 면도 고려해야 하므로, 몇 군데의 산부인과를 대상으로 세세한 검사 비용이나 입원비 등 출산에 드는 총비용을 비교해 적정한 수준의 병원을 선택한다. 대학병원이나 종합병원이 개인병원보다 일반적으로 더 비싸다. 건강한 임신부라면 굳이 비싼 병원을 고집할 필요는 없다.

병원별 장단점

개인병원

담당 의사가 정해지면 임신부터 분만, 산후까지 일관되고 친밀한 진료를 받을 수 있다. 타 병원에 비해 진료 시간이 충분하기 때문에 증상에 대해 세심한 진료를 받을 수 있고 진료 대기 시간이 비교적 짧아 임신부가 심리적으로 안정감을 가지게 된다. 전문병원이나 종합병원에 비해 진료비도 저렴한 편이다. 다만 전문병원이나 종합병원에 비해 시설이 미흡해 임신부에게 질환이 발생하거나 신생아에게 문제가 생기면 큰 병원으로 옮겨야 하므로 인근 종합병원이나 대학병원과 연계되어 위기 상황에 빠르게 대응할 수 있는 개인병원을 택한다.

산부인과 전문병원

산부인과 진료가 전문인 병원으로 산부인과 진료가 세분화되어 있다. 불임 클리닉, 습관성 유산 클리닉, 근종 클리닉 등 각 분야의 전문가들로부터 도움을 받는 것이 장점. 다양한 분만 시설을 갖춘 맞춤 분만 센터를 운영해 선택의 폭이 넓고 병원에서 운영하는 산후조리원도 이용할 수 있다. 또한 많은 산부인과 전문병원에서는 각종 태교법, 태교북클럽, 임신부 요가 등 다양한 임신부 강좌를 운영한다. 하지만 대부분의 산부인과 전문병원은 시내 중심에 위치해 집에서는 거리가 먼 경우가 많고 개인병원보다는 진료 대기 시간이 길고 진료비도 비싼 편이다. 산전 검진을 맡았던 의사가 분만까지 담당하지 않는 경우가 있으므로 미리 확인한다.

대학병원

모든 진료과가 있으므로 임신 기간 중 합병증이나 산부인과와 관련 없는 질환이 생겼을 때 해당 전문의의 진료를 한 번에 받을 수 있다. 고령 출산, 습관성 유산, 당뇨 등의 고위험 임신부의 경우는 위급한 상황에서 의료진이 신속하게 대처해주므로 큰 도움이 된다. 단 대학병원은 3차 병원이라 개인병원 등에서 임신 확인서와 의사 소견서를 지참해야 첫 진료가 가능하다. 사람이 많아 대기 시간이 긴 반면 진료 시간이 제한되어 세심한 배려를 받긴 힘들다. 초음파 진단과 문진하는 의사가 다른 경우도 있으므로 미리 확인한다. 의료 시설이 산부인과 중심으로 구비되지 않아 분만실, 회복실 등이 다양하지 않고 병원 시설도 개인병원에 비해 노후할 수 있다는 점도 알아둬야 한다.

자연주의 출산 병원 · 조산원 · 가정 분만

자연주의 출산이란 의학적 개입을 최소화하는 출산 과정으로 내진, 관장, 제모라고 불리는 출산 굴욕 3종 세트를 비롯해 회음부 절개, 무통 주사, 촉진제 등 인위적인 의료 조치 없이 엄마가 최대한 자연스러운 방법으로 아이를 낳게 만드는 것을 말하고, 요즘 임신부 사이에서 자연주의 출산을 지향하는 병원들이 인기다. 자연분만보다 의료적 개입이 적고, 산모와 아이가 자연스럽고 느긋하게 만날 수 있다는 장점이 있다. 단, 임신부나 태아의 건강에 이상이 있을 때는 되도록 큰 병원에서 분만하는 것이 안전하다.

병원을 옮길 때 주의사항

임신 초기에 옮기는 경우

임신 확인 후 초진부터 출산까지 가급적 같은 병원을 다니는 것이 좋다. 어쩔 수 없이 병원을 바꿀 때는 담당 주치의와 상의한 뒤 임신 경과를 기록한 진료카드를 받아둔다. 그렇지 않으면 새로 옮긴 병원에서 다시 검진을 받아야 하는 불편과 비용이 추가되는 등 번거로움을 감수해야 한다.

대학병원으로 옮기는 경우

3차 진료기관인 대학병원은 1, 2차 병원의 진료 의뢰서가 있어야 예약 후 진료를 받을 수 있다. 만약 대학병원에서 진료와 분만을 원한다면 임신 확인 후 바로 예약 신청을 한다. 임신부들 사이에 입소문난 대학병원 전문의는 대기 기간이 3개월 이상일 경우도 부지기수이므로 미리 예약 대기 신청을 하고, 병원을 옮길 때는 담당의 소견서와 산모수첩을 꼭 챙긴다.

가급적 임신 6개월 전 옮기기

여러 가지 이유로 병원을 옮기기로 결정했다면 가급적 빨리 옮긴다. 되도록 임신 6개월 전에 옮겨야 담당의가 임신부와 태아의 상태를 제대로 파악할 수 있기 때문이다. 출산 직전에 진료 기록만 가지고 옮기는 것은 바람직하지 않을 뿐 아니라 출산 2~3개월 전에는 받아주지 않는 병원도 있으므로 유의한다.

병원 선택 시 체크리스트

- ☐ 집과의 거리는 적당한가
- ☐ 의사는 믿을 만한가
- ☐ 휴일이나 야간에 진료를 하는가
- ☐ 대기실이나 입원실이 정서적 안정감을 줄 수 있는 분위기인가
- ☐ 진통을 촉진하는 기준은 무엇이며 진통 시 어떤 조치를 하는가
- ☐ 출산 비용은 어느 정도 되는가
- ☐ 분만 시 남편도 참여할 수 있는가
- ☐ 진료 외의 서비스 시설이 갖추어져 있는가
- ☐ 편안하고 안정된 분만 환경에서 출산할 수 있는가
- ☐ 소아과와 연계되어 있는가
- ☐ 병원에 마취 전문의가 상주하는가
- ☐ 모자 동실이 되는가
- ☐ 모유 수유에 적극적인가
- ☐ 신생아실이 따로 있는가
- ☐ 산모가 모유나 분유 수유 중 원하는 대로 선택할 수 있나
- ☐ 신생아 면회 시간과 횟수는 어떻게 되나

06 보건소 활용법

임신을 하면 산부인과와 함께 가장 먼저 찾아야 할 곳이 보건소다. 지역별로 차이가 있을 수 있으니 반드시 주소지 관할 보건소의 홈페이지에서 모자 보건사업 내용을 확인하고 임신 기간 내내 알토란같이 활용하도록 한다.

보건소 이용 시 알아둘 점

보건소와 산부인과 진료를 병행한다

임신 초기부터 보건소를 이용하면 진료비를 크게 아낄 수 있다. 최근에는 산부인과와 소아과 전문의가 상주하는 보건소가 늘어 전문적인 진료를 받을 수 있다. 보건소에서는 복식 초음파만 시행하므로 임신 9~10주 이후부터 이용 가능하다. 단 보건소 검진이 병원 진료를 대신할 수 없으므로 만 35세 이상이거나 유전 질환 등 가족력이 있는 임신부 등 고위험 산모는 보건소를 이용하면서 반드시 산부인과 진료를 병행해야 한다.

주소지 관할 보건소를 이용한다

보건소는 지자체에서 관리하는 행정단체로 저마다 시행 중인 의료사업은 차이가 난다. 따라서 본인 주소지 관할 보건소 홈페이지의 사업 안내 항목의 '모자보건'을 클릭해 임신부가 받을 수 있는 혜택을 확인하도록 한다. 특히 풍진이나 기형아 검사 등은 실제 지역구에 살고 있는 임신부에 한해 실시하므로 주민등록증과 산모수첩을 지참하고 주소지와 동일한 보건소를 찾는다. 보건소 지원은 크게 임신부 등록 관리, 영유아 예방접종, 산모 신생아 건강관리 지원사업 등으로 나뉜다.

산전 관리를 받을 수 있다

임신했다고 모든 검사를 병원에서 받을 필요는 없다. 과거에는 간단한 예방접종 등의 서비스만 제공하던 보건소가 요즘 달라졌다. 관할 보건소마다 무료 검사와 서비스 내역이 다르므로 꼼꼼하게 확인한다.

임신 초기(4주 이후)에 주민등록증과 산부인과에서 받은 산모수첩을 지참하고 보건소를 방문한다. 관할 보건소에 임신부로 등록되면 혈압, 체중 측정 등은 물론 임신 중에 필요한 각종 검사(혈액 검사, 초음파 검사)와 임신 지도, 영양제 보급 등 각 주수마다 지속적인 산전 관리를 해준다. 지자체의 예산과 정책에 따라 다르지만 체온계 등 소정의 선물을 주기도 한다.

무료 산전 검사

임신 반응 검사

임신 사실을 확인하는 기본 검사를 무료로 받을 수 있다. 임신 사실이 확인되면 가방고리 형태의 임신부 엠블럼을 지급한다.

모성 검사

임신 6~10주에 시행하는데 혈액형, B형 간염, 빈혈, 매독, 에이즈, 소변 검사 등 대부분의 산전 검사를 보건소에서 무료로 받을 수 있다. 산부인과 진료 시 다음 검사에서 어떤 검사를 받는지 미리 물어보고 보건소에서 검사를 받은 뒤 결과를 받아 산부인과에 제출하면 검사 비용이 절감된다.

초음파 검사

임신 초기에 정상적인 임신 여부를 판단하고 태아 발육 상태를 확인하기 위해 복식 초음파를 받을 수 있다. 단 대부분의 보건소에서는 질식 초음파는 실시하지 않아 아기집이 생기는 임신 10주 이전에는 병원에서 질식 초음파로 임신 사실을 확인해야 한다. 이후 보건소에서 복식 초음파 검사를 할 경우에는 미리 예약해야 한다.

풍진 항체 검사

풍진 항체가 있는지 알아보는 검사로, 보통 임신 전에 하는데 만약 하지 않았다면 임신 12주 이내에 받는다.

기형아 선별 검사

임신 15~20주에 쿼드 검사를 받는다. 다운증후군, 에드워드증후군, 신경관 결손 여부를 알 수 있다. 지역에 따라 보건소에서 쿼드 쿠폰을 발행해 검사는 임신부가 다니는 산부인과에서 진행하고 금액을 공제받을 수도 있으므로 임신 16주 전에 쿼드 쿠폰을 미리 받아둔다.

임신성 당뇨 선별 검사

임신 24~28주에 당 500g을 먹고 1시간 후 소변 검사를 통해 소변 내 이상 유무는 물론 임신성 당뇨를 알아볼 수 있다. 검사 전 2시간 금식해야 하며, 검사 소요 시간은 1시간 30분 내외로 보건소에서도 실시한다.

막달 검사

임신 35주 전후로 혈액 및 소변 검사, 심전도, 초음파 검사 등 임신 막달 검사를 진행한다. 보건소에 따라 지원 내용이 다르므로 해당 보건소에 확인 후 방문하는 것이 좋다.

영양제 공급

임신 확인증을 지참하고 보건소를 방문하면 대부분 임신 초기(12주까지)에는 엽산제를, 임신 16주 이후에는 철분제를 지급한다. 임신성 빈혈이 의심되는 임신부는 임신 4개월부터 철분제를 미리 받을 수 있으므로 산부인과 전문의 소견서를 지참해 보건소를 방문한다. 제공하는 엽산제와 철분제 브랜드는 관할 보건소마다 다르다. '맘편한 임신' 서비스를 통하면 임신 초기부터 엽산제와 철분제 등을 신청 및 택배 수령할 수 있다.

임신 전 필요한 예방접종

자궁경부암 임신 중에는 예방접종을 권하지 않기 때문에 임신 전에 접종한다.

A형 간염 임신 중에도 할 수 있고, 6개월 간격으로 2회 접종한다.

B형 간염 임신 중에도 접종 가능하지만, 임신 전 항체 여부 검사를 하고 최소 임신 6개월 전에 3회 접종한다.

풍진, 홍역, 유행성이하선염 풍진 항체가 없으면 태아에 나쁜 영향을 미칠 수 있으므로 적어도 임신 1개월 전에 예방접종을 완료한다. 예방접종은 홍역, 유행성이하선염, 풍진 면역 세 가지가 결합된 MMR 백신으로 한다.

파상풍, 디프테리아, 백일해 신생아 백일해의 주된 원인은 가족으로, 디탭(Dtap: T-파상풍, d-디프테리아, p-백일해)이라고 불리는 백신으로 예방접종한다. 임신 27~36주 사이에 디탭 예방접종을 하면 항체가 태아에게 전달돼 안전하다. 외국에서는 신생아와 자주 접촉이 예상되는 가족에게까지 접종을 권장한다.

인플루엔자 임신부가 독감에 걸리면 합병증 위험이 높으므로, 독감이 유행하는 시기에 임신 예정이라면 접종을 통해 미리 예방하는 것이 좋다. 임신 중에도 반드시 접종하기를 권장하고 있다.

다양한 보건소 사업

출산 준비 교실

출산 경험이 없는 임신부를 대상으로 산전 체조, 라마즈 분만법, 산후 관리 교육과 실습을 한다. 대부분의 보건소에서 상설 운영되며 보통 4주 과정으로 임신 20주부터 교육을 받는다. 선착순으로 신청을 받으므로 서두르는 게 좋다.

아기 마사지 교실

생후 3~36개월 영유아를 대상으로 한 아기 마사지 교실은 교육과 유아 모형 마네킹을 이용해 실습한다. 저체중아에게 마사지를 꾸준히 해주면 체중을 늘리는 데 효과적이다.

모유 수유 교실

모유 수유의 장점과 젖 물리는 자세, 수유 시 주의할 점 등에 대한 교육을 실시한다. 임신 20주 이상의 임신부와 출산 1개월 이내의 산모를 대상으로 한다.

이유식 교실

이유식 교육은 생후 6~12개월 아기를 둔 부모를 대상으로 이루어진다. 이유식 기초 상식과 이유식 초기, 중기, 후기, 완료기에 먹이면 좋은 이유식 메뉴를 소개한다. 아토피와 관련된 이유식 정보도 제공하므로 이유식이 고민인 초보 엄마에겐 안성맞춤이다. 또래 아기를 키우는 엄마들끼리 이유식 실전 정보도 나눌 수 있다.

예방접종

아기를 데리고 보건소를 방문할 때는 출산하면서 산부인과에서 발급받은 아기수첩을 꼭 챙긴다. 대부분의 보건소에서는 만 6세 이하를 대상으로 영유아 기본 예방접종을 무료로 실시하는데, 생후 1주 이내에 실시하는 B형 간염, 한 달 후쯤 접종하는 BCG 등을 맞을 수 있다. 또 영유아를 대상으로 지정된 인근 병원 및 보건 기관에서 영유아 건강검진 7회와 구강검진 3회를 무료로 받을 수 있는데, 건강IN(http://hi.nhis.or.kr)에서 확인 가능하다. 출생부터 만 12세까지 국가 필수 예방접종 17종에 대한 비용도 무료 지원한다. 일부 보건소에서는 문자서비스로 예방접종일을 알려주는데, 예방접종을 할 때 미리 서비스를 신청하는 것이 좋다. 또 보건소에서는 신생아 선천성 대사이상 검진, 3~7개월 대상으로 페닐케톤뇨증, 갑상샘 기능저하증 검사를 실시한다.

출산 · 육아용품 대여

일부 지자체에서는 귀 체온계, 유축기 등 출산 및 육아용품을 무료로 대여해 경제적 부담을 덜어준다. 이와 함께 가정 방문 도우미 서비스 등을 제공하므로 잘 참고하여 준비하자.

산모 신생아 건강관리 지원

산모의 회복과 신생아의 양육을 지원하기 위해 산모 · 신생아 건강 관리 지원 대상이 2021년 5월 22일 이후부터(출산일 기준) 산모 및 배우자 등 해당 가구의 건강보험료 본인부담금 합산액이 기준 중위소득 150%로 확대되었다. 산모·신생아 건강관리사가 일정 기간 출산 가정을 방문해 산후 관리를 도와주는데 태아 유형, 출산 순위에 따라 바우처 지원 기간이 다르며, 출산일로부터 60일까지 유효하다. 출산 예정 40일 전부터 출산 후 30일까지 시·군·구 보건소에 방문하거나, 복지로 홈페이지(www.bokjiro.go.kr)를 통해 신청할 수 있다.

임신부터 육아까지 한 장으로! 국민행복카드

2016년부터 한 장의 국민행복카드로 정부에서 지원하는 국가바우처의 기능(고운맘카드, 맘편한 카드, 희망e든카드)을 통합해서 이용할 수 있다. 우선 각 카드사에서 국민행복카드를 발급받은 후 바우처를 등록해야 한다. 임신부는 산부인과에서 임신확인서를 발급받아 가까운 국민건강보험공단 지사나 카드(14곳 카드사 및 우체국) 영업점을 방문해 임신확인서를 제출하면 카드 발급과 동시에 임신·출산 의료비 바우처가 등록된다. 10일 내로 카드를 받을 수 있다. 각 카드사를 통한 유선이나 온라인 신청도 가능하다. 카드 수령 후 분만 예정일을 기준으로 2년까지 사용 가능하며, 임신 1회당 100만 원을 적립금 형태로 이용할 수 있다. 1일 최대한도가 없으므로 정기 검진은 물론 출산비(제왕절개 수술 포함)를 바우처 전액으로 한꺼번에 결제해도 된다. 다태아 임신부에게는 140만 원이 지급되며, 분만 취약 지역의 임신부에게는 20만 원이 추가로 지원된다.
2023년 6월 기준, 5개의 카드사와 18개의 금융권에서 발급 가능한데, 정부 지원 바우처 서비스는 모두 동일하지만 카드사별 혜택은 조금씩 다르니 비교해 선택하도록 한다. 국민행복카드는 한 장의 카드로 17종의 바우처를 이용할 수 있으며, 종류로는 건강보험 임신·출산 진료비, 청소년 산모 임신·출산 진료비, 기저귀·조제분유, 첫만남 이용권, 에너지 바우처, 사회서비스 사업 9종, 아이돌봄지원사업, 여성 청소년 생리대 바우처 지원, 보육료 지원, 유아학비 지원 서비스 등 임산부뿐만 아니라 청소년이나 노인, 장애인 등을 위한 서비스도 제공 중이다. 카드 신청과 바우처 신청은 개별 진행해야 하며, 카드에 각 바우처를 등록해야 한다.

국민행복카드 사용 문의처

국민행복카드 문의사항 국민행복카드(http://voucher.go.kr), **바우처 이용문의** 사회서비스 전자바우처(http://www.socialservice.or.kr), 한국사회보장정보원 1566-3232, **바우처 잔액 확인** 사회서비스 전자바우처 마이페이지(http://www.socialservice.or.kr)

국민행복카드 발급 안내

BC카드 1899-4651, 롯데카드 1899-4282, 삼성카드 1566-3336, KB국민카드 1599-7900, 신한카드 1544-8868

맘편한 임신 서비스

엽산제, 철분제 등 임신 지원 서비스를 한 번에 통합하여 신청하는 서비스로, 국민행복카드 소지자면 누구나 신청 가능하다. 특히 영양제의 경우 임신 초기부터 신청 가능하며 택배로 수령할 수도 있다. 2021년 3월부터 '맘편한 임신' 서비스 14가지를 원스톱으로 처리할 수 있게 됐다. 2021년 4월부터 맘편한 임신 서비스는 전국으로 확대되었다.

기저귀·조제분유 지원

영아(0~24개월)가 있는 저소득층 가정은 기저귀 및 조제분유를 제공받을 수 있다. 영아 출생 후 최대 24개월 동안 기저귀 비용은 월 6만 4000원, 기저귀와 조제분유 비용을 함께 신청하면 월 15만 원씩 지원받을 수 있다. 신청은 영아의 주민등록상 주소지 관할 시·군·구 보건소 및 읍·면·동 주민센터에서 가능하며, 국민행복카드를 발급받아 정부 지원금으로 결제할 수 있는 유통점에서 바우처로 구매 가능한 기저귀나 조제분유를 자유롭게 살 수 있다.

첫만남 이용권

2022년 1월 1일 이후 출생 신고돼 정상적으로 주민등록번호를 부여 받은 영아라면 첫만남 이용권을 이용할 수 있다. 출산 시 최초 1회 지급되는 바우처로 출산 축하 및 초기 육아 지원을 받을 수 있는 서비스다. 국민행복카드로 200만 원의 바우처 포인트가 지급되며, 유흥·사행 업종을 제외한 다양한 업종에서 사용 가능하다. 첫만남 이용권은 보호자 또는 대리인이 영아의 주민등록상 주소지 읍·면·동 행정복지센터에서 신청 가능하며, 복지로(www.bokjiro.go.kr) 또는 정부24(www.gov.kr)를 통해 신청할 수 있다.

시기별 검사

임신을 확인하면 출산 때까지 한 달에 한 번씩 정기검진과 함께 여러 가지 산전 검사를 받게 된다. 임신부와 태아의 건강을 위해 꼭 받아야 하는 시기별 검사와 특징에 대해 알아본다.

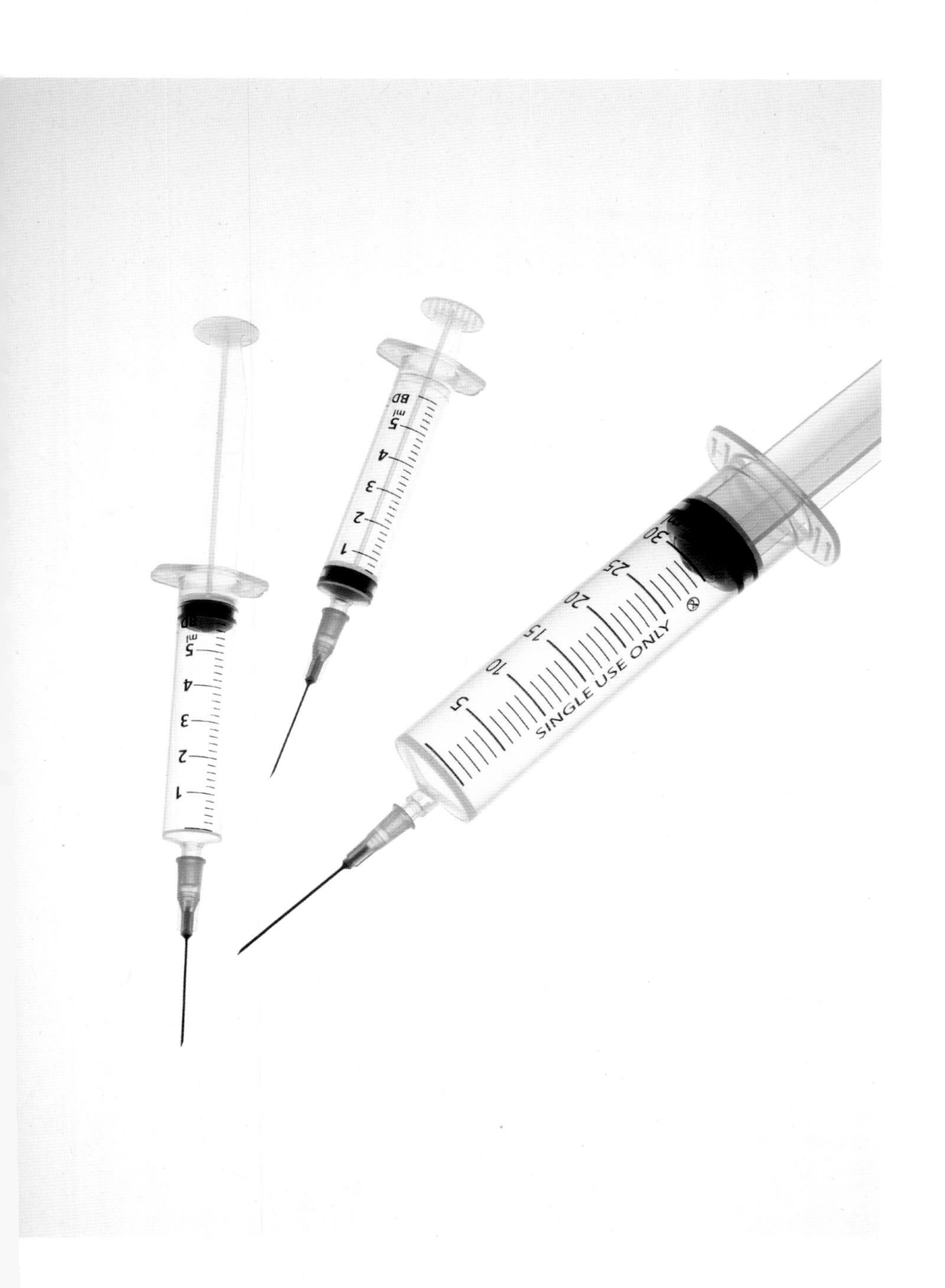

임신 전

건강한 임신과 출산을 위해서는 남녀 모두 임신 3개월 전부터 몸을 만들어야 한다. 통계적으로 볼 때 난임의 원인은 남성과 여성 모두 40%로 비슷하다. 예비 엄마, 아빠의 건강 상태를 확인하고 건강한 아기를 낳고 싶다면 산전 검사를 필수적으로 한다.

혈액 검사

기초적인 혈액 검사를 통해 빈혈 여부와 내과적인 질환이 있는지를 체크한다. 임신 전 빈혈이 없었다고 해도 임신을 하면 태아에게 많은 양의 철분을 공급해야 하므로 빈혈이 생길 수 있다. 정상 철분 수치는 12~13g/dL로 철분 수치가 부족하다면 임신 전부터 철분제를 복용해야 한다. 남편은 기초적인 혈액 검사를 통해 빈혈과 내과적 질환 유무를 체크한다.

간염 검사

만일 임신부가 간염 보균자이거나 간염에 감염된 이후 출산을 하면 태아 역시 선천적으로 감염될 확률이 높다. 만약 보균자이거나 감염되었을 경우 출산 후 바로 태아에게 면역 글로불린과 예방 백신을 접종해야 한다. 간염은 대부분 예방접종을 통해서 예방할 수 있다. 만약 간염 접종을 받은 적이 없다면 간염 항원 검사, 항체 검사를 통해 간염에 걸렸는지 확인하고 항체가 없다면 예방접종을 한다. B형 간염 백신은 사백신이므로 접종 후 언제든지 임신해도 된다. A형 간염 접종은 임신 중에도 할 수 있다.

혈액형 검사

혈액형 검사를 해야 하는 이유는 RH+인자인지, RH-인자인지 알기 위해서다. 임신부와 태아가 같은 혈액형 인자를 지니고 있다면 상관없지만 임신부가 RH-이고 태아가 RH+인 경우 용혈반응으로 유산이나 사산되는 경우가 생기기 때문이다. 이 경우에는 임신 28주 이전에 RH면역글로불린 주사를 맞아 임신부와 태아의 합병증을 예방하고, 출산 후 신생아의 혈액형을 확인 한 다음 72시간 내에 RH- 항원을 중화시키는 주사를 놓아야 한다.

풍진 항체 검사

풍진은 감기 증세와 비슷하지만 발진을 일으키는 바이러스성 전염병이다. 임신 12주 이내에 풍진에 걸리면 태아의 80% 이상이 선천성 풍진증후군을 가지고 태어난다. 또한 태아의 시력과 청력의 장애, 심장 질환 등 심각한 기형을 일으킨다. 따라서 임신 전에 풍진 항체 검사를 받아 만약 항체가 없다면 풍진 예방 백신을 맞는다. 생백신이므로 감염 위험을 피하기 위해 접종 후 1개월은 피임을 한다.

매독 혈청 검사

임신 전이나 임신 14주 전에 의무적으로 매독 혈청 검사를 실시해야 한다. 임신부가 매독에 걸렸다면 태아도 태반을 통해 감염될 수 있다. 태아가 매독에 감염되면 유산이나 사산을 하지 않더라도 태아는 저능아, 발육 부진아 등 선천적 결함이나 이상을 갖고 태어난다. 만약 임신부가 매독에 걸렸다면 임신 16주 이후에는 태아 감염의 위험이 높으므로 초기에 바로 치료를 받는다.

자궁 검사

임신 전 질식 초음파를 통해 전반적인 자궁과 난소의 건강 상태를 체크한다. 자궁 근종이 있는 여성이 임신하면 임신 중 태아와 함께 근종이 커져 통증을 유발하거나 유산 또는 조산의 위험이 있다. 보통 근종 크기가 5㎝ 이상이거나 수정란이 착상되는 자궁 내막에 영향을 주는 '내막하 자궁근종'은 착상을 방해하거나 생리 과다로 빈혈을 유발해 건강한 임신에 악영향을 미친다. 난소종양 역시 크기가 크면 주변 장기를 압박해 아랫배 통증 등을 유발할 수 있다. 근종과 종양은 크기가 5㎝ 이상이거나 다른 증상을 동반하거나 갑자기 커지는 등 악성이 의심될 때 전문의와 상의 후 수술을 고려한다. 초음파 검사와 함께 자궁경부암 검사와 인유두종 바이러스 검사, 질염 검사도 실시한다. 여성암 중 발병률 1순위인 자궁경부암은 예방 차원에서 반드시 검사한다. 또한 임신부가 인유두종 바이러스에 감염되었다면 출산 후 태아의 후두 등에 바이러스가 감염될 수 있으므로 미리 체크한다. 여성에게 흔한 질염도 곰팡이균을 없애는 약을 처방해야 하므로 임신 전에 치료하면 좋다.

임신 초기

임신 초기에는 태아가 잘 자라는지 유산이 되지는 않았는지 조바심이 나기 마련이다. 태아가 자궁에 잘 자리 잡았는지 확인하는 초진을 시작으로 임신 초기 검사가 이뤄진다. 이때 간단하지만 중요한 검사를 빠짐없이 실시하고 결과에 따라 대처해야 임신 열 달 동안 태아와 임신부 모두가 건강하게 지낼 수 있다.

문진

임신이 확인되면 전문의는 임신부의 인적사항과 어렸을 때부터 지금까지 앓았던 특별한 병, 부부 양쪽 집안에 유전되는 병이나 쌍둥이 유무, 생리 주기, 임신 후 나타난 증세와 평소의 건강 상태, 임신 · 출산 경험, 임신 후 약물 복용, 알레르기 등을 전방위적으로 묻고 체크한다. 문진은 임신 중 문제가 되는 요인을 파악하는 데 중요하므로 기본적인 사항은 병원에 가기 전 미리 체크해서 답변을 준비하고 전문의에게 최대한 자세하게 알려준다.

촉진과 내진

문진이 끝나면 의사가 손으로 임신부의 배를 만져 자궁의 상태를 확인한 뒤 골반 진찰을 시행해 음문과 회음부의 병적 소견 여부를 관찰하고, 질경을 이용해 자궁 경부의 상태를 확인한 다음 자궁경부질세포진검사(Pap test)를 시행한다. 원칙적으로는 내진을 해 자궁과 부속기의 상태도 확인해야 하나 요즘에는 초음파 검사로 대신하는 추세다.

소변 검사

임신을 하면 융모성 성선 자극 호르몬이 분비된다. 소변에서 이 호르몬이 배출되는지 여부를 통해 임신을 확인한다. 또한 소변 배양 검사와 현미경 검사를 통해 신장이나 방광 및 요도의 감염 유무를 살피고 당뇨나 단백뇨가 나오는지 진단한다. 소변에서 단백뇨가 나오면 임신 전부터 신장병에 걸렸을 가능성이 높다. 또한 소변 검사를 통해 무증세 박테리아뇨가 발견되는데 방치하면 방광염으로 이어지고 심해지면 신우염으로 발전되므로 조기 치료가 필수적이다.

몸무게와 혈압

병원을 방문할 때마다 체중과 혈압을 체크한다. 임신 초기 체중과 혈압을 기준으로 삼아 임신 기간 내내 건강 상태를 확인하는 것. 임신 기간 중 체중은 11~16㎏ 이상 늘지 않도록 주의해야 한다. 일반적으로 임신 초기인 3개월 동안 1.5㎏ 정도, 그다음 5개월 동안은 일주일에 0.5㎏ 정도, 그리고 임신 마지막 달에는 한 달에 0.5~1㎏ 느는 것이 가장 이상적이다. 갑자기 체중이 늘거나 몸이 지나치게 많이 부으면 문제가 생겼다는 신호일 수 있으므로 주의를 기울인다. 혈압은 고혈압인지 저혈압인지를 알기 위해서 측정한다. 최고혈압이 140㎜Hg, 최저혈압이 90㎜Hg를 넘으면 임신중독증이 의심된다. 체중이 급격하게 늘거나 혈압이 급격하게 상승하면 임신중독증에 걸릴 위험이 있으므로 검진 때마다 꾸준하게 변화를 확인한다.

질식 초음파 검사

문진이 끝나면 질식 초음파를 통해 태낭의 위치나 크기, 태아의 심장박동 등을 확인한다. 임신 초기에는 태아의 크기가 크지 않으므로 복식 초음파 대신 초음파가 달린 둥근 봉을 질 안에 넣어 검사하는 질식 초음파를 한다. 초음파 검사로 태아의 머리부터 엉덩이까지의 길이를 재서 출산 예정일을 판단한다. 또한 이때 자궁경부암 검사를 한다. 자궁경부암은 임신이 진행된 뒤 알게 되면 치료하기 어려우므로 반드시 임신 초기에 확인한다.

혈액 검사

혈액 검사를 통해 RH인자에 대해 알아보고 풍진과 간염 항체가 있는지 확인한다. 태아와 임신부의 RH인자가 서로 다르면 태아가 유산되거나 태어난 후 뇌성마비 등을 일으킬 수 있으므로 임신부에게 면역글로불린을 투여한다. 풍진 항체가 없는 경우 태아에게 감염될 확률이 높으므로 임신 15주까지 혈액 검사를 실시한다. 또한 혈색소, 혈소판, 백혈구 등 혈액 관련 질환이 없는지 살핀다. 이를 통해 빈혈, 에이즈, 매독 유무를 확인하고 갑상선과 신장의 기능도 파악할 수 있다.

태아 목덜미 투명대 검사

임신 10~12주에 초음파를 통해 태아의 목덜미 투명대 두께를 측정한다. 만약 염색체에 이상이 있으면 목덜미의 임파선이 막혀서 액체가 축적되어 태아 목덜미가 정상보다 두껍다. 만약 투명대의 두께가 3㎜ 이상이면 다운증후군이나 기형의 가능성이 있으므로 임신 초기에는 융모막 검사, 임신 중기에 정밀 초음파 검사나 양수 검사로 이상을 다시 체크한다.

임신 중기

임신 중기에 가장 중요한 검사는 기형아 검사로, 태아의 심장 기형은 물론 다른 기형도 발견하기 쉽다. 한 달에 한 번씩 체중과 혈압 측정은 물론 소변 검사를 한다. 초음파 검사로는 태아의 크기와 위치, 태반의 위치와 모양을 진단한다. 자궁을 측정하고 태아의 심음을 관찰해 태아의 발육 정도를 확인한다. 요즘에는 4차원 입체 초음파로 태아의 신체 구조와 얼굴까지 볼 수 있으므로 병원 내원 시 신청한다. 비용은 3만~8만 원 선이다.

기형아 검사(쿼드 검사)

임신 15~20주 사이에 기형아 선별 검사(쿼드 검사)를 실시한다. 임신부의 혈액을 채취해 태아에서 분비되어 모체의 혈관을 통해 전해지는 4가지 호르몬 수치를 측정한 뒤 다운증후군, 에드워드증후군 등 기형의 위험성을 체크한다. 만약 선별 검사 결과 양성으로 기형의 위험성이 높다고 발견되면 양수 검사나 탯줄 혈액 검사 등을 추가로 실시한다. 고위험 임신부나 기형아 임신 경험이 있는 경우에도 실시한다. 임신 20주 이후 초음파 검사에서 이상 소견이 발견되면 태아제대천자검사를 실시하기도 한다. 탯줄에서 태아의 혈액을 채취해 염색체 이상은 물론 저산소증, 바이러스 감염 여부를 확인하는데, 양수 검사보다 다소 위험하지만 기형 유무가 우려되고 양수 검사 시기를 놓친 경우는 해야 한다.

정밀 초음파 검사

임신 20~24주에는 정밀 초음파를 통해 머리부터 발끝까지 태아의 손가락과 발가락, 얼굴 모양은 물론 뇌, 심장, 콩팥 등 주요 장기를 확인한다. 언청이 여부도 알 수 있다. 정확도는 85%로 검사 시간은 30분 내외다.

임신성 당뇨 검사

임신 24~28주경에는 4시간 공복을 유지한 뒤 50g의 포도당 용액을 복용하고 1시간 후 혈액을 채취해 혈당을 재어 임신성 당뇨 여부를 확인하는 검사를 한다. 만약 이상이 발견되면 며칠 후 재검사를 한다. 포도당 용액 100g을 마시고 한 번, 1시간 후, 2시간 후, 3시간 후 총 4회 검사를 해두 번 이상 혈당 수치가 기준보다 높으면 당뇨로 판단한다. 임신성 당뇨에 걸리면 난산할 확률이 높아지고 태아에게도 합병증이 생기므로 이상이 발견되면 식이요법과 더불어 치료를 해야 한다.

임신 후기

임신 8개월부터는 2주에 한 번씩, 막달에는 1주일에 한 번씩 병원 검진을 받아 아기가 순조롭게 세상에 나올 준비를 하고 있는지 확인한다. 이 시기 검진을 통해 분만 방법이 결정되므로 시기를 놓치지 않고 검진을 받는 것이 중요하다.

초음파 검사

초음파 검사를 통해 태아의 발육 상태와 위치, 태반의 위치를 살펴 정상 분만이 가능한지 살핀다. 임신 후기에는 초음파 검사를 통해 태아의 머리가 아래로 향하고 있는지, 위로 향하고 있는 역아인지 살핀다. 만약 머리가 위로 향하고 있다면 체조를 통해 위치를 바로잡도록 노력해야 한다. 또한 양수의 양이 충분한지도 확인한다.

막달 검사

임신 34~36주경에는 출산 준비에 앞서 자연 분만을 해도 무리가 없는지 체크하는 검사를 한다. 혈액을 채취해 혈액 응고 기능, 빈혈, 간기능 검사 등을 한다. 또한 소변 검사를 통해 단백뇨를 체크하고 흉부 X선 검사와 심전도를 시행한다.

태아 안녕 검사(태동 검사)

분만 전 태아의 안녕 상태와 자궁 수축을 확인하는 검사다. 임신부 복부에 태아 심음 감지 측정 장치를 장착하고 약 20분 동안 태아의 심박수 변화를 체크한다. 배뭉침 수치를 통해 진통이 있는지 확인하고 태아가 움직일 때마다 임신부가 버튼을 눌러 태아의 움직임을 확인한다. 검사 중 태아가 수면 중이면 움직이지 않으므로 사탕을 먹는다든지 자극을 주어 세밀하게 검사한다. 임신중독증이나 당뇨병이 있는 임신부나 조기 진통이 의심되면 임신 중기에도 검사를 한다. 필요에 따라 자궁 수축 시 태아의 반응을 평가하는 자궁 수축 검사를 실시한다. 자궁 수축 시 태아의 심박수가 줄어드는 패턴을 분석해 필요시에 분만을 고려할 수도 있다.

내진

의사가 임신부의 질에 손가락을 집어넣어 검사하는 것을 내진이라고 한다. 임신 37주 이후에는 내진을 통해 자궁 경부(자궁의 입구)가 열린 정도와 소실된(얇아진) 정도를 확인하여 아기를 낳을 준비를 하고 있는지를 조사하고 질과 복부를 관찰하여 임신 지속 여부와 분만 시기를 판단한다.

정기 검진 시 주의사항

흡연 · 음주 여부도 솔직하게 대답한다

의사가 결혼 전 임신이나 유산 경험, 흡연, 음주, 부부관계 등에 대해 물으면 창피하다고 대답을 얼버무리거나 거짓말하는 이들이 있는데, 이는 진료를 방해하는 행동이다. 솔직하게 대답한다.

화장은 옅게 하고 치마를 입는다

의사가 혈색을 보고 빈혈 등 건강 상태를 정확하게 체크하므로 화장은 엷게 한다. 정확한 혈압 측정을 위해 소매가 꽉 끼거나 소재가 두꺼운 상의는 피한다. 내진을 할 때는 속옷까지 벗어야 하므로 상하의가 분리된 옷을 입는다. 딱 붙는 바지보다는 폭이 넓은 긴 치마가 진료 시 편하다.

평소 건강 상태를 체크해 간다

마지막 생리일, 생리 주기, 약물 복용 여부 등도 간단히 메모해서 가는 것이 좋다. 임신 기간에는 예전과 다른 몸의 변화를 수시로 느끼게 되므로 이때마다 증상을 임산부 수첩에 메모해두었다가 정기 검진 때 의사와 상담하는 것이 만일의 위험에 대비하는 방법이다.

소변 검사를 위해 소변을 참는다

임신 중에는 요단백이나 당뇨 등이 있는지 알아보기 위해 수시로 소변 검사를 한다. 검사를 위해 약간의 배뇨감이 있는 상태에서 병원에 가는 것이 좋다.

산전 검사 의료보험 적용

의료보험이 적용되지 않는 검사

- 일부 초음파 검사
- 유전학적 양수 검사
- 자궁경부 세포진 검사

의료보험이 적용되는 검사

- 혈액 검사
- 소변 검사
- 혈액형 검사
- 매독 혈청 검사(매독 반응 검사)
- HBsAg(B형 간염 S항원 검사)
- 풍진 검사(IgG, IgM)
- 에이즈 검사 및 선천성 기형아 검사
- 비자극 검사
  (1회 적용, 35세 이상 2회 적용)
- 초음파 검사

08 초음파 검사의 모든 것

임신을 확인하는 순간부터 출산 전까지 매달 초음파 검사를 실시한다. 초음파 검사는 태아의 건강과 발육 상태를 확인하는 중요한 척도다. 임신 기간 중 초음파 검사의 종류와 사진 보는 법 등을 알아본다.

초음파 검사란

초음파 검사는 인체에 전혀 해가 없는 높은 주파수를 이용해 신체 장기에 반사되는 음파를 해석해서 영상으로 보여주는 검사다. 임신부의 질 속에 커버를 씌운 봉 상태의 질 프로브를 넣어 검사하는 질식 초음파와 배에 젤리를 바르고 초음파 기구를 피부에 접촉하여 검사하는 복식 초음파 2종류가 있다. 임신 초기에는 태아의 크기가 작으므로 질식 초음파로 태낭이 있는지 확인해 임신 여부를 판단한다. 임신 중기 이후에는 복식 초음파를 통해 태아의 위치 및 기형 여부를 확인하는 한편 태아의 머리 둘레와 머리부터 엉덩이까지의 길이를 재서 발육 상태를 확인한다. 초음파 검사는 임신 주수마다 반드시 살펴야 할 임신부와 태아의 상태를 체크하고 순산 여부를 확인하는 중요한 잣대다.

초음파 진단 내용

임신 확인과 임신 주수 판단

임신 초기에는 질식 초음파 검사를 통해 임신 여부를 확인한다. 초음파에 나타나는 자궁의 크기가 좀 커지고 자궁 내벽이 두꺼워져 있으면 임신 가능성이 높다. 또 태아의 머리에서 엉덩이까지 길이를 재서 정확한 임신 주수를 판단하고 출산 예정일을 산출한다.

태아의 크기와 위치

쌍둥이 임신을 확인하는 것은 물론이고 정기 검진 때마다 태아가 임신 기간에 비해 너무 크거나 작지는 않은지와 태반의 위치, 태아의 전반적인 건강 상태를 알아본다.

태아의 기형 여부

태아의 외형적인 이상을 판단할 수 있다. 손발 기형, 언청이 등의 형태적 기형 및 선천성 기형 유무도 대부분 알 수 있다. 그러나 다운증후군 같은 염색체 이상은 발견할 수 없다.

순산 여부 결정

임신 후기에는 태반의 위치, 자궁의 상태, 태아의 머리 크기를 진단해서 자연 분만이 가능한지 알아본다. 또 양수의 양을 체크해서 양수 과다증 또는 양수 과소증인지 확인하고 임신 과정을 지켜보면서 자궁 외 임신, 전치태반, 역아 등의 이상을 알아봐 순산을 할 수 있는지 여부를 예측하고 그 결과에 따라 분만 방법을 결정한다.

초음파 검사의 종류

기본 초음파

검진 때마다 실시하는 기본적인 초음파 검사로 임신 초기에는 질식 초음파, 중기 이후에는 복식 초음파 검사를 한다.

정밀 초음파

태아의 모든 장기가 완성되어 잘 보이는 임신 20~24주에 초음파로 정밀하게 보는 검사다. 정밀 초음파는 해상도가 높은 고가의 초음파 장비로 숙련된 전문가가 시행한다. 특히 심장은 이 시기에 검사해야 가

초음파 사진 용어 풀이

- **FL** 태아의 대퇴골(넓적다리 뼈)의 제일 긴 길이 ❶
- **AC** 복부 둘레. 태아의 발육 정도를 체크한다. ❷
- **BPD** 머리 크기(지름). 머리의 가장 긴 지름으로 이 수치로 태아의 발육 상태를 체크한다. ❸
- **HC** 태아의 머리 둘레 수치. 성장 발달 정도를 체크한다.
- **GS** 자궁강 내 아기집의 크기. 태아의 형태가 거의 보이지 않는 임신 5주 전까지 많이 사용한다.
- **OFD** 태아 머리 뒤꼭지~앞꼭지 지름
- **FTA** 태아 복부 단면적
- **APD** 앞뒤 지름
- **AFI** 양수 지표
- **Tibia** 경골(종아리의 뼈, 촛대뼈)
- **Ulna** 척골(앞팔의 한 뼈)
- **HR** 태아 심박동 수
- **AGE** 임신 주수와 날짜. W는 주수, d는 날짜
- **Humerus** 상완골(위팔: 어깨부터 팔꿈치) ❹
- **CRL** 머리부터 엉덩이까지의 길이. 임신 8~11주에 체크한다.
- **Cerebel lum** 소뇌
- **EDD** 출산 예정일. 태아의 크기에 따른 출산 예정일은 주로 임신 12주 미만에 결정된다.
- **FW** 태아 몸무게

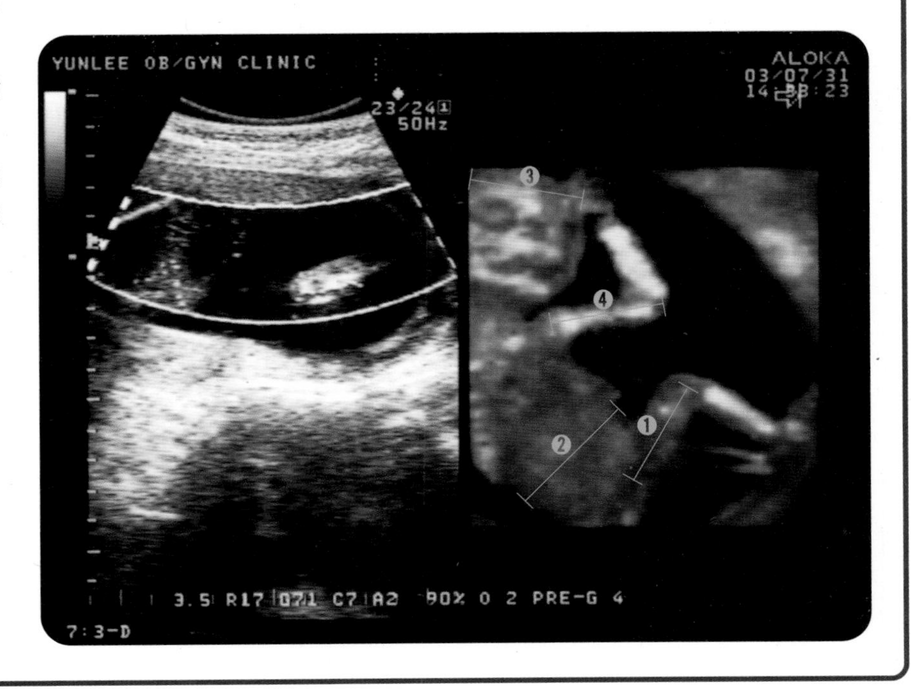

장 정확하게 이상 여부를 확인할 수 있다. 또 머리의 뇌실 크기부터 심장 및 내장기관의 대부분을 자세히 볼 수 있어 일반 초음파에서 찾을 수 없는 이상을 발견하기도 한다.

입체 초음파

임신부가 보기 좋게끔 태아의 모습을 3차원으로 재조합하여 영상으로 표현한 초음파로 보통 임신 24~32주에 시행한다. 이 시기에는 양수의 양도 많고 태아도 어느 정도 커서 얼굴 각 부위를 좀 더 입체적으로 볼 수 있다. 일반 초음파와 달리 초음파 단층 촬영을 하기 때문에 태아의 외관을 좀 더 세밀하게 볼 수 있으며, 실제로 언청이나 손가락 기형 등이 잘 보인다. 또 눈, 코, 얼굴, 웃는 모습 등을 실제와 같은 상태로 볼 수 있다. 태아의 외형에 이상이 없다면 계속 입체 초음파를 볼 필요는 없다. 임신 기간 중 기념 삼아 한두 번만 보면 된다.

초음파 검사 전 알아둘 것

초음파 검사를 할 때는 두 가지 사항을 지켜야 정확한 결과를 알 수 있다.

첫째, 검사 당일 샤워 후 되도록 튼살 크림을 바르지 않는다. 크림이 초음파의 진행을 방해해 판단이 어려울 수 있기 때문이다.

둘째, 임신 초기 질초음파 검사는 속옷을 벗어야 하므로 너무 꽉 끼는 바지 등은 피하는 것이 좋다. 임신 중기 이후 복부초음파 검사를 할 경우 배를 통해서 검사하므로 배가 노출되고 옷을 올릴 때에 번거롭지 않는 옷을 입는 것이 좋다.

초음파 사진 보는 법

임신 1개월(~4주)

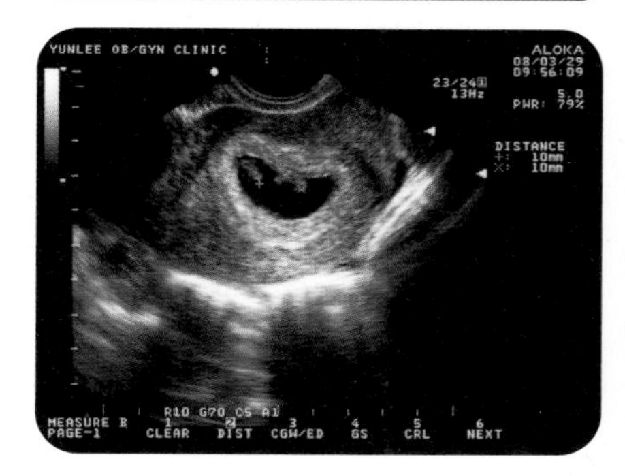

자궁 내에는 태아를 감싸는 주머니인 태낭이 있는데 그 속에서 태아가 형성된다. 이 시기에는 초음파로 태낭만 확인할 수 있다.

임신 2개월(5~8주)

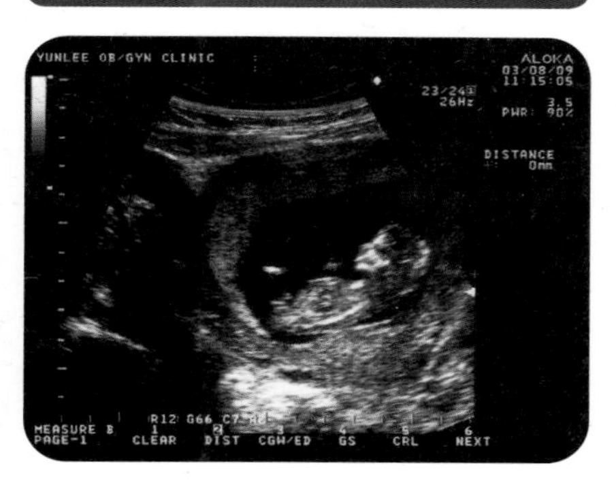

초음파 검사를 통해 태낭에 태아가 안전하게 들어 있는지 확인한다. 임신 6~7주에는 태아의 심장 박동 소리를 들을 수 있다. 눈이나 귀의 시신경, 청신경, 뇌가 급속하게 발달하는 한편 심장, 간장, 신장, 위 등의 기관 분화가 시작된다. 심장도 뛰기 시작하고, 각 기관들도 불규칙하게 움직이기 시작한다. 태아는 전체의 반 정도가 머리이고 뒷부분에는 긴 꼬리가 생겨 마치 물고기 모습 또는 곰돌이 인형 모양과 같다. 임신 8주 정도부터는 초음파로 태아의 머리에서 엉덩이까지의 길이를 측정하고 그 수치로 임신 주수와 출산 예정일을 확인한다.

임신 3개월(9~12주)

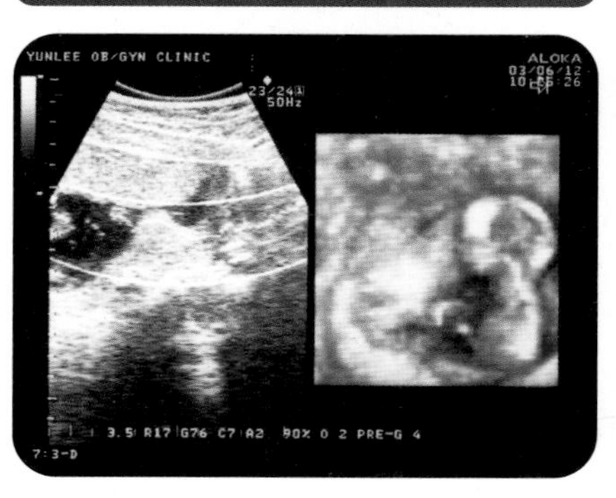

꼬리 달린 물고기 모습이던 태아의 꼬리가 완전히 없어진다. 손가락과 발가락이 나타나고 초음파로 태아의 배 부분에 길쭉하게 연결된 탯줄이 보인다.

임신 4개월(13~16주)

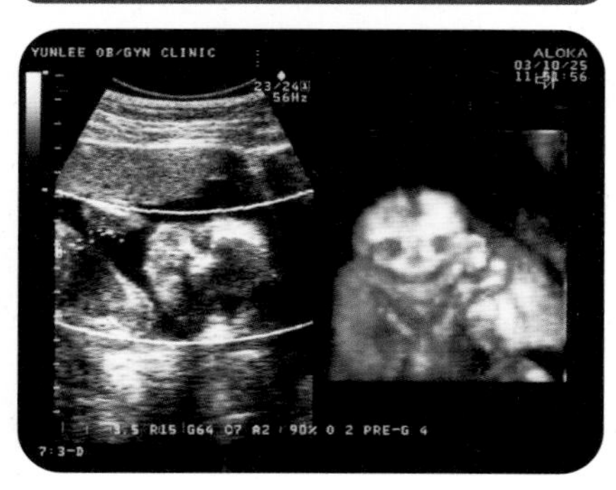

태아는 비로소 사람다운 모습을 갖춘다. 눈꺼풀은 아직 내리덮인 상태지만 눈은 완전한 형태를 갖추고 입을 벌리거나 다문다. 임신 14주의 태아는 머리와 배, 다리 등이 선명하게 보이고 크기는 10~15㎝ 정도다. 이 시기까지만 초음파상 한 화면에 태아의 전신을 모두 담을 수 있으며, 이후에는 부분적으로만 볼 수 있다.

임신 5개월(17~20주)

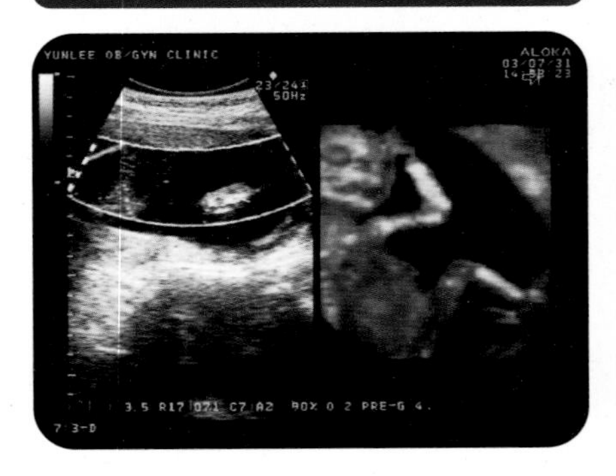

초음파상에서 태아의 심장이 검게 보이며 끊임없이 움직인다. 생식기가 외부로 드러나기 시작해 아들인지 딸인지 구별할 수 있다. 태아가 손가락을 빠는 모습을 종종 보게 되는데, 이것은 엄마 젖을 빨기 위한 연습 과정이다.

임신 6개월(21~24주)

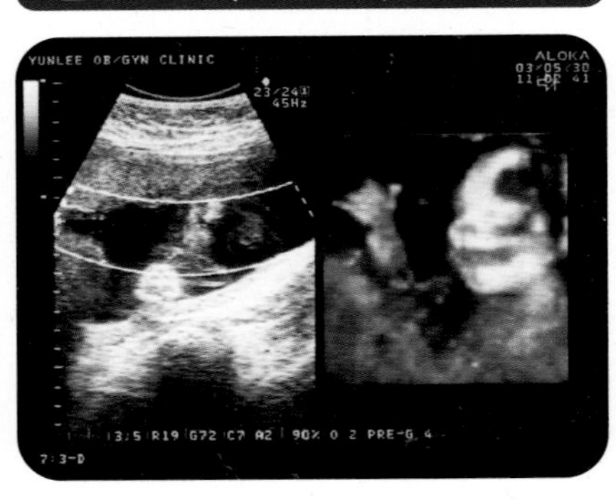

양수의 양이 많아지면서 태아가 더욱 활발하게 움직여 자세나 위치를 자주 바꾼다. 따라서 초음파상 역아로 보일 때도 있지만 이후 여러 번 위치를 바꾼다. 다리뼈를 측정해 태아가 올바르게 자리 잡고 있는지 확인한다. 두개골, 척추, 팔다리뼈를 모두 구분할 수 있다. 정밀 초음파를 통해 태아의 기형 유무를 검사한다.

임신 7개월(25~28주)

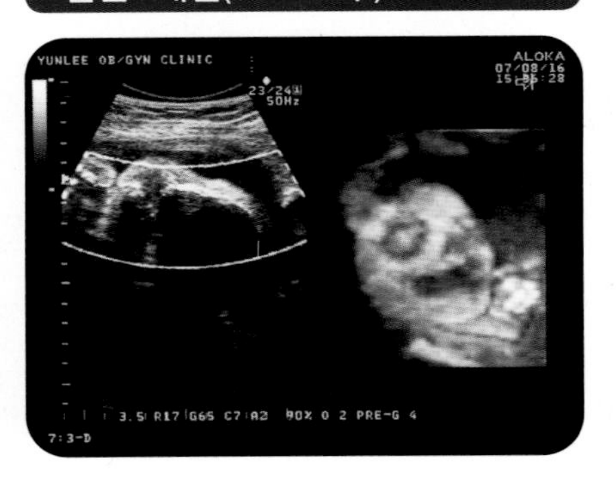

태아의 우심방과 우심실, 좌심방과 좌심실 등 심장 부분이 선명하게 보인다. 심장의 움직임이 점점 활발해져 복벽을 통해 청진기로 심박동 소리를 들을 수 있다. 초음파로 팔다리의 길이와 머리 둘레를 재서 평균치에 맞게 자라는지 살핀다.

임신 8개월(29~32주)

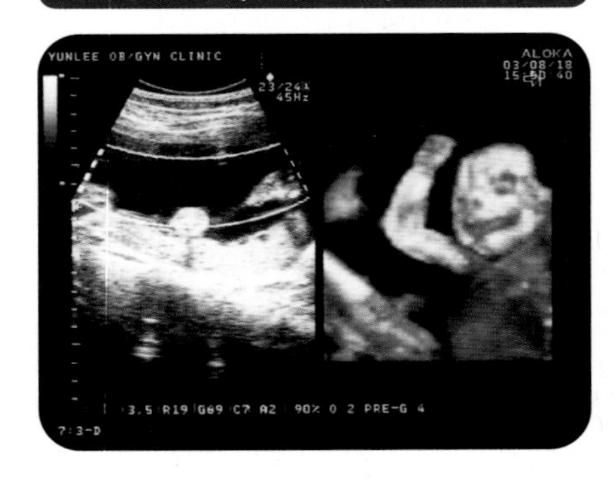

양수의 양은 최대치까지 늘어나 더 이상 늘지 않으며, 태아도 많이 자라 움직일 공간이 줄어들기 때문에 동작이 둔해진다. 임신 중기부터 태아의 발육 상태나 위치, 태반의 위치, 자궁구의 상태, 태아의 머리 크기를 진단해서 자연 분만이 가능한지 알아본다.

임신 9개월(33~36주)

양수가 줄어들고 태아가 커져 초음파로 태아 전체를 보기는 어렵고 부분적으로 확인한다. 태아도 살이 통통하게 올라 피부 주름도 펴진다. 남자아기는 복부에 있던 고환이 제 위치를 잡아서 내려가는데, 태아고환수종이 있을 경우 초음파 사진으로 발견할 수 있다.

임신 10개월(37~40주)

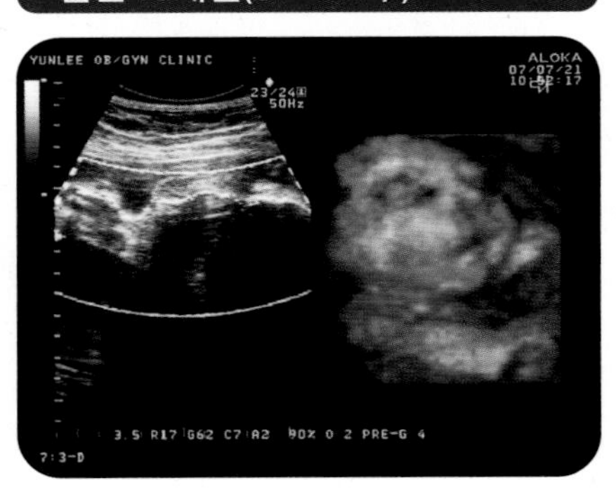

태아는 자궁에 꽉 찰 만큼 자라서 등은 둥글게 구부리고, 손발은 앞으로 모은다. 초음파로 심장, 담낭, 방광 등의 장기가 제대로 형성되었는지 보고 탯줄과 태반의 위치도 확인한다. 태아의 상태를 보아 조산의 위험이 없는지 체크하고 분만 방법을 결정한다.

09 출산 예정일 계산법

보통 '열 달'이라는 임신 기간은 정확하게 말하면 평균 267일 정도다. 태아가 주수에 맞게 잘 자라고 있는지 확인하는 척도가 되는 출산 예정일을 계산하는 법을 알아본다.

정상적인 출산 시기

임신 기간, 즉 태아가 엄마 배 속에 있는 일수가 모든 사람이 딱 맞아떨어지는 것은 아니다. 보통 정자와 난자가 수정한 뒤 출산하기까지의 기간은 267여 일 정도다. 예를 들어 생리 주기가 28일로 규칙적이라면 마지막 생리 시작 첫날부터 280일째 되는 날이 출산 예정일이다. 대체로 최종 생리 시작일로부터 280일(28일을 1개월로 10개월=40주)을 임신 기간으로 본다. 보통 실제 출산은 출산 예정일에서 1~2주 빠르거나 늦는 등 개인차가 존재한다. 첫 출산은 분만 예정일보다 대개 늦는 반면 출산을 경험했다면 예정일보다 일주일 정도 빠른 편이다.

임신 37주에서 41주 6일까지는 정상 출산 범위에 속하므로 조금 빠르거나 늦는다고 해도 걱정할 필요는 없다. 만일 정상 분만일 이전에 위험한 상황이 생긴다면 유도분만을 하거나 제왕절개 수술을 한다. 보통 태아의 80~90%는 임신 34주에 폐가 성숙하므로 이 시기에 태어나면 건강하게 살 확률이 높다. 임신 42주가 지나면 태반이 노화하여 기능이 떨어지므로 출산 기미가 보이지 않으면 인위적으로 진통을 유발해 분만을 유도한다.

출산 예정일 계산법

마지막 생리일 계산법

출산 예정일은 보통 마지막 생리 시작일로 계산하기 때문에 스스로도 쉽게 알아볼 수 있다. 정자와 난자가 수정한 뒤 출산까지의 기간은 보통 267일. 생리가 시작된 지 2주 정도 지나 수정이 이루어지므로 마지막 생리가 시작된 날로부터 280일 후가 출산 예정일이 된다. 흔히 마지막 생리 달수에서 3을 빼거나 뺄 수 없을 때는 9를 더하고, 마지막 생리의 첫날에서 7을 더해서 계산한다. 예를 들어 마지막 생리 시작일이 1월 14일이라면 1+9=10이므로 10월이고 14+7=21이므로 출산 예정일은 10월 21일이다. 마지막 생리 시작일이 9월 25일이라면 9−3=6이므로 6월이고 25+7=32이므로 출산 예정일은 다음 해 7월 2일이다.

초음파 계산법

마지막 생리 시작일을 정확하게 알 수 없는 경우 초음파 검사를 통해 예정일을 알아볼 수 있다. 초음파로 태아의 머리부터 엉덩이까지의 길이를 재서 개월 수를 산출하는데 비교적 정확하다. 임신 주수는 보통 임신 20주 이전에 초음파 검사로 확인하는데, 임신 4~7주에는 태아를 싸고 있는 태낭의 크기로, 태아의 형체를 확인할 수 있는 임신 8~11주에는 태아의 길이로 확인한다. 또 임신 12주 정도 되면 태아 머리를 바로 위에서 보았을 때 옆 길이, 몸의 둘레, 대퇴골의 길이를 재어 임신 주수를 산출한다.

자궁저부 표준 높이 계산법

이 계산법은 임신 중기(20~31주) 무렵부터 자궁저부의 높이를 재서 태아가 있는 자궁의 크기를 측정한 뒤 임신 주수와 출산 예정일을 계산하는 것이다. 자궁저부 높이는 골반 앞쪽 아래의 치골부터 자궁의 가장 높은 곳까지의 길이를 말한다. 표준 자궁저는 임신 6개월 말일 때 24㎝, 7개월 말일 때 28㎝, 8개월 때 30㎝ 정도다. 자궁저가 가장 높을 때는 임신 9개월이며 만삭일 때는 오히려 태아가 밑으로 내려와 자궁저 높이가 낮아진다.

태동 계산법

태동 또한 마지막 생리 날짜가 확실하지 않을 때 출산 예정일을 추측하는 중요한 단서가 된다. 태아는 임신 16주면 스스로 움직이기 시작하지만, 태동을 느낄 정도로 크게 움직이지는 않는다. 엄마가 태동을 느낄 정도로 태아가 움직이는 것은 임신 20주 무렵. 태동을 처음 느낀 날을 기억했다가 진료 때 의사에게 이야기하면 예정일을 산출하는 데 도움이 된다. 마지막 생리 날짜를 알고 있더라도 태아의 정상적인 성장을 확인하기 위해 의사는 태동 여부를 물어본다.

출산 예정일 환산표 보는 법

마지막 생리 시작일이 1월 1일이라면 1월 1일을 찾은 다음 같은 칸에 있는 아래의 숫자를 읽으면 된다. 즉 그해 10월 8일이 출산 예정일이 되는 것. 마지막 생리 시작일이 10월 31일이었다면 그다음 해 8월 7일이 출산 예정일이다.

출산 예정일 환산표

1월	**1**	**2**	**3**	**4**	**5**	**6**	**7**	**8**	**9**	**10**	**11**	**12**	**13**	**14**	**15**	**16**	**17**	**18**	**19**	**20**	**21**	**22**	**23**	**24**	**25**	**26**	**27**	**28**	**29**	**30**	**31**	**1월**
10월	8	9	10	11	12	13	14	15	16	17	18	19	20	21	22	23	24	25	26	27	28	29	30	31	1	2	3	4	5	6	7	11월
2월	**1**	**2**	**3**	**4**	**5**	**6**	**7**	**8**	**9**	**10**	**11**	**12**	**13**	**14**	**15**	**16**	**17**	**18**	**19**	**20**	**21**	**22**	**23**	**24**	**25**	**26**	**27**	**28**	**29**			**2월**
11월	8	9	10	11	12	13	14	15	16	17	18	19	20	21	22	23	24	25	26	27	28	29	30	1	2	3	4	5				12월
3월	**1**	**2**	**3**	**4**	**5**	**6**	**7**	**8**	**9**	**10**	**11**	**12**	**13**	**14**	**15**	**16**	**17**	**18**	**19**	**20**	**21**	**22**	**23**	**24**	**25**	**26**	**27**	**28**	**29**	**30**	**31**	**3월**
12월	6	7	8	9	10	11	12	13	14	15	16	17	18	19	20	21	22	23	24	25	26	27	28	29	30	1	2	3	4	5	6	1월
4월	**1**	**2**	**3**	**4**	**5**	**6**	**7**	**8**	**9**	**10**	**11**	**12**	**13**	**14**	**15**	**16**	**17**	**18**	**19**	**20**	**21**	**22**	**23**	**24**	**25**	**26**	**27**	**28**	**29**	**30**		**4월**
1월	6	7	8	9	10	11	12	13	14	15	16	17	18	19	20	21	22	23	24	25	26	27	28	29	30	31	1	2	3	4		2월
5월	**1**	**2**	**3**	**4**	**5**	**6**	**7**	**8**	**9**	**10**	**11**	**12**	**13**	**14**	**15**	**16**	**17**	**18**	**19**	**20**	**21**	**22**	**23**	**24**	**25**	**26**	**27**	**28**	**29**	**30**	**31**	**5월**
2월	5	6	7	8	9	10	11	12	13	14	15	16	17	18	19	20	21	22	23	24	25	26	27	28	1	2	3	4	5	6	7	3월
6월	**1**	**2**	**3**	**4**	**5**	**6**	**7**	**8**	**9**	**10**	**11**	**12**	**13**	**14**	**15**	**16**	**17**	**18**	**19**	**20**	**21**	**22**	**23**	**24**	**25**	**26**	**27**	**28**	**29**	**30**		**6월**
3월	8	9	10	11	12	13	14	15	16	17	18	19	20	21	22	23	24	25	26	27	28	29	30	31	1	2	3	4	5	6		4월
7월	**1**	**2**	**3**	**4**	**5**	**6**	**7**	**8**	**9**	**10**	**11**	**12**	**13**	**14**	**15**	**16**	**17**	**18**	**19**	**20**	**21**	**22**	**23**	**24**	**25**	**26**	**27**	**28**	**29**	**30**	**31**	**7월**
4월	7	8	9	10	11	12	13	14	15	16	17	18	19	20	21	22	23	24	25	26	27	28	29	30	1	2	3	4	5	6	7	5월
8월	**1**	**2**	**3**	**4**	**5**	**6**	**7**	**8**	**9**	**10**	**11**	**12**	**13**	**14**	**15**	**16**	**17**	**18**	**19**	**20**	**21**	**22**	**23**	**24**	**25**	**26**	**27**	**28**	**29**	**30**	**31**	**8월**
5월	8	9	10	11	12	13	14	15	16	17	18	19	20	21	22	23	24	25	26	27	28	29	30	31	1	2	3	4	5	6	7	6월
9월	**1**	**2**	**3**	**4**	**5**	**6**	**7**	**8**	**9**	**10**	**11**	**12**	**13**	**14**	**15**	**16**	**17**	**18**	**19**	**20**	**21**	**22**	**23**	**24**	**25**	**26**	**27**	**28**	**29**	**30**		**9월**
6월	8	9	10	11	12	13	14	15	16	17	18	19	20	21	22	23	24	25	26	27	28	29	30	1	2	3	4	5	6	7		7월
10월	**1**	**2**	**3**	**4**	**5**	**6**	**7**	**8**	**9**	**10**	**11**	**12**	**13**	**14**	**15**	**16**	**17**	**18**	**19**	**20**	**21**	**22**	**23**	**24**	**25**	**26**	**27**	**28**	**29**	**30**	**31**	**10월**
7월	8	9	10	11	12	13	14	15	16	17	18	19	20	21	22	23	24	25	26	27	28	29	30	31	1	2	3	4	5	6	7	8월
11월	**1**	**2**	**3**	**4**	**5**	**6**	**7**	**8**	**9**	**10**	**11**	**12**	**13**	**14**	**15**	**16**	**17**	**18**	**19**	**20**	**21**	**22**	**23**	**24**	**25**	**26**	**27**	**28**	**29**	**30**		**11월**
8월	8	9	10	11	12	13	14	15	16	17	18	19	20	21	22	23	24	25	26	27	28	29	30	31	1	2	3	4	5	6		9월
12월	**1**	**2**	**3**	**4**	**5**	**6**	**7**	**8**	**9**	**10**	**11**	**12**	**13**	**14**	**15**	**16**	**17**	**18**	**19**	**20**	**21**	**22**	**23**	**24**	**25**	**26**	**27**	**28**	**29**	**30**	**31**	**12월**
9월	7	8	9	10	11	12	13	14	15	16	17	18	19	20	21	22	23	24	25	26	27	28	29	30	1	2	3	4	5	6	7	10월

10 임신 중 약 복용

임신 중에는 아프더라도 행여 내가 먹은 약이 태아에게 영향을 주지 않을까 싶어서 약을 복용하기가 꺼려진다. 하지만 무조건 참는 것만이 능사는 아니다. 임신 중 약 복용에 대한 여러 가지 궁금증을 풀어봤다.

· **도움말** 손영경(약사)

약물 복용이 태아에게 미치는 영향

계획 임신이 아닌 임신부의 경우 임신 초기에 임신인 줄 모르고 약을 먹어 불안해하는 경우가 많다. 임신부가 복용한 약물은 탯줄을 통해 태아에게 전달되어 영향을 줄 수 있기에 주의를 필요로 한다.

임신 기간 중 약물이 태아에게 심각한 영향을 미치는 시기는 초기 3개월이다. 마지막 월경 시작일로부터 4주까지는 착상 전 시기로, 'All or Nothing'의 원칙이 적용된다. 약물에 대한 세포 손상이 유발된다면 임신이 지속될 수 없으며, 임신이 지속된다면 기형의 위험성 없이 정상 형태로 발달한다는 원칙이다.

마지막 월경 시작 후 4주부터 10주까지를 '배아 시기'라고 한다. 기관 형성이 이루어지는 가장 중요한 시기로서 심장과 중추신경계의 틀이 완성되며 10주 말경에는 귀와 구개가 형성되므로 약 복용에 신중해야 한다. 마지막 월경 시작 후 10주부터 분만까지가 바로 '태아 시기'다. 장기는 이미 형태를 갖추고 있지만 내부 장기와 뇌의 발달, 기능적인 발달이 이루어지는 중요한 시기이므로, 태아의 건강에 악영향을 줄 수 있는 약물 복용에 대한 주의를 기울여야 한다.

특히 선천성 기형을 유발하는 성분이 들어 있는 약물은 반드시 피해야 한다. 대표적으로 여드름약(이소트레티노인), 탈모치료제(피나스테리드) 등이 있다. 임신 계획을 세웠다면 임신 예정일 3개월 전부터 복용을 금하는 것이 좋다. 혈압약 중 안지오텐신전환효소(ACEIs), 안지오텐신 수용체 차단제(AⅡRAs), 항말라리아제, 면역억제제 등도 피해야 한다. 조울증 치료제인 리튬 성분도 태아 기형을 유발할 수 있다. 임신 시 피임약은 금기지만, 임신 초기에 복용한 경우 선청성 기형과는 관련이 없는 것으로 알려져 있다.

임신 중 약물 사용은 대체로 제한적이지만 그렇다고 모든 약 복용이 금기 사항인 것은 아니며, 임신 중 노출될 수 있는 질병에 적절한 약으로 대처하는 것은 오히려 임신부와 태아의 건강을 지키는 방법일 수 있다. 의사의 처방을 따른다면 더없이 건강한 약물 복용이 가능해질 것이다.

임신 중 주의가 필요한 약물

해열진통제

부루펜 성분의 진통제는 의사 처방 없이는 복용하지 않는다. 코데인 성분이 함유된 기침약은 모르핀 성분이 들어 있어 오랜 기간 복용할 경우 태아에게 중독될 수 있다. 또한 아스피린은 초기에는 안전하지만 임신 후기에 복용하면 태아의 동맥관을 폐쇄시켜 위험하다.

항생제

임신 기간 중에도 페니실린계 항생제나 세팔로스포린계 항생제 등은 안전하게 복용 가능하다. 단, 퀴놀론계 항생제와 일부 마크로라이드계 항생제는 FDA 카테고리 C로서 임신부라면 절대 복용해서는 안 된다. 테트라사이클린계 항생제는 임신 3개월 이후에는 복용 금지다.

여드름 치료제

먹는 여드름 치료제인 로아큐탄은 임신 직전 또는 임신 중 복용했을 경우 뇌와 심장에 심각한 결함을 일으키므로 임신을 계획 중이라면 최소 6개월 전부터 복용을 중단한다. 가임기 여성은 이소트레티노인과 에트레티네이트 등의 비타민 A 유사체도 삼가야 한다.

항경련제

간질 치료제인 페니토인과 카바마제핀은 태아 성장을 지연시키고 두개 안면 이상을 일으킬 수 있다.

항응고제

임신 초기 항응고제인 와파린을 복용하면

태아의 코와 성장판 등의 기형을 유발할 수 있다. 태반을 통과하지 않는 헤파린은 사용할 수 있다.

증상별 약 처방법

소화불량

임신 초기에는 호르몬의 영향으로 입덧이 시작되면서 소화불량 증상을 흔히 겪게 된다. 베나치오나 가스활명수 등 액상 소화제는 현호색이라는 성분이 들어있는데, 이 성분이 자궁 수축을 유발해 임신부는 복용해서는 안 된다. 그나마 복용 가능한 액상 소화제는 노루모 에프지만, 이 또한 너무 자주 복용해서는 안 된다.

훼스탈, 베아제 등도 스코폴리아, 디메치콘, 시메티콘 성분이 들어있어 복용하지 않는 것이 좋다. 위장 운동 조절제인 트리메부틴도 임신 후 첫 3개월은 복용하지 않는다. 위산 과다로 인한 소화불량의 경우 탄산칼슘, 탄산수소나트륨이 주성분인 개비스콘은 안전하게 복용 가능하다. 단, 나트륨 섭취를 제한해야 하는 심장, 신장 질환자는 복용에 주의해야 한다. 알마게이트 단일 제제인 알마겔 현탁액도 비교적 안전하다. 그러나 겔포스엠은 시메티딘 성분이 들어있어서 복용하지 않는 것이 좋다. 위산 분비 억제제인 미소프로스톨(미셀정, 아스로텍정)과 오메프라졸(오메드) 등은 임신 중 복용해선 안 된다.

감기

임신 중 감기에 걸리면 대부분 참고 견디는 경우가 많다. 그러나 고열이나 근육통, 과도한 기침, 가래, 콧물 증상에는 적절히 약을 써서 빨리 회복하는 것이 산모와 태아에게 오히려 도움이 된다. 상기도 감염의 경우 대증치료가 원칙이지만, 아세트아미노펜(타이레놀), 아세틸시스테인(뮤테란), 브롬헥신(비졸본)은 임신 전 기간 동안 비교적 안전하게 사용할 수 있다. 항히스타민 제제는 임신부의 경우 2세대 항히스타민제인 세티리진(지르텍), 레보세티리진(씨잘), 로라타딘(클라리틴) 등이 그나마 안전하다.

두통

두통은 입덧이 심하거나 불면증 때문에 생기는 것으로 임신 초기에 흔한 증상이다. 임신 중기에 들어서면 점점 사라지는데 임신 말기까지도 지속되면 임신성 고혈압일 수 있으므로 의사와 상의한다. 진통제의 종류가 다양하므로 반드시 산부인과에서 처방받는다. 타이레놀은 안전한 편이지만 장기적으로 복용하면 빈혈이나 간질환을 유발하므로 주의한다.

변비

임신을 하면 자궁이 점점 커지면서 장이 압박을 받게 되고 임신 중 분비되는 황체 호르몬이 장운동을 억제해 변비에 걸리기 쉽다. 특히 임신 20주 이후 철분제를 복용하면 변비가 악화될 수 있다. 수분 섭취를 늘리고 적당한 운동으로 장운동을 촉진해야 하며 섬유질이 풍부한 과일과 채소를 자주 섭취하면 변비 개선에 도움이 된다. 건조된 푸룬이나 푸룬 주스도 효과적이다. 다만, 과민성 대장 증상이 있는 경우 가스가 찰 수 있으니 용량을 적절히 조절하는 것이 좋다.

임신부의 변비가 심해지면 팽창성 하제인 차전자피(아락실)가 안전하고, 물을 충분히 먹는 것이 좋다. 장을 자극하고 변을 무르게 하는 비사코딜, 센나와 도큐세이트 등도 복용 가능하지만, 장을 자극하기 때문에 권장하지는 않는다. 마그밀의 경우 수산화마그네슘 성분으로 고용량으로 지속적 사용 시 전해질 불균형을 초래할 수 있다. 하지만 용량을 지켜서 복용하면 안전한 편이라고 할 수 있다.

치질

배가 많이 불러오는 임신 후반기에는 항문 쪽에 압력이 가중되고 항문 쪽 혈액순환이 원활하지 않아 울혈이 생기고 출혈이 발생하기도 한다. 약을 쓰기 꺼려져 방치하면 점점 심해지고 자연분만의 경우 치질이 악화될 수 있으므로 적절한 처치를 하는 것이 필요하다. 먹는 약으로는 디오스민 성분의 조아제약 디오스민 캡슐, 치센 캡슐이 있는데 임신 3개월 이후부터는 복용이 가능하다. 바르는 치질 연고는 비교적 안전하게 사용 가능하다. 치질 연고 중에는 항생물질 성분, 복합성분 연고, 스테로이드 함유 복합 연고 등이 있는데, 소량으로 단기간, 임신 후반기에 사용하는 것은 문제가 되지 않는다.

임신 중 영양제 복용

임신 중에는 시기별로 필요한 영양분을 식사를 통해 섭취하는 것이 가장 좋다. 그러나 식사를 통한 고른 영양 섭취는 좀처럼 쉽지 않은 일이다. 임신부에게 필요한 영양분을 고루 섭취하기 위해 임신 주기별 영양제를 복용할 필요가 있다.

1. 임신 초기

엽산제

엽산은 비타민 B의 한 종류로 수정란이 착상되고 중요 장기가 형성되는 임신 초기에는 충분한 양이 필요하다. 임신 전부터 꾸준히 엽산을 섭취하면 태아의 척추와 신경관 발육 결손이 생기는 것을 예방할 수 있다. 엽산은 하루 400㎍ 이상 섭취하는 것을 권장한다. 한국인의 경우 600~800㎍ 정도를 복용하는 것이 적절하고, 쌍태아의 경우 1000㎍까지 증량을 한다. 엽산은 비타민 B_{12}와 함께 적혈구 생산에 도움을 주므로 임신부 빈혈 증상에 대한 예방 효과도 있다. 철분제나 임신부 종합영양제에 엽산이 첨가되어 있는 제품이 있으므로 총량을 따져 보는 것이 좋다.

2. 임신 중기

철분제

철분은 체내 산소를 공급하는 헤모글로빈의 구성 성분으로 태아의 조직 및 태반 조직 형성에 필수적인 영양소다. 특히 임신 중기부터는 태아와 태반이 급격하게 성장해 필요량이 급격히 증가한다. 임신 중 철분이 부족하면 철 결핍성 빈혈이 생기고 분만 시 출혈도 대비해야 하므로 충분한 철분 섭취가 필요하다. 임신 20주부터 철분제를 복용하고 하루 30㎎ 정도의 철분을 더 섭취해야 한다. 쌍태아의 경우 60~100㎎, 빈혈이 있는 산모의 경우 300㎎ 이상의 철분을 보충한다.

철분제는 헴철과 비헴철 제제가 있는데 헴철이 비헴철에 비해 생체 이용률이 높으나 철 함량이 비헴철에 비해 낮다. 비헴철은 2가철과 3가철이 있는데, 3가철은 유기착화합물(볼그란, 훼럼키드 등), 단백결합철(볼그레, 헤모큐츄어블), 페리친(훼마틴에이)으로 분류된다. 2가철에 비해 흡수율은 떨어지지만 위장 장애가 덜하고 음식과의 흡수 장애도 적다. 철의 흡수율을 높이기 위해 식전이나 공복에 비타민 C가 풍부한 과일주스와 함께 복용하는 것이 좋다. 녹차나 유제품과 함께 섭취하지 않도록 한다. 제산제 복용 시 2시간 이상의 간격으로 복용한다.

3. 그 외의 임신부 영양제

종합비타민제

임신부용 종합비타민제는 엽산, 철분, 칼슘, 비타민 등의 영양성분이 임신부에게 적합하도록 구성되어 있다. 비타민 A와 같이 과량으로 섭취하면 안 되는 성분들까지 고려하여 만들어져서 각각의 영양제를 챙겨 먹기 힘든 경우 복용하기 간편하다. 임신 초기부터 복용이 가능하지만 위장 장애가 있는 산모의 경우 종합비타민 속의 철분제가 위장 장애를 일으킬 수 있음을 고려해야 한다. 이런 경우 엽산제만을 따로 복용하고 20주 이후에 종합비타민제를 사용하는 편이 좋다.

비타민 D

비타민 D는 현대인들에게 가장 부족한 비타민 중 하나이며 혈중 칼슘과 인을 정상 범위로 조절해 주고 뼈와 치아의 성장과 발달을 정상적으로 돕는 역할을 한다. 자외선 차단제 없이 직접 햇볕을 쬐는 것이 비타민 D의 합성에 도움이 되지만 사실상 쉽지 않은 일이다. 임신부와 수유부에게 특별한 일일 권장량이 있지는 않지만, 전문가들은 600IU 정도가 적당하다고 본다. 결핍 시 임신성 고혈압이 발생할 수 있다는 보고도 있다. 알약과 물약의 형태로 복용 가능하다.

오메가-3

오메가-3는 태아의 두뇌, 시력 발달에 도움을 주고, 조산 위험을 낮추는 효과도 있는 것으로 알려져 있다. 임신부용 오메가-3 제품은 해조류를 원료로 한 식물성으로 선택하는 것이 좋다. 비린 향과 해양오염의 위험이 덜하고, 임신부에게 필요한 DHA 함량도 높기 때문이다. 오메가-3는 분자구조에 따라 여러 종류로 나뉘는데, rTG 형태가 자연 그대로의 오메가-3 형태인 TG 형태보다 체내 흡수율도 높으면서 순도 또한 높다. 추출 방식도 중요한데, 화학 용매를 사용하지 않는 NCS 방식이 임신부에게 적합하다. 안전을 생각해 꼼꼼히 따져보고 선택한다.

유산균

유산균은 몸에 유익한 균으로, 장내 유해균의 생성을 억제하며, 소화불량, 변비, 설사 개선에 좋다. 또한, 산모 및 태아의 면역력에도 도움을 줄 수 있다. 자연분만 시 모체의 질 속에 있는 유산균이 아이의 면역력에 영향을 미친다는 연구 결과도 있으니, 3~4종류의 균으로 복합된 유산균을 임신 초기부터 꾸준히 복용하면 도움이 된다.

임신 중 약에 대한 궁금증

태아의 신체 기관이 형성되는 임신 4주부터 10주까지는 약물 복용에 특히 신경 써야 한다. 전문의에게 정확한 진단을 받고 처방전에 따라 약을 복용할 것. 좀 더 자세한 내용은 KIMS의약정보센터 홈페이지(kimsonline.co.kr)나 애플리케이션(KIMS Mobile)을 통해 해당 약품이나 성분을 검색하면 임신 중 복용해도 되는 약인지 확인 가능하다. 또한 마더세이프전문상담센터(1588-7309, mothersafe.co.kr)의 상담을 통해 임신 중 복용 여부와 태아에 미치는 영향까지 자세한 설명을 들을 수 있다. 전화나 홈페이지를 통해 무료로 상담 가능하며, 유튜브 채널(www.youtube.com/user/mothersafe)을 통해서도 임신 및 수유 중 약물 복용에 대한 정보를 얻을 수 있다.

대표적인 영양제

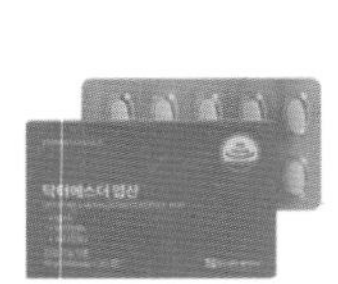

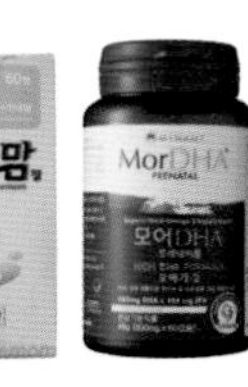

에스더포뮬러 닥터에스더 엽산

식약처에서 기능성을 인정한 엽산. 특허 보유 활성형 엽산(5-MTHF)과 건조효모(비타민 B_6, 비타민 B_{12})가 함유됐으며, 1일 영양소 기준치의 200%를 채운 800㎍의 엽산이 들어 있다. 2020년 식품의약품안전처가 발표한 임신 주기별 엽산 권장 섭취량에 따르면, 임신 전에는 400㎍, 임신기에는 600~800㎍, 수유기에는 550㎍ 엽산이 필요한 것으로 알려졌다.

뉴트리모어 액티브 엽산 400 / 800

특허받은 안전한 활성형 엽산과 엽산의 원활한 대사를 돕는 비타민 B_{12}, B_{16}을 함께 섭취할 수 있다. 임신 · 출산 맞춤 설계로 임신 전에는 액티브 엽산 400㎍을, 임신 후와 수유 중에는 액티브 엽산 800㎍을 복용한다.

레인보우라이트 종합비타민

임신 기간 중 임신부와 태아에게 필요한 영양분을 제공해주는 종합비타민. 비타민뿐 아니라 마그네슘, 칼슘, 철분이 고루 포함되어 있다.

종근당 고운자임맘

임신 및 수유기에 먹는 영양제로 비타민 A와 칼슘을 제외한 철분, 엽산, 비타민 D 등 필수 영양성분이 고루 들어 있다.

미나미뉴트리션 모어DHA

태아의 두뇌 발달에 도움이 되는 오메가-3의 주성분인 DHA가 함유된 영양제. 남극해 유역의 멸치, 정어리 등의 소형 어종을 이용해서 만든 동물성 오메가-3 추출물이다.

닥터맘스 종합영양제 1 · 2 · 3

임신 준비기~임신 초기, 중기, 후기~출산 후 단계별로 임신부 여성을 위한 철분, 엽산, 멀티 비타민 등이 함유된 종합 영양제다.

임신부가 섭취해야 할 영양소

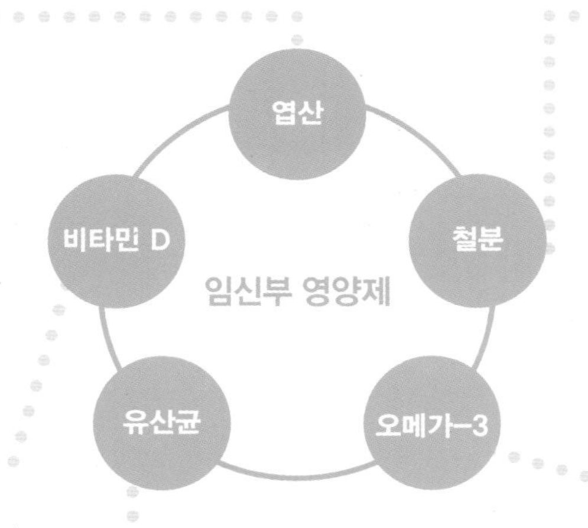

엽산

- 태아의 신경관 결손 등 기형아 예방을 위한 필수 섭취 영양소.
- 새로운 세포 형성 및 혈액 생성에 도움을 줌.
- 임신 전 3개월~임신 중, 출산 후 수유 중에도 400~600㎍ 섭취.

철분

- 태아의 몸무게가 1㎏이 넘어가는 임신 16주부터 출산 후까지의 필수 영양소.
- 임신 중 혈액을 통해 태아에게 영양분이 공급되어 임신부 혈액의 양이 30% 증가. 이때 헤모글로빈이 부족하면 철 결핍성 빈혈이 생김.
- 빈혈, 유산, 조산 예방에 중요.

비타민 D

- 임신부의 비타민 D 상태와 신생아의 체중과 신장, 골량의 상관관계가 높다는 연구 결과가 있음.
- 대부분의 초기 임신부는 비타민 D가 부족한 상태.
- 비타민 D 결핍은 임신중독증, 임신성 당뇨, 태아 아토피, 천식을 유발함.

유산균

- 임신 중 커진 자궁이 장을 압박해 걸리기 쉬운 변비를 예방하고 완화시켜줌.
- 출산 시 여러 가지 좋지 않은 박테리아에 노출되는데 유산균을 복용하면 장내 유익 균을 증가시켜 면역력을 강화시킴으로써 감염 예방에 도움을 줌.

오메가-3

- 태아의 두뇌와 시력 발달에 직접적인 영향을 주는 영양소.
- 오메가-3 지방산인 DHA는 체내 합성되지 않아 직접 섭취해야 함. 신생아는 모유를 통해서만 섭취가 가능하므로 임신 중 섭취해야 함.

11 임신 중 금기 식품

새 생명을 품은 예비 엄마는 기쁨도 잠시, 각종 '먹으면 안 되는 음식'에 대한 불안감에 시달린다. 평소 즐겨 먹던 커피, 술 등 대표적인 임신 중 금기 식품과 똑똑한 섭취법을 알아봤다.

금기 식품 섭취 요령

'인스턴트 음식을 먹으면 아토피가 생긴다', '통조림 참치를 먹으면 수은에 중독된다' 등 임신 중에는 여러 가지 금기 음식에 대한 속설과 마주하게 된다. 먹고 싶은 건 많은데 혹시 잘못 먹었다가 태아에게 나쁜 영향을 주진 않을까 두려워 임신부들은 병원 검진 때 질문 세례를 퍼붓거나 인터넷 검색에 매달린다. 어떤 식품이 해롭고, 좋은지 알쏭달쏭하다면 금기 식품의 종류와 허용되는 양에 대해 제대로 체크해 보자. 속설에 오르내리는 음식을 모두 가려먹으며 태어난 아기가 오히려 아토피에 더 많이 걸린다는 연구 결과도 있다. 아기의 건강과 입맛을 결정하는 임신 중 식품 섭취는 무조건 참기보다 제대로 알고 편안하고 맛있게 먹는 것이 더 중요하다.

생선

생선을 날것으로 먹으면 면역체계가 약한 임신부는 세균에 감염되거나 기생충에 전염될 위험성이 있다. 생선의 성분이 문제라기보다 신선하지 않은 회를 먹었을 때 세균에 감염되고 탈이 나면 고생할 수 있으므로 최대한 삼가야 한다. 임신부들을 가장 고민하게 하는 어종이 바로 참치와 연어다. 세계보건기구(WHO)와 미국 식품의약국(FDA)은 태아의 두뇌 발달에 좋은 오메가-3 지방산이 풍부한 참치, 연어 등의 생선을 일주일에 2~3회 챙겨 먹으라고 권고한다. 하지만 바다에 서식하는 지방질 생선(참치, 옥돔, 삼치)은 수은을 다량 함유해 태아에게 위험하다는 의견도 존재한다. 중금속인 수은은 태반을 통해 태아에게 전해져 신경계 발달에 영향을 미치는 한편 뇌성마비와 정신지체를 일으킬 수 있다. 임신 중 생선 섭취는 종류를 가리고 적정량을 챙겨 먹는 등 깐깐해질 필요가 있다. 오메가-3 지방산을 마음 편하게 섭취하고 싶다면 송어나 연어가 좋다. 갑각류도 수은 함량은 문제가 되지 않는다.

섭취량 한국 식품의약품안전처는 임신 중 생선 섭취량을 일주일에 400g으로 권장한다. 참치 통조림의 원료인 참치는 가다랑어로 1캔이 150g이므로 일주일에 2캔 정도는 먹어도 된다. 조기는 1마리의 무게가 100g, 고등어는 300g 정도다. 단 깊은 바다에 살고 먹이사슬의 꼭대기에 있는 참다랑어(참치), 상어 등은 수은이 많이 농축되어 있을 수 있으므로 일주일에 100g 정도만 섭취한다. 횟감용 참다랑어는 10점이 100g 정도다.

카페인

커피, 홍차, 콜라, 초콜릿 등 여성이 좋아하는 기호식품에 다량 함유된 카페인은 중추신경을 자극해 각성 효과를 일으키는 물질이다. 임신 중 많은 양의 카페인을 섭취하면 태아의 뇌, 중추신경계, 심장, 간 형성에 영향을 미칠 수 있다. 먹고 싶은 것을 무조건 참으면서 스트레스를 받는 것보다는 적당량을 즐기는 지혜가 필요하다. 한국 식품의약품안전처에서는 임신 중 카페인 섭취량을 하루 300㎎으로 권고한다. 단, 임신 초기에는 되도록 카페인이 든 각종 기호식품은 멀리하고 임신 안정기에 접어드는 중기 이후 권고 섭취량 범위 안에서 먹는다.

섭취량 보통 커피 1잔(150㎖)에는 카페인이 70~150㎎ 들어 있다. 실제 스타벅스 아메리카노(톨 사이즈, 318㎖)의 카페인 총량은 190㎎, 카라멜 마키아토(톨 사이즈, 348㎖)의 카페인 총량은 76㎎이다. 유리병 커피는 엔제리너스 카페모카(250㎖)가 155㎎이다. 즉 하루 1잔 정도의 커피는 태아에게 큰 영향을 주지 않는다.

맥주와 청량음료

임신 중 가장 참기 어려운 유혹이 바로 맥주다. 입덧이나 속이 더부룩할 때 시원한 맥주 생각이 절로 나지만 임신 중 알코올 섭취는 절대 금물이다. 태아의 신체 기관이 형성되는 임신 초기에 알코올을 지속적으로 마시면 중추신경의 발달에 지장을 주고 발육지체는 물론 저체중아가 태어날 수 있다. 또한 태아가 알코올증후군에 걸릴 위험도 생긴다. 콜라, 사이다 등 청량음료를 즐기는 임신부가 많은데 청량음료에는 카페인은 물론 당분, 인공색소 등 몸에 좋지 않은 성분이 다량 함유되어 있다.

섭취량 임신 중 시판 맥주는 마시지 않는다. 맥주의 유혹을 떨치기 어렵다면 무알코올 맥주를 마신다. 단 시판되는 무알코올 맥주도 깐깐하게 성분 분석표를 확인하자. 알코올 함유량이 0.5% 미만인 제품도 무알코올 맥주라는 이름을 붙일 수 있으므로 반드시 함유량이 0%인지 확인한다. 속이 울렁거리거나 더부룩할 때는 가급적 탄산수를 마시고 탄산음료는 하루 1잔 이내로 제한한다.

곡류

팥, 율무, 녹두 등의 몇몇 곡류는 임신 중 조심해서 먹어야 한다. 팥은 우리 몸의 호르몬 분비를 활발하게 해 자궁 수축을 일으키기도 한다. 율무는 태아에게 필요한 수분과 지방질을 태워 태아의 성장을 방해하고 양수를 체내로 배출하는 역할을 한다. 또한 장운동을 억제해 변비를 유발할 수 있으므로 임신 중에는 삼간다. 녹두는 성질이 차가운 곡류로 소화 기능이 약한 임신부가 섭취하면 소화 장애가 생길 수 있고 소염, 진통 작용이 뛰어나 태아에게 필요한 지방질을 태우는 역할을 한다. 하지만 꾸준히 장기 복용을 하는 것만 아니라면 문제가 되지 않는다.

과일은 적당히 드세요

맛이 달고 청량감을 주는 과일은 임신부들이 가장 즐겨 먹는 간식이다. 하지만 임신 중에는 짠 음식만큼 당분 섭취에 신경 써야 한다. 탄수화물과 당분 섭취를 많이 하면 임신성 당뇨가 생기기 쉽기 때문이다. 실제 통계 결과에 따르면 임신 중 과다 영양소 1위가 나트륨, 2, 3위가 비타민 A와 C였다.

섭취량 빵이나 팥빙수 등에 든 단팥 소량을 간식으로 즐기는 건 문제가 되지 않는다. 율무는 출산 후에는 체내 노폐물을 배출시켜주고 부기를 가라앉히는 효과가 있으므로 그때 먹는다.

그 외 식품

입덧이 심한 임신 초기나 입덧이 가라앉아 식욕이 왕성해지는 임신 중기 등 임신 중에는 매운 음식이 무척 당긴다. 임신 중 매운 음식을 많이 섭취하면 태아가 태어나서 태열로 고생한다는 속설이 있지만 과학적 근거는 없다. 다만 임신 중에 맵고 짠 음식을 과도하게 섭취하면 부종이나 고혈압이 생기기 쉽고 역류성 식도염으로 고생할 가능성이 있다. 나트륨 함량이 높거나 자극적인 음식은 부종이나 단백뇨를 일으켜 임신중독증을 유발하므로 주의한다. 인스턴트식품 또한 태아에게 알레르기나 피부 질환을 일으킨다는 이야기가 있지만 정확한 수치와 연구 결과는 없다. 하지만 임신 중이라면, 냉동식품 등 인스턴트식품을 다량 섭취하면 영양이 불균형해져 다른 질환에 걸릴 위험에 노출된다.

섭취량 매운 음식은 특별히 제한하는 양이 없다. 하지만 임신 후기에는 특히 몸이 잘 붓고 소화가 잘 되지 않으므로 가급적 삼간다. 칼로리가 높거나 나트륨 함량이 높은 식품은 되도록 피하고 냉동식품은 한 번 데친 뒤 조리하거나 라면은 수프의 양을 줄여 끓이는 등 건강하게 조리한다.

임신부가 알아야 할 상황별 영양 · 식생활 정보

특별한 영양 관리가 필요한 임신부들이 균형 잡힌 식생활을 할 수 있도록 식품의약품안전처가 임신부를 위한 영양 · 식생활 정보를 공개했다. 단순 영양 자료뿐 아니라 저체중, 비만, 당뇨, 갑상선 등 각 상황별로 영양 섭취 방법과 구체적인 식품 선택 요령을 소개한다.

식품을 통한 비타민, 무기질 등을 섭취할 것!

우리나라 임신부 평균 철 섭취량은 권장 섭취량(1일 24mg)의 60% 수준에 불과하며, 철이 부족하면 빈혈, 조산, 사산 등 위험이 있다. 철분 섭취를 위해서는 무청, 상추 등 철 함량이 높은 식물성 식품과 함께 몸에 철분 흡수가 잘되는 고기, 생선 등 동물성 식품을 골고루 섭취하는 것이 좋다. 다만, 임신 중기 이후에는 하루에 필요한 철분을 식품만으로 충족시키기 어렵기 때문에 보충제를 먹는 것이 필요하며, 커피, 홍차, 녹차 등 철분 흡수를 방해하는 식품은 가급적 섭취하지 않아야 한다. 과일은 임신 중 나타날 수 있는 변비 예방, 태아의 성장 발달에 필요한 비타민과 무기질을 다량 함유하고 혈압 상승을 예방할 수 있어 크기에 따라 하루에 사과, 귤 등을 한두 개 정도 먹는 것이 좋다. 과일마다 풍부하게 들어있는 비타민과 무기질의 종류가 다르므로 매일 같은 과일을 섭취하기보다 변화를 주는 것이 낫다. 채식주의자는 동물성 식품 섭취량이 부족하면 비타민 B_{12}의 섭취량이 부족할 수 있으므로 발효식품이나 해조류를 충분히 섭취하는 것이 좋다. 생선류를 먹지 않는 사람인 경우에는 오메가-3 지방산 섭취를 위해 견과류나 식물성 기름을 먹으면 된다.

필수 영양소 섭취를 높이기 위한 식품 선택 요령

한식의 경우 쌀밥, 감자국, 배추김치, 고등어구이로 구성된 식단을 쌀밥 대신 콩밥, 반찬으로는 깻잎나물 또는 시금치나물을 추가하면 엽산 약 24%, 칼슘 약 26%, 철분 약 11%를 더 섭취할 수 있다. 또한, 햄버거, 감자튀김, 콜라로 구성된 햄버거 세트를 먹을 때에도 감자튀김과 콜라 메뉴를 콘샐러드와 우유로 바꾸면 칼슘 약 30%, 엽산 약 8% 추가 섭취가 가능하다. 식품 구매 시에는 표시사항을 꼼꼼히 살펴 알레르기를 유발할 수 있는 원재료를 포함한 식품을 사전에 피하고, 영양성분을 확인하여 나트륨·당 함량이 적은 가공식품을 선택하는 것이 좋다.

임신부를 위한 식생활 안전 수칙

임신부는 면역 기능이 저하된 상태이므로, 식중독을 예방하기 위해 생채소·과일 등은 깨끗하게 씻어 섭취하고 육류·해산물 등은 속까지 충분히 익혀 먹어야 한다. 흡연, 음주는 반드시 피해야 하고, 카페인을 지나치게 섭취할 경우 태반을 통해 태아에게 전달된 카페인이 분해·배출되지 않아 저체중아 출산 등으로 이어질 우려가 있어 하루 300mg 이내로 섭취하도록 한다.
카페인 함량이 0.15mg/ml 이상 함유한 액체식품은 '어린이, 임신부, 카페인 민감자는 섭취에 주의하시기 바랍니다' 등의 문구가 표시되어 있으며, '고카페인 함유'와 '총카페인 함량 ○○○mg'을 표시하도록 하고 있으므로 카페인 함량 확인이 가능하다. 대표적인 카페인 함유 식품으로는 커피, 녹차, 탄산음료, 초콜릿, 감기약 등이 있다.

저체중·비만 임신부를 위한 영양 관리

임신 전 체중이 저체중(체질량지수 18.5 미만)인 경우 태아의 성장이 부진할 수 있으므로 에너지를 충분히 섭취할 수 있도록 식사 외에 간식을 2~3회(총에너지 300~500kcal) 섭취하는 것이 좋다.

※ 체질량지수[Body Mass Index, BMI]
= 체중(kg) ÷ 신장(m)^2

간식 예로는 고구마 1/2개를 두유 1컵(200ml)과 함께 하루 2회(총 400kcal) 먹거나 달걀 1개를 바나나 1/2개와 함께 하루 3회(총 450kcal) 섭취하는 방법 등이 있다.
반면, 비만 임신부의 경우 임신성 당뇨나 고혈압이 될 위험이 있으나, 이미 임신이 된 경우 체중을 줄이기보다 출산 시까지 체중 증가량을 11kg 이하로 관리하는 것이 좋다. 참고로 임신부의 바람직한 체중 증가량은 개인별 차이가 있을 수 있으나 약 11~16kg이다.

당뇨, 갑상선 등 환자 임신부를 위한 영양 관리

임신성 당뇨 증상의 경우는 혈당을 조절하기 위해 당류 섭취량은 줄여야 하며, 식이섬유는 포도당의 흡수를 지연시켜 혈당을 천천히 올려주기 때문에 잡곡, 해조류 등의 섭취량을 늘리는 것이 좋다. 임신 중 흔한 증상으로 나타나는 임신성 고혈압은 임신부의 5~10%를 차지하며 조산 및 저체중아 출산의 위험이 있으므로 나트륨이 많은 식품 섭취를 줄이고 과일, 유제품 등 칼륨과 칼슘을 충분히 섭취하는 것이 좋다. 임신부 약 1~2%가 앓고 있는 갑상선 질환 중 갑상성 기능 저하증 임신부의 경우 갑상선 호르몬 생성에 도움이 되는 미역, 다시마 등 요오드가 충분한 음식을 먹고 갑상선 호르몬 생성을 제한하는 양배추, 브로콜리 등의 섭취는 피하는 것이 좋다.

12

태아보험

선천성 장애와 출생으로 인한 질환, 아이의 교육비까지 보장하는 태아보험이 요즘 필수 출산 준비물로 자리 잡았다. 태아보험에 가입하는 시점과 보장 내역 등 궁금증을 파헤쳐 보았다.

· **도움말** 박현철(KB손해보험)

태아보험이란

임신 · 출생 특약이 포함된 어린이보험

태아보험을 임신부들만 가입할 수 있는 보험이라고 생각하기 쉽다. 실제로 태아보험이라는 명칭은 없다. 어린이보험을 임신 중에 가입하는 것을 흔히 태아보험, 신생아보험이라고 부르는 것이다. 어린이보험의 일반적인 보장에 임신과 출생 시 위험 요소를 특약으로 보장한 상품을 태아보험이라고 한다. 즉 아기가 태어나는 순간부터 보험 혜택을 받기 위해서 태아보험에 가입하는 것이다. 저체중아 입원 일당, 신생아 질병 입원 일당, 선천이상 수술 등의 태아 특약은 임신 22주 이내에 가입할 수 있다. 임신 후부터 가입 1년까지는 태아특약 보장 시기이고, 그 이후부터는 어린이보험으로 자동 전환돼 성장하면서 발생하는 각종 질병과 상해에 대해 보장받을 수 있다. 최근에는 출산 연령이 높아지면서 고령 임신이 많아지고 해로운 환경으로 인해 신종 질병의 발생 빈도수가 증가하고 있다. 2019년 4월부터 출산 이전, 출산 이후로 구분하여 시기별로 보험료가 다르게 책정되게끔 변경되었다. 핵심은 출산 이후에 해당되는 보장은 미리 돈을 납입하지 않고, 아이가 태어난 이후 납입한다는 것이다.

만기는 20세부터 최대 110세까지 선택 가능

만기는 20세, 30세, 90세, 100세, 110세 중에서 선택이 가능하고, 가입 연령은 태아부터 만 35세까지 가입이 가능하다. 월 보험료는 5만~20만 원 사이이다. 태아보험은 태아의 성별에 따라 보험료가 다르게 산출된다. 기존에는 가입 시 무조건 남자아이로 산출해 가입하고, 여자아이는 남아보다 납입료가 저렴하기 때문에 여아를 출산하면 보험료 차액을 돌려받을 수 있었지만 2020년부터 임신 기간에는 태아에 대한 태아 특약 보험료만 내고 출생 후 다시 산정하여 보험료를 책정하는 방식을 선택할 수도 있다. 다태아(쌍둥이)는 보험사마다 다르지만 임신 18주 이후 태아보험 가입 시 서류(의사소견서, 기형아 검사 결과지, 산전기록지)에 따라 가입 한도에 차이가 있고 임신부의 병력을 고려해 가입 여부가 결정되기 때문에 빠른 시일 내에 가입하는 것이 유리하다. 보통 기형아 1차 검사 전에 가입한다.

가입 요령

태아보험은 태어날 아기의 건강에 대한 불안감을 줄이고 혹시 모를 위험에 대해 보험 혜택을 받기 위해 가입하는 것이다. 시중에 판매되는 태아보험은 대부분 비슷하나, 보험사별로 다른 부분이 있으니 미리 알아보고 선택하는 편이 좋다. 가입 경로 역시 보험설계사나 베이비페어 부스, 인터넷 가입 등 각양각색이다.

태아보험에 가입할 때는 무작정 지인의 말만 듣거나, 보험 약관이나 특약 조건 등을 제대로 이해하지 못한 채 가입하면 낭패를 보기 쉬우므로 태아보험 비교 사이트 등에서 여러 가지 보험 상품의 견적을 정확하게 낸 뒤 비교해 가입하는 것이 현명하다. 만기 나이 설정, 무해지상품(저렴한 보험료), 납입 면제 환급, 필요 특약 등을 충분히 비교한다. 특히 사은품 등에 현혹되어 가입하기보다는 임신부 본인의 건강과 태아의 상황을 고려해 꼼꼼하게 따져 가입한다.

가입 시기

대부분의 태아보험은 임신 사실을 확인한 후 바로 가입할 수 있다. 단, 임신 주수에 따른 보험 가입 제한이 엄격하다. 임신 초기에 유산 방지 주사를 맞았거나 입원을 했을 경우에는 여러 가지 서류를 준비해야 가입할 수 있다. 정기적 검사에서 약간의 이상 소견만 나와도 가입이 제한되는 경우가 많다. 따라서 이 시기 전에 가입하면 결과에 상관없이 보험 혜택을 받을 수 있다. 대부분의 보험회사는 저체중아 입원비, 선천이상 수술위로금 등 추가 보장을 해주는 태아 특약이 있는데 임신 22주 이내에만 가입할 수 있다. 따라서 태아보험에 가입할 예정이라면 최대한 임신 초기에 유리한 조건으로 가입하는 것이 현명하다. 흔히 태아보험에 빨리 가입하면 보험료를 더 납입하거나 보장이 빨리 끝난다고 생각하는데 태아보험의 보험료 납입은 정해진 기간 동안만 납입하면 되고 보장 기간도 설정한 만기에 끝나기 때문에 충분한 보장을 받을 수 있다.

주요 보장 내용

선천성 이상

출생 시 아기가 가지고 태어나는 질병 혹은 장애를 말한다. 크게 외형적인 장애와 내부 장기 관련 장애로 구분한다. 외형적인 장애는 임신 중 정밀초음파 검사에서 발견되지만 장기의 선천이상은 출생 이후나 때론 한참 지나서 발견되는 경우도 있다. 이때 생명보험과 손해보험의 보장이 달라진다. 생명보험은 선천이상에 관련된 특약에 반드시 가입해야만 이로 인한 수술비나 입원비를 보장받을 수 있다. 손해보험의 경우 수술비나 입원비는 특약에 가입해야 보장받을 수 있다는 점은 같으나, 의료 실비 가입으로 자기 부담금을 제외하고 실제 치료비를 보장받을 수 있다. 최근 급증한 혀유착증(설소대)과 순환기 계통의 선천이상, 대동맥협착증 등은 선천성 이상이다.

신생아 입원 비용

출생 과정에서 발생하는 질병(태변 흡입, 양수 흡입, 황달 등)으로 입원과 치료 시 입원 일당을 지급해준다.

저체중아 육아 비용

태아가 미숙아로 태어났을 경우 인큐베이터 이용 시 입원 일당을 지급해준다.

태아보험의 종류

태아보험은 판매사에 따라 생명보험과 손해보험으로 구분된다. 과거 생명보험은 정액 보장, 손해보험은 실제 청구되는 치료비만큼 보장되는 의료실손 보장이었다. 현재는 손해보험에 의료실손 보장과 정액 보장 동시 가입이 가능해져 생명보험에 비해 보장의 범위가 넓어졌다.

일당 입원비 지급도 차이가 있다. 생명보험은 입원 4일째 되는 날부터 지급하며 입원 120일까지 보장하고 손해보험은 입원 첫날부터 지급해 입원 180일까지 보장한다. 또한 3대 진단금(암, 뇌, 심장)도 성인에 비해 보장의 범위를 넓게 정액 보장한다. 요즘은 이 두 가지 상품을 동시에 가입함으로써 장점은 극대화하고 단점은 보완하여 보장받는 패키지 보험도 인기다. 서로 중복되는 특약을 없애고 상대적으로 보험료는 낮으면서 보장은 극대화되어 선호도가 높다.

만기 기간

태아보험 가입 시 만기 기간도 고민스럽다. 대부분 보험 만기는 20~30세 만기, 또는 100세 만기가 대부분이었으나, 현재는 최대 110세까지 보장한다. 20~30세 만기 상품은 상대적으로 보험료가 저렴하고 아기가 성인이 되는 시점에 성인 보험으로 갈아탈 수 있지만 보장 기간 중 중대한 질병이 생겼을 경우 추가적인 보험 가입이 어렵다. 100세 만기 상품은 한 번 가입으로 오랜 기간 보장 받을 수 있고 의료 실비 특약이 핵심이다. 의료 실비 특약은 상해나 질병에 상관없이 병원 치료 시 발생되는 비용을 광범위하게 실손으로 보상해주다보니 성장기에 발생한 질병이 있다면 가입이 까다롭고 제약 사항도 많다. 반대로 100세 만기 상품에는 20~30세 만기 상품에 있는 태아 · 어린이에게 특화된 보장이 상당수 빠져있고 일정 기간 이후에는 시대에 맞지 않는 보장이 있을 수 있다. 각각 장단점이 있으므로 충분히 고민한 뒤 선택하는 것이 현명하다.

보험금 청구 방법

실제 보험금 청구 시 가장 많이 이용할 항목이 의료 실비다. 대부분 입원 의료비는 국민건강보험, 의료급여법 적용 시 질병, 상해 입원 치료 시 1년 5000만 원 한도로 급여 80%, 비급여 70%를 보장한다. 또한 통원 치료비는 병원비 하루 25만 원 한도, 약제비 5만 원 한도다. 의원은 1만 원, 종합병원은 1만 5000원, 대학병원은 2만 원과 급여 20%와 비급여 30% 중 큰 금액을 공제하고 보상한다. 또한 3대 비급여 치료에는 도수치료 · 체외충격파치료 · 증식치료, 주사료, 자기공명영상진단(MRI/MRA)이 해당되며, 1회당 3만 원과 보장 대상 의료비의 30% 중 큰 금액을 공제 후 보상한다. 도수치료 · 체외충격파치료 · 증식치료의 경우 1년 단위로 상해와 질병 치료를 합산하여 350만 원 이내에서 50회까지 보상한다. 각 치료 횟수를 합산하여 최초 10회 보장하고, 이후 증상의 개선 등이 확인된 경우에 한하여 10회 단위로 연간 50회까지 보상한다. 주사료의 경우 1년 단위로 상해와 질병 치료를 합산하여 250만 원 이내에서 50회까지 보상한다. 자기공명영상진단의 경우 1년 단위로 상해와 질병 치료를 합산하여 300만 원 이내에서 보상한다. 단 1회 통원 또는 입원하여 2종류(회) 이상 치료를 받거나, 동일한 치료를 2회 이상 받은 경우는 각 치료행위를 1회로 보고 1회당 공제금액 및 보상한도를 적용한다. 또, 국민건강보험법 또는 의료급여법에 따라 의료급여를 적용받지 못한 경우, 본인이 부담한 금액의 40%를 가입금액 한도 내에서 보상한다.

싣는 순서

임신 280일 캘린더

두 개의 심장이 뛰는 임신 열 달, 280여 일은 예비 엄마에게 특별하고 소중한 시간이다. 시간이 흐를수록 태아와 임신부의 몸에는 다양한 변화가 나타난다. 꼬리가 달린 젤리곰 같던 태아가 무럭무럭 자라 엄마와 만나는 그날까지 무엇보다 무탈하도록 도와줘야 한다. 임신 기간별로 태아가 어떻게 성장하는지, 임신부는 어떤 변화를 겪는지 등을 꼼꼼하게 담았다. 280일간의 행복한 여정을 도와줄 생활 지침.

13

임신 1개월 1~4주

마지막 생리일의 첫날부터 2주 정도 후에 배란이 되어 정자와 난자가 수정되고 수정란은 즉시 분열증식을 시작한다. 임신을 알아차리기 어려운 시기이므로 가능한 한 빨리 임신 사실을 확인하고 산전 관리를 할 수 있도록 주의한다.

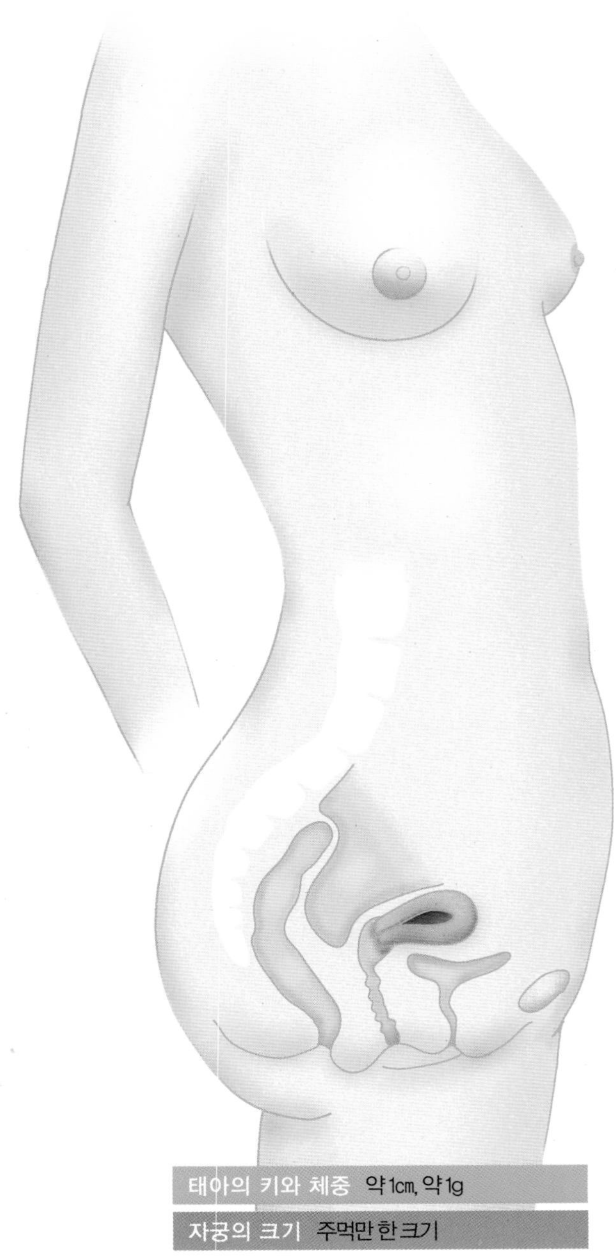

태아의 키와 체중 약 1㎝, 약 1g

자궁의 크기 주먹만 한 크기

이달의 증상

생리 주기가 28일인 경우 마지막 생리 첫날부터 14일 후인 배란기에 난자와 정자가 만나 수정란이 된다. 이 기간이 배란일 기준으로 수정 0~1주 또는 임신 2~3주. 수정란은 일주일 정도 지나면 자궁 내막에 착상해 서서히 성장한다. 태아는 너무 작아 초음파로 보이진 않지만 올챙이와 비슷한 모습을 하고 있으며 뇌와 척수의 기초가 되는 신경관을 비롯해 혈관계, 순환계 등이 거의 완성된다. 수정이 되었지만 아직 착상이 채 이루어지지 않았기 때문에 엄마 몸에는 눈에 띄는 변화가 없다. 프로게스테론의 영향으로 고온기가 3주 정도 지속되므로 감기에 걸린 것처럼 미열이 난다. 한기가 느껴지고 몸이 나른하고 잠이 쏟아진다.

예비 엄마 · 아빠가 할 일

되도록 빨리 임신 사실을 확인한다

임신이 의심되면 재빨리 병원을 방문해 임신 여부를 확인한다. 자칫 임신으로 인한 미열을 감기 증세로 오인해 약을 먹을 수 있으므로 임신 가능성이 있을 때는 약물 복용에 주의한다. 또 태아에 영향을 주는 X선 촬영을 해서도 안 된다. 유방의 통증은 임신이 되었다는 첫 신호인 경우가 많다. 이유 없이 몸이 피곤하거나 손가락으로 눌렀을 때 유방이 딱딱하거나 저리는 등 이전과 다른 것 같으면 약국에서 파는 임신 진단 시약을 사용해 임신 여부를 테스트한다. 하지만 임신을 했어도 4주 이전에는 음성으로 나타나는 경우가 있으므로 병원에 가서 검사를 해보는 것이 좋다. 예민한 체질이라면 호르몬 변화로 구토 증세를 느낄 수 있다.

엽산을 복용한다

임신 이전부터 엽산을 하루 400㎍ 이상 꾸준히 복용하면 태아의 혈액 생성을 돕고 임신 초기 태아 기형을 예방하는 데 효과적이다. 임신을 계획 중이거나 임신 사실을 알아차렸다면 임신부용 엽산제를 먹도록 한다. 둘째 임신이라면 첫째를 출산한 뒤 체내 엽산의 양이 부족할 수 있으므로 엽산제를 더 잘 챙겨먹어야 한다. 음식으로 섭취한 엽산은 체내에 오래 남아 있지 않아 반드시 추가로 섭취하는 것이 좋다.

이상 증상이 있는지 체크한다

임신 3주가 되면 수정란이 자궁에 착상하는 과정에서 소량의 피가 비칠 수 있는데 이를 착상혈이라고 한다. 자칫 생리로 오인할 수 있지만 선홍색 또는 다갈색으로 속옷에 한두 방울 정도 묻어나는 정도로 양이 적다. 임신 첫 1개월에는 단 하루라도 질 출혈이 심하거나 질 출혈과 함께 배가 아프거나 열이 나면 즉각 산부인과 전문의와 상담한다.

편안한 환경을 만든다

건강한 음식으로 식단을 꾸민다. 무엇을 먹느냐에 따라 임신 초기 태아의 성장에 많은 영향을 준다. 또한 직장에 다닌다면 과로하지 말고 일을 줄여서 마음을 편하게 하고 무엇보다 스스로 건강 관리를 하는 것이 중요하다.

이달에 받는 검사

소변 검사

임신 진단 시약 테스트로 임신을 예상했다면 병원에 가서 확인받는다. 일반적으로 병원에서는 소변 검사를 통해 임신 여부를 확인한다. 집에서 하는 자가 검진 시약과 같은 원리로, 수정된 지 2주만 지나도 90% 이상 정확한 결과를 알 수 있다.

✔ 주수별 태아와 엄마의 변화

	1week	2week	3week	4week
태아	아직 정자와 난자가 만나지 않아서 임신이라고 할 수 없다. 실제 배란 및 수정은 마지막 생리 후 2주가 지나고 이뤄지기 때문이다. 편의상 임신 기간을 마지막 생리 첫날부터 280일(40주)로 계산하는 것이다. 실제로는 정자와 난자가 만나고 38주가 지난 무렵에 아기가 태어난다.	자궁경부와 자궁내막을 거쳐 들어온 정자와 난자가 수정되는 시기다. 수정란의 크기는 지름 0.2㎜ 정도. 수정란은 수정된 지 12~15시간이 지나면 세포 분열을 시작해 나팔관을 따라 자궁으로 이동하며 세포 분열을 반복한다.	수정란이 세포 분열을 하며 나팔관에서 자궁 쪽으로 들어와 착상이 되는 시기다.	수정된 지 6일 정도에 수정란은 자궁내막에 착상되고 뇌의 척수가 되는 신경관과 혈관계, 순환계가 생겨 심장 혈관에 혈액을 보낸다. 아직 사람의 모습을 갖추지는 않았지만 미성숙한 태반 조직이 발달하기 시작한다.
엄마	임신 전 마지막 생리 기간이다. 그동안 엄마의 몸에는 여포 자극 호르몬이 분비되어 난소 안에 하나의 난자를 성숙시켰다. 이제 황체 호르몬이 분비되어 난소를 자극하면 난자가 빠져나와 수란관에 머무르며 정자를 기다린다. 이를 배란이라고 한다.	수정은 보통 배란 후 1일 이내에 이뤄진다. 수정이 되어도 대부분의 여성은 알아차리지 못한다. 생리가 끝난 후부터 자궁내막이 두터워지면서 착상을 준비한다.	이 시기에는 임신 증상을 거의 느끼지 못하지만, 예민한 사람은 미열이 나거나 한기를 느낀다.	프로게스테론이 계속 분비되는데, 이 호르몬이 있어야 임신이 지속된다. 수정란이 착상하기 쉽도록 자궁벽이 쿠션처럼 폭신폭신해진다. 감기처럼 으슬으슬 춥거나 열이 오르고 온몸이 나른해진다. 소량의 착상혈과 노르스름한 분비물이 속옷에 비칠 수 있다.

14

임신 2개월 5~8주

태아는 올챙이 같던 모습에서 제법 사람다운 모습을 보인다. 처음 수정되었을 때보다 1만 배 가까이 자랐지만 아직 불안정한 상태로 유산할 가능성이 크므로 몸 관리에 세심한 주의를 기울인다.

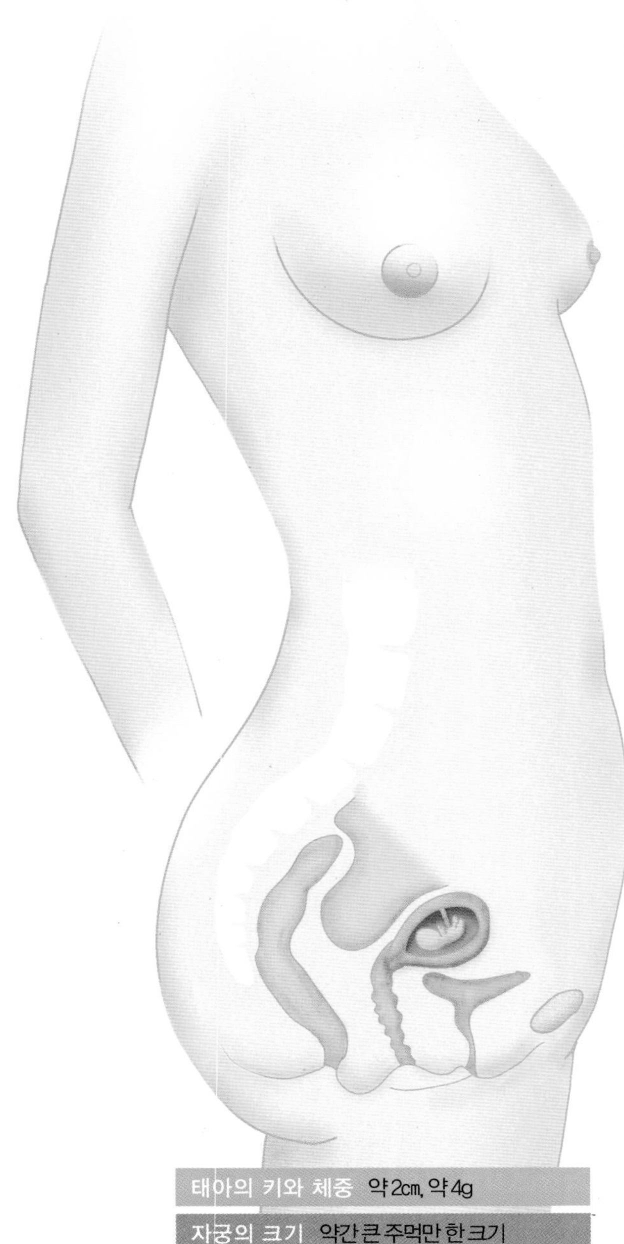

태아의 키와 체중 약 2㎝, 약 4g

자궁의 크기 약간 큰 주먹만 한 크기

이달의 증상

태아의 성장 속도가 빨라져 6주가 되면 초음파에서 보이기 시작한다. 7~8주에는 초음파로 보면 심장 뛰는 모습이 보이고 얼굴 생김새도 서서히 구체화되기 시작한다. 성별을 가리긴 어렵지만 난소와 고환이 될 조직도 나타난다. 임신 8주경 태아의 키는 2㎝, 체중은 4g 정도 된다.

온몸이 나른하고 졸리며 쉽게 피로를 느낀다. 유방이 부풀며 유두색이 검고 딱딱해지면서 따끔거리고 유방 피부 밑의 혈관들이 눈에 띈다. 서서히 입덧이 나타나고 피부가 건조해져 가렵기도 하다. 쉽게 피로해지고 소변이 자주 마렵다. 유백색의 질 분비물이 많아지는데 임신 호르몬에 따른 정상적인 현상으로 임신 4개월 정도까지 지속된다.

예비 엄마 · 아빠가 할 일

편안하게 생활해 유산을 방지한다.

유산은 임신 20주 이내에 아기를 잃는 경우로, 임신 2개월 때는 태반이 아직 완성되지 않고 태아가 불안정하기 때문에 유산의 위험성을 배제할 수 없다. 질 출혈이 있거나 허리부터 아랫배 쪽으로 움직이는 것 같은 복부 통증이 있을 시엔 병원을 찾는다. 이 시기에 발생하는 유산의 대부분은 태아의 염색체 이상인 경우가 많지만 임신부의 생활환경이나 스트레스로 비롯되기도 하므로 위험하거나 힘든 일, 격렬한 운동은 삼간다.

고단백 · 저지방 음식을 소량씩 자주 먹는다

대다수의 임신부가 임신 4~8주에서 시작해 14주까지 입덧을 경험한다. 위를 완전히 비운 상태로 오래 두면 입덧이 악화되므로 소량의 음식물을 자주 섭취한다. 치즈, 우유, 땅콩 등 저지방 · 고단백 식품을 조금씩 나눠 먹는다. 또한 엽산과 칼슘을 충분히 섭취해야 하므로 소금이나 홍차, 커피 등 칼슘 흡수를 억제하는 식품은 최대한 줄이도록 한다. 이 시기에 태아의 세포는 빠르게 자라므로 비타민 C도 충분히 섭취한다. 음식으로는 오렌지주스, 붉은 고추, 피망, 멜론, 딸기 등이 좋다.

약 복용에 주의한다

임신 5~10주는 태아의 각 기관이 형성되는 중요한 시기이므로 매우 조심스럽고 민감할 때다. 따라서 약을 먹을 때는 꼭 전문의와 상담한다. 입덧이나 감기가 심하더라도 약을 함부로 복용하지 않도록 하고 꼭 필요하다면 전문의와 상담하여 적절한 조치를 받는 것이 좋다. 방사선 촬영이나 전기매트 사용도 삼간다.

부부가 함께 임신 중의 생활과 태교법에 대해 이야기를 나눈다

산부인과에서 정상적인 임신을 진단받았다면 이제 주변에 임신 사실을 알리도록 한다. 첫 임신이라 두려움도 크고 걱정이 될 수 있으므로 부부가 함께 임신 기간 계획을 소소하게 세우면서 이야기를 나누면 좋다. 임신 일기나 임신 메모를 하면 아기가 태어난 후 좋은 추억거리가 된다.

이달에 받는 검사

질식 초음파 검사

초음파 검사를 통해 태아의 심장 박동 모습을 확실히 볼 수 있다. 임신 초기에는 초음파가 달린 둥근 봉을 질 안에 넣어 검사한다. 자궁 안에 아기집이라고 하는 태낭이 있는지 확인하고, 없다면 자궁 외 임신은 아닌지 살펴본다. 만일 초음파 검사에서 태아의 심박동이 잡히지 않는다면 일주일 후 다시 검사해 계류 유산인지 판단한다.

임신인 줄 모르고 약을 먹은 경우

초기에 임신인 줄 모르고 감기약이나 진통제를 무심코 먹는 경우가 많다. 하지만 모든 약이 태아에게 영향을 미치는 것은 아니다. 태아에게 기형을 유발하는 약물은 20가지 내외로, 그 약들도 임신 시기별로 문제가 되는 범위가 다르다. 단 시중에 판매되는 종합감기약 중 비스테로이드성 소염진통제는 자연 유산을 유발할 수 있다. 임신 사실을 모르고 약을 먹었다면 복용한 약 이름과 기간을 체크해 산부인과 전문의와 상담한다. 마더세이프 상담전화(1588-7309)를 통하면 임신 중 약물 복용에 대한 상담을 받을 수 있다. 또한 수유 중 부득이하게 약을 복용해야 할 경우 모유 수유를 하며 보다 안전하게 약을 복용할 수 있도록 도움을 준다.

✔ 주수별 태아와 엄마의 변화

	5week	6week	7week	8week
태아	초음파를 통해 아기집(임신낭)을 볼 수 있다. 태아의 머리, 근육, 뼈, 심장, 간장, 위 등이 형성되기 시작한다. 태아는 아직 보이지 않고 양수 주머니인 양막낭은 포도 한 알 크기다. 이후 5주간은 태아의 성장에 아주 중요한 기간이다.	이제 머리부터 엉덩이까지 길이가 5㎜ 정도의 씨앗만 한 크기로 자란 태아는 뇌와 척수를 연결할 신경관이 만들어지는 등 몸의 주요 기관이 자라기 시작한다. 팔은 지느러미처럼 자라 나온다. 양귀비 씨앗보다 작은 태아의 심장이 활발하게 움직인다.	아기의 뇌가 빠르게 발달하는 시기로 마치 올챙이 같던 모습에서 사람의 형태를 갖춘 2등신이 되어간다. 머리, 몸체, 팔, 다리의 형태가 구분되며 손가락, 발가락이 생긴다. 아기의 얼굴이 명확해지면서 눈, 코, 입도 모양을 갖춘다.	아직 머리가 몸통보다 크고 꼬리가 있는데, 몇 주 내로 사라진다. 심장과 뇌는 더욱 복잡해지고 눈꺼풀이 생긴다. 코끝이 생겨 제법 오뚝하다. 근육도 발달하고 뼈의 중심이 만들어진다. 내장기관도 형태가 보이고 생식기에도 변화가 시작된다.
엄마	처음으로 생리를 거르는 주로, 이른 아침이나 빈속일 때 입덧 증세가 심해진다. 화장실 가는 횟수가 많아지고 몸이 피곤하거나 속이 쓰리기도 하다. 임신과 관련된 증세들을 조금씩 경험하게 된다.	아직 체중이나 허리둘레의 변화는 없다. 호르몬의 영향으로 자궁으로 가는 혈액의 양이 늘어나고 대사 작용이 활발해지면서 땀이 많이 나고 질 분비물도 늘어난다. 질 분비물은 유백색으로 끈적끈적하지만 냄새나 가려움증은 거의 없다.	임신하면 융모성 성선 자극 호르몬이 분비되어 골반 주위로 혈액이 몰린다. 혈액이 방광을 자극하며 거위 알만 해진 자궁이 방광을 눌러 소변을 자주 보게 된다. 아랫배가 콕콕 쑤시는 통증을 느끼거나 프로게스테론의 영향으로 장의 움직임이 둔해져 변비에 걸리기 쉽다.	유방은 더욱 커지며 단단해지고 무거워진다. 유두 색깔도 짙어지고 배가 땅기는 느낌이 들기도 한다. 온몸이 나른해지고 기운이 없으며 졸음이 쏟아지는데 곧 입덧 증세가 심해진다. 호르몬 변화로 인해 기분이 우울해지거나 피부가 건조해지기도 한다.

15

임신 3개월 9~12주

아직 조심해야 할 시기라 심리적으로 불안하고, 입덧도 심해서 불편한 느낌이 한두 가지가 아니다. 하지만 초음파로 배 속 아기의 모습을 확실히 볼 수 있어 임신을 실감한다. 심했던 입덧은 임신 11주가 지나면서 차츰 가벼워진다.

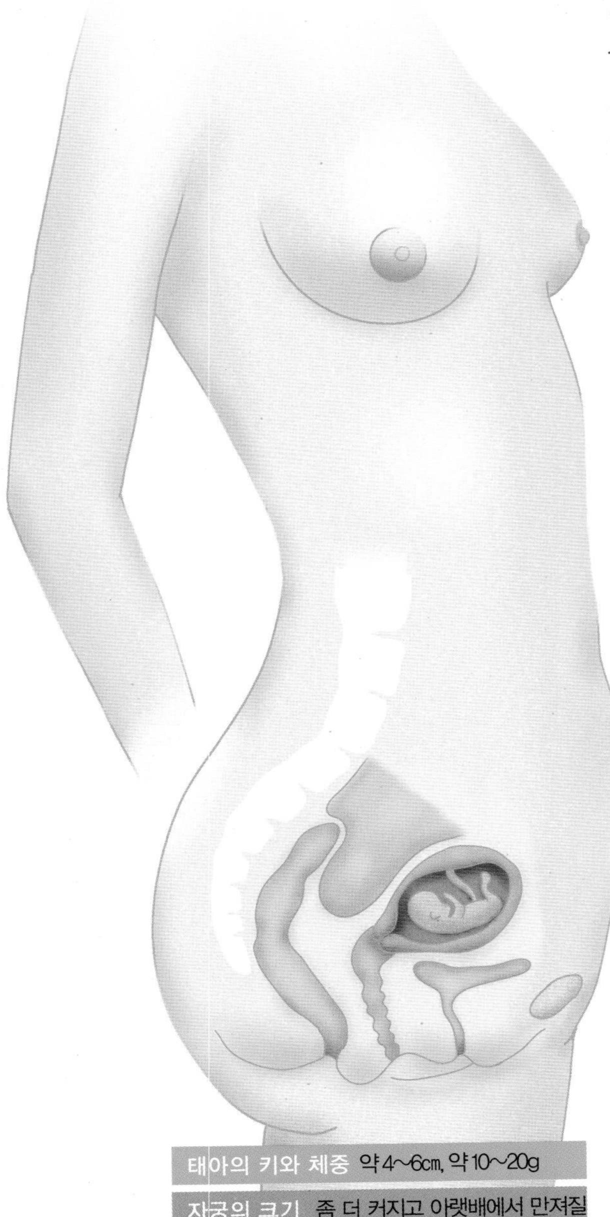

태아의 키와 체중 약 4~6cm, 약 10~20g

자궁의 크기 좀 더 커지고 아랫배에서 만져질 정도의 크기

이달의 증상

외형상으로는 임신한 것이 확연하게 티가 나지 않는다. 아직 배가 나오지는 않지만 치골 위에 손을 대보면 자궁이 커진 것이 확실히 느껴진다. 몸속 혈액의 양이 50% 이상 늘어나서 자궁을 성장시키고 태아에게 산소와 영양분을 공급해 예비 엄마의 심장이 할 일이 많아져 혈관이 이완되어 쉽게 지치고 숨이 차기도 한다. 대부분의 임신부가 입덧을 느끼는 시기로 임신 3개월이 최대 고비다. 융모성 성선자극 호르몬과 프로게스테론 호르몬의 증가로 기름샘이 많아져 여드름이 악화되거나 기미 등 색소성 피부 트러블이 생기기 시작한다. 유방이 눈에 띄게 커지고 유두가 따끔거리거나 간질거리는 느낌을 받기도 한다. 다리가 저리면서 땅기고 소변이 자주 마렵다.

예비 엄마 · 아빠가 할 일

영양보다 먹고 싶은 대로 먹는다

임신 초기에는 급격한 호르몬 변화로 입맛이 당기지 않고 냄새도 거북하다. 또한 평소보다 후각이 민감해져 입덧 증세를 악화시킨다. 입덧이 가장 심한 시기로, 영양에 신경 쓰기보다 먹고 싶은 대로 먹도록 한다. 고기나 과일 등 몸에 좋은 영양소가 풍부한 음식이 당기지 않는다면 비슷한 성분의 다른 음식으로 바꾸는 지혜를 발휘한다. 하지만 체중이 줄고 탈수 증세가 있을 경우 반드시 전문의와 상의한다.

긍정적으로 생활한다

임신 초기에는 호르몬 변화, 입덧 등으로 신체적으로 힘들며 정신적으로도 불안할 수 있으므로 마음을 편안하게 갖는 훈련을 한다. 평소보다 더 많이 쉬어야 한다는 점을 이해하고 가급적 자주 쉰다. 맑은 공기, 즐거운 마음, 상냥한 태도도 태아에게 중요한 정신적 영양원이 된다.

반드시 산전 검사를 받는다

포상기태를 발견할 수 있으므로 산전 검사를 꼭 받는다. 포상기태란 태반을 형성하는 융모가 이상을 일으켜 자궁 속에서 포도송이처럼 점점 증식하는 병이다. 전체 임신부의 0.5%로 발생률은 비교적 낮지만 병소를 완전히 제거하지 않으면 암으로 이행될 위험이 있다.

미지근한 물로 짧게 샤워한다

임신 3~4개월에는 커진 자궁이 골반 부근의 혈관을 압박하여 상체로 향하는 혈액의 흐름을 방해한다. 더운 목욕물에 몸을 담그면 일시적으로 피부 혈관이 확장되어 심장으로 들어오는 혈류의 양이 줄어 어지럽다. 너무 뜨거운 물에 목욕하지 않도록 하고 사우나 또는 스파 이용은 삼간다. 임신부의 체온이 높은 상태가 오래 지속되면 태아의 발달에 좋지 않은 영향을 줄 수 있으므로 37℃ 정도의 미지근한 물로 샤워한다.

이달에 받는 검사

초기 정밀 초음파 검사

이 시기에는 초음파로 태아의 심장 뛰는 소리를 들을 수 있고 머리에서 엉덩이까지를 기준으로 태아의 길이를 측정해 출산 예정일을 비교적 정확하게 산출해준다.

태아 목덜미 투명대 검사

정밀 초음파를 통해 태아의 목덜미 투명대 두께를 측정한다. 염색체에 이상이 있으면 목덜미의 임파선이 막혀 정상보다 두껍다. 투명대 두께가 3㎜ 이상이면 임신 중기에 통합 선별 검사나 양수 검사로 이상을 다시 체크한다.

융모막 융모 검사

일반적인 기형아 검사는 임신 4개월에 받는데, 예전에 기형아를 출산한 경험이 있거나 가족력이 있는 임신부는 전문의와 상의해 임신 9~11주에 보다 일찍 융모막 생검을 통해 염색체 이상 여부를 검사받는다. 초음파 검사를 통해 태아와 태반의 위치를 확인한 후 플라스틱 기구 또는 바늘을 이용해 융모막 일부를 채취한다. 채취한 융모막을 직접 염색체 표본 제작법에 의해 분석하거나 배양하여 태아 세포 내의 DNA를 분자 유전학적으로 비교 분석한다. 이 검사는 염색체 이상이나 유전자 이상을 진단하기 위해서 보다 빠른 시기에 시행하고 결과도 빨리 얻을 수 있는 장점이 있다.

✔ 주수별 태아와 엄마의 변화

	9week	10week	11week	12week
태아	몸 전체를 굼실굼실하면서 양수 안에서 헤엄을 친다. 꼬리가 사라지고 지금까지 주걱 같았던 손과 발이 모양을 갖춰간다. 다리가 길어지고 발은 상체에 닿을 만큼 커진다. 정소와 난소도 만들어지지만 아직 태아의 성별을 감별하기는 어렵다.	사람과 같은 형태를 보이기 시작한다. 胎芽(태아)가 아니라 胎兒(태아)가 되는 시기다. 팔·다리·눈 등과 같은 신체 부위는 다 자리를 잡고 있으며 음부 발육이 시작된다.	지금부터 임신 20주까지 태아의 키는 3배 커지고 몸무게는 30배나 무거워진다. 체모가 자라나 솜털이 생기고 모든 체내 기관이 발달해 심장, 간, 비장, 맹장, 내장이 성숙한다. 태아는 침도 삼키고 발차기도 하면서 활발하게 움직인다. 손톱과 발톱, 머리카락이 자란다.	얼굴과 몸에 솜털(배내털)이 나서 덮이기 시작한다. 뇌가 급속도로 발달하고 머리가 탁구공만 한 크기로 전신의 ⅓ 정도를 차지한다. 아직 뇌의 표면은 매끄럽고 주름이 잡혀 있지 않다. 일부 뼈가 단단해지기 시작하고 턱에는 32개의 영구치가 될 뿌리가 들어 있다.
엄마	임신 3개월에 접어들면서 입덧이 심해진다. 자궁이 커지면서 자궁을 지탱하던 인대가 늘어나 아랫배가 콕콕 쑤시거나 땅기는 듯하고 요통이 오기도 한다. 허리둘레가 약간 늘었지만 임신한 티가 나지는 않는다.	공급되는 혈액의 양이 늘어 질과 음부가 짙은 자주색을 띠고 분비물이 는다. 분비물이 느는 증상은 임신 중 질의 세균이 자궁 속으로 들어가 태아에게 감염되는 것을 막기 위함이다. 단, 분비물이 진한 노란색이거나 치즈처럼 엉긴 찌꺼기가 나오고 가려울 때는 곰팡이나 세균 등에 감염된 것이므로 치료를 받는다.	입덧의 최대 고비가 찾아온다. 잘록한 허리 모습은 사라지고, 허리가 무겁게 느껴지며 발목에 경련이 일어나기도 한다. 자궁이 커지면서 날카로운 통증이 느껴지거나 변비가 심해지기도 한다. 예전에 피부 트러블이 있었던 임신부는 피부가 건조해져 가려움증을 느끼기도 한다. 분비물이 더 많아지니 속옷을 자주 갈아입는다.	임신 기간 중 첫 ⅓ 기간이 지났다. 입덧이 차츰 가라앉고 식욕이 왕성해져 임신 전보다 체중이 1~3㎏ 정도 는다. 유산의 위험도 어느 정도 낮아진다. 멜라닌 색소 분비와 호르몬의 변화로 얼굴이나 목에 갈색 기미가 생기기도 한다. 배와 배꼽 아래로 검은색 선인 임신선이 나타날 수 있다.

16

임신 초기 생활법

임신 초기는 태반이 아직 완성되지 않고 태아가 급속도로 성장하는 시기이므로 무엇보다 유산을 조심해야 한다. 가족과 직장에 임신 사실을 알리고 최대한 안정을 취하도록 한다.

생활 수칙

1. 최대한 빨리 임신을 확인한다

생리 예정일이 5일 이상 늦어지면 가능한 한 빨리 산부인과 전문의의 진찰을 받는다. 임신 초기의 증상이 감기와 비슷해 감기약을 복용하는 경우가 많다. 임신 사실을 빨리 확인하면 약물로 인한 피해 등 임신임을 모를 때 생길 수 있는 여러 가지 위험한 상황을 줄일 수 있다.

2. 임신 사실을 주위에 알린다

임신 초기에는 졸음, 피로, 입덧 등 임신부를 괴롭히는 증상이 많고 주의해야 할 일들도 여러 가지다. 임신 사실을 가족과 직장 동료 등에게 가급적 빨리 알린다. 간접흡연을 막고 동료들에게 업무 분담을 부탁하는 등 직장에서도 미리 대책을 세우게끔 배려한다.

3. 사람이 붐비는 곳에 가지 않는다

몸이 금세 피곤해지고 예민해지기 쉬운 임신 초기에는 사람이 많이 모이는 곳은 가능한 한 피한다. 만원 버스나 지하철 등 대중교통을 이용하거나 백화점, 쇼핑몰 등을 다니다 사람들에게 치이면 배에 충격이 갈 수도 있다. 사람이 붐비는 곳에서 유행성 감기나 간염 등 바이러스성 질병에 걸릴 수도 있다. 또한 임신 초기는 감염의 위험이 높으므로 대중목욕탕 이용도 삼간다.

4. 쪼그려 앉지 않는다

임신 초기는 수정란이 자궁에 자리 잡는 시기인 만큼 절대 쪼그려 앉지 않는다. 쪼그려 앉으면 자궁을 압박하고 질 입구를 열어주기 때문에 수정란 착상에 좋지 않은 영향을 미친다. 무거운 짐을 나르는 일, 높은 곳의 물건을 내리는 일, 몸을 앞으로 구부려 물건을 집는 일, 몸을 격렬하게 움직이는 등의 행동도 하지 않는다.

5. 가급적 전자파는 피한다

휴대폰, 텔레비전, 전자레인지, 전기매트 등 가전제품에서 나오는 전자파는 태아는 물론 임신부에게 좋지 않다는 것이 일반적인 견해다. 잠자리에 들 때는 가급적 휴대폰을 먼 곳에 두고 전자레인지를 사용할 때는 가까이 있지 않도록 주의한다. 컴퓨터 등의 전자기기를 장시간 사용하는 임신부는 전자파 차단 앞치마를 입는다.

6. 부부관계는 자제한다

임신 12주 정도까지는 유산의 위험이 있으므로 부부관계를 각별히 주의한다. 엄마가 느끼는 오르가슴이 자궁 수축을 일으켜 태아의 심박동을 낮출 수 있다. 또한 복부를 압박하거나 손가락을 질 안으로 넣는 행위는 유산의 원인이 되므로 피한다. 음경을 삽입하는 것보다 애무 위주의 부부관계가 안전하다.

7. 흰색 속옷을 입는다

유산의 위험이 큰 임신 초기에는 하복부 통증, 질 분비물 등을 면밀하게 관찰해야 한다. 면 소재의 흰색 속옷을 입으면 질 분비물의 색상이 이상하거나 출혈이 있을 때 바로 확인해 대처할 수 있다.

식습관과 영양 관리

1. 입덧이 심해도 속을 비우지 않는다

입덧이 심하다면 먹고 싶은 음식을 먹고 싶을 때 먹어도 무방하다. 단, 속이 메슥거리거나 토하는 등 입덧이 시작되면 조금씩 자주 먹어 속을 비우지 않도록 한다. 되도록 냄새가 역한 음식은 피하고 먹는 즉시 토할 때는 비스킷이나 시리얼, 미숫가루 등의 곡물로 속을 채운다. 굶어도 태아에게 큰 영향은 없지만 음식을 먹지 않으면 탈수 증세가 나타날 수 있다. 또한 영양이 부족하면 몸 상태가 더 나빠져 입덧이 악화될 수 있으므로 과일주스 등 시원하고 새콤한 음식을 챙겨 먹는다.

2. 엽산을 풍부하게 섭취한다

비타민 B의 일종인 엽산은 태아의 DNA를 합성하고 뇌 기능을 정상적으로 발달시키는 데 중요한 역할을 한다. 또한 적혈구 생산을 도와 빈혈을 예방하고 세포 성장에 도움을 줘 척추뼈 갈림증, 구순열 등 기형아를 예방한다. 태아의 신경관이 완성되는 임신 4주를 포함하여 임신 3개월 전부터 12주까지 하루 400~800㎍의 엽산을 섭취한다. 시금치와 같은 녹황색 채소, 키위, 오렌지, 딸기, 호박, 브로콜리 등 엽산이 풍부한 식품을 챙겨 먹는다. 엽산은 열에 약해 조리 중에 파괴될 수 있으므로 날것으로 먹는 것이 효과적이다.

3. 단백질 식품을 꼭 챙긴다

사실 임신 초기에는 태아를 위해 추가 열량을 공급할 필요는 없다. 많은 양을 먹기보다는 태아 성장에 도움이 되는 질 좋은 식품을 골고루 챙겨 먹어야 한다. 특히 엄마가 섭취하는 단백질의 50%는 태아의 성장 발육에 이용되고, 15%는 태반 등 태아 부속물을 만드는 데 쓰인다. 이 시기에는 자궁과 유방이 커지고 혈액의 양이 늘어나기 때문에 양질의 단백질이 더욱 필요하다. 단백질이 부족하면 태아의 발육과 뇌세포 형성에 좋지 않으므로 육류, 콩류, 생선, 유제품 등 양질의 단백질이 함유된 식품과 칼슘, 엽산, 비타민, 섬유질이 풍부한 채소와 과일을 골고루 섭취한다.

4. 날 음식은 조심한다

임신 중 양질의 영양소가 풍부한 신선한 회를 먹는 것은 문제가 없으나 임신을 하면 장 기능이 저하되어 소화불량이나 배탈이 나기 쉽고, 임신 중에는 약 섭취가 어려우므로 날 음식은 조심한다. 특히 다랑어, 옥돔 등 대형 생선은 수은과 중금속이 축적되어 태아의 뇌 형성에 문제가 생길 수 있으므로 섭취를 자제한다.

5. 탄수화물 섭취로 피로를 푼다

탄수화물을 충분히 섭취하면 아미노산의 일종인 트립토판 성분이 뇌로 흡수되어 긴장 완화에 도움을 준다. 특히 피로감이 몰려드는 저녁에는 비스킷이나 쿠키, 잼을 바른 토스트 등 탄수화물이 풍부한 식품을 충분히 챙겨 먹는다.

6. 푸른 생선과 채소를 충분히 먹는다

임신 초기에는 커진 자궁 때문에 직장이 압박을 받아 배변 습관이 불규칙해지기 쉽다. 채소, 과일 등 섬유질이 풍부한 식사를 챙기고 물을 충분히 마셔 변비를 예방한다. 고등어, 삼치 등 등푸른 생선은 태아의 두뇌 발달에 도움을 주므로 입덧이 없다면 챙겨 먹는다.

17 임신 초기 이상 징후와 질병

임신 초기는 아직 태반이 안정되지 않은 상태이므로 몸의 작은 변화도 최대한 빨리 알아차리고 이상 징후가 보일 때는 즉시 대책을 세워야 한다. 임신 초기에 생길 수 있는 사소한 트러블부터 유산이 의심되는 증상까지 알아본다.

사소하지만 신경 쓰이는 징후

졸음

임신 초기에는 호르몬의 영향으로 체온이 37℃까지 올라가고 온몸이 나른하고 쉽게 피곤함을 느낀다. 특히 수시로 잠이 쏟아져 감기 초기 증상과 비슷하다. 임신 16주가 지나면 점차 나아진다.

침 고임

임신 초기에 자꾸 입안에 침이 고이는 증상이 나타나기도 한다. 임신 16주가 지나면 자연스럽게 나아진다.

하복부 땅김

자궁이 커지면서 자궁 앞의 근육과 근막, 복막 등이 땅기면서 나타나는 증세다. 배꼽 아래와 양쪽 사타구니 쪽으로 땅기거나 콕콕 쑤시는 느낌이 들기도 한다. 단 자궁외 임신이나 충수염일 때도 하복부 통증이 생길 수 있으므로 참을 수 없을 만큼 심한 통증이 30분 이상 지속되거나 질 출혈이 동반되면 즉시 병원을 찾는다.

유방통

유방이 탱탱해지고 부은 것처럼 땅기고 무거운 느낌이 든다. 유방 주변 피부의 혈관이 두드러지고 유두는 색이 짙어진다. 임신 3개월부터는 유방이나 유두에 통증이 있고 생리 전 유방 통증처럼 유두를 살짝 건드리기만 해도 심하게 아프다.

불면증

임신을 하면 사람에 따라 다르지만 우울증이나 불면증에 시달린다. 태아는 엄마의 수면 리듬이나 시간과 상관없이 자기만의 수면 리듬이 있으므로 엄마가 잠을 잘 못 자더라도 태아에게는 큰 영향이 없다.

빈뇨

임신 초기에는 자궁이 커지면서 방광을 직접적으로 압박해 소변이 자주 마렵다. 호르몬 변화로 방광의 점막이 과민해져 소변이 조금만 차도 화장실에 가고 싶은 생각이 든다. 임신 16주가 되면 빈뇨 증상이 차츰 완화되다가 임신 30주 이후 다시 심해진다.

변비

평소 변비가 없던 사람도 임신을 하면 증가한 여성 호르몬이 대장의 기능을 둔화시켜 변비로 고생할 수 있다. 2~3일에 한 번이라도 힘들이지 않고 변을 볼 수 있다면 큰 문제는 없다. 다만 며칠 동안 화장실을 못 가거나 변이 딱딱해 치질이 생길 정도라면 약을 처방받는다. 아침에 일어나면 공복에 찬물 한 잔을 서너 번 나눠 마시거나 플레인 요구르트를 하루 1병 마신다.

방광염

임신 중에는 커진 자궁이 방광을 누르기 때문에 방광염에 걸리기 쉽다. 소변이 자주 마렵고 소변을 본 뒤에도 잔뇨감과 통증이 있다면 방광염일 수 있다. 방광염은 임신 초기에 치료하면 쉽게 치료되고 출산에도 영향을 미치지 않지만 방치하면 신우염으로 발전할 수 있다. 빈뇨가 느껴질 때는 참지 말고 바로 화장실을 간다. 평소 물을 많이 마셔 소변의 양을 늘리는 것도 좋은 방법. 화장실에 가서 방광을 완전히 비운다.

두통

임신을 하면 호르몬 분비의 변화로 자율신경에 영향을 줘 편두통이 생기기도 한다. 또한 입덧이 심해 스트레스를 받고 목, 어깨 결림이 심해지면 두통이 발생한다. 두통이 생기면 편안히 누워 긴장을 풀고 예민해진 신경을 가라앉힌다. 반듯하게 앉은 상태에서 남편이 양손을 아내의 앞이마와 뒷머리에 각각 밀착시킨 뒤 지그시 3회 정도 눌러 마사지한다. 통증 없이 시원할 정도의 강도로 눌러준다.

냉 · 대하

임신을 하면 프로게스테론 호르몬의 작용

으로 자궁의 활동량이 월등하게 늘어나면서 자궁경부의 점액 밀도가 진해지고 유백색의 질 분비물이 많아진다. 자연스러운 현상으로 걱정할 필요는 없지만 평소 청결하게 관리하지 않으면 가려움증이 생긴다. 임신 초기의 질 분비물은 대부분 무취이지만 세균 감염에 의한 질염의 경우 냄새가 심하게 난다. 샤워 후에는 외음부를 잘 말리고 아침저녁으로 속옷을 갈아입어 외음부를 늘 깨끗하고 건조하게 유지한다. 배변 후에는 항문을 앞쪽에서 뒤쪽으로 닦아 세균 감염을 방지한다.

위험을 알리는 이상 징후

자궁근종

자궁 근육이 비정상적으로 자란 종양으로 크기가 크지 않으면 자각 증상이 없어 임신 후 산전 검사를 통해 확인하는 경우가 많다. 자궁근종은 3㎝ 미만이거나 자궁 외부에 생겼을 경우에는 크게 걱정하지 않아도 된다.

만약 근종이 5㎝ 이상이거나 자궁 내부에 자리 잡았다면 태아의 성장에 장애가 되거나 유산, 조산 등을 유발할 수 있다. 근종이 크거나 자궁경부 가까이에 있으면 제왕절개를 해야 할 가능성이 커진다. 또한 산후 출혈이 심할 수 있으므로 응급 상황 시 혈액 공급이 가능한 의료기관인지 미리 확인한다.

자궁경부 폴립(혹)

자궁경부에 조그만 점막이 튀어나오는 것을 말한다. 대부분의 자궁경부 폴립은 양성으로, 분만 시 저절로 떨어져 나간다. 출혈량이 적고 간헐적으로 나타날 때는 그대로 두고 상태를 관찰한다. 하지만 폴립이 출혈을 동반할 때는 수술로 떼어내고 필요한 경우 조직 검사를 한다.

저혈당성 · 저혈압성 현기증

임신 초기 어지럼증은 빈혈인 경우가 대부분이지만 저혈당이 원인일 가능성도 배제할 수 없다. 임신부가 섭취한 음식 중 많은 양은 태아에게 빼앗기므로 음식물을 섭취하고 혈당이 올라갔다고 하더라도 금방 다시 내려간다. 식사를 소량씩 여러 번 나눠 먹으면 혈당이 떨어지는 것을 예방할 수 있다. 또한 임신 중에는 혈압의 변동이 심해 갑자기 일어나면 현기증을 느낄 수 있는데 이를 저혈압성 현기증이라고 한다. 이때는 즉시 앉거나 누워서 쉰다. 그래도 계속된다면 머리를 무릎 사이에 넣고 한참 앉아 있으면 호전된다. 빈혈약을 먹으면 저혈압성 현기증이 호전되지만 임신 초기에는 입덧을 악화시킬 수 있으므로 임신 16주 이후부터 복용한다.

출혈

임신 초기에 나타나는 소량의 출혈은 수정란이 착상되면서 생기는 착상혈이다. 자궁의 혈액순환이 활발해져 500원짜리 동전 크기만 한 암갈색 분비물이나 소량의 출혈이 나타난다. 만약 분비물의 냄새가 심하거나 선홍색 피가 맑게 쏟아지거나 출혈량이 많으면, 염증이 생겼거나 유산의 위험이 있으므로 전문의를 찾는다. 출혈 양상이 다르거나 지속된다면 다음과 같은 경우를 의심해본다.

유산

임신 초기의 유산은 특별한 증상이 없거나 아랫배의 통증 없이 소량의 질 출혈만 있는 경우부터 복통을 동반한 질 출혈이 있는 경우까지 다양하다. 염색체 이상 등 수정란에 이상이 생겨 유산이 되는 것이므로 특별한 해결책이 없다.

자궁 외 임신

자궁 외 임신은 수정란이 자궁에 도달하지 못하고 난관이나 난소 복막 등에 착상한 경우를 말한다. 갑자기 심한 하복부 통증과 함께 질 출혈이 나면 자궁 외 임신을 의심할 수 있다. 목, 어깨가 아프거나 어지럼증, 불규칙한 질 출혈은 초기 임신 증상과 비슷해서 스스로 판단하기 어려우므로 전문의와 상의한다. 난관 임신의 경우 참기 힘든 복통과 함께 출혈이 생겨 쇼크 상태가 되기도 한다. 적절한 시기에 치료하지 못하면 과다출혈로 인해 위험하므로 빠른 진단을 받는 것이 중요하다.

자궁 질부 미란

임신 중 질 출혈 원인 중 1위를 차지한다. 자궁과 질의 경계 부위인 자궁 질부에 염증이 생겨 자궁 안의 상피가 자궁 질부의 표면까지 밀려나와 좁쌀처럼 맺히는 상태를 말한다. 임신을 하면 분비되는 에스트로겐에 의해 자궁이 수축할 때마다 자궁 질부에 강한 압력을 줘 심해진다. 자궁경부가 빨갛게 붓고 출혈이 나지만 임신 유지에는 큰 영향을 미치지 않는다. 단, 자궁경부암 검사를 통해 이상 유무를 확인해야 한다.

포상기태

태반을 형성하는 융모가 변해 자궁 안에 수포가 포도송이처럼 생겨 태아가 더 이상 생존할 수 없는 상태를 말한다. 임신 초기부터 구역질이나 구토가 유난히 심하거나 개월 수에 비해 배가 많이 부르면 포상기태일 수 있다. 임신 4주 이후 짙은 보라색 출혈로부터 시작되는데 유산이 될 수 있으므로 즉시 진찰을 받는다.

18

입덧의 모든 것

임신을 하면 음식을 먹기가 쉽지 않다. 임신의 상징과도 같은 입덧은 그 정도와 양상, 기간까지 개인차가 많이 난다. 임신부의 절반 이상이 경험하는 입덧의 원인과 완화 방법을 알아본다.

입덧의 원인과 증상

임신 호르몬이 분비되어 구토 중추를 자극한다

입덧의 원인은 아직 정확하게 밝혀지지 않았지만 호르몬의 영향이라고 보는 견해가 우세하다. 수정란이 자궁에 착상하면 융모라는 조직이 자궁으로 들어간다. 이 융모에서 착상을 잘 유지하기 위해 융모 생식샘 자극 호르몬이 분비되면서 우리 몸의 구토 중추를 자극해 입덧이 생기는 것이다. 대부분의 임신부가 경험하는 입덧은 헛구역질, 오심, 구토 등의 증상을 보인다. 일반적으로 임신 10주에 호르몬 분비가 가장 왕성해 입덧이 심해지고 12~13주가 지나면서 점점 줄어든다. 태반이 완성되어 가는 임신 14주까지 꾸준히 호르몬이 분비되지만 몸이 이런 변화에 적응하면서 차츰 입덧이 가라앉는다. 임신 초기에는 침이 많이 나오는데 침을 자주 삼키면서 위를 자극해 입덧이 심해지기도 한다. 또한 태아에게 영양분을 공급하는 태반이 형성되는 과정에서 입덧이 발생한다. 아직 완벽하게 형성되지 않은 태반이 외부 유해 물질이나 세균, 바이러스 등을 막기 위해 입덧으로써 음식에 주의를 기울여 냄새에 민감해지고 메스꺼움과 구토를 유발하는 것으로 보기도 한다.

임신부에 따라 증상과 심한 정도가 다르다

입덧은 사람마다 차이가 크다. 입덧이 전혀 없는 사람도 있지만 보통 임신 22주 이후까지, 심하면 막달까지 입덧을 하는 사람도 있다. 지나치게 말랐거나 뚱뚱한 사람이 입덧이 심하고, 변비가 생겨 입덧을 심하게 느끼기도 한다. 또 내장 기관이 약한 사람도 입덧을 심하게 느끼고, 입덧으로 인해 위장이 나빠지면서 악순환이 반복된다.

입덧 증상 역시 다양하다. 식욕이 떨어지거나 속이 비면 가슴이 울렁거리는 사람이 있는가 하면 먹는 즉시 토하기도 한다. 임신을 한 뒤 갑자기 입맛이 바뀌어 평소 입에 대지도 않던 것을 달고 사는 증상 역시 입덧의 일종이다. 나른하거나 초조하고 두통이 생기거나 입 냄새가 많이 나고, 침을 많이 흘리는 것도 입덧 증상이다.

임신의 상징이라고 입덧을 그냥 넘기면 위험할 수 있다. 구토가 너무 심해 음식은 물론 물조차 제대로 먹지 못하면 탈수와 전해질 불균형을 초래하므로 전문의와 상담한다. 탈수와 영양 불균형을 점검한 뒤 수액을 맞는 등 치료를 받아야 제대로 일상생활을 할 수 있다.

입덧 줄이는 식사법

1. 조금씩 자주 먹는다

입덧은 공복 상태일 때 더 심해진다. 음식을 먹지 않는다고 해서 입덧이 나아지는 것이 아니므로 삼시 세끼에 구애받지 않고 먹을 수 있을 때 조금씩이라도 먹는다. 한 번에 많은 양을 먹는 것보다 먹을 수 있는 양만큼 조금씩 나눠 먹는다.

2. 아침에 일어나서 크래커를 먹는다

보통 아침에 입덧이 심하게 느껴지는 경우가 많은데, 이는 속이 비어서다. 머리맡에 담백한 비스킷을 두고 아침에 일어난 뒤 바로 먹으면 어지럼증과 역한 느낌이 나아진다. 아침식사는 혈당치를 높여 입덧 완화에 도움을 주므로 반드시 먹는다. 외출 시에는 껌이나 사탕을 챙겨 속이 메스꺼울 때 먹는 것도 좋은 방법이다.

3. 차가운 음식을 먹는다

불을 이용한 요리는 조리할 때 다양한 냄새가 나기 마련이다. 민감한 임신부는 밥을 지을 때 나는 냄새에도 입덧을 한다. 입덧이 심할 때는 최대한 음식 조리 시간을 줄이고 가급적 냄새를 맡지 않는다. 조리하지 않아 냄새가 덜 나는 차가운 음식을 먹고 과일이나 견과류도 함께 챙긴다.

4. 먹고 싶은 것만 먹는다

입덧이 심한 임신 초기에는 임신부가 먹는 음식이 태아의 성장에 영향을 주지 않는다. 아직은 엄마의 체내에 축적된 영양분만으로도 태아가 충분히 성장할 수 있다. 태아를 위해 식사를 꼬박꼬박 챙겨 먹겠다고 억지로 먹으면 오히려 더 구토가 심해진다. 호르몬 분비가 원활해질 수 있도록 심리적으로 안정감을 찾는 것이 더 중요하다. 입덧이 심하다면 음식의 영양소를 따지기 전에 우선 먹고 싶고, 먹을 수 있는 것 위주로 먹는다. 음식을 먹기 힘들 때는 과즙, 주스, 보리차, 오미자차, 우유 등을 마셔 수분을 보충해준다.

5. 입덧을 완화시키는 음식을 찾는다

일반적으로 비타민 B6과 B12가 함유된 음식이 입덧을 예방하고 완화시키는 데 도움이 된다고 알려져 있다. 비타민 B6은 신경전달물질인 도파민을 활발하게 분비시켜 구토 증상을 호전시켜주고 비타민 B12는 신경 안정에 도움을 준다. 달걀 및 유제품이나 소고기 간, 해바라기 씨 등이 있으며, 체질에 따라 맞는 음식이 따로 있으므로 직접 먹어보고 자신에게 도움이 되는 음식을 찾도록 한다. 예를 들어 귤이나 오렌지 등 신맛이 강한 과일은 입맛을 돋우고, 섬유질이 많은 과일보다는 수박, 멜론 등 즙이 많은 과일이 입덧 완화에 효과적이다. 물냉면이나 김치말이국수 등 차갑고 담백한 맛이 나온지, 해물탕 · 김칫국처럼 얼큰하고 따끈한 국물이 속을 개운하게 해 입덧을 완화시키는지 나에게 맞는 음식을 빨리 찾아본다.

6. 생강이나 비타민제를 먹는다

생강은 메스꺼움과 구토감을 줄여줘 예로부터 입덧 완화제로 많이 쓰였다. 생으로 먹기엔 거부감이 들 수 있으므로 생강차, 생강즙, 생강꿀, 생강절편 등을 먹는다. 입덧을 심하게 하면 수분과 비타민, 무기질이 부족해진다. 끼니와 끼니 사이에 물을 자주 마시고 매실, 모과, 레몬 등 신맛이 나는 과일을 챙겨 먹어도 좋다.

입덧을 완화시키는 생활법

1. 적당하게 게으름을 피운다

입덧이 심할 때는 일상생활에서 잠깐 게으름을 피우는 것이 좋다. 식사 준비를 하면서 맡는 냄새로 속이 좋지 않을 때는 외식을 하고, 세탁기 돌리기 등의 집안일은 세탁소를 이용하는 등 적당히 게으르게 지내자. 입덧은 심리적인 영향도 무시하지 못한다. 집안일에 대한 스트레스가 입덧을 가중시킬 수 있으므로 우선 마음 편하게 지내면서 입덧을 가라앉힌다.

2. 사람이 많은 곳에 가지 않는다

사람이 많은 곳에 가면 입덧이 더 심해질 수 있다. 특히 심리적으로 사람들 앞에서 구토를 하면 어쩌나 하는 생각이 입덧을 더욱 자극하기도 한다. 외출을 할 때는 사람이 덜 붐비는 시간대를 이용한다. 출근을 할 때는 출퇴근 시간을 피해 조금 일찍 나서면 덜 복잡하고 시간적으로 여유가 있어 정신적으로 안정을 느낀다. 대중교통을 이용할 때 속이 좋지 않다면 중간에 내려 잠시 쉬면서 심호흡을 한다. 외출할 때는 혹시 모를 일을 대비해 비닐봉지나 물티슈, 치약, 칫솔 등을 챙긴다.

3. 산책 등으로 기분 전환을 한다

입덧이 심하다고 집에만 있다 보면 점점 상태가 악화된다. 신경이 예민하거나 긴장을 하면 입덧이 심해질 수 있다. 산책을 가거나 남편이나 친구와 외식을 하는 등 외출 계획을 잡으면서 기분 전환을 한다. 적당한 운동은 기분 전환을 해줌은 물론 스트레스를 줄여줘 입덧을 완화시킨다. 편안한 음악을 듣거나 그림을 그리는 등 가벼운 소일거리로 활력소를 찾는 것도 좋다.

4. 입덧 팔찌를 이용한다

입덧 팔찌는 저주파가 손목 부위를 자극해 임신부의 뇌와 위장 등 중추신경계 사이의 신경 전달을 교란시켜 울렁거림을 완화시켜준다. 사람에 따라 바로 효과를 보기도 하고 속쓰림만 호전되는 경우도 있다.

5. 양치질을 한다

입덧이 심할 때 양치질을 하면 속이 울렁거리고 칫솔로 혀를 자극하면 구토가 심해지는 경우가 많다. 입덧 때문에 양치질이 힘들 때는 향이 없는 치약이나 임신부 전용 치약을 쓰고 혀를 내밀고 힘을 준 뒤 혀를 닦는다. 식사 후 시간을 두고 양치질을 하면 구토가 덜 하다. 구토를 한 후에는 반드시 물로 입을 헹구고 양치질을 해야 치아 부식을 막을 수 있다.

6. 입덧 약을 처방받는다

입덧을 무조건 참지는 말자. 물만 먹어도 토한다면 탈수와 함께 영양 결핍 상태에 이를 수 있으므로 전문의와 상담한다. 비타민 B6을 투여하거나 임신부에게 안전한 항구토제, 임신부 소화제 등의 약물 치료도 가능하다.

19

임신 4개월 13~16주

태반이 완성되어 자궁 안쪽에 자리 잡으면서 태반과 태아의 교류가 활발해진다. 태아가 급속도로 성장하는 시기로, 모체는 유산의 위험이 줄어들어 안정기에 접어든다.

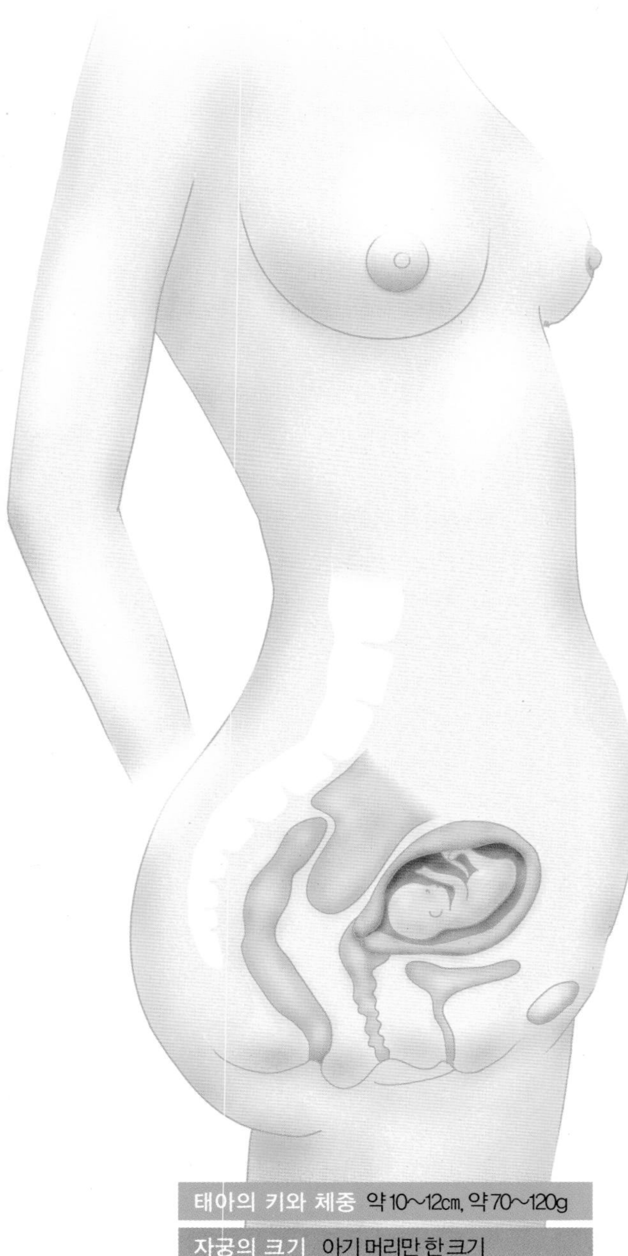

태아의 키와 체중 약 10~12㎝, 약 70~120g

자궁의 크기 아기 머리만 한 크기

이달의 증상

입덧이 가라앉으면서 식욕이 왕성해진다. 식욕이 증가하면서 양수의 양도 많아진다. 임신 3개월까지는 임신으로 인한 체중 증가가 없지만 이 시기부터는 일주일에 300~400g씩 증가하므로 체중이 급격하게 증가할 수 있다. 한 달에 3~4㎏ 이상 체중이 늘면 임신중독증이나 임신성 당뇨 등이 생길 수 있으므로 주의한다.

몸과 마음이 안정되면서 임신 초기 느꼈던 불안감도 점차 사라진다. 기초 체온은 고온기에서 저온기가 된다. 심장에 가해지는 부담을 낮추기 위해 손과 발의 정맥이 이완되어 손발이 항상 따뜻하다. 누가 봐도 임신임을 알 수 있을 정도로 아랫배가 눈에 띄게 불러온다. 태아가 빠르게 성장해 자궁이 위쪽으로 커지기 때문에 방광에 가해지는 압박은 줄어들어 자주 소변이 마려웠던 증상이 차츰 사라진다. 배나 가슴이 가렵거나 임신선 및 변비, 치질이 생기기도 한다. 자궁과 골반을 연결해주는 인대가 늘어나 사타구니나 허리에 통증이 올 수 있으므로 평소 바른 자세를 취하도록 신경 쓴다.

예비 엄마 · 아빠가 할 일

섬유소가 많은 음식을 섭취해 변비를 예방한다

변비는 가장 흔한 임신 증상 중 하나다. 임신 중 분비되는 프로게스테론 호르몬이 위와 장의 움직임을 느리게 해 섭취한 음식물이 천천히 지나가고 이 과정에서 수분이 과도하게 흡수되어 변도 딱딱해진다. 또한 임신 16주부터 먹는 철분제가 변비를 악화시킬 수 있다. 과일이나 견과류, 채소, 콩, 통곡물 등 섬유질이 풍부한 음식을 섭취하고 물은 하루 8컵 이상 자주 나눠 마신다. 변비가 심할 때는 유산균제나 프룬주스를 복용하면 도움이 된다.

항상 자세를 바르게 한다

혈액이 자궁으로 원활하게 공급되게 하기 위해 약간 옆으로 누워서 자는 습관을 들인다. 꼭 왼쪽이 아니어도 된다. 등이나 허리에 통증이 생기기 쉬우므로 바른 자세를 취한다. 같은 자세로 30분 이상 있지 않도록 한다. 쪼그리고 앉거나 높은 곳의 물건을 드는 행동은 삼가고 선 채로 허리를 굽혀 물건을 들지 않는다. 무릎을 구부리고 앉아 물건을 손에 들고 무릎, 허리 순으로 펴서 일어난다.

저칼로리 음식을 섭취해 체중 관리에 신경 쓴다

특정한 음식이 간절하게 먹고 싶은 증상은 임신 4개월을 전후해 사라진다. 식욕이 좋아지는 시기이므로 비만이 되지 않도록 주의한다. 먹고 싶은 음식을 챙겨 먹되 가급적 먹고 싶은 것과 같은 맛을 내는 저칼로리, 저나트륨 음식을 선택한다. 5대 영양소를 골고루 챙겨 먹는 균형 잡힌 식단으로 체중 관리에 신경 쓴다.

이달에 받는 검사

초음파 검사

몸통과 머리가 구분되는 이 시기에는 양쪽 귀 사이의 길이를 재어 머리의 골격과 뇌가 잘 발달하는지 확인한 뒤 태아의 성장 상태를 판단한다. 뇌와 두개골이 발달하지 않은 무뇌증을 진단한다. 또한 배의 단면 둘레 길이를 재 영양 상태를 확인하고 허벅지 다리뼈 길이를 재 근골격계가 잘 발달하는지 살핀다. 머리 뼈 길이, 배 둘레, 허벅지 길이를 종합해 태아의 몸무게를 추정한다. 초음파나 태아 심박 검출 장치로 태아의 심장 뛰는 모습과 소리를 확인한다.

소변 검사

소변 검사를 통해 소변 속에 단백질이나 당이 나오지 않는지 검사한다. 검사 결과는 임신 기간 동안 임신부의 건강관리에 활용된다. 또한 임신 24주 무렵 혈액 검사로 임신 당뇨 검사를 하고, 30주부터는 내원할 때마다 소변 검사를 해 단백뇨 및 당뇨 여부를 확인한다.

주의해야 할 자궁경관무력증

자궁경관무력증은 임신 5개월 전후로 통증을 동반하지 않은 채 자궁경관이 저절로 열리는 것을 말한다. 초기 증상으로 갑자기 냉이 많아지고 피가 비치면서 허리가 뻐근하다. 자궁경관이 열려 자궁 속에 있던 내용물이 나오기 때문에 냉이 증가하고 실핏줄이 터져 출혈이 생기는 것. 자궁경관무력증이 의심되면 조기 진단과 조산에 대한 예방책이 필요하다.

✔ 주수별 태아와 엄마의 변화

	13week	14week	15week	16week
태아	목이 생기고 어른 턱밑 군살처럼 생겼던 바깥귀가 목 윗부분으로 올라가 거의 정상 위치에 놓인다. 대부분의 장기와 신경, 근육이 더욱 빠르게 발달해 긴밀하게 협조하며 움직인다. 탯줄 속에 돌기처럼 있던 장기가 태아의 배 속으로 들어가 자리 잡는다.	앞으로 굽었던 자세에서 점차 등을 펴며 뼈 조직과 갈비뼈가 나타난다. 양수를 들이마셨다가 내쉬는 것을 반복하며 폐가 성숙되어간다. 3시간에 한 번씩 오줌을 누며, 태아 밖으로 나온 오줌은 양수와 섞이는데 양수는 계속 분비되어 깨끗하다.	눈썹이나 머리카락은 물론 몸에 솜털이 매우 많이 자라기 시작해 피부를 뒤덮는다. 뼈와 골수, 근육이 중점적으로 발달해 손가락, 발가락을 움직일 수 있고 엄지손가락을 입에 넣어 빨기도 한다.	외부 생식기가 어느 정도 모습을 갖춰 초음파 검사를 통해 성별 확인이 가능하다. 불완전하지만 뇌가 발달해 기쁨, 불안 등의 감정이 생긴다. 양수 안에서 머리를 도리도리 흔들거나 손발을 따로 움직이는 등 활발히 움직인다. 자궁 밖에 나는 소리도 들을 수 있고 숨쉬기 전 단계인 딸꾹질을 한다.
엄마	임신 초기의 불편한 증상들이 사그라들어 비교적 수월한 시기에 들어섰다. 피부가 약한 임신부는 배, 가슴, 엉덩이에 임신선인 살 트임이 생기기 시작한다. 평소보다 약간 숨이 찬 듯한 느낌을 받기도 한다.	에스트로겐과 프로게스테론의 영향으로 젖꼭지 주변 유륜의 색이 짙어지고 넓어진다. 유방이 아프거나 쓰라릴 수 있다. 위장관의 움직임이 느려져 신트림이 올라오거나 속이 쓰리다. 자궁을 받치는 인대가 늘어나 사타구니나 허리가 아프기도 하다.	자궁이 커지면서 어느덧 몸이 앞으로 치우쳐져 움직일 때 자세가 자연스럽게 바뀌어 간다. 위와 소장이 커진 자궁에 밀려 올라가 식후에 체한 듯 가슴이 답답하기도 하다. 자궁이 다리에서 심장 쪽으로 올라오는 혈관을 압박해 오래 서 있으면 발목이 쉽게 붓는다.	유선이 발달해 유방이 더욱 커지고 피하지방이 붙어 몸매가 두루뭉술해지면서 임신부 체형으로 점차 변한다. 보통 일주일에 300~500g씩 체중이 는다.

20 임신 5개월 17~20주

유방이 더욱 커지고 아랫배도 빵빵하게 불러와 누가 봐도 임신부 모습이다. 첫 태동을 느끼며 비로소 엄마와 한 몸인 태아의 존재를 실감하게 된다. 안정기에 접어들면서 체중이 확 늘 수 있으므로 체중 관리에 신경 쓴다.

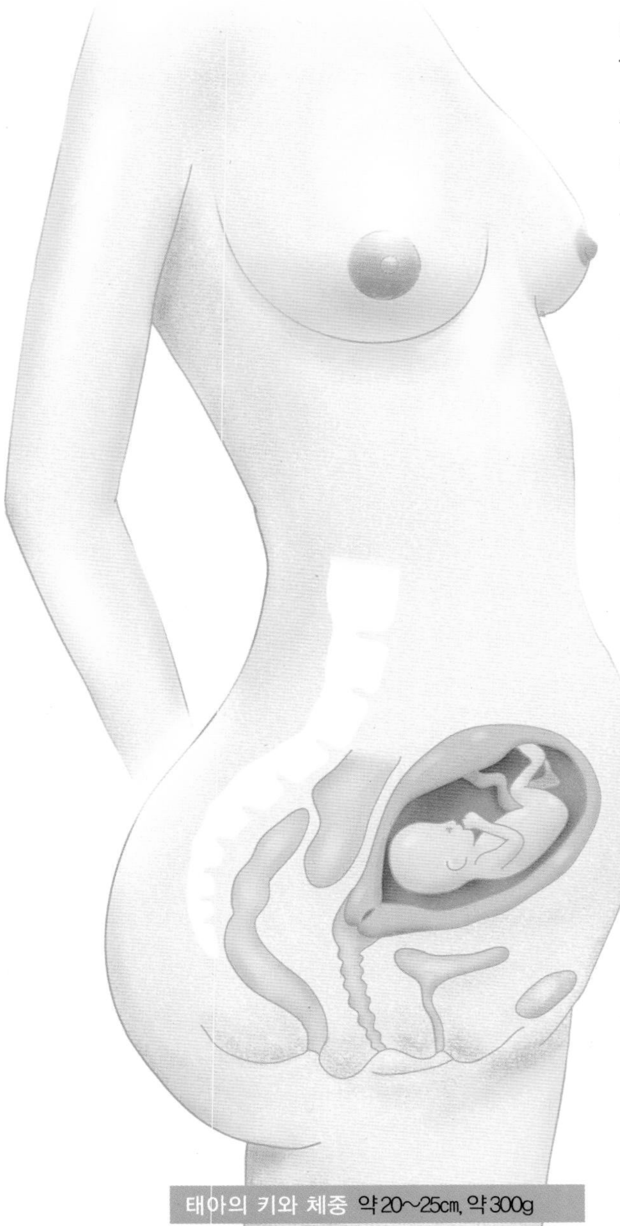

태아의 키와 체중 약 20~25㎝, 약 300g

자궁의 크기 어른 머리만 한 크기

이달의 증상

자궁이 어른 머리 크기만 하게 커지며 태아의 키는 약 20~25㎝, 체중은 약 300g으로 작은 참외 정도 크기로 자란다. 피부의 색소 침착이 증가하면서 유두와 유륜의 색이 훨씬 짙어진다. 유선이 발달해 빠른 임신부의 경우 유두를 누르면 말간 초유가 나오기도 한다. 배가 눈에 띄게 부르면서 살트임이 생기기 시작하는 시기로, 목욕 후 튼살 관리 제품을 바르고 복부와 엉덩이, 가슴 등을 마사지한다. 아랫배 가운데에 임신선이 생긴다. 임신부에 따라 태동을 느끼는 시기에 차이가 있지만 임신 20주를 기준으로 ±2주경에 첫 태동을 느낀다. 첫 태동은 마치 배에서 꼬르륵 소리가 나거나 물방울이 터지는 것 같다.

예비 엄마 · 아빠가 할 일

임신 16주부터 철분제를 복용한다

태아가 빠르게 성장하면서 영양분이 많이 필요한 시기다. 순환계가 빠르게 확장되어 그 양을 채우기 위해 혈액의 양이 급격히 늘어 하루 30㎎ 이상의 철분을 공급해줘야 한다. 임신 16주경부터 철분제를 복용한다. 카페인이나 타닌 성분이 있는 음식은 철분제 흡수를 떨어뜨리므로 철분제와 커피, 홍차 등은 같이 먹지 않는다. 오렌지 주스에 들어 있는 비타민 C 성분은 철분 흡수를 도우므로 같이 먹어도 된다. 혈액의 양이 많아지면서 코피가 나거나 코가 잘 헐고 양치질 때 잇몸에서 출혈이 나는 등의 증상이 생길 수 있으므로 시금치, 멸치, 깻잎, 소고기, 닭고기, 쑥 등 철분이 풍부한 식품을 섭취한다.

임신부 전용 속옷을 구입한다

배가 확연하게 불러서 더 이상 평소에 입던 옷을 착용하면 불편하다. 임부용 속옷과 복대 등을 구입하고 임신복과 편한 신발을 착용한다. 속옷을 고를 때는 만삭, 출산 후까지 입을 수 있도록 수유 겸용 브래지어를 구입하고 팬티는 100% 면 소재보다는 엉덩이 후면이 신축성 있는 소재로 디자인된 것을 골라야 막달까지 편안하게 입을 수 있다.

유방 관리를 시작한다

출산 후 모유 수유를 계획하고 있다면 이 시기부터 유방 관리를 한다. 출산 전에 유방 관리를 하면 유방의 혈액 순환이 좋아져 울혈을 막고 유선 발육을 촉진해 젖이 잘 돌게 할 뿐 아니라 유두가 볼록하게 나와 아기가 젖을 빨기 편한 모양이 된다. 잠자기 전이나 목욕 후 유방과 유두 마사지를 2~3분간 실시한다. 하지만 조기 진통이나 조산의 위험이 있는 경우, 유두를 자극하면 자궁 수축이 유발될 수 있으므로 주의를 요한다.

출산 계획을 세운다

직장을 다니는 임신부라면 가족, 직장 상사와 상의해 출산휴가와 육아휴직을 협의하고 결정한다. 또한 이 시기에 미리 분만 방법과 산후 조리를 고민한 뒤 원하는 산후조리원을 예약하면 좋다.

이달에 받는 검사

기형아 검사(쿼드 검사)

임신 15~20주에 기형아 검사(산전 태아 이상 선별 검사)를 실시한다. 태아의 척추 기형이나 기타 몇 가지 선천성 기형의 위험도를 예측하는 검사다. 요즘은 종전의 트리플 마커 검사에 inhibinA를 추가하여 쿼드 검사를 실시한다. 임신부의 혈액 속에 있는 네 가지 호르몬 수치를 측정해 다운증후군 등의 염색체 이상이나 이분척추, 신경관 결손의 위험도를 알아보는 검사다. 기형아를 확진하는 검사는 아니므로 검사에서 이상 소견이 있거나, 만 35세 이상 고령 임신부나 고위험 임신부의 경우 양수 검사를 통해 염색체 이상을 정확하게 확인한다.

통합 선별 검사

임신 3개월에 태아 목덜미 투명대 검사를 하면서 혈액 검사(임신 관련 혈장 단백A)를 하고 결과를 바로 보는 것이 아니라, 쿼드 검사를 실시한 후 이들 결과를 모두 종합하여 기형의 위험도를 예측하는 검사로 현재 가장 효과적인 기형아 선별 검사다.

양수 검사

쿼드 검사에서 이상 소견이 있거나 고령 임신 등 고위험 임신부의 경우 양수 검사를 실시한다. 양수천자는 초음파를 보면서 태아와 탯줄을 피해 양수가 많은 곳을 확인한 뒤 얇은 바늘로 20㎖ 정도의 양수를 뽑는다. 양수 검사를 통해 염색체 이상을 진단한다.

✔ 주수별 태아와 엄마의 변화

	17week	18week	19week	20week
태아	태아는 태반과 비슷한 크기로 자란다. 손톱과 발톱은 물론 지문도 생긴다. 단맛과 쓴맛을 구분하며 양수가 쓰면 뱉어내기도 한다. 눈을 깜빡이거나 손가락을 빠는 반사운동을 활발히 한다. 조용한 음악을 들으면 안정된 모습을 보이고 요란한 소리가 들리면 불안해한다.	눈과 귀가 제자리를 찾아 태어날 때와 비슷한 얼굴 모양을 하게 된다. 부드러웠던 태아의 뼈가 딱딱해지는 골화 과정이 한창이다. 신경계통의 발달이 두드러져 청각, 미각, 촉각이 뚜렷해지고 발길질도 한다.	임신 18~22주에 실시하는 정밀 초음파를 통해 완전한 형상을 갖춘 태아의 모습을 볼 수 있다. 귀가 충분히 발달해 엄마의 목소리를 듣는다. 심장 박동이 활발해지므로 청진기로 태아의 심장 소리를 들을 수 있다.	피부 표면의 피지선에서 분비되는 태지가 보이기 시작하는데 태지가 보호해주는 피부는 점차 두꺼워지고 강해지면서 표지, 진피, 피하조직 등으로 세분화된다. 뇌에 주름이 생기고 감각기관 부분별로 두뇌가 발달한다.
엄마	자궁이 계속 커지고 복부 인대가 늘어나면서 하복부에 통증이 느껴진다. 개인에 따라 임신성 기미가 생기기도 하고 호르몬의 영향으로 시력이 약해지거나 눈이 건조해 뻑뻑함을 느끼기도 한다.	위나 장에서 꼬르륵하는 느낌이 나거나 물방울이 터지는 느낌이 들면 태동일 확률이 높다. 아직 태동이 미미해 임신부 본인만 알아차릴 정도다. 임신 호르몬이 자궁경부와 질 주변에 영향을 주어 흰 빛깔의 질 분비물이 늘어난다.	태아가 자라면서 자궁저는 14~18㎝ 높이까지 올라간다. 임신선이라고 부르는 짙은 색 선이 아랫배 중간 지점에 세로로 나타난다. 가슴에 정맥 혈관이 크게 눈에 띄고 배꼽이나 항문과 질 사이도 어둡게 착색된다.	임신 기간의 반환점으로 가장 안정된 시기다. 대부분의 임신부가 확실하게 태동을 느낀다. 자궁이 이제 배꼽 부분까지 이르는 한편 이때부터 자궁은 일주일에 1㎝ 정도 커진다. 자궁이 갑작스럽게 증가해 수축하는 성질을 보여 하루 4~6회 배가 단단히 뭉치는 느낌을 받는다.

21

임신 6개월 21~24주

태아는 스스로 움직일 수 있을 만큼 근육과 신경이 발달하고 이때부터는 확실하게 임신부도 태동을 느낀다. 청력이 발달해 자궁 밖의 소리를 듣고 그 소리에 반응한다. 이 시기부터는 운동으로 체중 관리를 하고 순산에 필요한 힘을 기른다.

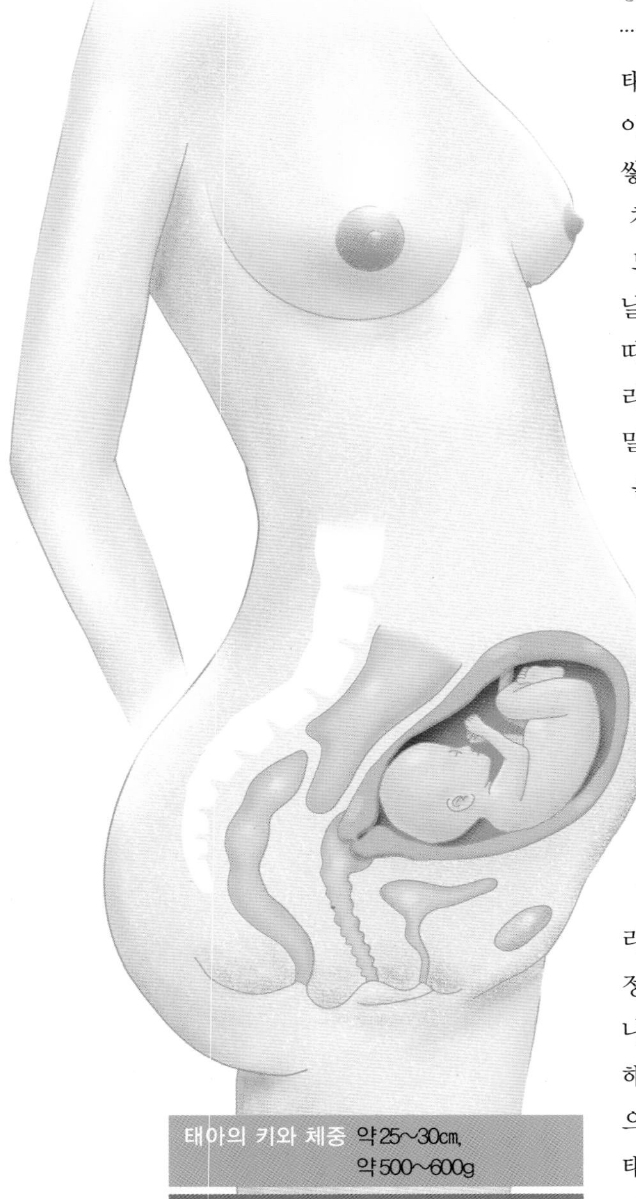

태아의 키와 체중 약 25~30㎝, 약 500~600g

자궁저 높이 약 20~24㎝

이달의 증상

태아가 커질 뿐 아니라 산모의 체중이 6㎏ 이상 늘기 때문에 임신부 몸에 피하지방이 쌓여 아랫배가 많이 불러온다. 자궁을 받치는 복부의 인대가 늘어나 가끔 통증을 느끼며 속쓰림과 헛배 부름 증세가 나타날 수 있다. 골반과 복부 인대가 늘어남에 따라 척추의 위치와 방향 축이 뒤틀려 허리 통증이 심해진다. 허리가 아파 배를 내밀면 일시적으로 편하지만 척추에 더 많은 체중이 실리므로 주의해야 한다. 점점 자궁이 커져 장을 압박하면서 변비가 생기기 쉬우므로 물을 충분히 마시고, 섬유질이 풍부한 음식을 섭취한다.

태아는 뼈와 근육이 튼튼해지고 완벽하게 4등신이 되어 자궁 속에서 곡예를 하듯 자유롭게 움직여 태동이 잘 느껴진다. 혈액의 양이 늘어나 혈관이 확장되고, 자궁이 커지면서 다리에서 심장으로 혈액을 올리는 복부 하대정맥을 압박해 혈액순환을 방해한다. 발이나 다리가 붓고 저리는 등 정맥류가 발생해 특히 잠을 자다가 다리에 쥐가 날 수 있으므로 다리를 높게 둔다. 배를 만져보면 태아의 위치를 알 수 있고 배꼽이 납작해지고 튀어나온다.

예비 엄마 · 아빠가 할 일

일주일에 체중이 0.5㎏ 이상 늘지 않도록 관리한다

체중이 폭발적으로 늘기 쉬운 시기다. 체중이 늘면서 하반신이 쉽게 피로해지고 허리와 등에 통증이 오기도 한다. 등이나 복부 근력을 강화하는 스트레칭을 하루 20분 이상 실시하고 꾸준히 걸으면 체력을 유지하는 데 도움이 된다. 무엇보다 체중이 일주일에 0.5㎏ 이상 늘지 않도록 관리한다.

태동에 주의를 기울인다

자궁이 커지고 양수의 양이 늘어나면서 태동이 많아지는 시기다. 태동은 태아가 배 속에서 건강하게 잘 자라고 있다는 지표이므로 평소 태동에 주의를 기울인다. 태동이 꾸준히 느껴지다가 갑자기 멈추지 않는지 살핀다. 임신 중기에 태동이 멈춘 경우 태아가 위험한 상황에 빠진 것일 수 있다.

가벼운 여행을 떠나 기분 전환을 한다

임신 중반기를 넘어서면서 안정감을 찾는 시간이지만 시간이 더디게 가는 느낌을 받을 수 있다. 가벼운 여행을 떠나 기분 전환을 하는 것도 좋은 방법이다. 임신 후기에 접어들면 여행하기 힘들므로 이때가 적기다. 아기가 태어나면 몇 년간은 부부만의 시간을 갖기 힘들어지므로 남편이 계획을 세워 달콤한 여행을 떠나보자.

분만 강좌에 등록한다

산부인과 전문병원이나 백화점 문화센터에서는 다양한 임신부 교실을 운영한다. 요통을 완화시키는 요가나 분만에 도움을 주는 호흡법 강좌, 출산용품 DIY 클래스 등 다양한 임신부 교실에 참가해 교육도 받고 다른 엄마들의 경험담도 듣는다.

낮에 30분씩 산책을 해 불면증을 극복한다

임신 중 불면증은 매우 흔한 증상이다. 피곤한 상태로 잠이 들어도 자주 깨거나 평소보다 생생한 꿈을 꿔 잠을 설친다. 임신 후기에는 태동이 심해 깊은 잠을 이루기 힘들다. 낮에 30분 정도 산책을 하거나 잠들기 전 따뜻한 물로 목욕을 하고 미리 소변을 봐 숙면할 수 있도록 노력한다.

이달에 받는 검사

정밀 초음파 검사

일반적으로 정기 검진 때마다 하는 산전 초음파 검사는 태아의 위치와 크기, 심장 박동 여부만 관찰하는 반면 정밀 초음파 검사는 머리부터 발끝까지 태아가 정상적인 해부학적 구조를 가지고 있는지, 세밀하게 장기까지 확인한다. 검사를 통해 각종 장기의 위치와 이상 및 기형 여부를 알 수 있다. 임신 20~24주에는 태아의 장기가 완성되어 정밀 초음파 검사를 통해 태반의 위치와 양수의 양을 측정하고 기형아 진단을 확인한다. 검사에 걸리는 시간은 30분 내외이지만 태아의 자세에 따라 더 오래 걸리는 경우도 많다. 정확도는 80% 정도다.

태아 심장 초음파 검사

일반 초음파 검사에서 태아의 심장 소리가 이상하거나 기형이 의심스러울 경우 정밀 심장 초음파로 태아의 심장을 집중 검사한다. 일반 초음파로는 태아의 심장 이상을 진단할 수 없기 때문이다. 병원에 따라 정밀 초음파와 같이 시행하는 곳도 있으며 정확도는 70%다. 임신 20주 이후 받을 수 있다.

이 시기에 받으면 좋은 치과 치료

임신 중에는 잇몸이 자주 부풀고 출혈도 쉽게 생긴다. 입안이 헐었거나 충치 치료를 받아야 한다면 임신 중기가 적기다. 치과 진료를 미루면 출산 후 충치의 원인 균이 신생아에게 감염될 수 있으므로 조심한다. 간단한 마취는 태아에게 영향을 주지 않지만 반드시 임신 중임을 밝히고 치료를 받는다.

✔ 주수별 태아와 엄마의 변화

	21week	22week	23week	24week
태아	소화기관이 발달해 양수에서 물과 당분을 흡수한다. 입속에 어른보다 더 많은 미각 봉우리가 있어 쓴맛이 양수 속에 들어가면 거의 마시지 않지만 단맛에는 반응이 빨라 2배 이상 마신다.	청력이 발달해 엄마의 심장 뛰는 소리, 음식물이 소화될 때 위에서 나는 소리는 물론 자궁 밖에서 나는 모든 소리를 듣는다. 양수가 늘어나 손발을 자유롭게 움직이고 몸의 방향도 자주 바꿔 거꾸로 있는 경우도 많다.	골격이 완전하게 자리 잡아 서서히 균형 잡혀가고 두개골, 척추, 갈비뼈, 팔, 다리 등을 확실히 알아볼 수 있다. 잇몸 아래 치아가 자라기 시작하고 눈썹과 눈꺼풀이 제자리를 잡는다.	양수에 둥둥 떠서 자주 손발을 움직이고 엉덩이와 발을 위로 추켜든 물구나무 자세를 취한다. 피부는 완연히 불투명해지고 불그스름한 빛을 띤다.
엄마	자궁이 커지면서 폐를 압박해 쉽게 숨이 찬다. 평소보다 갑상선 기능이 활발해져 땀을 많이 흘린다. 혈액순환이 잘 되지 않아 다리가 쉽게 붓고 밤에는 쥐가 나기도 한다.	누구나 태동을 느끼는 시기로, 아직도 태동이 없다면 검사를 받는다. 갑자기 늘어난 체중으로 몸매가 변하고, 앉았다 일어설 때 힘이 드는 등 몸 가누기가 힘들어진다.	임신 전보다 체중이 5~6㎏ 이상 늘어 등이나 허리가 아프고 다리를 절거나 발이 붓는다. 태반에서 나오는 호르몬이 간에 영향을 미쳐 배, 가슴, 엉덩이, 허벅지 등의 피부가 트고 간지럽다.	배가 점점 불러와 몸의 균형을 잡기 어렵고 빈혈이 생기거나 현기증을 느끼기 쉽다. 자다가 다리에 쥐가 나고 통증을 느껴 깨는 경우가 많다. 유선이 발달해 겨드랑이 아래쪽이 붓기도 한다.

22 임신 7개월 25~28주

태아가 무럭무럭 자라는 만큼 여러 가지 임신 트러블이 심해진다. 태아는 폐를 비롯한 장기가 성숙해 만일 이 시기에 태어난다면 의료 처치로 살릴 수도 있다. 건강하게 출산하도록 임신중독증을 예방한다.

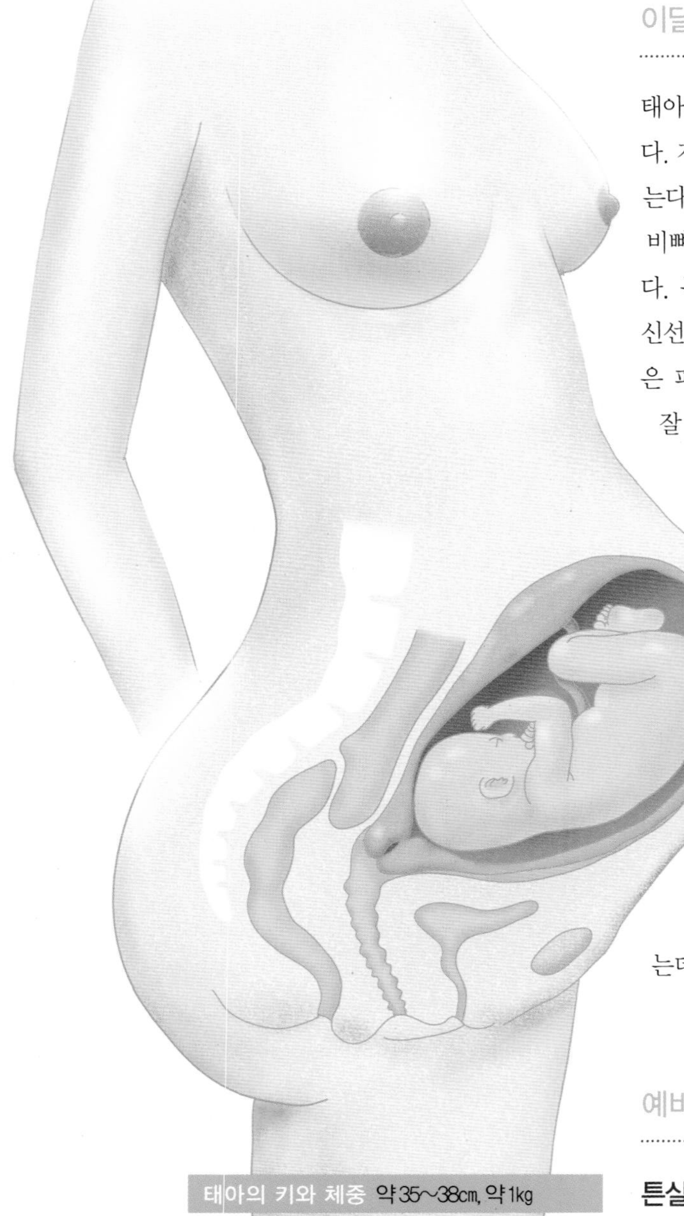

태아의 키와 체중 약 35~38㎝, 약 1㎏

자궁저 높이 약 24~28㎝

이달의 증상

태아는 엄마 자궁에 꽉 찰 정도로 성장한다. 자궁이 위를 압박해 소화가 잘 되지 않는다. 자궁이 명치까지 올라와 맨 아래 갈비뼈가 바깥쪽으로 휘어져 통증을 유발한다. 몸 구석구석에 보라색의 가느다란 임신선이 생기고 튼살이 심해진다. 임신선은 피부가 약하거나 비만인 사람에게 더 잘 나타난다. 배가 많이 불러 똑바로 눕기 힘들고, 몸의 중심을 잡으려고 상체를 뒤로 젖히다 보면 요통이 생길 수도 있다. 변비와 치질이 생기기도 한다. 하루에 3~4번씩 배가 몇 초 동안 단단해졌다가 다시 이완될 때가 있다. 이를 가진통이라고 하며 몸이 다가올 분만을 준비하는 과정이다. 배가 뭉칠 때는 옆으로 누워서 충분히 휴식을 취한다. 단 충분히 쉬었는데도 계속 배가 뭉치면 검진을 받는다.

예비 엄마 · 아빠가 할 일

튼살 방지를 위해 마사지를 한다

튼살은 배가 나오기 전부터 꾸준히 관리해줘야 한다. 특히 배가 급격히 나오는 임신 6~7개월에 심해지므로 목욕 후 튼살 크림을 배와 가슴, 허벅지나 엉덩이까지 꼼꼼하게 발라 마사지한다.

절대 무리하지 않는다

배가 많이 불러오므로 임신 전과 같이 활동해서는 안 된다. 이전보다 유산의 위험은 줄었지만 무리하면 조산할 수 있으므로 주의한다. 몸을 세우거나 걸을 때도 조심하고 몸의 중심을 바로잡도록 한다. 피곤함이 느껴지면 언제든지 휴식을 취한다.

다리를 높게 둔다

임신 중기에는 커진 자궁이 정맥을 눌러 다리 쪽으로 혈액이 몰리고 피부 표면에 혈관이 돌출되면서 거무스름해지는 정맥류가 나타나기도 한다. 다리를 꼬고 앉지 않고 장시간 서 있지 않는다.

섬유질이 풍부한 음식을 먹는다

임신 중기에는 치질과 변비가 생기기 쉬우므로 수분 섭취량을 늘린다. 채소와 잡곡밥 등 섬유질이 풍부한 음식을 매끼 충분히 챙겨 먹는다. 생채소는 많은 양을 섭취하기 어려우므로 데치거나 찌면 양도 줄어들고 부드러워 무리 없이 먹을 수 있다. 변비가 심할 때는 임신부 전용 유산균제나 임신 12주 이후에 복용할 수 있는 변비약을 처방받아 증세를 완화시켜야 한다.

임신중독증을 예방한다

단 음식은 당뇨와 비만을 일으키고 짠 음식은 부종과 고혈압 증세를 유발할 수 있다. 또한 체중이 갑자기 증가하면 혈압이 높아져 임신중독증에 걸리기 쉽다. 임신 중기부터는 밀가루 음식의 섭취를 줄이고 체중 관리를 하는 한편 임신중독증을 예방한다. 체중 증가폭이 최고조에 이르는 시기이므로 일주일에 체중이 500g 이상 늘지 않도록 면밀하게 체크한다.

칼슘과 철분 섭취량을 늘린다

식사량을 늘리기보다는 5가지 영양소를 골고루 섭취할 수 있는 질 높은 식사를 한다. 태아의 살을 만드는 단백질이나 뼈와 피를 만드는 칼슘, 철분 등은 임신 전보다 3배 정도 더 섭취한다. 특히 칼슘을 소모시키는 설탕 섭취는 가급적 줄이고 청량음료나 인스턴트식품 등은 먹지 않는 것이 좋다.

이달에 받는 검사

임신성 당뇨 검사

임신 24~28주에 임신성 당뇨 검사를 한다. 4시간 정도 공복을 유지한 뒤 포도당 50g을 마시고 1시간 뒤 채혈해 당 수치 검사를 받는다. 검사 시간은 1시간~1시간 30분 내외다. 보건소에서 받을 수도 있다. 이상 소견이 나오면 8시간 정도 공복 후 포도당 100g을 마시고 재검사를 실시한다.

빈혈 검사

임신 중기에 가장 조심해야 할 것이 빈혈이다. 빈혈이 생기면 임신부와 태아의 건강에 영향을 주고 분만 시 출혈에 대한 저항력이 낮아져 위험할 수 있기 때문이다. 빈혈은 증상이 심해지기 전까지 자각증상이 없으므로 빈혈 검사를 받아 위험에 대비하자. 빈혈인 경우에는 전문의와 상의해 철분제 용량을 하루 2~3회로 늘린다.

✔ 주수별 태아와 엄마의 변화

	25week	26week	27week	28week
태아	태아는 자궁 속 환경을 탐색하느라 바쁘다. 손으로 탯줄의 위치를 확인하기도 하고 몸 구석구석을 만져보거나 손가락을 빨기도 한다. 붙어 있던 눈꺼풀이 위아래로 갈라지고 폐에 혈관들이 만들어지고 성숙해진다.	태아의 머리끝에서 발뒤꿈치까지 길이가 35.6㎝, 몸무게는 760g 정도 된다. 폐가 본격적으로 발달하는 시기로 조금씩 호흡 운동을 시작한다. 시신경이 발달해 빛을 비추면 머리를 돌린다. 청각은 더욱 발달해 엄마, 아빠의 목소리를 분명하게 듣는다. 몸은 빨갛고 주름이 많지만 피부는 하얀 지방으로 덮인다.	태아의 청력이 거의 다 발달해 자궁 밖에서 들리는 소리에 놀라기도 한다. 콧구멍이 열려 스스로 얕은 호흡을 하고 소리도 낸다. 피부를 덮고 있는 배내털이 모근의 방향에 따라 비스듬한 결을 이룬다.	뇌 조직이 발달하는 시기로, 뇌세포와 신경순환계가 완벽하게 연결되어 활동한다. 시끄러운 소리를 싫어하며 엄마의 목소리나 부드러운 소리를 좋아한다. 드디어 눈을 뜨기 시작해 태아를 들여다볼 수 있다면 눈동자가 보인다. 지금 태어나더라도 스스로 숨을 쉴 정도로 성숙해 있는 상태다.
엄마	태아와 자궁이 크면서 피부 밑 모세혈관이 터져 피부 밖으로 보이는 임신선이 점점 진해진다. 배 외에 가슴, 겨드랑이, 허벅지에도 임신선이 생긴다. 가끔 심장이 쿵쿵 불규칙하게 뛰는 느낌을 받는데 차츰 사라진다.	자궁 근육이 늘어나면서 자궁이 위를 압박해 소화가 잘 되지 않을 뿐 아니라 대장을 압박해 변비가 더욱 심해진다. 양수가 일주일에 50㎖씩 빠르게 증가한다. 눈이 빛에 민감해지고 건조하면서 껄끄러운 느낌이 들 수도 있다.	체중이 6~7㎏ 이상 늘어 다리에 무리가 잘 붓고 대퇴부 정맥을 압박해 쥐가 나기도 한다. 배가 불러 몸의 균형을 잡기 힘들고 동작이 둔해진다. 체중이 갑자기 늘고 시야가 흐려지며 손과 발이 붓는다면 임신중독증일 가능성이 높다.	자궁이 배꼽과 명치 사이의 중간까지 올라와 심장이나 위가 눌려 더부룩한 느낌이 든다. 급속하게 늘어난 자궁 무게와 균형을 맞추기 위해 등뼈가 뒤쪽으로 굽는 자세를 취하게 되어 허리 통증이 생길 수 있다. 방광 안에 소변이 정체되어 방광염에 걸리기 쉽다. 오줌을 눌 때 통증이 느껴지거나 소변 색깔이 이상하거나 악취가 나면 전문의와 상의한다.

23

임신 중기 생활법

태아와 태반이 안정되어 유산의 위험도 줄어들고 몸도 비교적 가벼워 임신 기간 중 가장 생활하기 편한 시기다. 임신 중기부터는 철분제를 꾸준히 복용하고 규칙적인 운동으로 체중이 많이 늘지 않도록 주의한다.

생활 수칙

1. 운동을 시작한다

임신 16주가 되면 태아와 태반이 안정되어 운동을 할 수 있다. 혼자서 살살 걷는 산책이 아니라 규칙적이고 효과적인 운동을 해야 순산에 도움이 된다. 임신 전에는 개인의 특성과 건강 상태에 따라 운동의 종류와 강도를 정해야 한다. 임신 중에 운동을 하지 않았던 사람은 20주 이후에 주 2회 정도 요가, 필라테스 등의 유산소 운동이 좋다. 입덧이나 배땅김이 없다면 임신 13주부터 운동을 시작해도 된다.

2. 임신 5개월부터 복대를 착용한다

임신 5개월부터는 자궁이 본격적으로 커지므로 아랫배가 처지기 시작한다. 이때 복대를 착용하면 임신부의 허리를 보호할 수 있다. 5개월 때는 아랫배만 받쳐주는 복대를 사용해도 좋지만 그 이후 태아가 성장함에 따라 몸에 무리가 가므로 허리까지 지지하는 복대가 더 효과적이다. 분만일이 다가오면 착용하지 않는다.

3. 배에 힘이 들어가는 동작은 피한다

임신 7개월에 들어서면 배가 눈에 띄게 불러 몸의 균형을 잡기 어렵고 동작이 둔해져 넘어질 위험이 크므로 주의한다. 배에 힘이 들어가는 동작이나 자극을 피하고 무거운 짐은 들지 않는다. 바닥에 있는 물건을 집을 때는 무릎을 구부려 앉는 자세가 배에 무리를 덜 준다. 배가 땅길 때는 곧바로 편한 자세로 쉬며 옆으로 누울 수 없는 상황이라면 허리를 낮춰준다.

4. 스트레스 해소를 위해 노력한다

임신 중기에 접어들면 엄마의 기쁨, 긴장, 슬픔 등을 태아도 느낀다. 엄마가 긴장하거나 초조해하면 태아에게 공급되는 혈액이 줄어 태아가 스트레스를 받고, 심할 경우 성장에 지장을 주므로 스트레스를 줄이도록 노력한다. 임신부 스스로 편안하게 지내도록 소소한 즐거움을 많이 만든다.

5. 모유 수유를 준비한다

출산 후 모유 수유를 위해 임신 중기부터 미리 유방 관리를 시작한다. 유방 마사지는 유선을 자극해 출산 후 모유가 잘 나오게 돕고 유방의 혈액순환을 좋게 해준다. 단, 지나치게 유두를 자극하면 옥시토신이 분비되어 자궁 수축이 일어날 수 있으므로 주의한다. 샤워 후 튼살크림이나 오일을 바른 뒤 마사지한다.

6. 태교 여행을 떠난다

임신 초기에는 유산의 위험이 높기 때문에 몸과 마음이 안정되는 임신 4개월 이후에 여행하는 것이 좋다. 태교 여행은 이동 시간이 길지 않고 자연 속에서 편안함을 느낄 수 있는 장소를 선택한다. 차량이나 비행기 이동 시 오래 앉아 있으면 힘드므로 짬짬이 휴게소에 들르거나 다리 마사지를 한다. 먼 곳으로 여행할 경우 응급 상황을 대비해 산모수첩을 챙긴다.

식습관과 영양 관리

1. 철분 섭취량을 늘린다

태아가 엄마로부터 철분을 흡수해 혈액을 만들기 시작하는 시기이므로 많은 양의 철분을 섭취한다. 임신 중에는 철 결핍성 빈혈에 걸리기 쉬우므로 임신 전보다 철분 섭취량을 60~70% 이상 늘려야 한다. 철분제는 공복에 먹으면 흡수율을 높일 수 있지만 위장장애를 동반하므로 주의한다. 비타민 C는 철분 흡수율을 증가시키므로 과일이나 과일 주스와 함께 먹으면 좋다. 또한 카페인이 함유된 음료는 철분의 체내 흡수율을 낮추므로 철분제 복용 후 1시간 안에는 커피, 녹차, 탄산음료 등을 마시지 않는다. 단, 철분제를 복용하면 변비가 생길 수 있으므로 유산균제나 섬유질이 풍부한 채소를 함께 먹는다.

2. 칼슘이 풍부한 음식을 챙겨 먹는다

태아의 골격 형성을 돕는 칼슘도 충분하게 섭취해야 한다. 칼슘은 철분제의 흡수를 떨어뜨리므로 철분제와 칼슘제를 함께 복용할 때는 1시간 이상 간격을 두고 먹는다. 칼슘은 흡수율이 20% 정도로 낮은 편이지만 소고기나 돼지고기 등 동물성 단백질이 풍부한 식품과 먹으면 흡수율이 높아진다. 매일 우유를 500㎖ 이상 마시고 멸치나 뱅어포는 물에 살짝 담가 소금기를 제거한 뒤 먹는다.

3. 염분의 양을 제한한다

짠 음식을 많이 먹으면 임신중독증에 걸릴 위험이 있고 신장 기능도 저하되기 쉬우므로 과다한 염분 섭취를 피한다. 소금 대신 레몬즙이나 멸치국물로 간을 맞추고 국물 요리는 되도록 삼간다.

4. 물과 채소를 충분히 먹는다

급격하게 커지는 자궁이 장을 압박해 변비가 걸리기 쉽다. 아침 식사 30분 전에 시원한 물이나 찬 우유를 마시면 도움이 된다. 또한 매일 물과 과일 주스, 우유를 적어도 8잔 이상 마신다. 셀러리, 양상추, 우엉, 연근, 해초류 등은 섬유질이 풍부할 뿐 아니라 비타민, 철분, 칼슘 등도 많이 들어 있어 충분히 섭취한다. 변비가 심할 때는 전문의와 상의해 약을 복용한다.

5. 폭식은 금물이다

임신 중기에 입덧이 가라앉으면 폭식할 위험이 크다. 하지만 이 시기부터는 커진 자궁이 장을 눌러 소화 기능이 약해지므로 과식하면 더부룩할 뿐 아니라 소화기에 문제가 생기면 태아에게 영양분이 잘 전달되지 않는다. 또한 임신부 비만으로 이어져 임신중독증에 걸리거나 분만 시 문제가 생길 수 있으므로 주의한다.

6. 칼로리가 낮은 음식을 먹는다

동물성 지방이 다량 함유된 음식이나 열량이 높은 인스턴트식품, 당분이 많은 음식은 비만의 원인이 된다. 임신 중기부터는 한 달에 2㎏ 이상 늘지 않도록 살찌지 않는 음식을 챙겨 먹는 노력을 기울여야 한다. 생선은 튀기기보다 굽고, 채소도 볶는 대신 쪄 먹는 등 칼로리를 줄이는 조리법으로 요리한다.

임신 중기 이상 징후

입덧도 사라지고 안정기에 접어들어 비교적 편안하고 수월하다. 임신 중기에는 태아를 위험하게 하는 질병은 그리 많지 않지만 점점 배가 불러오면서 임신부 몸이 변해 여러 가지 트러블이 생기기 시작한다.

사소하지만 신경 쓰이는 징후

임신선과 튼살

임신하면 배는 물론 가슴과 엉덩이도 함께 커져 피부가 늘어난다. 흔히 '살이 튼다'고 하는 것은 늘어난 피부 조직을 피하 조직이 따라가지 못해 피부 표면에 자국이 나타나는 현상을 말한다. 튼살은 피하지방이 많은 허벅지, 유방, 종아리, 엉덩이 부위에 많이 생기는데 일단 한번 생기면 출산 후에도 자국이 쉽게 없어지지 않으므로 살이 트지 않도록 예방하는 것이 중요하다. 임신 4개월 이후에는 샤워 후 튼살 예방 크림을 바르거나 임신부용 거들을 입는다. 임신선은 하복부를 중심으로 배꼽라인을 따라 많이 생기는데 출산 후 6개월이 지나면 없어진다.

임신성 충치와 치은염

임신 중에는 호르몬 변화로 입안이 산성화되기 때문에 충치가 생길 가능성이 높다. 임신 초기 입덧으로 인해 양치질을 잘하지 못하거나 비타민이 부족해도 충치가 생기므로 과일과 채소 섭취를 꾸준히 한다. 임신성 치은염은 임신 2~3개월 때 시작되어 임신 7~8개월쯤 악화되었다가 9개월이 되면 다시 가라앉는 잇몸 염증이다. 입덧을 할 때 양치질이 힘들면 구강청결제로 가글을 하거나 치실을 사용해 입안을 최대한 청결하게 관리한다. 비타민 C는 잇몸을 튼튼하게 해주므로 임신 기간에는 비타민 C가 풍부한 채소와 과일을 챙겨 먹는다.

피부 변색

임신 중 분비되는 호르몬의 영향으로 인해 피부색이 변하거나 반점이 생긴다. 이마, 코, 뺨 등 얼굴 피부색이 변하는 것을 '간반' 또는 '임신 마스크'라고 하는데 이런 반점은 피부가 까무잡잡한 임신부들에게 흔하게 생긴다.

유즙 분비

임신 20주가 되면 태반과 뇌하수체에서는 모유 수유에 대비해 유선을 발달시키는 호르몬을 분비한다. 이때부터는 가슴이 커지면서 유선이 발달해 유즙이 분비되기도 한다. 노란 유즙이 분비되면 물티슈로 살짝 닦는다. 일부러 짜내거나 심하게 자극을 주면 자궁 수축을 일으키므로 주의한다.

배뭉침

배 전체가 땅기며 공처럼 단단하게 뭉치는 배뭉침은 임신부라면 누구나 경험하는 증상이다. 일어나는 주기도 다양한데 1시간에 한 번 정도라면 안심해도 된다. 만약 일정한 간격으로 배뭉침이 되풀이되고 출혈이 있다면 유산이나 조산, 자궁 외 임신의 가능성이 있으므로 전문의와 상의한다. 배가 뭉칠 때는 다리를 뻗고 앉거나 누워 배에 무리가 가지 않도록 한다.

하지정맥류

정맥에 혈액이 뭉쳐 힘줄이 가늘고 길게 부풀어 오르거나 어느 한 곳이 혹처럼 불룩하게 튀어나오는 증상이다. 임신을 하면 혈액의 양이 늘어나 혈관벽의 탄력이 떨어지는데 커진 자궁이 하반신을 압박하면서 혈액순환을 방해해 혈관이 탄력을 잃고 시퍼렇게 확장된다. 보통 무릎 안쪽이나 장딴지에 잘 생기는데 외음부나 항문 주변에 생기기도 한다. 특별한 치료법이 없다. 오랫동안 서 있지 않도록 노력하고 평소 벽에 다리를 들고 10분씩 누워 혈액순환을 돕는 것이 좋다.

요통

배가 나오기 시작하면서 골반 근육과 인대 관절 등이 모두 늘어나기 시작한다. 균형을 잡기 위해 점점 상체를 뒤로 젖히게 되는데 이런 자세는 허리 근육을 긴장시켜 요통을 일으킨다. 또 난소와 태반에서 분비되는 호르몬이 등뼈와 골반 관절을 이완시켜 요통이 심해지기도 한다. 평소 허리가 좋지 않던 임신부들은 허리 통증이 더 심할 수 있다. 허리가 아파서 배를 내미는 자세를 취하면 일시적인 안정감만 줄 뿐 허리엔 좋지 않다. 의자에 앉을 때는 등받이에 허리를 붙이고 깊숙이 앉는다. 바닥에 앉을 때도 항상 등을 세우고 바로 앉고, 왼쪽으로 누워서 다리 사이에 쿠션이나 베개를 끼우고 자면 허리에 가해지는 부담이 줄어들어 몸을 안정감 있게 만들어 준다. 신발은 너무 납작한 것보다 뒤축 높이가 2~3㎝인 것으로 신어야 아랫배에 무리가 가지 않고 등뼈가 바르게 유지된다.

방광염

커진 자궁이 방광을 누르기 때문에 방광염에 걸리기 쉬운 시기다. 방광염에 걸리면 아랫배가 아프고 소변이 자주 마려우며 잔뇨감이 심해진다. 방광염은 초기에 치료하면 쉽게 나으므로 자각 증상이 있을 때 빨리 병원에 간다. 임신 중 소변이 마려우면 참지 말고 곧바로 화장실을 가고, 외출하기 전에 미리 소변을 보는 습관을 들인다.

변비와 치질

임신 중 증가된 황체 호르몬의 영향으로 대장 근육이 이완되어 운동 능력이 급격히 떨어진다. 음식물이 대장에 머무는 시간이 늘어나면서 변비가 생긴다. 3일이 되도록 화장실에 가지 못하는 증상부터 대변이 딱딱하게 굳어 대장에 박히는 증상까지 다양하다. 변비와 함께 부른 배가 치질을 유발하기도 한다. 자궁 아래 정맥의 압력이 높아지면 항문 주위의 혈관이 늘어나 밖으로 튀어나오는 증상이 치질이다. 배변 뒤 휴지로 닦았을 때 피가 묻어나오거나 항문 입구가 아프고 간지럽다면 치질이 의심된다. 평소 식이섬유가 풍부한 음식을 챙겨 먹고 유산균도 복용한다. 배변 시에는 무리하게 힘을 주지 말고 변을 본 뒤 뒷물을 잘하면 치질 예방에 도움이 된다. 오랫동안 한 자세를 취하면 하반신의 혈액순환을 방해해 변비가 악화될 수 있으므로 주의한다.

위장 장애(소화불량과 속쓰림)

임신 중에는 커진 자궁이 위를 압박하고 황체 호르몬이 증가해 장의 평활근 수축이 저하되므로 위장관의 연동운동이 줄어들어 음식물이 위에서 장으로 통과하는 시간이 임신 전보다 2배 이상 길어진다. 따라서 임신 중기에 접어들면 식사 후 더부룩해지는 등 소화불량이 심해진다. 또한 위와 식도 사이 괄약근의 긴장도가 감소해 섭취한 음식물이 식도로 역류하는 역류성 식도염이 생긴다. 드물게는 철분제 복용의 부작용으로 속이 메슥거리고 식욕이 떨어지기도 한다. 철분제 부작용이 원인이라면 전문의와 상의해 복용하는 철분제를 바꾼다. 소화불량이 심할 때는 하루 5~6끼로 식사 횟수를 늘려 조금씩 자주 먹는다. 소화가 잘 되는 음식 위주로 식단을 짜고 기름기가 많은 음식은 피한다.

빈혈

태아는 엄마의 혈액 속 적혈구로부터 혈액을 공급 받는다. 임신 중기 태아가 폭발적으로 성장하면서 태아에게 전달되는 피의 양이 급격하게 늘어난다. 따라서 태아의 성장을 위해서는 적절한 철분 공급이 필요하다. 임신 중기에는 철분이 부족해 빈혈이 생기기 쉽다. 어지럽거나 심장이 두근거리고 메스껍다면 빈혈을 의심할 수 있다. 또한 쉽게 피곤해지고 두통이 심해진다. 전문의의 처방에 따라 복용하는 철분제의 양을 늘린다.

25

임신 중 유방 관리

출산 후 아기에게 모유를 먹이고 싶다면 임신 중에 유방 마사지를 시작한다. 꾸준히 마사지를 하면 출산 후 울혈이 생기는 것을 예방하고 유선을 자극해줘 모유 수유에 성공할 수 있다.

임신 중 유방의 변화

임신 중 유방 관리는 출산 후 모유 수유를 위해 유선이 잘 발달하도록 관리하는 것과 임신 후 2배 이상 커진 유방이 처지지 않게 관리하기 위함이 그 목표다.
임신과 동시에 유방은 변하기 시작한다. 뇌하수체에서 젖 분비 호르몬인 프로락틴이 나오는데 임신 중에 분비량이 꾸준히 늘다가 출산 후에는 작용이 더욱 활발해져 젖을 만들기 시작한다. 임신 중기로 접어들면 유방이 커지고 유두 주변이 넓어지면서 갈색을 띠고 늘어난 젖샘이 성장과 발육을 한다. 임신 후기가 되면 유방 조직이 더 커지면서 유두 주변은 진한 적갈색을 띠는 한편 유두에 압력을 가하면 연한 노란색 유즙이 나오기도 한다. 사람마다 모유 분비량은 차이가 크지만 임신 기간에 유방 마사지를 지속적으로 하는 등 관리를 잘하면 젖샘 분비를 촉진해 모유 분비량이 많아지고 유방의 혈액순환을 도와 울혈을 막을 수 있다. 아기의 평생 건강과 직결되는 모유 수유, 임신 기간부터 준비해 보자.

유방 관리 노하우

꼭 끼는 브래지어는 피한다

임신 중 너무 꼭 끼는 브래지어를 하면 혈액순환을 방해해 유선을 발달시키는 호르몬이 제대로 전달되지 않는다. 브래지어는 임신부용으로 고르고 유방 전체를 잘 감싸면서 어느 정도 여유가 있는 사이즈를 선택한다. 임신 후기와 출산 직후에 유두가 민감해지거나 분비물이 많을 때는 브래지어 안쪽에 수유 패드를 댄다.

샤워할 때 유두를 가볍게 씻는다

임신 중에는 유선 조직이 발달해 유방이 부풀고 초유가 생성되면서 유두에서 유즙이 분비돼 노란 덩어리가 생기기도 한다. 청결을 위해서 유두를 너무 세게 닦으면 오히려 세균에 감염되기 쉽다. 또 유즙은 연약해진 유두를 보호하고 촉촉하게 감싸는 역할을 하므로 억지로 닦지 않는다. 하루에 한 번 샤워할 때 가볍게 따뜻한 물로 씻는 것만으로 충분하다.

꾸준하게 유방 관리를 한다

임신 중 유선 조직이 발달해 젖을 만들 준비를 하지만 모든 임신부가 젖이 잘 나오는 것은 아니다. 임신 기간은 물론 출산 후 유방 관리를 어떻게 하느냐에 따라 분비되는 양이 달라진다. 하루 2번, 아침, 저녁으로 가슴을 쭉 펴고 유방을 풀어주는 운동을 3회 이상 실시한다. 임신 20~24주 즈음에 유방 마사지를 꾸준히 하면 출산 후 울혈을 막고 유선을 자극해 모유의 양을 늘리는 데 도움이 된다.

목욕 후나 잠자기 전에 마사지한다

유방 마사지는 잠자기 전이나 목욕 후에 하는 게 좋으며 세균 감염의 위험이 있으므로 손을 깨끗하게 씻는다. 샤워 후 로션이나 오일을 바른 상태에서 아프지 않도록 부드럽게 실시하고 하루 1회 2~3분이면 충분하다. 손톱 손질을 하고 유방이 아프지 않도록 가볍게 마사지하는 것이 좋다. 따뜻한 물수건으로 유방 주위를 부드럽게 문지르듯이 마사지하고 다시 한 번 수건으로 따뜻하게 해주면 유방이 커지면서 생기는 튼살을 예방해주고 유선이 엉키는 것을 방지할 수 있다. 또한 유방 주변의 근육을 탄력 있게 해줘 수유 후 유방 처짐을 최소화할 수 있다.

유방 마사지는 남편에게 부탁한다

사람에 따라 다르지만 스트레스를 받으면 유방 역시 자극에 예민해지고 자주 뭉친다. 가장 좋은 마사지는 하루 5분 예비 아빠가 해주는 것. 부드러운 스킨십으로 임신부는 정서적인 안정감을 느끼고 태아 역시 아빠와 교감을 갖는 기회가 된다.

심하게 자극하지 않는다

임신 중에 원활한 모유 수유를 위해 유방 마사지를 하는 사람이 많다. 하지만 이때 유두를 지나치게 자극하는 것은 금물. 유두를 자극하면 자궁이 수축되어 유산이나 조산이 일어날 수 있기 때문이다. 마사지를 하는 동안 아랫배에 긴장감이 느껴지면 중단한다. 특히 습관성 유산 등 특별하게 조심해야 하는 임신부의 경우 유방 마사지를 피한다. 유방 마사지는 피곤하거나 배가 땅길 때는 하지 않는다. 하루 5분 이내 가볍게 터치해준다는 느낌 정도면 충분하다. 유두에 통증이 느껴질 때는 냉장고에 넣어둔 양배추 잎을 한 장 브래지어 안쪽에 대주면 통증이 완화된다. 임신 38주 이후에는 유두를 가볍게 좌우로 만져주면 자궁 수축을 도와 진통이 오도록 유도할 수 있다.

유두 모양 교정을 위해 마사지를 한다

신생아에게 젖을 물리려면 모유량만큼이나 엄마의 유두 모양이 중요하다. 유두 마사지는 출산 후 아기가 젖을 쉽게 빨도록 도와주는 절차다. 유두가 볼록하게 나와 있지 않고 유방 속에 파묻힌 함몰 유두이거나 납작한 편평 유두인 경우 젖을 물리기가 쉽지 않다. 편평 유두는 아기가 빨기 시작하고 어느 정도 시간이 지나면 적당한 크기로 돌출되지만 함몰 유두는 아기가 빠는 것 자체가 어려우므로 임신 중 유두 마사지를 꾸준히 해줘야 한다. 유두 마사지는 모양뿐 아니라 모유가 나오는 출구인 유구를 열어주고 부드럽게 하는 한편 튼튼하게 해줘 모유 수유 시 유두가 갈라지는 것을 예방하는 데 도움이 된다. 편평 · 함몰 유두인 경우 함몰 유두 교정기를 이용해 수유할 수 있다.

유방 마사지법

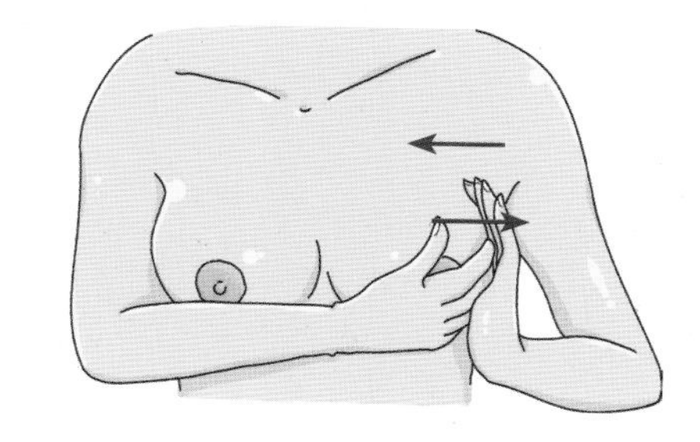

1 허리를 곧게 펴고 앉아 왼쪽 유방을 오른손으로 공을 쥐듯 크게 감싼다. 왼쪽 손바닥 아래를 겨드랑이 쪽 유방 옆에 가져다 대고 안쪽으로 밀었다 풀었다를 3회 반복한다.

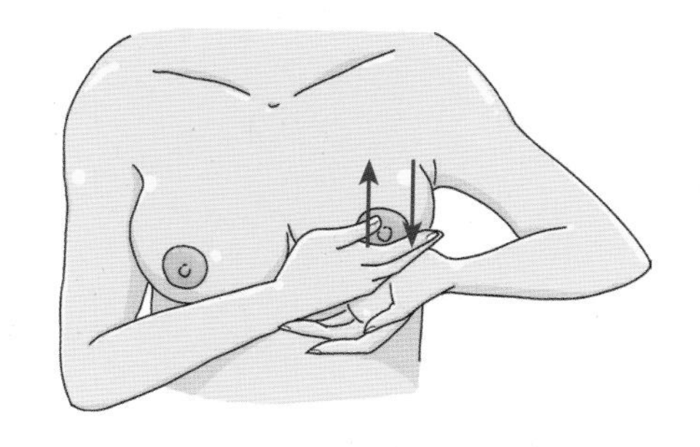

2 왼쪽 새끼손가락 바깥쪽을 유방 아래에 비스듬히 가져다 대고 위아래로 올렸다 내렸다를 3회 반복한다.

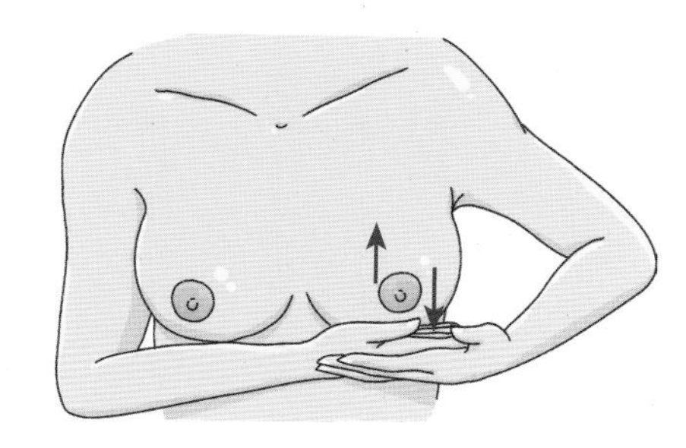

3 오른손을 펴서 유방 밑에 떠받치듯 가져다 대고 손바닥 전체로 밀어 올렸다 힘 빼기를 3회 반복한다.

함몰 유두를 위한 마사지

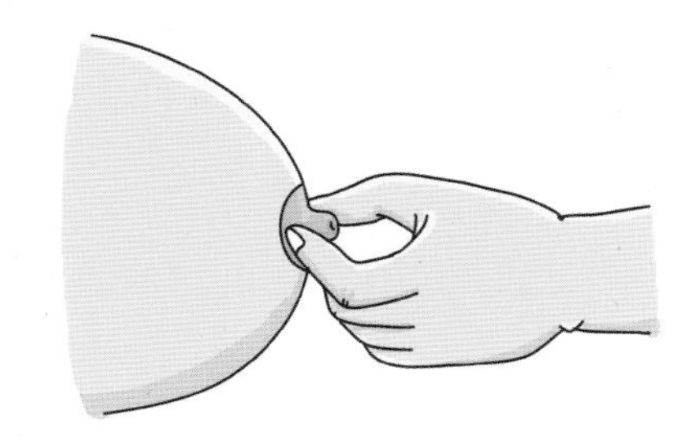

1 엄지손가락과 집게손가락을 마주 보게 유두와 유륜 경계에 갖다 댄다.

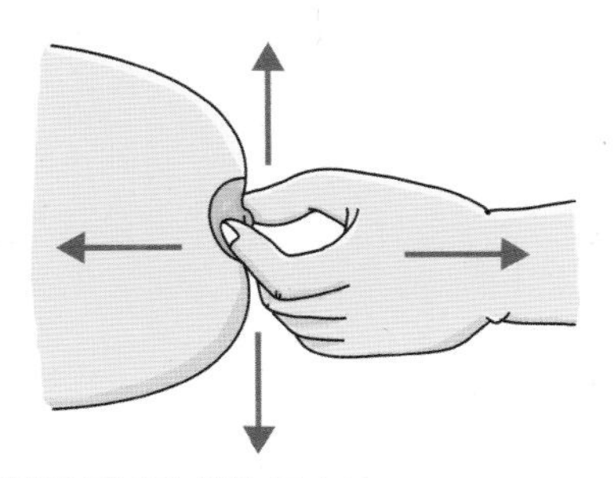

2 손가락에 가볍게 힘을 주어 누르면서 위아래, 좌우로 5~6회 당겼다 놓는다.

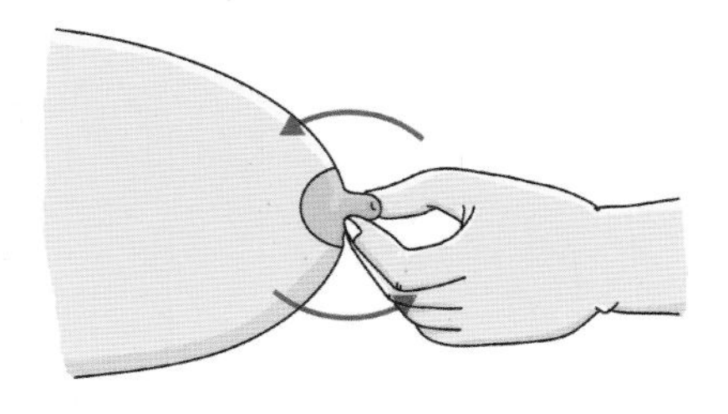

3 세 손가락으로 유두를 잡고 밖으로 빼주면서 좌우로 돌린다.

26 태동

태동은 엄마 자궁 속에서 꼼지락거리거나 꿈틀거리는 등 태아의 움직임을 말하는 것으로 태아가 처음으로 자신의 존재감을 알리는 기특한 신호다. 임신부마다 느끼는 시기와 증상이 다르므로 면밀하게 관찰한다.

엄마와의 대화, 태동

임신 20주 전후 태아는 자궁 속에서 움직임을 통해 엄마와 첫 교감을 나눈다. 일반적으로 임신부가 느끼는 태아의 활동을 태동이라고 하는데 최근에는 초음파 검사 등을 통해 임신부가 느끼지 못하는 태아의 미세한 움직임까지도 폭넓게 태동이라고 부른다. 임신부가 느끼는 태아의 움직임은 크게 세 가지로 나뉜다. 첫째 몸 전체를 크게 비틀면서 회전하는 것, 둘째 팔다리를 쭉 뻗는 것, 셋째 호흡하는 것이다. 이 세 가지 움직임 말고도 손을 빨거나 양수를 마시며 젖을 빠는 연습을 하는 것 역시 태동의 일종이다. 태동은 '태아가 건강하게 잘 자라고 있다'는 의미로 볼 수 있는데 임신부의 몸 상태, 태아의 성격에 따라 그 정도나 양상이 다르다.

태동은 개인마다 차이가 있다. 임신 중 태동이 너무 강하거나 약하다고 걱정할 필요는 없다. 단, 오랫동안 태동이 없거나 누워도 태동을 전혀 느낄 수 없다면 태아에게 산소나 영양분이 충분히 전달되지 않았을 가능성이 있으므로 빨리 진찰을 받는다.

첫 태동을 느끼는 시기는 임신부마다 다르다. 일반적으로 초산인 경우 보통 임신 18~20주에 첫 태동을 느끼고 경산부는 임신 16~18주에 초산부보다 빨리 알아차린다. 태아에 따라서도 차이가 나는데 보통 태아의 몸이 크면 움직임이 커 태동이 강하다. 반면 양수의 양이 많고 자궁 내 공간이 많을수록 태아가 더욱 활발하게 움직여 임신부가 태동을 더 강하게 느끼기도 한다.

임신 기간에 따른 태동 변화

임신 20주 이상

임신 20주가 지나면 자궁저의 높이가 20㎝가 되면서 배꼽 위까지 올라가고 태아의 움직임이 전보다 활발해져서 태동을 배 전체로 느낀다. 첫 태동은 보글보글 물방울이 터지는 느낌이거나 꼬물꼬물 움직이는 것 같다. 이때는 태아가 주로 손가락을 빨거나 호흡 운동을 시작하기 때문에 태아가 몸을 빙그르 돌리는 느낌을 받기도 한다. 일반적으로 하루에 3~4번 태동이 느껴지는데 임신 24주가 되면 더 강해져서 배 위에 손을 대면 태동이 느껴진다.

임신 28주 이상

자궁 속에 양수가 가장 많은 시기이고 아직 자궁 속에 공간이 충분해 태아가 가장 활발하게 움직인다. 임신 32주경은 태동이 가장 심한 때다. 태아가 발로 차는 듯한 강한 태동이 느껴지고 배 피부가 튀어나오기도 한다. 이 시기에는 평균적으로 1시간 내에 10회 이상의 태동이 있어야 정상이다. 만약 태동이 약하게 느껴진다면 사탕 등 단맛이 나는 간식을 먹고 세어본다. 보통 임신부가 음식물을 섭취하면 모체의 혈당치가 높아져 태아에게 혈액이 전달되므로 태아가 활발하게 움직여 태동이 강하게 느껴진다. 태아가 잘 움직이지 않는다면 태동 검사를 받는다.

임신 36주 이상

임신 36주경에는 태아의 팔다리는 물론 손발의 움직임이 커진다. 임신부의 복부 피부에 태아의 손이나 발자국이 불룩 튀어나오거나 배 모양이 한쪽으로 쏠리는 일이 다반사다. 임신 후기에는 태아 심박동과 태동을 측정하는 비자극 검사(NST)를 실시한다. 배 위에 기기를 감고 20분간 태아 심음과 태동, 자궁 수축 여부를 측정해 태아의 건강 상태와 자궁 수축 여부를 검사한다. 모든 임신부가 태동 검사를 하는 것은 아니며 1회는 보험 적용을 받는다(35세 이상은 2회). 일반적으로 출산이 임박해 오면 태아가 골반 속으로 내려가 움직임이 둔해진다. 하지만 예정일이 임박해서까지 심한 태동을 느끼는 경우도 많다.

27 배뭉침

임신 중에는 갑자기 배 전체가 딱딱해지는 배뭉침을 자주 경험한다. 배뭉침은 자궁 근육이 수축하면서 생기는 자연스러운 증상이지만 임신 중기 이후에는 그 정도에 따라 주의와 관찰이 필요하다.

배뭉침이 생기는 이유

배가 단단해지면서 뭉치는 배뭉침은 임신 중에 하루에도 몇 번씩 경험하는 증상이다. 임신 초기에는 자궁이 급속도로 커지면서 신축성이 뛰어난 자궁이 원래대로 돌아가려는 반작용의 힘 때문에 나타난다. 배가 터질 듯이 단단해지거나 묵직한 느낌이 들기도 하고 찌릿찌릿하기도 하다. 출산에 가까워질수록 횟수가 증가해 가진통으로 발전한다. 이는 자궁이 진통에 대비해 수축 연습을 하는 것이다. 가진통은 생리통처럼 배가 사르르 아팠다가 괜찮아지며 다시 불규칙하게 통증이 생긴다.
대부분의 배뭉침은 자연스러운 자궁 수축 현상으로 크게 걱정하지 않아도 된다. 다만 임신 37주 이전에 1시간에 5회 이상 배가 뭉치고 통증이 동반된다면 유산이나 조산 가능성이 있으므로 즉시 병원을 찾는다. 배가 뭉칠 때는 자연스러운 현상인지 위험한 신호인지 제때 판단하는 것이 중요하다.

배뭉침을 줄이는 생활법

무리하게 일하지 않는다
자궁의 혈류가 나빠져도 배가 뭉친다. 스트레스를 받거나 피로할 때 배가 딱딱하게 뭉치는 경우가 많다. 평소 피곤하지 않도록 컨디션 조절을 잘 한다. 오랫동안 서 있거나 앉아서 컴퓨터를 하면 배가 쉽게 뭉치므로 20~30분에 한 번씩 가볍게 기지개를 켜거나 자세를 바꾸는 것이 좋다. 특히 무거운 물건을 오래 들거나 높은 곳에서 물건을 내리는 등의 행동은 배에 힘이 들어가 위험하다.

배를 따뜻하게 한다
태아가 자라는 보금자리인 자궁. 자궁이 있는 배는 임신 중에 따뜻하고 안전하게 유지해야 한다. 몸이 차거나 피로가 쌓이면 자궁의 혈류가 나빠져 자궁 수축을 유발할 수 있다. 배를 안정감 있게 감싸는 속옷을 착용하고 한여름에도 속옷과 얇은 옷으로 배를 따뜻하게 유지한다.

배가 뭉칠 때는 즉시 쉰다
갑자기 배가 심하게 뭉치면 하던 일을 멈추고 일단 눕는다. 왼쪽 옆으로 곧게 누워 편하게 심호흡을 한다. 3초 동안 숨을 크게 들이마시고 다시 천천히 내뱉으면서 안정을 취한다. 눕기 어려운 상황이라면 의자에 허리를 기대고 앉아 다리를 올리는 것만으로도 도움이 된다.

조심해야 할 배뭉침 증상

배뭉침과 함께 출혈이 있다
만약 배가 뭉치면서 소량의 질 출혈이 있거나 냉에 갈색 물질이 섞여 있다면 즉시 병원에 간다. 태아의 건강 상태가 양호하지 않거나 임신부가 방광염 등 세균에 감염되어 자궁 환경이 나빠지면 이런 증상이 생길 수 있다. 상황에 따라 자궁 수축을 억제하는 약을 처방하기도 한다.

10분 간격으로 배가 땅긴다
일반적인 배뭉침(가진통)과 조기 진통을 구분해야 한다. 임신 37주 전에는 하루 3~7회 배가 전체적으로 뭉치는 배뭉침을 느낀다. 임신 37주가 지나서 5~8분 간격으로 통증이 규칙적인 시간을 두고 생기면 출산이 임박했다는 증거로, 진통이 시작된다고 생각할 수 있다. 출혈이나 파수를 동반하면 곧바로 병원에 간다.

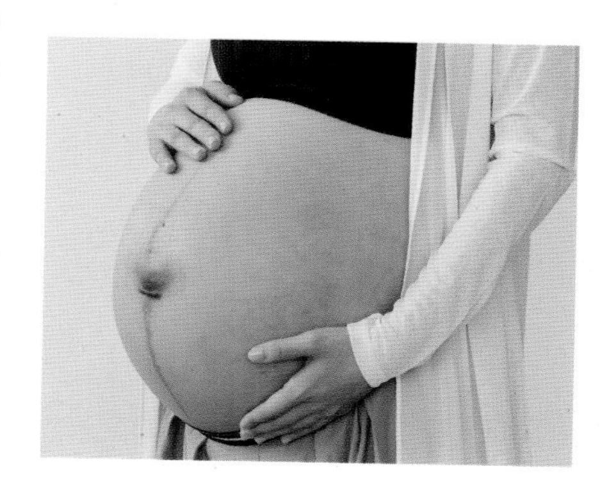

28 임신 8개월 29~32주

자궁저의 높이가 최고에 이르러 임신부가 힘든 시기다. 이 시기부터는 한 달에 한 번이 아니라 2주에 한 번씩 정기 검진을 받는다. 아랫배가 뭉치면 누워 쉬는 등 조산에 대비해 편안하게 지낸다.

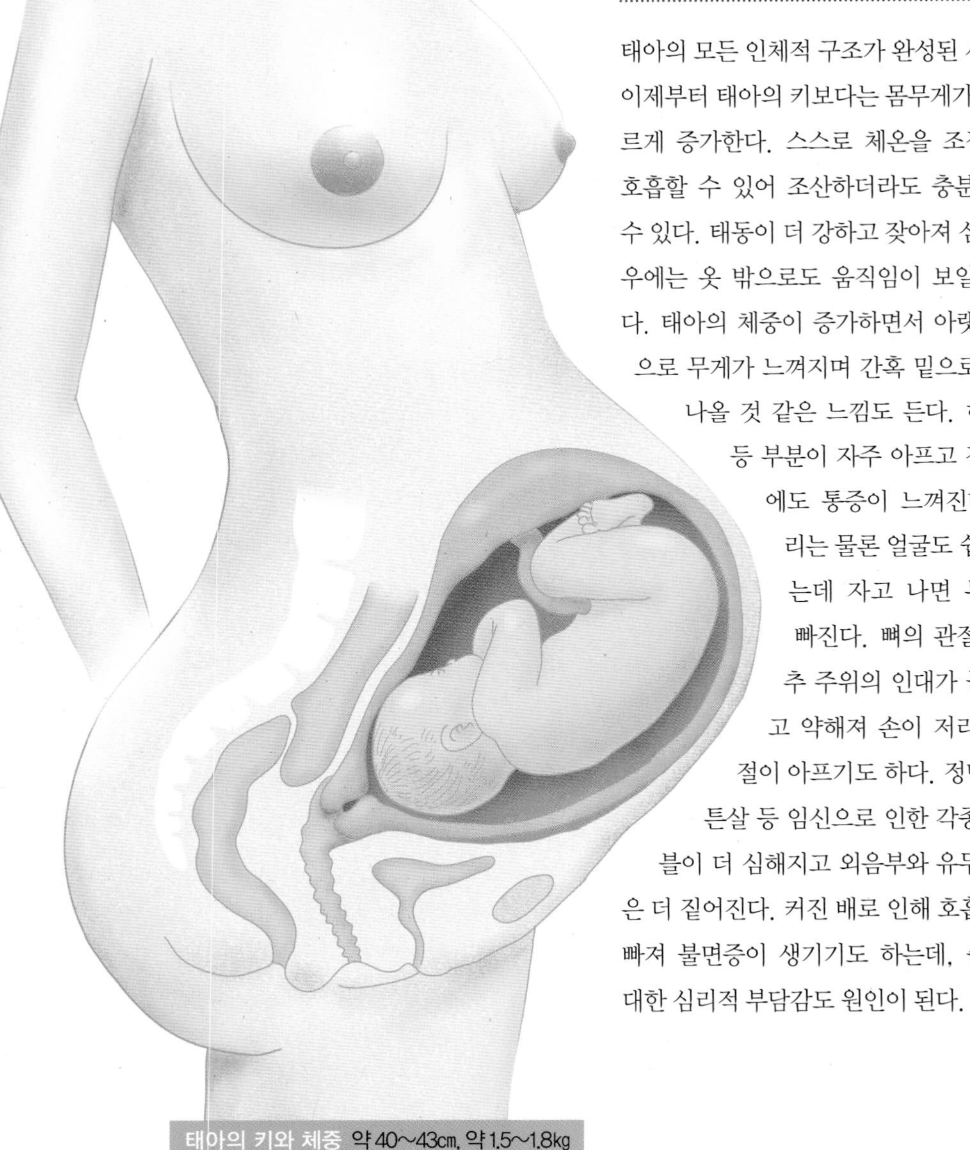

태아의 키와 체중 약 40~43㎝, 약 1.5~1.8㎏

자궁저 높이 약 25~30㎝

이달의 증상

태아의 모든 인체적 구조가 완성된 시기로 이제부터 태아의 키보다는 몸무게가 더 빠르게 증가한다. 스스로 체온을 조절하고 호흡할 수 있어 조산하더라도 충분히 살 수 있다. 태동이 더 강하고 잦아져 심한 경우에는 옷 밖으로도 움직임이 보일 정도다. 태아의 체중이 증가하면서 아랫배 쪽으로 무게가 느껴지며 간혹 밑으로 빠져 나올 것 같은 느낌도 든다. 허리나 등 부분이 자주 아프고 갈비뼈에도 통증이 느껴진다. 다리는 물론 얼굴도 쉽게 붓는데 자고 나면 부기가 빠진다. 뼈의 관절과 척추 주위의 인대가 늘어나고 약해져 손이 저리고 관절이 아프기도 하다. 정맥류와 튼살 등 임신으로 인한 각종 트러블이 더 심해지고 외음부와 유두의 색은 더 짙어진다. 커진 배로 인해 호흡이 가빠져 불면증이 생기기도 하는데, 출산에 대한 심리적 부담감도 원인이 된다.

예비 엄마 · 아빠가 할 일

조산에 대비한다

이제부터는 조산을 걱정하고 대비해야 한다. 자칫 무리하거나 배에 자극이 가해지면 언제든지 출산할 가능성이 있으므로 미리 준비한다. 무거운 짐을 들지 않고 같은 자세로 오래 있지 않는다. 높고 낮은 곳을 오르내릴 때 조심하고 충분히 휴식을 취한다. 복식호흡이나 압박법, 배에 힘주기 등 출산에 필요한 보조 동작을 미리 익히는 등 출산에 대한 두려움을 덜도록 한다. 출산 준비물과 아기 옷, 육아용품도 미리 준비한다.

다리 마사지를 해 정맥류를 예방한다

임신 후기에 이르면 혈관이 늘어나고 혈액의 양도 증가해 체내에 평소보다 더 많은 수분이 축적되어 몸이 쉽게 붓는다. 날이 더우면 증세가 더 심해진다. 똑바로 누워서 다리를 높이고 20분간 있으면 다리의 부기를 완화할 수 있다. 족욕이나 반신욕을 하는 것도 도움이 된다. 눈꺼풀은 물론 손가락, 발목까지 부으므로 수건에 얼음물을 적셔 마사지한다.

현미와 녹황색 채소를 챙겨 먹는다

태아의 골격과 근육이 견고화되는 시기이

므로 골격 구조를 만들어주는 크롬과 성장을 촉진시켜주는 망간을 함유한 식품을 챙겨 먹는다. 크롬이 풍부한 현미와 닭고기, 망간이 함유된 시금치, 브로콜리 등 녹황색 채소를 포함한 식단을 짠다. 과식하면 속이 더부룩하므로 소량씩 나눠 먹도록 한다.

외음부를 청결히 한다

출산에 대비해 질과 자궁경부가 부드러워지면서 분비물이 늘어난다. 전과 달리 분비물에 점액이 많이 섞이고 진하다. 분비물 때문에 피부염이나 습진, 가려움증이 생길 수 있으므로 늘 몸을 깨끗이 한다. 자주 속옷을 갈아입거나 팬티라이너를 사용한다.

베이비페어 일정을 확인한다

출산이 가까워지므로 출산 및 육아용품을 준비해야 할 시기다. 부부가 함께 아기가 태어났을 때 필요한 용품들의 리스트를 작성한다. 출산 전후의 베이비페어 일정을 확인해 참여 업체를 확인하고 인터넷쇼핑몰과 가격을 비교해 알뜰하고 현명하게 쇼핑한다.

이달에 받는 검사

초음파 검사

태아의 위치와 발육 상태, 자궁경부의 상태와 산도의 크기, 양수의 양과 태동을 초음파 검사로 체크한다. 태아가 잘 자라고 있는지는 물론 자연 분만이 가능한지 확인할 수 있다. 태아가 유난히 작으면 자궁 내 태아 발육 지연을 의심할 수 있다.

단백뇨 검사

임신 30주부터 주로 임신중독증 진단을 위해 소변 검사로 단백뇨와 당뇨 여부를 검사한다. 단백뇨가 검출되거나 하루 종일 부기가 빠지지 않으면 임신중독증일 가능성이 높다.

✔ 주수별 태아와 엄마의 변화

	29week	30week	31week	32week
태아	눈동자가 완성되어 초점을 맞추는 연습을 시작하고 완전히 눈을 뜬다. 소리에 민감하게 반응하고 움직임이 활발해 자궁벽을 세게 치기도 한다. 기뻐하고 슬퍼하는 엄마의 감정 변화도 알아차린다.	지금부터 임신 37주까지 일주일에 대략 200g씩 꾸준히 체중이 는다. 머리는 자라는 뇌를 수용하기 위해 커지고 뇌의 신경세포들에 지방질의 수초가 생겨 신경 전달을 빨리하도록 돕는다. 남자라면 고환이 신장 가까이에서 음낭이 위치한 서혜부로 이동 중이고, 여자라면 음핵이 도드라지게 돌출된다.	출산 후 생활에 대비해 지방층이 형성되고 피하지방이 붙기 시작해 몸이 제법 통통해진다. 주름투성이이긴 하지만 얼굴도 형태가 뚜렷해진다.	태아의 움직임이 활발해져 옷 밖으로 들썩거리는 것이 보일 정도다. 사물을 보기 위해 눈을 떠 초점을 맞추거나 눈을 깜빡거리기도 한다. 머리카락은 길게 자라고 배내털이 점점 줄어 어깨와 등 쪽에만 약간 남는다.
엄마	출산이 임박해지면서 자궁경부와 질이 부드러워져 분비물이 늘어난다. 자궁 수축으로 인해 하루에 4~5번씩 배가 단단하게 뭉친다. 체중이 늘어 땀띠 등의 피부염이 생기고 손과 발이 쉽게 붓는다.	유두, 하복부, 외음부에 색소 침착이 심해지지만 출산 후에 다시 옅어지므로 크게 신경 쓰지 않아도 된다. 누워 있으면 숨이 더 차 똑바로 눕지 못하는 경우가 많다. 요통, 정맥류, 변비 등 각종 트러블로 상당히 괴롭다.	태동이 강해지고 가끔씩 태아가 발로 갈비뼈를 차 날카로운 통증이 느껴진다. 커진 가슴과 부른 배를 지탱하기 위해 몸이 젖혀지면서 목과 어깨 통증이 생긴다. 커진 자궁이 방광을 압박해 웃거나 기침할 때 오줌이 새는 요실금이 생기기도 한다.	숨 쉬는 게 힘들고 입덧할 때처럼 속이 메스껍다. 임신 호르몬이 엉덩이와 방광 앞의 뼈 관절을 늘어나게 하고 약하게 만들어 척추 주위의 인대나 근육이 다치기 쉽다. 몸을 움직일 때 관절이 어긋나 뚝뚝 소리가 나거나 통증이 느껴진다.

임신 **9개월** 33~36주

임신 기간 중 가장 힘든 시기다. 자궁저가 명치 끝까지 올라가 식사를 제대로 할 수 없고 흉부를 압박해 심박동이 빨라져 숨도 가쁘다. 꼭 예정일에 출산하는 것이 아니므로 미리 출산 준비를 마쳐놓아야 한다.

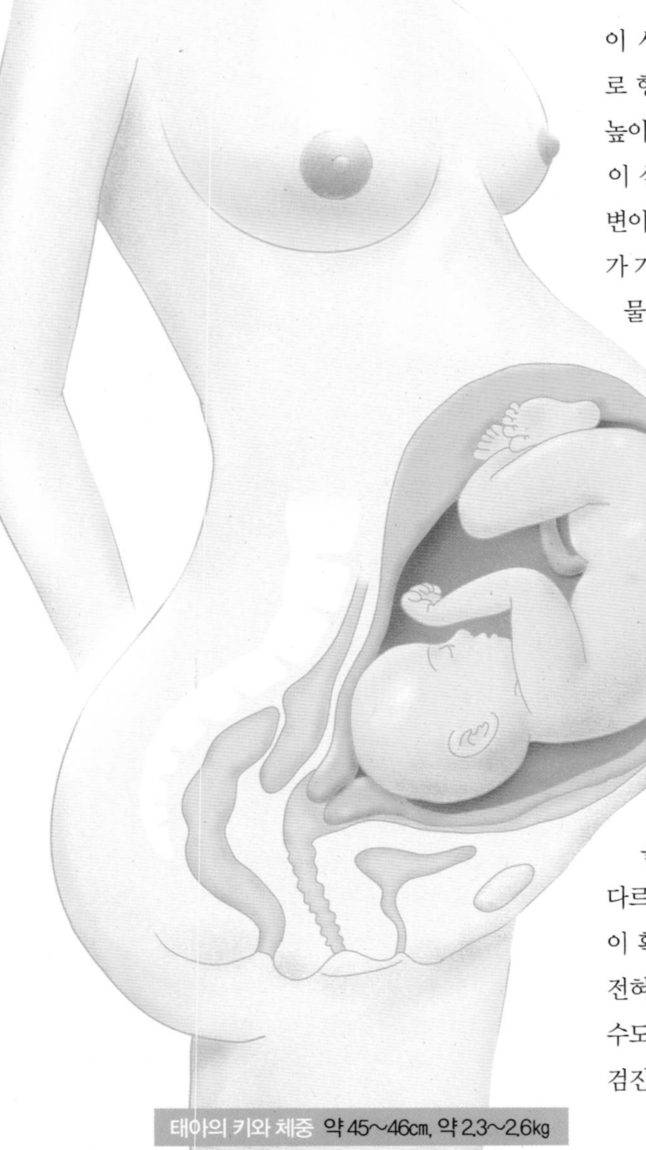

태아의 키와 체중 약 45~46cm, 약 2.3~2.6kg

자궁저 높이 약 28~32cm

이달의 증상

이 시기부터 태아는 대부분 머리를 아래로 향하며 분만 위치를 잡는다. 자궁저의 높이가 30cm 정도로 배가 커지면서 요통이 심해지고 소변을 본 뒤에도 방광에 소변이 남아 있는 것 같아 개운치가 않다. 배가 가렵고 배꼽이 튀어나오고 얼굴과 손은 물론 발목과 발이 더 많이 붓는다. 밤에 자다가 다리에 쥐가 나거나 불면증이 생겨 고생한다. 자궁 수축이 불규칙하게 일어나면서 배가 땅긴다. 자궁이 수축되는 듯하면 주기적인지를 체크한다. 활발하던 태동이 다소 줄어들 수도 있으나 평소와 달리 태동이 너무 줄어든 것 같으면 반드시 병원에 방문하여 검진을 받아야 한다. 주로 저녁에 태동을 많이 느끼는 경향이 있는데, 평소와 다르다고 느껴지면 시간을 재보면서 태동이 확인한다. 만약 3~4시간 동안 태동이 전혀 느껴지지 않으면 태아에 문제가 있을 수도 있기 때문에 반드시 병원에 방문해 검진을 받는다.

예비 엄마 · 아빠가 할 일

분만 호흡법을 익힌다

호흡을 잘 배워두면 분만이 한결 수월해진다. 다양한 분만법 중에 자신에게 맞는 분만법을 선택한 뒤 호흡법을 미리 연습하면 진통이 왔을 때 당황하지 않고 효율적으로 힘을 써 순산할 수 있다. 또한 태아에게도 산소 공급을 원활하게 해줄 수 있다.

출산할 병원을 재점검한다

출산에 대비해 준비물을 챙기고 집 안을 정리한다. 제왕절개 수술을 할 임신부는 미리 수술 날짜를 잡아야 한다. 출산할 병원이 야간 분만이 가능한지 여부와 면회시간도 알아둔다. 분만실이 모자 동실인지와 회복실 환경 등을 확인하고, 진통이 왔을 때 병원에 데려갈 사람과 찾아가는 동선을 확인한다.

마음의 여유를 갖고 편안하게 쉰다

막달에 가까워지면 출산에 대한 두려움이 커진다. 푹 자고 푹 쉬면서 마음의 여유를 갖는다. 몸을 많이 움직이거나 피로하면 출산 예정일보다 진통이 빨리 올 수 있으므로 주의한다. 장거리 여행이나 격한 야외활동은 삼간다. 되도록 혼자 외출하지 말고, 외출할 때는 건강보험증, 진료 카드,

산모 수첩 등을 가지고 다닌다.

이달에 받는 검사

초음파 검사

초음파를 통해 태아가 정상인지 둔위(또는 역아)인지 확인한다. 또한 태아의 크기와 양수의 양, 태아의 호흡 운동 등 배 속 태아의 건강 상태를 파악하고 출산 예정일을 예측한다.

빈혈 검사

임신 전보다 혈액의 양이 1.5배가량 증가해 심장의 부담이 커지고 빈혈 증세가 나타날 수 있다. 이 시기에 빈혈 검사를 다시 한 번 실시해 혈색소와 적혈구 용적률 검사를 받는다.

후기 정밀 초음파 검사

출산 전 전반적으로 태아의 건강 상태와 출산 시기 등을 체크하기 위해 정밀 초음파 검사를 실시한다. 검사 전 물을 마셔 방광을 최대한 부풀려야 태아의 모습을 선명하게 볼 수 있다.

질 분비물 도말 검사

냉 검사를 통해 칸디다 질염, 트리코모나스 질염 등을 진단한다. 질 분비물을 통해 아기가 나오는 산도의 건강을 체크하는 것이다. 이상이 있으면 좌약 등으로 치료하거나 분만 방법을 제왕절개로 바꿀 수 있다. 미국산부인과학회에서는 이 검사를 필수로 권유하고 있으나, 국내에서는 미국보다 발병률이 낮아서 아직 적극 권장하지는 않는다. 그래서 주치의 선생님에 따라서 검사를 할 수도 있고 하지 않을 수도 있다.

기타 검사

임신 후 혈액의 양이 급격하게 증가해 자칫 심장에 무리가 생길 수 있다. 심하게 숨이 차다면 심전도 검사를 받아보는 것이 좋다. 또한 임신 중의 돌발 사고로 인한 수술이나 마취에 대비해 X선 촬영을 해두면 응급 상황 발생 시 도움이 된다. 제왕절개 수술의 가능성이 높거나 호흡기 증상이 있는 임신부는 분만 전 폐에 이상이 없는지 확인하기 위해서 흉부 X선 촬영을 해야 한다.

✔ 주수별 태아와 엄마의 변화

	33week	34week	35week	36week
태아	피부 밑에 백색 지방이 축적되어 태아에게 에너지를 공급하고 태어난 후에 체중을 조절하는 역할을 한다. 피부색은 붉은 기운이 옅어지고 포동포동해지며 예뻐진다.	태아의 피부를 덮고 있던 배내털이 완전히 사라지고 피부를 보호해주는 하얀 빛깔의 태지가 두꺼워진다. 장기도 거의 발달해 태아 체내의 모든 호르몬 분비선들이 어른과 비슷한 크기로 자란다. 머리 끝부터 발뒤꿈치까지 길이는 45cm, 몸무게는 2.1kg 정도.	태아는 통통하게 살이 차올라 일주일에 최대 220g씩 체중이 느는 등 임신 기간 중 태아의 체중 증가폭이 가장 큰 시기다. 외성기가 다 완성되어 남녀의 구별이 확실해진다. 폐를 제외한 내장의 기능이 대부분 완전히 성숙한다.	점차 머리를 골반 안으로 집어넣는다. 내장 기능이 원활해지고 토실토실 살이 오른다. 안면 근육들도 완성되어 젖을 빨 수 있게 된다. 이 시기에 태어나도 충분히 살 수 있을 정도로 건강하다.
엄마	어깨로 숨을 쉰다는 말이 나올 정도로 힘들어진다. 늘어난 자궁 무게 때문에 치골이 아프고 변비와 치질이 쉽게 생긴다. 복부는 배꼽이 튀어나올 정도로 불룩해지고 단단해지면서 소변보는 횟수도 늘어난다.	유방은 모유를 만들어낼 준비를 하느라 한껏 불었고 자궁이 골반 쪽으로 내려오면서 윗배는 다소 가벼워진 듯하지만 아랫배는 점점 묵직해지고 소변도 자주 마렵다. 질 분비물의 색이 진해지고 점액이 더 많이 들어 있다.	잠을 편하게 자지 못하므로 이때는 옆으로 누워 다리 사이에 베개를 끼우면 조금 편안해진다. 잇몸이 약해져서 피가 나기도 한다. 식욕이 늘었다 줄었다 하고 신경이 예민해진다. 커진 자궁이 좌골 신경을 눌러 넓적다리와 엉덩이에 뻐근한 통증이 느껴지기도 한다.	태아가 골반으로 들어가면서 압박이 줄어 호흡하기 조금 편해진다. 배가 커지면서 등이 땅기고 부종이 생길 수 있다. 출산을 대비해 혈액의 양이 늘고 신진대사가 활발해진다. 갑자기 의욕이 생겼다가 금세 피곤해지는 증상이 반복된다.

30 임신 10개월 37~40주

드디어 태아와의 280일간 여행의 막바지다. 보통 출산일은 예정일 2주 전후가 되므로 산달인 10개월부터는 충분히 쉬면서 마음의 준비를 해야 한다. 입원 준비물과 출산 준비물을 챙기는 것은 물론 집 안 정리까지 마친다.

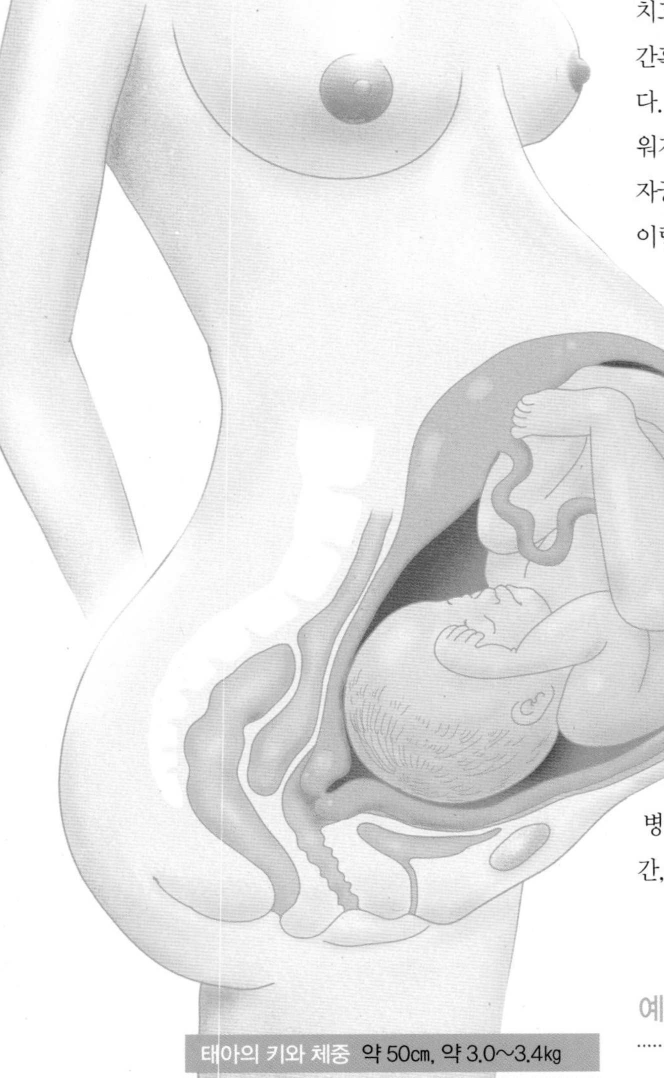

태아의 키와 체중 약 50㎝, 약 3.0~3.4㎏

자궁저 높이 약 32~34㎝

이달의 증상

언제든지 출산할 수 있는 시기로, 이슬이 비치고 진통이 오면 분만이 시작되는 것이다. 간혹 이슬 없이 바로 진통이 오는 경우도 있다. 아기가 쉽게 나올 수 있도록 질이 부드러워지면서 유연해지고 탄력이 생긴다. 간혹 자궁경부가 미리 열리는 임신부가 있으므로 이럴 때는 안정을 취하며 경과를 지켜봐야 한다. 가진통을 느끼는 임신부도 있고 파수가 먼저 일어나기도 한다. 태아의 머리가 방광을 눌러 소변을 보는 횟수가 늘어나고 넓적다리와 치골 부위에 통증이 느껴진다. 태동이 다소 줄어드는 시기로, 태아가 오랫동안 조용하거나 태동이 없으면 배에 귀를 대보고 살짝 건드려 반응을 살핀다. 반응을 주었는데도 하루 동안 반응하지 않으면 바로 병원에 간다. 진통 시간은 초산의 경우 20시간, 경산의 경우 14시간 정도다.

예비 엄마 · 아빠가 할 일

반드시 주 1회 정기 검진을 받는다

37주부터 출산 때까지는 매주 산부인과에 들러 검진을 받는다. 출산 예정일에 임박해서 실시하는 초음파 검사에서 태아와 태반의 위치를 확인하고 분만 방법을 결정하게 된다. 밝은 선홍색의 질 출혈이 있거나 지속적인 심한 복통이 있을 때는 태반 조기 박리일 수 있으므로 즉각 전문의와 상의한다.

출산 신호를 놓치지 않는다

외출할 때는 산모수첩과 파수에 대비해 생리대를 준비한다. 입원용품과 출산용품 중 빠진 것은 없는지 최종적으로 점검한다. 출산이 다가올수록 아랫배의 진통이 강해지고 자주 온다. 몸의 변화를 꼼꼼하게 체크해 진통이 10~15분 간격(경산은 20분)으로 규칙적으로 생기면 병원에 간다. 가진통은 아랫배나 허리에 불규칙한 통증이 오고 쉬면 바로 멎는다. 반면 진진통은 아랫배와 함께 허리가 조이고 30초간 자궁 수축이 지속적으로 온다. 초산의 경우 진통 시작 후 12시간 정도 여유가 있으므로 침착하게 가방을 싸서 병원에 간다.

순산을 위한 운동을 한다

막달이 되면 태아가 골반 안으로 들어가 위를 누르던 답답함이 줄면서 속이 편해져 과식하기 쉽다. 체중이 늘지 않도록 주의하고 순산할 수 있도록 몸 상태를 건강하게 유지한다. 배가 많이 불러 움직이는 게 쉽지 않지만 되도록 저칼로리 음식으로 식단을 조절하고 요가, 스트레칭 등의 운동을 병행한다. 계단을 오르내리는 것도 순산에 도움을 준다.

이달에 받는 검사

초음파 검사

보통 임신 37~42주를 만삭 기간으로 보는데 이 시기에는 매주마다 정기 검진을 받는다. 초음파 검사로 태아의 머리가 아래로 향하는지, 체중이 꾸준히 증가하는지 살피고 양수의 양이 적당한지 체크한다.

내진

막달에는 의사가 내진을 통해 자궁경부의 상태, 태아가 내려앉은 정도, 골반 모양 등을 확인한다. 태아가 나오는 통로인 골반을 내진해 골반 안쪽의 뼈가 아기가 잘 나올 정도로 여유가 있는지 예측하고 동시에 자궁경부가 분만을 대비해 부드럽게 열리고 있는지 확인한다. 내진 후에는 일시적으로 배가 뭉치거나 피가 나올 수 있다.

NST 비수축 검사(태아 안녕 검사)

배 속의 태아가 잘 지내고 있는지 태아의 심장 박동을 모니터하는 동시에 임신부의 자궁 수축 여부를 체크해 진통 유무를 확인하는 검사다. 태아 안녕 검사라고도 한다. 임신부 배 위에 감시 장치를 올리고 태동이 있을 때 버튼을 눌러 태아의 심박수를 체크한다. 검사 시간은 20분 정도로 태동이 있을 때 심박수가 증가하면 정상이다. 자궁 수축이 올 때 태아가 힘들어하지 않고 잘 견디는지 확인하는 수단이다. 출산 예정일이 지났는데도 별 다른 출산의 징후가 없을 때는 초음파 검사와 비수축 검사를 실시한다.

가진통과 진진통

가진통은 자궁 경부가 열리지 않으면서 불규칙적으로 약하고 짧게 지속되는 자궁 수축에 의한 진통이고, 진진통은 태아를 산도로 밀어내기 위해 자궁이 수축하면서 생기는 규칙적인 진통이다. 진진통은 등 아래로 시작해 아랫배, 다리까지 통증이 오고, 가진통은 생리통처럼 아랫배만 살살 아픈 정도다. 임신 후기로 갈수록 가진통의 빈도와 강도가 증가하며, 진진통이 시작되면 출산에 임박한 것으로 10분 주기라면 병원에 가야한다.

✔ 주수별 태아와 엄마의 변화

	37week	38week	39week	40week
태아	몸은 자궁을 꽉 채울 만큼 커져서 등을 움츠리고 팔과 다리를 앞으로 모은 자세를 취한다. 심장, 호흡기, 소화기, 비뇨기 등 모든 장기가 완성된다. 성장 속도가 진정되어 하루에 1.5g씩 살이 붙는다.	머리 둘레와 어깨너비, 엉덩이 둘레가 모두 비슷해진다. 손톱이 길게 자라고 머리카락도 3cm 정도로 자라 있다. 출산 시 밖에서의 생활에 대비해 효소와 호르몬을 저장한다. 배에 귀를 대면 태아의 심박동이 들린다.	태반을 통해 엄마의 항체를 태아에게 전달하여 출산 후 6개월까지 감염 질환으로부터 보호하는 역할을 한다. 소리, 냄새, 빛, 촉감에 반응할 수 있을 만큼 전 영역에 걸쳐 반사작용을 지닌다. 장 안에는 검은색에 가까운 태변이 차 있는데 출산 후 머지않아 배출된다.	이제 머리끝에서 발뒤꿈치까지 길이는 평균 50.7cm, 체중은 3.3kg이 되지만 아기마다 편차가 있다. 태어나는 즉시 아기는 자신의 폐로 호흡한다. 심장도 바깥에서 생활할 수 있는 상태로 바뀐다. 태어나자마자 엄마 젖을 물리면 본능적으로 빤다.
엄마	임신 전보다 자궁이 20배 이상 무거워짐에 따라 움직임이 둔해지거나 허리 통증이 느껴지기도 한다. 탯줄을 통해 혈액이 흐르면서 나는 소리(제대 잡음)를 느끼는 경우도 있다.	대부분의 태아는 머리를 아래로 향하고 머리 부분이 모체의 골반 안으로 들어가 있다. 젖꼭지에서 노르스름한 초유가 분비된다. 자궁이 밑으로 내려오면서 방광을 압박해 소변을 자주 보고 싶고, 웃거나 기침을 할 때 오줌을 지리기도 한다.	언제든지 출산할 수 있는 상태가 되어 태동이 활발해지고 자궁경부가 열리기 시작한다. 자궁경부가 늘어나면서 질 부위에 날카로운 통증이 나타나기도 한다. 배가 땅기는 증상이 빈번해지지만 진통이 시작되는 것은 아니다. 뱃가죽이 더욱 팽팽해져 배꼽의 팬 부분은 거의 드러나지 않는다.	이제 엄마가 되기 위한 준비를 모두 마쳤다. 태동과 자궁 수축이 심해지고 무얼 해도 힘든 시기다. 임신 후반에 이르러 태아의 체중 증가 속도가 느려지기도 한다.

임신 후기 생활법

임신 37주 이후에는 언제 출산할지 모르므로 본격적인 출산 준비를 한다. 태아와 만날 날을 기다리며 준비물을 꼼꼼하게 챙기고 외출 시에는 산모수첩을 챙긴다.

생활 수칙

1. 매일 규칙적으로 걷는다

임신 후기에 운동량이 적으면 순산하는 데 문제가 생길 수 있다. 조산기와 파수를 조심하면서 산책 등 가벼운 운동으로 출산을 준비하도록 한다. 빠른 걸음으로 걷거나 계단 오르내리기 등 가벼운 운동은 몸에 무리를 주지 않으면서 체중 증가를 막아줘 효과적이다. 약간 땀이 날 정도로 걸으면 산소 호흡량이 증가해 기분이 상쾌해지고 태아에게도 산소 공급이 원활하게 이루어져 좋다. 허리에 무리가 가므로 걸을 때는 허리를 곧게 펴고 바른 자세로 걷는다. 운동을 끝낸 후에는 마음을 가라앉히고 심호흡을 한다. 허리를 꼿꼿이 펴고 가부좌로 앉은 다음 한쪽 발뒤꿈치를 회음부에 대고 손을 가볍게 무릎에 얹은 채 크게 심호흡한다.

2. 낮잠은 짧게 잔다

만삭 때는 몸이 무겁고 금세 피곤해지다 보니 누워 있기 십상이다. 지나치게 누워 있거나 잠을 많이 자는 것은 좋지 않다. 오래 누워 있으면 임신부는 물론 태아도 허약해지고 배 속 아이가 커져 난산할 가능성이 높아진다. 임신 7개월 이후에는 하루 20~30분 정도 짧게 낮잠을 자는 것이 좋다. 낮잠은 지친 임신부의 피로를 풀어주고 태아에게 안정감을 준다. 임신 후기에는 옆으로 눕는 것이 좋으며, 왼쪽으로 눕는 것이 심장에 부담을 주지 않는다.

3. 몸의 변화를 세심하게 체크한다

이 시기 임신부의 몸은 본격적인 출산 준비에 들어가므로 몸에서 느껴지는 변화에 항상 관심을 기울여 출산 신호를 체크한다. 고령 임신부나 고위험 임신부는 태반 조기 박리 및 전치태반의 발생 빈도가 높다. 따라서 이 경우에 해당한다면 평소와 다른 몸의 변화나 출혈이 있지 않은지 면밀하게 살핀다. 출산 예정일 2주 전후는 정상 분만이 가능하므로 출산 신호가 오면 당황하지 않고 병원에 간다.

4. 출산에 대한 준비를 한다

출산일이 가까워지면 임신부의 마음이 분주해지기 마련이다. 출산 준비는 미리미리 해둔다. 퇴원 후 집에 올 때를 대비해 남편과 함께 미리 집 안 청소를 한다. 구석구석 먼지를 털어내고 아기만의 공간도 확보한다. 꼭 아기 방이 아니더라도 부부 침실 한 편에 이부자리나 침대, 아기 서랍장을 두면 무방하다. 출산 한 달 전에는 배냇저고리, 속싸개 등 아기용품은 세탁하고 출산 준비물 목록도 꼼꼼하게 확인한다. 또한 언제든 진통이 찾아올 수 있으므로 입원 준비물은 미리 가방을 싸둬 진진통이 오면 언제든지 가지고 나갈 수 있게 한다.

5. 부부관계는 하지 않는다

임신 후기의 부부관계는 자궁을 수축시켜 조기 파수를 일으킬 염려는 물론 감염 및 조산의 원인이 될 수 있다. 이 시기에는 가급적 부부관계를 자제하고 성행위를 하더라도 깊은 삽입이나 과도한 자극은 피한다. 특히 자궁경부에 염증이 있는 임신부는 출혈에 따른 감염이 우려되므로 임신 10개월에 들어서면 부부관계를 삼간다.

6. 분만 방법과 출산 계획을 세운다

임신 후기가 되면 전문의와 분만 방법을 상담하고 산후 몸조리를 할 장소와 방법도 결정해야 한다. 제왕절개를 하거나 유도 분만을 해야 할 상황이라면 입원 날짜를 잡고, 산후조리원을 가거나 산후도우미를 구할 경우 예약한다. 임신 후기에 부득이하게 병원을 옮겨야 한다면 임신 소견서를 받아 옮기는 병원에 제출한다. 단, 조산 징후나 전치태반 같은 이상이 있으면 병원을 옮기지 않는다.

7. 낮은 신발을 신는다

배가 부르면 몸의 균형이 깨져 중심을 잃

고 넘어지기 쉬우므로 높은 신발은 신지 않는다. 척추를 꼿꼿하게 세우는 데 도움이 되는 2~4㎝ 높이의 신발이 좋다. 외출 시 손가방보다는 배낭을 메면 양손을 자유롭게 사용할 수 있어 안전하다.

8. 혼자 외출하지 않는다

임신 8개월이 되면 언제든지 진통이 찾아올 수 있으므로 만반의 준비를 갖춘다. 가급적 왕복 2시간이 넘는 외출은 삼가고 혼자 외출하지 않는다. 외출할 경우에는 남편 및 가족에게 행선지를 알리고 산모수첩, 건강보험증, 신분증을 지참한다.

식습관과 영양 관리

1. 소금이나 설탕 섭취량을 줄인다

임신 후기에는 임신중독증을 예방하기 위해서 염분과 설탕, 수분 섭취량을 줄여야 한다. 신선한 재료를 사용해 요리하되 간은 소금이나 간장 대신 레몬과 식초를 주로 사용한다. 또한 국물은 되도록 마시지 않는 것이 좋다. 이 시기에는 발과 다리가 심하게 붓기 때문에 물의 섭취량도 조절할 필요가 있다. 하루 7~8잔의 물을 마시는 게 적당한데 몸이 부을 때는 줄인다. 상온에 보관한 물을 마시되 저녁 시간은 가급적 피한다.

2. 하루 식사는 4~5끼로 나눠 먹는다

임신 후기가 되면 자궁이 위를 압박해 늘 더부룩한 느낌이 든다. 소화가 잘 되는 음식으로 골라 하루 세 끼 식사를 4~5회로 나눠 먹는다. 또한 저녁 식사는 가능한 한 일찍 끝내고 밤 8시 이후에는 먹지 않도록 노력한다.

3. 막달에는 과식하지 않는다

출산일이 가까워오면 태아가 밑으로 내려가 위가 편해지고 식욕이 당긴다. 속이 편하다고 해서 과식을 해서는 안 된다. 출산 전까지 긴장을 풀지 말고 규칙적으로 생활하고 체중 관리에 신경 쓴다.

4. 단백질과 철분제를 섭취한다

막달이 되면 출산에 대한 불안함 때문에 그동안 꾸준히 먹어왔던 철분제 섭취나 식이요법 등을 소홀하기 쉽다. 임신 중기 이후에도 태아에게 필요한 철분의 양이 많고 분만 과정 자체에도 출혈이 많기 때문에 철분은 필수다. 출산 후 3개월까지는 철분제를 꼬박꼬박 챙겨 먹는다. 또한 지방 섭취는 줄이고 소고기 등 살코기 부위를 요리해 고단백 식품을 섭취한다.

5. 모유 수유에 좋은 음식을 먹는다

출산 후 원활한 모유 수유를 위해 단백질과 무기질이 풍부한 음식을 챙겨 먹는다. 미역이나 김 등의 해조류나 생선, 살코기, 콩 등 단백질이 풍부한 식품 섭취를 늘린다. 해조류에 풍부한 요오드는 불면증이 심한 임신부의 숙면을 이끌고 태아의 피부와 머리카락 성장에도 도움을 준다. 또한 손발이 저리고 어깨도 결리는 시기이므로 비타민 B_2가 풍부한 녹황색 채소 등을 먹으면 통증을 완화시킬 수 있다.

6. 입원 직전 가볍게 식사한다

초산인 경우 진통이 시작되어 출산할 때까지 평균 12시간 이상 걸린다. 무엇보다 체력이 가장 중요한 만큼 입원하기 전에 가볍게 식사를 하도록 한다.

32

임신 후기 이상 징후

임신 후기에는 이전부터 지속된 트러블이 더 심해져서 생활하기가 불편해진다. 이런 문제들은 사소하더라도 조산을 일으킬 수 있으므로 각별히 주의하고 이상 징후가 나타나면 바로 병원에 간다.

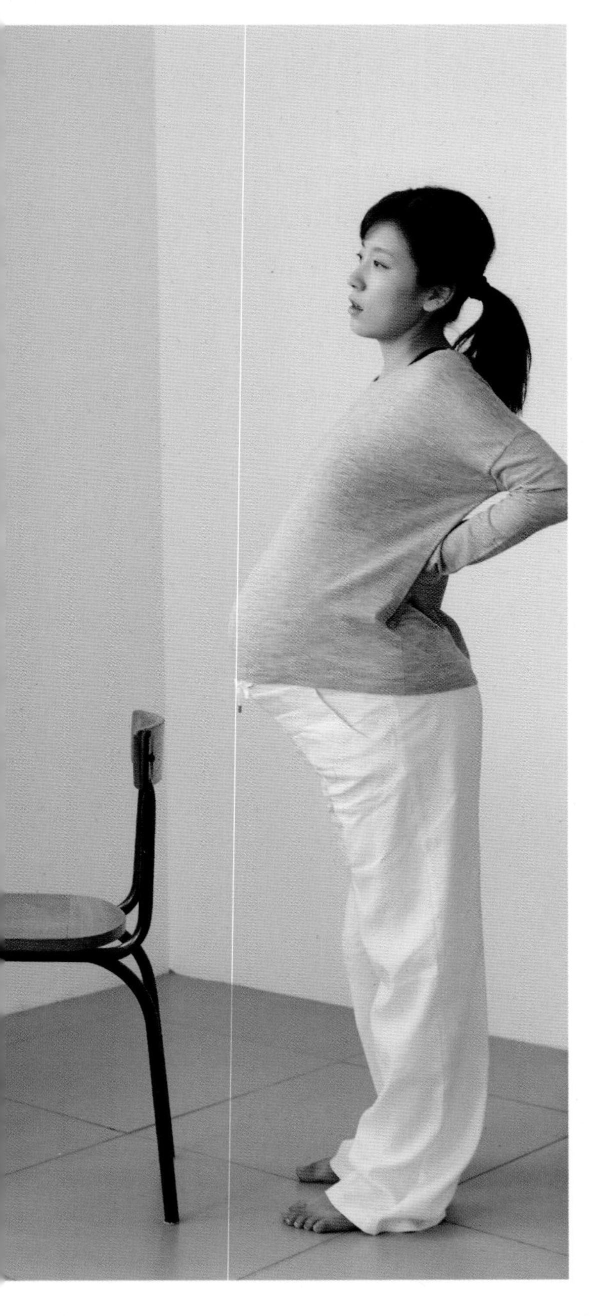

사소하지만 신경 쓰이는 징후

불면증

배가 불러올수록 숙면을 취하기가 어려워진다. 어느 쪽으로 누워도 편하지 않고 자는 도중에도 화장실에 자주 가고 싶어지며 태동도 더욱 활발해지기 때문이다. 똑바로 눕기보다는 옆으로 누워 다리를 구부리고 다리 사이에 베개를 놓는 '심즈 체위'가 좋다. 또한 출산이 임박해오면 불안감과 숨이 차 잠이 잘 오지 않는다. 잠자기 전 30분 정도 가볍게 걷고 미지근한 물로 샤워해 근육을 이완시켜 숙면을 유도한다. 둥굴레차나 대추차를 한 잔 마시면 불면증에 효과적이다. 명상이나 요가 등을 통해 몸을 이완시키고, 마인드 컨트롤을 하는 것도 숙면에 도움이 된다.

어깨 결림

임신 후기가 되면 임신부는 배를 지탱하기 위해 어깨를 뒤로 당기거나 몸을 뒤로 젖힌다. 이런 자세로 계속 있으면 어깨 근육에 피로가 쌓여 통증이 생긴다. 게다가 어깨 근육은 커진 유방을 지탱해야 하므로 통증이 더 심해진다. 배영을 하듯 팔을 뒤로 천천히 돌려 스트레칭을 하거나 폼롤러와 테니스공으로 어깨 마사지를 하면 뭉친 근육을 풀어주는 한편 혈액순환을 돕는다.

갈비뼈 통증

임신 후기가 되면 갈비뼈가 찌르는 듯 심하게 아픈 경우가 많다. 이런 증상은 태아의 머리나 하체가 한쪽으로 움직여 갈비뼈를 압박하거나 갈비뼈를 밀기 때문이다. 태아에게 미치는 영향은 없으므로 안심해도 된다. 평소 헐렁한 옷을 입고 누워 있거나 앉아 있을 때 자세를 바르게 하고 등에 쿠션을 받치는 것이 좋다.

요실금

임신 30주에 이르면 재채기를 하거나 크게 웃을 때 소변이 찔끔 새어나오는 일이 종종 생긴다. 이는 커진 자궁이 방광을 눌러 배에 조금만 힘이 가해져도 소변이 새어나오는 현상이다. 대부분 출산 후 자연스럽게 사라지지만 증세가 지속되면 병원에서 치료를 받는다.

손발 부종

체중이 늘면서 임신 후기에 몸이 비정상적으로 붓는다. 얼굴이나 손, 다리 부종이 가장 흔하다. 커진 자궁으로 인해 혈액순환이 잘 되지 않고 체액이 아래쪽으로 몰리면서 특히 다리가 많이 붓는다. 부종이 심해지면 좁은 관절강 내를 통과하는 신경이 눌리면서 통증이 나타난다. 가벼운 부종은 임신부라면 누구나 겪는 증상으로, 마사지를 하거나 다리를 올리는 간단한 처치만으로 금세 호전된다. 단, 하루 종일 부종이 지속되거나 살을 눌렀을 때 움푹 파인 살이 돌아오지 않는다면 임신중독증이 의심되므로 병원을 찾아 처치를 받는다.

발목 통증

태아의 머리가 출산 준비를 위해 조금씩 밑으로 내려가면서 신경을 압박해 발목에 통증이 생긴다. 하복부와 대퇴부 통증이 동반된 경우가 많다. 통증이 심할 때는 쿠션을 받치고 다리를 올린 다음 휴식을 취하거나 하루 4회, 10~15분 정도 얼음 마사지를 한다. 폼롤러나 지압용 안정기 위에 발목을 두고 굴리면서 마사지하면 좋다.

근육 경련

임신 후기에는 다리에 쥐가 나거나 경련이 일어나는 일이 잦다. 특히 한밤중에 갑자기 다리에 쥐가 나 잠이 깨기도 한다. 체중이 늘면서 몸의 중심이 변해 나타나는 증상으로 드물게는 칼슘 부족으로 인해 일어나기도 한다.

경련이 일어나면 몸을 따뜻하게 해 혈액순환이 잘 되게 하고 하루 3회 이상 엄지발가락부터 차례로 위아래 올렸다 내리는 스트레칭을 한다. 발가락 운동을 한 뒤 발목을 돌려주고 양쪽 발뒤꿈치를 붙인 뒤 엄지발가락을 툭툭 쳐준다. 종아리와 다리도 꾸준히 마사지한다.

가슴 답답함과 두근거림

자궁이 위로 커지면서 횡격막을 밀어 올려 심장과 폐를 압박해 조금만 움직여도 숨이 차고 가슴이 두근거린다. 또 자궁으로 영양분을 보내기 위해 혈액의 양이 최고로 증가하므로 전신으로 혈액을 공급하는 심장의 부담이 커져 숨이 차 심호흡이 짧아진다. 마음을 편하게 가지고 편한 자세로 자주 휴식을 취한다.

소화불량과 속쓰림

임신 후기가 될수록 소화불량과 속쓰림이 심해진다. 자궁이 커지면서 위에 압력을 가하는데 이때 위액의 역류를 막는 근육이 이완되어 속 쓰린 증세가 나타난다. 기침을 하거나 누워 있을 때 위액이 역류해 가슴이 타는 듯한 느낌을 받기도 한다. 식사는 조금씩 자주 하고 자기 전에 우유를 한 잔 마시면 위산을 중화시켜 속쓰림이 완화된다.

빈뇨

임신 9개월 말이 되면 화장실 가는 횟수가 크게 는다. 최대치로 커진 자궁이 방광을 누르는 한편 태아가 골반 쪽으로 내려오면서 태아의 머리가 방광을 압박해 소변을 자주 보는데 밤에 자다가 화장실을 2~3번 간다면 출산이 가까워졌다는 의미다. 소변을 볼 때 통증이 느껴지거나 본 후에 시원한 느낌이 들지 않으면 방광염이 의심되므로 전문의와 상담한다.

피부 가려움증

임신 후기에 접어들수록 피부 팽창이 심해져 가려움증이 심해진다. 보통 배에서 시작해 엉덩이, 가슴, 팔로 번진다. 무의식중에 피부를 자꾸 긁으면 피부의 방어세포인 멜라닌 세포를 자극해 해당 부위에 색소 침착이 일어나거나 표면이 거칠거칠하게 변할 수 있다.

평소 지나치게 뜨겁지 않은 온도의 물로 샤워를 하고 물기가 마르기 전에 튼살 크림 등의 보습제를 바른다. 또한 수건으로 물기를 완벽하게 닦지 말고 서서히 말리면 좋다.

위험을 알리는 이상 징후

복부 통증

배가 단단해지고 뭉치는 배뭉침은 출산이 가까워질수록 횟수가 늘어 가진통으로 발전한다. 가진통은 배가 뭉치면서 생리통처럼 통증이 생겼다가 사라지고 한참 뒤에 생기는 것으로 불규칙한 것이 특징이다. 임신 후기에 극심한 복부 통증이 생기면 조산의 징후일 수 있다. 복부 통증과 함께 여러 가지 징후로 태아가 예정보다 일찍 골반에 진입할 거라는 신호를 보내는 것이다. 평소와 다른 격렬한 통증을 느끼거나 통증이 일정한 간격을 두고 반복될 때는 진진통이므로 곧바로 병원에 간다.

질 출혈

임신 후기의 질 출혈은 면밀하게 관찰해야 한다. 보통 부부관계 또는 내진으로 인해 출혈이 생기는데 내진 후 소량의 출혈이 있다면 걱정하지 않아도 된다. 배에 통증이 없는데 생리보다 많은 피가 비치고 출혈이 멈추지 않을 때는 태반이 자궁의 아래쪽에 있는 전치태반을 의심해볼 수 있다. 또한 심한 통증과 함께 검붉은 피가 난다면 태반이 자궁에서 분리되는 태반 조기 박리일 수 있으므로 즉시 병원에 가야 한다. 예정일을 1~2주 앞두고 이런 증상이 나타났다면 전문의와 상의하여 분만을 고려한다.

33 임신부 숙면법

임신부의 80% 이상이 임신 기간 내내 수면 장애를 경험한다. 초기에는 호르몬의 영향으로, 중기 이후에는 배가 불러 잠을 편하게 이루기가 쉽지 않다. 깊고 편하게 잠드는 방법에 대해 알아보자.

태아와 임신부 건강에 중요한 잠

임신부가 잠을 자는 동안 뇌하수체에서 태아의 성장 호르몬이 만들어져 태아의 성장에 많은 도움을 준다. 만약 숙면을 취하지 못하면 몸이 피곤해지고 신체 기능이 떨어져 모체의 호르몬이 태아에게 가는 것을 방해해 태아에게도 영향을 미친다. 오랜 시간 임신부가 숙면을 취하지 못하면 태내 환경이 좋지 않아져 저체중아를 유발하거나 조산의 위험이 높아진다. 태아의 건강한 성장을 위해서라도 하루 8~9시간은 숙면을 취하는 것이 바람직하다.

불면증에 걸리는 이유

평소 잠을 잘 자던 사람도 임신을 하면 불면증에 시달리는 경우가 많다. 통계에 따르면 임신부의 80% 이상이 임신 기간 동안 수면 장애를 경험한다. 임신 초기에는 호르몬 영향과 정신적 변화로 인해 숙면을 취하지 못한다. 임신을 하면 프로게스테론이 분비되는데 이로 인해 입덧, 소화불량 등 소화기관에 장애가 생긴다. 또한 임신으로 인해 정신적으로 예민해지고 자궁이 커지는 등의 신체 변화도 잠을 이루지 못하게 하는 요인이다.

임신 중기에 접어들면 배가 불러 잠자는 자세가 불편해 숙면을 취하기 힘들다가 후기에 접어들면 태동이 심해지고 출산에 대한 걱정 때문에 수면의 질이 더욱 안 좋아진다. 태아의 건강을 위해서라도 임신 기간 중에는 푹 잘 자려는 노력을 기울여야 한다.

숙면을 돕는 생활습관

숙면을 돕는 환경을 만든다

가급적 자는 공간을 쾌적하게 해야 잠의 질을 높일 수 있다. 방 안의 온도는 20~22℃가 적당하다. 24℃ 이상 되면 잠들기 어렵고 자다가도 자주 깨기 마련이다. 낮에는 2회 이상 침실뿐만 아니라 집 안의 모든 문을 열어 공기를 통하게 한다. 냉방할 때도 역시 1시간에 10분 이상 환기를 시켜 거실과 방의 온도를 맞춘다.
소음 문제도 해결해야 한다. 침실은 조용한 곳을 선택하고 만약 시끄럽다면 이중창을 설치하거나 두꺼운 커튼을 쳐 최대한 외부의 소리를 차단한다.

숙면을 돕는 음식을 먹는다

잠이 오지 않을 경우 따뜻한 우유 한 잔을 마시면 도움이 된다. 또 두부나 달걀, 바나나, 호두 등에는 숙면을 돕는 트립토판이 풍부해 잠드는 데 효과적이므로 평소 자주 섭취한다. 저녁 식사로 현미나 감자 등 탄수화물이 풍부한 음식을 먹는 것도 좋다. 커피나 홍차, 콜라, 초콜릿 등 카페인이 함유된 식품은 임신 중 숙면을 방해할 뿐 아니라 부종의 원인이 된다. 카페인은 최대 14시간 동안 영향을 미치기 때문에 낮에 먹더라도 밤에 숙면을 방해할 수 있다. 물을 너무 많이 마시거나 수분이 많은 수박 등의 과일은 소변을 보게 만드므로 잠들기 직전엔 먹는 것을 삼간다.

하루 30분 낮잠으로 잠을 보충한다

밤에 잠을 설쳤다면 하루 30분 정도 낮잠을 자 부족한 잠을 보충해 피로 회복과 집중력 회복을 한다. 그렇다고 1시간 이상 낮잠을 자면 생활리듬이 깨지고 수면의 질이 떨어진다. 특히 오후 4~6시 사이에 자는 낮잠은 피한다.

잠들기 직전 운동을 하지 않는다

임신 중 유산소 운동을 하면 임신부의 근육과 관절을 이완시키고 산소 공급과 혈액순환을 도와 순산을 하는 데 큰 도움이 된다. 특히 취침 전 5~6시간 전인 초저녁에 하는 운동은 숙면을 취하는 데 좋다. 그러나 잠들기 직전에 운동을 하면 근육의 긴장이 계속 이어지고 혈액순환이 빨라져 숙면에 좋지 않다. 습관성 유산이나 조산한 경험이 있는 경우, 자궁경관무력증이 의심되는 경우, 쌍둥이를 임신한 경우 등은 운동을 통해 잠을 유도하는 것은 삼간다.

발 마사지를 한다

발가락과 발바닥 전체를 부드럽게 두드리면 혈액순환이 좋아지고 진정 효과가 있다. 잠자리에 들기 전 샤워를 한 다음 남편이 직접 마사지를 해주면 정신적인 안정을 얻게 된다. 지압을 할 때는 한 부위를 30초가 넘지 않도록 주의한다. 발 마사지를 하면서 두피 곳곳을 엄지손가락으로 부드러우면서도 단단하게 압박하면 숙면에 좋다.

수면 보조용품을 활용한다

임신 중기 이후에는 배가 불러와 어떤 자세로 누워도 불편하다. 이럴 때는 보조용품을 적극 활용한다. 베개는 목과 몸이 일직선이 되는 것으로 높이 6~8㎝ 정도가 적당하고, 라텍스 등의 푹신한 소재로 된 것이 목과 어깨 근육을 편하게 해주는 데 좋다. 옆으로 누워서 잘 때 목과 어깨를 지지해주면서 다리를 올릴 수 있는 임신부 전용 베개를 사용하면 잠을 이루는 데 효과적이다.

시기별 바른 수면 자세

임신 초기

임신 초기에는 특별히 잠자는 자세에 신경 쓸 필요는 없다. 하지만 엎드려 자는 자세는 배에 압박을 줄 수 있고 습관이 되면 임신 중기부터 불편하므로 삼간다. 되도록 천장을 바라보고 누워 잔다.

임신 중기

임신 중기에는 배가 불룩 나와 잠자리가 불편해진다. 똑바로 누워서 자면 자궁이 하대정맥과 대동맥을 압박하게 되므로 옆으로 누워서 자는 것이 몸을 편하게 해준다. 하대정맥과 대동맥을 압박하면 태아에게 흘러가는 혈류량이 감소해 어지럼증이나 구토가 생길 수 있으므로 옆으로 눕는 것이 좋다.

임신 후기

출산일이 가까워지면 반드시 옆으로 누워서 잔다. 옆으로 누워 뒤쪽 다리를 구부린 다음 밑에 베개를 놓고 발을 올리는 심즈 체위가 좋다. 발의 혈액순환이 좋아져 피로를 풀어주고 숙면을 하게 할 뿐 아니라 요통 완화에도 효과적이다.

싣는 순서

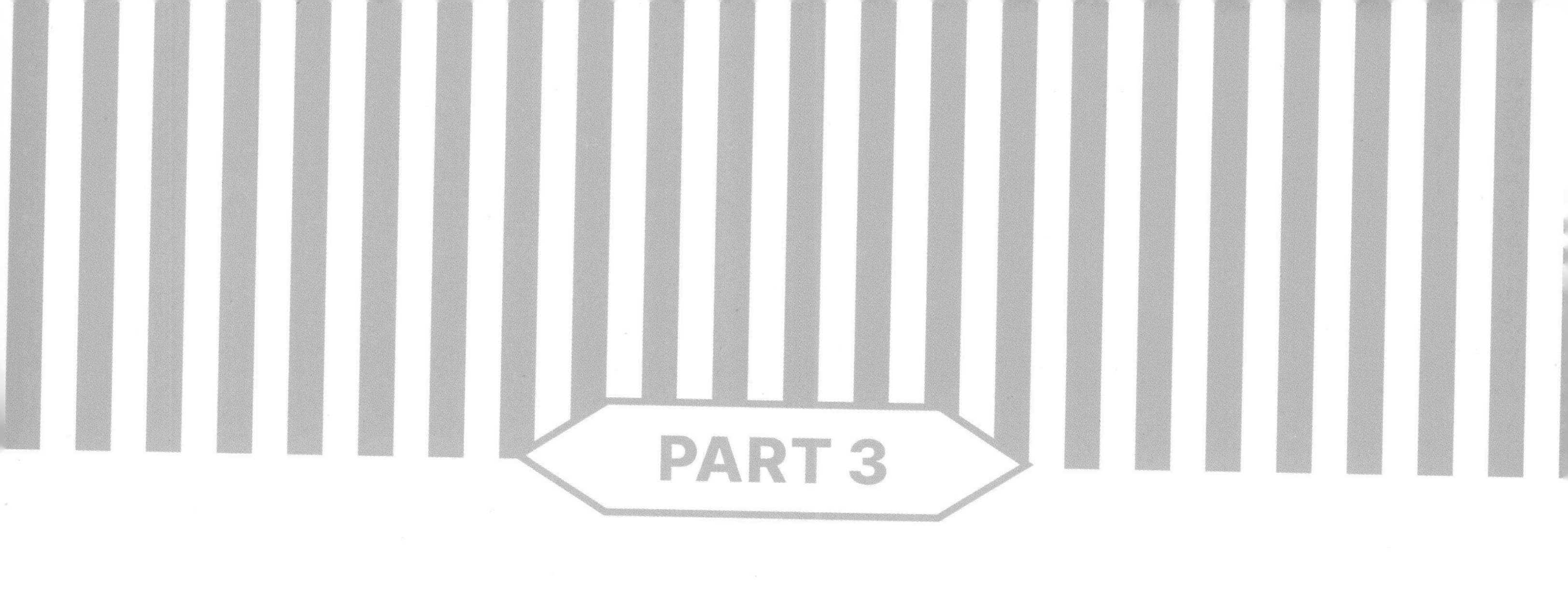

PART 3

행복한 임신 생활

이제 태아와 함께 열 달 동안 여행을 떠나게 된다. 임신 기간 중 엄마가 보고 듣고 먹는 모든 것들이 태아에게 큰 영향을 미친다. 자궁 속에서 자리 잡아 무럭무럭 자라는 태아를 위해 엄마는 임신 기간 동안 건강뿐만 아니라 심리적으로 안정되도록 노력해야 한다. 조심할 것도, 궁금한 것도 많은 임신 기간… 지나치게 유난떨지 않고 편안하게 보내는 방법에 대해 알아본다. 아는 만큼 아기와의 여행이 더욱 특별해진다.

34 임신 중 체중 관리

임신 중 체중은 임신부는 물론 분만에도 영향을 미친다. 아기를 가졌다고 2인분을 먹어야 한다고 생각하면 금물이다. 임신 중에는 평소보다 300㎉ 정도만 더 섭취하면 된다. 순산을 위한 체중 관리법을 알아본다.

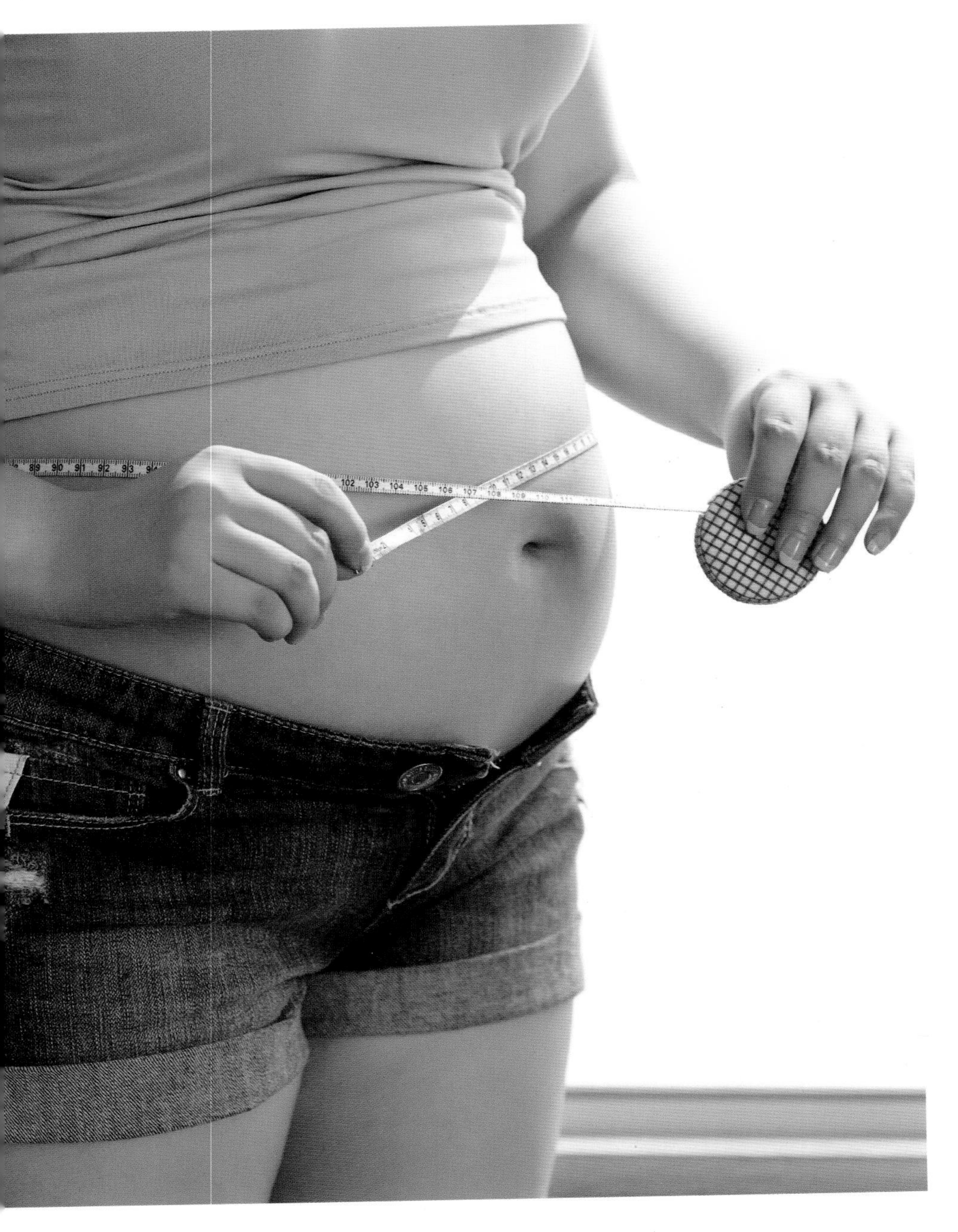

체중 조절이 필요한 이유

임신을 하면 체중이 증가하는 것은 당연하다. 양수와 태반이 늘어나고 혈액과 조직액 등이 증가할 뿐 아니라 몸 전체의 지방도 늘어난다. 보통 출산 예정일이 다가오면 태아의 몸무게인 3㎏ 정도와 태반과 양수 등 5㎏ 정도 체중이 늘어난다. 여기에 늘어난 지방의 무게까지 합쳐 10~12㎏ 정도 체중이 증가하는 것이 정상적이다. 보통 우리나라 임신부는 임신 기간 동안 8~20㎏ 정도 체중이 증가한다. 태아가 성장하기 위해서는 엄마가 잘 먹어야 하지만 무턱대고 먹는 양을 늘릴 필요는 없다. 임신 중에는 평소보다 300㎉ 정도만 더 섭취하면 된다. 양껏 먹고 움직이지 않으면 체중이 급격하게 증가해 임신 비만이 될 뿐 아니라 태아의 건강까지 위협한다.

임신 중 급격히 체중이 늘면 지방층이 많이 생기는데, 특히 자궁 주변에 지방층이 생기면 출산할 때 자궁이 충분히 수축되지 않아 난산의 가능성이 높아진다. 또한 태아가 너무 크면 제왕절개 수술을 해야 한다. 실제로 임신 중 체중이 15㎏ 이상 증가한 임신부가 제왕절개를 할 확률은 3배 가까이 높다.

임신부가 비만일 경우 분만 시 과다 출혈이 생기거나 자궁 수축이 원활하지 못해 출산 후에도 회복이 느리고 관절 통증, 만성 고혈압, 당뇨, 체중 과다로 인한 우울증 등 여러 가지 합병증을 유발할 수 있다. 임신 기간 중 먹던 습관 때문에 체중 조절에 실패해 산후 비만으로 이어지기도 한다.
그 밖에 임신부가 비만일 경우 조기 파수가 일어나기 쉽다. 출산일이 임박하지 않았는데 파수가 되면 진통이 생기지 않고 태아가 세균에 감염될 수 있으므로 임신 중 체중 관리는 매우 중요하다.

시기별 체중 관리

임신 초기

임신 초기에는 온몸이 감기에 걸린 듯 나른해 생활리듬이 깨질 수 있으므로 규칙적으로 생활하도록 신경 쓴다. 이때는 주로 지방이 증가하는 시기로 일주일 동안 체중 증가는 200~300g 정도가 적당하다. 입덧이 심할 경우 식욕이 떨어져 체중이 5kg 가까이 감소할 수 있으나 이 시기에 태아에게 공급되는 영양분은 극히 적기 때문에 큰 문제는 없다. 그러나 체중이 10% 이상 감소하면 탈수 증세가 나타날 수 있으므로 주의한다. 태아의 몸을 구성하는 데 중요한 단백질이 많이 함유되고 지방은 적은 음식을 매일 100g 정도씩 챙겨 먹는다. 임신 12주 이후에는 가벼운 산책 등 몸을 푸는 운동을 시작해도 좋다.

임신 중기

입덧이 사라지면서 식욕이 왕성해지는 시기다. 태아도 왕성하게 자라서 체중이 급격히 늘어나므로 이 시기에 체중 조절에 실패하면 비만이 될 수 있다. 임신부 스스로 체중 관리 의지가 필요한 시기로 이때부터는 일주일마다 체중을 체크하고 태아의 성장에 도움을 주는 식품은 챙겨 먹고 임신부가 살이 찔 식품은 피하는 등 철저하게 관리한다. 태아의 크기에 가장 큰 영향을 미치는 탄수화물 섭취를 줄인다. 짠 음식을 많이 먹으면 물을 자주 마시게 되어 부종의 원인이 될 수 있다. 태아의 골격이 형성되는 시기이므로 우유나 유제품, 뼈째 먹는 생선 등으로 단백질과 칼슘을 충분히 섭취한다.

임신 후기

몸이 급격히 무거워지는 임신 8개월 이후에는 자연스럽게 활동량이 줄어든다. 이때는 태아가 분만을 대비해 아래로 내려오면서 예전에 비해 가슴의 압박감이 줄어들어 음식물도 섭취하기 편안해지므로 폭식하기 쉽다. 그러다 보면 하루 필요한 열량보다 배나 먹어 체중이 급격히 증가한다. 그러나 임신 후기에 찐 살은 태아와 임신부 모두에게 전혀 도움이 되지 않는다. 고칼로리 음식은 임신부의 체중만 늘리므로 삼가고, 염분이 높은 음식도 피한다. 식사를 규칙적으로 하고 마지막 달에는 엄격하게 체중 관리를 한다. 평소 해오던 스트레칭이나 요가, 산책 등을 하면서 최대한 몸을 많이 움직여야 출산에 도움이 된다.

비만 감별법

임신 중에는 겉모습만 보고 비만을 판단할 수 없다. 임신을 했다고 해서 같은 속도와 체중으로 몸이 불지 않으며 임신 전의 비만 여부에 따라 달라질 수 있다. 임신 중에는 태아와 태반, 양수 등의 무게와 산후, 수유기에 필요한 열량이 지방으로 전환되어 몸에 축적되기 때문에 체중이 증가한다. 따라서 임신 전에 비만이었던 사람은 이미 축적된 지방이 있으므로 덜 증가하고, 마른 사람은 축적된 지방이 없으므로 지방을 더 축적하기 위해 대사 활동을 해 더 많이 증가한다. 더구나 임신 중에는 지방만 늘어나는 것이 아니어서 증가한 체중에 비해 더 뚱뚱해 보일 수도 있고, 원래 체중이 많이 나가던 임신부는 상대적으로 적게 늘어난 것처럼 보이기도 하므로 외모만 보고 비만을 판단할 수는 없다.
비만도를 알아보는 방법 중 가장 많이 사용되는 방법은 브로카식 계산법과 체질량지수(Body Mass Index) 계산법이다.

브로카식 계산법

표준 체중
=〔신장(cm)−100〕×0.9

비만도
= 현재 체중 / 표준 체중×100

비만도 계산 결과
80% 미만 **심하게 수척**
80% 이상 ~90% 미만 **수척**
90% 이상~110% 미만 **정상**
110% 이상~120% 미만 **과체중**
120% 이상~130% 미만 **비만(경도)**
130% 이상~150% 미만 **비만(중등도)**
150% 이상 **비만(고도)**

체질량지수(BMI) 계산법

BMI 공식
=체중(kg)/신장(m)^2

비만도 계산 결과
BMI 20~24 **정상**
25~30 **과체중**
30 이상 **비만**

임신 중 피부 관리

임신 중에는 호르몬 변화로 기미, 여드름, 쥐젖 등 갖가지 피부 트러블이 나타난다. 대개 출산 후 저절로 회복되지만 제대로 관리하지 않으면 문제가 되므로 대처가 필요하다.

피부 트러블 대처법

임신을 하면 임신 호르몬인 융모성 성선 자극 호르몬이 분비되어 피지가 많이 생기고 피부 표면에 먼지가 잘 묻어 여드름이나 뾰루지가 생기기도 한다. 특히 얼굴은 물론 온몸에 땀이 많아진다. 임신 전 건성 피부였던 사람도 임신 후기에 들어서면 피지 분비량이 많아져 지성 피부가 되기 쉬우므로 피부를 청결하게 관리하는 것이 중요하다. 임신 때 생긴 피부 트러블은 대부분 출산 후 정상적으로 회복되지만 자국이 남을 수 있으므로 주의해야 한다. 클렌징을 꼼꼼하게 하고 기초 화장품을 챙겨 바르는 한편 평소 자외선 차단에도 신경 써야 피부 손상을 막을 수 있다.

여드름

임신 초기에 가장 많이 분비되는 임신 호르몬으로 인해 얼굴, 가슴, 허벅지 등에 여드름이 생길 수 있다. 특히 평소 생리 전후에 여드름 등의 피부 트러블이 심했다면 임신 중 여드름으로 고생할 우려가 높다. 대부분 출산 후 여드름이 사라지지만 자국이 남거나 여드름과 함께 기미 등 색소 침착이 될 수 있으므로 각별한 주의가 필요하다.

대처법

클렌징을 꼼꼼하게 한다

여드름은 무엇보다 예방이 중요하다. 잠을 충분히 자고 철저하게 세안하는 습관을 들인다. 화장한 후에는 메이크업 잔여물이 남지 않도록 꼼꼼히 세안하고 미지근한 물로 여러 번 헹군다.

메이크업을 하지 않았을 때도 세안제를 이용해 클렌징한다. 이렇듯 꼼꼼히 세안해 묵은 각질을 없애고 보습제를 정성껏 바르면 피부 장벽이 건강해져 각종 피부 질환을 예방할 수 있다.

기초 화장품을 바꾼다

여드름이 많이 난다면 기초 화장품에도 변화를 주어야 한다. 과도한 피지 분비가 여드름을 악화시키므로 피부에 자극이 적은 순한 성분의 화장품을 선택한다. 단, 갑작스럽게 모든 제품을 다 바꾸지 말고 한 단계씩 천천히 바꾼다. 임신 중 피부 변화는 개월 수에 따라 변하기도 하고, 출산 후 다시 원래의 피부 상태로 돌아가는 일시적인 경우가 많기 때문이다.

여드름 치료제를 바른다

증상이 심해져 화농성 여드름으로 번질 때는 태아에게 해가 없는 약을 국소적으로 바른다. 단, 먹는 여드름 치료제 중 비타민 A가 함유된 약은 태아의 기형을 초래할 수 있으므로 삼간다.

기미

임신한 뒤 눈 밑에 거뭇거뭇한 게 올라오는 기미를 경험하는 사례가 많다. 임신 중에 분비되는 여성 호르몬인 에스트로겐은 피부 재생력을 강화하고 피지선의 기능을 약화시키지만 멜라닌 세포를 자극해 기미를 유발하기도 한다. 이렇듯 호르몬의 영향으로 생긴 기미는 출산 후 호르몬이 정상적으로 작동하면 대개 색이 옅어지지만 출산 후 몸 상태에 따라 악화되기도 하므로 꾸준하게 관리해야 한다.

대처법

자외선 차단제를 바른다

자외선은 기미와 주근깨 등 색소 침착 트러블의 가장 큰 원인이다. 외출하기 30분 전에 자외선 차단제를 꼼꼼하게 바르고 3시간마다 지속적으로 덧바른다. 햇빛이 강한 날에는 챙이 넓은 모자나 양산, 선글라스를 쓰면 도움이 된다.

비타민 C를 꾸준히 섭취한다

기미는 멜라닌 색소가 과도하게 생겨 피부

가 착색되는 증상이다. 비타민 C는 멜라닌 색소 생성을 억제해주어 피부 건강에 효과적이다. 증상이 나타나기 전부터 파프리카, 키위, 사과, 우유 등 비타민 C가 풍부한 식품을 챙겨 먹으면 기미를 예방할 수 있다.

부종

부종은 많은 임신부에게 흔하게 나타난다. 임신으로 혈액의 양이 과도하게 늘어나 혈액순환이 원활하지 못해 몸이 붓거나 통증을 느끼는 증상이다. 배가 불러오면서 하체에 가해지는 압력이 높아져 하체가 붓는 것이 일반적이다. 체질에 따라 다르지만 부종은 다리와 발에 가장 흔하게 나타나고 아침저녁으로 손과 발, 얼굴이 붓기도 한다. 출산 이후에는 임신 중 체내에 비축되었던 수분이 빠지면서 부종이 자연스럽게 사라지지만 그사이 피부 탄력을 잃어버리거나 산후 부종으로 이어질 수 있으므로 주의해야 한다.

대처법

스팀 타월 마사지를 한다

깨끗하게 세안한 뒤 따뜻한 스팀 타월로 얼굴을 잘 감싼 다음 1분 30초 후 차가운 물로 마무리해주면 얼굴 부기가 많이 가라앉는다. 이때 너무 차갑거나 뜨거운 물을 사용하면 오히려 자극이 되므로 조심한다.

다리 부종이 심할 때는 다리를 높이 둔다

임신 중 체내의 늘어난 수분이 중력에 의해 아래로 내려가므로 발과 다리가 붓는다. 하체 부종이 심할 때는 편안히 누워 쿠션이나 소파 등에 다리를 올리고 휴식을 취한다. 임신 중기 이후에는 왼쪽으로 누워 다리 사이에 베개를 끼우고 자면 편하다.

모발 관리

임신을 하면 여성 호르몬인 에스트로겐이 평소보다 10배 가까이 늘어 탈모의 원인이 되는 남성 호르몬의 농도가 줄어들어 임신 전보다 머리가 덜 빠진다. 그러다 출산을 하면 호르몬이 정상으로 돌아와 그때부터 탈모가 시작된다. 출산 후 2~4개월 동안은 평소보다 2배 이상의 모발이 빠지다가 5개월 후 정상적으로 돌아온다.

대처법

샴푸 후 잔여물이 남지 않게 헹군다

머리를 감을 때는 두세 번 거품을 내어 손가락으로 두피를 문지른 뒤 흐르는 물에 여러 번 깨끗하게 잘 헹군다. 머리를 감은 후에는 두피를 문질러보아 뽀드득 소리가 나면 린스나 트리트먼트를 한다.

두피 위주로 머리를 말린다

머리를 감은 후에는 수건으로 모발을 비비지 말고 털면서 물기를 최대한 닦아낸다. 드라이어를 사용할 때는 모발이 아니라 두피 위주로 말린다. 두피를 완전히 건조시키지 않으면 탈모 및 비듬이 생길 수 있다. 시간적인 여유가 있다면 찬바람으로 천천히 말리는 것이 좋다.

임신 초기에는 펌을 하지 않는다

파마약이나 염색약이 태아에 영향을 미친다는 연구 결과는 없다. 하지만 둘 다 화학제품이므로 임신 중기 이후에 하는 것이 좋다. 임신 초기에 파마를 권하지 않는 이유는 무리한 자세로 장시간 앉아 있어야 하고 강한 약 냄새로 인해 입덧이 더욱 심해질 수 있기 때문이다. 일부 염색약이 재생 불량성 빈혈을 일으킨다는 보고도 있으므로 제품 성분을 확인하도록 한다.

외음부 관리

임신을 하면 외음부 혈관이 발달해 피부의 결합조직이 부드러워지고 붉은빛을 띤다. 여성 호르몬이 증가하면서 질내 점액 분비가 많아지고 면역력이 떨어져 질염에 걸리기 쉽다. 분비물이 늘고 외음부가 가렵고 붓는 곰팡이 질염은 임신 중에도 치료를 해야 한다. 단, 비린내가 나고 노란빛이 심한 질 분비물은 박테리아 질증으로 의심할 수 있는데 이는 양수 감염을 일으켜 조산의 원인이 되므로 바로 전문의를 찾는다. 외음부 역시 청결하게 관리해야 한다. 통풍이 잘 되는 순면 속옷을 입고 가급적 팬티라이너는 착용을 하지 않는다. 세정제는 자주 사용하면 오히려 자극을 줄 수 있으므로 약산성 세정제로 일주일에 1~2회 사용한다.

임신 중 피부과 시술

임신 중 기미, 여드름, 쥐젖 등 피부 트러블이 심하다면 레이저 시술을 받을 수 있다. 레이저 시술은 태아에게 영향을 미치지 않으므로 전문의와 상담한 후 시술을 받아도 괜찮다. 하지만 대부분의 시술은 작게라도 통증이 유발되고 심리적으로 부담이 되어 태아에게 스트레스를 줄 수 있다. 출산 후 피부과 시술 역시 시기가 관건. 대개 주 1회, 1~2개월 이상 꾸준히 받아야 하므로 아기의 생활 패턴으로 인해 엄마가 피곤한 상태일 경우 치료 효과가 떨어질 수밖에 없다. 되도록 출산 3개월 이후에 받는다. 또한 임신 중이나 모유 수유 중일 땐 약물 치료를 할 수 없다.

36 튼살 예방

임신부의 약 90% 이상이 겪는 '튼살'은 대표적인 임신의 징표이자 훈장이다. 한번 생기면 치료가 어려우므로 임신 초기부터 꾸준히 관리해 예방한다.

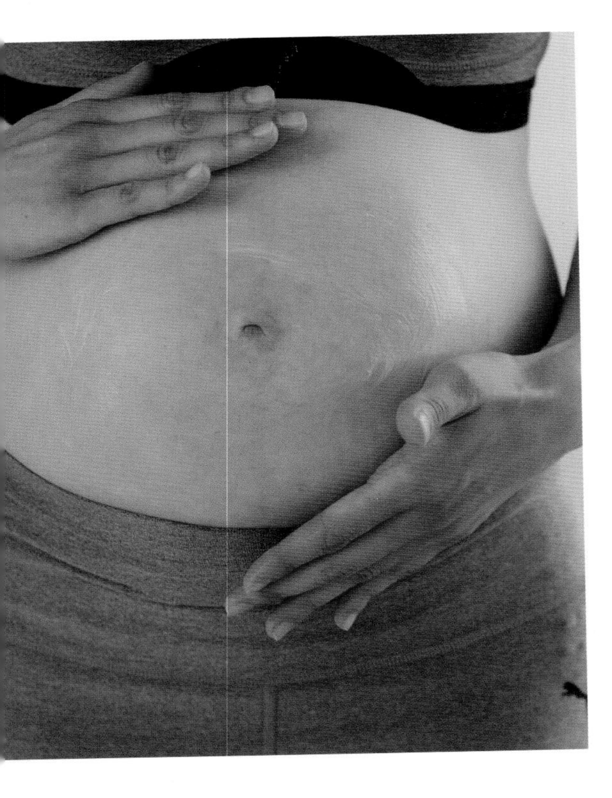

튼살의 원인

임신을 하면 배, 가슴, 엉덩이가 커지면서 피부가 늘어난다. 임신 후기로 갈수록 피부는 급격하게 팽창하는데 피하조직이 피부를 따라가지 못해 피부 조직 내 콜라겐 섬유와 탄력 섬유 간의 구조가 파괴되어 피부에 흰색 자국이 생긴다. 팽창선조 또는 스트레치 마크로 불리는 튼살은 배, 가슴, 엉덩이, 허벅지 등 피하지방이 많고 피부가 약한 부위나 무릎, 사타구니, 겨드랑이처럼 살이 접히는 부위에도 생기기 쉽다. 임신 5개월부터 배가 급격히 커지기 시작하는 6~7개월에 가장 심해진다.

신체 부위마다, 사람마다 살이 트는 증상은 다르게 나타난다. 복벽이 분리되면서 배꼽 중심부터 자줏빛 선이 나타나기도 하고, 가슴은 유두나 유륜 방향으로 줄무늬가, 엉덩이와 허벅지 등에는 수직 방향으로 나타나기도 한다.

단계별로 나타난다

튼살은 보통 2단계로 생기는데, 처음에는 피부가 팽창한 부위가 홍조를 띠면서 가렵다. 이때 튼살 예방 크림을 바르고 마사지를 하면 피부 표면이 트는 것을 예방할 수 있다. 두 번째 단계는 피부 표면에 나타나 육안으로 확인할 수 있다. 처음에는 붉은색을 띠다가 점차 옅어지는데 자세히 살펴보면 정상 피부보다 약간 가라앉아 있고 만져보면 울퉁불퉁하다. 그러다 출산 후에는 튼살이 피부 표면에 남게 되는데 색이 옅어지면서 진주 빛으로 변한다. 살이 튼 주위로 미세한 주름이 생기기도 한다. 임신 중 하복부에 생기는 임신선은 출산 후 자연스럽게 없어지지만 튼살 자국은 완전히 회복되지 않기 때문에 임신 기간 동안 세심한 관리를 해야 한다.

튼살 예방법

갑자기 살이 찌지 않도록 한다

급격하게 체중이 늘면 살 트임의 원인이 된다. 튼살을 예방하기 위해서는 임신 중기부터 후기로 넘어갈 때 체중 조절을 잘해야 한다. 후기로 넘어갈 때 체중이 많이 늘어나므로 조절이 필요하다.

전문 제품으로 마사지를 한다

샤워를 한 후 수건으로 물기를 가볍게 닦은 뒤 약간 젖은 상태에서 튼살 예방 크림이나 오일을 바르며 마사지를 한다. 단순히 로션을 바르는 정도로는 부족하므로 배, 가슴, 옆구리, 허벅지를 집중적으로 바른다. 매일 아침저녁으로 두 번씩 한다. 아침에 바르는 제품은 유분기가 적고 흡수가 잘되는 로션 타입이 좋고, 저녁에는 유분이 풍부한 크림이나 오일 타입이 알맞다. 단, 병원 정기 검진이 있는 날은 초음파 검사에 지장을 줄 수 있으므로 크림이나 오일 마사지를 피한다.

충분히 수분 공급을 한다

임신 초기부터 물이나 과일을 충분히 먹고 샤워를 꼼꼼하게 한다. 약간 차가운 물로 샤워하면 혈액순환을 돕고 정맥이 확장되는 것을 방지해준다.

튼살 예방 마사지법

허벅지와 종아리

1 무릎에서 허벅지 위쪽까지 화살표 방향으로 곡선을 그리듯이 마사지한다.
2 허벅지 안과 바깥 부위를 양손으로 움켜잡고 천천히 쓸어내린다.
3 양쪽 엄지손가락으로 허벅지 아래 부위와 종아리 윗부분을 쓸어준다.

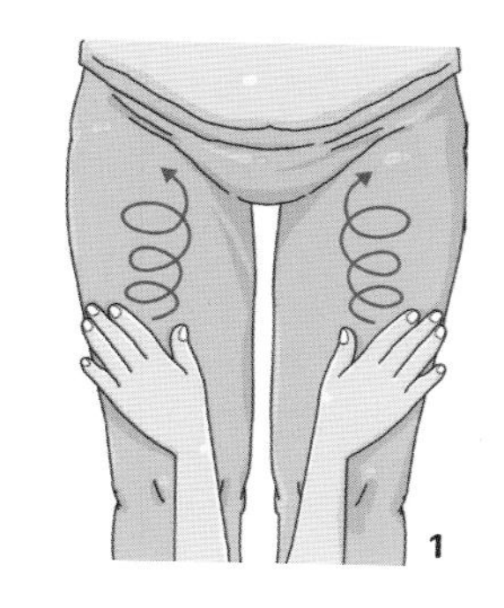

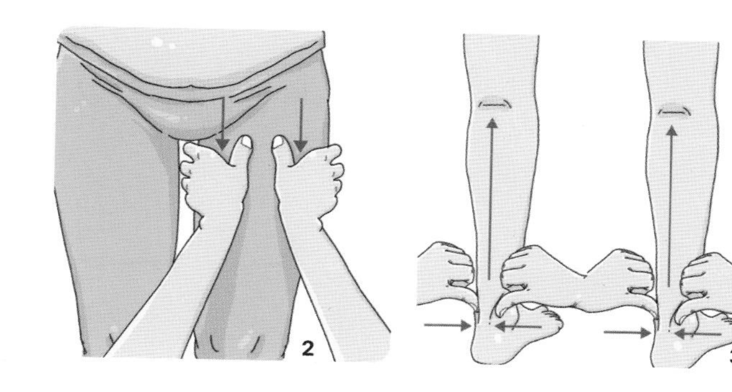

엉덩이

1 양 손바닥으로 엉덩이를 안쪽에서 바깥쪽으로 돌리면서 마사지한다.
2 엉덩이 아래에서 위로 끌어 올려주고 양 손바닥으로 엉덩이를 가장자리에서 안쪽으로 모아준다.

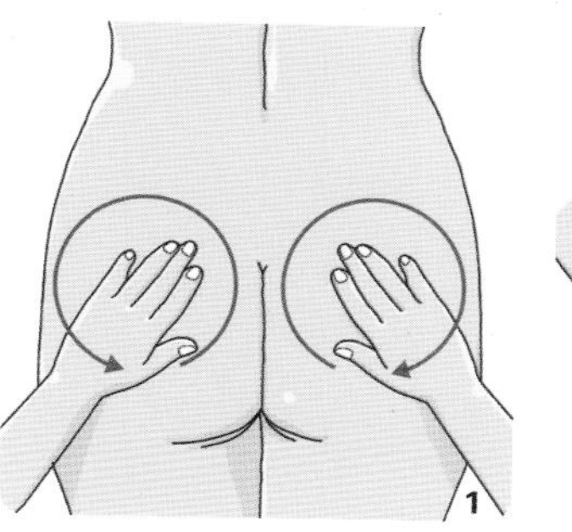

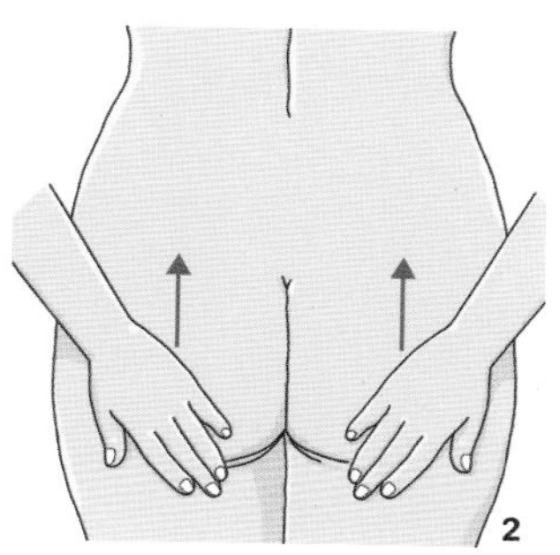

배

1 배꼽을 중심으로 둥글게 원을 그리며 마사지한다.
2 손을 오므리고 배꼽 부위부터 전체를 돌려가며 두드린다.
3 손바닥으로 배 전체를 시계 방향으로 쓸어준다.
4 배꼽 주위부터 점점 넓게 원을 그리며 마사지한다.

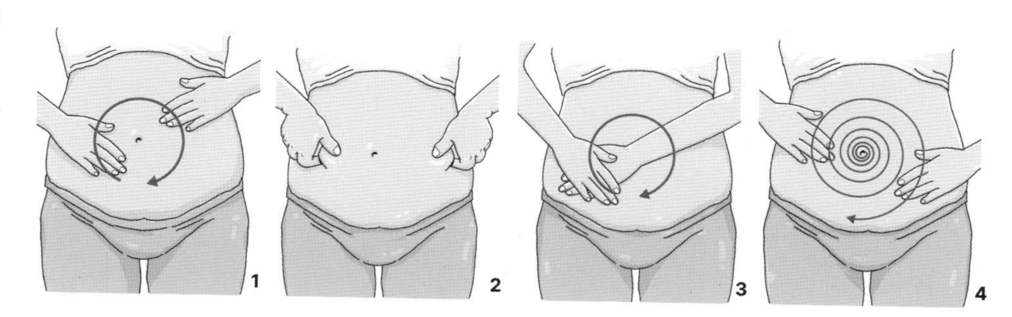

가슴

1 가슴 바깥쪽에서 안쪽으로 직선을 그리며 마사지한다.
2 가슴 아래쪽에서 위쪽으로 둥글게 원을 그리듯이 마사지한다.
3 손바닥으로 가슴 위쪽에서 유두 방향으로 쓸어내리며 마사지한다. 양쪽을 번갈아 실시한다.

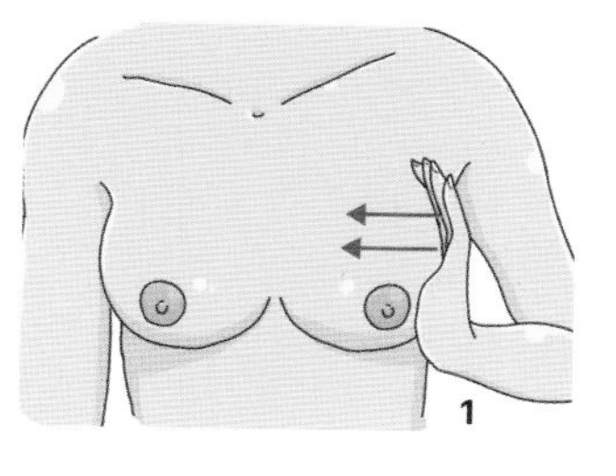

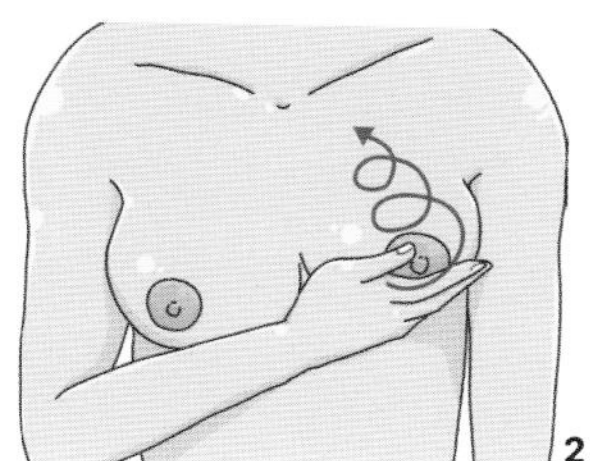

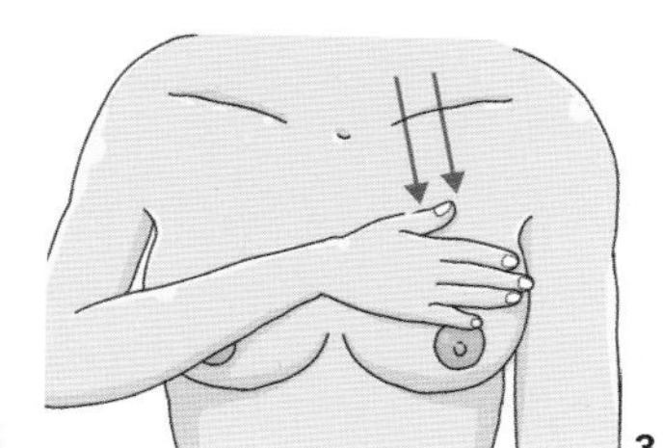

37 임신 중 바른 자세

임신 중에는 체중이 증가하다 보니 근육과 관절에 무리가 와 쉽게 통증이 생긴다. 평소 바른 자세를 유지하면, 각종 통증을 막고 혈액순환을 도와 임신부는 물론 태아 성장에도 도움을 준다.

상황별 바른 자세

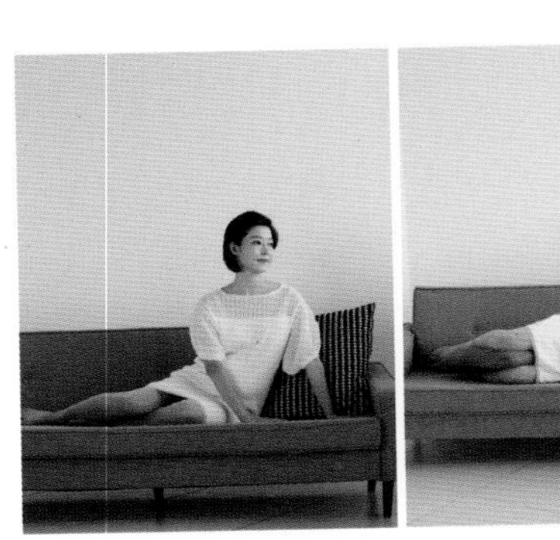

누울 때

침대나 바닥에 누울 때는 자리에 앉은 뒤 한쪽 팔로 몸을 지지하면서 천천히 옆으로 몸을 기울이며 눕는다. 이때 왼쪽 가슴을 바닥에 대고 누우면 심장의 부담이 줄어들어 좀 더 편안하다. 잘 때 다리 사이에 쿠션을 끼고 누우면 하체의 혈액순환이 원활해져 부종이나 요통이 줄어든다.

NG **똑바로 눕지 않는다** 천장을 보고 똑바로 누우면 자궁이 내장기관을 누를 뿐 아니라 혈액순환을 방해해 숨쉬기 어렵고 허리 근육에도 무리가 간다.

자리에서 일어날 때

침대나 바닥에서 일어날 때는 깊은 숨을 두 번쯤 내쉬고 양쪽 무릎을 가지런히 모아 옆으로 돌린다. 양손으로 바닥을 짚은 뒤 상체를 먼저 일으키고 나서 천천히 엉덩이를 올린다. 이렇게 일어서면 허리에 생기는 부담이 줄어든다. 바닥에 앉을 때는 책상다리를 하고 앉는 게 좋다.

NG **급하게 일어나지 않는다** 잠잘 때는 근육이 이완되는데 급하게 일어나면서 이완된 근육에 자극이 가면 등뼈에 부담을 주어 허리 및 골반 통증이 생기기 쉽다.

앉아 있을 때

책상에 앉거나 식탁에 앉아 식사를 할 때는 허리를 받칠 수 있는 등받이 의자가 좋다. 최대한 의자에 엉덩이를 깊숙이 밀어 넣고 허리는 곧게 펴고 등은 등받이에 붙인다. 무릎은 가능한 한 직각이 되게 하고 쿠션이나 책을 발밑에 두고 지지대로 삼아 두 발을 가지런히 올려놓는다.

NG **구부정하게 앉지 않는다** 다리를 꼬고 앉으면 척추에 무리를 주어 허리 통증을 유발하고 구부정하게 앉으면 소화 흡수를 방해한다.

물건을 들 때

바닥에 있는 물건을 들 때는 천천히 몸을 낮춰 물건을 안듯 잡아 올린다. 무게가 있는 가방을 들 때는 되도록 허리 높이의 테이블 위에 가방을 두고 몸을 최대한 밀착시켜 천천히 멘다.

NG **팔만 뻗어 물건을 든다** 허리를 숙이지 않고 물건만 들어 올리면 배에 부담이 가고 다리에도 무리가 간다.

씻을 때

샤워할 때는 허리를 바로 펴는 것이 좋다. 머리를 감을 때 역시 고개를 앞으로 숙이기보다는 뒤로 젖혀 샤워기로 물을 뿌려 감는다. 발을 닦을 때는 변기 위에 앉아 다리를 쭉 뻗은 상태로 씻는다. 세면대에서 세수를 하거나 이를 닦을 때는 허리를 세우면 등에 무리가 갈 수 있으므로 욕실용 의자에 발을 번갈아 올려놓는다.

NG **허리를 숙이지 않는다** 허리를 숙이면 복부를 압박하므로 되도록 허리를 세워 씻는다.

집안일을 할 때

집안일을 할 때도 요령이 필요하다. 바닥에 쪼그리고 앉아 다림질을 하면 등과 허리, 어깨에 통증이 오기 쉬우니 식탁이나 책상에 펼쳐 놓고 한다. 청소기는 길이 조절이 되는 것을 사용하고, 걸레질할 때는 두 손과 두 발을 모두 바닥에 대고 무게중심을 네 군데로 분산시켜 무리가 덜 가게 한다. 요리나 설거지 등 장시간 서서 일할 때는 발바닥에 매트를 깔거나 실내화를 신고 두 발을 어깨너비보다 약간 좁게 벌리고 선다. 일하는 도중 배가 땅기면 의자에 앉아서 쉰다. 빨래를 너는 건조대도 낮게 두어 태아에게 자극을 주지 않는다.

NG **30분 이상 일하지 않는다** 바른 자세일지라도 같은 동작을 오랫동안 지속하면 근육에 무리가 간다. 집안일은 30분 이내로 하고 틈틈이 휴식을 취한다. 장시간 배를 내밀거나 다리를 너무 좁게 벌리고 서 있으면 요통의 원인이 된다.

자세를 바르게 해야 하는 이유

근육과 관절에 무리를 주지 않는다

임신부들이 호소하는 대표적인 트러블 중 하나가 관절과 근육의 통증이다. 임신을 하면 적게는 8kg, 많게는 15kg 이상 체중이 증가하다 보니 관절과 근육에 무리가 간다. 평상시 바른 자세를 유지해 관절에 무리를 주지 않고 근육과 인대 등의 긴장을 완화해야 한다. 걸을 때는 기지개를 켜듯 이 쭉 펴고 걷는 것이 바람직하다.

몸의 균형을 잡아준다

임신을 하면 불러오는 배로 인해 후기로 갈수록 균형을 잡기 힘들고 운동신경이 둔해져 조금만 부주의해도 미끄러지거나 넘어져 다친다. 평소 바른 자세를 취하기 위해 노력하면 몸의 균형이 잘 잡혀 부상의 위험을 막을 수 있다. 또한 근육에 쌓이는 피로를 줄여줘 요통과 관절통, 다리 저림이 완화된다. 뿐만 아니라 허리와 골반, 갈비뼈 통증, 가슴 압박감 등의 트러블도 해소할 수 있다. 자세가 바르지 않으면 분만할 때 고생하거나 출산 후에도 체형이 미워지게 되므로 임신 중기부터 신경 쓴다.

유산과 조산을 예방한다

올바르지 않은 자세로 오래 누워 있으면 배가 뭉친다. 또한 허리를 숙이지 않고 무거운 물건을 드는 등 배에 무리가 가는 자세를 취하면 혈압이 상승해 자칫 조기 진통이나 출혈을 야기해 유산이나 조산의 원인이 되기도 하므로 주의한다.

태아의 성장에 좋다

임신부가 불편한 자세를 오래 지속하면 태아에게 전해지는 혈류 공급이 줄어들어 태아의 성장에 좋지 않은 영향을 끼친다. 자세를 바르게 하면 모체와 태아 사이의 혈류 공급이 원활해져 태아의 성장과 발달에 도움을 준다. 임신 중에는 커진 자궁이 혈관을 누르지 않도록 앉거나 누울 때 특히 주의해야 한다.

임신 중 옷 입기

임신 중에는 배가 불러올 뿐 아니라 허리, 엉덩이 등도 체형 변화를 겪는다. 기존에 입던 평상복과 임부복을 적절히 활용하면 편안하고 세련된 스타일링이 완성된다.

임부복 스타일링

임신을 하면 배가 나오고 골반과 가슴이 커지는 등 체형이 변한다. 임신 5개월이 되면 임신 전에 입던 옷도 맞지 않고 몸매가 달라져 우울한 기분을 느끼기도 한다. 요즘은 D라인을 아름답게 드러내는 트렌디한 임부복을 쉽게 찾을 수 있다. 또한 굳이 임부복이 아니어도 기존에 입던 옷 중 신축성이 뛰어난 라이크라나 저지 소재는 얼마든지 임신 중 편하게 매치할 수 있다. 땀 흡수력이 좋고 활동성이 뛰어나면서도 사이즈를 조절할 수 있는 실용적인 디자인의 의상을 골라 편안하고 아름다운 임신 기간을 보내자.

임신 5~6개월부터 임부복을 입는다

임신 초기에는 배가 많이 나오지 않으므로 임신 전에 입던 평상복 중 넉넉한 사이즈를 골라 입어도 무방하다. 임신 5개월 이후부터는 한눈에도 임신부임을 알 수 있을 정도로 배가 나오므로 둘레 조절이 되는 임부용 팬츠나 품이 넉넉한 원피스를 입는다.

편안한 소재를 고른다

임신부는 기초 체온이 높아 쉽게 더위를 느끼고 땀을 흘린다. 임부복을 고를 때는 통기성이 좋고 물빨래를 할 수 있는 소재인지 확인한다. 100% 면 소재는 땀 흡수는 잘되지만 신축성이 좋지 않아 불어나는 몸을 감당하기 힘들다. 활동성이 좋고 구김이 덜 가는 스판, 폴리에스테르, 스판과 면이 혼방된 소재는 신축성이 좋고 세탁 등으로 변형되지 않아 실용적이다.

배의 곡선을 살리는 스타일링을 한다

배가 조이면 불편하므로 하의는 반드시 단추가 달려 크기 조절이 되는 임신부용 팬츠나 레깅스를 고른다. 상의는 전체적으로 박시한 디자인보다는 배의 곡선을 드러내는 것을 선택하면 배의 곡선은 물론 임신으로 풍만해진 가슴 곡선까지 아름답게 보여줄 수 있다. D라인을 살려주는 롱 티셔츠와 레깅스를 입고 베스트를 매치하거나 심플한 원피스에 데님 재킷을 걸치는 등으로 패턴과 컬러로 포인트를 주자. 화사하고 세련되게 옷을 입으면 기분 전환이 되어 태아의 정서에도 좋은 영향을 미친다.

산후에도 입을 수 있는 디자인이 좋다

임신 열 달 동안만 입는 옷에 많은 돈을 투자하는 일은 부담스럽다. 하지만 출산 후에도 한동안은 넉넉한 사이즈와 편안한 소재의 옷이 필요하다. 임신 중 의상을 구입할 때는 출산 후 일상복으로 활용할 수 있는지도 따져본다. 배를 압박하지 않으면서도 사이즈 조절을 할 수 있고 수유 기능을 갖춘 아이템 등을 선택한다.

디테일이 복잡한 옷은 피한다

브이넥이나 일직선 또는 곡선 처리된 앞트임 옷이 좋다. 가슴 부분에 아웃 포켓이 있거나 주름 등 디테일이 많은 셔츠나 블라우스는 산만한 느낌을 주어 실제보다 더 뚱뚱해 보일 수 있다.

열 달 동안 입는 속옷

임신 5개월이 되면 대부분 임신부 체형으로 변화된다. 이때부터는 기존에 입던 속옷이 불편해져 임신부용 속옷을 착용해야 한다. 속옷이 꽉 끼면 혈액순환이 원활하지 않아 몸이 잘 붓고 배가 뭉치기도 한다. 임신부용 속옷은 몸의 변화에 맞게 소재와 기능 등을 따져보고 선택한다. 몸을 조이지 않고 부드럽게 감싸며 통기성이 좋고 피부에 자극이 적은 소재인지 살핀다.

브래지어

임신하면 가슴이 1.5~2배 커지고 체중이 늘면서 밑가슴 둘레도 늘어난다. 임신 4~5개월이면 예전에 착용하던 브래지어가 불편하게 느껴지므로 이때부터 바꿔 착용한다. 임신부용 브래지어는 유선 발달을 방해하지 않고 출산 후 가슴이 처지는 것을 방지한다. 요즘은 가슴의 압박을 최소화하는 노와이어(No-wire) 브래지어, 심리스(Seamless) 브래지어 등이 인기로 혈액순환에 도움을 줘 태아의 건강에 유익하다.

고르기

가슴을 넓게 감싸주는 디자인을 고른다

임신부용 브래지어는 가슴을 넓게 감싸는 풀 컵으로 골라야 무거워진 가슴을 감싸줘 편안하다. 특히 임신 후기부터는 유두를 압박하지 않으면서도 가슴을 단단히 지탱해줘야 한다. 후크아이가 4단계로 조절되고 옆 날개와 어깨끈이 넓게 디자인되어 있으며 컵 밑 부분이 5㎝ 정도 긴 브래지어를 착용한다.

수유 겸용 브래지어가 실용적이다

앞 여밈 브래지어는 입고 벗기 수월할 뿐 아니라 산후에도 수유를 하기 편리하다. 컵과 끈 부분이 원터치 방식으로 컵만 접어 바로 모유 수유를 할 수 있는 산후 겸용 브래지어도 실용적이다. 브래지어의 패드가 탈·부착되는지, 수유 패드를 넣을 수 있는지 확인한다. 모유 수유 시에도 편리한 랩 스타일 브래지어도 선호도가 높다.

팬티

임신 중에 입는 팬티는 태아의 건강과도 직결되므로 세심한 선택이 필요하다. 임부용 팬티가 신축성이 좋지 않으면 서혜부를 압박하게 돼 림프와 혈액의 흐름을 방해할 수 있기 때문이다.

보통 임신 4~5개월부터 입는데 배를 무리하게 조이지 않으면서 배의 윗부분까지 넉넉하게 감싸주는 제품을 고른다. 임부용 팬티는 복부를 덮는 범위에 따라 3가지로 나뉜다. 비키니는 일반 팬티처럼 밑위가 짧은 스타일로 임신 초기에 입기 좋다. 힙스터는 배와 허리 부분이 조금 더 올라온 디자인으로 임신 중기에 적당하고, 폴드오버는 허리 부분이 5㎝ 이상 올라와 배를 완전히 덮으므로 임신 후기까지 편안하게 입을 수 있다.

고르기

흡습성이 좋은 소재를 고른다

임신 중에는 질 분비물이 늘어나기 때문에 임부용 팬티는 흡수력이 뛰어난 것을 고른다. 특히 음부가 닿는 부분이 흰색이어야 질 분비물의 이상 유무를 쉽게 확인할 수 있다.

배 전체를 감싸주는 크기가 실용적이다

임신부용 팬티는 커진 배의 윗부분까지 넉넉하게 감쌀 정도로 여유 있는 것이 보온 효과도 좋고 안정감을 준다. 시기별로 디자인이 다른 제품을 각각 구비할 수 없다면 임신 중기부터 폴드오버 팬티를 산다. 이때 면 100%보다는 가장자리는 스판 등 혼방이 된 면 소재 팬티를 구입하면 신축성이 좋아 만삭까지 편안하게 입을 수 있다.

거들

배가 많이 나오면 몸의 무게중심이 앞으로 이동하게 돼 허리에 부담이 간다. 임신 중기부터 거들을 착용하면 배의 처짐을 막고 몸을 따뜻하게 해주는 한편 요통을 방지해준다. 거들은 산전용과 산후용, 산전산후 겸용 3가지로 나뉜다. 산전용 거들은 무거워진 배를 받쳐주면서 보온 효과를 갖춘 제품으로, 임신 5개월부터 사용한다. 배를 여유 있게 감싸주고 양쪽에 벨크로가 있어 사이즈 조절이 가능한 디자인과 벨트처럼 배의 아랫부분을 감싸주는 디자인으로 나뉜다. 산후용 거들은 출산 후 체형 보정을 해주는 기능성 제품으로, 복부나 허리의 상태에 따라 크기 조절이 가능하다.

고르기

배를 잘 받쳐주는 디자인인지 체크한다

임신부용 거들은 점점 커지는 배를 아래쪽부터 비스듬히 받쳐 올려줘 배의 통증을 줄여준다. 거들을 고를 때는 배 전체를 충분히 감싸주고 아래부터 잘 받쳐주는지 확인하고 허리를 지지해주는 패널이 있는 기능성 제품을 고른다.

통기성이 좋은 제품을 고른다

임신부는 열이 많아서 봄, 가을에도 쉽게 더위를 느낀다. 거들은 소재가 가볍고 통기성이 좋은 면 혼방 제품이 적당하다. 촉감이 부드럽고 땀 흡수가 잘되는지, 입고 벗기가 편한지 살핀다. 임신 중기부터 5~10㎏이 찌므로 지나치게 큰 사이즈를 고르지 않아도 된다.

출산 후에는 거들을 착용한다

출산 후에는 거들을 착용하면 몸매 회복에 도움이 된다. 하지만 출산 직후에는 몸이 붓고 뼈가 약해진 상태이므로 압박이 강한 거들을 입으면 좋지 않다. 회복 상태에 따라 복부 둘레를 조절할 수 있는 산후용 복대를 착용한다.

39 임신 중 치아 관리

임신하게 되면 면역력이 약해져서 그동안 참을 수 있었던 구강병들의 증상이 심하게 나타난다. 치과 치료를 잘 받지 않은 임신부의 경우 갑자기 응급 상황이 벌어지는 경우가 종종 있다. 임신부의 구강병은 임신부 자신과 태아의 건강에도 영향을 미치므로 되도록 치과 치료를 마친 후 임신할 것을 권한다.

· **도움말** 정재기(선데이치과 원장)

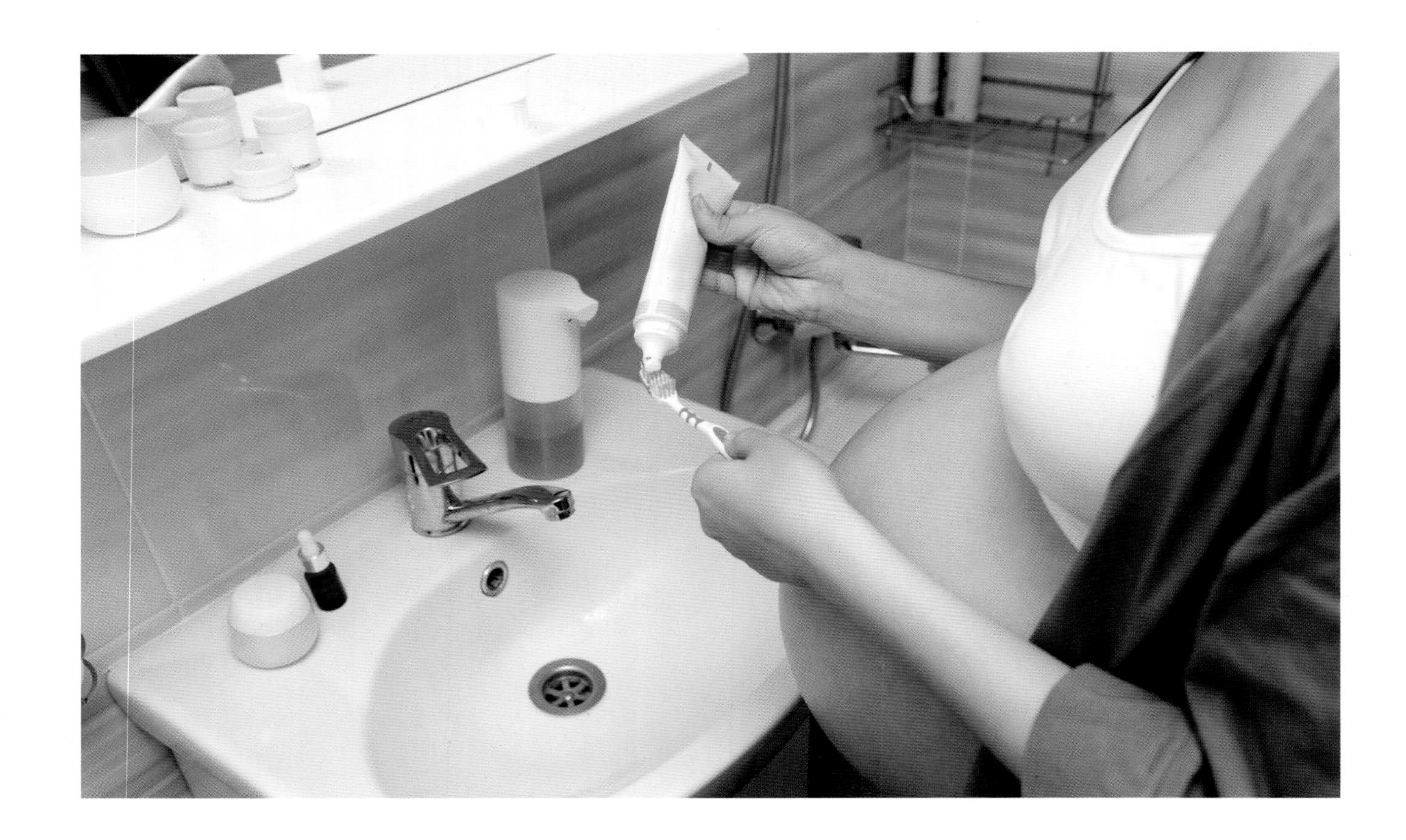

임신 중 치과 검진

주의해야 할 잇몸 질환

임신 중에는 평상시보다 자주 치과 검진을 받는 것을 추천한다. 잇몸 질환을 주로 다루는 치주과에서는 임신부의 잇몸 검진 주기를 한 달에 한 번 정도로 권고하고 있다. 권고사항을 완벽히 따르기 힘들다 하더라도 3개월에 한 번 정도는 치과에 방문해 스케일링을 받는 것이 좋다. 임신을 하면 구강 내에서 가장 영향을 많이 받는 부분이 잇몸이다. 잇몸은 경조직인 치아와 다르게 면역계의 강력한 보호를 받는 조직인데, 임신 후 면역력이 떨어지면서 빠르게 악화되기 쉬운 부위다. 임신부는 특히 출혈이 심해지는 경향이 있다. 이 때문에 가벼운 잇몸 염증이나 양치질과 같은 일상적인 자극에도 피가 나는 경우가 많이 발생한다. 이럴 경우 스케일링을 받고 더욱 적극적으로 양치질을 해서 잇몸 염증을 컨트롤하는 것이 좋다. 일부 겁이 많은 임신부는 피가 나지 않도록 양치질을 더욱 소극적으로 하는데, 이는 세균을 효과적으로 제거하지 못하기 때문에 잇몸 질환을 더욱 악화시킬 수 있다. 임신부에게서 흔히 나타나는 사랑니 염증도 결국 잇몸 질환이라고 보는 것이 타당하다. 적절한 양치와 치과 검진으로 혹시 모를 응급 상황이 오지 않도록 관리해야 한다.

임신 중 응급 상황

임신 중 응급 상황이 생기는 경우가 종종 있다. 치과에 방문할 경우 반드시 임신부임을 밝혀야 X선 촬영이나 약물 복용이 잘못 처방되는 일을 막을 수 있다. 응급상황이 자주 발생하는 증상으로는 치통, 사랑니 염증, 잇몸 질환이 있다. 임신 중에는 X선 촬영은 될 수 있으면 하지 않는 것이 좋지만 응급 상황에서는 질병의 진단을 위해 꼭 X선을 찍어야 하는 경우도 있다. 이럴 경우 치과에 비치된 납복을 착용하면 X선을 촬영할 수 있다.

치통은 주로 충치나 치아 내부에서 염증이 생겨서 발생한다. 치료법으로는 신경치료나 발치와 같은 방법이 있다. 신경치료와 발치는 치료 시 혹은 치료 후 통증이 동반되기 때문에 진통제나 항생제를 복용해야 하는 경우가 있다. 임신부는 약 복용을 자제해야 하지만 혹시라도 통증이 너무 심하다면 타이레놀과 같이 대체로 태아에게 덜 위험하다고 알려진 약물만 선택적으로 복용할 수 있다. 평상시에도 치과 치료를 받는 것은 무섭고 통증도 심한데, 약 복용 없는 치과 치료는 더욱 힘들 수밖에 없다. 또한 몸이 불편한 상태에서 치과 체어에 누워 있는 것 자체로도 체력적으로 힘이 부칠 수 있다. 임신 중 응급 상황이 발생하지 않도록 미리 치료를 잘 받는 것이 최선이다.

임신부에게 자주 나타나는 임신성 치은 육아종

임신 중 흔히 발생하는 '임신성 치은 육아종'이라는 것이 있다. 임신성 치은 육아종은 치아와 치아 사이 잇몸이 구형으로 크게 부풀어 오르는 질환이다. 양치질과 구강 관리가 부족할 경우 발생할 수 있다. 하지만 한 번 생기면 치과 치료를 받는다고 하더라도 잘 없어지지 않는다. 약물의 도움을 받는다면 치료가 좀 더 수월하겠지만 약물을 복용할 수 없는 임신부의 특성상 완벽히 치유되기는 힘들다. 입안에 커다란 혹 같은 것이 생기면 매우 걱정될 수 있겠으나 임신성 치은 육아종은 무시무시한 외형과는 다르게 산모나 태아에게 심각한 후유증을 남기지는 않는다. 육안으로는 잘 확인되지 않는 일반적인 치주염이 조산아의 확률을 높이는 것과 다르게 임신성 치은 육아종은 원인균이 달라서 산모와 태아에게 큰 위협이 되지는 않는다. 보통의 경우 임신성 치은 육아종은 임신 중에는 계속 커지는 경향이 있지만, 출산을 하고 나면 자연적으로 사라지게 된다. 하지만 임신성 치은 육아종이 너무 커지면 주변 치아를 밀어내려는 힘이 발생해 치열이 비뚤어질 수 있으니 방치해서는 안 된다.

임신 중 치아 관리

임신 중이라 하더라도 구강관리법이 평상시와 크게 다르지는 않다. 단지 구강 관리의 중요성이 높아질 뿐이다. 평상시 양치를 꼼꼼하게 하는 사람이라면 임신 중이라고 관리법이 바뀔 필요는 없다. 예전에는 3분간 양치하면 충분하다는 의견이 많았지만, 더욱 건강한 구강 환경을 위해서는 추가로 보조적인 구강 관리 기구를 이용할 필요가 있다.

치실

불과 20년 전만 하더라도 치실은 매우 생소한 기구였는데 요즘에는 많은 이들이 치실을 효과적으로 이용하고 있다. 칫솔모는 매끄러운 치아의 표면은 효과적으로 닦을 수 있지만 칫솔모가 도달하기 힘든 치아 사이사이에는 양치질만으로는 깨끗하게 관리하기 힘들다. 양치질 후 치실을 함께 사용해 준다면 상보적으로 작용하면서 구강병 예방에 큰 도움이 된다. 특히나 치열이 고르지 못한 앞니의 혀와 인접한 부위는 양치질만으로는 깨끗하게 관리하기 매우 힘든데 얇고 유연한 치실은 삐뚤빼뚤한 치아의 사이사이까지 효과적으로 닦을 수 있다.

치간칫솔

치간칫솔은 치실처럼 치아 사이사이를 닦는 기구다. 하지만 치실과 모양이 다른만큼 조금 다른 방법으로 쓰일 수 있다. 치간칫솔의 형태상 치아 사이 공간이 넓은 분들이 사용할 때 더욱 효과적이다. 치아 사이 공간이 넓은 경우 실처럼 가는 치실로 닦으려면 비효율적이기 때문이다. 치간칫솔에도 사이즈가 있는데, 치아 사이 공간이 넓은 노인들은 굵은 사이즈를, 임신부들은 가는 사이즈를 선택하는 것이 좋으므로 제품 구매 시 반드시 사이즈를 확인하자. 요즘 임신부들은 과거에 치아교정 치료를 받은 사람이 많은데 치아교정 후 앞니 뒤편에 유지장치가 붙어있을 수 있다. 이 때문에 치실이 치아 사이에 들어가지 못하는데, 이럴 때 치간칫솔로 닦아주어야 한다.

첨단칫솔

첨단칫솔은 칫솔모가 얇고 뾰족하게 달린 칫솔이다. 첨단칫솔은 치아 사이에 낀 음식물을 잘 제거해주며 사랑니 부위를 닦을 때 효과적이다. 또한 치아교정 중 치아에 부착된 교정장치를 깨끗하게 닦을 때도 매우 효과적인 도구다.

40 임신 중 운전

임신 중에 운전을 해도 몸에 큰 무리는 없다. 다만 임신을 하면 평소보다 순발력이 떨어지므로 안전을 위해 신체적으로 부담을 느끼지 않을 때까지 운전해야 한다.

운전 원칙

임신 32주 후에는 금물이다

운전은 임신부 본인이 부담을 느끼지 않을 때까지는 해도 무방하다. 하지만 임신을 하면 평소보다 순발력이나 판단력이 떨어져 마음으로는 잘 될 것 같은데 몸이 따라주지 않는 일이 생길 수 있다. 특히 호르몬의 변화로 피곤함을 많이 느끼는 임신 초기와 후기에는 운전을 조심해야 한다. 32주 이후에는 배가 많이 불러 핸들 조작은 물론 운전석에 앉는 것 자체가 부담이 될 수 있다. 또 다리에 갑자기 쥐가 나거나 출산 진통 등 예기치 않은 상황이 발생할 수 있어 위험하다. 조산의 가능성을 진단받은 임신부라면 이 시기에는 가급적 운전을 피한다.

운전 전 컨디션을 체크한다

임신 중에는 호르몬의 영향으로 하루하루 컨디션이 다르므로 임신 주수와 상관없이 운전하기 전에는 꼭 자신의 컨디션의 체크한 뒤 운전을 선택해야 한다. 몸 상태가 좋지 않다면 무리하게 운전하지 말아야 한다. 특히 급격한 호르몬의 변화를 겪는 임신 초기에는 몸이 쉽게 피로해지고, 태아도 영향을 받을 수 있으므로 되도록 직접 운전하지 않는 것이 좋다.

안전벨트를 잘 맨다

임신 중에는 안전벨트가 배를 압박해 태아에게 좋지 않은 영향을 준다고 생각하는 이들이 있는데 이는 그릇된 생각이다. 갑작스러운 충격이나 사고 시 안전벨트는 태아와 임신부를 보호해준다. 안전벨트를 맬 때 최대한 불편하지 않게 매는 것이 중요하다. 어깨로 내려오는 벨트는 쇄골, 흉골, 늑골, 골반으로 내려 불룩한 배를 피해 가슴 사이에 편안하게 매고, 배를 가로지르는 허리 벨트는 배의 가장 아래쪽 밑 부분, 즉 골반과 허벅지 위에 맨다. 안전벨트가 몸에 직접 닿을 경우 임신부에게 자극을 줄 수 있으므로 배 위로 수건이나 얇은 담요 등을 끼워 넣는 것도 방법이다.

운전석 위치를 조정한다

임신 중 운전할 때는 등받이를 10도 정도 뒤로 젖혀 허리와 목을 바로 세운다. 머리 받침대는 눈과 귀의 연장선에 받침대의 중심이 오도록 높이를 맞춘다. 또 가급적 엉덩이를 의자 안쪽으로 깊숙이 밀어 넣고, 등과 등받이 사이에 공간에 생기지 않도록 밀착한다. 복부에 압박이 가지 않도록 운전석과 핸들 사이도 적정 간격을 유지한다. 특히 등을 구부리고 장시간 운전하면 조기 진통을 겪을 수 있으므로 의식적으로 허리와 등을 일직선으로 펴준다.

초행길 · 장거리 · 야간 운전은 피한다

초행길을 운전하면 자신도 모르게 긴장하고 스트레스를 받기 마련이다. 초행길은 가능한 한 가지 말고, 다소 위험할 수 있는 야간 운전은 피하는 것이 좋다. 비포장도로나 노면이 고르지 않은 곳 역시 차의 흔들림이 심하기 때문에 피한다. 운전을 2시간 이상 하면 피로감이 느껴지고 배가 땅길 수 있다. 불가피하게 장거리 운전을 할 때는 1시간에 한 번씩 쉬고 10~15분 정도 걸으면서 혈액순환이 되도록 돕는다.

수시로 차내 환기를 시킨다

임신부는 환기가 잘 되지 않는 공간에 오래 머물면 쉽게 어지럼증을 느끼거나 입덧이 심해질 수 있다. 운전 중에도 수시로 창문을 열어 자주 환기를 시킨다. 에어컨이나 히터를 트는 계절에는 더욱 환기에 신경 쓴다. 겨울철에도 얇은 옷을 여러 개 따뜻하게 입고 수시로 창문을 열어 환기시킨다.

가벼운 사고라도 병원에 간다

가벼운 접촉사고라 해도 배에 가해진 충격으로 인해 자궁의 환경과 태아에게 영향을 미칠 수 있다. 교통사고로 인한 조산이나 유산 등의 증상은 사고 당일에는 나타나지 않다가 최대 7일 후 나타나기도 하므로 사고 후 일주일간은 태아의 상태에 주의를 기울인다.

두꺼운 옷은 벗고 편안한 신발을 신는다

임신부는 몸이 무거워져 활동성이 떨어지는데, 겨울철 두툼한 외투까지 걸치고 운전하면 방해가 될 수 있다. 두꺼운 옷은 가급적 자제하고, 최대한 가볍고 편한 옷을 여러 개 레이어드해 착용하면 활동성을 높일 수 있다. 또한 운전할 때 신발도 신경을 써야 한다. 운전용 단화(드라이빙 슈즈)나 운동화를 신는 것이 안전을 위해 좋다.

넓은 공간에 주차한다

임신부가 비좁은 공간에 주차할 경우 타고 내리는 일이 꽤 불편하다. 임신부는 차량 문을 활짝 열고 승하차해 배에 무리가 가지 않도록 한다. 주차공간을 넉넉하게 확보해 주차하는 것이 중요하다.

임신부 자동차 표지 발급

임신부터 출산 후 6개월까지 유효한 임신부 자동차 표지는 주소지 관할 자치구 보건소에 신청하면 발급 받을 수 있다. 임신부가 운전 또는 동승 시 유효하며, 공공시설 주차장 내 임신부 전용 주차구역도 이용할 수 있다. 보라색으로 표시된 임신부 전용 주차구역은 일반 주차구획보다 폭이 약 80cm 정도 더 넓어 임신부가 차에 타고 내리기 좋다. 남편이나 가족이 운전하고, 임신부가 탑승한 때도 표지를 부착했다면 전용 주차구역을 이용할 수 있다.

41 임신부와 바이러스

2020년 시작된 코로나19 바이러스는 여전히 우리의 일상을 위협하고 있다. 특히 임신부들은 일상생활은 물론이고 병원 진료와 출산까지 상당한 불편을 겪고 있다. 속수무책인 것만 같은 코로나19 바이러스로부터 임신부의 건강과 안전을 지키는 방법과 각종 혜택들을 소개한다.

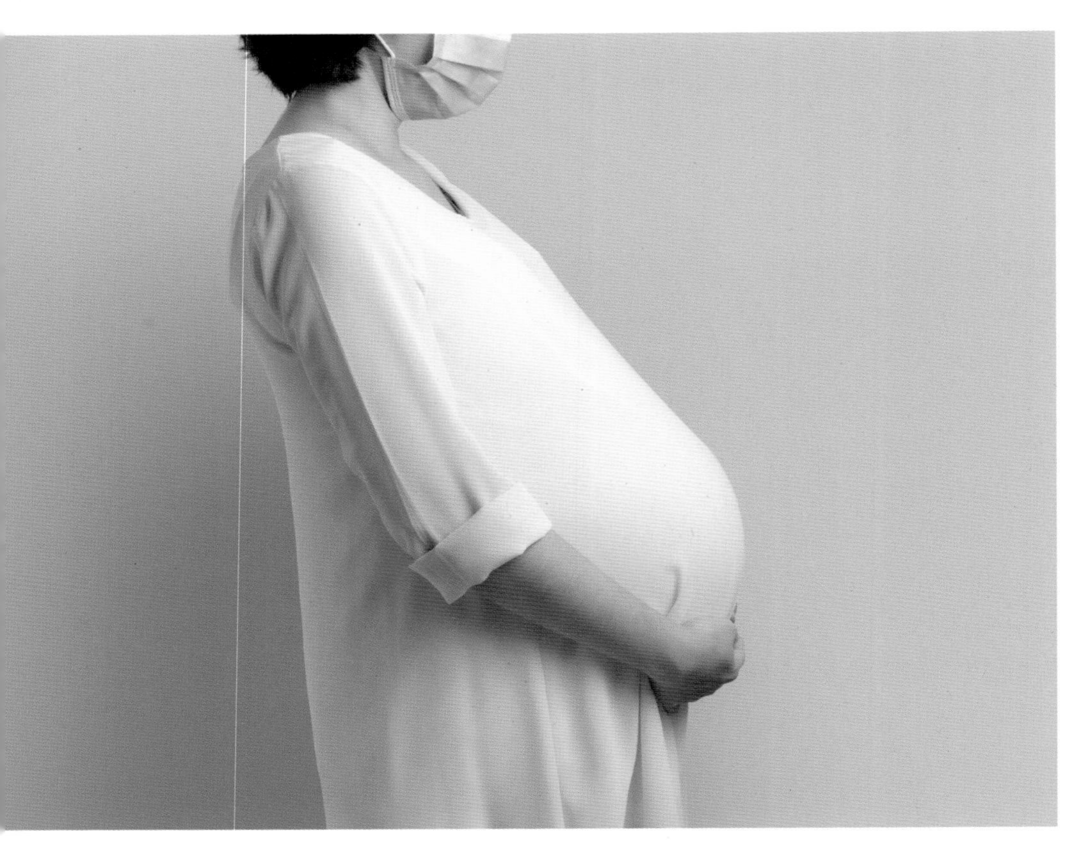

코로나19 바이러스가 임신부의 건강에 미치는 영향

임신 기간은 물론 출산 후까지 임신부의 몸은 평소보다 면역력이 많이 떨어져 있는 상태다. 특히 호흡기 질환에 취약한 임신부가 폐에 손상을 일으키는 바이러스에 노출되었을 시 일반인보다 더 위험할 수 있기 때문에 각별한 주의가 필요하다. 전문가들을 통해 밝혀진 바에 의하면 코로나19 바이러스는 태반을 통과할 수 없어 태아에 수직 감염이 될 것을 우려할 만한 과학적 근거가 없다고 한다.
하지만 임신부가 코로나19에 감염됐을 경우 태아에게 가장 큰 영향을 줄 수 있는 증상은 바로 고열이다. 임신부가 고열을 겪으며 태아의 신경 손상에 영향을 줄 수 있기 때문에 특별히 조심할 필요는 있다. 만약 출산 후 수유 기간 중에 코로나19에 감염되었다면 아기는 일시적으로 엄마로부터 분리되어야 하지만, 모유의 경우 유축을 통해 아기에게 공급해주어도 괜찮다고 전문가들은 말하고 있다. 물론 선택은 부모의 몫이며, 부모 마음이 편한 대로 결정하는 것이 정답일 수 있다.

병원에 방문해 정기검진 받기

정기적으로 검진이 필요한 임신부지만 코로나19 바이러스로 인해 병원을 가는 일조차 꺼려질 수 있다. 일상생활에서 임신부들은 외출을 삼가고 타인과의 접촉을 줄이는 것이 좋지만 검진을 위한 산부인과 방문은 절대 생략해서는 안 된다.
산전 정기검진 등은 태아의 기형 진단 및 건강한 출산을 위해 꼭 필요한 과정이므로 특수한 상황이 아니라면 반드시 병원에 방문해 검사를 받아야 한다. 단, 감염에 특히 취약하거나 코로나19 의심 증상 등으로 내원이 어렵다면 주치의와 상의하여 다른 방법을 찾는 것이 좋다. 고령 임신부이거나, 만성 질환 혹은 조산 위험이 있는 임신부라면 위험한 상황에 응급 대처가 가능한 대형병원에서 진료를 받아 만일의 경우를 대비해야 한다. 코로나19 확진자로 인해 다니던 병원이 폐쇄한 상황이라면 집과 가까운 산부인과를 이용해도 되지만, 고위험군 임신부라면 대형병원을 방문하는 것이 바람직하다. 병원을 방문할 때는 타인과의 접촉이 가장 적은 동선을 선택하고 개인 위생에 신경 쓰며, 보호자 외에 여러 사람과 동행하는 것은 좋지 않다.

바이러스로부터 안전한 임신부 생활 습관

누구보다 안전이 최우선되어야 하는 임신부들. 임신부가 코로나19에 감염된 사례를 살펴보면 태아에게 수직감염될 위험이 작다는 걸 알 수 있지만, 바이러스에 감염되면 일단 상당 기간 치료를 받아야 하기 때문에 임신부들은 그 누구보다 조심할 필요가 있다. 정신적 스트레스 또한 상당할 수 있으므로 이는 분명 태아에 좋지 않은 영향을 줄 것이기 때문이다.

항상 마스크를 바르게 착용하고, 외출 후 손 씻기는 기본이며 개인 위생을 철저히 신경 쓰고 생활방역수칙을 반드시 지켜야 한다. 외출 시 대중교통보다는 타인과의 접촉이 적은 자가용이나 택시를 이용하고, 많은 사람들이 모이고 환기가 되지 않는 곳은 방문을 삼간다. 만일의 경우를 대비해 외출 시 여분의 마스크를 챙기고, 손소독제를 수시로 사용한다. 또한 출산 시 코로나19 바이러스 선제 검사를 받아야 하며, 출산 후 병원에서도 경우에 따라 마스크 착용을 해야 하므로 출산 준비물에 여분의 마스크나 진단키트 등을 챙기는 것이 좋다.

안전하게 수유하기

전문가들은 코로나19 바이러스는 호흡기 질환이기 때문에 바이러스가 모유 수유를 통해 아기에게 전달될 가능성은 높지 않다고 보고 있다. 산모의 건강 상태가 양호하고 감염 의심 증상이 없다면 모유 수유를 해도 된다는 의미다. 하지만 코로나19 의심 증상이 있다면 모유 수유 시 엄마의 기침을 통해 아기에게 감염될 수 있고, 밀폐된 공간에 함께 머물기 때문에 수유 전 손을 깨끗하게 씻고 마스크를 착용하는 것이 좋다. 물론 이조차도 찜찜한 마음이 들면 모유 수유는 하지 않아도 된다. 모유를 통해 아기에게 스트레스 호르몬이 전달되기도 하므로, 스트레스 속에 모유 수유를 하는 것은 산모와 아기, 둘에게 다 좋지 않을 수 있다.

코로나 시대에 임신부 혜택

코로나19로 인해 보건소에서 운영하는 많은 프로그램들이 잠정 중단이거나 선택적으로 운영되고 있었는데 2022년 7월 기준으로 무료 산전검사 등을 재개하고 있다. 단, 해당 지역 보건소나 보건복지상담센터(129)에 정확히 문의한 후 이용해야 헛걸음을 피할 수 있다.

2020년 8월 말부터 은평구에서 시작된 '아이맘택시'는 교통 약자인 임신부 및 영유아 자녀를 둔 가정에서 의료 목적으로 병 · 의원 방문 시 적용 택시를 타고 이동하는 서비스다. 코로나19 감염 위험으로부터 비교적 안전하게 이동할 수 있다. 택시 이용 시 앱을 통해 비대면으로 예약할 수 있도록 배려했다. 2021년 5월부터는 광진구에 '광진맘택시'가 도입됐고, 8월부터는 강동구에선 '강동아이맘택시', 노원구에선 '아이편한택시'가 운영되고 있다. 또한 대구시는 2022년 7월 1일부터 교통 약자인 지역 내 임신부들을 대상으로 매월 2만 원 한도의 택시요금을 지원하는 '해피맘콜' 사업을 운영 중이다.

임신부를 위한 오프라인 모임이나 교육, 행사들은 전면 취소되거나 축소된 경우가 많지만, 여러 육아 관련 브랜드들이 많은 온라인 이벤트를 진행하고 있으니 꼼꼼히 체크해 다양한 혜택을 누려보자.

42 임신 중 여행

아기가 태어나면 부부만의 시간을 갖기 어렵다. 요즘 임신 중 지친 몸과 마음을 추스르고 태아와 교감하기 위해 태교 여행을 떠나는 사람들이 많다. 임신 기간 중 안전하게 여행하는 법을 알아봤다.

안전한 여행 원칙

임신 16주 이후가 여행하기 좋다

여행은 첫 임신의 불안감을 달래주고 태교에도 도움을 준다. 유산의 위험이 있는 임신 초기와 조산과 조기 진통의 위험이 있는 임신 후기는 가급적 여행을 피한다. 태아도 안정되고 배도 많이 부르지 않은 임신 20주, 즉 임신 중기(4~7개월)가 여행하기 가장 좋은 시기다.

3박 4일 이내의 단기 여행이 좋다

태아와 임신부 모두 안정된 시기라 해도 장시간 이동하는 여행이나 장기 여행은 무리가 될 수 있다. 여행 일정은 4박 이내로 잡는 것이 좋다. 몸이 불편하지 않다고 해서 임신 전처럼 여러 관광지를 돌아다니며 오래 걷는 여행은 금물이다.

편한 복장을 착용한다

옷은 몸에 달라붙지 않는 넉넉한 사이즈를 입고 바닥이 미끄럽지 않고 신고 벗기 편한 신발을 신는다. 여름철이라도 저녁에는 쌀쌀할 수 있으므로 카디건이나 점퍼 등을 여벌로 준비한다. 임신 중에는 호르몬의 영향으로 평소보다 기미가 생기기 쉬우므로 여행 시 반드시 자외선 차단제를 바르도록 한다.

산모수첩과 건강보험증을 챙긴다

여행 중에 갑자기 응급 상황이 생길지 모르니 항상 산모수첩과 건강보험증을 꼭 챙겨 간다. 또한 여행지 주변에 응급 상황이 발생했을 때 갈 수 있는 병원이 있는지 확인하고 거리 및 적당한 교통수단도 미리 알아둔다. 평소 복용하고 있는 엽산제나 철분제 등도 챙겨 가 거르지 않는다.

장시간 이동시 자세에 주의한다

너무 오래 한 자세로 앉아 장시간 이동하면 신체 전반에 근육이 뭉치고 하체에 혈액순환이 잘되지 않아 붓기 마련이다. 장시간 이동해야 한다면 1~2시간마다 정차해 스트레칭을 하거나, 자세를 바꿔가면서 근육을 이완시키는 것이 좋다. 가능하면 앉은 자세보다 누워있는 자세가 좋다.

시기별 여행

임신 초기

임신 초기에는 오래 걷거나 무리를 하면 유산이 될 위험이 높다. 여행을 가고 싶다면 당일 코스로 수목원이나 산책로가 있는 미술관이 좋다. 자동차를 이용해 왕복 2시간 이내의 거리를 선택하고 교통체증이 심한 주말보다는 주중을 이용한다.

임신 중기

태아와 임신부 모두 가장 안정된 시기로 3박 4일 정도의 여행은 무리 없이 다녀올 수 있다. 임신 중기에는 자궁이 커져 방광과 허리를 압박하므로 장시간 교통수단을 이용하면 힘이 든다. 자동차를 탈 때는 다리 아래에 쿠션을 두어 부종을 막고 1시간에 한 번씩 10분 정도 쉰다. 임신부가 건강하다면 해외여행도 무방하다. 단, 임신부가 당뇨나 고혈압, 산과 계통에 문제가 없어야 하고 비행시간은 최대 6시간을 넘지 않는 것이 좋다. 땀이 많아지고 분비물이 늘어 불쾌감을 느끼기 쉬우므로 숙박시설이 잘 된 곳으로 예약한다.

임신 후기

임신 후기에는 조산의 위험이 있으므로 되도록 여행을 자제하는 것이 좋다. 특히 출산 1개월 전에는 왕복 2시간 이상의 외출 및 여행은 삼간다. 기분 전환이나 체력 관리 차원에서 가까운 거리를 여행하는 건 괜찮다. 이때도 다리 저림이나 허리 통증, 빈뇨 증상 등이 나타날 수 있으므로 배가 뭉치거나 힘들 땐 무조건 휴식을 취한다.

교통수단별 여행

자동차 이용

자동차는 임신부가 가장 편안하게 여행할 수 있는 교통수단이다. 차로 여행할 때는 컨디션에 따라 휴게소에 들르거나 마음껏 쉴 수 있어서 좋다. 단, 임신부가 같은 자세로 장시간 차를 타면 다리가 붓고 혈전증의 위험이 높아지므로 1시간에 한 번 자세를 바꿔주고, 다리를 올려놓는다. 차의 흔들림이나 입덧으로 인해 멀미가 심해지거나 교통체증으로 도로가 막히면 몸을 움직이기 어려운 문제가 생길 수 있다. 따라서 차로 여행할 때는 이동 시간은 짧게, 최대 4시간이 넘지 않도록 한다.

버스 이용

버스는 교통체증이 심할 때 마음대로 쉴 수 없고 차체 진동이 있어 임신부에게는 적당한 교통수단이 아니다. 불가피하게 버스를 이용할 때는 좌석 간격이 넓은 우등고속 등을 예약하고 교통체증이 적은 시간대에 탑승하는 것이 좋다.

기차 이용

기차는 자동차에 비해 흔들림이 적고 교통체증이 없어 정해진 시간 내에 움직일 수 있다는 큰 장점을 지녔다. 집과 기차역, 기차역과 목적지가 가깝다면 가장 활용하기 좋은 대중교통 수단이다. 단, 주말에는 기차역이 혼잡하고 열차의 통로를 오가는 손님이 많아 주의해야 한다. 가급적 한산한 주중에 이동하는 것이 안전하다.

비행기 이용

비행기 여행은 항공사마다 다르지만 보통 임신 36주까지는 가능하다. 대부분 32주까지는 탑승할 수 있지만 33~36주 이후는 정상 임신이고 현재 별 문제가 없다는 산부인과 전문의의 진단서(7일 이내)나 소견서를 요구할 수 있으니 미리 준비해가는 것이 좋다. 진단서나 소견서에는 항공 여행 가능 여부, 출산 경력, 임신 일수, 분만 예정일 등이 포함되어야 한다. 만삭의 임신부가 한나절 이상 비행기를 타는 장거리 해외여행을 할 경우 기내에서 출혈이나 양막 파수 또는 진통이 와 분만을 하는 등의 문제가 생길 수 있기 때문이다.

비행기 탑승 시에는 너무 오랫동안 앉아 있지 말고 30분에 한 번씩은 일어나서 걷고 발목 관절과 다리를 움직이는 스트레칭을 한다. 앉아 있을 때는 가방 등을 이용해 다리를 올리면 부기를 예방할 수 있다. 기내는 습도가 낮기 때문에 물을 자주 마셔 탈수를 막고 소변이 마려우면 참지 말고 바로 화장실에 간다. 해외여행을 갈 때는 출국 전 72시간 이내에 발급한 영문 소견서를 준비하면 여행지에서 위급한 상황이 생겼을 때 빠르고 신속하게 대처할 수 있다.

태교 여행 추천 여행지

비행 시간이 길지 않고 기후 조건이 좋은 해외로 태교 여행을 떠나는 것도 특별한 추억이 된다. 직항으로 4~5시간 소요되는 괌, 사이판, 나트랑, 코타키나발루 등은 휴양을 원하는 예비맘에게 인기다. 현지에서 스냅 촬영을 하는 이들도 많다. 육아용품 등 소소한 쇼핑을 원한다면 타이베이, 도쿄를 추천한다. 여행지를 고를 때는 지카바이러스, 홍역 같은 질병 감염의 우려가 없는 나라인지 알아보고 결정한다. 먼 거리가 부담된다면 국내 제주도나 남해 여행도 괜찮다. 수목원 등에서 자연을 만끽하거나 복합문화공간에서 문화생활을 즐기는 것도 방법이다.
인파가 붐비는 곳보다는 한적한 국내 호텔에서의 호캉스나 풀빌라 같은 프라이빗한 태교 여행을 추천한다.

43 임신 중 부부관계

임신 중 부부관계를 하면 혹시 태아에게 해가 되지 않을까 염려된다. 임신 초기와 후기에는 조심하되 지나치게 피할 이유는 없다. 부부관계는 스킨십을 통해 부부 서로의 감정을 교류하는 중요한 수단임을 명심하자.

부부관계 지침

정신적인 교감이 필요하다

혹시나 부부관계가 태아에게 좋지 않은 영향을 미칠까 피하면 오히려 임신 중 부부 사이에 문제가 생길 수 있다. 성생활은 부부 양쪽의 몸과 감정을 교류하는 중요한 수단이다. 임신 중에는 신경이 예민해지거나 불룩 나온 배가 부끄러워 성생활을 피하는 경우가 많지만 이런 일이 잦아지면 부부 사이도 서먹해질 수 있다. 이럴 때는 충분히 대화를 나눠 서로의 마음을 이해하는 기회를 갖는다.

아내가 주도권을 갖는다

임신 중에는 호르몬 변화로 인해 신경이 예민해지고 질이 과민해져 성욕이 감퇴할 수 있다. 반대로 호르몬에 의해 질 벽이 부드러워져 부부관계 시 임신하기 전에는 못 느꼈던 쾌감을 느끼는 경우도 있다. 임신 중 부부관계에서는 되도록 아내가 주도권을 가지고 의사표현을 분명히 해 의견을 맞춰나가도록 한다.

패팅으로 남편의 성욕을 풀어준다

부부관계를 하고 싶지 않을 때에도 남편이 부부관계를 원한다면 가벼운 패팅이나 손, 입을 이용해 남편의 성욕을 어느 정도 채워주는 것이 좋다. 하지만 입을 이용한 오럴 섹스가 부담스럽다면 정신적으로 스트레스를 받는다는 점을 남편에게 이야기하고 양해를 구한다.

오르가슴을 느껴도 된다

임신 중 오르가슴을 느껴도 태아에게 나쁜 영향을 미치지 않는다. 오르가슴이 조산을 유발하거나 태아에게 해를 끼친다는 이론들은 과학적 근거가 부족하다. 오르가슴에 도달한다고 해서 문제될 것은 없지만 되도록 격렬한 행위는 삼가고 안전하게 부부관계를 한다.

부부관계 시 주의할 점

부부관계 전후 깨끗이 씻는다

임신을 하면 질과 자궁 점막이 민감해지기 때문에 세균에 감염되기 쉽다. 남편의 성기가 청결하지 않을 경우 세균 감염이 생길 수 있으므로 부부관계 시 남편과 아내 모두 외음부를 깨끗이 씻도록 한다.

콘돔을 사용한다

임신 중 부부관계를 할 때는 콘돔을 사용한다. 정액 속에 함유된 '프로스타글란딘'이라는 호르몬은 부부관계 시 여성의 몸에 들어가면 자궁을 수축시키는 작용을 해 조산의 위험을 높인다. 또한 정액은 강한 산성이라 자궁을 수축시킬 수 있으므로 콘돔을 사용해 자궁을 보호해야 한다.

유두를 자극하지 않는다

유두를 지나치게 자극하면 옥시토신이라는 호르몬이 분비된다. 이 호르몬은 자궁 수축을 촉진하는 역할을 하므로 조산이나 유산의 가능성이 있다면 부부관계 시 아내의 유두를 자극하는 애무 행위는 삼간다.

깊게 삽입하지 않는다

임신 중에는 질이나 자궁의 점막이 충혈되어 부부관계 시 상처를 입기 쉬우므로 깊이 삽입하지 않는다. 남편이 아내의 질에 손가락을 넣어 애무하면 감염의 위험이 있으므로 삼간다. 대신 삽입 전 전희 과정을 충분히 해 질이 촉촉한 상태가 되게 한다.

격렬한 성행위는 가능한 한 피한다

임신 중 평소처럼 격렬한 성행위를 하면 임신부는 자극을 받고 이는 자궁 수축으로 이어질 수 있다. 무리한 체위나 격렬한 행위, 과도한 삽입 등은 임신부의 배에 압박을 가하거나 자궁에 부담을 주므로 가능한 한 삼간다.

시기별 부부관계 체위

초기

임신 초기는 수정란이 자궁에 착상한 지 얼마 되지 않았고 태아를 보호할 태반이 아직 완성되지 않아 매우 불안정한 시기다. 이 시기에 성관계를 자주 갖거나 심한 자극을 주면 자궁 수축이 일어나 유산할 위험이 크다. 남편의 음경을 깊이 삽입해 자궁에 자극을 주는 것은 피한다. 부부관계는 가급적 짧게 하고 배를 압박하지 않고 깊게 삽입하지 않는 체위로 한다.

추천 체위

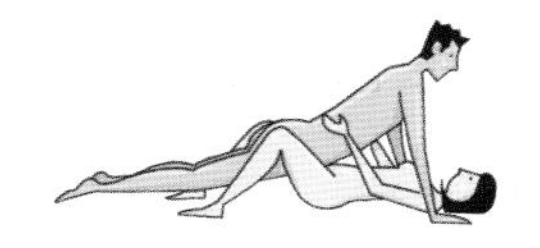

정상위 아직 배가 부르지 않기 때문에 임신 초기에는 가능하다. 아내가 위를 향해 눕고 남편이 마주 보고 아내의 몸 위를 덮는 체위로, 배를 압박하지 않으며 삽입이 깊지 않다. 아내가 다리를 많이 벌리지 않아야 깊게 삽입되지 않는다.

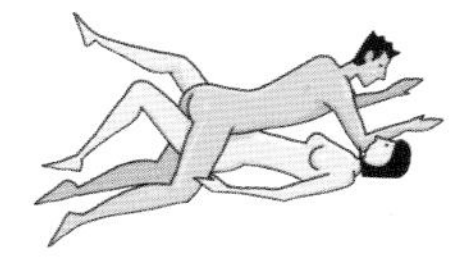

교차위 아내가 다리를 벌리고 그 사이에 남편의 다리를 하나 두고 삽입하는 체위다. 남편이 양팔을 아내의 몸 한쪽에 놓아 서로 몸이 약간 엇갈리도록 하면 아내의 배를 압박하지 않고 삽입하는 깊이도 조절할 수 있다.

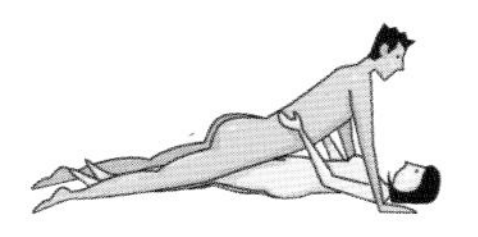

신장위 아내가 다리를 뻗고 누운 뒤 남편이 팔꿈치를 굽혀 몸을 낮춘 뒤 삽입하는 체위. 배를 압박하지 않으면서 깊이 결합되지 않아 임신 초기에 적당하다.

피해야 할 체위

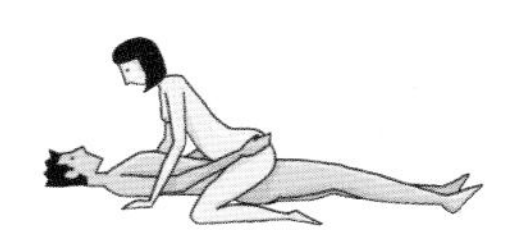

승마위 남편 위에 아내가 걸터앉아 결합하는 체위로, 임신 중이나 질이 짧은 여성에게는 충격이 강한 자세다. 자궁을 자극하므로 임신 초기에는 금물이다.

후배위 아내는 엎드리고 남편이 뒤에서 덮듯이 몸을 포개는 체위. 깊게 삽입되고 삽입 후에 질 수축이 잘 일어나므로 임신 초기에는 위험하다.

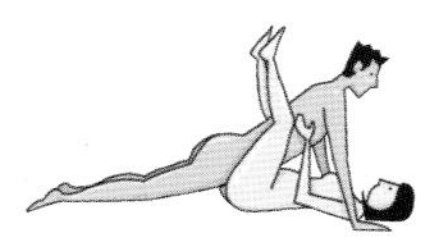

굴곡위 아내가 양 다리를 들어 남편의 몸 위에 다리를 올리는 체위. 아내의 허벅지 관절과 무릎을 들어 깊이 삽입되므로 임신 초기에는 부적절하다.

중기

임신 중기에는 태반이 완성되어 웬만한 충격에도 유산되지 않아 부부관계를 갖기에 가장 안정적인 시기다. 병원에서 태아와 임신부 모두 건강하다고 하면 예전처럼 부부관계를 가져도 좋다. 단, 무리하면 태아에게 좋지 않으므로 주의한다. 부부관계 시 태동이 심하면 태아가 불편해한다는 뜻이므로 가벼운 체위로 바꾸거나 부부관계를 중단한다. 임신 중기에는 자궁이 헐어서 성행위 후 가벼운 출혈이 있을 수 있다. 만약 출혈양이 많다면 병원에서 검사를 받는다.

추천 체위

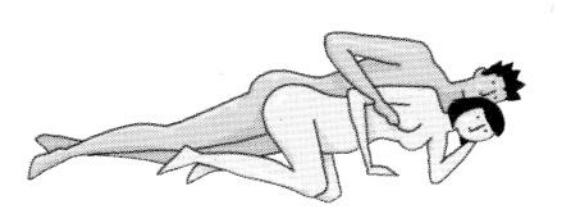

후측위 서로 같은 방향으로 누워 남편이 뒤에서 삽입하는 체위. 남편의 체중이 실리지 않아 태아에게 부담을 주지 않으면서 아내의 가슴을 애무하며 삽입 수위를 조절할 수 있다.

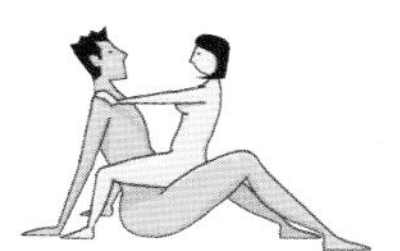

전좌위 남편이 다리를 벌리고 앉으면 아내가 의자에 앉듯 남편의 허벅지에 다리를 벌리고 결합하는 체위. 배를 압박하지 않고 아내가 삽입 깊이를 조절할 수 있다.

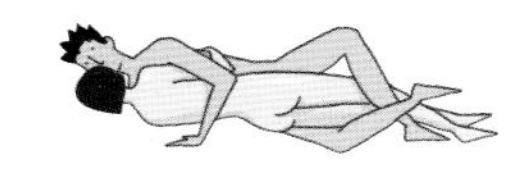

전측위 남편과 아내가 서로 마주 보고 누워서 한쪽 다리를 상대 다리에 넣어 결합하는 체위다. 아내가 다리를 붙이고 누우면 배를 압박하지 않고 삽입도 깊지 않아 임신 중기에 적당하다.

피해야 할 체위

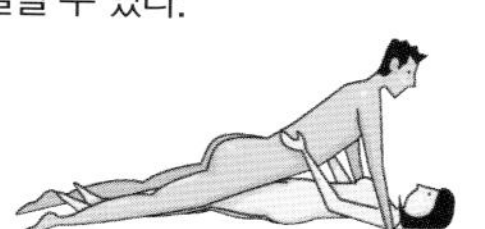

신장위 남녀 모두 몸을 길게 펴서 마주 보고 결합하는 체위로, 남편의 체중이 아내에게 많이 실려 태아에게 무리가 갈 수 있다.

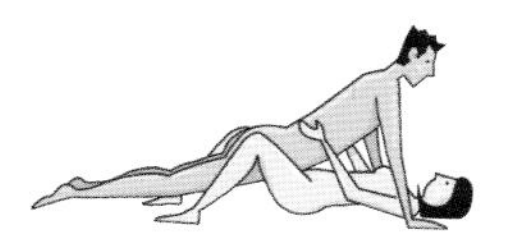

정상위 아내가 위를 향해 눕고 남편이 아내의 몸 위를 덮는 체위로, 아내의 배에 압박이 가해지므로 피한다.

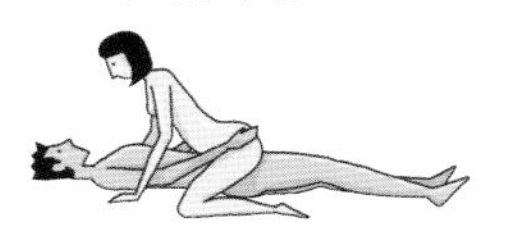

승마위 아내가 남편 위에 걸터앉는 체위는 자궁을 자극하고 깊이 삽입되기 때문에 피한다.

후기

임신 8개월 이후에는 임신부의 몸이 서서히 출산 준비에 들어가 질이나 자궁 경부가 부드러워지고 배가 자주 땅긴다. 또한 질과 점막이 충혈되어 약간만 자극해도 상처가 나거나 세균에 감염될 수 있다. 세균 감염이 되면 양막에 영향을 주어 파수가 될 가능성이 크다. 질 출혈이 있거나 하복통, 부종 등 이상이 느껴질 때는 부부관계를 금하고 전문의에게 진단을 받는다. 임신 9개월 이후에는 부부관계를 갖지 않는다.

추천 체위

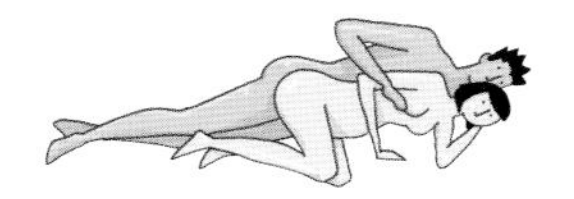

후측위 남편과 아내가 한 방향을 보고 옆으로 누운 자세로, 태아에게 부담을 주지 않고 부부관계를 편안하게 할 수 있다.

후좌위 남편이 바닥에 앉고 그 위에 아내가 등을 돌리고 앉아 삽입하는 체위로, 삽입 깊이와 속도를 얕고 느리게 해 아내 몸에 자극을 주지 않아야 한다.

피해야 할 체위

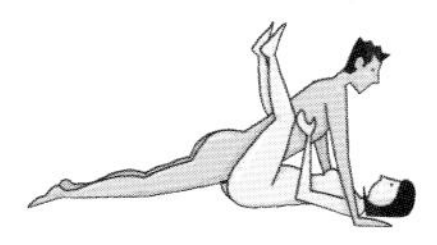

굴곡위 아내가 똑바로 누워 다리를 남편 위로 올리는 자세로 깊이 삽입된다. 임신 후기에는 자궁에 무리를 주므로 삼간다.

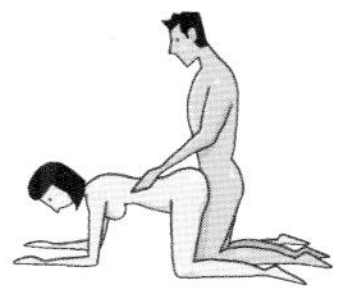

후배위 아내가 팔을 바닥에 짚고 엎드리는 체위로 삽입 깊이가 깊어져 자궁에 상처를 낼 수 있다.

임신부 운동

임신 중 기초 체력을 다지면서 체중을 관리하려면 반드시 운동을 해야 한다. 적당한 운동은 임신부와 태아 모두에게 도움이 된다. 순산의 기본이 되는 임신 중 다양한 운동에 대해 하나하나 짚어봤다.

운동을 해야 하는 이유

임신 10개월 동안 체력 관리를 위해서 잘 먹는 것만큼 잘 움직이는 것이 중요하다. 무리하지 않는 선에서 운동을 꾸준히 하면 출산 때 필요한 다리와 허리 근육을 단련시켜 순산을 돕는다는 사실은 잘 알려져 있다. 또한 폐활량이 늘어나므로 복부의 압박감이 줄어들어 호흡이 편안해지고 분만 시 깊게 호흡하는 데 좋다. 운동을 하면 태아에게 많은 산소가 공급되어 뇌세포 발달에도 효과적이다. 임신으로 달라진 생활이나 아기에 대한 궁금증 등 때문에 받는 스트레스를 날려주는 것은 물론 기분 전환에도 도움을 줘 긍정적인 효과가 크다.

운동 원칙

스스로의 몸 상태를 고려한다

임신 중 운동은 규칙적이고 체계적으로 해야 한다. 단, 임신부와 태아의 건강 상태, 특이한 점 등을 전문의와 상담해서 운동의 종류와 강도를 결정하는 것이 중요하다. 만약 임신부가 심장 질환이 있거나, 자궁경관무력증이 의심되거나, 고혈압 등 이상이 있을 때는 운동을 하지 않는다. 또한 임신 26주 이후 전치태반이 있다면 운동은 금물이다. 임신 중 운동은 평소 본인의 몸 상태를 고려해 계획을 세워야 한다. 임신 전부터 꾸준히 해오던 운동이 있는 경우 지속적으로 해도 좋다. 예전에 강도 높은 운동을 해왔다면 임신 중기 이후에는 횟수를 일주일에 4회 미만으로 줄이고 운동량도 줄일 필요가 있다. 또 운동을 전혀 하지 않았던 임신부라면 아무리 수영이 좋다고 해도 무리해서 시작할 이유는 없다.

임신 16주부터 시작한다

태반이 아직 완성되지 않아 착상이 불안정한 임신 초기에는 운동을 하면 유산의 위험이 따른다. 태아가 안정적으로 자리 잡는 임신 16주 이후부터 적당한 운동을 시작해도 좋다.

충격을 흡수하는 신발을 신는다

체중이 늘어나면 발바닥 앞쪽과 발뒤꿈치에 힘이 많이 들어가 운동 시 힘이 들 수 있다. 이 부위의 충격을 흡수하는 신발을 착용하는 것이 좋다.

절대 무리하지 않는다

운동은 임신부와 태아의 건강에 무리가 되지 않는 선에서 실시한다. 운동을 하다가 통증이 느껴지거나 어지럽고 쓰러질 것 같은 느낌이 들 때는 즉시 멈추고 수분을 섭취하면서 휴식을 취한다. 모든 일이 그렇듯 과하면 해가 된다. 무리하게 운동하다가 관절을 삐끗하거나 부상을 당하면 큰일이므로 항시 조심한다. 수분이 부족하면 체온이 오르거나 자궁 수축이 올 수 있기 때문에 운동 전후는 물론 운동 중에도 미지근한 물을 여러 번 나눠 마신다. 임신 중 생성되는 릴렉신(Relaxin)이라는 호르몬이 인대를 이완시키는 작용을 해 근골격계에 변화가 생기고 관절을 불안정하게 만들어 운동 중 부상의 위험을 증가시킬 수 있으므로 과도한 스트레칭은 피하는 것이 좋다.

몸에 충격이 가는 운동은 피한다

아무리 운동이 좋다고 해도 모든 운동이 다 임신부의 건강에 도움을 주는 것은 아니다. 허리와 복부를 강하게 압박하거나 동작이 격렬해 체력 소모가 심한 운동은 피한다. 조깅, 등산, 윗몸일으키기 등은 피해야 할 운동이다. 평상시 조깅을 즐기던 임신부라면 초기와 후기를 제외하고는 해도 좋다. 하지만 처음 하는 사람은 척추와 허리, 골반 등에 무리가 갈 수 있으므로 삼간다. 맑은 공기를 마실 수 있는 등산은 기분 전환에 도움을 준다. 그러나 경사가 가파르거나 돌길 등을 무리하게 걷는 산행은 위험하다. 임신 중에는 황체 호르몬의 영향으로 평소보다 인대가 늘어나 있으므로 관절에 힘이 들어가는 등산은 인대 손상을 일으킬 수 있으니 가급적 피한다.

추천 운동

걷기

임신 전 꾸준히 운동을 해 체력을 단련했다면 다행이지만 많은 임신부들이 그렇지 못하다. 임신 중 허리와 다리에 무리를 주지 않고 근육을 키우는 데 가장 효과적인 방법은 '걷기'다. 시간이나 장소에 구애받지 않고 특별한 준비물이 필요하지 않아 누구나 쉽게 할 수 있다. 운동을 꾸준히 해왔다면 하루 30분 정도 지속적으로 걷는 것이 좋으며, 최대 1시간을 넘지 않도록 한다. 하루 1시간 정도 꾸준히 걸으면 태아에게 평상시보다 2~3배 정도 많은 산소를 공급해 성장과 두뇌 발달에 도움을 주며, 산모의 뇌세포를 활성화시켜 기분전환에도 도움이 된다. 단, 산책 수준으로 살살 걷는 것은 운동 효과가 낮다. 운동 강도와 시간을 정해놓고 힘껏 걷는 습관을 들인다.

운동 원칙

하루 1시간, 일주일에 3~4회 걷는다

임신 초기에는 산책하는 수준으로 살살 걸어도 좋지만 중기 이후에는 점차 시간을 늘린다. 30분씩 빠르게 걷다가 매일 15분씩 늘려 임신 후기에는 1시간 이상 걷는 것이 익숙해지도록 한다. 일주일에 3회 이상 꾸준히 운동해야 체중 조절과 순산에 도움이 된다. 걷기 전후 물을 수시로 마셔 수분을 보충하는 것을 잊지 말자.

숨이 찰 정도로 걷는다

약간 숨이 찰 정도로 빠르게 걸으면 평소보다 들이마시는 산소량이 2~3배 정도 늘어 태아에게 산소 공급을 많이 해주는 한편 임신부의 심폐 기능도 좋아져 분만 시 큰 도움이 된다. 임신 초기부터 꾸준히 걸으면 하체 근력이 키워지고 식욕을 돋우고 불면증 등도 호전된다.

바른 자세로 걷는다

배가 부르면 허리를 젖히고 팔자걸음으로 걷기 쉽다. 바른 자세로 제대로 걸어야 몸에 무리를 주지 않고 운동 효과를 얻을 수 있다. 허리를 꼿꼿하게 세우고 배를 등 쪽으로 잡아당기는 느낌을 유지한 채 시선은 5~6㎝ 정도 앞을 보고 걷는다. 이때 턱을 잡아당기거나 머리를 숙이고 걸으면 목과 어깨가 긴장할 수 있으므로 주의한다. 바닥에 발 앞쪽부터 디디며 팔과 다리를 가볍게 앞뒤로 흔들면서 걷는다. 보폭을 넓게 하고 땀이 날 정도로 빠르게 걸으면 산도가 넓어져 순산에 도움이 된다.

수영

임신 기간 중 할 수 있는 가장 좋은 운동 중 하나가 수영이다. 물의 부력을 받아 움직이기 때문에 배의 무게를 느끼지 않으면서 전신을 자유롭게 움직일 수 있다. 또 커진 자궁이 부낭 역할을 해 초보자도 금방 익숙해진다. 물의 압력이 마사지를 받은 것처럼 임신부의 뭉친 근육을 풀어주고 자궁에 눌려 골반 안에 뭉쳐 있던 울혈을 없애준다. 허리 통증이나 어깨 결림, 손발 마비 등의 여러 가지 임신 트러블도 호전된다. 임신부가 물속에서 자유롭게 움직이면 태아의 신체 발육이 활발해지고 두뇌도 자극을 받는다. 찬물보다는 약간 미지근한 온수풀이 좋고, 수영을 못하는 사람은 아쿠아로빅이나 물속에서 걷는 것만으로도 운동 효과를 볼 수 있다.

운동 원칙

임신 16주부터 시작한다

수영은 자궁이 안정되는 임신 16주부터 시작할 수 있다. 일주일에 2~3회, 한 번 수영하는 시간은 30분~1시간 정도가 적당하다. 단, 수심이 너무 깊은 곳에서 수영하거나 워터파크, 바닷가 등 사람이 많은 곳을 이용하면 감염 위험이 있으므로 주의한다. 출산일이 다가오는 임신 9개월부터는 운동량을 줄이거나 조심하는 것이 좋다. 수영 중 출혈이 있거나 움직일 때마다 배가 팽팽하게 긴장해 있다면 전문의와 상담한다.

건강 상태를 고려해 시작한다

수영은 물의 부력이 몸을 편안하게 지탱해주어 임신부에게 좋은 운동이지만 모두가 할 수 있는 것은 아니다. 평소 수영을 해 본 적이 없는 사람이 몸에 좋다고 해서 무리해서 하면 물에 대한 두려움 등이 스트레스가 되어 본인은 물론 태아에게 영향을 미칠 수 있으므로 신중하게 고려한다. 고혈압이나 당뇨병, 갑상선 이상, 심장 질환이 있는 임신부는 수영을 하면 상태가 더 나빠질 수 있다. 이 밖에 유산이나 조산의 위험이 있거나 전염되는 질병을 가진 경우도 수영을 하지 않는 것이 좋다.

준비운동을 철저하게 한다

처음 수영을 할 때는 수심이 얕은 유아용 풀장에서 다리를 담그고 호흡법을 연습한 뒤 가볍게 물장구를 치며 몸을 푼다. 수영 자체보다 준비운동과 마무리를 공들여 해서 전신의 근육과 관절을 풀어주는 것이 중요하다. 물속에 들어가기 전 준비운동을 하고 물속에서도 걷거나 가볍게 팔다리를 젓고 허리를 돌리면서 적응한다. 책상다리를 하고 물속에 앉아 깊이 숨을 쉬었다 내쉬는 호흡법을 연습하면 골반을 열어줘 분만 시 도움이 된다.

접영은 하지 않는다

임신부에게 가장 좋은 영법은 배영과 자유형이다. 배영은 자궁이 부낭 역할을 해서 이 자세로 물속에 누우면 평상시보다 더 잘 뜨기 때문에 가장 편하다. 이때도 팔다리를 천천히 움직이고 호흡을 깊게 한다. 자유형은 팔과 다리의 혈액순환을 부드럽게 하고 유선의 발달을 돕는다. 또한 출산에 필요한 근육의 발달에도 효과가 좋다. 접영은 동작이 과격하므로 운동 중에 자궁에 무리가 올 수 있으므로 삼간다.

요가

명상과 호흡, 운동으로 이루어진 요가는 임신부에게 추천하는 대표적인 운동으로 태아가 자궁에 편안하게 자리 잡을 수 있도록 공간을 만들어줘 태아에게 좋은 환경을 선물한다. 뭉친 근육을 풀어주고 근력을 키워주는 한편 명상과 호흡을 기본으로 하므로 태아와의 교감을 높여 임신부의 정서적인 안정에도 큰 도움을 준다. 임신 중기부터 하루 30분 이상 꾸준히 요가를 하면 혈액순환이 잘 되어 몸이 잘 붓지 않고 비뚤어진 골반을 바로잡고 척추를 곧게 해 순조롭게 출산할 수 있다.

운동 원칙

임신부 요가 전문가의 지도를 받는다

요가는 순산을 돕는 동작이 많아 몸이 유

연하지 않은 임신부에게 권하는 운동이다. 평소 요가를 즐겼다면 임신 14주부터 무리가 가지 않는 선에서 운동한다. 단, 요가를 배울 때도 안전이 최우선이다. 임신 중에는 출산에 대비해 관절을 부드럽게 만드는 호르몬이 분비되므로 근육을 쓰지 않고 힘을 쓰는 동작만 반복하다 보면 오히려 몸에 무리를 준다. 또한 배를 압박하는 동작은 피해야 태아에게 영향을 미치지 않는다. 임신 20주 이후에는 임신부의 몸과 특징에 따라 전문적으로 진행하는 임신부 요가 수업을 듣는다.

안전하게 운동한다

요가는 편안하게 호흡하며 몸을 움직여 유연성을 키워주는 운동으로 안전하게 즐겨야 한다. 공복 상태에서 액세서리는 모두 빼고 편한 옷을 입는다. 동작을 취하다가 미끄러지지 않도록 반드시 요가 매트 위에서 하고 수시로 미지근한 물을 마신다. 많은 동작보다는 10가지 내외의 동작을 3~4번씩 반복해서 하며 호흡과 일치시키며 몸에 익히는 것이 효과적이다. 요가를 하는 도중에 배가 뭉치거나 통증이 느껴지면 즉시 중단하고 휴식을 취한다.

시기별로 운동법을 달리한다

요가는 몸의 긴장을 풀어주는 이완 운동으로 마음을 편안하게 해줘 정서적인 안정을 가져다주므로 임신부와 태아 모두에게 좋다. 스트레스를 많이 받거나 업무가 많은 워킹맘은 임신 초기부터 일주일에 2회 정도 요가를 통해 수련을 하면 좋다. 특별하게 건강에 문제가 없는 임신부는 임신 14주부터 명상 위주로 요가를 시작한다. 본격적으로 배가 부르는 중기 이후에는 요통을 완화해주는 한편 하체 근력을 키워주는 동작 위주로 실시한다. 요가 동작으로 태아의 위치도 돌릴 수 있다. 후기에는 혹시 아이가 거꾸로 있다면 고양이 자세를 취하면 좋다. 이렇듯 시기별로 요가의 중요한 동작을 익히고 집에서도 하루 20분 이상 복습한다.

필라테스

필라테스는 요가와 함께 가장 인기 있는 임신부 운동이다. 요가가 명상과 호흡을 통해 몸을 이완시키고 태아와의 유대관계를 중요시하는 수련 운동이라면 필라테스는 유연성을 키워주는 동작들과 여러 가지 도구를 이용한 운동을 결합해 근력을 강화하는 데 효과적이다.

임신과 출산을 위해 기초 체력을 키우고 싶거나 산후 몸을 빠르게 회복하고 싶다면 관심을 갖자. 임신 중 입덧이나 배 땅김이 없다면 임신 15주부터 시작한다. 임신 중기부터 전문가의 지도 하에 운동 강도와 자세 등을 결정해 꾸준히 운동하면 허리 통증이나 하지정맥류를 예방할 수 있다. 흉식호흡은 물론 복부 복횡근까지 사용하는 근력운동이라 복근의 수축까지 도와 산통을 줄여주고 산후 빠른 회복을 돕는다.

운동 원칙

전문가에게 일대일 지도를 받는다

임신 전부터 필라테스를 했다면 태아에게 무리가 가지 않는 선에서 꾸준히 운동하면 된다. 하지만 태교와 순산을 위해 필라테스를 시작한다면 나의 체력과 유연성을 고려한 알맞은 수준의 개별화된 프로그램으로 배워야 한다. 임신을 하면 몸의 무게중심이 변하고 관절이 느슨해져 제대로 움직이지 않으면 다치기 쉽다. 가급적 임신부 필라테스 전문가의 일대일 레슨을 받는다. 임신부와 태아에게 모두 안전한 동작을 하나씩 5~10분 반복하면서 점차 다양한 동작들을 익힌다.

임신 중 운동 시 중지해야 할 때

- 어지러울 때
- 배뭉침이 심할 때
- 호흡이 급격히 가빠질 때
- 골반통이나 요통이 심할 때
- 임신 중기 이후 태동이 전혀 없을 때

임신 12주부터 소도구 운동을 시작한다

임신 초기에는 옆으로 누워 허리와 목에 무리가 가지 않는 스트레칭을 하고, 중기에는 부른 배로 인해 눕는 자세는 손목에 무리가 갈 수 있으므로 폼롤러나 짐볼 등을 활용해 복부의 근력을 키워주고 허리와 골반의 긴장을 완화해주는 자세로 바꾼다.

호흡에 집중한다

필라테스는 흉식호흡과 함께 근력을 강화하는 운동이다. 시기별로 중요한 동작을 따라 하기 급급하기보다 깊은 흉식호흡을 몸에 익히는 것이 더 중요하다. 근육을 부드럽게 풀어준다는 느낌으로 동작을 따라 하면서 과도하게 힘을 주어 근육이 뭉치지 않도록 호흡에 집중한다.

발레

몸매를 균형 있고 아름답게 잡아주는 발레 역시 임신부가 무리 없이 할 수 있는 운동이다. 특히 임신 중에는 호르몬 변화로 몸이 평소보다 유연하므로 이전에 발레를 하지 않던 임신부도 부담없이 시작할 수 있다. 임신부 발레는 일반 발레와 달리 손으로 표현하는 동작을 많이 사용하지 않고 가벼운 스트레칭 위주로 진행한다. 복식호흡을 기본으로 해 숨이 차는 증상을 완화시키고 골반 근육을 발달시켜 분만 시 자궁이 빨리 열리게 하므로 임신부에게는 더없이 좋다. 산후에도 골반 근육을 빨리 회복시키고 자궁이 신속하게 수축되도록 도와주므로 요실금 예방에도 효과적이다.

운동 원칙

골반 근육 강화와 이완 동작을 중점적으로 한다

발레의 기본은 '턴아웃'이다. 발끝을 바깥으로 해서 발끝과 골반까지 두 다리가 이루는 각이 180도가 되게 하는 기본 자세로 골반 주변 근육을 열어주고 둔근과 내전근을 강화시키는 한편 광약근과 복근을 조여준다. 이는 골반 및 회음부 근육을 강화시켜 분만 시 많은 도움을 준다.

음악 태교를 함께 겸한다

발레는 차분한 클래식 음악을 들으면서 동작을 하기 때문에 음악 태교도 함께 겸하게 된다. 정적이고 차분한 분위기에서 부드럽게 몸을 움직이므로 스트레스도 풀리고 예민하거나 우울한 기분도 해소할 수 있다.

임신 20주부터 시작한다

건강상의 특이소견이 없다면 임신 20주 이후부터 발레를 시작한다. 초보자는 태교 차원에서 음악을 들으며 스트레칭과 복근 단련 운동 위주로 시작하는 정도가 좋고 익숙해지면 본격적으로 발레 동작을 하나씩 익힌다. 임신 전에 발레를 했더라도 점프를 하거나 한쪽 발로 균형을 잡는 동작 등 몸에 무리가 가는 동작은 피해야 한다.

임신부가 피해야 할 운동 by 국민건강지식센터

- 균형을 잃거나 넘어지기 쉬운 운동 : 스키, 승마, 체조, 야외 사이클 운동 등
- 신체접촉이 있는 운동 : 하키, 킥복싱, 유도, 농구, 축구, 배구 등
- 라켓 스포츠 : 스쿼시, 테니스, 라켓볼 등
- 고지대에서의 운동 : 2500m보다 높은 고도에서의 운동은 고산병을 일으킬 수 있고 자궁 내 혈류의 흐름을 감소시킴
- 스쿠버 다이빙 : 태아에게 감압증을 유발할 수 있음
- 덥고 습한 환경에서의 운동 또는 사우나
- 저혈당을 유발하는 운동 : 공복 시 운동, 과도한 운동
- 숨을 참는 운동(발살바법)

절대적 금기사항

해당 부분이 없는지 체크해보세요~

- □ 중증의 심장질환
- □ 폐용적이 제한되는 폐질환
- □ 자궁경부무력증
- □ 조산의 위험이 있는 다태임신
- □ 지속적인 임신 2, 3기 출혈
- □ 임신 26주 이후의 전치태반
- □ 조기진통이 있는 경우
- □ 양막 파열
- □ 임신성 고혈압 혹은 임신중독증

※ 해당사항이 있을 경우, 운동을 제한하고 담당 의사와 건강상태에 대해 상의한다.

상대적 금기사항

해당 부분이 없는지 체크해보세요~

- □ 심한 빈혈 (Hb<10g/dL)
- □ 의학적 평가를 받지 않은 부정맥
- □ 만성 기관지염
- □ 조절되지 않는 제1형 당뇨
- □ 병적인 고도비만
- □ 심각한 저체중 (BMI<12)
- □ 거의 움직이지 않는 생활패턴
- □ 태아가 자궁내발육부전 소견을 보이는 경우
- □ 조절되지 않는 고혈압
- □ 정형외과적 문제로 운동에 제한이 있는 경우
- □ 잘 조절되지 않는 간질
- □ 잘 조절되지 않는 갑상선기능항진증
- □ 심한 흡연자

※ 해당사항이 있을 경우, 담당 의사 및 운동처방사와 적절한 운동방법에 대해 상담 후 운동에 참여한다.

운동 금지 → 담당 의사와 상담

운동중단 사유 발생

※ 다음과 같은 증상 발생시 즉시 운동을 중단하고 전문가와 상담한다.

질출혈, 현기증 또는 어지러움, 호흡곤란 증가, 근무기력증, 흉통, 두통, 종아리 통증 또는 부기, 자궁 수축, 태아의 활동 감소, 물 같은 분비물 새어 나옴.

담당 의사/운동처방사와 상담 → 운동 실시 권장 → 임신부 건강/체력 향상

45 임신부 기능성 운동

임신 중 꾸준하게 운동하면 순산한다는 것이 정설이지만 운동을 얼마큼, 어떤 강도로 해야 하는지에 대해서는 알지 못한다. 실제로 걷는 운동만으로는 출산에 도움을 주기 부족하다. 내 몸 상태에 딱 맞춰 효율성을 높이는 기능성 운동을 제안한다.

· **도움말** 김우성(임신부운동재활전문가PERS · 맘스바디케어 대표, www.momsbodycare.com)

임신부 기능성 운동이 필요한 이유

여성의 몸은 일생 동안 3번의 중요한 시기를 맞는다. 첫 월경, 첫 출산, 그리고 폐경으로 이 시기에는 신체적으로나 정신적으로 큰 변화가 생기고 몸이 급격하게 변한다. 이후 위기가 찾아올 수 있으므로 각별한 주의가 필요하다. 이 중 임신 · 출산 기간은 골격과 체질 등이 변하는 중요한 기로다. 이때 제대로 몸을 관리하지 않으면 건강에 문제가 생길 수 있으므로 철저한 준비가 필요하다.

체계적인 운동이 순산을 이끈다

많은 임신부가 제왕절개 수술을 하거나 자연 분만을 하더라도 많은 어려움 끝에 아기를 낳는다.

우리 몸은 긴장을 하면 아드레날린이라는 교감신경 전달 물질을 분비시킨다. 아드레날린이 증가하면 심장이 빨리 뛰고 동공이 커지며 식은땀이 나고 근육이 경직되는 등의 신체적인 반응이 나타난다. 분만의 과정은 이러한 긴장의 연속이다. 특히 초산부는 두려움이 크기 때문에 그 긴장 상태를 완화하지 못하면 심박수가 크게 상승되어 과호흡이 생겨 태아에게 저산소증이 나타나고 그로 인해 제왕절개 수술을 하는 경우도 많다. 또 극도로 긴장된 상태에서 교감신경이 증가하면 근육이 경직되어 이완되어야 할 자궁경부가 진통 중에도 열리지 않아 분만에 이르는 시간이 지체될 수 있다. 이렇듯 출산은 마음의 준비와 함께 신체적인 단련이 되어 있어야 순조롭게 이루어진다.

임신 중 운동은 집 앞을 산책하는 정도로는 부족하다. 임신 중 운동을 통해 몸의 기능과 근력을 향상시키면 자신감이 생겨 상대적으로 긴장을 덜하게 된다. 임신 40주 동안 쉬엄쉬엄 생활하기보다는 심폐기능을 키우고 분만 시 필요한 근육을 움직이고, 골반을 안정시키는 동작을 하는 등 체계적이고 과학적인 운동을 한다면 태아가 빨리 내려가게 도와 순산할 수 있는 체력적인 조건을 만들어주게 된다. 여러 가지 운동 종목이 있지만 임신부 기능성 운동(Pregnant Functional Training)이 필요한 이유다.

태아의 건강과 두뇌발달에 영향을 준다

임신 중 몸 상태에 맞는 강도의 체계적인 기능성 운동을 하면 심박수가 상승하고 혈액순환이 촉진되어 태아의 성장을 촉진시킨다. 한 연구 결과에 의하면 규칙적으로 적절한 무산소 운동과 유산소 운동을 한 임신부가 출산한 아기는 그렇지 않은 임신부의 아기에 비해서 IQ와 스트레스 대처 능력이 좋고 주변 환경에 대한 관심이 뛰어났으며 5세 이후에도 IQ, 언어 능력, 학업 준비 부분에서 같은 결과를 얻었다고 한다. 이 이유에 대해서 제임스 클랩(제이스 웨스턴 리저브 대학 생식생물학과 교수)은 임신 중 운동이 태아의 두뇌 피질을 자극한다고 말한다.

출산 후 회복을 돕는다

건강한 임신 기간을 보내는 것만큼 출산 후 회복도 중요하다. 대다수의 임신부들이 산후 조리에 많은 비용을 지출하지만 좋은 시설의 조리원보다 산전 건강 관리가 더 중요하다. 산후 몸 상태는 산모의 상황에 따라 개인차가 크다. 자연 분만이냐 제왕절개 수술을 했느냐에 따라, 자연 분만인 경우도 난산이었느냐, 노산인지에 따라 회복 속도는 큰 차이가 난다. 결국 어떤 사람이 어떤 방식으로 출산을 했는지가 산후 회복의 결정적 요소가 된다. 만약 제왕절개 수술을 했다고 하더라도 운동을 꾸준히 한 임신부는 근육이나 골격을 잡아주는 인대가 좋기 때문에 운동을 꾸준히 하지 않은 임신부에 비해 회복 속도가 빠르다.

임신부 심박수에 따른 운동 처방

대다수가 임신 중 "매일 걸으세요", "스트레칭 하세요"라고 조심스러운 운동을 권장하지만 그 강도나 운동 방식에 대해서는 명확하게 말하지 않는다. 우리가 흔히 말하는 운동(exercise)을 우산에 비유해 보자. 운동이라는 우산을 폈을 때 하나씩 매달려 있는 요소가 요가(yoga), 필라테스(pilates), 웨이트 트레이닝(weight training), 유산소 운동(aerobic)이다. 즉 각 운동 종목을 포함하는 상위 개념이 운동이라고 말할 수 있다. 운동을 하지 않는 것보다 한 가지 운동이라도 하는 것이 좋지만 각 운동마다 장단점이 있으므로 한 가지 운동만을 고집해서는 안 된다. 임신 중 가벼운 스트레칭이나 천천히 걷는 정도의 저강도 운동을 많이 하지만 그 정도 운동으로 순산에 큰 도움을 준다고 말하기는 어렵다. 임신부는 종목별 특정 운동을 하는 것보다 개개인의 운동 능력에 맞는 기능성 운동을 하면 순산에 도움을 주고 출산 후 회복 속도도 빠르다. 따라서 전문가의 지도에 따라 적절한 유산소 운동과 무산소 운동으로 유연성(flexibility), 근력(muscle strength), 심폐 기능(cardio pulmonary fuction), 호흡 기능(respiratory function) 등을 키워줘야 한다. 그렇다면 임신부 기능성 운동은 어떻게 시작할 수 있을까? 기능성 운동은 스트레칭 위주의 동작으로 구성되어 집에서도 어렵지 않게 실시할 수 있다. 나에게 맞는 운동 강도를 정확하게 알기 위해서는 개인의 심박수를 이용한 공식을 적용하면 된다.

운동 목표 심박수

(최대 심박수 – 안정 시 심박수) × 운동 강도 + 안정 시 심박수

※ 최대 심박수 = 220 – 나이

※ 안정 시 심박수 = 평상 시 심박수

(편안한 상태에서 엄지손가락 위의 요골동맥에 손을 대고 1분간 맥박을 체크한다. 평균 70~80회 정도다.)

※ 운동강도

(임신 초기 50%, 임신 중기 60%, 임신 후기 50%)

예시

30세 임신 초기 임신부, 안정 시 심박수 80회

{(220–30)–80}×0.5+80=135회

운동을 하면 심박수가 올라가는데 그때 중간중간 심박수를 체크하면 된다. 30세의 안정 시 심박수가 80회인 초기 임신부는 1분에 135회 정도 심박수가 올라갔을 경우가 적정한 운동 강도라고 보면 된다. 임신 중기가 되면 운동 강도만 60%로 바꿔서 공식에 대입하면 된다. 이때 안정 시 심박수를 수시로 다시 체크해보면 변화가 나타난다. 운동 목표 심박수까지 근접하게 운동을 하면 숨이 차고 호흡이 빨라진다. 이런 증상은 심폐 기능과 산소 교환 능력을 활성화시키고 전신으로 혈액을 공급해 몸을 단련시키는 것은 물론 피로 회복에도 효과적이라는 증거다. 이렇듯 계산된 목표에 따라 1주일에 평균 4.7시간(하루 40분) 정도 임신 16주부터 36주까지 꾸준히 운동을 하면 임신 당뇨, 임신중독증을 예방할 수 있다. 반면 저강도 운동(3.2㎞ 속도로 걷기)은 1주일에 11.2시간을 운동해야 효과를 볼 수 있다.

주의해야 하는 임신부

다리를 벌리는 골반 스트레칭이나 체중 및 중력의 부하를 많이 받는 운동 자세를 취할 때, 호르몬의 영향으로 골반이 갑자기 벌어지거나 근육이 손상될 수 있다. 다음과 같은 임신부는 특별히 주의한다.

✔ 연속적인 임신

첫째 출산 이후 1년이 지나지 않아 둘째를 임신한 경우 골반 주변 근육이나 인대 조직이 약해진 상태에서 또다시 호르몬의 영향을 받고 체중이 증가되므로 동작이 크거나 체중의 하중을 내려주는 골반 주변 스트레칭은 위험할 수 있다.

✔ 노산(만 35세 이상)

평소 운동량이나 근육량에 따라 차이는 있지만 연령이 높은 임신부는 몸의 기능이나 체력적인 부분이 떨어진 상태이므로 과도하게 골반 부위를 스트레칭하는 동작은 조심해야 한다.

✔ 임신 전 저체중이었던 경우

임신 전 체중이 적게 나가던 여성은 근육이나 인대가 약할 수 있으므로 임신 중 단기간에 늘어나는 체중을 지탱하기 힘들어 운동 시 부상의 위험이 크다.

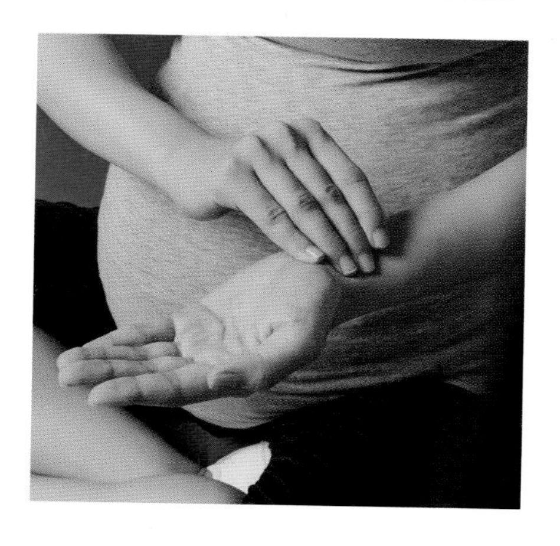

워밍업

기능성 운동은 스트레칭, 자가 근막 이완, 흉추 운동(호흡과 자세 교정), 본 운동으로 나눠져 있다. 스트레칭부터 흉추 운동까지는 본 운동을 하기 위한 워밍업이다. 항상 미리 3가지 운동을 한 후 본 운동을 실시해 목표 심박수까지 상승하도록 한다.

1. 스트레칭

운동 시 항상 스트레칭을 우선적으로 실시한다. 모든 스트레칭은 5회가 기본이며 좌우, 상하로 5세트 반복한다.

목 스트레칭

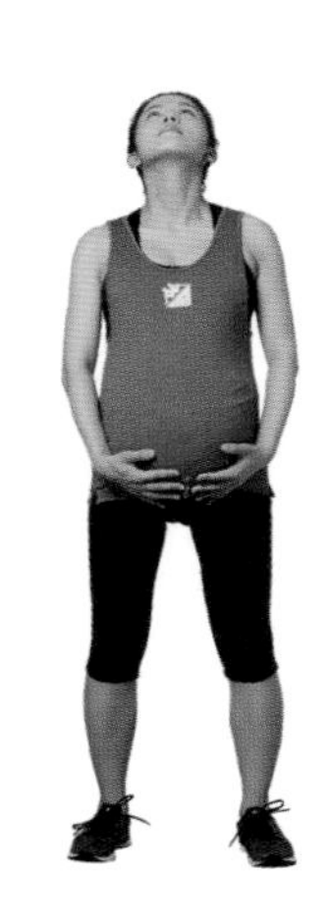

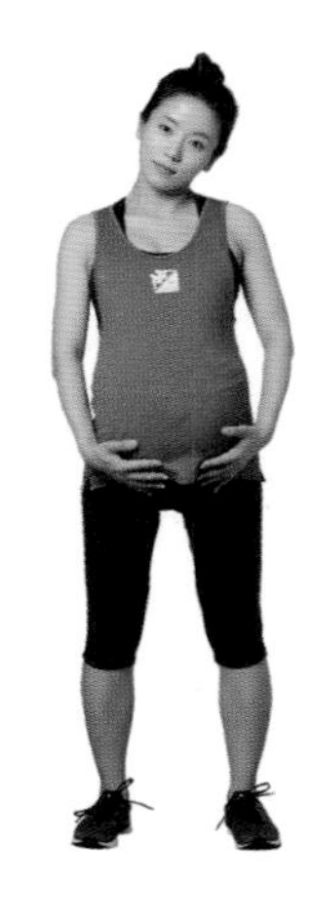

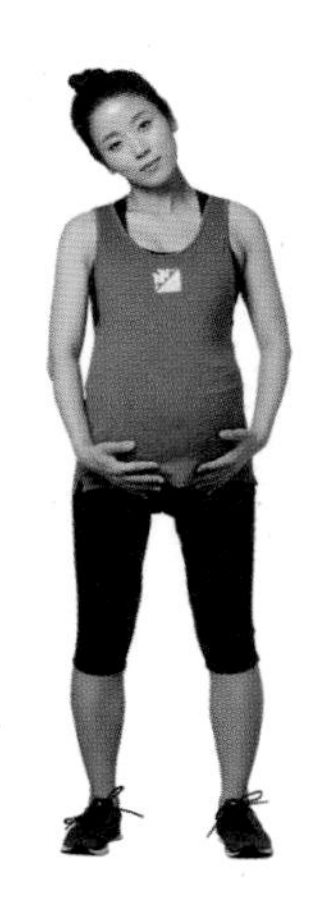

❶ 양발을 어깨너비로 벌리고 선 뒤 아랫배에 손을 대고 고개를 최대한 아래로 내린다. 숨을 강하게 '후후' 내쉬며 실시한다.

❷ 고개를 최대한 올리면서 숨을 강하게 내쉰다. 위아래 5회 반복한다.

❸ 아랫배에 손을 대고 고개를 최대한 왼쪽으로 내린다. 숨을 '후' 내쉬며 실시한다.

❹ 오른쪽도 같은 방법으로 실시한다. 목 스트레칭은 어깨가 움직이지 않도록 실시해야 한다.

어깨 스트레칭

❶ 차렷 자세로 선 뒤 한쪽 팔을 귀 옆으로 올린다. 등 뒤로 팔이 넘어갈 때 반대쪽 팔도 귀까지 올려준다.

❷ 팔꿈치를 펴고 몸이 흔들리지 않도록 배영하듯이 귀를 스쳐 팔을 돌린다. 각각 5회씩 반복한다.

❸ 팔을 수평으로 벌리고 어깨와 같은 선상에서 앞쪽으로 작은 원을 그리듯 양팔을 5회 돌린다.

❹ ③의 동작을 뒤쪽으로 5회 실시한다. 이때 팔꿈치가 구부러지지 않도록 주의한다.

❺ 팔을 머리 위로 올린 뒤 머리와 같은 선상에서 앞쪽으로 작은 원을 그리듯 양팔을 5회 돌린다.

❻ 팔을 뒤쪽으로도 5회 돌린다. 이때 팔꿈치를 구부리지 않는다.

척추 스트레칭

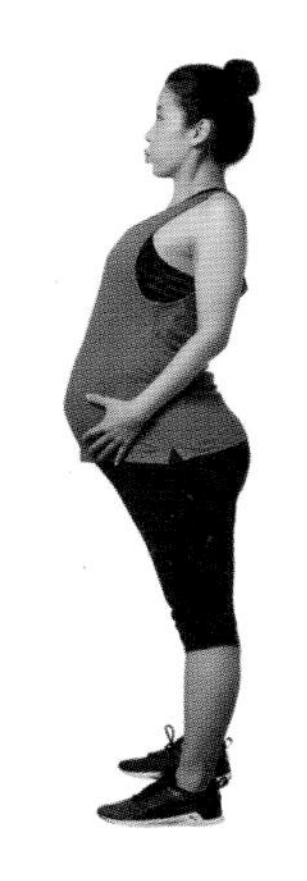

❶ 양발을 모으고 서서 양손을 깍지를 끼워 총을 쏘듯이 앞으로 쭉 밀며 등은 뒤로 민다.

❷ 아랫배에 손을 대고 등을 조이면서 편다. 5세트 반복한다.

❸ 서서 양손을 깍지를 끼워 길게 뻗은 뒤 골반은 정면을 향하게 하고 몸통만 오른쪽으로 돌린다.

❹ 반대 방향으로 몸통을 돌린다. 좌우 1세트로 총 5세트 반복한다.

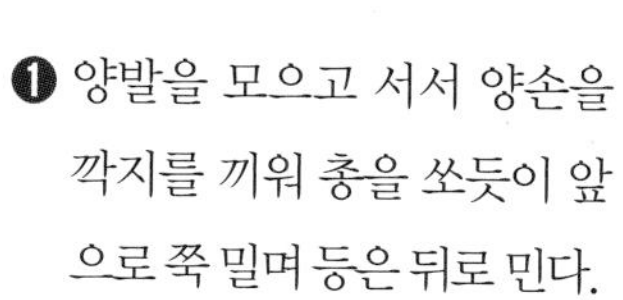

❺ 양발을 어깨너비로 벌리고 서서 오른쪽 팔은 머리 위로 올리고, 왼쪽 팔은 배 아래로 두고 올린 오른쪽 골반을 옆으로 밀며 상체와 하체가 서로 교차되도록 밀어준다.

❻ 반대쪽도 같은 방법으로 실시한다. 5세트 반복한다.

❼ 양손을 허리에 대고 오른쪽 방향으로 크게 돌린다. 반대쪽도 실시한다. 5세트 반복한다.

골반 스트레칭

❶ 바닥에 허리를 펴고 앉는다. 양팔을 뒤로 짚고 오른쪽 다리를 구부려 몸쪽으로 최대한 당긴다. 왼쪽 무릎이 바닥에 닿도록 내리며 지그시 누른다.

❷ 반대쪽도 같은 방법으로 실시한다. 오른쪽 무릎이 바닥에 닿도록 노력하면서 5세트 반복한다. 이때 몸통은 고정한다.

❸ 엎드려서 네발기기 자세를 취한다.

❹ 몸통은 고정하고 엉덩이를 뒤꿈치 방향으로 서서히 밀었다가 다시 원래 위치로 돌아온다. 척추를 포함한 몸통은 최대한 움직이지 않게 하면서 5회 반복한다.

❺ 네발기기 자세에서 무릎을 모아 다리를 바닥에서 살짝 띄워준다. 다리를 오른쪽으로 돌리면서 옆구리를 조인다.

❻ 같은 방법으로 다리를 왼쪽으로 올린다. 좌우 5세트 실시한다.

2. 자가 근막 이완

우리 몸은 근막으로 연결된 근육 주머니가 뼈 위를 감싸고 있다.
긴장된 부위는 이완시키고 약한 부위는 긴장시켜야 안정적으로 유지된다.

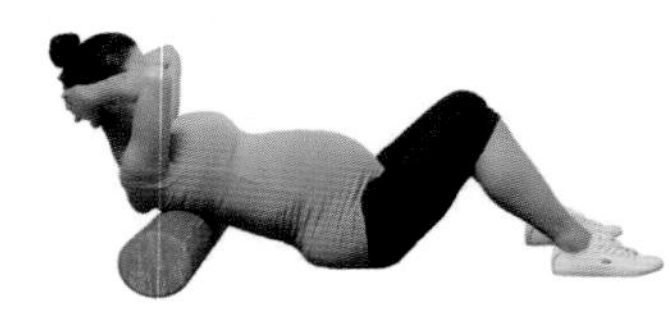

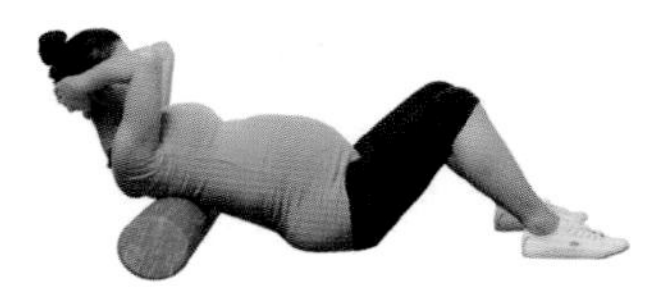

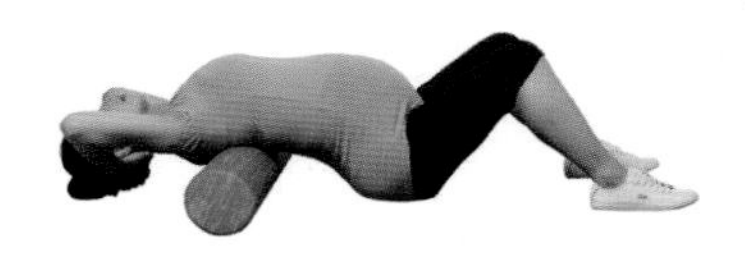

❶ 날개 뼈에 폼롤러를 대고 누워 3초간 깊게 숨을 들이마셨다 6초간 길게 내뱉는다. 호흡하는 동안 상체로 폼롤러를 지그시 눌러 압박하면서 3세트 심호흡을 진행한다.

❷ 하체는 고정시키고 몸통을 좌우로 움직인다. 일정한 속도로 양쪽 5회씩 움직인다.

❸ 준비 자세로 돌아와 3초간 깊게 숨을 들이마시며 천천히 뒤로 눕는다.

❹ 6초간 길게 숨을 내뱉으며 준비 자세로 돌아온다. 5세트 실시한 뒤 폼롤러의 위치를 허리 쪽으로 약간 내려 한 번 더 실시한다.

❺ 똑바로 누워 무릎을 세운 뒤 발바닥으로 바닥을 누르며 엉덩이를 올리면서 회음부를 10회 빠르게 조여 준다.(케겔 운동)

❻ 허리에 폼롤러를 대고 엉덩이를 내린다. 3초간 깊게 숨을 들이마셨다 6초간 내뱉는 심호흡을 3세트 진행한다. 호흡하는 동안 폼롤러를 지그시 눌러준다.

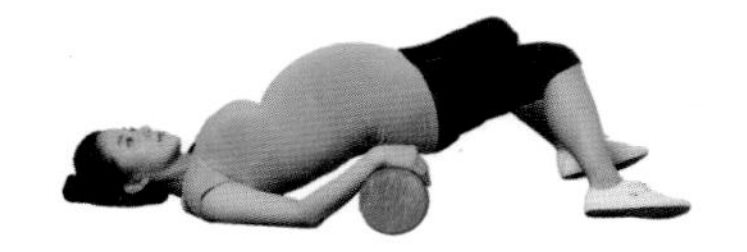

❼ ⑥의 자세에서 양쪽 무릎을 붙이고 다리를 좌우로 움직인다. 익숙해지면 점점 동작을 크게 해 가동범위를 늘린다. 5세트 반복한다.

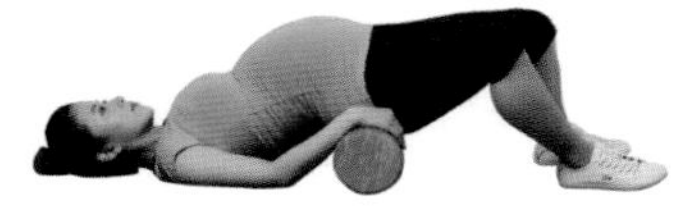

❽ 골반을 위아래로 움직이는 동작을 5회 반복한다.

3. 흉추 운동

임신 중에 흉추 운동을 꾸준히 실시하면 부른 배로 인해 체형이 뒤틀릴 수 있는 위험이 줄어든다. 어깨 수직선상에 손바닥을 놓고 고관절 수직선상에 무릎이 위치하게 해 옆에서 봤을 때 복부 아래 부분에 사각형 공간이 만들어져야 올바른 자세다.

❶ 엎드려서 네발기기 자세를 취한다.

❷ 날개 뼈를 모으면서 몸통을 바닥으로 내린 뒤 다시 바닥에서 위로 밀면서 원래 위치로 되돌아온다. 이때 팔을 구부리지 않도록 주의한다. 7세트 반복한다.

❸ 준비 자세에서 엉덩이를 뒤로 밀어 앉는다. 고개를 앞으로 숙이면서 등을 뒤로 밀어준다. 이때 무릎을 적당히 벌리고 엉덩이가 바닥에서 떨어지지 않도록 신경 쓴다.

❹ 고개를 들면서 허리를 앞쪽으로 미는 동시에 등을 조인다. 7세트 반복한다.

❺ 준비 자세에서 오른손을 목 뒤에 올린다. 골반을 고정하고 허리를 앞쪽으로 펴고 천천히 몸을 돌려 가슴을 편다.

❻ 골반을 고정시키고 반대 방향으로 몸을 돌려준다. 이때 팔을 움직이는 것이 아니라 몸통을 돌리는 데 주력한다. 양쪽 방향으로 7세트 반복한다.

❼ 준비 자세로 돌아가서 ①~⑥의 동작을 7회 반복한다.

본운동

본 운동은 심폐 기능을 향상시키는 유산소 운동과 골반을 안정화시키는 중둔근 운동, 분만 시 태아를 밀어낼 때 사용하는 복근 등을 강화시키는 운동 프로그램으로 전체 운동 시간은 10분 내외다. 이 운동을 꾸준히 하면 순산을 돕는 것은 물론 임신중독증 등을 예방할 수 있다. 앞의 스트레칭부터 흉추 운동까지를 충분하게 워밍업 한 후 본 운동 동작을 실시해야 부상 없이 효과적으로 운동할 수 있다.

one minute 사이드 스텝

❶ 똑바로 서서 무릎을 붙이고 튜빙밴드를 탄탄하게 묶는다. 무릎을 어깨너비로 벌리고 선다. 이때 밴드의 강도는 약간 팽팽한 정도가 적당하다.

❷ 어깨너비보다 더 넓게 오른쪽 다리를 힘껏 쭉 벌리고 왼쪽 다리를 오른쪽 다리와 같은 방향으로 어깨너비만큼 벌린다. 무릎을 약간 구부리고 동작을 실시한다. 어깨너비와 밴드는 팽팽한 상태를 유지하며 반대 방향도 운동한다. 동작을 쉬지 않고 일정한 속도로 1분간 반복한다. 약간 숨이 차고 엉덩이에 힘이 들어가는 정도가 적당하다.

효과는? 밴드의 탄력을 이용해 다리를 벌릴 때마다 중둔근이 자극되어 골반 안정화에 효과적이다.

one minute 와이드 스쿼트

❶ 다리를 넓게 벌리고 서서 팔을 앞쪽으로 살짝 든다.

❷ 무릎이 90도가 되도록 엉덩이를 뒤로 빼면서 천천히 내려 스쿼트 동작을 실시한다. 상체가 숙여지지 않도록 자세를 유지하며 일정한 속도로 1분간 올라갔다 내려간다. 내려가는 속도와 올라가는 속도가 일정해야 하며 완전히 일어날 때 괄약근을 꽉 조인다.

tip 무릎 통증이 있을 때는 통증이 없는 구간에서 실시한다. 스쿼트 자세를 정확히 모르는 초보자는 엉덩이 뒤에 의자를 놓고 위의 동작처럼 의자에 앉았다 일어선다.

효과는? 앉을 때는 허벅지 안쪽이 자극되고 올라올 때는 엉덩이 옆쪽이 자극되어 분만 시 필요한 하체 힘이 길러진다.

one minute
짐볼 허리 운동

❶ 다리를 넓게 벌리고 허리를 반듯이 세운 뒤 짐볼의 약간 뒤쪽에 앉는다.

❷ 짐볼을 뒤로 살짝 밀치듯 엉덩이를 빼면서 허리를 살짝 숙여 바닥으로 굽혔다가 원 위치로 돌아온다. 1분간 동작을 실시한다.

효과는? 허리를 바르게 펴고 운동을 하면 척추와 허리에 가해지는 압력을 분산시켜준다.

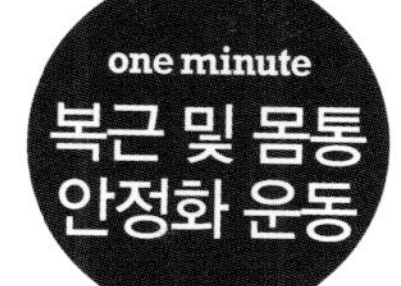

❶ 네발기기 자세에서 왼쪽 팔을 수평으로 올려 5초간 자세를 유지한다. 팔 외에 몸통 등은 움직이지 않는다.

❷ 오른쪽 팔도 같은 방법으로 5초간 자세를 유지한다. 양쪽 팔을 번갈아가며 실시한다.

효과는? 임신부가 안전하게 할 수 있는 복근 운동으로 몸통 근육을 안정화시킨다.

one minute
골반 회전 운동

❶ 짐볼 가운데 앉아 허리를 반듯하게 세우고 다리를 넓게 벌린다. 발바닥이 바닥에서 떨어지지 않도록 주의하면서 크게 원을 그리듯 골반을 움직여준다.

❷ 서서히 동작을 크게 만들어 1분간 쉬지 않고 좌우로 골반을 돌리며 운동한다.

효과는? 골반 회전 운동을 통해 골반과 척추 전반에 걸쳐서 유연성을 키울 수 있다.

5가지 본 운동 종목을 5분 동안 실시하면 1라운드가 끝난다. 1라운드 직후 심박수를 측정하고 2라운드까지 다시 실시한 뒤 심박수를 측정한다. 목표 심박수에 근접했다면 운동량이 적당한 것이다. 목표 심박수에 미치지 못했을 때는 운동의 강도를 증가시킨다. 즉 사이드 스텝을 할 때 밴드를 더욱 팽팽하게 묶어 속도를 증가시키며 빠르게 운동하고 와이드 스쿼트 역시 1분간 속도를 빠르게 실시한다. 본 운동이 끝난 후에는 반드시 5분간 가볍게 제자리 걷기나 옆으로 걷기로 마무리 운동을 실시해 몸을 회복시킨다.

46 태교 음식

임신 중 어떤 음식을 먹느냐에 따라 임신부와 태아의 건강은 물론 출산 후 아기의 두뇌 발달과 성장 발육에 지대한 영향을 미친다. 임신 시기별 필요한 영양분을 고려한 스마트한 태교 음식을 소개한다.

· **요리** 문인영(101recipes)

임신 초기

임신 초기에는 입덧이 심해서 음식을 먹기가 쉽지 않다. 입덧으로 괴로울 때는 조금씩 먹더라도 양질의 음식을 챙겨 먹는다. 닭가슴살, 달걀, 두부 등 고단백 식품은 태아의 근육과 뼈 형성에 도움을 줄 뿐 아니라 두뇌 발달에도 효과적이다. 또한 태아의 신경관 발달에 중요한 영향을 미치는 엽산이 풍부한 녹황색 채소와 현미, 흰콩, 호두 등의 견과류도 고루 섭취한다.

현미 두부덮밥

재료

현미밥 1공기, 두부 ¼모, 양송이버섯 4개, 시금치 4포기, 스위트칠리소스 3큰술, 고추기름 2큰술, 두반장 ½큰술, 다진 마늘 1작은술

이렇게 만드세요

1 두부는 사방 1.5㎝ 크기로 썰고 양송이버섯은 4등분한다.

2 시금치는 밑동을 제거하고 깨끗이 씻어 4㎝ 길이로 썬다.

3 달군 프라이팬에 고추기름을 두르고 다진 마늘과 양송이버섯을 넣고 볶는다.

4 양송이버섯이 노릇해지면 두부, 시금치, 스위트칠리소스, 두반장을 넣고 볶는다.

5 현미밥 위에 ④를 얹는다.

그린오렌지샐러드

재료

오렌지 1개, 브로콜리 ⅛송이, 샐러드 채소(시금치 · 치커리 · 라디치오) 40g, 소금 약간, 드레싱(플레인요구르트 ½컵, 레몬즙 4큰술, 꿀 2큰술, 굵은 후춧가루 약간)

이렇게 만드세요

1 오렌지는 양 끝을 자르고 칼을 세워 껍질을 벗긴다. 속껍질 사이로 칼집을 넣어 속살만 발라낸다.

2 브로콜리는 한입 크기로 썰어 끓는 소금물에 넣고 데친 뒤 찬물에 헹궈 물기를 제거한다.

3 샐러드 채소는 한입 크기로 썰어 깨끗이 씻은 뒤 물기를 제거한다.

4 볼에 분량의 드레싱 재료를 넣고 고루 섞는다.

5 그릇에 손질한 채소와 오렌지를 담고 드레싱을 붓는다.

감자그라탕

재료

감자 2개, 우유 ⅓컵, 모차렐라치즈 ½컵, 두부 ¼모, 올리브오일 적당량, 로즈메리잎 · 소금 · 후춧가루 약간씩

이렇게 만드세요

1 감자는 껍질째 깨끗이 씻어 웨지 모양으로 썬다. 달군 팬에 올리브오일을 두르고 감자를 넣어 반쯤 익을 때까지 볶아 소금, 후춧가루로 간한다.

2 믹서에 우유와 두부를 넣고 곱게 갈아 소스를 만든다.

3 그라탕 용기에 감자를 담고 ②의 소스를 부은 뒤 그 위에 모차렐라치즈와 로즈메리잎을 올린다.

4 200℃로 예열한 오븐에 15분간 굽는다.

입덧을 가라앉히는 음식

새 생명이라는 선물과 함께 본격적인 입덧이 시작된다. 임신 8주부터 시작되는 입덧 시기에는 좋아하는 음식을 조금씩 여러 번 나눠서 먹는다. 아침식사는 혈당치를 높여줘 입덧을 완화시켜주므로 꼭 챙긴다. 찬 음식이 메스꺼움을 가라앉혀주므로 주스와 물을 수시로 마시고, 수분과 비타민, 무기질이 부족해지기 쉬우므로 과일을 섭취하면 좋다.

토마토냉수프

재료

토마토 2개, 양파 ⅛개, 마늘 ½쪽, 바질잎 2장, 올리브오일 · 식초 1큰술씩, 소금 · 굵은 후춧가루 약간씩

이렇게 만드세요

1 토마토는 씻어 십자 모양으로 칼집을 낸 뒤 끓는 소금물에 데쳐 껍질을 벗긴다.

2 믹서에 토마토, 양파, 마늘, 바질잎, 식초를 넣고 믹서에 곱게 간 뒤 소금, 굵은 후춧가루로 간한다.

3 그릇에 담은 뒤 올리브오일과 굵은 후춧가루를 뿌린다.

당근 오렌지주스

재료

당근 · 오렌지 2개씩, 생강 약간

이렇게 만드세요

1 당근은 깨끗이 씻어 껍질을 벗겨 스틱 모양으로 썬다.

2 오렌지와 생강은 껍질을 제거한다.

3 주스기에 당근, 오렌지, 생강을 넣고 즙을 낸다.

부추비빔국수

재료

현미국수 80g, 달걀 1개, 영양부추 5g, 오이 ⅛개, 파프리카(빨강 · 노랑) ⅛개씩, 두부 ⅛모, 무순 · 소금 약간씩
양념장 간장 · 식초 2큰술씩, 설탕 1큰술, 참기름 1작은술, 통깨 ½작은술

이렇게 만드세요

1 영양부추는 깨끗이 씻어 4㎝ 길이로 썬다. 오이는 씻어 껍질을 벗기고 1㎝ 폭, 4㎝ 길이로 채 썬다. 파프리카는 꼭지를 떼고 씨를 제거한 뒤 1㎝ 폭, 4㎝ 길이로 채 썬다.

2 무순은 깨끗이 씻는다. 두부는 면포에 담아 물기를 짜서 으깬다.

3 달걀은 끓는 물에 넣고 15분 정도 두어 완숙으로 삶는다.

4 끓는 물에 소금과 현미국수를 넣고 삶아 흐르는 물에 헹궈 전분기를 없앤다.

5 볼에 분량의 양념장 재료를 넣고 섞는다.

6 그릇에 현미국수, 달걀, 영양부추, 오이, 파프리카, 무순, 두부를 담고 양념장을 얹어 비빈다.

임신
중기

임신 중기는 태아의 조직과 뼈가 형성되는 시기이므로 소고기, 돼지고기, 깻잎, 해조류 등 칼슘과 인, 철분이 풍부한 식품을 섭취한다. 또한 입덧이 사라지고 식욕이 왕성해져 자칫 체중이 급격히 늘 수 있으므로 칼로리가 높은 식품은 제한한다. 체중 관리를 위해 저칼로리 식사를 하고 짠 음식은 삼간다. 태아가 급격하게 자라면서 장이 압박을 받아 변비가 생기기 쉬우므로 콩류, 버섯류 등 섬유질이 풍부한 식품을 끼니마다 거르지 말고 먹는다.

스테이크샐러드

재료

스테이크용 소고기(안심) 120g, 파스타(파르팔레) 40g, 루콜라 20g, 라디치오 2장, 방울토마토 4개, 소금 적당량
드레싱 올리브유 4큰술, 발사믹식초 · 레몬즙 2큰술씩, 굵은 후춧가루 약간

이렇게 만드세요

1 달군 프라이팬에 안심을 앞뒤로 굽는다.(취향에 따라 익히기를 결정한다)

2 루콜라와 라디치오, 방울토마토는 깨끗이 씻어 물기를 제거한 뒤 한입 크기로 썬다.

3 끓는 소금물에 파스타를 넣고 8분간 삶은 뒤 건져 한김 식힌다.

4 볼에 분량의 드레싱 재료를 넣고 고루 섞는다.

5 그릇에 손질한 채소와 파스타, 안심을 담고 드레싱을 뿌린다.

두부 닭고기퐁뒤

재료

카망베르치즈 1개(125g), 두부 ¼모, 닭고기(안심) 2장, 파프리카(빨강 · 노랑) ¼개씩, 브로콜리 ⅛송이, 올리브오일 · 굵은 후춧가루 · 소금 약간씩

이렇게 만드세요

1 두부는 1㎝ 두께로 납작하게 썰어 키친타월에 올려 물기를 제거한다.

2 달군 프라이팬에 올리브오일을 두른 뒤 두부를 앞뒤로 굽는다. 같은 팬에 닭고기를 후춧가루로 간한 뒤 굽는다.

3 파프리카는 꼭지와 씨를 제거하고 스틱 모양으로 썬다. 브로콜리는 한입 크기로 썰어 끓는 소금물에 데쳐 찬물에 헹군다.

4 카망베르치즈는 칼로 윗면을 오려내듯 동그랗게 파낸 뒤 전자레인지에 30초~1분간 조리해 녹인다.

5 그릇에 두부와 닭고기, 채소를 담고 ④에 찍어 먹는다.

중화풍볶음밥

재료

밥 1공기, 달걀 2개, 토마토 · 청양고추 1개씩, 당근 ⅛개, 올리브오일 2큰술, 다진 마늘 ½작은술, 소금 · 후춧가루 약간씩

이렇게 만드세요

1 토마토는 씻어 꼭지와 씨를 제거해 과육만 굵게 다진다. 당근은 씻어 사방 0.7㎝ 크기로 썬다. 청양고추는 송송 썬다.

2 볼에 달걀을 풀어 달걀물을 만든다.

3 달군 프라이팬에 올리브오일을 두르고 중간불에서 다진 마늘과 당근을 넣어 볶는다.

4 마늘 향이 나면 밥을 넣고 볶아 골고루 볶이면 팬 한쪽에 몰아둔다.

5 ④의 팬의 빈 공간에 달걀물을 붓고 저어 스크램블을 한다.

6 토마토와 청양고추를 넣고 다 같이 볶은 뒤 소금, 후춧가루로 간한다.

임신 후기

임신 후기에는 위와 장을 압박하던 태아가 분만을 위해 골반 아래로 내려가므로 예전에 비해 속이 한결 편해져 과식하기 쉽다. 태아의 뇌 발달이 활발한 시기로 식물성 지방인 콩류와 칼슘이 많이 함유된 식품을 챙겨 먹는다. 임신부의 면역력을 높이기 위해서 등푸른 생선, 호박, 굴 등을 챙기고 출산을 위해 힘을 비축해주는 고단백 식품을 꾸준히 섭취한다.

콩소스 브로콜리덮밥

재료

현미밥 1공기, 검은콩 ½컵, 브로콜리 ⅛송이, 팽이버섯 20g, 검은깨 2큰술, 간장 1큰술, 소금 약간

이렇게 만드세요

1 검은콩은 6시간 불려 찬물에 헹군다. 냄비에 검은콩과 물을 담고 끓이다가 거품이 나면 걷어가며 15분간 삶아 체에 밭친다. 삶은 콩물은 남겨둔다.

2 브로콜리는 한입 크기로 썰고 팽이버섯은 3㎝ 길이로 썬다. 끓는 소금물에 브로콜리를 데쳐 찬물에 헹군다. 팽이버섯도 끓는 물에 살짝 데친다.

3 믹서에 삶은 검은콩, 검은깨, 간장을 넣고 곱게 갈아 소금으로 간한다. 이때 잘 갈리지 않을 때는 삶은 콩물을 약간 붓는다.

4 그릇에 현미밥을 담고 채소와 ③을 곁들인다.

채소스튜

재료

토마토 2개, 셀러리 ½대, 당근 · 양파 ⅛개씩, 렌틸콩 3큰술, 치킨육수 4컵, 올리브오일 4큰술, 다진 마늘 1작은술, 이탈리안 파슬리가루 · 소금 · 후춧가루 약간씩

이렇게 만드세요

1 토마토, 셀러리, 당근, 양파는 모두 깨끗이 손질해 사방 1.5㎝ 크기로 깍둑 썬다.

2 달군 프라이팬에 올리브오일을 두른 후 다진 마늘, 양파를 넣고 볶다가 향이 나면 셀러리, 당근, 토마토를 넣고 볶는다.

3 채소의 겉면이 노릇해지면 치킨육수와 렌틸콩을 넣고 30분간 푹 끓인다.

4 맛이 우러나면 소금, 후춧가루로 간한 뒤 파슬리가루를 뿌린다.

전복 두부 흑미죽

재료

전복 2마리, 쌀(불린 것) ½컵, 흑미(불린 것) 1큰술, 두부 ¼모, 참기름 4큰술, 물 적당량, 소금 약간

이렇게 만드세요

1 두부는 사방 1.5㎝ 크기로 깍둑 썬다.

2 전복은 칫솔로 씻어 불순물을 제거하고 숟가락으로 껍질과 살을 분리한다. 입과 내장을 제거하고 살만 편 썬다.

3 달군 냄비에 참기름을 두르고 쌀과 흑미를 넣고 볶는다.

4 쌀알이 투명해지기 시작하면 물을 붓고 끓인다.

5 쌀이 퍼지면 전복과 두부를 넣고 끓인다. 전복이 익으면 소금으로 간해 마무리한다.

47 임신 중 마사지

임신 중에는 각종 신체적 트러블이 생기지만 약물요법 등의 치료가 제한되어 힘이 든다. 따뜻한 손을 이용해 마사지를 해주면 각종 임신 질환을 예방해주는 것은 물론 정서적인 안정에도 도움이 된다. 남편이 해주면 좋은 산전 마사지를 알아봤다.

· **도움말** 맘앤케어(https://cafe.naver.com/mommyanma)

산전 마사지가 필요한 이유

혈액순환을 도와준다

열 달 동안 새 생명과 한 몸이 되어 지내는 임신 기간은 행복감만큼 여태껏 겪어보지 못한 몸의 변화를 겪게 되어 예민해진다. 임신으로 인해 체중이 많이 증가하면 특정 부분의 통증이 생기거나 육체적인 피로감이 커진다. 또한 임신 중에는 급격한 호르몬 변화로 인해 필요한 혈액량이 크게 늘고 혈액순환에도 문제가 생길 수 있다. 개월 수가 증가함에 따라 자궁이 커지면서 장기를 압박하는데 이때 혈액순환이 잘 되지 않아 부종이나 하지정맥류가 발생할 수 있다. 커진 배와 가슴으로 인해 자신도 모르게 몸을 앞으로 굽히거나 지나치게 뒤로 젖히게 되어 어깨와 허리 통증이 생길 뿐 아니라 이런 자세로 오래 지내다 보면 군살이 늘어나기도 한다.

각종 트러블을 완화해준다

모든 신체 부위가 변화를 겪는 임신 중에는 그때마다의 트러블을 호전시켜줄 대책이 필요하다. 지치고 통증이 심한 몸에 따뜻한 손이 닿으면 긴장감이 어느 정도 완화된다. 매일 저녁 따뜻한 물로 샤워해 긴장을 풀고 남편의 손길이 닿은 마사지로 뭉친 근육을 풀어주고 스트레칭을 병행하면 통증을 완화시켜주고 몸과 마음을 편안하게 해줘 건강한 임신 생활을 하는 데 도움이 된다. 임신 초기부터 전신의 경혈점을 지압으로 자극해주면 온몸의 신진대사가 원활하게 이뤄지면서 체내 노폐물을 배출시켜주고 부기를 가라앉혀줘 하지정맥류를 예방할 수 있다.

마사지할 때 주의할 점

편한 자세로 받는다

임신부는 바로 눕거나 엎드릴 수 없기 때문에 옆으로 눕거나 앉는 등 마사지 받기 편한 자세를 취한다. 또한 초음파 등의 기기나 부황 등 자극을 주는 마사지 도구를 사용해서는 안 된다.

복부 마사지는 주의한다

유산의 위험이 있는 임신 초기에는 복부와 발 마사지를 삼간다. 임신 중 복부 마사지를 할 때는 샤워 후 오일을 바르고 가벼운 터치로 조심스럽게 본인이 직접 한다. 특히 배꼽 주변은 최대한 자극 없이 쓰다듬듯이 한다. 손과 발의 삼음교, 합곡혈 및 용천혈은 자궁 수축의 위험이 있으므로 강하게 자극하지 않는다.

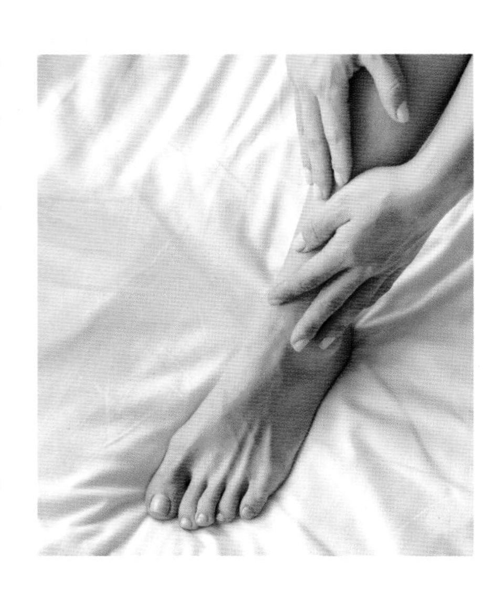

마사지 할 때 사용하는 오일

아로마오일 중에는 생리주기나 배란을 촉진하는 등 임신부에게 자극을 주는 성분이 있으므로 가급적 임신 4개월까지는 아로마오일(만다린, 네놀리는 가능)을 사용하지 않는 것이 좋다.

임신 4개월 이후 안전한 오일

라벤더, 베르가못, 레몬, 그레이프프루트, 오렌지, 파인, 샌들우드, 일랑일랑

임신 중 삼가야 할 오일

바질, 시나몬, 페퍼민트, 오레가노, 로즈, 타임, 로즈메리, 캄파, 세이지

부위별 마사지

1. 머리

출산에 대한 심리적인 불안감으로 자주 두통이 느껴진다. 이럴 때 머리 측두근과 경추부를 마사지해 긴장된 근육을 풀어주면 두통과 뒷목 당김이 호전되는 효과가 있다.

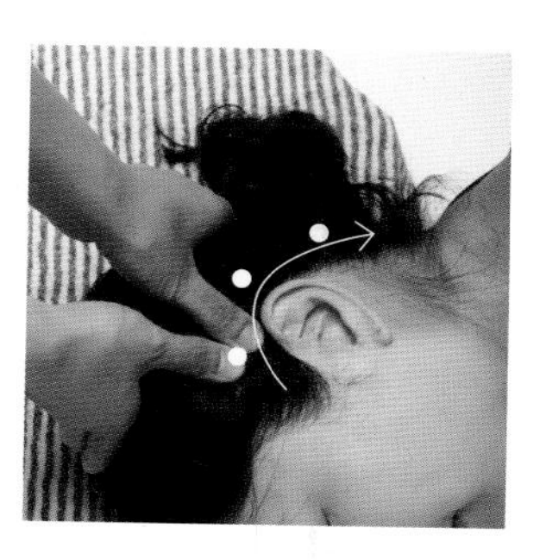

❶ 임신부를 옆으로 눕게 한 뒤 양손 엄지손가락으로 귀 윗부분을 중심으로 원을 그리듯이 지그시 눌러 귀 주변을 지압해준다. 통증이 있는 부위는 더 세게 지압한다.

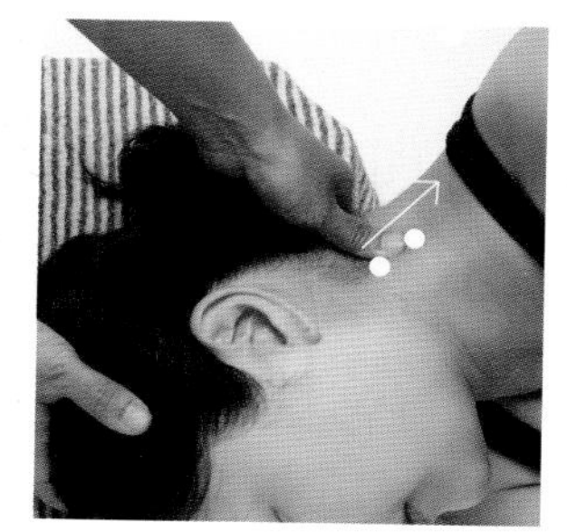

❷ 한 손으로 임신부의 정수리를 잡아 고정한 뒤 다른 한 손으로 표시한 부분을 엄지손가락으로 문지르듯 1~2초 지압한다. 경추를 중심으로 어깨 방향을 따라 목 부분까지 3회 지압한다.

2. 어깨

임신 중기 이후에는 배가 급격하게 부르고 골반이 앞쪽으로 나오면서 어깨 근육이 긴장되어 뭉친다. 목과 어깨, 등 전체를 덮고 있는 승모근을 마사지해주면 목, 어깨 통증은 물론 팔 저림을 완화시켜준다.

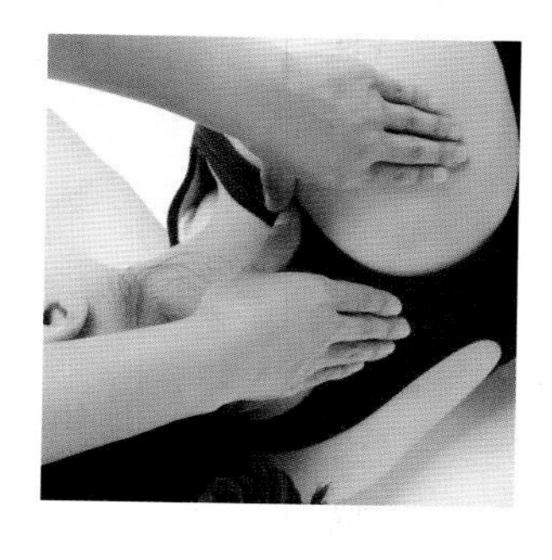

❶ 목 앞쪽 쇄골 사이의 움푹 파인 부분과 어깨의 볼록 나온 근육인 승모근을 엄지손가락으로 함께 잡아 지그시 누른다. 방향은 상관없이 2~3회 실시한다. 통증이 심한 부위는 강도를 높게, 시간을 길게 지압한다.

3. 날개 뼈

척추 기립근과 날개 뼈 사이에 대각선으로 위치한 능형근을 마사지하면 등의 통증을 감소시키는 효과가 있다.

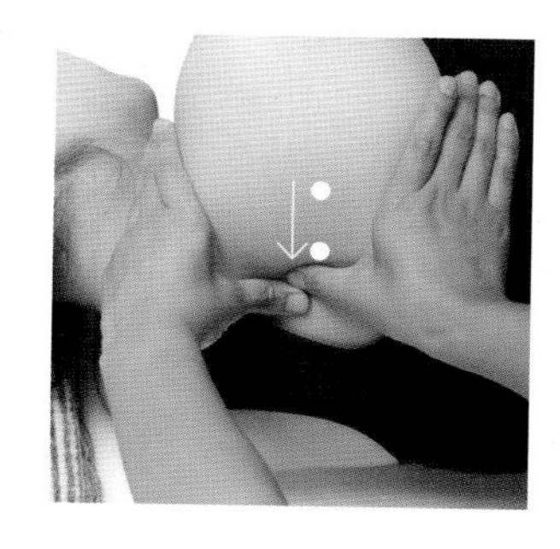

❶ 두 손을 모아 날개 뼈와 척추 사이의 능형근을 화살표 방향으로 문지르듯이 지압한다. 통증이 심하게 느껴지는 부위는 3~5초 정도 정지하며 강하게 지압한다.

4. 팔

숄더백을 장시간 메고 다니거나 휴대폰을 과도하게 사용하면 삼각근과 승모근의 피로가 심해진다. 상완이두근을 마사지하면 팔의 혈액순환을 도와 어깨와 팔 통증이 감소하고 목디스크로 인한 팔 저림 증상도 완화된다.

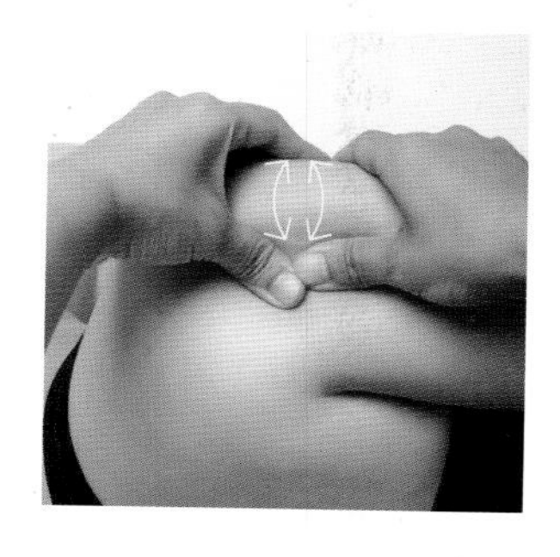

❶ 임신부는 옆으로 누워 팔을 자연스럽게 올린다. 시술자는 양손으로 임신부의 팔근육을 꼬집듯이 엄지손가락과 네 손가락으로 움켜잡았다가 풀어준다. 이때 살을 비틀지 않는 것이 포인트. 3~5회 반복한다.

어깨 & 날개 뼈 & 팔 마사지 유의사항

어깨 통증이 있는 경우, 실은 날개 뼈에 문제가 있기 때문에 어깨와 목, 등까지 통증이 생기는 경우가 많다. 능형근, 극하근을 포함한 날개 뼈 주변의 뭉친 근육과 긴장되어 있는 근막을 잘 풀어주면 어깨와 목 통증 완화에 도움이 된다.

5. 등과 골반

오래 서 있거나 앉아 있으면 허리와 골반쪽 근육이 뻐근해진다. 허리 양쪽에서 지탱해주는 요방형근과 골반 대둔근 등을 마사지하면 임신 중 허리와 골반에 가중되는 긴장을 풀어줘 통증이 완화된다.

❶ 척추 옆에 세로로 길게 뻗어 있는 척추기립근을 양손으로 위아래 긁듯이 2회 정도 마사지한다. 어깨부터 시작해 엉덩이까지 쭉 내려오며 마사지한다. 총 3회 정도 실시한다.

❷ 임신부는 옆으로 눕고 시술자는 임신부의 엉덩이의 가운데를 중심으로 양손으로 눌러 강하게 지압한다.

6. 종아리

심장은 70%의 압력으로 혈액을 내보내는데 하체로 내려오면 압력이 20%까지 떨어진다. 하체의 종아리 근육이 다시 혈액을 펌핑하는 역할을 하므로 종아리는 제 2의 심장이라고 부른다. 종아리 근육을 마사지하면 몸 전체의 혈액순환이 좋아져 사지 냉증이나 복부 냉증을 없애는 데 효과적이다.

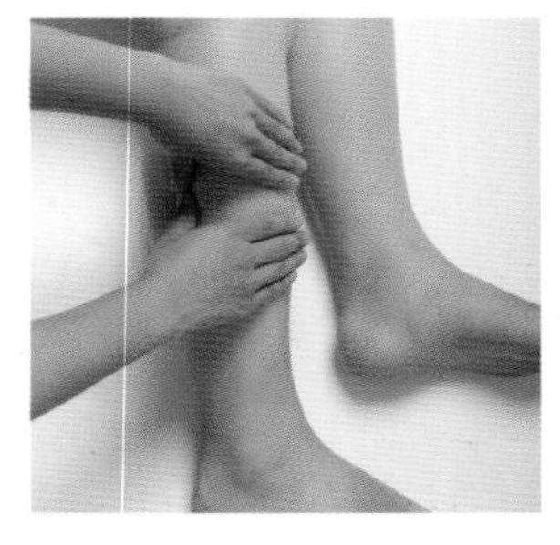

❶ 임신부는 옆으로 누워 다리를 편하게 뻗는다. 종아리의 가장 볼록한 부분(비복근)을 중심으로 양손으로 강하게 누르면서 발목으로 천천히 내려오며 마사지한다.

7. 발

발은 우리 몸의 축소판이다. 임신 중 꾸준히 발 마사지를 하면 지압으로 자극된 부위의 혈액순환을 도와 몸 전체를 간접적으로 마사지하는 효과가 있다. 단, 유산의 위험이 있는 임신 초기와 자궁을 비롯한 생식기와 연결된 발뒤꿈치는 마사지를 삼간다.

❶ 발바닥의 가운데 부분을 중심으로 엄지손가락으로 누르며 강하게 지압한다. 통증이 심한 곳은 힘을 더 주어 누르며 길게 지압한다.

8. 배

임신 중기 이후 가볍고 부드럽게 배를 마사지하면 배뭉침이 줄어든다. 샤워 후 몸이 이완된 상태에서 아로마오일을 소량 바르고 마사지한다. 힘주어 마사지하면 자궁 수축이 올 수 있으므로 주의한다.

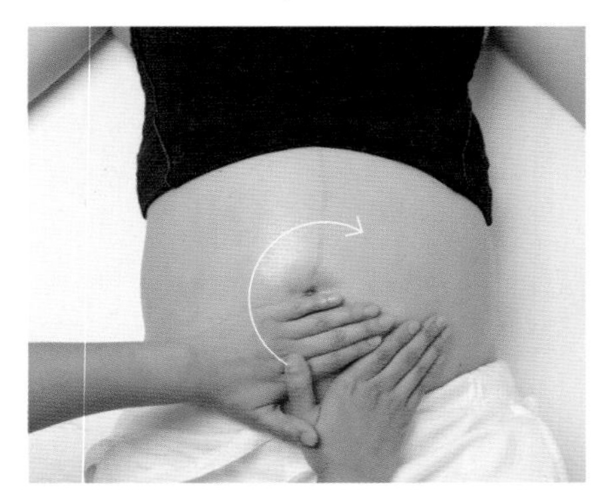

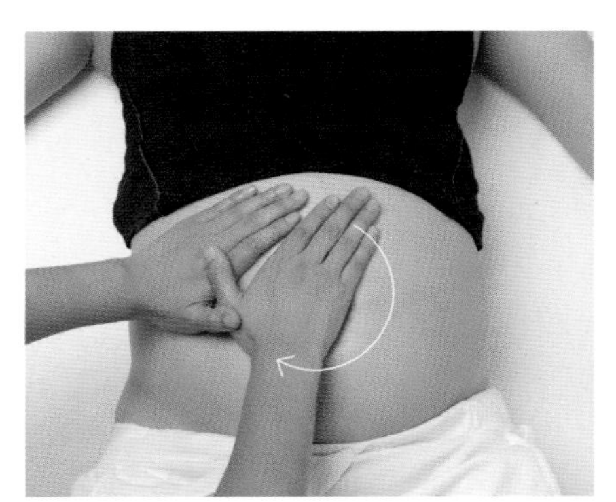

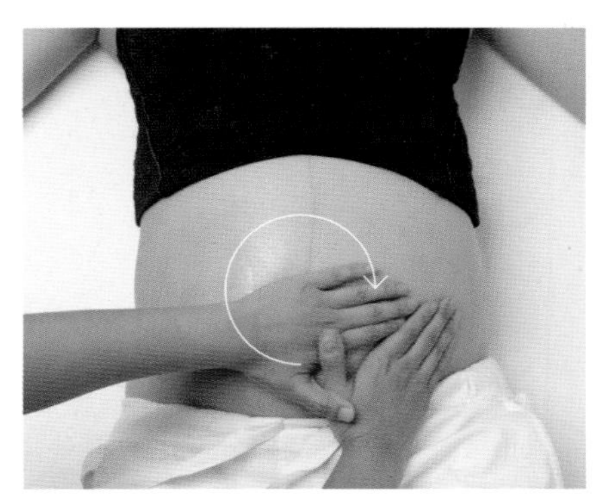

❶ 임신부는 편하게 눕는다. 시술자의 손에 아로마오일을 떨어뜨려 양손을 비빈다. 손에 힘을 빼고 손이 배에 닿을 듯 말 듯한 느낌으로 시계 방향으로 원을 그리듯 가볍게 돌려 마사지한다.

부위별 스트레칭

1. 목 스트레칭

목 스트레칭은 목 주위의 긴장되고 수축된 근육을 이완시켜줘 피로를 풀어주고 통증을 감소시켜준다.

❶ 임신부는 똑바로 눕는다. 시술자는 임신부의 머리 뒤를 양손으로 받친 뒤 후두 뼈를 잡고 머리 위쪽 방향으로 천천히 3~5초 정도 당긴다.

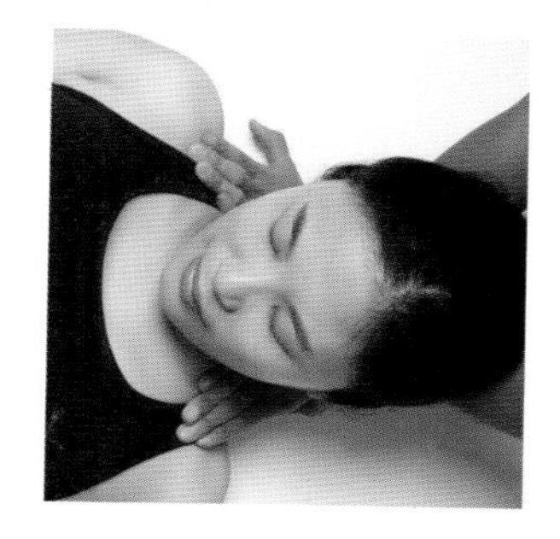

❷ 시술자는 양팔을 교차시켜 임신부의 양 어깨에 손을 얹어 머리를 받친다. 임신부의 시선이 천장에서 다리 쪽으로 가는 방향으로 팔을 들어 임신부의 머리를 천천히 밀어 올린다.

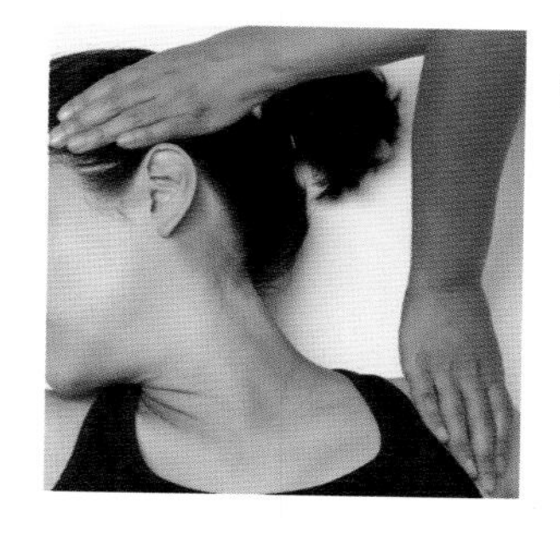

❸ 준비 자세에서 임신부의 얼굴을 왼쪽으로 돌린 뒤 시술자는 팔을 교차시켜 목과 어깨를 늘려주듯이 천천히 밀어낸다. 오른쪽도 같은 방법으로 실시한다. 좌우 3세트 실시한다.

2. 어깨 스트레칭

임신 중에는 배가 나오고 체중이 급격히 증가하면서 어깨가 앞으로 굽는 등 자세가 비뚤어지기 쉽다. 가슴을 반대 방향으로 스트레칭하면 수축된 앞가슴 근육이 펴져 자세를 곧게 만든다.

❶ 임신부와 시술자는 같은 방향으로 앉는다. 시술자는 한쪽 무릎을 세워 임신부의 등 뒤에 대고 양팔을 잡는다. 임신부의 척추와 시술자의 무릎이 맞닿게 해 임신부의 양팔을 천천히 당겨 가슴이 활짝 펴지게 한다. 3회 실시한다.

3. 골반 스트레칭

고관절 스트레칭을 통해 주변 근육을 이완시켜주고 특히 림프절이 있는 사타구니(서혜부)를 늘려주어 노폐물이 배출될 수 있게 돕는다.

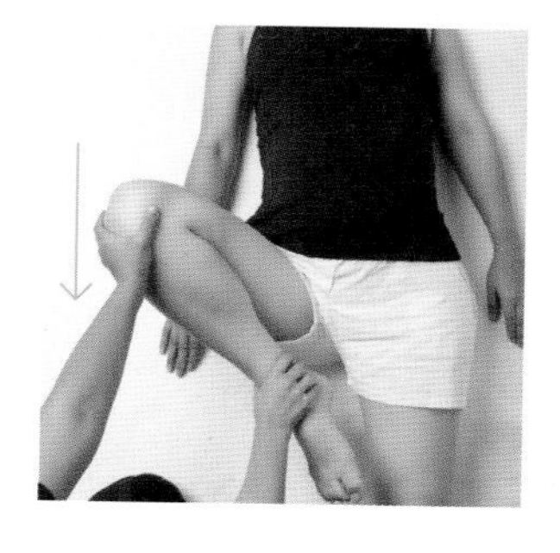

❶ 임신부는 천장을 보고 눕는다. 시술자는 임신부의 오른쪽 다리를 들어 올린 다음 무릎을 천천히 접어 지그시 누른다. 누른 상태에서 무릎이 몸의 바깥쪽으로 향하게 한다. 반대편도 같은 방법으로 3세트 실시한다.

싣는 순서

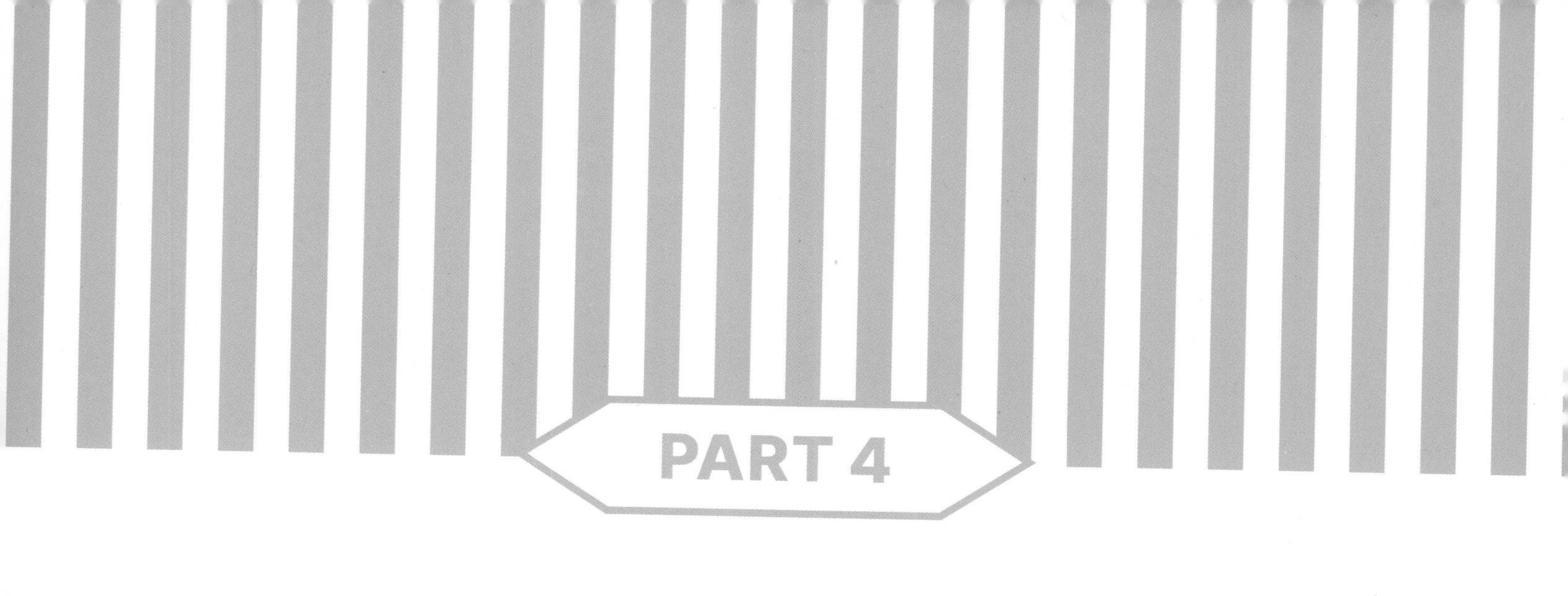

임신 중 질병

임신을 하면 호르몬 변화로 급격하게 몸이 변한다. 임신부마다 트러블은 다양한데 첫 임신이라 작은 증상에도 두려움이 생겨 마음을 졸이게 된다. 임신 중 건강 관리는 순산을 위한 바로미터다. 임신부는 항상 배 속 태아와 한 몸이라는 사실을 잊어서는 안 된다. 임신부라면 누구나 경험하는 사소한 트러블부터 태아에게 생긴 위험을 알리는 다급한 신호까지 세심하게 체크해야 하기 때문이다. 임신 중 생길 수 있는 여러 가지 트러블과 질병에 대해 알아본다.

48 유산

임신 초기에는 태반과 태아가 불완전하므로 유산이 될 가능성이 높다. 전체 임신부의 10~15% 이상을 차지하는 유산에 대해 알아본다.

유산의 원인

태어나도 살 수 없는 임신 20주 미만의 태아가 자궁 내에서 사망하거나 엄마 몸 밖으로 나와 사망하는 것을 유산이라고 한다. 임신 11주까지는 초기 유산, 임신 12~20주까지는 중기 유산이다. 유산은 전체 임신부의 10~15%가 경험하는데 그중 임신 8주 이내의 유산이 가장 많다. 임신 초기 유산은 대부분 염색체 이상이 원인인 경우가 많지만 임신 13주 이후의 유산은 임신부 쪽의 이상인 경우가 대부분이다. 2회 이상 유산이 되는 습관성 유산인 경우에는 검사 및 치료가 필요하다. 유산 후 몸조리는 산후 조리와 동일하다. 부부관계는 최소 15일 이후에 갖고 임신 계획은 최소 3개월 이후로 잡는다.

유전적 이상

염색체에 결함을 지닌 난자와 정자가 만나면 정상적으로 자라지 못해 배 속에서 사라지는 경우가 대부분이다. 임신 초기 유산의 60%가 태아의 염색체 이상, 즉 수정란 자체에 이상이 있어서 생긴다.

자궁이나 난소의 이상

자궁의 여러 가지 질환이 유산의 원인이 된다. 자궁 내 유착이나 격막, 자궁 모양의 기형, 자궁경관무력증, 자궁근종 등 자궁 이상으로도 유산할 수 있다.

골반염과 질염

건강한 여성들에게도 흔하게 생기는 골반염과 질염 등을 방치하면 유산의 원인이 되기도 한다. 골반 내의 자궁, 난관, 난소에 염증이 생기면 자궁내막까지 염증이 퍼져 유산할 가능성이 높아진다. 평소 질 분비물의 양이 많고 탁한 색깔과 악취가 풍기지 않는지 살핀다.

정신적 스트레스

임신부가 극심한 스트레스를 받으면 수정란을 자궁벽에 착상시키는 역할을 하는 난소 호르몬의 분비가 감소되어 유산이 될 우려가 있다.

임신부의 질환

임신부가 고혈압, 당뇨병, 갑상선 질환, 전신성 홍반성 낭창을 앓거나 습관성 음주, 영양실조 등 생활습관이 올바르지 않을 경우 유산할 수 있다. 임신 중 클라미디아증, 풍진, 인플루엔자, 톡소플라스마증, 헤르페스바이러스 등 감염증이 원인이 되어 유산하기도 한다.

유산을 예방하는 생활 수칙

산전 관리를 철저하게 한다

고혈압, 당뇨병, 클라미디아증 등 임신부의 질병으로 유산을 하는 경우가 있으므로 정기 검진을 꼼꼼하게 받아 질병을 조기 치료하거나 예방한다.

오랫동안 서 있지 않는다

임신 초기에는 오랜 시간 책상에 앉아 있는 것도 상당한 무리가 간다. 일할 때는 30분마다 휴식하고 가벼운 스트레칭 등으로 몸을 풀어 근육이 경직되는 것을 막는다. 오래 서서 일하면 배와 허리에 무리가 가서 자궁 수축을 일으키기 쉬우므로 오래 서서 일하지 않는다.

3㎏ 이상 물건은 들지 않는다

무거운 것을 들거나 높은 곳에서 내리는 행동은 배에 충격을 주어 배가 땅길 수 있다. 불가피하게 무거운 짐을 들고 내릴 때는 주변에 도움을 요청한다.

지나친 성관계를 자제한다

정액에는 자궁을 흥분시키는 물질이 포함되어 있어 자궁 수축이 생길 우려가 있다. 태반과 태아가 불안정한 임신 12주까지는 부부관계를 자제한다.

규칙적으로 생활하고 충분히 잔다

임신 중에는 하루 8시간 이상 충분한 수면을 취하고 특히 낮과 밤이 뒤바뀐 생활은 피한다. 생활리듬이 깨지면 신체의 균형도 깨뜨려 유산을 불러올 수 있다.

정서적 안정을 취한다

스트레스를 받지 않고 안정을 취한다. 스트레스가 쌓일 때 몸을 따뜻하게 해주면 혈액순환이 좋아지고 정서적으로 차분해지는 효과를 볼 수 있다.

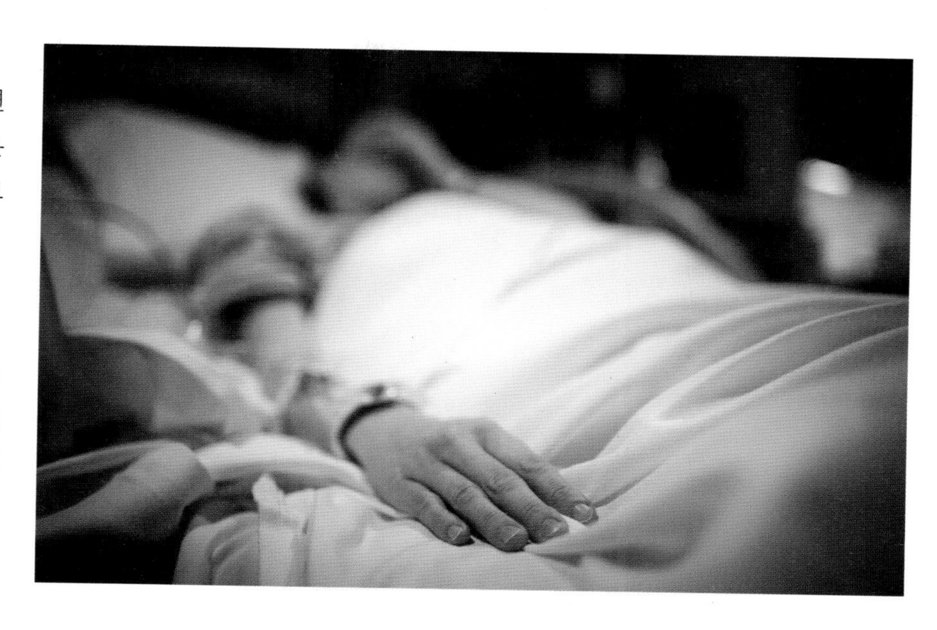

유산의 증후

자궁 출혈

유산의 대표적인 증세는 생리 비슷한 출혈인 자궁 출혈이다. 배가 뻣뻣한 느낌이 들거나 반복적인 하복통이 오면서 암갈색의 혈액이 약간 비친다. 이는 태아의 섬모 조직이 자궁벽에서 벗겨지기 때문에 일어나는 증상으로 임신 초기 유산에서 뚜렷하게 나타난다. 하복통을 반복하는 동안 임신 8주까지의 작은 태아가 낭상물에 싸인 채로 혈액에 섞여 배출되므로 유산인 줄 모르고 지나치는 경우도 있으므로 임신 초기에 출혈이 보이면 검진을 받는다. 임신 16주 이후 유산은 복통과 함께 출혈량이 많아진다.

하복통

임신 8~12주 이후 유산은 출혈과 함께 아랫배가 팽팽해지고 찌르는 듯 아프다. 커진 자궁이 수축되면서 태반과 태아를 밀어내고 태반이 벗겨지면서 태아가 나와 유산된다. 태아와 태반이 모두 나오면 출혈은 멈추지만 그 사이에 출혈량이 많아 심한 빈혈 증상이 생길 수 있다. 임신 28주 이후에는 일반적인 출산과 같은 과정을 거쳐 배출한다.

양수 파수

통증과 출혈이 없어도 양수가 터졌다면 유산일 가능성이 크므로 이 경우 주의 깊게 살펴야 한다. 양수가 터지면 다리 사이로 따뜻한 물이 흐르는 느낌이 든다. 이럴 때는 씻지 말고 생리대를 한 다음 빨리 병원으로 간다. 통증이 있으면 편하게 누워서 일단 안정을 취한 뒤 병원으로 간다.

유산의 종류

계류 유산

태아가 자궁 속에서 이미 사망했는데도 겉으로는 아무 증세가 나타나지 않는 상태를 계류 유산이라고 한다. 대부분 임신 초기에 경험하는 유산의 형태다. 정기 검진 때 초음파 검사로 알게 되거나 임신 주수에 비해 자궁이 커지지 않는 경우에 알게 된다. 자가 증상으로는 입덧이 갑자기 사라지는 경우가 대표적인데 때로는 유산된 후 여러 주가 지나서 생리처럼 출혈을 일으키기도 한다. 계류 유산이 되면 자궁 속에 죽은 태아가 부패해 염증이 생길 수 있고 독소로 인해 임신부의 혈액 응고를 방해해 위험할 수 있다. 반드시 소파 수술로 태아와 태반을 깨끗이 제거해야 한다.

절박 유산

임신 20주 전에 혈성 분비물이나 질 출혈이 나타나는 등 유산이 막 시작되려는 상태를 말한다. 흔히 '유산기가 있다'고 말한다. 소량의 출혈과 복통이 있고 자궁구는 아직 닫혀 있다. 절박 유산이 의심되면 질 초음파로 태아가 잘 성장하고 있는지 확인한다. 태아의 심박동이 확인되면 살아 있는 상태이며 자궁 수축 억제제, 지혈제, 임신을 유지시켜주는 호르몬제 등을 적절히 투여해 임신을 유지할 수 있다.
태아의 심박동이 확인되지 않을 때는 태아를 싸고 있는 주머니인 태낭을 검사한다. 만일 정확하게 진단되지 않을 때는 1~2주 더 기다렸다가 다시 검사를 받는다. 자궁 크기가 그대로라면 태아가 사망했을 가망성이 높다. 태아가 사망했다고 판단되면 태아와 태반 제거 수술을 해야 한다.

불가피 유산(진행 유산)

자궁구가 열리고 난막이 찢어져 양수가 흘러 태아와 태반 일부가 나오기 시작한 상태로, 유산을 막을 수 없다. 선명한 피가 나오면서 진통을 하는 것처럼 복통이 지속되는데 개인에 따라 출혈량과 통증의 정도가 다르다. 생리통처럼 배가 살살 아프기도 하지만 참을 수 없이 심한 하복통을 느끼는 사람도 있다.

완전 유산

자궁 안에 있던 태아와 태반 조직이 완전히 자궁 밖으로 배출된 상태를 완전 유산이라고 한다. 유산이 진행될 때 복통이 심하고 출혈량도 많지만 유산 후에는 자궁이 자연스럽게 수축하면서 출혈도 시간이 지나면 멈춘다. 유산 후에는 소파 수술을 해 자궁을 깨끗하게 한다.

불완전 유산

태아와 태반이 대부분 자궁 밖으로 배출되었으나 태반의 일부가 자궁 안에 남아 출혈이 계속되는 상태. 완전 유산을 했더라도 반드시 병원에서 진료를 받아 불완전 유산인지 확인하고 자궁 안에 남아 있는 임신 부산물들을 소파 수술로 완전히 제거해야 한다.

습관성 유산

임신 20주 이전에 일어나는 자연 유산이 연속 3회 이상 이어질 경우 습관성 유산으로 본다. 2회 이상 연속된 자연 유산을 겪었다면 습관성 유산 및 불임이 될 확률도 높아지므로 검사를 통해 원인을 찾고 치료를 해야 한다. 자궁근종 등 임신부의 자궁 기형이나 임신을 지속시키는 호르몬 이상이 원인일 때는 수술이나 약물 처치로 유산을 막을 수 있다. 자궁경관무력증일 때는 자궁경관 봉축 수술로 자궁경관 입구를 꿰매어 유산을 방지한다. 이 밖에 부모 중 한쪽이 염색체 이상을 가진 경우 태아에게도 염색체 이상이 일어나 유산을 반복하기도 한다.

유산 시기별 주의점

임신 3개월 전에 유산되었을 때

유산 후 일주일이 지나도 출혈이나 복통이 계속되고 열이 나면 즉시 병원을 찾는다. 유산 후 3일은 절대 안정을 취하고 2~3주간은 운동을 하지 않는다. 수술 후 2~3일 후 상태가 양호하면 샤워를 하고 일주일 후 출혈이 완전히 멈췄을 때 목욕을 한다. 부부관계는 한 달 후 몸에 이상이 없을 때 가능하다.

임신 4~5개월 이상 유산되었을 때

임신 중기 이후 유산은 출산과 거의 비슷하다고 보면 된다. 임신 개월 수가 길수록 몸이 정상적으로 회복되는 데 오랜 시간이 걸린다. 병원에 입원해 치료를 받고 충분히 휴식하도록 한다.

유산 후 몸조리

염증이 생기지 않도록 관리한다

수술 후에는 자궁 등에 염증이 생기지 않도록 관리한다. 항생제와 소염제 등 병원에서 처방받은 약은 잊지 말고 제때 복용한다. 최소 일주일 정도는 병원을 찾아 상처 치유와 감염 예방을 위한 치료를 받는다.

산후 조리와 동일하게 몸조리한다

집 안에서 안정을 취하고 혈액순환을 돕고 피를 맑게 해 어혈을 풀어주는 미역국을 먹는다. 미역국 외에도 고단백 식품을 챙겨 먹는다. 빈혈이 생길 수 있으므로 간, 콩, 소고기, 달걀노른자 등 철분이 풍부한 음식을 먹고 철분제를 복용한다.

수술 직후엔 충분히 쉰다

겉보기에 별다른 이상이 없다고 해도 평소처럼 가사일을 하거나 직장에 바로 복귀하는 것은 좋지 않다. 수술 직후 2~3일은 충분히 쉬고 최소 1개월 정도는 무거운 짐을 들거나 장거리 여행, 격렬한 운동은 삼간다. 스트레칭 등 가벼운 운동도 30분 이상은 하지 않는다.

유산 트러블

복통과 출혈이 멈추지 않는다

대부분 소파 수술 후 일주일 정도 지나면 출혈이 멈춘다. 그러나 그 이후에도 복통과 출혈이 심하면 자궁 내벽에 이상이 생겼을 가능성이 크므로 병원을 찾는다.

분비물이 많고 냄새가 난다

수술 후에는 염증으로 질 분비물이 증가한다. 만약 질 분비물이 지나치게 많아지면서 냄새가 심하고 열이 난다면 감염이나 염증이 심해진 것이니 진료를 받도록 한다.

두 달 후에도 생리가 없다

유산 후 한 달 뒤부터 정상적인 생리가 시작된다. 만약 수술 후 8주가 지나도 생리를 하지 않는다면 염증, 자궁경관 유착으로 인한 막힘 현상은 없는지 검진을 받는다.

우울증이 지속된다

소파 수술 후 심한 스트레스나 우울증을 겪을 수 있다. 무엇보다 우울증으로 발전하지 않도록 슬픈 감정을 잘 추슬러야 한다. 우울증이 지속되면 몸의 회복도 느려질 수 있으므로 정신과 전문의를 찾아 진료를 받는다.

임신성 당뇨

임신성 당뇨는 임신 중기에 검사를 통해 진단한다. 많은 임신부가 걸리는 질병은 아니지만 발병할 경우 임신부와 태아 모두 고생이 심한 만큼 초기에 발견해 적극적으로 치료하는 것이 중요하다.

임신성 당뇨의 원인

임신부 중 2~10% 정도 발생하는 임신성 당뇨는 임신 전에는 발견되지 않았던 당뇨가 임신 중에 처음 발견되는 경우를 말한다. 소변에서 거품이 나거나 냄새가 많이 나고 쉽게 피로하면 당뇨를 의심해봐야 한다. 임신성 당뇨에 걸리면 고혈압, 단백뇨, 부종 등의 부작용과 함께 임신중독증이 생길 위험이 높아진다. 분만 중 산모는 물론 신생아에게도 합병증 등의 문제를 일으킬 수 있으므로 주의가 요구된다.

인슐린 대사 이상

임신 중에 혈당을 정상적으로 유지하려면 평소보다 많은 양의 인슐린이 필요하다. 이때 인슐린을 제대로 처리하지 못하거나, 임신 중 신체 호르몬의 변화가 인슐린 기능을 방해해 혈당량이 증가하면 임신성 당뇨에 걸린다.

호르몬 분비가 인슐린 작용 억제

태반에서 분비되는 호르몬이 임신부 몸에서 분비되는 인슐린의 작용을 억제해 당뇨가 생긴다. 출산 후에는 태반이 몸 밖으로 배출되므로 대부분 정상 혈당을 유지하게 된다.

태아에게 미치는 영향

거대아

임신부는 혈당이 높으면 체중이 4kg 이상 나가는 거대아를 출산할 확률이 높다. 엄마의 혈당이 높으면 태아는 태반을 통해 과다한 당분을 공급받아 더 많은 인슐린을 만든다. 엄마의 혈액과 태아의 인슐린이 만나 태아의 몸에 지방이 축적되어 체중이 평균보다 더 나가게 된다.

신생아 호흡 곤란증과 저혈당

체중이 적은 신생아에게 저혈당증이 발생하면 호흡 곤란이 일어나고 신경학적 후유증과 함께 발달 장애의 위험이 커진다.

검사와 진단

당뇨 선별 검사는 24~28주에 당뇨 시약을 마시고 1시간 후 채혈해 확인한다. 병원마다 차이가 있지만 혈당이 140㎎/dℓ 이상이면 재검사를 한다. 재검사는 1~2주 이내에 시행하고 12시간 금식 후 1차 채혈을 한 후 혈당을 검사한다. 그런 다음 당뇨 시약 2병을 마시고 3번에 걸쳐 손끝 채혈을 한다. 정밀 재검사 후에도 결과치가 높게 나오면 식이 조절이나 인슐린 주사를 맞는 치료를 병행한다.

예방과 치료

하루 1800㎉를 섭취한다

임신 중 식사는 가능하면 고단백, 저지방 음식으로 준비한다. 칼로리는 낮지만 미네랄과 섬유질이 풍부해 포만감을 주면서도 혈당을 낮춰주는 채소의 섭취량을 늘린다.

자가 혈당을 측정한다

보통 혈당은 하루 4~7회 측정한다. 임신성 당뇨일 경우 공복 혈당 또는 식전 혈당이 95㎎/dℓ, 식후 2시간 혈당 120㎎/dℓ을 초과하지 않도록 해야 한다.

체중 조절을 한다

임신 중 체중은 10~13kg 정도 증가하는 것이 적당하다. 매주 1kg 이상 증가하면 체내에 지방이 쌓이고 그만큼 혈당 조절도 어려워지므로 철저한 체중 관리를 한다. 규칙적으로 운동을 하면 혈당 조절에 큰 도움이 된다. 또한 심폐 기능을 키워주고 체중 관리에도 도움이 된다.

인슐린 치료를 받는다

식이요법이나 운동을 하지 못하는 경우는 인슐린 주사나 인슐린 펌프를 사용한다. 인슐린은 태반을 통해 태아에게 전달되지 않으므로 안전한 약물 치료법이다.

50 임신중독증

임신중독증은 임신 기간 중 가장 흔하게 생기는 합병증이다. 가볍게 여기고 방치했다가는 임신부뿐만 아니라 태아의 생명에도 위험이 따른다.

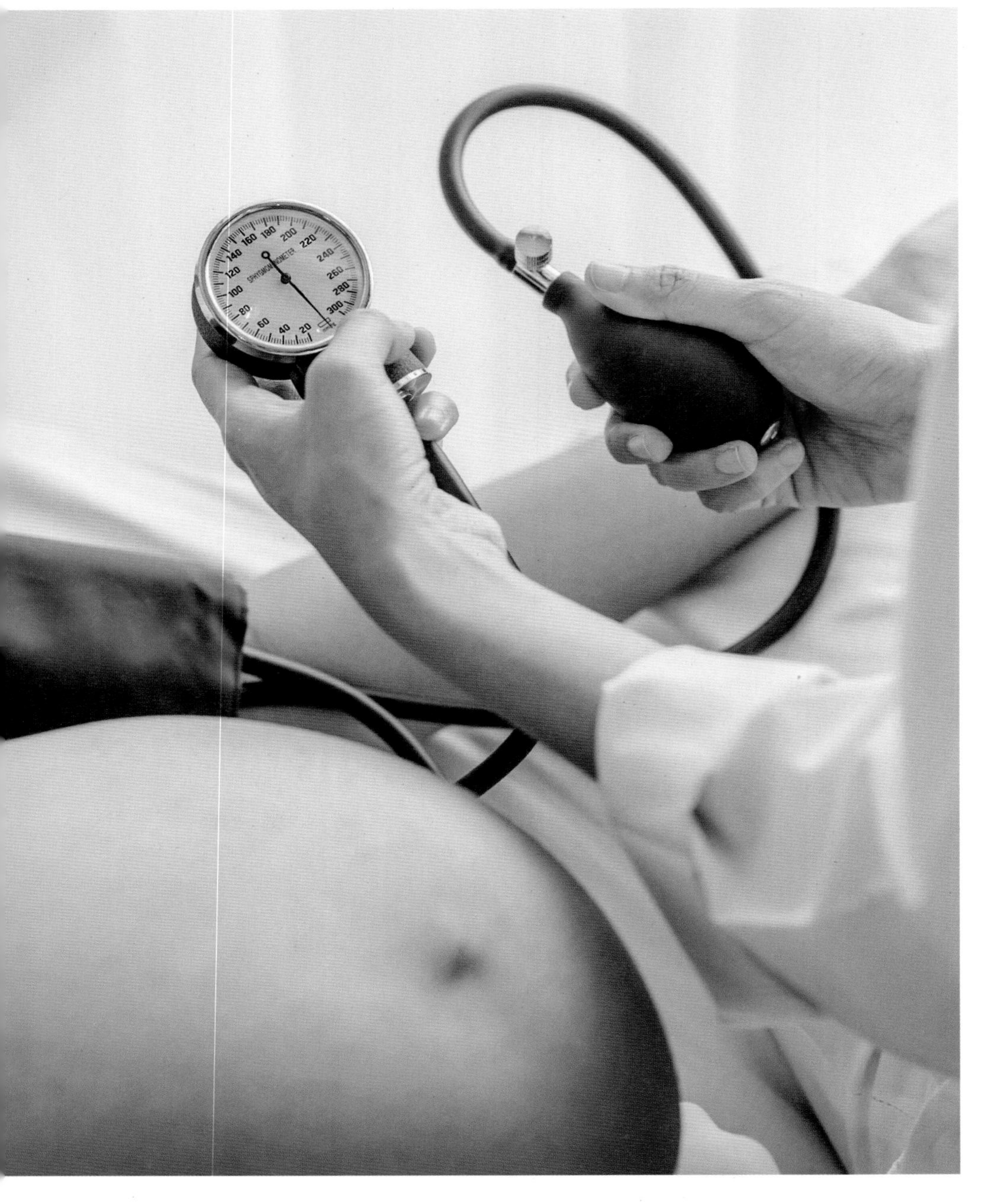

임신중독증이란

임신중독증은 임신 중 정확한 원인 없이 혈압이 높아지고 단백뇨나 부종이 함께 나타나는 경우를 말한다. 부종만 생길 때는 크게 문제되지 않지만 단백뇨와 고혈압이 동반되면 임신중독증으로 판단한다. 건강한 임신부도 임신 20주 이후에 갑자기 발병하는 경우가 있으며 임신부의 5% 정도가 걸린다. 개인 차이는 있지만 주로 고혈압, 부종, 단백뇨 순으로 증상이 나타난다. 임신으로 인한 혈액순환기의 변화에 몸이 적응하지 못해 혈관이 수축되면서 고혈압과 부종이 나타나고, 혈관 수축으로 신장이 손상되어 단백뇨가 생기는 것이다. 증상에 따라 경증 자간전증과 중증 자간전증, 자간증으로 나뉘며 중증일수록 위험도가 증가해 심각한 경우에는 합병증이 생겨 유산될 수도 있다.

정확한 원인이 없다

임신중독증은 유전적 요소, 칼슘 부족, 태반 조직의 면역작용 등이 원인일 수 있다. 또한 고령 임신부나 쌍둥이 임신 등에서 자주 발생한다. 고혈압 가족력이 있거나 이전 임신에서 임신중독증을 경험한 경우, 내과적 병력이 있어도 생긴다.

증상을 면밀하게 관찰한다

임신중독증 초기에는 혈압이 오르거나 부종 때문에 체중이 갑자기 늘거나 소변에 거품이 있는 증상이 나타난다. 이런 경증 자간전증은 증상이 가벼워 잘 모르고 넘어가는 경우가 많다. 경증 자간전증을 방치하면 중증의 자간전증으로 발전하는데 위의 증상 외에 두통, 상부 복통이 심해진다. 또한 눈이 가물거리고 소변의 양이 갑자기 줄기도 한다. 자간증으로 넘어가면 경련과 혼수가 따르는 등 위험하다. 주로 임신 후기 잠을 자는 도중에 발작이 나타나는데 응급조치를 하지 않으면 임신부나 태아가 사망할 수도 있다.

태아와 임신부가 사망에 이를 수 있다

대표적인 합병증은 혈관 수축으로 인해 혈류가 감소되어 나타나는 콩팥, 간 기능 장애와 태반의 혈류 감소로 인한 태아 발육 부진이다. 또 혈소판이나 혈액 응고 인자 감소로 인한 합병증으로 콩팥, 간, 뇌 등에 출혈이 나타난다. 심한 경우 임신부와 태아가 사망할 수도 있다.

출산 후에 치료한다

임신중독증은 임신으로 인해 생긴 질병이니만큼 출산을 해야 치료된다. 임신 34주 이후에 분만 여부를 결정하는데 그전이라도 발작 증세를 동반한다면 분만해야 한다. 특히 자간증은 다음 임신에도 재발할 확률이 높으므로 임신을 계획하는 경우 전문의에게 병력을 알려줘야 한다.

임신중독증의 증상

고혈압

최고혈압이 140㎜Hg, 또는 최저혈압이 90㎜Hg 이상이면 임신중독증일 가능성이 있다. 이렇게 혈압이 오르면 태아가 영양과 산소를 제대로 공급받지 못해 성장에 문제가 생기고, 심해지면 조산이나 사산에 이른다. 임신 전에 고혈압이 있었다면 임신중독증에 걸릴 확률이 높으므로 주의한다.

부종

평소 몸이 부었더라도 금방 돌아오고 단백뇨나 고혈압을 동반하지 않는다면 단순히 부기로 판단해도 된다. 만약 푹 쉬었는데도 부기가 빠지지 않고 온몸에 부종이 생기거나 손가락으로 눌렀을 때 원 상태로 빨리 돌아오지 않으면 임신중독증을 의심해봐야 한다.

단백뇨

임신중독증에 걸리면 혈액순환이 나빠져 신장 기능이 저하되어 모체에 단백질이 흡수되지 못하고 소변으로 나온다. 단백뇨는 경미한 임신중독증일 때는 나타나지 않으며 자각 증세도 없다. 보통 혈압이 높아지면서 단백뇨가 나오는데 하루 동안 본 소변 속에 단백질이 300㎎ 이상이면 단백뇨를 의심해볼 수 있다.

걸릴 위험이 높은 임신부

비만인 경우

체중이 급격히 증가해 비만에 이르면 심장과 신장에 부담을 주어 혈압이 높아지므로 임신중독증에 걸리기 쉽다. 임신 중 비만인 경우나 임신한 뒤 갑자기 체중이 는 경우는 임신중독증에 걸릴 확률이 보통 사람보다 3배 이상 높다. 평소 패스트푸드, 당분과 염분이 많은 음식 등은 피하고 꾸준한 운동으로 체중 관리에 힘써야 한다.

당뇨병인 경우

임신부가 당뇨병에 걸리면 태아가 거대아가 되기 쉽고 그로 인해 임신부의 신장과 심장에 부담을 크게 주어 임신중독증이 될 확률이 높아진다. 유전적인 요인이 크므로 가족 중에 당뇨병이 있는 사람은 주의한다.

고령 출산 · 쌍둥이 임신

나이가 들면 혈관이 노화해서 고혈압이나 신장병에 걸리기 쉽다. 35세 이상의 고령 임신부는 임신 기간 내내 임신중독증에 대한 긴장을 늦춰서는 안 된다. 또한 쌍둥이를 임신하면 모체의 부담이 훨씬 커져 임신중독증에 걸릴 확률이 높아진다.

고혈압이나 빈혈이 있는 경우

임신 전부터 혈압이 높았던 경우 임신하면 혈압이 더 올라가 몸에 부담을 준다. 평소 체중과 혈압을 매일 체크하고 정기 검진 등을 빠짐없이 받아 임신중독증을 초기에 발견하도록 각별히 신경 쓴다. 빈혈이 있으면 적혈구 수가 감소해 산소를 나르는 힘이 약해지고 심장에 가해지는 부담이 증가한다. 결국 혈액이 엷어지고 혈관이 가늘어져서 태반 기능이 떨어져 미숙아가 태어날 확률이 높아진다.

임신중독증 증상

- ☐ 두통이 심하다.
- ☐ 얼굴, 손, 발이 심하게 붓는다.
- ☐ 눈이 갑자기 안 보이거나 침침하다.
- ☐ 상복부 통증이 심하다.
- ☐ 소변의 양이 갑자기 줄어든다.
- ☐ 단백뇨가 1+ 이상 나온다.
- ☐ 최고혈압이 140㎜Hg 이상, 또는 최저혈압이 90㎜Hg 이상이다.

51

자궁 트러블

자궁은 태아가 열 달 동안 지내는 보금자리다. 자궁에 문제가 생기면 임신을 지속하기 어렵다. 태아가 건강하게 자라 엄마와 만나기 위해서는 임신 기간 내내 자궁 건강에 신경 써야 한다.

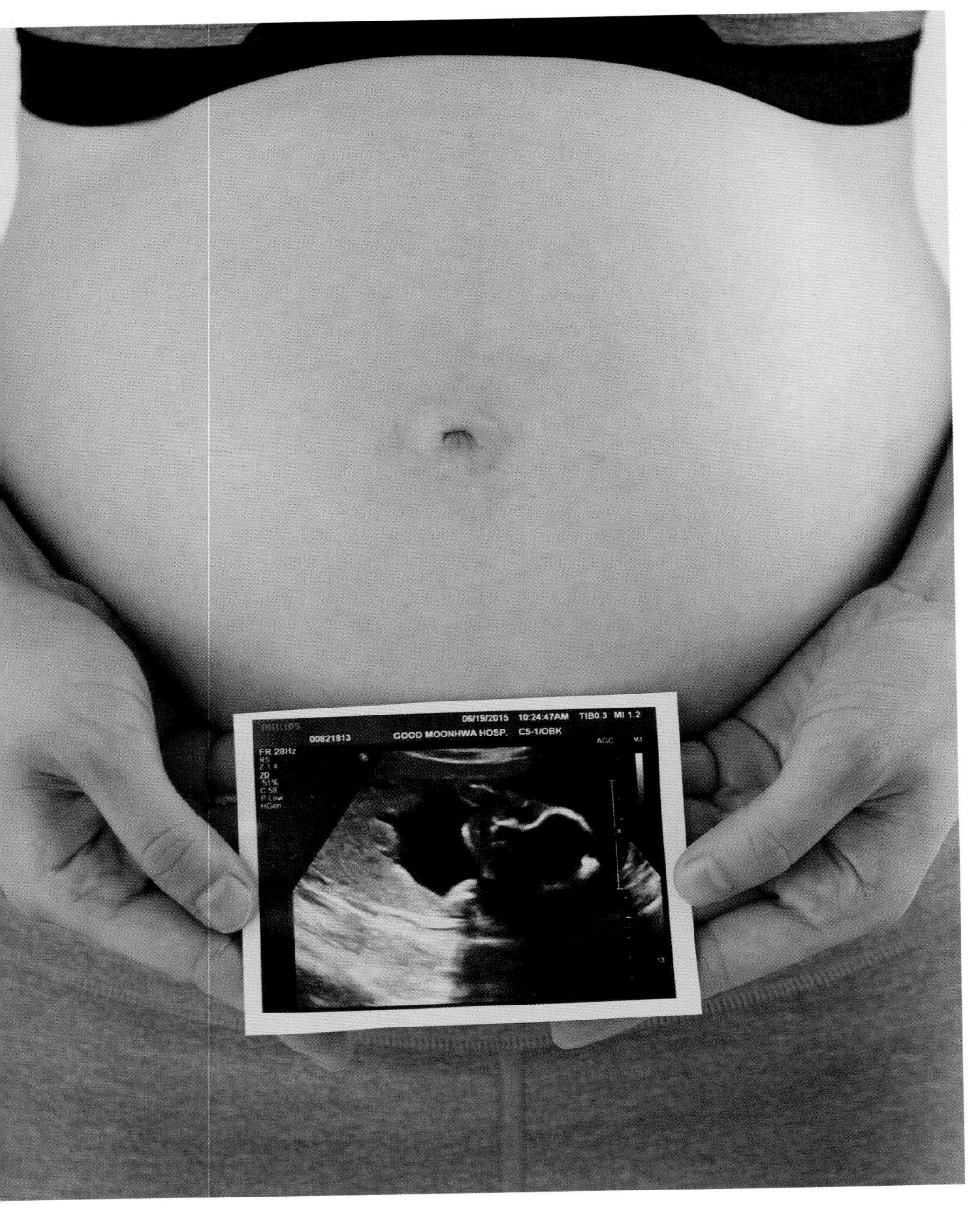

자궁근종

자궁근종은 자궁근층을 구성하는 평활근에서 발생하는 양성 종양을 말한다. 자궁근종이 있다고 해서 임신이 어렵거나 출산에 큰 지장을 주는 것은 아니다. 3㎝ 이하의 근종은 임신에 영향을 주지 않는다. 임신 후 태아가 근종에 눌려 성장하지 못할까 걱정하는 임신부가 많지만 근종이 몹시 크거나 점막하근종이 태아가 있는 자궁강 내로 내려오는 경우를 제외하고는 큰 문제가 되지 않는다. 임신 중 자궁근종으로 인해 통증을 느끼거나 자궁 수축이 올 수 있지만 일반적으로 태아가 잘 자라고 정상적인 분만을 하는 경우가 많다. 자궁벽에 자궁근종이 있는 상태에서 임신을 하면 유산이나 조산의 가능성이 커지지만 임신 20주 이후에는 근종이 더 이상 자라지 않는 경우도 있어 무사히 분만할 수 있다.

자궁경관무력증

임신 중기 이후 습관성 유산의 가장 큰 원인으로 자궁경관무력증을 꼽는다. 자궁경관무력증이란 자궁과 태아가 커진 데 따른 압박으로 자궁경부가 미리 열리는 것을 말한다. 자궁경부는 분만 시 아기가 나오는 산도로, 임신 중에는 완전히 닫혀서 태아를 둘러싼 양막을 보호하는 역할을 하는데 열리게 되면 태아가 위험하다.
자궁경관무력증의 가장 흔한 원인은 반복적인 인공 유산이다. 자궁경관무력증에 걸렸을 때는 임신 14주 전후로 자궁경부를 테프론 실로 묶는 자궁경관 봉축술을 실시한다. 출산 예정일이 임박하면 봉합한 자궁경부를 푼다. 봉합수술을 받은 후 하복부에 압박감이 느껴지거나, 출혈이 동반되거나, 출혈은 없지만 질 분비물이 나오거나, 배뇨 횟수가 지나치게 잦아지거나, 질에 덩어리가 느껴지는 증상이 나타나면 즉시 병원을 찾는다.

포상기태

포상기태는 태반 세포의 일부인 영양 배엽이 자라는 질환으로 임신성 융모성 질환이라 불린다. 자연 유산이나 자궁 외 임신, 또는 정상 임신을 한 후에 생긴다. 임신과 관련해 수정란 이상이 생겨 여성 염색체의 핵만 있거나, 3개 이상의 핵이 있는 경우로 이상 수정란이 자라면서 발생한다. 정상 임신 주수보다 자궁이 더 커지거나 질 출혈을 동반하고 심한 입덧 증세를 보인다.
포상기태는 소변 검사나 초음파 검사를 통해 조기 발견할 수 있다. 만일 발견되면 자궁 소파술로 흡입해내고 이후 약물 치료를 한다. 포상기태가 생긴 이후에는 자궁섬모암에 걸릴 확률이 높으므로 완치 후 1년 정도 경구피임약으로 피임을 한 뒤 임신하는 것이 좋다.

전치태반

전치태반은 태반이 자궁구를 막고 있는 상태를 말한다. 수정란은 착상 후 보통 자궁강의 위쪽에서 태반이 되어가는데 아주 아래쪽인 자궁구 가까운 장소에서 착상해 발육한 태반이 자궁구를 막는 경우가 있다. 자궁구를 막는 정도에 따라 부분 전치태반, 완전 전치태반이라고 한다. 전치태반은 임신 30주경 초음파 검사로 발견된다. 대부분 임신이 진행되면서 자궁 하부가 늘어남에 따라 태반이 바로잡히므로 임신 막달까지 전치태반인 경우는 적은 편이다. 출혈 정도나 태반이 자궁경부를 막는 정도에 따라 제왕절개 수술을 하기도 한다. 분만이 가까워져 태반이 떨어지면서 대량 출혈을 일으키기도 하는데, 출혈이 심해 임신을 지속하기 어렵거나 자궁경부를 완전히 덮은 완전 전치태반의 경우 제왕절개 수술이 불가피하다.

탯줄 탈출

양막이 터지면서 양수가 흐르는 파수가 일어나면 강한 압력에 의해 탯줄이 미끄러져 질 입구까지 빠져나오는 경우가 생기는데 이를 탯줄 탈출이라고 한다. 즉 아기보다 탯줄이 먼저 나오는 상황으로 탯줄 탈출은 조기 진통이 온 경우나 태아가 거꾸로 있을 때(역아) 많이 발생한다. 진통이 시작되기 전에 양막이 파열되거나 양수가 많은 경우에도 탯줄 탈출이 생길 수 있다. 질에서 탯줄이 빠져나온 부분이 보이거나 안에 무엇인가 있는 느낌이 들면 기는 자세를 취해 탯줄에 가해지는 압박감을 줄여야 한다. 만일 탯줄이 나와 있으면 거즈 손수건을 미지근한 물에 묻혀 탯줄을 살짝 받친 뒤 즉시 병원으로 간다. 먼저 나온 탯줄이 태아와 산도 사이에 껴 태아가 가사 상태에 빠질 수 있으므로 분만을 즉시 서둘러야 한다.

태반 조기 박리

임신 후반기에 태아가 모체 밖으로 나오기 전 착상 부위에서 부분적 또는 완전히 태반이 떨어지는 것을 말한다. 정상적인 자연 분만 시엔 태아를 분만한 뒤 후산으로 태반이 나오지만 태반 조기 박리는 임신 20주 이후 분만 전에 태반이 일부분 또는 자궁벽 전체에서 떨어진다. 배가 단단하게 뭉쳐 풀리지 않고 복통이 지속되면서 통증 후 태동이 줄어든다. 태반이 박리되면 출혈량이 많아져 혈압이 떨어지고 태아에게 산소 공급이 이루어지지 않아 태아가 위험하고 임신부 역시 출혈 과다로 위험하다. 태반 조기 박리가 심하지 않은 경우에는 침대에 누워 휴식을 취하면 출혈이 멈추기도 한다. 반면 태반의 절반 이상이 자궁벽에서 떨어진 경우 즉각적인 치료와 분만 여부를 결정해야 한다. 심한 경우 태아가 사망하거나 산모가 위험하다.

탯줄 얽힘

임신 37주 이후에 태동이 현저히 줄거나 임신 36~40주 사이에 하루 2~4차례, 매번 10분 이상 딸꾹질을 한다면 탯줄 얽힘이 의심된다. 탯줄이 꼬이거나 얽혀 태아나 태아의 목을 감싸면 혈액의 흐름이 차단되거나 늦어져 태아가 위험할 수 있다. 이런 증상이 나타나거나 태동이 이상하게 느껴지면 즉시 병원을 찾는다. 진통이 시작된 후라면 초음파를 통해 상태를 관찰하고 문제가 생기면 즉시 제왕절개 수술로 분만한다.

52 양수 트러블

양수는 분만 시 태아가 산도를 쉽게 빠져나오도록 윤활유 역할을 하는데 양이 많아도, 적어도 문제가 된다. 양수의 역할과 트러블에 대해 알아본다.

양수의 역할

태아를 감싸고 있는 피막은 바깥쪽부터 탈락막, 융모막, 양막 등 3가지 막으로 형성되어 있는데 이 중 양막을 채우고 있는 액체가 양수다. 양수는 외부의 충격을 흡수해 태아를 보호하는 쿠션 역할을 한다. 양수는 무색·무취의 약알칼리성 액체로, 모체의 혈액 성분인 혈장의 일부가 양수로 만들어진다. 각종 유전 정보를 지닌 물질도 포함해 태아의 성장을 돕기도 한다. 태아는 양수에 둥둥 떠서 움직이면서 성장하고 공기 대신 양수로 호흡 운동을 한다. 임신부가 먹는 음식물은 혈액과 태반을 거쳐 탯줄을 통해 태아에게 전달된다. 임신 초기의 양수는 태아의 세포외액과 거의 비슷해 무색으로 투명하다. 임신 중기에는 태아의 피부를 통해 체액이 나와 양수를 만들기도 하고 태아의 몸속으로 양수가 흡수되기도 한다. 임신 후기가 되면 폐에서 분비된 글리세로인 지질, 박리된 태아 세포, 태지, 취모 등이 양수에 축적되어 농도가 증가해 흰색 또는 노르스름한 색을 띤다.

양수 트러블

양수 과다증

태아가 성장하면서 양수의 양도 점점 는다. 임신 12주에는 50㎖, 임신 중기에는 400㎖로 증가하다가 임신 24주가 넘으면 800㎖까지 증가한다. 정상적인 양수의 양은 500~700㎖ 내외인데 임신 중기 이후 2000㎖ 이상일 때를 양수 과다증이라고 한다. 임신 20주부터 태아는 양수를 마시고 오줌을 누면서 스스로 양수의 양을 조절하는데 식도 기형이나 무뇌아인 경우에는 양수 조절이 원활하지 않아 양수 과다증이 발생할 수 있다.

증상 및 치료

양수 과다증인 임신부는 배가 몹시 부르며 양수에 의해 주위 장기가 압박을 받기 때문에 심한 호흡 곤란을 느끼거나 정맥이 눌려 하지에 부종이 생기기도 한다. 자궁은 자극에 예민하므로 양수 과다증일 경우, 조산의 위험이 있고 양막 파열 시 태반이 조기 박리되거나 탯줄이 빠져나올 위험도 있다. 하지만 증상이 심하지 않고 태아 건강에 이상이 없으면 특별한 치료를 하지 않고 진통이 시작될 때까지 지켜본다. 임신부가 복통, 호흡 곤란, 극심한 자궁 수축을 호소하면 양수 천자를 통해 양수 일부를 배출해 자궁 압력을 낮추는 치료를 한다.

양수 과소증

양수가 거의 없거나 정상보다 훨씬 적은 경우를 양수 과소증이라고 한다. 흔히 출산 예정일 2~3주 전에 나타나며 양수의 양이 100㎖ 이하로 떨어진다. 양수 과다증과 마찬가지로 양수가 적으면 태아가 정상적으로 자라지 못해 기형 출산, 태반 조기 박리의 원인이 되거나 태아가 탯줄에 목이 감겨 사망하기도 한다. 양수가 완충제 역할을 못해 외부에 태아가 노출되면 골격과 근육 계통에 기형이 생길 수도 있다. 분만 진통 시 태아의 심박동 이상으로 제왕절개 수술로 진행될 가능성이 있다.

증상 및 치료

양수 과소증은 염색체 이상, 태아의 요로가 막히거나 신장 기형으로 태아가 소변을 보지 못하는 것 등이 원인이다. 임신 초기에 양수 과소증이 나타나는 경우는 드물다. 이 시기에 양수 과소증이 발생하면 태아의 근육과 뼈가 제대로 형성되지 못해 기형아 출산의 위험이 높으므로 반드시 기형아 검사를 받는다. 부족한 양수를 보충하기 위해 양수를 주입하기도 하지만 양수를 늘리는 약이나 특별한 치료법은 없다. 양수 과소증이 있으면 진통 시 태아가 잘 견디지 못해 위험하므로 진통이 오기 전에 제왕절개 수술을 하는 일이 많다.

53 역아 되돌리기

출산이 다가오면 태아의 자세와 위치가 중요하다. 태아가 거꾸로 있는 역아는 순산을 방해하는 큰 요인이다. 출산 전 역아를 되돌리는 체조에 대해 알아본다.

역아의 원인

태아는 엄마의 양수 속에서 몸을 자유롭게 움직이다가 임신 후기가 되면 머리를 골반 쪽으로 향해 출산 전까지 고정된 '두위' 자세를 취한다. 반대로 태아의 머리가 골반을 향하지 않고 자궁 위쪽으로 자리하는 경우를 '역아' 또는 '둔위'라고 한다. 만약 역아 진단을 받았다고 해도 겁먹을 필요는 없다. 출산 전에 대부분 제자리로 돌아오기 때문이다. 임신 30주 이후 초음파 검사로 진단하는데 분만 때까지 역아로 남아 있는 경우는 3~4% 정도다. 역아의 원인은 분명하지 않지만 다태 임신이거나 양수 과다증, 전치태반, 골반이 좁거나 미숙아일 때, 자궁근종이 있는 경우 많이 생긴다.

역아 출산법

출산 전까지 태아가 역아로 있으면 제왕절개 수술을 하는 경우가 대부분이다. 역아를 자연 분만하면 분만 시 팔, 다리와 몸이 나온 뒤 가장 크기가 큰 머리가 나오다가 탯줄이 산도에 껴 산소 공급이 중단되어 태아가 질식할 위험이 크다. 또한 태아의 머리가 산도에 끼여 뇌가 손상될 위험도 있다. 임신 30주 이후에도 역아인 경우에는 진통이 시작되기 전에 1~2주 앞당겨 제왕절개 수술을 하는 것이 안전하다. 엉덩이가 먼저 나오는 전위이거나 태아가 작은 경우, 양수의 양이 충분하다면 전문의의 판단에 따라 자연 분만이 가능하다. 임신 말기에 태아가 역위로 있을 때 산모의 복부를 손으로 조절해 태아 위치를 교정하는 역아회전술로 자연 분만을 할 수 있다.

역아 되돌리는 법

역아 진단을 받았다고 해서 반드시 제왕절개를 해야 하는 것은 아니다. 임신 7개월부터 태아의 자세를 바꾸기 위한 체조를 하면 제 위치를 잡게 되어 자연 분만을 할 수 있다. 평소의 자세와 반대 자세를 취하면 골반에 공간이 생기면서 태아가 많이 움직이게 되어 자연스럽게 정상위로 돌아온다. 평소 태아가 잘 움직일 수 있도록 많이 움직이고 바닥에 허리를 대고 다리나 엉덩이를 높이 들어 올리는 자세를 취한다. 하지만 무리하게 체조를 하면 다칠 수 있으므로 조심해야 한다.

역아의 종류

- 다리와 엉덩이가 먼저 빠지는 본전위
- 엉덩이부터 나오는 전위
- 무릎부터 나오는 슬위
- 한쪽 다리부터 나오는 부전족위
- 양쪽 다리가 한꺼번에 나오는 전족위

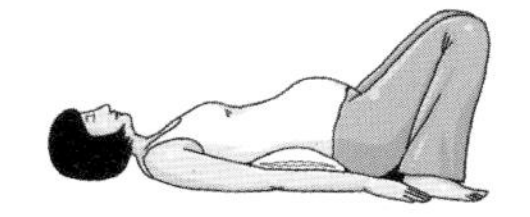

이불이나 침대 위에 허리를 대고 똑바로 눕는다. 어깨와 발바닥은 바닥에 붙이고 무릎을 세운다. 깊게 호흡하면서 엉덩이를 높이 들어올린다. 내쉬는 호흡에 허리, 엉덩이를 순서대로 천천히 내려놓는다.

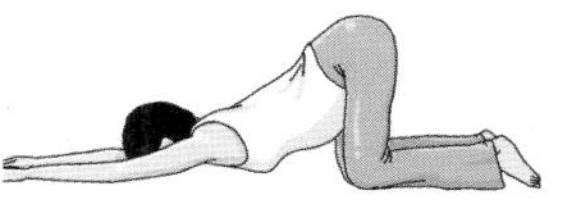

배를 누르지 않도록 무릎을 굽히고 엎드린 뒤 팔을 앞으로 뻗는다. 엉덩이는 약간 쳐들고 가슴은 낮춰 바닥에 붙여 5분간 자세를 유지한다. 배가 땅기거나 힘이 들면 그만한다.

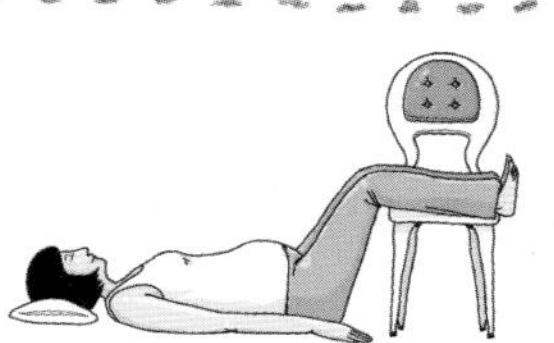

베개를 베고 누워 의자 위에 발을 올린다. 의자는 무릎까지 충분히 걸칠 수 있는 것을 고른다. 이 자세를 10분 이상 유지한다.

54

조산

정상 임신 기간을 채우지 못하고 임신 20~36주에 분만하는 것을 조산이라고 한다. 조산의 원인과 예방법에 대해 알아본다.

조산의 원인

조산이란 정상적인 임신 기간인 38~40주를 다 채우지 못하고 임신 20~36주 6일 사이에 분만하는 것을 말한다. 전체 임신부의 10% 정도가 조산으로 분만한다. 인큐베이터 등 의학 기술이 발달하면서 최근 26~27주에 태어난 미숙아의 사망률은 절반 이상 줄어들었다.

자궁의 이상

임신부가 자궁경관무력증에 걸리면 자궁경관이 태아의 무게를 견디지 못해 파수가 일어나 조산할 위험이 커진다. 자궁경관이 약하다고 판단되면 임신 14주 전후로 자궁경관을 묶는 봉축술을 해 조산을 막을 수 있다.

임신부나 태아의 질환

임신부가 고혈압이나 당뇨병, 신장병, 폐렴 등의 질병이 있으면 태반이 원래 기능을 제대로 하지 못해 임신 초기에 유산을 하거나 후기에 조산할 위험이 높다. 태아의 염색체 이상 등의 문제가 있을 때도 발생하지만 그 원인을 알 수 없는 경우가 30% 가까이 된다.

양수의 이상

양수의 양이 많아 양막이 그 압력을 견디지 못해 터지는 것을 파수라고 한다. 한꺼번에 많은 양의 양수가 쏟아져 나오면 탯줄도 함께 나와 태아와 임신부 모두가 위험하다.

조산을 알리는 징후

아랫배가 단단하게 뭉친다

임신 8개월 후부터는 자궁 수축으로 인해 아랫배가 단단해지다가 부드러워지는 상태가 계속된다. 배뭉침은 전형적인 조산 증세로 배뭉침과 함께 20분 동안 4회 이상 반복적이고 규칙적인 통증이 느껴진다면 일단 안정을 취하고 전문의와 상담한다.

출혈이 생긴다

출혈은 상황이 급박함을 알리는 신호다. 임신 후기의 출혈은 자궁이 아닌 성기에서 나는 경우도 위험하다. 이때는 질 부위를 씻지 말고 패드만 착용한 뒤 곧바로 병원을 찾아야 한다.

양수가 터졌다

갑자기 다리 사이로 따뜻한 물이 흐르면 양수가 터졌다는 증거다. 대부분 양수가 터지면서 곧바로 진통이 시작되므로 패드를 착용하고 병원에 간다. 양수가 터졌을 때는 감염 위험이 있으므로 닦지 말고 허리를 높게 하고 누운 자세에서 배를 움직이지 않는다.

넘어진 후 질 출혈과 복통이 있다

임신 후기에 넘어지거나 외상이 생긴 뒤 곧바로 진통이 시작되기도 한다. 양수가 태아를 보호하는 쿠션 역할을 하므로 사고가 반드시 조산이나 유산으로 이어지는 것은 아니다. 그렇다 하더라도 복통을 동반한 질 출혈이나 요통이 심하다면 태반 조기 박리일 수 있으므로 당장 응급실로 간다.

조산을 예방하는 법

스트레스를 받지 않는다

임신 중 스트레스를 심하게 받으면 자궁에서 스테로이드 분비량이 증가해 자궁의 수축과 이완을 조절하는 세포의 수용체들을 자극한다. 임신 7개월 이후부터는 여유 있게 생활하며 스트레스를 줄이고 잠을 충분히 잔다.

무리하지 않는다

임신 후기에는 오랫동안 서 있거나 무거운 물건을 드는 일, 격렬한 운동 등은 삼간다. 몸에 피로가 쌓이면 조기 파수의 원인이 되기 때문이다. 아랫배가 땅기는 느낌이 들면 하던 일을 멈추고 바로 휴식을 취한다. 옆으로 누워 다리 사이에 쿠션을 끼우는 자세가 좋다. 만약 누울 수 없을 때는 다리를 의자 위에 올리고 등을 기대고 앉아 긴장을 푼다.

정기검진을 꼭 받는다

임신 중에는 주기에 맞춰 체크해야 할 사항들이 있다. 정기검진 때마다 혈압과 체중을 재고 때에 따라 소변 검사를 실시해 다른 질병이 없는지 확인한다. 정기 검진을 통해 자궁과 태아의 상태를 점검해 이상이 발견될 경우 재빠르게 대처한다. 임신성 당뇨나 임신중독증 같은 질병을 앓으면 조산을 초래할 수 있으므로 정기검진을 놓쳐선 안 된다.

체중 관리를 한다

평소에도 체중이 급격하게 늘어나면 건강에 적신호가 켜진 것이다. 임신 중에 체중이 갑자기 늘면 임신중독증으로 이어져 위험하다. 임신중독증에 걸리면 조산할 확률이 건강한 임신부에 비해 2~3배 정도 높아지고, 비만일 경우 조기 파수가 일어나므로 막달에는 체중 관리를 철저하게 한다.

임신 후기에는 부부관계를 자제한다

임신 8개월에 들어서면 임신부의 몸은 출산 준비를 시작한다. 자궁에 자극을 심하게 주면 자궁 수축이 일어나 조기 파수가 생길 수 있다. 임신 중 부부관계를 할 때는 자궁에 직접적인 자극을 줄 수 있으므로 깊이 삽입하지 않도록 조절하고 시간을 오래 끌거나 배를 압박하는 체위도 삼간다. 특히 정액에 함유된 프로스타글란딘은 자궁을 수축시켜 진통을 유도하며 감염 위험도 있으므로 임신 후기에는 되도록 부부관계를 자제하는 것이 안전하다.

조산 가능성이 높은 임신부

- 한 번 이상 조산한 경험이 있는 경우
- 20세 이하 또는 35세 이상 고령인 경우
- 임신중독증에 걸린 경우
- 갑자기 체중이 는 경우
- 쌍둥이 임신인 경우
- 전치태반인 경우
- 자궁 기형, 자궁경관무력증인 경우
- 양수 과다증인 경우

출산

드디어 엄마, 아빠를 만났어요

임신을 알게 된 순간처럼 출산의 순간도 갑자기 찾아옵니다. 진통이 규칙적으로 점점 강도를 달리하면서 몰아치면 드디어 아기를 만날 시간이 다가왔음을 직감하게 됩니다. 분만실에 누워 남편의 손을 잡고 연습한 호흡법에 도전해보지만 진통으로 이미 새하얗게 변한 머릿속은 아무것도 기억나지 않습니다. 숨 쉬는 힘조차 배에 주라는 의사의 말에 따라 온몸의 힘을 집중시키는 순간, 아기 머리가 쑤욱 빠지는 느낌이 들면서 '응애~' 하는 우렁찬 목소리가 들리고 가슴 위로 아기가 안깁니다. 아늑한 엄마 배 속을 빠져나와 엄마, 아빠와의 첫 만남. "안녕! 엄마야~"라며 낯선 세상에 태어난 아기에게 배 속에서 듣던 익숙한 목소리로 사랑을 표현합니다. 그리고 한 팔에 쏘옥 들어오는 작고 여린 아가를 바라보며 조금 전의 사투를 잊고 앞으로의 행복을 그려봅니다.

MOTHERLY CHART ❸

진통에서 회복까지 분만 진행표

	장소	태아 상태
분만 제 1 기	집 혹은 분만 대기실	1 자궁구가 2cm 정도 벌어졌을 때의 태아 모습. 자궁경관이 당겨지면서 부드러워지고 얇아지면서 벌어진다. 2 자궁구가 6cm 정도 벌어졌을 때의 태아 모습. 진통은 2~3분마다 매우 격렬하게 일어난다. 3 자궁이 완전히 벌어졌을 때의 태아 모습. 대개 이 시기 전후로 파수가 일어난다. 4 태아는 손발을 웅크리고 턱을 가슴에 붙이는 자세를 취해 하강 준비를 한다. 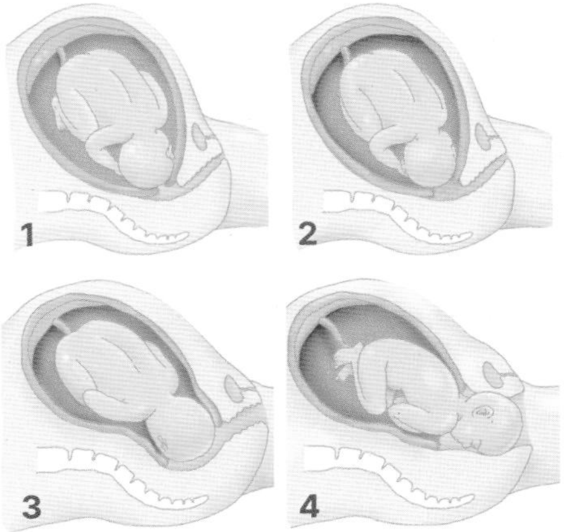
분만 제 2 기	분만실	1 태아는 시계 반대 방향으로 90도 회전해서 엄마의 등 쪽을 향하게 된다. 2 한껏 웅크리고 있던 태아가 얼굴을 조금 위로 들어 올리면서 밖으로 나온다. 3 어깨가 빠져나오기 위해 다시 한 번 90도로 회전해 옆으로 향한다. 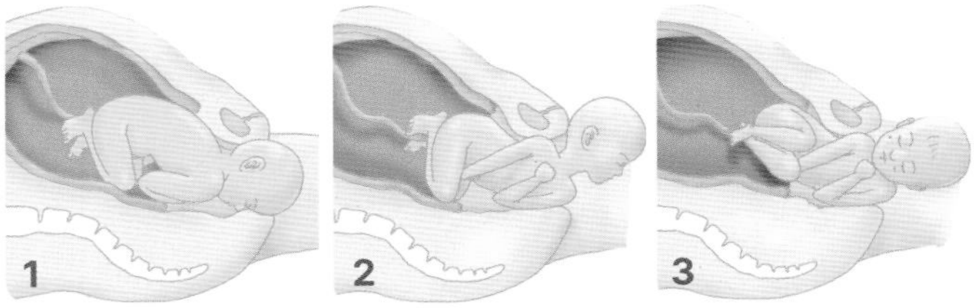
분만 제 3 기	분만실	1 코와 입 속의 이물질을 제거하고 탯줄을 자른다. 2 외형적으로 기형이 있는지 없는지 체크하고 몸무게를 잰다. 3 분만실에서의 기본 처치가 끝나면 아기가 뒤바뀌지 않도록 엄마의 이름과 아기의 성별, 태어난 시각, 몸무게 등을 기록한 팔찌와 발찌를 찬 후 신생아실로 옮긴다.
분만 제 4 기	회복실	1 분만 시 묻은 양수와 태지 등을 닦기 위해 목욕을 시킨다. 물기를 닦고 배꼽 소독을 한다. 2 소아과 의사가 검진을 한다. 3 신생아실로 옮겨져 수유를 한다. 분유를 먹이거나 모유가 나오면 모유를 먹인다. 부모가 원하면 엄마가 있는 회복실이나 병실로 가서 모유를 먹이기도 한다.

	진행	자궁구 상태	진통 간격	진통 시간	산모가 할 일	병원 처치
분만 제 1 기	1단계 잠재기	0~3cm까지 열린다	5분마다 30~45초간	8~9시간	통증이 오면 숨을 깊게 들이마시고 길게 내쉬는 복식호흡을 하고 통증이 멈추면 심호흡을 한다.	문진과 내진, 분만 감시 장치 부착, 관장, 음모 제거, 진통 촉진제, 경막 외 마취 주사, 요도관 삽입
	2단계 진행기	3~8cm까지 열린다	3~4분마다 1분간	3~4시간	가장 편안한 자세로 누워 안정을 취한다. 진통이 올 때마다 힘을 주면 태아가 골반으로 내려오기 어렵고 정작 힘을 써야 할 때 기운이 소진될 수 있으므로 호흡을 통해 몸을 최대한 이완시키는 것이 좋다.	
	3단계 이행기	8~10cm 까지 열린다	1~2분마다 1분 30초간	1~2시간	진통이 점점 강해지고 간격이 짧아지며 파도처럼 밀려오는 느낌이 든다. 심한 진통 후 변을 보고 싶다는 느낌이 들면 분만이 시작된 것이다.	
분만 제 2 기		10cm 이상 완전히 열린다	1~2분 간격으로 짧아지고 1분~ 1분 30초 동안 지속	초산부 1~2시간, 경산부 15분~ 1시간	산모의 가장 중요한 일은 효과적으로 힘을 주는 것. 자궁 수축이 시작되자마자 심호흡을 크게 한 뒤 숨을 멈추고 가능한 한 길게 항문 쪽에 힘주기를 한다. 머리가 빠져나오면 그다음부터는 태아 혼자 힘으로 나오므로 따로 힘을 줄 필요는 없다. 이때부터는 '핫, 핫, 핫' 하는 식으로 짧고 빠르게 호흡해 태아의 마지막 탈출을 돕는다.	회음부 절개, 탯줄 자르기

	처치 시간	산모가 할 일	병원 처치
분만 제 3 기	15~30분	1 아기가 나오고 5~10분쯤 지나면 태반이 떨어져 나오므로 의사의 지시에 따라 가볍게 힘을 준다. 2 회음부를 봉합한 뒤 출혈에 대비해 산모용 패드를 착용하고 회복실로 이동한다.	태반 꺼내기, 회음부 봉합, 자궁 수축제 주입
분만 제 4 기	2시간 정도 안정을 취한다	1 임신 중 커졌던 자궁이 자궁 수축을 통해 원래 크기로 되돌아온다. 이때 진통이 오는데, 이를 후진통 또는 훗배앓이라고 하며 가볍게 자궁 마사지를 해준다. 2 후진통은 사람에 따라 출산 진통과 비슷하거나 그보다 약할 수도 있다. 경산의 경우 약간 증가한다. 3 통증이 심하고 출혈이 많으면 의사에게 알린다.	산모의 출혈, 혈압, 맥박, 의식, 혈액 검사로 빈혈 수치 등을 체크

싣는 순서

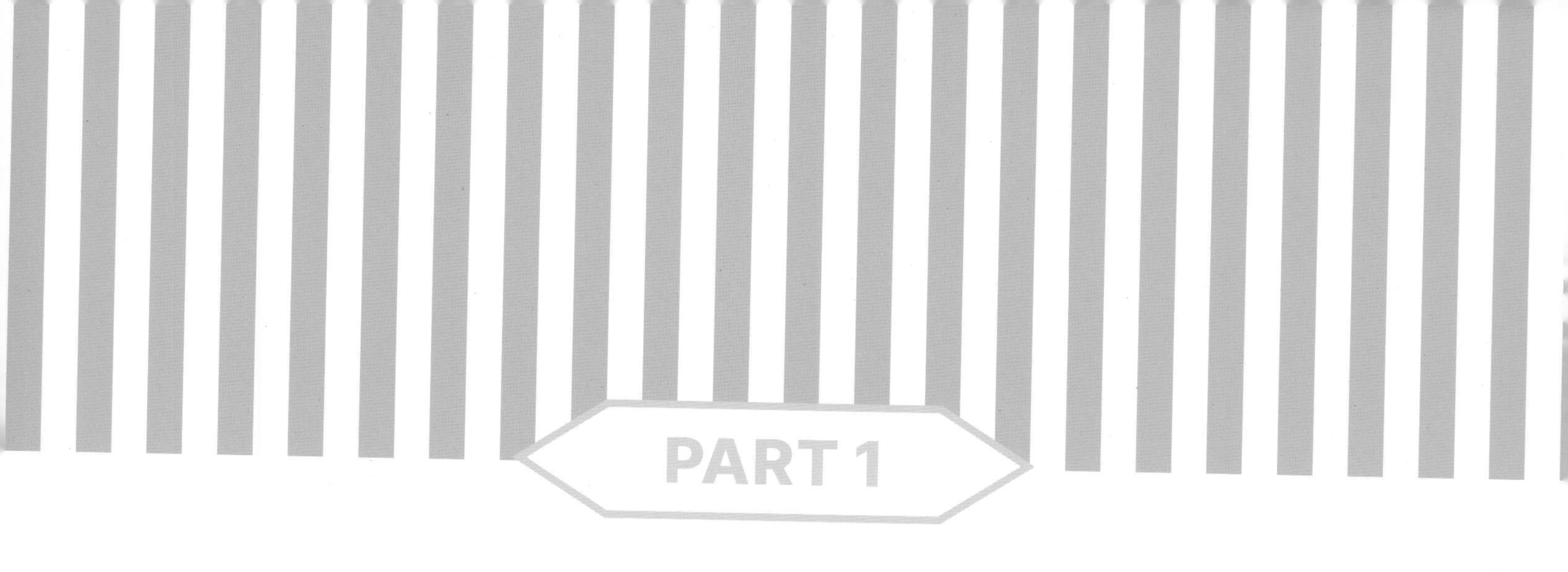

PART 1

소중한 아기와의 만남

하루가 다르게 불러오는 배와 태동의 변화가 아기와 만날 시간이 다가왔음을 알려준다. 그토록 기다리던 아기를 마주할 순간이 다가올수록 기대감과 함께 출산에 대한 두려움이 밀려오는 건 왜일까. 출산에 대한 불안감은 잘 모르기 때문에 생긴다. 출산 신호인 진통이 올 때 대처할 일과 아기가 어떻게 나오는지 등 기본 지식을 알아두면 두려움이 한결 수그러든다. 출산은 새 생명의 탄생이자 '부모'라는 이름으로 살아가게 될 첫 순간임을 잊지 말자.

01

출산 D-30일 체크리스트

출산 예정일이 한 달 앞으로 다가왔다. 임신 37주가 지나면 언제든지 안전하게 출산하는 시기이므로 순조로운 출산을 위해 남은 한 달 동안 무엇을 해야 할지를 체크했다.

D-day	체크할 것	준비할 것
D-30	산후 조리할 곳 최종 점검	산후조리원과 산후도우미 중 어느 쪽을 선택할지는 임신 5개월 전후에 결정하게 되지만, 이즈음 다시 한 번 체크한다. 특히 2~3주 정도 머무는 산후조리원을 나온 뒤의 계획도 세운다. 시댁이나 친정에 갈 예정이라면 미리 짐을 가져다 둔다. 산후도우미 업체는 전화로 상담 후 예약을 해놓는다. 정부 지원 산모 · 신생아 건강관리 서비스를 이용할 경우 출산 예정 40일 전부터 서비스 신청이 가능하다.
D-29	출산 가방 챙기기	출산 예정일은 예정일일 뿐이며 37주 이후에는 언제 출산 신호가 올지 모르므로 이에 대비해 바로 병원에 갈 수 있도록 출산 가방을 미리 챙겨놓는다. 냉장고 등 잘 보이는 곳에 비상연락처와 챙겨야 할 것 등을 메모해 붙여놓는다. 병원에 다녀온 뒤 사용할 아기용품도 챙긴다. 아기 옷과 거즈 손수건, 속싸개 등은 깨끗이 빨아 퇴원 후 바로 사용할 수 있도록 준비한다.
D-28	출산 공부하기	곧 출산한다는 마음으로 남편과 함께 출산에 대하여 공부한다. 라마즈 호흡법이나 이완 · 명상법 등을 연습하면 출산 시는 물론 임신 막달의 심리적 불안함을 극복하는데도 도움이 된다. 또한 모유 수유와 아기의 성장 발달과 육아에 관해 예습하면서 아기를 만날 준비를 한다.
D-27	분만 방법 결정하기	그동안 분만법을 염두에 두고 있었더라도 현재 임신부 본인과 태아의 상태에 맞는 분만법이 무엇일지 상담해 분만 방법을 결정한다. 제왕절개를 할 경우 예정일보다 빠른 날로 여유 있게 수술 날짜를 잡는다.
D-26	일주일에 한 번 정기검진하기	한 달에 한 번, 2주에 한 번 하던 정기검진은 막달에는 일주일에 한 번 실시해 건강 상태와 출산 예정일을 다시 한 번 체크한다. 또한 막달에 나타나는 몸의 변화나 출산에 대한 소소한 궁금증은 메모해 두었다가 담당 의사에게 물어보면서 출산에 대비한다.
D-25	막판 체력 키우기	엄마, 아빠만큼 배 속 태아도 태어날 날을 준비하기 위해 이동한다. 위를 누르고 있던 태아가 골반으로 내려와 식사할 때 한결 편안해짐을 느끼지만 과식은 금물이다. 생선이나 두부 등 단백질 식품을 충분히 섭취하고 과일과 채소도 골고루 먹는 등 영양 가득한 음식을 섭취해 순산을 위한 힘을 기르고 걷기 운동으로 체력을 키운다.
D-24	산모 수첩 지참하기	예정일이 다가올수록 출산에 대한 두려움과 걱정이 커진다. 엄마의 불안한 기분은 태아에게도 영향을 미치므로 가벼운 산책으로 마음을 안정시키고 긍정적인 생각을 한다. 외출 시 갑자기 병원에 갈 수 있으므로 가방 속에 산모 수첩을 항상 챙겨 다닌다.
D-23	남편이 알아야 할 것 메모하기	아내의 빈자리가 남편에게는 크게 느껴진다. 아내가 출산 후 병원이나 산후조리원에 있을 때 남편이 집을 오가며 필요한 것들을 챙길 수 있도록 메모해 놓는다. 자주 사용하는 전화번호 등도 미리 알려주고 혼자서도 세탁기, 청소 등 집안일을 잘할 수 있도록 일러둔다. 임신 막달에는 부부관계를 삼간다.
D-22	출산 징후 숙지하기	여러 가지 출산 징후를 알아둔다. 배뭉침, 가진통, 이슬, 양수 파열 등 초산이라 판단하기 어려운 경우에는 출산 예정 병원에 전화해 문의한다. 남편과 육아 방법에 대해 구체적으로 이야기를 나눈다. 육아 방침을 세우고 산모의 몸조리와 신생아 돌보기에 대한 구체적인 연습을 함께 해본다.
D-21	장거리 이동은 피한다	장거리 여행이나 외출은 막달 임신부 건강에 좋지 않다. 무리한 활동은 잦은 배뭉침 등으로 이어지므로 되도록 집과 병원에서 가까운 거리에서 활동한다.
D-20	아기가 머물 공간 정리하기	출산 후 집에 돌아와 아기와 함께 생활할 때를 대비해 집 안 점검을 한다. 아기가 잠잘 침대나 공간은 엄마 가까이에 배치하고, 아기용품도 아기가 생활할 공간에서 바로 꺼낼 수 있도록 가까운 위치에 놓는다. 가구 등 무거운 물건을 직접 옮기면 자칫 조기 진통이나 양수 파열이 생길 수 있으므로 남편에게 맡긴다.

D-19	정기검진 가기	병원에 가서 정기검진을 받는다. 초음파 검사로 태아의 위치와 자세, 태반의 위치와 양수의 양 등을 체크하고 태아도 태어날 준비를 어떻게 하고 있는지 관심 있게 살펴본다.
D-18	출산 준비물 마무리 하기	막달 초기에는 출산 준비물 구입을 완료하고 정리한다. 너무 앞서 준비하지 말고 출산 후 3개월 이내에 사용할 배냇저고리, 손싸개 등 세탁이나 소독 등을 미리 해야 할 것들 위주로 준비한다. 유축기, 젖병, 기저귀 등 인터넷 주문으로 하루만에 배송되는 물건들은 출산 후 상황에 따라 구입한다.
D-17	아기 앨범 준비하기	태어날 아기의 사진을 담을 앨범을 준비한다. 지금까지 찍었던 초음파 사진을 순서대로 붙이며 간단한 메모를 하는 등 예쁘게 정리하고, 태어나는 순간을 담을 수 있도록 카메라도 준비해 놓는다.
D-16	아기 돌보는 연습하기	첫 아기라면 더욱 책과 동영상, 주변 선배맘들의 조언 등을 통해 아기 돌보는 연습을 남편과 함께 한다. 갓 태어난 아기는 건드리면 부러질 것같이 여려 안는 것도 조심스럽다. 아기 안기는 물론 목욕 시키기, 배꼽 소독하기, 기저귀 갈기, 모유 수유 자세 등 신생아 돌보는 방법을 인형으로 대체해 연습한다.
D-15	분만 방법 최종 결정하기	분만 방법은 출산의 순간까지 응급상황에 따라 변경될 수 있지만, 아기를 만날 날이 얼마 안 남은 만큼 최종 마음의 결정을 하고 준비한다. 가족 분만을 할지 여부도 담당 의사와 상의한 후 결정한다. 또한 출산의 순간 임신부는 물론 남편이 해야 할 일도 체크하고 미리 준비한다.
D-14	집 안 정리하기	입원하고 몸조리를 하는 동안 남편이나 아이들이 집에서 엄마 없이도 쾌적한 생활을 할 수 있도록 준비한다. 입을 옷은 찾기 쉬운 곳에 꺼내놓고, 냉장고를 정리하며 상할 만한 음식은 미리 표시하거나 버린다. 국이나 밑반찬 등도 차근차근 준비해 소분한 뒤 냉동실에 얼려둔다.
D-13	스트레칭이나 마사지하기	출산 예정일이 다가올수록 몸은 점점 힘들어진다. 허리나 등, 엉덩이가 땅기고 아프며 다리의 부기와 경련이 심해진다. 특히 자다가 쥐가 나는 경우가 많으므로 남편에게 혼자 하기 힘든 스트레칭과 다리 마사지를 부탁한다. 스트레칭과 마사지로 뭉친 근육을 풀어주면 통증 해소는 물론 혈액순환이 원활해져 부기도 빠진다. 평소 앉거나 누울 때 다리를 쿠션 위에 올려놓으면 도움이 된다.
D-12	정기검진으로 출산 신호 체크하기	정기검진을 받는 날이면 되도록 남편과 함께 동행해 출산 신호를 체크한다. 태아가 얼마나 내려왔는지, 자궁이 열리거나 이슬 등 특별한 출산 신호는 없는지 확인한다. 또한 순산을 위해 어떤 준비를 해야 하는지도 담당 의사에게 물어본다.
D-11	몸을 청결하게 하기	출산이 임박하면 산도를 부드럽게 하기 위해 분비물이 점점 증가하므로 자주 속옷을 갈아입고 샤워를 한다. 또 양수 파수 등으로 갑자기 출산 신호가 오면 씻기 힘들어지니 평상시 몸을 청결하게 관리한다. 출산일이 가까워질수록 변비가 심해져 치질이 생길 수 있으므로 조심한다.
D-10	매일 꾸준히 걷기	순산을 준비하는 가장 좋은 방법은 운동이다. 무리가 가지 않는 범위에서 걷는 운동을 하면 태아도 쉽게 내려오고 순조로운 출산에도 도움이 된다. 단 조산 경험이 있거나 임신중독증, 다태 임신인 경우는 주의한다.
D-9	고단백 음식 챙기기	분만 시 순산을 하기 위해서는 힘을 많이 주어야 하므로 평소 체력을 길러두어야 한다. 달걀, 우유, 흰살 생선 등 고단백 · 저지방 음식 위주로 먹되 부드럽게 넘어가고 소화가 잘 되는 음식을 먹는다.
D-8	가진통 체크하기	출산이 가까워지면 일상생활에서 배가 땅기는 느낌의 가진통 횟수가 잦아진다. 일정한 간격으로 나타나는지, 진진통으로 발전하지는 않는지 시간을 체크하며 생활한다.
D-7	출산 징후 체크하기	이슬이 비치고, 소량의 양수가 흐르는 등 분만의 시작을 알리는 징후가 없는지 잘 체크한다. 특히 밤사이에 나타나는 새로운 징후가 없는지 살핀다.
D-6	마지막 정기검진일	최종적으로 임신부와 태아의 건강 상태를 체크하는 마지막 정기검진일이라 할 수 있다. 배 속 태아의 상태를 최종적으로 살피는 것은 물론 출산이 닥쳤을 때 어떻게 해야 하는지 상세히 알아둔다.
D-5	마음의 안정 찾기	며칠 앞으로 다가온 예정일 탓에 작은 징후에도 긴장하기 쉽다. 지나친 긴장과 불안은 임신부나 태아에게 모두 좋지 않으므로 동화책을 읽거나 동요를 들으며 마음을 가라앉힌다. 물론 몸에 나타난 징후가 진통은 아닌지도 살펴본다.
D-4	출산 가방 최종 점검하기	D-day가 정말 얼마 남지 않았다. 진통이 오면 언제라도 병원에 갈 수 있는 준비가 다 됐는지 확인한다. 혹시 빠진 물건이 있다면 무리해서 준비하지 말고 메모를 해 두었다가 남편이나 가족에게 부탁한다. 집 안 정리와 챙겨야 할 일들도 최종 점검한다.
D-3	이슬이 비칠 경우	이슬이 비친 뒤 바로 분만이 시작되기도 하지만 보통 2~3일에서 일주일 내에 시작한다. 이슬이 비쳤다는 것은 아기가 태어날 준비를 하고 있다는 신호이므로 이를 확인해 마음을 가다듬고 챙겨야 할 물건들을 살핀다.
D-2	진통이 느껴질 경우	이슬이 비치고 불규칙하던 배의 땅김이 규칙적으로 있다면 시계를 보며 정확히 시간을 잰다. 요즘에는 진통을 체크하는 앱이 있으니 미리 다운받아 두었다가 진통이 느껴질 때 활용한다. 진통 간격은 초산부는 10분, 경산부는 15~40분으로, 확인되면 출산 가방을 들고 병원에 간다.
D-1	드디어 예정일	출산 예정일이 되었는데도 출산의 징후가 없다면 반드시 담당 의사와 상의한다. 42주가 넘어가면 자궁 내 태아의 성장 지연이 일어나거나 양수 감소로 태아 심박동 수가 저하되는 등 응급상황이 발생할 수 있다. 너무 늦어질 경우 유도 분만을 시도해야 하므로 미리 상담해 준비한다.

02 출산 전 해야 할 일

분만을 알리는 신호인 진통이 시작되면 숨을 쉬는 것조차도 힘들다. 미리미리 출산에 대비한 준비를 마쳐 진통이 왔을 때 당황하지 않도록 한다. 입원에 필요한 물품을 챙기는 것은 물론 가장 중요한 마음의 준비도 잊지 말자.

출산 전 필요한 준비

산후 조리할 곳을 정한다

출산 후 거취는 미리 정해놓는다. 산후 조리 방법은 활동하기 편한 임신 중기에 알아본 뒤 자신에게 맞는 조리원이나 도우미를 예약한다. 친정이나 시댁이 먼 거리일 경우에는 병원도 출산 3개월 전에 근처로 미리 옮기는 게 좋다. 태어난 아기를 안고 병원에서 장거리 이동하는 것은 아기와 산모 모두에게 힘들다. 출산 한 달 전, 산모와 아기용품을 정리해 옮겨 놓고 머물 방도 점검한다.

출산 · 입원 용품을 챙긴다

출산 신호가 왔을 때 준비물을 챙기면 진통으로 인해 제대로 가방을 싸기 쉽지 않다. 가방에 미리 출산과 입원 시 필요한 물건을 챙겨 놓고 진통이 왔을 때 들고 가기 쉽도록 찾기 쉬운 곳에 둔다.

분만 방법에 따라 준비물을 달리한다

분만 방법에 따라 입원 일수에 차이가 나므로 자신이 선택한 분만법에 맞게 준비물을 챙긴다. 자연 분만은 출산 후 2박 3일, 제왕절개 분만은 4박 5일에서 5박 6일 정도 병원에 입원하고 본격적인 분만까지 하루 이상 걸리는 경우가 있으므로 이에 대비해 넉넉하게 준비물을 챙긴다.

순산을 위한 체력을 키운다

임신 막달에 운동을 게을리하면 순산하기 어려울 수 있다. 꾸준히 걷는 것이 가장 좋으며 혼자 움직이는 게 걱정된다면 퇴근한 남편과 함께 한다. 장시간의 진통과 마지막 순간의 힘주기를 위해서는 체력도 중요하다. 주로 저지방 · 고단백 음식을 챙겨 먹고 출산 직전에는 육류보다 감자, 밥 같은 탄수화물 식품이 지구력을 길러줘 힘든 분만 시간을 견디게 해주므로 양껏 섭취한다.

아기를 맞이할 준비를 한다

조금이라도 움직이기 편할 때 아기가 머물 방을 정돈하고 용품을 정리해 놓는다. 배냇저고리, 거즈 손수건, 속싸개, 이불, 내의 등은 미리 깨끗이 세탁한다. 집에 처음 온 아기를 위한 공간도 마련한다. 따로 아기 방을 준비할 것인지, 부모와 함께 생활할 것인지를 정해 가구 배치를 하고 자주 사용할 물건은 옆에 놓는다. 아기가 있을 방은 햇볕이 잘 들고 환기가 잘 되는 곳이 좋으며, 직사광선과 외부 소음을 차단하는 커튼이나 블라인드를 달아주면 좋다.

남편과 함께 육아를 공부한다

신생아는 엄마, 아빠의 도움이 필요한 연약한 존재이므로 부부가 함께 육아를 공부해야 한다.

꼭 챙겨야 할 입원 준비물

보온용 내의와 양말

출산 후에는 오한을 많이 느낀다. 병원에서 지급하는 입원복 안에 내의를 입고 목이 긴 수면양말을 신으면 오한이나 찬바람이 몸 안으로 스며드는 것을 막을 수 있다. 출산 후에는 땀을 많이 흘리므로 여러 벌 준비해 갈아입는다. 기본으로 자연 분만 산모는 2벌, 제왕절개 산모는 4벌이 필요하다.

팬티와 산모용 패드

출산 후에는 오로가 많이 나오므로 사이즈가 큰 팬티를 3~5장 정도 여유롭게 준비한다. 특히 제왕절개 산모는 절개선 위까지 덮을 수 있도록 임부용 팬티나 넉넉한 사이즈를 준비한다. 자연 분만 산모는 3장, 제왕절개 산모는 5장. 산모용 패드도 20개 이상 준비한다.

수유 브래지어와 수유 패드

수유 브래지어는 모유 수유를 할 때 편리하다. 임신 중기 이후 체형이 변할 때부터 구입해 사용하면 어색함을 덜 수 있다. 와이어가 없는 랩 스타일의 브래지어가 수유하기 편하다. 수유 나시는 입원복 안에 수유 브래지어 대신 입으면 보온성도 좋고 모유 수유하기 편리하다. 수유 패드는 젖이 많이 나와 흐를 경우에 대비해 준비하는데 출산 직후 당장 필요한 것은 아니므로 상황을 봐서 구입해도 된다. 일회용 모유저장팩은 모유를 유축해 신생아실에 가져다줘야 하므로 미리 준비한다. 함몰 유두인 경우 유두보호기를 챙겨가는 것이 좋다.

카디건

몸을 추스르게 되어 병원 복도를 오가거나, 신생아실에 가거나, 수술 후의 처치를 받으러 갈 때 반드시 필요하다. 여름에도 얇은 카디건을 준비해 입는다.

물티슈와 거즈 손수건

물티슈나 거즈 손수건은 다용도로 쓰이는 용품이다. 출산 후에는 마음대로 씻을 수 없으므로 물을 적셔 얼굴이나 겨드랑이 등 땀이 많이 나는 곳을 닦는다. 제왕절개 수술을 위해 복부에 발랐던 소독약이나 오로를 닦아내기 위해서도 필요하다. 거즈 손수건은 아기에게 모유를 먹일 때 유두를 닦거나 아기 턱에 받치거나 아기를 안을 때 머리를 받치는 용도, 수유 패드 대용으로도 사용한다.

수건

병원에서 수건이 지급되지 않을 수 있고, 모자랄 수도 있으므로 넉넉하게 준비한다. 수건은 젖몸살이 나서 냉·온찜질을 할 때나 유방 마사지를 할 때도 요긴하게 쓰인다. 세면용 1장, 마사지용 1~2장 정도면 된다.

카메라

요즘에는 휴대폰 카메라의 성능이 좋아 많이 사용하지만 일반 카메라를 준비해 아기와 함께 또는 출산을 축하하러 온 이들과 사진을 찍어 두면 기념이 된다.

물컵·보온병

위생상 개인 물컵은 따로 준비하는 것이 좋다. 모유 수유를 위해 따뜻한 보리차를 마시면 좋은데, 보온병을 준비해 가면 일일이 다용도실로 물 담으러 가는 수고를 덜 수 있다.

세면도구·갑 티슈

제왕절개 산모는 입원 기간이 길기 때문에 입원 도중 세수를 하고 머리를 감을 수도 있으므로 비누나 샴푸 등을 준비한다. 출산 직후에는 치아가 약해져 있기 때문에 양치를 하지 않는 산모가 많은데, 이런 경우 오히려 잇몸 질환이나 충치에 걸릴 수 있다. 칫솔모가 부드러운 칫솔을 준비해 양치질을 한다. 제왕절개 수술을 한 산모는 출산 후 1~2일은 움직이기 힘들기 때문에 칫솔 대신 구강 청결제를 사용하면 편리하다. 구강 청결제는 모유 수유 전화를 받았을 때 빨리 입안을 헹굴 수 있어 준비하면 유용하다.

필기도구·휴대폰 충전기

경황없이 병원에 오다 보면 빠뜨리기 쉬운 용품이므로 미리 챙겨 두거나, 메모해뒀다가 빼먹지 말고 챙긴다.

얇은 담요와 베개

산모의 보호자를 위해 필요한 물건이다. 보호자용 침대에서 잠깐 눈을 붙일 때 좋다.

귀가 복장

출산 후에는 병원에 갈 때 입은 옷 외에 새로 준비해간 편안한 옷을 입고 퇴원한다. 출산 후에는 산모의 생각만큼 배가 많이 들어가지 않으므로 임부복이나 헐렁한 옷을 챙긴다.

미용용품

스킨이나 로션, 화장솜, 빗, 손톱깎이 등 빼먹기 쉬운 미용용품도 챙긴다.

아기 옷

퇴원할 때 아기에게 입힐 배냇저고리와 속싸개, 겉싸개, 우주복도 준비해 간다. 병원에서 제공하는 경우도 있으니 확인한다.

회음부 방석과 수유 쿠션, 좌욕기

출산 후 회음부 절개로 인한 통증으로 똑바로 앉아 있기 힘들다. 일명 '도넛 방석'이라 불리는 회음부 방석은 도넛처럼 가운데가 움푹 파여 있어 자연 분만한 산모가 편하게 앉아 있을 수 있게 돕는다. 수유 쿠션, 개인용 좌욕기도 병원에 구비되어 있는지 확인한 후 없다면 따로 챙긴다.

손목·발목 보호대·복대

출산 후에는 뼈가 약해져 손목과 발목 등에 무리가 가기 쉽다. 아기를 안거나 모유 수유를 할 때는 손목 보호대를 착용한다. 압박감이 심한 제품은 오히려 혈액순환을 방해해 팔목과 발목이 더 부을 수 있다. 피부가 약한 산모는 보호대 대신 약국에서 통증 완화 근육테이프를 구입해 사용한다. 출산 후 골반 교정에 도움이 되는 복대도 챙긴다.

마스크&손소독제

코로나19 이후로 요즘은 병원에서 마스크 착용은 필수다. 1인실을 혼자 사용하지 않는 이상 의료진·타인과의 접촉이 있을 때는 마스크를 써야 한다. 각 병원마다 방침이 다를 수 있으니 입원 전 병원에 반드시 확인한다. 여유분의 마스크를 준비하고, 손소독제와 세정제 같은 방역 물건도 꼭 챙긴다.

똑똑한 출산 준비

임신 중기부터 남편과 함께 아기용품을 준비한다. 리스트를 적어놓고 하나씩 차근차근 준비하다 보면 불필요한 소비를 하지 않게 되고 출산에 대한 불안감도 줄어든다.

출산 준비물과 구입 요령

출산 준비물은 미리 세탁해야 하는 옷처럼 반드시 먼저 준비해야 하는 것과 아기를 낳은 후 구매해도 되는 것으로 나뉜다. 또한 선물을 받는 경우도 많으니 필요한 물건은 미리 이야기해 중복되거나 불필요한 용품을 선물 받는 일을 방지한다. 가족과 지인에게 물려받으면 비용을 줄이는 것은 물론 경험자들의 물건에는 생각지도 못한 유용한 것이 있을 수 있다. 단 거즈 손수건이나 젖병 등 아기 위생과 직결된 용품은 새것으로 구입한다. 각종 대여업체를 활용하는 것도 알뜰하게 출산용품을 준비하는 방법이니 참고한다.

***꼭 필요한 출산 준비물**

	체크	분류	준비물	개수	구입 요령
1		의류	배냇저고리*	3~4	생후 한 달 정도 사용한다. 계절에 따라 두께감이 다르므로 아기가 태어나는 계절에 맞게 구입한다. 병원이나 조리원에서 퇴원 시 제공하는 경우도 있다. 예상보다 활용도가 높지는 않다.
2			내의*	2	배냇저고리를 벗은 신생아들이 주로 입는 옷이다. 출산 선물로도 많이 들어오니 미리 많이 구입할 필요는 없다.
3			우주복*	1~2	외출용과 실내용을 각각 구입한다. 외출용은 모자가 달려있는 것이 좋다. 겨울에 태어나는 아기는 발까지 감싸주는 우주복을 구비한다.
4			배냇가운	1	다리를 감싸주는 배냇저고리로, 내의나 외출복으로도 사용할 수 있다.
5			양말*	2~3	외출 시 발을 따뜻하게 감싸준다. 집에서는 딸꾹질을 할 때 신겨주면 딸꾹질이 멈춘다.
6			모자*	1	신생아는 머리의 대천문이 열려 있어 외부에서 오는 자극을 피하고 머리를 따뜻하게 해주는 모자를 준비하는 것이 좋다. 딸꾹질을 할 때도 유용하다.
7			손싸개 · 발싸개*	2	자신도 모르는 몸의 움직임으로 피부에 상처를 내기도 하므로 손싸개와 발싸개를 준비해 아기의 피부를 보호하고 체온을 유지시켜준다.
8			턱받이	1~2	수유 시 옷에 흘리는 것을 방지하기 위해 사용한다. 나중에는 침을 바로 닦아줄 때 요긴하게 쓰인다. 거즈 손수건으로도 대체해 사용할 수 있어 미리 준비할 필요는 없다.
9			거즈 손수건*	20~30	얼굴용과 엉덩이용 등 활용도가 매우 높으므로 넉넉하게 준비한다.
10			일회용 기저귀*	1팩 (60개 내외)	신생아는 하루가 다르게 자라고, 혹시 기저귀가 맞지 않아 발진이 생길 수 있으므로 같은 종류를 미리 많이 사놓지 않는다. 사이즈 교환이 되는 제품인지도 확인한다.
11			천기저귀	30~40	일회용 기저귀를 사용할지, 천기저귀를 사용할지 정한 후 준비한다. 일회용 기저귀를 사용하더라도 천기저귀를 10개 정도 준비해 놓으면 발진이 생겼을 때나 목욕 수건 대용으로 사용할 수 있다.
12			기저귀 커버&밴드	2	천기저귀를 사용할 경우 필요한 준비물로 방수성 및 발수성이 좋은 제품으로 구입한다.
13		수유용품	수유 쿠션	1	초반에 2시간 간격으로 모유 수유를 하는 산모에게 필요하다. 엄마와 아기가 서로 밀착할 수 있도록 높이와 자세를 받쳐주어 수유를 편안하게 해준다.
14			수유 패드	1팩	수유 패드는 모유 수유 초기, 들쑥날쑥한 수유량과 시간 때문에 젖이 차서 유두 끝에 모유가 흐르는 경우 이를 흡수해준다. 시간이 지나면 수유량이 맞춰져 사용하지 않을 수 있으므로 적당히 준비한다.

15		수유용품	산모용 패드*	2팩	출산 후 한 달간 오로가 배출되므로 산모용 패드를 준비한다. 점차 양이 줄면 생리대로 대체해도 되므로 많이 구입하지 않는다.
16			젖병*	2	초반 모유 수유는 돌발 상황이 많다. 양이 적어 분유로 보충을 하거나 모유를 유축해 분유병에 담아 먹이는 경우가 생길 수 있다. 이에 대비해 예비로 신생아용 젖병(150㎖)을 1~2개 준비한 후 상황에 따라 추가 구입 여부를 결정한다.
17			젖병 세정제*	1	젖병 외에 각종 아기용품을 세척해야 할 때 사용한다.
18			젖병·젖꼭지 세척솔*	1	젖병을 구매할 때 젖병과 같은 브랜드나 호환되는 세척솔을 구입하면 사이즈가 맞아 사용하기 편리하다.
19			젖병 집게*	1	뜨거운 물에 젖병을 소독할 때 건져내는 용도로 사용한다.
20			노리개 젖꼭지	1	아기들의 빨고자 하는 본능적 욕구를 충족시켜주는 것으로 입에 닿는 것이므로 안전성을 인정받은 제품을 선택한다.
21			보온병*	2	분유 수유 시 필요한 제품으로 한 병에는 뜨거운 물을, 한 병에는 미지근한 물을 담아두었다가 물을 섞어 분유 온도를 맞춘다.
22			분유*	1	수유가 잘 되지 않을 경우 분유를 먹여야 하므로 미리 준비해놓는 것이 좋다. 다양한 제품이 있으므로 사양을 잘 따져 선택한다.
23			분유포트	1	원하는 온도를 선택해 물을 끓일 수 있고, 보온 기능이 있어 정확한 온도로 손쉽게 분유를 탈 수 있다.
24			분유 케이스	1	외출 시 분유를 덜어 담는 용도로 사용된다. 시중에서 스틱형으로 포장된 분유나 액상분유를 판매하니 이를 챙겨서 다녀도 편리하다. 요즘은 비닐로 된 일회용 분유저장팩도 있다.
25			젖병 소독기	1	물을 끓여 소독할 전용 소독 냄비를 준비하거나 적외선 소독기를 구입하면 더욱 위생적으로 젖병 관리를 할 수 있다.
26			유축기	1	충분하게 수유가 이루어지지 않아 젖이 남아 있거나 양이 많을 경우 유축을 해두었다가 아기에게 보충한다. 혹은 제때 수유를 하지 못하는 직장맘에게 필요하다. 조리원에 가는 경우 미리 구입할 필요가 없으며, 보건소, 구청 등에서 대여할 수도 있다.
27		침구	속싸개*	2~3	아기가 안정감을 느끼도록 꼭 감싸주는 속싸개는 부드러운 소재로 준비한다. 나중에 목욕 타월이나 이불로도 유용하게 사용하므로 넉넉하게 준비한다.
28			겉싸개	1	외출 시 추위를 막아주는 용도의 겉싸개는 가을, 겨울에는 요긴하지만 여름에는 거의 사용하지 않는다.
29			요&이불	1	방바닥 생활을 하는 아기에게 필요하지만 어른용 요를 사용해도 되므로 상황에 따라 준비한다.
30			방수패드*	1~2	기저귀를 갈 때 이불에 대소변이 묻는 것을 방지할 수 있다. 2개가 있으면 빨아쓰기 좋다.
31			베개*	1~2	영아용 작은 베개를 준비하며 짱구베개, 좁쌀베개를 주로 사용한다.
32			목 보호 쿠션	1~2	카시트나 바운서 사용 시 머리 흔들림 증후군 방지를 위한 용도로 준비해두면 유용하다.
33			아기 침대	1	바닥에 있는 아기를 안고 눕히다 보면 몸조리를 해야 하는 산모의 허리에 무리가 많이 간다. 출산 후에는 산후 조리를 위해서라도 아기 침대를 사용하는 게 좋다.
34			침대 범퍼	1	아기 침대를 사용할 경우 아기의 부딪힘 방지와 산만한 주변 상황을 정리해 줄 침대 범퍼를 준비해 설치한다.
35		목욕·위생용품	목욕수건*	1~2	목욕 후 아기의 몸을 감싸고 물기를 닦아 줄 수건으로 도톰하고 사이즈가 큰 것으로 고른다. 속싸개를 대신 사용하기도 해 목욕수건은 1~2장이면 충분하다.
36			목욕바스*	1	아기 피부에 자극이 적은 것으로 준비하며, 신생아의 경우 머리와 몸을 씻는 용도로 따로 준비할 필요 없이 올인원 제품 하나면 충분하다.
37			로션*	1	피부 자극이 적고 보습력이 좋은 것으로 선택한다. 아기 피부 상태에 따라 추가로 구입해도 되므로 많이 사지 않는다.
38			오일	1	건조한 아기 피부를 보호하고 목욕 후 가볍게 마사지하는 용도로 사용하는 오일로, 순한 것으로 준비한다.
39			발진크림	1	신생아는 수시로 대변과 소변을 보므로 엉덩이 발진이 생기기 쉬우니 한 개쯤은 준비해 놓는다.
40			면봉	1	먼지가 덜 날리고 항균 처리가 된 아기용 면봉으로 준비한다. 면봉의 모양이 안전한 것이 좋다.
41			손톱가위*	1	손톱으로 얼굴을 긁기 쉬우므로 신생아 전용 손톱가위를 준비해 수시로 잘라준다.
42			섬유세제와 유연제*	1	아기 피부에 닿는 옷이나 침구류 등은 다이옥신이나 석유계 계면활성제가 함유되지 않은 유아 전용 세제로 출산 전에 세탁해 준비한다.

43		목욕·위생용품	세탁비누	1	신생아는 모유나 분유를 토하는 경우가 많다. 또한 기저귀가 새어 옷에 묻은 경우 물에 불려두었다가 아기 전용 세탁비누로 애벌빨래한 뒤 세탁하면 잘 지워진다.
44			물티슈*	4~5	엉덩이 등 아기 피부는 물론 주변 용품 세척까지 다양한 용도로 사용한다. 순한 성분의 것으로 고르고, 개봉하면 일주일 안에 사용할 것을 권장하므로 1팩당 장수가 너무 많지 않은 것을 고른다.
45			아기 욕조*	1	아기가 커서도 사용할 수 있는 넉넉한 크기로 구입하며 가볍고 튼튼한지, 가장자리가 매끄러운지, 깊이는 적당한지 등을 잘 살핀다. 스스로 앉기 전에는 목욕의자 위에 눕혀 씻기면 안전하고 편리하다.
46		기타	체온계*	1	아기는 쉽게 열이 나고 온도에 민감하다. 열 조절이 안 되면 위험할 수 있으므로 구비해 놓는다. 비접촉식과 접촉식이 있고 각각 장단점이 있으므로 잘 판단해 구입한다.
47			흑백 모빌	1	생후 100일까지는 흑백 모빌이 필요하고 그 이후에는 컬러 모빌을 사용한다.
48			아기띠*	1	아기띠나 슬링, 포대기, 힙시트 등 여러 가지 제품이 있으므로 취향에 맞게 구입한다. 아기에 따라서 선호하는 스타일이 다를 수 있으므로 미리 구입하지 말고 출산 후 직접 착용한 후 구입해도 좋다.
49			카시트*	1	병원에서 이동 시 아기의 안전을 위해 꼭 필요한 것으로 신생아는 목을 가누지 못하므로 바구니형 카시트를 추천한다.
50			유모차*	1	디럭스와 절충형 등 다양한 유모차가 있으므로 상황과 취향에 따라 고른다. 주로 외출이 가능한 100일 이후에 사용하므로 미리 구입하는 것보다 출산 후 구입한다.
51			회음부 방석	1	자연 분만을 한 산모에게 필요한 것으로 병원이나 조리원에 있을 수 있으므로 확인 후 구입한다. 보통 1~2주 정도 사용한다.
52			손목보호대·발목보호대	1	출산 후 완전히 회복되지 않은 몸으로 아기를 안거나 활동하면 관절에 무리가 갈 수 있으므로 준비한다. 혈액순환을 방해해 몸을 더 붓게 만들 수 있으므로 아기를 안을 때에만 사용한다.
53			아기 세탁기	1	아기 빨래만 소량으로 자주 할 수 있고 삶는 기능이 있어 구입하면 편리하다. 물론 없어도 된다.

2023년 기준 출산&육아지원정책

임신부 인플루엔자 무료 접종 가능

2019년 10월부터 임신부들은 임신 주수에 상관 없이 인플루엔자(독감) 4가 백신을 무료로 접종할 수 있다. 주소지와 관계 없이 전국 지정의료기관에서 접종 가능하다.

난임 부부 시술비 지원

복지부 난임 부부 시술비 지원 사업 대상은 기준 중위소득 180% 이하 난임 부부로, 인공수정과 체외수정(신선배아, 동결배아) 시술비 중에서 일부 및 전액 본인부담금을 지원해주는 방식이다. 지원금은 최대 110만 원이며, 신선배아 최대 9회, 동결배아 최대 7회, 인공수정 최대 5회까지 시술비 중 일부 및 전액 본인부담금을 지원한다. 비급여 3종(배아동결비, 유산방지제 및 착상보조제)도 최대 상한 금액 내에서 지원한다. 지역별로 차이가 있을 수 있으니, 각 지자체에 반드시 확인한다.

고위험 임신부 의료비 지원

19대 고위험 임신 질환으로 진단받고 입원 치료를 받은 임신부 입원 치료비를 1인당 300만 원 한도 내에서 진료비의 90%를 지원받을 수 있다.

배우자 출산 휴가 연장

아내가 출산하면 남편도 유급 3일, 무급 2일로 최대 5일 출산휴가를 사용할 수 있었는데, 2019년 10월부터 최대 10일까지 유급으로 사용할 수 있다. 배우자 출산일로부터 90일 이내에 사용 가능하며, 1회에 한해서 분할해 사용할 수 있다. 분할 횟수는 2023년 내에 늘어날 계획이다.

출산 전후 휴가 지원

휴가가 끝난 날 이전까지의 피보험 단위 기간이 180일 이상인 근로자라면 출산 전후로 휴가가 보장된다. 출산 전과 후를 합산해 90일(다태아는 120일)의 출산 전후 휴가를 의무적으로 신청할 수 있다. 단태아의 경우 90일간 최대 월 210만 원, 다태아의 경우 120일간 최대 월 210만 원을 지원한다.

고용보험 미적용자 출산급여 지급

프리랜서나 1인 사업자와 같이 고용보험 적용을 받지 못하는 여성 근로자들도 2020년부터 월 50만 원씩 3개월 동안 총 150만 원을 출산 급여로 받을 수 있다. 지급 요건은 출산 전 18개월 중 3개월 이상, 그리고 출산일 현재도 소득활동을 하고 있어야 하며 소득이 발생해야 지급받을 수 있다. 가까운 고용센터에 방문해 신청하면 된다.

출산휴가 급여 인상

중소기업들의 출산 전후 휴가 급여가 최대 180만 원에서 200만 원으로 늘어난다. 회사에 대한 출산 휴가 대체 인력의 임금 지원금도 60만 원에서 80만 원으로 늘어난다.

친환경농산물 선물 꾸러미

농림축산식품부에서 임신부와 출산 6개월 이내 여성에게 12개월간 월 2회 연 48만 원(본인부담금 20% 별도)가량의 친환경농산물 꾸러미를 제공하는 서비스로 2021년 임신부 친환경농산물 지원 사업은 전국적으로 확대돼 서울시, 강원도, 충청북도, 대전시, 전라북도, 전라남도, 제주도는 전 지역 운영하며, 그 외 지역은 부분적으로 운영된다. 온라인으로 신청하거나 읍 · 면 · 동(서울시는 해당 구청)사무소에 신청하면 자격 확인을 거쳐 회원 고유번호가 SMS로 발송된다. 이후 회원가입과 동시에 편리하게 친환경농산물 쇼핑을 즐길 수 있다. 지역별 신청일이 다르고, 지자체별로 선착순으로 마감하는데 자세한 사항은 각 지자체로 문의하면 된다. 임신부 친환경농산물 쇼핑몰(www.ecoemall.com) 홈페이지에서 자세한 서비스 내용을 확인할 수 있다.

가족돌봄제

연 최대 10일의 휴가 사용이 가능했던 가족돌봄제가 최대 90일까지 휴직을 신청할 수 있도록 개정안이 통과됐다. 부모나 자녀, 배우자, 배우자 부모 등 가족이 질병이나 사고, 노령으로 인해 돌봄이 필요한 경우 사용할 수 있는 가족돌봄휴직제도다. 또한, 취학 전 자녀를 둔 근로자는 육아휴직 대신 근로시간 단축을 선택할 수 있다.

3+3 육아휴직

엄마, 아빠 공동육아를 독려하는 제도다. 생후 12개월 이내 영아의 부모가 동시 혹은 순차적으로 사용할 경우 첫 3개월 동안 엄마, 아빠 모두 육아휴직 급여를 인상해준다. 엄마 3개월, 아빠 3개월 육아휴직을 사용하면 각각 최대 월 300만 원(통상 임금의 100%)을 지원하며, 2개월+2개월 사용 시

사진 제공 한국농수산식품유통공사

각각 최대 월 250만 원(통상 임금의 100%), 1개월+1개월 사용 시 각각 최대 월 200만 원(통상 임금의 100%)을 지원한다.

가사 돌봄 서비스

서울 성동구는 2020년 6월부터 임신부 가사 돌봄 서비스를 운영하고 있다. 1일 4시간, 총 7회 임신부 가정에 방문해 청소와 세탁 등 가사 서비스를 무료로 해주는 사업이다. 광진구 역시 2021년 3월부터 임신부 가사 돌봄 서비스를 시행하고 있다. 신청방법은 각 지역 주민센터로 문의하면 된다. 참고로 서울시는 기준 중위소득 150% 이하 가구에 해당하는 임신부에게 가사 돌봄 서비스를 지원하고 있다.

울산시는 임신부 또는 출산 후 3년 미만의 임신부를 대상으로 가사 서비스를 지원하며, 소득 수준과 상관없이 신청이 가능하다. 광주시는 출산 전 5개월(임신 21주)부터 출산 예정일까지의 막달 임신부에게 가사 돌봄 서비스를 제공한다. 광주시에 3개월 이상 거주한 임신부가 '광주아이키움'에 신청하면 거주지 청소, 정리정돈 등 가사 지원 또는 정리수납 서비스를 받을 수 있다. 임신부가 소득 수준에 상관없이 신청하면 선착순 1000명까지 1인 최대 20만 원(가사 지원 5회, 정리수납 1회)을 지원받을 수 있다.

저소득층 기저귀 지원 정책

만 2세 미만 영아(24개월 미만)에 대해서 국민기초 생활보장법상 생계, 의료, 주거, 교육수급 수급가구, 차상위 본인부담경감 대상 가구 등 몇 가지 산정 기준에 적합하면 월 8만 원까지 기저귀 구매비용을 국민행복카드에 바우처 포인트로 지원해준다.

전기요금 할인 제도

아이가 태어나면 출생일로부터 3년간 전기요금을 감면받을 수 있다. 2023년 기준 최대 1만 6000원 한도 내로 전기요금이 30% 할인 적용된다.

에너지 바우처 사업

에너지 취약 계층의 시원한 여름과 따뜻한 겨울을 지원하고자 전기, 도시가스, 지역난방, 등유, LPG, 연탄을 구입할 수 있는 바우처를 지급한다. 임신 중이거나 분만 후 6개월 미만의 여성에 해당하며, 의료급여 수급자에 한한다. 지원 대상자의 주민등록상 거주지 기준 읍·면·동 행정복지센터에서 신청 가능하다.

국민행복카드

임신 1회당 단태아 100만 원, 다태아 140만 원으로 상향 지원된다. 사용 기간도 기존에는 출산 1년까지 사용해야 했지만 2년까지로 늘어났다. 또한 산부인과와 소아과뿐만 아니라 일반 내과 등에서도 쓸 수 있고, 모든 진료비 및 약제비, 치료 재료 구입비로 쓸 수 있도록 범위가 확대됐다.

아동수당·부모급여·양육수당

아동수당은 만 0세부터 만 8세 미만(0~95개월)인 모든 아동에게 매달 10만 원씩 지급하는 제도다.

2023년부터 기존의 영아수당 대신 부모급

여가 지급된다. 부모급여는 출산 후 1~2년 동안 가정의 소득을 안정적으로 보전하고 양육에 대한 경제적 부담을 낮춰주기 위해 만들어진 제도다. 0~11개월 아동이 있는 가정에는 월 35만 원의 급여를 지급한다. 가정보육 시 받을 수 있으며, 어린이집 등 보육 기관 이용시에는 보육료를 차감한 뒤 남은 금액을 바우처로 지급받게 된다.

양육수당은 가정보육 시에만 받을 수 있다. 0~11개월까지는 월 20만 원, 12~23개월까지는 월 15만 원, 24개월부터 취학 전까지는 월 10만 원을 받을 수 있다.

어린이집 등을 이용하는 대신 가정보육을 하는 부모에게도 육아수당을 지급하자는 취지로 만들어진 제도라 할 수 있다. 아동수당 및 부모급여, 또는 아동수당 및 양육수당은 중복 수혜가 가능하지만, 부모급여와 양육수당은 중복 수혜가 불가능하다.

맘편한 KTX/SRT 혜택

코레일 멤버십 회원 중 임신부를 위한 상품으로 KTX 일반실 가격으로 특실을 이용할 수 있다. 임신 확인부터 예정일 후 1년까지 이용 가능하다. SRT는 열차별 승차율에 따라 지정된 좌석을 30% 할인해준다.

출산 축하금

각 지자체별로 상이하게 출산 축하금을 지급하기 때문에 '우리동네 출산축하금'을 검색한 뒤 내가 사는 지역과 몇째 아이인지 입력하면 시·도 출산축하금과 국가 지원금, 축하용품까지 한 번에 확인할 수 있다.

서울시 거주 임신부들을 위한 알짜 정보!

임신부 교통비 지원

서울시는 2022년 7월부터 서울 거주 모든 임신부에게 1인당 70만 원의 교통비를 지원한다. 교통비는 신용 · 체크카드에 교통 포인트로 지급되며, 지하철 · 버스 · 택시 같은 대중교통을 이용할 때는 물론이고 자차 유류비로도 사용할 수 있다. 지원 대상은 서울시 6개월 이상 거주 임신부로 임신 3개월부터 출산 후 3개월까지 신청할 수 있으며, 출산 후 12개월까지 사용 가능하다.

서울시 한의약 난임 치료 지원

서울시는 한의약 난임 치료 지원을 통해 난임 부부의 자연임신 및 건강한 출산을 돕는다. 지원 대상은 자연임신을 희망하는 원인 불명의 난임 진단 부부로 여성 만 44세 이하를 대상으로 한다. 대상자일 경우 한의약 난임 치료 3개월 첩약 비용의 90%를 지원한다. 1년에 1회, 1인당 최대 2회 이용 가능하다.

서울아기 건강 첫걸음 사업

임신부가 산전 · 산후에 겪는 사회적, 심리적 어려움에 대처하고 부모의 양육 역량을 강화할 수 있도록 보편방문, 지속방문, 엄마모임, 연계서비스 등을 제공하는 사업이다. 이 사업은 임신부터 출산, 그리고 태어난 아기가 만 2세가 될 때까지 간호사의 가정방문을 핵심 전략으로 하여 이루어진다.

첫만남 이용권 도입

2022년 1월 1일 이후 출생 신생아부터 적용된다. 출생아 1명당 200만 원의 바우처가 제공되며 출생일로부터 1년간 사용 가능하다. 출산 및 산후조리, 소아과 방문, 육아용품 구입 등에 쓸 수 있으며, 국민행복카드 바우처처럼 포인트 형식으로 지급된다.

산후조리경비 지원

2023년 9월 1일부터 소득기준에 관계없이 모든 출산 가정에 100만 원의 산후조리경비 지원을 시작한다. 서울시에 6개월 이상 거주한 모든 산모를 대상으로 한다.

기대되는 출산 혜택

정부는 2024년부터 부모급여에 대해 만 0세 자녀의 경우 월 100만 원, 만 1세의 경우 월 50만 원으로 상향하겠다고 발표했다. 2023년 내로 맞벌이 가정의 육아휴직을 기존 1년에서 1년 6개월로 연장하겠다고 발표했으며, 배우자 출산 휴가도 10일에서 14일로 확대하는 방안을 추진하겠다고 밝혔다. 또 육아기 근로시간 단축제도 대상 자녀의 연령 상한을 기존 만 8세에서 만 12세로 확대할 예정이다.

04

제대혈에 대한 모든 것

출산을 앞둔 예비 부모들은 선택해야 할 일들이 많다. 그중 탯줄 혈액인 제대혈은 아기가 태어나는 순간에만 얻을 수 있어 해야 할지 더욱 고민스럽다. 보관해두면 훗날 요긴하게 쓰일지도 모를 제대혈에 대해 살펴보자.

· **도움말** 국립장기조직혈액관리원(www.konos.go.kr)

제대혈이란

제대혈은 분만 후 산모와 아기를 연결하는 탯줄에서 채취하는 혈액이다. 탯줄 속에는 인체의 면역체계와 적혈구 · 백혈구 · 혈소판 등 혈액을 만드는 조혈모세포, 연골 · 뼈 · 근육 · 신경 등을 만드는 중간엽 줄기세포, 조직 및 장기로 분화되는 성체줄기세포의 일종인 간엽줄기세포가 다량 들어 있다. 만약 골수가 정상적인 기능을 하지 못하는 경우 골수 이식 대신 줄기세포 중 혈액을 만드는 조혈모세포를 이식하면 백혈병, 폐암, 유방암 및 소아암, 재생 불량성 빈혈, 류머티즘 등의 혈액 질환이나 헌터증후군, 선천성 면역 결핍증 등 선천적 대사장애를 치료할 수 있다. 제대혈 이식은 골수 이식에 비해 여러 가지 장점을 지닌다. 골수 이식이 전신 마취 후 엉덩이뼈에 구멍을 뚫어 큰 고통을 겪은 뒤 골수를 채취하는 데 비해 제대혈은 출산 시 탯줄과 태반에서 쉽게 구할 수 있고, 조혈모세포는 골수 조혈모세포보다 미성숙해 3~4개의 유전인자만 맞아도 이식을 할 수 있다. 제대혈에 포함된 조혈모세포는 골수 속에 들어 있는데 일생에 단 한 번 태어날 때 산모와 아기에게 고통 없이 쉽게 구할 수 있다. 암이나 유전 질환의 가족력이 있다면 아기의 제대혈을 보관해 아기는 물론 가족 구성원의 질병을 예방할 수 있다.

제대혈 이식은 1988년 프랑스에서 처음 시술되었고, 우리나라에서는 1996년 대구 계명대 동산병원에서 시술된 혈연 간 이식이 처음이다. 현재 국립장기조직혈액관리원에 등록된 제대혈등록기관은 총 16곳이다. 가족 제대혈 은행과 공여 제대혈 은행, 가족과 공여 제대혈 은행을 병행해 운영하는 세 가지 형태가 있어 해당 은행에 문의 후 이용한다.

채취와 보관법

제대혈은 출산 후 1~2분 내에 탯줄에서 바로 뽑아낸다. 주사기를 사용해 채취하기에 산모나 아기 모두 통증이 없다. 채취한 제대혈은 24시간 안에 운반되어 조혈모세포 수, 세포 생존율 등 품질 검사와 B형 및 C형 간염, 에이즈 등의 감염 여부 검사 등 제대혈 냉동 보관 적합성 여부를 판단하는 총 18개 항목의 검사를 한다. 그리고 여러 단계의 처리 과정을 거쳐 분리된 조혈모세포는 영하 135℃ 이하의 질소 탱크에 15년간 냉동 보관된다. 물론 제대혈의 양이나 세포 수가 기준에 미치지 못하거나 세포 생존율이 기준 이하인 경우, 미생물 배양 검사에서 양성반응을 보이거나 간염바이러스 등에 감염된 경우는 보관이 불가능하다.

보관의 장점

치명적인 질병을 대비한다

백혈병 등 다양한 종류의 암(뇌종양, 고환암, 다발성 골수종), 악성 혈액 질환(재생 불량성 빈혈, 선천성 혈구 감소증), 선천적 대사장애(헌터증후군, 선천성 면역 결핍증), 면역장애 질환 등 그 밖의 수십 가지 질병에 치료제로 사용될 수 있다. 최근에는 줄기세포 이식을 통해 뇌성마비와 소아당뇨 등을 치료하는 임상 및 자가이식이 진행되어 더 주목받고 있다. 가까운 미래에는 뇌졸중, 당뇨병, 심장병 등을 줄기세포로 치료할 수 있도록 연구 중이다.

골수 이식보다 효과적이다

일반적인 골수 이식의 경우 공여자에게 골수를 채취해야 하는 어려움이 따른다. 제대혈은 간편하게 채취할 수 있을 뿐 아니라 면역 거부 반응이 매우 낮고 바이러스 감염의 위험성이나 이식 후 합병증이 적다. 골수 이식은 조직 적합성 항원(HLA)이 6개가 모두 일치해야 가능하지만 제대혈은 조혈모세포 상태가 미성숙하기 때문에 3개만 일치해도 이식할 수 있다. 골수 이식은 적합한 시기를 놓칠 위험이 있지만 제대혈은 원하는 시기(15년, 20년, 30년, 평생 보관)까지 냉동해두고 필요할 때 쓰는 장점을 지녔다.

가족들도 사용 가능하다

부모는 물론 형제자매도 조직 적합성 항원이 적합할 경우 사용할 수 있다. 형제자매 간에는 이식받을 수 있는 확률이 70% 정도이며 부모와는 50% 정도 조직형이 맞을 확률이 있어 이식 가능성은 더 크다.

보관 은행 선택 포인트

피보험자 동의서 체크

보존 과정에서 파손, 손실 시 이를 통보한 뒤 전체 금액 환불 등의 사항이 기록되어 있으므로 꼭 확인한다.

배상보험 가입 여부

만일에 대비한 배상보험에 가입된 상태인지 확인한다. 또 세균 오염 시 환불 규정도 따져보아야 한다. 전액 환불해주는 곳도 있지만 검사비를 제외하고 환불해주는 곳도 있다.

실제 이식 여부

보관된 제대혈의 이식 사용 여부 및 치료 성적은 각 업체의 홈페이지나 산부인과에서 꼼꼼하게 확인해야 할 부분이다. 공여 은행이 있으면 연구 및 치료 기회 또는 경험이 많아지므로 이에 대한 정보도 참고한다.

재무 상태 체크

해당 업체가 부도나면 구제받을 길이 없다. 코스피, 코스닥 상장 기업인지 확인하고 현재 시가총액이 얼마나 되는지 재무 상태를 확인한다.

가족 vs 기증 제대혈 은행

제대혈 은행은 운영 형태에 따라 가족 제대혈 은행과 기증 제대혈 은행 2가지로 나뉜다. 가족 제대혈 은행은 기증자가 100만 원이 넘는 보관비용을 전액 부담하는 대신 약 15년간 사용권을 가진다. 이에 반해 기증 제대혈 은행은 순수 기증 제대혈만을 보관하는데, 헌혈처럼 필요한 환자라면 누구나 이용할 수 있다는 게 특징이다. 다시 말해 다른 사람의 치료나 연구 목적으로 제대혈을 무료 기증하는 형태인 것. 따라서 기증 제대혈은 기증한 산모나 아이에게 제대혈 소유권이나 사용권이 없지만 본인 제대혈이 필요할 때 기증 제대혈 은행에 아직 남아 있고 이식에 적합하다면 사용할 수 있다.

제대혈에 대한 궁금증

보관 시설과 인력이 열악하다

실제로 제대혈 업체 KT바이오시스의 부도로 1525명의 제대혈이 폐기 처분되는 불상사가 생긴 적이 있다. 이후 제대혈법이 시행되어 국가의 관리 감독을 받아 허가가 난 곳만 운영이 가능하며, 부도나 폐업 시에는 다른 곳으로 이관해 계속 보관될 수 있도록 필요한 재정비용을 지원한다.

소아 백혈병의 경우 성공률이 낮다

소아 백혈병의 경우 성인 백혈병과 달리 유전적 소인이 크기 때문에 오히려 타인의 제대혈을 이식한 것보다 성공률이 떨어진다. 어린 나이에 백혈병에 걸린 아이는 이미 백혈병에 취약한 유전 인자를 타고난 경우가 많아 자신의 제대혈을 이식하면 다시 백혈병이 재발할 확률이 더 높다는 것이다. 그래서 제대혈 이식으로 3년 이상 생존할 확률은 40~45% 정도에 불과하다.

보관 시기의 효과가 의문스럽다

제대혈의 보관 시기도 논란의 대상이다. 제대혈 보관 회사들은 15~20년 동안 제대혈이 보관 가능하다고 말하지만, 실제 이식에 사용된 최장 기간 보관 제대혈은 4년 정도. 실험실의 경험상으로도 액체 질소에 보관된 세포들의 수명은 5년을 넘지 못한다. 5년 이상 냉동 보관된 세포는 해동 시 생존 비율이 매우 떨어지고, 살아남더라도 세포학적 특징에 변화가 오는 경우가 많다고 한다.

제대혈 사용 횟수는 한 번이다

제대혈은 대개 1회 사용이 일반적이다. 채취 후 보관한 제대혈의 양이 한정적이고 세포당 이식 세포 수가 중요한 조혈모세포는 여러 번 나눠 사용하기 어렵다. 그러나 체외배양과 증폭이 가능한 간엽줄기세포의 경우는 때에 따라 가능하다.

제대혈 은행

보령아이맘셀뱅크 제대혈은행 031-491-2271
차병원 기증 제대혈은행 031-881-7481
서울특별시 제대혈은행 02-870-2910
아이코드 제대혈은행 031-881-7468
베이비셀 제대혈은행 02-460-3286

05

나에게 맞는 산후 조리법

산후 조리는 여자의 평생 건강을 좌우한다고 할 정도로 중요하다. 친정이나 시댁, 산후조리원, 산후도우미 등의 다양한 방법이 있으니 상황에 따라 결정한다. 무엇보다 산모가 아기를 안심하고 맡기고 편안하게 쉴 수 있어야 한다.

친정 · 시댁에서 조리하기

최근에는 많은 산모들이 산후조리원을 선호한다. 그러나 마음이 가장 편안한 산후 조리는 그 누구보다 애정으로 산모와 아기를 돌봐주고 산후 조리와 출산, 육아의 경험이 풍부한 친정이나 시댁 등 가족의 도움을 받는 것이다. 대부분의 산모들이 선호하는 산후 조리 장소는 조리 기간 내내 몸과 마음 편하게 지낼 수 있는 친정집이다. 자신의 식성에 맞는 음식은 물론이고 보양식도 확실히 챙겨 먹을 수 있으며, 경제적으로도 도움이 되기 때문이다. 산모의 심리적 부담감 때문에 시댁보다 친정이 편안한 것은 사실이지만 손주에 대한 각별한 사랑으로 산모와 아기를 돌봐주는 마음은 시댁도 마찬가지다. 무엇보다도 각자가 처한 환경과 각각의 장단점을 살펴본 뒤 남편, 부모님과 상의해 결정한다.

장점

1 어른이 곁에 있어 마음이 편하다.
2 상대적으로 비용이 적게 든다.

단점

1 도움을 받는 일이 불편하기도 하다.
2 부모님이 옛날 방식을 고수해 마찰이 생길 수 있다.

성공 노하우

신생아 돌보는 요령을 미리 연습한다

예비 부모인 산모와 남편은 예행연습을 한다는 생각으로, 부모님은 오래전 기억을 다시 더듬어 꺼낸다는 생각으로 미리 신생아의 특징에 대해 공부하고 돌보는 요령을 연습한다. 특히 산모는 신생아의 신체에 관한 지식이나 돌보는 요령을 숙지해 두었다가 필요할 때 기분이 상하지 않는 선에서 부모님께 알려드리는 게 좋다.

남편과 다른 식구의 참여를 높인다

산모와 신생아를 어머니 혼자서 보살피다 보면 힘에 부칠 수 있다. 초기에는 출산휴가로 곁에 있는 남편의 도움을 적극적으로 받고, 이후에는 남편과 아버지는 물론 형제자매가 있다면 미리 협조를 구한다. 첫 1~2주는 아기는 물론 모든 가족이 함께 적응한다는 생각으로 시간과 체력이 허락되는 범위에서 도움을 받는다.

산후 조리 방식을 존중한다

부모님의 육아에 대한 경험은 과거의 방식이고 산모는 책과 주변에서 들은 이야기로만 경험을 쌓은 경우가 많아 산후 조리나 신생아 돌보기에 있어 의견이 부딪히기도 한다. 이럴 때는 부모님의 마음이 상하지 않도록 잘 돌려서 말하고 크게 잘못된 것이 아니라면 가능한 한 따르는 것이 좋다. 하지만 아기의 건강과 위생 등의 문제는 육아서적을 보여주며 상의한다.

위생에 각별히 신경 쓴다

친정이나 시댁 등 부모님 집에 머무르면 조리원보다 외부인의 방문에 제약이 없다. 친척이나 동네 이웃의 축하 인사 방문이 잦으면 그만큼 외부의 나쁜 균에 전염될 가능성이 높다는 뜻. 면역력이 약한 산모와 신생아를 위해 주변에 양해를 구해 축하 인사는 당분간 전화로만 받고, 집에 들어오거나 아기를 만지기 전 반드시 손을 깨끗이 씻는 등 위생을 청결히 하도록 신경 쓴다.

2주 후에는 조금씩 활동한다

산후에는 회음부의 통증으로 움직임이 불편할 뿐 아니라 정상적인 몸의 회복을 위해 2주 정도는 집안일을 자제하고 휴식을 취한다. 부모님의 뒷바라지가 죄송스러워 눈치가 보이더라도 적어도 2주는 누워서 푹 쉰다. 3주 차부터는 아기 기저귀 갈기나 옷 갈아입히기 등의 아기 돌보기, 식사 준비 등 간단한 집안일을 시작하자. 조금씩 몸을 움직이는 것이 오히려 회복이 빠르고 컨디션 조절에 도움이 된다.

감사 표현을 잊지 않는다

너무 편하게 지내다 보면 때로는 부모님의 노고를 당연시 여기는 경우도 있다. 연세가 많으신 부모님이 산모 구완과 신생아 돌보기를 병행하는 일은 결코 쉽지 않다. 산후 조리 기간은 3주가 넘지 않도록 하고 매일 1시간 이상 휴식 시간을 드린다. 산후 조리 동안은 물론 끝난 후에 반드시 감사의 마음을 표현하도록 한다. 시어머니에게도 마찬가지다. 며느리 조리하랴, 눈치 보랴, 아기 돌보랴 이래저래 힘든 시어머니에게도 애교 섞인 웃음과 함께 감사하다는 말을 잊지 말도록 한다.

산후조리원에서 조리하기

산후조리원은 산모가 아기와 함께 2~4주 동안 머물며 몸 회복에 전념할 수 있도록 도와주는 전문센터로 누구의 간섭도 받지 않고 쉬며 아기 돌보기를 배울 수 있어 최근 산모들이 가장 선호하는 추세다. 산후조리원의 장점은 24시간 아기를 돌봐주고 산모가 편안하게 휴식을 취할 수 있도록 최대한 지원해 준다는 것. 시설은 산후조리원마다 차이가 있지만 보통 TV와 전화기가 갖추어진 1인실이 기본으로 신생아실이 따로 있어 전문 간호사가 아기를 돌봐준다. 휴게실, 좌욕실, 찜질방, 마사지 시설 등 산모가 편리하게 이용할 수 있는 부대시설과 자동 유축기, 수유 쿠션 등 수유를 위한 용품이 잘 갖춰져 있다.

또 아기 사진 촬영 서비스는 물론 산후 요가, 흑백 모빌 만들기, 아기 돌보는 요령 강의 등 다양한 프로그램들도 제공되므로 심심하지 않고 경혈 마사지, 유방 마사지 등 산후 관리를 필요에 따라 비용을 지불하고 선택할 수 있어 편안하게 산후 조리를 할 수 있다. 음식도 전문 영양사가 짠 식단으로 다양하게 제공된다. 비용은 보통 1주(6박 7일) 이용에 80만 원 정도부터 시작한다. 조리원에 따라 시설과 프로그램, 비용이 다르고 만족도도 개인별로 천차만별이므로 사전에 직접 방문해 꼼꼼하게 살펴 선택한다.

장점

1 산모가 산후 조리에 전념할 수 있다.
2 프로그램과 편의시설이 갖춰져 있고 전문 인력이 상주해 도움을 받을 수 있다.
3 영양을 고려한 식단을 제공받는다.

단점

1 비용이 많이 든다.
2 면회 시간이 정해져 있다.
3 신생아 감염 질환이 걱정된다.

성공 노하우

임신 중기에 둘러보고 예약한다

산후조리원을 이용하려면 보통 출산 4개월, 최소 2개월 전에 예약을 해둔다. 광고만 믿지 말고 비교적 활동이 수월한 임신 중기에 직접 시설을 둘러보면서 여러 곳을 비교한 후 결정한다. 계단이 많거나 동선이 넓은 곳은 산모의 몸에 무리가 따르므로 피하고 비상시를 대비한 화재경보 시스템이 잘 갖춰져 있는지 점검한다. 체인점이라도 각 분원마다 시설과 프로그램이 다른 경우가 있으므로 반드시 방문해 체크한다.

실내 환경이 쾌적해야 한다

산모와 아기가 편안히 휴식을 취할 수 있도록 조용한 곳에 있는 게 좋다. 시끄러운 길가에 위치하거나 고층 건물, 계단이 많은 곳은 피한다. 옆방의 TV 소리나 대화가 들리지 않는지 방의 방음 상태도 살핀다. 신생아에게는 적정한 온도와 습도 유지, 쾌적함도 중요하다. 공기 정화나 환기 시스템이 제대로 작동하는지, 온도는 24~27℃, 습도는 40~60%로 유지되는 곳인지 확인한다. 또한 신생아를 돌보는 곳이 통유리로 되어 있어 수시로 엄마가 안심하고 볼 수 있는지도 살핀다.

부대시설을 확인한다

방마다 온도 조절이 가능한지, 샤워실에는 온수 공급이 잘 되는지 등을 점검한다. 좌욕기, 비데, 자동 유축기 등 산모가 편리하게 이용할 수 있는 부대시설이 잘 갖추어져 있는지, 개별 화장실과 샤워실은 청결한지, 공기 정화기나 살균 소독기가 설치되어 있는지도 점검한다. 또 산모와 아기가 사용하는 옷, 수건, 침구류 등이 깨끗하게 관리되고 있는지도 주의 깊게 살펴보아야 한다.

전문 간호사 상주 여부와 의료시설 연계를 확인한다

신생아실에는 전문 간호사가 3교대로 24시간 상주하며 아기를 돌봐준다. 간호 자격이 없는 사람이 신생아실을 관리하는 경우도 있으므로 예약하기 전 반드시 신생아와 신생아실의 전문 간호사가 몇 명인지를 알아본다. 감염을 예방하기 위해 신생아 사이의 간격이 30cm 이상 떨어진 곳이 좋다. 또 위급한 상황에 대비해 산부인과, 소아청소년과와 연계되어 있는지와 조리원 이용 기간 동안 신생아를 소아청소년과 전문의가 정기검진 하는지도 확인한다.

모자동실을 이용할 수 있는지 확인한다

모유 수유는 출산 후 1~2주가 매우 중요하므로 산후조리원에서 모자동실(분만 직후부터 산모와 아기가 같은 방에 있는 것)을 운영하는지 반드시 확인한다. 100% 모자동실이 아니라면 원할 때마다 아기를 방에 데려올 수 있는지를 체크해두는 것이 좋다.

전문 영양사 유무를 체크한다

식사는 균형 잡힌 식단으로 1일 3식인지, 간식이나 야식이 어떻게 나오는지, 보양식은 제공되는지, 단체 급식인지 개별 식사인지 꼼꼼하게 체크한다. 또 산모의 식단을 살펴보면서 전문 영양사가 있는지, 음식 재료는 어디서 어떻게 구입하는지를 알아보는 것도 필요하다. 그리고 한약재와 특별한 보양식을 제공하는 곳도 많은데 그 품질도 꼼꼼하게 확인한다. 조리원에 자주 오는 남편을 위해 남편의 식사가 제공되는지도 물어본다.

면회 규정을 확인한다

산후조리원에 따라 방문객의 면회 방침이 다르다. 가족들이 수시로 방문할 수 있게 하는 곳도 있고 하루 2번으로 면회 시간이 정해진 곳도 있다. 또 남편이 자고 갈 수 있는 곳도 있고 그렇지 않은 곳도 있으므로 확인한다. 영업을 목적으로 하는 외부인의 출입을 철저하게 제한하는지도 확인한다.

환불이나 보상 여부를 알아본다

아기의 2차 감염이나 서비스 불만 등의 이유로 중도에 나가고 싶어도 계약서에 '환불 불가'로 명시해 놓고 환불을 해주지 않는 곳이 많다. 따라서 계약하기 전 약관을 자세히 살핀다. 약관이 없다면 중도에 퇴소할 경우 전체 이용료에서 10% 위약금과 이용 날짜를 계산해 차감하고 나머지는 돌려받을 수 있다는 점을 알아두자. 만일의 사고에 대비한 피해 보상이나 보험 가입 여부도 살핀다. 또한 화재 등 예기치 않은 문제가 발생했을 때는 어떤 대책을 갖고 있는지도 반드시 체크하고 넘어간다.

집에서 산후도우미 이용하기

집에서 산후 조리를 할 경우 가족 대신 산후도우미를 이용하는 방법이다. 내 집에서 편안하게 전문기관에서 산후 조리 교육을 받은 도우미의 보살핌을 받을 수 있다. 산모의 식사를 챙기는 것은 물론 아기 목욕시키기, 모유 수유와 산후 체조를 적극적으로 돕고 신생아 황달이나 태열까지 살피는 등 산후조리원과 비슷한 서비스를 제공한다. 또한 빨래와 청소, 남편 식사 챙기기 등 간단한 집안일을 도와준다. 초산이 아닐 경우 남편, 큰아이 등 온 가족이 함께 가족의 정을 느끼면서 산후 조리를 할 수 있고, 산후조리원에 비해 가격이 저렴하고 도우미의 실제 경험에서 오는 육아 지식을 얻을 수 있다. 보통 최소 1주 단위로 계약하며, 출퇴근 도우미의 경우 오전 9시부터 오후 6시까지 근무하며 비용은 60만~80만 원 정도다. 근무 시간이 연장되거나 공휴일에 일할 경우, 또 큰아이가 있거나 신생아가 쌍둥이일 경우 비용이 따로 책정된다. 경제적 부담이 적고 우리 집이라는 장소적인 편안함이 있지만 산후도우미와 산모의 라이프스타일이 잘 맞지 않으면 스트레스를 받을 수 있고, 입주형이 아닌 경우는 밤에 찾아오는 응급상황 시 도와줄 사람이 없어 힘들 수 있다.

장점

1 가장 편안한 집에서 산후 조리를 한다.
2 가족과 함께 지내며 산후 조리를 할 수 있다.
3 산후조리원에 비해 비용이 저렴하다.
4 출퇴근형과 입주형을 선택할 수 있다.

단점

1 살림을 맡기기 때문에 의견 충돌이 생긴다.
2 남편을 비롯한 가족들이 불편해할 수 있다.

성공 노하우

업체에 대해 알아보고 결정한다

산후도우미 업체라고 해서 모두 똑같은 시스템이 아니다. 교육 과정이 잘 짜여져 있는지, 계약서상의 산모와 신생아 돌보기, 집안일의 범위가 어떻게 되는지, 자신과 맞지 않을 시 교체 혹은 환불 규정이 어떻게 되는지 확인한다. 최소 한 달 전에 예약하되 원하는 조건을 분명하게 이야기하고 소개받는다. 마음에 둔 산후도우미가 있는 경우에는 좀 더 서둘러 예약해야 배정받을 수 있다.

필요한 기간만큼 신청한다

각 업체별로 1주부터 주별로 예약을 받으므로 자신이 필요한 기간만큼 신청하되 처음부터 기간을 길게 신청할 필요는 없다. 처음 예약 시 기본이 되는 1~2주를 신청하고 몸 회복 상태에 따라 연장할지를 결정한다. 많이 회복되었다고 생각되면 베이비시터나 가사도우미를 시간제로 이용하는 것도 하나의 방법이다.

전문가 솜씨를 확실히 이용하자

조리원과 달리 나와 나의 아기만을 위한 일대일 맞춤 산후도우미라는 장점을 적극 활용한다. 젖몸살이 났을 때의 대처법이나 아기를 다루는 요령을 잘 알고 있으니 잘 배워둔다. 도우미 파견업체에 따라 유축기 · 좌훈기 등 산후 조리에 필요한 용품을 저렴한 비용으로 대여하기도 하므로 알아보고 이용한다.

신뢰를 갖고 서로 배려한다

아무리 경험이 많은 산후도우미라도 다른 가정에 가서 적응하는 데는 어느 정도 시간이 걸리므로 처음 2~3일 정도는 적응 기간임을 고려한다. 그러나 자신의 생각과 다른 육아와 가사 활동에 대해서는 그때그때 확실히 말을 하는 것이 서로에게 좋다. 특별히 요청하는 사항에 대해서는 서비스 초기에 미리 이야기를 해야 트러블을 줄일 수 있다. 단순히 가사도우미가 아니라 산후 조리를 도와주러 온 고마운 분이라는 마음가짐으로 대한다면 만족스러운 산후 조리를 할 수 있다.

문제가 있다면 교체를 요구한다

아무리 잘한다고 소문이 난 사람이라고 해도 나와 맞지 않으면 오히려 스트레스를 받는다. 2주 동안 참자는 생각으로 버티지 말고, 적응 기간이 지나도 맞지 않는다면 업체에 연락해 불만 사항을 이야기하고 교체 의사를 전달한다.

특징	출퇴근형
시간	오전 9시~오후 6시
비용	1주 60만~80만 원
장점	남편이 산후 도우미와 마주치지 않는다.
단점	퇴근하면 산모가 가사와 육아를 병행해야 한다.

특징	입주형
시간	월요일~토요일 오후
비용	1주 90만~110만 원
장점	밤에 아기를 데리고 자기 때문에 산모가 쉴 수 있다.
단점	항상 가정에 상주해 남편이나 다른 식구들이 불편할 수 있다.

출산 가정 방문 산후 관리 서비스

출산 가정에 건강관리사를 파견해 산후관리를 도와주는 서비스로 산모 및 배우자의 건강보험료 본인부담금 합산액이 기준 중위소득 150% 이하에 해당하는 출산 가정에 지원된다. 출산 예정일 40일 전부터 출산일로부터 30일까지 산모의 주민등록 주소지 관할 시 · 군 · 구 보건소나 복지로 홈페이지(www.bokjiro.go.kr)에서 신청 가능하며, 바우처 유효 기간은 출산 후 60일 이내다. 지원 기간은 단태아 5~20일, 쌍태아 10~20일, 삼태아 이상 15~25일 이상이다. 비용은 소득수준 및 신생아 유형에 따라 차등 지원하는 정부보조금을 뺀 차액을 부담하면 되기 때문에 출산 비용에 대한 경제적 부담을 줄일 수 있다.

06 분만법 선택하기

어떻게 아기를 낳을 것인가에 대한 산모들의 관심이 날로 뜨거워지고 있다. 방식은 다르지만 다양한 분만법의 최종 목표는 가족 모두가 행복한 만남을 준비하는 것. 분만법의 종류를 자세히 알아보고 자신에게 맞는 방법을 선택하자.

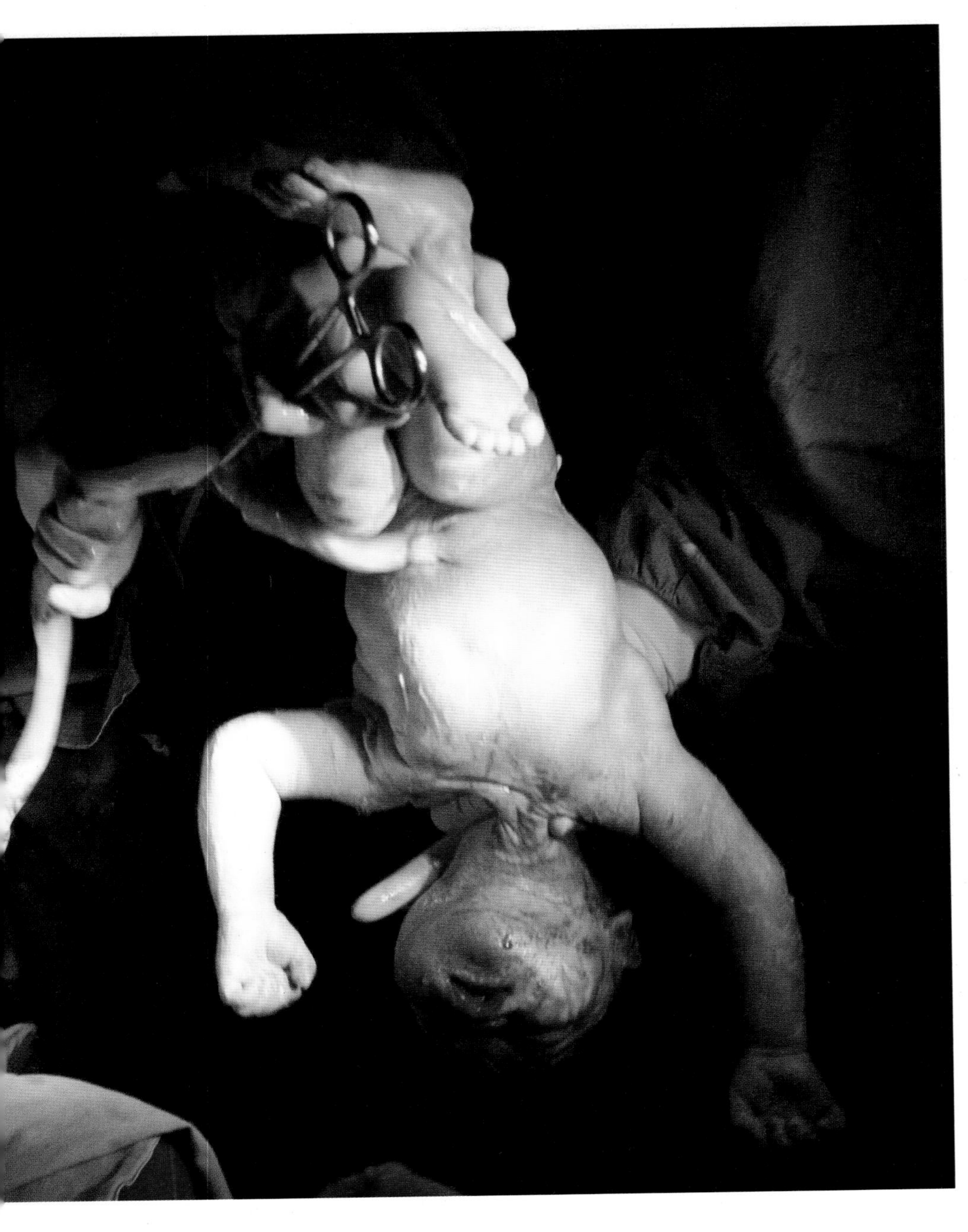

아기와 만나는 방식, 분만법

분만실에서 산모 홀로 진통과 사투하며 아기를 낳던 과거의 분만법이 점차 달라지고 있다. 단순히 배 속의 아기를 세상으로 나오게 하는 게 목표가 아닌, 더 나아가 산모와 아기 모두가 행복한 순간으로 출산을 기억할 수 있도록 하는 다양한 분만법이 소개되고 있다. 남편과 가족의 참여를 유도하고 산모의 진통을 감소시키며 아기에게 출산의 스트레스를 최소화하는 등의 분만법은 출산의 순간을 축제의 시간으로 만들기도 한다. 따라서 늦어도 임신 중기에는 분만법에 대해 알아보고 자신에게 맞는 분만법을 선택해 준비하자. 병원마다 시행하는 분만법이 다르고 특정 분만법을 선택하더라도 산모와 태아의 건강 상태에 따라 가능 여부가 달라질 수 있다. 분만법에 따라 몇 개월의 준비 과정이 필요할 수 있으니 미리 알아보고 전문의와 충분히 상의한 후 결정한다.

내게 맞는 분만법 찾기

1 태교와 진통 경감에 도움을 주는 '라마즈 · 소프롤로지 분만'

태어나 처음 겪는 산통은 상상할 수 없는

크기다. 임신부들은 진통의 고통이 두려워 출산 예정일을 앞두고 악몽을 꿀 정도이지만 그럼에도 불구하고 아기를 위하여 진통을 감내하고 자연 분만을 선택한다. 그중 라마즈 분만과 소프롤로지 분만은 자연 분만을 하는 산모의 진통을 최소화하면서 산모의 분만 능력을 키우기 위해 고안되었다. 라마즈 분만법은 즐거웠던 순간을 연상하면서 일정한 템포에 맞춰 온몸을 이완하고 호흡함으로써 분만 시 통증을 경감시키는 방법이다. 소프롤로지 분만은 연상훈련, 분만 단계별 호흡 훈련, 근육의 긴장을 풀기 위한 이완 훈련으로 이뤄진다. 출산에 대한 두려움을 없애고 호흡법을 통해 몸을 이완시켜 진통을 줄여주는 한편 정신적인 안정감을 찾아준다. 라마즈 분만법과 비슷해보이지만 진통 감소가 아닌 스스로 분만을 조절할 수 있게끔 하는 데 목적이 있다. 책상다리로 앉아서 자신을 컨트롤 하며 깊게 호흡한다. 라마즈 분만은 흉식호흡인 데 반해 소프롤로지 분만은 복식호흡을 유도한다. 출산은 '고통이 아니라 기쁨'이라는 이미지 트레이닝을 기본으로 명상법과 호흡을 통해 통증을 줄인다. 임신 7개월 때부터 끊임없이 명상과 호흡법, 몸을 이완시키는 동작을 연습함으로써 산모의 건강관리는 물론 태교까지 겸하는 장점이 있다.

2 아기의 스트레스를 최소화하는 인권 분만, '르봐이에 · 자연주의 분만'

제왕절개 수술이 아닌 분만을 일반적으로 자연 분만이라고 하는데, 병원에서 행하기 때문에 의료진의 편의를 위한 인위적인 처치가 필수적으로 동반된다. 열 달 동안 양수에서 편안하게 놀던 태아가 갑작스럽게 맞이하는 다른 세상은 공포와 스트레스로 다가올 수 있다는 생각에서 시작된 분만법도 있다. 르봐이에 분만과 자연주의 분만이 대표적인 것으로, 이러한 분만에서는 태아의 인권을 존중해 분만실 환경을 최대한 엄마 배 속과 비슷하게 제공하고자 한다. 어두운 자궁과 같은 분위기로 분만실 주변의 소리를 낮추고 조명을 어둡게 해 태아의 시력을 보호한다. 태어나자마자 곧바로 젖을 물려 가장 익숙한 존재인 엄마와 자궁 밖 세상에서도 함께 있게 함으로써 태아에게 안정감을 준다. 또한 물속에서 목욕을 시켜 자궁 안과 밖의 중력이 다른 데서 오는 혼란을 줄인다.

3 한 장소에서 가족과 함께 분만하는 '가족 분만'

진통이 올 때 걷기 등 적당한 움직임은 통증을 줄이고 자궁구가 열리는 것을 돕는다. 하지만 진통은 분만 대기실에서, 분만은 분만실에서, 회복은 회복실에서 하는 등 임신부의 의지와 상관없이 의료진의 결정에 따라 자리를 이동하는 건 진통을 참고 있는 임신부에겐 부담스러운 행위 중 하나다. 게다가 분만 대기실에서 다른 산모의 신음소리를 듣다 보면 공포감도 심해진다. 아기와 첫 대면하는 소중한 순간을 의료적 절차를 따르는 데 급급해 탄생의 기쁨을 공유하기 어렵다. 가족 분만은 이러한 불편함을 없애고 산모가 편안하게 출산하도록 배려한 분만법이다. 단독 분만실에서 가족과 평상시처럼 TV를 보고 대화도 하고, 잠을 자는 등 지내다가 원하면 가족과 함께 분만의 순간도 공유할 수 있다. 가족이 분만실에 함께 있기 때문에 임신부에게는 정신적인 안정감을 주어 출산이 혼자만의 사투라는 불안감을 떨칠 수 있고, 가족에게는 생명 탄생의 신비와 감동의 순간을 안겨준다. 특히 가족 분만은 제왕절개 외의 대부분 분만법에 모두 적용할 수 있다.

4 그 외의 특수 분만법

특별한 장소나 기구를 활용한 분만법도 다양하다. 방송인 이윤미·주영훈 부부의 출산법으로 다시 화제가 된 물속에서 앉은 자세로 아기를 낳는 수중 분만은 쪼그려 앉아 분만하기 때문에 중력이 작용해 분만이 쉽고 일반 분만에 비해 회음부 열상이 심하지 않다. 그네 분만은 대표적인 가족 분만법으로 자궁구가 5㎝ 정도 열리면 조산사의 도움을 받아 그네 위에 올라타서 전후좌우로 움직이며 중력을 이용해 아기를 낳는다. 중력에 의해 진통 시 힘이 강화되어 자궁경부가 열리는 것을 돕고 태아 머리의 하강을 도와 분만 시간을 단축해준다. 큰 공을 활용해 진통을 격감시키고 분만의 진행을 돕는 공 분만법도 있다. 또한 병원이 아닌 가정에서 의료진의 개입 없이 산모와 아기 스스로의 힘으로 출산을 하는 가정 분만은 최근 산모들에게 가장 이슈가 되는 분만법이다. 특수 분만을 원한다면 임신 중 다니는 산부인과에서 분만법을 실시하는지 체크하고, 반드시 의사와 상의해 결정한다.

무통 분만

흔히 '무통 분만'으로 아기를 낳았다고 하는데 무통 분만은 분만법이 아니다. 분만의 과정에서 무통 마취 주사를 놓아 진통을 완화시키는 것이다. 통증이 완전하게 사라지는 것은 아니고 사람에 따라 적게는 5%, 많게는 20%까지 줄일 수 있다. 대표적인 시술법은 경막 외 마취법으로 자궁경부가 3~5㎝ 열렸을 때 임신부의 허리 부분에 긴 바늘로 길을 만들고 가는 관을 집어넣어 약물을 주입한다. 자궁문이 10㎝ 열려 태아가 나오기 전까지 무통 마취 주사를 놓아 산모의 통증은 줄이고 체력이 고갈되는 것을 막아주는 의료 행위다.

07 출산 신호가 오면 할 일

출산 예정일이 다가오면 몸의 작은 반응 하나에도 신경이 곤두선다. 배 처짐, 이슬, 진통 등 공통된 출산 신호가 있지만 임신부마다 그 신호는 다르게 오는 법. 출산이 임박했을 때의 징후와 시작되었을 때의 증상을 알아보자.

출산이 임박했다는 징후

열 달 동안 서서히 태아가 자라 태어날 준비를 하듯 출산 신호도 갑자기 오는 것은 아니다. 본격적인 신호를 알리기 전에 엄마의 몸은 알게 모르게 서서히 변화하고 있다. 출산이 임박했음을 알리는 신호 중에는 본인이 직접 느끼는 것도 있지만 주변에서 먼저 알아보는 경우도 있다. 특히 외형적인 배 처짐 같은 경우는 임신부 본인이나 남편보다 경험과 연륜이 있는 어르신들이 먼저 알아차린다. 출산일이 다가오고 있다는 신호가 오면 출산 가방 챙기기는 물론 혼자서 하는 외출도 삼가는 등 진통이 오면 바로 병원에 갈 준비를 마치고 있어야 한다. 막달에는 아침저녁으로 몸의 변화를 살핀다.

태아가 골반 쪽으로 내려간다

엄마의 배꼽 주위에서 놀던 태아가 서서히 아래쪽으로 내려와 골반 속으로 들어가 밖으로 나올 준비를 한다. 흔히 배가 처졌다고 표현하는 변화가 바로 태아가 골반 쪽으로 내려왔다는 의미다. 태아가 골반 속으로 들어오기 때문에 넓적다리 부위에 경련이 자주 생기고 심하면 걷기 어렵다. 요통이 지속적으로 계속되기도 한다. 초산부의 경우 분만 시작 2~3주 전에 나타나나, 경산부는 분만 시작과 동시에 내려오거나 분만 시작까지 나타나지 않을 수도 있다. 겉에서 보기에도 배가 아래로 축 처져 있고 태아의 움직임도 자궁 근처에서 느껴진다. 이 무렵 임신부는 가슴과 위를 누르던 압박감이 사라져 숨쉬기가 한결 편하고 식욕도 생겨 과식하기 쉽다.

배가 뭉치며 가진통이 온다

출산 예정일이 다가오면 조금만 무리해서 걸어도 생리통처럼 아랫배에 죄는 것 같은, 또는 땅기는 듯한 통증이 느껴지고 등과 허리에 가벼운 통증이 생기기도 한다. 예민해진 자궁이 조그마한 자극에도 수축해 나타나는 증상이다. 이것을 가진통이라고 하며, 출산 4~6주 전에 자궁 근육이 눈에 띄게 단단해짐을 느낄 수 있다. 불규칙적으로 수축하기 때문에 길게 지속되지 않고 통증도 심하지 않다. 사람에 따라 진땀이 나는 경우도 있다. 출산 경험이 있는 경산부가 초산부보다 더 많이 느낀다. 가진통은 자궁 수축에 필요한 신경 근육을 발달시키고 분만이 시작되기 전 자궁경부가 열리는 데도 도움이 된다.

질 분비물이 증가한다

출산이 가까워지면서 질 점액이 증가하고 갈색 또는 혈액 빛깔을 띤 경관 점액이 나온다. 이를 혈성 이슬이라고 하는데, 산도를 부드럽게 만들어 태아가 산도를 쉽게 통과하도록 돕는 윤활유 역할을 한다. 사람에 따라 분만 시작 며칠 전 또는 몇 시간 전에 나올 수 있으며 안 비칠 수도 있다. 분비물의 색깔과 냄새에 이상이 없는지 수시로 확인하고, 냄새가 나거나 가려울 때는 질염일 가능성이 있으므로 전문의와 상담한다. 또한 질 분비물이 갑자기 많아지면 조기 파수의 위험이 있으니 병원을 방문하여 확인을 한다.

자궁경관이 부드러워진다

자궁은 자궁체부와 경부로 나눠지는데 분만이 가까워오면 자궁체부의 아랫부분이 자궁하부로 형성된다. 이렇듯 아랫부분으로 잘 형성되면서 자궁경관을 위로 끌어당겨야 분만이 순조롭게 진행된다. 자궁경관의 섬유성 결체 조직이 느슨해지면서 점차 부드러워지고, 더 얇아지면서 짧아지는 과정을 통해 자궁경부가 완전히 열려 분만이 진행된다.

소변이 자주 마렵다

임신 중에는 자궁이 방광을 압박해 임신 전보다 소변 마려운 느낌이 자주 든다. 출산이 임박하면 이 증상이 더욱 심해진다. 태아가 골반으로 내려오면서 태아의 머리가 방광을 더욱 압박하기 때문이다. 밤중에 소변을 보기 위해 2~3회 이상 화장실을 간다면 출산이 멀지 않았다는 증거다. 또한 방광뿐 아니라 장도 자극을 받아 대변을 자주 보기도 한다.

출산의 시작을 알리는 신호

출산이 임박한 징후들을 지속적으로 느끼다 보면 본격적인 출산 신호와 혼동이 오는 경우가 있다. 초산인 경우에는 잘 몰라서 고민을 하다 병원에 가고, 경산인 경우에는 신호의 속도가 빨라서 허겁지겁 병원으로 달려가기도 한다. 보통 그 차이는 진통의 강도가 세지거나 갑작스럽게 양수가 터져 따뜻한 액체가 다리를 흐르는 등으로 직감적으로 알 수 있다. 본격적인 신호가 오면 무엇보다 차분하게 행동해야 한다. 혼자 있다면 남편이나 보호자에게 연락을 하고 준비해 놓은 출산 가방을 들고 병원으로 갈지, 남편을 기다릴지 진통 시간을 체크하면서 결정한다. 그러나 진진통이 아닌 파수나 출혈, 격렬한 복통이 오면 위급할 수 있으므로 서둘러 병원에 간다.

이슬이 비친다

진통 전에 나타나는 소량의 출혈을 이슬이라고 한다. 태아를 감싸고 있는 양막이 벗겨지면서 약간 출혈이 생기는 것으로 자궁이 열리기 시작했음을 의미한다. 이슬은 점액처럼 끈끈한 하얀색 분비물에 피가 조금씩 섞여 있어 쉽게 구별할 수 있다. 그러나 이슬은 '비친다'고 할 정도로 그 양이 적어 모르고 지나칠 수도 있다. 개인차는 있으나 대부분 이슬이 비치고 빠르면 바로 이거나 2~3일, 늦으면 1~2주 후에 진통이 시작된다. 때로는 진통 후에 나타나므로 이슬이 비친 후 10~20분 간격으로 진통이 시작되면 병원에 간다.

진통 간격이 생긴다

진통은 태아를 밖으로 내보내기 위해 자궁 수축이 일어나 생기는 통증으로 가진통과 구별하는 것이 중요하다. 진통은 가벼운 생리통이나 요통처럼 시작되는데 처음에는 복부가 팽팽하게 늘어난 느낌이 들면서 허벅지가 땅기는 듯하다. 초산인 경우 처음에는 진통이 불규칙적으로 오다가 20~30분 간격으로 10~20초의 강한 진통이 오고 점점 간격이 줄어들어 진통이 5~10분 간격으로 규칙적이면 분만이 시작되었다고 할 수 있으므로 병원을 간다. 경산일 때에는 진통이 빠르게 진행되므로 15~20분 간격의 진통이 30~70초 동안 지속되면 병원을 간다.

양수가 터진다

자궁구가 열리는 순간에 태아와 양수를 싸고 있던 양막이 찢어지면서 따뜻한 물 같은 양수가 흘러나오는 것을 파수라고 한다. 대부분 진통이 시작된 뒤 자궁구가 열리면서 파수가 되지만, 임신부 10명 중 2~3명은 진통이 시작되기 전에 양수가 터지는 조기 파수를 경험한다. 파수의 양이 적을 경우에는 속옷이 약간 젖는 정도이지만, 심한 경우 물풍선이 터진 것처럼 물이 쏟아져 내리기도 한다. 파수가 되면 세균 감염 등의 위험이 있으므로 닦지 말고 패드를 대고 곧바로 병원으로 가야 한다. 양수가 터진 후 진통이 올 수도 있지만 그렇지 않은 경우에는 진통 촉진제를 사용해 유도 분만을 한다.

진통과 다른 복통이 느껴진다

일반적인 진통과 달리 소량의 출혈과 함께 쇼크 상태에 빠질 정도의 심하고 격렬한 복통이 일어나면 위급함을 알리는 신호로, 바로 병원으로 달려가야 한다. 이런 경우는 태아의 태반이 먼저 떨어지는 태반 조기 박리일 가능성이 있다. 격렬한 복통이나 1시간이 넘도록 심한 통증이 지속되면 임신부와 태아가 모두 위험하니 급히 병원으로 간다.

진통이 오면 해야 할 일

진통 간격을 체크한다

시계나 스마트폰의 진통 체크 앱으로 진통 간격을 체크한다. 초산부의 경우 5~10분 간격으로, 경산부의 경우 15~20분 간격으로 진통이 오면 병원에 간다. 초산부는 이슬이 비친다고 곧바로 병원에 가지 않는다. 이슬이 비치고 나서 며칠 후 진통이 시작되기도 하기 때문이다. 경산부는 자궁문이 초산부보다 빨리 열릴 수 있기 때문에 규칙적인 진통이 확인되면 바로 병원에 간다.

남편이나 보호자에게 연락한다

분만 징후가 느껴지면 병원에 함께 갈 남편이나 보호자에게 연락을 한다. 진통 초기부터 친정과 시댁 식구들에게 연락을 하면 모두 긴장을 하므로 병원에 함께 갈 가족이 아니라면 출산 직후 연락을 하는 게 좋다. 출산 예정일보다 1~2주 빨리 진통이 올 수 있으므로 남편은 항시 대기한다.

식사는 적당히 한다

진통이 느껴지는 초기에 가볍게 식사를 하면 앞으로 다가올 오랜 진통을 견디는 에너지를 보충할 수 있다. 진통이 시작된 후엔 많은 양의 음식을 먹으면 본격적인 진통이 왔을 때 토할 수 있고 상황에 따라 응급으로 제왕절개술을 할 수 있으니 금식을 하는 게 좋다.

샤워를 한다

진통 간격이 20분 정도 되었을 때 가볍게 샤워를 하고 기초화장품을 바른다.

출산 가방을 확인한다

그동안 챙겨놓은 입원 준비물이 든 가방을 최종 확인하고 챙긴 뒤 병원으로 간다. 긴박한 경우 일단은 산모에게 필요한 것 위주로 챙긴 후 아기용품은 필요에 따라 남편에게 부탁해 챙겨 와도 늦지 않다.

남편이 해야 할 일

아내에게 따뜻하게 대해준다

출산이 임박하면 언제 진통이 시작될지 모르므로 항상 마음의 준비를 한다. 특히 배가 땅기고 넓적다리가 결리는 등 크고 작은 증세가 나타나는데 이를 출산 조짐으로 오해한 아내가 그때마다 남편에게 전화를 해서 여러 차례 병원으로 달려가는 일이 생길 수도 있다. 이때 남편이 짜증을 내거나 시큰둥하게 대하는 것은 절대 금물이다. 어떤 경우에도 관심과 사랑을 충분히 전하고 아내의 상태를 확인하고 안정을 찾을 수 있도록 돕는다.

침착하게 진통 간격을 체크한다

진통이 오면 진통 간격을 체크하면서 신속하고 침착하게 대처한다. 진진통이 10분간 계속되면 병원으로 향한다. 직접 차를 운전할 때는 서두르지 않도록 주의한다. 아내를 차에 태울 때는 반드시 뒷좌석에 앉히고, 무릎 위에 쿠션을 올려 엎드려 있게 하면 진통을 줄이는 데 도움이 된다.

마사지를 통해 긴장을 풀어준다

분만실에 도착하면 아내는 진통이 오면서 자궁문이 열리기 시작한다. 진통 초기에는 통증보다 불안감이 더 커서 신경이 예민해지고 온몸의 근육이 긴장하게 된다. 진통이 심하지 않을 때는 아내가 편안함을 느낄 수 있도록 따뜻한 말 한마디를 건네고 손과 다리, 어깨 등을 가볍게 마사지해주면서 몸을 이완시켜준다.

아내와 함께 호흡한다

분만 시 임신부가 숨을 잘 쉬어야 태아도 산소를 충분하게 공급받을 수 있다. 분만 시기별로 진통의 강도가 다르고 그때마다 호흡법도 달라진다. 아내와 태아가 잘 숨을 쉴 수 있도록 아내의 손을 잡고 눈을 마주치며 옆에서 같이 호흡하며 이끌어준다.

진통이 누그러질 때 위로한다

진통이 거세게 몰아치다가 다음 단계로 넘어가기 전에 살짝 누그러질 때 약간의 휴식 시간이 주어진다. 이때 아내가 편안한 자세를 잡을 수 있도록 도와주면서 적절한 타이밍에 응원의 말을 전한다.

아내를 혼자 있게 두지 않는다

진통으로 힘든 시간을 보내는 아내를 세심하게 배려하는 과정을 통해 남편 역시 아빠가 된다. 혼자 밥을 먹으러 간다든지, 스마트폰을 보는 등 방관자적인 행동은 하지 않는다. 땀을 닦아주고 화장실을 같이 가주는 등 곁에서 꼼꼼하게 챙겨주면서 아내 곁을 지킨다.

아기가 태어나는 순간을 촬영한다

병원마다 분만실 환경이 다르지만 가족 분만을 한다면 담당 의사와 상의해 출산 과정을 동영상으로 담는다. 아기가 첫 울음을 터트리는 순간, 엄마 품에 안기는 모습, 발도장을 찍는 모습 등 감동적인 순간을 기록으로 남긴다.

아내에게 축하의 말을 건넨다

아기가 태어나면 아내에게 반드시 사랑한다는 말과 축하의 인사를 건넨다. 갓 태어난 신생아는 피부가 쭈글쭈글하고 짙은 갈색 배내털이 나 있어 그다지 예뻐 보이지 않는다. 산고를 치른 아내에게 "누굴 닮아서 저렇게 생겼지?", "돈 많이 들겠어"라는 표현은 농담이라도 삼가는 것이 좋다. 아내 입장에서는 서운한 마음이 들 수 있으므로 아기의 생김새와 상관없이 감사의 표현을 아끼지 않는다.

진통 줄이는 효과적인 방법

진통 줄이는 자세

옆으로 눕기

옆으로 누워 무릎 사이에 베개를 끼면 태아가 임신부의 등을 덜 눌러 허리로 오는 진통이 줄어든다. 왼쪽으로 누우면 태아에게도 더 많은 혈액이 공급된다.

쭈그리고 앉기

두 발을 어깨너비로 벌린 뒤 쭈그리고 앉아 엉덩이를 든 자세로 무릎을 90도 각도로 굽힌다. 이때 벌어진 무릎을 추켜세우고 등을 곧게 펴야 한다. 처음 이런 자세를 취하면 장딴지와 허벅지 근육이 땅겨 고통스럽지만 곧 익숙해진다.

바닥에 앉아 책상다리하기

방석이나 쿠션을 벽에 대고 기대어 앉는다. 이때 등은 가능한 한 쭉 펴고 배에 가볍게 손을 대며 책상다리로 앉는다. 또는 책상다리를 하고 앉은 사람 옆에 쿠션을 놓고 기댄 뒤 무릎을 가볍게 구부리거나 편다.

의자에 앉기

쿠션을 의자 등받이에 대고 앉은 뒤 다리를 약간 벌리고 배에 손을 갖다 대어 가볍게 쓰다듬거나, 무릎에 손을 얹고 상체를 약간 앞으로 숙여 체중이 앞쪽으로 실리게 한 다음 호흡을 한다. 또는 의자 등받이에 쿠션을 대고 몸을 의자 등받이와 마주 보고 앉아 양손은 의자 등에 올린다. 이때 남편은 산모의 등을 마사지해준다.

남편에게 기대어 서 있기

선 채로 남편의 목에 팔을 감고 기대어 서서 몸을 좌우로 혹은 앞뒤로 흔든다. 이때 남편은 아내의 등을 문질러준다.

진통 줄이는 지압 · 마사지

삼음교 지압

삼음교를 자극해 분만을 촉진시키는 지압법이다. 발의 안쪽 복사뼈에서 손가락 3개 위 지점이 삼음교로 숨을 내쉬면서 지그시 누른다.

합곡 지압

합곡은 진통을 감소시키는 지압점이다. 엄지손가락과 집게손가락 사이의 오목한 곳이 합곡이며, 지압할 때는 집게손가락 방향으로 눌러주어야 한다. 숨을 들이마셨다가 내쉬면서 지그시 눌러준다.

어깨 마사지

진통을 하다 보면 몸을 움츠리기 때문에 어깨 근육이 긴장된다. 따라서 진통과 진통 사이, 진통이 멈추었을 때 어깨를 양손으로 주물러준다.

허리 마사지

허리 안쪽에서 바깥쪽으로 원을 그리듯이 엄지손가락이나 손바닥 끝 부분에 힘을 주어 주무른다. 또는 양손으로 엉덩이 부분부터 허리 등까지 두드린다. 무릎은 구부리고 커다란 쿠션이나 짐볼을 껴안은 채 앞으로 숙이는 것도 도움이 된다. 통증이 더 심해지면 꼬리뼈 부위를 엄지손가락으로 세게 눌러준다.

목 마사지

한쪽 손으로 임신부의 이마를 잡고 다른 한쪽 손으로는 엄지와 둘째, 셋째 손가락으로 힘을 주어 목 뒤를 지압한다.

다리 마사지

누운 상태에서 허벅지부터 무릎, 복사뼈에 이르기까지 천천히 주무른다.

08

자연 분만

자연 분만은 수술에 의존하지 않고 자연적인 방법으로 엄마의 질을 통해 아기를 낳는 것을 말한다. 질식 분만이라고도 하는 가장 기본적인 출산으로, 임신부라면 누구나 꿈꾸는 방법이다. 자연 분만의 과정을 알아본다.

자연 분만의 중요성

출산 후 회복이 빠르다

출산의 과정은 다양한 변수와 위험이 존재한다. 누구나 아기를 낳는다고 여겨서는 안 된다. 임신 기간 동안 건강하게 보냈다고 할지라도 실제 출산은 100% 예측할 수 없다. 따라서 자연 분만과 제왕절개 수술은 출산에 임박해서 결정한다. 우리나라 임신부의 제왕절개 분만율은 40%에 육박할 정도로 세계적으로도 높은 편이다. 자연 분만은 힘들고 두려울 것이라는 생각에 마취로 통증을 줄이는 제왕절개를 선호하는 분위기가 생긴 것이다. 하지만 자연 분만은 제왕절개보다 출산 전후의 과정이 간단하며, 산모의 몸 회복이 빠르고 아기의 건강에 좋다. 분만 후 2시간이 지나면 음식을 먹을 수 있고 산모의 컨디션에 따라 6~7시간 후에는 평소처럼 걸을 수도 있다. 출산 후 이상 증상이 없으면 2박 3일 후 퇴원이 가능할 정도로 몸이 회복된다. 입원 기간도 짧고 약물이나 수술 처치가 적어 출산 비용에 대한 경제적인 부담감도 작다. 또한 제왕절개보다 안전하다. 흔히 자연 분만이 더욱 위험하다고 생각하지만 제왕절개에 비해 모성 사망률이 2~4배 정도 낮다.
출혈도 적고 복강과 자궁 절개로 인한 감염 위험, 마취로 인한 부작용 위험이 적다.

모유 수유 성공률이 높다

무엇보다도 산모와 태아의 건강과 유대관계에 좋다. 전신 마취를 하는 대수술인 제왕절개에 비해 분만 과정의 자극이 아기의 뇌 중추에 활력을 주어 뇌기능을 활발하게 한다. 아기는 산도를 통과하는 과정에서 자연스러운 폐호흡을 경험하고 신체 모든 부위에 자극을 받기 때문에 세상에 적응하는 법을 빨리 배우고 면역력도 좋다. 무엇보다 모유 수유 성공률이 높아진다. 태어난 지 30분~1시간 이내에 젖을 물리기 때문에 모유의 양이 잘 늘어 수월하게 모유 수유를 할 수 있다. 모유를 통해 엄마와 유대관계도 갖는다.

자연 분만의 과정

분만 제1기(개구기) 자궁구가 열리는 시기

분만 제1기는 평상시 2cm 두께의 자궁경관이 종이처럼 얇아지면서 태아가 통과할 정도로 자궁구가 완전히 열릴 때까지를 말한다. 즉 자궁구가 10cm까지 열리는 시기로, 태아의 머리가 엄마의 골반뼈를 통과해 밑으로 내려오는 과정이다. 진통이 5~10분에 1회 정도 규칙적이면 분만 제1기가 시작된 것이다. 사람마다 다르지만 초산부는 평균 8시간, 경산부는 평균 5시간 걸린다. 이렇게 진통 시간이 다른 것은 경산부의 자궁이 부드럽고 자궁구가 빨리 열리기 때문이다. 분만 제1기는 다음 3단계로 진행된다.

1단계 | 잠재기

자궁구가 0~3cm까지 열리는 단계. 태아와 양수를 지탱해주던 자궁경관이 해체되고 자궁구가 얇아지면서 벌어진다. 소요시간은 8~9시간, 진통은 5분마다 30~45초간 통증이 있다. 이때의 진통은 견딜 만한 편이다. 통증이 오면 숨을 깊게 들이마시고 길게 내쉬는 복식호흡을 한다. 내쉬는 숨이 길수록 통증은 줄어든다.

2단계 | 진행기

자궁구가 3~8cm까지 열리는 단계. 소요시간은 3~4시간, 진통은 3~4분마다 1분간 통증이 있다. 진통이 잦아지고 시간도 길어진다. 진통이 2~3분 간격일 때 자궁구가 7~9cm 정도 열리는데, 이때가 가장 통증이 심하다. 진통이 올 때 배에 힘을 주면 태아가 골반으로 내려오기 어렵고 기운이 빠질 수 있으므로 몸을 최대한 이완하는 것이 좋다.

3단계 | 이행기

자궁구가 8~10cm까지 열리는 단계. 소

요 시간은 1~2시간, 진통은 1~2분마다 1분 30초간 통증이 있다. 쉬는 시간보다 진통을 느끼는 시간이 많아 진통이 파도처럼 밀려온다는 느낌이 든다. 심한 진통 후 변을 보고 싶은 느낌이 들면 진짜 분만이 시작된 것이다.

병원에서의 처치

문진과 내진

병원에 도착하면 분만 대기실에 들어가 혈압, 맥박, 몸무게를 재고 소변 검사를 한다. 주치의는 언제부터 진통이 시작되었는지, 지금 상태는 어떤지, 통증 정도, 배변이나 배뇨 상태 등을 문진한다. 또 내진을 통해 자궁구가 얼마나 열렸는지, 파수나 조기 출혈 등이 있었는지 확인한다. 진통 간격이 빨라지면 1시간 간격으로 내진해 자궁이 열린 정도와 숙성도를 체크한다.

정맥 주사

분만 도중 출혈이 생기면 신속하게 수혈할 수 있도록 정맥 주사를 놓아 혈관을 확보한다. 진통이 미약할 때는 촉진제를 투여하고 산모가 탈진하지 않도록 수액을 놓는다.

분만 감시 장치 부착

건강한 아기를 순산하기 위해 엄마 배에 분만 감시 장치를 연결한다. 이 장치를 이용해 태아의 심박동 수를 그래프로 기록해 태아가 건강한지를 확인하고 자궁의 수축 정도를 확인해 진통이 순조로운지를 살핀다. 이상이 있을 때 조기에 발견할 수 있도록 돕는다.

관장

태아가 내려오는 산도와 변이 쌓이는 장은 거의 붙어 있을 정도로 가깝다. 따라서 장에 변이 쌓여 있으면 힘주기를 할 때 변이 나올 수 있으므로 분변 배출로 인한 감염을 막기 위해 관장을 한다. 진통 간격이 10분일 때 하는 것이 일반적이며 병원과 상황에 따라 하지 않을 수도 있다.

진통 촉진제

양막이 일찍 터졌거나 42주 이상의 과숙아, 자궁 수축이 약한 경우에는 자궁 수축제를 투여해 분만을 적극적으로 유도한다. 하지만 촉진제도 많이 쓰면 자궁이 과수축을 일으킬 수 있으므로 자궁의 수축 정도와 태아의 심박동을 확인한 후 적절한 양을 결정한다.

경막 외 마취 주사

무통 분만을 원하는 산모에게 시술한다. 보통 자궁구가 3~5cm 정도 벌어졌을 때 하며 하반신의 감각신경만 마취시키므로 산모가 대부분의 출산 과정을 지켜볼 수 있고 마지막 힘주기도 할 수 있다. 병원마다 무통 분만 시술 시기가 다를 수 있는데, 일반적으로 진행기에 접어들면 주사를 놓는다.

태아의 상태

자궁구가 열리면 태아는 진통과 함께 머리를 조금씩 돌리면서 턱을 가슴 쪽으로 당기고 몸을 옆으로 틀어 골반으로 내려오기 시작한다. 이때 진통 때문에 배에 힘을 주면 태아가 제대로 돌지 못하므로 힘주기를 하지 않고 호흡으로 몸을 이완한다. 주치의는 내진을 통해 태아의 머리 위치를 확인한다.

산모가 할 일

몸과 마음을 편하게 하기

분만 제1기는 장시간에 걸쳐 자궁구가 서서히 열리므로, 몸과 마음을 편안히 하는 것이 중요하다. 임신 기간 중 연습한 라마즈 호흡이나 기타 호흡 등을 하면 진통을 완화하는 데 도움이 된다. 통증이 없을 때는 책을 읽거나 음악을 들으면서 마음을 안정시킨다.

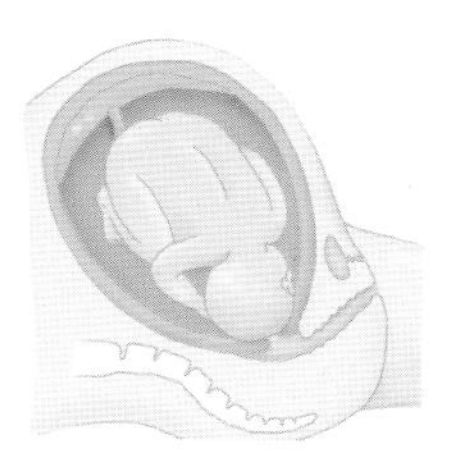

1 자궁구가 2cm 정도 벌어졌을 때의 태아 모습. 자궁경관이 당겨지면서 부드럽고 얇아진다.

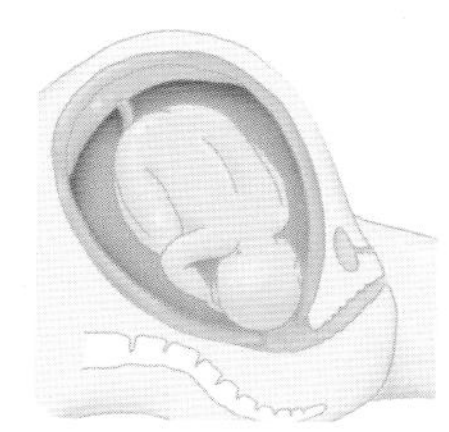

2 자궁구가 6cm 정도 벌어졌을 때의 태아 모습. 진통은 2~3분마다 매우 격렬하게 일어난다.

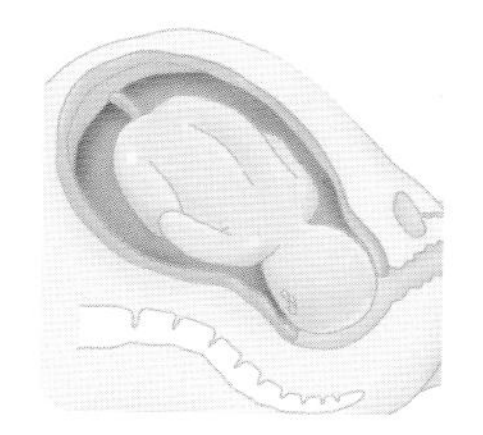

3 자궁구가 완전히 벌어졌을 때의 태아 모습. 대개 이 시기 전후로 파수가 일어난다.

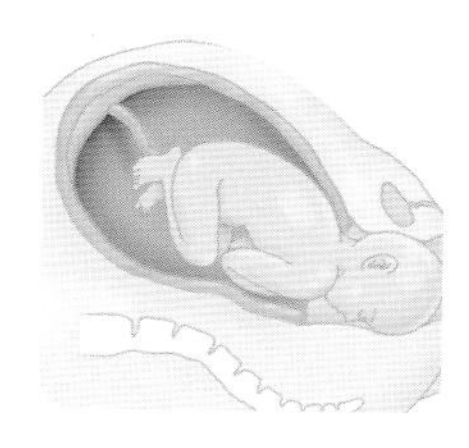

4 태아는 손발을 웅크리고 턱을 가슴에 붙이는 자세를 취한다.

진통을 줄이는 자세 취하기

옆으로 눕거나 베개를 이용해 가장 편안한 자세를 취한다. 통증이 강해지고 호흡이 힘들 때는 허리뼈 옆을 바깥쪽으로 대고 압박하면 편안해진다. 또는 똑바로 누워 허리 밑에 주먹을 넣어 허리뼈를 압박하는 것도 효과적이다.

분만 제2기(만출기) 아기가 나오는 시기

자궁구가 완전히 열린 후 배 속 아기가 모체 밖으로 완전히 나올 때까지를 분만 제2

기라고 한다. 자궁구가 10㎝ 이상 완전히 열리고 아기 머리가 엄마의 외음부에 보이면 분만 대기실에서 분만실로 옮겨진다. 자궁구가 많이 열리면 자연스럽게 양막의 파수가 일어나는데, 자연 파수가 일어나지 않을 때에는 알맞은 시기에 주치의가 인공적으로 파수를 시키기도 한다. 진통은 분만 제1기와는 다르게 1~2분 간격으로 짧아지고 60~90초 동안 지속된다. 초산부는 평균 50분, 경산부는 평균 15~30분 정도 걸린다.

병원에서의 처치

음모 제거

태아와 산모의 세균 감염을 막고 회음부 절개나 봉합 때 방해가 되지 않도록 음모를 제거한다. 분만 대기실에서 하는 경우도 있고 분만대에서 하는 경우도 있으며 하지 않는 경우도 있다.

요도관 삽입

부드러운 관을 요도에 삽입해 방광 안에 찬 소변을 밖으로 배출시킨다. 방광에 소변이 차 있으면 진통이 약해지거나 태아가 아래로 내려가기 힘들기 때문이다.

회음부 절개

태아가 쉽게 빠져나올 수 있도록 회음부를 절개한다. 회음부는 얇고 신축성이 없어 절개하지 않으면 태아의 머리가 빠져나오면서 불규칙하게 찢어지기 쉽다. 국소마취를 해 3~5cm 정도 절개한다. 요즘은 회음부 절개를 하지 않는 병원도 많다.

탯줄 자르기

아기 머리가 나오면 목에 탯줄이 감기지 않았는지 확인하고 잡아당긴다. 아기가 나오자마자 입과 코에서 양수와 이물질을 제거한다. 탯줄을 자르는데, 2곳을 겸자라는 기구로 집어 그 사이를 자른다. 보통 3cm 정도 남겨놓고 자른다.

회음 절개 방법

회음 절개 방법은 회음부의 중앙을 절개하거나(중앙 회음 절개), 45도 각도로 비스듬하게 자르는(내외측 회음 절개) 2가지 방법이 있다. 일반적으로 초산부는 비스듬히, 경산부는 중앙을 절개한다. 비스듬히 자르면 통증이 심하고 회복이 더디지만 항문괄약근 손상이 드물다. 경산부의 경우 회음부가 많이 이완돼 있어 항문괄약근이나 직장 손상의 가능성이 작고 절개 후 봉합이 쉬우며 치유가 잘 되기 때문에 중앙 절개를 한다.
분만으로 한 번 늘어난 회음부는 시간이 지나면서 조금은 줄어들지만 임신 전만큼 회복되지는 않는데, 회음부를 절개하면 심하게 늘어나는 것을 감소시킬 수 있다.

아기의 상태

좁은 산도를 통과하느라 아기도 무척 힘들다. 태어난 아기의 입과 코에서 자궁 안에서 먹은 양수와 이물질을 제거하는 처치를 하고 나면 폐호흡의 시작을 알리는 첫울음이 터진다. 아기의 머리에 약간의 산류(분만 시 좁은 골반에 압박되어 머리 두피가 부어 있는 상태)가 발생하며, 두개골이 약간 중첩된다. 머리 지름도 0.5~1cm가량 적어진다. 하지만 대부분 산후 24~36시간 이내에 저절로 없어지므로 걱정하지 않아도 된다.

산모가 할 일

마지막까지 힘주기

분만 제2기에 산모가 할 가장 중요한 일은 소리를 지르지 않고 효과적으로 힘을 주는 것. 아기의 머리가 빠져나올 때쯤이면 의식하지 않더라도 자연스럽게 힘이 주어지는데, 이때 주치의의 지시에 따라 숨을 참았다가 가능한 한 길게 힘주기를 한다. 아기의 머리가 빠져나오면 그다음부터는 아기 혼자 힘으로 나오므로 따로 힘주기를 할 필요는 없다. 간혹 아기 머리가 나오면 긴장이 풀려 기절하는 경우도 있는데 아직 끝난 것이 아니므로 정신을 가다듬고 '핫, 핫, 핫' 하는 식으로 짧고 빠르게 호흡해 아기의 마지막 탈출을 돕는다. 아기의 몸이 빠져나오면 많은 양의 양수도 함께 나오기 때문에 산모는 무언가 몸 안에서 쑥 빠져나오는 듯한 느낌이 든다.

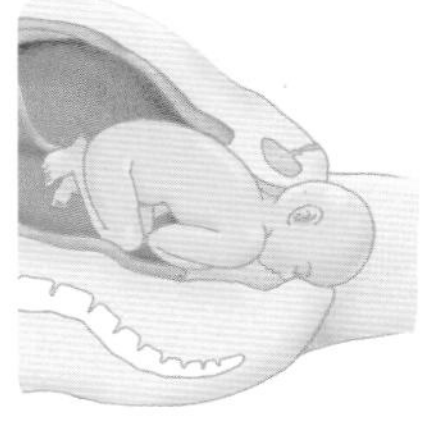
1 태아는 시계 반대 방향으로 90도 회전해 엄마의 등 쪽을 향하게 된다.

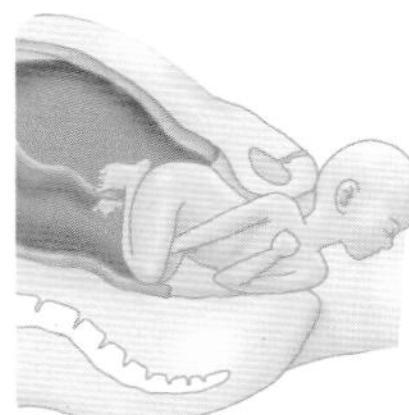
2 잔뜩 웅크리고 있던 태아가 얼굴을 조금 위로 들어 올리면서 밖으로 나온다.

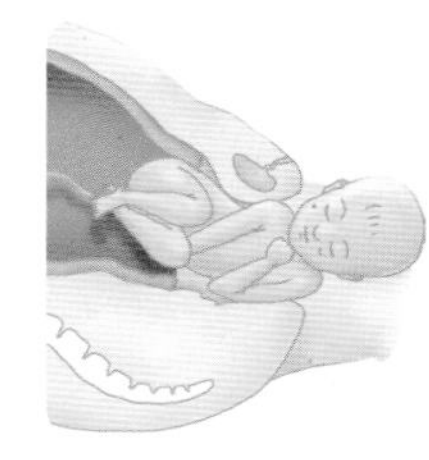
3 어깨가 빠져나오기 위해 다시 한 번 90도로 회전해 옆으로 향한다.

분만 제3기(후산기) 태반을 꺼내고 회음 봉합하는 시기

분만 제3기는 출산을 끝낸 후 태아에 영양과 산소를 공급하던 탯줄과 태반이 나오는 단계다. 태반은 아기가 완전히 나온 지 5~10분 후 미약한 통증과 함께 배출된다. 이 통증을 후진통이라고 한다. 드물지만 자궁벽과 태반이 유착된 경우도 있다. 이때는 태반을 조심스럽게 제거하는 수술을 한다. 태반이 나온 후 태반이나 양막의 일부가 남아 있지 않은지, 자궁 안에 상처가 없는지, 자궁경관 열상이 있지 않은지 확인한다. 정상적으로 모두 배출되었으면 절개했던 회음부를 봉합한다. 분만 제3기의 총 소요 시간은 15~30분이다.

병원에서의 처치

태반 꺼내기

아기가 태어난 후 자궁에서 태반이 떨어져 나오는 데 5~10분 정도 걸리며, 이때 약간의 통증과 출혈이 있다. 태반은 자연스럽게 떨어져 나오지만 의사나 간호사가 복부를 살짝 눌러주어 태반 배출을 돕는다. 태반이 나오면 깨끗한지 살피고 상처가 있으면 자궁 내 태반이나 양막이 남아 있을 수 있으므로 확인한다.

회음부 봉합

절개한 회음부를 봉합하는 데 걸리는 시간은 약 10분. 절개 부위를 마취한 후 봉합하므로 아프지는 않다. 간혹 마취가 풀리는 일도 있으므로 아프면 마취해 달라고 말한다. 회음부 봉합을 할 때는 저절로 녹는 실을 사용해 나중에 실밥을 풀지 않는다.

자궁 수축제 주사

출혈이 어느 정도 멎고 태반이 나오면 자궁 수축제를 주사하고 2시간 정도 안정을 취하며 경과를 지켜본다. 출산 때 자궁 내부에 손상을 입은 경우 빨리 지혈하지 않으면 대량 출혈이 일어날 수 있다.

아기의 상태

신생아실로 이동

태어난 아기는 신생아실로 옮겨져 다양한 처치를 한다. 아기가 바뀌지 않도록 엄마의 이름과 아기의 성별, 태어난 시각, 몸무게 등을 기록한 팔찌와 발찌를 채워 신생아실로 옮긴다. 신생아실로 옮기기 전, 엄마 품에 놓아 젖을 물리게 하는 곳도 있다.

목욕과 검사

신생아실에서 다시 한 번 아기의 코와 입 속 이물질을 제거하고 탯줄을 자른 아기를 목욕시킨다. 팔이나 다리의 접히는 부분과 엉덩이, 겨드랑이 등 구석구석까지 깨끗하게 씻어 태지, 양수, 혈액을 말끔하게 닦아낸다. 목욕 후에는 물기를 말끔히 닦고 배꼽을 충분히 소독한 뒤 잘 소독한 거즈로 끝부분을 덮어준다. 또한 성별 확인, 손가락 · 발가락 등 외형적인 기형 여부를 보고 출산 전 신청 여부에 따라 신생아 검사를 실시한다.

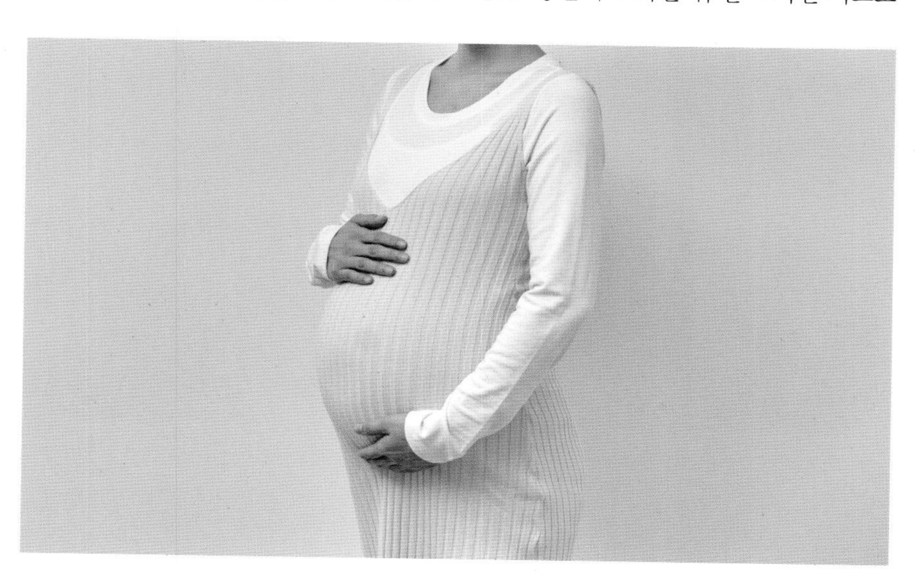

산모가 할 일

가볍게 힘주기

태반 배출 시 의사의 지시에 따라 가볍게 힘을 주면 태반이 배출된다. 이후 출혈에 대비해 산모용 패드를 착용하고 회복실로 옮겨 휴식을 취한다.

분만 제4기(회복기) 출산 직후 1~2시간 정도의 시기

태반이 나온 직후부터 1~2시간, 산모가 회복실에 있다가 병실로 갈 때까지를 말한다. 산후 출혈의 90% 정도가 이때 발생하며, 출혈 외에도 다른 문제가 생길 가능성이 크다. 대부분 출산 직후 2시간 정도는 회복실에서 움직이지 않고 누워 안정을 한다.

병원에서의 처치

산후 출혈 체크

자궁이 수축하면서 자궁에 고여 있던 피가 나오는 양은 산모에 따라 차이가 있는데, 최대 500㎖까지 나오기도 한다. 산모의 혈압, 맥박, 의식은 물론 혈액 검사로 빈혈 수치 등을 체크하면서 과다한 출혈이 있는지 세심하게 관찰한다.

산모가 할 일

자궁 수축

임신으로 커졌던 자궁이 자궁 수축을 통해 원래 크기로 되돌아온다. 이때 진통이 오는데, 이를 후진통 또는 훗배앓이라고 한다. 출산 진통과 비슷한 느낌이며 경산의 경우 약간 증가한다. 통증이 심하고 출혈이 많으면 의사에게 말한다.

자연 분만 과정 미리 보기

아기 머리가 엄마의 외음부에 보이면 본격적인 분만이 시작된다. 보통 초산부는 평균 50분, 경산부는 평균 15~30분 정도 걸리지만 진통이 최고조에 달한 엄마에게 이 시간은 너무나 길다. 자연 분만의 전반적인 과정을 알고 엄마만큼 아기도 힘든 사투를 하고 있음을 인지한다면 한결 편안한 마음으로 이 시간을 보낼 수 있을 것이다.

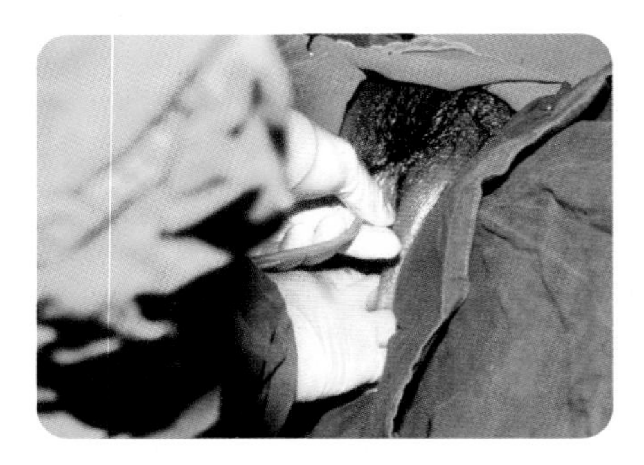

1 회음부 주위를 중심으로 소독한 후 음모를 깎는다. 소변 배출을 위해 소변 호스를 끼운다.

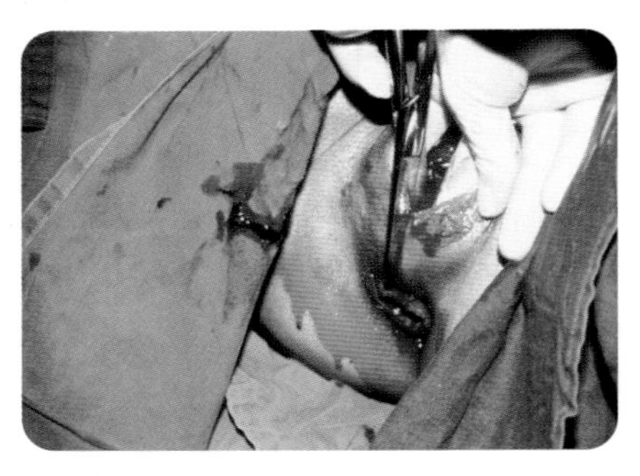

2 양수가 터진 후 아기 머리가 밖에서 보인다. 아기 머리가 잘 나오게 하기 위해 회음부를 절개한다.

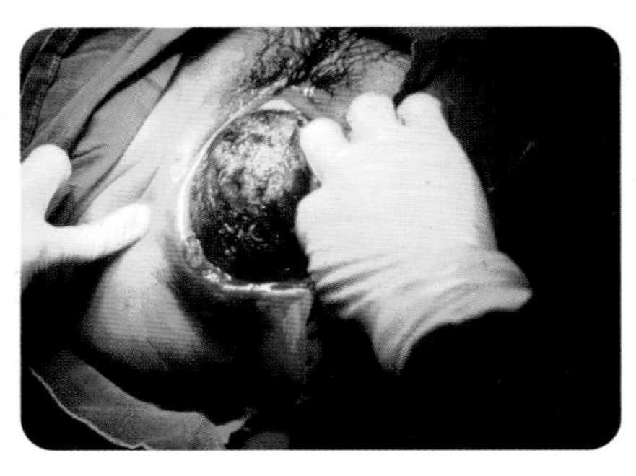

3 산모가 힘을 주면 아기 머리가 밖으로 나온다. 아기 머리가 쉽게 나오도록 자궁 부위를 넓혀 준다.

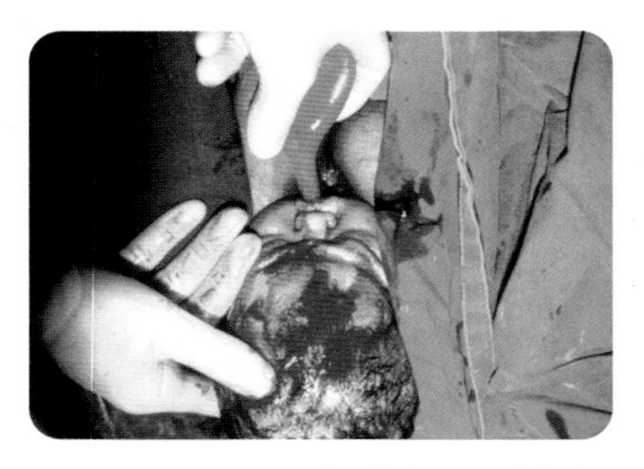

4 아기 머리가 다 나오면 호흡을 위해 입을 벌려 이물질을 제거한다.

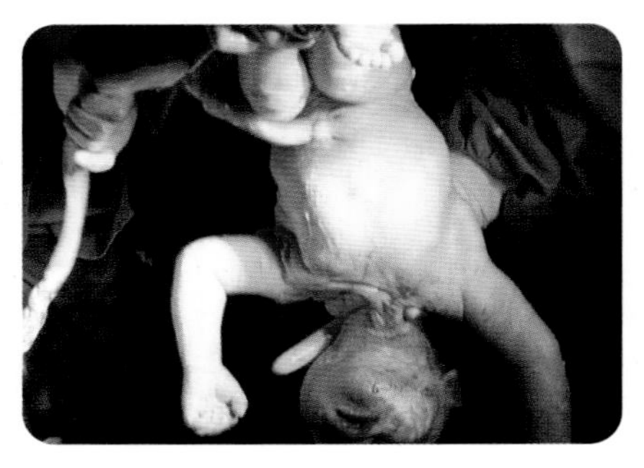

5 머리가 나오면 몸을 90도로 회전하며 빠져나온다. 몸이 다 나오면 탯줄을 자른다.

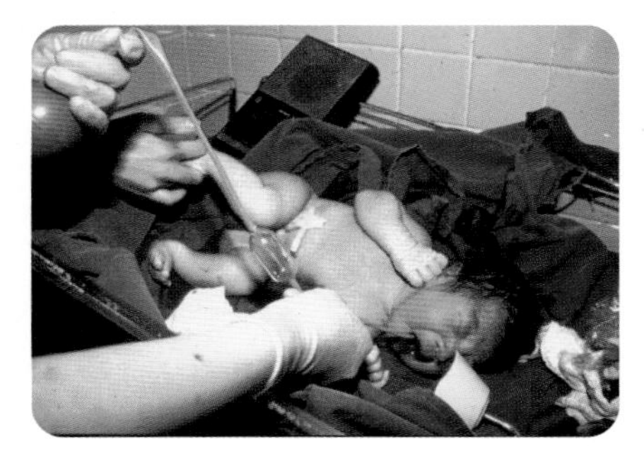

6 아기가 태어나면 다시 한 번 입안의 이물질을 제거한다. 간단한 신생아 검사를 한다.

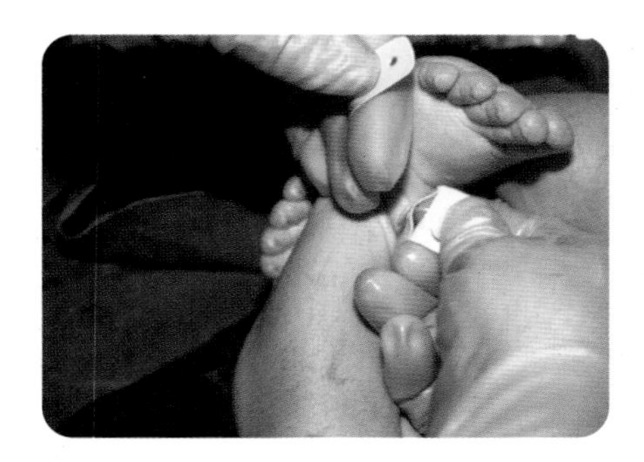

7 아기를 구별하기 위해 엄마 이름을 적은 발찌, 팔찌를 채운 후 신생아실로 옮긴다.

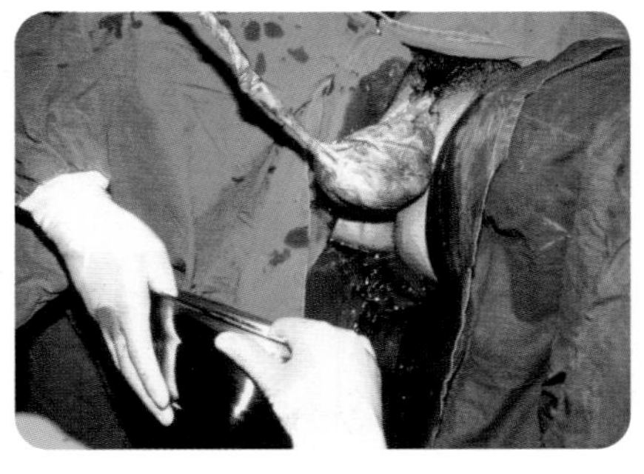

8 5~10분 후에 태반이 배출된다. 이때 산모는 다시 한 번 힘을 주어야 한다.

9 절개했던 회음부를 다시 봉합하고 회복실로 옮긴다. 회음부 봉합은 녹는 실로 한다.

무통 분만

자연 분만 과정에서 척추의 일부분을 마취해 진통을 줄이는 것을 말한다. 경험자들에 의하면 무통 천국을 안겨준다는 마법의 무통 분만. 진통의 강도를 완화시켜주지만 이로 인해 오히려 분만 시간을 지연시키는 등의 부작용이 생길 수 있다. 무통 분만은 자연 분만을 하는 중간에 산모에게 마취제를 투여해 진통을 적게는 5%, 많게는 20% 정도까지 완화시켜주는 분만법이다. 자궁경부가 3~5cm 정도 열렸을 때 임신부의 몸을 C 모양으로 구부리게 한 뒤 허리 부분(요추 사이)에 긴 바늘을 이용해 길을 만들고 가는 관을 집어넣어 약물을 주입한다. 진통이 강할 때 마취를 하면 근육의 긴장을 풀어주어 분만 진행을 촉진하지만 진통이 약할 때 마취를 하면 자궁 수축이 억제되어 분만 진행을 방해하기 때문이다. 하반신만 마취하므로 정신과 감각은 그대로 살아 있다. 마취를 해도 힘을 주는 데에는 무리가 없지만 대부분 임신부들이 감각이 무뎌져 언제 힘주기를 해야 하는지 잘 알 수 없다고 말한다. 이럴 때는 의료진의 지시에 따라 힘을 주면 된다. 출산 후 병실로 옮긴 뒤 마취가 풀리기 시작하는데, 회복 시 약간 한기가 들면서 몸이 무겁게 느껴진다. 마취가 풀리기 전에 훗배앓이를 하므로 그로 인한 통증을 느끼지 못하는 경우가 많다. 병원에 따라 마취가 풀린 후 통증이 심하면 진통제를 놔주기도 한다. 2016년 기준으로 제왕절개 수술 시 무통 주사 역시 의료보험이 적용되어 무료로 전환되었다.

무통 분만의 장점

진통을 약하게 해준다

예정일이 다가올수록 출산에 대한 불안감이 생기는 이유는 생전 처음으로 느끼는 진통에 대한 두려움 때문이다. 길게는 24시간 이상 겪을지도 모른다. 과도한 통증은 자궁 혈류 감소, 자궁 수축 이상, 태아의 저산소증 등을 일으킬 수 있다. 경막 외 마취법은 5~20% 정도 진통의 강도를 줄여주어 출산을 수월하게 돕는다.

편안하게 분만할 수 있다

파도처럼 밀려오던 진통의 강도가 줄어들어 산모와 지켜보는 보호자가 안정을 찾게 도와준다. 마취로 통증을 느끼진 못하지만 자궁 수축은 계속 진행된다. 자궁구가 다 벌어질 때까지 편안히 있다가 아기가 나올 즈음 느껴지는 자궁의 수축이나 의사의 지시에 따라 힘주기를 하면 돼 산모는 충전한 체력을 분만에 쏟을 수 있어, 분만을 순조롭게 돕고 아기가 태어나는 순간도 놓치지 않을 수 있다.

혈압이 높은 임신부에게 효과적이다

마취를 통해 임신부의 혈압을 내리고, 힘주기를 할 때 자칫 늘어나기 쉬운 혈관 수축 물질을 감소시킴으로써 혈압이 높은 임신부의 분만 시 도움이 된다. 또 첫아이 출산 때 난산을 했거나 자궁구에 경련이 일어나 잘 벌어지지 않는 경우에도 효과적이며 무통 분만 도중 제왕절개 수술이 필요한 응급상황이 생길 때 마취를 하지 않아도 되어 신속하게 수술할 수 있다.

무통 분만의 단점

분만 2기를 길게 만들 수 있다

경막 외 마취를 하지 않은 임신부보다 분만 2기가 더욱 길어지는 경향이 있다. 운동신경에 영향을 주어 다리를 마음대로 움직일 수 없고, 배뇨 시기도 알아채지 못하는 등 힘주기가 어려울 수 있다.

합병증이 우려된다

마취에 따른 합병증도 발생할 수 있다. 경막 외 마취가 태아에게 나쁜 영향을 미쳤다는 보고는 아직 없지만 경막 외 마취로 아기를 낳은 산모는 출산 후 허리 통증이나 때로는 저혈압이 나타날 수 있다. 두통이 생기기도 하지만 5일쯤 지나면 사라진다. 그리고 마취가 부적절하게 이루어져 중추신경을 자극하면 경련이나 구토, 마취 부위의 혈종 등이 나타날 수 있다. 마취했던 부위에 통증이 느껴지면 즉시 병원에 가야 한다.

위험한 임신부도 있다

모든 임신부들이 무통 분만을 할 수 있는 것은 아니다. 디스크나 교통사고로 인한 허리 손상 등 척추에 이상이 있을 때와 바늘을 꽂는 부위에 감염 위험이 있는 경우, 혈액 응고가 잘 되지 않는 임신부는 무통 분만을 할 수 없다.

마취 전문의가 상주해야 가능하다

마취는 마취를 전공한 전문의가 해야 안전하므로 병원 내 마취 전문의가 상주하는지도 확인한다. 간혹 무통 마취를 잘못해 출산 후 감각이 돌아오는 데 시간이 오래 걸리는 경우도 있다. 마취 전문의 없이 담당 의사나 간호사가 시술하거나 출장 의사를 둔 경우는 새벽 분만 시 어려울 수도 있으므로 참고한다.

09 유도 분만

유도 분만은 자발적인 자궁 수축에 의한 진통이 아닌 촉진제를 투입해 진통을 일으켜 분만을 유도하는 방법이다. 흔히 시도되는 시술로, 약물로 진통을 유도해 출산 예정일을 조정한다는 것 외에는 자연 분만과 크게 다른 게 없다.

유도 분만을 하는 이유

유도 분만은 분만 시 진통이 없을 때 인위적으로 진통을 일으켜 자궁 수축을 유도하는 방법이다. 예정일이 1~2주 이상 지났는데도 진통이 없으면 태아가 너무 커져 분만에 위험이 따른다. 또한 임신중독증 · 당뇨병 · 고혈압 등 임신부에게 질병이 있는 경우, 진통이 오기 전에 양수가 먼저 터졌거나 양수가 많이 줄어든 경우, 양수 감염이 발생한 경우 등 임신부나 태아가 위험에 노출됐을 가능성이 있을 때 안전을 위해 시행한다.

유도 분만은 태아를 둘러싸고 있는 막을 인위적으로 터지게 하는 방법, 젖꼭지를 자극하는 방법 또는 피토신이라는 합성 옥시토신을 정맥으로 주사하는 방법 등 여러 가지 분만 유도 방법이 있다. 또 프로스타글란딘 호르몬이 함유된 좌약을 질에 삽입해 자궁경부가 열리게 하기도 한다. 주로 촉진제인 피토신을 주사하는 방법을 사용한다.

유도 분만 과정

유도 분만은 진통이 오기 전에 인위적으로 진통을 촉진하기 때문에 입원 날짜를 잡고 진행한다. 유도 분만을 하기 하루 전 입원을 하고, 아기가 나오는 길을 부드럽게 해 주기 위해 질정제를 넣는다. 유도를 시작하기 전에 자연 분만을 위한 준비와 똑같이 관장 및 제모를 한 뒤 촉진제를 맞음으로써 유도 분만은 시작된다. 촉진제를 맞아 자궁이 열리기 시작하는 과정이 제대로 진행되면 자연 분만과 같은 진통을 겪은 후 개인에 따라 차이는 있지만 일반적으로 초산모의 경우 약 9시간, 경산모의 경우 약 6시간 만에 분만을 한다. 진통의 강도가 자연 분만보다 더 강하게 나타날 수도 있다.

유도 분만 시 주의할 점

촉진제를 맞아 진통을 조절하는 만큼 약물에 의한 부작용이 생길 수 있다. 촉진제를 맞은 임신부의 혈압이 떨어질 수 있으며 구토, 어지럼증이 함께 동반되고 드물게 쇼크가 일어날 수 있다. 간혹 10분에 6회 이상의 과도한 자궁 수축이 일어나는 자궁 빈수축으로 임신부와 태아가 위급할 수 있다. 태아에게 산소 공급이 원활하게 되지 못하고 태아 곤란증, 태반 조기 박리, 자궁 파열이 동반될 가능성이 높다. 또한 양수가 자꾸 빠지거나 진통만 심해질 뿐 자궁이 열리지 않는 경우에는 임신부의 혈압이 올라서 불안정해질 수 있다. 이 같은 응급상황이 닥치면 어쩔 수 없이 제왕절개 수술을 진행한다. 초산부의 10%, 경산부의 3.8% 정도가 유도 분만에서 제왕절개 수술로 넘어간다. 촉진제 투여에도 불구하고 진통이 유발되지 않아 유도 분만에 실패하는 경우도 많다. 이럴 때에는 다시 촉진제를 투여하기도 하지만 다음을 기약하며 퇴원하기도 한다. 과거에 자궁 수술을 한 경험이 있거나 태아의 머리가 산모의 골반보다 큰 경우에는 유도 분만을 할 수 없다.

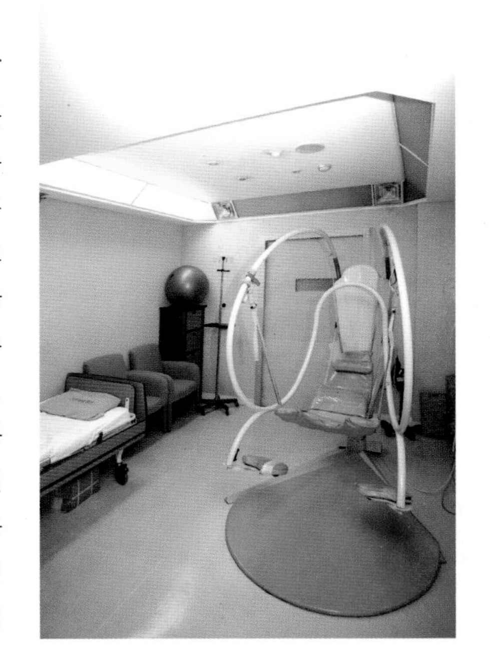

10 제왕절개

제왕절개는 진통에 의한 자궁 수축으로 분만하는 것이 아닌 수술로 태아를 분만하는 방법이다. 모든 산모들이 자연 분만을 할 수 있는 것은 아니다. 태아에게 이상이 있거나 산모의 생명이 위급할 때 등 자연 분만이 불가한 경우 꼭 필요하다.

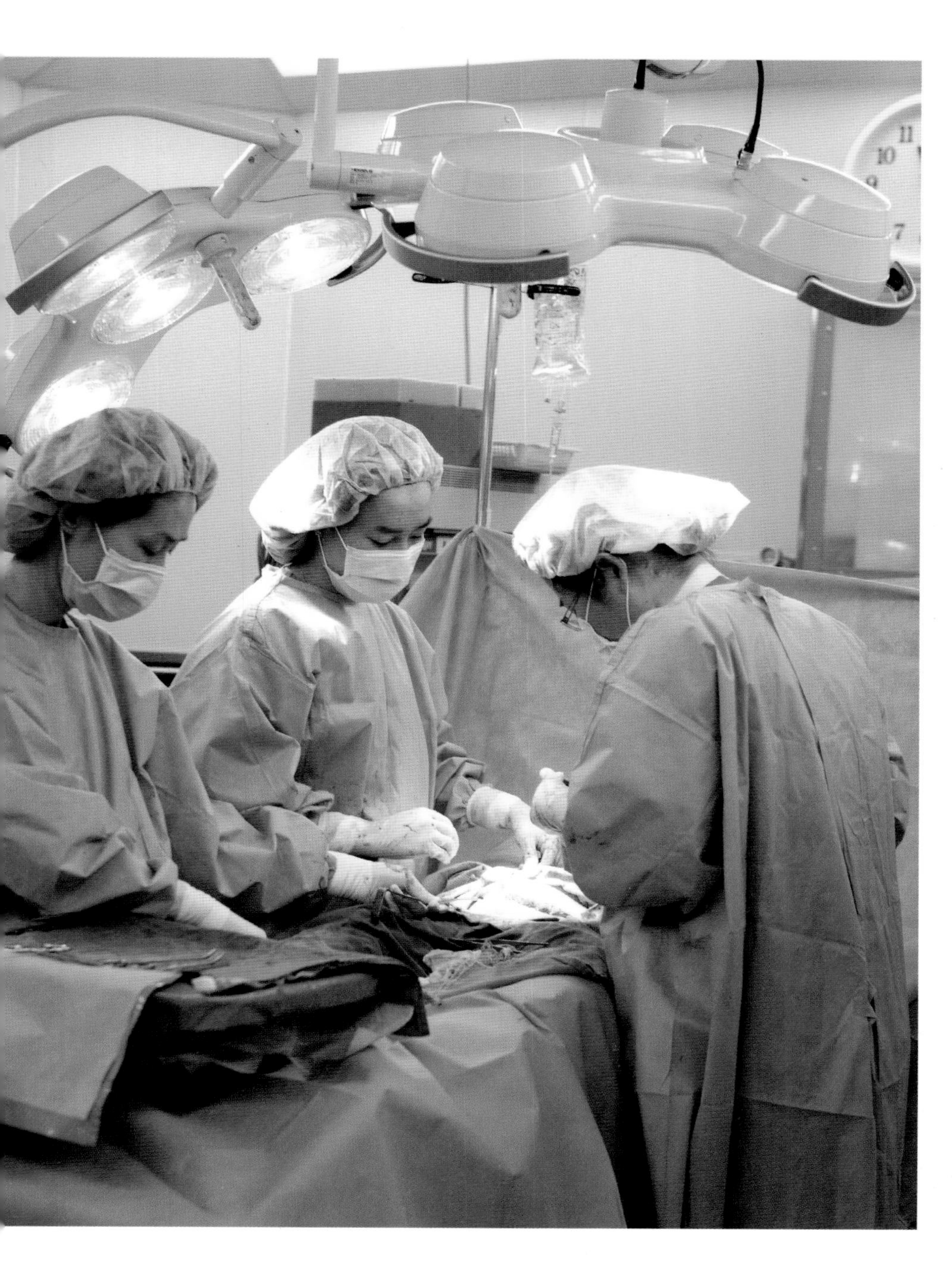

제왕절개 수술이란

긴급 상황 시 필요한 분만법이다

자연 분만이 아기를 낳는 가장 자연스러운 방법이지만 상황에 따라 불가한 경우가 있다. 자연 분만으로는 태아와 산모의 안전을 확신할 수 없을 때 인공 분만법인 제왕절개 수술을 한다. 제왕절개는 전신 마취 또는 하반신 마취를 하며 복부와 자궁을 절개해 태아를 분만하는 방식이다. 고대 로마제국의 황제인 카이사르가 이 수술로 태어났기 때문에 제왕절개라고 했다는 말이 전해지지만 근거는 없다. 정상 질식 분만에 비하면 제왕절개를 했을 때의 부작용이 크지만, 의술의 발달로 그 위험성이 현저하게 감소했으며, 태아나 산모에게 긴급 상황이 발생했을 경우에는 오히려 가장 안전한 분만법이다. 무분별하게 제왕절개 수술을 하는 경우는 없다. 막달에 태아와 임신부의 상태를 살피고 담당 의사가 임신부와 보호자와 상의해 진행 여부를 결정한다.

자연 분만 산모보다 회복이 늦다

자연 분만 산모처럼 진통을 겪지 않지만 거의 비슷한 아픔을 느낀다고 봐야 한다. 산후 회복 역시 자연 분만 산모보다 늦다. 자연 분만을 한 산모는 아이에게 모유를 먹이기 때문에 골반이 빠르게 수축되지만,

제왕절개 분만을 한 산모는 복부의 통증으로 인해 출산 직후에는 아기를 안기가 어려우며 마취와 진통제 복용으로 자가 치유 능력이 제대로 발휘되지 못하기 때문이다. 수술 이틀 후부터는 힘들더라도 병실이나 복도를 걷는 등 많이 움직여야 회복이 빠르다. 보통 하복부의 절개선을 따라 절개를 하므로 수술 후 5~7일 뒤에 실밥을 풀고 나면 흉터가 생긴다. 5일 이내에는 샤워를 피해야 하며 수술 부위를 만지는 등 편안한 생활은 2주 후에나 가능하다.

가능한 한 빨리 모유 수유를 시도한다

많은 제왕절개 산모가 마취제와 진통제 때문에 모유 수유를 꺼리지만 전신 마취를 했더라도 아기에게는 해롭지 않으므로 가능한 한 빨리 젖을 물려 유방을 자극하는 것이 좋다. 수술 부위의 염증을 예방하고 통증을 완화하기 위해 항생제와 진통제를 맞는데, 대부분 주사로 투여되기 때문에 젖을 통해서는 신생아 몸에 거의 흡수되지 않는다. 그래도 걱정된다면 진통제를 모유 수유 직후에 맞도록 한다.

제왕절개 수술을 하더라도 모자동실을 이용하거나 되도록 아기와 함께 있으면서 아기가 원할 때마다 젖을 자주 물리는 것이 좋다. 하지만 이틀 정도는 수술 부위 통증으로 앉아 있기 힘들기 때문에 옆으로 누워서 먹인다. 이때 베개나 담요, 타월 등으로 몸을 받쳐 최대한 편안한 자세를 취한다. 또 침대의 사이드 레일(침대 옆에 딸린, 위아래로 움직이는 철제 칸막이)을 올려두면 몸을 움직일 때마다 손으로 잡을 수 있어 좀 더 편리하다. 수술 후 3일 후가 되면 앉아서 수유를 할 수 있다.

제왕절개 수술을 계획하는 경우

골반이 좁을 때

태아의 머리에 비해 엄마의 골반이 작을 때는 제왕절개 수술을 해야 한다. 이를 '아두 골반 불균형'이라고 하는데, 태아의 머리 크기보다 골반 크기(약 10cm)가 작으면 분만 시 태아의 머리가 골반에 끼일 우려가 있어 정상 분만이 어렵다. 보통 임신 37주경 내진을 통해 배 속 태아의 머리 크기와 임신부의 골반 크기를 측정해 수술 여부를 미리 결정한다.

역아나 횡위일 때

태아의 머리가 아래를 향하지 않고 위로 향한 역아와 옆으로 누운 횡위의 경우 제왕절개를 한다. 거꾸로 선 태아를 자연 분만할 경우 다리가 먼저 나온 후 탯줄이 눌려 태아에게 산소 공급이 안 되는 상황이 생길 수 있고, 머리가 골반에 끼여 잘 나오지 않을 경우 심하면 뇌 손상이나 사망에 이를 수 있다. 분만 시 의사가 태아를 잡아당기는 힘 때문에 태아의 팔의 신경이 손상되어 마비가 오는 등 여러 가지 합병증이 나타날 가능성도 있다. 역아는 90% 이상 제왕절개로 분만하며 특히 초산일 경우 대부분 수술을 권한다. 횡위는 100% 제왕절개 수술을 받아야 한다.

전치태반일 때

태반은 자궁 내부의 위쪽이나 자궁구에서 어느 정도 떨어져 있어야 정상인데 임신 30주 이후에도 밑에 위치해 태반이 자궁구를 막고 있는 경우를 전치태반이라고 한다. 이 경우 진통이 시작되면 태아에게 산소를 공급하는 태반이 먼저 밖으로 나와 태아와 산모 모두 위험한 상태에 놓이는 일이 많다. 특히 출혈이 심해 쇼크가 일어날 수 있으므로 제왕절개를 하는 것이 일반적이다. 전치태반일 때나 태반에 이상이 있을 때 역시 제왕절개 수술을 한다.

임신부에게 병이 있을 때

엄마에게 심장병 · 신장병 · 당뇨병 등의 지병이 있을 때나 자궁이나 질이 기형일 경우, 질이나 자궁경부에 성병인 헤르페스 · 콘딜로마 등이 심해 질 속을 통과하는 태아가 균에 감염될 우려가 있는 경우 제왕절개 수술을 한다.

임신중독증이 심할 때

임신중독증을 앓는 임신부의 태아는 보통 몸집이 3~4주 정도 작은 편이다. 태아에게 충분한 혈액이 공급되지 않은 경우 분만 중 큰 위험에 빠질 수 있다. 임신중독증이 심하면 진통이 시작되면서 혈압이 점점 높아져 경련과 발작을 일으키기도 한다. 이때 임신부는 실신하거나 호흡 곤란이 일어나고 태아도 위험해진다. 그러나 임신중독증이 심하지 않으면 의료진의 철저한 준비 하에 자연 분만을 할 수도 있다.

다태 임신인 경우

다태 임신은 조산의 가능성이 높고, 출산 시간이 지연될 우려가 있기 때문에 예정일에 앞서서 미리 제왕절개 수술을 하는 편이 안전하다. 한쪽 태아는 머리가 아래로, 다른 태아는 위쪽으로 위치하는 경우 밑으로 있는 아기가 먼저 나온 후 위쪽을 보는 아기가 돌기를 기다리거나 손을 이용하여 돌려볼 수 있지만 잘못하면 태반이 먼저 무너져 위험한 상황이 올 수 있다. 하지만 임신부가 건강하고 태아들이 모두 정상위라면 담당 의사와 충분히 상의한 후 자연 분만을 할 수도 있다.

고령 초산인 경우

임신부의 나이가 많으면 출산 시 산도가 굳어지면서 신축성이 떨어져 자궁구가 잘 열리지 않게 되어 출산 진행이 어려운 경우가 있다. 또한 분만 2기에 힘을 충분히 주지 못하는 일도 생긴다. 보통 만 35세 이상이면서 초산이면 제왕절개 수술을 받을 확률이 높아진다. 그러나 35~40세 사이의 고령 임신부라도 산전 진찰을 잘 받고 건강 관리를 철저하게 하면 합병증이 생기지 않아 제왕절개 수술을 반드시 해야 할 필요는 없으므로 담당 의사와 상의해 결정한다.

첫째를 제왕절개로 낳은 경우

첫째 아이를 제왕절개로 낳은 경우 진통에 의해 자궁 파열이 생길 수 있기 때문에 둘째도 제왕절개를 권한다. 그러나 자궁 파열은 대부분 절개 부위가 수직인 경우에 일어나며 골반이 넉넉하고 첫 출산 시의 수술이 잘 되어 있다면 제왕절개 수술 후 자연 분만인 브이백을 시도해볼 수 있다.

자궁근종 수술 경험이 있는 경우

자궁근종 수술을 한 경우는 자연 분만을 시행할 수는 있지만 위험에 대비해 제왕절개 수술 준비를 해야 한다. 자연 진통이 오면 조심스럽게 의료진과 상의하여 분만 방법을 결정하도록 한다. 또한 자궁 염증으로 심한 고열을 경험한 적이 있는 경우는 무리하게 자연 분만을 시행하기보다는 제왕절개 수술을 하는 것이 좋다.

응급으로 수술을 하는 경우

양막 파열 후 24시간이 지났을 때

양수가 터진 후 진통이 일어나지 않은 채 24시간 이상 지나면 자궁 내 감염이 생길 가능성이 높다. 그렇게 되면 태아가 감염될 위험이 있어 빨리 출산해야 한다. 유도 분만으로 진통을 일으켜 자연 분만을 시도한 뒤 진행이 잘 되지 않으면 결국 제왕절개를 한다.

태아 곤란증일 때

출산 중 태아에게 난처한 상황이 생기는 경우가 있다. 가령 임신부의 혈액형이 RH-이고 태아가 RH+면 RH 부적합 현상으로 자궁 안에서 태아의 적혈구가 파괴된다. 태아는 심한 빈혈에 걸리고 황달이 와서 자궁 안에서 사망할 수도 있으므로 태아의 상태를 잘 고려하여 필요 시 제왕절개 수술을 시행하도록 한다.

태아 회전이 이상할 때

태아는 좁은 산도를 쉽게 빠져나오기 위해 머리를 회전하면서 나오는데, 정상적으로 돌지 않으면 태아는 물론 임신부도 위험할 수 있다. 이때는 자연 분만보다는 제왕절개 수술을 하는 것이 안전하다.

탯줄에 이상이 있을 때

분만 시 탯줄은 태아의 머리가 빠진 후에 나오는 것이 정상이다. 그러나 탯줄이 태아보다 먼저 나오거나 골반 사이에 끼이면 태아의 머리를 압박하거나 목에 감기거나 얽히는 수가 있다. 또 양수가 터지면서 탯줄이 먼저 나오면 태아에게 산소 공급이 되지 않고, 탯줄이 서로 꼬여 있는 경우에는 산소 공급이 원활하게 이루어지지 않아 태아가 질식한다. 따라서 응급으로 수술을 해야 한다.

분만이 지연될 때

분만 중에는 예기치 못한 여러 가지 일이 일어날 수 있다. 자궁구가 잘 열리지 않거나 태아가 잘 내려오지 않는 경우, 태아가 골반에 걸려 시간이 지체되는 경우, 촉진제를 투여해도 분만이 진행되지 않으면 긴급 제왕절개 수술을 진행해 태아를 산도에서 빼내야 한다.

양수가 태변으로 착색됐을 때

태아가 배 속에서 태변을 본다는 것은 심한 스트레스를 받았음을 의미한다. 물론 태변이 살짝 비친 것은 큰 영향을 주지 않지만 심하면 태아가 양수를 흡입하는 과정에서 태변이 폐로 들어가 화학적 폐렴을 일으키기도 하고 태아 흡입 증후군을 야기할 수 있다. 태변으로 인해 착색된 태반의 상태와 태아의 심박동을 모니터하는 등 면밀히 태아의 상태를 파악한 후 응급 제왕절개 수술을 할 수 있다.

태아 심박동 이상 소견을 보일 때

진통 중 태아 상태를 확인하기 위해 심박수를 모니터하는데, 태아가 극심한 스트레스를 받으면 태아 심박동 수나 변동성이 감소하며 이런 상태가 반복해서 지속될 경우 태아 가사에 빠질 수 있으므로 응급 절개수술을 한다. 진통으로 인해 태아에게 태반을 통한 혈액 공급이 줄고, 태아 머리가 산도에 오래 머물러 압박을 받으며, 탯줄이 목을 감거나 서로 꼬여 있는 경우에는 산소 공급이 이루어지지 않는다. 장기적으로 뇌 손상을 불러일으킬 수 있는 응급상황으로 제왕절개 수술을 한다.

제왕절개 수술 과정

수술 전 검사를 한다

수술을 받기 1주일 전에 혈액 검사, 흉부

X선 검사, 심전도 검사, 간 기능 검사, 소변 검사 등 수술에 필요한 검사를 받는다.

수술 전날 입원을 한다

수술 전날 입원을 하고 자정부터는 금식한다. 수술 전날이나 당일 보호자는 수술 동의서를 작성하고 사인한다. 제왕절개는 마취와 개복 수술을 하는 만큼 과다 출혈이나 마취 부작용 등이 생길 가능성이 있고, 드물지만 장기 손상, 자궁 적출이나 심하면 산모가 사망에 이를 수 있기에 보호자 동의가 반드시 필요하다. 수술 당일에는 초음파 검사로 태아의 심음을 듣고 이상 여부를 확인한 뒤 수술을 받기 6~8시간 전부터 수술이 끝난 후 가스가 배출될 때까지 금식을 한다.

마취와 수술 준비를 한다

먼저 임신부의 체모를 제거한 뒤 수술할 부위, 즉 배를 소독한다. 보통 링거액을 통해 마취제를 투여하며, 수술 후 2~3일은 움직일 수 없으므로 수술 전에 요도에 카테터를 삽입한다. 전신 마취와 경막 외 마취, 척추 마취의 하반신 마취 등 여러 가지 마취 방법이 있는데, 주로 하반신 마취를 한다.

수술 복부를 절개한다

수술 부위를 소독한 뒤 치골 위 3cm 정도에서 가로로 약 10~13cm 길이로 절개한다. 피부와 근육층 등 여러 층의 복벽을 차례로 절개한 후 태아가 들어 있는 자궁벽도 절개한다.

태아를 꺼낸다

다시 태아를 감싸고 있는 양막을 자른 다음 손으로 태아의 머리를 잡아당겨 꺼낸다. 머리가 나오면 입과 기도에 있는 이물질을 제거한다. 탯줄을 자르고 양수와 양막의 찌꺼기까지 제거한다.

자궁벽과 복부를 봉합한다

분만이 완료되면 수술 부위를 여러 차례에 걸쳐 봉합한다. 봉합은 자궁경부에서 복벽까지 총 7~8단계로 행해진다. 자궁경부 등 배 속을 봉합할 때는 체내로 흡수되는 실을 사용한다. 피부 표면은 주로 흡수되지 않고 제거해야 하는 실을 사용하며 퇴원 직전에 실밥을 제거한다. 봉합 직후 소독이 끝나면 회복실로 옮겨진다. 총 수술 시간은 40분~1시간이다.

2시간 후 마취에서 깨어난다

회복실에서는 산모의 의식, 출혈, 혈압, 맥박 등을 체크한 후 이상이 없을 때 입원실로 옮긴다.

제왕절개 트러블

수술 부위 감염

수술 부위 염증과 자궁 골반 내 장기 감염이 가장 흔한 후유증이다. 절개한 부위 봉합 시 안쪽 부위는 녹는 실을 사용하는데, 산모의 체질에 맞지 않으면 염증을 일으키기도 한다. 복부 화농에 의한 패혈증, 수술 후 장폐색증, 마취 시 흡입성 폐렴, 폐색전증 등의 합병증이 발생할 수 있으며, 피부가 민감하거나 당뇨병이 있는 산모의 경우 감염될 확률이 높다. 지속적으로 항생제 치료를 받는다.

장기 손상

복부와 자궁을 절개하면서 다른 장기에 손상을 줄 수 있다. 이 경우 봉합한 수술 부위를 다시 절개한 뒤 수술한다.

요로 감염

복부와 자궁을 절개하므로 요로 감염을 일으킬 수 있다. 적절한 항생제를 투여해 치료한다.

대량 출혈

제왕절개를 하면 드물게 자궁 수축이 잘되지 않아 대량의 출혈이 일어나기도 한다. 자궁 근종이 5cm 이상 큰 경우 수술 시 출혈이 심할 수 있다. 출혈이 심하면 자궁 수축제나 비정상적인 혈액 응고 과정을 교정할 약을 투약해서 출혈이 멈추도록 한다. 심하면 수혈하기도 하는데 다른 합병증이 생길 수 있으므로 신중을 기한다.

수술 흉터

임신부가 켈로이드 체질인 경우 수술 후 수술 부위가 가렵고 염증이 생기기 쉬워 흉터가 남을 수 있다. 수술 부위가 감염되지 않도록 소독과 청결에 신경 쓴다. 의사의 처방에 따라 항소염제와 스테로이드제를 섞은 연고 등을 바른다.

제왕절개 수술과 부부관계

자연 분만을 하면 질이 넓어진다고 제왕절개 수술을 하려는 임신부가 있다. 제왕절개 수술을 하면 질이 늘어나지 않아 부부관계가 만족스럽고 요실금 걱정도 없다는 논리다. 하지만 이는 의학적 근거가 없으며 오히려 제왕절개 수술을 한 산모가 부부관계를 할 때 통증을 더 많이 느끼는 경우가 많다.

제왕절개 수술 미리 보기

제왕절개 수술은 수술대에 누워 마취로 잠이 들거나 하반신 마취를 해도 가려져 있어 아기가 태어나기 전까지는 어떻게 진행되는지 알 수 없다. 수술은 보통 40분~1시간 진행되지만 사전 준비도 많고 수술 동의서에 서명을 하는 만큼 그 과정에 대해 미리 알고 있자.

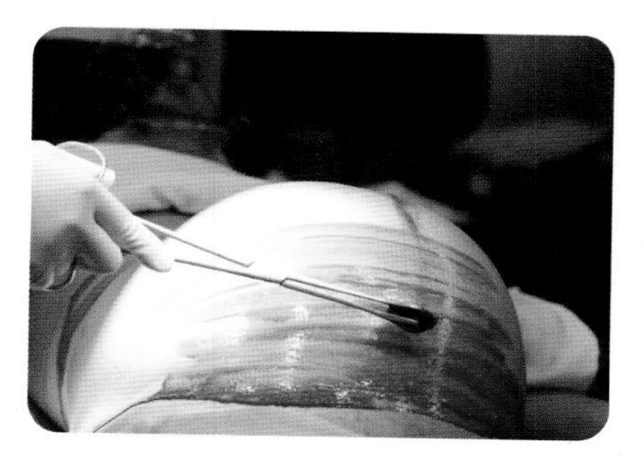

1 균이 들어가지 않도록 체모를 깎고 수술 부위를 소독한다. 소변을 받아낼 도뇨관을 연결한다. 도뇨관은 수술 후 1~2일간 하고 있는다.

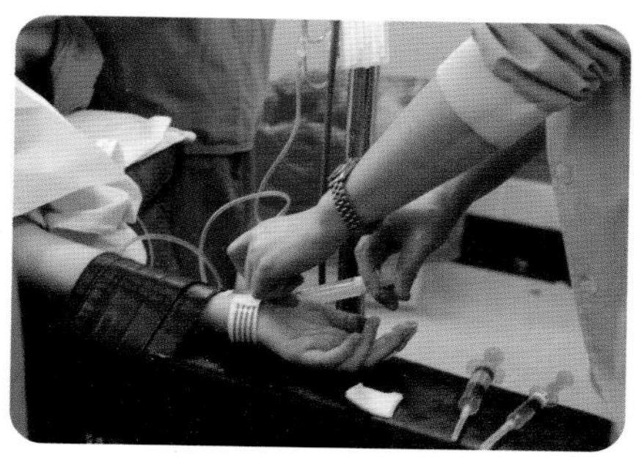

2 전신 마취, 하반신 마취, 경막 외 마취 등으로 마취를 한다. 체온이 떨어지지 않도록 수술 부위를 남기고 모두 덮는다.

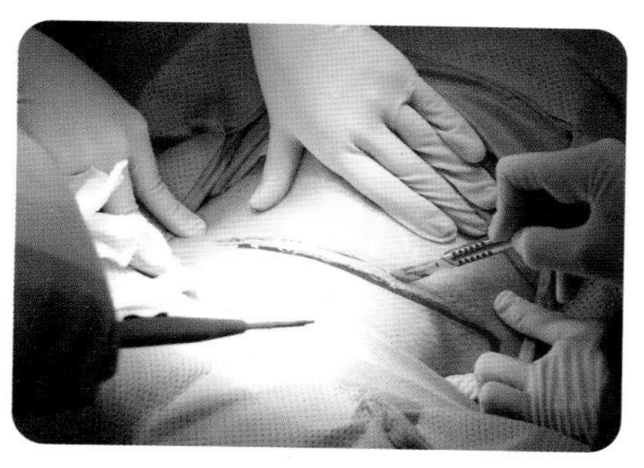

3 복벽을 절개하는데, 보통 치골 위 3cm 떨어진 곳에서 가로로 10~13cm 정도 절개한다. 자궁 파열의 위험을 막기 위해 세로 절개보다 가로 절개를 선호한다.

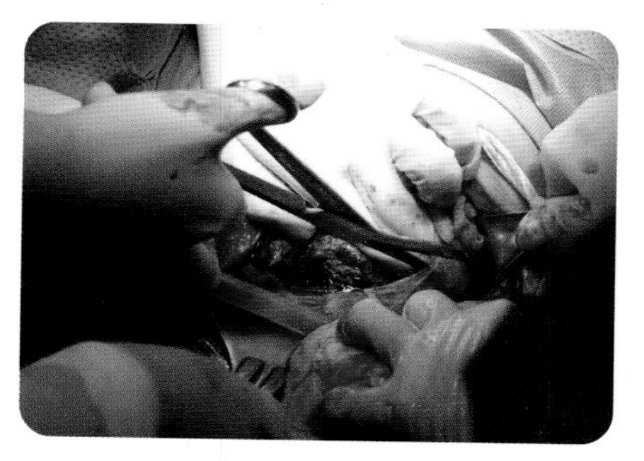

4 자궁벽을 절개한 후 손을 넣어 태아의 머리를 확인한다. 양수를 뽑아낸다.

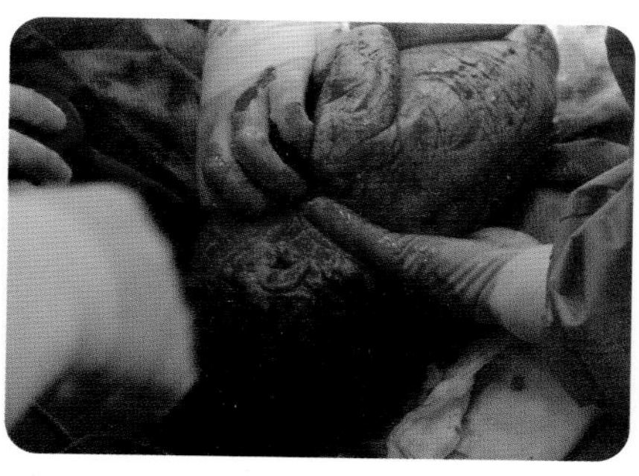

5 자궁벽을 벌려 태아의 머리를 조심스럽게 꺼내고 몸을 꺼낸다. 태아가 나오면 입을 벌려 입속의 이물질을 제거한다.

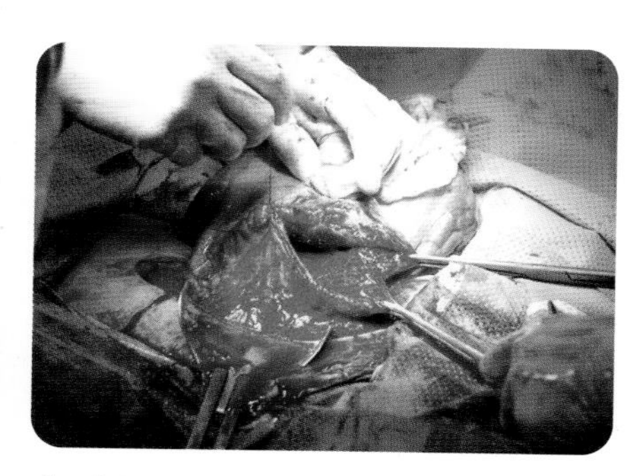

6 태반과 난막을 분리한 후 꺼낸다. 손을 넣어 자궁에 잔여물이 있는지 확인한다.

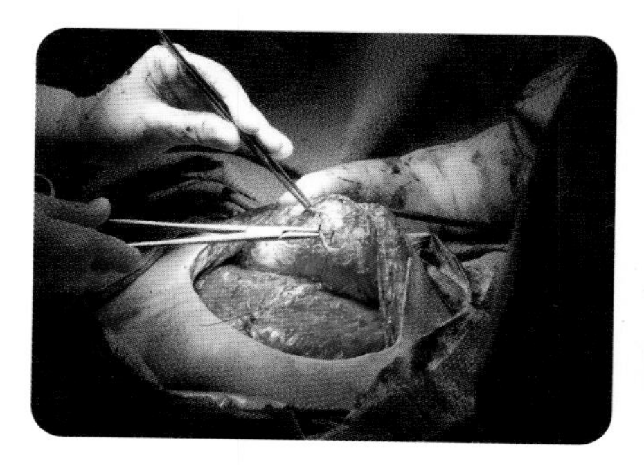

7 수술 부위를 봉합한다. 자궁경부부터 복벽까지 7~8단계를 거친다. 자궁 쪽은 녹는 실로 꿰맨다.

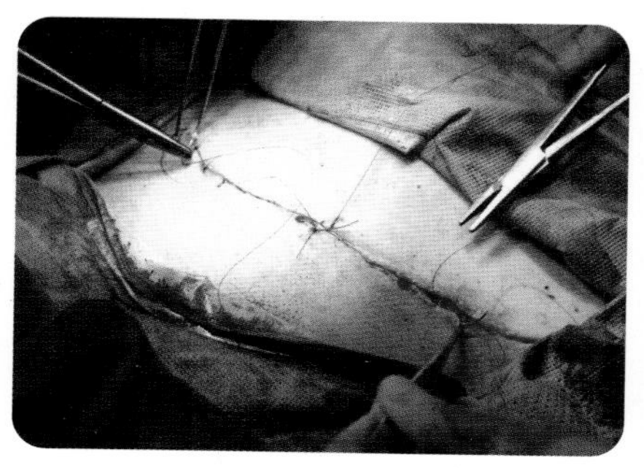

8 가장 나중에 꿰매는 피부는 뽑는 실로 꿰매며, 퇴원 전에 제거한다.

9 봉합이 완료되면 감염되지 않도록 철저히 소독한 후 거즈를 덮고 반창고를 붙인다.

11

브이백(제왕절개 수술 후 자연 분만)

첫아기를 제왕절개로 낳았다면 둘째 아기도 제왕절개를 선택하는 것이 일반적이다. 그럼에도 불구하고 자연 분만을 하고 싶다면 브이백(VBAC)에 대해 고민해보자.

브이백(VBAC)이란

제왕절개 수술 후 자연 분만이다

제왕절개로 첫아기를 분만하고 난 후, 그다음 아기를 자연 분만으로 낳는 것을 브이백(VBAC, Vaginal Birth After Cesarean)이라고 한다. 예전에는 일단 제왕절개 수술로 첫아기를 낳았다면, 다음에도 제왕절개를 하는 것을 원칙으로 여겼다. 수술 후 자연 분만을 시도했을 때 자궁 파열의 위험이 있기 때문이다. 하지만 근래에는 제왕절개 수술의 대부분이 자궁을 세로가 아닌 가로로 절개하면서, 자궁 파열의 가능성이 0.2~0.5%로 낮아졌다. 현재까지의 기록에 따르면 자연 분만의 성공률은 30~70%로 기관마다 다양하다. 하지만 전체적으로 브이백 성공률이 높아지고 있다 해서 모두 자연 분만을 할 수 있는 것은 아니며, 브이백을 시행하다가 실패할 경우 임신부와 태아가 사망에 이르는 등 위험성이 높다.

병원 선택에 신중을 기한다

우선 브이백을 하기로 마음먹었다면 병원 선택에 신중을 기해야 한다. 시술 경험이 많고 여러 가지 제반 환경이 갖추어져 있는 병원을 찾아 브이백 성공률과 마취 전문의가 상주하는지, 응급 수혈 및 응급 수술이 즉각적으로 이뤄질 수 있는지를 살핀다. 브이백은 의사가 위험 요소를 피하고 진통을 안전하게 유도해 관리할 수 있느냐 여부가 성공의 관건이다. 안전에 대해 자신이 없는 의료진은 결국 수술하자고 할 가능성이 많기 때문이다. 한 곳의 의료기관보다 여러 곳에서 상담해보고 담당 의사와 충분히 상의한 후 결정한다.

브이백을 위한 출산 준비

자궁 파열 여부가 관건이다

브이백은 첫 제왕절개 출산 후 만 2년이 지나야 시도할 수 있고 자궁을 가로로 절개하고, 분만 후 합병증이 없었던 경우에 가능하다. 또한 두 번 이상 제왕절개 수술을 받은 경우 자궁 파열의 위험이 높아져 실시하지 않는다. 이렇듯 자궁 파열의 위험을 피하는 것이 가장 중요하다. 우선 과거에 제왕절개 수술을 선택한 이유와 어떠한 방법으로 했는지를 살핀다. 임신부에게 과거에 제왕절개를 할 수밖에 없었던 동일한 병력 등의 이유가 현재 없고 태아가 건강하다면 브이백을 하기 위한 산전 진찰은 자궁 파열 가능성 여부에 판단을 집중한다.

예를 들어 초산 때 태아가 역아여서 제왕절개 수술을 한 경우 성공률은 약 90%에 이르지만 진통 중 진행이 더뎌 제왕절개 수술을 응급으로 실시한 경우 60% 미만으로 성공 확률이 떨어진다.

체중 유지가 중요하다

분만 시 체중 4kg 이상의 거대아인 경우에는 브이백을 시행하지 못한다. 브이백을 성공하려면 태아의 몸무게를 적절하게 유지하고 관리해야 한다. 임신부는 개월 수에 맞게 체중이 증가하도록 칼로리가 높은 음식을 과하게 섭취하지 않는다. 출산 예정일 이전에 자연적으로 진통이 와야 브이백 성공 확률이 높아진다. 임신 초기부터 브이백을 결심했다면 중기 이후부터는 체계적인 운동으로 체중 관리는 물론 체력을 키우는 데 힘쓴다. 브이백을 희망하는 산모 역시 일반적인 산전 관리를 받지만 분만 과정에서는 더 많은 주의가 필요하다. 또 임신 38주에는 자궁 부위 두께를 측정하는 초음파 검사나 X선 골반 계측, 태아의 머리 크기 측정 등을 병원에 따라 추가로 실시한다.

응급 제왕절개 수술에 대비한다

출산 예정일 2~3주 전에는 분만에 실패할 경우 바로 제왕절개 수술을 할 수 있도록 수술에 대비한 피 검사, 심전도 검사, 소변 검사 등을 받아야 한다. 브이백을 시행하려는 임신부는 자궁 파열이 생겼을 때 빨리 발견하기 위해 무통 분만을 하지 않는다. 또한 병원에서는 출산 당일 자궁 파열 등 만일의 사태에 대비해 최소 15~30분 이내에 응급 제왕절개 수술을 할 수 있도록 의료진이 대기해야 한다. 단시간 내에 수혈할 수 있도록 혈액도 충분히 준비하고, 태아 감시 장치로 24시간 모니터링을 해야 한다.

브이백의 장단점

아름다운 출산의 기쁨을 경험한다

브이백에 성공한 보람은 그냥 자연 분만을 한 것보다 훨씬 크다. 우선, 첫아기 출산 때와 같은 고통에서 벗어났다는 사실이 무엇보다도 벅차고 값지다. 수술 때와는 다르게 분만 후 몸도 가볍다. 낳자마자 아기 울음소리를 듣고 품에 안아볼 수 있을 뿐 아니라 링거 주사에서 빨리 벗어나기 때문에 부종도 빠르게 호전된다. 갓 태어난 아기를 바로 만나고 남편이 직접 탯줄을 자르는 등의 심리적인 감동 외에 산후 회복도 긍정적이다. 제왕절개 수술에 비해 약물 사용 횟수도 훨씬 적다. 자연 분만인 브이백은 아기에게도 긍정적인 효과를 준다. 탈 없이 산도를 통과한 아기는 갑작스레 끄집어낸 아기보다 호흡 능력이 좋고, 지능지수도 높다는 연구 결과가 있다. 제왕절개 수술을 반복할 때 생기는 출혈이나 장협착, 자궁내막염, 요로 감염 등의 수술 합병증 우려도 없다. 또한 브이백을 할 경우 산후 회복이 더 빠르고 입원 일수가 줄어든다는 장점도 있다.

자궁 적출의 위험이 있다

브이백을 하는 경우도 태아와 임신부가 안전하다면 르봐이에 분만이 가능하다. 그러나 브이백을 시도하다가 실패하면 결국 제왕절개 수술을 시도할 수밖에 없어 일반적인 응급 제왕절개 수술의 합병증과 같은 확률로 출산 합병증이 생긴다. 가장 치명적인 단점은 자궁 파열이다. 발생 확률이 0.2~0.5%에 불과하지만 즉각적인 조치가 이뤄지지 않으면 아기를 잃을 위험이 높고, 대부분 자궁 적출까지 하게 된다.

브이백을 해서는 안 되는 경우

1. 과거에 자궁 파열을 경험한 적이 있다.
2. 과거 제왕절개 시 자궁을 종절개했다.
3. 과거 횡절개를 했지만 혈관 파열이 심했다.
4. 제왕절개 후 자궁 염증으로 고열을 경험했다.
5. 진통이나 분만에 문제가 되는 합병증이 있었다.
6. 태아가 4kg 이상의 거대아다.
7. 쌍둥이 임신이다.

12 자연주의 분만

자연주의 분만은 생명이 탄생하는 경이로운 순간을 산모와 아기가 최대한 편안하고 행복하게 하는 것을 목표로 한다. 회음부 절개 등 유쾌하지 않은 경험이 없고 산고를 줄이는 출산으로 현재 가장 각광받고 있다.

자연주의 분만법이란

의료진의 개입을 최소화한다

자연주의 분만이란 전통 방식의 출산을 현대적으로 재해석해 의료진의 개입 없이 자연스러움을 최상의 가치로 여기며, 평온한 출산과 탄생을 맞이하도록 하는 출산 철학이자 방식이다. 부드러운 분만을 의미하는 젠틀버스(Gentle Birth)를 기반으로 임신부 스스로 주체가 되어 각종 인위적인 의료 간섭을 최소화하며, 히프노버싱(Hypnobirthing)으로 감통을 이끌어 궁극적으로 평온하게 아기를 낳을 수 있도록 한다.

제1차 세계대전 당시 군 막사 안으로 만삭의 한 여성이 뛰어들어 혼자서 아기를 낳은 뒤 탯줄도 자르지 않은 채 아기를 안고 막사를 떠나는 것을 본 영국인 종군의사 그랜틀리 딕 리드에 의해 시작되었다. 의료 처치 없이 아기를 낳는 것은 위험한 일이라고 믿었던 딕 리드는 이 사건을 계기로 의료 처치 없는 출산을 연구하게 되었고, '자연주의 출산의 아버지'라 불리게 되었다.

출산 과정의 주체가 가족이다

아기는 눈부신 조명과 의료진의 분주한 손놀림을 세상의 첫 풍경으로 맞이한다. 사실 진통을 겪는 임신부가 스산한 병원 침대에 누워 의료진의 지시에 따라 분만을 하는 행위는 본인과 태아에게는 스트레스가 높아질 수밖에 없는 환경이다. 자연주의 출산은 병원 일정에 영향을 받아 촉진제를 맞는 등 급하게 분만을 진행하지 않는다. 편안한 환경에서 의료진과 조산사 둘라(Dula), 가족의 도움을 받으며 아기를 만난다.

태아의 인권을 존중하는 분만이다

즉, 태어날 아기에게 꼭 필요한 사람은 의사가 아닌 엄마임을 깨닫는 것에서 시작한다. 아기가 자연적으로 가장 적절한 시점에 탄생할 수 있도록 여유를 가지고 기다려주고, 태어난 직후엔 곧바로 엄마 품에 안겨 아기가 정서적으로나 생리적으로 안정을 취하게 한다. 그 이후에도 계속 엄마와 아기가 함께 있는 것을 권장한다. 또한 출산 과정에서 배우자 및 가족의 참여도 적극적으로 권장해 아기를 낳는 주체로서의 가족 역할도 중요시한다. 이렇듯 의료진이 아닌 산모가 주도하는 분만 방식을 총칭해 자연주의 출산이라고 부르며 산부인과 전문병원에서 자연주의 출산센터를 운영하는 경우, 조산원에서 아기를 낳는 조산원 분만, 조산사를 집으로 불러서 출산하는 가정 분만 등이 있다.

자연주의 분만 원칙

분만을 이해한다

임신부가 분만 과정에서 경험하는 진통은 괴로운 것이라는 인식을 아름다운 것이라고 전환하도록 돕는다. 흔히 분만이 고통스럽다는 것은 잘못된 인식으로, 과도한 공포는 진통을 실제적 통증보다 더 깊게 느끼도록 만든다. 물론 분만은 아프고 힘든 과정이지만 두려움을 제거하면 생각보다 수월하게 분만할 수 있다.

임신부가 분만을 주도한다

자연주의 분만은 태아 모니터링 같은 의료진의 개입 없이 임신부 스스로가 자연스러운 진통에 집중해 분만을 이끌어간다. 조산사인 둘라의 도움을 받아 긴장을 완화하면서 진통을 진행시킨다. 힘을 줘서 아기를 낳을 때까지 임신부의 자세가 중요하다.

인위적인 간섭이 없는 5無 분만이다

일반적인 자연 분만을 할 때 임신부들은 관장과 제모, 내진을 한다. 자연주의 출산은 의료진의 개입을 최소한으로 줄이는 것이 핵심이다. 즉 태동 측정, 관장, 제모, 무통 주사, 회음부 절개를 하지 않는다.

출산 전부터 계획적인 준비를 한다

자연주의 출산은 임신부와 가족이 스스로 배운 지식과 연습한 방법으로 출산한다는 것이 핵심이다. 임신부가 주체가 되어 스스로의 몸 상태와 임신과 출산의 과정을 이해해 이끌어 나간다. 이때 의료진은 혹시 모를 응급 상황에 대비하는 역할이다. 자연주의 출산을 운영하는 전문병원들은 대부분 임신 24~28주 사이에 해당 출산법을 원하는 임신부로부터 자연주의 출산 신청을 받는다. 자연주의 출산에 대한 동의서를 작성하면 출산 준비부터 모든 출산 과정에 있어 임신부에게 도움을 줄 둘라가 배정되어 관리한다. 주치의의 설명 및 전문 프로그램을 통해 자연주의 출산에 관한 일대일 맞춤 교육을 1~2회 받아 이해도를 높이는 것도 특징이다.

분만 환경을 선택할 수 있다

분만 환경을 임신부 본인이 직접 선택할 수 있다. 수중 분만 등 특수 환경이나 앉거나 눕는 등의 자세를 스스로 선택하는 것이 기본이다. 하지만 자연주의 출산은 병원마다 라마즈 분만, 르봐이에 분만 등 특정 분만법을 기본으로 하는 곳이 많으므로 미리 확인한다.

가족 분만으로 아기와 만난다

자연주의 분만은 가족 분만을 원칙으로, 1인실에서 산모가 편안하고 조용하고 안심되는 환경에서 아기를 기다린다. 또한 임신부 스스로 분만을 서두르지도 방해 받지도 않고 진통을 지속할 수 있도록 가족들이 이해와 친절로 독려하는 환경을 만들어 준다. 이러한 환경은 통증의 감각을 감소시켜 주며 실제 혈중 엔도르핀의 증가로 자연 진통의 효과가 극대화될 수 있다. 무엇보다 태어난 후 1시간의 환경이 아기가 세상을 바라보는 시선을 공포 또는 행복감으로 좌우한다는 가치관을 바탕으로 엄마 가슴에 아기를 엎어주는 캥거루 케어를 진행하기 때문에 분만 자체가 산모와 아기를 편안하게 만든다.

자연주의 분만 방법

아기 중심의 분만 환경이다

자연주의 출산의 환경은 아기를 중심으로 맞춰져 있다. 밝은 조명은 쉽게 피로를 주므로 조용한 음악이 흐르는 가운데 조명을 어둡게 한 환경에서 분만을 진행한다. 막 태어난 아기는 희미한 조명 아래서 눈을 떠 강한 빛을 보지 않으며 엄마를 응시하게 된다.

소음을 멀리 한다

소리는 태아뿐만 아니라 임신부에게도 중요하다. 조용하고 정숙한 분위기에서 임신부는 주의를 집중하고, 출산하는 일에 최선의 노력을 할 수 있다. 자주 듣던 태교 음악을 틀어 분위기를 부드럽게 형성한다.

가족 모두 출산의 기쁨을 함께한다

자연주의 분만은 가족 분만이 기본 원칙으로, 남편은 물론이고 자매나 어머니가 분만을 지켜보며 출산의 고통과 기쁨을 나누도록 배려하고 있다.

출산 시 조산사가 일대일 케어한다

산부인과 전문병원에서 실시하는 자연주의 출산은 임신 중기 때 둘라가 배정되어 임신부의 건강을 관리한다. 출산 신호가 나타나 병원에 오면 담당 둘라가 이때부터 출산 직후까지 일대일로 케어한다. 진통이 심할 때는 마사지를 해줘 통증을 줄여주고 호흡법을 함께 한다.

분만 자세를 임신부가 선택한다

꼭 침대에 누워 있을 필요는 없다. 본인이 편안해하는 자세는 진통도 줄여주며 부드러운 분만에 있어 매우 중요하다. 어떤 임신부는 앉은 자세에서, 어떤 임신부는 서 있는 자세에서, 어떤 임신부는 변기에 앉아 있을 때 가장 편안하고 쉬운 진통을 느끼는 등 저마다 편안한 자세가 다르다. 진통 중에도 자유롭게 움직이며 짐볼 위에 앉아 운동도 할 수 있다.

탯줄을 천천히 자른다

아기가 태어나면 흉곽이 처음 팽창되면서 아기의 코와 폐로 공기가 들어가 폐가 팽창된다. 그전에 미세한 폐포를 채우던 양수는 혈액과 림프계로 밀려서 흡수된다. 일부러 때리거나 쳐서 울음을 터트리면서 폐호흡을 이끌던 기존의 방법은 태아에게 고통을 줄 수 있다. 태반과 탯줄을 통해 산소를 공급받던 아기가 공기를 폐에 채우게 되면 탯줄을 통한 혈액의 공급이 점차적으로 감소하여 멈추는 데에는 15분 정도 걸린다고 한다. 이 순간을 기다려 주었다가 아기 스스로 폐호흡에 익숙해지면 아빠가 직접 탯줄을 자른다. 자극이 필요하다는 판단이 들면 등이나 발을 부드럽게 문질러 준다.

사랑수 목욕을 한다

양수 속에서 열 달을 보낸 태아에게 엄마 배 속 밖의 세상에도 양수처럼 익숙한 환경이 있음을 알려주는 의미로 사랑수에 몸을 담근다. 청결을 위한 목욕이라기보다는 아기의 안정감을 위해 하는 과정 중 하나다. 미리 양수와 비슷한 온도의 물을 준비하고 아기가 태어나기 전 그 물을 향해 아기를 사랑하는 마음을 말로 표현하는 의미에서 사랑수라 부른다.

자연주의 분만의 단점

자연주의 분만은 태아와 임신부가 모두 건강한 경우만 할 수 있다. 전문의가 태아 모니터링을 하지 않기 때문에 분만 중 태아에게 문제가 있을 때는 위험한 상황에 놓일 수 있다. 태아가 크거나 임신부의 골반이 작으면 분만 도중 태아에게 문제가 생길 수 있어 자연주의 분만을 시행할 수 없다. 제왕절개를 한 경험이 있는 산모는 자궁 파열의 위험이 있어 자연주의 분만이 불가능하다.

또한 병원이 아닌 가정에서 진행하는 경우 자칫 감염의 위험이 있다. 출산 중에 응급상황이 생기면 즉각적이고 적절하게 대처하기 어려우니 근처의 산부인과를 알아두고 119 구급대원과 연계해 비상상황에 대비한다. 조산원이나 가정 분만은 병원에서 아기를 낳는 것보다 비용이 저렴하지만 자연주의 출산을 진행하는 병원은 전문 시스템을 갖춰 이용 시 추가 금액이 일반 자연 분만에 비해 80만~100만 원 이상 더 든다.

자연주의 분만의 다른 형태

조산원 분만 조산원은 조산사가 산전 진찰, 자연 분만, 산후 관리를 할 수 있도록 법적으로 허가를 받은 기관이다. 조산사는 임신부의 출산 과정을 처음부터 끝까지 옆에서 지켜보면서 돕는 사람으로, 간호사 자격증이 있고 1년간의 수련 과정과 국가고시를 통과한 사람에 한해 자격이 주어진다. 단순히 임신부의 건강만 체크해주는 것이 아니라 분만 후 2주 정도의 산후 조리까지 해주며 모유 수유, 신생아 돌보는 법 등을 일일이 챙겨주어 태아를 배려하는 인권 분만을 원하는 임신부들로부터 인기를 얻고 있다.

조산원 분만의 장점

친절한 임신 상담

임신 중에는 산전 진찰과 산전 교육을 한다. 산전 진찰 시 일반병원에 비해 자세한 상담을 해주어 임신부들의 반응이 좋다.

아기 중심의 분만 환경

조산원의 환경은 아기를 중심으로 맞춰져 있다. 조용한 음악이 흐르고 조명을 어둡게 한 환경에서 아기가 태어나면 남편이 탯줄을 끊고 바로 산모의 품에서 젖을 빨리도록 한다. 또 대부분의 조산원이 가족 분만이 기본 원칙이다.

순산을 돕는 다양한 분만법 가능

수중 분만, 자유 체위 분만 등 다양한 분만법은 물론 집에서 분만을 원하는 임신부를 위해 출장 분만을 하기도 한다.

조산원 분만의 단점

감염의 위험

진료하던 방에서 분만을 하기 때문에 자칫 감염의 위험이 있다. 그래서 요즘에는 분만대를 이용하는 조산원이 많다.

위급한 상황에서의 대처

출산 중에 응급상황이 생기면 적절하게 대처하기 어렵다. 그래서 근처 병원과 연계해 비상상황에 대비하는 조산원이 많다.

부정적인 시선

조산원에 대한 인식이 부정적이다. 조산사 대부분이 간호사 출신이라 분만 시 부작용이 생겼을 때 의료 능력을 신뢰하기 어렵고, 병원보다 상대적으로 시설이 떨어진다는 것이 이유다.

가정 분만 가정 분만은 조산사의 도움을 받아 집에서 아기를 낳는 것을 말한다. 임신 과정이 순조롭고 특별한 이상이 없는 경우 익숙하고 편안한 장소에서 자유롭게 출산에 임하며 가족들과 함께 아기를 맞을 수 있다는 점 때문에 최근 들어 부쩍 주목받는다. 분만 장소는 욕실과 가깝고 조용한 방이 적당하다. 조명은 필요에 따라 밝기 조절을 할 수 있도록 스탠드 등을 준비한다. 침구는 방수 처리가 된 것이나 비닐을 깔아 사용할 수 있도록 준비하되, 깨끗이 세탁해둔다. 분만을 마친 뒤에는 새것으로 교환해야 하므로 여벌도 마련한다. 조산사가 사용할 깨끗한 수건과 마스크, 가운, 산모를 위한 패드와 붕대, 소독한 가위, 실이나 링(탯줄을 자르고 묶기 위한) 등도 필요하다. 소독한 가위나 실 등은 대부분 조산사가 직접 준비해 온다. 그 밖에 여러 개의 작은 그릇, 국부를 비추는 조명등, 쓰레기통, 의료도구를 놓아둘 작은 상 등이 필요하다.

13

르봐이에 분만

르봐이에 분만은 태아의 인권을 존중하는 의미에서 생겼다. 분만 시 태아의 스트레스를 줄이기 위해 엄마의 배 속과 최대한 비슷한 분위기에서 출산하도록 돕는 것으로, 아기의 모든 감각과 감정을 존중한다.

르봐이에 분만법이란

자궁과 유사한 환경을 만들어준다

프랑스의 유명한 산부인과 의사 프레드릭 르봐이에 박사가 주창한 방법이다. '과연 아기가 태어나는 순간 행복할까'라는 의문에서 출발했다. 아기가 태어날 때 겪는 갑작스러운 환경 변화로 인해 스트레스를 받지 않고 행복한 만남을 갖게 해주기 위한 분만법이다. 출산 당시의 분위기를 자궁과 비슷한 환경으로 꾸며 아기가 주변 환경으로부터 받는 자극을 최소한으로 줄이는 것이 르봐이에 분만법의 핵심이다.

태아를 존중하는 분만이다

엄마의 자궁 안은 밝기가 30lx 정도 되는 어두운 곳이다. 하지만 분만실은 그보다 훨씬 밝은 10만lx. 갓 태어난 아기는 매우 밝은 환경에서 태어나자마자 탯줄이 잘려 갑자기 많은 양의 산소가 폐로 들어와 적응하기 힘들다. 그리고 엄마 젖을 빨 시간도 없이 씻겨지고 수건에 싸여 신생아실로 옮겨진다. 르봐이에 박사는 이런 전반적인 분만 과정이 갓 태어난 아기에게는 엄청나게 폭력적인 것으로, 아기는 그 괴로움을 첫울음으로써 표현하는 것이라고 말한다.

르봐이에 분만의 원칙

세상과 만난 아기는 시각, 청각, 촉각, 호흡, 감정 등 온몸으로 세상을 느낀다. 처음 태어나 만난 세상이 자궁과는 너무 달라 충격을 받는 게 아니라 행복한 곳으로 느끼도록 엄마와 의료진 모두가 노력한다. 아기의 모든 감각이 자궁과 비슷한 분위기를 느낄 수 있도록, 그리고 서서히 세상에 적응할 수 있도록 유도하기 위해 다음 5가지 원칙 아래에 분만을 진행한다.

조명을 어둡게 한다

분만실을 어둡게 한다. 태아에게 밝은 조명은 스트레스와 불안감을 안겨준다. 시력을 보호하고 안정감을 주기 위해 출산이 임박하면 서로의 형체만 알아볼 수 있을 정도로 분만실의 조명을 어둡게 해 아기의 민감한 시력을 보호한다.

분만실에선 최대한 조용히 한다

분만에 임하는 모든 사람은 최대한 목소리를 낮춘다. 태아의 감각 중에서 청각이 가장 발달했다. 자궁 속에서 양수에 걸러진 소리를 듣던 태아에게 자궁 밖의 일반적인 소리는 천둥소리 같을 것이다. 따라서 분만 시 엄마도 소리를 지르는 등의 행동은 삼가야 한다. 평소 들려주던 태교 음악이 있다면 조용히 틀어 준다.

바로 젖을 빨린다

태어나면서 엄마와 분리된 아기가 불안감을 느끼지 않도록 즉시 엄마 품에 안기게 한다. 그리고 곧바로 젖을 물려 엄마의 심장 소리와 함께 엄마의 부드러운 손길을 느끼면서 안정을 취하게 돕는다. 이는 아기는 물론 엄마에게도 건강하게 분만했다는 안도감을 안겨준다.

분만 5분 후 탯줄을 절단한다

태아는 탯줄을 통해 산소를 공급받다가 자궁구를 나오면서 폐호흡과 탯줄 호흡을 동시에 한다. 폐로 산소를 받아들이는 것이 익숙해지면 탯줄의 혈액 순환이 저절로 멈추는데, 이 시간은 15분 내외다. 이때 탯줄을 자르면 아기가 고통스럽지 않게 폐호흡에 적응할 수 있다.

물속에서 중력 적응을 시킨다

양수에서 생활한 아기에게 탯줄을 자른 뒤 양수와 비슷한 온도인 37℃ 정도의 따뜻한 물에서 놀게 한다. 이때 물에 넣었다 뺐다를 반복해 환경적인 배려를 해준다. 이는 새로운 세상에 대한 긴장감을 풀어주는 것은 물론 자궁 안과 밖의 중력이 다른 데서 오는 혼란을 막아주는 효과가 있다.

14

라마즈 분만

라마즈 분만은 대표적인 감통 분만 방법이다. 출산에 대한 공포를 잊게 하는 연상법과 몸의 긴장을 풀어주는 호흡법, 이완법으로 통증을 차단함으로써 출산의 고통을 줄인다. 임신 중기부터 남편과 함께 꾸준히 연습하면 분만 시 도움이 된다.

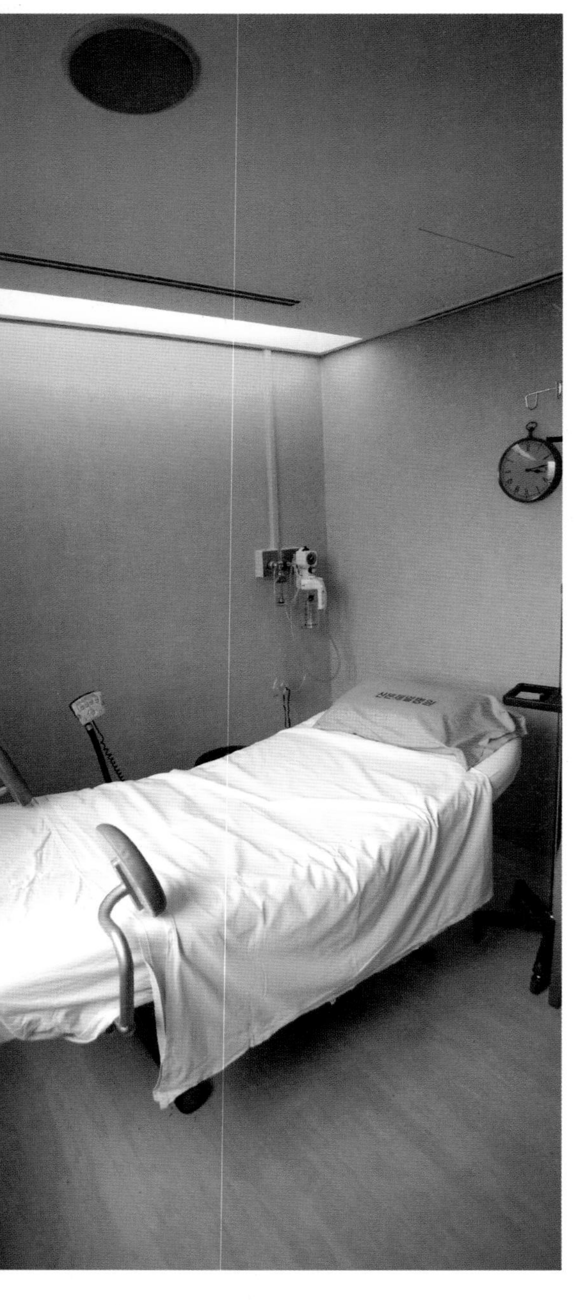

라마즈 분만법이란

출산 시 진통을 줄이면서 남편을 출산 과정에 참여시켜 부모의 역할을 함께 나누도록 하는 것을 목적으로 한 분만법이다. 러시아의 산부인과 의사 니콜라예프는 파블로프의 조건반사 실험을 바탕으로 연상, 이완, 호흡이라는 긍정적인 신호를 통해 분만 시 임신부의 통증을 경감시킬 수 있음을 알게 되었다. 이후 1951년 프랑스의 산부인과 의사인 라마즈가 조건반사를 체계화한 것이 바로 라마즈 분만법이다.

출산에 대한 공포에서 진통의 고통이 시작된다는 것에 기인해 분만 시 진통이라는 통증이 올 것에 대비해 이 자극을 미리 연습해 조건반사의 통로를 차단하는 것이다. '연상, 호흡, 이완' 훈련을 통해 통증을 이겨내고 진통 시간을 줄여 순조로운 분만을 돕는다. 이 모든 과정에서 남편은 임신부의 근육을 이완시켜주거나 호흡수를 체크하며 출산을 돕는 도우미 역할을 한다. 따라서 남편은 아내와 함께 라마즈 분만법에 대한 교육을 수료하고 하루 20분씩 매일 꾸준히 연습하면 큰 도움이 된다. 주로 종합병원이나 산부인과 전문병원에서 강좌를 운영하는데, 임신 중기인 6~8개월부터 라마즈 분만 교육을 받는 것이 좋다. 교육 기간은 4~5주 과정으로 주 2~3시간씩 남편과 함께 참여한다.

단계별 분만법

1단계 | 연상법

연상법은 진통이 올 때 기쁘고 즐거웠던 순간을 떠올림으로써 진통제 역할을 하는 엔도르핀이 분비되도록 하여 진통을 감소시키는 방법이다. 약물에 의지하기보다는 임신부 스스로의 힘으로 고통을 분산시키는 것이다. 연상 소재는 개개인의 경험에 따라 다르겠지만 동적인 것보다는 평화롭고 아름다운 정적인 상상을 하는 것이 좋다. 간단한 방법처럼 보이지만 진통이 오는 순간 통증에 집중하지 않고 즐거운 연상을 하기 쉽지 않기 때문에 임신 초기부터 꾸준히 연습한다.

2단계 | 호흡법

라마즈 호흡법은 가슴으로 숨을 쉬는 흉식호흡을 기본으로 한다. 흉식호흡은 폐의 크기를 늘리고 흉골이나 늑골을 움직이기 쉽게 도와 호흡 횟수가 늘어나게 하고 체내에 산소를 충분하게 공급해 근육을 이완시켜주고 정서적인 안정감을 준다. 또한 진통이 올 때마다 통증의 템포에 맞춰 호흡함으로써 통증을 줄이는 효과도 있다. 호흡법은 분만 단계에 따라 달라진다.

준비기 호흡(자궁구 0~3cm 정도 열림)

진통이 시작되는 준비기에는 숨을 코로 깊게 들이마시고 입으로 길게 내뱉는 호흡을 1:3의 비율로 조절해 1분에 12회 정도 한다. 진통의 물결이 한 번 지나가고 나면, 크게 심호흡하고 휴식을 취한다. 준비기 호흡은 보통 진통이 오면 무의식적으로 과호흡을 해 몸에 쌓이기 쉬운 이산화탄소의 배출을 돕고 몸의 긴장을 이완시켜주는 효과가 있다. 호흡법을 하면서 마사지나 보조 스트레칭을 병행하는 것도 좋다.

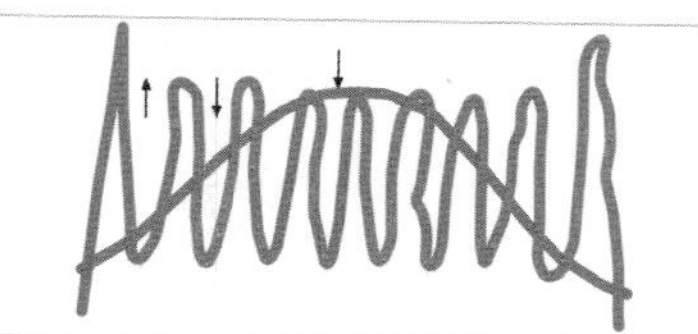

극기 호흡(자궁구 4~7cm 정도 열림)

아까보다 진통의 간격이 짧아지고 더 세게 찾아오기 시작하면 크게 심호흡을 한 번 한다. 진통이 시작되면 호흡을 점차 빨리 하면서 대략 1초 동안 숨을 들이쉬고 1초 동안 내쉬도록 한다. 진통이 줄어들면 다시 호흡을 천천히 되돌리는데, 이때 머리를 조금 뒤로 젖혀서 숨을 쉬면 한결 편하다. 또 호흡할 때 혀를 위쪽 앞니에 붙이면 입이 마르지 않는다. 숨소리에 귀를 기울이다 보면 리듬감이 생겨 쉽게 호흡하게 된다.

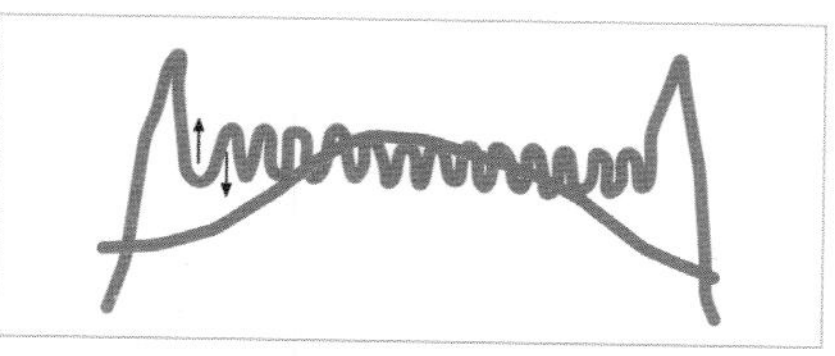

이행기 호흡(자궁구 8~10cm 정도 열림)

진통과 진통 사이의 간격이 1분 정도 되는 이행기에는 '히히' 하며 코로 짧게 두 번 숨을 들이쉬고 '후' 하며 입으로 길게 내뱉는다. 이 시기에는 진통이 가장 격하고 길게 느껴지며 손발이 떨리는 등 호흡이 쉽지 않으므로 남편이 옆에서 '히히', '후'를 해주며 유도한다. 배에 힘을 주고 싶은 것을 참기 위해 실시하는 중요한 호흡으로, 뱉는 호흡이 통증을 완화시켜준다.

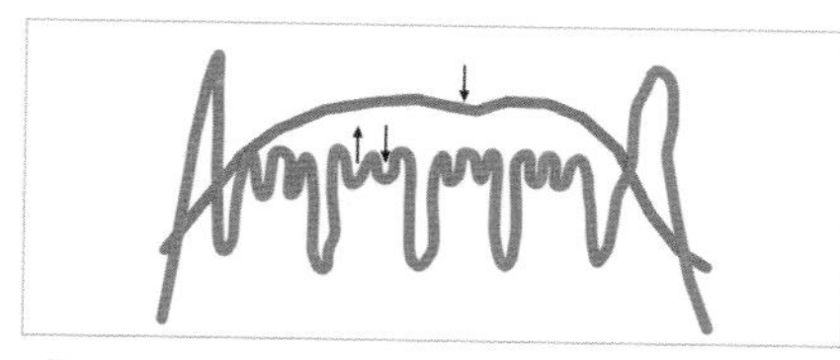

태아 만출기 호흡

자궁이 완전히 열린 뒤 본격적인 분만을 위한 호흡이다. 배에 힘을 주라는 의사의 지시가 떨어지면 두 번 정도 크게 심호흡을 한다. 크게 숨을 들이쉬고 나서 숨을 멈추고 턱을 당겨 배꼽을 바라보며 항문 쪽으로 힘을 준다. 한 번 진통이 올 때마다 3~4회 정도 힘주기를 반복하면 힘을 주기도 수월해 분만 시간이 단축되며 통증도 덜 느낀다. 의사의 지시에 따르면 되므로 미리 무리해 연습하지 않는다.

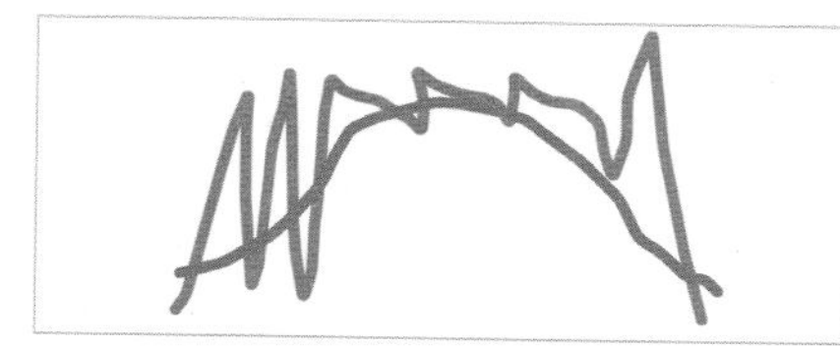

후산기 호흡

일단 머리 부분이 빠져나오면 힘을 주지 않아도 저절로 아기가 나온다. 오히려 무리하게 힘을 주면 아기가 급히 빠져나와 회음부에 열상이 생기기 쉽다. 따라서 이때부터는 힘을 빼고 빠르고 짧게 '핫, 핫, 핫' 하고 호흡을 한다.

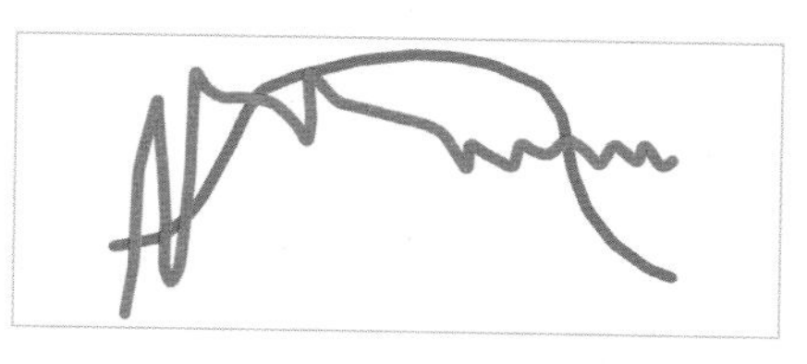

3단계 | 이완법

출산에 대한 두려움은 온몸의 긴장을 유발하고, 긴장은 진통 시간을 연장시킨다. 따라서 이때 이완법을 통해 자궁문을 빨리 열리게 해 진통 시간을 단축한다. 임신부는 스스로 이완법을 하는 게 어려우니 남편이 평소 연습해 두었다가 해주면 좋다. 손목, 발목의 관절부터 시작해 팔꿈치, 어깨, 무릎, 목 관절 순으로 진행한다.

손목 이완

남편은 오른손으로 아내의 손목을, 왼손으로 손가락을 받친 다음 손가락 끝을 자연스럽게 위아래로 움직여서 이완이 잘 되고 있는지를 확인한다. 임신부의 팔이 무겁게 느껴지면서 남편의 의지대로 관절이 부드럽게 움직이면 이완이 잘 된 것이다.

팔꿈치 이완

한 손은 팔의 상박을 받치고 다른 한 손으로 팔뚝을 잡은 다음 팔꿈치를 굽혔다 폈다 함으로써 이완되었는지를 확인한다.

어깨 이완

팔을 잡고 안쪽에서 바깥으로 자연스럽게 원을 그려본다.

다리 이완

다리도 팔꿈치와 유사한 방법으로 실시하며 발목 관절, 무릎 관절, 고관절의 이완을 점검한다.

15 소프롤로지 분만

소프롤로지 분만법은 라마즈 분만법과 비슷하지만 서양의 근육 이완법과 동양의 요가를 혼합한 점이 다르다. 출산 전부터 명상과 요가로 단련하기에 태교 효과를 기대할 수 있으며, 분만 시에는 두려움을 떨쳐내고 순산에 이를 수 있다.

소프롤로지 분만법이란

서양의 근이완법과 동양의 요가를 접목했다

소프롤로지란 Sos(조화, 평온, 안정), Phren(심기, 영혼, 정신, 의식), 그리고 Logos(연구, 논의, 학술)란 의미를 나타내는 그리스 어원으로 정신과 육체적 훈련을 통하여 마음과 신체의 안정을 얻기 위해 고안됐다. 1960년대 스페인의 정신건강의학과 전문의인 알폰소 카이세도가 서양의 근육 이완법과 동양의 요가를 응용해 고안한 분만 시 명상법으로, 현재 유럽과 일본 등지에서 널리 호응을 받고 있다. 명상으로 긍정적인 이미지를 연상하고, 요가로 근육의 이완을 돕는 등 정신과 육체의 훈련으로 라마즈 분만과 비슷해 보이지만 방법은 다르다. 라마즈 분만은 흉식호흡을 하고 임신부의 진통 감소를 주된 목적으로 실시하는 반면에 소프롤로지 분만은 복식호흡을 한다.

임신 · 출산 · 육아의 전 과정에 자신감을 키워준다

많은 사람들이 분만을 생각할 때 산모가 신음하며 산고를 치르는 장면을 먼저 떠올린다. 소프롤로지 분만법의 기본 바탕은 분만은 아기와 산모가 함께 해나가는 공통의 작업이며, 진통은 이 순간을 위한 매우 중요한 에너지원이라는 사실을 인식하는 데 있다. 임신부는 임신 기간 동안 분만 시의 상황을 연상하며 꾸준히 호흡 · 이완 훈련을 해 임신 기간 중 주체적으로 조화로운 생활을 이끌어나가고, 산고에 대한 두려움을 없애 분만 시 스스로 분만을 조절할 수 있게 하는 데 목적을 둔다. 훈련을 통해 얻은 노하우로 분만 시 의식은 있지만 잠들기 직전 단계까지 의식을 낮춘 상태인 소프로리미널 단계의 평온함을 느끼며 분만의 감격을 맞이하는 것이 최종 목표다. 소프롤로지 분만법을 오랫동안 훈련한 임신부는 임신 · 출산 · 육아에 이르는 모든 과정을 자연스럽고 긍정적이고 적극적으로 받아들이게 되어 아기에 대한 사랑과 출산에 대한 자신감이 높아지기도 한다.

3가지 훈련을 반복한다

소프롤로지 분만은 정신적인 안정과 여유를 유도하기 위한 연상 훈련, 분만 단계별로 필요한 호흡 훈련, 분만 시 근육의 긴장을 풀기 위한 산전 체조로 이루어진 이완 훈련 등 출산의 고통을 줄이는 3가지 훈련을 통해 이루어진다. 대개 임신 5개월부터 책상다리로 앉아서 명상 음악을 틀어놓고 연상 훈련을 시작하고 임신 7~8개월이 되면 이완 훈련과 호흡법을 배운다. 특히 임신 기간 중 들은 명상 음악을 분만 시 들려주어 반사적으로 평온한 마음을 갖게 해 마인드 컨트롤을 하도록 돕고 몸을 이완시켜 준다.

3단계 훈련법

연상 훈련

잠들기 바로 직전의 몽롱한 의식 단계인 소프로리미널 상태로 의식을 가라앉혀 분만 시 일어날 일을 떠올리게 하는 방법으로 소프롤로지 분만법에서 가장 중요한 훈련이다. 명상 음악을 반복해서 들으며 분만은 평온한 것이라는 생각을 습관화한다. 임신부로 하여금 진통이 시작되는 순간, 병원 분만실에서의 능숙한 출산, 태어난 아기의 얼굴 등을 미리 떠올리도록 함으로써 출산에 대한 불안을 덜어주고 적극적으로 출산을 맞게 한다.

호흡 훈련

천천히 깊이 들이마시는 복식호흡을 통해 분만 시 태아에게 산소를 공급하고 자궁의 활동을 촉진한다. 진통이 시작되면 배꼽을 누르면서 코로 숨을 깊게 들이마셔 복부를 팽창시킨 후 입으로 천천히 숨을 내뱉는다. 만출이 가까워지면 천천히 깊고 강하게 배꼽 아래를 눌러가며 숨을 들이쉰다. 그리고 조금씩 숨을 내쉬면서 태아가 나오는 것을 돕는 기분으로 배에 힘을 준다.

이완 훈련

동양의 요가 동작에서 따온 것으로 의식을 명상 상태로 낮춘 상태에서 근육을 자유롭게 긴장시키고 이완시키도록 도와준다. 이완 훈련에는 육체 활동과 정신 활동이 조화를 이루는 영상적 이완법과 책상다리로 앉아서 하체 근육을 움직이는 좌선좌법이 있다. 좌선좌법은 근육의 긴장을 의도적으로 이완시키는 것으로, 근육과 관절에 자극을 주고 산도가 충분히 이완되도록 돕는 효과가 있다. 분만 대기실에서부터 책상다리로 앉아 명상을 하며 두려움을 없애고, 분만실에서는 상체를 30도 정도 세워 분만한다.

소프롤로지 분만법의 장점

분만에 대한 자신감을 준다

임신 중반부터 평안한 마음으로 출산을 하는 상상법을 훈련함으로써 자신 있게 분만에 임할 수 있도록 돕는다. 또한 태아의 모습을 상상하는 명상법은 아기에 대한 친밀감과 모성애를 형성해주고 이완법을 위한 산전 요가를 통해 명상과 요가 태교를 동시에 겸하는 장점이 있다.

분만 시 통증을 줄여준다

자궁문이 다 열린 후에는 좌식분만을 하는데 이런 자세로 분만을 하면 자궁경관이 잘 열리게 되어 진통 시간이 단축되고 산도도 충분히 이완되어 순산을 돕는다. 또한 회음부 열상이나 출혈이 적다. 하지만 진통 중에 명상과 이완을 시행하기가 쉽지 않아 출산 3~4개월 전부터 충분한 연습이 필요하다.

소프롤로지와 라마즈 분만법의 차이

구분	소프롤로지	라마즈
사고방식	마음	마음
호흡법	복식호흡	흉식호흡
목적	모성애 확립	진통 감소
태교	태교적 요소 가미	태교적 요소 가미
모유 수유	효과가 높음	효과가 높음
사고법	적극적 사고	적극적 사고

16

그 외 분만법

분만법이 점점 다양해지고 있다. 물에서 아기를 낳는 수중 분만, 특수 그네에 앉아 아기를 낳는 그네 분만을 비롯하여 응급상황에서 제왕절개 수술이 아닌 방법으로 아기를 낳는 흡입 분만까지 다양한 분만법에 대해 알아보자.

가족 분만

진통 · 분만 · 회복을 한자리에서 한다

과거에는 산모 혼자 분만실에 누워 진통을 이겨내며 출산을 하고 남편은 분만실 밖에서 아기의 울음소리가 들리기만을 기다리는 등 출산은 임신부의 몫이었다. 하지만 최근에는 출산 시 남편이나 가족이 함께 분만실에서 고통과 기쁨을 나누는 가족 분만이 사랑받고 있다. 인권 분만에 대한 개념이 강해지면서 다른 산모들의 진통 소리가 들리는 분만 대기실과 가족의 출입이 제한되는 차가운 분위기의 분만실 분위기가 점차 달라지면서 가족 분만 시스템이 대중화되었다. 일반적으로 진통은 분만 대기실에서, 분만은 분만실에서, 회복은 회복실에서 자리를 바꿔가며 진행됐다. 진통 중간에 병실을 옮겨야 하고 자꾸 바뀌는 환경이 임신부에게 불편과 불안감을 주기에 가족 분만실이라는 공간을 만들고 분만 대기, 분만, 회복을 한자리에서 할 수 있도록 특수 침대를 고안했다. 따라서 임신부는 특수 침대와 그에 따른 시설이 있는 가족 분만실에서 자리를 옮기지 않고 한자리에서 진통, 분만, 회복을 할 수 있다.

가족이 참여해 산모가 안정감을 갖는다

산모와 의료진 외에 가족이 들어가서 분만 과정을 지켜보고 함께한다는 의미가 크다. 가족이 함께 있기 때문에 진통을 겪는 임신부에게 정서적 안정감을 주고 아기 탄생의 기쁨을 공유할 수 있다. 또 TV 시청이나 음악 감상 등을 할 수 있어 분만 과정의 스트레스를 줄여 자연 분만에 도움을 주며, 남편이 임신 및 분만에 대해 새롭게 인식함으로써 부부애가 돈독해지고 가족 및 육아에 대한 책임감도 상승하는 효과가 있다. 분만 과정은 일반 분만과 같으며, 분만 후 남편이 직접 탯줄을 자르고 안아볼 수 있으며, 아기의 탄생 순간을 사진이나 동영상 등으로 남길 수 있다.

남편이 거부감을 가질 수 있다

반면 출산에 대한 지식이 없는 남편들 중에는 분만 과정을 보고 충격을 받는 경우도 있으므로 사전에 남편과 상의하고 결정하는 게 좋다. 또 시댁 어른, 친정 어른들에게 산모가 분만하는 모든 과정을 보여주게 되어 불편할 수도 있으므로 사전에 이 부분은 조율해 산모와 가족들의 감정이 상하지 않도록 주의한다. 가족 분만실은 1인실을 기본으로 하므로 추가 비용이 드니 사전에 병원에 확인한다.

수중 분만

태아에게 양수의 편안함을 준다

고대로부터 내려온 분만법으로 1960년대에 러시아의 수영 강사인 차프코프스키가 다시 시작했으며 프랑스 의사 오당이 일반인들에게 보급하면서 재탄생했다. 물에서는 몸이 이완되어 편해지는 원리를 이용해 물속에서 앉은 자세로 아기를 낳는 분만법이다. 물의 부력으로 산모의 몸이 이완되어 진통이 경감되는 효과가 있고, 태아는 분만과 동시에 양수와 비슷한 온도의 물속을 만나 낯선 환경에 대한 스트레스를 덜 받는다. 자궁구가 5~6cm 정도 열렸을 때 시작하며 물속에서 쪼그려 앉아 분만한 뒤에는 바로 엄마 품에 아기를 안겨줘 엄마와 깊은 유대감이 생긴다. 수중 감염에 대한 우려로 관심이 줄어들었지만 수중 분만으로 태어난 4000여 명의 신생아를 대상으로 연구한 결과, 별다른 감염이나 합병증을 일으키지 않았다는 사실이 입증되었다.

진통이 감소된다

수중 분만을 하면 임신부가 아기를 낳기 가장 편한 자세인 '쪼그려 앉기'를 쉽게 할 수 있다. 수중에서는 물의 부력이 임신부의 무거운 몸을 떠받들어주기 때문이다. 무통 마취를 하지 않아도 따뜻한 물로 인해 몸의 긴장이 풀려 마음이 편안해져 진통 감소의 효과를 느낀다. 물속에서는 회음부의 탄력성이 증가되어 회음부 절개를 하지 않아도 자연스럽게 분만할 수 있다. 무엇보다도 양수와 비슷한 물이라는 환경 때문에 아기가 받는 스트레스가 적다.

감염의 위험이 있다

물속에서 분만의 모든 과정이 진행되어 태아의 심장 박동과 산모의 자궁 수축 정도를 측정하기 어렵다. 또한 산모로부터 배출되는 분비물 등으로 물이 오염되어 태아 감염 위험이 있다. 물 교체로 깨끗함을 유지하고 산모와 남편은 욕조에 들어가기 전에 반드시 샤워를 한다.

수중 분만이 어려운 산모

1 태아가 역아인 경우
2 양수가 터진 후 시간이 오래 지났거나 양수에 태변이 있는 경우
3 임신중독증 등의 고위험 산모의 경우
4 임신부의 골반에 비해 태아가 너무 커서 자연 분만이 어려운 경우
5 임신부가 간염 보균자인 경우 (물을 통해 간염을 옮길 수 있으므로 되도록 피한다)
6 조산이거나 태아가 가사 상태인 경우
* 태아 가사란?
아기가 진통 전 또는 진통 동안 상태가 좋지 않은 경우
7 자궁 수축 촉진제를 사용한 경우

그네 분만

그네에서 다양한 자세를 취한다

특별하게 고안된 로마 분만대(Roma birth wheel)라는 그네에 앉아 분만하는 방법을 말한다. 분만대는 충격을 줄여주는 굵은 고리 모양으로 철봉에 그네처럼 매달려 있다. 바로 선 자세, 앉은 자세, 쪼그리고 앉은 자세, 무릎을 꿇고 앉은 자세, 웅크리고 누운 자세, 앉는 부위에 엎드린 자세, 매달린 자세 등 다양한 자세를 취할 수 있다. 자궁구가 5cm 열렸을 때 진통이 오면 그네에 앉아 골반을 앞뒤, 좌우로 자유롭게 흔들어 진통을 분산시키고 골반 출구 지름을 넓어지게 한다. 그네 바닥이 좌변기처럼 뚫려 있어 그 구멍으로 아기를 받는다.

분만 시간이 단축된다

자세에 따라 의자 모양의 받침대가 변형되어 분만 시 임신부가 편안하고 자유롭게 자세를 바꾸면서 진통이 경감된다. 또한 그네에 앉아 좌식 분만을 하면 중력에 의해 진통 시 힘이 강화되어 자궁경부가 수월하게 열리고 태아 머리가 내려오는 것을 도와줌으로써 분만 시간이 단축된다.

회음부 출혈이 심하다

자궁이 열리기를 기다리는 시간 동안 임신부가 편안하게 다양한 자세를 취하다 보면 다른 가족들이 보기 다소 민망할 수 있어 적극적인 자세를 취하기 어려울 수 있다. 그리고 그네에 오래 앉아 있으면 회음부에 혈액이 모여 출혈이 많아진다. 또 회음부 절개를 하지 않으면 회음부가 찢어져 상처를 입기도 한다. 특수하게 고안된 그네가 설치된 1인실을 사용해야 하기 때문에 추가 비용이 발생한다. 또한 요즘 그네 분만을 시행하는 병원이 드물어 선택이 제한적이다.

흡입 분만

응급 상황에 태아의 머리를 기구로 흡입한다

긴급한 상황에서 산모가 지쳐서 힘을 주지 못할 때나 태아의 머리 방향이 틀어져 엄마의 힘만으로는 태아가 나오지 못할 때 태아의 머리를 분만하기 쉽게 돌려 출산을 유도하는 방법이다. 또한 제왕절개 수술을 준비할 시간이 없는 급박한 상황에서 태아의 상태가 나쁜 경우에 시행하기도 한다. 고무 같은 기구를 태아의 머리에 부착시키고 태아 머리와 기구 사이에 공기를 흡입해 진공 상태로 만든 다음 잡아당긴다. 겸자와 달리 기구가 자궁 안쪽으로 들어가지 않기 때문에 자궁구가 거의 다 열렸을 때 한다.

태아 머리에 압력이 가해질 수 있다

태아의 머리에 흡입 기구를 부착하므로 얼굴 부위에 상처가 나는 일은 없다. 그러나 태아 머리를 쥐는 힘이 약해서 여러 번 힘을 주게 되거나 실패할 가능성이 높다. 또 장시간의 진통으로 태아의 머리 피부가 많이 부어 있을 때는 기구를 부착하는 데 어려움이 있다. 무리하게 힘을 가하면 태아의 머리 피부에 손상을 주거나 머리카락이 빠지고 피하 또는 골막 혈관이 다쳐 피가 날 수도 있다. 겸자와 마찬가지로 머리에 큰 압력이 가해져서 뇌 손상 등의 문제점이 생길 수 있다. 기구를 얼굴에 붙이면 안 되므로 태아가 얼굴을 아래로 향하고 내려오는 안면위에서는 할 수 없다.

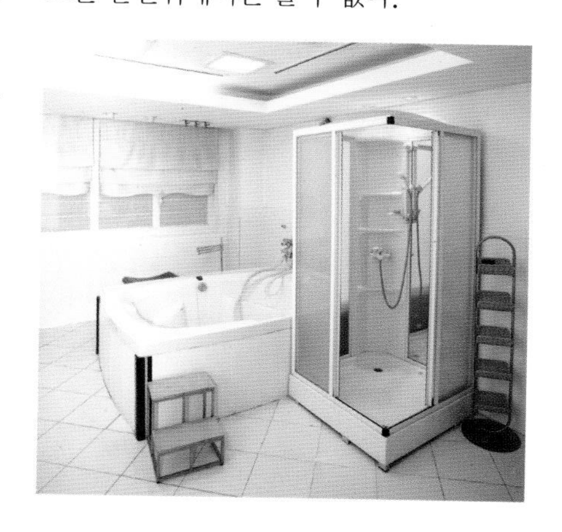

17

분만 트러블

열 달이라는 임신 기간을 보내고 사랑스러운 아기를 만나는 일이 쉬운 것만은 아니다. 분만 중에는 위험한 상황이 다양하게 나타난다. 방심하지 말고 몸의 변화를 면밀히 체크한다.

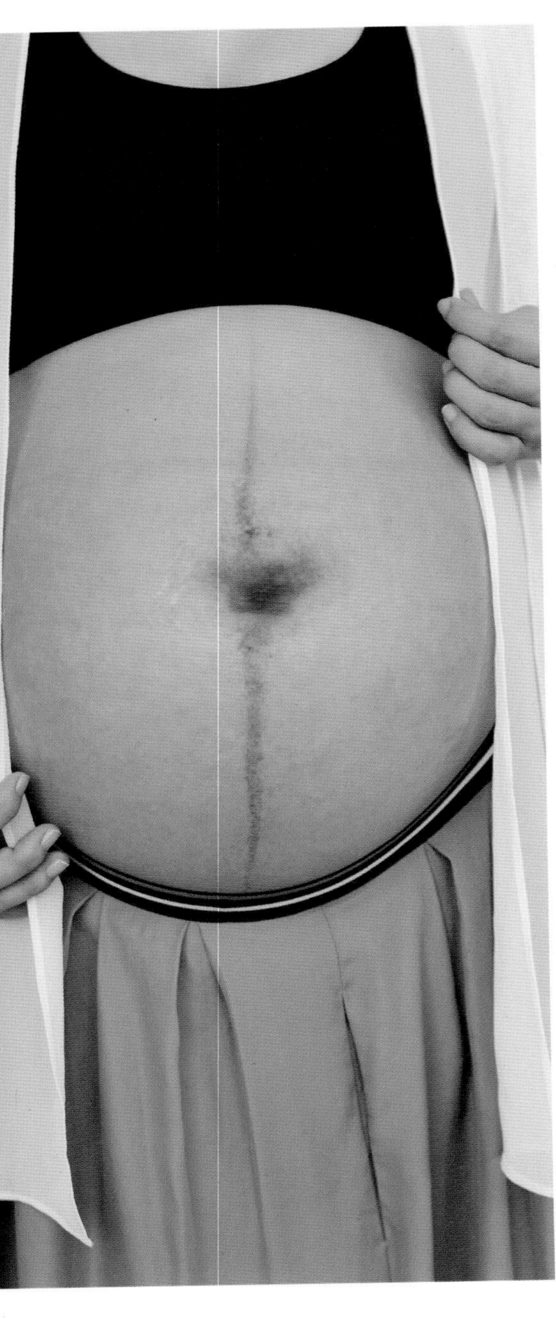

분만 중 이상

미약 진통

진통이 약하거나 처음에는 무리 없이 진행되다가 진통이 약해져 분만이 정상적으로 이루어지기 어려운 상태를 말한다. 태아의 위치가 정상적이지 않거나 자궁경부가 너무 딱딱한 경우에 나타난다. 또한 태아가 너무 커서 자궁 근육이 늘어났거나 다태아 임신, 양수과다증일 때 진통이 약하다. 미약 진통이 일어나면 우선 자궁 수축제 등 진통을 강화하는 약을 사용해 분만을 촉진한다. 심한 경우에는 제왕절개를 한다.

태반 조기 박리

태아가 나온 후 자궁으로부터 분리되어 나와야 할 태반이 임신 7개월 이후나 분만 도중 태아가 나오기 전에 미리 떨어져 나오는 경우다. 심각한 임신중독증에 걸렸거나 임신부가 넘어지는 등 하복부에 강한 충격을 받았을 때도 일어난다. 출혈이 계속되면 위험한 응급상황이므로 제왕절개 수술로 신속하게 태아를 꺼낸다. 전치태반과 달리 태반 조기 박리 시 태반의 위치는 정상이다.

태아 가사

별 이상 없이 출산이 진행되다가 분만 후반에 태아의 심음이 급격히 떨어지는 것을 말한다. 과숙아, 임신중독증, 분만 시간이 지연될 때 잘 일어난다. 심하면 태아가 사망하거나 출산 후 뇌 등 장기에 장애가 나타날 수 있다. 태아 가사 상태일 때는 모체에 산소를 주입해 태아에게 산소를 공급한다. 위험하면 제왕절개나 흡입 분만 등을 시도해 태아를 빨리 자궁 밖으로 꺼낸다. 증세가 가벼우면 태아도 즉시 호흡을 하므로 걱정할 일은 없다. 그러나 증세가 심하면 태아에게 인공호흡을 하거나 산소 호흡기를 단다.

탯줄 탈출

탯줄은 임신부와 태아를 연결해 산소와 영양분을 공급하는 매개체다. 분만 시 탯줄 이상으로 인한 여러 가지 응급 상황이 일어날 수 있다. 진통이 왔을 때 양수가 터지면서 강한 압력으로 인해 태아보다 탯줄이 먼저 나오는 경우를 탯줄 탈출이라고 한다. 먼저 나온 탯줄이 산도 사이에 껴서 태아에게 산소 공급이 되지 않아 태아가 사망에 이를 수 있으므로 흡입 분만이나 제왕절개 수술로 분만을 서둘러야 한다.

탯줄 감김

탯줄이 아기의 몸에 감겨 있는 상태를 말한다. 탯줄의 길이는 50cm 정도 되는데,

태아의 목에 감겨 있는 경우가 가장 많으며 손발에 감긴 경우도 있다. 대부분 태아가 양수 속에서 심하게 움직여서 나타나는 현상이다. 탯줄이 태아를 압박해 저산소 상태가 되면 위험할 수도 있으므로 위험하다고 판단될 때는 흡입 분만으로 출산을 돕는다.

탯줄 양막 부착

탯줄이 원래 붙어 있어야 하는 태반에 붙어 있지 않고 양막이라는 얇은 막에 붙어 있는 경우다. 배 속의 아기는 순조롭게 발육하지만 분만할 때 파수와 함께 양막 부분의 혈관이 터지면서 갑자기 사망하는 경우가 있다.

양수색전증

분만 중에 양수가 밖으로 흘러나오지 않고 산모의 혈액 속으로 들어가게 되어 발생하는 위험한 질환으로 치사율이 70%에 이른다. 심장이나, 폐, 뇌 등의 중요 혈관을 막거나 쇼크를 일으켜 다발성 장기부전으로 사망에 이를 수 있다. 분만이나 제왕절개 또는 소파수술 중이나 분만 30분 전후로 호흡 곤란 등의 급성 증상이 나타나면 의심해볼 수 있다.

분만 후 이상

태반 유착

태아가 나온 후 5~10분 정도 지나면 떨어져 나와야 할 태반이 그대로 자궁벽에 붙어 있는 경우다. 태반이 남아 있으면 불완전 자궁 수축을 일으키고 출혈로 이어져 태반 유착 가능성이 높다. 임신 중절이나 제왕절개 경험이 있는 산모나 자궁내막에 문제가 있는 경우 발생한다. 태반이 나오지 않으면 의사가 자궁 속에 손을 넣어 벗겨 내지만 태반이 자궁 속 깊이 있을 때는 수술을 통해 꺼낸다.

자궁경관 열상

태아가 나오면서 자궁경관에 많은 상처가 나는데 큰 상처가 나 출혈이 멈추지 않는 경우를 말한다. 즉 자궁동맥이 자궁경관과 함께 찢어져 분만과 동시에 출혈이 생기는 것이다. 자궁구가 갑자기 늘어나거나 아기가 잘못된 자세로 나올 때, 자궁 근육의 탄력이 나쁠 때 일어난다. 상처가 너무 커서 갑자기 출혈이 많아지면 지혈하면서 찢어진 부분을 봉합한다.

자궁내번증

분만 후 태반이 나올 때 자궁이 함께 딸려 나오는 증상이다. 이때 자궁은 속과 밖이 뒤집힌 상태로 나오는데, 즉시 자궁과 태반을 분리한 뒤 자궁을 손으로 집어넣어 원래 상태로 복구해야 한다. 자궁내번증은 자궁의 불완전 수축을 일으켜 심한 산후 출혈을 유발하므로 이런 경우 잘 지켜봐야 한다.

자궁이완증

자궁복구부전과 비슷하지만 이보다 훨씬 심한 경우다. 태아가 나오고 태반이 다 나왔는데도 출혈이 멈추지 않는 경우다. 대부분 거대아나 다태아, 양수과다증 등으로 자궁벽이 지나치게 늘어나 태반이 떨어진 후에도 자궁 수축이 정상적으로 이루어지지 않아 생긴다. 또한 분만의 진행 과정이 너무 빠르거나 오래 걸리는 경우, 분만 도중 산도의 열상, 조기 양막 파수로 인한 자궁의 염증, 과도한 분만 촉진제 사용, 무리한 분만 시도 등도 원인이 된다. 즉시 자궁 수축제를 주사하거나 자궁의 수축력을 높이기 위해 자궁저를 마사지하는 등 응급처치를 한다. 만일의 사태에 대비해 수혈을 준비할 수도 있다.

저혈량성 쇼크

산후 출혈 등으로 혈액이 부족해지면 산소 공급에 차질이 생겨 생명에 위협을 주는 저혈량성 쇼크가 올 수 있다. 제일 먼저 불안과 두려움 등의 의식 변화가 나타나면서 호흡이 불규칙해진다. 산소가 신체 조직으로 전달되지 않아 입술이나 손톱 등이 파래지기도 한다. 위장관으로 공급되는 혈액이 부족하면 구토나 메스꺼운 증상도 나타난다. 전체 혈액의 약 15~25%가 감소했을 때 발생하며 즉각적인 혈액 공급이 이뤄지지 않으면 생명에 위협이 된다.

자궁적출술

적절한 초기 대응에도 불구하고 자궁의 출혈이 계속되면 원인이 되는 자궁을 제거해 자궁으로 가는 혈관을 막는 지혈을 시행한다. 산후 출혈의 마지막 처치로 손을 쓸 수 없을 정도로 출혈량이 많으면 지체 없이 자궁적출술을 실시한다. 자궁만 없어지고 양쪽의 난소는 남아 있기 때문에 생리는 하지 않고 폐경은 자궁이 있는 여성에 비해 다소 빨리 올 수 있다.

싣는 순서

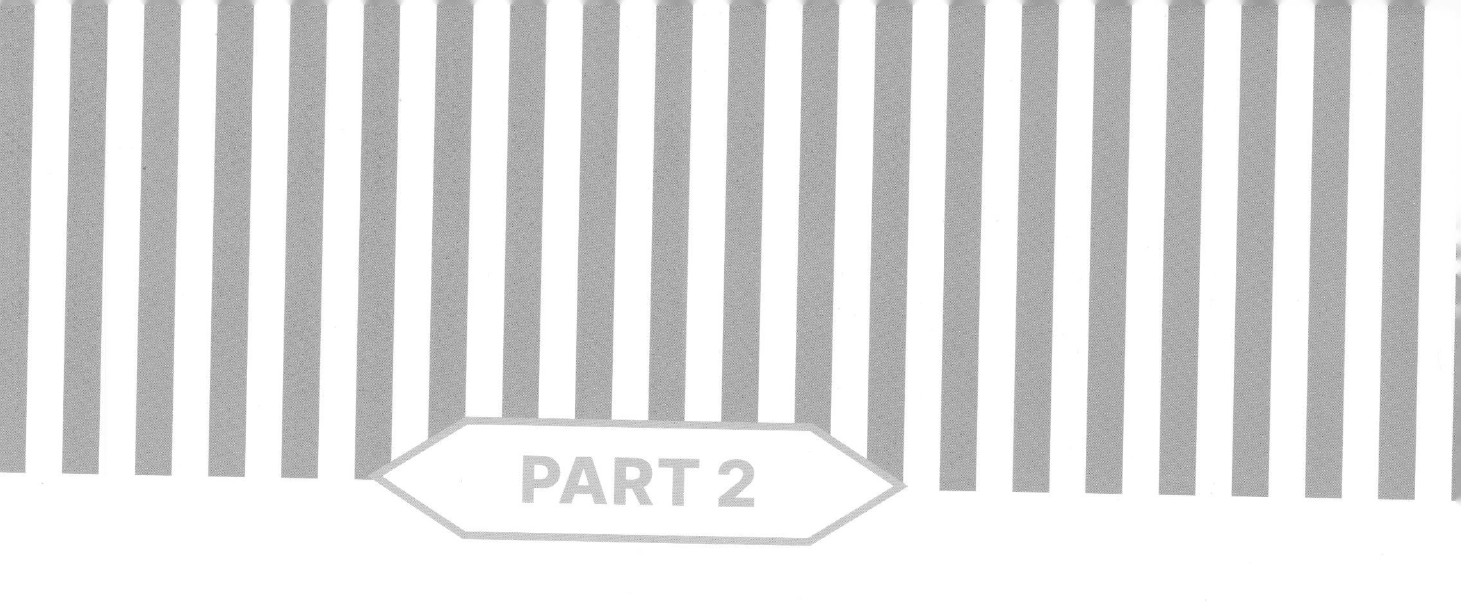

PART 2

산후 조리

열 달 동안 아기를 품고 있던 몸은 출산으로 또다시 커다란 변화를 맞는다. 산후 조리는 더없이 중요하다. 산후 조리를 어떻게 하느냐에 따라 몸 회복의 속도와 이후의 건강에도 차이가 나는 법. 산후 조리는 여러 가지 방법이 있지만 무엇보다 원칙을 지키는 것이 중요하다. 임신 전의 건강하고 날씬한 몸으로 돌아가기 위한 필수 조건이자 여자의 평생 건강을 책임지는 산후 조리에 대하여 알아본다.

18

6주 산후 조리 스케줄

출산 직후부터 산모의 몸은 임신 전 상태로 돌아가기 위해 노력한다. 보통 산후 회복 기간을 6주로 잡는데, 그 기간 동안 몸은 끊임없이 변하고 그에 따라 몸조리 포인트가 다르다. 후회 없는 산후 조리를 위한 체크리스트.

날짜	자연 분만 산모	제왕절개 산모
출산 당일	출산한 산모는 회복실로 옮겨 자궁 수축제를 맞고 2시간 정도 안정을 취한 뒤 입원실로 이동한다. 늘어난 자궁이 수축하면서 훗배앓이가 시작되고 붉은색 오로가 배출된다. 손이나 얼굴 등 온몸이 많이 붓고 체온이 급격히 떨어지며 진통과 분만으로 인한 체력 소모로 계속 잠이 온다. 소변을 참으면 방광염에 걸릴 수 있으니 아기를 낳은 후 적어도 6시간 이내에는 소변을 보아야 한다. 몸이 어느 정도 회복되면 신생아실에 가서 젖을 물린다.	회복실에서 2시간 정도 안정을 취한 뒤 마취가 깨고 혈압이 정상으로 돌아오면 입원실로 옮긴다. 수술 직후 출혈을 예방하기 위해 4시간 정도 모래주머니를 배 위에 올려둔다. 마취가 풀리면서 수술 부위에 통증이 느껴지는데 견디기 힘들 정도로 심할 때는 간호사에게 말한다. 자궁 수축제를 맞고, 붉은색 오로가 나온다. 수술 부위의 통증으로 거의 움직일 수가 없다. 수술 전에 삽입했던 소변줄도 빼지 않고 1~2일 정도 그대로 둔다.
	✔ 체크해보세요 ☐ 분만으로 인한 체력 소모가 크므로, 입맛이 없어도 식사를 한다. ☐ 많이 지친 상태이므로 잠을 충분히 잔다. ☐ 분만 후 30분~1시간 이내에 모유 수유를 한다. ☐ 분만 후 6시간 이내에 소변을 본다. ☐ 수건을 따뜻한 물에 적셔 2시간 간격으로 오로를 닦는다. ☐ 자궁 수축을 위해 24시간 안에 똑바로 걷기를 시작한다.	✔ 체크해보세요 ☐ 가스가 나올 때까지 물을 비롯해 금식을 한다. 목이 마르면 거즈 손수건에 물을 묻혀 입술만 적신다. ☐ 많이 지친 상태이므로 잠을 충분히 잔다. ☐ 전신마취를 한 경우 폐에 가스가 남아 있으면 폐렴 등 합병증이 나타나므로 자주 기침을 하여 가래를 뱉는다. ☐ 분만 후 30분~1시간 이내에 의료진의 도움을 받아 모유 수유를 한다. ☐ 산후통이 심하면 진통제를 한두 차례 맞는다.
출산 2일째	산후통이 간헐적으로 나타날 수 있으며, 혈액이 섞인 오로의 양도 많다. 혈액이 덩어리째 비친다면 간호사에게 즉시 알린다. 회음 절개 부위가 따끔거려 앉기 힘들므로 회음부 방석을 사용한다. 소변의 양과 땀이 많아지고, 젖이 돌기 시작한다. 유방이 단단해지고 통증이 있으며, 빠르면 노란색 초유가 비친다. 이때 유방 마사지를 하지 않으면 젖몸살을 앓게 된다. 조금씩 걷는 등 몸을 움직여 회복을 돕는다.	1~2일 사이에 빈혈로 미열이 날 수 있으므로 주의한다. 가스 배출을 위해 힘들더라도 몸을 조금씩 움직이는 것이 좋다. 이때 배에 힘이 들어가지 않도록 주의한다. 수액을 맞으면서 항생제와 진통제로 치료를 받고 빈혈과 감염은 없는지 혈액 검사를 받는다. 호르몬 분비로 젖이 돌기 시작하지만 항생제 때문에 충분한 양이 분비되지 않는다. 유방 마사지를 받으면 모유 수유에 도움이 된다. 배에 올려두었던 모래주머니를 치우고 소변줄은 빼며 염증 예방을 위해 수술 부위를 소독한다.
	✔ 체크해보세요 ☐ 산모가 직접 오로 처치를 할 수 있다. ☐ 소변을 정기적으로 본다. ☐ 모유 수유를 위해 유방 마사지를 시작한다. 초유가 나오면 아기에게 먹인다. ☐ 몸의 빠른 회복을 위해 걷는 등 몸을 움직인다. ☐ 입맛이 없더라도 영양가 높은 식사를 하고 하루 세끼는 정해진 시간에 먹는다. ☐ 회음부 통증과 감염 예방을 위해 하루 3회 이상 좌욕한다. ☐ 회음부 방석을 사용해 통증을 줄인다.	✔ 체크해보세요 ☐ 모유 수유를 위해 유방 마사지를 시작한다. 초유가 나오면 아기에게 먹인다. ☐ 가스 배출과 몸의 회복을 위해 몸을 스스로 움직여 화장실에 간다. 현기증이 올 수 있으므로 보호자의 도움을 받는다. ☐ 가스가 배출되면 미음으로 식사를 한다. ☐ 수술 부위를 꼼꼼히 소독하고 물이 묻어 염증이 생기지 않도록 주의한다.

날짜	자연 분만 산모	제왕절개 산모
출산 3일째	퇴원해 집으로 돌아온다. 아기는 황달이나 골절, 선천성 대사 검사 등 기본적인 검사를 받고 이상이 없으면 산모와 함께 퇴원한다. 훗배앓이가 어느 정도 가라앉고 회음 봉합 부위가 약간 죄는 느낌이 들지만 시간이 지나면서 부드러워진다. 몸 상태가 좋다면 가벼운 샤워는 가능하다. 식욕이 왕성해진다. 출혈로 인한 빈혈을 예방하기 위해 철분과 단백질, 수분을 보충한다. 본격적으로 젖이 돌면서 젖몸살이 생길 수 있으므로 스팀타월로 가슴을 부드럽게 마사지해 울혈을 풀어준다. ✔ 체크해보세요 ☐ 퇴원할 때 관절이 드러나지 않도록 긴소매 옷을 챙겨 입는다. ☐ 젖몸살이 생기면 냉동실에 넣어둔 양배추나 차가운 수건을 가슴에 대어 열을 내린다. ☐ 젖이 돌지 않아도 하루 8회 이상 수유를 해야 젖몸살을 예방할 수 있고 자궁 수축이 빨라진다. ☐ 오로를 청결하게 처리하고, 하루 3회 이상 좌욕을 한다. ☐ 수분을 많이 섭취하고 3일 안에 배변을 시작해야 변비와 치질을 예방할 수 있다. ☐ 산후 회복을 위해 조금씩 자주 걷는다. ☐ 몸의 움직임이 나아졌으면 따뜻한 물로 샤워를 한다. ☐ 임신 전 먹던 철분제를 꾸준히 복용한다.	수술 도중에 처치했던 수액을 비롯해 의료 기구들을 제거한다. 대부분 가스가 나와서 식사를 시작한다. 미음, 죽, 밥 순으로 소화하기 쉬운 음식을 먹는다. 자궁 수축이 더디어 일어서거나 복부에 힘을 주면 수술 부위가 아프다. 걸어 다닐 때 복대를 하면 복부와 허리 통증에 도움이 된다. 통증이 어느 정도 가라앉고 기운을 차릴 수 있으므로 병원에 있는 보행기를 밀고 다니며 조금씩 걷는 연습을 한다. 아기를 보러 갈 수도 있다. ✔ 체크해보세요 ☐ 가스 배출이 되고, 죽 위주로 소량씩 식사를 시작한다. ☐ 젖이 돌면 마사지로 울혈을 푼다. ☐ 젖이 돌지 않아도 하루 8회 이상 수유를 한다. ☐ 수액 바늘을 비롯해 그 밖의 것들이 제거되므로 산후 회복을 위해 보행기나 남편의 도움을 받아 운동량을 늘린다.
출산 4일째	오로가 줄면서 붉은색에서 갈색으로 바뀐다. 약간 시큼한 냄새가 나는 게 특징. 여전히 붉은색이거나 덩어리가 섞여 있으면 의사와 상담한다. 젖이 제법 잘 나와 모유 수유에 집중하게 되면서 식욕이 왕성해진다. 이때 수유를 하고 남은 젖을 유축하면 젖의 양도 늘고 아기에게 유축한 젖을 먹일 수 있어 좋다. 이때까지 배변을 못한다면 의사와 상담한다. ✔ 체크해보세요 ☐ 실내 온도를 23~25℃로 적정하게 유지한다. ☐ 회음 봉합 부위가 아직 회복되지 않았으므로 배변 시 힘을 많이 주지 않도록 한다. ☐ 1일 6~8회 초유 수유를 실시한다. 수유 후 남은 젖을 유축해야 유선염이 예방된다. ☐ 아기가 잠잘 때 잠을 자며 휴식을 취한다. ☐ 관절이나 몸에 무리 가는 일은 하지 않는다.	갈색 오로가 나오기 시작한다. 수술 부위 통증이 많이 사라진다. 충분히 휴식하고 무거운 물건 드는 것은 삼간다. 아직 몸이 완전히 회복되지는 않았지만, 어느 정도 걷기는 수월해진다. 따라서 병실에서 왔다 갔다 하거나 가벼운 운동을 한다. 자연 분만 산모와 마찬가지로 유방 마사지를 하고, 시간 맞춰 아기에게 젖을 물리고 남은 젖은 짜낸다. ✔ 체크해보세요 ☐ 1일 6~8회 초유 수유를 실시한다. 수유 후 남은 젖은 유축한다. ☐ 충분한 휴식을 취하며 스트레칭 등 가벼운 운동을 시작한다. ☐ 보행기 없이 걷는 연습을 한다. ☐ 다시 생리보다 많은 양의 오로가 나오지 않는지 확인한다.
출산 5일째	피로가 풀리고 몸이 많이 좋아진다. 초유 분비가 끝나고 뽀얀 모유가 나오기 시작한다. 회음부 통증이 훨씬 줄어든다. 갈색 오로가 계속 나오지만 양은 많이 준다. 출산 직후 1㎏이던 자궁이 500g 미만으로 줄어 소변의 양도 원래대로 돌아온다. 본격적인 산후 조리에 들어가면서 산후 우울증 등의 증상이 나타날 수 있다. ✔ 체크해보세요 ☐ 모유량을 늘리기 위해 단백질이 풍부한 음식을 섭취한다. ☐ 오로를 체크하고 하루 2회 좌욕을 한다. ☐ 젖을 물리고 유방 마사지와 유축을 꾸준히 한다. ☐ 산후 우울증 예방을 위해 남편이나 가족과 대화를 많이 한다. ☐ 아기가 자는 시간에 같이 잠을 잔다.	붉은색에서 갈색으로 오로 색이 바뀐다. 수술 부위의 통증도 줄어들고 몸의 움직임도 한결 가벼워져 침대에서 혼자 일어날 수 있다. 이때가 지나도 변이 나오지 않으면 의사와 상담해 관장을 한다. 계속 배변이 힘들면 아침에 일어나 빈속에 물을 마시거나 자기 전에 유산균이나 요구르트를 먹는다. ✔ 체크해보세요 ☐ 대변을 본다. ☐ 단백질이 풍부한 음식을 섭취한다. ☐ 오로를 체크하고 몸의 회복을 위해 꾸준히 움직인다. ☐ 젖을 물리고 유방 마사지와 유축을 꾸준히 한다. ☐ 산후 우울증 예방을 위해 남편이나 가족들과 대화를 많이 한다. ☐ 병원에 따라 퇴원 후의 모유 수유와 신생아 돌봄을 위한 교육을 간단히 진행한다.

날짜	자연 분만 산모	제왕절개 산모
출산 6일째	자궁이 어른 주먹만 한 크기로 줄어든다. 부기가 많이 가라앉는다. 모유 수유에 어느 정도 적응한다. 소변의 양과 횟수가 평상시 수준으로 줄어든다. 회음 절개 부위가 겉으로 보기에 거의 아물고 회음부 방석 없이도 앉을 수 있다.	수술 부위가 많이 아물고 통증도 거의 사라진다. 갈색 오로가 줄어든다. 산후 체조를 시작해 몸의 빠른 회복을 돕는다. 수유량이 적당한지 체크한다. 신생아가 하루에 먹는 양은 체중×150㎖이다. 보통 3~4시간마다 수유하므로 3㎏의 아기가 60㎖씩 3시간마다 먹으면 450㎖의 하루 양을 채울 수 있다.
	✔ 체크해보세요 ☐ 수유량(1회 40㎖)과 수유 리듬(1일 6~8회)이 적당한지 체크한다. ☐ 집안일을 시작하는 것은 무리이며, 찬물에 손을 담그지 않도록 주의한다. ☐ 아기가 잘 때 함께 자면서 부족한 잠을 보충해야 회복이 빠르다. ☐ 서서 머리를 감고 샤워 시간은 10분을 넘기지 않는다.	✔ 체크해보세요 ☐ 수유량(1회 40㎖)과 수유 리듬(1일 6~8회)이 적당한지 체크한다. ☐ 잠이 부족하면 회복이 더디므로 잠을 조금씩 자주 잔다. ☐ 샤워를 할 수 있으나 수술 부위를 잘 건조시키고 소독한다. ☐ 철분제를 꾸준히 복용한다.
출산 7일째	몸이 거의 회복된다. 회음 절개 부위가 아물어 똑바로 앉을 수 있다. 부어 오른 질과 외음부가 많이 가라앉는다. 갈색 오로가 여전히 나오지만 양은 현저히 줄어든다.	빠르면 4일째, 늦어도 6~7일에는 수술 부위를 봉합한 실을 제거하고 퇴원한다. 퇴원 시에는 계절에 맞게 옷을 잘 챙겨 입는다. 움직이는 것이 가능하나 아직 수술 부위가 불편하므로 무리하지 않는다.
	✔ 체크해보세요 ☐ 기저귀 갈기 등의 간단한 아기 돌보기를 시작한다. ☐ 산욕기 체조를 적극적으로 시작한다. ☐ 몸이 편안해졌다고 무리하게 움직이지 않는다. ☐ 아기 돌보기와 밤중 수유로 잠이 부족하므로 아기와 함께 잔다. ☐ 수유하는 시간과 간격이 충분한지 체크한다.	✔ 체크해보세요 ☐ 기저귀 갈기 등의 간단한 아기 돌보기를 시작한다. ☐ 아기를 오래 안고 있지 않는다. ☐ 몸이 편안해졌다고 무리하게 움직이지 않는다. ☐ 아기 돌보기와 밤중 수유로 잠이 부족하므로 아기와 함께 잔다. ☐ 수유하는 시간과 간격이 충분한지 체크한다. ☐ 하루에 한 번 10분 이내로 샤워한다.
출산 2주째	자궁은 겉에서 잡히지 않을 정도로, 달걀 크기로 작아져서 골반 안으로 들어가면서 배도 조금씩 들어간다. 오로는 누르스름한 색으로 바뀌고 양도 많이 줄어든다. 회음 절개 부위가 아물어서 몸이 거의 정상으로 돌아온 것처럼 느껴진다. 그러나 아직도 감염 위험이 있으므로 좌욕으로 청결히 관리한다. 모유 수유를 위해 동물성 단백질과 철분이 풍부한 음식을 충분히 섭취한다.	가벼운 샤워를 해도 좋지만 아직은 욕조에 들어가는 목욕은 피한다. 수술 부위가 아물어서 배가 땅기는 느낌이 줄어들어 움직이기 편하다. 아침저녁으로 수술 부위를 소독해서 감염을 막는다. 누워만 있기보다 일어나 앉아 있는 시간을 서서히 늘려가며 아기와 친밀해지기 위해 노력한다. 가물치는 성질이 차 상처가 나거나 수술한 사람에게는 맞지 않으므로 제왕절개 산모는 삼간다.
	✔ 체크해보세요 ☐ 회음 절개 부위가 아물고 오로의 양도 줄어 산모 패드가 아닌 팬티라이너를 사용할 수 있다. ☐ 균형 잡힌 식단과 보양식이나 보약을 먹는다. ☐ 산욕기 체조를 꾸준히 한다. ☐ 수유하는 시간과 간격이 충분한지 체크한다. ☐ 가벼운 외출을 할 수 있다.	✔ 체크해보세요 ☐ 작은 생리대를 사용할 정도로 오로의 양이 줄어든다. ☐ 균형 잡힌 식단과 보양식이나 보약을 먹는다. ☐ 산욕기 체조를 꾸준히 한다. ☐ 수술 부위에 열감이나 통증이 없는지 확인한다. 증상이 느껴지면 병원에 간다. ☐ 수유하는 시간과 간격이 충분한지 체크한다.
출산 3주째	자궁이 복부에서 만져지지 않을 정도로 줄어든다. 부어올랐던 질과 외음부가 거의 가라앉는다. 오로의 양이 확실하게 줄어 노란색 오로가 더 이상 분비되지 않는다. 아기와의 생활도 익숙해지고 몸 상태도 정상으로 돌아오므로 일상적인 생활로 복귀할 수 있다. 간단한 식사 준비나 아기 옷 입히기 같은 힘들지 않은 일부터 시작한다. 손빨래는 산후 5~7주가 지난 뒤부터 한다.	몸을 무리하게 움직이면 수술 부위가 땅기고 통증을 느낄 수 있다. 몸을 구부리거나 쪼그려 앉기, 오랫동안 서 있는 일은 피하고 피로가 느껴지면 곧바로 쉰다. 하루 평균 수면 시간은 8시간, 낮잠은 2시간 정도 잔다. 간단한 아기 돌보기와 집안일을 할 정도로 몸이 회복된다.

<table>
<tr><th>날짜</th><th>자연 분만 산모</th><th>제왕절개 산모</th></tr>
<tr><td></td><td colspan="2">✔ 체크해보세요
☐ 오로의 양이 줄지만 무리하면 늘 수 있으므로 주의한다.
☐ 회음부 청결에 신경 써 자궁내막증을 예방한다.
☐ 피로가 느껴지면 바로 누워서 휴식한다.
☐ 찬물에 손을 담그거나 무리한 집안일은 하지 않는다. 손빨래는 삼가고 무거운 것을 들지 않는다.
☐ 걷기 운동으로 뱃살 처짐을 예방한다. 복대나 타이트한 옷을 입고 생활한다.
☐ 고단백 음식을 섭취하면 모유가 원활하게 분비되고 빈혈을 예방한다.
☐ 다이어트 계획을 세운다. 양보다는 칼로리를 줄인다.</td></tr>
<tr><td rowspan="3">출산
4주째</td><td colspan="2">자연 분만 산모와 제왕절개 산모의 몸 상태가 비슷해지는 시기다.
임신선의 색깔이 차츰 옅어지며 젖이 부족하던 사람도 모유가 아기가 먹는 양에 알맞게 분비되기 시작한다.
출산 4주째는 첫 정기검진을 받는 시기로 자궁 회복 상태와 혈압, 빈혈 검사 등을 한다.</td></tr>
<tr><td>오로가 거의 사라지고 흰색 분비물이 나온다. 자궁, 질, 회음 절개 부위가 거의 임신 전 상태로 회복된다. 몸이 회복되었다고 느껴 무리하게 집안일을 하면 근육통 등이 생기고 산후 회복이 더뎌지므로 주의한다.</td><td>몸이 빨리 회복되도록 산욕기 체조를 적극적으로 한다. 아기와 함께 병원에 가서 건강 진단을 받고, 몸이 정상으로 돌아왔다면 성관계를 가져도 된다. 그러나 임신의 가능성이 있으니 피임을 시작한다.</td></tr>
<tr><td>✔ 체크해보세요
☐ 회음부가 깨끗하게 아물었는지 확인한다(회음부가 많이 벌어진 경우는 스스로도 알 수 있지만 보통은 병원에서 확인 가능하다).
☐ 병원을 방문해 산후 1개월 검진을 받는다.
☐ 근력 운동과 빠르게 걷기 운동 등 운동량을 늘린다. 수영, 쇼핑 등이 가능하다.
☐ 모유 수유를 하지 않으면 첫 생리가 시작된다.</td><td>✔ 체크해보세요
☐ 병원을 방문해 산후 1개월 검진을 받고 수술 부위가 잘 아물어 염증이 없는지 확인한다.
☐ 근력 운동과 빠르게 걷기 운동 등 운동량을 늘린다.
☐ 입욕이 가능하지만, 감염 우려가 있으므로 대중목욕탕은 피한다.</td></tr>
<tr><td rowspan="3">출산
5주째</td><td colspan="2">검진 시 의사의 허락이 있고, 몸의 회복이 순조롭게 이루어지고 있다면 성생활을 시작해도 무방하다.
단, 아직 첫 생리를 하지 않아도 임신 가능성이 있으므로 피임에 신경 쓴다.</td></tr>
<tr><td>이젠 일상생활로 완전히 돌아가도 좋다. 이 시기가 되면 대부분 흰색 오로로 바뀌는 등 자궁 안쪽도 완전히 회복된다. 음식 칼로리를 조절해 비만을 방지한다.</td><td>수술 자리가 대부분 아물어 통증이 거의 느껴지지 않는다. 아기와의 생활이 익숙해졌어도 피곤하면 쉰다. 산후 우울증이 있던 산모들도 대부분 회복된다.</td></tr>
<tr><td colspan="2">✔ 체크해보세요
☐ 부부관계를 시작할 수 있다.
☐ 육아는 물론 집안일도 혼자 할 수 있다.</td></tr>
<tr><td rowspan="2">출산
6주째</td><td colspan="2">산모의 몸이 원래의 상태로 돌아가는 기간으로 보는 6주간의 산욕기 중 마지막 주다. 오로가 없어지고 자궁이 완전히 회복되며, 제왕절개 수술 부위도 아문다. 집 안에서만 있던 갑갑함을 풀기 위해 가벼운 나들이를 즐겨도 좋다. 본격적인 다이어트를 시작해도 몸에 무리가 가지 않는 시기로, 계획을 세워 실천한다. 오전 10시에서 오후 2시 사이 햇볕이 좋을 때 창문을 열어 아기와 간접적으로 바깥바람을 쐰다.</td></tr>
<tr><td colspan="2">✔ 체크해보세요
☐ 임신 계획이 없다면 부부관계 시 피임을 한다. 생리가 없더라도 배란이 시작될 수 있다.
☐ 마사지와 팩 등으로 건조하고 탄력 없는 피부를 관리한다.
☐ 하루에 한 번씩 오전 시간에 창문을 열고 15~20분간 아기와 함께 외기욕을 한다.
☐ 다이어트 계획이 있다면 시작한다.</td></tr>
</table>

19 출산 후 병실 선택

출산 후에는 아기는 신생아실로, 산모는 병실로 이동한다. 이후 자연 분만 산모는 2박 3일, 제왕절개 산모는 4박 5일 정도 병원에서 생활한 뒤 퇴원한다. 어떠한 병실에서 아기와 함께 지낼지 각각의 장단점을 알아본다.

모자 동실 vs 모자 별실

아기와의 애착관계를 높이는 모자 동실

모자 동실과 모자 별실의 차이는 산모와 아기가 함께 병실에서 지내느냐 여부다. 모자 동실은 산모와 아기가 하루 12시간 이상 함께 지낼 수 있는 병실로, 아기 출생 후 4시간 후부터 원하는 시간에 언제든지 데려갈 수 있다. 단, 치료나 관찰이 필요한 아기는 상태가 호전될 때까지 모자 동실을 보류한다. 아기는 태어나면서부터 엄마 품에 안겨 생활하면서 엄마에 대한 애착을 키워가고, 엄마는 아기에 대해 강한 모성애를 형성한다. 모자 동실에서는 아빠도 함께 지내며 육아에 적응하는 시간을 가질 수 있다. 또한 아기가 젖을 빨고 싶어할 때마다 바로 젖을 줄 수 있어 모유 수유에 성공할 확률이 높다.

신생아 감염의 위험이 있다

초보 엄마는 출산 후 몸의 움직임도 불편해 아기를 하루 종일 돌보기가 여간 힘든 일이 아니다. 모자 동실을 이용하면 밤중에도 일어나 젖을 먹여야 하기 때문에 숙면을 취할 수 없다. 또 방문자들이 자주 들락날락하며 아기를 만지기 때문에 아기가 세균에 감염될 확률도 높다. 최대한 손님이 오지 않도록 미리 양해를 구하고 산모와 보호자도 아기를 만지기 전에 손을 깨끗이 씻는다.

산모가 편하게 쉴 수 있는 모자 별실

모자 별실은 출산 후 엄마는 입원실로, 아기는 신생아실로 따로 떨어지는 전형적인 입원 형태다. 전문 간호사들이 아기를 안전하게 돌봐주고, 산모는 편안하게 휴식을 취할 수 있다. 이틀 정도는 꼼짝할 수 없는 제왕절개 산모나 회음 절개가 많이 되어 움직이기가 어려운 초산부의 경우에는 보호자가 있어도 모자 별실을 이용하는 것이 좋다.

아기를 직접 살필 수 없다

모자 별실은 아기와 떨어져 있어 아기가 보내는 배고픔이나 불편함의 신호에 즉각적으로 반응해주기 어렵다. 물론 아기가 배가 고파서 울면 병실로 연락이 오고, 산모는 수유실로 가서 젖을 먹인다. 왔다 갔다 하는 번거로움은 물론이고 간혹 때를 놓쳐 분유 수유로 대체하는 경우도 있다. 아기 면회 시간을 지정해 운영하는 병원이 많아 아기를 수시로 볼 수 없는 단점도 있다. 아기를 직접 보살피지 못하기 때문에 걱정이 많아진다.

1인실 vs 다인실

경산부에게 좋은 1인실

1인실은 안락하게 입원 기간을 보낼 수 있는 것이 가장 큰 장점이다. 외부와의 접촉 없이 조용한 분위기에서 아기와 단둘이 오붓한 시간을 가지며, 모자 별실의 1인실인 경우 마음껏 쉴 수 있다.

반면 다인실에 비해 비용이 많이 들고, 공간이 좁아 답답하다. 보호자가 자리를 비우면 이야기 상대가 없어 심심하기도 하다. 경산부이거나 방문객이 많다면 1인실이 몸의 회복과 위생상 좋다.

육아 친구를 사귀기 좋은 다인실

1인실 외에 2인실, 3인실, 5인실을 다인실이라고 한다. 기본적으로 공간이 넓다. 외부인과의 접촉을 막고 싶다면 커튼을 치면 되어 수유할 때에도 그다지 불편하지 않다. 또 다른 산모들과 함께 수다를 떨 수 있어 산후 찾아오는 불안감과 우울증 극복에도 도움이 된다. 보호자가 없는 초산부에게는 다인실이 여러모로 생활하기 편하다.

장점이 단점이 될 수도 있다. 모자 동실의 다인실인 경우, 한 아기가 울면 다른 아기가 따라 울기 때문에 일순간 병실이 아수라장이 된다. 또 같은 병실의 산모끼리 잘 맞지 않으면 스트레스를 받을 수 있다. 화장실을 다른 산모들과 같이 사용해야 하므로 불편하다.

20 산후 조리 기본원칙

출산 후 몸이 임신 상태 전으로 돌아가는 시기를 산욕기(출산 후 6주)라고 한다. 이 시기는 산모의 평생 건강을 좌우하는 결정적 시기다. 어디서 산후 조리를 하든, 반드시 지켜야 할 기본적인 사항에 대해 알아보자.

산후 조리의 중요성

아기를 낳으면 태반에서 생성되던 호르몬이 더 이상 나오지 않으므로 산모의 몸은 임신 전으로 돌아가기 위해 부단히 변화한다. 이때 가장 중요한 것은 자궁 수축과 오로 배출이다. 이 두 가지를 제대로 완료해야 산후 회복이 잘 되었다고 할 수 있다. 늘어나고 틀어진 골반과 뼈마디가 제자리를 찾고 자궁이 수축하는 등 몸이 원래대로 회복하는데도 시간이 필요하다. 따라서 출산 후 6주까지의 산욕기 동안에는 부작용이나 후유증이 없는지 면밀하게 관찰하고 조심해야 한다. 몸의 모든 기관이 회복되어 안정을 취하고 일상생활에 완벽하게 적응하는 데 걸리는 시간이 약 100일이다. 예부터 산후 찬 음식이나 찬 기운을 쐬지 못하게 하고 무거운 것을 못 들게 하는 등 각별하게 산모의 몸 관리를 당부했던 것도 이러한 이유에서다. 임신과 출산으로 급격한 변화를 맞은 몸을 건강하게 되돌리지 않으면 평생 산후풍 등의 부작용으로 고생할 수 있으므로 갑갑하더라도 조금만 참고 산후 조리에 신경을 쓰자. 엄마가 건강해야 아기도 건강하게 키울 수 있는 있음을 명심하면서 충분하게 쉬고 몸가짐을 바로하고 식생활을 조절하자.

실내 환경

실내 온도는 21~23℃가 적당하다

산모와 아기가 지내는 방의 온도는 21~23℃로 약간 더운 정도가 적당하다. 온도가 낮으면 산후풍으로 고생할 수 있고, 온도가 너무 높으면 땀이 많이 나 불쾌감이 든다. 아기에게도 실내 온도는 중요하다. 온도가 너무 높으면 신생아가 에너지를 체온 조절에 사용해 성장에 지장이 생기거나 태열이 생긴다. 과도하게 실내 온도를 조절하기 위해 선풍기나 에어컨, 난방 기구를 사용하는 것은 자제한다.

실내 습도는 40~60%를 유지한다

습도는 약 40~60%를 유지한다. 건조할 때는 젖은 수건과 기저귀를 널거나 가습기를 사용한다. 가습기는 가능하면 가열식을 사용하되 항상 청결하게 관리한다. 산모에게 직접 습기가 닿지 않도록 분무 방향을 돌리고 코에서 2m 정도 떨어트린다. 가습기는 식초와 소금, 베이킹 소다로 안전하게 소독한다. 방을 옮겨가면서 집 안 공기 전체를 환기시키는 것도 중요하다. 하루 2~3회 10분 정도 환기시킨다. 산후 땀이 많이 나는 산모가 쓰는 침구류는 적어도 이틀에 한 번 정도 햇볕에 말려서 살균한다. 바닥은 수시로 걸레질하고 가구 위나 보이지 않는 곳의 숨은 먼지까지 제거해 공기를 깨끗이 유지해야 산모와 신생아의 호흡기 질환을 예방할 수 있다.

여름철에는 쾌적하게 산후 조리한다

산후 조리는 쾌적하고 건강하게 하는 것이 원칙이다. 여름에 출산한 산모도 몸을 따뜻하게 하면 좋지만 너무 덥게 지내면 땀띠가 생기거나 출산 후 봉합한 부위에 염증이 생기기 쉽다. 난방은 별도로 하지 않고 요를 여러 장 두껍게 깔거나 침대를 이용해서 방바닥의 차가운 기운이 올라오지 않도록 주의한다. 이불에 얇은 면 패드를 여러 장 준비해 자주 갈아주면 쾌적하게 산후 조리를 할 수 있다. 지나치게 땀을 많이 흘리지 않도록 자신의 체질에 맞춰 긴소매나 반소매 옷을 선택한다. 에어컨이나 선풍기를 사용해 실내 온도를 25℃로 유지하되 바람이 산모나 아기에게 직접 닿지 않도록 주의한다. 에어컨을 틀 때는 얇은 긴소매 옷과 양말을 착용해 체온이 갑자기 떨어지지 않도록 한다. 덥더라도 샤워는 따뜻한 물로 한다. 산후 조리 동안에는 땀이 많이 나기에 특히 젖을 먹일 때는 탈수 현상을 막을 수 있도록 수분 섭취에 신경 쓴다. 단, 너무 차가운 물이나 탄산음료, 성질이 찬 과일은 피한다. 덥고 습한 여름철에는 세균의 활동이 왕성해지므로 회음부 청결을 위해 매일 2~3회 좌욕을 한다.

겨울철에는 수분 보충에 신경 쓰며 산후 조리한다

찬바람은 관절염이나 산후풍의 원인이 되므로 병원 문을 나서면서부터 주의한다. 두꺼운 옷 한 벌보다 얇은 옷을 여러 벌 겹쳐 입고 양말, 목도리, 모자 등으로 보온에 신경 쓴다. 실내에서도 양말을 반드시 신어 몸 전체의 온도를 일정하게 유지한다. 실내 온도는 24℃ 이하로 떨어지지 않도록 하고, 습도는 40~60% 정도로 유지해 건조함으로 인한 호흡기 질환을 예방한다. 겨울철에는 샤워 전 욕조에 더운 물을 받아 욕실의 온도를 높인 상태에서 씻고 옷은 욕실에서 입고 나온다. 답답하더라도 외출은 산모와 아기 모두에게 금물이다. 분만 시 땀 등으로 체액이 많이 빠져나가므로 수분 보충을 해주어야 하는데, 한방차가 도움이 된다.

생활습관

충분히 잠을 잔다

산모에게 수면은 가장 좋은 휴식이다. 잠이 부족하면 피로가 쌓이고 체내 호르몬이 제 기능을 발휘하지 못한다. 또한 잠자는 동안 출산으로 심하게 무리가 가해진 허리가 회복되기 때문에 수면의 질이 중요하다. 대체로 10~12시간 정도가 적당하며 하루 한 차례 낮잠을 자는 것도 좋다. 오후 2~3시쯤 길게는 1~2시간, 짧게는 30분이라도 자면 산후 회복에 도움이 된다. 잠자리는 푹신한 침대보다 딱딱한 침대나 온돌방이 척추와 관절에 무리를 주지 않고 산모의 골격을 바로잡는 데도 도움이 된다.

잠은 엎드린 자세로 바닥에서 잔다

분만 후 자궁이 원위치로 돌아가는 시간인 약 2주 동안에는 자궁경부가 위쪽으로 향하는 자궁 후굴을 방지하기 위해서 엎드려 누워 자는 것이 가장 좋다. 제왕절개 분만의 경우 배에 상처가 있어 눕기 힘들므로 옆으로 눕는 등 수시로 자세를 바꾸면 무리가 없다. 아울러 상체를 약간 세운 자세로 누우면 어지럼증과 두통이 줄어든다. 베개를 높이고 양쪽 무릎을 세운 상태로 반듯하게 눕는 자세는 오로 배출과 자궁 수축을 도와주며, 출산 후 골반이 벌어지는 것을 방지한다.

산후 6주까지는 가벼운 샤워만 한다

자연 분만은 출산 2~3일 후부터, 제왕절개일 때는 1주일 후 샤워를 한다. 5~10분 정도 샤워를 하되 미리 따뜻한 물을 틀어 욕실 안에 온기가 퍼지게 한 뒤 몸을 씻는다. 머리는 선 채로 감고 샤워 후에는 오한이 들지 않도록 머리를 빨리 말린다. 출산 후 입욕은 감염 위험이 있으므로 6주가 지난 후부터 한다.

오로가 배출되는 동안 좌욕을 한다

좌욕은 회음 절개 부위의 염증을 막고 상처 부위의 통증을 줄여줘 몸의 회복을 도울 뿐 아니라, 치질 예방에도 좋다. 소독한 대야에 따뜻한 물을 받아서 좌욕을 하거나 샤워기로 하루 두세 차례 씻되 대소변을 본 후에는 회음부와 항문을 앞쪽에서 뒤쪽으로 조심스럽게 닦고 물로 깨끗이 헹군다. 좌욕을 한 후에는 면 소재 수건으로 두드리듯 닦거나 헤어드라이어로 말려준다.

방광염에 걸리지 않도록 주의한다

산후 초기에는 회음부 통증으로 화장실을 가는 것이 두렵다. 하지만 회음부 절개 봉합 부위는 특별한 염증이나 문제가 없다면 힘을 준다고 해서 다시 벌어지지 않으므로 걱정하지 말자. 간혹 방광의 감각이 둔하거나 임신 중 무거워진 자궁이 압박해 요도 부근이 부어 소변이 잘 나오지 않을 수 있다. 이럴 때는 습포를 따뜻한 물에 축여 방광 근처를 따뜻하게 하거나 엎드리면 배뇨가 가능하다. 방광에 소변이 너무 오래 고여 있으면 방광염의 원인이 되기도 하므로 주의한다.

차갑고 딱딱하고 짠 음식은 피한다

출산 후에는 위장 기능이 많이 떨어지고 치아도 손상되어 있으므로 딱딱한 음식이나 찬 음식은 피한다. 과일이나 채소는 익혀 먹거나 상온에서 찬 기운이 가시게 한 뒤 먹는다. 조금씩 자주 먹고 끼니를 거르지 않으며 간식도 잘 챙겨 먹는다. 나물류는 섬유질이 많아 변비 예방에 도움이 되지만 소화가 잘 안 되므로 양을 조절한다. 장아찌나 짠 김치는 산후 몸을 더 붓게 하므로 피한다. 당분 함량이 높은 주스는 삼가고 보리차, 우유, 고깃국 등을 통해 수분을 섭취한다. 출산 2주 후에는 푸른 채소, 해조류, 뼈째 먹는 생선 등을 자주 먹는다. 임신 중 먹던 철분제를 분만 후에도 3개월 정도는 계속 복용한다.

계절에 맞는 소재와 두께의 옷을 입는다

출산 후에는 흡수력이 좋고 이음새가 부드러운 면 소재 옷이 좋다. 연약한 신생아를 다치게 할 수도 있으니 단추나 지퍼가 외부로 노출되는 옷은 피하고 임신 후기에 입던 옷이나 가벼운 면 소재의 옷을 입는다. 두껍고 통풍이 되지 않는 옷을 입으면 산욕열을 악화시키고 때로는 회음 부위에 염증을 일으킬 수도 있다. 여름에는 얇은 긴팔이나 반팔과 긴바지, 겨울에는 여러 벌 겹쳐 입되 상의는 얇게, 그리고 땀을 덜 흘리는 하반신은 조금 두툼하게 입는다. 특히 발이 차가우면 산후풍에 걸리기 쉬우므로 여름철 실내에서도 수면양말은 꼭 신는다.

산후 체조와 운동을 한다

방 안에 누워만 있으면 쉽게 살이 찌고, 자궁 수축이 늦어질 수 있다. 제왕절개로 분만한 산모 역시 출산 후 24~48시간이 지나면 걸어 다닌다. 걸어야 가스가 빨리 나와 음식을 먹을 수 있고 방광의 기능을 빨리 회복시키고 장운동을 원활하게 해주어 배뇨 곤란이나 변비를 막는 데도 도움이 된다. 단 출산 후 관절이 늘어나 있으므로 손목, 발목, 무릎 등을 무리하게 쓰지 않는다. 산후 체조도 4~5일째부터 누워서 간단한 동작 위주로 시작하고 출산 후 6주가 지나면 서서히 유산소 운동을 한다. 산후 체조는 골반 교정은 물론 어깨 결림, 허리와 복근 강화에도 좋다.

첫 외출은 출산 2주 후에 한다

첫 외출은 빠르면 산후 2주에 아기 예방접종을 위해서나, 3주가 지나 산모 정기검진을 할 때 시도한다. 겨울에는 옷깃을 꼭꼭 여미고 마스크와 머플러로 머리 쪽을 따뜻하게 보호한다. 여름에는 에어컨 바람을 직접적으로 쐬지 않도록 조심하고 가을이나 봄철에도 서늘한 아침저녁은 피하고 낮에 3시간 이내로 외출을 하도록 한다.

집안일은 산후 3주째부터 시작한다

산후 1~2주 이내에는 실내를 살살 걷거나 모유 수유를 하거나 옷을 갈아입고 씻는 정도의 일상적인 동작만 한다. 안정을 취하면서 무리가 가지 않는 선에서 몸을 조금씩 움직여야 회복에 도움이 된다. 3주가 지나면 아기 옷 입히기나 간단한 식사 준비 같은 힘들지 않은 집안일을 조금씩 시작한다. 부엌일은 아직 무리이므로 주위의 도움을 받는다. 몸의 회복이 순조롭다면 산후 3주부터 세탁기를 이용해 빨래를 해도 된다. 손빨래는 산후 5~7주가 지난 뒤부터 한다. 집 안 청소는 산후 4주째부터 청소기를 이용해서 하고 엎드려서 하는 걸레질이나 마당 청소는 5~7주가 지난 다음에 서서히 시작한다. 이때 잘못된 자세나 압력으로 인해 손목, 발목 등이 손상 받지 않도록 주의한다.

성생활은 6주 후에 시작한다

부부관계는 산후 첫 생리가 시작되면 가능하다. 출산 후 생리가 다시 시작되었다는 것은 회음부 절개 부위와 질과 자궁이 아물어 성관계를 해도 좋을 만큼 회복되었음을 뜻한다. 모유 수유를 하지 않는 산모는 출산 후 4주, 모유 수유를 하는 경우에는 평균 12~16주 후에 생리가 시작된다. 일반적으로 회음부와 질, 자궁이 회복되는 시간인 6주가 지난 후가 바람직하다. 단 정상위로 시작하고 과격한 체위는 삼간다.

21 출산 후 몸의 변화

여자의 몸은 임신과 출산을 겪으며 큰 변화를 겪고 새로운 국면에 돌입한다. 출산 후 몸 전반에서 일어나는 변화와 대처법을 알아본다.

· 도움말 정재기(선데이치과 원장)

자궁이 줄어든다

분만 후 자궁의 크기는 약 17.5cm, 무게는 1kg 정도 된다. 배꼽 아래에서 만져질 정도로 커진 자궁은 지속적으로 줄어들어 4주쯤 되면 7.5cm에 100g 정도로 돌아온다. 1~2주가 되면 자궁 내구 부위가 닫히고 자궁이 점차 수축되면서 안에 고여 있던 오로가 질을 통해 배출된다. 이때 자궁이 수축되면서 생기는 후진통인 훗배앓이 혹은 산후통이 나타난다. 자궁이 원래 크기로 돌아오기 위해 남아 있는 노폐물을 빨리 내보내면서 생기는 통증으로, 생리통과 증상이 비슷하다. 출산 직후 모유 수유를 할 경우 아기가 젖을 빨 때 나오는 프로락틴 호르몬의 영향으로 자궁 수축을 유발해 더 심해진다. 산후 6주에 자궁은 임신 전 크기로 돌아오는데, 경산부보다는 초산부가, 비수유부보다는 수유부가 더 빨리 돌아온다.

케어법

후진통이 심할 경우에는 소변을 자주 눠 방광을 비워주면 호전된다. 대개 출산 3일째쯤 거의 사라지는데 따뜻한 물수건을 배 위에 올려두면 좋다. 모유 수유와 함께 가벼운 산책도 도움이 되므로 너무 누워만 있지 말고 몸을 조금씩 움직인다. 또한 미역국과 잉어 등의 보양 음식을 먹으면 자궁 수축에 도움이 된다.

회음부가 붓고 따갑다

자연 분만을 한 경우에는 회음부 절개 및 봉합으로 걷거나 앉을 때 불편한 통증이 나타난다. 봉합 부위가 붓고 뜨거우며 욱신거리고, 자극을 받으면 아프다. 통증은 2~4일간 지속되다가 완화된다. 일주일 이상 통증이 지속된다면 진찰을 받는다.

케어법

하루 2~3회 따뜻한 물에 좌욕을 하면 회음부 통증을 완화시키는 것은 물론 변비, 방광염, 질염, 치질 예방에도 도움이 된다. 용변을 본 뒤에도 좌욕을 하고 상처 부위를 손으로 만지지 않는다. 산모용 패드도 자주 갈아준다.

오로가 나온다

출산 후 자궁과 질에서 혈액이 섞인 분비물이 나오는데 이를 오로라고 한다. 분만으로 생긴 산도의 상처 분비물에 혈액, 자궁벽에서 탈락한 점막 조직 등이 뒤섞여 독특한 냄새가 난다. 산후 3시간에서 3~5일 정도 붉은색 오로가 나오고, 산후 4~9일경까지 갈색 오로가 나오며 회복기에 접어들면 오로가 백색으로 변하면서 양도 줄어든다. 대개 4주 혹은 8주 이내에 없어진다. 그러나 간혹 갈색으로 변했다가 다시 붉은색 오로가 나오고 양이 급격히 많아지거나 고열이 동반되는 경우에는 산후 출혈이나 염증이 생긴 것일 수 있으니 병원을 찾는다.

케어법

출산 직후에는 오로의 양이 많으므로 산모 전용 패드나 오버나이트 생리대를 사용한다. 이후 양이 줄어들면 일반 생리대를 사용해도 괜찮다. 불편하더라도 감염 예방을 위해 패드를 자주 갈아주어 외음부를 청결하게 관리하고 하루 2~3회 좌욕을 한다.

산욕열이 생긴다

분만 시 태아가 밖으로 나오면서 산도나 질 외음부에 상처가 나고 자궁벽에도 출혈이 생기는데 그 상처에 세균 감염이 일어나 염증이 생겨 몸에 열이 나는 것을 산욕열이라고 한다. 산후 3~4일경에 열이 나는데 38~39℃ 이상의 고열이 이틀 연속 지속된다.

케어법

염증 예방을 위해서는 꾸준하고 규칙적으로 좌욕을 한다. 출산 후 약해진 면역력을 키우기 위해서 충분히 휴식하고 영양 섭취를 풍부하게 한다. 또한 산욕열을 앓으면 땀과 열이 나므로 수분 섭취에 신경을 쓴다.

유방이 딱딱하고 아프다

출산으로 태반이 분리되면 뇌하수체에서 프로락틴 호르몬이 나오고, 24~48시간 내에 유즙이 분비되기 시작한다. 보통 분만 후 3~4일 사이에 유방이 커지고 초유가 나온다. 이때 가슴이 부풀면서 수유 시 유방을 완전하게 비우지 않으면 울혈이 생겨 38℃ 이상의 열이 나면서 빨갛게 부어오르거나 딱딱해지기도 한다. 제대로 가슴 관리를 해주지 않으면 유선염, 유방농양 등으로 발전해 고통스럽다. 커졌던 유방은 아기가 젖을 뗄 무렵 원래 크기로 돌아가거나 더 줄어든다.

케어법

산후에 유방에서 분비되는 젖을 짜내지 않으면 남아 있는 젖이 유선을 막아 유방이 딱딱해지면서 젖몸살을 앓게 된다. 따라서 무엇보다 규칙적으로 수유를 하고 유방이 커지기 시작하면 뜨거운 물수건으로 마사지를 해서 젖몸살을 예방한다. 유선염이 생기면 먼저 유선염이 온 쪽으로 아기에게 모유 수유를 하고 수유 후 차가운 수건이나 양배추 잎을 한 장 덮어 열을 낮춘다. 가슴이 처지는 것을 막기 위해 귀찮더라도 수유용 브래지어를 착용하고 수유하는 유방 역시 청결하게 관리한다.

몸이 붓는다

임신성 부종은 자궁이 커지면서 골반 혈관과 대정맥이 압박을 받아 혈액순환이 느려지면서 발생한다. 양수와 태반, 아기까지 몸에서 빠지면서 서서히 가라앉는다. 산후 부종은 임신 중 몸에 쌓인 지방과 수분으로 생기는데 출산 3~4일 후부터 나타난다. 그 중에서 발목과 다리가 가장 심하게 붓는다. 자연 분만 산모보다 제왕절개 산모가 더 고통을 받는다. 오로와 함께 체내의 노폐물이 배출된다. 출산 후 소변이 증가하면서 몸 밖으로 수분이 빠져나가 3개월에 걸쳐 서서히 빠진다.

케어법

모유 수유 여부와 식사량, 운동량에 따라 달라진다. 음식을 싱겁게 먹고 물을 많이 마시며 다리 마사지나 족욕을 하면 혈액순환이 잘 되어 부종에 도움이 된다. 억지로 땀을 빼면 몸의 기운이 빠져 쓰러질 수 있으므로 하지 않는다.

소변과 땀이 많아진다

산후 며칠 동안은 임신 기간 중 피하 조직에 쌓여 있던 수분이 땀이나 소변으로 다량 배출된다. 출산 후 4~5일 동안 땀샘의 작용이 활발해져 많이 흐르는데, 특히 밤에 심해진다. 분만 중 방광에 고여 있던 수분이 배출되면서 소변의 양이 갑자기 증가한다. 반면 분만 중 요도나 방광이 압박을 받아 소변을 잘 보지 못하는 경우도 있다. 보통 출산 후 2주가 지나면 소변을 볼 때마다 뻐근했던 증상이 사라지는데 소변 색깔이 빨갛게 변하거나 소변을 본 후에도 개운하지 않으면 병원 진료를 받는다.

케어법

자연 분만의 경우 출산 후 6시간 이내에 소변을 봐서 방광의 기능을 제 상태로 돌려놓는다. 소변을 참으면 방광이 늘어나 자궁 수축을 방해하므로 소변을 자주 본다. 옷이 땀에 젖은 채로 찬바람을 쐬면 산후풍에 걸릴 수 있으니 속옷을 자주 갈아입고 따뜻한 물수건으로 몸을 자주 닦으며, 밤에 잘 때는 체온이 떨어지지 않도록 보온에 신경 쓴다.

머리카락이 빠진다

산후 2~3개월 무렵, 대개 아기의 100일 전후로 탈모 현상이 두드러지게 나타난다. 임신 기간 동안 증가했던 여성호르몬인 에스트로겐의 분비가 줄어 모발의 성장이 느려지면서 머리카락이 빠지는 것. 산후 6개월이 지나면 호르몬 분비가 다시 정상으로 되돌아와 1년 후에는 예전처럼 회복되는 경우가 대부분이다. 단, 자칫 방심하면 영구 탈모로 이어질 수 있다.

케어법

펌이나 드라이, 빗질 등을 피하는 등 머리카락에 자극을 주는 일을 최소화한다. 두피를 뭉툭한 브러시나 손가락으로 자극해 마사지를 하거나 탈모 방지 전용 샴푸, 모발 영양제를 쓰면 도움이 된다. 영양 불균형과 심한 스트레스도 탈모에 영향을 주므로 검은콩 등 식물성 호르몬이 풍부한 고단백 식품을 챙겨 먹는다.

피부의 탄력이 사라진다

출산 후에는 몸에 긴장감이 사라져 전체적으로 탄력이 감소한다. 임신으로 생긴 기미는 보통 출산 후 사라지나 유륜과 흑선의 과잉 색소 침착은 출산 후까지 남는 경우가 있다. 임신선은 출산 뒤에는 자연스럽게 없어지지만 임신 중 튼살은 사라지지 않으며, 자궁이 수축되면서 그동안 늘어난 뱃살은 보통 6개월 정도 지나면 원래대로 돌아간다.

케어법

신진대사가 원활하지 못하면 노폐물이 배출되지 않아 부기가 빠지지 않는다. 특히 자궁으로 인해 늘어난 뱃살 등의 회복이 더뎌진다. 가장 좋은 산후 다이어트는 모유 수유다. 열량이 소모되고 자궁이 수축되어 복부 근력이 빠른 속도로 회복되기 때문이다. 더불어 튼살 전용 화장품을 사용해 마사지를 하고 복부 근육을 단련하는 체조와 스트레칭을 꾸준히 해 늘어난 복부의 탄력을 강화시킨다.

요실금이 생긴다

크게 웃거나 재채기를 하면 소변이 찔끔찔끔 나오는데, 이것이 바로 요실금이다. 임신 중기부터 흔히 생기는 요실금은 분만으로 방광벽이 긴장을 잃고 괄약근이나 요도구가 늘어나 더욱 심해진다. 초산부보다는 경산부에게 잘 발생한다. 아기가 지나치게 크거나 난산한 경우 증상이 심할 수 있다.

케어법

아침저녁으로 괄약근을 조이는 케겔 운동을 50회 이상, 3개월 정도 하면 효과가 있다. 소변을 참는 것처럼 회음부 괄약근을 10초간 수축했다가 힘을 뺀다. 출산 직후에는 10회씩 하루 5~6차례 반복한다. 화장실에 갔을 경우 서 있을 때나 앉아 있을 때 수시로 한다.

시력이 저하된다

분만 시 힘을 세게 주면 눈의 모세혈관이 끊어져 일시적으로 눈이 빨개지거나 멍이 드는 경우가 있다. 2~3주 지나면 치유된다. 또 산후 수정체의 부종과 호르몬의 불균형으로 인해 일시적으로 눈이 나빠질 수도 있다.

케어법

산후 조리 기간에 작은 글씨를 오래 보면 시력이 떨어질 수 있으니 오랜 시간 책읽기는 삼간다. 충분히 쉬고 비타민 A가 풍부한 음식을 자주 먹는다.

잇몸에서 피가 난다

임신 기간과 출산 후에는 생체 내 호르몬과 면역체계가 급격한 변화를 겪으면서 잇몸 혈관이 얇아져 쉽게 붓고 피가 나며 충치가 생기기 쉽다. 심할 경우 구강 내의 박테리아에 의해 치은염과 치주염이 생기고 심하면 치아가 흔들리기도 한다. 평소 치아와 잇몸이 약하면 임신 후 더 심해질 수 있다.

케어법

딱딱한 칫솔모는 잇몸에 자극을 주므로 부드러운 칫솔로 이를 깨끗이 닦고 잇몸 마사지를 해준다. 일반 치약은 계면활성제와 연마제 등 화학 성분이 함유되어 약해진 잇몸에 자극을 줄 수 있다. 임신부 전용 치약이나 유아용 치약을 사용하고 양치질 후에는 치실과 치간 칫솔을 사용한다. 출산 후 딱딱하거나 찬 음식을 피하고 심하면 치과 치료를 받는다.

변비나 치질이 심해진다

자연 분만의 경우에는 회음부 통증 때문에, 제왕절개 분만의 경우에는 거동의 불편함으로 화장실을 가는 게 편하지 않다. 힘을 준다고 해서 봉합 부위에 문제가 생기지는 않으니 화장실 가는 것을 두려워하지 않아도 된다. 변비가 심해지면 치질로 발전해 더 큰 통증이 생긴다. 임신 중 생긴 치질은 출산 후 대부분 정상적으로 회복된다.

케어법

출산 후 빠른 시일 내에 대변을 보아 변비가 되지 않도록 한다. 물을 충분히 마시고 과일이나 채소를 섭취해 장운동을 돕는다.

치열이 틀어진다

출산을 하고 나면 치열이 틀어질 가능성이 높아진다. 출산 시 출산을 용이하게 하도록 골반뼈를 유연하게 해주는 옥시토신이라는 물질이 분비되는데, 옥시토신은 몸 전체에 영향을 주며 잇몸뼈도 유연하게 만들기 때문에 평소 잇몸이 약한 산모는 출산 후 치아 사이가 벌어진다든가 치열이 틀어지는 등의 변화를 경험하기도 한다.

케어법

치열이 틀어진 경우 바로잡아주지 않으면 다시 돌아오지 않을 수 있으며, 틀어진 치열 사이로 음식물이 낀다거나 칫솔질이 어려워지는 등 충치나 잇몸 질환을 일으킬 수 있다. 치열에 문제가 생겼다면 간단한 교정치료로 올바른 치아 배열을 유지하는 것이 바람직하다.

22 산후 신체 트러블

산후 찾아오는 몸의 변화는 시간이 지나면 대부분 나아지지만 산후 조리를 제대로 하지 못해 큰 병으로 이어지기도 한다. 산후 조리를 소홀하게 했을 때 생기는 트러블에 대해 알아본다.

산후풍

산모들이 출산 후 가장 무서워하는 산후풍은 관절통과 근육통이 주된 증상으로 산후 조리를 제대로 하지 못했을 때 생기기 쉽다. 자칫하면 평생 질환으로 이어질 수 있으므로 산후 찬바람을 쐬지 않는 등 기본적인 산후 조리 수칙을 잘 지킨다. 출산 시 출혈을 많이 하거나 허약한 체질인 경우에도 발병하기 쉬우므로 회복이 될 때까지 각별히 주의한다.

케어법

계절에 상관없이 적절한 실내 온도와 습도를 유지한 집안에서 충분히 쉬고 제대로 된 영양 섭취를 한다. 간혹 산후풍을 걱정해 너무 옷을 꽁꽁 싸맬 정도로 입는 경우가 있는데 찬바람이 통하지 않을 정도로만 보온을 유지해주는 것이 더 효과적이다.

관절통

산후에는 인대가 늘어나고 관절이 불안정한 상태로, 이때 무거운 물건을 들거나 아기를 오래 안고 있는 등 관절에 무리를 주면 통증이 생긴다. 대개 출산 3주 뒤부터 허리와 골반, 무릎, 손목과 손가락, 발가락 등의 관절 부위가 쑤시고 욱신거리는 증상이 나타난다. 보통 산후 3개월까지 증상이 지속되는데 사람에 따라 조금 더 오래 지속되기도 한다.

케어법

통증이 있는 부위를 부드럽게 접었다 펴는 스트레칭으로 혈액순환을 돕고 온찜질을 해준다. 아기를 안을 때에도 수시로 자세를 변경해 한쪽 팔이나 손목에만 무리를 주지 않도록 주의한다. 손목보호대는 하루 종일 착용하면 혈액순환을 방해하므로 손목을 사용할 때만 착용한다.

요통

임신 중에는 몸의 무게중심이 앞쪽으로 쏠려 허리에 무리를 준다. 출산 후에는 허리와 골반의 인대가 느슨해지고 근육에 피로가 쌓여 허리 통증이 생긴다. 임신 중 체중이 과도하게 증가했거나 분만 시 난산을 했거나, 제왕절개 수술을 한 경우는 요통이 생길 우려가 높다.

케어법

무엇보다 자궁 수축과 오로 배출이 신속하게 이루어지도록 산후 관리를 해야 요통을 예방할 수 있다. 반듯하게 누워 엉덩이를 들어 올리거나 다리를 뻗고 앉아 허리를 굽혀 손끝을 발목에 닿게 하는 스트레칭을 하면 요통이 완화된다. 모유 수유를 할 때나 아기 기저귀를 갈 때 등 부분을 잘 받치고 항상 허리를 곧게 펴야 허리에 무리가 가지 않는다. 바닥이 아닌 아기 침대를 사용하는 게 좋다. 선 자세에서 무거운 물건을 들어 올리는 것도 삼간다. 바닥에서 물건을 들 때는 항상 무릎을 구부리고 허리를 곧게 편다. 요통이 심할 때는 물리치료를 받아 상태가 악화되는 것을 방지한다.

산후 비만

임신 기간 동안 찐 살은 저절로 빠지지 않는다. 산후 조리 기간 동안 적절한 운동과 식이요법으로 몸의 부기를 빼야 다이어트를 통한 몸매 회복에 들어갈 수 있다. 모유 수유 산모는 모유의 양을 늘리기 위해 과도한 영양 보충으로, 분유 수유 산모 경우에는 열량을 소모할 기회가 상대적으로 적어 산후 비만으로 이어지기 쉽다.

케어법

칼로리 섭취를 조절하면서 서서히 몸의 움직임을 늘려 나간다. 지나친 보양식은 삼가고, 다이어트를 위해 무리하게 식사를 조절하는 것은 오히려 산후 트러블을 부를 수 있다. 단백질, 칼슘, 철분, 비타민, 무기질 위주로 충분히 섭취하면서 걷기부터 시작해 몸이 어느 정도 회복된 6주가 지나면 유산소 운동을 통해 산후 비만을 예방하자.

23 산후 회복을 돕는 서비스

산후 조리는 출산 전 몸으로 되돌리는 것이 최종 목표다. 하지만 난생처음 경험하는 여러 가지 트러블은 산모를 당황하게 만든다. 주변의 조언과 인터넷을 통해 해결법을 찾는 것도 좋지만 전문가에게 케어를 받으면 좀 더 확실하게 관리할 수 있다.

가슴 마사지

산후 가장 힘든 고통 중 하나는 젖몸살이다. 보통 출산 후 2~3일째가 되면 가슴은 본격적인 모유 수유를 위한 상태에 돌입하는데, 이때 산모는 회음부 통증과 오로 배출 등에 신경 쓰느라 잘 알아차리지 못하는 경우가 많다. 젖몸살은 가슴이 딱딱해지면서 열이 나고 통증이 심하다. 출산 다음 날부터 가슴 마사지를 시작하면 젖몸살을 효과적으로 예방할 수 있다. 산부인과 전문 병원 근처에는 가슴 마사지 업체가 많으므로 집에서 산후 조리를 할 경우에는 미리 업체에 연락해 퇴원 전에 도움을 받는다. 산후조리원에는 전문 마사지사가 상주하는 경우가 대부분이므로 조리원 입실 즉시 관리를 요청한다. 직접 마사지를 하면 산모의 손목과 팔에 무리가 가므로 급한 경우에는 남편의 도움을 요청한다.

산모들이 많이 받는 가슴 마사지는 '통곡 마사지'다. 통곡 마사지는 일본의 오케타니 마사지를 한국식으로 재탄생시킨 것으로 모유가 생성되는 유선의 후면과 대흉근 사이를 손으로 마사지해 유연하게 풀어준다. 또한 유방 전체의 혈류를 원활하게 해줘 양질의 모유가 생성되도록 돕는다. 출장 혹은 직접 방문으로 젖몸살 마사지를 받는데 모유 수유 관련 교육도 받을 수 있다. 1시간 정도 소요되고 비용은 10만 원 선이다.

산후 마사지

요즘은 출산 후 체형 관리를 위해 산후조리원에서부터 마사지를 받는다. 산후 마사지는 자궁 수축에 효과적이며 벌어진 골반을 원래 상태로 돌리고 오로 배출을 돕고 부종을 풀어주는 데 도움이 된다. 출산 직후 몸에 힘을 무리하게 가하면 오히려 역효과가 생기므로 초반에는 자궁 수축과 원활한 오로 배출을 위한 마사지를 진행한다. 보통 자연 분만은 출산 후 2주, 제왕절개는 복부 수술 흉터로 인해 출산 후 3주 정도 지나 마사지를 받는 것이 좋다. 임신 중에는 피부 탄력이 떨어지고 자신을 가꾸는 일에 소홀해져서 출산 후 외모로 인해 우울증이 찾아올 수 있다. 출산 후 얼굴 경락이나 스킨케어 등으로 관리하면 기분 전환에 도움이 된다. 보통 패키지로 전신 관리를 받는 경우 할인을 해주며, 소요 시간은 1시간 30분에서 2시간 정도다. 산후조리원 내에 전문 마사지 센터가 있어 조리원 이용 시 쉽게 케어를 받는다. 산후도우미 서비스 항목에 산후 마사지가 포함된 업체도 있고 산후 조리로 외출을 삼가야 하는 산모를 위해 방문 서비스를 하는 곳도 있다.

각종 물품 대여

유축기를 비롯해 골반교정기, 좌욕기 등 고가이지만 오랜 시간 사용하지 않아 구매하기 어려운 물품은 각종 업체를 통해 대여한다. 자연 분만의 경우 출산 2주 후에야 오로 배출량이 줄고 회음부의 상처와 통증도 가라앉으므로 그전까지는 감염 우려가 적은 좌욕기를 이용해 좌욕을 해주면 좋다. 치질이나 변비, 방광염 예방에도 효과적이다. 골반교정기는 골반 수축과 교정 효과가 좋아 산모들의 관심 품목이다. 유축기도 마찬가지다. 직장맘으로서 모유 수유를 할 경우에는 구입하는 것이 좋지만 직수 위주인 경우에는 초반에 대여해 비용을 아낀다.

체크리스트

1. 가슴 마사지나 산후 마사지의 경우 자격증이 있거나 공인된 곳인지 확인한다.
2. 인터넷 카페의 리뷰나 주변 선배 엄마들의 조언을 참고한다.
3. 붐비는 주말보다 예약이 쉽고 편하게 관리를 받을 수 있는 평일 시간을 이용하는 것이 좋다.
4. 서비스 업체 리스트는 출산 전 미리 정리해 놓는다.

24

산후 건강검진

산욕기 6주 동안의 산후 조리가 얼마큼 잘 진행되었는지를 확인하는 과정이 산후 건강검진이다. 산후 생길 수 있는 각종 트러블과 혹시 임신 중 부인과 질환이 생겼는지 확인하는 절차로 꼭 필요하다.

산후 건강검진의 중요성

보통 출산 후 4~8주 사이에 건강검진을 진행하며 산후 트러블이나 우울증 등에 대한 간단한 설문지를 작성하고 이를 토대로 문진과 검사가 이뤄진다. 임신 기간 동안 태아가 머물던 자궁의 크기와 기능이 원 상태로 돌아왔는지는 물론 이상 출혈이나 세균 감염이 없는지 확인한다. 요실금, 관절염, 젖몸살 등의 산후 트러블을 겪고 있지 않은지도 문진을 통해 확인하고 치료를 진행한다. 또한 각종 부인과 암 검사를 진행해 혹시 모를 질병을 점검한다. 평소 지속적인 피로나 우울증, 요실금과 같은 문제를 감지했다면 메모해 두었다가 상담을 받는다. 특히 임신중독증에 걸렸던 산모는 산후 건강검진을 꼭 받는다.

건강검진 항목

내진

자연 분만의 경우는 회음부 절개 부위가 잘 아물었는지, 염증이나 성생활로 인한 상처가 없는지 살핀다. 제왕절개 수술을 한 산모는 수술 부위가 덧나는 등 염증 없이 잘 아물었는지 확인한다. 또, 산후 오로나 분비물에 이상이 없는지를 비롯해 산후 조리 기간 중 불편했던 부분에 대한 종합적인 상담을 진행한다.

골반 초음파 검사

내진과 함께 골반 초음파 검사를 진행한다. 자궁이 임신 전 상태로 잘 회복되었는지, 자궁 안에 태반 찌꺼기나 혈종 등이 남아 있지는 않은지, 양쪽 난소와 난관의 상태는 어떤지, 골반 내 염증이나 자궁근종 등은 없는지 확인한다. 산후 회복의 중요한 기준인 자궁의 상태를 살피면서 배란일과 생리 시작일을 예측해보고, 성생활을 시작해도 좋은지에 대해서도 알 수 있다.

자궁경부암 검사

자궁경부 표면의 세포를 채취해 비정상적인 세포가 있는지 확인하는 자궁경부암 검사는 내진과 골반 초음파 검사를 할 때 한자리에서 이뤄진다. 자궁경부암은 발병률이 높은 병으로, 특별한 증상이 없어도 성경험이 있거나 출산 경험이 있는 여성의 경우 6개월이나 1년에 한 번 정기적으로 진행한다. 대개 임신 초기에 검사를 하므로 출산 후 1~2개월 후인 산후 건강검진 시 자궁경부암 검사를 실시한다.

빈혈 검사

출산 직후 과도한 출혈로 빈혈이 심했다면 산후 건강검진 시 혈액 검사를 통해 회복 정도를 확인한다. 이상이 있을 땐 철분제를 처방받아 꾸준히 복용한다.

소변 검사

출산 시 회음부가 찢어지거나 질 주변 근육들이 약해져 요도염, 방광염에 걸릴 수 있어 소변 검사를 한다. 소변 검사는 소변을 통해 대장균을 비롯한 각종 세균 번식 여부를 확인하는 것으로, 특히 소변을 본 뒤에도 시원하지 않고 임신 전에 비해 소변을 보는 횟수가 많아지는 등 방광염 증상이나 고열, 오한, 옆구리 통증을 동반하는 신우신염이 의심되면 소변 검사 시 미리 상담을 한다.

관절염 · 골다공증 검사

출산 시 관절이 벌어져 아기에게 젖을 먹이고 집안일을 조금씩 시작하면 무리가 가 관절염이나 골다공증이 생기기 쉽다. 출산 후 관절이 잘 회복되었는지 혈액 검사나 X선 검사를 통해 확인한다.

갑상선 검사

임신 전 갑상선에 이상이 있던 사람의 경우는 출산 후 갑상선 질환의 발생 확률이 높아진다. 이상이 없던 사람도 분만 이후 갑상선 기능 저하증이 생길 수 있으므로 출산 4주 후에 꼭 혈액 검사를 통해 갑상선 이상 여부를 체크해야 한다.

25 산후 영양 섭취

소중한 생명을 출산하고 몸이 약해진 산모가 먹는 한 끼 식사는 그 어떤 약보다 중요하다. 몸의 기력을 회복시켜줌과 동시에 모유에 영향을 주어 아기 건강에도 지대한 영향을 미친다. 산후 영양 섭취법과 보양식에 대해 알아본다.

영양 섭취 원칙

소화가 잘 되는 양질의 음식을 섭취한다

출산 후 몸의 회복을 돕고 모유 수유를 원활하게 하기 위해 잘 먹어야 하지만 양보다 질이 중요하다. 산후에는 위장 기능이 떨어지고 모든 근육과 관절이 벌어져 있다. 따라서 몸속에서 빠져나간 단백질과 철분, 칼슘 등의 부족한 영양분을 챙겨 먹어야 건강을 빨리 되찾을 수 있다. 자궁 수축을 돕고 모유가 잘 돌게 해주는 미역국과 밥을 챙겨 먹으면서 반찬이나 간식으로 5대 영양소를 골고루 섭취하도록 한다. 입맛이 없으므로 소화가 잘 되는 부드러운 식품으로 기력을 보충한다.

고단백 음식을 먹는다

출산으로 체력이 바닥난 산모는 일반인보다 300kcal 정도 열량이 추가로 필요하다. 이는 평소 식사에 우유 500㎖ 1팩 혹은 밥 1공기를 더 먹는 정도다. 젖을 먹이는 수유부는 평소보다 500~600kcal를 더 섭취해야 한다. 이때 음식은 살이 찔 걱정이 없는 양질의 단백질원이 필요하다. 단백질은 피와 살을 만들고 에너지원이 되며, 면역력을 높이는 역할을 한다. 뿐만 아니라 아기의 뇌와 몸의 세포를 구성하는 기본 영양소로, 모유의 질 향상에도 도움을 준다. 산모가 챙기면 좋은 고단백 식품으로는 고등어, 가자미, 닭고기, 호두, 호박, 찹쌀, 메추리알, 장어 등이 있다. 가물치나 잉어는 고열량 식품이므로 산모의 상황에 따라 섭취한다. 따라서 밥과 미역국을 기본으로, 원기 회복에 도움을 주며 소화가 잘 되는 고단백질 식품을 가능한 한 매 끼니 챙겨 먹고 호두나 호박, 찹쌀을 이용한 죽 등은 간식으로 섭취한다.

수분을 충분히 섭취한다

모유 수유를 하면 몸의 수분이 부족해 쉽게 갈증을 느낀다. 출산 후에는 땀이 많이 나고 수유를 통해 평소보다 많은 수분이 배출되므로 이를 보충해줘야 한다. 수분 섭취를 충분하게 하지 않으면 변비에 걸리고 심한 경우 탈수 증상이 오므로 꼭 물을 챙겨 마신다. 끼니마다 국을 먹고, 보리차나 우유, 두유 등을 하루에 6~8잔 정도 마셔 수시로 수분을 보충한다. 수유를 통해 수분과 함께 영양분이 아기에게 전달되므로 칼슘과 영양이 많은 우유나 두유를 꾸준히 섭취한다. 또한, 모유의 90%는 수분이므로 음식 이외에 하루 1.5L의 충분한 물을 마시는 것도 필요하다.

철분 · 칼슘 · 엽산 섭취에 신경 쓴다

출산 시 자연 분만은 500㎖, 제왕절개는 1000㎖의 출혈이 생긴다. 이를 보충하기 위해 산후에 충분히 철분을 섭취해야 한다. 출산 후 철분이 부족하면 빈혈이 생기고 모유 수유하는 아기의 성장에 영향을 줄 수 있다. 출산 후 3개월간 임신 중 먹던 철분제를 꾸준히 복용한다. 또한 철분이 풍부한 살코기, 달걀노른자, 생선, 바지락, 굴, 시금치, 완두콩을 식단에 포함한다. 아울러 철분은 체내흡수율이 낮으므로 비타민 C가 풍부한 음식을 먹어 흡수율을 높인다. 뼈를 구성하는 칼슘도 산모와 아기에게 모두 필요하다. 멸치 등의 잔생선류와 감잣국, 토란국, 곰국, 우유 등을 많이 먹는다. 그 밖에 호두, 깨, 복숭아 등도 변비를 막고 산후 회복에 도움이 된다. 임신 기간 중 체내 엽산 저장량이 고갈되므로 산후 4~6주까지는 엽산 보충제를 챙겨 먹는 것이 좋다.

따뜻하고 소화가 잘 되는 음식을 먹는다

산후에는 찬 음식과 기름진 음식을 피해야 한다. 차가운 물이나 찬 성질의 음식은 피하고 산후 땀이 많이 나더라도 따뜻한 음식을 먹는다. 찬 음식은 몸 안에 나쁜 열을 만들어 소화와 혈액순환을 방해해 산후 회복에 좋지 않은 영향을 끼친다. 대표적인 찬 음식이 바로 밀가루와 과일이다. 과일은 비타민 C나 섬유소 섭취에 도움이 되지만 딱딱하고 찬 성질 때문에 산후에 많이 먹으면 곤란하다. 단맛이 강한 과일은 칼로리가 높아 많이 먹으면 비만의 원인이 된다. 차갑고 단단한 과일은 치아에 악영향을 주므로 상온에 두었다가 먹는다. 인스턴트 음식은 물론 기름지고 맵거나 짠 자극적인 음식은 피한다. 기름진 음식은 소화 기능이 약해진 산모의 위에 부담을 주므로 부드럽고 담백하면서 따뜻해 소화가 잘 되는 음식 위주로 먹는다.

섬유질 · 비타민을 챙긴다

녹황색 채소와 과일에 들어 있는 섬유질과 비타민은 철분 흡수율을 높이고 산모의 몸매 회복과 피부 탄력을 돕는다. 식이섬유와 비타민이 풍부한 채소와 과일을 충분하게 섭취하면 변비 예방에도 좋다. 비타민 A가 풍부한 간, 파프리카, 고구마, 시금치, 당근과 비타민 B_2가 풍부한 쇠고기, 생선, 달걀, 치즈, 녹황색 채소는 물론 비타민 C 섭취를 위해 사과, 키위 등의 과일을 적당히 챙겨 먹는다. 단, 위가 약한 경우에는 피하는 것이 좋으며 공복보다는 식후에 먹는다.

모유 수유를 할 때는 음식에 신경 쓴다

모유 수유를 한다면 엄마가 먹는 음식의 대부분이 아기에게 영향을 미치므로 단백질 섭취에 신경 쓰고 최소 100일간은 즉석 식품은 삼간다. 기름진 음식은 젖을 끈끈하게 하고, 짠 음식은 혈액순환을 방해해 유즙 분비에 좋지 않다. 맵거나 자극성이 강한 음식도 모유를 통해 아기에게 전달되므로 피한다. 수유 직후에는 심한 갈증을 느낄 수 있으므로 따뜻한 물이나 음료로 수분을 보충해주는 것도 잊지 않는다. 우유는 단백질 보충에 효과적인데 이때도 미지근하게 데워 마신다. 우유를 마시지 못하는 체질이라면 두유로 대체한다.

산모의 건강을 돕는 보양식

과도한 영양 섭취는 피한다

출산을 하면 가족들은 산모에게 좋다는 각종 음식을 챙기느라 바빠진다. 특히 모유 수유를 위해서는 잘 먹어야 한다는 생각에 커다란 냄비 한 가득 미역국을 끓이고 각종 즙으로 냉장고를 가득 채운다. 출산으로 인해 기력이 쇠해진 산모의 영양을 보충해주고 아기의 주요 영양 공급원인 모유의 질을 높이기 위해서 잘 챙겨 먹어야 하지만 평소에 잘 먹지 않던 각종 보양식을 챙겨 먹어야 할 정도는 아니다. 먹을 게 풍부하지 않던 과거에는 보양식으로 몸의 기력을 보충했지만 요즘은 식사로도 영양 섭취가 충분하기 때문이다. 오히려 과도한 보양식 섭취는 체중 증가와 부종을 일으킬 수 있다. 미역국을 기본으로 지방이 적고 단백질이 풍부한 생선이나 육류 반찬, 채소 반찬 3~4가지와 과일로 균형 있는 식사를 한다. 물론 산모 개인의 몸 상태나 상황에 따라 보양식이 필요할 순 있지만 남들에게 좋다고 나에게도 꼭 좋은 것은 아니므로 무분별한 섭취는 삼간다.

나에게 맞는 산후 보양식

대표적인 산후 음식, 미역국

미역국은 산모들이 산후 가장 많이 접하는

음식이다. 미역에는 칼륨은 물론 요오드 성분과 무기질이 풍부해서 피를 맑게 하고 젖을 잘 나오게 한다. 뜨끈한 미역국은 3주간 꾸준히 먹으면 산후풍을 예방하고 부기를 제거해준다. 미역국을 먹을 때는 밥은 적게 말고 미역을 많이 먹어 탄수화물 섭취를 줄이고 몸속 지방질을 에너지원으로 사용하게 유도한다. 그러나 매일 미역국만 먹으면 질리므로 미역국에 홍합, 쇠고기, 사골, 닭고기 등을 넣어 변화를 준다. 북엇국도 어혈을 제거하고 몸 안의 노폐물 배출을 돕는다.

여름철 산모 보양식, 장어

여름철의 대표적인 보양식 중 하나인 장어는 산모에게도 추천할 만하다. 장어는 비타민 A가 풍부하고 이 밖에도 칼슘, 인, 철과 다양한 비타민이 들어 있어 빈혈이 있는 사람에게 좋을 뿐 아니라 자궁의 출혈을 멈추는 데도 도움이 된다. 단, 땀이 많고 설사기가 있는 사람은 먹지 않는 게 좋으므로 체질에 맞는지 확인한다.

산후 우울증 예방에 효과적인 고등어

오메가-3와 양질의 단백질이 풍부한 고등어는 산후 우울증 예방과 아기의 두뇌 건강에 좋다. 임신과 출산을 겪으면서 많은 변화를 체험하는 산모는 오메가-3가 결핍되면 세로토닌, 도파민의 농도가 저하되어 우울증이 발생할 확률이 높아지는데, 생선을 비롯한 해산물에는 이 성분이 많다. 특히 고등어는 아기의 두뇌 성장을 돕는 양질의 오메가-3와 산후 회복에 좋은 단백질이 풍부해 임신 혹은 출산을 한 산모에게 권장한다.

산후 기력을 보충해주고 부기를 제거해주는 가물치

가물치는 대표적인 산모의 보혈 식품이다. 단백질과 칼슘은 물론 지방 함량이 높아 칼로리도 높다. 위장의 기능을 활발히 해주어 산후 기력을 보충하고 이뇨 효과가 뛰어나 부기를 가라앉히는 데에도 효과가 있다. 특히 파를 넣어 가물칫국을 끓여 먹으면 부종 치료에 좋다. 그러나 성질이 차 임신 전부터 몸이 찼던 산모나, 제왕절개를 하여 몸에 상처가 있는 경우에는 되도록이면 피한다.

모유 수유를 돕는 돼지족과 곤드레

출산 초기 모유의 양을 늘리기 위해 산모들은 다양한 음식을 찾는데, 그중 대표적인 것이 돼지족이다. 돼지족은 푹 고아 국이나 즙으로 먹는데, 기혈이 허약한 경우에는 효험이 있지만 반대인 경우에는 젖의 흐름을 방해해 오히려 유선염을 유발시킬 수 있으므로 잘 판단해서 먹는다. 서양에서도 모유 수유를 위한 식품으로 애용되는 곤드레나물은 유선염을 예방하고 젖이 잘 나오게 하고 식이섬유도 풍부해 산후 변비에 효과적이다. 시래기는 철분, 칼슘, 식이섬유가 풍부해 소화가 잘 되고 유선염 및 유관이 막혀 젖이 잘 나오지 않는 경우에 도움을 준다. 또한 빈혈을 예방해주고 골다공증, 변비에 시달리는 산모들에게 좋다. 콩도 모유량 증가에 도움을 주는 식품으로 콩으로 만든 두부, 청국장이나 비지찌개를 추천한다.

난산한 산모를 위한 보약

출산 후에도 계속 입맛이 없고 몸 회복이 더딜 때는 한약 복용을 고민하게 된다. 출산 과정에서 출혈이 많았거나 난산을 한 경우, 어지럼증이 심한 산모는 보약의 도움을 받으면 좋다. 산후에 먹는 한약은 산후조리약으로 자궁 수축과 오로 배출, 부종 제거에 도움을 준다. 보통 출산 2~3주 이후에 산후조리약을 먹어 기력을 되찾은 다음 산모의 체질과 상황에 맞는 보약을 먹어 모유의 양을 늘리고 산후 생길 수 있는 여러 가지 트러블을 예방한다.

출산 후 빈혈에 효과적인 해조류

산모는 출산을 하며 500㎖ 이상의 출혈을 할 뿐 아니라 모유 수유를 한다면 칼슘량이 더 필요해 빈혈이 생기기 쉽다. 철분제 복용과 함께 칼슘이 풍부한 해조류를 섭취하면 좋다. 톳과 파래, 미역, 다시마, 매생이 등 해조류에는 우유보다 칼슘과 각종 미네랄이 풍부하다. 특히 해조류 안에 들어 있는 칼슘은 알긴산과 결합된 형태로 체내 흡수율이 높을 뿐 아니라 칼슘 흡수를 돕는 비타민 D가 풍부하다.

산후 부종에 호박즙은 효과가 없다

호박은 소화가 잘 되는 대표적인 음식으로 카로틴이 많고 비타민 B와 C, 칼슘, 철 등이 골고루 함유되어 있다. 수분 대사를 원활히 하고 이뇨 작용을 해 산후 부기에 좋다고 알려져 있다. 하지만 이는 신장 기능 저하로 인해 생기는 부종에 해당하는 것으로 산후 부종에는 효과가 없다. 출산 후에 생기는 부종은 임신 중 세포에 축적된 수분에 의해서 생기는 것이므로 산후 애꿎은 호박즙을 열심히 먹으며 부기가 빠지지 않는다고 원망하는 일은 없도록 한다.

26 산후 우울증

산후 우울증은 출산 후 산모가 경험하는 우울한 기분을 말한다. 대부분의 산모가 겪는 증상이지만 자칫 잘못하면 심각한 정신질환으로 발전할 수 있다. 산후 우울증의 예방과 대처법에 대해 알아보자.

산후 우울증의 원인

출산 후 4주 이내에 나타난다

임신과 출산을 겪으면서 여자의 몸은 많은 변화를 겪는다. 외적인 몸의 변화뿐만 아니라 호르몬도 급격한 변화가 일어난다. 산후 우울증은 에스트로겐 등 여성호르몬과 스트레스 호르몬인 코르티솔의 영향으로 생기는 감정 변화를 의미한다. 임신 중에는 에스트로겐이 활발히 분비되다가 출산 후 단기간에 분비량이 급격히 떨어져 이런 호르몬 변화가 기분과 관련된 뇌신경전달물질을 교란시켜 우울해지는 것이다. 산후 우울증은 이러한 외적, 내적인 변화가 복합적으로 작용해 나타나는데 출산 후 4주 이내에 발생하는 것을 말한다. 산후 우울은 출산 후 뚜렷한 이유 없이 우울한 기분이 들거나 작은 일에도 눈물이 나고, 식욕이 없거나 불면증으로 고생하는 등 다양한 형태로 나타난다. 또한 임신과 출산을 겪으며 느낀 두려움에 따른 불안감도 원인이다. 아직 몸이 제대로 회복되지 않은 상태에서 2~3시간마다 깨는 신생아를 돌보느라 잠이 부족하고 피로가 쌓이면 우울한 기분이 든다. 또한 출산 후 예상보다 눈에 띄게 들어가지 않은 배와 푸석해진 피부 등 달라진 외모로 인해 스트레스를 받아 우울증에 걸리기도 한다. 이러한 감정은 출산 후 3~10일 사이에 산모의 50~80%가 대부분 경미하게 겪으며, 2주 정도가 지나면 자연스럽게 사라진다. 하지만 3주 이상 지속될 때는 산후 우울증이 아닌지 의심해 볼 필요가 있다. 제대로 치료하지 않으면 만성적인 질병이 되기 쉽다. 특히 임신 중에 우울감을 느꼈다면 그렇지 않은 경우보다 발병 확률이 높다. 출산 후 남편을 비롯한 가족들의 관심, 따뜻한 위로와 사랑이 아기와 산모에게 중요한 이유다. 만약 우울한 감정이 계속되거나 정도가 심해지면 반드시 전문의의 도움을 받는다. 산후 우울증은 산모의 건강은 물론 아기의 건강에도 영향을 미치므로 적극적으로 치료해야 한다.

산후 우울증 유형

베이비 블루스(모성 우울감)

80% 이상의 산모들이 출산 후 3~5일 사이에 겪는 가벼운 우울감을 말한다. 태반이 나오고 30~72시간 동안 유즙이 생성되는 시기와 일치해 밀크 블루스라고도 한다. 베이비 블루스는 엄밀하게 말해 산후 우울증이 아니다. 아기를 만난 행복한 감정과 동시에 감정이 예측할 수 없이 불안정해져 울음이 난다. 출산 초기 원활하지 않은 모유 수유에 대한 걱정이 복합적으로 작용해 이유 없이 울고 싶거나 사소한 일에도 짜증이 나는 등 감정의 기복이 심하다. 별다른 치료 없이 잠을 충분히 자고 쉬면 저절로 증상이 개선되어 산후 1~2주 정도면 없어지지만 무엇보다 주변 사람들의 관심과 배려가 중요하다.

산후 우울증

베이비 블루스보다 한 단계 더 심화되면 산후 우울증 단계로 접어든다. 베이비 블루스가 2주 이상 계속되면 일단 산후 우울증이 의심되고, 이러한 증상은 산모의 10~15% 정도가 경험한다. 증상은 이유 없이 불안과 공포를 느끼고, 불면증에 시달리거나 반대로 계속 잠만 자는 것, 식욕 부진, 갑자기 눈물이 나면서 슬픈 감정이 북받치는 것 등을 들 수 있다. 또는 아기에 대한 지나친 관심으로 예민해지기도 하지만 반대로 무관심 형태로 나타나기도 하는 등 극단적으로 나뉜다. 산후 우울증은 몸 상태에 따라 좌우된다. 임신 전부터 자궁과 난소의 기능이 약했거나 난산이나 제왕절개를 한 산모 등 건강 상태가 좋지 않은 산모에게 산후 우울증이 쉽게 생긴다. 몸을 건강하게 회복하는 것이 산후 우울증의 관건인 셈이다. 초산이 아닌 경산모의 경우도 마찬가지다. 첫째에 이은 둘째 임신으로 수개월 동안 아기에게 묶여 일상생활을 자유롭게 할 수 없다는 압박감과 첫째와 둘째를 동시에 돌보아야 한다는 부담감에 산후 우울증이 더욱 쉽게 올 수 있다. 우울증으로 고생하는 산모에게는 남편과 주변 사람들이 산모를 끊임없이 격려하고 사랑과 관심을 표현하는 것이 중요하다. 남편이 산후 몸조리 및 육아에 동참하느냐도 영향을 미친다. 그럼에도 우울증의 정도가 나아지지 않거나, 6개월 이상 지속되면 전문의 상담 또는 약물 치료가 필요하다.

산후 우울증 자가진단법

에든버러 산후우울 검사

현재의 기분이 아닌 지난 7일 동안의 기분을 가장 잘 표현한 대답에 표시해 주세요.

❶ 우스운 것이 눈에 잘 띄고 웃을 수 있었다.

· 늘 하던 만큼 그럴 수 있었다	0점
· 아주 많이는 아니다	1점
· 약간 그러했다	2점
· 전혀 그렇지 못했다	3점

❷ 즐거운 기대감에 어떤 일을 손꼽아 기다렸다.

· 예전만큼 그러했다	0점
· 예전만큼은 기대하지 않았다	1점
· 예전에 비해 기대하지 않았다	2점
· 전혀 기대하지 않았다	3점

❸ 일이 잘못되면 필요 이상으로 자신을 탓해왔다.

· 전혀 그렇지 않았다	0점
· 그다지 그렇지 않았다	1점
· 그런 편이었다	2점
· 거의 항상 그랬다	3점

❹ 별 이유 없이 불안해지거나 걱정이 되었다.

· 전혀 그렇지 않았다	0점
· 거의 그렇지 않았다	1점
· 종종 그랬다	2점
· 대부분 그랬다	3점

❺ 별 이유 없이 겁먹거나 공포에 휩싸였다.

· 전혀 그렇지 않았다	0점
· 거의 그렇지 않았다	1점
· 가끔 그랬다	2점
· 꽤 자주 그랬다	3점

❻ 처리할 일들이 쌓여만 있다.

· 늘 하던 만큼 그럴 수 있었다	0점
· 아주 많이는 아니다	1점
· 약간 그러했다	2점
· 전혀 그렇지 못했다	3점

❼ 너무나 불안한 기분이 들어 잠을 잘 못 잤다.

· 예전만큼 그러했다	0점
· 예전만큼은 기대하지 않았다	1점
· 예전에 비해 기대하지 않았다	2점
· 전혀 기대하지 않았다	3점

❽ 슬프거나 비참한 느낌이 들었다.

· 전혀 그렇지 않았다	0점
· 그다지 그렇지 않았다	1점
· 그런 편이었다	2점
· 거의 항상 그랬다	3점

❾ 너무나 불행한 기분이 들어 울었다.

· 전혀 그렇지 않았다	0점
· 거의 그렇지 않았다	1점
· 종종 그랬다	2점
· 대부분 그랬다	3점

❿ 나 자신을 해치는 생각이 들었다.

· 전혀 그렇지 않았다	0점
· 거의 그렇지 않았다	1점
· 가끔 그랬다	2점
· 꽤 자주 그랬다	3점

~8점 : 정상 / **9~12점** : 상담 수준–경계선 / **13점 이상** : 심각–치료 필요

* 출산 후 한 달 이상이 지났는데 10점 이상인 경우에는 반드시 전문의와 상담하세요.

산후 정신증

약 0.1%의 산모에게 발생하는 증상으로 베이비 블루스나 산후 우울증에 비해 극히 드물게 나타난다. 대부분 출산 후 2~4주 사이에 발병하고 산후 3개월 이내에 급격히 악화되어 일상생활이 어려울 정도로 우울증을 겪는다. 때로는 누가 옆에서 이야기하는 것처럼 환청이 들리거나 헛것이 보이는 등 응급 증세가 나타난다. 과거 정신신경증 병력이 있는 산모라면 임신과 출산 과정 동안 각별한 주의를 기울여야 하며, 출산 후 우울 증세가 보이면 아기를 다른 사람에게 맡기고 빨리 전문의와 상담을 통한 치료를 받아야 한다.

산후 우울증 다스리기

우울증의 원인을 찾는다

산후 우울증은 대부분 신체 변화 외에 개개인이 겪는 상황에 대한 심리적인 이유에서 나타난다. 하지만 그중에서도 가장 큰 비중을 차지하는 이유가 있기 마련이다. 예를 들어 체중이 늘고 외모가 변한 것 때문이라면 적극적으로 다이어트를 한다. 육아에 대한 부담감 때문이라면 남편 등 주변 사람에게 적극적으로 도움을 요청한다. 작은 일도 스트레스로 다가올 정도로 예민한 시기이니 조바심을 내지 말고, 너무 잘

하려고 하기보다 모든 일을 있는 그대로 편안하게 생각하도록 노력한다.

남편의 관심이 중요하다

만약 아내가 우울증으로 이야기 나누는 것 자체를 거부한다면, 남편이 먼저 수시로 말을 걸고, 자신에게 있었던 일 등을 이야기하면서 관심을 표현한다. 청소나 설거지 등의 집안일을 돕는다거나 퇴근길에 장을 봐오는 등 남편의 자상하고 가정적인 모습에 아내는 마음이 편안해질 수 있다. 산후에는 여기저기 몸이 아프기 때문에 마사지를 해줘 교감을 나눠 보자. 아픈 어깨와 허리 등을 부드럽게 마사지해주고, 잠을 자지 못해 괴로워할 때는 따뜻한 물로 발 마사지를 해주면 좋다. 남편 역시 태어난 아기에 대한 부담을 겪는 경우도 많으므로 아내와 수시로 대화와 육아, 집안일을 공유하면서 서로의 마음을 이해하고 부담감을 이겨내도록 노력한다. 남편은 산욕기 기간 동안 아내가 평소와 다른 모습을 보이더라도 산후 조리 시기에 있을 수 있는 일이라고 너그럽게 생각하는 태도를 가져야 한다.

주변 사람에게 SOS를 보낸다

모든 우울증에는 자신의 얘기를 들어주고 공감해주는 것만 한 치료가 없다. 산후 우울증 역시 마찬가지로 자신의 우울한 심리를 감추기보다는 남편이나 다른 가족들, 친구들에게 알리고 상태를 이해시킨다.

육아에 대한 부담감을 버린다

산후 우울증의 주요 원인 중에 육아 스트레스가 꽤 많은 비중을 차지한다. 여리디 여린 신생아를 돌보면서 조심하고 챙겨야 할 것이 많아지면 엄마라는 역할이 부담스럽고 잘해낼지 걱정되기 때문이다. 이럴 때는 무엇보다 아기를 잘 키울 수 있다는 자신감을 갖는 것이 중요하다. 육아 사이트나 선배 엄마들을 통해 육아 정보를 공유하고 관련 서적을 통해 공부를 하자. 엄마로서 갖추어야 할 지식이 쌓이면 불안감도 사라질 수 있기 때문이다.

충분한 휴식을 갖는다

집안일과 육아로 지친 몸과 마음도 산후 우울증을 부추긴다. 특히 출산 후 약 100일 정도까지는 아기의 불규칙한 패턴 때문에 엄마 역시 잠도 제대로 못 자는 경우가 많다. 모유 수유를 하는 경우에는 더 심해진다. 너무 힘들 때에는 남편이나 가족에게 요청해 1~2시간이라도 낮잠을 자고, 주말에 하루 정도는 밤중 수유를 남편에게 부탁해 숙면을 취한다.

기분 전환을 한다

슬픈 생각이 들 때는 가만히 있으면 점점 더 상념에 빠지게 된다. 우울한 감정을 혼자 감당하기 힘들 때는 분위기를 전환하기 위해 다른 생각이나 행동을 한다. 텔레비전을 보거나 음악을 듣거나 친구와 전화를 하거나 목욕을 하는 등 본인이 가장 편안하고 즐거운 일을 찾아보자.

모유 수유를 한다

모유 수유는 산후 우울증 예방에도 도움을 준다. 모유 수유를 할 때 뇌에서 분비되는 호르몬인 옥시토신은 산후 자궁 수축과 자궁 출혈을 억제하는 역할뿐 아니라 스트레스에 대한 저항성도 높여준다. 또한 이는 산모와 아기의 애착 형성과 모성애에도 큰 영향을 미친다. 물론 모유 수유 초기에는 모유의 양, 젖몸살, 아기와의 모유 수유 패턴 등의 시행착오를 겪기는 하지만 이 고비를 넘기면 산후 우울증은 물론 다이어트까지 많은 장점이 있다.

전문의와 상담한다

혼자서 감당하기 힘들다는 생각이 들거나 가족들이 봤을 때 심각하다는 판단이 생기면 정신과 전문의를 찾아간다. 정신과를 방문하는 상황이 꺼려진다면 처음에는 온라인이나 전화로 상담한다. 마음을 편안하게 갖는 방법 등에 대한 조언을 얻을 수 있으며 상황에 따라서는 약물 치료를 병행하기도 한다. 산후 우울증으로 병원에 갈 때에는 남편이나 가족이 동행하면 좋다.

불면증이 생기면 적극적으로 해결한다

우울증으로 인해 나타나는 증상 중 하나인 불면증은 우울증을 더욱 악화시키는 원인이 되기도 한다. 잠을 제대로 자지 못하면 피로가 누적되고 짜증이 나는 악순환이 반복된다. 따라서 불면증이 나타나면 우선 해결해야 한다. 잠들기 1시간 전쯤 따뜻한 우유 마시기, 졸리기 전에는 침대에 눕지 않기, 일어나는 시간을 정해서 수면 리듬 맞추기 등의 방법으로 산후 불면증을 극복하자. 또는 불면증 해소에 좋은 라벤더 등의 아로마오일을 베개 양끝에 한 방울씩 떨어뜨리고 잠을 청하면 도움이 된다.

전문가와 상담이 필요한 경우

- 출산 전에 우울증 병력이 있었고 산후에도 우울증을 보일 때
- 우울증으로 인해 아기를 제대로 돌볼 수 없는 등 일상생활이 어려울 때
- 우울증으로 심리적 · 육체적으로 고통스러울 때
- 산후 우울증 자가진단법(P.234) 중 지난 7일 동안의 기분에 해당되는 항목에 0~3점으로 답하여 합산한 결과 9점 이상일 때

27 산후 생활법

아기가 태어나면 임신 기간 동안 못했던 일을 다 해야겠다는 생각에 설렌다. 하지만 산후 조리 기간 동안에는 아기는 물론 산모의 건강을 위해서 금해야 할 일이 많다. 외출부터 사우나, 운동 등을 시작할 적정 타이밍을 알아보자.

출산을 하고 나면 배 속 태아에 대한 걱정도 없어지고 가벼워진 몸 때문에 그동안 참아온 것을 하고 싶은 욕구가 솟구친다. 하지만 완전한 산후 조리가 끝나기 전까지는 임신 기간처럼 조심조심 생활해야 한다. 산모의 몸이 임신 전 상태로 돌아가는 산욕기 6주 동안에 자칫 무리하면 산후풍이나 관절염 등 무서운 후폭풍이 불어 닥칠 수 있다. 수영, 헬스 등 다이어트를 위한 운동이나 탕 목욕, 운전, 부부관계 등은 모두 산욕기가 끝나는 6주 이후에 시도한다. 임신 전과 같은 정상적인 생활을 할 수 있는 기준은 회음부가 완전히 회복되고 오로가 끝나는 6주다. 그 시기가 지나도 오로가 조금씩 나온다면 좀 더 기다리라는 신호다. 파마나 염색은 산후 탈모가 어느 정도 진정되는 6개월 이후가 좋다. 임신 기간인 열 달도 참아온 만큼 출산 후 2달도 인내심을 가지고 기다린 뒤 건강한 활동을 시작하자.

일상 생활의 적정 시기

사우나 혹은 탕 목욕, 6주 이후

출산을 하고 나면 찌뿌듯한 느낌에 따뜻한 물속에 몸을 담그거나 땀을 빼고 싶은 생각이 간절하다. 하지만 본격적인 목욕은 회음부가 아물고 산욕기가 끝나는 산후 4~6주 정도, 보통 오로가 완전히 끝난 때를 기준으로 잡는다. 오로가 나오는 중에는 세균 감염의 위험이 높아 염증이 생기기 쉬워 대중목욕탕을 권장하지 않는다. 출산 후 기력이 허하고 땀구멍이 열려 피부가 약해진 상태에서 사우나에 가면 체력과 면역력이 저하되어 오한이 들 수 있다. 산후 조리가 완전히 끝난 2~3개월 후에 찾는 것이 안전하다. 산부인과의 산후 정기검진 상담 후 하는 것도 좋다.

헬스, 수영, 조깅 등의 운동, 4~6주 이후

불어난 몸무게와 부은 몸을 빨리 예전으로 되돌리고 싶은 마음에 다이어트를 위한 운동 욕구가 솟구치더라도 산욕기가 끝날 때까지는 참는다. 출산 직후에는 관절이 제자리를 찾아가고 있는 중이며, 몸이 무리하면 호르몬 변화로 건강이 악화되기 때문이다. 수영은 오로가 끝날 때부터 시작해도 되지만 어떤 운동이든 산욕기가 끝나지 않은 시점에서 무리하게 시작할 필요는 없다. 달리기나 헬스의 경우에는 몸이 완전히 회복되는 2~3개월 후에 시작한다. 또한 무엇을 하든 동작과 시간을 천천히 늘려가야 몸에 무리를 주지 않는다.

외출과 운전, 6주 이후

산후 몸조리를 위해 집에만 있다 보면 답답하고 우울한 기분에 외출을 하고 싶어진다. 첫 외출은 빠르면 산후 2주, 보통은 3주가 지나 아기의 예방접종과 산모 정기검진을 할 때 남편과 함께 하는 경우가 일반적이다. 그전에는 몸의 회복도 완전하지 않고 아기를 다루는 일도 미숙해 데리고 나갈 엄두가 나지 않는다. 가벼운 외출과 여행은 산후 6주 정도를 기준으로 삼지만 급한 일이 아니라면 좀 더 기다리는 게 좋다. 운전은 산욕기가 끝난 이때가 적당하다. 운전석에 앉아도 불편하지 않을 만큼 절개한 회음부나 수술 부위의 상처가 아무는 6주 후에 시작한다. 혹시 모를 돌발 사태에 몸이 민첩하게 대처하지 못할 수 있기 때문이다. 또한 가까운 거리부터 서서히 시작한다.

파마나 염색, 6개월 이후

임신 기간 동안 아기를 위해 파마를 참아왔던 터라 출산 이후 더욱 엉망이 된다. 당장이라도 미용실에 달려가고 싶지만 커트 이외에 파마나 염색은 출산 후 6개월까지 기다리자. 출산 후에는 두피와 모발이 약해져 있고 100일 전후로 산모는 엄청난 탈모를 경험한다. 이때 파마나 염색을 하면 두피와 모발이 심하게 자극을 받아 트러블이 생기기 쉬우며 탈모도 악화될 수 있다.

화장, 보통 1개월 이후

화장에 대한 제약은 없지만 되도록 산후 1개월 이후에 하는 것을 권장한다. 출산 직후는 얼굴이 부어 있고, 수분이 부족하며, 유분이 많고, 모공을 통해 땀과 노폐물이 많이 분비되는 시기다. 화장이 들뜨기 쉬우며 자칫 피부 트러블을 유발하기 쉬운 상태이므로 피부 자극을 최소화한다. 기초화장 외에는 자제하며, 부득이한 경우라면 팩으로 피부를 다스리고 화장한 날은 클렌징을 꼼꼼하게 한다. 매니큐어를 칠하면 특유의 휘발성 냄새가 아기와 산모에게 자극을 주고, 의료진이 손톱으로 건강을 확인할 때 판별이 어려우므로 산후 조리 기간에는 자제한다.

부부관계, 6~8주 이후

출산 후 부부관계 역시 산모의 몸조리가 끝날 때까지 기다린다. 출산 후 산모는 심신이 많이 지치고 민감해져 있다. 이런 상황에서 무턱대고 성관계를 가지면 부담스럽다. 무엇보다 질과 자궁의 상태가 회복되는 데 걸리는 시간인 산후 6~8주 후에 하도록 한다. 오로가 계속 나올 때 부부관계를 하면 세균 감염의 위험이 높고, 출혈이 일어날 수 있다. 산후 정기검진 때 의사의 진찰을 받은 후 첫 시기를 결정하는 것이 안전하다. 출산 후에는 정상위처럼 결합이 얕고 무리가 없는 체위로 시도한다. 간혹 산후 요실금이 있는 경우 괄약근이 느슨해져 성관계 시 부부의 성감이 떨어질 수 있다. 산후에는 질 자체가 폐경기의 여성과 마찬가지로 건조해져 상처가 나기 쉬우므로 윤활제 역할을 하는 젤이나 크림을 바른다.

출산 후 피임법

생리는 모유 수유를 하는 경우 보통 6~8개월, 하지 않는 경우 2~3개월 후에 시작된다. 그러나 개인에 따라 2개월 이내에 배란을 하거나, 생리를 하지 않는데도 임신이 되는 경우가 있으므로 조심해야 한다. 모유를 먹이는 동안에는 대개 자연 피임이 되지만 10~20%의 여성은 12주 내에 배란이 재개되므로 미리 피임을 하는 게 안전하다. 모유 수유 중인 경우에는 피임약 복용을 삼간다. 가장 안전한 피임법은 콘돔으로 산후 6개월 동안은 콘돔을 사용한다. 여성의 건강에 미치는 영향이 없어 아기를 낳은 후 가장 적당한 피임법이다. 여성 콘돔인 페미돔도 권하는 피임법. 이물감이 적으면서 부작용도 거의 없다. 표면에 윤활제가 발라져 있어서 질 분비액이 부족해 건조한 산모에게 적합하다. 자궁 내 장치를 삽입하는 루프나 미레나, 왼쪽 팔 안쪽에 이식하는 임플라논은 자궁이 정상 위치로 복구된 시기인 첫 생리 직후나 산후 6주 이후에 전문의와 충분히 상담한 후 시술을 받는다.

28 산후 뷰티 케어

임신과 출산으로 달라진 건 몸매만이 아니다. 부기로 인해 거칠어지고 탄력을 잃는 피부와 탈모, 모유 수유로 처진 가슴 등은 산모를 더욱 우울하게 만든다. 이 모든 것을 다시 되돌리는 방법은 꾸준한 관리뿐이다.

탈모 관리법

임신 중에는 여성호르몬인 에스트로겐의 분비가 평소보다 10배나 늘어 탈모의 원인이 되는 남성호르몬인 안드로겐의 활동이 억제된다. 따라서 임신 중에는 에스트로겐의 영향으로 모발의 생장 기간이 연장되어 머리카락이 잘 빠지지 않는다. 출산 후에는 에스트로겐 분비가 줄고 안드로겐 수치는 상승해 탈모가 나타난다. 호르몬 변화에 의한 것으로 3개월 무렵에 심해졌다가 약 6~12개월 정도 지나면 회복되지만 6개월 후에도 평소보다 2배 이상 머리가 빠지면 전문의를 찾는다. 영양 상태가 좋지 않고 스트레스가 심하게 쌓이면 회복이 더디고 탈모가 지속될 수 있으므로 주의해야 한다.

모발을 청결하게 유지한다

출산 후 샴푸의 횟수를 줄이면 오히려 두피에 유분이나 더러움이 축적되어 탈모를 촉진시킨다. 머리를 감을 때 머리카락이 빠진다고 두려워하지 말고 매일 감아 모발을 청결하게 한다. 빗질을 해 모발을 정리한 뒤 샴푸를 하면 모발이 덜 빠지며, 젖은 상태에서는 빗질을 하지 않는다.

머리에 자극을 주지 않는다

화학 약품이 주성분인 헤어스프레이나 무스, 젤, 염색약 등의 모발용품은 두피를 손상시킬 수 있으므로 사용을 자제한다. 뿐만 아니라 출산 후 100일간은 머리카락에 자극을 주는 파마나 염색, 드라이어 사용은 물론 장시간 머리를 묶는 것도 삼간다.

탈모에 좋은 식품을 챙긴다

모발을 건강하게 해주는 검은콩, 검은쌀, 깨 등을 비롯해 돼지고기, 달걀, 해조류와 신선한 채소류를 자주 먹는다. 특히 콩에 들어 있는 이소플라본은 탈모 예방에 도움이 된다.

탈모를 예방하는 두피 마사지

1. 어깨나 목덜미의 피로가 풀리도록 양손 끝으로 목뼈 부분부터 머리 위쪽까지 꾹꾹 누른다.
2. 손톱을 쓰지 않고 손가락 끝에 힘을 주어 두피 전체를 살짝살짝 튕기듯이 지그시 누른다.
3. 손바닥으로 두피 전체를 마사지하듯이 비빈다.
4. 끝이 뭉툭한 나무 빗이나 주먹을 가볍게 쥐고 머리를 톡톡 두드린다.
5. 아침저녁으로 하루 2회 정도 두피 마사지를 한다.

스트레스를 받지 않도록 노력한다

대부분 출산 후 6~12개월 정도 지나면 모발 상태가 정상적으로 되돌아오므로 탈모로 인한 스트레스를 받지 않도록 하자. 산후 우울증이나 몸매 관리, 육아 등에 대한 스트레스는 탈모를 유발할 뿐만 아니라 산후 회복도 늦어지게 하므로 절대 금물이다.

피부 트러블별 케어법

임신 전에는 얼굴에 잡티 하나 없이 깨끗한 피부를 자랑했더라도 출산 후에는 피부 트러블이 생기는 경우가 많다. 임신 중 체내의 내부 조직이 수분을 흡수해 피부가 건조해지고 에스트로겐 · 프로게스테론 등의 여성호르몬과 멜라닌 세포 자극 호르몬이 다량 분비되어 기미가 생기거나 악화되기 때문이다. 출산 후에는 수유를 위한 호르몬의 영향으로 영양이 부족해져 피부가 윤기 없이 푸석푸석해진다. 탄력을 잃고 기미나 잡티가 생기는 것은 물론 피부 타입이 변해 피부가 민감해지기도 한다. 출산 연령과 피부 상태에 따라 피부 노화의 정도는 다르지만 최대한 자극을 적게 주면서 각질 제거와 세안으로 청결을 유지하고 과한 영양을 공급하기보다는 기초화장품을 꼼꼼하게 발라 관리하는 것이 중요하다.

탄력 저하
피부 탄력의 주된 원인은 수분이다. 산모는 땀과 수유로 많은 수분을 빼앗기므로 하루 8잔 정도의 물을 수시로 마셔 수분을 보충해준다. 산후 몸이 잘 붓기 때문에 물은 끼니 사이에 마신다. 누워서 쉴 때에도 수시로 입을 크게 벌리고 '아, 에, 이, 오, 우'를 10회 정도 반복해 안면 근육을 움직여주면 피부에 탄력이 생긴다. 화장품을 바를 때에도 주의한다. 손에 힘을 주지 말고 아래에서 위로 쓸어 올리듯 바르며, 피부가 얇은 눈가 부분은 아이크림 바를 때뿐만 아니라 클렌징을 할 때도 주의한다. 출산 직후에는 피부가 약해진 상태이므로 마사지는 출산 1개월 후부터 잠들기 전에 하는 것이 좋다. 마사지를 할 때나 기초화장품을 바를 때는 항상 목까지 신경 써서 목에 주름이 생기는 것을 막도록 한다.

거뭇거뭇한 기미와 잡티
임신 중 여성호르몬인 에스트로겐 분비가 늘어나면 멜라닌 생성이 촉진된다. 기미는 멜라닌 색소가 과잉 생성되어 피부 표피에 침착되는 증상이다. 기미와 잡티는 관리를 하지 않는 상태에서 자외선을 쐬면 더욱 악화되어 피부에 자리 잡을 수 있다. 비타민 C가 가득한 과일과 채소를 충분히 섭취하고 에센스나 앰플을 사용한다. 비타민 C는 자외선에 대한 저항력을 길러주어 기미를 엷게 하고 피부에 활력을 높여주기 때문이다. 피부 톤을 개선하고 수분을 충분히 공급해주는 화이트닝 기초화장품을 사용하면 도움이 된다.
산후 조리 기간에 임신 중 생긴 귀젖, 기미와 잡티를 없애기 위해 시술을 받거나 약물을 먹을 경우 허약해진 몸 상태로 인해 몸에 무리가 가거나 부작용이 생길 수 있다. 출산 직후에는 시술보다는 가정에서 꾸준히 관리하는 것이 안전하다. 또한 출산 후 100일 이내에 호르몬이 안정되어 트러블이 자연적으로 좋아질 수 있으니, 셀프케어로 상태를 지켜본 후에도 사라지지 않는다면 전문의와 상담한 후 시술을 진행하도록 한다.

여드름과 뾰루지
평소 지성 피부였다면 여드름과 뾰루지 등의 피부 트러블이 더욱 심해질 수 있다. 이때는 딥클렌징 전용 클렌저를 사용해 미지근한 물에 이중 세안을 한다. 마지막에 찬물로 헹군 다음 피지 분비를 조절해주는 제품이나 향균 · 항염 기초화장품을 사용한다. 티트리 오일 성분이 들어간 제품을 면봉에 묻혀 뾰루지가 난 부분에 살짝 발라도 효과가 있다. 자신의 피부 타입에 맞는 화장품을 제대로 고르는 것도 방법이다.

가슴 처짐을 막는 생활법

임신과 출산, 수유를 거친 뒤 여성의 가슴은 큰 변화를 겪는다. 특히 출산 후 1개월은 가슴 모양이 망가지기 쉽다. 임신 16주부터는 임신부 전용 브래지어를 착용하고, 출산 후 수유를 할 때도 귀찮다는 이유로 브래지어를 하지 않으면 가슴이 처지므로 반드시 전용 브래지어를 착용한다.

브래지어를 꼭 착용한다
출산 후 불편하다는 이유로 브래지어를 하지 않는 산모가 많은데, 이는 가슴을 처지게 만든다. 가슴이 커져 일반 브래지어가 맞지 않는 임신 중기부터 단유를 할 때까지 시기별로 달라진 체형에 맞는 브래지어를 꼭 착용한다. 스포츠용보다는 와이어가 있는 브래지어가 가슴 모양을 예쁘게 유지시켜준다.

자세를 바르게 한다
모유 수유를 하는 산모는 가슴이 커졌기 때문에 자신도 모르게 어깨와 등을 앞으로 구부리는 경우가 많다. 이러한 자세는 유방을 지탱하는 대흉근의 긴장을 느슨하게 해 가슴을 처지게 하는 주된 원인이 되므로 의식적으로라도 항상 어깨와 등을 곧게 펴고 생활한다.

젖은 서서히 끊는다
6개월 이상 충분히 모유 수유를 한 뒤 젖을 끊을 때는 계획을 세워 서서히 말린다. 횟수를 줄여가면서 젖의 양을 줄이거나 가슴을 압박붕대로 동여매는 등의 방법이 있는데, 이때 젖 말리는 약을 먹지 않도록 한다. 약을 먹으면 젖 분비량이 갑자기 줄면서 유선이 지나치게 말라버려 가슴의 탄력을 잃는다. 또한 단시간에 말리면 가슴 크기가 임신 전보다 작아질 수 있다.

가슴 처짐을 방지하는 체조

1. 양 손바닥을 가슴 바로 앞에서 마주 붙이고 5초간 위로 밀듯이 힘을 준 다음, 힘을 서서히 빼는 동작을 10회 반복한다.
2. 배를 바닥에 대고 엎드린 뒤 천천히 팔을 허리 위로 깍지를 끼면서 윗몸을 일으켜 목과 가슴을 뒤로 한껏 젖혀 5초간 있다가 다시 힘을 빼면서 몸을 앞으로 숙인다. 이 동작을 5회 반복한다.
3. 책상다리로 앉아 양팔을 앞으로 쭉 펴서 양 손바닥 사이에 책을 끼운 다음 양 손바닥으로 책을 힘껏 5초간 누른 뒤 힘을 빼는 동작을 10회 반복한다.

29 산후 다이어트

출산 후 배가 쑥 들어가고 몸무게도 확 줄어드는 드라마틱한 변화를 생각했다면 실망하기 쉽다. 이 모든 것이 제자리로 돌아가는 데에는 시간과 노력이 필요하다. 체계적인 다이어트로 건강한 몸을 되찾는 방법을 찾아보자.

다이어트 요령

산후 부종부터 뺀다

임신을 하면 임신을 유지하기 좋은 몸으로 만드는 호르몬인 에스트로겐의 영향으로 엉덩이와 허벅지는 물론 온몸에 살이 찐다. 또한 태아의 성장을 위해 임신부 몸은 수분과 지방을 다량 축적한다. 출산 후에 에스트로겐 분비가 급격히 줄어드는 등 호르몬이 변하고, 출산 시 출혈량이 많거나 신장 기능이 떨어지면 체내 수분과 노폐물이 빠져나가지 못해 몸이 붓는다. 출산 후 소변과 땀으로 노폐물이 배출되면서 부종과 체중이 서서히 빠지는데 만약 부종이 제대로 빠지지 않으면 부종 자체가 살이 될 수 있다. 출산 직후에는 3~5kg, 2주까지는 2kg 정도 더 빠져서 모두 약 7~8kg 감량되는 것이 일반적이다. 이때가 산모의 전반적인 건강뿐만 아니라 이후의 비만 여부의 70%를 결정짓는 중요한 시기다. 산후 다이어트를 위해서는 무작정 적게 먹거나 굶는 대신 신진대사를 원활하게 해 부종부터 빼는 것이 중요하다.

산후 6주부터 다이어트를 시작한다

다이어트는 산욕기가 끝난 6주 이후부터 생각한다. 산후 체형에 가장 큰 영향을 끼치는 릴랙신이라는 호르몬이 산후 6개월까지 조금씩 분비되므로 이 시기에 다이어트를 하는 것이 이상적이다. 그전에 무리하게 다이어트를 하면 후유증이 생길 수 있다.

출산 후 몸매를 예전으로 완벽하게 되돌리기란 쉬운 일이 아니다. 초보 엄마는 육아와 집안일을 하는 것만으로도 벅차 다이어트는 남의 얘기라고 생각하기 쉽지만 무엇보다 중요한 것은 의지다. 산욕기 동안에는 몸조리를 위해 자제하는 것이 좋지만 이후에는 서서히 운동량을 늘리고 식이요법을 병행하면서 다시 임신 전의 건강하고 탄력 있고 날씬한 몸매 만들기에 도전한다.

조리법에 변화를 준다

무조건 굶어서 살을 빼는 방법은 요요 현상을 일으키며, 산모의 건강을 해친다. 출산 직후에는 식사와 간식을 제때 잘 챙기되 약해진 위장과 부기 등 본인의 상태에 맞는 식이요법을 준수한다. 또한 조리법이나 재료 등을 조금씩 바꿔 저열량, 고단백 식단을 짠다. 설탕 대신 단맛을 내는 양파를 이용하거나 볶거나 튀기는 대신 굽거나 삶는다.

6개월 안에 체중을 되돌린다

우리 몸은 항상성을 유지하려는 경향이 있다. 보통 6개월에서 1년 정도 같은 체중이 지속되면 이를 본래 체중으로 인식해 그대로 유지하려고 한다. 개인차는 있지만 임신 기간 중 찐 10~15kg 정도의 몸무게는 대개 출산 후 3개월 정도면 줄지만 그 이상 쪘을 때는 빼기 힘들다. 따라서 최소 3~6개월에서 1년 안에는 체중을 되돌리겠다는 각오로 꾸준히 노력해야 한다. 물론 이때 식이 조절만이 아닌 적절한 운동으로 몸의 근육량을 늘리고 기초대사량을 키워야 다이어트 효과를 제대로 볼 수 있다.

규칙적으로 생활한다

육아를 하다 보면 규칙적인 생활이 쉽지 않다. 신생아는 수시로 젖이나 분유를 달라고 깨고 칭얼대어 엄마는 잠은 물론 밥 챙겨 먹을 시간도 부족하다. 규칙적인 식사와 수면, 운동은 다이어트의 중요한 요소다. 하루 종일 굶다 과식을 하거나 남편이 퇴근한 밤늦게 야식을 먹는 등 불규칙한 식습관을 갖기 쉬우므로 조심해야 한다. 잠을 푹 잘 자야 체력을 회복하며 신진대사가 원활해진다. 늦게 자고 늦게 일어나면 식사와 운동 시간을 흐트러뜨리게 되므로 밤에 아기가 잘 때 꼭 함께 잠들어 다음 날의 컨디션을 조절한다.

의식적으로 음식량을 조절한다

산모식의 양은 일반식보다 많다. 밥과 국이 한 대접으로, 산후 회복과 모유 수유를 위해 잘 먹어야 한다고 강조한다. 산모에게 필요한 열량은 일반인보다 300㎉ 정도 많은 양으로 하루 밥 1공기 분량이다. 따라서 너무 많이 먹기보다는 식사량을 효율적으로 조절한다. 밥의 양은 그대로 유지하되, 자극적이고 열량이 높은 국이나 반찬의 양을 평소의 반으로 줄인다. 또한 하루 세끼 먹을 밥과 간식의 양을 5회로 나눠 조금씩 섭취하는 습관도 갖는다. 푸드 다이어리를 만들거나 앱을 다운받아 그날 섭취한 칼로리를 계산해 메모하면 한눈에 식습관이 보여 다이어트에 도움이 된다.

모유 수유에 성공한다

모유 수유는 산모의 자궁 회복만이 아닌 부기 제거와 다이어트에도 도움을 준다. 임신 중 몸에 쌓인 수분과 지방이 모유를 만드는 데 사용되어 따로 무언가를 하지 않아도 다이어트 효과를 볼 수 있다. 모유 수유로 소모되는 하루 500kcal의 칼로리 중 200kcal는 여기에서 나온다. 3개월 이상 할 경우 체중 감소에 큰 도움이 된다. 특히 모유 수유를 핑계로 밥을 많이 먹는 경향이 있는데, 모유의 양은 음식 섭취량과 무관하므로 과식할 경우 체중만 증가할 뿐이다. 충분한 양질의 단백질이 건강한 모유를 만든다.

타이트한 옷을 입는다

출산 후 아기를 돌보느라 바쁘고 외출을 잘 하지 못하므로 임신 중 입었던 옷을 입고 지내는 경우가 많다. 출산 후 3개월이 지나도록 체중이 많이 빠지지 않았다면 집에서 입고 있는 옷도 재점검하자. 헐렁한 옷 대신 몸에 딱 맞는 옷을 입으면 군살을 스스로 확연하게 느끼게 되어 체중 조절에 신경 쓰게 된다.

시기별 운동요법

성급한 마음에 출산 후 바로 몸을 움직이며 다이어트를 하는 것은 몸의 회복을 더디게 해 좋지 않은 결과를 초래한다. 초반에는 워밍업을 한다는 생각으로 가볍게 걷고 스트레칭, 유산소 운동 등으로 운동의 강도를 천천히 높인다. 산욕기 전에는 부기를 빼는 것에만 집중하고 끝나고 난 이후라도 갑작스럽게 격한 운동을 하면 가까스로 회복된 몸에 또다시 무리가 가므로 조급함을 버리고 여유롭게 다이어트한다. 모유 수유 중이라면 아기에게 젖을 먹인 뒤 가벼워진 몸으로 운동을 하면 더욱 효과적이다.

산후 2주 동안은 가벼운 스트레칭만 한다

산욕기에는 몸 상태가 원래대로 돌아올 수 있도록 휴식을 취하는 것에 주력한다. 때문에 기력 소모가 많고 배나 허리에 힘을 주는 운동은 삼간다. 천천히 걷는 것을 시작으로 앉아서 손을 쭉 뻗는 정도의 가벼운 스트레칭을 하면 온몸에 뭉쳐 있는 근육을 자극하고 이완시켜 부기를 해소해주고 관절이 유연해진다. 목, 손목, 발목, 어깨, 허리는 가볍게 돌리고 온몸을 쭉 뻗어 자극을 준다.

산후 3~4주에는 부기 완화에 도움이 되는 하반신 운동을 한다

무거운 물건을 들거나 무리한 활동은 금물이지만 일상생활이 가능해지는 시기다. 이때는 부기를 완화하는 운동을 하는 게 좋다. 허리 비틀기나 골반 비틀기 등 허리와 골반 운동, 누워서 다리를 가볍게 털거나 다리를 쭉 편 상태에서 상체를 숙여 발목을 잡는 정도의 스트레칭이 적당하다. 관절에 무리가 가지 않도록 조심한다.

산후 5~6주는 간단한 복부 운동을 한다

산후 정기검진으로 자신의 몸 상태를 돌아보는 시기로 의사와 상담한 후 복부 운동을 시작한다. 출산으로 늘어진 뱃살에 서서히 탄력을 주는 운동을 한다. 하루 10분 정도 산책을 하거나 누운 상태에서 다리를 들어 올리거나 무리하지 않는 정도로 윗몸 일으키기를 한다. 본격적인 다이어트를 하기에는 아직 무리가 있으므로 운동 시간은 한 번에 30분을 넘지 않도록 한다.

산후 3개월 이후에는 유산소 운동을 병행한다

산욕기가 지나 자궁이 완전히 회복된 시기다. 이제는 예전 몸매로 되돌아가기 위해 본격적인 다이어트를 해도 괜찮다. 특히 유산소 운동은 근력 운동보다 체지방의 지방 성분을 에너지원으로 바꾸는 데 효과적이다. 이때 역시 몸에 무리가 많이 가지 않는 빨리 걷기, 조깅 정도의 유산소 운동이 적당하며, 최소 하루 30~50분간 한다. 만약 열이 나거나 출혈 등의 증세가 보이면 꼭 진찰을 받는다.

출산 후에 꼭 다이어트가 필요한 경우

1. 출산 2주 후의 체중 – 임신 직전 체중이 7kg 이상인 산모
2. 출산 후 2개월이 지났을 때 체중이 키(m)×키(m)×23보다 많은 산모
   예) 키가 160cm인 경우
   1.6×1.6×23=59kg보다 많을 때
3. 출산 6개월 후에도 체중이 임신 전보다 3kg 이상 늘어난 산모

30 산후 안정화 운동

산모의 회복 속도와 몸 상태에 따라 다르지만 산욕기를 보낸 후부터는 운동을 해야 한다. 운동 강도는 임신부 기능성 운동 때와 같이 심박수를 측정한 뒤 설정한다.

· **도움말** 김우성(임신부운동재활전문가PERS, 맘스바디케어 대표, www.momsbodycare.com)

1. 스트레칭

틀어진 골반과 몸을 바로잡는 스트레칭은 출산 3일 후부터 시작할 수 있다. 한 가지 동작을 2~3회 정도 하다가 서서히 운동량을 늘려 5세트씩 실시하는 것을 목표로 삼는다.

목 스트레칭

❶ 똑바로 서서 양손을 아랫배에 댄다.

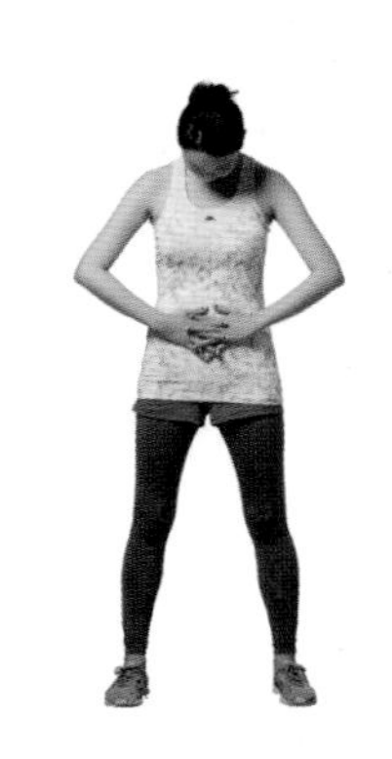

❷ 숨을 강하게 '후' 하면서 고개를 최대한 아래로 내린다.

❸ 숨을 강하게 '후' 하면서 고개를 최대한 올린다. 위아래 동작을 5세트 실시한다.

❹ 아랫배에 양손을 올리고 숨을 강하게 내쉬며 고개를 최대한 왼쪽으로 내린다. 이때 어깨가 따라가지 않도록 주의한다.

❺ 숨을 강하게 내쉬면서 오른쪽으로 고개를 최대한 내린다. 좌우 5회 반복한다.

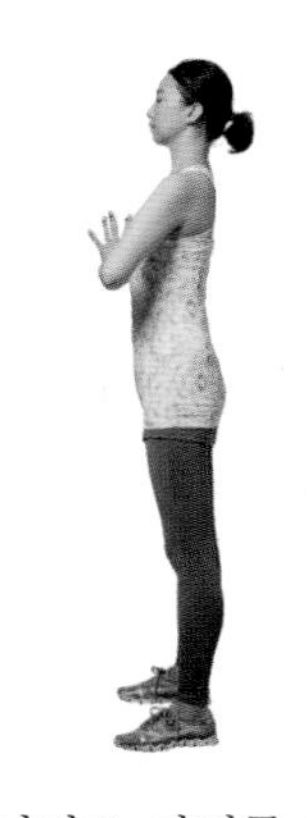

❻ 어깨너비로 다리를 벌리고 서서 손바닥을 마주 대고 양쪽 팔꿈치가 수평이 되도록 한다.

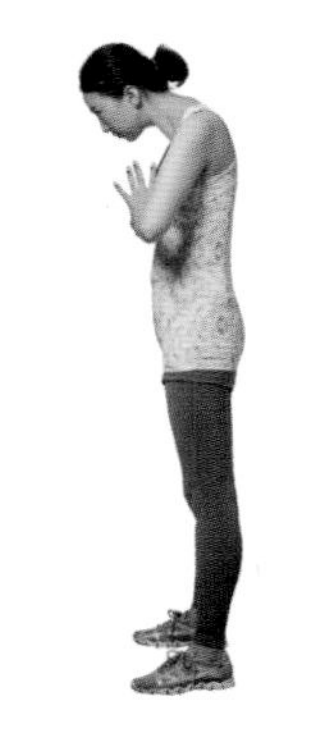

❼ '후' 숨을 내뱉으면서 목을 앞쪽으로 밀면서 턱이 손끝에 닿도록 한다. 다시 목을 뒤로 당겨준다. 앞뒤로 5회 반복한다.

tip 고개를 위아래로 끄덕이는 것이 아니라 앞뒤로 밀고 당기는 동작이다.

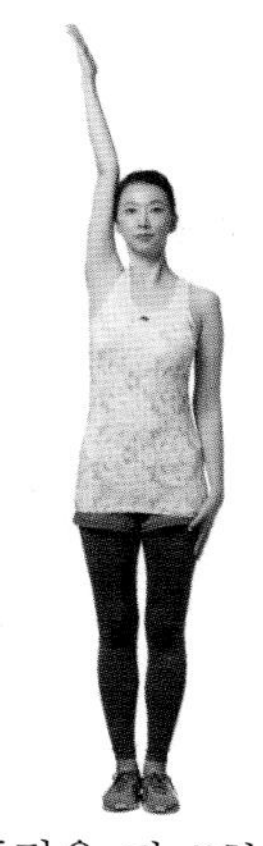

❶ 차렷 자세에서 왼쪽 팔을 귀 옆으로 올린다. 팔이 뒤로 넘어갈 때 오른쪽 팔도 귀까지 올린다.

❷ 앞의 배영 동작을 각 5회씩 반복한다. 이때 몸이 흔들리지 않도록 팔꿈치를 펴고 귀를 스치듯 회전시켜준다.

❸ 팔을 수평으로 벌린 뒤 어깨와 같은 선상에서 작은 원을 그리듯 팔을 앞으로 5회 돌린다.

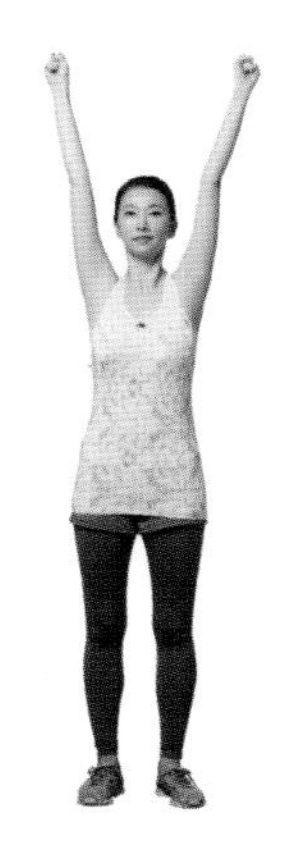

❹ 팔꿈치가 구부러지지 않도록 주의하면서 뒤로 5회 돌린다.

❺ 양팔을 머리 위로 올린다. 머리와 같은 선상에서 작은 원을 그리듯 팔을 5회 돌린다.

❻ 팔꿈치가 구부러지지 않도록 주의하면서 큰 원을 그리듯 5회 돌린다.

❶ 차렷 자세에서 양손은 깍지를 끼고 총을 쏘듯 팔을 앞으로 쭉 밀고 등은 뒤로 민다.

❷ 아랫배에 손을 대고 등을 조이면서 펴준다. 각 동작을 5회씩 반복한다.

❸ 어깨너비로 다리를 벌리고 양손은 깍지를 낀다. 총을 쏘듯 팔을 길게 뻗고 오른쪽으로 몸을 돌린다.

❹ 왼쪽으로 몸을 돌린다. 각 동작을 5세트 실시한다. 이때 골반은 정면을 보고 몸통만 돌려야 한다.

❺ 어깨너비로 다리를 벌리고 서서 오른쪽 팔은 위로, 왼쪽 팔은 아래로 교차되듯 밀어준다. 올린 오른쪽 골반을 옆으로 밀어야 한다.

❻ 왼쪽 팔을 올리고 오른쪽 팔을 내려 밀어준다. 각 동작을 5회씩 반복한다.

❼ 허리에 양손을 올리고 허리를 좌우로 5회씩 크게 돌린다.

골반 스트레칭

❶ 허리를 펴고 앉아 다리를 몸쪽으로 구부려 최대한 당겨준다. 몸통을 고정한 상태에서 오른쪽 무릎이 바닥에 닿도록 내린다.

❷ 오른쪽 다리를 세우고 왼쪽 무릎이 바닥에 닿도록 내린다. 각 동작을 5회씩 반복한다.

❸ 준비 자세에서 양쪽 다리를 구부려 최대한 몸쪽으로 당긴다. 몸통을 고정시키고 양쪽 무릎이 오른쪽 바닥에 닿도록 내린다.

❹ 반대쪽도 같은 방법으로 실시한다. 각 동작을 5회씩 반복한다.

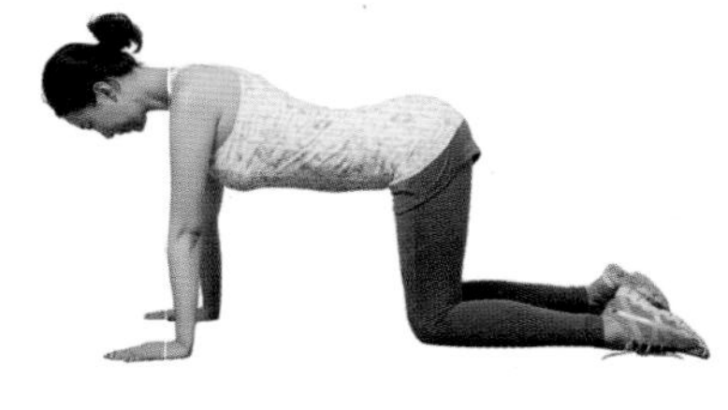

❺ 네발기기 자세를 취한다.

❻ 몸통을 고정시키고 엉덩이를 뒤꿈치 방향으로 밀었다가 다시 원위치로 돌아온다. 5회 반복한다. 이때 몸통은 최대한 움직이지 않는다.

❼ 네발기기 자세를 취한 뒤 무릎을 살짝 구부려 다리를 바닥에서 살짝 띄운 뒤 왼쪽으로 5회 돌린다.

❽ 오른쪽으로도 5회 돌린다. 다리를 돌릴 때 옆구리를 조여 준다.

2. 자가 근막 이완

출산 후에는 온몸의 관절들이 약해져 있는 상태다. 폼롤러를 이용해 뭉친 근육을 풀어주고 통증점을 자극해주면 여러 가지 산후 트러블을 예방할 수 있다.

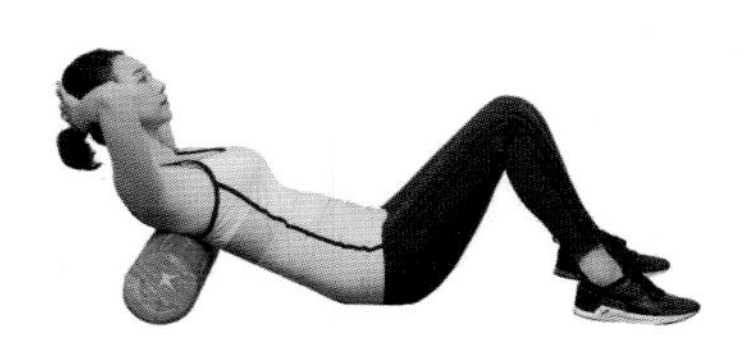

❶ 날개 뼈에 폼롤러를 대고 누워 머리 뒤에 팔을 대고 무릎은 세운다. 폼롤러를 지그시 누르면서 3초간 깊게 숨을 마시고 6초간 길게 호흡을 내뱉는다. 심호흡을 3세트 한다.

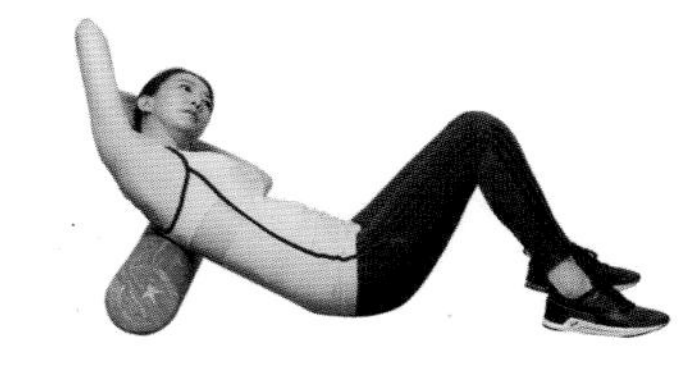

❷ 상체를 일정한 속도로 좌우로 양쪽 5회씩 움직인다.

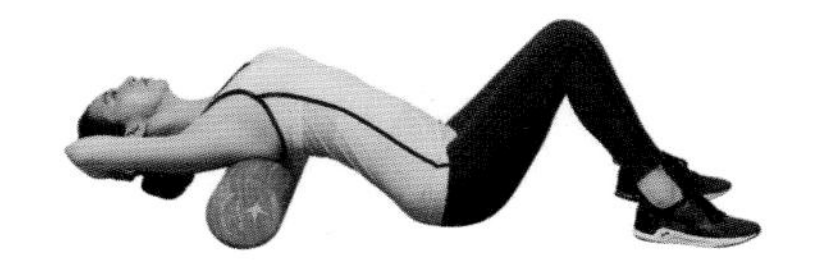

❸ 준비 자세에서 숨을 마시면서 천천히 뒤로 눕는다.

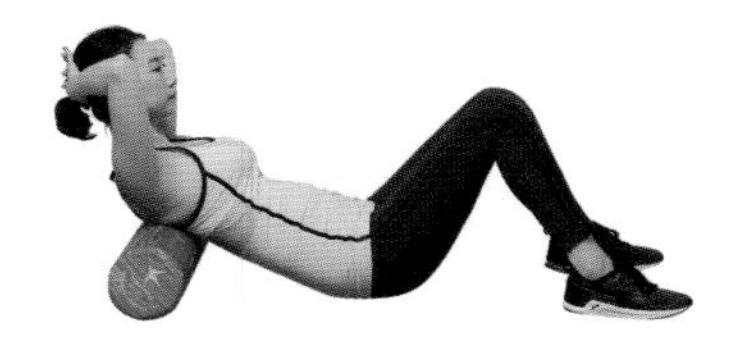

❹ 숨을 뱉으면서 준비 자세로 돌아온다. 5회 반복한다. 폼롤러 위치를 약간 밑으로 내려 ①~③의 운동을 한 번 더 실시한다.

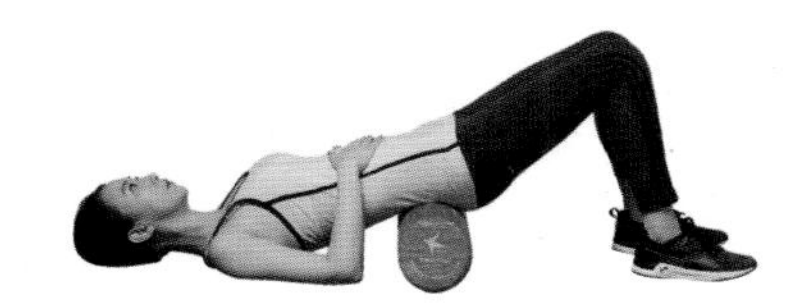

❺ 폼롤러를 허리에 대고 누워 무릎을 세우고 발바닥을 누르면서 엉덩이를 든다. 회음부를 10회 빠르게 조인다. 골반에 폼롤러를 넣고 엉덩이를 내린다. 폼롤러를 지그시 누르며 3초간 깊게 숨을 마시고 6초간 길게 숨을 내뱉는다. 3회 심호흡한다.

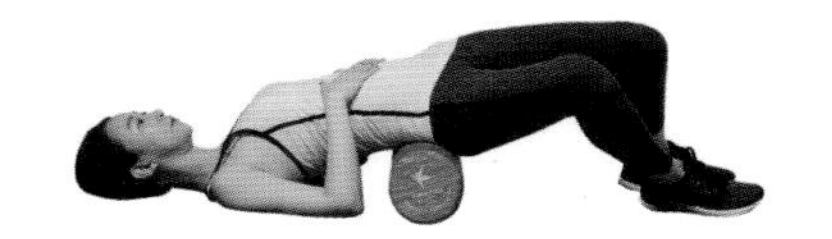

❻ 폼롤러로 골반을 누른 상태로 양쪽 다리를 좌우로 움직인다. 점점 동작을 크게 해 가동범위를 증가시킨다. 각 5회씩 반복한다.

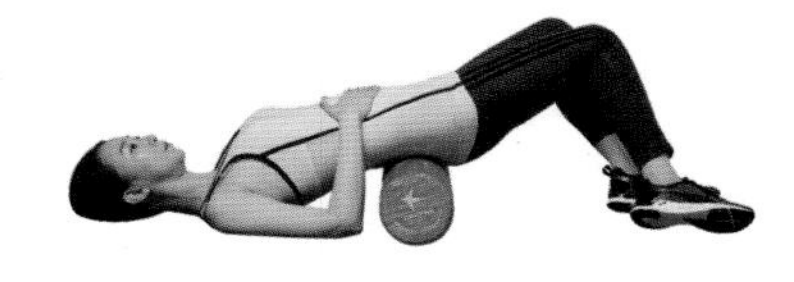

❼ 골반을 위아래 방향으로 움직이는 동작을 5회 반복한다.

마사지 도구, 폼롤러

마사지를 할 때 손이 닿지 않는 부위는 소도구를 활용한다. 집에서 스트레칭을 할 때 가장 유용하게 쓰이는 도구는 바로 폼롤러. 폼롤러는 운동 전후 신체 부위를 대고 위아래로 굴려 근육을 마사지해주거나 스트레칭을 할 때 사용한다. 폼롤러에 몸을 대고 자신의 체중으로 근육을 이완시키는 역할을 하므로 몸의 균형을 찾아주는 데 효과적이다. 요가나 필라테스는 물론 각종 근육을 강화하는 운동 시에도 쓰임새가 많다. 시중에 판매되는 폼롤러는 45~90㎝로 길이가 다양하고 소재에 따라 강도가 다르므로 자신의 몸 상태에 맞게 골라 사용한다.

3. 골반 교정 운동

틀어진 골반을 방치하면 자세가 비틀어질 뿐 아니라 요실금, 허리 통증의 원인이 되기도 한다. 출산 직후부터 골반 교정 운동을 시작하자. 회음부 통증이 있더라도 운동할 수 있다.

❶ 반듯이 누워 무릎을 세우고 무릎 사이에 공(또는 쿠션)을 끼운다. 무릎으로 지그시 공을 모은다. 6초간 일정한 힘으로 모으면서 회음부를 조인다. 쓸 수 있는 힘의 40~50% 강도로 3세트 진행한다.

❷ 무릎으로 공과 회음부를 조인 상태에서 엉덩이를 바닥에서 올린다. 체력 상태에 따라 횟수를 달리해 실시한다.

❸ 준비 자세에서 무릎을 어깨너비만큼 벌려 튜빙밴드를 팽팽하게 묶는다. 무릎을 벌려 엉덩이와 허벅지 바깥쪽 근육에 힘이 들어가게 하고 6초간 유지한다.

❹ ③의 동작이 익숙해지면 엉덩이를 바닥에서 올린다. 3세트 실시하고 서서히 밴드를 팽팽하게 묶어 강도를 증가시킨다.

tip 다리를 벌려 6초간 버틸 때 근육이 긴장되는 느낌이 들어야 하며 무릎이 모이지 않도록 버틴다.

4. 척추 교정 및 안정화 운동

짐볼에 앉았을 때 준비 자세를 그대로 유지하지 못하거나 흔들리면 척추의 근육들이 제 기능을 하지 못한다고 판단해도 좋다. 이런 상태에서 일반적인 운동을 하면 부상의 위험이 크므로 척추 교정 운동을 순차적으로 실시한다. 각 자세가 안정적으로 될 때 다음 운동으로 넘어간다.

❶ 짐볼 가운데 앉아 허리는 바르게 세우고 다리는 넓게 벌린다. 눈을 감고 30초간 자세를 유지한다. 양쪽 엉덩이 밑으로 무게감이 동일하게 느껴지는지 확인한다. 눈을 감고 30초간 자세를 유지하고 30초 휴식하는 것을 1세트로 5분 동안 매일 실시한다.

❷ 짐볼 가운데 앉아 허리를 세우고 다리는 어깨너비로 벌린다. 양쪽 엉덩이 밑으로 느껴지는 무게감이 동일한지 확인한다. 골반을 고정하고 한쪽 다리를 서서히 펴 30초간 유지한다. 준비 자세로 돌아와 30초 쉬었다 반대쪽도 실시하는 것이 1세트로 5분 동안 매일 실시한다.

tip 다리를 들어 올리는 것이 아니라 무릎을 펴주는 것이 포인트. 골반은 그대로 30초간 유지한다.

❸ 짐볼 가운데 앉아 허리를 바로 세우고 다리는 어깨너비로 벌린다. 양쪽 엉덩이 밑으로 무게감이 동일하게 느껴지는지 확인한다. 골반을 고정하고 한쪽 다리를 서서히 펴면서 외줄타기 하는 사람의 팔 동작처럼 팔을 수평으로 벌린다. 익숙해지면 팔을 위아래로 움직이며 30초간 자세를 유지한다. 한쪽 다리를 펴고 팔을 움직이며 30초간 자세를 유지한 뒤 30초간 쉰다. 5분 동안 매일 실시해 안정적이면 눈을 감고 해본다.

tip 30초간 자세를 유지할 수 있다면 척추가 틀어지지 않게 안정시켜주는 근육의 기능이 향상되었다고 볼 수 있다. 자연 분만은 물론 제왕절개까지 모든 산모가 출산 직후 안전하게 할 수 있는 운동이다.

❹ 천장을 보고 바르게 누워 무릎을 몸쪽으로 당긴다.

❺ 배를 몸쪽으로 당기고 회음부를 조인 뒤 한쪽 다리를 서서히 내린다. 다시 제자리로 돌아온다. 몸통이나 허리 간격이 흔들리지 않아야 하고 복근과 회음부를 수축하며 동작을 실시한다. 양쪽으로 7회씩 실시한다.

tip 배를 당긴 힘이나 회음부를 조인 힘을 동작이 끝날 때까지 유지하는 것이 중요하다.

❻ 허리가 아프지 않고 동작이 잘 되면 같은 방법으로 양쪽 다리를 그대로 밀어서 편다. 허리에 빈 공간이 생기거나 통증이 생기면 전 단계까지만 실시한다.

tip 미끄러운 바닥에서 양말을 신고 운동해야 다리가 저항 없이 슬라이딩 된다.

산후 안정화 운동 시기

산후 다이어트는 산모의 몸이 임신 전 상태로 회복될 때까지 기다렸다 실시해야 한다. 출산 후 틀어진 몸을 바로잡고 근력을 키워주는 산후 안정화 운동 역시 몸에 무리가 가지 않도록 안전하게 하는 것이 중요하다. 일반적으로 자연 분만 산모는 출산 후 2주부터 산후 안정화 운동을 할 수 있다. 제왕절개 수술을 한 산모는 출산 후 4주부터 운동을 할 수 있지만 주의가 필요하다. 기침을 하거나 재채기를 할 때 수술 부위가 아프다면 통증이 사라질 때까지 기다렸다가 실시하도록 한다.

31

산후 마사지

출산 후에는 임신과 출산으로 엄청난 변화를 겪은 몸이 빠르게 회복될 수 있도록 조리해야 한다. 산후 마사지는 여러 가지 산후 증상을 완화시켜주고 산후병을 예방해준다. 누구나 쉽게 산모에게 해줄 수 있는 산후 마사지법을 알아봤다.

· **도움말** 맘앤케어(https://cafe.naver.com/mommyanma)

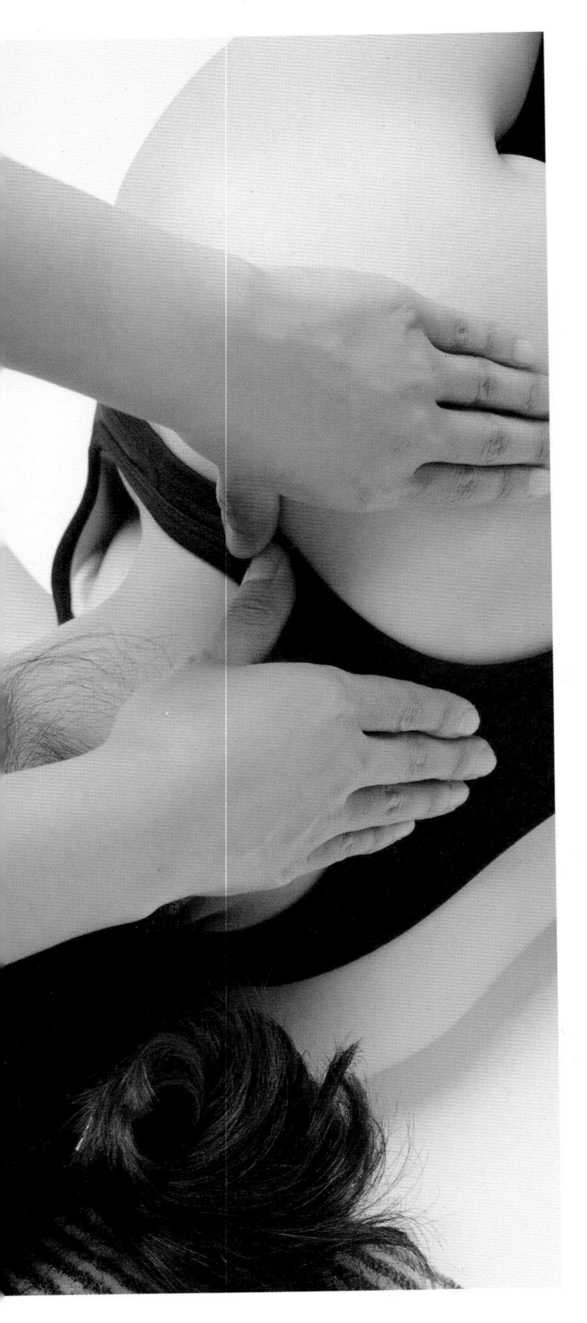

산후 마사지의 효과

산후 마사지는 출산 후 살을 빼는 다이어트 목적이 아니라 임신과 출산을 거치면서 지친 몸을 신속히 제자리로 돌아갈 수 있도록 도와주는 것이 목적이다. 산후 회복을 위한 치료 목적으로 마사지를 꾸준히 한다면 각종 산후 트러블을 호전시킬 수 있다. 여성의 평생 건강과 직결되는 산후 조리의 필수 관리가 마사지다.

오로 배출을 돕는다

출산 직후 복부 마사지를 하면 자궁 수축을 돕고 오로 배출에 도움을 준다. 또한 복부를 꾸준히 자극하면 임신 중 생긴 튼살을 없애주고 탄력을 주어 뱃살 처짐을 예방할 수 있다. 산후 생길 수 있는 변비도 예방할 수 있다.

골반을 교정해준다

골반은 분만 시 태아가 잘 나올 수 있도록 벌어졌다가 출산 후 시간이 지나면 자연스럽게 수축된다. 하지만 벌어졌던 골반이 수축되지 않고 틀어진 상태로 오랫동안 유지되면 만성 통증이 되기 쉽고 척추 건강에도 영향을 미치게 된다. 산후 골반 통증을 방치하면 하체 비만에도 영향을 줄 수 있으므로 각별한 주의가 필요하다. 마사지를 통해 틀어진 골반을 교정하면 몸매를 아름답게 관리할 수 있을 뿐 아니라 산후 생기기 쉬운 요실금, 성교통, 산후풍도 예방할 수 있다.

부종을 제거하고 다이어트를 돕는다

산후 마사지는 출산 후 경직된 근육과 어혈을 풀어주며 몸에 쌓인 독소를 배출하게 돕는다. 또한 신진대사를 원활하게 해주고 수분과 노폐물이 빠져나가게 도와 부종 제거에도 효과적이다. 온몸 곳곳의 경혈점을 자극해 기혈 순환을 활발하게 만들어줘 불필요한 지방을 더 많이 태울 수 있게 돕는다. 운동과 함께 마사지를 겸한다면 출산 후 다이어트에도 도움을 줄 수 있다.

젖몸살을 예방한다

젖몸살은 모유 수유 중 빈번하게 나타나는 증상으로 가슴 통증은 물론 온몸에 열이 나 굉장히 고통스럽다. 특히 가슴이 뭉쳐서 통증이 심할 때는 한시라도 빨리 유방 마사지로 뭉침을 풀어줘야 산모의 고통도 줄어들고 문제없이 모유 수유를 할 수 있다.

부위별 마사지

1. 머리

머리 측두근과 경추부를 마사지하면 긴장된 근육을 풀어주어 뒷목 당김이나 두통을 완화시켜준다.

❶ 산모는 옆으로 눕는다. 귀 윗부분을 중심으로 엄지손가락으로 지그시 눌러 원을 그리듯 비벼준다. 통증이 있는 근육 부위는 더 강하게 지압한다.

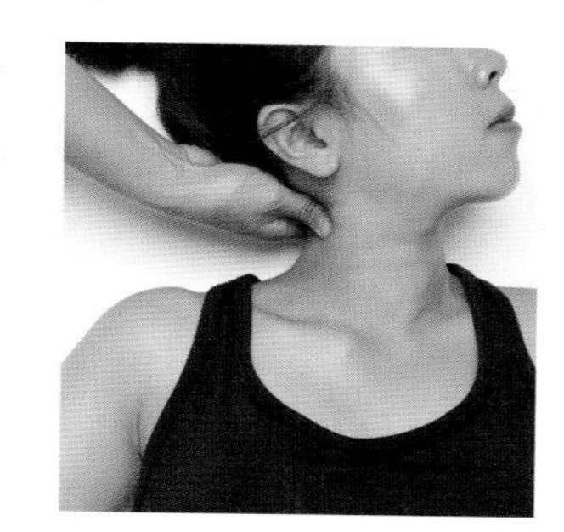

❷ 한 손으로 산모의 정수리 쪽을 잡아 고정시키고 다른 한 손은 목을 잡는다. 엄지손가락으로 문지르듯 1~2초간 지압한다. 목뼈를 중심으로 어깨 방향을 따라 양쪽 목을 3회 반복해 마사지한다.

2. 어깨

모유 수유를 하거나 아기를 오랫동안 안고 있어야 하는 산모는 목과 어깨 통증이 생기기 쉽다. 목과 어깨, 등 전체를 덮고 있는 승모근을 마사지하면 출산 후 목, 어깨 통증은 물론 팔 저림 증상을 완화시켜주는 데 도움이 된다.

❶ 산모는 엎드려 눕는다. 시술자는 목 앞쪽 쇄골 사이의 움푹 파인 곳과 어깨의 볼록 나온 근육을 양쪽 엄지손가락으로 같이 잡아 누른다. 방향과 상관없이 지압한다. 양쪽 2~3회 실시하되 통증이 심한 부위는 더 강하고 길게 지압한다.

3. 허리와 골반

허리를 지탱하는 요방형근과 골반의 대둔근, 이상근 등을 마사지하면 허리와 골반의 긴장을 풀어줘 통증이 완화되고 틀어진 골반을 제자리로 돌리는 데 효과적이다.

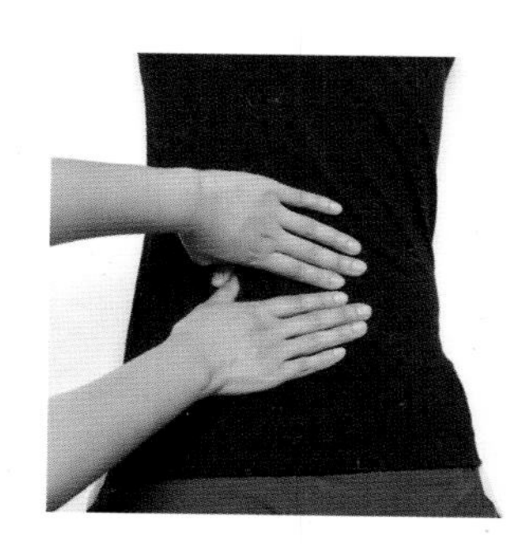

❶ 산모가 엎드린 상태에서 척추 옆의 척추기립근을 양손으로 잡는다. 어깨부터 시작해 엉덩이까지 위아래를 긁듯이 마사지한다. 3회 실시한다.

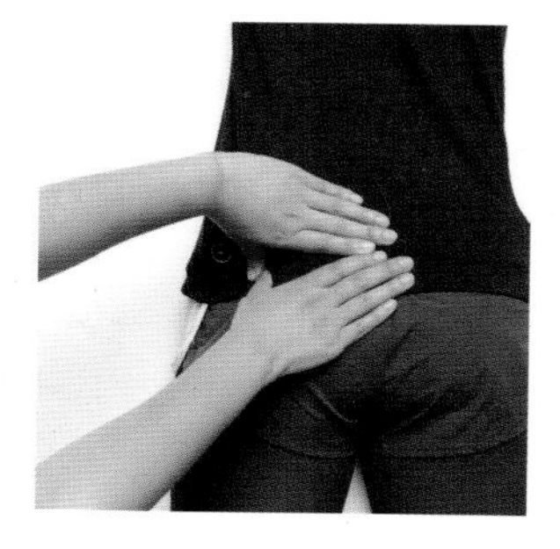

❷ 엉덩이의 가운데 부분을 중심으로 양손으로 눌러 강하게 지압한다.

4. 종아리

종아리 근육을 마사지하면 몸 전체의 혈액순환을 도와 사지 냉증이나 복부 냉증을 없애는 데 도움이 된다. 출산 후 발, 다리 부종을 제거하는데도 효과적이다.

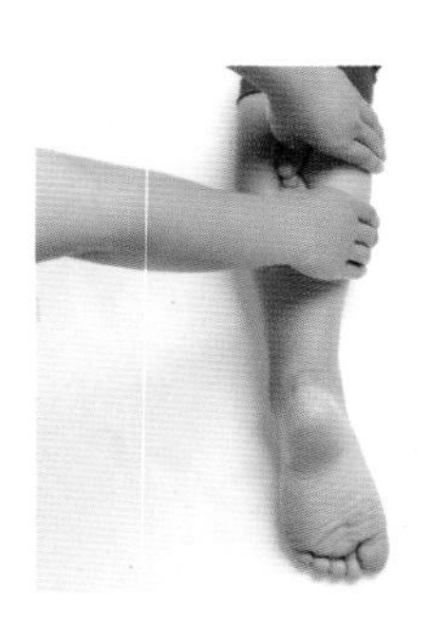

❶ 산모는 다리를 뻗고 엎드려 눕는다. 시술자는 산모 종아리의 가장 볼록한 부분(비복근)을 중심으로 강하게 누르듯이 지압하며 발목 쪽으로 점차 내려오면서 마사지한다.

5. 발

발바닥 반사구를 지압함으로써 몸 전체를 간접적으로 마사지하는 효과를 볼 수 있다. 몸의 신진대사와 전신의 혈액순환이 원활하게 이루어지게 하는 데 도움을 준다.

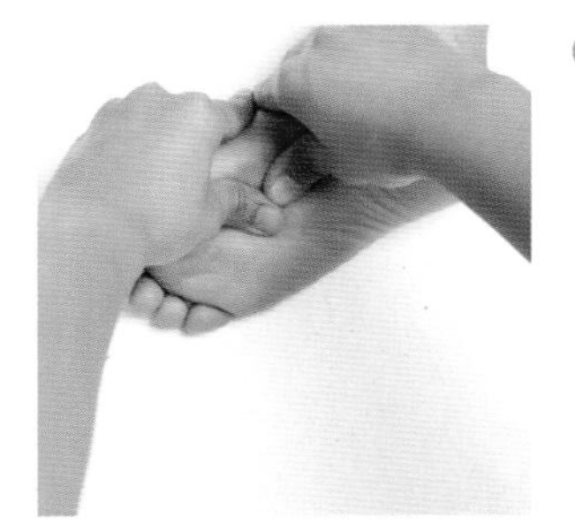

❶ 발바닥 가운데 부분을 중심으로 엄지손가락을 누르면서 강하게 지압한다. 통증이 심한 곳은 더 지그시 누르면서 길게 지압한다.

6. 복부 마사지

출산 후 배 마사지를 하면 뭉친 장기를 자극해 순환이 잘 되게 하는 한편 자궁 수축과 오로 배출에 도움을 준다. 출산 후 3개월간 꾸준히 시계 방향으로 복부 마사지를 실시한다.

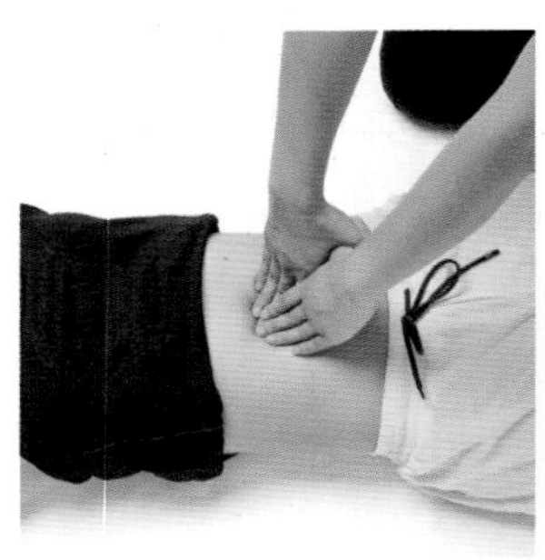

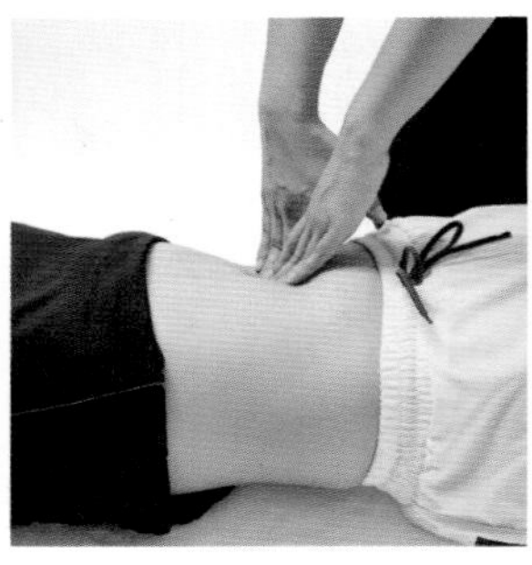

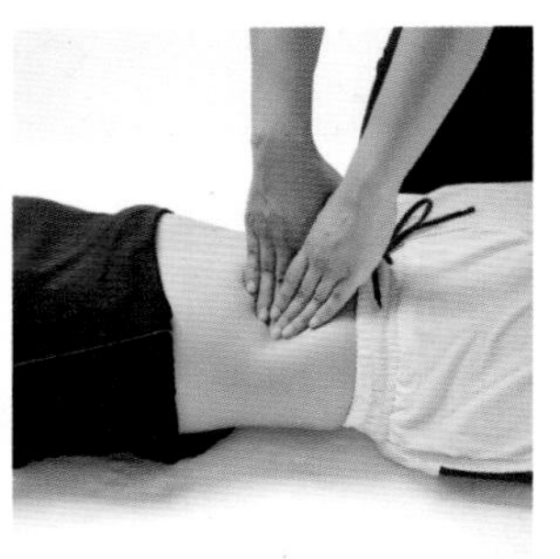

❶ 산모는 똑바로 눕는다. 양손을 모아 산모의 배꼽을 중심으로 다이아몬드 모양이 되도록 지그시 눌러 지압한다. 시계 방향으로 실시한다.

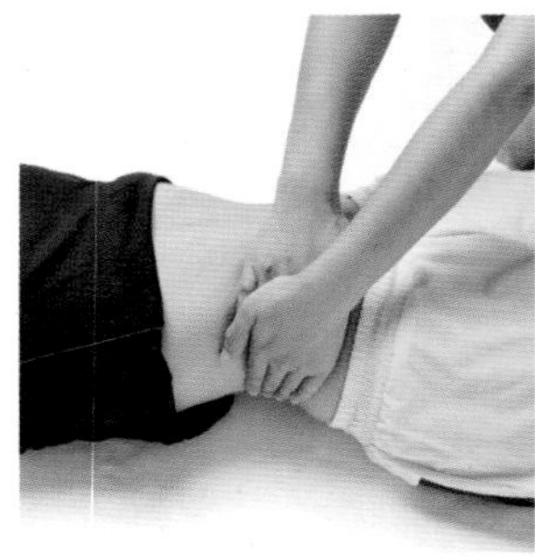

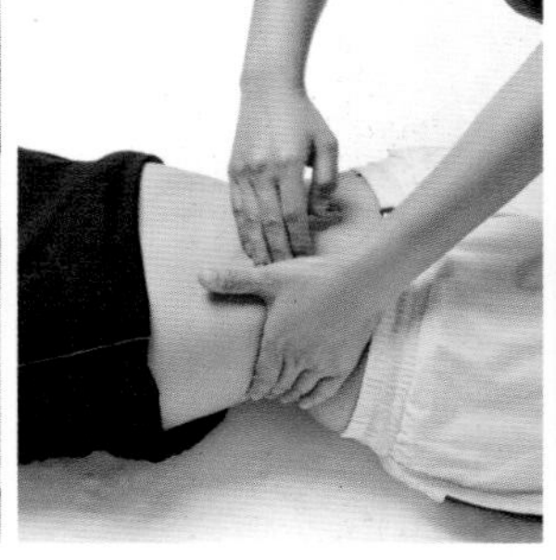

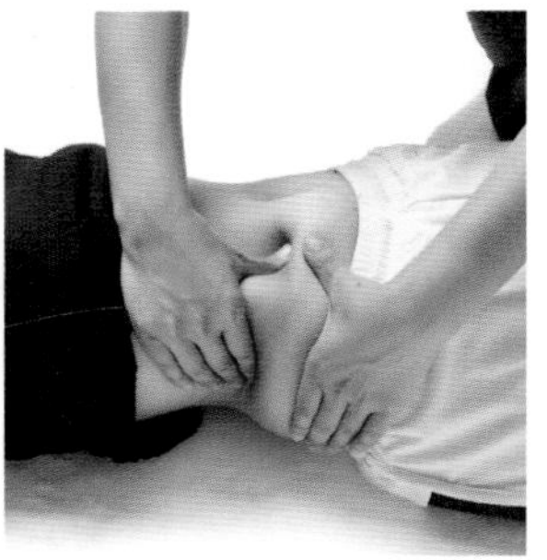

❷ 산모의 옆구리 살을 좌우 교대로 당겨주고 꼬집듯이 잡아 비틀어준다.

출산 후 골반 교정 자세

고관절은 우리 몸의 중심이자 상체와 하체를 연결하는 연결 통로다. 임신과 출산 과정을 통해 산모의 골반은 10㎝ 가까이 벌어지는데 출산 후 제대로 산후조리를 하지 않으면 골반이 틀어질 수 있다. 골반이 틀어진 채로 오랫동안 방치하면 좌우 다리 길이가 달라지는 등 몸 전체가 비대칭이 될 수 있으므로 각별히 신경 써야 한다. 전문가에게 마사지를 받지 못할 때는 평소 생활하는 자세에 신경 쓰자. 올바른 자세를 취하면 벌어진 골반을 줄여주고 변형되지 않도록 예방할 수 있다.

1 똑바로 누워서 잘 때는 다리와 무릎을 붙인다. 자세를 취하기 힘들 때는 무릎 아래 베개나 쿠션을 받친다.

2 옆으로 누워서 잘 때는 임신 중기 이후의 심즈 자세가 적당하다. 왼쪽으로 누워 다리 사이에 베개나 쿠션을 끼고 잔다.

3 누워서 모유 수유를 할 때는 목이 기울지 않도록 베개를 베고 큰 쿠션으로 등을 받쳐준다. 아래쪽 팔은 앞으로 쭉 내밀고 윗다리는 앞으로 내민다. 윗다리 아래에 쿠션을 놓으면 체중에 눌리지 않고 편안하게 수유할 수 있다.

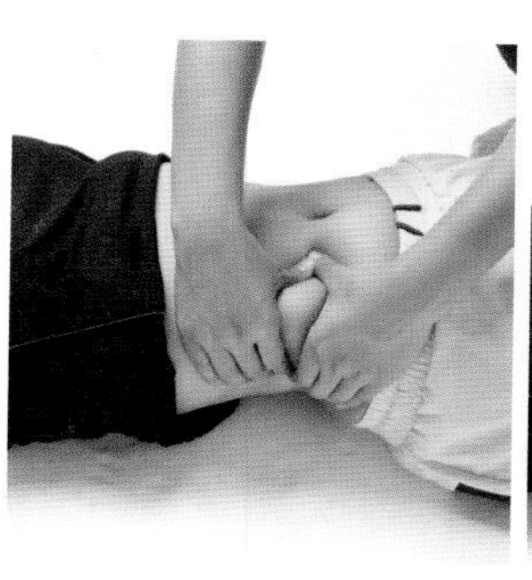
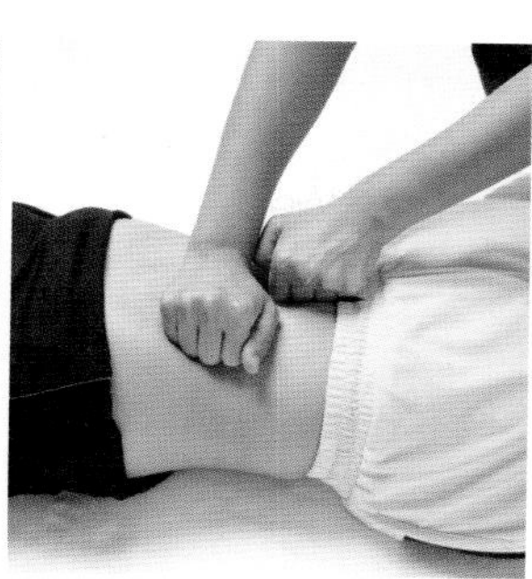
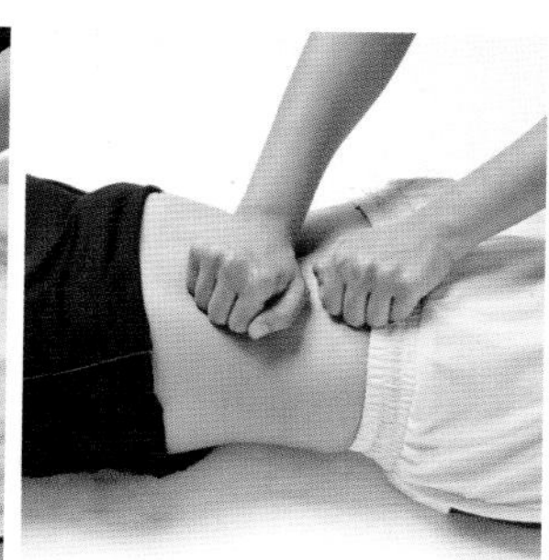

❸ 양손으로 옆구리 살을 한 움큼 잡아 당겨주고 주먹을 쥔 상태에서 시계 방향으로 양손을 번갈아가며 눌러 마사지한다.

부위별 스트레칭

1. 목 스트레칭

마사지를 통해 목 주위의 긴장되고 수축된 근육을 이완시켜 피로감을 해소하고 통증을 감소시킬 수 있다. 스트레칭 시 호흡이 중요한데, 코로 들이마신 후 내쉬는 숨에 스트레칭이 이루어져야 자극을 받는 부위로 산소 공급이 되고 림프절의 흐름이 원활해져 쌓인 노폐물을 제거할 수 있다.

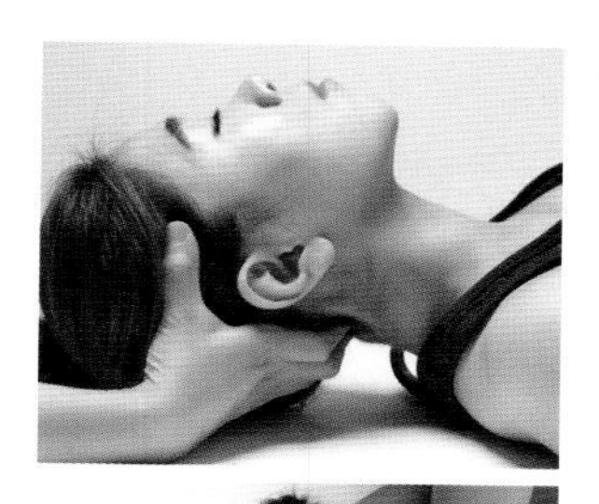

❶ 산모는 똑바로 눕고 시술자는 산모의 머리 후두뼈에 손가락을 넣어 중심을 잡는다. 시술자 몸쪽으로 3~5초 정도 당겨준다.

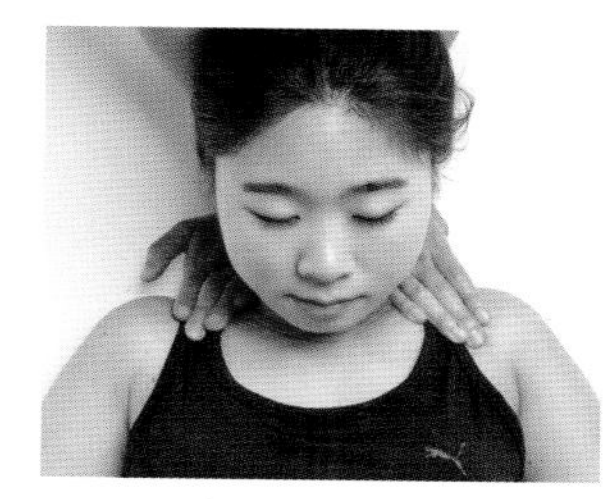

❷ 산모의 양 어깨에 시술자의 팔을 교차시켜 산모의 머리를 받친 뒤 산모의 시선이 천장에서 다리 쪽으로 가는 방향으로 산모의 머리를 천천히 밀어 올린다.

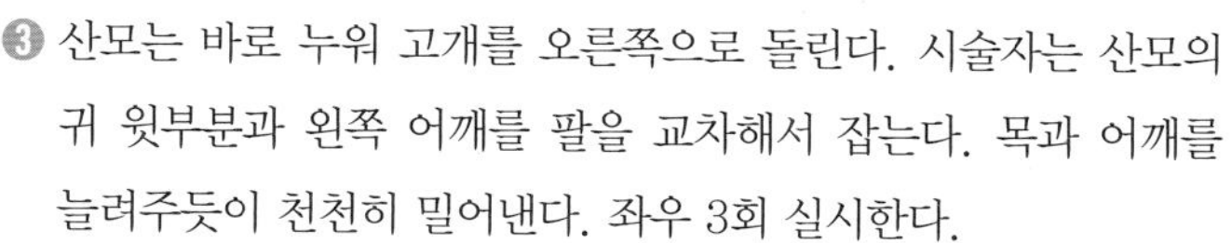

❸ 산모는 바로 누워 고개를 오른쪽으로 돌린다. 시술자는 산모의 귀 윗부분과 왼쪽 어깨를 팔을 교차해서 잡는다. 목과 어깨를 늘려주듯이 천천히 밀어낸다. 좌우 3회 실시한다.

2. 팔 스트레칭

팔을 위로 올려 스트레칭하면 가슴의 흉곽과 겨드랑이의 림프관을 늘려줘 젖산 등 체내에 쌓인 노폐물과 피로물질을 배출시키는 데 도움을 준다.

❶ 산모는 바르게 누워 팔을 위로 뻗는다. 온몸의 긴장을 풀고 있는 것이 중요하다. 시술자가 잡는 부위는 손목이나 손을 잡는 것이 아니라 손목보다 팔쪽으로 조금 윗부분을 잡고 시행하는 것이 손목 관절에 무리를 주지 않는다.

❷ 시술자는 산모의 양쪽 손목을 잡아 만세하듯 천천히 잡아당긴다.

3. 어깨 스트레칭

어깨 앞쪽 삼각근과 뒤쪽 견갑근을 스트레칭하면 임신 중 체형 변화로 인해 굽은 어깨를 펴는 데 도움이 된다.

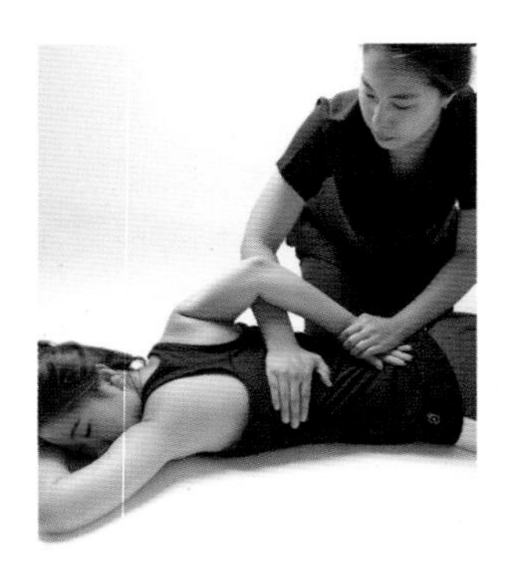

❶ 산모는 엎드려서 팔을 등 뒤로 올린다. 시술자는 산모가 등 뒤로 올린 팔 사이에 팔을 넣어 가슴 앞 근육이 펴지도록 앞으로 밀어낸다. 이때 어깨와 목에 힘을 푼 상태로 무리하지 않고 가능한 부분까지만 스트레칭을 실시한다.

4. 다리 스트레칭

다리를 높게 올려주어 허벅지 대퇴이두근을 스트레칭하면 혈액의 흐름을 늦춰 다리 부종을 완화시키는 데 도움이 된다.

❶ 산모는 바로 누워 한쪽 다리를 올린다. 시술자는 한 손으로 임신부의 발목을 잡고 다른 한 손으로는 무릎을 잡아 고정시켜 다리와 허리가 일직선이 되도록 최대한 직각으로 펴준다. 허리가 땅겨 통증을 느낄 수 있으므로 무리하게 시도하지 않는다. 반대편도 같은 방법으로 3세트 실시한다.

5. 골반 스트레칭

임신과 출산을 거치며 굳은 허리와 복부를 회전시키는 스트레칭을 하면 근육의 긴장을 풀어주고 누적된 피로를 없애줘 균형 잡힌 골반을 만들 수 있다.

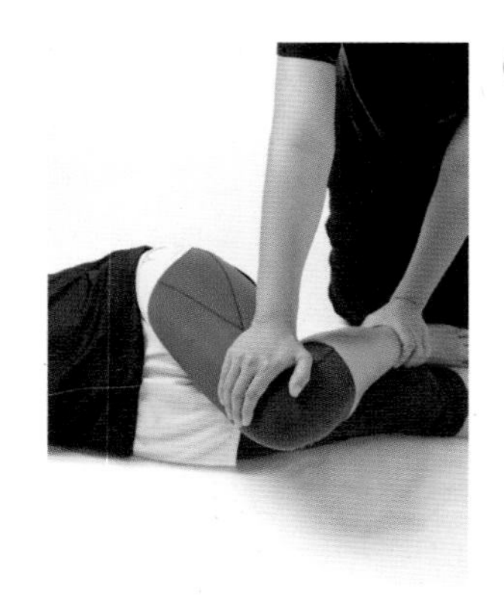

❶ 산모는 옆으로 눕고 시술자는 산모의 한쪽 무릎을 굽혀 접은 뒤 바닥으로 향하게 한 후 지그시 눌러준다.

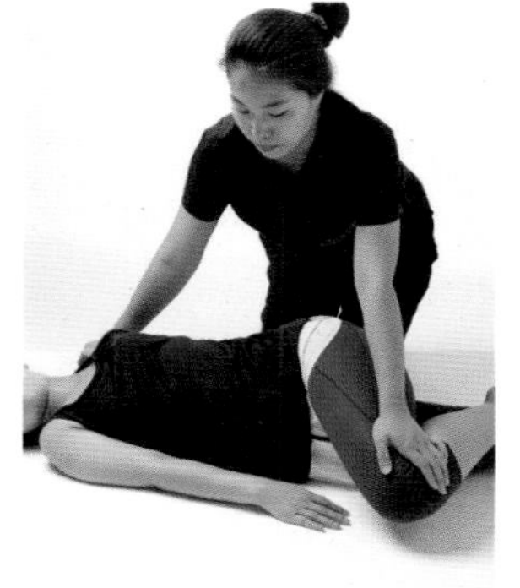

❷ 시술자는 한 손으로 무릎을 굽힌 다리를 누르고 다른 손으로는 어깨를 가볍게 바닥으로 눌러 몸이 크로스가 되게 스트레칭해준다. 좌우 번갈아 3회씩 실시한다.

6. 다리 스트레칭

허벅지 앞쪽 대퇴 사두근을 스트레칭해주면 긴장된 근육을 이완시켜주고 혈액의 흐름을 좋게 해 출산 후 부종을 없애는 데 도움이 된다.

❶ 산모는 똑바로 누워 무릎을 세운다. 시술자는 세운 무릎 뒤로 양팔을 넣어 맞잡은 뒤 천천히 아래쪽으로 당겨준다.

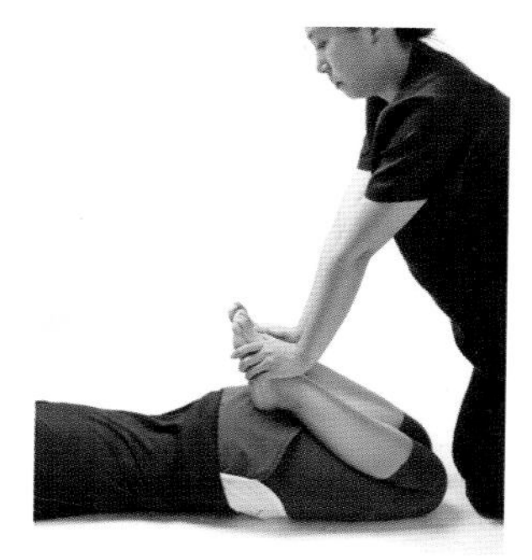

❷ 산모는 엎드리고 시술자는 산모의 다리를 바로 편 뒤 양손으로 발을 잡아 천천히 엉덩이 쪽으로 지그시 눌러준다. 이때 시술자는 발목보다 무릎쪽으로 조금 윗부분을 잡아 발목 관절에 무리가 가지 않게 한다.

❸ 산모는 엎드린 상태에서 다리를 바로 펴고 시술자는 산모의 발을 잡는다. 몸의 바깥쪽으로 다리를 천천히 눌러준다. 이때 시술자는 발목보다 무릎쪽으로 조금 윗부분을 잡아 발목 관절에 무리가 가지 않게 한다.

7. 몸 비틀기

몸을 크로스해 스트레칭함으로써 외복사근과 요방형근을 이완시켜 뭉치고 긴장된 근육을 풀어주는 데 도움을 준다.

❶ 산모는 책상다리를 하고 앉아 양손을 깍지 끼고 머리 뒤에 가져간다. 시술자는 산모의 등 뒤에 앉아 산모의 자세가 흐트러지지 않도록 다리를 산모 무릎 앞으로 내 고정시키고 양손을 깍지 낀 팔 사이로 넣어 몸을 천천히 비틀어 준다.

❷ 좌우 교대로 3회 실시한다.

PART 2 산후 조리

32 이름 짓기·출생신고

이름은 평생 그 사람을 상징하는 가장 중요한 의미를 지닌다고 해도 과언이 아니다. 어른이 되어서도 불릴 이름이라는 것을 생각하고 좋은 의미를 담아 짓고 출생신고를 통해 아기의 탄생을 공식적으로 남긴다.

좋은 이름 짓기 원칙

유행하는 이름을 좇지 않는다

방송의 힘 때문인지, 최근에는 연예인이나 TV 프로그램에 등장하는 연예인 2세들의 이름을 따라 짓는 일이 많다. 그러다 보니 유치원에 가거나 학교에 들어갔을 때 같은 이름을 가진 친구들도 전보다 많아졌다. 유행하는 이름은 그 시절뿐, 내 아이만의 고유한 이름을 짓도록 노력해보자.

귀여운 이름만 고집하지 않는다

갓 태어난 아기가 귀엽고 사랑스러워 그에 걸맞은 이름만 떠오르기 마련. 하지만 이름이란 것이 어릴 적 한때 불리고 마는 것이 아니라는 것을 명심하자. 아기가 자라서 어떤 일을 하게 될지 알 수 없다. 대통령이 될지, 유명한 가수가 될지, 평범한 직장인이 될지 모르는데 마냥 귀엽기만 한 이름이라면 어른이 되어 본인의 이름을 부끄러워하거나 다른 이들의 놀림을 받게 될 수 있다. 이름은 태명이 아니라는 것을 명심한다.

부르기 쉬운 이름이 좋은 이름이다

발음하기 어려운 이름은 좋은 이름이라고 할 수 없다. 부르기 쉬운 이름, 기억하기 좋은 이름, 누군가 이름을 불렀을 때 알아듣기 쉬운 이름이 좋은 이름이다. 한자도 마찬가지. 너무 어려운 한자를 이름에 넣어 쓰기 어려운 것, 남이 읽기 어려운 것도 피한다.

성별을 고려한다

중성적인 이름을 선호하는 부모가 많은데 남자아이에게 너무 여성스러운 이름, 여자아이에게 너무 남자 같은 이름을 지어주는 것은 되도록 하지 않는 것이 좋다. 조금 자라 학교에 다니기 시작하면 아이들도 자신의 이름에 예민해지고 이름으로 놀림을 받기 쉽기 때문이다. 아기의 성별도 충분히 고려하도록 한다. 요즘은 성별이 드러나지 않는 중성적인 이름도 인기다.

무료 작명사이트를 참고한다

이름을 누구에게 짓는가가 가장 큰 고민일 것이다. 부모가 짓기도 하지만 요즘은 작명소도 많이 찾는 추세. 예전에는 조부모님이 지어주는 경우도 많았지만, 최근에는 이름이 중요하다고 믿는 부모들이 늘어나 전문가에게 의뢰하는 일이 늘어났다. 아기 이름을 직접 짓고 싶은데 어떻게 해야 할지 망설여진다면 무료 작명사이트를 참고한다. 아기의 사주를 고려한 이름 짓기가 가능하다.

출생신고 요령

아기의 이름을 짓고 출생증명서를 받았다면 관공서로 달려가 가족관계증명서에 아기의 이름이 올라간 순간의 감동을 느껴보자.

30일 이내에 해야 한다

태어난 아기가 대한민국의 국민이 되기 위해서는 출생신고라는 절차를 거쳐야 한다. 출생신고는 출생한 날로부터 1개월(30일)

이내에 해야 한다. 이달 3일에 태어났다면 다음 달 2일까지 출생신고를 마쳐야 한다. 정당한 이유 없이 기간 내에 출생신고를 하지 않으면 5만 원 이하의 과태료를 문다. 아기 이름을 잘못 신고했다가 수정하려면 절차가 복잡하므로 신고 전 이름과 한자를 정확하게 확인한다.

증빙 서류를 챙긴다

신고를 할 때는 신고를 하는 사람의 신분증과 태어난 병원의 담당 의사나 조산사가 서명한 출생증명서, 주민센터에서 발급하는 출생신고서 1장을 작성해 주민센터에 제출한다. 병원 이외의 곳에서 출생했다면 출생증명서를 주민센터에서 발급 받고 출생 사실을 알고 있는 증인(1인)의 서명을 받아 제출한다. 외국에서 출생한 경우 외국의 관공서가 작성한 출생신고수리증명서(또는 출생증명서)와 번역문을 제출하면 된다. 부모가 바빠서 출생신고를 할 시간이 없다면 가까운 친척이 대리인으로 신청할 수 있다. 우편으로 제출할 경우에는 신고인의 신분증명서 사본을 함께 제출한다. 2018년 5월 8일부터 인터넷을 통해 출생신고를 할 수 있게 됐다. 온라인 출생 신고 대상 의료기관에서 출산한 경우 관할 주민센터에 방문하지 않고 전자가족관계증록시스템(efamily.scourt.go.kr)에서 온라인 출생신고가 가능하다. 출생증명서, 본인의 공인인증서, 아이 이름이 준비되었으면 빠르게 온라인으로 처리할 수 있다.

출생신고서 작성하기

출생자란

본(한자)란에는 성씨의 본을 적는다. 만약 본을 모른다면 주민센터나 시 · 군 · 구청에서 확인할 수 있다. 출생일시란의 시간은 24시간제를 기준으로 한다. 외국에서 출생한 경우에는 현지 출생 시각을 한국 시각으로 환산하여 적으며, 출생 시각에 서머타임이 적용된 경우 사실을 기재한다. 자녀가 이중국적자일 경우 그 사실 및 취득한 외국 국적을 기재해야 한다. 등록기준지는 과거의 '본적' 개념이며 과거에는 아버지의 본적을 기재했으나 호주제 폐지 이후에는 이를 자유롭게 선택할 수 있다. 현재는 부모의 본적지나, 과거 본적지, 아기가 출생한 출생지를 적어도 무방하다.

출생 신고자 안의 부모란

출생자의 부모에 관해 적는 난이다. 부모의 성명과 본, 주민등록번호를 적고 등록기준지를 적는다.

신고인란

출생 신고자의 이름과 주민등록번호, 주소와 전화번호를 적고 아기와의 관계도 체크한다. 신고자의 도장 혹은 서명이 필요하다.

출생자에 관한 난

통계청에 보고하는 인구동향조사란도 작성해야 한다. 그중 출생한 아이에 관해서 적는 난에는 태어난 임신 주수, 신생아 체중, 다태아 여부 및 출생 순위란이 있다. 다태아 여부란은 출생한 아이 수와 관계없이 임신하고 있던 태아 수에 표시를 한다.

인구동향조사 안의 부모의 난

인구동향조사란에는 부모에 대한 사항도 나와 있다. 부모의 국적과 실제 생년월일, 최종 졸업학교와 직업, 결혼기념일과 모의 총 출산아 수까지 기재한다. 엄마가 재혼인 경우엔 모의 출산아 수 칸에 이전의 혼인에서 낳은 자녀도 포함해서 적는다.

출생신고 시 준비물

1 출생신고서 – 주민센터에서 직접 작성
2 출생증명서(다음 중 하나)
 · 의사나 조산사가 작성한 출생증명서
 · 의료기관에서 출생하지 않은 경우 출생 사실을 알고 있는 사람이 작성한 출생증명서
 · 외국의 관공서가 작성한 출생신고수리증명서 또는 출생증명서와 번역문
3 자녀의 출생 당시에 대한민국 국민인 부 또는 모의 가족관계등록부가 없거나 분명하지 않은 사람인 경우 부 또는 모에 대한 성명, 출생 연월일 등 인적사항을 밝힌 우리나라의 관공서가 발행한 공문서(여권, 주민등록등본 및 그 밖의 증명서) 사본
4 자녀가 이중국적자인 경우 취득한 국적을 소명하는 자료
5 신청자의 신분증명서

태아 사망 시 출생신고

아기가 출생신고 전에 사망했더라도 출생신고를 한 다음 사망신고를 해야 한다. 출생신고는 태어났다는 것을 알리는 의미이기 때문에 아기가 위독해도 한 달 안에 의무적으로 해야 한다.
혼인 외 출생자를 어머니가 신고하는 경우에는 아버지에 관한 사항은 기재하지 않으며 이혼 후 100일 이내에 재혼한 경우 재혼 후 200일이 지나거나 이혼한 지 300일 이내에 출산하는 경우 아버지란은 '부 미정'으로 기재해야 한다.

BABYLOVE

육아

누구나 초보 엄마인 시절이 있어요

처음부터 여유롭게 젖을 물리고, 늦은 밤 열이 오른 아기를 능숙하게 돌보는 엄마는 없습니다. '백일의 기적'이라는 말이 있죠. 엄마도 아기도 조금씩 편해지기 시작하는 시간이 도래했음을 일컫는 말입니다. 그만큼 초보 엄마에게 100일이라는 시간은 가혹하고도 힘겹습니다. 하지만 또한 인생에서 가장 달콤하고 행복한 시간이기도 합니다. 내가 엄마라니, 덜컥 겁이 나기도 할 거예요. 모든 게 서툴러 내가 오히려 아기를 힘들게 하고 있는 건 아닌지 때때로 눈물이 나기도 할 겁니다. 하지만, 걱정하지 마세요. 그리고 스스로를 격려하세요. 누구에게나 육아는 힘든 법이랍니다. 이제 곧 아기는 옹알이를 시작하고, 집 안 구석구석을 기어 다니며 즐거운 탐색을 시작할 거예요. 아기와의 이 순간을 보다 행복하게 즐기세요. 행복한 엄마살이, 지금부터 시작입니다.

MOTHERLY CHART ④

첫돌까지 인지 · 행동 · 감성 발달표

	아기들 중 90%가 해요	아기들 중 75%가 해요	아기들 중 50%가 해요	아기들 중 25%밖에 못해요
생후 1 개월	• 배를 바닥에 대고 놓아두면 머리를 짧은 동안 들어 올리는 것 • 양쪽 손과 발을 똑같이 잘 움직이는 것 • 20 ~ 37.5㎝ 사이에 있는 물건에 시선을 맞추는 것	• 상대방 얼굴에 시선을 맞추는 것	• 어느 방향에서나 들려오는 소리에 반응하는 것(깜짝 놀라게 하는 소리, 우는 소리, 잠잠한 소리 등) • 얼굴 위 15㎝ 정도에서 어떤 물건을 가지고 둥글게 호를 그리면, 시선이 따라오는 것(중간 선까지 계속해서)	• 배를 바닥에 댄 상태에서 머리를 90도로 들어 올리는 것 • 똑바로 세우면 머리를 지탱하는 것 • 두 손을 모으는 것 • 자연스럽게 미소 짓는 것 • 크게 웃는 것 • 기뻐서 소리 지르는 것
생후 2 개월	• 엄마가 미소 지으면 따라서 미소 지을 수 있는 것 • 어느 방향에서나 들려오는 소리에 반응하는 것 • 우는 것 이외의 방법으로 소리 낼 수 있는 것(까르륵거리며 좋아하는 소리처럼)	• 배를 바닥에 댄 상태에서 머리를 45도로 들어 올리는 것 • 얼굴 위 15㎝ 정도에서 어떤 물건을 가지고 둥글게 호를 그리면, 시선이 따라오는 것(중간 선까지 계속해서)	• 똑바로 세우면 머리를 지탱하는 것 • 배를 바닥에 댄 상태에서 팔을 사용해 가슴을 들어 올리는 것 • 구르는 것(한쪽 방향으로)	• 자연스럽게 미소 짓는 것 • 두 손을 모으는 것 • 배를 바닥에 댄 상태에서 머리를 90도로 들어 올리는 것 • 크게 웃는 것 • 기뻐서 소리 지르는 것
생후 3 개월	• 배를 바닥에 댄 상태에서 머리를 45도로 들어 올리는 것 • 얼굴 위 15㎝ 정도에서 어떤 물건을 가지고 둥글게 호를 그리면, 시선이 따라오는 것(중간 선까지 계속해서)	• 큰소리로 웃는 것 • 배를 바닥에 댄 상태에서 머리를 90도로 들어 올리는 것 • 기뻐서 소리 지르는 것 • 두 손을 모으는 것 • 자연스럽게 미소 짓는 것	• 손가락 끝이나 안쪽으로 건포도를 쥐는 것 • 건포도나 그 이외의 아주 작은 물건에 관심을 보이는 것	• 똑바로 세우면 다리에 힘을 주는 것 • 물건에 손을 대는 것 • 당겨 앉히면 머리가 신체와 수평을 유지하는 것 • 소리 나는 방향으로 몸을 돌리는 것 (특히 엄마 목소리) • 자음과 모음을 조합해 "아구"나 이와 유사한 말을 하는 것
생후 4 개월	• 배를 바닥에 댄 상태에서 머리를 90도로 들어 올리는 것 • 큰소리로 웃는 것 • 얼굴 위 5㎝ 정도에서 어떤 물건을 가지고 둥글게 호를 그리면, 시선이 따라오는 것 (한쪽에서 다른 한쪽으로 180도)	• 똑바로 세우면 머리를 지탱하는 것 • 배를 바닥에 댄 상태에서 팔을 사용해 가슴을 들어 올리는 것 • 구르는 것(한쪽 방향으로) • 손가락 끝이나 안쪽으로 딸랑이를 잡는 것 • 건포도나 그 이외의 아주 작은 물건에 관심을 보이는 것	• 당겨 앉히면 머리가 신체와 수평을 유지하는 것 • 소리 나는 방향으로 몸을 돌리는 것 (특히 엄마 목소리에) • 자음과 모음을 조합해 "아구"나 이와 유사한 말을 하는 것 • 짜증내면서 불평하는 소리 내는 것	• 똑바로 세우면 다리에 힘을 주는 것 • 혼자서 앉기 • 장난감을 뺏으려고 하면 거부하는 것 • 소리 나는 방향으로 몸을 돌리는 것
생후 5 개월	• 똑바로 세우면 머리를 지탱하는 것 • 배를 바닥에 댄 상태에서 팔을 사용해 가슴을 들어 올리는 것 • 구르는 것(한쪽 방향으로) • 건포도나 그 이외의 아주 작은 물건에 관심을 보이는 것 • 기뻐서 소리 지르는 것	• 똑바로 세우면 다리에 힘을 주는 것 • 당겨 앉히면 머리가 신체와 수평을 유지하는 것 • 자음과 모음을 조합해 "아구"나 이와 유사한 말을 하는 것 • 짜증내면서 불평하는 소리 내는 것	• 혼자서 앉기 • 소리 나는 방향으로 몸을 돌리는 것	• 앉은 상태에서 몸을 일으키기 • 사람이나 물건을 붙잡고 서는 것 • 혼자서 크래커 먹는 것 • 장난감을 뺏으려고 하면 거부하는 것 • 닿지 않는 장난감을 잡으려고 노력을 하는 것 • 주사위 모양이나 그 이외의 물건을 한 손에서 다른 손으로 옮기는 것
생후 6 개월	• 당겨 앉히면 머리가 신체와 수평을 유지하는 것 • 자음과 모음을 조합해 "아구"나 이와 유사한 말을 하는 것	• 똑바로 세우면 다리에 힘을 주는 것 • 혼자서 앉기	• 사람이나 물건을 붙잡고 서는 것 • 혼자서 크래커 먹는 것 • 장난감을 뺏으려고 하면 거부하는 것 • 닿지 않는 장난감을 잡으려고 노력을 하는 것 • 주사위 모양이나 그 외의 물건을 한 손에서 다른 손으로 옮기는 것 • 떨어진 물건을 향해 쳐다보는 것	• 앉은 상태에서 몸을 일으키기 • 엎드린 상태에서 앉은 자세로 옮겨가기 • 엄지손가락과 나머지 손가락을 사용해 작은 물건을 들어 올리는 것 • 무슨 소린지 구별하기는 어렵지만 "맘마"나 "엄마"라고 말하기

	아기들 중 **90%**가 해요	아기들 중 **75%**가 해요	아기들 중 **50%**가 해요	아기들 중 **25%**밖에 못해요
생후 **7** 개월	• 혼자서 크래커 먹기 • 마음에 들지 않을 때 화나는 감정 표현하기	• 똑바로 세우면 다리에 힘을 주는 것 • 혼자서 앉기 • 장난감을 뺏으려고 하면 거부하는 것 • 닿지 않는 장난감을 잡으려고 노력을 하는 것 • 주사위 모양이나 그 외의 물건을 한 손에서 다른 손으로 옮기는 것 • 떨어진 물건을 향해 쳐다보는 것	• 사람이나 물건을 붙잡고 서는 것	• 앉은 상태에서 몸을 일으키기 • 엎드린 상태에서 앉은 자세로 옮겨 가기 • 짝짜꿍놀이나 빠이빠이 (손뼉치기나 손 흔들기) • 엄지손가락과 나머지 손가락을 사용해 작은 물건을 들어 올리는 것 • 가구를 붙잡고 걷기(왔다 갔다 하기)
생후 **8** 개월	• 똑바로 세우면 다리에 힘을 주는 것 • 주사위 모양이나 그 외의 물건을 한 손에서 다른 손으로 옮기는 것 • 건포도를 긁어서 손 전체로 움켜쥐고 들어 올리는 것 • 소리 나는 방향으로 몸을 돌리는 것	• 사람이나 물건을 붙잡고 서는 것 • 장난감을 뺏으려고 하면 거부하는 것 • 닿지 않는 장난감을 잡으려고 노력을 하는 것 • 까꿍놀이 하기 • 엎드린 상태에서 앉은 자세로 옮겨가기	• 앉은 상태에서 몸을 일으키기 • 엄지손가락과 나머지 손가락을 사용해 작은 물건을 들어 올리는 것 • 무슨 소린지 구별하기는 어렵지만 "맘마"나 "엄마"라고 말하기	• 짝짜꿍놀이나 빠이빠이 (손뼉치기나 손 흔들기) • 가구를 붙잡고 걷기(왔다 갔다 하기) • 순간적으로 혼자 서 있는 것 • "안 돼"라는 말을 이해하기
생후 **9** 개월	• 닿지 않는 장난감을 잡으려고 노력하는 것 • 떨어진 물건을 향해 쳐다보는 것	• 앉은 상태에서 몸을 일으키기 • 엎드린 상태에서 앉은 자세로 옮겨가기 • 장난감을 뺏으려고 하면 거부하기 • 사람이나 사물을 붙잡고 서 있기 • 무슨 소린지 구별하기는 어렵지만 "맘마"나" 엄마"라고 말하기	• 짝짜꿍놀이나 빠이빠이 (손뼉치기나 손 흔들기) • 가구를 붙잡고 걷기(왔다 갔다 하기) • "안 돼"라는 말을 이해하기	• 공놀이(엄마한테 공을 다시 굴려주는 것) • 혼자서 컵으로 마시는 것 • 엄지손가락과 집게손가락 끝으로 작은 물건을 가뿐하게 들어 올리는 것 • 순간적으로 혼자 서 있는 것 • 혼자 서 있는 것 • "맘마", "엄마"라고 분명히 말하는 것
생후 **10** 개월	• 사람이나 물건을 붙잡고 서기 • 장난감을 뺏으려고 하면 거부하는 것 • 무슨 소린지 구별하기는 어렵지만 "맘마"나 "엄마"라고 말하는 것 • 까꿍놀이 하기	• 엎드린 상태에서 앉은 자세로 옮겨가기 • 짝짜꿍놀이나 빠이빠이 (손뼉치기나 손 흔들기) • 엄지손가락과 나머지 손가락을 이용해 작은 물건을 들어 올리는 것 • 가구를 붙잡고 걷기(왔다 갔다 하기) • "안 돼"라는 말을 이해하기	• 순간적으로 혼자 서 있는 것 • "맘마"나 "엄마"라고 분명히 말하는 것	• 우는 것 이외의 방법으로 원하는 것을 표시하는 것 • 공놀이(엄마한테 공을 다시 굴려주는 것) • 혼자서 컵으로 마시는 것 • 엄지손가락과 집게손가락 끝으로 작은 물건을 가뿐하게 들어 올리는 것 • 혼자 서 있는 것
생후 **11** 개월	• 엎드린 상태에서 앉은 자세로 옮겨가기 • 엄지손가락과 나머지 손가락을 사용해 작은 물건을 들어 올리는 것 • "안 돼"라는 말을 이해하기	• 짝짜꿍놀이나 빠이빠이 (손뼉치기나 손 흔들기) • 가구를 붙잡고 걷기(왔다 갔다 하기)	• 엄지손가락과 집게손가락 끝으로 작은 물건을 가뿐하게 들어 올리는 것 • 순간적으로 혼자 서 있는 것 • "맘마"나 "엄마"라고 분명히 말하는 것	• 혼자 서 있는 것 • 우는 것 이외의 방법으로 원하는 것을 표시하는 것 • 공놀이(엄마한테 공을 굴려주는 것) • 혼자서 컵으로 마시는 것 • 뜻을 알 수 없는 말을 사용하는 것
생후 **12** 개월	• 가구에 기대어 걸을 수 있는 것	• 짝짜꿍놀이나 빠이빠이 • 혼자서 컵으로 마시는 것 • 순간적으로 혼자 서 있는 것 • "맘마"나 "엄마"라고 분명히 말하는 것 • "맘마"나 "엄마" 이외에 다른 단어를 말하는 것	• 우는 것 이외의 방법으로 원하는 것을 표시하는 것 • 공놀이(엄마한테 공을 다시 굴려주는 것) • 혼자 서 있는 것 • 뜻을 알 수 없는 말을 사용하는 것 • 잘 걷기	• "맘마"나 "엄마" 이외에 3개 이상의 단어를 말하는 것 • 몸짓을 하지 않고 명령하는 말에 반응하는 것

실는 순서

신생아 돌보기

신생아는 너무 작고 여려 안기도 조심스럽고, 어떻게 돌봐야 할지 고민스럽다. 얼마나 먹여야 할지, 목욕은 어떻게 해야 할지, 궁금하고 걱정되는 것투성이다. 신생아의 특징과 이 시기 흔한 트러블 등을 미리 숙지해두면 이런 고민을 덜 수 있다. 알쏭달쏭 궁금한 신생아… 잘 먹이고, 재우고, 씻기는 등 돌보기의 모든 것을 알아본다.

01 신생아의 몸

태어나서 만 1개월이 될 때까지의 아기를 신생아라고 한다. 눈도 잘 뜨지 않고, 먹고 자기만을 반복하지만 곧 살이 통통 오르고 더욱 사랑스러워진다. 초보 엄마들이 꼭 알아야 할 신생아의 신체적 특징을 알아본다.

신생아의 생리적 특징

고막체온 36.7~37.5℃

신생아의 평균 체온은 36.7~37.5℃로 어른보다 높다. 아직 체온 조절 능력이 미숙해 작은 온도 변화에도 민감하므로 온도 조절에 신경 써야 한다.

호흡 1분에 30~60회

신생아들은 복식호흡을 하는데 생후 초기에는 호흡 조절 기능이 미숙해 호흡수가 매우 불규칙하다. 1분에 30~60회 정도로 어른에 비해 2배가량 빠르다.

맥박 1분에 120~160회

신생아의 맥박수는 성인에 비하여 2배가량 빠른데, 작은 심장에서 혈액을 충분히 펌프질 하느라 나타나는 극히 자연스러운 현상이므로 걱정하지 않아도 된다.

배설 2~3일간 태변 지속

생후 24시간 내에 짙은 녹색의 태변을 보는데 2~3일 정도 지속된다. 젖이나 분유를 먹으면서 점차 노란색의 묽은 변으로 변하고 소변은 하루 10~20회, 대변은 0~10회 정도로 보니 자주 기저귀를 갈아주어야 한다.

신생아의 신체적 특징

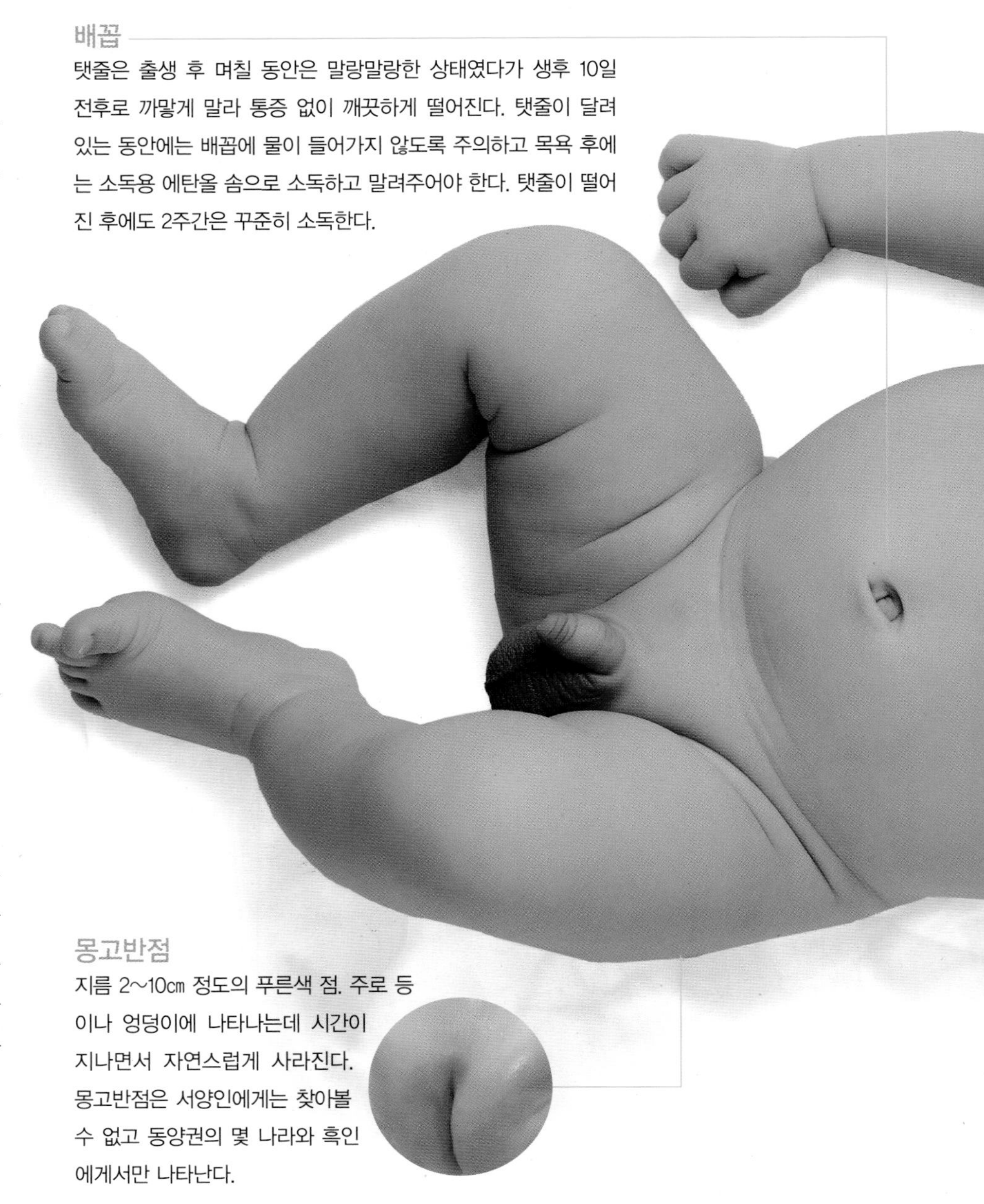

배꼽

탯줄은 출생 후 며칠 동안은 말랑말랑한 상태였다가 생후 10일 전후로 까맣게 말라 통증 없이 깨끗하게 떨어진다. 탯줄이 달려 있는 동안에는 배꼽에 물이 들어가지 않도록 주의하고 목욕 후에는 소독용 에탄올 솜으로 소독하고 말려주어야 한다. 탯줄이 떨어진 후에도 2주간은 꾸준히 소독한다.

몽고반점

지름 2~10㎝ 정도의 푸른색 점. 주로 등이나 엉덩이에 나타나는데 시간이 지나면서 자연스럽게 사라진다. 몽고반점은 서양인에게는 찾아볼 수 없고 동양권의 몇 나라와 흑인에게서만 나타난다.

가슴

성별에 상관없이 가슴이 볼록하게 부풀어 있는데 임신 중 엄마의 유방을 자극하던 호르몬이 아기의 유선에 영향을 주었기 때문이다. 젖꼭지를 나오게 한다고 아기 젖꼭지를 짜면 감염을 일으킬 수 있으므로 삼간다.

입

신생아는 빠는 힘이 강해서 입술에 물집이 잡힌다. 목욕을 시킬 때 입 주위를 꼼꼼하게 닦아주고 구강청결제는 사용하지 않는다. 신생아는 모유나 분유의 달착지근한 맛을 가장 좋아하고 쓴맛과 신맛은 싫어한다.

피부

신생아 피부에는 쪼글쪼글한 백색의 막이 덮여 있는데 엄마 배 속에서 태아를 보호해주던 '태지'라는 막이다. 태지는 아기의 피부를 보호하기 위한 기름막이므로 무리하게 벗겨내면 염증이 생길 수 있다. 처음 목욕시킬 때 자연스럽게 씻어낸다. 신생아는 목 주위, 겨드랑이 등이 항상 접혀 있으므로 잘 닦아주어야 한다.

눈

신생아의 시력은 0.2도 채 안 되기 때문에 생후 6주 이전까지는 정확하게 사물을 볼 수는 없다. 현재는 20~25㎝ 거리 이내의 물체를 보는 정도. 눈곱이 끼어 있을 때는 거즈에 미지근한 물을 적셔 눈머리에서 눈초리 쪽으로 살살 닦아준다.

머리

신생아는 몸에 비해 머리가 크다. 머리는 어른의 ⅓ 크기지만 몸통은 어른의 ½에 불과한 4등신의 체형. 머리 모양이 뾰족한 경우가 있는데 이것은 좁은 산도를 통과하느라 약간 변형된 것으로 점차 나아진다. 신생아의 머리는 숨구멍인 대천문과 소천문이 아직 닫히지 않은 상태이기 때문에 함부로 만져서는 안 된다.

대천문

이마와 정수리 사이 말랑말랑한 부분이 만져지는데 이곳이 대천문이다. 생후 만 2년이 되면 완전히 닫혀 단단해지는데, 그전까지는 심하게 누르거나 압박하는 일이 없어야 한다. 뇌가 다 성장하기 전에 닫혀버리면 뇌 성장에 심각한 문제를 초래하므로 너무 일찍 닫히거나 또는 볼록 올라오는 증상이 있으면 반드시 소아청소년과 전문의에게 보여야 한다.

체중

신생아의 정상 체중은 2.5~4.0kg으로 2.5kg 미만일 때를 넓은 의미로 저체중아, 4.0kg이 넘는 경우를 과체중아라고 말한다. 신생아는 하루에 평균 30g(오차범위 20~50g) 정도 체중이 증가해 보통 3~4개월 경에는 출생 시 체중의 2배가 된다. 신생아의 체중은 출생 직후 약간 감소하는데 이는 일시적인 현상이며 약 5~14일(만삭아 평균 5~7일, 미숙아 평균 10~14일) 후면 정상으로 되돌아온다.

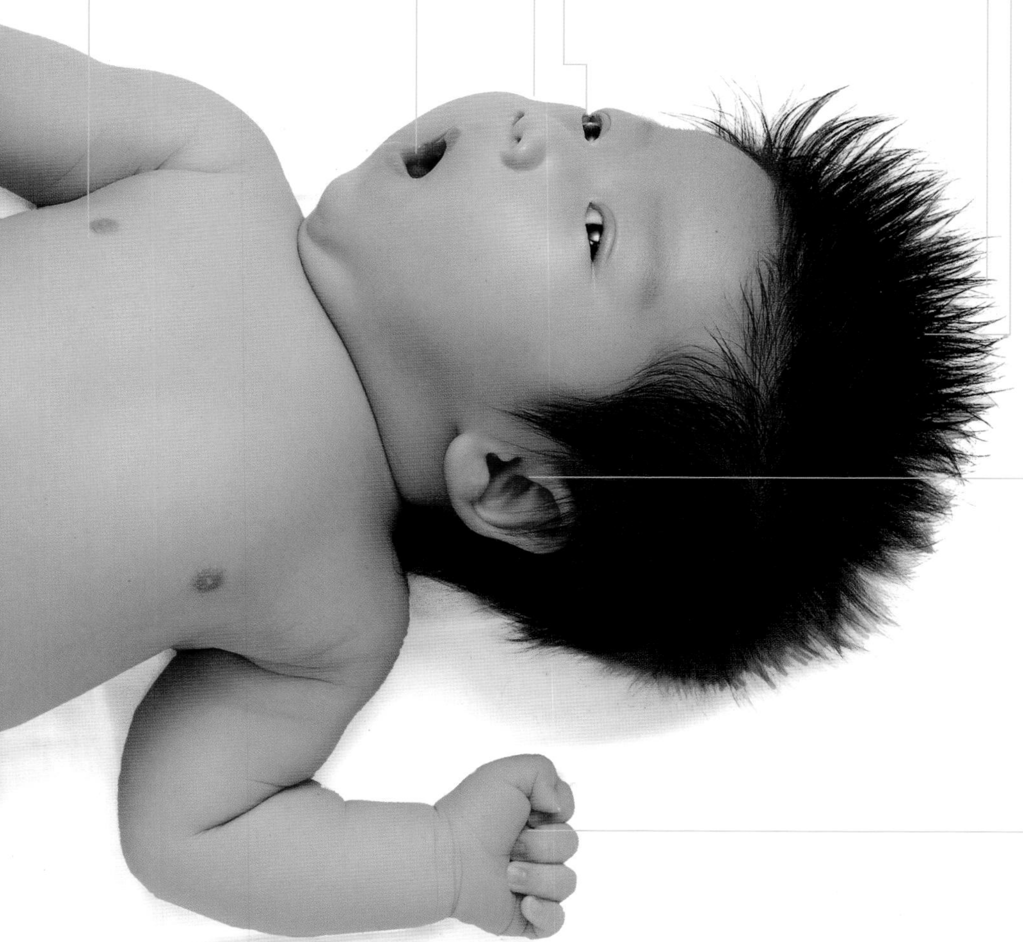

귀

엄마 배 속에서부터 청각이 발달해 출생 후에는 소리의 크기나 음절을 알아들을 수 있고, 작은 소리에도 민감하게 반응한다. 굵고 낮은 저음보다는 가늘고 높은 음색에 더 많은 반응을 보인다. 귀지는 제거하지 않아도 되며 목욕 후 귀에 물이 들어가지 않도록 귀 주변의 물기는 면봉으로 잘 닦아준다.

손톱과 발톱

신생아의 손톱은 얇고 날카로워서 얼굴에 상처를 낼 수 있다. 손톱이나 발톱은 아기 전용 손톱가위를 사용해 일자로 자르는 것이 안전하다. 너무 짧게 깎지 않도록 주의하고 손톱을 잘라주었는데도 자꾸만 얼굴에 상처를 내면 손싸개를 해준다.

신생아 기초 검사

신생아가 태어나면 분만실에서는 기초 케어와 검사가 이루어진다. 꼭 체크해야 할 신체검사와 엄마가 알아야 할 신생아 반사 반응을 알아봤다.

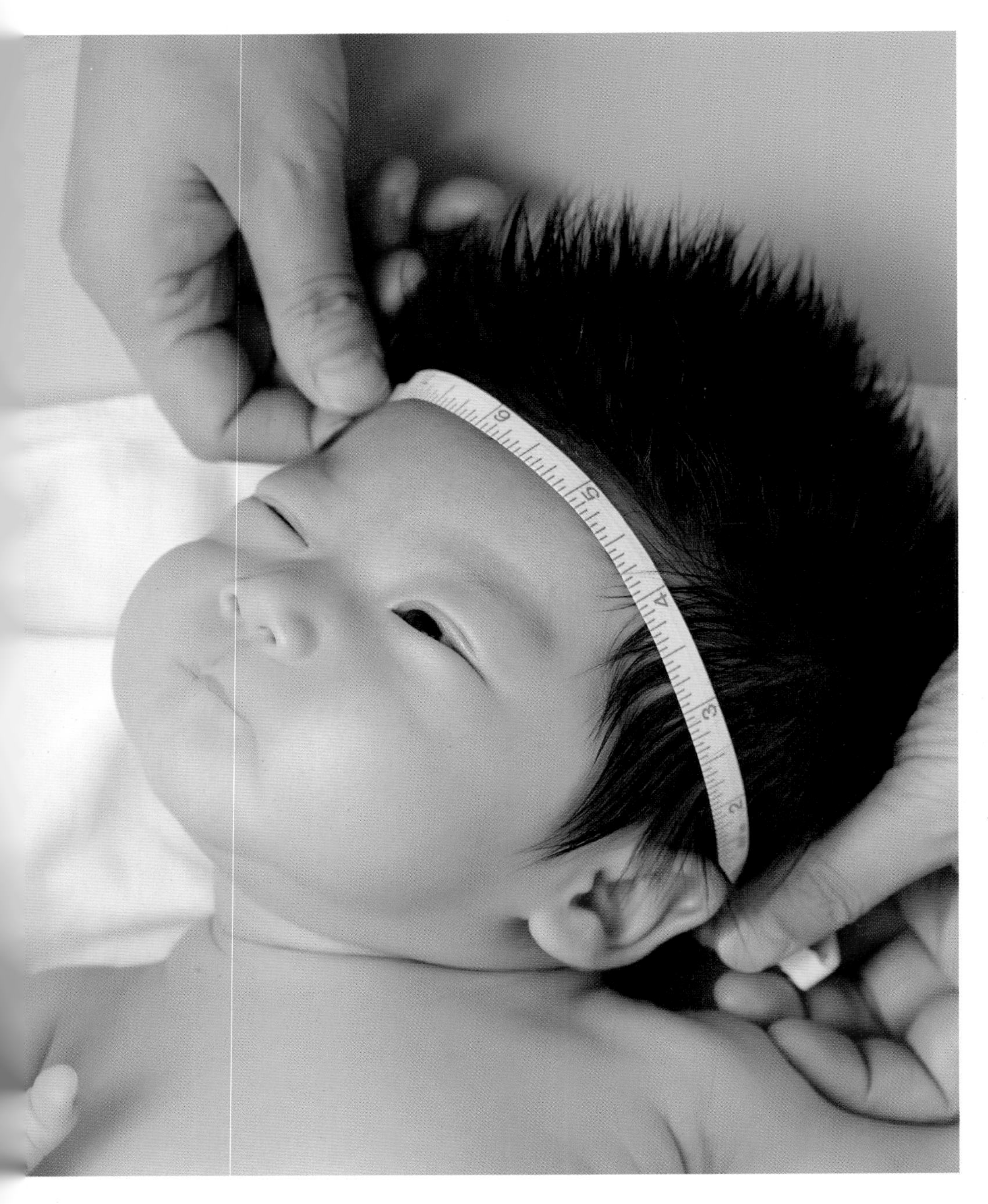

신생아 기본 처치

필요시 입속 이물질을 제거한다

아기가 태어나면 우선 입속의 양수와 이물질을 제거해 숨을 잘 쉴 수 있도록 도와준다. 그리고 후두와 기관지에 남아 있는 이물질을 깨끗하게 닦아 아기가 편하게 숨을 쉴 수 있도록 한다. 이후 코의 이물질을 제거한다.

탯줄을 자른다

아기가 막 태어났을 때는 탯줄을 조금 길게 자른다. 이것을 3~4㎝ 정도만 남기고 다시 자른 후 끝을 플라스틱 집게로 집어 놓는다.

눈을 소독한다

갓 태어난 신생아들은 엄마 배 속에 있던 양수가 눈에 들어가서 눈을 제대로 뜨지 못한다. 소독수로 눈에 들어 있는 양수를 제거할 겸 눈을 소독한다. 점안 후 눈을 씻어 내지 않아야 한다.

목욕을 시킨다

호흡은 출생 직후 바로 시작되고, 입속 이물질 제거와 기도 개방을 해 주면 대부분 호흡이 안정화된다. 이제 목욕을 통해 엄마 배 속에 있을 때 묻은 태지와 산도를 빠져나오면서 묻은 피 등을 씻어낸다. 탯줄은 목욕 후에 다시 한 번 소독한다.

신체 치수를 잰다
몸무게, 키, 머리둘레, 가슴둘레와 복부둘레를 잰다. 신생아의 몸무게는 2.5~4.0㎏이면 정상 체중 범위다. 처음 3~4일간은 땀과 오줌, 태변 등이 배출되면서 체중이 일시적으로 줄어들지만 열흘 정도 지나면 원 상태로 회복된다. 신생아의 평균 키는 50㎝다.

발도장을 찍는다
아기의 발도장을 찍은 간단한 카드를 만들어 아기의 신체 치수를 적어둔다. 이 발도장 카드는 병원 퇴원 시 엄마에게 전달된다.

발찌와 팔찌를 찬다
산모의 이름과 아기가 태어난 날짜와 시간, 성별, 몸무게, 분만 형태 등을 기록한 발찌와 팔찌를 차고 신생아실로 옮겨진다. 기본 처치 후 신생아실에 갈 때까지 대부분 5~10분 정도 소요된다.

신생아 기초 검사

신체 전반을 살펴본다
머리끝에서 발끝까지 전체적인 자세와 긴장도, 성숙 상태 등을 살핀다. 만약 이상이 발견되면 조기 치료를 위해 의사는 회진을 하면서 지속적으로 신생아의 몸을 검사한다. 신생아가 기본 처치를 받고 소아청소년과 첫 검진을 받을 때는 부모가 동석해 궁금한 사항을 묻고 필요한 건강 지침을 듣는 것이 좋다.

심장 소리를 듣는다
신생아의 심장은 아직 구멍이 모두 닫히지 않았기 때문에 여러 번 검사한다. 호흡수나 호흡법 등을 살펴보고 따뜻한 손으로 아기의 배도 만져보면서 장기에 문제가 있는지 살핀다.

입속을 검사한다
손가락을 아기 입속에 집어넣어 잇몸과 혀, 입천장 등이 제대로 모양을 갖췄는지 살핀다. 입안에 구멍이 뚫린 구개파열이 있는 경우가 있으므로 입안이 정상인지 손가락을 넣어 살핀다.

피부색을 검사한다
보통 갓 태어난 아기의 몸은 전등으로 비춰보았을 때 선홍색을 띠어야 한다. 피부색이 너무 하얗거나 청색을 띠면 이상이 있는 것은 아닌지 의심한다.

혈액 검사를 한다
생후 이틀이 지나면 신생아의 발뒤꿈치에서 뽑은 피를 여과종이에 묻혀 검사를 한다. 이 검사에서 선천성 대사이상, 황달 등 이상 소견이 발견되면 재검사 또는 정밀검사를 해야 한다. 만약 대사 이상이 늦게 발견 되면 정신박약이나 심신 장애 등이 생길 수 있다.

머리 상처를 검사한다
산도를 빠져나오면서 머리에 상처를 입지는 않았는지 검사한다. 머리는 중요한 부분이므로 이상이 있다면 조기에 발견하는 것이 좋다. 머리 꼭대기에서부터 천천히 쓰다듬으며 혹이나 이상 여부를 체크한다.

귀를 검사한다
손으로 귀 안쪽과 바깥쪽을 더듬어보고 겉으로 봐서 귓구멍이 제대로 뚫렸는지, 귓바퀴 모양은 이상이 없는지 등을 꼼꼼히 살핀다. 귀의 이상은 조기에 발견하면 치료할 수 있다.

성기를 검사한다
여자아기는 대음순과 소음순이 잘 아물려 있는지 살펴보고 남자아기는 양쪽 음낭의 크기가 차이가 많이 나는지를 검사한다. 이 점은 퇴원 직전에 한 번 더 검사한다.

항문을 검사한다
손가락으로 항문을 직접 만져보며 항문이 제대로 뚫렸는지 검사한다. 배설은 태어나서 바로 이뤄지는 신진대사이기 때문에 항문 검사는 매우 중요하다.

다리를 검사한다
아기의 다리를 손으로 벌려 모양에 이상은 없는지, 양쪽 길이가 같은지 살핀다. 고관절이 탈구되면 다리를 벌리는 것이 부자연스럽고 양쪽 다리 길이가 다르다.

황달 검사를 한다
생후 2~3일경부터 나타나는 신생아 황달은 적혈구가 파괴될 때 생기는 빌리루빈 때문에 나타나는 것으로 갓 태어난 아기에게서 흔히 보이는 증상이다. 가능하면 피부 측정이나 뒤꿈치 검사를 통하여 황달의 수치를 객관적으로 확인하고 필요하면 광선치료를 한다.

선천성 대사이상 검사를 한다
선천성 대사이상 질환은 유전자 이상으로 신생아가 섭취하는 탄수화물, 단백질, 지방의 각 화합물을 대사시키는 효소의 결합 및 결손으로 인해 장애를 일으키는 것으로 생후 3~7일 사이에 조기 검사를 통해 예방할 수 있다. 2018년 10월부터 선천성 대사이상 50여 종의 검사가 건강보험 적용으로 변경되었다.

신생아 난청 검사를 한다

선천성 기형 중 가장 흔하게 발생되는 질병으로 꼽히는 난청 검사는 2018년 10월부터 건강보험 적용으로 변경되었다.

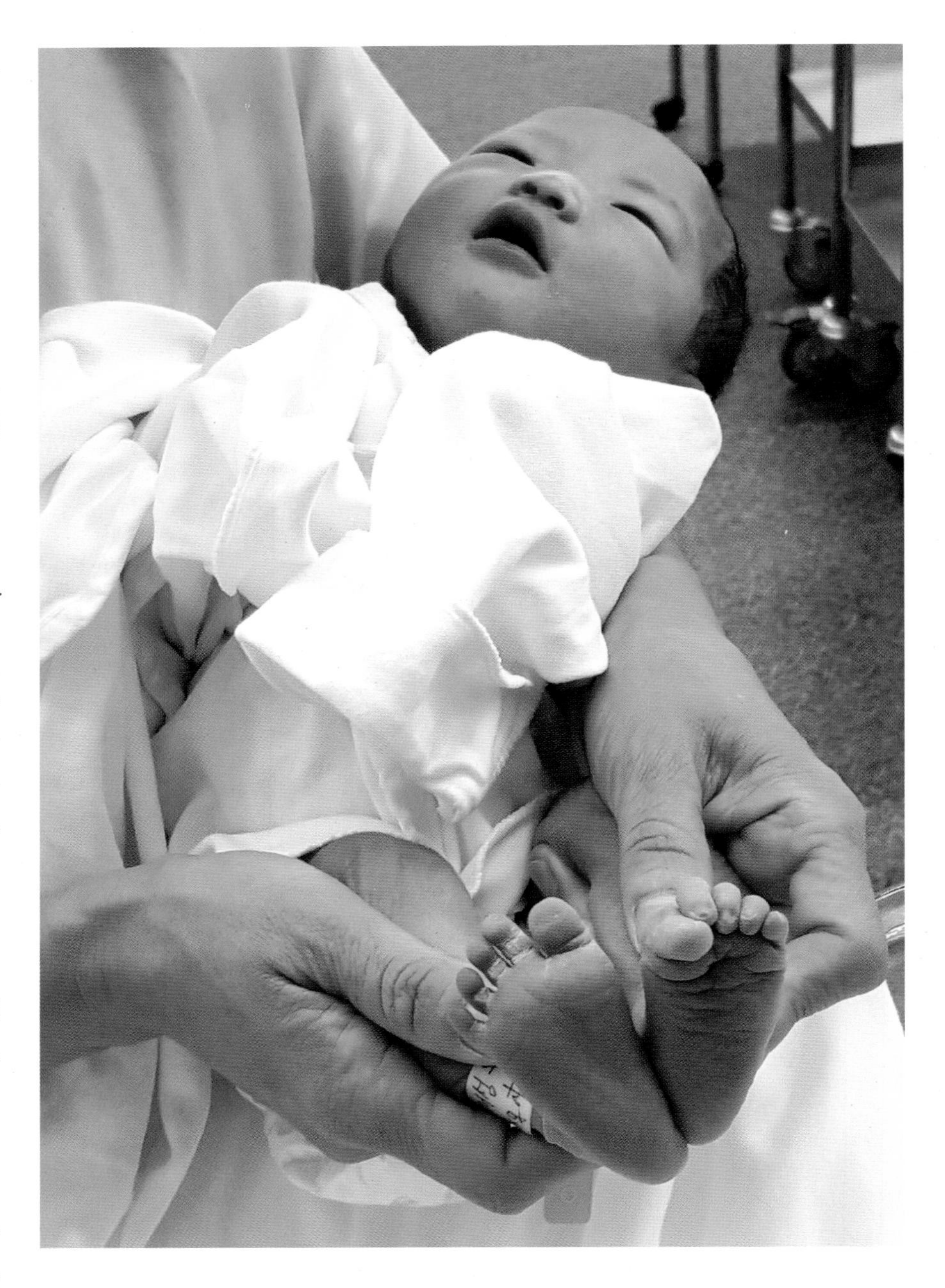

신생아 반사 반응

쥐기 반사

신생아 손바닥을 건드리면 무의식적으로 손바닥에 닿은 상대의 손가락을 강하게 쥔다. 신생아라도 쥐는 힘이 생각보다 강한데 이는 엄마에게 매달리려는 욕구와 관계가 깊다.

일으키기 반사

누워 있는 아기의 두 손을 잡고 살짝 일으키는 시늉을 하면 아기는 무의식적으로 몸을 일으키려고 힘을 준다.

먹이 찾기 반사

손가락으로 아기 입술을 자극하면 누가 가르쳐주지 않았는데도 아기는 얼굴을 돌리며 입술을 내밀고 빠는 시늉을 한다. 배가 고플 때 가장 강하게 나타나는데 생후 3개월이 되면 사라진다.

모로 반사

아기를 건드리거나 머리를 들어 올렸다 내렸다 하면 나타나는 반응이다. 팔과 다리를 벌렸다가 갑자기 포옹하듯 두 팔을 가슴 쪽으로 오므린다. 이 반사가 나타나지 않거나 한쪽 팔만 나타날 경우 쇄골 골절, 상완신경총 마비, 편마비, 중추신경계 손상 등의 우려가 있다.

걸음마 반사

신생아의 상체를 약간 앞쪽으로 기울여주면 아기는 발을 들면서 걸음마 흉내를 낸다. 아기의 양쪽 겨드랑이 밑을 잡고 편평한 바닥에 양발을 딛게 해 똑바로 세우면 나타난다.

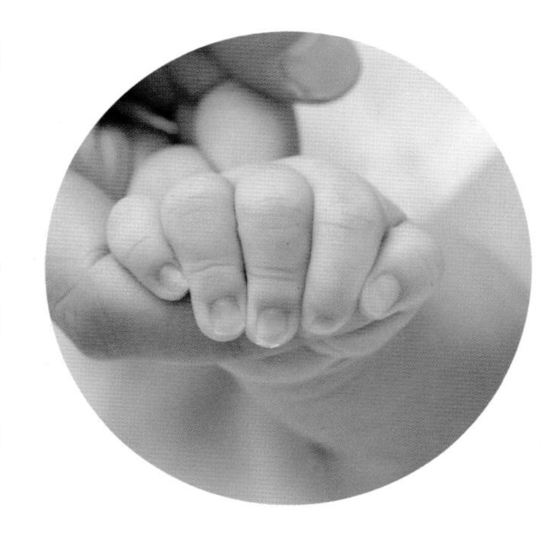

03 신생아 트러블

집으로 돌아가 본격적으로 신생아를 돌보기 시작하다 보면 사소한 것까지 신경이 쓰이고 걱정이 앞선다. 신생아들이 흔하게 겪는 트러블을 알아두면 당황하지 않고 대처할 수 있다.

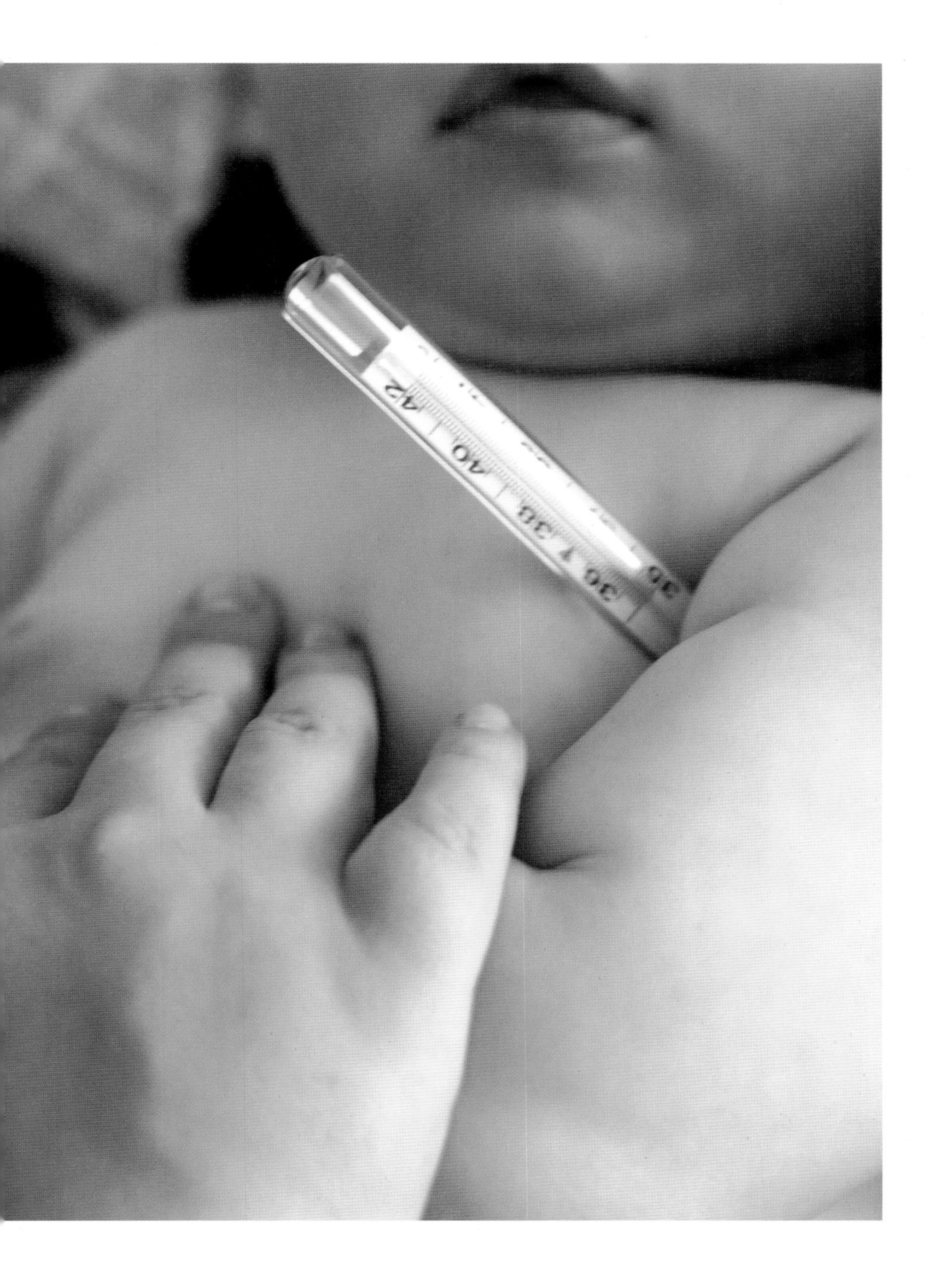

흔한 신생아 트러블

초보 엄마들은 아기가 잘 먹고 잘 싸는지 등 건강을 확인하고 싶어 한다. 아기의 건강 상태는 체중 증가를 통해 알 수 있다. 건강한 아기라면 일주일 간격으로 보통 150~300g 정도 체중이 증가하므로 일주일에 한 번씩 체중을 재본다. 하루에 대변을 1~5회(모유 수유를 할 경우 10회), 소변은 10~15회(푹 젖은 기저귀 5장) 이상 본다면 건강하다고 할 수 있다.

말 못하는 신생아들은 몸에 이상이 생기면 다양한 방법으로 자신의 증상을 알린다. 평소 보던 대변과 색깔과 모양이 달라지면 병원을 찾아야 한다. 또한 신생아는 울음을 통해 의사를 표현한다. 숨을 한 번 크게 쉬었다가 잠깐 사이를 두는 울음은 배가 고파서 우는 것. 단 아기가 숨을 멈추고 새파랗게 질린 채 울때는 복통, 과열, 갑작스러운 소음 등 예기치 않은 문제로 인한 것일 수 있다. 일단 다정하게 안아서 달래다가 그래도 울음이 30분 이상 지속되면 병원을 찾는 것이 좋다.

구토

생후 한 달 이전의 아기들은 하루에 1번 이상 모유나 분유를 게워낸다. 신생아들은 식도와 위를 연결하는 분문이 아직 덜 발달되어 쉽게 열리므로 수유 후 쉽게 토를 하는 것이다. 수유 후에는 한 손으로 아기 엉덩이를 받치고 다른 손으로 아기의 등을 아래위로 쓰다듬으며 트림을 5분 이상 시켜줘야 토하는 횟수가 줄어든다. 아기가 자주 구토를 하더라도 체중이 정상적으로 늘고 있다면 큰 문제는 없다. 다만 구토와 함께 발진이 나타나면 우유에 들어있는 단백질이 알레르기 반응을 일으킨 경우일 수 있고 하루에 3~4번 이상 분수처럼 토한다면 십이지장의 근육층인 유문이 두꺼워져 먹은 게 나가지 못해 토하는 것일 수 있으므로 병원을 찾는다. 담즙성 구토, 심한 보챔이 동반되거나 혈변이 보이면 바로 병원에 가야 한다.

코 막힘

신생아는 분비물이 많은 데다 콧구멍이 작아 코가 잘 막힌다. 숨 쉴 때 그르렁거리는 소리를 낸다면 코가 막힌다는 증거다. 코가 막히면 젖을 잘 먹지 않고 잠을 잘 못자고 칭얼거린다. 겨울철에는 가습기를 사용해 실내 습도를 40~60%로 유지해주고 심한 경우 생리식염수를 면봉에 묻혀 콧속을 살살 비벼준다. 요즘 콧물 흡입기를 사용하는 엄마들이 많은데 자칫 코 점막이 손상될 수 있으므로 주의한다.

태지

생후 2~3일이 지나면 아기의 몸에 새하얀 각질이 일어난다. 이는 신생아 태지로 각질이 지저분해 보인다고 억지로 손으로 벗겨내면 연약한 피부에 자극을 주게 된다. 차츰 살이 오르면서 없어지므로 그냥 둔다.

딸꾹질

딸꾹질은 가슴과 배의 경계가 되는 횡격막이 갑작스럽게 수축하면서 생기는 현상으로 신생아들은 신경과 근육의 발달이 미숙해 젖을 먹고 난 후 위가 갑자기 팽창하면서 횡격막을 자극해 딸꾹질을 하게 된다. 딸꾹질은 저절로 잦아들므로 걱정할 필요는 없지만 아기가 힘들어하면 수유를 하거나 젖은 기저귀를 갈아준다.

기저귀 발진

피부 노폐물이나 세균에 의해서 기저귀에 발진이 생기기 쉽다. 젖은 기저귀를 그대로 채워두면 암모니아가 피부를 손상시키고 피부와 기저귀가 마찰하면서 트러블을 일으킨다. 손상된 피부는 칸디다균 곰팡이에 2차 감염될 수 있다. 대변을 보면 반드시 엉덩이 전체를 씻기고 소변을 본 후 기저귀를 갈 때는 엉덩이와 성기를 닦은 뒤 물기를 완전히 말려준다. 기저귀를 채울 때는 손가락 두 개 정도가 들어갈 정도로 낙낙하게 채워서 엉덩이가 숨을 쉴 수 있게 하고 발진이 생겼을 때는 물기를 말린 뒤 기저귀 발진 크림을 발라준다.

변이나 소변의 이상

아기들은 건강 상태에 따라 대변의 모양과 색깔이 달라진다. 변의 상태가 달라졌다고 생각되면 우선 동반되는 증상이 없었는지 살핀다. 변의 색깔은 먹은 음식과 장운동, 철분의 농도, 담즙 분비 정도에 따라 달라지는데 검은색이나 회색, 적색을 띨 경우에는 병원을 찾아야 한다. 혹은 심한 설사와 함께 구토를 하면 탈수 현상이 일어날 수 있으므로 병원을 찾는 것이 좋다. 또 남아들에게서는 적색뇨 현상이 나타나기도 하는데 이는 체내 요산염 성분이 빠져나오는 것으로 생각할 수 있다.

신생아 황달

생후 아기의 간은 미숙한 상태여서 간에서 만들어지는 빌리루빈이라는 색소를 제대로 배설시키지 못하고 피부에 축적돼 황달 증상이 나타나기 쉽다. 신생아의 ¾ 정도는 출생 후 첫 며칠 동안 황달 증세를 보이고, 이상이 없는 한 일주일 정도면 자연히 사라진다. 심하지 않다면 젖을 먹여도 되지만, 심할 때는 1~2일 정도 수유를 중단하면 증세가 호전된다. 황달 증상과 함께 정상 체온보다 높거나 낮은 경우, 먹는 것이 줄고 아기가 탈진 상태를 보이면 병원을 찾아야 한다.

영아산통

신생아들은 울음을 통해 의사를 표현한다. 일반적인 울음은 배가 고파서 우는 것으로 숨을 한 번 크게 쉬었다가 잠깐 사이를 두는 스타카토식의 리듬을 가진다. 두 번째 울음은 처음의 울음에 대한 반응이 없을 때 나타나는 성질이 난 울음. 세 번째 울음은 고통 때문에 나오는 울음이다. 갑자기 시작되어서 계속되거나 중간에 한동안 숨을 멈추는 등 변화가 있으며 처음이나 두 번째 울음의 리듬과는 느낌이 다르다. 생후 2~3주에서 3개월 사이의 아기가 갑자기 자지러지게 울거나 보채면 영아산통을 의심해볼 수 있다. 주로 저녁이나 새벽에 이유 없이 우는 현상으로 아무리 해도 달래지지 않는다. 이러한 울음과 보챔이 하루 3시간, 일주일 3회 이상 발생하면 영아산통이라 할 수 있는데 이때는 소아청소년과 전문의를 찾아가보는 것이 좋다.

제대염

소독을 제대로 하지 않아 염증이 생기거나 잘 말리지 못한 경우에는 탯줄 밑에 염증이 생겨서 고름이 나오거나 배꼽 주변이 빨갛게 변하고 나쁜 냄새가 난다. 이는 제대염이 발생한 것으로 즉시 병원을 찾아야 한다. 그대로 방치하면 세균이 몸 전체에 퍼져 패혈증을 일으킬 수 있기 때문이다. 제대염을 예방하기 위해서는 목욕 후 배꼽을 소독용 에탄올로 닦고 잘 말려주어야 한다. 또한 기저귀는 배꼽 아래로 채워서 배꼽을 누르지 않도록 한다.

태열

피부가 건조해져 붉게 부어오르거나 좁쌀 같은 발진이 돋기도 한다. 심한 경우 물집이 생기기도 하는데 건드려 터지면 딱지가 생긴다. 아토피 피부염과 비슷해 가려운 것이 특징으로 집 안 적정 온도와 습도에 신경을 써야 하며, 개나 고양이 등은 멀리 하는 것이 좋다. 목욕은 물로 부드럽게 씻어내는 정도로 자극적이지 않게 한다.

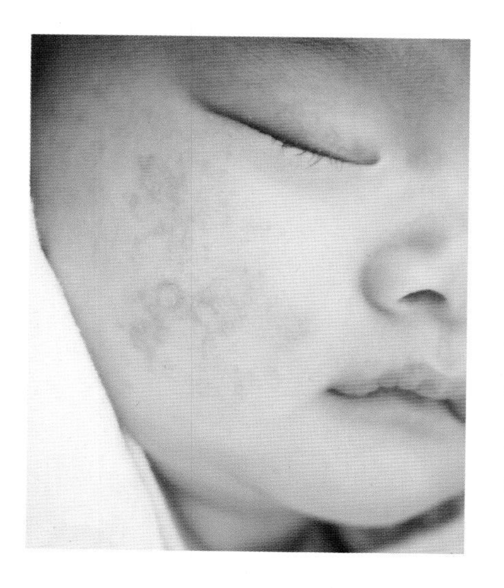

가성 생리

여자 아기들은 생후 3~4일간 성기에서 약간의 출혈이나 하얀 질 분비물이 나오기도 하는데 이는 엄마의 호르몬 때문에 발생하는 정상적인 현상이므로 걱정할 필요가 없다. 하지만 이상할 정도로 출혈이 많거나 증상이 지속되면 병원을 찾아야 한다.

신생아 홍반

신생아 얼굴이나 몸통에 나는 울긋불긋한 발진을 말한다. 흔하게 나타나지만 해가 없는 발진으로 대부분 1~3주 이내로 저절로 좋아지므로 특별한 치료가 필요하지 않지만, 심할 경우 병원을 찾는 것이 좋다.

배꼽 탈장

아기가 울 때 배꼽이 밖으로 튀어나오면 배꼽 탈장을 의심할 수 있다. 배꼽을 둘러싼 근육이 약하거나 불완전하게 닫혀 배꼽 아래 장이 근육 사이로 빠져나오는 증상으로 대부분 12~18개월 사이에 없어진다. 만약 2세가 되어도 들어가지 않거나 장 기능에 문제가 있다면 병원에 가서 체크해봐야 한다.

선천성 담도 폐쇄증

태아 때 담도가 선천적으로 형성되지 않거나 여러 원인에 의하여 막히는 경우 담즙이 장으로 배출되지 못하고 정체되어 간에 손상을 주는 질병이다. 초기 증상은 황달과 비슷해 피부 및 눈 흰자위가 노란색이고, 노란색 소변을 보며, 변에는 담즙이 없기 때문에 흰색 변을 본다. 소화 장애가 생기고 간경화증으로 심하면 사망에 이를 수 있으므로 곧바로 진단적 검사를 시행하고, 늦어도 생후 60일 이내에 수술을 받아야 한다.

미숙아가 주의해야 할 질병

✔ 미숙아 망막증

눈 뒤쪽에 비정상적인 혈관이 자라면서 상처 조직이 생기는 병으로 심한 경우 시력을 잃을 수 있다. 생후 4주경 안과 검사를 받게 되며 이후 정기적으로 검사를 받는다.

✔ 빈혈

엄마로부터 충분한 양의 철분을 공급받지 못해 적혈구의 수명이 짧아 빈혈이 생기는 경우가 많다. 따라서 체중 2.5kg 이하의 아기는 생후 8주부터 체중 1kg당 철분 2~4mg을 3~4개월 동안 매일 먹어야 한다. 모유 수유아는 이유식이 잘 될 때까지 철분제를 먹여 빈혈을 예방한다.

✔ 만성 폐질환

폐가 성숙하지 못한 상태로 태어난 미숙아는 인공호흡기 및 고농도 산소 등으로 인해 폐가 손상되어 기관지폐 형성 이상이 발생하기 쉽다. 이 경우 RSV에 대한 예방접종이 필요하며, 퇴원 이후 감염되지 않도록 최대한 조심해야 한다.

✔ 감염성 질환

항체가 적은 미숙아는 면역력이 떨어져 각종 호흡기 및 소화기 바이러스 감염, 폐렴, 뇌수막염, 요로 감염 등에 걸리기 쉽다. 세균에 감염되지 않도록 아기가 생활하는 주변 환경 청결에 항상 신경 써야 한다.

04 기저귀 선택법 & 갈기

기저귀는 엄마의 가장 기초적인 일과이자 아기 건강을 들여다보는 바로미터다. 하루에도 몇 번씩 반복되는 일이지만 서툰 엄마들이 의외로 많다. 기저귀 선택 노하우와 제대로 갈아주는 법을 알아봤다.

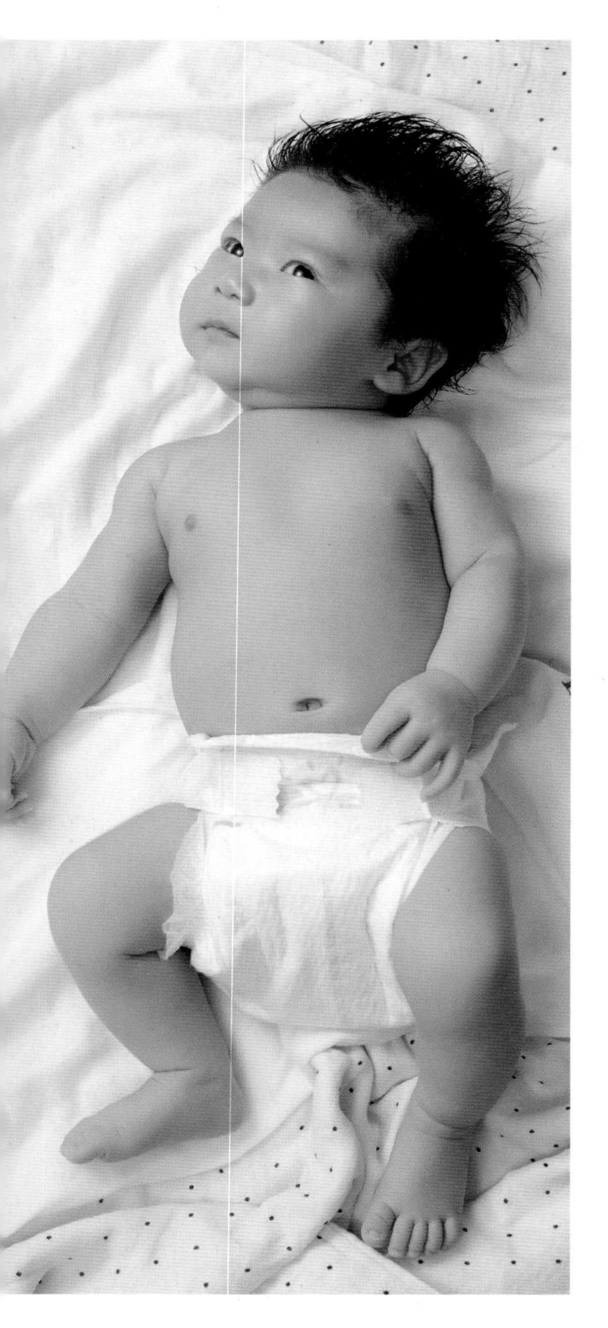

종이 기저귀 특징과 선택법

사용하기 간편하다

종이 기저귀는 일회용이므로 사용 후 돌돌 말아 버리면 되므로 세탁이 필요 없어 편리하다. 흡수성이 좋아 천 기저귀보다는 자주 갈아주지 않아도 된다.

비용 부담이 있다

하루 기저귀 사용량은 6~8장 내외, 1개당 가격은 250~500원 선으로 값이 만만찮다. 또한 날마다 발생하는 쓰레기로 인해 종량제 봉투를 많이 쓰게 되어 비용 부담이 있고 환경오염 문제에 있어서도 자유롭지 못하다.

여러 가지 기능이 있다

예전에는 종이 기저귀가 천 기저귀에 비해 통기성이 떨어졌지만 요즘은 오줌을 싸도 시트가 보송하게 유지되거나 비타민 등을 함유해 아기 피부를 보호해주는 등 기능적인 부분이 많이 보완되었다. 또한 소변을 보면 기저귀를 벗기지 않아도 색깔 선이나 그림이 사라지는 등 소변 표시줄로 알 수 있어 초보 엄마가 사용하기 편리하다.

부드럽고 흡수력이 좋은 것을 고른다

착용감이 좋고 흡수력이 좋은 제품이 기저귀 발진 등 피부 트러블의 위험이 없다. 두세 번 오줌을 싸도 오줌이 뭉치지 않아야 아기가 불편해 하지 않는다. 보드라우면서도 너무 얇아서 옷에 소변이 묻지는 않는지 체크한다.

아기 몸에 잘 맞는 제품을 선택한다

아기 월령에 맞는 사이즈를 골라도 제품마다 사이즈의 차이가 있기 마련이다. 허벅지가 두꺼운 아이인 경우 여유 있는 사이즈로 골라 착용한다. 또한 샘 방지 레이스가 아기 허벅지를 너무 조이지 않는지 확인한다. 벨크로 테이프도 단계 조절이 되어야 편안하다. 아기의 신체적 특징에 따라 호불호가 달라지므로 출산 전에 같은 제품을 많이 구입하지 않도록 한다. 요즘은 기저귀 브랜드별로 샘플을 써볼 수 있는 서비스도 많이 제공되니 여러 개를 사용해보고 피부 트러블이 없고 아이에게 잘 맞는 제품을 선택하는 것이 좋다.

종이 기저귀 갈기

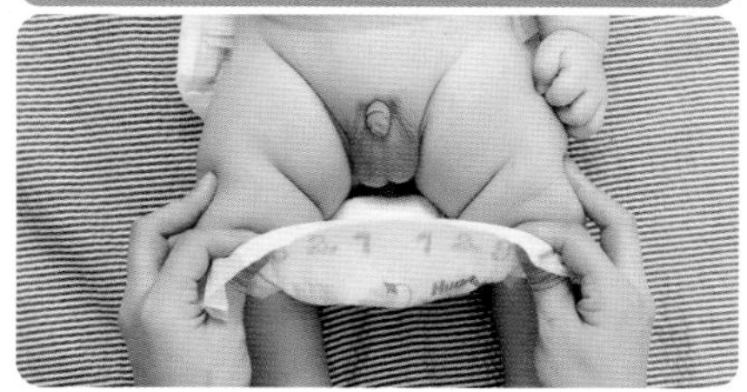

1 한 손으로 아기의 두 다리를 모아 잡아

엉덩이를 살짝 들어 올린 후 기저귀를 펴서 엉덩이 아래에 깔아준다. 엉덩이가 기저귀 중앙에서 앞쪽으로 약간 더 오게 한다.

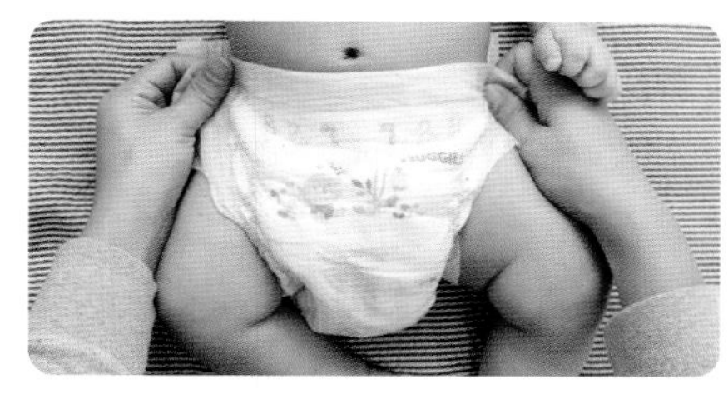

2 기저귀 앞부분 끝선이 배꼽을 덮지 않도록 한다. 배 쪽에는 약간 여유를 두고 등 쪽은 딱 맞게 기저귀를 채운 다음 손가락 두 개가 들어갈 정도로 여유를 두고 접착테이프를 붙인다. 남자아기는 음낭을 밀어 올려 기저귀를 채워야 음낭 밑이 습해서 달라붙는 것을 예방한다.

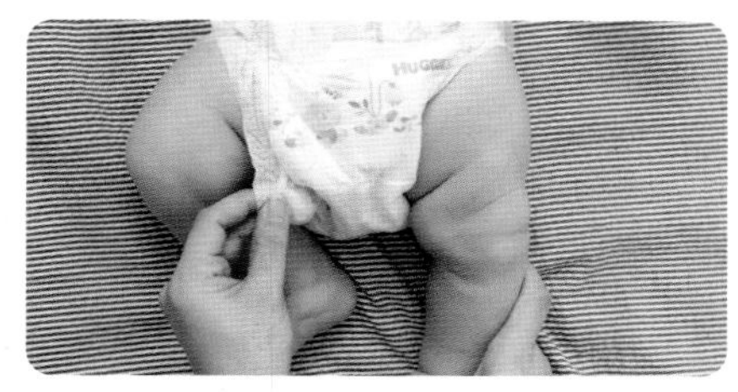

3 허벅지 주름 부분이 너무 여유가 많으면 대변이 새기 쉽다. 날개를 반듯하게 펴되 너무 조이지 않도록 조절한다.

대변 기저귀 갈아주기

1 기저귀를 푸는 동시에 성기 겉에 묻어 있는 대변을 정리하며 대충 닦아 내린다.

2 ①의 기저귀를 아기의 엉덩이에 깐 채로 물티슈로 묻어 있는 대변을 닦아준다.

3 기저귀를 엉덩이에서 완전히 빼낸 후 물티슈로 항문과 성기를 닦아준다. 남자아기는 음경 위쪽을 닦아낸 후 음경 뒤쪽, 음경과 음낭 사이, 귀두 순으로 닦아주고, 여자아기는 앞쪽에서 뒤쪽으로 닦아내며 요도에 균이 들어가지 않도록 주의한다.

4 엉덩이 전체를 깨끗한 물로 말끔하게 헹궈주듯 씻겨 수건으로 잘 닦고 말려준다.

천 기저귀 특징과 선택법

피부 자극이 없다

천 기저귀는 통기성이 좋고 순면 소재라 연약한 아기 피부에 자극을 주지 않아 안심하고 사용할 수 있다.

경제적이고 친환경적이다

빨아서 여러 번 사용하기 때문에 종이 기저귀에 비해 비용적인 부담이 작다. 또한 일회용이 아니기 때문에 쓰레기도 발생하지 않기 때문에 환경을 오염시키지 않는다.

기저귀 발진이 생길 수 있다

종이 기저귀에 비해 흡수성이 떨어지기 때문에 자주 갈아주지 않으면 피부에 자극을 준다. 또한 세탁 후 바짝 말리지 않고 아기에게 착용시키면 오히려 기저귀 발진이 생길 수 있으므로 주의해야 한다.

배변 훈련 시기가 되면 효과적이다

종이 기저귀에 비해 축축하므로 배변 훈련 시기가 되면 아이가 소변 본 것을 알고 불편해하기 때문에 좀 더 쉽게 대소변 가리기를 할 수 있다.

소재를 꼼꼼하게 확인한다

천 기저귀는 피부에 자극을 주지 않는 국내산 100% 순면 제품을 고른다. 요즘은 항균·향취력이 뛰어난 대나무 소재의 기저귀를 선호하는 엄마들이 많은데 이때도 대나무 소재 함량을 꼼꼼하게 확인한다. 대나무 함량이 높을수록 부드럽고 흡수력이 좋다.

타입별로 선택한다

천 기저귀는 면을 5겹 이상 압축하며 아기 엉덩이 모양에 맞게 만든 땅콩형, 접는 과정을 최대한 줄인 사각형 등이 있다. 천 기저귀를 고정하는 커버와 함께 사용하는데, 기저귀와 커버를 고정시키는 벨크로가 아기 피부에 닿지 않고 고정력이 좋아 아기가 움직여도 새지 않는 제품이 안전하다. 면과 대나무, 레이온 등 소재의 혼방 여부에 따라 건조 시간도 달라지므로 꼼꼼하게 비교해서 선택한다.

천 기저귀 갈기

1 기저귀 커버를 깔고 그 위에 기저귀 위치를 잘 잡은 뒤 아기 엉덩이 아래에 깔아준다.

2 기저귀 중심선이 배꼽에 오도록 맞춘 후 기저귀 끝은 배꼽을 덮지 않도록 접어준다.

3 기저귀 커버 벨크로를 약간 여유가 있게 붙인다. 벨크로를 너무 조이면 기저귀가 조여 아기가 답답하다.

4 기저귀 커버 밖으로 기저귀가 빠져나가지 않도록 잘 정리한다.

천 기저귀 활용법

100% 면 소재의 천 기저귀는 여러 장 구입해두면 활용도가 높다. 아직 짱구 베개 등을 사용하지 못하는 신생아에게 천 기저귀를 세 번 접어 머리를 베어주면 높이도 알맞고 땀 흡수에 좋다. 또한 얇기 때문에 속싸개 대용으로 사용해도 좋고, 잘 마르고 흡수력이 빠르므로 목욕 수건으로 사용하면 편리하다.

05 신생아 목욕시키기

아기를 한 손으로 받치고 씻겨야 하는 신생아 시기에는 목욕시키는 일이 생각보다 만만찮다. 하지만 처음이 어려울 뿐, 익숙해지면 혼자서도 해낼 수 있으므로 잘 숙지해두자.

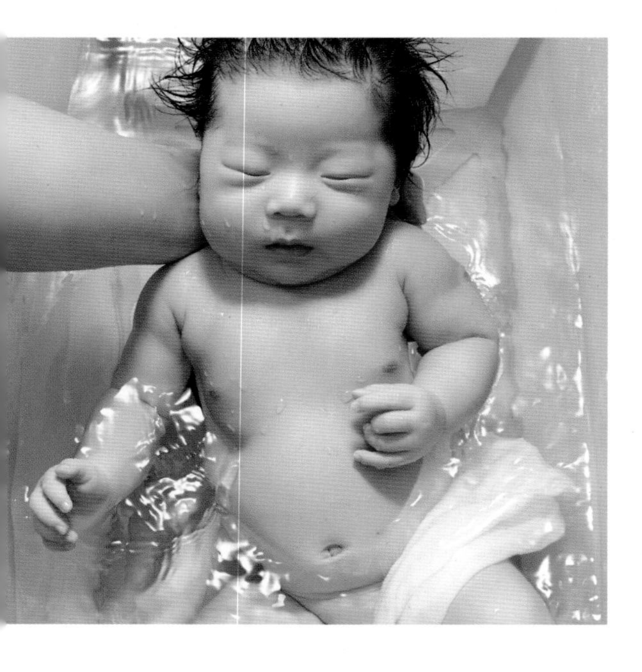

목욕용품 준비하기

대형타월, 비누, 거즈 손수건, 기저귀, 갈아입힐 옷, 스킨케어용품 등을 미리 가져다 놓는다. 목욕 시간은 10분 이내로 하고 아기를 물에 젖은 채로 두면 감기에 걸리기 쉬우므로 목욕 후 동선을 최소화한다.

목욕 물 온도 체크하기

아기 목욕 물은 38~40℃ 정도로 사람의 체온보다 약간 높은 정도가 좋다. 엄마의 팔꿈치를 담가보아 따뜻하다고 느끼는 정도면 된다. 물은 욕조의 ½ 정도로 준비하고 헹굼물은 따로 준비한다.

목욕 전 준비하기

아기 컨디션 살피기

아기의 몸 상태가 안 좋거나 열이 있는 날, 예방접종 직후에는 목욕을 피한다. 전신 목욕 대신 땀이 차서 몸이 끈적거리는 부위나 얼굴만 거즈 손수건으로 살짝 닦아준다.

실내 온도 조절하기

아기를 목욕시킬 때 적정 온도는 24~27℃. 평소 실내 온도보다 2℃ 정도 높여주는 것이 좋다. 썰렁함이 느껴지는 욕실보다는 방 안이 목욕시키기에 낫다.

부분 · 전신 목욕시키기

얼굴 닦기

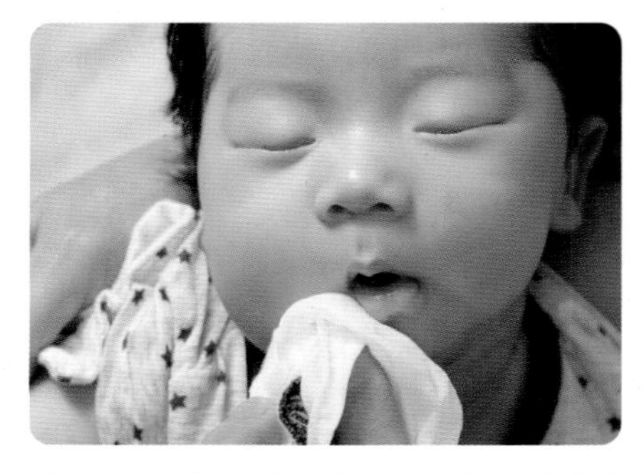

거즈 손수건에 따뜻한 물을 적셔 아기의 귀를 접어 쥐고 얼굴을 닦는다. 아기 얼굴에 직접 비누칠을 하지 않도록 한다.

머리 감기기

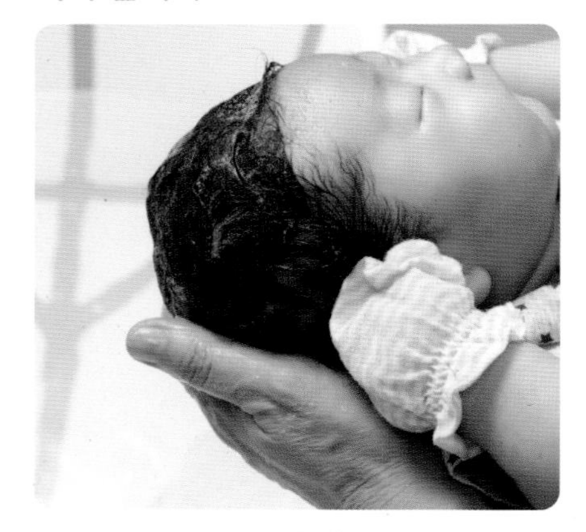

아직 샴푸는 사용하지 않아도 좋다. 아기 전용 비누를 사용해 손에 거품을 먼저 낸 후 부드럽게 두피를 마사지한다.

몸통 · 목 씻기기

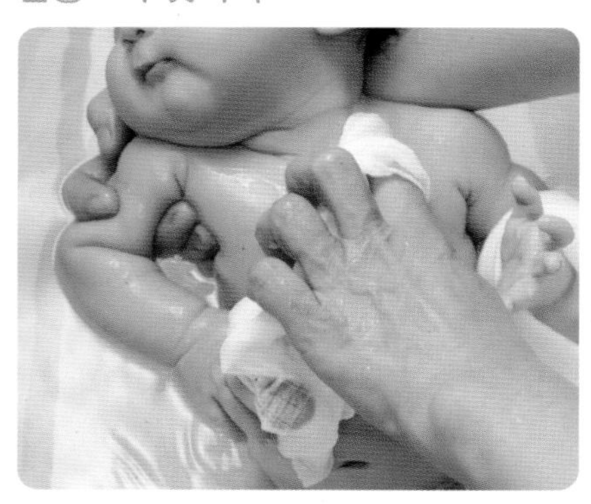

왼손으로 머리와 목을 받치고 아기의 옷을 조금 벗겨 가슴과 배 부분을 위에서 아래로 닦는다. 물에 적신 거즈 손수건으로 가볍게 턱 밑을 닦는다.

팔 · 겨드랑이 씻기기

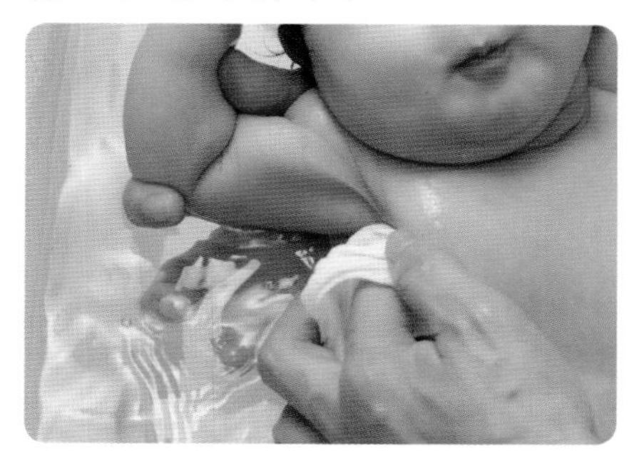

아기 팔을 쭉 잡아 펴서 위에서 아래로 닦고 팔을 위로 들어 올려 겨드랑이 사이도 닦는다. 손을 펴서 손등과 손가락 사이, 손목, 손바닥 접힌 부분까지 닦는다.

등 · 뒷목 씻기기

오른손으로 아기의 가슴을 받치고 위에서 아래로 쓸어내리듯이 닦는다.

엉덩이 씻기기

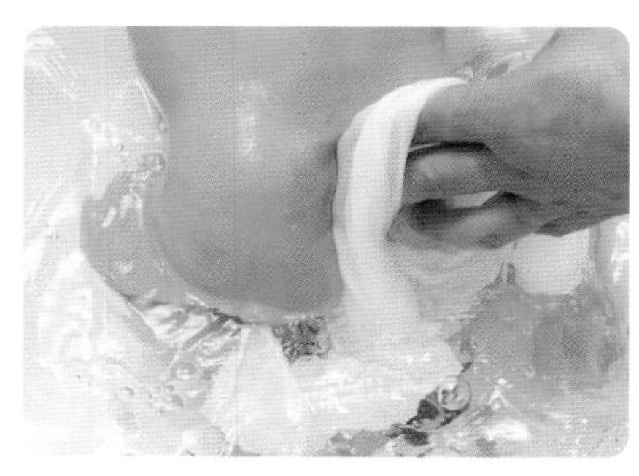

톡톡 두드리듯이 닦고, 엉덩이를 약간 벌려 항문 주위를 닦는다.

헹구고 닦기

목욕이 끝나면 헹굼물을 살살 위에서 아래로 흐르도록 부어 헹군다. 깨끗한 물에 온

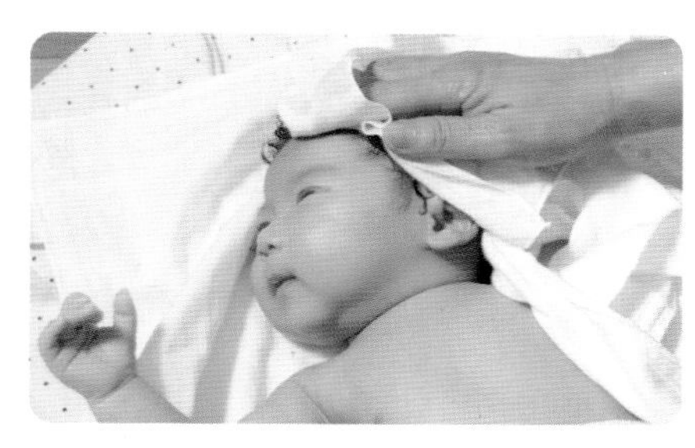

몸을 잠깐 담갔다 꺼낸 다음 물기를 꼼꼼히 닦아준다.

목욕 후 케어하기

수건으로 닦기

아기의 몸 전체를 수건으로 감싼 후에 톡톡 두드리듯 물기를 닦아준다. 팔다리를 주무르듯이 수건으로 만져주고 손가락은 하나씩 닦아준다.

보습제 바르기

피부의 수분을 촉촉하게 유지시켜 줄 보습제를 바른다. 얼굴과 몸 전체를 가볍게 두드리듯 고루 펴바르며 흡수시킨다.

윗옷 입히기

머리 위로 입히는 옷보다는 앞트임이 있는 옷을 입혀야 한다. 조심스럽게 팔을 끼우고 아기의 배를 압박하지 않도록 옷을 잠근다.

머리와 엉덩이 말리기

채 마르지 않은 머리와 엉덩이를 잘 말려준다. 특히 기저귀 발진이 있는 아기는 손으로 바람을 일으켜 엉덩이와 성기를 잘 말려준다.

귀 닦아주기

거즈 손수건으로 귀의 외이도 부분을 닦아주고 면봉으로 귀 입구의 물기를 닦아준다. 귓속 귀지는 제거하지 않아도 된다.

배꼽 소독하기

배꼽 주변의 물기를 잘 제거한 후 면봉에 소독용 에탄올을 묻혀 닦고, 에탄올 솜으로 배꼽 주위를 소독한다. 소독 후에는 에탄올 성분이 잘 마르도록 해야 한다.

기저귀 채우기

아기 엉덩이에 기저귀를 잘 깔고 기저귀를 채운다. 이때 기저귀가 배꼽 아래로 위치해서 배꼽을 가리지 않도록 한다.

코딱지 · 손발톱 정리하기

목욕 후에는 콧속에 습기가 차서 코딱지가 부드러워지므로 면봉을 이용해 말랑해진 코딱지를 제거한다. 손발톱은 아기 전용 손톱가위로 직선으로 잘라 얼굴에 상처를 내지 않게 한다.

신생아 욕조, 필요할까?

초보 엄마라면 목을 가누지 못하는 신생아를 목욕시키는 일이 쉽지 않다. 또 점점 몸무게가 늘어가고 버둥거림이 심해지면 목욕은 아이나 엄마에게 고초나 다름없다. 신생아용 욕조는 대부분 등받이가 있기 때문에 아이를 기대놓고 목욕시키기에 수월하다.

신생아 배꼽 관리

탯줄이 떨어지기 전에는 목욕 후 배꼽을 소독하고 완전히 말린 다음 기저귀 배 부분을 아래로 접어 배꼽이 밖으로 노출되도록 한다. 탯줄이 떨어진 후에는 통목욕을 씻기는데, 2~3주 정도 목욕 후 깨끗이 소독을 해줘야 잘 아문다.

06

옷 입히기 & 세탁하기

아기 피부에 직접 닿는 옷을 어른 옷과 함께 빨아도 괜찮은지, 유기농 소재를 선택해야 하는지 출산 전부터 고민이 많았을 것이다. 아기 옷 잘 입히고 손쉽게 세탁하기.

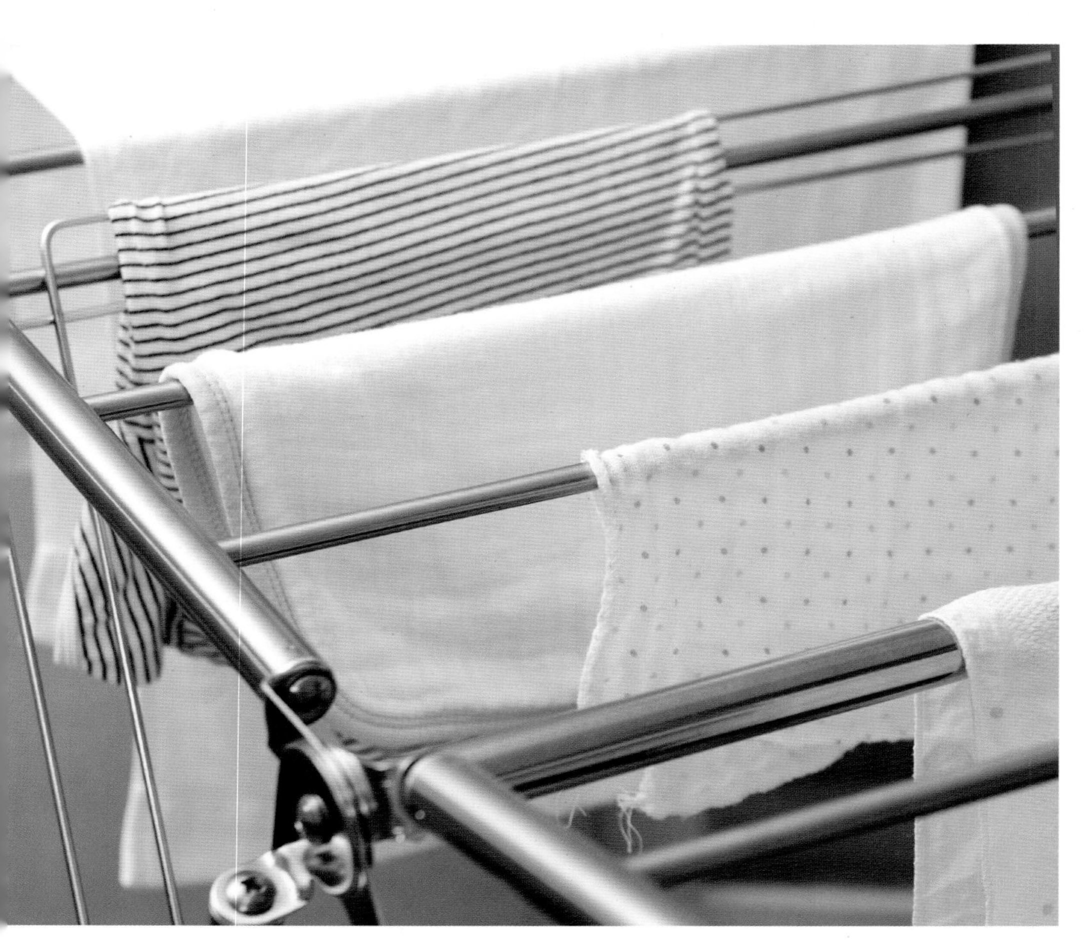

옷 잘 입히는 노하우

새 옷보다 헌 옷이 좋다

옛 어른들이 건강하게 자란 다른 집 아기의 옷을 물려받으면 좋다고 한 믿음은 결코 헛된 것이 아니다. 아기에게 새 것, 좋은 것만 주고 싶은 부모의 마음은 충분히 이해하지만 아기에게는 새 옷보다 헌 옷이 좋다. '새 옷 증후군'이라는 말이 있을 정도로 새 옷의 각종 첨가물과 화학물질이 눈을 자극하고 기관지염을 일으킬 수 있기 때문. 헌 옷은 이미 여러 번 세탁한 후라 새 옷에 묻어 있을 여러 가지 유해물질들이 완전히 사라졌고 옷의 질감도 훨씬 부드럽다. 아기는 금방 자라기 때문에 새 옷을 여러 벌 준비하기보다는 물려받은 옷이 있다면 헌 옷을 적극 활용한다.

새 옷은 세탁 후 입힌다

새 옷은 유기농 재질일지라도 맹물에 가볍게 세탁한 후 입히는 것이 좋다. 유통과정에서 먼지나 이물질 등이 묻어 있을 수 있어 가볍게 맑은 물에 헹구기만 하더라도 보다 산뜻해진다. 세제를 이용해 세탁하고 싶다면 인체에 해로운 에틸렌옥사이드와 석유계 계면활성제가 함유되지 않은 아기 옷 전용세제나 천연세제를 이용한다.

안쪽 태그나 실밥은 정리한다

신생아 옷의 태그는 대체로 옷 밖에 붙어 있지만 간혹 안쪽에 붙어 있는 경우도 있다. 태그는 바느질이 된 부분까지 완전하게 제거하는 것이 좋다. 가위로만 태그를 자르면 남아 있는 부분이 오히려 연약한 피부를 위협하므로 주의한다. 실밥 등도 누워 있는 아기를 불편하게 하므로 꼼꼼하게 살펴 제거한다.

앞트임 옷을 선택한다

아직 목을 가누지 못하는 아기 옷을 혼자 입힐 때는 앞트임 옷을 선택하는 것이 가장 편하다. 앞트임이 없는 옷은 목둘레가 여유가 있더라도 초보 부모가 입히고 벗기는 것이 쉽지 않다. 단추가 있는 옷을 입힐 때는 단추를 잠글 때 손으로 누르는 힘이 아기의 몸을 압박할 수도 있으므로 몸에서 옷을 조금 띄워 입히거나 단추 밑부분에 손을 대고 잠근다.

내의는 제 사이즈를 고른다

조금 오래도록 입히고 싶은 마음에 넉넉한 사이즈의 내의를 선택하게 되면 아기가 불편할 수 있다. 또 아기 몸에 큰 속옷을 입히고 겉옷을 입히면 더더욱 불편하므로 조금 아깝다 싶어도 제 사이즈 내의를 선택해 입히는 것이 좋다.

속옷과 겉옷은 겹쳐 한 번에 입힌다

앞트임이 있는 속옷과 겉옷을 함께 입혀야 할 때에는 속옷과 겉옷을 겹쳐 한 번에 입히는 것이 수월하다. 속옷을 겉옷 속에 넣어 겹쳐놓고 그 위에 아기의 목과 엉덩이를 받쳐 조심스럽게 눕힌 후 팔을 끼우면 된다.

옷 잘 세탁하는 노하우

어른 옷과 구분해 세탁한다

아기 옷의 가장 기본적인 세탁법이란 세탁 라벨 표시를 확인하고 그대로 지키는 것이다. 또한 어른 옷과는 가급적 같이 빨지 말고, 의류와 기저귀는 따로 구분해 세탁하도록 한다. 또한 젖은 옷은 오래 두면 냄새가 날 뿐 아니라 습기가 퍼져 곰팡이가 생기므로 즉시 빤다. 솔기를 뒤집어 옷 사이에 미세먼지까지 제거한 뒤 세탁한다.

아기 옷 전용세제나 천연세제를 활용한다

아기 옷에는 얼룩이 생기기 쉬운데 깨끗하게 한다고 살균 표백제를 사용하면 제대로 헹구지 않았을 때 아기 피부에 자극을 줄 수 있다. 얼룩은 바로바로 제거하고 세탁은 아기 옷 전용세제나 천연세제를 활용한다. 달걀 껍데기나 식초, 베이킹소다, 과탄산소다 등을 이용하면 삶지 않고도 깨끗하고 선명하게 옷을 세탁할 수 있다. 만약 일반 세제를 사용할 경우 제대로 헹구지 않으면 아기에게 피부병이나 염증, 습진 등을 일으킬 수 있고, 심각한 경우 간이나 신장 기능에 영향을 줄 수도 있다. 또 세포장애를 일으켜 아기의 성장에 심각한 장애를 초래할 수 있으므로 반드시 주의한다.

꼭 삶지 않아도 괜찮다

세제가 발달하지 않았던 옛날에는 삶는 것이 최고의 세탁법이었지만 이제는 좋은 세제, 다양한 기능을 가진 세탁기가 많아 굳이 삶지 않아도 된다. 아기 옷들은 고급 면사나 특수 소재로 만든 경우가 많은데 삶는 것이 오히려 옷의 변형을 가져오거나 수명을 단축시킬 수 있기 때문이다. 면은 물 온도가 60℃를 넘으면 섬유의 꼬임이 느슨해져 상할 수 있다. 또한 60~80℃의 고온에서 삶으면 염색물이 빠지기도 하고, 섬유가 점점 약해져 늘어나거나 구멍이 나기 쉽다. 필요에 의해 옷을 삶을 경우에는 3분을 넘기지 말고, 섬유가 어느 정도 손상될 수 있다는 것은 인지해야 한다.

세탁망에 담아 세탁한다

아기 옷은 손빨래를 하는 것이 가장 바람직하지만 일일이 손빨래를 하기가 쉽지 않다. 세탁기를 이용할 때 세탁망을 이용하면 아기 옷이 덜 손상된다.

얼룩 제거는 바로 한다

아기들은 옷에 모유나 분유를 흘리기 쉬운데 모유나 분유의 주성분은 단백질로서 열을 가하면 응고되는 성질이 있다. 세탁을 하면 깨끗해진 듯 보이지만 시간이 지나면 다시 얼룩이 올라오기도 한다. 토한 자국이나 이유식, 모유나 분유의 얼룩을 제거하는 가장 좋은 방법은 바로바로 세탁하는 것이지만 여간 번거로운 일이 아니다. 얼룩 부분만 세탁하거나 세제를 조금 묻혀두었다가 따뜻한 물에 10분간 담가둔 뒤 빨면 편리하다.

아기 옷 전용 세탁기와 건조기

아기 옷 전용 세탁기 구매는 전적으로 부모의 필요에 의한 선택이다. 있으면 좋겠지만 없다고 해서 문제가 되는 것도 아니다. 아기 옷 전용 세탁기를 따로 두면 세탁물을 분리할 일 없이 소량 세탁이 용이해지는 것은 사실이다. 평소 세탁 양이 많았던 집이라면 아기 옷과 어른 옷을 따로 세탁하느라 하루 종일 세탁기를 돌리지 않아도 되고, 삶음 기능도 탑재되어 있어 삶는 세탁을 선호하는 엄마들도 만족할 만하다.

빨래를 말리는 과정의 수고로움을 덜어주는 건조기는 빨래를 보송보송하게 말려줘 요즘 엄마들의 출산 준비물 중 하나로 꼽힌다. 자연 건조 시 빨래가 눅눅하거나 냄새가 나는 경우도 있고, 특히 빨래가 잘 마르지 않은 장마 기간에 건조기만큼 고마운 것이 없다. 아기 옷을 건조기에 넣으면 주글주글해지거나 사이즈가 줄어들어 불필요하다고 여기는 이들도 있다. 하지만 빠른 건조와 먼지 제거 효과는 확실히 탁월하다. 목욕 수건이나 이불, 인형 등을 말릴 때도 유용하다.

신생아 재우기

신생아들은 하루 종일 먹고 자는 것이 일이다. 그만큼 자는 일은 중요한 일과 중 하나로 지금부터 수면 습관을 들여야 잠투정이 없는 아기로 자란다. 아기를 편하게 재우는 환경 만들기 비법을 제안한다.

잠자리 환경 만들기

실내 온도는 22~26℃로 유지한다

아기는 추위와 더위에 약하다. 실내가 너무 더우면 아기들이 짜증을 내기 때문에 쉽게 알 수 있지만, 추울 경우에는 알아채기 어렵다. 아기들에게 추위는 치명적일 수 있으므로 실내 온도는 항상 22~26℃를 유지하고, 이불을 덮어준다. 일정한 실내 온도를 유지하기 위해 커튼을 치거나 환기 장치를 이용해도 좋다.

실내 습도는 40~60%가 적절하다

어른과 달리 면역력이 약한 신생아들은 다양한 질병에 노출되어 있다. 특히 습도가 낮을 경우 쉽게 감기에 걸리므로 가습기를 틀거나, 젖은 수건을 널어놓아 40~60%의 실내 습도를 유지한다.

푹신한 침대보다 평평한 바닥이 좋다

아기 침대를 구입할 때는 단단한 매트리스가 필수. 푹신한 요나 이불, 침대, 소파 위에서는 아기를 재우지 않는 것을 원칙으로 한다. 이불도 너무 푹신거리지 않는 것을 고르고 수시로 요나 이불이 아기의 콧구멍을 막아 숨쉬기를 방해하지 않는지 살펴야 한다.

여름철에는 하루 두 번 환기한다

여름철 신생아의 건강을 위해 신경 써야 할 것은 환기다. 여름철에는 하루 두 번 정도 문을 열어 환기한다. 너무 바람이 불지 않는 날에는 선풍기를 이용해 강제 환기라도 해주는 것이 좋은데, 이때 선풍기 바람은 아기나 산모 쪽을 향하지 않도록 한다.

재우기 방법

바로 재우기

잘 때 아기의 얼굴이 천장을 향하는 자세다. 머리 모양이 비뚤어지는 것을 막고 목 근육에 무리가 가지 않도록 머리를 양쪽으로 번갈아 돌려주는 것이 좋다.

옆으로 재우기

침대에서 재우기 좋은 자세로 질식사의 위험이 없고, 머리 모양을 다듬을 수 있어 좋다. 어깨에 무리가 가지 않도록 재울 때마다 몸을 좌우로 번갈아 돌려주도록 한다.

안고 재우기

한 손으로 아기 목을, 다른 한 손으로는 엉덩이를 받쳐 엄마의 가슴에 밀착시킨다. 아기는 엄마의 심박동 소리를 들으며 심리적으로 안정된 상태에서 잠들 수 있다.

숙면을 위한 원칙

주변 환경을 조용히 한다

아기는 같은 장소에서 재운다. 가장 소음이 작은 방이 좋다. 아기를 재울 때마다 일정한 음악을 들려주어 아기가 그 음악을 들으면 잠자는 시간이라는 것을 인지하게 하는 것도 좋다.

잠자는 곳의 밝기를 조절한다

낮에는 커튼을 치고 밤에는 조명을 조절하는 등 잠자는 곳의 밝기를 어둡게 한다. 방 안이 너무 밝으면 숙면을 취하는 데 방해가 된다.

속싸개로 아기를 잘 감싼다

3개월 미만 아기들은 자기의 팔다리를 마음대로 통제하지 못하기 때문에 속싸개로 잘 싸줘야 한다. 피곤하면 팔다리를 더 많이 휘젓는 경향이 있기 때문에 속싸개로 몸을 잘 감싸주는 것만으로도 아기는 편안함을 느껴 숙면할 수 있다.

아기를 안거나 눕히고 다독인다

아기는 졸리면 짜증을 내며 잠투정을 하기도 한다. 아기를 진정시키기 위해서는 엄마와의 스킨십이 최고. 아기를 안거나 눕혀서 조용히 등을 쓰다듬거나 '쉬, 쉬'와 같은 백색 소음 소리를 내거나 작은 목소리로 자장가를 불러주며 다독이면 아기의 마음을 진정시키는 데 도움이 된다.

스스로 잠들게 한다

아기가 졸려 할 때면 끝까지 안아서 재울 수도 있지만 자리에 눕혀 스스로 잠들게 하는 것도 필요하다. 안아서만 재운 아기는 바닥에 내려놓는 순간 깨기 마련이다. 아기가 많이 졸려 하는 시점이 되면 자리에 눕히고 엄마와 몸을 밀착시킨 후 등을 다독이며 재워보자. 처음부터 잘 되지 않더라도 반복하다 보면 익숙해지는 시기가 온다.

수면 습관 들이기는 생후 6주 이후 시도한다

잠투정이 없는 아기로 키우기 위해서는 잘못된 수면 패턴이 자리를 잡기 전에 수면 습관을 잡아주는 것이 좋은데, 이는 생후 6주 정도가 되면 가능해진다. 아기가 졸려 하는 시간, 놀고 싶어 하는 생활 패턴을 평소에 잘 파악해두었다가 그 시간에 맞춰 시도하는 것이 좋다.

완전히 잠들 때까지 곁에 있는다

아기가 잠이 들었다고 생각해서 눕히고 바로 돌아서버리면 순간 '엥~' 하고 울어버린다. 어른도 그렇지만 아기도 막 잠이 들었을 때는 작은 변화에도 예민하게 반응하므로 아기가 완전히 잠들었다고 느껴질 때까지 곁에 있는 것이 좋다. 아기는 엄마 냄새를 맡으면서 안정감을 느껴 편안하게 잠들 수 있다.

엄마 냄새가 밴 물건을 곁에 둔다

아기들은 엄마 냄새를 맡으면 정서적으로 안정감을 느낀다. 평소 엄마가 자주 입는 옷, 엄마의 체취가 밴 이불이나 베개 등을 아기의 잠자리 옆에 두어보자. 아기가 깼다가 엄마가 곁에 없더라도 냄새를 맡을 수 있다면 도움이 될 수 있다. 엄마가 곁에 있는 것으로 착각한 아기는 깨었다가도 금세 잠이 들지도 모른다.

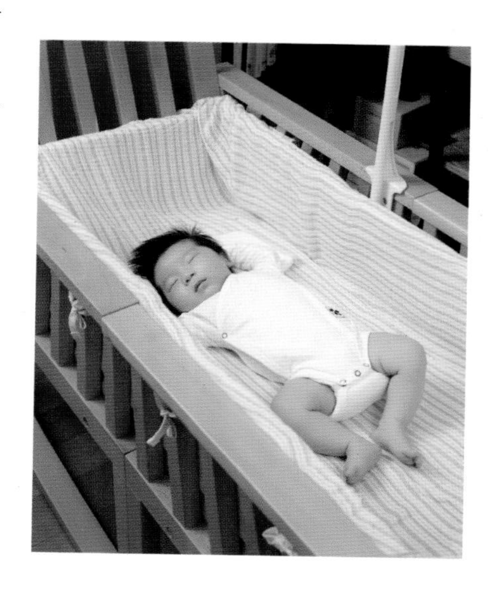

싣는 순서

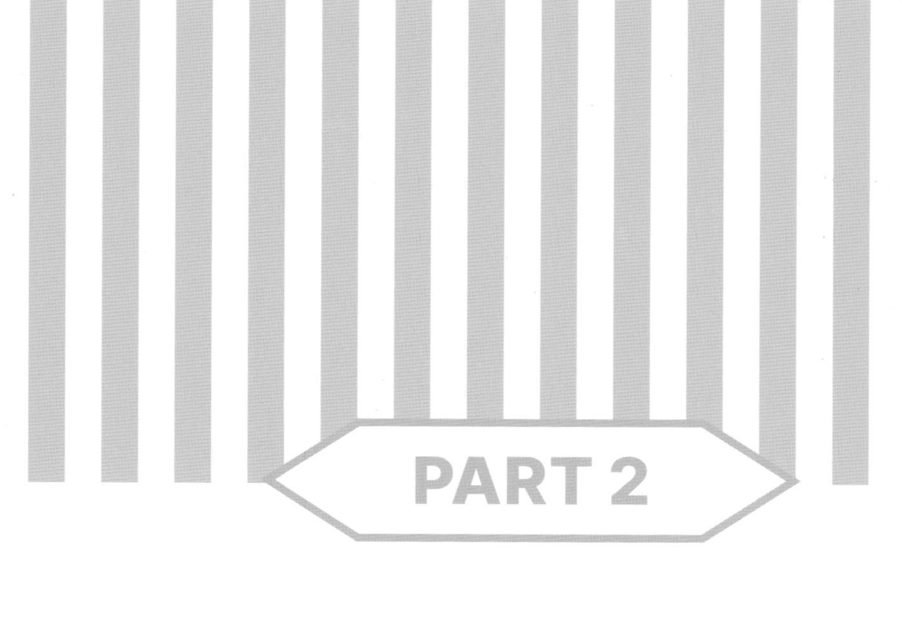

모유 VS 분유

모유를 꼭 먹여야만 좋은 엄마가 되는 것처럼 아기를 낳는 순간부터 엄마에게는 그 누구도 대신할 수 없는 의무가 주어진다. 하지만 모든 산모가 모유 수유에 성공하는 것은 아니다. 모유 수유가 어려워 난생처음 패배자의 기분을 맛본다는 엄마들도 많다. '완모'를 위해 모유 수유를 성공적으로 이끄는 법과 모유 대신 분유를 선택한 엄마들을 위한 올바른 분유 먹이기를 소개한다.

08 신생아 먹이기

모유는 미국소아과학회에서는 적어도 12개월까지, 세계보건기구(WHO)와 유니세프는 24개월까지 먹이는 것을 기본으로 권장하고 있지만, 모유 수유가 처음부터 잘 되기란 쉽지 않다. 엄마도 아기도 처음인 이 상황을 성공적으로 이끌려면 어떻게 해야 할까.

모유가 아기에게 좋은 이유

아기를 위한 완전 영양식이다

이 세상에 완벽하게 엄마의 젖을 대신할 수 있는 것은 없다고 한다. 아무리 잘 만들어진 분유라도 엄마의 젖과 최대한 비슷하게 만든 것이지, 같다고 할 수는 없다. 모유는 오직 아기만을 위한 완전 영양식으로 모유 속의 철분은 아기의 체내에서 대부분 흡수된다. 비타민과 미네랄 등 풍부한 영양소도 함유하고 있다.

면역력을 높여 질병을 예방한다

모유는 엄마가 가지고 있는 각종 면역 물질과 항체를 포함해 감염과 관련된 질병에 걸릴 확률을 현저히 줄여준다. 특히 출산 초기에 나오는 초유에는 아기의 면역력을 키워주는 성분이 많이 함유되어 있다. 실제로 모유를 먹고 자란 아기는 일반 분유를 먹고 자란 아기보다 잔병치레가 적고 위장 장애도 적게 나타난 것으로 알려졌다.

아기의 치아 건강에 좋다

분유를 먹다 잠드는 아기는 분유에 들어있는 유당 때문에 치아우식증이 생기기 쉽지만, 모유에는 치아우식증을 방해하는 효소가 들어있어 상대적으로 안전하다. 젖을 먹는 아기는 젖병으로 분유를 먹는 아기보다 60배 많은 에너지를 사용하기 때문에 턱 근육이 발달하는데, 이는 곧고 건강한 치아를 만드는데 바탕이 된다.

신경과 두뇌 발달에 좋다

한 연구 보고에 따르면 어릴 때 모유를 먹은 7~8세 아이들의 IQ가 분유를 먹은 아이들보다 평균 10점이 높았다. 아기는 젖을 빨면서 안면 근육과 턱을 부지런히 움직이게 되는데, 이때 뇌 혈류량도 늘어 두뇌 발달에도 도움이 된다.

알레르기 걱정이 없다

모유를 먹은 아기는 분유를 먹은 아기보다 알레르기에 걸릴 위험이 낮다. 모유 수유는 아토피, 음식 알레르기, 호흡기계 알레르기 등 다양한 알레르기로부터 아기를 보호해 준다. 부모가 알레르기 체질이라면 반드시 6개월 이상 모유를 먹이는 것이 좋다.

위생적이고 편리하다

분유를 먹이려면 물을 끓이고 온도를 맞추고 젖병을 소독해야 한다. 외출을 나갈 때는 젖병이나 젖꼭지 관리에 더욱 신경이 쓰이기 마련. 그런 면에서 모유는 아기가 원할 때 언제 어디서든 적당한 온도로 먹일 수 있고, 기타 물품이 필요하지 않아 외출 가방도 한결 가볍다. 아기가 배고프다고 울고 보챌 때 아기를 기다리게 하지 않는 것도 큰 장점이다.

모유가 엄마에게 좋은 이유

산후 다이어트에 효과가 있다

모유 수유는 하루 평균 500㎉를 필요로 하므로 일반적으로 모유를 먹이는 엄마는 분유를 먹이는 엄마와 비교해 열량 소비가 많다. 실제로 출산 후 한 달 동안 모유를 먹인 엄마들의 경우, 임신 전 몸무게보다 오히려 더 줄었다는 실험 결과도 있다.

출산 후 엄마의 회복을 돕는다

젖을 먹이면 자궁 수축을 돕는 호르몬인 옥시토신이 분비된다. 이러한 수축은 탯줄로 연결되었던 혈관을 오므라들게 하고 과도한 출혈을 방지하기 때문에 산모의 몸 회복이 빨라진다. 따라서 상대적으로 회복 기간이 긴 고령 산모에게는 더욱 모유 수유를 권장한다.

각종 여성 질환을 예방한다

2년 이상 아기에게 모유를 먹이면 유방암에 걸릴 확률이 반으로 줄어든다고 한다. 모유 수유는 여성 질환을 예방하는 것으로도 알려져 있다. 수유가 생리 주기 조절 호르몬 이상 분비를 막고 유방 내 독소를 제거하는 효과가 있기 때문이다.

자연피임을 할 수 있다

모유를 먹이는 중에는 배란을 억제해 자연피임이 가능하다. 또 밤중 수유는 무월경 기간을 늘린다. 일반적으로 모유 수유는 출산 후 바로 임신하는 것을 원치 않거나 첫째, 둘째 아이의 터울을 조절할 때의 피임법으로 어느 정도 활용할 수 있다. 그러나 완벽한 피임이 되는 것은 아니므로 부부관계를 할 때 주의가 필요하다.

분유를 선택하게 되는 이유

아기의 건강상태 때문이다

모유가 아기 건강은 물론 엄마에게도 도움이 된다는 것은 잘 알려진 사실이지만 아기 중에는 건강 이상이나 특수한 체질 때문에 모유보다는 분유를 먹이는 것이 권장되는 경우도 있다. 설사가 심하거나 유단백을 소화하지 못하는 특수 질환을 가진 아기, 선천적으로 신진대사에 이상을 갖고 태어난 아기는 특수 조제 분유나 선천성 대사 이상 분유를 필요로 한다.

완모가 어려운 상황이다

대한민국 엄마들은 아기를 낳기 무섭게 다시 일터로 뛰어들어야 하는 각박한 현실에 처해 있다. 많은 직장에서 모유 수유를 배려한다고 하지만 여전히 일터에서 그 어려움을 호소하는 엄마들이 많다. 또한 본인은 열심히 한다고 하는데도 젖의 양이 늘지 않아 완모가 잘 안 되는 경우도 많다. 엄마 스스로 해결할 수 없는 여건으로 혼합 수유, 혹은 분유 수유를 선택해야 할 때가 있다.

엄마의 상황이 여의치 않다

아기를 낳은 후에 엄마의 건강이 모유 수유를 할 수 없을 정도로 좋지 않거나 건강에 이상이 생겨 약물 투여 등의 문제가 생겨 모유 수유를 할 수 없는 경우도 있다. 이럴 때는 스스로를 너무 탓하지 말고 긍정적으로 상황을 받아들이자. 자책감으로 엄마가 우울해하면 아기에게 모유를 먹이지 못하는 것보다 더 나쁜 영향을 주게 된다.

모유 수유 성공 노하우

유방의 크기와 모유 수유와는 아무 관련이 없다. 유방이 작다고 미리 모유 수유를 단념할 필요는 없다는 뜻. 모유 수유는 오직 엄마와 아기, 둘의 노력에 달려 있다.

모유 수유 성공법

임신 중기부터 유방 마사지를 한다

임신 5~6개월부터 미리 유방 마사지를 꾸준히 해야 한다. 마사지를 하면 유방의 혈액 순환이 좋아져 울혈을 막고 젖샘의 성장을 촉진해 분비량도 많아진다. 마사지를 할 때는 몸과 마음이 편안한 상태에서 하면 좋은데, 샤워 후 잠자기 전에 하는 것이 가장 효과적이다. 하지만 유두를 마사지하면 자궁 수축을 일으키는 호르몬 분비를 촉진시키므로 조산 · 유산의 위험이 있는 임신부는 피해야 한다.

몸에 꼭 끼는 브래지어는 피한다

임신 중에는 너무 꼭 끼는 브래지어는 가능하면 피하는 것이 좋다. 유방이 눌려 혈액 순환이 나빠지고, 그로 인해 유선을 발달시키는 호르몬이 제대로 전달되지 않기 때문. 그렇다고 너무 큰 브래지어를 하면 유방 조직이 늘어져 유선의 발달이 순조롭지 못하고, 또 아예 브래지어를 하지 않는다면 유두가 옷 등에 스쳐 아프다. 따라서 브래지어는 유방 전체를 잘 감싸면서 어느 정도 여유 있는 사이즈를 선택한다.

모유 수유를 돕는 병원과 산후조리원을 택한다

일반 병원이나 산후조리원 중에는 모유 수유를 권장하지 않고 신생아에게 분유를 먹이는 곳도 꽤 있다. 단 며칠이라도 젖병과 분유 맛에 익숙해진 아기는 모유를 잘 먹으려 하지 않으므로 산모에게 친절하게 모유 수유를 가르쳐주고 모자동실이 있는 병원과 산후조리원을 택하는 것이 좋다.

출산 후 30분 이내 젖을 물린다

아기들이 빠는 본능이 가장 강한 출산 후 30분 이내에 젖을 물리는 것이 중요하다. 이때 젖을 물리면 모유 수유 성공률이 높아진다. 하지만 병원 사정이나 산모와 아기의 상태에 따라 출산 후 30분 이내에 젖을 물리지 못할 수도 있다. 가능한 한 4시간 이내에는 젖을 물려 엄마 젖꼭지에 익숙해지도록 하자.

수유 시 뜨거운 수건으로 마사지한다

아기를 낳았다고 바로 젖이 나오는 것은 아니다. 아기는 본능적으로 젖을 물고 빨지만 처음에는 엄마의 도움이 필요하다. 첫 수유 시 젖이 나오지 않을 때는 뜨거운 수건으로 유방 마사지를 하면서 손으로 젖을 짜 젖꼭지의 구멍을 뚫어준다. 수유 전에는 온찜질을 하고, 손으로 약간의 젖을

짜 준 후 수유하고, 수유 후에는 냉찜질을 해 부기를 가라앉힌다. 모유가 잘 나오게 하려면 적어도 한두 달 동안은 꾸준하게 유방 마사지를 하는 것이 좋다. 스스로 하는 것만으로는 부족하다 느끼면 전문가의 도움을 받는다.

초유는 꼭 먹인다

초유란 출산 후 일주일까지 나오는 젖을 말하는데 단백질이 풍부하고 지방과 당분이 적어 신생아에게 좋다. 영양소뿐만 아니라 면역 물질도 포함되어 있으니 출생 직후 신생아 면역력 강화를 위해서라도 꼭 먹여야 한다. 모유가 부족하지 않으려면 출생 후 초유를 가능한 한 빨리 자주 먹이는데, 유선이 자극되어 지속적으로 젖이 더 잘 돌게 된다. 만약 초유를 바로 먹일 수 없는 상황이라면 유축기를 사용해 젖을 짜두고 냉장 또는 냉동 보관해서 나중에라도 꼭 먹이도록 한다.

하루 8회 이상 자주 먹인다

젖 물리는 시간은 따로 없다. 아기가 배고파할 때 먹이면 되는데 최소 하루 8회 이상, 많게는 15회까지도 먹일 수 있다. 대부분 신생아는 1~3시간 간격으로 모유를 먹는데 엄마 젖은 아기가 빨면 빨수록 더 잘 나온다. 한번 물리면 아기 스스로 입을 젖꼭지에서 뗄 때까지 충분히 먹인다. 영양소가 풍부한 젖은 나중에 나오므로 급하게 먹이지 말고 천천히 먹이는 게 좋다.

양쪽 젖을 번갈아 물린다

한쪽 젖을 빨다가 10분쯤 지나 빠는 속도가 줄면 다른 쪽 젖으로 바꿔 물린다. 한쪽 젖을 먹다가 깜박 잠이 든 경우에는 살짝 깨워 다른 쪽 젖도 물려 먹이도록 한다. 이렇게 양쪽 젖을 다 먹어야 모유 분비량이 고르게 되고 엄마의 가슴 건강에도 좋다. 특히, 양쪽 가슴 사이즈가 달라진다고 고민하는 엄마들은 번갈아 먹이는 일을 게을리하지 말자.

자세를 바꿔주는 것도 좋다

아기가 젖을 무는 각도에 따라 엄마 젖의 자극을 받는 부분이 달라지기 때문에 젖이 원활하게 나오지 않는다면 안는 자세를 달리해 수유하는 것도 방법이다. 자세를 바꿔 물리면 유방의 다른 부분이 자극을 받아 의외로 모유가 잘 나올 수 있다.

수유 후 남은 모유를 꼭 짜낸다

수유의 양을 늘리려면 수유 후 유축기를 이용하거나 손으로 남은 젖을 완전히 짜내야 한다. 유방에 모유가 남아있으면 울혈이 생길 수 있고, 오히려 모유량이 줄어들 수 있다. 완전히 비워내야 모유의 양도 늘어난다.

젖꼭지를 깊이 물린다

아기가 젖과 함께 공기를 마시는 것을 방지하려면 젖꼭지와 유륜까지 입속 깊숙이 물려 수유하는 것이 중요하다. 공기를 많이 마시면 장에 가스가 차 자꾸 보채고 트림할 때 토하기 쉽다. 아기에게 한쪽 젖을 10분 정도 물린 뒤 트림을 시키고 또 다른 쪽을 수유하는 것이 효과적이다.

고른 영양소를 섭취한다

엄마가 잘 먹어야 젖의 양도 풍부해지고 영양가 많은 모유를 생산할 수 있다. 미역국은 물론이고 수유 전 우유나 두유, 물을 충분히 마시는 것도 도움이 된다. 하루 섭취 칼로리는 2500㎉로 조정하고 식단은 고른 영양소가 포함되도록 한다.

모유 수유를 위한 도구를 준비한다

성공적인 모유 수유를 위해서는 바른 자세도 한몫 하는데 이때 엄마의 자세를 도와줄 도구들이 있으면 좋다. 수유 쿠션, 발받침대, 등 쿠션 등이 있으면 젖을 먹이면서 생기는 등과 팔의 통증을 줄여 모유 수유가 보다 편해진다.

처음 한 달 고비를 이겨낸다

산후 한 달 동안 엄마는 몸조리를 하면서 아기도 돌봐야 하기 때문에 체력적으로 많이 힘들다. 게다가 처음에는 모유가 잘 나오지 않아 아기가 배고파 울면 안쓰러워서 분유를 먹이게 된다. 그러나 처음 한 달만 잘 견디면 몸도 많이 회복되고 젖도 처음보다 잘 돈다. 또 젖 먹이는 엄마도 젖을 빠는 아기도 모유 수유에 익숙해진다.

유두 혼동

신생아는 빨고 삼키는 데 있어서 처음의 것을 각인하게 되는데, 초유 양이 적다고 해서 우유병이나 노리개 젖꼭지를 먼저 빨면 혼동이 생겨 유방을 거부하는 것을 말한다. 세계보건기구(WHO)에서는 이를 방지하기 위해 모유 수유 시 빈 유두, 우유병 등 다른 것을 물리지 않도록 권하고 있다. 가급적 빨리 초유를 먹여 아기가 혼동하지 않고 모유를 먹을 수 있도록 해야 한다. 노리개 꼭지도 같은 이유로 영아 초기에는 물리지 않는 것이 좋다.

모유 수유 자세

잘못된 자세는 모유 수유의 성공을 방해한다. 엄마와 아기에게 가장 편안한 방법을 찾기 위해서는 여러 자세를 시도해보고 서로에게 맞춰가는 과정이 필요하다.

모유 먹이는 순서

수유에 필요한 준비를 한다

아기가 배고픔에 울음으로 신호를 보내거나 엄마 젖을 찾으면 수유에 필요한 준비를 한다. 수유 쿠션 등 수유를 돕는 도구를 준비해 아기를 안고 바로 자세를 잡는다. 신기하게도 아기가 배가 고플 때가 되면 엄마 가슴은 찌릿찌릿해지면서 젖이 흐른다. 손을 씻고 따뜻한 수건으로 젖꼭지를 닦은 다음 가슴을 풀어줘 수유를 준비한다.

미리 젖을 조금 짠다

젖이 불어 가슴이 딱딱해지면 아기가 젖을 빨기 어렵다. 수유 전에 작은 잔 하나 정도로 모유를 짜내 아기가 수월하게 빨 수 있도록 한다. 젖을 젖꼭지에 살짝 발라주면 아기가 금방 젖을 빤다.

유방 마사지를 한다

수유 전 유방 마사지를 해주면 유방의 혈액 순환이 좋아지고 유선이 확장되어 젖이 잘 돈다. 손가락을 붙여 쭉 편 다음 유방 바깥쪽에서 시작해 원을 그리며 안으로 문질러준다. 아기가 기다리고 있으므로 너무 오랜 시간을 지체하기보다는 운동 전 스트레칭 해준다는 느낌 정도면 충분하다.

젖꼭지와 유륜까지 깊이 물린다

아기가 입을 벌렸을 때 유륜까지 깊이 물려주어야 공기를 덜 마신다. 공기를 많이 마시면 장에 가스가 차고 트림할 때 역류해 토하기 쉽다. 수유 중에 아기가 잠이 들면 볼을 가볍게 눌러보아 반응이 없으면 수유를 중단한다.

트림을 시킨다

젖을 잘 물린다고 물려도 아기는 젖과 함께 소량의 공기를 들이마시게 된다. 트림을 시키지 않으면 장으로 들어간 가스 때문에 잘 토한다. 수유 후에는 아기 등을 가볍게 토닥이거나 쓰다듬어 트림을 시킨다. 일반적으로 모유를 먹는 아기는 분유를 먹는 아기보다 트림을 적게 하거나 잘 하지 않으므로 오랜 시간 두드리지 않아도 된다.

젖꼭지를 닦고 남은 모유는 짜낸다

수유 후 젖꼭지를 깨끗이 닦고 잠깐 가슴을 그대로 내놓은 채 보송보송 말린다. 아기가 젖을 세게 빨아 트러블이 생겼다면 젖꼭지에 젖을 묻힌 채 말린다. 상처를 치료하는 효과가 있다. 수유가 끝났는데도 모유가 남은 느낌이면 모두 짜내는 것이 좋다. 이렇게 하면 모유 생성이 더 원활해질 뿐만 아니라 모유 수유로 인한 가슴 트러블도 예방할 수 있다.

모유 수유 자세

앞품에 안는 자세

가장 일반적인 자세로 요람식 자세라고도 한다. 베개 한두 개 정도나 수유 쿠션을 무릎 위에 놓고 아기를 받친 뒤 팔꿈치 안쪽에 아기 머리를 올려놓는다. 아기의 아랫입술을 간질여 입을 크게 벌리게 한 후 엄마 가슴 쪽으로 당겨 젖꼭지를 완전히 감싸게끔 입에 물린다. 이때 아기의 코끝이 엄마 가슴에 닿으면 좋다.

1. 엄지손가락은 유방 위쪽, 나머지 손가락은 아래쪽에 두고 유륜에서 조금 떨어진 부위에 L 또는 C 모양으로 유방을 받쳐준다.
2. 아기의 아랫입술을 간질여 입을 크게 벌리게 한 후 엄마 가슴 쪽으로 당겨 안는다.
3. 아기 혀가 젖꼭지 밑에서 유륜 주위를 감싸고 있는지 확인한다.
4. 아기 코끝이 유방에 닿도록 한다.

옆구리에 끼는 자세

마치 풋볼 공을 옆구리에 끼듯 엄마의 옆구리에 아기를 끼고 한 손으로는 아기의 머리를 받쳐 아기의 입이 젖꼭지와 마주 보게 한다. 이때 아기가 불편하지 않도록 엄마의 팔꿈치로 아기의 엉덩이를 받쳐 몸이 일자가 되게 하거나 아기 몸 아래쪽으로 긴 쿠션을 대준다. 이후 젖 먹이는 방법은 앞품에 안는 자세와 같다.

옆으로 누워서 먹이는 자세

제왕절개 산모에게 가장 편안한 자세. 옆으로 누운 자세에서 엄마 등을 베개로 받친다. 위쪽에 놓인 다리를 앞쪽으로 굽힌 상태에서 베개로 받친 뒤 아기가 엄마를 바라볼 수 있는 자세로 눕혀 젖을 물린다. 편안한 자세이긴 하지만 유방 안의 젖이 다 나오지 않는다는 단점이 있다. 이 자세로 수유한 뒤에는 반드시 남은 젖을 다 짜내야 모유의 양도 일정하고 유방 모양도 유지할 수 있다.

1. 아기 입에 바로 젖꼭지를 물리지 말고 얼굴에 젖을 한 방울 짜주어 젖 냄새를 맡게 하면 아기 입이 엄마 젖을 찾기 쉽다.
2. 아기 입을 유륜 부위까지 깊숙이 물려준다. 젖을 먹는 동안 아기 몸을 밀착시켜 아기 배와 엄마 배가 맞닿게 하는 것이 좋다.
3. 아기가 젖을 다 먹으면 손가락을 살짝 밀어 넣어 자연스럽게 젖꼭지를 떼게 한다. 아기의 흡입력은 매우 강하므로 젖꼭지를 무리하게 빼지 않도록 한다.

혼자서 자세를 잡기 힘들다면요?

아무리 해도 혼자서 모유 수유의 자세를 잡기 힘들다면 전문가의 도움을 받아보도록 하자. 외출하기 힘들다면 각종 동영상을 활용해보기를 권한다. 혼자서는 자세가 제대로 잡혔는지 알기 힘들기 때문에 자세를 체크해 줄 다른 가족이 있으면 좋다. 친정 엄마나 남편에게 동영상의 자세와 비교해 잘못된 점이 무엇인지 물어보자. 집에서 아무리 노력해도 힘들다면 모유 수유 전문가를 찾는 것이 가장 빠른 방법이다. 가까운 보건소나 병 · 의원을 찾아 도움을 받도록 하자.

11

워킹맘의 모유 수유

직장 다니랴, 아기 키우랴 워킹맘의 하루는 눈코 뜰 새 없이 바쁘다. 여기에 모유 수유까지 하나 더 늘어나는 셈. 대한민국 워킹맘 모두에게 파이팅이 필요한 시간이다.

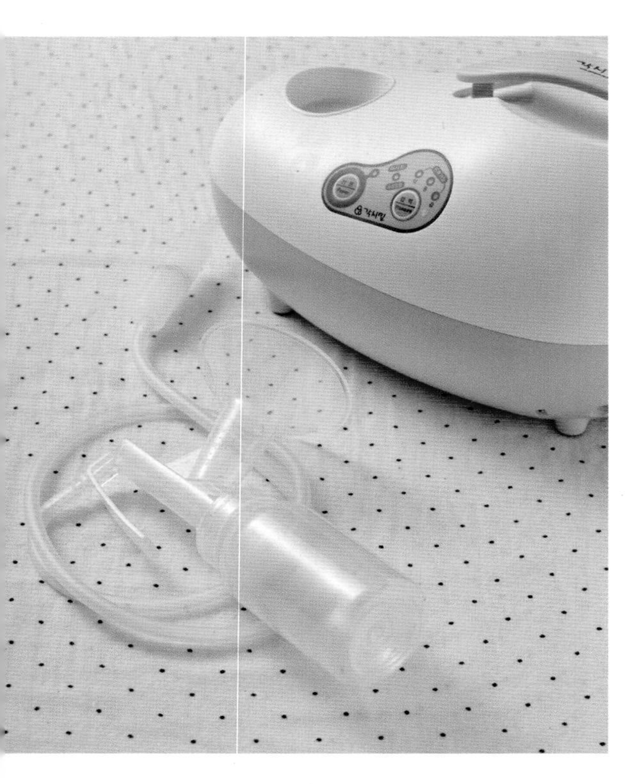

모유 수유 성공법

직장에 수유 의지를 밝혀둔다

육아휴직을 하는 동안 직장 동료들과 전혀 연락을 하지 않기보다는 가끔 안부를 주고받으며 복직을 준비하는 것이 좋다. 상사에게도 마찬가지다. 육아의 어려움도 살짝 전하고 복귀 후에도 모유 수유 할 일이 걱정이라며 일부러라도 의논하자. 사람은 누구나 자신에게 마음을 여는 상대에게 함께 마음을 열기 마련. 복귀 후 적어도 모유 수유에 달갑지 않은 시선을 보내는 적을 만들지 않게 된다.

유축할 장소를 미리 생각해둔다

모유 수유실이 따로 마련되어 있는 회사를 다닌다면야 걱정이 없겠지만, 아직은 그렇지 않은 직장이 더 많은 상황이다. 회의실이나 여성휴게소 등 유축할 수 있는 장소를 미리 물색하고 주로 비어 있는 시간대는 언제인지, 유축 장소로 활용해도 괜찮은지 회사 담당자에게도 문의해 두는 것이 좋다.

집에서 유축기 사용을 미리 연습한다

유축기 사용에 서툴면 시간이 그만큼 더 걸려 직장에서의 유축이 힘들어진다. 직장에 나가 유축 때문에 자리를 오래 비울 수는 없다. 허둥지둥 실수하지 않으려면 미리 유축기 사용을 충분히 익혀두어야 한다. 복직 전, 아기에게 직접 젖을 물릴 수 있다 하더라도 유축기를 사용해 젖을 짜 젖병으로 먹이는 연습을 시작한다.

출근 최소 2주 전 젖병으로 바꾼다

직장에 다니려면 낮 동안은 엄마 젖을 직접 물릴 수 없으므로 아기는 이제 젖병으로 먹는 연습을 해야 한다. 하지만 엄마 젖에 익숙해져 있는 아기는 젖병을 이물질로 받아들여 처음에는 빨기를 거부한다. 아기에게도 적응할 시간이 필요하므로 젖병으로 먹는 시간을 조금씩 늘려가며 익숙해지도록 하자. 예민한 아기라면 다른 아기들보다 조금 더 일찍 서두르는 것이 좋다.

출근 전, 퇴근 후 젖을 먹인다

아침에 일어나자마자 잠자리에서 젖을 먹이고 식사를 마친 뒤 출근하기 바로 전에 다시 한 번 먹이는 것이 좋다. 비교적 시간이 많은 퇴근 후에는 젖을 자주 먹이도록 하고, 그 이후로는 유축해 냉동 보관한다. 짜낸 모유는 섞지 않는다.

하루 두 번 이상 젖을 짠다

직장에서는 점심 때 한 번, 오후에 한 번, 하루 두 번 정도 젖을 짜서 차가운 보냉병

유축기 선택법

유축기는 수동형보다 조금 비싸더라도 시간을 단축할 수 있는 자동형을 사용하면 편리하다. 특히 워킹맘의 경우는 시간을 절약하는 것이 가장 중요한 조건이므로 전동식 양측 유축기를 구매 또는 대여한다. 유축기를 선택할 때는 유축기의 사용 예정기간, 유축에 걸리는 시간, 작동과 세척법의 용이함, 무게, 소음, 수유 깔때기의 크기 등을 고려한다.

이나 냉장고에 보관한다. 냉장고가 없을 경우에는 일회용 모유 팩에 담아 아이스백을 가지고 다니며 보관한다.

꼭 끼는 속옷은 피한다

브래지어는 타이트하게 붙는 것보다는 조금 여유가 있는 것이 좋다. 젖을 짠 뒤 안쪽에 거즈나 패드를 대면 젖꼭지가 젖은 상태로 있는 것을 막아 염증이 생기거나 헐지 않는다.

직장에서 모유 잘 유축하기

유축 시간을 일정히 한다

같이 일하는 사람들에게 시도 때도 없이 오랫동안 자리를 비운다는 인상을 주어서는 곤란하다. 그것이 모유 수유 때문이 아닌데도 주변의 오해를 사기 쉽기 때문이다. 가까운 동료들에게는 유축 때문인지, 다른 일 때문인지, 왜 자리를 비우는 것인지 미리 알리도록 한다. 유축 시간이 일정하면 동료들도 그 시간 자리를 비우는 것을 자연스럽게 받아들이게 된다.

동료들에게 피해 가는 일이 없도록 한다

회의가 잘 소집되는 시간, 전화가 많은 시간, 업무가 집중되는 시간에 유축을 하면 함께 일하는 동료들에게 피해를 주기 쉽다. 내가 맡고 있는 업무가 가장 여유롭게 돌아가는 시간, 또 잠깐 자리를 비우더라도 크게 다른 사람에게 피해를 줄 일이 없는 시간대를 택해야 한다.

손을 깨끗이 씻고 유축한다

젖을 짜기 전후뿐만 아니라 젖을 다룰 때는 언제나 손을 비누로 깨끗이 씻는다. 특히 많은 워킹맘들이 유축 장소로 화장실을 택하는 경우가 많으므로 더더욱 위생에 신경을 써야 한다.

모유 전용 용기를 준비한다

짠 젖을 보관할 때는 항상 깨끗한 보관 용기를 사용한다. 돌려서 잠그는 병이나 뚜껑을 꼭 닫을 수 있는 플라스틱 용기, 모유 전용 보관 비닐 팩을 사용하면 좋다. 회사 냉장고에 넣어둘 것이라면 쓰러져 넘어질 염려가 없어야 한다. 용기에는 반드시 젖을 짠 날짜와 시간, 양을 적고 가장 오래된 것부터 순서대로 먹인다.

보냉가방을 준비한다

회사 냉장고를 사용할 수 있다면 다행이지만 여의치 않다면 보냉가방을 들고 다녀야 한다. 출퇴근하면서 들고 다니기 편한 보냉가방과 이동 시 필요한 보냉제를 준비하는 것이 좋다.

모유 안전하게 보관하기

집에 가면 냉장실, 냉동실로 옮긴다

보통 한 번에 60~120㎖ 정도 얼리는 것이 좋지만 아기가 한 번에 먹는 양에 따라 양을 달리할 수 있다. 짜놓은 지 24시간 안에 먹이지 않을 것은 냉동한다. 냉장고에 보관한 것은 가능하면 24시간 안에 먹이고 72시간 이상 냉장된 것은 버린다.

살짝 데운 후 냉동한다

얼렸다가 해동한 모유는 지방이 잘 섞이지 않고 물에 떠 간혹 상한 것처럼 보이기도 하는데 유축한 모유를 처음 보관할 때 기포가 보글보글 올라올 정도로 데워 곧바로 얼리면 지방층이 섞여 해동해도 분리되지 않는다. 해동한 젖은 24시간 내 먹이고 한 번 해동한 것은 다시 얼려 먹이지 않는다.

해동 후 온도를 체크한다

냉동했던 모유는 전날 밤 냉장실로 옮겨놓거나 시간이 촉박할 때는 전자레인지 대신 따뜻한 물에 담가 살살 흔들어 녹인다. 전자레인지를 이용하면 젖이 균일하게 데워지지 않아 아기가 먹다가 화상을 입기 쉽고 젖에 함유된 면역 성분을 포함해 단백질과 비타민이 파괴되기 쉽다. 먹이기 전에는 손목에 살짝 떨어뜨려 체온과 비슷한 온도를 확인한다. 먹다가 젖병에 남긴 젖은 아깝더라도 꼭 버린다.

손으로 모유 짜는 방법

젖이 잘 나오느냐, 안 나오느냐는 엄마의 심리 상태에 영향을 받는다. 그렇기 때문에 손으로 젖을 짤 때도 마음이 편하고 아기에 대한 생각을 집중할 수 있을 때가 좋다. 따뜻한 물로 샤워하면 젖이 잘 나온다. 손을 깨끗이 씻고 옷이 젖지 않도록 받칠 깨끗한 수건과 젖을 담을 소독된 용기를 준비한다.

1. 한 손으로 유방을 받치고 다른 한 손을 이용해 유방의 윗부분에서 젖꼭지까지 부드럽게 쓸어내린다.
2. 양손을 평평하게 하고 갈비뼈 있는 부분부터 시작해서 유방 전체를 젖꼭지 방향으로 부드럽게 마사지한다.
3. 유방 아랫부분을 엄지손가락과 나머지 손가락으로 잡고 젖이 나오도록 짜낸다.
4. 엄지손가락과 다른 손가락들을 점차 유방 바깥쪽으로 움직이고, 다시 유방 밑에서 젖꼭지 쪽으로 움직여 젖이 뿜어져 나오도록 한다.

모유 수유 트러블

아기가 태어나기 전부터 모유 수유를 결심하지만, 막상 시작하기도 전에 트러블을 겪는 엄마들이 많다. 모유 수유 의지를 흔들리게 하는 대표적인 트러블과 대처법.

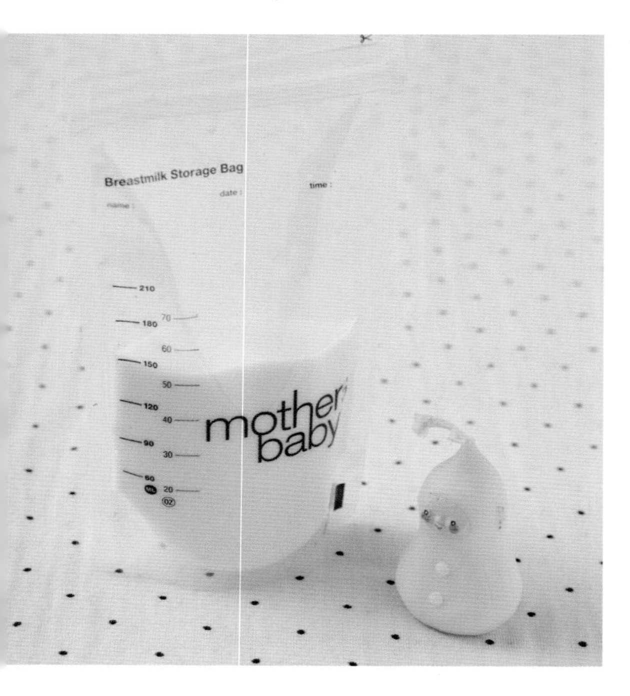

상황별 대처법

모유의 양이 많다

모유를 미리 짜낸다

아기가 한 번에 삼킬 수 있는 양보다 더 많은 양의 모유가 나오면 사레 들리기 쉽고 자꾸 토하거나 소화 불량을 일으킬 수 있다. 아기가 유난스럽게 소리를 많이 내면서 모유를 먹는다거나 사레가 자주 들리고 숨가빠한다면 모유의 양이 너무 많다는 증거. 수유하기 전에 모유를 미리 짜낸다거나 한쪽 젖만 집중적으로 물려 모유가 지나치게 많이 생성되는 것을 막는다.

모유의 양이 적다

더 자주 물린다

엄마들은 자신의 모유량이 적다고 생각하는 경우가 많지만 실은 아기의 배를 채울 만큼 충분하다. 다만, 모유의 양이 줄어드는 것은 대부분 잘못된 수유 자세에서 비롯된다. 아기가 젖을 빨 때 아랫입술을 당겨서 아기 입술과 엄마 유두 사이에 아기의 혀가 보이는지 살펴본다. 만약 혀가 보이지 않는다면 아기는 엄마 젖이 아니라 자기의 혀를 빨고 있는 것이므로 유륜을 더 깊숙이 밀어 넣어준다. 젖은 아기가 빨면 빨수록 더 많이 나오므로 모유의 양을 늘리고 싶다면 아기에게 제대로 자주 젖을 물리는 것이 최고의 방법이다.

젖몸살이 심하다

초유를 완전히 짜준다

젖몸살은 유방에 있는 울혈 때문에 생기는 현상. 산후 3~4일이 지난 후 유방이 단단하고 크게 부풀어 피하정맥이 바깥으로 드러난다. 산모에 따라서는 출산 후 2~3일부터 유두에 통증을 느끼고 유두를 만지면 끈적끈적하고 투명한 또는 노란색 젖이 나올 수 있다. 이것을 초유라 하는데, 초유가 나오기 시작하면 아기에게 젖을 빨리든가 유축기로 젖을 짜내야 한다(분만 후 4~5일 동안의 초유는 모두 짜주어야 한다). 그렇지 않은 경우 전신에 열이 심하게 나면서 젖몸살이 생길 수 있다. 심한 경우 유방이 돌처럼 딱딱해지고 통증이 무척 심하며 열이 많이 나고 겨드랑이까지 퉁퉁 부어오른다. 젖몸살이 심할 때는 아기에게 직접 젖을 물리는 것이 가장 좋고 필요하면 남은 젖은 모두 짜낸다. 통증을 참기 힘들 때는 전문의와 상담해 약을 복용한다.

제왕절개로 수유가 늦어졌다

미리 병원의 협조를 요청한다

제왕절개로 출산을 하는 경우에는 아기가 태어나는 순간 바로 젖을 물리기 어렵기 때문에 수유 시작 타이밍을 놓치기 쉽다. 산후 2~3일까지도 몸을 자유롭게 움직이지 못해 모유 수유가 어렵기 마련이다. 엄마도 아기도 함께 할 시간이 부족하다 보니 병원에서도 아기에게 분유를 먹이게 된다. 이미 분유에 익숙해진 아기는 퇴원 후 엄마가 젖을 물리려고 해도 거부해 모유 수유는 더 어려워진다. 제왕절개를 계획하거나 뜻하지 않게 수술을 받게 되더라도 모유 수유를 원한다면 수술 전 병원에 그 뜻을 전하고 되도록 젖병을 물리지 말 것을 당부한다. 누워서라도 젖을 물릴 수 있도록 아기를 병실로 데려와 달라고 부탁하고 산모가 원할 때 혼합 수유를 시작해줄 것을 요청한다.

편평 유두, 함몰 유두라 힘들다

교정기를 착용한다

아기가 젖꼭지를 물면 젖꼭지가 튀어나오지 않고 편평해지는 편평 유두와 유두가 안으로 들어간 함몰 유두의 경우 아기가 젖을 물어도 잘 빨지 못한다. 편평 유두는 꾸준히 물리면 유두의 모양이 변하므로 정확한 수유 자세로 꾸준히 젖을 물리는 것이 중요하고, 함몰 유두는 출산 전부터 교정기를 착용하면 된다. 처음에는 하루 1시간 정도 착용하다 점차 시간을 늘려 돌출형이 될 때까지 사용한다.

엄마 건강에 이상이 있다

전문의와 상의한다

건강의 이상 정도에 따라 모유를 먹이면 안 되는 경우도 있지만, 감기 정도의 질병으로는 수유를 해도 무방하다. 감기가 심하다면 전문의와 상의해 약을 복용한다. 그리고 B형 간염 보균자이거나 앓고 있는 경우, 결핵, 유방암, 갑상선 질환, 당뇨병, 신장병 등을 앓고 있는 경우에는 모유 수유가 가능한지, 가능하다면 어떤 준비가 필요한지 전문의와 상의해야 한다.

모유 수유 상담

대개 모든 소아청소년과 의원 또는 보건소에 문의하면 모유 수유에 대한 궁금증을 해소할 수 있다. 아기를 낳은 병원이나 종합병원 산부인과에도 모유 수유 선생님들이 계시기 마련. 보다 구체적인 상담을 받고 싶을 때는 인터넷 모유 수유 상담 사이트나 국제 모유 수유 전문가협회 등을 통해 문의한다.

대한모유수유의사회
(www.bfmed.co.kr)
국제모유수유전문가(IBCLC) 의사들로 구성되어 모유 수유에 관련된 다양한 지식과 신생아 건강 정보 등을 소개한다. 수유의 어려움은 물론 직장 모유 수유, 아픈 엄마의 모유 수유, 수유 중 약물 복용 등의 고민도 상담할 수 있다.

아이통곡 모유육아 상담실
(www.itongkok.co.kr)
유방 케어 마사지 전문 업체 아이통곡에서 운영하는 사이트로 수유 방법, 젖몸살, 젖의 양, 단유 등과 관련된 다양한 정보를 얻을 수 있다.

오케타니 모유육아상담실
(www.oketani.co.kr)
일본의 조산사인 오케타니 소토미가 오랜 연구 끝에 창안한 독자적인 손기술로 유방의 기저부 유착상태를 개선해 순환을 도와주고, 막힌 유관을 열어 젖 생성과 배출을 원활하게 해준다. 오케타니 모유육아상담실에서는 올바른 수유 자세를 교정하고, 유두 상처가 생기지 않도록 관리해준다.

수유 시설 찾기

급하게 수유시설을 찾아야 할 때 수유 시설 검색 사이트(https://sooyusil.com)에서 정보를 얻을 수 있다. 전국에 운영 중인 3003개(2023년 6월 기준)의 공공 수유 시설 현황부터 모유 수유 전문가 상담, 모유 수유 정보 등을 얻을 수 있다.

유두에 상처가 있다

유두 보호기를 이용한다

수유 자세가 잘못되면 아기가 유두에 상처를 내기 쉽다. 유두에 상처가 나면 우선 자신의 수유 자세가 잘못된 점은 없는지 확인한다. 또한 유두에 상처가 났더라도 유두 보호기를 쓰면 얼마든지 수유가 가능하므로 섣불리 젖을 끊지 않는다. 수유 후 젖을 묻힌 채 유방을 말려 상처를 자연 치유한다.

아기의 몸무게가 줄었다

아기의 건강 상태부터 체크한다

모유를 잘 먹고 있는 것 같은데도 아기의 평균 체중 속도가 더디거나 잘 늘던 체중이 갑자기 멈춰서 지연되는 경우 무슨 문제가 있는지 그 원인부터 찾아야 한다. 겁을 먹고 바로 분유를 먹여 몸무게를 늘리기보다는 소아청소년과를 찾아 아기가 어디 아픈 것은 아닌지 살핀다. 아기의 건강에 문제가 없다면 꾸준히 모유 수유를 하면서 모유 수유 자세나 엄마의 습관에 무언가 잘못된 점이 없는지 꼼꼼히 살펴본다.

아기가 설사를 한다

전문의와 상의한다

아기가 설사를 하면 설사용 특수 분유를 먹여야 되는 것이 아닌가 하지만 설사용 특수 분유가 설사를 치료하는 것은 아니다. 심한 설사가 아니라면 계속해서 모유 수유를 하고, 설사가 심한 경우에는 아기 건강에 이상이 있다는 신호이므로 소아청소년과 전문의를 찾는다.

모유량 늘리기

모유량을 늘렸다고 하는 엄마들의 이야기를 들어보면 대체로 먹은 음식이 비슷한 경향을 보인다. 모유의 영양을 높이고 잘 나오게 하는 생활법을 알아봤다.

모유량 쑥쑥 늘리기

충분한 휴식과 영양섭취는 필수다

출산은 엄청난 체력 소모를 필요로 하는 일이다. 수술을 했든, 자연 분만을 했든 마찬가지. 산욕기 동안 충분하게 쉬고 영양을 섭취하지 않으면 출혈로 빠져나간 체내 영양성분을 보충할 수 없다. 몸의 컨디션을 회복시키는 것이 모유의 양과 질의 개선에도 영향을 미친다.

미역국만 먹어서는 안 된다

미역국은 충분한 수분 섭취를 도와주고, 미역의 요오드 성분은 신진대사를 증진하고 자궁 수축을 도우며 피를 맑게 한다. 하지만 미역국과 밥만으로 필요한 영양성분이 충족되는 것은 아니므로 고른 반찬을 통해 다양한 영양소를 섭취해야 한다. 또한 0.3~2% 정도의 일부 산모에게는 요오드 유발성 갑상선 기능 부전증을 초래하기도 하므로 너무 미역국에만 치우친 식사는 조심한다.

젖을 자주 물린다

귀찮고 힘들더라고 젖을 자주 물리는 것이 가장 좋은 방법. 모유량이 적더라도 자주 물리게 되면 모유량이 점점 늘어난다. 남은 젖은 짜내어 다시 새로운 젖이 돌도록 하는 것이 좋다. 출생 후 초유를 가능한 한 빨리 자주 먹여야 젖이 많이 돈다.

마사지를 꾸준히 한다

모유를 잘 생성하기 위해서는 유방을 항상 부드럽게 유지하는 것도 중요하므로 마사지를 꾸준히 하면 좋다. 따뜻한 스팀 수건을 올려주어 손바닥으로 가슴 전체를 풀어주는 느낌으로 둥글고 크게 돌려주며 마사지한다. 마사지는 매일 조금씩 일정하게 하도록 한다.

수분을 충분히 섭취한다

모유의 양을 늘렸다는 엄마들의 이야기를 들어보면 모유에 좋다는 것은 무조건 많이 마셨다는 이야기들을 많이 한다. 우족 삶은 물이나 각종 즙, 모유 촉진 차까지 마시는 종류도 여러 가지. 어른들이 좋다고 하는 음식들이 먹기 어렵거나 역겹다면 당근 주스나 두유 등 모유에 도움되는 음료를 많이 마시고 수분도 충분히 섭취하도록 한다.

향이 강한 음식에 주의한다

마늘, 파, 양파 등 향이 강한 식품은 모유의 향을 변화시켜 아기가 모유 수유를 거부하기도 하고 설사나 복통을 일으키므로 먹어서는 안 된다는 의견이 있다. 하지만, 모유 중의 마늘 냄새가 아기의 모유 섭취량에 영향을 미칠 수는 있으나 모유 생성량에는 영향을 미치지 않는다.

모유에 영향을 주는 음식

미역국 산후 조리식의 대명사. 미역은 자궁 수축과 지혈 작용, 피를 맑게 하는 효능 등이 탁월하여 출산한 여성이라면 반드시 먹어야 하는 음식이다.

우족 국물 우족은 단백질이 풍부하고 지방과 비타민B_1, 비타민B_2, 콜라겐, 섬유소 등을 고루 갖추고 있다. 수분이 넉넉해 유즙의 분비를 촉진하고 뼈와 근육을 튼튼하게 해준다.

살코기, 등푸른 생선 필수아미노산이 풍부한 살코기와 고등어, 꽁치 등 양질의 단백질을 함유한 등푸른 생선도 좋다. 하지만 수은 함량이 높은 쏘가리, 옥돔 등은 피한다.

식혜, 수정과 식혜나 수정과는 유선을 자극해 호르몬 분비를 억제한다.

참외, 감귤류 참외, 복숭아, 살구, 자두, 감귤류 등은 설사와 복통을 일으킬 수 있고, 콩, 양배추, 브로콜리, 순무 등은 가스 유발과 과민반응을 일으키는 음식이므로 주의한다.

카페인 커피, 홍차, 콜라, 코코아 등 카페인이 함유된 음식을 먹으면 아기가 잠을 안 자고 보챌 수 있다. 아기에게 전달되는 카페인의 양은 엄마가 섭취한 양의 0.06~1.5%로 하루 한 잔 정도는 문제가 되지 않지만 과도하면 아기의 발달을 저해할 수 있다.

14 모유 저장하기

유축한 모유는 냉장할지, 냉동할지, 해동 후에는 그대로 먹이면 되는지 초보 엄마는 궁금한 게 많다. 올바른 모유 저장법과 버리기 아까운 모유 활용법.

올바른 모유 저장법

용기를 꽉 채우지 않는다
모유를 얼리면 부피가 좀 더 커지므로 용기에 담을 때는 약간 여유를 둔다. 짜낸 모유는 약간 식힌 후에 얼리는 것이 좋다.

모유를 짠 날짜와 시간을 기록한다
모유를 짠 날짜와 시간 등을 모유 용기에 잘 보이도록 기재한다. 냉장고에서 꺼내 먹일 때 오래된 것부터 소진한다.

냉장실과 냉동실 보관 기간이 다르다
갓 유축을 한 경우에는 실온에서 2시간 정도 보관이 가능하다. 냉장실에서는 3일, 분리된 냉동칸에서는 3~4개월 정도 보관할 수 있다. 계절에 따라, 냉장고의 상태에 따라 보관 기간은 달라질 수 있으므로 최대한 빠른 시간 내에 먹인다.

따뜻한 물로 해동한다
냉동된 모유는 먹이기 하루 전날 밤에 냉장고에 넣어 자연 해동하거나 37℃ 이하의 미지근한 물에 담가 해동한 후 따뜻한 물에 중탕하여 먹인다. 전자레인지를 이용하면 고루 해동하기 어렵고 모유의 영양 성분도 파괴되기 때문에 가급적 자연 해동하는 것이 좋다.

해동했던 모유는 다시 얼리지 않는다
한 번 해동했던 모유는 아깝더라도 다시 얼려 먹이지 않는다. 특히 젖병에 담아 먹이고 남은 모유는 아기의 침 등이 이미 들어가 있어 세균이 번식하기 쉬우므로 아깝더라도 과감히 버려야 한다.

막 짠 모유와 해동 모유는 섞어도 된다
모유는 해동하고 나면 지방층이 분리되어 위로 뜨는데 천천히 원을 그리며 잘 섞어 주어야 한다. 해동 우유에 막 짠 모유를 섞거나 이미 냉동된 모유에 막 짠 모유를 함께 섞어 냉동하는 것도 괜찮다. 다만 해동한 모유를 실온에 두거나 해동했던 모유를 다시 냉동해서는 안 된다.

다양한 모유 활용법

가족들이 대신 먹을 수 있다
모유는 아기에게만 완전 영양식이 아니다. 엄마의 모유는 다른 가족들에게도 좋은 특별 영양식. 엄마 자신이 아플 때 먹어도 좋다.

모유 비누와 입욕제를 만든다
직접 만들 수 있다면 모유를 이용한 비누, 입욕제를 만들어도 좋고, 모유를 보내면 대신 비누를 제작해 보내주는 곳도 있으니 적극 활용해본다. 모유는 보습효과가 매우 뛰어나 비누를 만들면 오래도록 그 효능을 누릴 수 있다.

목욕이나 세안 시 활용한다
모유 그 자체를 활용하고 싶다면 목욕물에 조금 타거나 세안 시 헹굼물에 넣어 사용할 수 있다. 모유로 팩을 하는 것도 좋다. 일주일에 한 번 정도가 적당하다.

이유식에 넣는다
이유식에 넣어 함께 조리해도 좋다. 아기가 먹는 것이므로 보관 기간이 오래되지 않은 모유여야 한다.

분유 수유하기

모유 대신 선택한 분유라 해도 모유 못지않게 잘 먹이고 싶은 것이 엄마의 마음이다. 내 아기에게 맞는 분유를 선택해 모유처럼 안전하고 건강하게 먹이는 방법을 소개한다.

분유 수유 준비하기

아기에게 미안한 마음을 갖지 않는다

모유가 아기에게 좋은 것은 누구나 아는 사실이다. 하지만 아기의 구강 구조에 문제가 있어 엄마 젖꼭지를 제대로 물지 못하거나 젖의 양이 적거나 직장으로 복귀해야 하는 등 어쩔 수 없는 현실적인 문제가 존재한다. 모유보다는 부족하지만 분유 역시 아기에게 필요한 영양분을 채워주며 부드럽게 흡수할 수 있도록 만들어져 있다. 피치 못한 상황으로 분유를 먹이더라도 지나치게 죄책감을 갖지 않도록 한다.

젖병은 7~8개 이상 준비한다

신생아용으로 나온 150㎖ 젖병은 2~3개, 250㎖ 젖병은 5~6개 정도가 필요하다. 외출 시 편리하게 사용할 수 있는 일회용 젖병도 하나쯤 있으면 좋다. 일회용 젖병은 분유를 먹일 때마다 일회용 멸균 팩을 사용해 젖꼭지만 준비하면 되므로 외출 시 짐 부피가 줄어들고 돌아와 젖꼭지만 소독하면 돼서 편리하다.

월령에 맞춰 젖꼭지를 준비한다

젖꼭지는 젖병 개수대로 준비하고 여분으로 2~3개 더 마련한다. 월령별로 젖꼭지 크기가 다르므로 월령별로 바꾸고, 구멍이 헐었다 싶으면 즉시 교체한다.

계량스푼을 이용한다

분유는 항상 용기에 함께 들어 있는 계량스푼을 사용해 수평이 되도록 깎아서 계량한다. 절대 수북히 담거나 덜 담는 일이 없어야 한다. 아기의 월령에 비해 분유의 농도가 진하면 소화 장애를 일으키거나 나트륨을 많이 섭취할 수 있다. 또한 농도가 너무 묽으면 영양을 충분히 섭취하지 못하게 된다. 계량스푼은 사용한 후 그대로 분유통에 넣지 말고 젖병과 함께 소독해 건조한다.

물의 온도는 30~40℃가 적당하다

수유에 가장 적당한 온도는 30~40℃. 손목 안쪽에 분유를 떨어뜨려 보아 따뜻할 정도면 적당하다. 일단 70℃의 물에 분유를 타서 30~40℃로 식힌다. 70℃의 물에 타는 이유는 엔테로박터 사카자키균이 이 온도에서는 검출되지 않고 비타민 B와 비타민 C의 파괴를 줄일 수 있기 때문이다.

수유 시간은 10~20분 정도로 한다

수유를 빨리 하면 갑작스러운 위 팽창으로 먹은 것을 토할 수 있고, 또 시간이 너무 오래 걸려도 수유하면서 공기를 함께 삼켜 위가 팽창해 구토를 할 수 있다. 수유 시간은 아기의 월령이나 먹는 습관에 따라 5~20분 정도 차이가 난다. 수유 시간이 너무 길다면 젖병의 구멍이 개월 수에 맞지 않거나 막혀 있는 것이 아닌지 확인한다.

트러블이 없는 분유가 좋은 분유다

시중에 판매되는 분유의 종류가 많아 분유 선택만으로도 고민이 커진다. 분유의 단계도 많고, 수입 분유까지 합세해 초보 엄마를 헷갈리게 한다. 분유는 일반 조제 분유, 액상 조제 분유, 특수 조제 분유, 기능성 분유, 선천성 대사 이상 아이들을 위한 특수 분유로 나뉘는데 가장 일반적인 것이 일반 조제 분유다. 조제 분유는 분유를 아기가 쉽게 소화할 수 있도록 철분, 비타민 등 부족한 영양소를 첨가해 모유와 비슷하게 만든 것이다. 보통 1~4단계로 나뉘어 있는데 태어나자마자 병원에서 분유를 먹은 아기들은 대부분 먹은 분유에 익숙해져 그대로 먹는 경우가 많다. 아기가 별 탈 없이 잘 먹는다면 굳이 다른 분유로 바꿀 필요는 없고 간혹 설사나 변비, 구토 등의 증상이 있으면 분유를 바꿔 먹일 것을 고려한다.

젖병과 젖꼭지는 철저히 소독한다

젖병을 구석구석 잘 닦기 위해서는 젖병 전용 세척 솔과 세정제를 준비한다. 일반 솔로 잘 닦이지 않는 분유의 기름기를 제거하는 데 효과적이기 때문이다. 세정제가 남지 않도록 뜨거운 물로 헹군 후 열탕 소독하거나 젖병 전용 소독기로 소독 건조한다.

분유 타는 방법

1 분유를 타기 전 비누로 손을 깨끗이 씻고 살균된 젖병과 젖꼭지를 준비한다.

2 팔팔 끓여 70℃로 식힌 물을 젖병에 먹일 양의 ½이나 ⅓ 정도 붓는다.

3 계량스푼은 항상 위를 깎아서 양을 정확하게 계량하고 깨끗하게 보관한다.

4 분량의 분유를 정확히 재서 젖병에 넣고 남는 물을 마저 붓는다.

5 젖병을 잡고 위아래로 흔들면 거품이 생기거나 덩어리가 지므로 손바닥 사이에 두고 좌우로 가볍게 흔든다.

6 분유가 다 녹을 때까지 흔든 후 마개를 열어 공기를 빼준 후 닫는다.

7 엄마의 손목 안쪽에 분유를 떨어뜨려 체온과 비슷한 온도인지 확인하고 만약 뜨거우면 찬물에 담갔다 뺀다.

분유 수유 자세

1 모유 수유와 마찬가지로 아기를 가슴에 끌어안고 아기가 엄마의 심장 소리를 들으며 먹을 수 있게 한다.

2 젖꼭지는 입안에 충분히 넣어주고, 분유가 젖꼭지 안에 가득 차도록 각도를 기울인다. 젖꼭지와 젖병 사이의 끝부분을 밀듯이 빨아야 아기가 공기를 덜 먹는다.

3 아기를 눕힌 채로 먹이거나 젖병을 받쳐놓고 아기 혼자 먹게 두지 않는다. 목이 메거나 질식할 염려가 있다.

4 아기를 세워 안은 후 등을 위에서 아래로 쓰다듬으며 트림을 시킨다.

생후 6개월까지 분유 권장량

월령	체중	1회 양 (㎖)	수유 횟수
0~½	3.3	80	7~8
½~1	4.2	120	6~7
1~2	5.0	160	6
2~3	6.0	160	6
3~4	6.9	200	5
4~5	7.4	200	5
5~6	7.8	200~220	4~5

특수 분유

특수 분유는 아기가 설사하거나 분유에 대해 알레르기 현상을 보이는 등의 상황일 때 먹이는 분유를 말한다.

설사 방지 특수 분유

아기의 장염 등에 의해 발생할 수 있는 유당 불내성에 의한 설사 등을 줄이기 위해 유당을 줄여 만든 특수분유다. 설사를 하면 장의 기능이 떨어져 소화 흡수에 장애가 생기고 수분과 전해질이 손실되어 영양 결핍이 오기 쉬운데, 이때 일반 분유를 먹이면 설사가 더욱 악화될 수 있다. 설사 방지 특수 분유는 유당을 줄이거나 분해하고 단백질을 특수 처리해 전해질, 비타민, 미네랄 등 부족하기 쉬운 영양소를 보강한다.

우유 알레르기 특수 분유

우유 알레르기를 일으키는 원인인 단백질 성분을 가수 분해해 조제한 분유. 원칙적으로 완전 가수 분해 분유나 네오케이트(Neocate)와 같은 성분 분유를 먹여야 한다. 이 분유는 우유 알레르기가 있는 아기는 물론 소화 흡수 장애가 있는 아기에게도 먹인다. 완전 가수 분해 분유와 불완전 가수 분해 분유로 나뉘는데 특히 불완전 가수 분해 분유는 알레르기 가족력이 있어 알레르기 유발 위험성이 높은 아기를 위해 개발된 특수 조제 분유다. 알레르기를 유발하는 단백질 성분의 분자 크기를 줄여 알레르기 증상을 줄일 수 있으나, 우유 알레르기로 진단된 아기에게는 사용하지 않는 것이 좋다.

두유 조제 분유

두유를 주원료로 만든 특수 조제 분유로 우유 단백질을 콩 단백질로 대체하고, 설사나 우유 알레르기를 유발하는 성분인 유당을 뺀 제품이다. 우유 알레르기에는 대부분 사용하지 않고, 유당불내성 또는 갈락토즈혈증 등에 사용된다. 우유에 알레르기가 있는 경우 대부분 콩에도 반응을 보이기 때문에 알레르기 가족력이 있는 아기는 가능하면 모유를 먹는 것이 안전하다.

분유 먹일 때의 원칙

분유를 먹이는 엄마들은 모유를 먹이는 엄마들보다 걱정스러운 것이 많다. 하지만 기본 원칙만 잘 지킨다면 분유도 트러블 없이 먹일 수 있다.

올바르게 분유 먹이기

우유 알레르기에 주의한다

우유 알레르기는 대표적인 분유 트러블로 우유 속 단백질에 의해 알레르기 반응을 일으켜 구토, 설사, 두드러기 등의 증상과 소화 트러블을 함께 겪는 것을 말한다. 보통 분유를 먹이기 시작한 지 1~2개월 후에 나타난다. 분유를 먹이지 않으면 증상이 사라졌다가 분유를 먹인 뒤 48시간 내에 다시 증상이 재발하면 우유 알레르기일 가능성이 크다. 우유 알레르기가 있는 경우에는 두유에도 알레르기 반응을 일으키는 경우가 많다. 이럴 때는 알레르기의 주원인인 단백질을 특수 처리한 특수 분유를 먹여야 한다. 이 증상은 아기가 자라면서 면역성과 장 기능이 좋아져 점점 줄어들다가 2세 정도가 되면 사라진다. 우유 알레르기는 크게 원발성과 속발성으로 나뉜다. 원발성 우유 알레르기는 생후 4~6주 정도에 특별한 원인 없이 나타나는데, 유전적 원인에 의해 발생한다. 속발성 우유 알레르기는 장염을 앓고 난 후 점막의 손상으로 우유 단백질을 과잉 흡수하게 되어 발생하는 것으로 주로 6개월 이후 아기들에게서 나타나는데 설사를 동반하기도 한다.

모유 수유와 같은 자세를 취한다

분유를 먹이는 시간은 아기에게 필요한 영양을 공급할 뿐만 아니라 엄마와 아기의 유대를 더욱 돈독하게 해주는 시간이다. 따라서 모유 수유 때처럼 아기를 가슴에 끌어안고 이야기를 건네며 먹인다.

몸무게 1㎏당 120~180㎖ 정도로 먹인다

엄마들이 가장 궁금한 것은 아기가 너무 과식하지는 않는지, 또는 부족한 것은 아닌지, 같은 개월의 아기들은 얼마나 먹고 있는지 하는 것이다. 생후 1개월까지 신생아의 분유량은 몸무게 1㎏당 120~180㎖ 정도지만 아기마다 먹는 양이 다르므로 너무 그 양에 연연할 필요는 없다.

맹물 외에 다른 물은 사용하지 않는다

끓여 식힌 물 이외에 채소 육수나 약재 달인 물 등을 쓰는 것은 안 된다. 아기는 아직 위와 장의 기능이 미숙하고, 체질을 정확히 알지 못하는 상태에서 이런저런 것들을 시도하는 것은 바람직하지 않다.

분유는 그때그때 바로 타서 먹인다

분유는 냉장고에서 12시간 정도 보관할 수 있다고 알려져 있지만 냉장고를 100% 신뢰할 수 없으므로 귀찮더라도 그때그때 바로 타서 먹인다. 분유의 성분 중에는 시간이 지나면 손상되는 것이 있으므로 특히 야외에 나갔을 때는 미리 타 놓은 것은 아깝더라도 버리는 것이 좋다.

수유 후 트림을 꼭 시킨다

분유를 먹는 아기는 모유를 먹는 아기보다 공기를 많이 삼키게 된다. 트림을 시키지 않으면 위 속에 공기가 차서 아기가 몹시 불편을 느끼고 때로는 구토를 하기도 한다. 잘못하면 구토물이 기도로 넘어가 위험할 수 있으니 수유가 끝난 후나 수유 중간에 반드시 트림을 시켜준다.

밤중 수유는 유치가 나오면 중지한다

생후 5~6개월 이후부터는 유치가 나오기 시작하는데, 밤중 수유를 하면 분유에 함유된 당분이 입안에 남아 충치의 원인이 될 수 있다. 이 시기가 되면 슬슬 밤중 수유를 줄여가야 한다. 아기가 잠들기 전 충분히 수유하고 밤중에 깨었을 때는 분유 대신 물을 먹여 수분을 보충해준다.

돌까지만 먹이고 젖병은 뗀다

분유는 생후 12개월 전후로 점차 줄이다가 끊는 것이 좋다. 돌이 지난 아기는 이제 생우유와 밥과 반찬으로 영양을 보충해야 한다. 생우유는 찬 것보다 미지근하게 중탕해서 먹이는 것이 좋다.

17

혼합 수유하기

모유의 양이 부족하거나 모유를 먹이다가 분유로 바꾸려 할 때 혼합 수유를 하게 된다. 가급적 모유량을 줄이지 않도록 노력한다. 모유를 주식으로 먹이고 분유를 보충하는 형태가 가장 이상적이다.

혼합 수유 원칙

모유와 분유를 섞어 먹이는 형태다

아기에게 직접 모유를 수유하는 것과 함께 모유를 유축해 젖병에 담아 먹이는 젖병 수유, 분유를 젖병에 먹이기 등 모유와 분유를 혼합해 먹이는 것이 혼합 수유다. 아기의 경구대가 높거나 단설소대 등 구강 구조에 문제가 있어 엄마 젖꼭지를 잘 물지 못하거나 여러 방법을 강구해도 젖의 양이 늘지 않을 때 혼합 수유를 한다.

반드시 모유를 먼저 먹인다

아기는 엄마 젖을 빨 때와 젖병을 빨 때 강도가 다르다. 젖병에 익숙해진 아기는 구태여 엄마 젖을 힘들게 빨려고 하지 않으려고 한다. 먼저 모유를 먹여 배를 채운 뒤 부족한 양을 30~40㎖씩 분유를 타 추가한다. 이상적인 혼합 수유는 하루 먹는 양의 ¼만 분유를 먹이는 것이다. 분유는 보충하는 역할이라는 것을 명심한다.

모유량이 줄지 않게 한다

혼합 수유를 하기 위해서는 모유량이 줄지 않도록 노력해야 한다. 직접 수유를 하지 않을 때는 3~4시간에 한 번씩 손으로 젖을 짜 호르몬 분비량이 줄지 않도록 신경 쓴다. 밤중 수유를 할 때는 가급적 직접 젖을 물려야 한다.

유두 혼동에 주의한다

모유를 먹던 아기가 분유를 함께 먹게 되었을 때는 젖꼭지에 익숙해질 시간이 필요하다. 처음부터 무리하지 말고 천천히 시간을 늘리며 젖병과 친해지게 해야 한다. 처음엔 하루에 한 번 젖병을 물리고 점차 시간을 늘려간다. 밤 시간보다는 낮 시간을 이용하고 젖병을 물리고 분유 맛을 힘들어하면 처음에는 모유를 젖병에 담아 먹이는 것으로 시작한다. 젖병을 잘 물지 않는다면 배고플 때 물린다. 반면 젖병에 익숙해진 아기는 엄마 젖을 잘 빨지 못하는 유두 혼동이 생길 수 있다.

분유 보관 기간

일반적으로 분유는 개봉 후 3주 안에 먹이는 것이 원칙이다. 개봉 전에는 제품이 질소 충전되어 변질될 우려가 없지만 일단 개봉하고 나면 산소와 접촉해 시간이 지날수록 변질될 가능성이 높고 세균 등에 오염될 수 있다. 일단 개봉한 분유는 건조하고 통풍이 잘 되는 장소에 보관한다. 혼합 수유를 할 때는 400g 소용량이나 소포장된 스틱 분유를 활용하면 좋다.

젖병·젖꼭지 고르기

젖병과 젖꼭지는 미리 많이 준비하지 말고 필요할 때마다 구입한다. 젖꼭지는 3개월마다 교체하고 젖병도 아기의 먹는 양에 따라 달리한다.

젖병 고르기

안전하고 취향에 맞는 소재를 선택한다

젖병은 소재와 모양에 따라 종류가 다르다. 아기가 먹을 음식을 담는 도구이므로 무엇보다 안전한 소재를 선택해야 한다. 우리나라에서 유통되는 젖병 재질은 크게 4~6가지다. PP(폴리프로필렌) 소재는 가볍고 충격에 강하고 고온에도 환경 호르몬이 검출되지 않지만 흠집이 잘 생긴다. PES(폴리에스테르설폰) 소재는 미국 식품의약국에서 인체에 가장 안전하다고 승인한 소재로 내열성과 내구성이 뛰어나지만 불투명한 갈색이어서 젖병 내용물의 색깔을 잘 알아볼 수 없는 단점이 있다. PA(폴리아미드) 소재는 PES 소재의 단점을 보완한 것으로 내용물이 잘 보이며 가볍고 충격에 강하지만 내열성이 약하다. 최근에는 열과 환경 호르몬에 안전한 유리와 깨지지 않는 PP 소재의 장점을 살린 PPSU(폴리페닐설폰) 소재를 많이 사용한다. 의료 기구에 사용하는 특수 플라스틱으로 가볍고 내열성과 내구성이 강하다. 다만 다른 소재에 비해 가격이 다소 비싸고 한번 흠집이 생기면 세균이 쉽게 증식한다는 단점이 있다. 강화성 유리로 만든 유리 젖병은 열탕 소독을 해도 변형이 없고 흠집에 강한 전통의 강호다. 하지만 심한 충격에는 깨지고 무거워 실용성이 떨어진다. 실리콘 소재는 아기의 배앓이를 예방해주고 가볍지만 눈금이 잘 보이지 않아 초보 엄마는 불편할 수 있다. 각 소재의 특징을 잘 따져보고 아기와 엄마에게 맞는 젖병을 현명하게 선택한다.

맑고 눈금이 잘 보여야 한다

젖병을 사용하다 보면 자주 닦고 소독하면서 열에 의해 손상되거나 변형이 생길 수 있다. 안전한 재질을 고르고 맑고 투명하며 눈금이 잘 보여야 젖병의 상태를 확인해 쉽게 분유를 조제할 수 있다.

개월 수에 맞는 용량을 구입한다

아기가 자랄수록 먹는 용량이 늘어나므로 소형(150㎖)을 미리 많이 구입하지 않는다. 생후 3개월 이후 중형(250㎖)을 구입하고 생후 8개월이 지나면 300㎖의 대형 젖병으로 바꿔 가루 이유식과 분유를 섞어 먹이면 유용하다.

잡기 편하고 세척하기 좋은지 살핀다

아기가 손에 들고 먹는 것인 만큼 가볍고 견고하며 다루기 좋은 재질을 고른다. 도넛형, 땅콩형, 원통형 등 다양한데 구석구석 깨끗하게 세척할 수 있는 것이 좋다.

젖꼭지 고르기

아기에게 맞는 젖꼭지 모양을 생각한다

젖병 크기에 따라 수유 양이 결정된다면, 젖꼭지는 수유 속도를 조절한다. 대표적인 모양인 둥근형과 누크형 모두 장단점이 있으므로 아기에게 맞는 것을 선택한다. 둥근형이 일반적이나 젖꼭지에 공기가 많이 들어가는 것이 단점. 누크형은 빨기 어렵지만 젖꼭지를 빨 때 턱 아래쪽이 들어가는 것을 막아줘 올바른 구강 발달을 돕는다.

월령에 맞는 구멍인지 확인한다

O자형이 가장 많이 사용하는 젖꼭지. 단계별로 구멍이 커지거나 구멍 수가 늘어난다. +자형은 빠는 힘이 강해진 아기에게 적당하고, —자형은 젖꼭지 방향이나 빠는 힘에 따라 내용물이 나오는 속도와 양이 달라져 과즙을 먹이기에 좋다. Y자형은 분유용과 이유식용 모두 가능하다.

3개월에 한 번씩 교체한다

이가 나면 아기는 젖꼭지를 씹기도 하고 오래 사용하면 착색되기 쉬워 적어도 3개월에 한 번씩은 교체한다. 특히 아기 입에 직접 닿는 것이므로 위생에 더욱 신경 써야 한다. 젖병 역시 환경호르몬을 생각해 6개월에 한 번은 교체해주는 것이 좋다.

19 분유 바꿔 먹이기

어쩔 수 없이 분유를 바꿔야 할 때가 있다. 분유를 바꿀 때는 아기의 부담을 최소화하기 위해 서서히 시간을 두고 바꿔간다.

분유 안전하게 바꾸기

다른 회사 제품으로 바꿀 때

일주일간 변을 보며 비율을 조절한다

브랜드 호불호 때문에 분유를 이것저것 자주 바꿔 먹이는 것은 바람직하지 않다. 분유가 바뀌면 아기에게 부담을 주기 때문. 굳이 분유를 바꾸고 싶다면 최소한 일주일 정도 여유를 가지고 천천히 바꾼다. 바꾸는 방법은 먹이던 분유와 새 분유를 섞어 먹이되, 점차 새 분유의 양을 늘려가는 것이다. 처음에는 7:3 정도로 시작해서 변이 정상이면 5:5, 그다음은 3:7로 조절한다. 새 분유에 대한 거부감을 줄이고 소화 장애나 설사를 예방하기 위해서다. 생후 1개월 된 아기는 1회에 80㎖ 정도 먹는데, 한 스푼(20㎖)씩 바꾸면서 변을 살핀다. 아기의 변이 정상이고 설사를 하지 않는다면 다시 한 스푼을 더하는 식으로 조절한다. 생후 2~3개월 사이의 아기는 보통 한 번에 120~160㎖ 정도 먹는데, 하루에 두 번, 아침저녁에 한 스푼씩 바꿔주면서 변을 살피도록 한다. 만약 아기의 변이 묽어진다면 아침이나 저녁 한 번만 바꿔 먹이면서 변의 상태를 본다. 생후 3개월 이상 된 아기는 매회 한 스푼씩 양을 바꿔준다. 분유를 다른 회사 제품으로 바꾸려면 이렇게 4~7일 정도 경과를 봐가며 바꿔야 한다.

분유 단계를 바꿀 때

월령에 맞춰 시기마다 바꿔준다

우리나라에서 시판되는 분유는 월령별로 단계를 나누어 대체로 3~4개월마다 바꿔 먹이도록 되어 있다. 신생아용은 더 많은 열량을 내도록 지방 성분을 많이 포함하고 있고, 생후 4개월부터 먹이는 분유에는 성장을 위해 단백질 성분이 많이 들어 있으므로 분유는 월령에 맞춰 바꿔주는 것이 좋다. 같은 회사 제품으로 단계를 바꿀 경우에는 먹이고 있던 분유와 바꾸려는 분유를 첫째 날은 7:3, 둘째 날은 5:5, 셋째 날은 3:7로 맞춰 양을 바꿔준다.

특수 분유로 바꿀 때

설사용 특수 분유는 14일 이상 먹이지 않는다

감기나 배탈 때문에 오랫동안 설사를 하면 일반 분유가 아닌 설사 분유로 바꾸어야 한다. 이때는 먹이던 분유와 설사 분유를 섞어 먹이는 게 아니라 곧바로 설사 분유로 바꾼다. 단, 설사 분유는 14일 이상 먹이지 않도록 한다. 설사 분유는 철분을 제거한 상태로 만들어져 장기간 먹일 경우 빈혈과 함께 성장 장애를 가져올 수 있기 때문이다. 그러나 설사가 멈추면 곧바로 일반 분유로 바꾸지 말고 2~3일 정도 먹인 다음 3~4일에 걸쳐 한 스푼씩 바꿔주는 것이 좋다. 설사가 멈추었다고 해도 아직 장점막 세포 기능이 회복되지 않아 분유를 바꾸면 다시 설사를 할 확률이 높기 때문이다.

모유 수유에서 분유 수유로 바꿀 때

수유 횟수를 점차 늘려간다

모유를 먹는 아기에게 분유를 먹일 때는 주의가 필요하다. 분유는 모유보다 소화 흡수가 잘 안 된다. 따라서 갑자기 분유로 바꿔 먹이면 예민한 아기는 트러블이 생길 수도 있으므로 주의한다. 아기가 심한 아토피성 체질이거나 우유 알레르기가 있다면 특히 신중하게 결정한다. 건강에 별다른 이상이 없다면 서서히 분유로 바꾸어도 된다. 모유에서 분유로 바꿀 때는 번갈아 먹이면서 분유의 양과 간격을 조금씩 늘려간다. 하루 6회 모유 수유를 한 아기라면 모유와 분유의 수유 횟수를 매일 5:1, 4:2, 3:3, 2:4, 1:5, 0:6으로 진행하면서 분유로 갈아탄다. 만약 아기 변에 이상이 있거나 소화불량이라면 우선 분유 수유를 중단하고 증상을 개선한 다음 다시 같은 방법으로 바꾼다. 그래도 계속 트러블이 생긴다면 소아청소년과 전문의와 상담한다.

젖떼기·밤중 수유 끊기

젖을 떼야 할 때, 젖병을 끊어야 할 때, 엄마도 힘들지만 아기가 더 힘들다는 것을 잊어서는 안 된다. 아기가 애착을 가지고 있으므로 어느 날 갑자기 시도하기보다 천천히 이별 연습을 해야 한다.

젖 떼기 · 젖 말리기

스킨십은 그대로, 여유를 갖는다

아기가 젖을 빨지 못하게 하려고 품에서 자꾸만 밀어내면 아기는 젖을 빨지 못하는 것보다 엄마가 자신을 거부하는 느낌을 받아 상처를 받는다. 젖을 뗄 때 아기를 밀어낼 이유는 없다. 엄마 품에 손을 넣고 입을 대기만 하려고 하는데도 아기 손을 찰싹 때리거나 무섭게 혼을 내지 않도록 한다. 아기에게도 엄마의 젖과 헤어지며 마음의 정리를 할 시간이 필요하다는 것을 인정하자.

아기도 마음의 준비를 하게 한다

"자, 이제 엄마 찌찌랑 빠이빠이 할 거야", "엄마 찌찌가 아프대. ㅇㅇ이는 이제 언니가 될 거니까 찌찌하고는 안녕 하자" 등 아기가 납득할 만한 이유로 엄마 젖과의 이별을 말해주어야 한다. 이런 노력에도 불구하고 한 번에 이별을 고하는 것은 어렵다. 아기가 욕구 불만과 분리불안을 느끼지 않도록 서서히 시간을 두고 떼야 한다. 처음부터 완전히 주지 않기보다는 먹이는 횟수를 줄여가며 간식 먹는 횟수를 늘리고 수유 간격을 넓혀간다.

젖의 양을 서서히 줄여나간다

엄마의 몸은 아기에게 필요한 모유를 생산하는 것으로 최적화되어 있다. 이제는 더 이상 모유를 생성하지 않아도 된다는 것을 몸이 알게 해야 한다. 젖이 꽉 찬 느낌이 들었을 때는 불편하지 않을 정도로만 짜내어 젖을 완전히 비우지 않는다. 젖이 남으면 우리의 뇌는 이제 필요한 젖의 양이 줄었다는 것을 인지하고 서서히 젖 분비량을 줄여 모유량이 적어진다.

수유 횟수를 점차 줄인다

갑작스럽게 모유를 끊으면 가슴이 처지고 아기도 스트레스가 크기 때문에 단번에 끊기보다는 수유 횟수를 줄여가며 끊는다. 수유 횟수를 1회 줄이고 며칠간 지내보며 엄마와 아이도 편해지면 다시 1회를 더 줄이는 방식으로 진행한다.

수분 섭취를 줄인다

모유량을 늘리기 위해 수분 섭취를 늘렸다면 이제 반대로 수분 섭취를 줄여야 할 때다. 국이나 탕은 되도록 먹지 말고, 수유하는 동안 늘어났던 식사량도 줄인다.

필요하다면 전문의의 상담을 받는다

가능하면 약물 없이 젖을 말리도록 한다. 약 없이 젖을 말리기가 어려운 경우에는 전문의와 상의한다.

밤중 수유를 끊어야 하는 이유

소화 흡수 장애가 올 수 있다

밤에는 아기든 어른이든 모든 생체 기능이 떨어지게 되는데 밤중 수유를 하면 아무래도 소화와 흡수에 문제가 생길 수 있다. 때문에 아기가 먹지 않고 긴 잠을 잘 수 있는 시기가 되면 끊는 것이 좋다.

치아 건강을 지킬 수 있다

유치가 나기 시작하면 입안에 당분이 남아 충치가 생길 수 있다. 유치 관리에 실패하면 영구치에도 영향을 미치므로 미리미리 신경 쓴다.

성장 호르몬 분비를 방해한다

성장호르몬은 밤사이 자는 동안 분비되므로 밤에는 푹 자야 한다. 숙면을 취하면 뇌 발달에도 도움이 되므로 깨지 않고 자게 하는 것이 좋다.

늦을수록 어렵다

밤중 수유 떼기가 늦어지면 늦어질수록 밤중 수유에 익숙해진 아기 때문에 떼는 시간이 더 길어지고 엄마도 그만큼 고생을 하게 된다. 밤중 수유는 엄마에게도 힘든 일이다. 잠을 자다 일어나서 물을 끓이고 식히고 분유를 타고 트림을 시키다 보면 잠을 자도 잔 것 같지가 않다. 아기도 밤중 수유 없이 푹 자야 컨디션이 더 좋다.

밤중 수유 끊기

잠들기 전 충분히 수유한다

신생아 때는 한 번에 먹는 양이 많지 않아 잠을 자다가도 배가 고파서 깨지만 점점 자라면서 자는 동안 먹지 않고도 긴 잠을 잘 수 있게 된다. 아기가 잠이 들기 전에는 충분히 수유해서 혹시라도 배고픔에 깨지 않도록 한다.

생후 6개월부터 시작한다

분유 수유를 하는 아기는 만 3~4개월이 되면 밤중 수유를 끊을 수 있다. 점점 자라면서 한 번에 먹는 양이 늘어나고 이 시기가 되면 깨지 않고 밤에 8~12시간 정도 잘 수 있기 때문이다. 물론 아기에 따라 다르기는 하지만 대체로 깨지 않고 잠자는 시간이 늘어나는 때가 밤중 수유를 끊을 수 있는 타이밍. 그 타이밍을 놓치지 말자.

자다 깨도 수유하지 않는다

아기가 자다 깨서 울더라도 바로 불을 켜고 아기를 안거나 수유를 하지 말고, 어둠 속에서 아기가 다시 잠을 잘 수 있도록 다독인다. 그래도 잠을 자지 못하고 심하게 먹을 것을 찾아 보채면 보리차를 준다. 아기는 자다 먹는 것은 맛이 없음을 은연중에 깨닫게 되어 반복적으로 찾는 일이 사라진다.

낮 동안 활동량을 늘린다

푹 잘 자게 하기 위해서는 낮 동안 활동량을 늘리는 것도 중요하다. 낮잠을 많이 자면 상대적으로 밤잠을 많이 자지 않게 된다. 일조량을 늘리는 것도 좋다. 아기와 외출을 통해 충분히 햇볕을 쬐어주면 숙면에 필요한 멜라토닌이 뇌에서 분비된다.

가족들의 협조를 구한다

밤에 아기가 울면 가족들은 잠에 방해를 받아 빨리 아기에게 수유를 할 수도 있다. 특히 어른들과 함께 생활하는 경우, 아기를 울리지 않으려고 밤중 수유를 포기하는 경우가 많다. 밤중 수유를 끊는 동안에는 가족 모두의 협조가 필요하다. 엄마와 아기 둘이서 외로운 싸움을 하는 일이 없도록 가족 모두에게 밤중 수유 떼기에 대해 충분히 설명하고 배려와 협조를 요청한다.

싣는 순서

PART 3

월령별 돌보기

돌을 맞을 때까지 아기는 신비로울 만큼 빠르게 쑥쑥 자란다. 먹고 자고 우는 것밖에 할 줄 모르던 아기가 어느새 뒤집고 앉고 밥을 먹으며 옹알이를 시작하고 조금씩 발걸음도 떼게 된다. 급격한 성장 속도만큼이나 엄마가 숙지하고 실천해야 할 것도 많다. 월령별 엄마가 잊지 말아야 할 성장 발달 체크 포인트와 돌보기 방법을 짚어본다.

21 0~1개월 "하루 종일 먹고 자기를 반복해요"

신생아는 하루 20시간 정도 잠을 잔다. 또 빠는 것에 익숙하지 않아 먹는 양이 줄어 체중이 일시적으로 줄지만 생후 일주일 정도 지나면서 점차 늘어난다.

출생 시 표준 신장	남아 49.88㎝, 여아 49.15㎝
출생 시 표준 체중	남아 3.35㎏, 여아 3.23㎏
출생 시 표준 머리둘레	남아 34.46㎝, 여아 33.88㎝

성장 발달 포인트

체중이 감소했다 다시 증가한다

아기가 건강하게 잘 자라고 있는지 알아보는 가장 좋은 방법은 체중 변화를 보는 것. 생후 1개월간의 가장 큰 특징으로는 체중의 현저한 증가를 들 수 있다. 신생아는 출생 후 3~4일간은 체중이 일시적으로 감소한다. 태변을 배설하고 피부에서 수분이 빠져나가며 젖을 빠는 것에 익숙하지 않아 먹는 양이 많지 않기 때문이다. 하지만 7~10일 정도 지나면 태어날 때의 몸무게를 회복하고, 만 1개월이 되면 1㎏ 정도 체중이 늘어나므로 걱정하지 않아도 된다. 제대로 증가하면 아기의 건강 상태나 영양이 양호하다고 할 수 있다.

하루 20시간 정도 잠을 잔다

이 시기 아기들은 괜찮은 건가 싶을 정도로 잠을 많이 잔다. 하루 평균 20시간 정도. 수면 시간은 자라면서 점점 줄어드므로 너무 많이 자는 게 아닌가 걱정하지 않아도 된다. 때로는 먹지 않고 잠만 자려고 하는 경우도 있는데 아기의 성장과 모유 분비를 위해서 생후 첫 한 달은 4~5시간 정도 잠만 잘 경우에는 일부러 깨워서 먹이는 것도 괜찮다.

반사 반응을 보인다

아기의 손바닥을 자극하면 주먹을 꼭 쥐고, 갑자기 큰소리를 들으면 깜짝 놀라 팔다리를 쭉 뻗친다. 입술 주위를 손가락으로 건드리면 자극을 준 방향으로 고개를 돌려 빨려고 한다. 이러한 반사 동작은 정상적인 반응이며, 몸의 기능이 점점 발달하면서 생후 3~6개월 무렵 사라진다. 또 소리에 놀라는 반응을 보이기도 한다.

근육이 점차 단단해진다

몸은 스스로 가눌 수 없지만 근육은 제법 단단해지기 시작한다. 생후 한 달이 가까워지면 목이 빳빳해지고 빛이 보이는 곳이나 소리가 나는 쪽으로 머리를 돌릴 줄 알게 된다.

시력은 이제부터 서서히 발달한다

아직까지는 어렴풋이 보는 정도의 시각을 가지고 있다. 20~35㎝ 이내에 있는 사람의 얼굴이나 흑백 대비 무늬 등을 볼 수 있는 정도다. 때문에 이 시기 아기에게는 컬러 모빌이나 컬러 그림책보다 흑백 모빌이나 흑백 그림책 등을 권장한다.

이 시기 필요한 장난감은요?

흑백 모빌
모빌은 아기의 눈에서 약 30cm 정도의 거리에 두는 것이 좋다. 이때 모빌의 위치는 아기가 누워 있을 때 너무 위나 아래로 가지 않게 한다. 오른쪽이나 왼쪽으로 조금씩 이동하면서 아기가 초점을 잘 맞추게 하면 시각 발달에 도움이 된다.

흑백 초점책
아기의 얼굴 주변으로 병풍처럼 초점책을 둘러준다. 거리는 20cm 정도가 적당. 아기가 고개를 돌릴 때마다 초점을 맞추며 놀 수 있다.

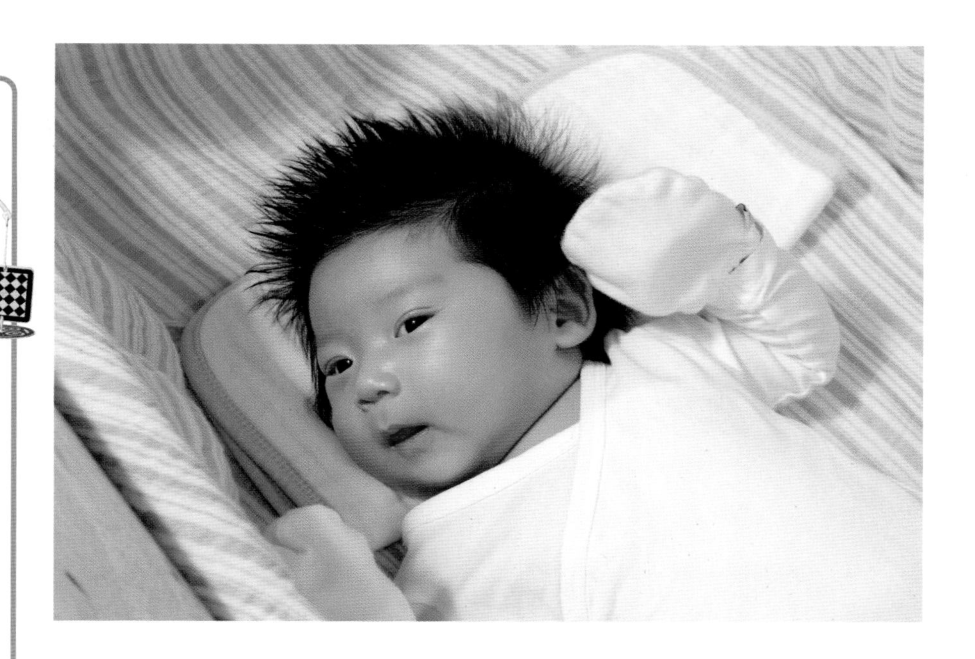

먹이기 & 돌보기

모유 수유에 노력한다
이 시기 엄마들의 가장 큰 고민이자 걱정거리는 모유 수유다. 모유가 잘 나오는 산모라면 걱정 없겠지만 그렇지 않을 경우 어떻게 하면 좋을지 판단이 서지 않을 것이다. 모유를 먹이는 일은 전쟁과도 같다. 아기가 깨고 잠드는 리듬에 맞춰야 할 뿐 아니라, 초보 엄마는 모유를 먹이는 자세를 잡기도 쉽지 않다. 모유 수유가 어렵다면 전문가의 도움을 받아보자. 집 근처 소아청소년과 의원, 보건소나 인터넷을 통해 모유 수유 전문가를 찾을 수 있다. 초유는 먹이는 것이 좋지만, 못 먹였다고 해서 필요 이상 자책할 필요는 없다. 행복한 엄마가 아기를 행복하게 키울 수 있음을 잊어서는 안 된다.

수유 후 트림을 꼭 시킨다
신생아들은 너무 많이 먹었거나 젖꼭지를 빨 때 공기가 들어가서 토하기도 하고, 위식도 역류로 구토를 하기도 한다. 엄마의 어깨에 수건을 댄 후 아기의 엉덩이를 받쳐서 세워 안은 다음 아기 등을 살살 쓸어주며 트림을 시키면 소화에 도움이 된다. 특히 분유를 먹는 아기들은 배앓이를 하기 쉬우므로 밤중 수유를 할 때도 트림은 꼭 시킨다.

배꼽은 청결하게 소독하고 말린다
아기가 엄마 배 속에 있는 동안 영양분을 공급받던 탯줄이 있던 자리가 배꼽이다. 출산 직후 잘려진 탯줄의 남은 꼬투리는 일주일에서 열흘 사이 마르면서 자연스럽게 떨어진다. 배꼽이 제대로 아물기 전까지는 목욕 후 마른 거즈나 면봉으로 닦아주는 것이 좋은데, 염증이 생길까 걱정된다면 소독용 에탄올을 묻힌 솜으로 소독하고 잘 말려준다. 이때 너무 힘을 주어 자극하거나 문지르지 않도록 주의하고, 기저귀는 배꼽 아래로 채워 배꼽이 공기에 노출되게 한다.

실내 온도와 습도를 적정하게 유지한다
계절과 상관없이 우리나라의 산후 조리는 무조건 땀을 빼야 좋다는 어른들의 생각 때문에 실내가 지나치게 더운 경우가 많다. 실내 온도는 22~26℃, 습도는 40~60% 정도로 일정하게 유지하고 신생아라고 해서 이불로 꽁꽁 싸매면 체온이 지나치게 올라가고 태열이 생길 수 있으니 주의한다.

탯줄 보관법

아기와 엄마가 연결되어 있었다는 것을 증명하는 탯줄이 떨어지는 순간 어떻게 하면 잘 보관할 수 있을지 고민스럽다. 요즘에는 탯줄을 보관하는 방법도 다양해져 자신의 기호에 맞게 선택하면 된다. 예전이나 지금이나 가장 보편적으로 사랑받는 것은 탯줄도장으로 아기의 첫 도장을 만들어 통장을 개설하는 경우가 많다. 최근에는 탯줄 보관함, 탯줄 액자, 고체형 투명실리콘 킷 등 다양한 상품이 있으니 탯줄을 보관하고 싶은 엄마라면 미리 상품을 살펴보도록 하자.

22

1~2개월 "깨어 노는 시간이 늘어나요"

잘 먹고 잘 자면서 지난달에 비해 몸무게가 증가하고 키도 많이 자란다. 스스로 손발을 움직이려고 하며 익숙한 소리에 관심을 보인다.

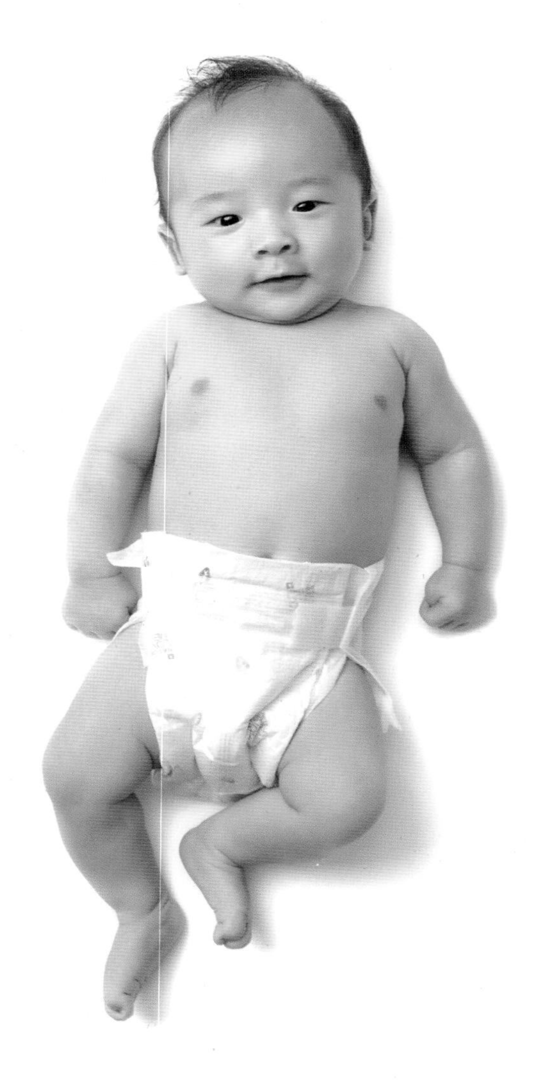

표준 신장	남아 57.72㎝, 여아 53.69㎝
표준 체중	남아 4.47㎏, 여아 4.19㎏
표준 머리둘레	남아 37.28㎝, 여아 36.55㎝

성장 발달 포인트

발육 속도가 눈에 띄게 빨라진다

생후 한 달이 지나면 머리를 잠깐 들고 좌우로 움직일 수 있다. 아직 목은 제대로 가누지 못하지만 팔을 잡고 끌어올리면 목이 따라올 정도로 팔에 힘이 생긴다. 움직이는 빛이나 물체를 잠시 눈으로 좇는다. 젖 빠는 것 또한 제법 힘차지고 익숙해져 살이 통통하게 오른다. 몸무게는 한 달에 1㎏ 정도 늘어나고 키는 3~4㎝ 정도 자란다.

깨어 있는 시간이 점차 늘어난다

생후 2개월이면 깨어 있는 시간이 점차 늘어나는데, 젖을 먹은 후 30분 정도는 혼자 놀기도 한다. 이때 말을 걸어주거나 소리 나는 장난감을 들려주는 등 충분히 놀아준다. 밤에는 깨지 않고 5~6시간 푹 잘 수 있게 되므로 일부러 깨워 젖을 먹이지 말고 점차 밤중 수유를 줄이도록 노력한다.

양 손과 발을 고르게 움직인다

양쪽 손과 발을 고르게 움직이고 손가락을 입에 넣고 빨기도 한다. 이런 행동은 입과 손의 협응력이 발달하는 기초 단계의 자연스러운 성장 과정이므로 크게 걱정하지 않아도 된다. M자 모양으로 구부러져 있던 다리도 점차 곧게 펴지고 기저귀를 갈 때마다 쭉쭉이 체조를 해주면 곧은 다리 모양을 만드는 데 도움이 된다.

상황에 따라 울음소리가 달라진다

배고플 때, 아플 때, 불쾌할 때 등 상황에 따라 울음소리가 조금씩 달라지니 울음소리를 파악하면 좀 더 수월하게 아기를 돌볼 수 있다. 발달이 빠른 아기 중에서는 울음 외에 짧은 소리를 내기도 한다. 기분이 좋거나 엄마가 눈을 맞추고 말을 걸 때 '아', '우' 등 모음 비슷한 소리를 낸다.

익숙한 소리에 관심을 보인다

청각이 예민해 작은 소리에도 많이 놀라고 갑자기 큰소리가 나면 놀라서 팔다리를 뻗거나 울기도 한다. 평상시에는 들리는 소리가 많아 소리마다 관심을 보이지 않지만, 엄마가 얼러주는 소리에 기분이 좋아져 손발을 흔들고 소리를 내면서 버둥거리기도 한다.

이 시기 필요한 장난감은요?

컬러 모빌
밝고 선명한 색상으로 아기의 시각 발달을 돕는다. 아기가 손을 뻗어 만져보는 등 아기의 호기심을 자극하고, 촉각 발달에도 도움을 준다.

딸랑이
딸랑이를 흔들어주면 아기의 청각을 자극할 뿐 아니라, 아기가 직접 딸랑이를 쥐고 흔들면서 눈과 손의 협응력을 키울 수 있다.

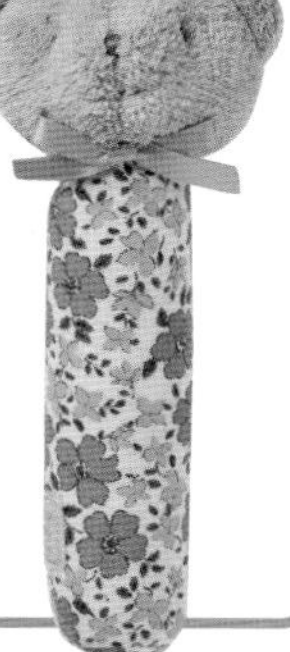

먹이기 & 돌보기

아직 엎드려 재워서는 안 된다

목을 제대로 가누지 못해 질식할 위험이 있으므로 엎드려 재우는 일은 삼가야 한다. 푹신한 침대, 소파, 베개를 사용하는 것도 피하는 것이 좋다. 특히 생후 6개월 이전에는 영아 돌연사가 많이 일어나기 때문에 엄마의 세심한 주의가 필요하다. 엎드려 키우면 심장이 튼튼해지고 머리 모양이 예뻐진다고 하는 속설은 그저 속설에 지나지 않는다.

수유 리듬을 일정하게 조절한다

아기도 이제는 젖을 빠는 데 능숙해져 한 번에 먹는 양이 늘어나므로 이때부터 서서히 수유 리듬을 갖도록 해주는 게 좋다. 보통 2~3시간 간격으로 먹는데 젖을 충분히 먹으면 잠도 푹 자게 된다. 생후 3~4개월까지는 억지로 하지 말고 서서히 자연스럽게 늘려가는 것이 좋다.

젖이 부족하면 혼합 수유를 한다

이 시기에는 한 번에 먹는 수유량이 120~160㎖ 정도로, 먹는 데 15~20분 정도 걸린다. 모유의 경우도 잘 나오면 15분, 길어도 20분 내로 끝내는 것이 좋다. 대부분 처음 5분 동안 80~90%를 먹기 때문이다. 아기가 30분 이상 젖을 계속 빨려고 하거나 젖을 먹은 지 1시간도 채 안 돼 다시 젖을 달라고 보채면 젖이 모자란 것은 아닌지 점검한다. 먹는 시간에 비해 아기의 몸무게가 늘지 않는다면 모유가 부족한 것일 수 있다. 푹 젖은 기저귀가 하루 5장 이상 나오면 적정량을 먹고 있다고 보면 된다.

베이비 마사지를 시작한다

마사지는 아기의 피부를 튼튼하게 하고 면역력도 높여준다. 엄마와 아기의 스킨십은 서로에게 정서적인 안정감을 주어 유대 관계가 돈독해진다. 또한 아기를 마사지하는 동안 엄마의 몸에는 'Mothering Hormone'이 분비되어 모유 생성에도 도움이 된다. 따로 시간을 내어 마사지를 본격적으로 한다는 것이 부담스럽게 여겨진다면 목욕을 끝낸 후나 기저귀를 갈아주는 틈틈이 아기의 몸을 어루만지고 쓰다듬어 주면 된다. 마사지를 꾸준히 하면 아기의 혈액 순환이 원활해지고 피부 점막이 튼튼해지며 온종일 누워 있는 아기의 소화 활동에도 도움을 준다.

다양한 소리 자극을 준다

이 시기 아기들은 소리에 민감해지므로 자연의 소리를 들려주거나 소리 나는 장난감을 활용하는 등 여러 가지 소리 자극을 준다. 딸랑이를 흔들어 보여주면서 아기가 손으로 잡을 수 있게 해본다. 청각을 자극해 주는 것은 물론 관찰력과 집중력을 길러준다. 집에서 여러 가지 재료로 만든 딸랑이로 다양한 소리를 경험하게 해줄 수 있다면 더욱 좋다.

아기의 옹알이에 대답해준다

아기에게 그림책을 읽어주거나 자장가를 불러주면서 부모의 목소리를 자주 들려주고 눈을 맞추도록 한다. 이때 아기가 옹알이를 하면 미소나 부드러운 대답으로 반응해준다. 아기는 옹알이를 하면서 감정 표현을 하게 된다. 부모가 아기를 보고 미소 짓고 대화를 하는 것은 아기의 인격 향상과 감수성 발달에도 도움을 준다. 다양한 자연의 소리를 담은 CD를 틀어주는 것도 소리 자극에 좋다.

예쁜 두상 만들기에 신경 쓴다

순한 아기라고 반듯하게만 눕혀두면 납작한 뒤통수가 되기 쉽다. 동글동글 예쁜 머리 모양을 원한다면 아기가 잘 때 몸을 좌우로 번갈아가며 재운다. 짱구 베개는 목을 받치는 부분이 다소 높은 편이므로 백일 이후에 사용한다.

영아 산통 대처법

아기가 자다 말고 갑자기 우는 증상을 영아 산통이라고 한다. 생후 1개월 즈음에 나타나기 시작해 생후 3~4개월에 점차 사라진다. 아기가 긴장감을 느끼거나 소화불량, 변비가 있을 때 잘 나타나고 주위가 산만하고 시끄러울 때도 나타난다. 젖을 먹인 후 트림을 길게 시키면 영아 산통을 어느 정도 줄일 수 있다. 특히 분유를 먹는 아기는 변비가 잘 생길 수 있으므로 배꼽 주위를 시계 방향으로 문질러 부드럽게 마사지 해준다.

23 2~3개월 "수유 횟수가 줄고 밤잠은 길어져요"

수유 시간이 보다 일정해지고, 혼자서 목을 가누기 시작하면서 돌보기가 한결 수월해진다. 시력과 청력도 발달해 사물을 따라 시선이 움직이고 옹알이도 늘어난다.

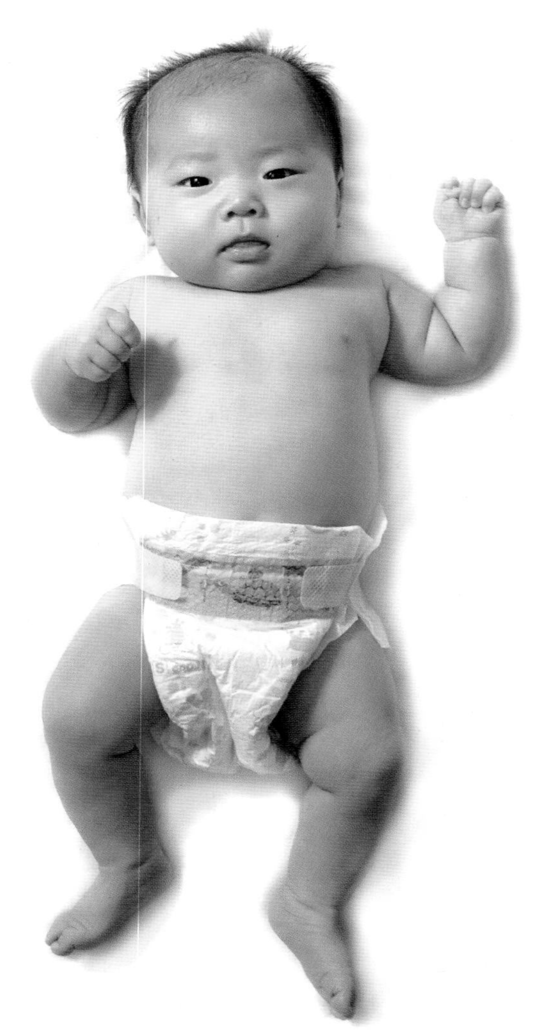

표준 신장	남아 58.42cm, 여아 57.07cm
표준 체중	남아 5.57kg, 여아 5.13kg
표준 머리둘레	남아 39.00cm, 여아 38.25cm

성장 발달 포인트

5~6시간 깨지 않고 밤잠을 잔다

낮에 깨어 있는 시간이 늘어나고 밤에도 5~6시간 정도 깨지 않고 계속 잘 수 있게 된다. 덕분에 엄마도 조금씩 밤잠 스트레스로부터 해방되는 시기. 밤에 아기를 재울 때는 불을 끈 상태에서 재워 깊은 잠을 잘 수 있도록 도와주고 밤중 수유를 할 때 전등불 대신 수유등이나 스탠드를 이용한다. 이때까지도 밤잠을 길게 자지 않고 엄마를 힘들게 하는 아기들도 있기는 하지만 대체로 백일이 지나면서 수면 패턴이 생긴다. 밤낮이 바뀐 아기라면 낮에 활발하게 놀게 하고 재우기 직전 목욕을 시키는 등 수면 리듬을 잡아가는 노력이 필요하다.

목에 힘이 생기기 시작한다

엎드려 놓으면 잠깐 힘을 주어 목을 들어 올리며 목을 가누기 시작한다. 빠른 아기들은 생후 3개월 무렵부터 목을 빳빳하게 들기도 한다. 하지만 아직은 목 가누기가 완성된 것이 아니므로 목을 받쳐 안는다. 안았을 때 고개가 기우뚱하거나 뒤로 넘어가지 않으면 목 가누기가 완성된 것인데 이때부터는 머리를 좌우로 자유롭게 움직이게 되어 시야가 넓어진다.

엎드려 노는 시간이 늘어난다

머리를 가슴 위까지 들 수 있고 제법 엎드려 노는 시간이 늘어난다. 뇌신경이 조금씩 발달해 손발을 잘 움직이게 되고 눈앞에 장난감을 놓아두거나 흔들어주면 팔을 뻗어 잡으려 한다. 아기 앞에 장난감을 두고 엄마가 조금씩 움직이면서 스스로 배밀이 등의 동작을 하도록 유도하면 신체 발달에도 도움이 된다.

손을 빨며 놀기도 한다

자기의 손을 바라보며 놀기도 하고 주먹을 통째로 입에 넣고 빨기도 하는데 이는 정상적인 성장 과정이니 억지로 빨지 못하게 막지 않아도 된다. 이 시기에는 손과 발의 움직임이 더욱 활발해져 손발을 움직이며 놀기 좋아하고 구부리고 있던 다리를 곧게 펴기도 한다.

사물을 따라 눈동자가 움직인다

눈앞의 모빌을 쳐다보며 혼자 놀기도 하고 물체의 움직임에 따라 눈동자를 자유롭게 움직일 수 있다. 양쪽 눈동자도 한 곳을 응시할 수 있게 되어 눈동자가 따로 움직이는 듯한 사시 현상도 점차 사라진다.

스스로 하는 행동이 늘어난다

이제까지는 반사적으로 하는 행동이 많았

지만 이 시기부터는 아기 스스로 행동하는 것이 시작된다. 기분이 좋거나 놀아주면 옹알이를 잘 하는데 '아', '우'와 비슷한 모음 발음으로 소리를 낸다. 옹알이에 적극적으로 반응해주면 아기의 언어 발달에 도움이 된다.

이 시기 필요한 장난감은요?

아기체육관

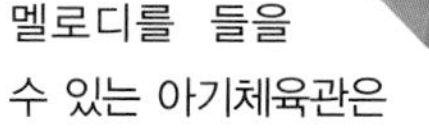

아기가 누워서 불빛을 보거나 멜로디를 들을 수 있는 아기체육관은 이 시기부터 사용한다. 개월 수가 지남에 따라 아기 스스로 앉아서 놀잇감을 만지고 놀거나, 잡고 서는 등 단계별로 활용할 수 있다.

헝겊 애벌레 인형

국민 애벌레 인형이라고도 불릴 만큼 이 시기 아기들에게 인기 장난감. 알록달록한 색감으로 시각은 물론 청각과 촉각 발달에도 도움이 된다.

먹이기 & 돌보기

밤중 수유를 점차 중단한다

밤중에도 깨지 않고 5~6시간 정도 잘 수 있게 되므로 되도록 잠들기 전 충분히 수유를 해서 아기가 배고픔 때문에 잠이 깨지 않도록 하며 밤중 수유는 하지 않는다. 아기가 충분히 먹고 잤는데도 밤중 수유를 원할 때는 배가 고파서라기보다 목이 마른 것일 수도 있으므로 보리차를 먹여본다. 아기가 보리차를 거부할 때는 젖병을 물리되 분유의 농도를 묽게 하고 서서히 양을 줄이도록 한다.

기본적인 생활 리듬을 잡아간다

이제 아기에게도 하루를 보내는 규칙적인 리듬이 필요할 때다. 낮에는 정적으로 보내기보다 아기와 산책을 나가거나 적극적으로 놀게 하고, 밤이 되면 실내 환경을 조용하고 너무 환하지 않게 유지시켜 이제는 자야 할 시간이라는 것을 느끼게 한다. 아기의 생활 리듬은 단시간에 잡히는 것이 아니므로 잘 안 된다고 해서 초조하게 생각하지 말고 서서히 적응해 나가도록 한다.

변비가 없는지 살핀다

이 시기가 되면 모유에서 분유로 갈아타거나 혼합 수유를 하는 아기들이 많아지는데 이 때문에 변비에 걸리는 경우가 많다. 3~4일 이상 변을 보지 않거나 변을 볼 때 아기가 자지러지게 울거나 힘들어하면 변비에 걸렸을 가능성이 높다. 이때는 소아청소년과 전문의의 도움을 받거나 평소 장운동을 도울 수 있는 배 마사지를 해서 대변활동이 활발해지도록 도와준다.

아기의 옹알이에 어른처럼 대화한다

얼굴을 마주 보며 시선을 맞추고 다양한 표정과 목소리로 아기에게 자극을 주는 것이 좋다. 낯익은 사람들의 얼굴을 알아보기 시작하므로 가까이서 눈을 마주치고 오랫동안 쳐다보며 이야기하는 것을 자주 해준다. 아기의 행동 발달, 언어 발달에 긍정적인 영향을 줄 수 있다.

움직이는 물체로 오감 발달을 돕는다

움직이는 것에 대한 호기심이 많아질 때다. 아기가 너무 놀라지 않을 만한 소리를 낸다거나 움직임을 보이는 원색 장난감으로 아기의 시선을 끌어보자. 장난감을 가지고 놀면 아기의 오감 발달에도 도움이 된다.

피부 관리에 신경 쓴다

생후 2개월이 되면 땀구멍이 발달해 더우면 땀을 흘리기 시작한다. 이 시기에는 땀띠나 기저귀 발진, 습진 등의 피부염이 잘 생기므로 옷을 얇게 입히고, 서늘하면 한 겹 더 입혀준다. 목, 겨드랑이, 사타구니 등 살이 겹치는 부분에는 땀이 차지 않도록 잘 닦아주고 보송보송한 상태를 유지한다.

변비 해결법

대변은 아기의 건강 상태를 확인할 수 있는 척도다. 대변을 보는 횟수와 냄새, 색깔 등으로 아기에게 별다른 이상이 없는지 체크할 수 있기 때문이다. 아기가 일주일 이상 변을 보지 못하고 힘들어하거나 잘 먹지 못한다면 소아청소년과 전문의의 도움을 받는다. 평소에는 아기가 모유나 분유를 부족하지 않게 충분히 먹는지 여부를 소변 횟수와 체중 증가 등을 통해 간접적으로 확인한다. 그리고 틈틈이 장 마사지를 해서 배변이 원활하도록 돕는다. 무턱대고 유산균이나 정장제 등을 먹이기보다 되도록 소아청소년과 전문의와 상의한 후 아기에게 꼭 필요한 것인지 확인한다.

24 3~4개월 "스스로 뒤집기를 할 수 있어요"

주위에 대한 관심이 커지고 부모를 알아보기 시작하며 감정 표현도 다양해진다. 옆으로만 버둥대던 아기가 뒤집기를 시작하고 목을 가눠 보다 안기가 수월해진다.

표준 신장	남아 61.43㎝, 여아 59.80㎝
표준 체중	남아 6.38㎏, 여아 5.85㎏
표준 머리둘레	남아 39.15㎝, 여아 39.53㎝

성장 발달 포인트

목을 가눌 수 있게 된다

점차 목 근육이 발달해 목과 머리를 조절할 수 있게 된다. 고개를 상하좌우로 돌릴 수 있어 시야가 넓어지고 고개에 힘이 생겨 안거나 눕힐 때, 목욕을 시킬 때도 덜 힘들어진다. 대부분의 아기가 생후 4개월 이후 목을 가누고 5~6개월에 완성된다.

체중이 출생 때보다 2배로 늘어난다

생후 3개월이 되면 출생 시 몸무게의 2배에 이르고 키도 10㎝ 이상 자란다. 머리둘레와 가슴둘레도 엇비슷해진다. 그러나 몸무게의 증가폭은 예전보다 줄어들어 성장이 더딘 것 같은 느낌을 받는다. 아기마다 발육 속도가 달라 같은 개월이어도 1㎏ 정도 차이가 나기도 하니 다른 아기와 비교하지 않아도 된다.

뒤집기를 시작한다

반듯하게 누워 있다가도 몸을 돌려 스스로 뒤집기를 시도한다. 이때 부모가 조금만 등을 받쳐주면 금세 뒤집기에 성공할 수 있다. 이 시기에 하는 뒤집기는 정확하게 말하자면 엎치기. 빠른 아기들은 백일 전에 엎치기를 시작하는데 보통 엎치고 다시 뒤집는 것을 자유자재로 하는 것은 생후 6개월 이후다. 뒤집기를 시작하면 아기는 잠을 잘 때도 가만히 자기보다는 이리저리 구르면서 자게 되므로 부모가 좀 더 세심하게 신경 써야 한다. 이 시기부터는 아기가 구르며 자다 떨어질 수 있으므로 부모의 침대에 함께 재우기보다는 바닥에서 재우는 것이 안전하다.

부모의 얼굴과 목소리를 기억한다

자주 보는 사람의 얼굴과 목소리를 기억할 수 있게 되어 얼굴을 맞대고 이야기를 나누는 시간을 늘려주는 것이 좋다. 상대적으로 아기와 보내는 시간이 적은 아빠의 경우 집중적으로 아기와 대화를 나누도록 노력하는 것이 좋다. 아기는 엄마와 아빠를 보고 기분이 좋아 웃거나 미소를 짓곤 한다.

무엇이든 빨려고 한다

손에 잡히는 건 뭐든 입으로 가져가 빨려고 하는데 이것은 아기가 자신의 입을 탐색의 도구로 적극 활용하기 때문이다. 아기가 빨아도 될 만한 안전한 장난감을 손에 쥐여주면 한동안 가지고 있기도 하고, 입에 넣고 빨기도 하면서 스스로 논다. 덕분에 아기 얼굴은 늘 침 범벅이고 손은 미끈거리면서 시큼한 냄새가 날 수도 있으므로 청결에 신경 써야 한다.

소리 내어 웃을 줄 안다

주양육자가 가까이 있거나 말을 걸면 기분이 좋아져 소리 내어 웃거나 옹알이를 한다. 옹알이 소리가 커져 때로는 시끄럽다고 느껴질 정도가 된다. 하지만 이 시기가 아기의 언어 발달에 기초가 되는 시기이므로 귀찮아하지 말고 아기에게 말을 걸고 아기의 옹알이에 대답해주도록 한다.

이 시기 필요한 장난감은요?

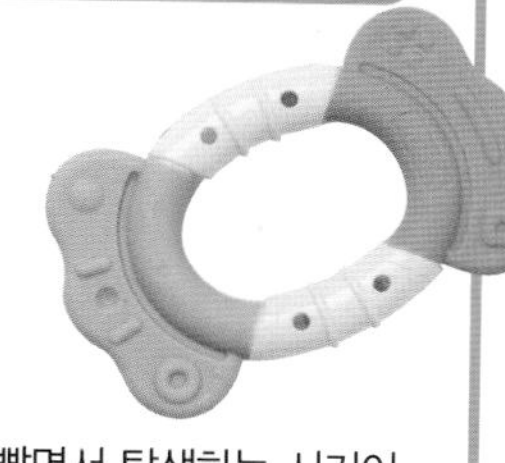

치발기

모든 것을 물고 빨면서 탐색하는 시기이므로 아기가 안심하고 물고 빨 수 있는 장난감이 필요하다. 치발기는 아기의 침이 늘 묻어 있으므로 잘 세척하고 말려준다.

오뚝이

아기가 쳐다볼 수 있는 곳에 오뚝이를 세워두고 움직여주면 아기가 오뚜기의 움직임에 즐거워한다.

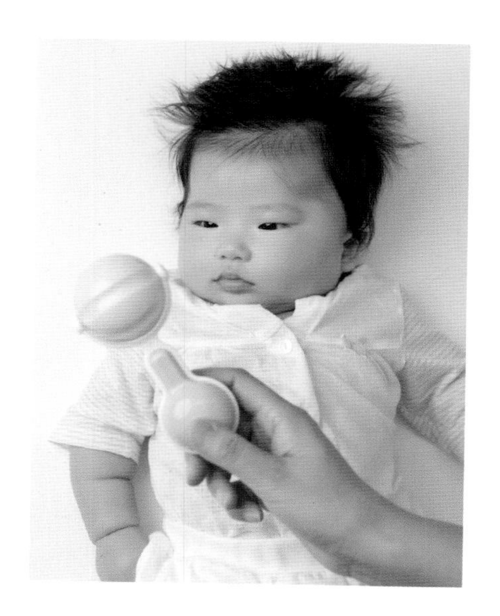

먹이기 & 돌보기

턱받이를 자주 갈아준다

생후 3개월이 지나면 침샘이 발달해 침 분비가 늘어난다. 자주 닦아주는 것이 가장 좋고, 턱받이를 해주거나 목에 거즈 손수건을 둘러 침으로 인해 아기의 턱이나 목이 헐지 않도록 돌봐야 한다.

손을 자주 닦아준다

손과 발을 가지고 놀기도 하지만 손에 쥐는 것을 모두 입으로 가져가는 시기이므로 손이 침 범벅이 되고 침 때문에 먼지도 쉽게 달라붙는다. 자주 닦아주지 않으면 오염물질이 그대로 아기의 입속으로 들어가 입에 염증이 생기거나 배탈이 나기 쉬우므로 손을 펴서 잘 닦아준다. 그렇다고 아기가 손가락을 빠는 것을 억지로 못하게 하면 놀이를 막는 것과 같아서 오히려 아기를 신경질적으로 만들므로 손빨기에만 너무 집착하지 않도록 다양한 관심사를 갖게 유도해 준다.

배냇머리는 밀어주지 않아도 된다

이 시기 엄마들은 배냇머리를 밀어줘야 좋을지 밀어주지 않아도 괜찮은지 고민을 한다. 배냇머리는 백일 전후로 보통 6개월까지 빠진다. 이 시기부터 아기가 뒤집고 손을 빨고 놀기 때문에 떨어진 머리카락을 삼키게 될까 걱정이 되므로 아기 주변의 머리카락은 자주 점검하고 치워주는 것이 좋다. 배냇머리를 밀어주면 머리숱이 많아진다고 믿는 것은 속설일 뿐, 선택은 부모의 몫이다.

선천성 고관절 탈구를 체크한다

대퇴골과 골반을 잇는 고관절이 태어날 때부터 어긋나 있는 것을 선천성 고관절 탈구라고 하는데 생후 6개월 이전에 발견해 치료해야 완치가 가능하다. 두 다리의 주름이 비대칭이고 똑바로 눕힌 후 무릎을 세웠을 때 높이가 다르다면 소아청소년과 또는 소아정형외과 전문의의 진찰을 받아 보는 것이 좋다.

수유 간격을 늘린다

생후 3개월 정도 되면 6~8시간 수유를 하지 않아도 건강에 큰 문제가 없으므로 수유 간격을 벌려 수유 리듬을 잡아간다. 수유 간격이 불규칙하면 밤중 수유를 끊기 어렵고 4개월부터 시작할 이유식에도 영향을 미친다. 수유 횟수는 하루 5~6회 정도로 잡아 조절한다.

까꿍놀이로 분리불안을 예방한다

수건이나 이불로 엄마의 얼굴을 가린 채 “엄마 없다”라고 외쳤다가 “엄마 여기 있네” 하며 가렸던 얼굴을 다시 보여주는 놀이를 반복한다. 까꿍놀이를 통해 아기는 점차 엄마와 쉽게 떨어질 수 있는 훈련을 시작하며 분리불안을 해소하게 된다.

외기욕 시키기

이제 아기와 조금씩 외출하는 것을 시도해볼 시기다. 따뜻한 햇볕은 아기 체내에 비타민D를 만들어 뼈와 피부의 성장을 촉진한다. 따뜻하고 바람이 없는 날을 선택해 산책을 하며 외기욕을 하도록 한다. 유모차에 아기를 앉혔을 때 아기의 시선이 너무 하늘을 바라보아 눈이 부시지는 않은지 잘 살피고, 외출은 집에서 가까운 곳에서부터 시작해 갑작스러운 기후 변화나 아기의 상태에 바로 대처할 수 있는 것이 좋다. 엄마와 아기가 점차 외출에 익숙해지고 자신감이 붙으면 외출 시간도 점차 늘려간다.

25 4~5개월 "이유식을 시작할 수 있어요"

목을 완전히 가누기 시작하면서 몸의 움직임이 왕성해지고 서서히 이유식을 시작할 수 있다. 만약 아토피가 심하다면 서두르지 않아도 좋다.

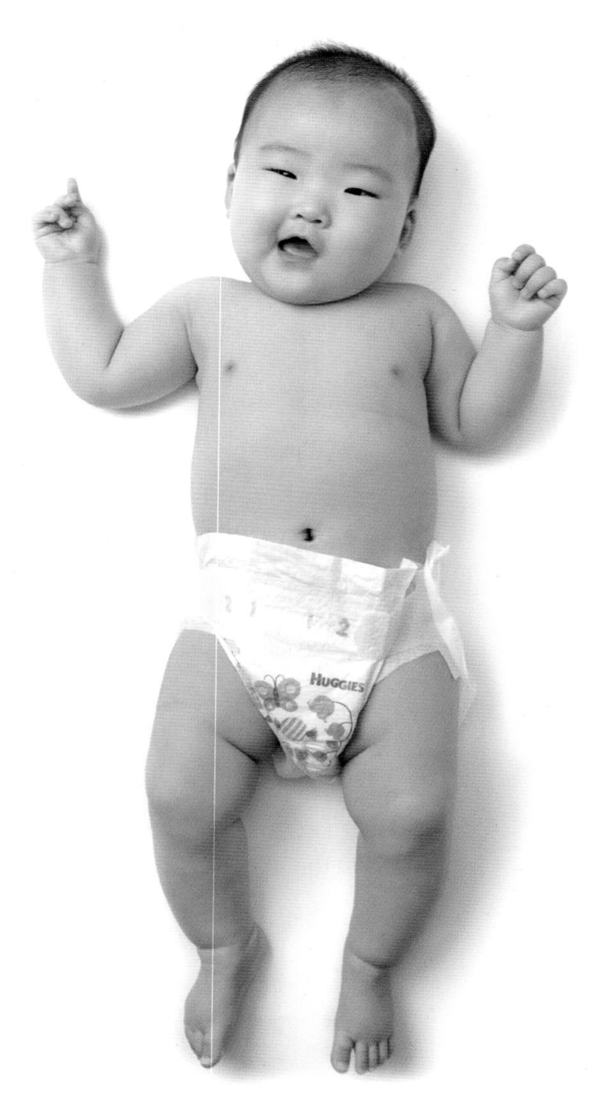

표준 신장	남아 63.89㎝, 여아 62.09㎝
표준 체중	남아 7.00㎏, 여아 6.42㎏
표준 머리둘레	남아 40.51㎝, 여아 40.58㎝

성장 발달 포인트

사물을 기억할 수 있다

이제 아기는 단지 보기만 하는 것이 아니라 전에 본 것을 기억할 수 있다. 아기는 주양육자의 얼굴을 기억할 뿐 아니라 이름을 부르면 고개를 돌려 쳐다본다. 기억력이 발달하면서 병원에서 간호사에게 주사를 맞고 아팠던 경험으로 인해 하얀 옷을 입은 사람만 보고도 운다든지 하는 행동을 보인다.

정서가 풍부해진다

자기 표현이 두드러지면서 마음에 안 드는 일이 있으면 큰소리로 울 줄 알게 된다. 또한 기분이 좋을 때는 웃으며 감정을 드러낸다. 잘 우는 아기와 그렇지 않은 아기라는 것이 드러나는 것도 이 시기쯤이라고 할 수 있다. 주양육자의 기분 좋은 목소리, 화난 목소리도 구별할 줄 알게 되고, 다른 사람의 표정을 읽고 웃으면 자기도 따라 웃고 무서운 표정을 지으면 울어버리므로 아기를 웃게 하고 싶다면 주양육자가 잘 웃고 다정한 목소리를 자주 들려준다.

허리를 받쳐주면 앉을 수 있다

아직 완벽하지는 않지만 가볍게 허리를 받쳐주면 기우뚱 앉을 수 있다. 빠른 아기들은 5개월이 되면 혼자서 잠깐씩 앉기도 하지만 무리해서 시도할 필요는 없다.

운동 영역이 활발해진다

거의 대부분의 아기들이 목을 똑바로 가누고 소리가 나는 방향으로 고개를 돌린다. 양손을 모으기도 하고 스스로 물건을 잡으려고도 한다. 엎드려 놓으면 오랫동안 머리를 들고 있을 수 있어 그 앞에서 장난감을 보여주면 즐거워하고 잡으려고 한다. 아직 완전하지는 않아도 스스로 자꾸만 뒤집기를 시도한다.

이유식을 시작할 수 있다

서두를 필요는 없지만 이제 슬슬 이유식을 시작할 수 있다. 무엇보다 엄마의 젖이나 젖병에 익숙한 아기가 숟가락을 받아들이게 하는 연습기간이라고 할 수 있다. 말랑말랑한 재질만을 접했던 아기는 딱딱한 숟가락에 거부감을 갖기 쉽다. 이유식을 시작하면 아기의 변도 달라지는데 고형식을 먹게 되면서 생기는 자연스러운 현상이므로 걱정하지 않아도 된다.

업기가 가능해진다

생후 4개월이 지나 아기가 목을 가눌 수 있게 되면 업어줄 수 있다. 하지만 4개월 된 아기는 엄마의 등에 제대로 업혀 있지 못하므로 아기띠나 포대기를 사용해 업어야 한다. 이때 아기띠에 아기의 얼굴이 눌리지 않는지 세심하게 살피고 다리가 쓸리지 않도록 아기띠를 잘 조절한다.

이 시기 필요한 장난감은요?

말랑말랑한 공

말랑말랑한 헝겊공을 굴려주면 그 움직임을 보며 기뻐한다. 공은 아기가 잡아다 입에 가져다 대기도 하므로 꼭 헝겊 재질이 아니어도 좋다.

촉감놀이책

만지면 바스락 소리가 나거나 올록볼록한 감촉이 있는 등 다양한 촉감을 경험하게 하는 촉감놀이책은 아기가 직접 만져보면 오감발달에 도움이 된다.

먹이기 & 돌보기

돌발 상황에 대비한다

아기의 운동 영역이 활발해지는 만큼 잠깐만 방심했다가는 사고로 이어질 가능성이 높다. 특히 이 시기에는 침대나 소파 위에 아기를 혼자 두지 않도록 주의한다. 눈 깜짝할 사이 아기가 아래로 떨어지거나 모서리에 머리를 받을 수 있기 때문이다. 아기가 노는 자리에는 뾰족하거나 깨질 수 있는 물건을 두지 말고, 침대나 소파 아래에도 담요나 푹신한 매트를 깔아두어 사고를 예방한다.

이유식은 쌀미음으로 시작한다

처음 이유식을 시작할 때는 아기가 가진 알레르기 반응을 살피기 위해 한 가지씩의 재료를 일주일 정도 돌아가며 테스트하는 것이 좋은데, 그중 가장 먼저 시작해야 할 것은 쌀미음이다. 쌀은 알레르기를 일으키는 물질이 없기 때문에 이제까지와는 다른 맛을 경험하기에 가장 좋은 식재료다. 쌀을 물에 불려 곱게 갈아 아무것도 첨가하지 않고 끓여서 먹이는데 아기가 잘 먹지 않더라도 걱정하지 않아도 된다. 조금씩 천천히 늘려간다는 마음으로 시작하는 것이 중요하다.

수면 습관을 들여준다

젖을 빨며 자는 아기, 흔들침대에 누워야 자는 아기 등 이때가 되면 아기마다 잠자는 스타일이 생긴다. 엄마도 아기도 모두 편한 방법으로 잠자는 습관을 들이도록 한다. 이제 밤에 자는 시간도 비교적 일정해지므로 자기 전에 씻고, 불을 끄는 등 잠자는 의식을 만들어 가수면 습관을 잡아준다.

근육을 풀어주는 운동을 시킨다

이제까지 대체로 몸을 많이 웅크리고 있었기 때문에 근육을 풀어주는 운동이 필요하다. 그렇다고 너무 무리하게 시도하지 않는다. 예를 들면 손목을 잡아 반원을 그리듯 팔을 머리 위까지 올려주고, 발을 좌우 교대로 구부렸다 펴는 등 사지를 펴주는 운동이면 충분하다.

산책을 통해 아기 몸을 단련시킨다

아기가 목을 가누고 허리를 받쳐주면 앉을 수 있기 때문에 유모차에 태워 외출을 하기가 한결 쉬워진다. 주변 사물에 대한 호기심도 많아지므로 가능하면 매일 조금씩 산책을 즐기는 것이 좋다. 유모차로 가는 길은 되도록이면 울퉁불퉁하지 않아서 아기가 심하게 흔들리는 일이 없어야 한다.

병에 옮지 않도록 주의한다

5개월쯤 되면 아기는 엄마로부터 받은 면역 항체가 서서히 떨어져 다른 사람으로부터 질병에 감염될 수 있다. 외출했다 돌아온 가족들은 아기를 만지기 전에 항상 손을 깨끗하게 씻고 예쁘다고 뽀뽀를 하거나 아기 앞에서 기침을 하는 일 등을 삼가야 한다. 특히 어린이집이나 유치원을 다니는 큰아이가 있는 경우에는 유행성 질병에 노출되기 쉬우므로 어른뿐만 아니라 큰아이에게도 주의를 주어야 한다.

수분 섭취에 신경 쓴다

4개월 된 아기는 땀샘 활동이 활발해 땀을 많이 배출할 뿐만 아니라 침도 많이 흘린다. 이유식을 시작한 아기는 수분이 부족할 수 있으므로 보리차 등 소량의 물을 먹여도 된다.

5~6개월 "배밀이를 시작해 행동반경이 넓어져요"

한시도 눈을 뗄 수 없는 시기. 배밀이를 시작하면서 행동 반경이 점차 넓어지고 호기심이 넘쳐나 잠시만 방심하면 사고로 이어질 수 있어 각별히 주의해야 한다.

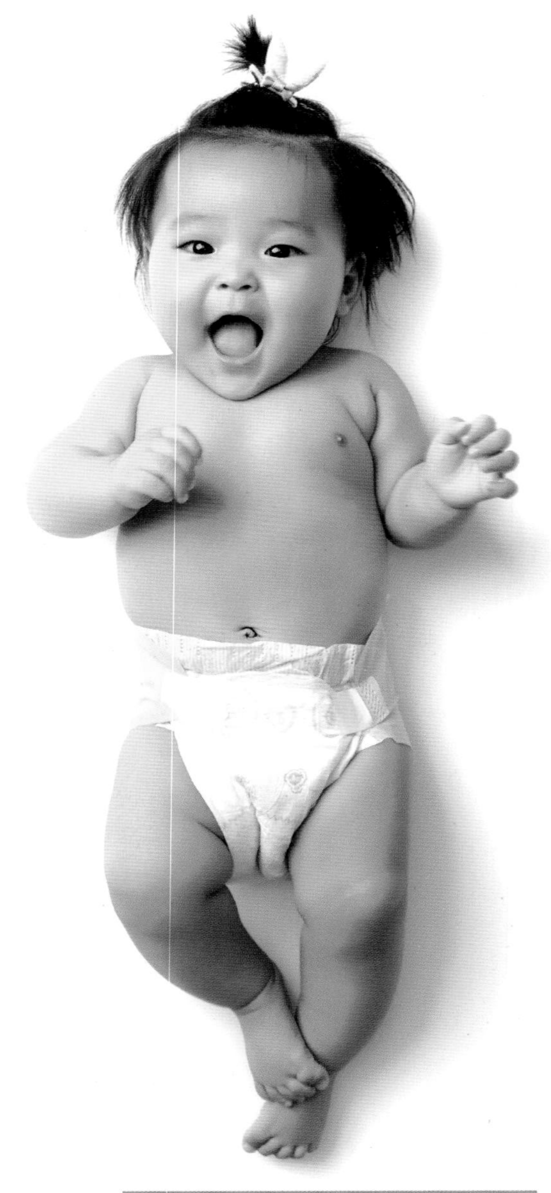

표준 신장	남아 65.90㎝, 여아 64.03㎝
표준 체중	남아 7.51㎏, 여아 6.90㎏
표준 머리둘레	남아 41.63㎝, 여아 41.46㎝

성장 발달 포인트

배밀이를 시작한다

힘겨워하던 뒤집기가 익숙해지면서 배밀이도 시작된다. 아기가 다리에 힘을 주어 배밀이를 할 수 있도록 양말을 신기지 말고 미끄럽지 않은 곳에서 놀게 한다. 아기의 팔다리는 점점 더 튼튼해져 양쪽 겨드랑이를 잡아주면 발로 바닥을 밀면서 일어설 수 있을 만큼 힘이 생긴다.

분리불안이 생기기 시작한다

이제 조금씩 아기는 낯을 가리기 시작한다. 부모나 주변 사람들을 기억하고 알아보기 때문인데 낯선 사람을 보면 무서워한다. 낯가림은 자연스러운 발달 과정으로 생후 15개월이 지나면서 서서히 없어진다. 또한 주양육자가 보이지 않으면 두리번대면서 찾는다든지 잘 놀다가도 자기가 찾는 사람이 없으면 칭얼댄다. 이 시기 주양육자가 적극적으로 놀아주거나 말을 걸어주지 않으면 정서 발달이 늦어지기 쉽다.

움직임이 더욱 왕성해진다

힘은 더 세지고 신체 각 부분을 더욱 활발하게 움직일 수 있게 된다. 소리가 나는 쪽으로 고개를 자유자재로 돌리기도 하고 관심이 가는 장난감을 잡으려고 손을 뻗는다. 소리 나는 장난감을 흔들 줄 알고 겨드랑이를 받쳐주면 펄쩍펄쩍 뛰기도 한다.

면역력이 떨어진다

아기들은 태어날 때 엄마 몸으로부터 전달받은 항체에 의해 외부 균에 대한 면역력을 가지고 있는데 신생아들이 잔병치레를 안 하는 것은 바로 이 때문이다. 하지만 5~6개월 무렵이 되면 면역력이 떨어져 감기와 같은 질병에 걸릴 수 있다. 아기와 외출하는 일도 많아져 질병에 감염될 확률도 높아진다. 환기와 청소를 자주 해주고 외출 후에는 반드시 손발을 씻겨 질병을 예방한다.

혼자 노는 시간이 늘어난다

아기가 항상 엄마만 찾지 않게 하려면 아기가 혼자서도 잘 놀 줄 알게 키워야 한다. 아기 스스로 잘 놀고 있는데도 같이 놀아줘야 한다고 생각해 일부러 개입할 필요는 없다. 아기가 혼자서도 잘 놀 수 있도록 좋아할 만한 장난감을 주위에 두고 자신만의 세계에 빠져 놀 때는 곁에서 지켜보는 것만으로 충분하다.

감정표현이 확실해진다

좋고 싫음에 대한 감정 표현이 분명해진다. 마음에 들지 않는 일이 생겼을 때는 장난감을 집어던진다든지, 짜증을 낸다는지 하는 것으로 자신의 불만을 표시한다. 반대로 부모의 화난 목소리를 구별할 수 있다. 또한 재미있고 즐거운 일들을 기억해 그런 일들이 반복되기를 바라게 된다.

이 시기 필요한 장난감은요?

오볼

구멍이 나 있어 어느 방향에서든 아기가 잡기 쉬운 공. 재질이 말랑말랑해 아기가 빨거나 얼굴 위로 떨어뜨려도 다칠 위험이 없다. 기본 공 모양 외에도 다양한 감촉과 형태로 변형된 놀잇감들도 있다.

깜짝볼

버튼을 누르면 노래가 나오면서 굴러가는 장난감. 누워서 아기가 굴리면서 가지고 놀기도 하고, 스스로 굴러가기 때문에 한창 배밀이를 시작한 아기의 기는 연습을 유도할 수 있다.

먹이기 & 돌보기

하루 한 번 이유식을 먹인다

쌀미음에 어느 정도 적응했다면 감자, 애호박, 양배추 등 채소를 이용한 채소미음과 쇠고기미음을 먹여본다. 이유식은 하루에 한 번 일정한 시간을 정해 먹이면서 식습관을 잡아가고, 이제부터는 개월수에 맞게 다양한 재료를 이용한 이유식을 시도해 나간다.

비만아가 되지 않도록 신경 쓴다

아기가 잘 먹어도 걱정, 잘 먹지 않아도 걱정되기 마련인데 이유식을 먹기 시작하면 수유량에 조금 신경을 쓰는 것이 좋다. 이유식도 잘 먹는 아기가 전과 같은 수유량을 섭취하면 비만아가 되기 쉽기 때문이다. 7일 간격으로 체중을 재보았을 때 300g 이상 초과해 체중이 증가했다면 아기가 과식을 하고 있다고 볼 수 있다.

삼키기 쉬운 물건은 두지 않는다

아기의 움직임이 왕성해지면서 아기는 자기 주변의 물체들에 높은 호기심을 가진다. 뾰족한 물건이나 부서지거나 깨지기 쉬운 물건 등은 절대 아기 가까운 곳에 두어서는 안 된다. 아기는 부모가 생각하는 것보다 더 빨리 그 물건들을 만질 수 있기 때문이다. 식탁에 천을 드리워 그 위에 물건을 두면 아기가 천을 잡아당길 위험이 있으므로 미리미리 치운다. 또한 바닥에 아기가 삼킬 수도 있는 작은 물건이 떨어져 있지 않은지 항상 주의 깊게 살펴야 한다.

다양한 소리 자극을 준다

음악이나 동물 소리 등 다양한 소리에 아기가 반응한다. 소리 나는 인형도 좋아한다. 아기에게 동요를 들려주거나 자연의 소리를 들려주면서 대화를 나눠보자. 청각을 발달시키면서 아기의 호기심도 충족시킬 수 있다.

부드러운 천으로 촉각을 자극한다

부드러운 천이나 깃털 등 다양한 물체로 아기 몸을 마사지하듯 문질러 주며 촉감을 느끼게 한다. 부드러운 천에 익숙해지면 조금 두꺼운 천 등을 피부에 닿게 해 여러 촉감에 익숙해지게 한다. 그렇다고 마른 수건이나 조금 거친 느낌의 물체로 아기 피부를 문지르는 것은 피해야 한다.

다리의 힘을 키워준다

겨드랑이 사이에 손을 넣어 아기를 올렸다 내려놓기를 반복한다. 아기는 바닥에 다리를 지지하려는 듯이 힘을 준다. 다리의 힘이 길러지면 그 자리에서 폴짝폴짝 뛰어오르기를 반복하기도 한다. 반복되는 놀이를 통해 아기는 신체 발달 능력을 키우게 된다.

보행기 사용 시기

옛 어른들은 보행기를 태우면 아기가 빨리 걷는다고 믿었는데 이는 근거 없는 이야기다. 보행기는 엄마가 잠깐이라도 아기를 보행기에 맡기고 편하려는 것일 뿐 아기의 성장에 도움이 되는 것은 없다. 오히려 너무 일찍 태우면 안짱다리가 되거나 척추에 무리를 주어 성장을 방해할 수 있다. 보통 생후 4~16개월 사이에 태우는데, 안전상의 문제가 발생할 수 있어 적극적으로 권장하지는 않는다. 보통의 경우 생후 4~6개월 사이에 목가누기가 잘 되면 보행기를 태우기 시작한다. 간혹 더 일찍 앉는 아기라면 조금 빨리 태울 수 있고 생후 8개월이 지나서야 앉는 아기라면 조금 늦게 태운다.

27 6~7개월 "젖니가 나기 시작해요"

이가 나기 시작하면서 다양한 맛을 경험할 수 있게 된다. 혼자 앉을 수도 있으며 낯을 가리기도 한다. 외출하는 일이 잦아지므로 더욱 주의가 필요하다.

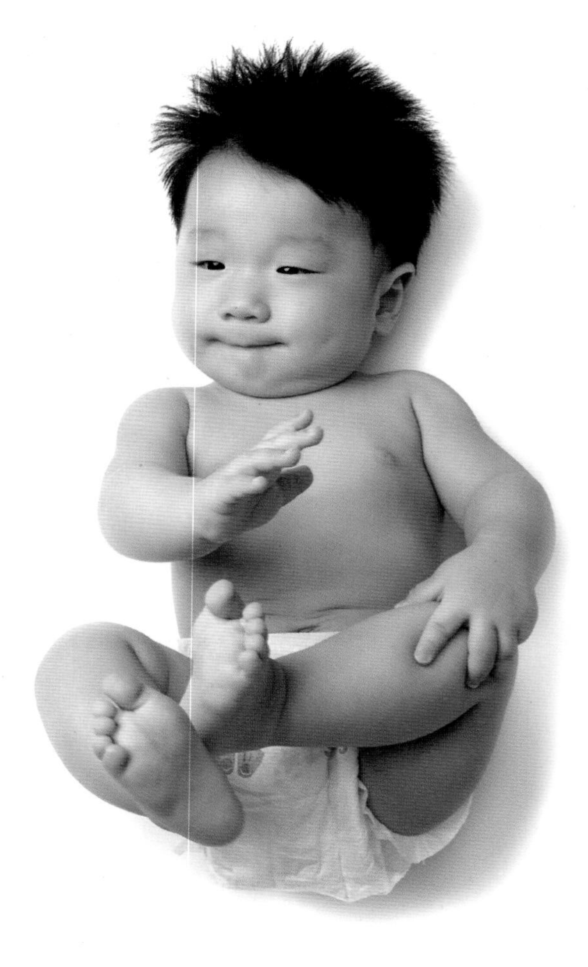

표준 신장	남아 67.62㎝, 여아 65.73㎝
표준 체중	남아 7.93㎏, 여아 7.30㎏
표준 머리둘레	남아 42.56㎝, 여아 42.20㎝

성장 발달 포인트

혼자 앉을 수 있다

아직 완전하지 않지만 혼자 앉을 수 있다. 한 손을 바닥에 짚고 비스듬히 기울어져 앉거나 몸이 약간 앞으로 쏠리기도 하는데 오래 앉아 있지는 못한다. 하지만 점차 아기 스스로 상반신을 조절해 기대지 않고도 안정된 자세로 혼자 앉을 수 있어 보행기를 태워도 별 문제가 없다.

분리불안을 느낀다

주양육자와의 애착관계가 형성되어 눈앞에 안 보이면 분리불안을 느껴서 운다. 주양육자와 주로 단둘이 지내는 아기일수록 낯가림이 심한데 외출을 통해 다른 사람들을 만나는 기회를 많이 가지면 도움이 된다. 이는 아기의 낯가림을 완화시키고 사회성 발달에 기초가 된다.

젖니가 나기 시작한다

아랫니, 앞니 2개를 시작으로 이가 나기 시작한다. 빠르면 생후 4개월부터, 좀 늦은 아기는 돌 무렵에 나기도 한다. 이가 날 때쯤 아기는 침을 많이 흘리고 손을 자주 입에 넣어 빠는 행동을 보인다. 이가 나는 자리를 간지럽게 여기기 때문인데 이때 치아발육기를 냉장고에 미리 넣어두었다가 물리면 도움이 된다.

이유식 양이 점점 늘어난다

이유식을 이미 시작한 경우 이 시기가 되면 조금씩 그 양이 많아진다. 이유식은 정해진 순서대로 꼭 먹여야 하는 것이 아니므로 쌀미음에 적응한 아기라면 알레르기 반응을 살피면서 다양한 맛을 경험하게 한다. 하지만 아기가 원하지 않는다면 먹이는 양을 일부러 늘릴 필요는 없다. 이유식을 많이 먹이려고 모유나 분유를 줄이지 않아도 된다. 아직 아기에게는 모유나 분유가 주식이라는 것을 잊지 말자.

간단한 유아어를 시작한다

정확한 발음이나 의미 없이 하던 옹알이에서 제대로 알아들을 수 없지만 '음마', '아부바'처럼 간단한 말을 시작한다. 혀놀림이 능숙해져 자음과 모음을 흉내 내기 시작하는 것. 다른 신체 발달과 마찬가지로 언어 발달도 아기마다 개인차가 있기 때문에 다른 아기들과 비교하기보다 아기가 옹알이를 하면 엄마가 반응을 보이고 많은 말을 들려주면서 자극을 주는 게 중요하다.

바깥 활동의 즐거움을 안다

집에서만 지내던 아기는 가족과의 외출을 통해 바깥 세상에 대해 알게 된다. 또래 아기나 아이들이 노는 모습을 보는 것을 좋아하고 집에서는 볼 수 없었던 다양한 사물에 대해서도 관심을 갖는다. 장난감도 새로운 것에 흥미가 많아져 새로운 물건을 보여주면 쥐고 있던 물건을 버리고 그것을 잡으려는 행동을 보인다.

이 시기 필요한 장난감은요?

동물소리책
청력이 예민한 시기이므로 반복적이고 재미있는 발음이 나는 놀잇감이 좋다. '멍멍', '따르릉따르릉' 등 다양한 의성어를 들려주며 아기의 흥미를 자극한다.

러닝홈
'국민대문'이라고 불리는 러닝홈의 다양한 놀잇감을 만지고 놀면서 풍부한 자극을 받을 수 있다. 기어서 러닝홈을 통과하는 등 아기만의 즐거운 놀이터가 된다.

먹이기 & 돌보기

다양한 맛을 경험시킨다

미음에서 죽 형태의 이유식을 먹이기 시작한다. 사과, 바나나 등 과일을 강판에 갈아 먹이거나 다진 쇠고기, 닭고기, 으깬 생선으로 이유식을 만들어 먹여도 된다. 다만 주의할 것은 먹을 수 있는 식품이 늘어난 만큼 알레르기를 일으키는 식품에도 노출되는 것이므로 조심해야 한다. 특히 달걀노른자는 생후 6개월 이후, 달걀흰자는 돌 이후에 먹이는 것이 안전하다.

서둘러 모유를 끊을 필요는 없다

이유식을 본격적으로 시작했다고 해서 모유를 서둘러 중단할 필요는 없다. 아기가 스스로 모유 이외의 음식 맛을 알게 되어 점점 모유를 먹지 않으면 모유 분비량이 자연스럽게 줄어들어 분유를 먹게 되는 경우도 있겠지만, 이유식을 잘 먹으면서 모유도 잘 먹는 아기에게라면 굳이 6개월때 모유를 끊을 이유는 없다.

젖니를 잘 닦아준다

젖니는 영구치의 기초라고 해도 과언이 아니다. 어차피 빠질 이라고 생각하고 관리를 소홀히 하면 영구치에도 영향을 미친다는 사실을 잊지 말아야 한다. 특히 혀와 치아에 남아있는 젖이나 분유의 당분은 충치의 원인이 되므로 잇몸뿐 아니라 혀와 이도 깨끗하게 닦아준다. 치아발육기를 줄 경우에는 실리콘 재질을 구입하고 세균에 감염되지 않도록 자주 소독한다.

눈의 초점이 맞는지 살핀다

두 눈이 다른 방향을 향하고 있는 것을 사시라고 한다. 생후 6개월이 지나도록 물체에 눈을 맞추지 못하고, 양쪽 눈이 다른 방향을 향하고 있다면 사시가 의심되는데, 방치하면 시력 발달에 영향을 미치므로 소아안과에서 검진을 받는다.

돌발성 발진에 주의한다

아기에게 나는 최초의 고열은 돌발성 발진인 경우가 많다. 최초 3일 동안은 열만 계속되기 때문에 감기나 편도선염 등으로 진단되는 경우가 많다. 돌발성 발진은 열이 내리면 가슴과 등에 빨간 발진이 돋는데 부모는 이를 알레르기나 홍역 등으로 생각하기 쉽다. 돌발성 발진은 대부분 특별한 처치는 필요 없다. 그러나 극히 일부의 환아는 뇌염이나 심근염 등 심한 합병증이 동반되는 경우가 있으므로 가까운 소아청소년과 병원을 꼭 방문하도록 한다.

자동차 외출시에는 카시트를 이용한다

장거리 외출로 자동차에 아기를 태워야 할 때는 반드시 카시트를 이용해야 한다. 아기를 안거나 업고 운전을 하는 경우도 많은데 이는 절대 금해야 할 행동이다. 만약의 경우, 나는 물론이고 아기의 생명을 위협하는 가장 나쁜 행동이다. 또한 카시트는 보조석이 아닌 자동차 뒷좌석에 장착해야 한다. 몸무게가 9kg 미만일 때는 뒤로 향하게 앉혀 고정시키고, 그 이후에는 앞을 향해 앉게 한다.

아기 과자 먹이기

일반적으로 과자에는 설탕과 나트륨이 많이 들어가 있다. 아직 다양한 맛을 알아가는 단계에 있는 아기에게 단맛을 알게 하면 아기의 식습관에 영향을 줄 뿐 아니라 치아 건강에도 도움이 되지 않는다. 아기에게 이유식 외에 무언가를 주고 싶다면 다양한 과일이나 동결 건조한 과일 과자, 쌀 과자를 먹인다.

28 7~8개월 "기어다니며 집 안을 탐색해요"

의사 표현은 확실해지고 신체 조절 능력도 발달해 혼자서 할 수 있는 일이 많아진다. 무릎으로 기기 시작하며 집 안 곳곳을 돌아다니고 호기심도 왕성하게 증가한다.

표준 신장	남아 69.16cm, 여아 67.29cm
표준 체중	남아 8.30kg, 여아 7.64kg
표준 머리둘레	남아 43.98cm, 여아 42.83cm

성장 발달 포인트

무릎으로 기기 시작한다

팔다리와 등 근육이 부쩍 발달해서 기는 동작이 매우 능숙해진다. 엎드려서 배로 기기 시작해 배를 들고 무릎으로 기다가 혼자 설 수 있는 단계에 이르면 무릎을 세우고 기게 된다. 기는 연습을 통해 아기들은 평형 감각을 익히고 어깨와 가슴 근육이 단련되면서 몸놀림이 자유롭게 된다. 뿐만 아니라 자기가 원하는 곳을 직접 가 보면서 목적을 달성하는 기쁨도 느낀다. 하지만 너무 손에서 안아 키웠거나 보행기를 많이 태운 경우, 또 아기의 기질이 조심스러우면 기는 시기가 늦어질 수도 있다. 간혹 기지 않고 바로 서는 아기들도 있으므로 너무 걱정하지 않아도 된다.

한두 개의 단어를 말할 수 있다

아기는 '아', '마', '맘' 등의 발음을 하게 되고 때론 '엄마'와 비슷한 발음을 하기도 한다. 아기가 말을 배우고 있다는 신호이므로 이 시기에 가족들은 아기 앞에서 보다 정확하고 다정한 말들을 나누도록 노력해야 한다. 아기에게 밥을 먹일 때나 놀이를 하면서도 동작과 함께 연결되는 말들을 해 주면 도움이 된다. 정확한 발음과 비교적 짧은 문장이 좋다.

자신의 의사를 확실히 표현한다

아기는 자신이 원하는 것이 있으면 손을 뻗고 싫어하는 것은 거부하는 몸짓을 보인다. 화가 나면 쥐고 있던 장난감을 집어던진다든가 자신의 머리를 잡아당기며 짜증을 내기도 한다. 잘 가지고 놀던 장난감을 뺏거나 싫어하는 사람이 무언가를 요구하면 소리를 지르기도 한다.

낯가림이 심해진다

낯가림이 심해져 낯선 사람을 보기만 해도 울어버린다. 또 자신이 싫어하는 사람이면 우는 반응을 보이기도 한다. 주양육자에 대한 인식이 확실해지는 만큼 다른 사람에 대한 거부반응도 뚜렷해지는 것이다.

장난감보다 사물에 관심을 갖는다

아기의 행동 영역이 넓어지면서 이제 손에만 쥐여주던 장난감, 가까이에 놓인 장난감보다 집 안을 탐험하며 만나는 새로운 물건들에 관심이 높아진다. 날카롭거나 깨지기 쉬운 물건만 아니라면 아기가 얼마든지 만져보고 가지고 놀게 한다. 다만 만져서 위험한 물건을 만졌을 때는 안 된다는 것도 따끔히 가르쳐야 한다.

텔레비전에 반응한다

TV 광고를 쳐다보며 웃거나 손을 휘저으며

좋다는 반응을 보이기도 한다. 하지만, 아기가 TV 앞에서 가만히 앉아 있는다고 해서 필요할 때마다 TV를 보게 해서는 곤란하다.

이 시기 필요한 장난감은요?

고리 끼우기

시력이 발달해 형태를 인지할 수 있다. 막대에 고리를 하나씩 끼웠다가 빼거나 반대로 반복하는 고리 끼우기를 한다.

모양 맞추기

모양과 색깔을 인지할 수 있는 능력을 키워주는 것으로 다양한 그림을 제자리에 맞출 수 있는 퍼즐식 장난감을 선택한다.

먹이기 & 돌보기

컵을 사용하게 한다

물이나 음료수를 먹일 때 이제 젖병 대신 컵을 사용한다. 스파우트컵이나 빨대컵을 이용한다. 처음에는 흘리는 게 많으므로 수건 등을 아기의 몸에 대주는 것이 좋다. 아기가 두 손으로 잡을 수 있고 깨지지 않는 재질의 컵을 사용하도록 하자.

중기 이유식을 시작한다

생후 6개월 후기가 되면 한 끼에 ¼컵 정도의 이유식을 오전, 오후 하루 두 번 정도 먹는다. 이 정도의 양을 무난하게 먹을 수 있다면 중기 이유식을 시작해도 되는 때. 밥알을 잘 으깬 상태의 4~5배 죽 정도가 먹이기 좋다. 이유식을 먹인 후에는 바로 수유를 한다. 그래야 식사와 식사 사이에 간격을 둘 수 있고 한 번에 먹는 양도 늘어난다.

숟가락질을 시도해본다

손에 잡히는 물건은 뭐든 입으로 가져가기 때문에 이유식을 먹을 때도 숟가락을 빼앗아 자기가 직접 먹으려고 한다. 물론 제대로 먹지 못하고 흘리는 게 더 많거나 음식으로 장난을 치기 때문에 깔끔한 엄마라면 참기가 힘들지도 모른다. 하지만 이럴 때 못하게 하거나 자꾸 아기를 도와주면 스스로 하려는 의지가 조금씩 사라지게 된다. 아기가 원할 때는 스스로 숟가락질을 해보게 하고 어느 정도 놀게 한 후 떠먹여 준다.

다양한 놀이로 아기 몸을 단련시킨다

아기를 가만히 눕혀놓고 체조를 시키거나 마사지를 할 수 있는 시기가 지나간다. 아기는 이제 제 맘대로 움직이려 들기 때문에 기저귀를 채우는 일도 아기가 거부하면 엄마로서는 만만찮아진다. 아기의 놀이도 좀 더 활동적으로 바뀌어야 할 때다. 아기를 안고 미끄럼틀을 타거나 그네를 타면 좋아한다. 집 안에서도 이불놀이 등보다 활동적인 놀이를 하는 것이 좋다.

돌발 사고에 주의를 기울인다

이제 아기는 스스로 기어서 집 안 어디로든 갈 수 있기 때문에 그 무엇에도 절대 방심해서는 안 된다. 냉장고, 싱크대, 서랍 등 아기가 쉽게 문을 열 수 있는 것들은 그 안에 무엇이 들어있는지 살피고 아기의 손에 닿을 만한 위치에 조금이라도 아기에게 해를 끼칠 수 있는 것이 있다면 더 높은 곳으로 옮겨야 한다. 또한 베란다나 현관, 주방 출입구 등에는 울타리를 두어 아기가 나가는 일이 없도록 해야 한다.

전염병에 각별히 신경 쓴다

생후 7개월이 지나면 아기는 전보다 병에 걸리는 일이 약간 많아진다. 형제자매가 있는 경우에는 특히 계절에 따른 전염병에 신경 써, 예방접종을 할 수 있는 것은 미리미리 해둔다. 외출을 했을 때 다른 아이에게서 병을 얻기도 하므로 외출 후 아기의 손발을 깨끗이 씻기는 일도 잊어서는 안 된다.

자다가 깨서 우는 아기 대처법

한밤중에 아기가 자다 깨어 눈도 뜨지 않은 채 울기만 지속하면 부모는 어쩔 줄 몰라한다. 잠자리가 불편한지, 목이 마른 건지, 배가 고픈 것인지 다 살펴보아도 별다른 문제가 없어 아기가 아픈가 생각하다 보면 곧 멈추고 언제 그랬냐는 듯 잠이 들기도 한다. 그런 날들이 어느 정도 지속되면 당황스러움 대신 짜증이 날 것이다. 사실 밤에 자다가 우는 아기는 울고 있어도 의식은 거의 자고 있는 것이나 다름없다. 이럴 때는 확실히 깨워 울음을 멈추게 하거나 잠깐 바람을 쐬게 하는 것도 도움이 된다. 밤에 우는 습관은 생후 10개월 정도 되면 대부분 고쳐지지만 부모가 밤마다 감당을 못할 정도라면 소아청소년과 진료를 받는다.

29 8~9개월 "혼자 노는 시간이 늘어나요"

기어다니는 일에 능숙해지면서 붙잡고 서기도 한다. 집 안 곳곳을 스스로 탐색하며 다니기 때문에 서랍을 열거나 문을 여는 등 엄마의 일거리도 풍성하게 늘려 놓는다.

성장 발달 포인트

오래도록 혼자 앉아 있는다

다른 사람의 도움 없이도 혼자서 능숙하게 앉는다. 누운 상태에서도 일어나 앉을 수 있고, 앉은 자세에서 오랫동안 놀기도 하고 손을 자유롭게 움직일 수도 있다. 또 앉아있던 자세에서 기는 자세로도 바꿀 수 있다.

손의 움직임이 더 자유로워진다

종이를 찢거나 장난감을 다른 손으로 옮길 수도 있다. 장난감을 조작하는 능력도 생겨나 혼자서 자유롭게 가지고 논다. 서랍을 열거나 소파를 잡고 일어서려는 등 자신의 몸을 조절하는 능력이 발달하고 혼자 있는 시간도 자연히 늘어난다. 출근하는 부모를 향해 손을 흔들거나 원하는 것을 가리킬 수도 있다.

붙잡아주면 설 수 있다

생후 8~9개월에 이르면 다른 사람 손을 잡고 서거나 몇 걸음씩 발을 뗀다. 이때 손과 발을 움직여주는 놀이로 근력을 키워주고, 움직이기 편하도록 넉넉한 옷을 입히며, 미끄러지지 않도록 집 안에서는 맨발로 있게 한다. 일어서려다 주저앉는 조심스러운 아기라면 일어서려 할 때 엉덩이를 살짝 받쳐주거나 손을 잡아주면서 일어서기 훈련을 시킨다.

간단한 행동을 흉내 낸다

기억력이 좋아지고 모방 능력이 생기면서 간단한 행동을 따라 할 수 있다. '빠이빠이', '안녕', '박수' 등을 몸짓과 함께 말하면 아기가 동작을 잘 따라 한다.

엄마 아빠를 말할 줄 안다

사물을 가리키며 이름을 반복해 들려주면 어설프지만 발음을 흉내 낸다. 이제 '엄마', '아빠' 정도의 단어는 제법 정확하게 말할 수도 있다. 아기에게 말을 가르칠 때 곧잘 따라 하려는 아기가 있는가 하면 별로 관심을 보이지 않거나 엄마 입만 뚫어지게 보는 아기도 있는데 억지로 강요하거나 부모의 조급함으로 아기에게 스트레스를 주지 않는다.

밥을 먹는 아기도 있다

아직 밥을 먹일 필요는 없지만 간혹 밥을 먹으려는 아기도 있다. 어른들은 아기에게 물에 만 밥이나 입으로 오물오물 씹은 밥을 그대로 넣어주려고 하기도 할 것이다. 밥을 먹어도 별 탈은 없지만 입에 넣었던 밥은 위생적으로 좋지 않고, 물이나 국물에 말아서 주는 것은 제대로 씹지 않고 넘

표준 신장 남아 70.60cm, 여아 68.75cm
표준 체중 남아 8.62kg, 여아 7.95kg
표준 머리둘레 남아 44.53cm, 여아 43.37cm

기게 되어 소화 흡수에 좋지 않다. 이제 부드러운 과일은 과즙이 아니라 그대로 먹일 수 있다.

이 시기 필요한 장난감은요?

퍼즐

손잡이가 달린 단순한 모양의 원목 퍼즐이 좋다. 소근육의 발달을 돕고 눈과 손의 협응력을 키워준다.

목욕 장난감

아기가 앉아서 목욕을 할 수 있게 되므로 목욕을 하는 동안 가지고 놀 물에 뜨는 장난감을 준비한다. 아이의 목욕 시간이 더 즐거워진다.

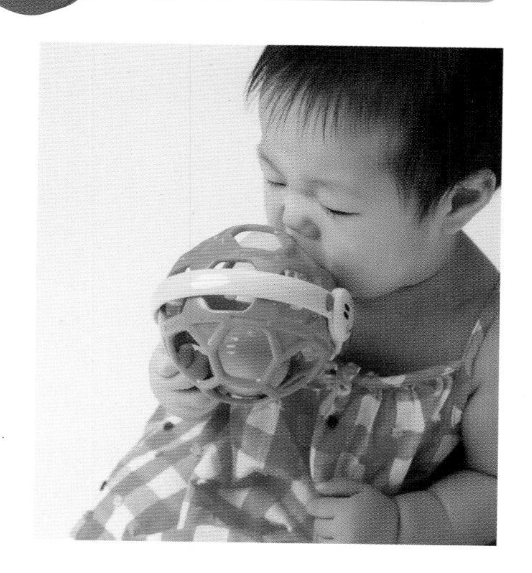

먹이기 & 돌보기

스스로 먹는 습관을 들인다

아기가 음식을 집어 혼자서 먹으려고 하면 스스로 먹어보는 기회를 준다. 처음에는 손으로 움켜쥐고 입에 집어넣거나 음식을 가지고 장난하기도 하겠지만 차츰 손가락으로 음식을 집는 방법을 터득하게 되고, 숟가락도 사용할 줄 알게 된다.

부모가 모범적인 행동을 보인다

아기들은 가까이 있는 사람을 보고 말과 행동을 그대로 배우기 때문에 모방 행동이 폭발적으로 늘어나는 이 시기에 더욱 부모는 말과 행동에 신경을 써야 한다. 아기 앞에서 부부싸움을 한다든지 욕을 한다든지 하는 것은 절대 삼가고 아기가 배우지 않았으면 하는 자신의 모습은 스스로 아기에게 보이지 않으려는 노력이 필요하다.

놀이로 근육을 발달시킨다

아기가 잡을 수 있는 끈이나 얇은 손수건을 갖고 줄다리기 놀이를 해본다. 얇은 끈을 잡으면서 미세한 손의 근육을 발달시키고, 힘을 기를 수 있다. 가능하면 바깥 활동도 늘리는 것이 좋다. 집 안에서는 아무래도 제한된 장난감을 가지고 놀이를 하기 때문에 아기의 활동에도 제약이 생기는 경우가 많다. 바깥에서 놀면서 온몸을 움직이도록 한다. 집 안에서 놀아줄 때도 이불이나 상자 등 장난감이 아닌 물건을 이용해 아기가 전신을 움직이며 놀 수 있도록 아이디어를 낸다.

안아주기를 자제한다

습관적으로 아기를 안아주면 아기는 스스로 움직일 준비가 되어있음에도 불구하고 그 기회를 놓치게 된다. 부모는 아기 스스로 몸을 움직일 수 있는 기회를 주어야 한다. 그렇다고 무조건 잘 안아주지 않거나 행동을 자제시키면 자아 형성에 나쁜 영향을 줄 수 있으므로 아기의 요구를 적당히 들어주고 부모가 늘 곁에서 지켜보고 있다는 것을 느끼게 해 정서적으로도 안정감을 줘야 한다.

다양한 환경을 보여준다

아직 어리다고 집에만 있는 것은 호기심이 많은 이 시기의 아기들을 오히려 가둬두는 결과를 낳는다. 또래 아기를 키우는 친구나 이웃을 찾거나 집으로 초대하고, 외출을 하여 가끔은 집을 벗어난 새로운 환경에 아기가 노출되도록 한다. 다양한 경험이 아기의 사회성을 발달시킨다.

집 안 물건에 안전장치를 강화한다

작은 사고가 가장 많이 발생하는 시기이므로 서랍이나 가구 모서리, 방문 등에 안전장치를 설치해야 한다. 일어서려다 넘어지고 하루에도 여기저기 부딪치기 일쑤이므로 아기 주변에 위험한 물건은 치운다. 이 시기의 가장 큰 사고는 추락과 화상, 이물질을 삼키는 행동 등이다. 서랍 안에도 아기 손에 닿으면 위험한 약물, 담배 등은 치운다. 아기 침대에서도 스스로 넘어오려다 추락하는 경우가 발생하므로 이제는 침대보다 바닥에 재울 것을 권한다.

젖병을 물고 잠드는 아기

젖병을 오랜 시간 빨거나 젖병을 빨면서 자는 아기들에게는 '우식증'이 잘 생긴다. 충치의 일종으로 대개 앞니 4개에 잘 생기는데 진행이 빠르면서 통증이 심하다. 잠이 들면 침의 분비가 줄어들기 때문에 침에 의해 입안의 산도가 중화되는 효과가 떨어져 충치에 걸릴 가능성이 높아지는 것. 젖니가 상해 빠지면 영구치가 제자리를 잡지 못해 덧니가 되거나 충치가 잘 생기는 치아가 되므로 젖병을 물고 잠드는 일은 없게 한다. 만약 아기가 너무 보챈다면 잠깐 공갈젖꼭지를 물려본다. 모유를 먹는 아기도 마찬가지이므로 밤중 수유는 돌 전에 끊는다.

30

9~10개월 "잡고 일어설 수 있어요"

체중은 거의 늘지 않고 키는 자라 살이 빠지는 것처럼 느껴지지만 근육은 더욱 단단해진다. 모방력과 기억력이 발달하므로 아기에게 다양한 경험을 갖게 하는 것이 좋다.

표준 신장	남아 71.97cm, 여아 70.14cm
표준 체중	남아 8.90kg, 여아 8.23kg
표준 머리둘레	남아 45.00cm, 여아 43.83cm

성장 발달 포인트

체중 증가 속도가 주춤한다

이제부터 아기에서 아이로 한 단계 성숙해진다. 몸무게는 그다지 늘지 않고 키만 자라서 통통하던 모습에서 약간 홀쭉해진 듯한 인상을 받는다. 하루 종일 기고 서기를 반복하며 활동량이 늘어나고 근육도 단단해지면서 서서히 몸매가 잡혀가기 때문이다. 자연스러운 성장 과정이므로 체중이 증가하지 않는다고 걱정할 필요 없다.

무언가 잡고 일어설 줄 안다

손을 잡아주면 스스로 다리를 움직여 발을 떼기도 한다. 아주 잠깐이긴 하지만 양손을 놓았을 때 서 있기도 한다. 무언가를 붙잡고 일어서려고 하는 아기도 있고 그렇지 않은 아기도 있다.

기억력과 모방력이 발달한다

모방력과 기억력이 발달해 부모가 일상적으로 쓰는 용어들을 알아듣는다. 의사의 하얀 가운, 맛있는 음식이 담겼던 그릇들을 기억하며 울거나 입맛을 다시기도 한다. 모방능력이 늘어나 짝짜꿍, 잼잼, 빠이빠이 등 단순하고 반복적인 행동들을 따라 하게 하면 곧잘 흉내를 낸다. 이런 놀이는 아기의 지능 발달에 효과가 있다.

손가락으로 물건을 잡을 수 있다

생후 9개월이 되면 혼자 앉아 있는 시간이 전보다 훨씬 길어지기 때문에 그만큼 혼자 노는 시간도 늘어난다. 또한 손힘이 세지고 손가락으로 물건을 집을 수도 있다. 아기가 혼자 가지고 놀면서 다양한 호기심을 충족시킬 수 있을 만한 장난감들을 놓아둔다. 아기가 혼자 집 안을 돌아다녀도 지나치게 관여를 하지 않는다.

어른 행동을 흉내 낸다

아기가 모방 행동을 시작했기 때문에 어른들이 아기 앞에서 어떠한 행동을 보여주면 곧잘 따라 하곤 한다. 여기서 한 걸음 더 나아가 아기는 전에 했던 행동을 기억해 흉내 내기를 한다. 또 누군가 보여주거나 시키지 않아도 호기심 때문에 위험한 장난도 늘어난다. 먹어서 안 되는 것인지 모르고 무엇이든 먹는다든지 음식이 아닌데도 입으로 가져가는 일도 많아져 더욱 관심을 가져야 할 때다.

이유식에 익숙해진다

중기 이유식이 끝나가는 무렵이라 제법 이유식에 익숙해진다. 무엇을 얼마큼 먹는지는 아기마다 다르고, 좋아하고 잘 먹는 음식도 생겨난다. 이유식을 먹일 때 많은 엄마들이 이유식 책을 보고 따라 하는데 책에 쓰여진 순서대로 이유식이 진행되지 않는다고 해서 너무 걱정하지 않아도 된다. 다만 영양소를 골고루 섭취할 수 있도록 신경 쓴다.

이 시기 필요한 장난감은요?

마라카스
마라카스를 흔들면서 청각을 자극하고 리듬감도 배울 수 있다. 이때 음악에 맞춰 흔들게 하면 아기에게 더욱 멋진 음악 놀이가 된다.

자동차
움직이는 바퀴는 아기의 호기심을 자극한다. 앉아서 자동차를 굴려보게 하거나 굴러간 자동차를 따라가면 신체 발달에도 도움이 된다.

먹이기 & 돌보기

후기 이유식을 시작한다
보다 많은 재료로 다양한 맛을 느끼게 할 시기다. 유치가 여러 개 생기고 잇몸으로 씹는 일에도 익숙해져 아기는 먹는 것을 즐겁게 느끼기 시작한다. 죽보다는 잇몸이나 이로 오물거리며 먹을 수 있는 진밥 형태가 적당하다. 어른이 먹는 밥은 아직 아기가 씹어 삼키기에는 무리가 있으므로 씹는 연습을 할 수 있는 죽 형태가 좋다.

유아 비디오 증후군을 예방한다
시각이 발달하면서 텔레비전이나 각종 영상물에 관심을 갖기 시작하는데 그중에서도 아기들의 시선을 사로잡는 것은 다양한 광고들이다. 끊임없이 변화가 일어나 집중력이 길지 않은 아기들의 흥미를 끌기 좋다. 부모의 볼일 때문에 하염없이 아기를 텔레비전 앞에 앉혀두는 일이 없도록 하고, 필요 이상으로 텔레비전을 켜두지 않는다.

이를 닦는 습관을 들인다
젖니가 다 나오지 않았고 아직 본격적으로 식사를 하는 것도 아니기 때문에 젖니 관리에 소홀하기 쉽다. 하지만 지금부터 젖니 관리를 잘 해야 영구치 관리로 자연스럽게 이어진다. 아기가 간식이나 이유식을 먹은 후에는 놀이를 하는 것처럼 이를 닦도록 한다. 처음부터 칫솔을 사용하면 아기는 처음 자기 입속으로 들어오는 단단한 물체에 놀라거나 거부 반응을 가질 수 있으므로 부드러운 거즈 손수건이나 구강 전용 티슈로 시작한다.

바른 습관을 갖게 한다
부모가 '안 돼'라고 말하면 그 의미를 알아채기 때문에 만지면 안 되는 것, 해서는 안 되는 일에 대한 것은 구별하여 가르친다. 중요한 것은 부모의 일관성인데 누구는 된다고 하고 누구는 안 된다고 하면 아기는 혼란스럽다. 안 되는 것은 처음부터 끝까지 안 된다고 하는 원칙을 세워 가르치고 부모도 흔들려서는 안 된다.

손을 잡아 몸을 자주 일으켜 준다
아기 다리에 어느 정도 힘이 생겼으므로 손을 잡아 몸을 일으키면서 스스로 일어서는 행동에 익숙해지도록 한다. 이때 너무 무리하게 힘을 주게 하거나 미끄러운 양말을 신긴 채 시도해서는 안 되고, 아기의 허리에 지나치게 힘이 들어가지 않도록 주의한다.

다양한 놀이를 시도한다
짝짜꿍이나 베개 장애물 넘어보기 등 보다 활동적이고 다양해진 놀이를 아기와 함께 해본다. 이 시기 아기는 호기심이 왕성해서 집 안 곳곳을 돌아다니기 때문에 집 안 살림을 이용한 놀이를 시도해보는 것도 좋다. 아기의 행동이 엄마에게는 어지르는 것으로 보일 수 있지만 아기에게는 그 모든 것이 놀이라는 것을 잊지 말자.

안전사고에 신경 쓴다
아기의 활동 범위가 더욱 넓어지므로 갑작스러운 사고에 대비해야 한다. 계단이나 베란다 등에는 안전문을 설치하고, 서랍이나 장식장 등을 잡아당기거나 문틈에 손이 끼일 수 있으므로 안전장치를 해야 한다. 아기의 행동반경 안에 있는 위험한 물건은 최대한 치우고, 각종 모서리에도 보호대를 설치한다.

31 10~11개월 "할 줄 아는 말이 늘어나요"

소파나 탁자를 잡고 걸음을 옮길 수 있기 때문에 아기의 눈높이는 이제 조금 더 높아졌다. 부모의 생각보다 아기가 빠르게 움직이기 때문에 안전사고에 대비해야 한다.

표준 신장	남아 73.28cm, 여아 71.48cm
표준 체중	남아 9.16kg, 여아 8.48kg
표준 머리둘레	남아 45.41cm, 여아 44.23cm

성장 발달 포인트

걸음을 옮길 수 있다

능숙하게 기어 다니는 것은 물론 소파나 탁자를 붙잡고 일어나 이것을 의지해 혼자 걸을 수 있다. 뿐만 아니라 잠깐이지만 그 어떤 것에 의지하지 않고도 혼자 설 수 있다. 혼자 서는 연습을 반복하다 보면 서는 것에 자신감이 생기고 스스로 걸음마를 떼게 된다. 운동 기능 발달이 빠른 아기는 이미 한두 걸음 걸음마를 시작한다.

할 줄 아는 말이 많아진다

'엄마', '아빠', '맘마' 등 할 수 있는 말이 많아지고 말귀도 제법 알아듣는다. "주세요", "앗, 뜨거워"라고 말하면 그 상황을 이해하고 행동하기도 한다. 하지만 아기에 따라서는 생후 15개월이 넘도록 말을 못하기도 하므로 다른 아기와 같지 않다고 너무 걱정할 필요는 없다. 끊임없이 언어 자극을 해주고 아기가 말을 해야 하는 상황으로 이끌어준다.

좋고 싫음이 확실해진다

자기주장이 생겨 뜻대로 되지 않으면 울며 떼를 쓰거나 발버둥을 친다. '안 돼'라는 말을 알아들어 눈치를 살피기도 하고, 재미있으면 또다시 해달라는 의사를 표현한다. 그러나 좋아하고 싫어하는 것이 기분에 따라 달라지기도 하므로 아기의 기분 상태를 잘 살펴야 한다.

가리는 음식이 생겨난다

좋고 싫은 것이 명확해지는 성향은 음식을 먹는 데에도 나타난다. 아무것이나 잘 먹는 아기가 있는 반면 소식을 하거나 입이 짧은 아기도 있다. 잘 먹지 않는 아기 때문에 걱정하는 엄마들이 많지만 건강에 별다른 이상 없이 잘 자라고 있다면 크게 걱정하지 않아도 된다. 너무 억지로 먹이려고 하기보다는 아기가 무엇을 잘 먹는지 보고 조금씩 변화를 주면서 단맛이나 자극적인 맛에 노출되지 않도록 한다.

손가락을 빤다

손가락을 빠는 것은 자연스러운 현상으로 억지로 못 빨게 하면 오히려 문제가 생기기 쉽다. 하지만 필요 이상으로 손가락을 빤다고 느껴질 때에는 아기가 손가락이 아닌 다른 물건에 관심을 가질 수 있도록 해야 한다. 자연스럽게 손가락 빨기를 잊고 다른 일에 몰두하는 일을 만들어 관심사를 바꿔준다.

빨대를 사용할 수 있다

컵 사용이 익숙해지고 빨대를 사용할 수

있게 된다. 젖병을 떼고 빨대컵을 이용해 분유를 먹는 아기도 있다. 보리차나 끓여서 식힌 물을 먹이기가 좀 더 쉬워지므로 아기가 노는 곳에다 빨대컵에 물을 채워두고 놀이를 하다가 목이 마르면 스스로 먹을 수 있게 한다.

이 시기 필요한 장난감은요?

장난감 전화기
전화기 버튼을 눌러보는 놀이 등을 통해 호기심도 커지고 손가락의 소근육과 집중력도 발달한다.

인형
아기가 앉은 키 정도의 인형을 앞에 두면 인형을 가지고 스스로 다양한 놀이를 하면서 인지 능력과 사회성을 키울 수 있다.

먹이기 & 돌보기

슬슬 젖떼기를 시도해도 좋다
하루 3회 이유식을 잘 먹고 컵으로 물을 잘 마시며, 이유식을 숟가락으로 잘 받아먹는다면 이제 슬슬 젖떼기를 시도해도 좋다. 하지만 아기가 컨디션이 좋지 않다거나 주양육자가 바뀌는 등 환경에 변화가 있을 때는 무리하게 시도하지 말고 잠시 미룬다. 아기가 심리적으로 편한 시점을 잘 파악해야 한다. 늦어도 생후 18개월까지는 젖을 떼고 밥과 반찬이 주식이 되어야 하므로 이유식 후기가 시작되면 이유식을 충분히 먹이고 젖을 먹이는 횟수를 줄여나간다.

균형 잡힌 식단을 짠다
이유식을 통해 공급해야 하는 영양소가 점점 늘어난다. 5가지 식품군을 적절히 활용하여 골고루 먹이도록 한다. 다양한 음식과 조리법으로 여러 가지 맛과 질감을 맛보게 해주면 유아식을 먹을 때 편식이 줄어든다.

섬유질이 많은 음식을 먹여본다
지금까지 부드러운 음식만 먹였다면 이제는 생선이나 고기의 양을 늘리고 시금치, 양배추, 배추 등 섬유질이 많은 음식을 먹여야 한다. 섬유질이 풍부한 음식은 아기의 씹는 능력을 키우고 장 활동도 활발하게 해 규칙적으로 변을 보는 데 도움을 준다.

아직 체벌은 하지 않는다
안 되는 일을 안 된다고 정확하게 가르치는 것은 좋지만 너무 무서운 얼굴로 아기를 대한다든지 가혹한 체벌은 가하지 말아야 한다. 과한 체벌은 부모와 아기 사이의 신뢰를 무너뜨리고 공감대를 사라지게 한다. 또 너무 자주 화를 내는 것도 좋지 않다. 부모의 단호하고 일관적인 태도는 중요하지만 아기를 쓸데없이 겁먹게 할 필요는 없다.

그림책을 보여준다
아기가 할 수 있는 말이 늘어나는 시기이므로 다양한 의성어, 의태어를 들려주는 것이 언어 발달에 도움이 된다. 그림책을 보여주며 듣기 즐거운 단어들에 힘을 주어 반복하면 아기는 음악을 듣듯 즐거워한다. 또한 평소에는 잘 쓰지 않는 단어들을 듣게 되면서 다양한 언어에 자연스럽게 노출되어 언어 발달에도 도움이 된다.

신체를 단련시킨다
이제 먹는 것만큼 부지런히 움직이게 하지 않으면 잘 먹는 아기의 경우 비만이 될 수도 있다. 아기에게 영양 잡힌 식단이 아니라 칼로리만 높은 음식을 먹이는 경우에는 더 주의해야 한다. 아기라고 해서 운동을 할 수 없는 것은 아니다. 아기는 몸을 움직이면서 어른과 같은 운동 효과를 볼 수 있으므로 움직임이 적은 아기의 경우는 일부러라도 몸놀이를 통해 신체를 단련시켜야 한다. 꼭 비만 예방 때문이 아니더라도 다양한 몸놀이는 아기의 신체 발달에 도움이 된다.

생우유 먹이는 시기

생우유는 돌 전에는 알레르기를 증가시키거나 철분 부족을 일으켜 빈혈 증상이 나타날 수 있으므로 먹이지 않는 것이 좋다. 생우유에는 철분이 부족하며 게다가 다른 음식에 함유된 철분의 흡수도 방해하기 때문이다. 또 생우유로 배를 불리면 다른 음식을 많이 먹을 수 없어 철분 부족이 생긴다. 드물게는 장출혈이나 소아성 당뇨를 유발하는 경우도 있다. 또한 분자가 커서 아기가 소화시키기 어려우므로 너무 일찍 생우유를 먹이는 것은 권장하지 않는다.

32 11~12개월 "걸음마를 할 수 있어요"

이유식이 끝나가며 먹을 수 있는 것이 다양해지고 다리에 힘이 생겨 스스로 걸음마를 뗄 수 있게 된다. 잠을 자는 시간도 규칙적이어서 육아가 한결 수월해진다.

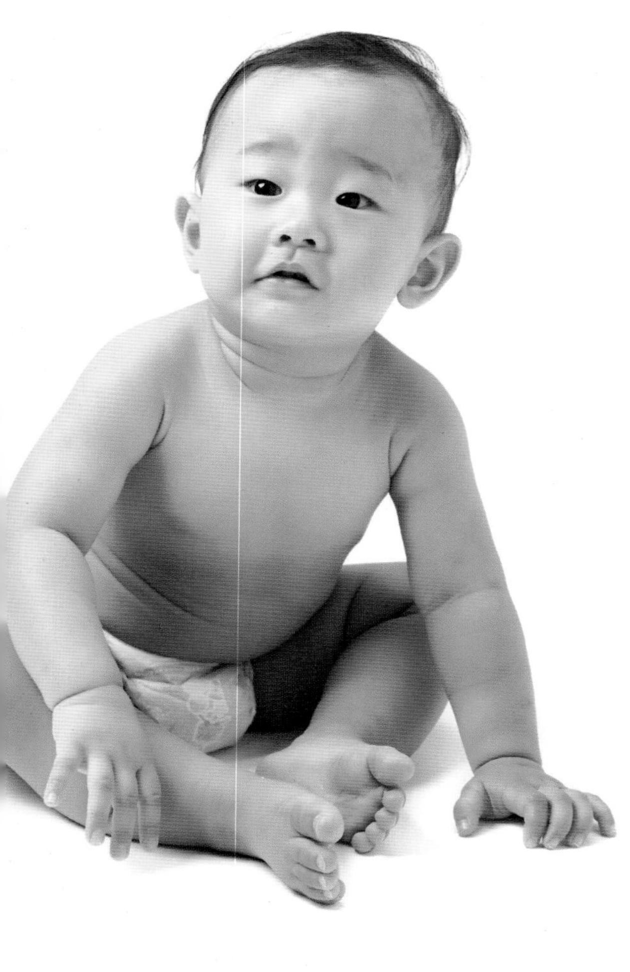

표준 신장	남아 74.54cm, 여아 72.78cm
표준 체중	남아 9.41kg, 여아 8.72kg
표준 머리둘레	남아 45.76cm, 여아 44.58cm

성장 발달 포인트

대천문이 닫히기 시작한다

막 태어난 아기의 머리를 보면 숨 쉴 때마다 볼록볼록 움직이는 것이 보이는데 이것이 바로 숨구멍이라고 하는 대천문이다. 대천문은 생후 9~10개월까지 커지다가 생후 11개월부터 닫히기 시작해 생후 14~18개월에 완전히 폐쇄된다. 손으로 만지면 대천문 자리가 딱딱해지는 것을 느낄 수 있다.

걸음마를 시작한다

첫돌을 앞두고 대부분 혼자 몇 걸음 걸을 수 있게 된다. 성격이 급한 아기는 빨리 걷다가 자주 넘어지기도 하고 겁이 많은 아기는 한 걸음 내딛다가 털썩 주저앉곤 한다. 중요한 것은 경험으로, 아기가 잘 걷기 위해서는 수없이 넘어지는 과정을 거쳐야 한다. 이 과정을 즐겁게 거쳐야 아기는 걷기의 즐거움을 알게 된다.

숟가락을 쥐고 밥을 먹을 수 있다

완벽하지는 않지만 숟가락을 쥐고 스스로 먹고 싶어 한다. 아기가 흘리는 것이 싫어서 자꾸만 떠먹이다 보면 스스로 숟가락질을 하는 것이 늦어지므로 얼마든지 혼자 시도해볼 수 있도록 도와야 한다. 숟가락질을 하다가 손으로 집어먹어도 꾸짖거나 혼내지 말고 계속해서 숟가락 사용을 시도하도록 한다.

생과일을 먹을 수 있다

과즙이나 으깨어 먹이던 과일을 대부분 껍질만 벗겨줘도 먹을 수 있게 된다. 제철 과일을 잘 씻어 먹이고 알레르기 위험이 있는 과일은 주의한다. 통조림 과일보다는 생과일을 먹이는 것이 좋고 목에 걸리지 않도록 얇게 썰어준다. 씨가 있는 과일은 씨를 제거하고 먹여야 한다.

낮잠과 밤잠이 일정해진다

오전과 오후 각각 한 번씩 자는 아기도 있고 아예 안 자거나 한 번만 자는 아기도 있다. 아기마다 차이가 있지만 밤과 낮을 통틀어 하루 14~16시간 정도 잔다. 밤에 잘 안 자거나 늦게 자려고 한다면 혹시 낮잠을 많이 자고 있는 건 아닌지 체크한다. 낮 동안의 활동량이 많으면 그만큼 밤에 쉽게 자고 더 오래 자게 된다.

장거리 여행이 가능해진다

첫돌이 가까워지면 장거리 여행을 할 수도 있다. 여행 중에는 낯선 환경에 부모는 들뜨기 쉽고 아기는 불안감을 느끼기 쉬우므로 더 많은 준비와 주의가 필요하다. 여행의 장소, 거리 등은 아기의 컨디션을 잘 파악해 정하고 처음부터 무리한 장거리 여행을 계획하기보다는 부모도 아기도 큰 무리가 없는 동선으로 짜야 한다.

이 시기 필요한 장난감은요?

아기 걸음마

무언가에 의지해 걸을 수 있기 때문에 아기 걸음마를 이용해 걸어보면서 다리의 힘도 기르고 도전의식도 갖게 한다.

그림 퍼즐

꼭지가 달린 퍼즐을 모양에 따라 맞춰본다. 완성된 그림을 보면서 성취감을 느끼고 인지력을 키울 수 있다.

먹이기 & 돌보기

이유식을 마무리한다

제대로 이유식을 진행한 아기라면 하루 세 끼 식사를 하고 오전, 오후에 한 번씩 간식을 먹는다. 만약 하루에 4~5회 젖을 먹어야 한다면 이유식이 제대로 되지 못하고 있는 경우다. 이런 아기는 젖을 떼기 어렵고 이유식을 잘 먹지 않아 발육도 좋지 않게 된다. 이쯤 되면 이유식을 끝내고 유아식으로 넘어가는 시기므로 어른과 같은 시간에 같이 밥을 먹이도록 한다. 이전보다 덩어리가 있는 음식을 먹여 씹어 먹는 것에 익숙해지게 한다.

밖에서 걸을 때는 보호장치가 필요하다

산책을 나설 때는 보호장치가 필요해진다. 걸음마가 서툰 만큼 아기가 넘어지는 횟수도 많기 때문이다. 무릎보호대와 팔꿈치보호대를 착용하고, 잘못하면 머리를 부딪혀 뇌 손상을 입을 수도 있으므로 항상 주의를 기울인다. 다치기 쉬운 장소에는 가지 않게 하고, 넘어지더라도 괜찮은 안전한 곳에서 스스로 걸어보게 한다.

바른 언어를 익히게 한다

부모가 말하는 것을 듣고 그대로 배우므로 아기 앞에서는 바른말을 쓰는 것을 생활화해야 한다. 유아어보다는 처음부터 정확한 단어를 익히게 하는 것이 좋다. 부모가 너무 말이 없으면 아기는 말을 배울 수 있는 기회가 그만큼 적다. 아기를 위해서라도 아기가 말을 배워가는 시기에는 조금 수다스러운 엄마, 아빠가 되어야 한다.

즐겁게 걷기 연습을 한다

아기가 빨리 걷기를 바란다면 걷는 것이 즐거운 일임을 느끼게 해야 한다. 아기들 중에는 걷는 것에 대한 두려움 때문에 걸음마가 늦는 경우도 있기 때문이다. 아기가 걸음마를 처음 시작할 때 부모는 격려와 칭찬을 아끼지 말아야 한다. 또 아기가 좋아하는 물건을 두거나 엄마, 아빠가 아기 앞에서 관심을 끄는 것도 좋은 방법이다. 넘어졌을 때 호들갑스럽게 아기를 달래기보다는 대수롭지 않게 대해 지레 겁먹는 일이 없도록 해야 한다.

낙서할 수 있는 공간을 만들어 준다

손의 움직임이 보다 자유로워지고 소근육도 발달해서 색연필 등을 쥐여주면 낙서를 하곤 한다. 아기에게 스케치북 등 정해진 지면에 그림을 그리게 하면 좋지만 아기를 이해시키기 쉽지 않다면 어느 한 공간은 맘껏 낙서할 수 있게 만들어주면 좋다. 아기 키높이에 맞춰 종이를 벽지처럼 둘러주거나 커다란 스케치북을 준비하는 것도 방법이다.

돌잔치를 준비한다

돌잔치는 아기의 첫 생일을 축하하고 마음껏 축하받는 자리다. 이날은 아기에게도 뜻깊은 자리이지만 특히 부모에게 잊지 못할 행복한 날이다. 돌잔치 준비에 너무 큰 스트레스는 받지 말고 가족들에게 축하와 그동안 아기를 키우느라 힘들었던 마음을 위로받는 시간으로 생각하자. 외출이 자유롭지 못했던 엄마는 친구들을 오랜만에 만날 수 있는 시간이기도 하다. 커다란 행사를 치른다기보다 특별하고 소중한 시간이 되도록 준비한다.

배변 훈련 시작 시기

아기용 변기를 준비하되 벌써부터 기저귀를 떼야 한다고 조급하게 생각하지 말자. 서둘러 배변 훈련을 시작했다간 오히려 아기에게 스트레스만 주기 쉽다. 대소변을 가릴 수 있는 시기는 생후 18개월부터. 변기를 의자처럼 생각하며 자연스럽게 앉아보게 하면서 배변 리듬을 잡아가는 정도로만 시작하는 것은 가능하다.

33 12~18개월 "개성이 뚜렷해져요"

이제 아기는 아이로서 성장해나간다. 스스로 걷고 개성도 뚜렷해져 활발한 아이인지 소심한 아이인지 알 수 있다. 의사 표현도 강해져 반항이 늘어나고 고집이 세진다.

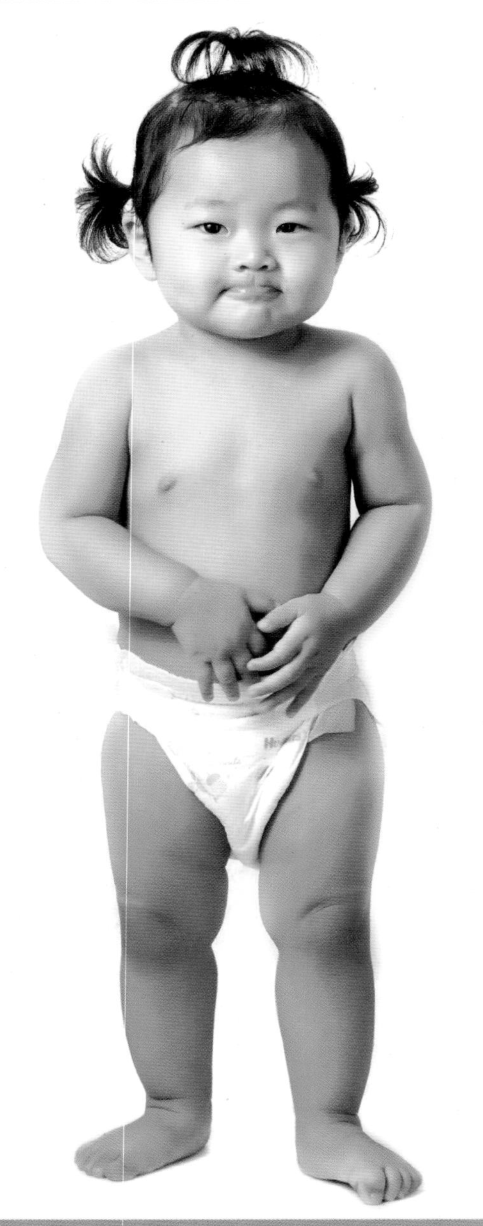

표준 신장	남아 75.75~81.25cm, 여아 74.02~79.67cm
표준 체중	남아 9.65~10.73kg, 여아 8.95~10.02kg
표준 머리둘레	남아 46.07~47.20cm, 여아 44.90~46.06cm

성장 발달 포인트

계단을 올라갈 수 있다

생후 18개월에 가까우면 넘어지지 않고 걸을 수 있다. 손을 붙잡아주면 계단도 올라갈 수 있는데 아직 내려오지는 못해 뒤로 기어 내려오기도 한다. 또한 공을 발로 차는 동작도 할 수 있다. 걸음마의 늦고 빠름이 발달과 상관은 없지만 생후 15개월이 지나도 걷지 않으면 검사를 받아보는 것이 좋다. 간혹 뇌성마비나 고관절 탈구로 인해 늦게 걷는 경우도 있기 때문이다.

신발을 신고 걷게 한다

아이가 스스로 걷기 시작했다면 보행기 신발보다는 일반 신발을 신기는 것이 좋다. 아이의 신발을 고를 때는 디자인보다는 아이의 볼 너비와 발 모양을 염두에 두고 골라야 한다. 아이들은 발등이 통통한 경우가 많고, 아직 자신의 걸음을 적당히 조절하는 능력이 부족하므로 쿠션이 있어 걸을 때마다 발바닥의 충격을 충분히 흡수할 수 있고 잘 미끄러지지 않는 운동화가 적당하다.

의미 있는 말을 한다

말수가 늘어나고 '멍멍', '붕붕' 등 흉내 내는 의성어가 발달한다. 이 시기 아이는 말 한마디로 여러 가지 의미를 표현한다. 예를 들면 컵을 들면서 "엄마" 하면 물을 달라는 의미고, 손을 벌리고 "엄마" 하면 안아달라는 의미다. 그러면서 "엄마 싫어", "아빠 어부바" 등 자신의 욕구와 감정을 표현하게 된다.

애착 대상이 생긴다

엄마에 대한 애착을 보이는 경우가 가장 많은데 장난감에 대한 욕심도 생겨 인형을 들고 다니거나 자신이 좋아하는 물건에 강한 애착을 보이기도 한다. 이 시기 아이들은 충분한 사랑을 느낄 수 있도록 어루만져주고 안아준다. 정서적으로 안정되어 있는 아이일수록 독립심이 빨리 생기고 자신감도 커지므로 많은 사랑을 쏟아준다.

감정 표현이 풍부해진다

엄마, 아빠의 목소리를 들으면 행복해하고, 출근했다가 돌아오는 아빠를 반기기도 한다. 사물을 보는 능력도 확실해져 주위에 대한 관심이 늘어나고 또한 무섭고 불쾌한 것에 대한 공포심도 생겨난다. 큰소리에 갑자기 노출되거나 목욕할 때 갑자기 물을 끼얹거나 하면 아이가 무서움을 느낄 수 있다. 특히 성격이 예민한 아이에게는 더욱 세심한 주의가 필요하다. 무서운 것을 일부러 보게 하거나 듣게 하며 아이를 협박해서도 안 된다.

불만을 표시한다

자기가 원하는 대로 되지 않으면 발을 버둥대거나 바닥에 누워 울면서 떼를 쓰는 행동을 보인다. 아이에게는 자연스러운 표현이기는 하지만 매번 아이의 이런 반응에 부모가 요구를 들어주다 보면 잘못된 습관으로 굳어질 수 있다. 아이가 쓸데없이 발버둥을 치거나 머리를 쿵쿵 찧는 등 잘못된 행동을 보이며 자신의 불만을 표시할 때는 그렇게 행동하면 원하는 것을 얻을 수 없다는 걸 확실하게 깨닫게 해주고 쉽게 요구를 받아들여서는 안 된다.

이 시기 필요한 장난감은요?

구슬꿰기

집중력이 늘어나고 소근육이 발달하는 시기이므로 구슬꿰기 놀이를 하면 더욱 흥미를 느끼고 집중할 수 있다.

붕붕카

자동차를 타면서 손과 발의 협응력을 키우고 다리 근육을 더욱 발달시켜 잘 걸을 수 있도록 도와준다.

먹이기 & 돌보기

생우유를 먹인다

단백질과 칼슘 공급을 위해 생후 12개월 이후부터 생우유를 먹일 수 있다. 하루 500㎖ 정도가 적당하고 너무 많이 먹으면 주식인 유아식을 덜 먹을 수 있으므로 주의한다.

유아식을 시작한다

이제 이유식에서 유아식으로 넘어가는 시기. 밥은 너무 되지 않게 하고 반찬은 어른이 먹는 것과 같이 해도 상관없지만 간은 훨씬 더 심심하게 해야 한다. 인스턴트 음식보다는 제철 음식으로 아이의 입맛을 돋우고 다양한 맛을 경험할 수 있도록 신경 쓴다.

즐겁게 식사하는 습관을 들인다

식사하는 시간이 전쟁터인 집이 많다. 매번 아이와 그런 식사를 해야 한다면 밥을 먹이는 것이 오히려 스트레스가 되기 쉽다. 아이에게 식사는 온 가족이 모이는 즐거운 시간임을 느끼게 해야 한다. 또한 식사는 정해진 시간에 숟가락으로 하는 것임을 인지시켜야 한다. 먹지 않고 숟가락을 가지고 놀기만 한다든지 장난만 친다면 과감히 밥상을 치워야 한다. 식욕이 왕성한 시기가 아니기 때문에 생각만큼 많이 먹지 않는다고 걱정하지 말고 아이가 먹을 수 있는 만큼만 먹게 한다.

수면 습관을 잡아간다

너무 늦게 자고 늦게 일어나는 아이라면 이제는 제대로 된 수면 습관을 들여야 할 때이다. 저녁 9시쯤 잠들어 아침 7시에서 8시 30분 정도에 잠에서 깨도록 수면 리듬을 잡아간다. 아이의 수면 습관을 잡는 데는 온 가족의 협조가 필요하다. 아이가 잠이 들어야 할 시간에는 집 안의 모든 불을 끄고 가족들도 아이가 잠들 수 있는 분위기가 되도록 돕는다. 매일 일정한 시간에 잠자리 의식을 갖는다.

질병보다 사고에 조심한다

이 시기에는 돌발적인 사고에 주의해야 한다. 아이가 밖에 나가 노는 일이 많아지고 아이를 데리고 외출하는 일도 전보다 잦아지므로 언제 어디서 어떤 사고가 일어날지 알 수 없다. 위험한 행동을 할 때에는 따끔하게 야단을 쳐야 하는데, 아이의 행위를 제지하면서 이런 행동을 하면 부모의 목소리와 표정이 무섭게 변한다는 것을 인지케 하면 같은 행동을 반복하지 않게 된다.

간식 주는 시간을 정해둔다

활동량이 많은 이 시기 아이들은 하루 세 끼 식사로는 칼로리를 충분히 섭취할 수 없다. 식사 이외에 2~3회 간식을 주는데, 문제는 간식의 양이다. 간식을 너무 많이 주면 아이가 유아식을 먹는 데 영향을 주어 오히려 제대로 된 식사를 방해할 수 있다. 1회 간식으로는 우유 1병, 치즈 1장, 바나나 ¾개 정도가 적당하다. 간식을 먹는 시간도 일정하게 정해두는 것이 좋다.

독립심 키워주기

돌이 지나면 아이들은 옷을 입고 벗는 것에 많은 흥미를 느낀다. 우선 입는 것보다 벗는 것이 더 쉬우므로 양말이나 바지부터 스스로 벗어보게 한다. 숟가락을 혼자 잡고 밥을 먹는 일, 변기에서 소변을 보게 하는 것 등 기초적인 생활 습관은 아이의 독립심을 키우기 위해서도 꼭 필요한 과정이다. 아이가 혼자 하는 것이 못 미더워 계속 부모가 도움의 손길을 주면 스스로 하려는 의지가 약해진다. 문제는 다른 아이들보다 늦는 데 있는 것이 아니다. 내 아이의 자립심을 키우는 것은 스스로 하게끔 많은 기회를 주고, 실패와 성공을 거듭할 때마다 격려하고 칭찬하는 부모의 몫이다.

34 18~24개월 "질문이 많아져요"

체중과 키의 증가 폭은 완만해지지만 아이가 할 수 있는 영역은 커지고 넓어진다. 깡충깡충 뛰기도 하고 상상력이 풍부해져 질문을 쉼 없이 해댄다. 배변 훈련을 시도할 수 있다.

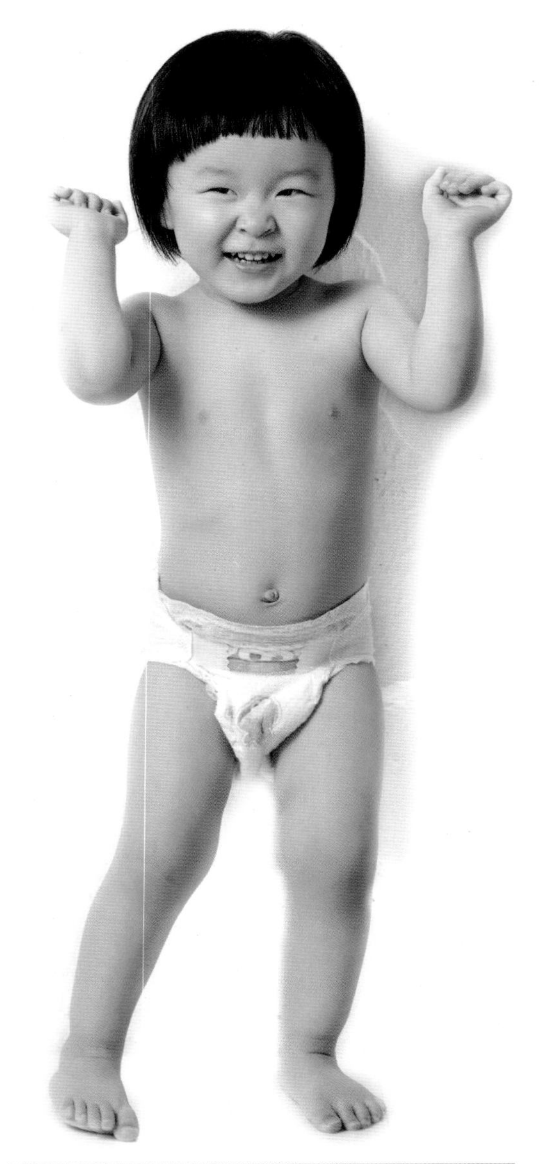

표준 신장 남아 82.26~86.94cm, 여아 80.71~85.52cm

표준 체중 남아 10.94~11.95kg, 여아 10.23~11.27kg

표준 머리둘레 남아 47.37~48.12cm, 여아 46.24~47.04cm

성장 발달 포인트

질문이 많아진다

"엄마 뭐야", "이거 뭐야"라는 질문이 끊임없이 쏟아질 때다. 하루 종일 아이의 질문에 대답을 한다고 느껴질 정도로 수많은 질문을 쏟아낸다. 사물의 이름을 물어보는 것은 물론이고 부모가 생각할 수 없었던 엉뚱한 것을 묻기도 한다. 이때 대답을 하는 부모의 태도가 매우 중요하다. 아이를 매번 기다리게 하거나 성의 없는 대답을 거듭한다면 아이의 호기심을 꺾고 언어 발달을 저해한다.

상상력이 풍부해진다

아이들의 세계는 어른들의 세계와 달라 생각하고 추론하는 것이 전혀 다르다. 아이의 상상력을 자극하고 더욱 풍부하게 하기 위해서는 책을 많이 읽어주는 것이 좋다. 아이가 책을 들여다보는 집중력이 약하다면 부모가 끊임없이 재미있는 이야기를 들려준다거나 많은 대화를 나누는 것도 좋다. 아직 아이의 이야기가 다소 황당하고 말이 안 되는 경우가 많겠지만 부모가 아이의 생각을 읽어주고 받아주면 아이는 거기에 멈추지 않고 생각의 영역을 더 깊게 넓혀 창의적인 아이로 자랄 수 있다.

두 발로 뛸 수 있다

체중과 키의 증가는 완만해지지만 운동 능력은 커진다. 걷는 동작도 안정되어 이제 뒤뚱거리지 않고 자연스럽게 걷고, 발로 공을 찰 수도 있다. 계단의 난간을 붙잡고 혼자 오를 수 있고 엄마 손을 잡으면 내려올 수도 있다. 제자리에서 두 발로 깡충깡충 뛰는 것도 가능하다. 아이의 대근육을 발달시키는 놀이와 협응력을 키우는 놀이들로 신체를 단련시키도록 한다.

블록을 쌓아올릴 수 있다

소근육이 발달하고 집중력도 향상되어 블록을 6~7개 정도 쌓아올릴 수 있다. 연필을 쥐거나 손잡이를 돌려 문을 열 수도 있다. 이 시기에는 아이가 소근육을 미세하게 사용할 수 있도록 하는 것이 좋다. 구슬을 주워 병에 담아본다든지 색연필을 가지고 곡선을 그려보게 하는 등의 놀이가 도움이 된다.

자기 것에 대한 집착이 생긴다

'내 것'이라는 소유욕이 강해져서 자기의 물건을 남에게 주기 싫어한다. 또래 친구가 자신의 물건을 만지고 뺏으려고 하면 뺏기려 하지 않고 울어버리기도 한다. 또 집에서 늘 가지고 있던 물건을 어디에 가든 가지고 가려고 한다. 어린이집을 갈 때도 집에서 가지고 놀던 물건을 가져가고 싶어 하며, 집에 있던 물건을 가지고 있으면 밖에 나가서도 안정감을 느낀다.

단어 두 개의 문장으로 말한다

말할 줄 아는 단어의 수가 폭발적으로 증가한다. 생후 18개월에는 10~15개 이상의 단어를 말할 수 있다. 생후 24개월이면 50여 개 이상의 단어를 말하고 "엄마 물"처럼 두 단어를 붙여서 말하기 시작한다. 지능이 발달함에 따라 표현력도 발달하게 되는 것이다. 말할 수 있는 단어 수가 급격히 늘어나고 이런 단어들을 이어 문장을 말할 수 있다.

이 시기 필요한 장난감은요?

미끄럼틀

계단과 미끄럼틀을 오르내리면 팔, 다리 대근육을 고루 발달시킬 수 있다. 공간 개념도 생기고 담력도 키울 수 있다.

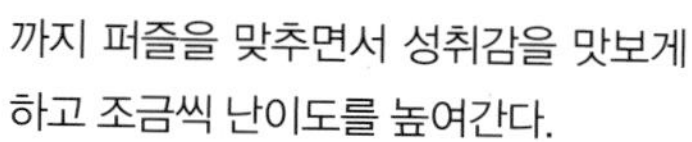

퍼즐

인내심과 문제 해결력을 동시에 요구한다. 끝까지 퍼즐을 맞추면서 성취감을 맛보게 하고 조금씩 난이도를 높여간다.

먹이기 & 돌보기

배변 훈련을 시도한다

밤중에 기저귀를 적시는 일이 줄어들고 아이도 기저귀에 대변을 보고 뭉개는 것을 찝찝해한다거나 스스로 변기를 가리키며 소변을 보고 싶어 하는 등의 변화가 일어나면 배변 훈련을 시작해도 좋다는 신호다. 하지만 이 시기가 배변 훈련을 시작할 수 있다는 것이지, 반드시 이 기간 안에 배변 훈련을 완성해야 한다는 의미는 아니다. 배변 훈련은 아이들의 기질과 성향에 따라서도 성패가 달라진다. 보통은 낮에는 소변을 가리더라도 밤에는 잘 가리지 못하고 기저귀를 차는 경우가 많다.

놀이터 놀이를 함께 한다

아이가 뛰어놀 수 있는 공간을 찾아야 한다. 가장 가까운 곳은 놀이터. 하지만 놀이터는 다양한 연령의 아이들이 함께 있는 곳이므로 이 시기에는 주의가 필요하다. 걷는 것이 빨라지고 천방지축으로 뛰어다니기 때문에 가능한 한 복잡하지 않은 시간에 이용하고, 아무것도 없는 넓은 공간을 찾는 것도 방법이다. 아이들은 놀이 기구가 없어도 자연의 모든 부분을 잘 활용해 놀기 시작한다.

또래 아이들과 어울리게 한다

이제 아이는 혼자 놀기보다 또래 아이들과 어울려 놀면서 집단생활을 할 필요성이 있다. 그 안에서 사회성을 키우고 질서도 배워나간다. 또 부모와 놀 때와는 다른 놀이와 다른 시각을 갖는 경험을 하면서 친구를 사귀는 기초를 마련한다.

어른 음식을 함께 먹을 수 있다

유아식을 먹기 시작한 지도 꽤 시간이 지나 소화력이 한층 좋아진다. 입맛에 따라 매운 음식을 잘 먹는 아이도 있고, 어른들 반찬도 잘 먹게 된다. 아이와 함께 반찬을 먹게 되었다면 가족들 반찬을 누가 먹어도 자극적이지 않도록 만드는 것이 좋다. 어려서부터 짜고 매운 음식 맛에 길들여지면 나중에 어른이 되어서 잘못된 식습관을 고치기 어렵다.

옳고 그름을 확실히 가르친다

이 시기의 아이는 고집이 세고, 무엇이든 자기 마음대로 하려고 한다. 반항과 변덕도 심해져 다루는 데 애를 많이 먹는데 평상시 옳고 그름을 확실히 가르치고, 되는 일, 안 되는 일을 명확히 구별해 아이의 행동을 통제할 필요가 있다. 무조건 안 된다는 식으로 간섭하면 공격적인 성향을 갖게 되거나 수동적인 행동을 할 수 있으니, 일관된 기준을 갖고 아이를 대해야 한다.

자립심을 키워준다

아이를 기다리는 것이 생각처럼 쉬운 일은 아니다. 아이 스스로 하게 해야 한다고 생각하면서도 시간에 쫓길 때나 아이가 너무 더디거나 서툴 때 기다리지 못하고 부모가 대신하는 경우가 많다. 아이가 자신의 의지대로 해서 좋은 결과를 얻었을 때 부모는 과한 칭찬을 해도 좋다. 아이는 부모의 칭찬을 받으면서 성취감을 느끼고 스스로를 자랑스럽게 여기며 조금씩 자립심을 키워나간다.

기저귀 떼기에 스트레스 받지 않기

이 시기를 지나면서 기저귀 떼기에 성공하는 아이들이 많아져 부모는 점점 더 조급한 마음이 든다. 내 아이만 늦되는 것 같아 걱정도 되고 기저귀를 차는 내 아이가 어린이집에서 성가신 존재가 될 것만 같아 은근 신경이 쓰이는 것도 사실. 만나는 아이들마다 배변 훈련을 성공적으로 마친 것처럼 보이겠지만 실은 그렇지 않다. 실제로 생각보다 많은 아이들이 5~6세까지도 기저귀를 찬다. 다른 아이들은 다 하는데 내 아이만 되지 않는다고 화를 내거나 아이를 윽박지르면서 배변 훈련을 시킬 필요는 없다. 아이가 스스로 불편함을 느끼고 기저귀에게 작별을 고할 때를 천천히 기다려줘도 괜찮다. 부모도 아이도 스트레스를 받을 필요가 전혀 없다.

실는 순서

PART 4

육아의 기초

엄마도 아기도 처음 만난 서로의 세상. 모르는 것, 실수투성이인 게 당연하다. 베이비 마사지는 어디서 배워 다들 잘하는 건지, 남들은 허둥대지 않고 트림을 잘 시키는데 난 왜 잘 안 되는 건지, 고민만 해봐야 답이 없다. 부모에게는 부모 공부가 필요하기 때문이다. 누구나 부모가 될 수 있지만 누구나 아기를 잘 돌볼 수 있는 것은 아니다. 부모라면 누구나 공부해야 할 기초적인 육아 수업을 시작한다.

35 베이비 마사지

마사지는 뇌 속 세로토닌 분비를 촉진해 심리적 안정을 돕는다. 유연성과 면역력을 키워주고, 누워 있는 아기의 소화를 돕기도 하므로 매일 조금씩 실행한다.

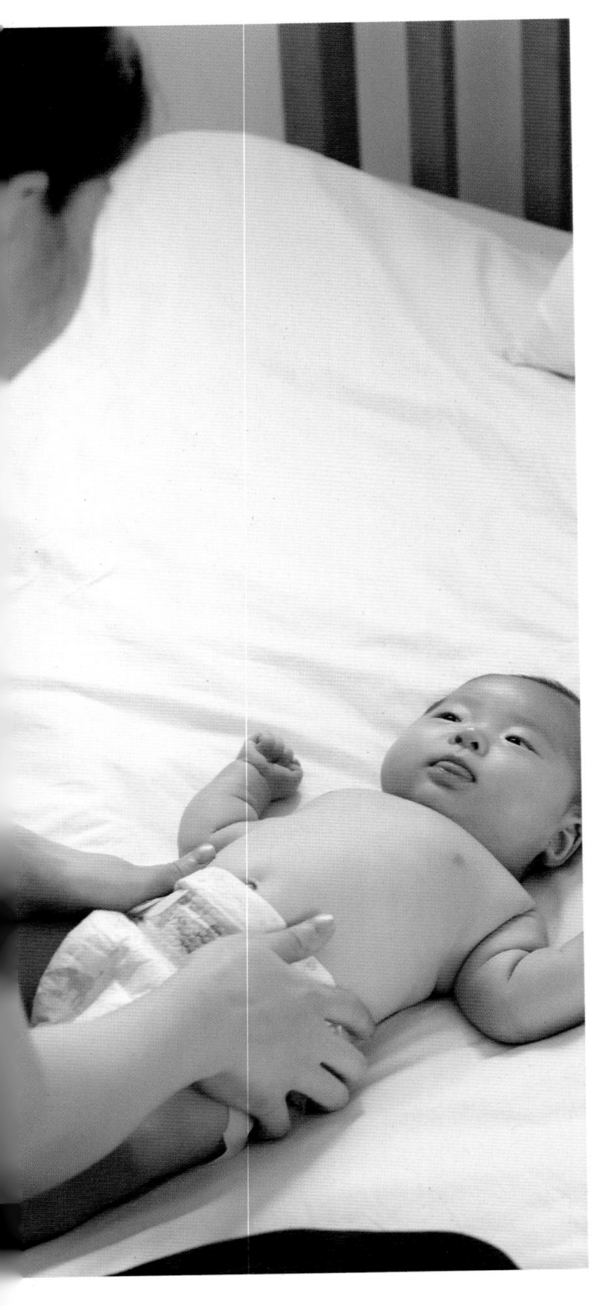

마사지 기본 원칙

매일 규칙적으로 한다

마사지는 아침 무렵이나 목욕 후, 잠들기 전에 가볍게 하는 것이 좋다. 날마다 규칙적으로 하는 것이 좋은데 매일 신체 전반을 다 하겠다는 욕심보다는 부위를 돌아가면서 해주고, 우리 아기에게 더 필요하다고 느끼는 부분을 위주로 하는 방식을 택한다.

아기와 눈을 맞추며 마사지한다

마사지를 할 때는 아기와 눈을 맞추며 아기의 기분을 살피고 아기가 울거나 짜증을 내면 잠시 기다렸다가 다시 시도하는 것이 좋다. 아기를 만지는 동안 서로의 유대감이 강화되고, 엄마에게는 모유 생성과 정서 안정에 도움을 주는 'Mothering Hormone'이라는 호르몬이 분비된다.

실내 온도를 적절히 조절한다

아기의 옷을 다 벗기고 마사지를 하기 때문에 실내 온도에 신경 써야 한다. 적당히 따뜻한 것이 좋은데 평상시보다 약간 높은 23~26℃ 정도가 적당하다. 조용한 분위기에서 해야 아기가 산만해지지 않는다.

오일은 엄마 손에 바른다

마사지를 할 때는 손을 마주 비벼서 손의 온도가 차갑지 않도록 한다. 아기의 몸에 직접적으로 닿기 때문에 차가우면 아기가 놀랄 수 있으니 주의한다. 오일은 아기 몸에 직접 바르는 것이 아니라 따뜻해진 엄마의 손에 발라야 한다. 비타민 함량이 높은 식물성 오일은 아기의 피부를 부드럽고 유연하게 가꾸며 혈액 순환에도 도움이 된다. 겨울에는 오일을 미지근하게 데워 사용하면 좋다.

컨디션이 좋지 않을 때는 피한다

아기가 너무 피곤해하거나 울며 보챌 때, 식후 30분 이내, 잠이 덜 깼거나 잠들려 할 때, 배가 고플 때와 같은 컨디션이 좋지 않은 때는 피하는 것이 좋다. 매일 해야 한다는 규칙 때문에 오히려 아기를 더 불편하게 해서는 안 된다.

베이비 마사지의 효과

- **안정된 정서** 마사지는 아기 뇌 속의 세로토닌 분비를 촉진해 안정을 준다.
- **면역력 증강** 마사지를 통해 유연성과 면역력을 키워준다.
- **소화력 강화** 마사지를 해주면 장에 가스가 차서 생기는 불편을 줄여주고 소화 기능을 도와준다.
- **숙면 유도** 아기의 스트레스 호르몬을 줄여 칭얼거림이 줄어든다.

얼굴 마사지

1 양쪽 엄지손가락으로 이마의 중심에서 관자놀이 쪽으로 3회 쓸어내린다. 양쪽 엄지손가락으로 미간에서 눈썹을 따라 예쁜 눈썹 모양을 만들며 쓸어준 다음 관자놀이에서 손끝으로 3회 돌려준다.

2 콧날을 따라 위쪽에서 아래쪽으로 가볍게 콕콕 눌러준다.

3 양쪽 집게손가락으로 아기의 윗입술 위쪽 중심(잇몸이 있는 곳)을 옆으로 가볍게 쓸어내려주고 입 끝에서 손끝으로 스마일 모양을 만들 듯이 튕겨준다.

4 양손으로 양쪽 귀를 2회 쓸어주고 마지막 한 번은 크게 쓸어 손끝이 턱의 중심까지 내려오도록 하여 끝낸다. 귀를 정리한다는 기분으로 귀 전체를 꼼꼼히 만져준 후 얼굴 마사지를 끝낸다.

가슴 마사지

1 손바닥을 펴서 아기의 가슴 위에 얹고 가운데서 바깥쪽으로 천천히 부드럽게 쓰다듬는다. 이어서 허리 부분까지 아래로 쓰다듬어준다.

2 아기의 목에서부터 양쪽 어깨를 거쳐 팔의 윗부분까지 부드럽게 쓰다듬는다. 이 동작도 천천히 반복한다.

3 오른손이 아기의 왼쪽 어깨 뒤까지 가게 하여 눌러주듯이 마사지하고 그 상태에서 나비 모양으로 엇갈리게 아기의 가슴을 가로질러 가볍게 내려온다. 반대로 왼손으로 아기의 오른쪽 어깨 뒤까지 가게 하여 눌러주듯이 마사지하고 그 상태에서 나비 모양으로 엇갈리게 아기의 가슴을 가로질러 가볍게 내려온다.

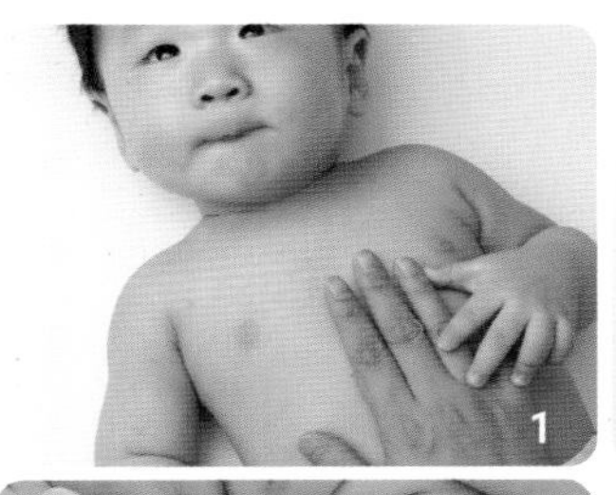

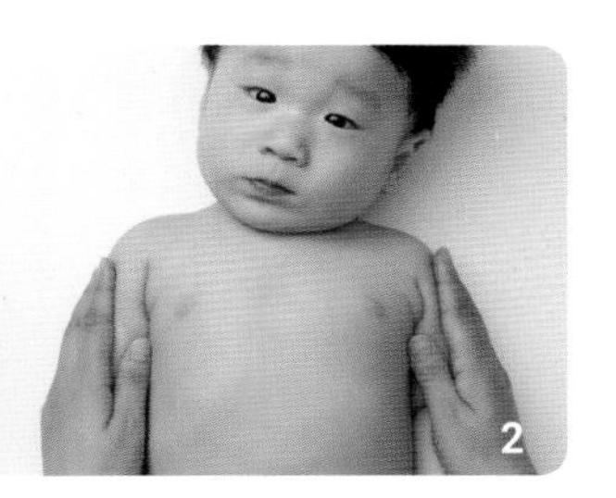

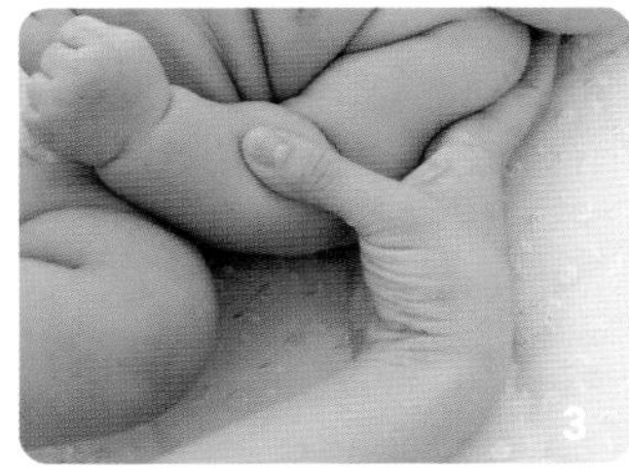

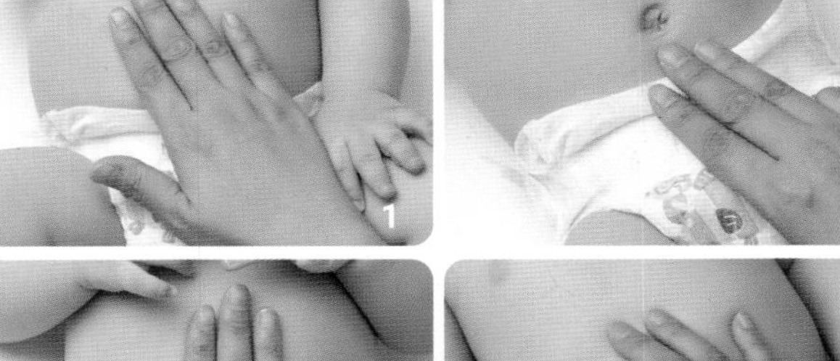

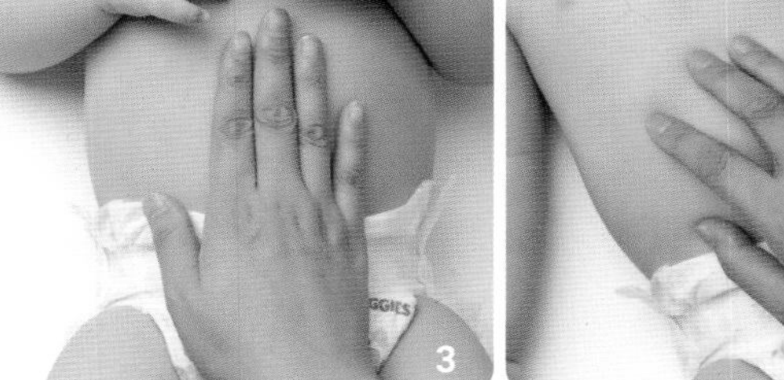

배 마사지

1 손바닥으로 배꼽 약간 위에서 아래쪽으로 가볍게 쓸어내림으로써 가스가 쉽게 배출될 수 있도록 도와준다.

2 손가락 중 가운데 세 손가락 끝을 이용해 배꼽 약간 아랫부분을 시계 방향으로 돌려주면 소장을 자극해 소화기관이 튼튼해진다.

3 I Love You 마사지를 한다. 먼저 오른손 세 손가락 끝으로 아기의 대장 중 오른쪽에 있는 하행 결장을 따라 위쪽에서 아래쪽으로 쓸어내린다(I). 오른손 끝으로 아기의 오른쪽 배(상행 결장) 아래쪽으로 위쪽에서 쓸어 올린 후 대장을 따라 옆으로 쓸어준다(L). 마지막으로 영어의 'U'자를 엎은 것처럼 다시 한 번 대장 전체를 쓸어준다.

4 손가락 끝으로 배 전체를 피아노 치듯이 가볍게 두드려 마무리한다.

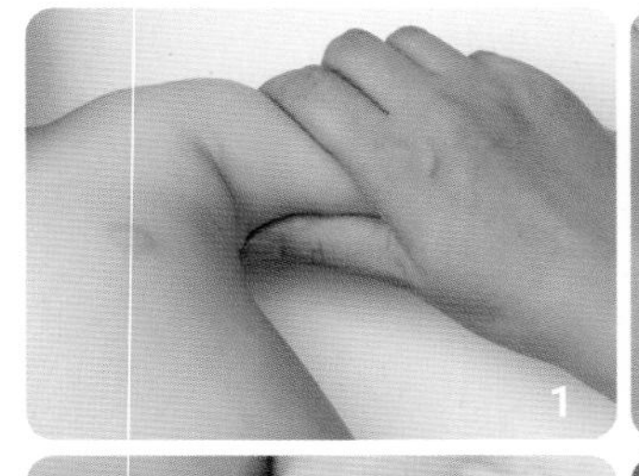
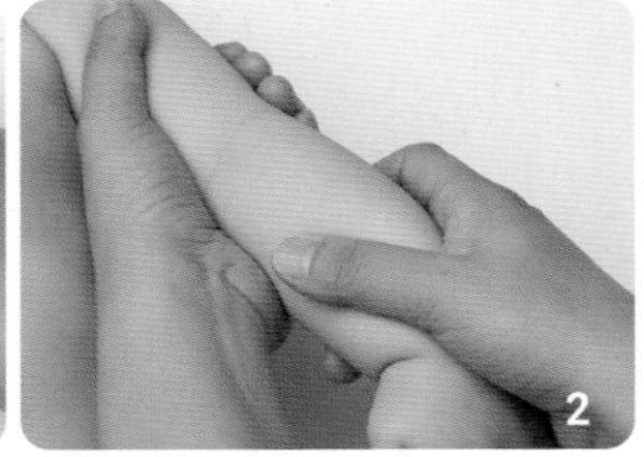
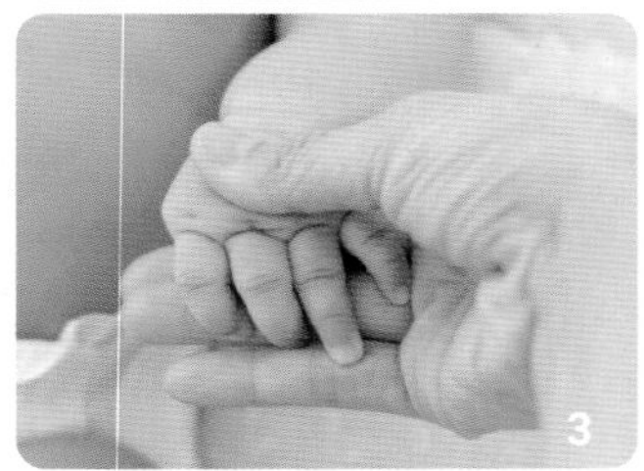
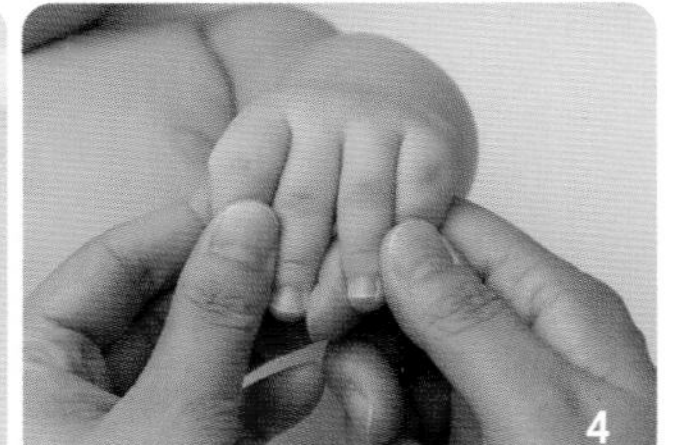
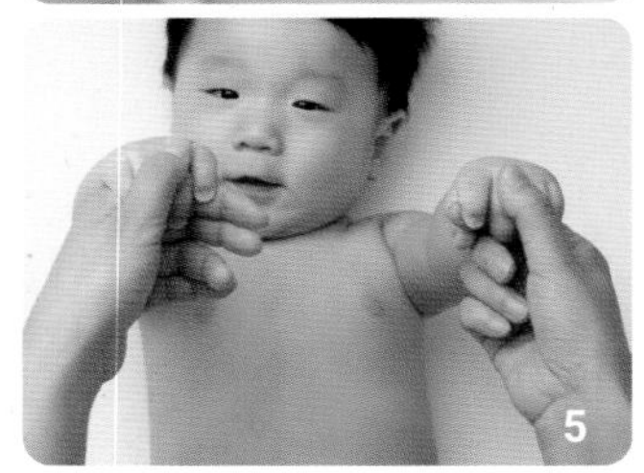

팔 · 어깨 마사지

1 아기의 팔을 벌려서 엄지손가락으로 겨드랑이에 있는 림프절을 3~4회 돌려준다.
2 팔을 든 상태에서 약간의 압력을 가하여 아기의 겨드랑이에서 팔목까지 팔을 가볍게 비틀어준다.
3 아기의 팔을 받치고 엄지손가락으로 아기 손바닥 끝에서 손가락 쪽으로 쓸어올린다. 양손을 번갈아가며 실시한다.
4 엄지손가락과 집게손가락으로 아기 손가락 하나하나를 가볍게 빼듯이 돌려주고 손끝에서 지압하듯이 누른다.
5 양손으로 겨드랑이에서 팔목 쪽으로 팔 전체를 털 듯이 가볍게 흔든다.

다리 마사지

1 한 손으로 발목을 조심스럽게 잡는다. 다른 손으로는 아기의 허벅지를 잡고 발목 방향으로 쓰다듬는다. 발목까지 쓰다듬은 다음에는 손을 바꿔서 같은 동작을 반복한다.
2 한 손으로 아기의 허벅지를, 다른 한 손으로는 아기 종아리를 야구방망이 쥐듯 서로 엇갈려 잡는다. 빨래 짜듯 살짝 비틀어준다. 양쪽 4회씩 반복한다.

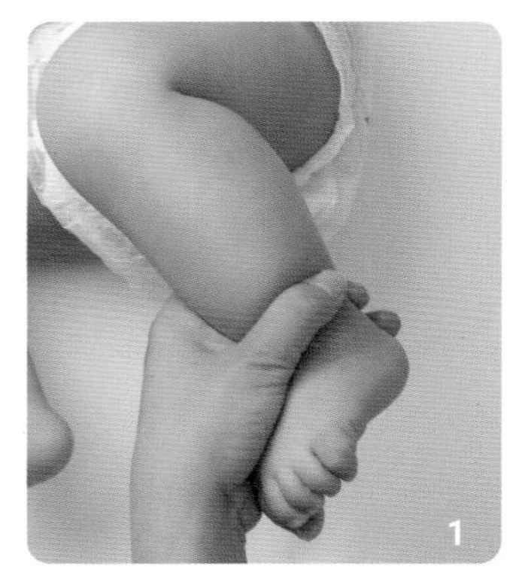
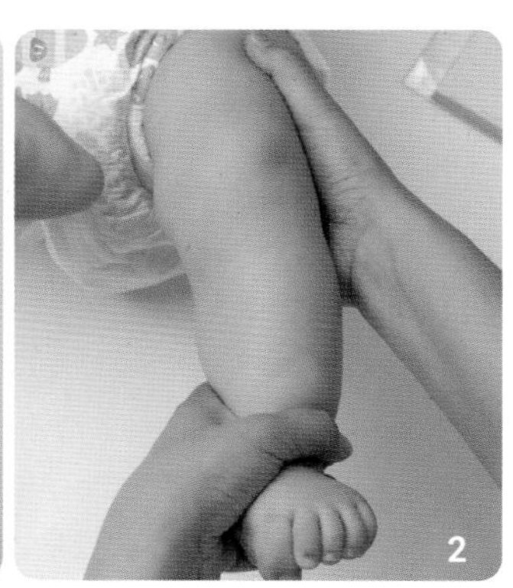

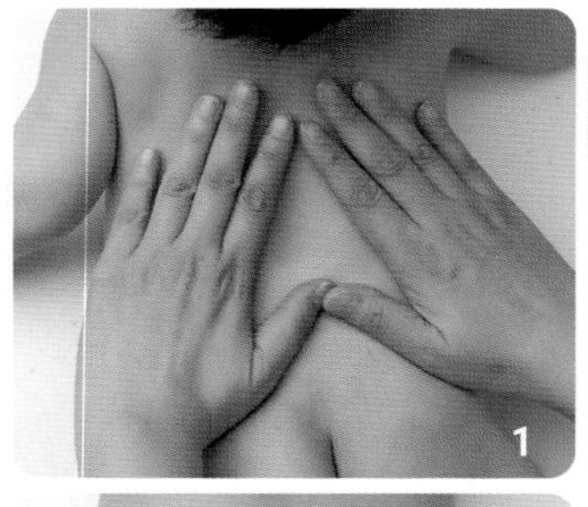
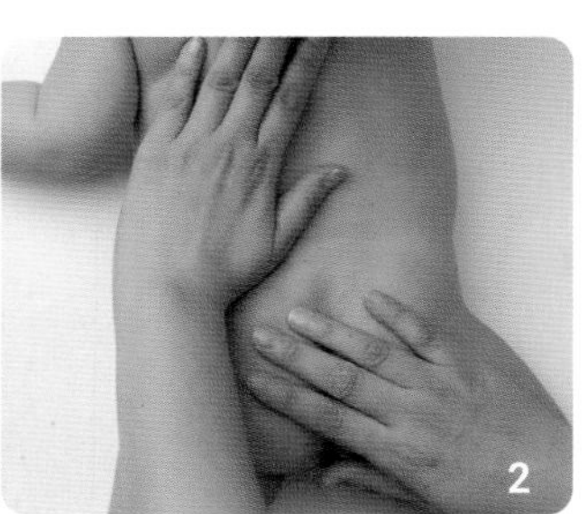
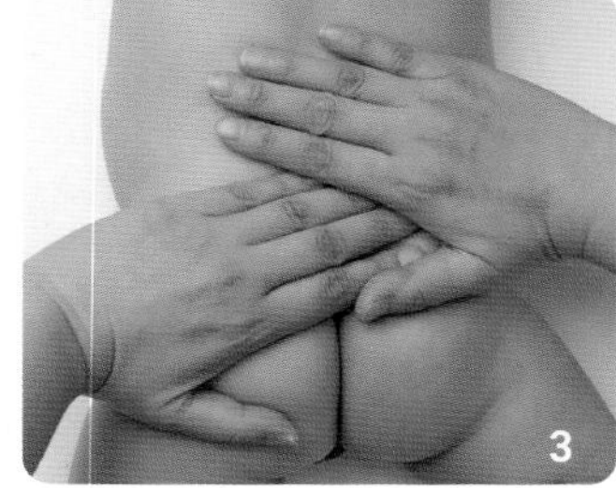
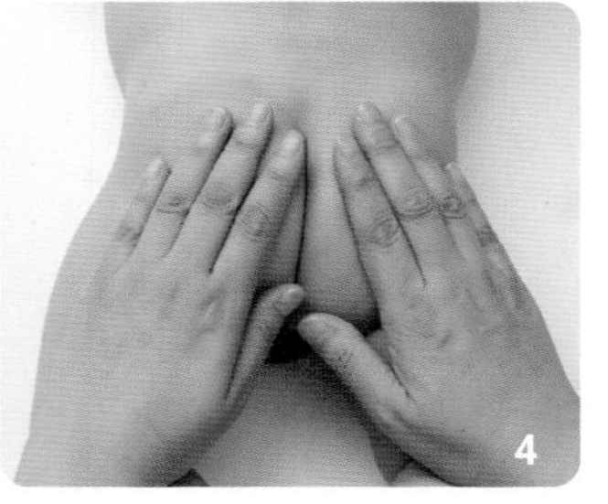

등 마사지

1 양손으로 아기의 뒷머리에서 목과 등을 거쳐 팔의 윗부분까지 부드럽게 서너 번 반복하여 쓰다듬는다. 양손으로 아기의 등에서 엉덩이까지 아기의 등 전체를 쓸어준다.
2 한 손은 아기의 엉덩이에 대고 다른 손으로는 등에서부터 척추를 따라 아래로 쓰다듬는다. 아기의 척추가 엄마의 집게손가락과 가운뎃손가락 사이에 놓이도록 한다.
3 양 손바닥을 아기 등 위에 가로 방향으로 두고 지그재그로 엇갈리게 하면서 허리까지 마사지한다.
4 양손으로 아기의 엉덩이를 가볍게 감싼다. 그리고 엄지손가락을 동시에 사용해 아기의 엉덩이에 원을 그리듯 마사지한다.

발 마사지

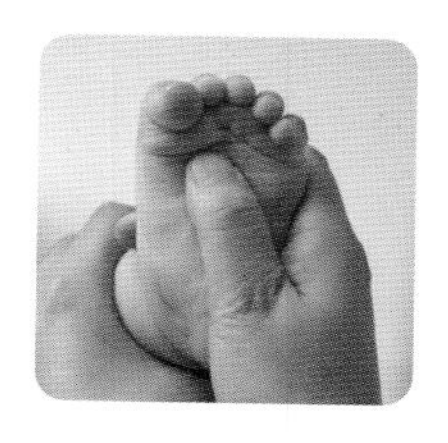

1 용천 누르기

발바닥 ⅓ 지점인 용천을 엄지손가락으로 4초씩 3회 눌러준다. 용천은 소화기 계통에 연결되어 있어 배가 더부룩하거나 소화가 잘 안 될 때 자극하면 효과가 있다.

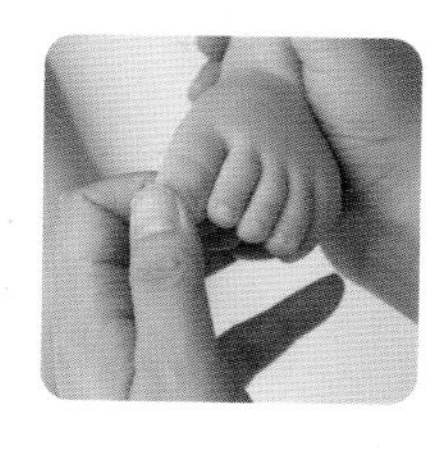

2 발가락 만지기

엄지발가락부터 하나하나 가볍게 퉁긴다는 느낌으로 마사지한다. 발가락은 두뇌와 밀접한 관련이 있으므로 수시로 만져주면 지능 발달에 도움이 된다.

3 발등 문지르기

발가락과 발 몸체가 만나는 발등 부분을 문질러가며 마사지한다. 이 부위는 림프 계통과 연결되어 있어 자주 마사지해주면 감기 예방에 효과적이다.

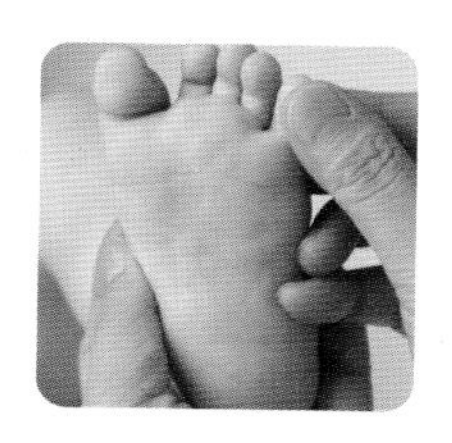

4 새끼발가락 문지르기

새끼발가락 부근의 발바닥을 바깥쪽에서 안쪽으로 밀듯이 마사지한다. 이 부위는 폐, 기관지와 연결되어 기침이 잦은 아기에게 효과적이다.

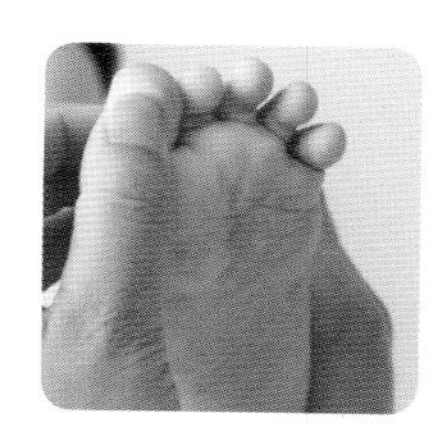

5 엄지발가락 문지르기

엄지발가락 밑 부분에서부터 아래쪽으로 밀어준다. 엄지발가락 아래의 튀어나온 부분 밑을 살짝 굴리면서 마사지한다. 체했을 때 효과적이다.

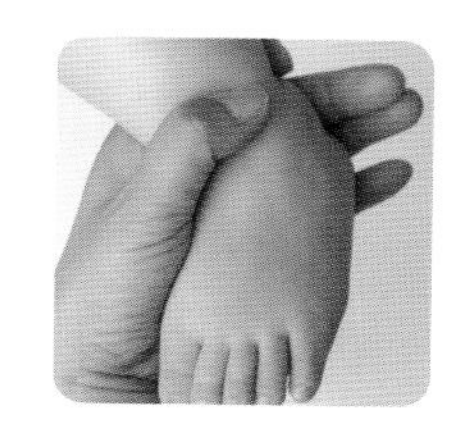

6 발목으로 원 그리기

발목을 잡고 작은 원을 그린다. 발목을 튼튼하게 해주는 효과가 있다.

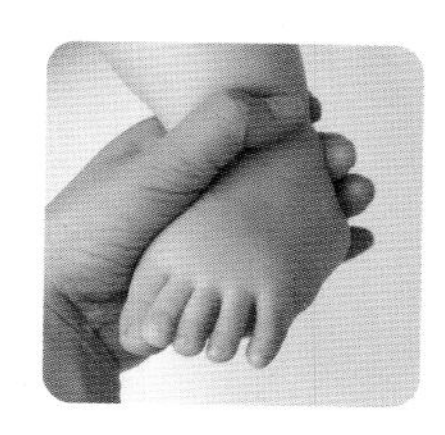

7 아킬레스건 주위 누르기

한 손으로 발을 잡고, 다른 손으로 아킬레스건 주변을 누른다. 고관절을 튼튼하게 해준다.

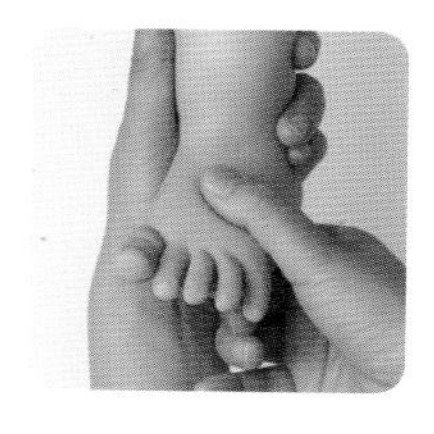

8 딸꾹질이 심할 때

딸꾹질을 할 때는 발등의 가운데를 자극한다. 양손을 발 밑에 대고 엄지손가락으로 발등을 문지른다.

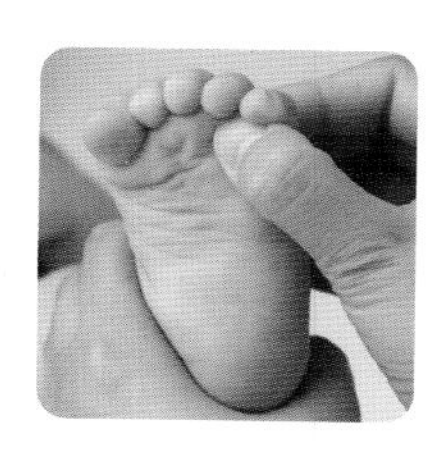

9 멀미할 때

엄지손가락과 집게손가락으로 넷째 발가락과 새끼발가락 사이를 누른 후 새끼발가락 아랫부분을 눌러준다.

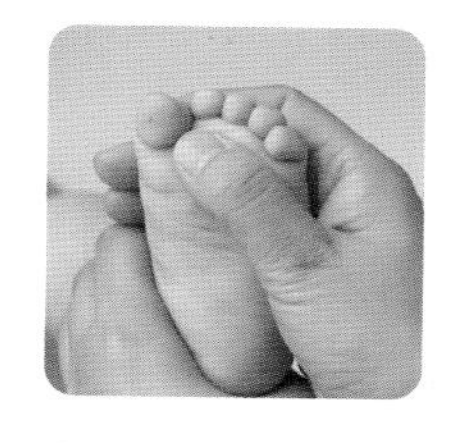

10 감기 예방

엄지발가락과 둘째발가락 사이를 엄지손가락과 집게손가락으로 지압하듯 누른다. 차례로 발가락 사이사이를 문질러준다.

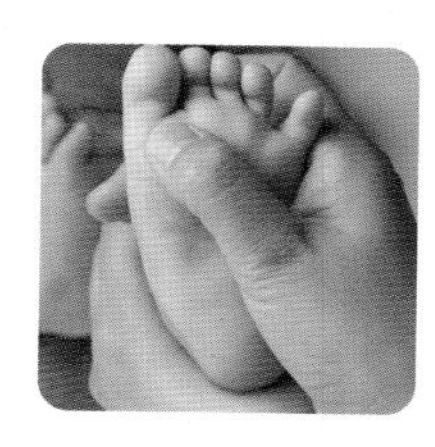

11 콧물이 흐를 때

코 부분에 해당하는 엄지발가락 안쪽 부분을 자극한다. 손가락 끝으로 눌러주며 지압하듯 마사지한다.

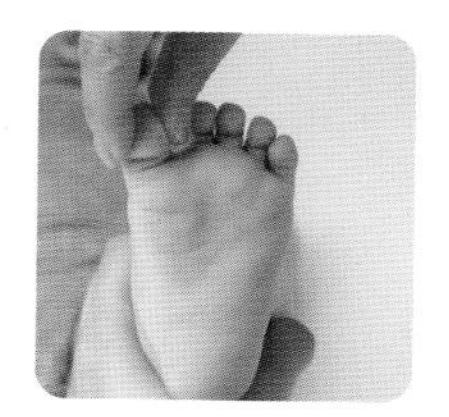

12 편도선염에 걸렸을 때

편도선이 자주 붓는 아기들은 편도선에 해당하는 엄지발가락을 엄지손가락과 집게손가락으로 잡고 눌러준다.

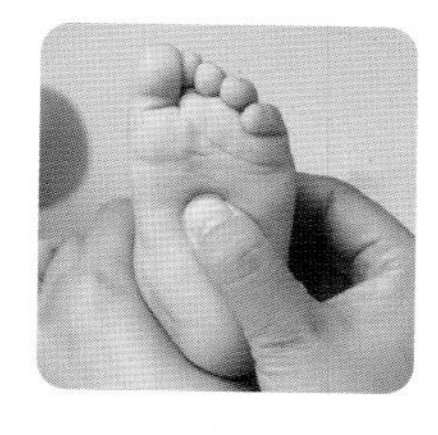

13 소화가 안 될 때

발바닥의 움푹 들어간 부분을 엄지손가락에 힘을 주고 쓸어내린다.

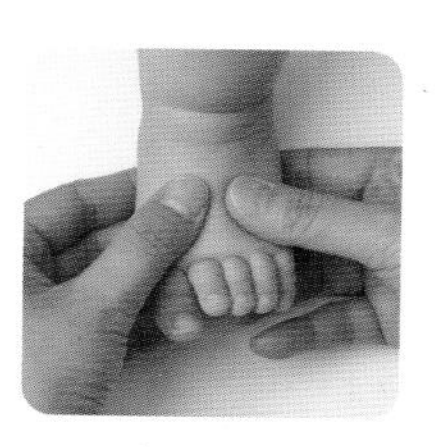

14 기침을 할 때

둘째발가락부터 새끼발가락까지의 발바닥 부분을 양손으로 잡고 지그재그로 문질러주듯 마사지한다.

36 안기와 업기

목도 가누지 못하는 아기를 업으려고 해서는 안 된다. 아기를 앞으로 안을지 뒤로 업을지 무엇으로 안고 업을지는 시기에 따라, 아기와 엄마의 성향에 따라 달라진다.

목 가누기 전

목을 가누기 전까지 아기를 안을 때는 한 손으로는 목과 머리를, 다른 한 손으로는 엉덩이를 받쳐 안아야 한다. 아직 근육에 힘이 없어 누워 있는 자세 그대로 들어 올려야 아기도 힘들지 않고, 힘의 균형을 이뤄 엄마도 손목이 아프지 않다. 아기를 바닥에서 들어 올릴 때는 손만 사용하지 말고 아기의 몸과 수평이 되도록 엄마의 몸도 수그린 상태에서 아기를 안고 허리를 펴면서 들어 올리는 것이 안전하다. 아기를 가슴 가까이 들어 올린 후 팔 안쪽으로 아기의 머리와 목을 받치며 몸을 따라 둘러주어서 아기 머리가 팔꿈치 안쪽에 오게 한다. 다른 한 손은 가랑이 사이로 넣어 엉덩이를 받쳐주면 보다 오랫동안 편하게 안고 있을 수 있다.

슬링으로 안기

목을 가누지 못하는 신생아는 허리를 세워서 안으면 척추에 무리가 갈 수 있어 눕혀서 안는 것이 안전하다. 보자기 같은 형태의 천에 벨크로로 어깨를 고정하는 슬링은 아기를 눕혀서 엄마의 가슴과 맞대고 안는 캥거루 케어를 가장 쉽게 할 수 있다. 모유를 먹이거나 아기를 안고 재울 때도 유용하다. 하지만 어깨로만 아기의 무게를 지지해야 하므로 아기의 체중이 가벼울 때만 사용할 수 있고 장기간 안고 있기는 어렵다. 신생아 때부터 13kg까지 권장한다. 스판 소재의 천을 묶어서 신생아를 안는 베이비랩도 있다.

목 가눈 후

한 손은 머리와 목을, 다른 한 손은 엉덩이를 받쳐 들어 올린 후 엄마 어깨에 얼굴을 대도록 세워 안기를 할 수 있다. 백일 전에는 오래 세워 안거나 오래 업는 것은 좋지 않다. 아기가 엎드려 있는 자세에서는 한 손으로 배와 가슴을 받치고, 다른 한 손으로는 아기의 고개를 옆으로 보게 한 후 아기 볼 밑에 둔다. 아기를 들어 올린 후 엄마의 가슴을 향해 돌려 안아 팔꿈치 안쪽에 아기 머리가 오게 한다.

아기띠로 안기

벨크로로 된 끈을 엄마 허리에 고정하고 양쪽 어깨 끈을 메서 아기를 안을 수 있는 아기띠. 앞보기는 물론 옆보기, 뒤보기, 바깥보기 등 360도로 아기의 위치를 바꿀 수 있는 아기띠가 대부분이라 상황에 따라 다양하게 연출할 수 있다. 생후 3개월(신생아 패드 사용 시 1개월부터 사용)부터 36개월까지 가장 오랫동안 사용해 실용적이다. 주로 외출용이다. 다리를 끼우는 형태의 아기띠의 경우 침대 등 안전한 곳에 펼쳐놓고 아기를 그 위에 눕힌다. 멜빵에 아기의 팔과 다리가 정확하게 끼워졌는지 확인한 후 업는다.

힙시트로 안기

딱딱한 시트에 아기 엉덩이를 걸쳐 앉히므로 아기를 안을 때 팔이 덜 아프다. 아기 몸을 감싸는 천이 없어서 엄마와 아기 모두 더위를 느끼지 않지만 아기를 팔로 감싸 안아야 하므로 위험할 수 있다. 외출 시에는 부적합하다. 아기띠와 힙시트가 결합된 제품을 구입하면 실내외에서 사용할 수 있다. 생후 4개월부터 36개월까지 사용한다.

포대기로 업기

포대기는 아기를 등에 밀착시켜 아기가 엄마 체온을 느끼면서 정서적 안정감을 갖게 해준다. 하지만 아기가 엄마 시야에 정확히 들어오지 않아 잠이 들면 코가 눌리지 않도록 신경 써야 한다. 아기가 앞에 없으니 엄마의 행동이 더 자유롭고 아기도 아기띠보다 아늑함을 느낀다. 포대기로 업을 때는 아기의 등까지 둘러 감싸 업어야 하고 앞쪽은 엄마 가슴 위까지 올려서 매주어야 흘러내림을 방지할 수 있다.

캐리어로 업기

생후 4개월 정도부터 가능해진다. 아기띠나 포대기에 비해 무거워서 아기가 크면 사용하기 어렵고 엄마보다는 아빠들이 선호한다. 캐리어는 엄마가 활동하기에 편하고 아기가 포대기보다 움직일 공간도 넉넉하므로 적절한 시기에 맞춰 사용하면 엄마와 아기 모두 편안함을 느낄 수 있다. 캐리어를 안전하게 세워 놓고 아기를 앉힌 다음 조심스럽게 둘러멘다. 아기가 안전하도록 안전띠를 맨다.

한 손으로 안기

한 손으로 아기를 안는 일은 아기가 목과 허리를 바로 세울 수 있을 때 시도해야 한다. 한 손으로 안기는 아기가 엄마의 허리 부근에 걸터앉은 자세가 되므로 한 손으로는 아기의 허리와 가슴을 잘 받쳐야 한다.

아기띠

힙시트

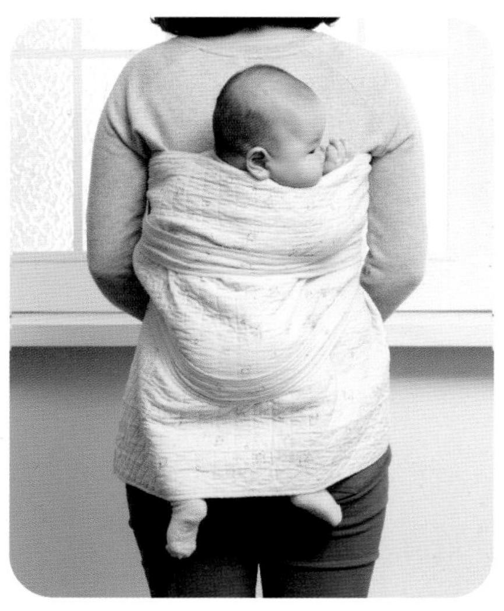

포대기

37 우리 아기 첫 외출

아기와의 첫 외출은 두근두근 설레는 일이다. 병원 가는 일 말고 아기와의 외출이 선뜻 쉽지는 않을 것이다. 처음부터 무리하지 말자. 잠깐의 산책만으로도 충분하다.

첫 외출 준비하기

첫 외출에 무리하지 않는다

날씨와 아기의 컨디션을 우선 살펴야 한다. 약속된 날일지라도 날이 궂거나 아기의 기분이 좋지 않다면 미루는 편이 낫다. 괜히 엄마도 아기도 엉망진창인 하루를 만들게 된다. 어디로 갈지 결정할 때도 무리하지 않는 것이 좋다. 가고 싶은 곳도 좋지만, 아기와 함께 가서도 불편하지 않을 곳을 택하는 것이 무난하다.

교통편을 결정한다

무엇을 타고 가느냐에 따라 준비물이 달라진다. 차량을 이용한다면 카시트는 필수. 절대 아기를 업거나 안고 운전하는 일이 없어야 한다. 대중교통을 이용한다면 유모차보다는 안는 것이 훨씬 편할 것이다. 첫 외출에 유모차를 밀고 지하철이나 버스를 타기는 엄마 혼자 매우 버거운 일이다.

출근 시간 후 출발한다

직장인들의 출퇴근 시간을 피해 외출을 다녀오는 것이 좋다. 만약 아기의 컨디션이 좋지 않거나 바로 집으로 돌아오고 싶을 때 택시를 타더라도 막히지 않는 시간대가 좋다. 오고 가는 길이 한적해야 엄마도 아기도 덜 피곤하다.

준비물을 잘 챙긴다

아기를 데리고 외출하는 일은 나 홀로 외출과는 180도 다른 이야기. 준비물이 너무 많아 챙기다가 외출을 포기하고 싶을 정도일지 모른다. 짐을 꾸리는 일도 자꾸 하다 보면 요령이 생긴다. 첫 외출에는 외출 시간을 길게 잡지 말고 그에 맞게 짐을 꾸려 보자.

우리 아이 카시트 고르기

만 6세 미만 카시트 장착 의무화인 '카시트법'이 시행되고 있어 차로 이동 시 카시트 착용은 필수다. 카시트는 안전벨트를 이용해 차량에 장착하거나 아이소픽스로 고정하느냐에 따라 사양이 다르다. 아이소픽스(ISOFIX)란, 카시트를 차량에 고정하는 방식을 뜻하는 단어로 국제표준화기구(ISO)의 기준에 따라 카시트와 자동차를 연결하는 부분을 규격화해 별도의 장치 없이 간편하게 결합할 수 있다. 국내에서는 2010년 이후 출시된 모든 차량에 아이소픽스 고정 장치가 적용돼 있는데, 뒷좌석의 등받이 엉덩이 시트 사이에 손을 넣어 ㄷ자 금속 고리가 있는지를 살핀다. 그 외에 공인기관의 안전테스트를 통과한 제품인지, 아이 체형에 맞는지, 소재가 안전한지 등을 따져본 뒤 골라야 한다.

월령별 외출 방법

생후 0~1개월

간접 외기욕으로 만족한다

생후 6개월 이전 아기에게 일광욕은 피해야 한다. 수유를 잘 하고 있는 아기라면 소량의 반사광으로도 비타민 D를 활성화하는 데 문제가 없다. 이 시기에는 아기를 안고 따뜻한 오후 시간에 창가에 잠깐 서 있는 정도로도 충분하다. 아기를 안고 잠깐 동안 나갔다 오는 것은 괜찮지만 장시간 외출은 피해야 하고, 소아과를 갈 때는 사람이 적은 오전 시간대를 이용하는 것이 좋다.

생후 2~3개월

집 주변 산책을 할 수 있다

생후 2개월 된 아기라면 잠깐씩 바깥바람을 쐴 수 있지만, 날씨가 좋지 않은 날은 피해야 한다. 이런 날은 병원에 가는 일도 미루는 편이 낫다. 안거나 목받침대가 있는 띠로 아기를 안고 집 주변을 10~20분 정도 거니는 정도로만 한다.

생후 4~6개월

가벼운 나들이가 가능하다

이제 업고 외출이 가능한 시기. 고개를 어느 정도 가누어 업거나 안을 수 있다. 아기도 주위 사물에 흥미를 많이 느끼므로 시간을 조금 늘려 가벼운 외출을 해도 괜찮다. 엄마도 이때쯤이면 아기를 키우는 데 여유가 생기니 산책하며 또래 아기를 키우는 엄마들을 사귀기 좋은 시기다.

생후 7~9개월

바깥놀이를 할 수 있다

앉기나 기기가 가능해지면서 아기의 놀이 영역이 매우 넓어진다. 또래 친구들과 어울리는 시간을 갖게 해도 좋다. 이웃집에 잠시 놀러 간다거나 자동차를 이용해 집에서 조금 떨어진 곳까지의 외출도 가능하다. 아기를 자동차에 태웠을 때는 절대 아기를 자동차에 혼자 두는 일이 없도록 한다. 잠깐의 방심도 허용해서는 안 된다.

생후 10~12개월

공원 나들이를 갈 수 있다

발달이 빠른 아기는 혼자 걷기 시작한다. 호기심이 왕성해지므로 동네 놀이터에 데리고 나가 엄마와 함께 미끄럼틀을 타거나 다른 아이들의 노는 모습을 보게 해도 좋다. 하지만 이제 막 걸음마를 시작한 아기에게서 절대 눈을 떼어서는 안 된다. 특히 바깥놀이를 할 때는 안전사고에 유의해야 한다.

외출이 힘들 때 외기욕 시키기

생후 1개월 이후부터 가능하다

외기욕은 외부 환경으로부터의 감염 위험이 적고, 스스로 체온 조절이 가능한 생후 1개월 이후부터 시작하는 것이 좋다. 바깥 공기는 목, 기관지, 폐 등의 호흡기에 신선한 자극을 주고 혈관을 수축시킨다. 감기에 대한 저항력이 생기고 잠도 잘 자게 돕는다.

따뜻한 시간대가 좋다

베란다에 나가 시원한 공기와 따뜻한 햇빛을 쐬게 하되, 너무 뜨거운 한낮은 피해야 한다. 계절마다, 집집마다 그 시간이 달라지므로 우리 집의 적당한 시간대를 찾아야 한다. 처음 시작할 때는 하루에 한 번, 5분 정도 하다가 아기에게 익숙해지기를 기다려 조금씩 늘려나간다.

큰 수건으로 덮어준다

갑자기 찬바람에 노출되면 오히려 감기에 걸릴 수 있다. 외기욕 전후에 아기가 한기를 느끼지 않도록 큰 수건이나 겉싸개로 몸을 감싸도록 한다.

베란다나 창가가 좋다

햇볕이 잘 들고 바람이 강하지 않은 베란다나 창가를 이용한다. 바로 햇볕에 노출하기보다는 커튼으로 직사광선을 가려 바깥 온도와 바람에 익숙해지게 한다.

기저귀 갈 때나 옷을 갈아입힐 때 시킨다

기저귀 갈 때나 옷을 갈아입힐 때 날씨가 따뜻하다면 바로 옷을 입히지 말고 외기욕을 시킨다. 햇볕은 피부를 느슨하게 하며 비타민 D를 만들어 뼈를 튼튼하게 해주고, 시원한 바람은 피부를 조여주는 역할을 한다.

외출 가방 속 준비물

먹을거리, 입을거리, 위생용품 및 약품, 편리용품을 두루 챙겨야 한다. 수납 공간이 잘 나누어져 있는 기저귀 가방에 챙기면 편하다. 아기를 유모차에 태울지, 안거나 업을지에 따라 준비물이 달라진다. 기본 준비 용품을 체크해보자.

- ☐ 스틱분유
- ☐ 젖병 2~3개 혹은 일회용 젖병
- ☐ 분유 탈 물을 담은 보온병
- ☐ 수분 보충 음료
- ☐ 이유식 & 간식(과자, 과일)
- ☐ 기저귀
- ☐ 여벌 옷
- ☐ 거즈 손수건
- ☐ 물티슈
- ☐ 장난감

38 아기의 변

동글동글 예쁜 황금색 변을 기대하겠지만, 아기들의 변은 묽거나 녹변일 때가 많다. 아기가 갑자기 변의 색깔이나 횟수의 변화를 보일 때는 주의가 필요하다.

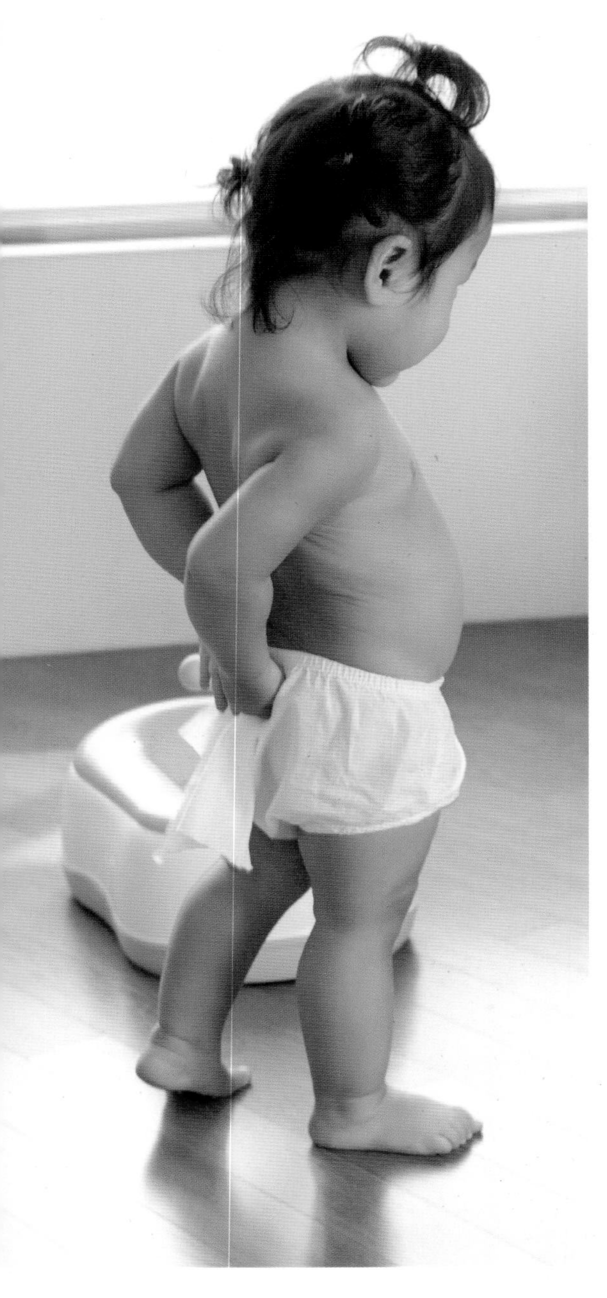

아기 변의 특징

태변은 까맣고 딱딱하다

갓 태어난 아기는 보통 생후 12시간 이내에 검은 녹색의 끈적끈적한 똥을 보는데, 이를 '태변'이라고 한다. 엄마 배 속에 있을 때 아기의 장 안에 모인 분비물로, 태변이 완전히 배설되고 수유를 시작하면 점차 녹갈색의 '이행변'으로 변했다가 4~5일 후에 황갈색 똥으로 변한다. 그러나 생후 24시간이 지나도 똥이 나오지 않을 때는 장이 막히지 않았는지(장폐색) 의심해봐야 한다.

황금색 변만 건강한 건 아니다

아기들의 변은 먹는 음식이나 담즙 분비 상태, 장내 머무는 시간 등에 따라 다양한 색깔과 형태를 띤다. 아기가 잘 놀고 잘 먹고 쑥쑥 잘 크고 있다면 녹변만 봐도 상관없다. 모유 먹는 아기는 황색, 녹색, 갈색 등 변의 색깔이 일정하지 않다.

출혈이 있을 때는 진료가 필요하다

아기 변에 출혈이 있어 붉은 변이나 검은 변을 볼 때, 혹은 흰색 변이 나올 때는 질병을 의심해야 하므로 소아청소년과 전문의의 진료가 필요하다. 이때, 기저귀를 가져가면 도움이 된다.

변을 보는 횟수는 아기마다 다르다

변을 자주 보는 아기가 있는가 하면 일주일에 한 번 정도만 보는 아기도 있다. 모유를 먹는 아기는 변을 하루에 7~8회 정도 보는데 어떤 아기는 10회 이상 보기도 하고, 변을 보는 양상도 하루 한 번 보던 아기가 하루 두세 번 보기도 하고 4~5일 동안 안 보기도 한다. 아기가 평소와 같이 잘 먹고 변을 볼 때 힘들어하지 않고, 체중이 잘 늘고 있다면 크게 걱정하지 않아도 된다.

모유만 먹는 아기의 변은 묽다

모유만 먹는 아기의 변은 물기가 많아 기저귀를 푹 적시기도 하는데 초보 엄마는 설사라고 오해하는 경우가 많다. 설사인지 아닌지 잘 모르겠다면 소아청소년과 전문의에게 물어보면 된다. 대개는 정상이므로 걱정하지 않아도 된다.

변의 색깔과 굳기

녹변

녹변은 건강의 문제가 아니라 먹은 음식 때문에 생긴다. 보통 모유에서 분유로 바꾸어 먹거나 이유식을 시작한 아기들에게서 자주 나타난다. 건강한 아기도 녹색 음식을 먹거나 장운동이 빨라져 음식물이 장에 머무는 시간이 짧으면 녹변을 볼 수 있다. 단, 녹변에서 시큼한 냄새가 나거나 피 같은 것이 섞여 있다면 장염일 수 있다.

노란 변

보통 노란 변은 황금변이라 부르며 건강의 상징으로 생각한다. 노란 변은 소화기관을 지나면서 색이 바뀌어 나타난다. 담낭과 쓸개에서 분비되는 소화액과 섞여 녹색을 띠다가 대장에서 장내 세균에 의해 소화가 되면서 노란색으로 바뀐다. 따라서 소화가 잘 됐느냐에 따라 노란색이 짙어지기 마련이다.

검은 변

검은색 음식을 먹고도 검은색 변을 볼 수 있지만, 짙은 쑥색이 아닌 새까만 변을 본다면 반드시 전문의의 진료를 받아야 한다.

붉은 변

피가 섞인 변은 반드시 전문의의 진료를 받아야 한다. 세균성 장염이나 항문이 찢어졌을 때, 장에 출혈이 있을 때, 장중첩일 때 혈변을 볼 수 있다. 병원에 갈 때는 아기의 변이 묻은 기저귀를 그대로 가져가 전문의에게 보여주는 것이 좋다.

회색이나 흰색 변

드물게는 아기 똥이 회색이나 흰색을 띠는 경우가 있는데 똥이 회색 또는 흰색을 띠면서 황달이 오래 지속되면 담도폐쇄증일 가능성이 있으니 의심해봐야 한다.

염소 똥 같은 변

변비가 있는 아기들은 염소 똥같이 딱딱한 변을 보는데, 먹는 양이 부족하거나 섬유질이 부족한 경우일 때가 많다. 수분 섭취를 늘리고 섬유질이 듬뿍 든 음식을 먹게 한다. 관장은 꼭 필요한 경우에만 하며 소아청소년과 전문의의 처방에 따라야 한다.

끈적끈적한 변

코 같은 것이 섞여 있지 않고 단지 끈적거리기만 한 변이라면 괜찮다. 아기 기저귀가 엉덩이에 찰싹 달라붙는 경우도 있다. 콧물 같은 것이 섞여 나온다면 장염에 걸렸을 확률이 있으므로 병원에 가야 한다.

먹거리에 따른 변

모유 먹는 아기

모유 먹는 아기의 변은 묽고 부드럽다. 모유에 함유된 유당이 대장의 수분 흡수를 억제하기 때문이다. 색깔은 대개 샛노란데, 아기들은 담즙 분비가 일정치 않고 장의 운동 속도에 변화가 많아서 녹변을 보기도 한다. 냄새는 그다지 나지 않지만, 시큼하고 강한 냄새가 날 수도 있다. 모유를 먹는 아기는 똥도 자주 누는데 하루에 7~8회, 많게는 10회 정도 눈다. 그래서 설사를 한다고 생각하기 쉽지만 대개는 정상이다.

분유 먹는 아기

모유를 먹는 아기의 변보다 수분이 적어 차진 진흙 형태를 띤다. 모유 먹는 아기에 비하면 수분이 적어서 '된똥'처럼 보인다. 색깔은 진한 황색이나 녹색을 띤다. 변을 보는 횟수는 하루 2~4회 정도다. 분유 먹는 아기가 녹변을 보면 분유를 바꾸려는 엄마들이 있는데, 분유를 바꾼다고 해서 녹변이 황금색 똥으로 바뀌는 것은 아니다. 분유를 먹는 아기는 변비에 걸리는 일이 많으므로 항상 분유의 농도에 신경 써야 한다. 변비에 걸렸을 때는 분유를 진하게 타준다. 진한 농도의 분유가 장으로 들어오면 장 밖의 수분을 흡수해 변에 물기가 많아지고, 반대로 농도가 옅은 분유를 먹으면 장 밖으로 수분이 빠져나가 변이 단단해진다. 따라서 아기가 변비에 걸렸을 때는 진하게 탄 분유를, 설사를 할 때는 묽게 탄 분유를 먹인다.

혼합 수유 하는 아기

모유와 분유를 먹는 아기의 중간 정도의 묽기를 띤다. 모유와 분유의 비율, 어느 쪽을 더 많이 먹고 있느냐에 따라 변도 조금씩 차이가 난다. 모유를 많이 먹고 있으면 보다 묽은 변이고, 분유를 더 많이 먹고 있으면 알갱이가 섞인 변을 본다.

이유식 먹는 아기

이유식을 먹는 아기의 변은 모유나 분유를 먹었을 때와 양상이 많이 달라진다. 다양한 음식을 먹게 되면서 세균 번식이 많아지고, 배에 가스가 차기도 하며, 냄새도 심해진다. 변 색깔도 먹는 음식에 따라 달라지는데, 때로는 먹는 음식이 그대로 나오는 일도 있다. 이는 아기의 소화기관이 아직 성숙하지 않다 보니 음식의 질긴 부분을 잘 소화시키지 못한 탓으로, 크게 걱정하지 않아도 된다. 아기의 똥에 변화가 생겼어도 아기가 잘 먹고 잘 놀고 잘 잔다면 문제는 없다. 오히려 아기의 장이 이유식에 적응하는 시기가 지나면 아기의 똥은 더 예뻐진다.

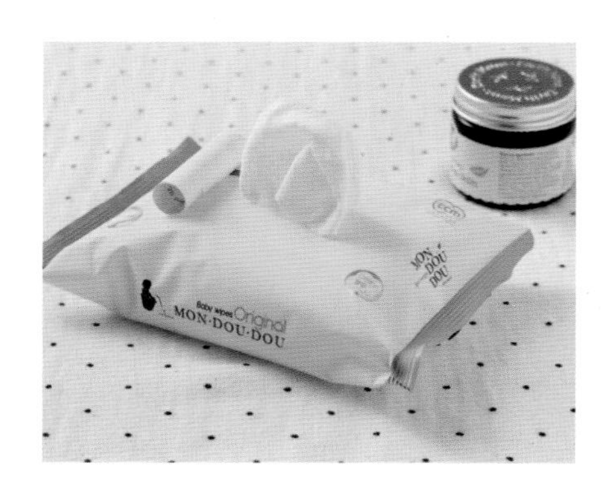

39 젖니 관리

아이의 건강에 영향을 미치는 젖니, 충치로부터 건강하게 지켜야 한다. 젖니에 충치가 크게 생기면 소위 '은니'라고 부르는 SS 크라운 치료를 받아야 하는데, 이때 치아 안에 넣는 약제가 영구치의 발생을 방해하기도 한다. 비록 젖니는 뺄 치아이지만 영구치에도 영향을 미치므로 조기에 관리해야 한다.

· **도움말** 정재기(선데이치과 원장)

젖니 VS 영구치

젖니는 유치 또는 탈락치아라고도 불리는데, 생후 6~8개월경 앞니부터 나기 시작해 약 2년에 걸쳐 전체 치열이 완성된다. 특별한 결손이 없는 이상 보통 유치의 수는 20개로, 젖니는 유아의 성장과 발육에 아주 중요한 역할을 한다. 젖니는 영구치가 위치할 공간을 확보하고 나올 길을 안내하는 역할을 하는데, 어차피 빠질 이라고 생각하고 젖니 관리를 소홀히 했다가는 후회할 일을 만들게 된다. 영구치는 젖니가 빠진 다음에 이를 대신해 나는 이로 생후 6년경부터 나기 시작해 다 날 때까지는 약 6년(13~15세) 정도가 걸린다. 젖니는 20개이지만, 영구치는 유치가 빠진 자리에 나는 것 외에 안쪽에 나는 12개를 포함해 모두 32개다.

월령별 젖니 관리법

생후 0~6개월

거즈 손수건으로 입안을 닦고 잇몸을 마사지한다

수유 후에 거즈 손수건에 물을 묻혀 입안 전체를 닦아준다. 먼저 물을 먹여 입안을 헹군 다음 물 묻힌 거즈 손수건을 집게손가락에 둘러 입안 전체를 닦는다. 잇몸 옆면은 손가락을 돌려가며 부드럽게 닦고, 잇몸 윗면도 부드럽게 닦아준 다음 손가락으로 잇몸을 지그시 눌러 잇몸 마사지로 마무리한다. 입천장도 손가락을 돌려가며 닦아주고, 잇몸과 입술 사이의 경계에 분유 찌꺼기가 남아 있기 쉬우므로 꼼꼼히 닦는다. 닦을 때 힘을 세게 하면 입안에 상처가 날 수 있으니 주의한다. 아기가 이가 나기 전 잇몸을 간지러워할 때는 엄마 손가락으로 잇몸 마사지를 해주면 좋다. 거즈 손수건으로 입안을 닦아줄 때 잇몸도 살살 문지르면서 눌러준다.

생후 7~12개월

핑거 칫솔로 이를 닦는다

아직 본격적으로 이를 닦을 수는 없지만 치아를 깨끗이 닦는 습관을 들이기 시작할 때. 이때는 실리콘으로 된 핑거 칫솔을 이용해 앞니를 닦는다. 이의 방향 등은 신경 쓰지 말고 좌우로 닦고 이와 잇몸을 부드럽게 닦아주면 치아에 끼인 음식물 찌꺼기를 제거하면서 마사지 효과도 얻을 수 있다. 이유식은 달지 않은 것으로 하고, 수유 후나 이유식 후에는 물을 먹여 입을 헹군다. 매번 칫솔질이 힘들다면 거즈 손수건으로 입천장과 잇몸을 부드럽게 닦아준다.

생후 12~24개월

칫솔로 양치질을 시작한다

아이의 호기심을 자극할 수 있는 칫솔을 선택해 놀이하듯 양치질을 시작한다. 아직 치약은 사용하지 말고 칫솔을 물에 헹궈 사용하는 정도로 한다. 아이가 칫솔질을 하고 난 다음에는 엄마가 칫솔질을 마무리하고 물을 먹여 입안을 헹군다. 이 시기 양치질에 대한 거부감을 갖게 되면 양치하는 습관을 들이기 어려우므로 양치하는 시간이 즐거운 놀이 시간이 되도록 해야 한다.

생후 24~36개월

어린이용 치약을 사용한다

치약은 양칫물을 뱉어낼 수 있는 시기에 사용하면 되는데 생후 30개월 무렵이면 가능해진다. 성인용 치약에는 불소와 연마제가 많이 들어있어 삼켜서 과다 복용하면 치아에 반점이 생길 수도 있으므로 어린이용 치약을 사용한다. 아이가 치약의 맛 때문에 거부한다면 꼭 치약을 사용하지 않아도 되지만, 칫솔질은 꼼꼼하게 한다. 치실을 이용해 이와 이 사이의 음식물 찌꺼기를 제거해줄 수 있다면 더욱 좋다.

젖니 나는 순서

	시기	젖니 나오는 위치	총 개수
1	6~8개월	아래쪽 가운데 앞니 2	2
2	9~11개월	위쪽 가운데 앞니 2	4
3	12~14개월	위아래쪽 양옆의 앞니 4	8
4	15~18개월	위아래쪽 작은 어금니 4	12
5	19~22개월	위아래쪽 송곳니 4	16
6	23~27개월	아래쪽 큰 어금니 2	18
7	28~30개월	위쪽 큰 어금니 2	20

1, 2 · 3 · 4 · 5 · 6 · 7

스스로 양치를 할 수 있도록 돕되 마무리는 부모가 한다

소아의 치아 관리

4세 정도가 되면 조금씩 스스로 양치를 하는 버릇을 들이기를 권장한다. 하지만 중요한 것은 마무리는 꼭 부모가 해주어야 한다는 것! 젖니는 강도가 영구치보다 약하기 때문에 충치가 쉽게 생기고 매우 빠른 속도로 심하게 썩게 된다. 비록 아이가 스스로 양치를 할 수 있다 하더라도 보호자가 관리해줘야만 한다.

만약 아이가 스스로 양치하기를 꺼린다면 어린이 양치교육용 애플리케이션을 이용하는 것도 좋은 방법이다. 여러 가지 양치 교육용 앱이 있는데 '브러쉬몬스터'는 양치를 게임처럼 즐기면서 할 수 있어서 양치를 싫어하는 아이들도 손쉽게 스스로 양치하는 습관을 기를 수 있고, 아이들의 양치 내용을 보고서 형태로 받아볼 수도 있다.

4세 이후 손가락을 빠는 습관은 금물

4세부터는 손가락 빠는 습관을 고쳐야 한다. 유아 시기의 손가락 빨기는 매우 흔하고 별다른 부작용이 없으며, 보통 시간이 지나면서 자연스레 사라지는 습관이다. 하지만 4세 이후에도 손가락 빨기를 계속 할 경우 심각한 부정교합이 발생하게 되고, 이를 고치기 위해서는 치아교정과 안면뼈 수술을 동반해야 하는 경우도 발생할 수

있다. 만약 4세가 되었는데도 손가락을 빤다면 적절한 훈육을 통해 반드시 해결해야만 한다.

충치 예방하는 생활법

밤중 수유를 끊는다

젖병을 물고 자는 습관이 있거나 모유를 먹고 잠을 자는 경우 우식증이 많이 발생한다. 돌 전에는 가능한 한 밤중 수유를 끊어야 한다. 특히 습관이 될 수 있으므로 젖병으로 주스나 음료수를 먹이는 일은 삼가야 한다.

칫솔질은 부모가 마무리한다

아이에게 양치 습관을 길러주는 것은 좋지만 100% 아이에게만 맡겨두어서는 안 된다. 아이가 스스로 제대로 된 칫솔질을 하게 될 때까지는 칫솔질 마무리는 부모의 몫이다. 꼼꼼하게 다시 한 번 닦아주어야 충치를 예방할 수 있다.

유산균 음료는 적당히 먹인다

여러 가지 이유로 아이에게 유산균 음료를 먹이는 부모들이 많은데 요구르트와 같은 유산균 음료에는 단백질이나 칼슘보다 설탕이 다량 들어가 있는 경우가 많아 주의해야 한다. 또 당분이 많이 함유된 케이크나 아이스크림 등은 피하고 섬유질이 풍부한 음식을 많이 먹여야 한다. 섬유질이 많은 음식은 오래 씹으면서 침의 분비를 촉진시켜 치아 표면에 있는 치석 제거에도 도움이 된다. 유산균 음료를 마시고 바로 양치를 할 수 없는 상황이라면 물로 입을 헹구는 것도 도움이 많이 된다.

불소 도포를 한다

불소 도포는 충치 세균에 대한 저항력을 높이고 치아 표면이 단단해지도록 해서 치아를 튼튼하게 한다. 치아를 깨끗이 건조한 다음 치아용 플라크에 불소 겔을 담아 2~4분간 물고 있게 하는 방법으로, 불소가 목으로 넘어가지 않게 뱉어낼 수 있어야 하므로 만 3세는 지나야 가능하다. 불소를 치아에 바르는 방법도 있으며 불소 도포 후에는 약 1시간 정도 물이나 음식을 섭취해서는 안 되고, 양치질도 피해야 한다. 불소 도포는 4개월마다 한다.

충치 치료법

실란트

어금니처럼 치아의 주름진 부위에 플라스틱 액체를 발라 치아를 코팅하는 방법이다. 세균이나 음식물 찌꺼기가 끼지 못하게 하는 예방법으로, 영구 어금니가 나오기 전인 6~7세 무렵이나, 충치가 생기려는 직후에 사용한다. 치과 치료 시 국민건강보험이 적용되므로 비용도 그리 비싸지 않다.

앞니가 썩었을 때

충치가 심하지 않으면 목에 잔여물이 넘어가지 않게 방습막을 씌운다. 충치가 심하면 썩은 부분을 모두 긁어내고 앞니 모양에 맞게 만든 틀을 끼워 모양을 잡는다.

어금니가 썩었을 때

부분 마취를 하고 충치를 긁어낸다. 긁어낸 자리를 레진이나 금, 또는 아말감으로 때운다. 충치가 심하면 충치를 긁어낸 후 레진이나 금으로 씌운다.

올바른 양치법

아이 전용 칫솔이 좋다

칫솔을 고를 때는 손으로 만져보아 솔이 부드러운 것이 좋은데, 칫솔 뒷면에 '부드러운 모' 또는 '소프트'라고 적힌 제품을 고른다. 칫솔모의 옆선이 우툴두툴하면 자칫 잇몸을 상하게 하므로 고른 것을 선택하고 2~3개월에 한 번꼴로 교체한다. 아이 전용 칫솔은 아이들의 연령에 맞춰 칫솔모의 크기가 달라지므로 선택하기가 편하다.

치약은 완두콩만큼 짠다

치약은 너무 많이 짜지 말고 콩알만큼이면 충분하다. 치약을 칫솔모에 수직이 되게 놓고, 칫솔모 사이로 치약이 배어들게 짜는 것이 올바른 방법. 그래야 치약이 입안에 고루 퍼지고 덩어리째 툭 떨어질 염려도 없다.

칫솔은 45도 기울인다

칫솔은 약 45도 각도로 기울여 닦아야 솔이 치아 틈새로 확실히 들어가 이를 닦아준다. 어금니 쪽은 칫솔을 바로 세워 솔의 끝을 이용해 치아 안쪽을 하나씩 긁어내듯이 닦는다. 앞니의 안쪽은 칫솔을 수직으로 해서 긁어내듯 닦아낸다.

아이가 커서도 양치질 체크를 한다

아이가 크면 혼자 양치질을 하지만 이 시기에 부모의 관심이 떨어진다면 충치가 발생하기 쉽다. 보통 아이가 양치질을 잘 안 하면 보호자는 잔소리를 하기 마련인데, 아이들은 잔소리를 들어도 양치질을 잘 하지 않는 경우가 많다. 결국 잔소리만 하다가 '자포자기'하는 경우가 많은데 이럴 때는 양치 교육을 하는 치과에 방문하는 것이 효과적이다. 양치 교육을 하는 치과에서는 치아에 특수한 염색약을 발라서 양치질이 잘 되지 않은 곳을 시각적으로 보여주고 교육한다.

치태까지 말끔히 닦는다

이를 닦고 나서 손톱 끝으로 잇몸과 치아가 닿는 부위를 치아 쪽으로 살짝 긁어보아 하얀 것이 묻어 나오지 않아야 한다. 이 하얀 것이 바로 치태로 충치를 만드는 균이다.

그 외 치아 관리법

결손된 치아가 없는지 체크한다

선천성 결손이란 치아가 처음부터 만들어지지 않는 질환을 뜻한다. 보통 선천성 결손은 영구치에서 발생한다. 젖니 때는 정상적인 치아를 가지고 있다가 영구치가 없어 향후 임플란트 치료를 받아야 한다는 이야기를 듣는다면 부모는 상당한 충격에 빠질 수밖에 없다. 보통 임플란트 치료는 만 20세 이후에 받아야 하므로 만약 자녀가 선천성 결손이라면 젖니를 성인이 될 때까지 유지해야 한다.

부정교합을 주의한다

습관적으로 혀를 내민다거나 입술을 깨물고 있다면 바로잡아야 한다. 손가락 빨기의 경우와 마찬가지로 부정교합을 유발할 수 있다. 또한, 너무 부드러운 식사만 하면 턱뼈의 성장이 더디게 일어나 부정교합이 발생한다. 적절히 질긴 음식도 섭취해 치아를 자극해야 턱뼈의 성장이 바르게 자라므로 소시지나 햄보다는 고기, 오징어, 섬유질이 풍부한 채소를 섭취해 부정교합을 예방한다.

40 시력 관리

갓 태어난 신생아는 눈앞에 있는 것도 잘 보지 못할 정도의 시력밖에 안 되지만, 5~6세까지 꾸준히 발달한다. 시력 관리의 가장 좋은 방법은 꾸준히 정기 검진을 받는 것이다.

아기의 시력 발달 정도

생후 1개월

25㎝ 정도 거리까지 보인다

생후 1개월 이내의 아기는 25㎝ 이내에서 사물의 윤곽이나 색깔을 어렴풋이 감별할 수 있다. 시야는 상하 30도, 좌우 20도 내 범위만 볼 수 있으므로 그 범위 내에서 눈을 맞춘다.

생후 3~4개월

45㎝ 정도 거리까지 보인다

약 45㎝ 거리까지 초점을 맞출 수 있고 목을 가누기 시작해 시야의 범위도 180도로 확대된다.

생후 6개월

1.5m 정도 떨어진 물체를 본다

약 1.5m 거리에서도 움직이는 사물을 볼 수 있고 두 눈의 초점을 맞출 수 있어 사물을 입체감 있게 본다. 안과에서 주시 검사, 시운동 안진 검사 등을 받을 수 있다.

만 1세

색이나 형태를 구분할 수 있다

모양이나 색이 비슷한 물건을 두면 형태를 구별할 수 있다. 시력 발달이 가장 왕성한 시기로 원색을 완전하게 인지하고 시력은 0.2~0.3 정도 된다. 만 3~5세 무렵이 되면 아이들의 시력은 0.5~1.0으로 성인과 비슷하게 완성된다.

시력 보호하는 생활법

안약은 함부로 사용하지 않는다

눈에 이상이 생기는 데는 여러 가지 원인이 있을 수 있는데 무조건 안약을 넣어서는 곤란하다. 눈에 티가 들어갔을 때는 식염수를 거즈에 묻혀 조심스레 닦아내보고 제거가 안 되면 안과에 가야 한다.

정기적으로 안과 검진을 받는다

뭔가 문제가 있다고 느끼기 전까지는 안과를 잘 찾지 않는 경우가 대부분이다. 3세가 되면 안과 검진을 한 번쯤 받아보고, 1년에 한 번 정기적으로 안과 검진을 받는다.

TV는 적정 거리에서 보게 한다

TV는 화면 크기의 약 6~7배 떨어진 지점에서 보는 것이 가장 눈의 피로감을 적게 느낀다. 공간이 여의치 않을 때는 최대한 공간을 확보하도록 한다.

집 안 밝기에 신경 쓴다

조명은 너무 밝거나 어두워도 시력에 좋지

않다. 특히 자는 방에 불을 켜두면 근시가 될 확률이 높아진다. 잠을 재울 때는 조명을 모두 끄는 것이 숙면에도 도움이 된다.

조명은 그늘이 생기지 않게 한다

아이들이 집 안 여기저기를 돌아다니기 시작하면 조명 아래에서만 놀지 않게 된다. 조명은 그늘이 생기지 않도록 갓이 없는 것으로 천장에 다는 것이 좋다.

바른 자세로 책을 읽게 한다

눕거나 엎드려서 책을 읽는 일이 없도록 습관을 들인다. 바로 앉은 자세로 책과의 거리는 30㎝ 정도가 적당하다. 자세를 유지하기 어려운 아이들은 독서대를 이용한다.

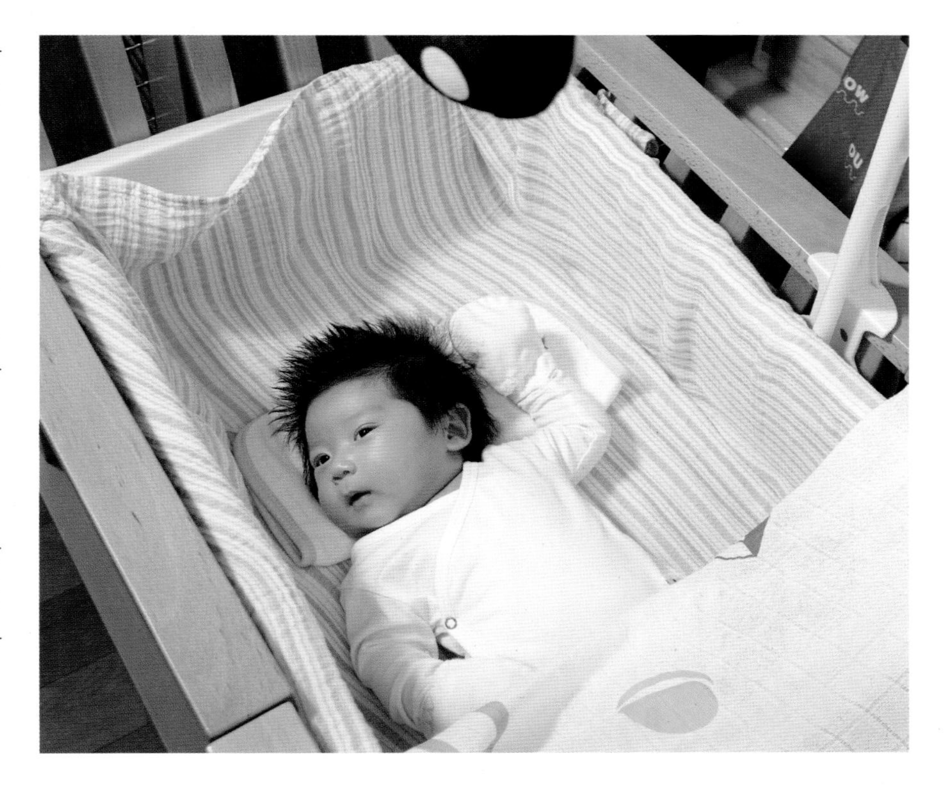

시력 보호해 주는 식생활법

당근 · 사과주스를 먹인다

당근에는 비타민 A로 변하는 카로틴이 많아서 눈 보호에 효과적이다. 아이가 먹기 싫어하면 귤, 사과 등의 과일과 함께 갈아줘도 좋다.

비타민 A가 들어간 식단을 짠다

비타민 A가 많이 함유된 식품으로는 녹황색 채소, 간, 버터, 김, 달걀노른자, 토마토 등이 있다. 아이의 평소 식단에 비타민 A 식품을 활용해본다.

물 대신 결명자차를 마신다

결명자로 베개를 만들어 베게 하면 좋다. 눈이 밝아질 뿐만 아니라, 머리가 만성적으로 아프고 속도 자주 울렁거리는 '두풍증'을 예방해준다.

안과 검진이 필요할 때

눈동자를 맞추지 못한다

아기가 달아 놓은 모빌을 따라 눈동자를 움직이지 않거나 생후 3개월이 지난 아기가 엄마와 눈을 마주치지 못할 경우에는 시력에 이상이 있는지 의심해 봐야 한다.

눈곱이 계속 낀다

눈곱이 끼는 원인으로는 세균 감염, 알레르기, 감기 등 여러 가지 이유가 있을 수 있다. 특별한 이유 없이 눈곱이 끼는 증상이 오래간다고 생각될 때는 원인을 정확히 알아야 하므로 진료가 필요하다.

TV 앞에 매번 붙어 있다

TV를 좋아하더라도 볼 때마다 너무 앞으로 바짝 다가가 보거나 미간을 찌푸린다면 아이 시력에 이상이 있다는 신호이므로 진료가 필요하다. 안경을 쓰게 하기 싫다고 일부러 진료를 미뤄서는 곤란하다.

자꾸만 눈을 비빈다

졸리지도 않은데 눈을 자꾸 비비는 것은 눈에 이상이 있음을 나타낸다. 아이가 눈을 자꾸 비비지 않도록 주의를 주고 필요한 진료를 받는다.

두통을 호소한다

급성 녹내장은 복통, 구토와 함께 심한 두통이 급속히 생긴다. 만성 녹내장은 약한 두통을 호소한다. 아이가 자주 머리가 아프다고 이야기하면 안과질환을 의심해봐야 한다.

작은 물건을 잡지 못한다

눈앞에 있는 작은 물건도 제대로 잡지 못하는 것은 원근이나 초점을 제대로 조절하지 못하는 것이므로 시력 검사를 받아본다.

41 배변 훈련

다른 아이들은 다 시작했는데 우리 아이만 기저귀를 차도 될까. 어느 순간 마음이 조급해지지만 무엇보다 아이 스스로 준비가 될 때까지 기다려주어야 한다.

배변 훈련의 적기

말로 간단한 의사를 표현할 때

'쉬', '응가' 등의 뜻을 이해하고 말할 수 있을 때 배변 훈련을 시작한다. 이때쯤 아이는 혼자서도 잘 걸으며 소변을 통제하는 신경과 방광 기능이 발달해 소변 간격이 2~3시간 정도로 일정해진다.

화장실에 흥미를 느낄 때

부모형제가 화장실을 갈 때마다 그들의 행동을 궁금하게 여기며 쳐다보면 아이는 이미 배변 훈련에 대한 준비를 마치고 있는 것과 다름없다. 아이들은 뭐든 보이는 대로 따라 하는 모방심리가 있으므로 부모형제가 보여주는 행동은 그 자체로 배변 훈련이 될 수 있다.

기저귀에 똥이 묻는 것을 싫어할 때

기저귀에 똥을 싸면 바로 갈아달라고 하거나 오줌을 싸 바지가 축축해지면 자꾸만 만지면서 불편하다는 표현을 하면 배변 훈련을 시작할 수 있다. 대소변을 기저귀에 보면 좋지 않다는 것을 이미 알고 있어 변기에 흥미를 가질 수 있다.

밤사이 기저귀를 적시지 않을 때

아침에 일어났을 때 아이의 기저귀가 보송보송하다는 것은 그만큼 아이가 방광에 오줌을 저장해둘 수 있는 능력이 생겼다는 뜻이다. 이제부터 슬슬 시작해도 좋다.

배변 훈련 전문가 브레즐튼 박사의 8단계 성공법

1단계 유아용 변기를 마련한다

생후 18개월이 되었을 때, 거실에 유아용 변기를 놓아둔다. 그리고 이 변기가 화장실 변기와 관련이 있음을 이야기해준다. 이 단계에 변기는 일정한 장소에 두어야 아이가 혼동하지 않는다.

2단계 유아용 변기에 앉아보게 한다

첫 주엔 일정한 시간을 정해 매일 유아용 변기에 앉게 한다. 시간은 몇 분 정도가 좋으며 옷은 완전히 입힌 상태에서 앉힌다. 엄마도 함께 앉아 있거나 책을 읽어주는 등 기분을 좋게 한다.

3단계 변기와 친해지게 한다

변기에 앉아 과자도 먹고 놀이도 하게 해 변기를 좋아하게 한다. 변기에 친숙해졌을 때 변기의 용도를 이해시키면 변의가 느껴질 때 자연스럽게 앉게 된다.

4단계 기저귀를 벗긴 채 앉게 한다

둘째 주엔 아이의 기저귀를 벗긴 채 유아용 변기에 앉도록 한다. 이때 대변이나 소변을 받기 위한 어떤 시도도 해서는 안 된다. 조바심을 내지 않고 아이를 편안하게 해줘야 한다.

5단계 기저귀의 변을 변기에 떨어뜨린다

아이가 유아용 변기에 잘 앉아 있고 거기서 변을 보는 것에 관심을 보이면, 기저귀에 변을 보았을 때 유아용 변기로 데려가 기저귀의 변을 유아용 변기 안으로 떨어뜨린다.

6단계 유아용 변기를 다른 곳에 둔다

유아용 변기를 아이의 방이나 놀이 장소로 옮긴다. 기저귀와 팬티를 벗기고 아이에게 혼자 힘으로 소변이나 대변을 볼 수 있다는 것을 말해준다.

7단계 자주 성공하면 기저귀를 벗긴다

기저귀를 차고 있는 것은 아이에게도 고역이다. 변기에서 누는 일이 잦아지면 기저귀를 벗기도록 한다. 기저귀를 벗어 시원함을 느낀 아이는 더 열심히 변기에서 누려고 할 것이다.

8단계 서서 소변보는 것을 가르친다

대변보는 훈련이 끝난 남자아이는 서서 소변보는 것을 가르친다. 이때 아빠가 자주 시범을 보여주고 따라 하게 하면 쉽게 가르칠 수 있다.

배변 훈련할 때 주의점

절대 서두르지 않는다

보통 18~24개월 정도에 배변 훈련을 시작할 수 있는데, 꼭 이 시기에 시작해야 한다는 것은 아니다. 다른 아이들보다 늦어진다고 해서 문제가 될 것은 없다. 5~6세까지도 기저귀를 차는 아이들이 있다. 다만 남의 집 아이 일이라 모를 뿐이다. 서두르지 말고 천천히 아이의 발달을 봐가면서 시작한다.

서서히 변기와 친해지게 한다

아이들은 화장실 변기를 무서워한다. 소리도 크고, 물이 회오리치는 모습을 보면서 처음부터 신나 할 아이는 별로 없다. 유아용 변기로 시작해서 아이가 변기와 친해질 시간을 충분히 주어야 한다.

실패해도 야단치지 않는다

한 번에 잘 해내는 아이가 있을 수 있을까. 실패는 당연하다. 아이가 변기에 앉아도 대소변을 보지 않을 때는 너무 오래 앉아 있지 않게 한다. 변기에서 일어나자마자 대소변을 보더라도 야단치지 않아야 한다. 대신 성공하면 호들갑스럽게 칭찬해주어야 한다. 성공할 때마다 칭찬을 아끼지 않는 것이 가족들이 해야 할 일이다.

잘하다가 실수할 때는 격려한다

대소변을 잘 가리다 실수를 하는 일이 생길 수 있다. 아이에게 다른 문제는 없는지, 어린이집에 다니고 있다면 그곳에서 무슨 일은 없었는지, 면밀히 살펴야 한다. 잘하다가 잘못했을 때 아이를 윽박지르거나 혼내서는 안 된다. 따뜻하게 아이의 마음을 이해해주고 격려하는 것이 훨씬 더 효과적이다.

배변 훈련을 미뤄야 할 때

배변 훈련 후 변비가 생겼을 때

변기에 아무리 앉아 있어도 변을 보지 못하는 일이 많고, 그게 더해져 변비까지 생겼다면 아이가 극심한 스트레스를 받고 있다는 것을 알려주는 신호다. 배변을 건강하게 하는 것이 우선이므로 이럴 때는 과감하게 기저귀를 채운다. 엄마와 아기 모두 배변 훈련으로 인한 스트레스를 줄일 수 있는 방법이다.

밤에 보는 소변 횟수가 늘었을 때

낮에 변기에는 소변을 보지 않던 아이가 잠자리는 흠뻑 적신다든지, 밤에 보는 소변 횟수가 더 늘어났다면 그만큼 아이가 긴장하고 있다는 증거다. 아이가 긴장이 풀어진 잠자리에서 비로소 소변을 편하게 보고 있다는 뜻이므로 아이가 스트레스를 덜 받을 때까지 미루는 것이 좋다.

변기만 보면 울 때

아이가 극심한 스트레스를 받고 있다는 것을 나타낸다. 그동안 신체의 일부분처럼 함께 했던 기저귀를 떠나보내는 것은 아이에게도 마음의 준비가 필요하다. 성급하게 시도했다면 잠시 미루도록 한다.

아이에게 환경 변화가 있었을 때

아이가 아팠다거나 이사를 했다거나 동생이 태어나는 등 집안에 큰 변화, 혹은 아이에게 어떤 큰 변화가 있었다면 배변 훈련을 미루는 것이 좋다. 한꺼번에 많은 스트레스를 주면 오히려 실패하기 쉽고 아이도 더 힘들다.

수면 습관 들이기

수면 습관은 오랜 시간 아이의 생활 습관을 좌우한다. 아직은 자다가도 울고, 울기 전에 잠투정을 하며 부모를 힘들게 하겠지만 꾸준히 수면 패턴을 잡아가야 한다.

쾌적한 잠자리 만들기

낮에 환기를 시켜둔다

아이의 침대나 이부자리는 창과 문에서 먼 쪽으로 하고, 항상 청결하게 유지한다. 환기를 자주 시키고, 방 안의 온도와 습도를 적절히 유지한다.

부분 조명을 적절히 활용한다

아이가 잠을 자는 동안은 조명을 모두 끄는 것이 좋지만 잠을 재울 때는 부분 조명으로 밝기를 조절하고, 주변을 조용하게 해 잠들기 편한 환경을 조성한다.

에어컨 바람이 직접 닿지 않게 한다

히터나 에어컨을 켜면 아이의 몸에 찬바람이나 더운 기운이 직접 닿기 때문에 좋지 않다. 냉난방기는 방 안에 두지 말고, 어쩔 수 없다면 직접 바람이 닿지 않게 한다.

잠자리는 문과 창에서 멀리 한다

아침 햇빛이 아이의 얼굴에 직접 닿지 않도록 창가에서 가까운 곳은 피한다. 문 쪽은 온도와 습도의 변화가 크고 문 여닫는 소리가 들려 시끄러울 수 있으므로 피한다.

이불과 요는 햇볕에 자주 말린다

아이가 잠을 자면서 땀을 흘리기 쉬우므로 침구는 자주 털어주고 햇볕에 널어 소독하는 것이 좋다. 이불 빨래가 쉽지 않더라도 세탁을 게을리 해서는 안 된다.

월령별 재우기 노하우

생후 0~5개월

아기의 생체 리듬에 맞춘다

태어나서 석 달 동안은 하루 16~17시간을 자므로 억지로 잠자는 시간을 조절하려고 해서는 안 된다. 아기가 배고파서 울면 먹이고, 피곤해하면 재우는 등 아기의 생체 리듬에 맞춘다. 생후 3개월이 지나 생활 리듬이 잡히면 밤낮을 구별할 수 있는 환경을 조성해 수면 습관을 유도한다.

놀라지 않게 속싸개로 감싼다

신생아 때는 자다가 깜짝깜짝 놀라는 경우가 있다. 속싸개나 수건으로 잘 감싸서 안정감을 준다.

아기가 피곤해하기 전에 재운다

아기가 피로를 느끼는 시점과 행동을 파악해 피곤해하는 신호를 놓치지 말고 읽어내는 것이 중요하다.

생후 6~12개월

밤중 수유와 기저귀 갈기는 어두운 채로 재빨리 끝낸다

생후 9개월까지는 밤중에 한두 번 깨는 것이 일반적이다. 배가 고프거나 기저귀가 젖었기 때문이며, 이때는 불을 켜지 말고 어두운 채로 재빨리 젖을 먹이거나 기저귀를 갈아준다.

먹고 자는 시간을 일정하게 유지한다

이 시기에는 하루에 14시간 정도 잠을 자는데, 이 중 약 12시간은 밤에 잔다. 또 밤에 자다가 깨는 일도 줄어들고, 낮에는 두세 번 정도 낮잠 자는 수면 리듬을 갖게 되므로, 엄마는 아기의 먹고 자는 시간을 일정하게 유지하려는 노력이 필요하다.

울더라도 금방 안아주지 않는다

만약 잠들기 전에 충분히 먹었는데도 깨서 운다면 아기에게 문제가 생긴 것이지만, 약간 어르거나 흔들기만 해도 다시 잠든다면 배가 고프거나 몸이 아파서 우는 게 아니라 잠에서 깰 때마다 엄마가 얼러주는 것에 익숙해졌기 때문이다. 이럴 때는 아무도 얼러주지 않아도 아기 스스로 마음을 가라앉히고 혼자 잠들 수 있도록 반응을 한 템포 늦추는 작전이 필요하다.

인형을 쥐여준다
잠들면 엄마와 떨어지게 된다는 불안감을 강하게 느끼는 경우가 있다. 아기가 잠들면서 안정감을 느낄 수 있도록 좋아하는 인형이나 장난감을 품에 안겨준다.

생후 13~18개월

오후 낮잠 시간과 밤에 자는 시간을 앞당긴다
서서히 오전 잠이 없어지므로 오후가 되면 피로를 느끼게 된다. 따라서 오후 낮잠 시간을 앞당기는 것이 좋다. 그리고 밤에 잠드는 시간도 앞당겨야 한다. 이렇게 하면 아이는 온종일 거의 피로를 느끼지 않고 잘 지낼 수 있다.

자기 전 과식하지 않게 한다
잠자리에 들기 전 과식하면 깊은 잠을 방해한다. 따라서 밤중 수유는 생후 6개월 이후부터는 횟수와 분량을 점차 줄여가며 끊도록 한다.

생후 19~36개월

잠자기 전 과격한 놀이는 삼간다
초저녁 이후에는 몸을 크게 움직이는 놀이나 운동은 되도록 하지 않도록 한다. 대신 잠자리에 들기 전 따뜻한 목욕물로 씻겨주는 것은 좋다.

소음을 예방한다
휴대폰은 진동으로 바꾸도록 한다. 갑작스러운 알람이나 벨 소리에 아이가 깰 수 있기 때문이다.

아이가 자다 깨서 우는 이유

잠자리가 불편하거나 몸에 이상이 있다
잠자리에 불편한 일이 생기지 않았는지 체크하고, 감기나 장염 등 질병에 의해 울 수도 있으므로 아픈 기색이 없는지 살핀다.

불안한 마음 때문이다
잠자리가 불편하거나 아프지 않아도 아이들은 불안한 마음 때문에 자다가 깰 수 있다. 잠들기 전엔 마사지를 해주거나 자장가를 불러줘 아이를 편안하게 해준다. 아이를 재울 때는 엄마가 옆에서 함께 자면서 안정감을 주는 것도 중요하다.

얕은 잠에서 쉽게 깬다
깊게 잠들지 못했거나 무서운 꿈을 꾼 경우, 몸을 움직이다 깨서 울 수 있는데 이럴 때는 가만히 두면 곧 다시 잠들 수도 있다.

영아 산통 때문이다
아이들은 선천적으로 산통을 갖고 태어난다. 낮에 마사지를 해주고 밤에 울 때는 배를 만져주거나 가볍게 흔들어준다.

자다 깨서 울 때 다시 재우기

마냥 안아주지 않는다
생후 3개월 이전 아기가 울 때는 엄마의 즉각적인 반응과 관심이 중요하다. 다만 지나치지 않도록 조절하는 것이 문제. 눕히기만 하면 우는 습관이 들지 않도록 잠들려 하면 눕혀서 재우도록 한다.

밤중 수유를 줄여나간다
울 때마다 젖을 물리거나 우유를 먹이면 배가 고프지 않아도 먹는 습관 때문에 일정 시간에 깨게 된다. 밤중 수유를 점차 줄여서 끊어야 한다.

기저귀와 잠자리 환경을 체크한다
예민한 아이는 조금만 잠자리가 불편해도 운다. 기저귀가 젖은 것은 아닌지, 옷이 접혀 아이를 불편하게 하지는 않는지, 잠자리 환경에 수면을 방해하는 것은 없는지 체크하고 필요한 부분이 있다면 바로잡는다.

잠자기 전 TV는 보지 않는다
잠자리에 들기 전 무서운 그림이나 화면, 자극적인 영상을 보게 되면 편안한 잠자리가 되기 어렵다. 최소 1시간 전에는 TV를 끄고 잠자는 분위기를 만들어야 한다.

곧장 안지 말고 잠시 기다린다
울 때마다 안는 것으로 반응을 보이면 어느 순간 안아줄 때까지 우는 아이가 될 것이다. 아이가 특별한 원인이 있어 힘들어하며 우는 것이 아니라면 바로 반응을 보이기보다는 스스로 잠들기를 기다린다. 바로 안아주기를 반복하는 것은 아이 스스로 잠들 기회를 뺏는 게 된다.

집에서 머리 자르기

미용실에 가서 머리 한번 자르려면 전쟁터가 따로 없다. 성공하지 못하고 그냥 돌아오기 일쑤라면 집에서 머리 자르기에 도전해보자. 생각보다 어렵지 않게 성공할 수 있다. 집에서 머리를 자르는 것이 익숙해졌다면, 2~3번 중 한 번은 미용실에 가서 머리 모양을 잡아주는 것이 좋다.

머리 자르기 전 준비물

미용가위 집에서 머리를 잘라줄 거라면 일반 가위 말고 미용가위 하나쯤은 구입하는 것이 좋다. 숱 치는 가위가 있으면 사용하기 좋다.

머리빗 머리빗은 빗살 간격이 촘촘하고 가르마를 타기 쉬운 꼬리가 있는 형태가 좋다.

분무기 머리에 고루 물을 분사할 수 있는 분무기를 준비한다.

스펀지 머리카락이 얼굴이나 목에 묻었을 때 털어내기 위해 필요하다.

커트보 아이의 목에 잘 맞도록 벨크로가 있는 커트보가 좋지만, 없다면 집에 있는 다른 천으로 대체할 수 있다.

이발기 저진동 · 저소음으로 나온 이발기를 사용하면 좋다.

신문지 바닥에 넓게 깔고 그 위에 앉아 머리를 자르면 청소하기가 쉽다.

식탁의자 잘 앉아 있을 수 있는 아이라면 식탁의자에 앉혀 머리를 자르면 엄마가 한결 수월하다.

머리 자르기

목욕하기 전이 좋다

머리를 자르고 나면 머리카락이 많이 날리고 몸에도 많이 묻기 때문에 제일 좋은 방법은 목욕을 하는 것. 집 안은 청소를 하기 전이 더 낫다. 부부가 협심해 한 사람은 커트 후 목욕을, 한 사람은 청소를 담당한다면 머리를 자르고 뒷정리까지 깔끔하게 끝난다.

다른 가족의 도움을 구한다

아이들은 가위를 무서워하고 머리 자르기를 싫어하는 경우가 많기 때문에 아무리 집에서 엄마나 아빠가 머리를 자른다고 해도 가만히 있기 어렵다. 아이가 좋아하는 동영상이나 장난감을 이용해 주의를 끌어 주는 게 좋은데, 그렇다 하더라도 아이들은 움직임이 있기 마련. 다치지 않도록 아이를 잡아줄 다른 가족의 도움이 필요하다.

머리카락을 물로 적신 후 자른다

아이들의 머리카락은 가늘고 정전기가 많이 일어나 한 번에 제대로 자르기 어렵다. 때문에 머리에 물을 적시고 자르는 것이 좋은데, 아이가 분무기마저 싫어한다면 엄마 손에 물을 발라 적신다.

원하는 길이보다 길게 자른다

아이들 머리는 한 번에 제대로 자르기 어려울 뿐 아니라 부모도 기술자가 아니기 때문에 원하는 스타일을 한 번에 완벽하게 만들기는 어렵다. 또 아이가 머리를 자르는 시간에 얼마나 협조할지 알 수 없으므로 머리를 자르기 시작할 때는 필요한 부분부터 자른다. 2~3일 정도 시간을 두고 마무리한다고 생각하고, 머리가 마르면 더 짧아지므로 자를 때는 원하는 길이보다 약간 여유를 두고 자른다.

숱 치는 가위로 자른다

일반 미용가위는 의외로 원하는 모양대로 자르기 힘들다. 자연스럽게 층을 내고 싶거나 실패 확률을 줄이려면 숱 치는 가위(틴닝가위)로 자르는 것이 좋다.

앞머리는 적시지 않고 자른다

앞머리는 쉬운 듯하면서도 가장 실패하기 쉽다. 머리를 적신 뒤 자르면 말랐을 때 생각보다 많이 짧아진다. 가능하면 마른 상태에서 숱 치는 가위를 이용해 조금씩 잘라내면 자연스러운 앞머리를 연출할 수 있다.

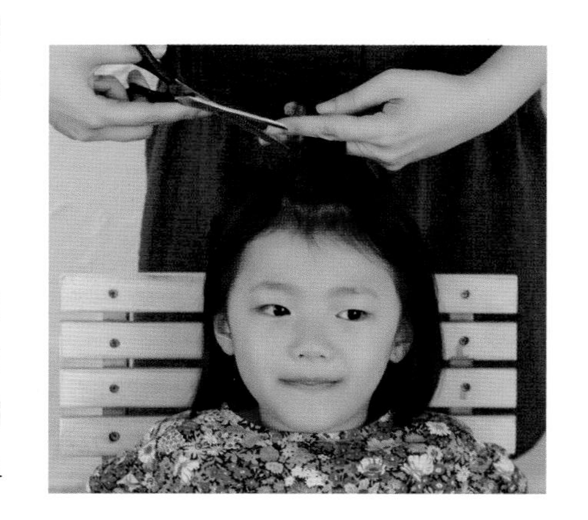

44 장난감 세척하기

아이가 하루 종일 물고 빠는 장난감. 포장지만 뜯은 채, 혹은 남에게 물려받은 그대로 사용하기가 왠지 찜찜하다. 구석구석 말끔하게 씻고 말려야 안심이 된다.

원목 장난감

치약, 유아용 세제로 닦는다

더러워진 부분은 치약이나 유아용 세제, 유아용 비누를 수건에 묻혀 닦아낸다.

직사광선을 피해 충분히 말린다

세척한 장난감은 깨끗한 물로 여러 번 헹구어 말린다. 말릴 때 직사광선은 피하고 안까지 제대로 말리기 위해서는 시간을 충분히 두고 말려야 한다.

플라스틱 장난감

먼지부터 우선 털어낸다

솔이나 마른 천을 이용해 구석구석 묻어 있는 먼지부터 털어내고 물티슈로 닦는다. 면봉에 소독용 알코올을 묻혀 손가락으로 닦이지 않는 부분까지 꼼꼼히 닦는다.

유아용 세제에 담가 닦는다

유아용 세제를 물에 풀어 거품을 충분히 낸 후 장난감을 담가 닦아준 후 물로 여러 번 헹궈 햇볕에 말린다. 변색될 위험이 있으니 직사광선은 피하는 것이 좋다.

고무 장난감

젖병 세정제, 치약을 이용한다

치발기, 딸랑이 등은 아이의 입에 직접적으로 닿는 물건. 하지만 고무 재질이기 때문에 열탕 소독보다는 소독 성분이 있는 세정제나 유아용 치약을 이용해 닦는다.

유아용 세제로 닦는다

고무공 등 장난감은 유아용 세제를 푼 물에 담가 닦고 마른 수건으로 닦아준다.

금속 장난감

면봉으로 틈새 먼지를 닦는다

금속 재질의 장난감은 면봉을 이용해 틈새 먼지를 꼼꼼하게 없앤다. 솔로 문지르면 칠이 벗겨질 수 있다.

마른 수건으로 물기를 닦는다

물기가 남으면 부식되므로 마른 수건으로 완전히 제거한다. 손가락이 들어가지 않는 부분은 면봉이나 화장솜을 이용한다.

블록

중성 세제에 담근다

우선 중성 세제를 푼 물에 담가 때를 불린 다음 세척솔로 닦아준다.

면봉으로 구석구석 닦는다

구멍 하나하나 면봉을 이용해 솔로 미처 제거하지 못한 곳까지 닦아낸다. 깨끗한 물에 여러 번 헹군 뒤 물이 빠지는 바구니에 담아 물기를 제거하며 말려준다.

천으로 된 장난감

먼지를 털어준다

봉제 인형이나 천으로 된 장난감은 자주 털어서 이불처럼 일광소독을 하는 것이 좋다.

중성 세제에 담가둔다

중성 세제에 담가 빨래를 하듯 주물러 오염 물질을 제거한다. 중성 세제가 꺼림칙하다면 유아용 세제를 이용한다.

수건으로 물기를 제거한다

큰 수건에 감싸 눌러주어 물기를 제거하고 드라이어를 이용해 말린다. 특히 털이 있는 인형은 속까지 꼼꼼하게 말려야 한다.

장난감 세정제, 토이클리너로 세척하기

아이가 쓰는 장난감은 안심하고 소독할 수 있는 장난감 세정제로 세척하는 것도 방법. 뿌리고, 닦고, 가볍게 헹구면 소독 끝! 요즘 출시되는 장난감 세정제는 비교적 안전한 성분으로 만들기는 하지만, 인증마크가 있는지, 자연 분해되는 순한 식물성 성분을 사용하는지 체크해보는 것이 좋다.

장난감도 대여하세요!

아이가 자라면서 가지고 노는 장난감이 달라지는데, 매번 사줄 수도 없고 관리도 쉽지 않다. 이때 각 지자체에서 운영하는 장난감 대여소를 이용하면 적은 비용으로 다양한 장난감을 빌릴 수 있다. 소독 관리가 잘 된 장난감이라 더욱 안전하다. 녹색장난감도서관(www.seoultoy.or.kr) 홈페이지에 들어가면 자치구 소재 장난감도서관의 소재를 파악할 수 있다.

싣는 순서

아기의 첫 파티

출산 전부터 돌잔치를 준비한다는 엄마들이 많다. 유명 돌잔치 장소들은 서둘러 예약하지 않으면 주말 잔치가 어렵기 때문이다. 하지만 최근에는 셀프 백일상이나 돌잔치를 준비하려는 엄마들이 느는 추세다. 조촐하지만 소박하게 소중한 기억을 남기고 싶어서다. 돌잔치를 치르고 나면 두려웠던 아기와의 해외여행도 슬슬 감행해볼 만하다. 두고두고 행복한 추억이 될 내 아기의 첫 기념일과 첫 여행 꼼꼼 가이드.

백일상 준비

최근 백일잔치는 간소하게 가족끼리 치르는 것이 대세다. 하나하나 준비하려면 많은 노력과 정성이 필요하므로 대여업체의 도움을 받으면 보다 멋지게 차릴 수 있다.

· **사진 협조** 에그콜렉티브

백일상 준비하기

가족들이 모일 날짜와 시간을 정한다

아기 백일이 평일이라면 가족들이 모일 날짜를 당일로 할지, 다른 날로 할지 생각해야 한다. 일반적으로 가족들의 스케줄을 고려해 백일 전 주말에 모인다. 시간은 식사를 함께 할 것인지 간단하게 다과를 즐길 것인지에 따라 달라진다.

백일상의 컨셉트를 생각한다

대여업체를 생각하고 있든, 셀프로 준비하는 것이든 시작은 백일상의 컨셉트. 기본 색상은 무엇으로 할 것인지, 전통 백일상이 좋을지 퓨전 백일상이 좋을지 결정한다. 백일상의 컨셉트에 따라 의상과 소품 준비가 달라진다. 직계 가족끼리 소박하게 아기의 건강을 위한 염원을 담고 싶다면 미역국과 삼색나물 등으로 삼신상을 차려도 좋다.

인기 대여업체는 예약을 서두른다

생각하고 있는 대여업체가 있다면 원하는 날짜에 맞춰 미리 예약을 한다. 날짜에 임박해 문의했다가 이미 원하는 물품이 예약되어 있으면 낭패를 보기 십상. 적어도 한 달 전에는 예약을 해야 안전하다.

대여물품은 받자마자 확인한다

대여물품을 받으면 바로 확인해서 빠진 물건이 없는지 체크한다. 대여기간이 길지 않아 보통 잔치를 하루 이틀 앞두고 받는 경우가 많은데 도착했다고 안심한 뒤 당일 택배 상자를 열었다가 빠진 물건이 있으면 이미 때는 늦는다. 가급적 미리 정해진 장소에 물건을 놓아 세팅을 해본다. 현수막 크기나 테이블보가 작을 수 있기 때문이다.

백일상과 손님상은 구분해 준비한다

백일상은 아기를 위한 상이지, 손님들을 위한 상이 되기에는 부족하다. 식사를 겸해 손님들을 초대할 것이라면 식사 메뉴는 무엇으로 할지, 집에서 차릴지 밖으로 나가 외식을 할지 생각한다. 외식을 나갈 거라면 가족 수에 맞춰 예약이 필요하다.

가족사진을 찍어둔다

백일상을 차리느라 아침부터 분주했던 엄마는 힘들게 차린 백일상과 아기에게만 관심을 쏟기 쉽다. 하지만 지나고 나면 그 소중한 시간을 함께 해줬던 이들에 대한 고마움이 크다. 힘들고 번거롭더라도 참석한 가족들과 단체 사진도 찍고 아기를 축하하는 모습도 카메라에 많이 담아둔다. 또한, 사진은 영원히 남게 되므로 준비에 바쁘고 힘들더라도 엄마, 아빠의 의상, 헤어스타일 연출에도 신경을 쓴다.

백일상 차리는 노하우

메인 컬러를 결정한다

메인 컬러를 정하면 상차림이 한결 쉬워진다. 핑크, 파랑 등 기본적으로 생각되는 컬러 이외에도 선택할 수 있는 것이 많다. 노랑, 민트, 그레이 등 기본 색상을 정한 후

1~2가지 어울리는 색상을 더하면 백일상을 한결 더 고급스럽게 꾸밀 수 있다.

그릇의 색상과 모양도 고려한다
그릇은 되도록 통일하는 것이 좋지만 상황이 여의치 않다면 색상이나 모양을 통일하는 것도 방법. 그릇의 모양에 따라서 음식의 담음새도 달라지기 때문에 상을 차리기 전 미리 담아보는 연습을 해보는 것도 좋다. 당일 음식을 담다 보면 그릇에 어울리지 않거나, 그릇에 비해 음식이 부족하거나 남을 수 있다.

높이가 있는 트레이를 준비한다
아기를 백일상에 앉혔을 때 아기를 가리지 않을 정도의 높이가 있는 트레이나 케이크 접시를 준비하는 것도 좋다. 상차림이 단조롭지 않고 보다 화려해진다. 트레이가 없다면 볼을 엎고 그 위에 그릇을 올린다.

꽃으로 생기를 더한다
음식으로만 백일상을 채우려고 하면 생각보다 많은 음식이 필요하다. 한 가지 종류로만 채울 수도 없고, 그렇다고 여러 가지 음식을 준비하는 것도 부담된다. 이럴 때는 꽃을 이용해보자. 꼭 생화가 아니더라도 조화로도 충분히 멋스럽게 꾸밀 수 있다.

벽장식에도 신경 쓴다
벽장식을 소홀히 했다가는 사진을 찍었을 때 허전한 느낌을 지울 수 없다. 벽에 갈란드나 숫자 · 이니셜 풍선, 폼폼을 붙이거나 폼보드로 숫자 100을 만들어 붙이는 등 간단한 작업만이라도 더해보자. 손재주가 부족하다면 커다란 색지를 붙여 병풍처럼 꾸미는 것도 방법.

떡은 소분 포장해둔다
아기의 백일을 축하해주고 돌아가는 가족들을 위해 떡은 미리 소분해 포장해두면 좋다. 가족들이 돌아갈 때 시작하면 예쁜 포장을 하기도 어렵다. 소분해 예쁘게 포장한 것을 그대로 상에 올렸다가 답례품으로 전달하면 간편하다.

백일상 차릴 때 체크 물품

아기 옷
백일상에 어울리는 의상을 생각해본다. 한복이 좋을지, 드레스가 좋을지, 평상복이 좋을지 미리 생각하고 준비한다. 백일상 대여 시 함께 대여 받을 수도 있으므로 사이즈를 꼼꼼히 체크한다. 아기를 앉힐 범보의자와 커버도 준비한다.

엄마 아빠 옷
아기에게만 신경 쓰다 자칫 엄마, 아빠 스스로에게는 소홀할 수 있다. 아기의 백일은 평생 한 번 맞이하는 잔치. 엄마, 아빠를 격려하고 축하하는 자리이기도 하므로 아기와 함께 컬러나 컨셉트를 맞춰 준비한다.

벽장식
상을 앞에 두고 아기를 앉혔을 때 아기의 머리 위가 허전하지 않도록 장식이 필요하다. 요즘 유행하는 스타일이나 컨셉트를 정한 후 소품을 준비해 벽을 장식한다. 직접 꾸밀 자신이 없다면 풍선, 폼폼을 이용하는 손쉬운 방법도 있다.

케이크
가족 중의 누군가가 직접 만든 케이크라면 더욱 좋겠다. 백일상을 빛내는 일등공신이므로 트레이 등에 올려 돋보이게 한다. 모형 케이크를 이용하거나 컵케이크를 이용해도 좋다. 요즘 인기 있는 기저귀 케이크를 만들어도 재미있다. 아이 이름이나 축하 메시지를 담은 토퍼를 준비해 케이크 위에 장식해도 좋다.

과일
털이 많은 복숭아나 키위 등은 피하고 색깔을 고려해 3가지 정도 준비하면 좋다. 사과, 배, 오렌지, 바나나 등이 무난하다.

떡
아기의 백일 때는 아기의 장수를 기원하는 백설기, 수수경단, 오색송편을 준비한다. 떡은 대여업체에서 준비해주는 것이 아니므로 미리 예약해 당일 찾을 수 있도록 한다. 참석한 가족들에게 답례품으로 포장해 나눠주면 좋다.

아기 사진
백일 동안 찍은 아기의 사진을 액자에 넣어 장식한다. 아기가 태어나던 순간, 엄마 품에 처음 안기던 모습 등을 사진으로 보면 백일 동안 아기가 얼마나 컸는지 새삼 느끼게 된다.

장식 소품
꽃이나 고깔모자, 왕관, 액자, 배너 등 백일상을 장식하면서도 아기와 함께 사진으로 찍으면 좋을 소품을 준비한다. 가족 수대로 준비했다가 사진을 찍어도 좋다.

46 돌잔치 성공 노하우

결혼식보다도 더 신경 쓰이는 돌잔치. 초대 손님의 수에 따라 돌잔치의 규모와 형식이 달라진다. 어디서 어떻게 하든 잊지 말고 체크해야 할 기본 돌잔치 매뉴얼.

· 사진 협조 에그콜렉티브

돌잔치 준비 과정

돌잔치에 초대할 손님의 수를 가늠한다

아기의 첫 생일을 함께 할 사람들을 생각한다. 가족들과 가까운 친척, 친구들, 직장 동료 등 그 범위를 어디까지로 하느냐에 따라 돌잔치의 규모가 달라진다. 돌잔치의 규모에 따라 집에서 할지, 돌잔치 장소를 따로 정해야 할지 등 가장 기본적인 준비가 시작된다.

돌잔치 장소를 물색한다

초대 인원을 정한 뒤에 집, 전문 뷔페, 호텔, 패밀리 레스토랑, 일반음식점 등 돌잔치에 적합한 장소를 알아본다. 각각의 장단점이 다르기 때문에 충분히 비교하고 우리 아기 돌잔치에 맞는 곳을 택해야 한다. 아기도 편하고 돌잔치에 초대한 손님들도 편한 곳이어야 하는 것이 기본. 각각의 비용도 다르기 때문에 세세한 것까지 비교하여 고른다.

돌 사진을 찍는다

돌잔치 당일 손님들이 볼 수 있도록 돌 사진은 미리 찍는다. 아기가 걷기 시작하면 오히려 돌 사진을 찍기 어렵기 때문에 아기가 물건을 잡고 서거나 한두 발짝 발걸음을 옮길 때 찍으면 좋다. 미리 찍은 아기 사진은 돌잔치 당일 입구에 장식하고 현수막 등을 만들어 걸어둘 수 있다. 돌잔치 업체를 예약할 경우 아기 돌 사진을 미리 보내달라고 요청하기 때문에 스케줄에 맞춰 돌 사진이 나올 수 있도록 준비한다.

돌잔치 업체와 포토그래퍼를 선정한다

돌잔치 당일 부모는 손님 접대만으로도 바쁜 하루이기 때문에 사진을 찍어줄 사람은 미리 섭외한다. 전문 업체에서 출장을 나와도 사진이나 동영상은 여러 사람이 찍으면 다양한 사진이 나올 수 있으니 가족 중의 한두 사람에게 미리 부탁해두는 것도 좋다. 때로는 전문 포토그래퍼가 놓치는 순간이 담기기도 한다.

손님 답례품을 준비한다

손님 답례품은 오래도록 다녀간 사람들에게 남기 때문에 여간 신경 쓰이는 것이 아니다. 뭔가 특별한 것을 하고 싶겠지만 마지막 순간까지 고민이 된다면 많은 사람들이 선택하는 품목 중에 정하는 것이 안전하다. 답례품은 가지고 가는 사람들에게 부담이 없는 것, 남게 되더라도 보관이 용이한 것을 고른다.

미용실을 예약한다

돌잔치는 지난 1년간 아기가 건강하게 잘 자란 것을 사람들에게 칭찬받는 날이기도 하다. 엄마, 아빠도 외모에 신경 쓴다. 엄마는 헤어와 메이크업을 위해 미용실을 예약하거나, 아기와 함께 움직이기 번잡스럽다면 출장 미용 서비스를 예약한다.

모바일 초대장을 보낸다

돌잔치 한 달 전 초대장을 보낸다. 모바일 초대장을 이용하면 간편하고 받는 사람들도 편하다. 꼭 오기를 청하는 손님에게는 전화로 한 번 더 그 뜻을 전하는 성의를 보이도록 한다.

돌잔치 후, 감사의 인사를 잊지 않는다

가장 잊기 쉬운 것이 감사 인사다. 돌잔치 후 며칠은 피곤해서 꼼짝도 하기 싫겠지만 다녀가신 손님들에게 간단한 감사의 인사를 잊지 말자. 무슨 일이든 마무리가 중요한 법이다.

돌잔치 세부 스케줄

D-3개월 돌잔치 택일, 아기 성장 기간 비디오 촬영, 탄생 일보 자료 수집

D-11주~D-8주 돌잔치 장소 예약, 사진 촬영 사전 조사 및 예약, 스튜디오 촬영, 돌잔치 예산 산출

D-7주~D-5주 돌잔치 이벤트 구상, 성장 비디오 편집, 초대장 만들기, 탄생 일보 · 잡지 만들기

D-4주 초대장 발송

D-2주 보드용 사진 자료 정리, 돌잔치 이벤트 자료 주문, 돌잔치 답례품 선정 및 주문, 풍선 장식 예약 및 주문, 돌잔치 의상 대여 예약, 메이크업 및 헤어 예약, 스냅 사진 및 비디오 도우미 선정, 이벤트 자료 상담 및 시안 받기, 답례품 사진과 문구 정하기, 답례품 시안 확인 및 배송 일정 확인, 현수막 주문하기

D-7일 당일 사진과 비디오 촬영 예약 확인, 현수막 시안 확인, 풍선 재료 주문하기, 돌 의상 사이즈 확인, 사회 멘트와 배경 음악 준비

D-6일 풍선 장식 주문, 메이크업 예약 확인

D-5일 돌 의상 대여 예약 확인, 초대 인원 재확인

D-4일 돌상 예약 확인

D-3일 당일 체크리스트 및 준비물 준비

D-2일 돌잔치 당일 아기용품 준비

D-1일 편안한 수면과 휴식, 당일 돌잔치 성장 비디오 상영, 현수막 배송 및 전시, 풍선 장식 설치, 돌잔치 의류 착용, 당일 메이크업 및 헤어, 돌잔치 이벤트 진열

D+1주 감사인사 문자 및 메일 보내기

D+2주 대여 물품 보증금 입금 확인

돌잔치 답례품 고르기

수건

일반적이고 평범하지만 가장 실패율이 작은 답례품. 남녀노소에 상관없이 필요한 물건이고 무게도 가벼워서 들고 가는 이들의 불평을 듣지 않는다.

수제비누

수제비누는 흔하게 구입할 수 있는 물건이 아니어서 어른들께는 색다른 선물이 될 수 있고, 젊은 사람들은 선호하는 답례품이다. 단순한 모양으로 하는 것이 받는 사람들에게 낫다.

캔들

젊은 사람들이 특히 선호하는 답례품. 하지만 어른들에게서는 호불호가 갈린다.

그릇

영원한 베스트 답례품. 모양과 크기가 다양해서 그릇뿐만 아니라 컵이나 텀블러도 인기다. 하지만 답례품이 남게 되면 보관이 힘들어 주문할 때 수량에 주의한다.

고체방향제

최근 유행하고 있는 답례품. 차 안이나 집 안에 장식품처럼 걸어둘 수 있고 보기에도 좋다. 깨지기 쉬우므로 포장에 신경써야 한다.

소금, 국수 등 먹을거리

상할 염려가 없고 보관이 용이한 소금, 국수 등도 답례품 선물로 인기가 많다. 세상에 소금 같은 존재가 되어라, 국수 가락처럼 장수하기를 바란다는 의미도 담고 있어 좋다.

47 아이와 첫 해외여행

어렸을 때 여행은 아이가 기억도 못한다며 만류하는 사람도 있지만 여행이란 준비하는 그 순간 행복한 것. 아이도 낯선 곳에서 새로운 경험을 통해 한 뼘 더 자란다.

해외여행 떠나기 전

아이 여권을 준비한다

항공사 규정에 따르면 생후 7일 이상의 아기는 비행기 탑승에 문제가 없지만 아기의 해외여행은 최소 6개월 이후에 하는 것이 좋다고 전문가들은 조언한다.

여권 신청은 어른과 동일하며 18세 미만 미성년자에 해당되는 경우 부모, 친권자, 후견인 등이 대리 신청할 수 있다. 여권 사진은 어른과 동일하게 흰색 배경에 가로 3.5㎝, 세로 4.5㎝ 크기로 이마, 귀가 노출된 정면 사진이어야 하며, 장난감이나 보호자가 노출되면 안 된다. 입을 다물고 촬영하기 어려운 신생아의 경우, 입을 살짝 벌리는 것 정도는 허용된다.

아이를 위한 서비스를 체크한다

기내, 호텔 등에서 제공되는 아이만을 위한 서비스엔 무엇이 있는지 체크하고 아이에게 필요한 서비스(아기 요람)는 미리 신청하도록 한다. 기내식이나 호텔 안에서의 키즈 프로그램 등을 잘 활용하면 더욱 즐거운 여행을 만들 수 있다.

기내에서 필요한 물건은 따로 챙긴다

기내에서 아기가 가지고 놀 장난감, 책 등은 무겁더라도 따로 챙겨 들고 타는 것이 좋다. 비행시간이 조금 긴 구간이라면 기본적으로 아기가 먹을 이유식, 간식을 챙겨야 한다. 분유를 탈 물, 젖병도 부족하지 않게 여유를 두고 준비한다. 비행기가 뜻하지 않게 연착할 경우 기내에는 아기를 위한 이유식이나 분유 등이 준비되어 있지 않기 때문에 여유분이 없으면 매우 곤란하다.

항공편 시간은 아기 수면 시간대에 맞춘다

가능하다면 항공편은 아기 수면 시간대에 맞춰 선택하는 게 좋다. 긴 시간 움직임이 부자연스러운 비행기 안에서의 여행은 어른만큼이나 아기에게도 힘든 일이다. 비행기 안에서 아기가 자 준다면 부모에게도 아기에게도 매우 다행스러운 일. 자리에 따라 간이침대 서비스를 신청할 수도 있으므로 미리 체크한다.

유모차는 부모의 선택에 달렸다

여행지에 가서 유모차를 이용할 것인지 여부는 전적으로 부모의 선택에 달려 있다. 물론 여행지에서 유모차를 대여 받을 수 있기도 하나 준비되지 않는 곳도 많기 때문에 휴대용 유모차를 가져갈지 말지는 여행 성격에 따라 선택하도록 한다. 생각보다 효자 노릇을 할 수도 있고, 어쩌면 여행 내내 무거운 짐이 될지도 모르므로 신중하게 생각해야 한다.

해외여행 떠나는 날

여유 있게 공항에 간다
이것저것 준비하다가 비행기 시간에 늦어 아이를 데리고 뛰는 일이 없으려면 조금 서둘러 집을 나서는 것이 좋다.

여행자 보험을 든다
여행지에서 일어날 일에 대비해 보험을 들어두는 것이 좋다. 꼼꼼하게 비교해보고 싶다면 여행 전에 보험사를 통해 그 내용을 확인하거나 여행 떠나는 날 조금 시간을 넉넉히 잡아 공항에 나가면 좋다.

면세구역에서 사야 할 것을 체크한다
면세구역에서 사가면 더 좋을 물건들이 있다. 여행지에서 필요한 물품, 혹은 깜박하고 잊은 물건이 있다면 면세구역에서 쇼핑할 수 있는 기회를 놓치지 말자. 특히, 약국에서 구입해야 할 것이 있다면 출국 전 들러야 한다.

비행기 타기 전 아이와 많이 놀아준다
비행기를 타기 전 대기하는 시간이 생각보다 길어질 수 있다. 이때 아이를 실컷 자게 하면 비행기에선 깨어나 함께 놀아주어야 한다. 아이가 좀 졸려 한다면 잠을 자지 않도록 계속해서 자극해준다. 아이에게는 좀 미안한 일이지만 비행기 안에서 울리는 것보다는 낫다.

이착륙 시 아이가 먹을 것을 준비한다
이착륙 시 귀막힘 증상 때문에 아이들은 힘들어하거나 아파하며 울기도 한다. 이때 아이에게 수유를 하거나 젖꼭지, 빨대컵 등을 빨게 하면 증상을 완화시킬 수 있다. 조금 큰 아이들이라면 사탕이나 껌을 씹게 해도 좋다.

여행 가방 꾸리기

여권
부모의 여권은 물론, 아이의 여권도 잊어서는 안 된다.

상비약
필요한 상비약을 고루 챙긴다. 외국에 나가면 언어의 문제로 원하는 약을 구하기 어려울 수 있으므로 유의한다.

기저귀
여행지에 가서 구입할 수도 있지만 기본적으로 필요한 양만큼을 계산해 가져가는 것이 안심된다.

수영복
아이에게 딱 맞는 수영복을 구입하기가 생각보다 어려울 수 있으므로 미리 챙겨 간다.

튜브
관광지에 엄마가 원하는 아기 전용 튜브가 있을지 알 수 없으므로 가져간다.

방수 기저귀
수영장에 가게 되었을 때 방수 기저귀는 필수. 역시 넉넉한 개수로 챙겨 간다.

스틱분유&액상분유
분유통 그대로 들고 가기에는 부피도 크고 무거우므로 스틱분유나 액상분유를 이용한다. 가능하면 아기가 먹는 분유여야 한다.

시판 이유식
이유식을 시작했다면 시판 이유식을 챙겨 가면 도움이 된다. 아기가 거부할 수 있으므로 여행을 가기 전 미리 맛을 보게 해 익숙해지게 한다.

여벌 옷
여행지의 날씨는 변덕스럽기 마련. 숙소에서 입을 옷과 세탁이 힘들더라도 부족함이 없도록 여벌 옷을 가져가야 한다.

간식거리
낯선 곳에서의 낯선 음식을 아기에게 안심하고 먹일 수 없다. 평소 아기가 잘 먹고 좋아하는 간식을 꼭 챙긴다.

일회용 젖병
젖병을 여러 개 가져가면 부피도 부피려니와 마땅히 씻고 소독을 하기 힘들다. 여행 기간에는 일회용 젖병을 활용하자. 젖꼭지는 여러 개 챙겨 간다.

책과 장난감
아기가 좋아하는 장난감이나 책, 새로운 놀잇감을 가져가면 아기가 지루해할 때 흥미를 끌 수 있다.

베이비워터
아기가 먹을 물이 걱정된다면 아기용 물은 따로 챙겨 간다. 어쩌면 여행 기간 가장 유용할 수 있다.

48 아이와 첫 국내여행

아이가 너무 어려서, 챙길 준비물이 많아서, 비행기 타기가 꺼려져서 아이와의 여행을 망설이고 있다면 아이 여행 전문가의 조언에 귀 기울여보자. 처음이 어렵지 반복되면 추억만큼이나 노하우가 쌓이는 것이 아이와의 여행이다. 온 가족 알콩달콩 행복한 순간을 만끽할 수 있는 국내 여행을 가이드한다.

· 도움말 및 사진 송윤경

알아두면 도움되는 국내여행 팁

아이의 취향을 눈여겨 살펴본다

여행을 통해 아이의 취향을 발견할 수 있다. 아이가 무언가에 호기심을 보인다면 이를 찬찬히 알려줄 수 있는 절호의 기회다.

다양한 방법으로 여행지를 소개한다

여행지를 소개할 때 아이가 이해하지 못할 거라고 생각해 가르쳐주지 않는 것보다는 최대한 쉽게 설명해주자. 장황한 이야기보다 하나의 주제만 기억할 수 있도록 재미있는 부분만 이야기하는 것이 좋다. 놀이나 노래로 기억을 도와주는 것도 방법이다.

아이의 체력을 감안한다

아이가 여행 중 힘들어하거나 체력에 무리가 따르는 것 같다면 쉬어가는 것도 방법이다. 너무 무리를 하면 아이가 아플 수도 있고 피로가 누적돼 밤잠을 설칠 수 있다. 중간중간 아이의 체력 상태를 확인하면서 여행 일정을 맞추는 지혜가 필요하다.

적당한 체온 조절이 중요하다

아이는 조금만 추워도 감기에 걸리거나 피로감이 심해지기 때문에 체온 조절에 신경 써야 한다. 바람이 불거나 기온차가 클 때는 스카프 등으로 목을 따뜻하게 감싸주고,

옷을 여러 겹 입혀 때에 따라 체온을 조절해주는 것이 좋다. 겨울에 너무 두껍게 입히면 땀을 흘렸다가 식으면서 감기에 걸릴 수 있으니 주의한다.

준비물을 잘 챙긴다

여행용 가방에서 여분의 옷과 바람막이 점퍼나 겉옷, 스카프 또는 빕을 의류 파우치에 담아 챙기고, 계절이나 날씨에 따라 비옷 또는 우산, 차양모자, 선글라스, 휴대용 선풍기, 목도리, 장갑, 손난로, 마스크 등을 준비한다. 모유 수유를 할 경우 휴대용 유축기, 모유 수유 저장팩, 젖병과 세척 도구 등을 챙긴다. 그 외 분유나 이유식, 수저, 기저귀, 아기띠, 물티슈와 구강티슈, 손소독제, 아이 물통, 일회용 비닐봉투, 벌레 퇴치제, 비상약품 등도 필요한 준비물이다. 휴대폰에는 가족증명서, 아기수첩 등 아이 관련 서류를 꼭 챙긴다.

수면리듬을 지켜주자

잠이 부족할 경우 다음 날 놀이가 홍겹지 않을 수 있다. 마음은 앞서는데 체력이 받쳐주지 않아 짜증을 낼 수 있으므로 전날 충분한 수면은 필수다.

잠자리가 친근해질 수 있도록 돕는다

아이들은 잠자리 환경이 바뀌면 낯설고 예민해지기 마련이다. 미리 '오늘 OOO의 집'이라고 말하며 친근하게 지낼 수 있도록 돕는다. 또 집에 있는 베개나 담요를 가져와도 좋다. 수면등을 켜고 그림자놀이로 긴장감을 풀어줄 수 있다. 가습기를 챙겨 적정 온도와 습도 등의 잠자리 환경을 만들어주는 것도 중요하다.

아이의 낮잠 시간을 고려한다

여행 중 아이가 갑자기 낮잠을 잔다고 해서 여행을 멈출 필요는 없다. 대안 여행지를 생각해두면 엄마, 아빠도 즐길 수 있기 때문. 박물관이나 미술관처럼 조용하고 땅이 고른 곳에서는 유모차에 태워 재울 수 있는데, 아이가 자는 동안 아빠, 엄마는 전시를 둘러보면 된다. 아이가 차에서 잠들었다면 주변 드라이브 코스를 달리며 즐기는 것도 방법이다.

여행 작가 송윤경 추천!

0세부터 2세까지 추천 가족 여행지

파주 임진각 평화누리

초지에 예술이 더해져 한적함과 평화로움을 느낄 수 있는 나들이 장소로 형형색색의 바람개비 3000개가 아이에게는 신기한 눈요기가 된다. 넓은 공원에 바람이 쉬이 불어 연을 날리기에 좋고, 유아는 바람개비를 준비하는 것도 좋다.

포천 국립수목원

2010년 '유네스코 생물권 보호지역'으로 지정된 수목원으로 약 10만 종의 다양한 식물을 관찰할 수 있으며, 동물과 곤충도 함께 만날 수 있다. 온실 뒤 산책로를 제외하면 유모차로도 이용 가능하다. 프랑스 파리의 프티 팔레Petit Palais를 닮은 온실인 열대식물자원연구센터를 배경 삼으면 이국적인 사진을 남길 수 있다.

안성 팜랜드

놀이동산을 시작으로 편의시설을 지나면 체험목장이 나타난다. 나무 울타리 넘어 10만 평에서 자라는 밀밭 가운데 오래된 콘크리트 건물만이 덩그러니 서 있지만 봄에는 유채꽃, 여름에는 해바라기, 가을에는 핑크뮬리와 코스모스가 한껏 피어나 꽃을 배경으로 가족사진을 남기기 좋다.

춘천 남이섬

동화작가이자 디자이너인 강우현 씨가 맡아 일구면서 예술섬으로 변신한 남이섬은 '나미나라 공화국' 컨셉트로 운영된다. '아이들이 구름처럼 모인다'는 뜻이 담긴 운치원 놀이터를 비롯해 자연놀이터가 섬 곳곳에 자리한다. 전체가 포토존이라고 할 정도로 사진 찍기가 좋은데, 다수의 드라마의 배경이 된 메타세쿼이아 가로수길이 가장 인기다.

강릉 선교장

척박한 환경의 강원도에서 유일한 만석꾼이 지은 조선시대 상류 주택으로 사계절 모두 아름답지만 활래정의 연꽃이 그윽하게 피어나는 초여름에 가기를 권한다. 여름이면 열화당 마당에 능소화가 피어나 사진 찍기 좋으며, 기왓집을 배경으로 푸른 잔디밭을 뛰어노는 해맑은 아이의 사진을 담을 수 있다.

평창 대관령 양떼목장

해발 700m 고지대에 문을 연 최초의 체험 목장으로 초지를 마음껏 누비며 스트레스 없이 자라는 양들을 자유롭게 만날 수 있다. 양 먹이 주기 체험을 할 수 있고, 축사 옆 나무 그네를 타는 것도 재미있다. 5월 중순 철쭉이 필 무렵이나 대관령의 단풍과 설경이 아름다울 때 가면 멋진 사진을 건질 수 있다.

안동 하회마을

2010년 마을 전체가 유네스코 세계문화유산으로 지정된 이곳은 배산임수의 명당이라 할 만하다. 국내 탈 중 유일하게 국보(121호)로 지정된 하회탈 생산지로 마을 입구에 있는 탈박물관에 가면 탈 꾸미기 같은 공예 체험도 할 수 있다. 매년 안동국제탈춤페스티벌이 열리며, 주말에는 하회 별신굿 놀이도 볼 수 있다. 하회마을 강 건너 절벽인 부용대 정상에 오르면 하회마을 전체가 눈에 들어오는데, 마치 연꽃을 닮았다 해서 부용이라 부른다.

부산 다대포

이곳의 매력은 약 1km의 해안사구로 무릎 언저리를 밑돌 정도로 수심이 낮고 완만해 아이가 앉아서 찰방찰방 물놀이와 모래놀이를 하기 좋다. 밤이면 데크로 만든 산책로를 따라 조명이 켜지고, 세계 최대 규모로 기네스북에 오른 바닥분수 '꿈의 낙조분수'에도 불이 켜진다.

경주 뽀로로아쿠아빌리지

아이들에게 친근한 캐릭터 뽀로로와 친구들이 사는 마을을 옮겨 놓은 워터파크다. 물을 무서워하거나 좋아하지 않는 아이도 친숙한 분위기에 몸을 담그기 쉽다. 워터파크에서 사용되는 물은 지하 750m에서 끌어올린 천연수며, 물 온도도 배앓이를 하지 않을 정도로 적당하다.

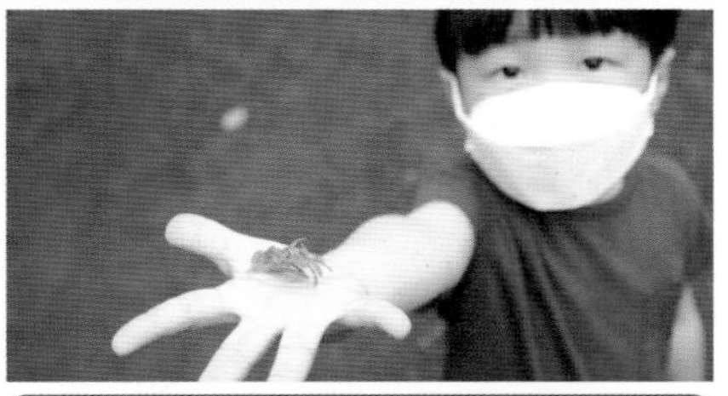

제주 비자림

녹음이 눈을 편안케 하고, 나무가 뿜어내는 피톤치드는 몸을 정화해주는 압도적인 풍경의 숲이다. 천년의 숲 내공을 느낄 수 있는 이곳에서 2800여 그루의 비자나무를 만날 수 있다.

아이 여행 짐싸기 체크리스트

구분	내용	비고
캐리어	날짜별 아이 옷 패키지	체온 조절을 위한 짧은 옷과 긴 옷, 양말과 계절에 따른 내복
	잠옷과 수면조끼	온도 조절이 어려운 날씨나 룸 컨디션이 정확하지 않은 숙소는 잠옷 두께가 다른 두 종류를 준비
	상비약 파우치	체온계, 피부 관련 연고, 해열제, 상처 연고와 밴드, 손톱깎이와 손톱가위
	세면 파우치	목욕용품, 로션, 수딩젤, 치약, 칫솔
	여분의 기저귀	물놀이를 하면 방수 기저귀
여행용 가방	여분의 옷	갈아입히기 편한 옷, 바람막이 점퍼나 겉옷, 스카프 또는 빕
	날씨에 따른 준비물	비옷 또는 우산, 휴대용 선풍기, 목도리, 장갑, 손난로, 마스크
	모유 수유	휴대용 유축기, 모유 수유 저장팩, 젖병과 세척도구 등
음식 가방	먹을거리와 준비물	주전부리와 영양제, 물과 음료, 구강 티슈, 아이스팩
	분유 혹은 이유식	분유나 이유식, 젖병과 세척도구, 세제, 수저 등
활동 가방	유아용	긴급 간식, 휴대 소변통과 변기 커버, 아이 물통, 물티슈와 휴대용 화장지, 벌레퇴치제, 선크림, 차양모자, 선글라스, 일회용 비닐봉투
	영아용	아기띠와 기저귀
휴대폰	아이 관련 서류(가족증명서, 아기수첩), 아이 아플 때 사용하는 앱, 여행지 병원, 약국, 편의시설 등의 위치를 확인할 수 있는 앱, 동요나 아이가 좋아하는 음악 및 이야기 파일	
부피 큰 물건	유모차, 차량용 햇빛가리개, 휴대용 아기의자 또는 부스터, 범보의자	

아이와의 여행을 위한 참고 도서

아이 좋아 가족 여행

송윤경 지음 / 중앙books

영아부터 7세 이하의 아이까지 온 가족 만족하며 누비기 좋은 전국의 여행 명소를 소개한다. 아이가 있어 힘든 여행이 아니라 아이와 함께 다 같이 행복한 지속가능형 가족여행법을 알려준다. 경기, 강원, 충청, 전라, 경상, 제주 등 권역별 여행 코스와 반드시 둘러봐야 할 명소, 맛집, 숙소를 한데 엮었으며, 스냅 사진 포인트, 여행지에서 즐기는 알찬 엄마표 연계 놀이법까지 배울 수 있다.

싣는 순서

영양 만점 이유식

남편과 둘이 살며 반찬이랄 것도 없는 생활을 하다가 막상 아기 이유식을 시작할 때가 되면 엄마는 매우 고민스럽다. 대체 재료는 무엇을 준비해야 할지, 아기가 먹으려면 어떻게 조리해야 할지, 양은 어느 정도가 적당한지 걱정이 이만저만 아니다. 이유식은 시기별로 먹일 수 있는 재료들과 조리법이 다르다. 알고 보면 쉬운 단계별 식재료 손질법과 아기들이 잘 먹는 다양한 이유식을 배워본다. 또 요즘 엄마들이 선호하는 우리 아이 자존감 높이는 즐거운 식사법, 아이주도이유식의 개념과 다양한 레시피를 소개한다.

49 단계별 식재료 준비

이유식은 생각보다 공을 많이 들여야 하는 작업이다. 아기에게 트러블 없이 안전하게 먹여도 되는 식재료와 단계별 손질법을 소개한다.

재료별 손질법	초기 생후 4~5개월	중기 생후 6~8개월	후기 생후 9~10개월 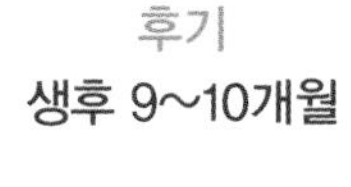	완료기 생후 11~12개월
 쌀	 곱게 갈아 10배죽을 끓인다.	 5배죽을 끓인다.	 3배죽을 끓인다.	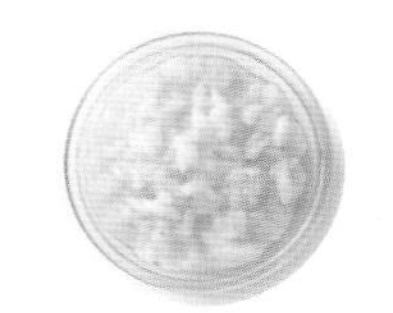 물기 있는 진밥을 짓는다.
 감자&고구마	 곱게 갈아준다.	 0.3cm 크기로 썰어 삶는다.	 0.7cm 크기로 썰어 삶는다.	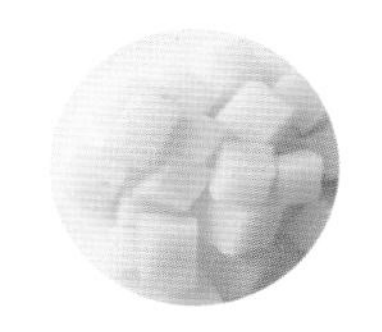 1cm 크기로 썰어 삶는다.
 시금치	 잎 부분만 데쳐서 곱게 갈아준다.	 잎 부분만 데쳐서 0.3cm 크기로 썰어준다.	 잎 부분만 데쳐서 0.7cm 크기로 썰어준다.	 줄기까지 데쳐서 1cm 크기로 썰어준다.
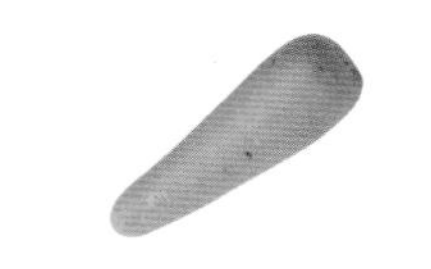 당근	 먹이지 않는다.	 0.3cm 크기로 썰어 삶는다.	 0.7cm 크기로 썰어 삶는다.	 1cm 크기로 썰어 삶는다.

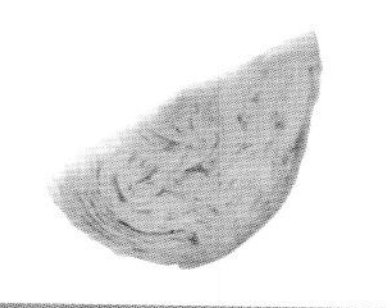 양배추	 심지는 제거하고 찐 뒤 갈아준다.	 심지는 제거하고 찐 뒤 0.3cm 크기로 썬다.	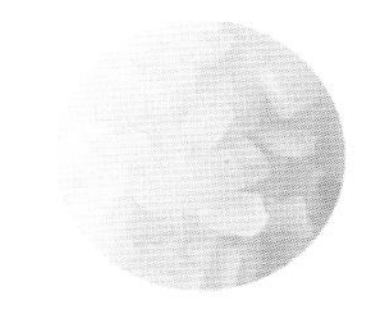 심지는 제거하고 찐 뒤 0.7cm 크기로 썬다.	 살짝 찐 뒤 1cm 크기로 썬다.
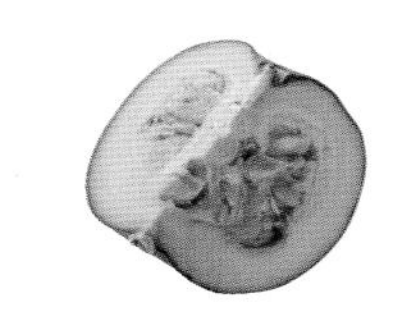 단호박	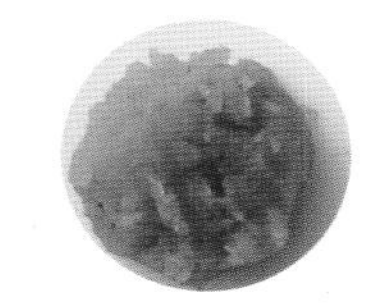 씨를 제거하고 찐 다음 으깬다.	 씨를 제거하고 찐 뒤 0.3cm 크기로 썬다.	 씨를 제거하고 찐 뒤 0.7cm 크기로 썬다.	 씨를 제거하고 찐 뒤 1cm 크기로 썬다.
 브로콜리	 꽃송이만 곱게 갈아준다.	 꽃송이만 데쳐 곱게 다진다.	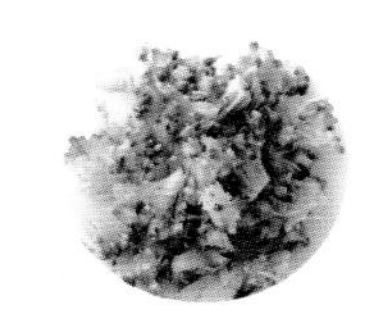 데쳐서 0.7cm 크기로 썬다.	 데쳐서 1cm 크기로 썬다.
 쇠고기	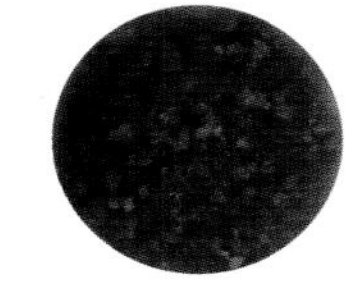 곱게 갈아 충분히 익힌다.	 잘게 썰어 충분히 익힌다.	 0.3cm 크기로 썰어 삶는다.	 0.5cm 크기로 썰어 삶는다.
 흰살 생선	먹이지 않는다.	 껍질과 가시를 발라내고 곱게 다진다.	 삶아서 0.7cm 크기로 썬다.	 삶아서 1cm 크기로 썬다.
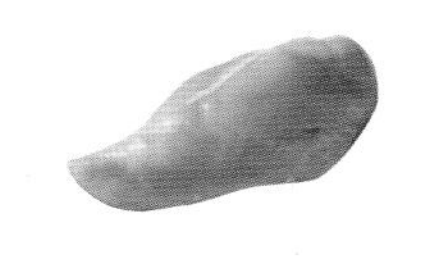 닭가슴살 · 닭안심	먹이지 않는다.	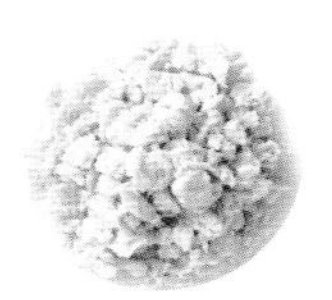 삶아서 곱게 다진다.	 삶아서 0.3cm 크기로 썬다.	 삶아서 0.5cm 크기로 썬다.
 달걀	먹이지 않는다.	완숙한 노른자만 곱게 으깨어 먹인다.	 완숙한 노른자만 굵게 으깨어 먹인다.	 흰자, 노른자 모두 완숙해 먹인다.

이유식 초기 생후 4~5개월

숟가락이나 음식물을 혀로 밀어내지 않는다면 이유식을 시작해도 좋을 시기. 이제 모유나 분유 외 다른 영양분을 충분히 섭취하게 해 지능 발달과 성장을 도와야 한다.

· **요리** 문인영(101 Recipe)

초기 이유식 원칙

쌀미음부터 시작한다

이유식은 쌀미음부터 시작하는 것이 원칙. 생후 4개월이면 위에서 전분 분해 효소가 나와 백미 정도는 쉽게 소화할 수 있다. 숟가락을 기울이면 주르륵 흘러내릴 정도의 쌀미음(쌀:물=1:10)으로 시작한다.

한 번에 한 가지씩 첨가한다

쌀 이외의 다른 식재료를 첨가할 때는 한 번에 한 가지씩만 더해 2~3일간 먹여보면서 아기에게 알레르기 반응이 없는지 살펴야 한다. 기침, 구토, 발진 같은 알레르기 반응을 보인다면 초기 단계에서 피해야 한다.

모유나 분유도 충분히 먹인다

이유식 초기에는 이유식만으로는 아기에게 충분한 영양분을 줄 수 없다. 아직은 이유식을 잘 먹지 못하고 흘리는 양이 많기 때문에 이유식을 먹은 후에는 수유를 해서 충분한 영양 공급과 함께 포만감을 느끼게 하는 것이 좋다.

초기에 필요한 식품군 및 양과 횟수

식품군	한 끼 분량	횟수	가능 식품	피할 식품
곡류	불린 쌀 5~10g (1~2작은술)	1회	쌀, 찹쌀, 오트밀, 감자, 고구마	쌀, 찹쌀, 오트밀, 감자, 고구마 외 전부
육류	5~10g (1~2작은술)	1회	쇠고기(안심, 우둔살, 설도) 닭고기(안심, 가슴살)	돼지고기
채소류	5~10g (1~2작은술)	1~2회(쌀미음에 넣어 먹이거나 즙을 내어 끓인 다음 희석해서 먹인다)	감자, 애호박, 청경채, 양배추	향이 강하고 섬유질이 많은 채소 (시금치, 죽순, 우엉 등)
과일류	10~20g	1~2회(쌀미음에 넣어 먹이거나 즙을 내어 끓인 다음 희석해서 먹인다)	사과, 배, 수박	토마토, 자두, 포도, 참외, 복숭아, 딸기, 키위, 오렌지, 레몬, 체리, 망고 등

초기의 하루 치 열량과 영양소

열량	단백질	칼슘	철분	비타민
500㎉	15~20g	200~300㎎	2~6㎎	350㎍RE

※ 이유식 재료는 1회 분량입니다.

쌀미음

재료

쌀 15g, 물 1컵

이렇게 만드세요

1 쌀을 깨끗이 씻어 생수에 담가 30분간 불린다.
2 불린 쌀과 물 ¼컵을 믹서에 넣고 입자가 남지 않을 때까지 곱게 갈아준다.
3 냄비에 ②와 남은 물 ¾컵을 넣고 센 불에서 주걱으로 살살 저어가면서 끓인다.
4 끓기 시작하면 약한 불로 줄이고 10분 동안 더 끓인 뒤 고운 체에 내린다.

감자미음

재료

쌀 15g, 감자 10g, 물 1컵

이렇게 만드세요

1 불린 쌀과 물 ¼컵을 믹서에 넣고 입자가 남지 않을 때까지 곱게 갈아준다.
2 감자는 껍질을 벗겨 물 1컵과 함께 끓는 물에 3분간 삶은 후 건진 다음 숟가락으로 으깨 체에 내린다.
3 냄비에 ①, ②의 감자, 남은 물 ¾컵을 넣고 센 불에서 주걱으로 살살 저어가면서 끓인다.
4 끓기 시작하면 약한 불로 줄이고 10분간 더 끓인 뒤 고운 체에 내린다.

양배추미음

재료

쌀 15g, 양배추 10g, 물 1컵

이렇게 만드세요

1 양배추는 심을 제거하고 부드러운 잎 부분만 잘라 끓는 물에 데친다.
2 불린 쌀과 데친 양배추, 물 ½컵을 믹서에 넣고 입자가 남지 않도록 곱게 갈아준다.
3 냄비에 ②와 남은 물 ½컵을 넣고 센 불에서 주걱으로 살살 저어가면서 끓인다.
4 끓기 시작하면 약한 불로 줄이고 10분간 더 끓인 뒤 고운 체에 내린다.

애호박미음

재료

쌀 15g, 애호박 10g, 물 1컵

이렇게 만드세요

1 불린 쌀과 물 ¼컵을 믹서에 넣고 입자가 남지 않을 때까지 곱게 간다.
2 애호박은 초록색 껍질과 씨를 제거하고 끓는 물에 3분간 삶은 후 숟가락으로 으깨어가며 체에 내린다.
3 냄비에 ①, ②의 애호박, 남은 물 ¾컵을 넣고 센 불에서 주걱으로 살살 저어가면서 끓인다.
4 끓기 시작하면 약한 불로 줄이고 10분간 더 끓인 뒤 고운 체에 내린다.

청경채미음

재료

쌀 15g, 청경채 10g, 물 1컵

이렇게 만드세요

1 청경채는 'V'자 모양으로 잘라 두꺼운 줄기를 제거하고 부드러운 잎 부분만 끓는 물에 데친다.
2 불린 쌀과 청경채, 물 ½컵을 믹서에 넣고 곱게 갈아준다.
3 냄비에 ②와 남은 물 ½컵을 넣고 센 불에서 주걱으로 살살 저어가면서 끓인다.
4 끓기 시작하면 약한 불로 줄이고 10분간 더 끓인 뒤 고운 체에 내린다.

브로콜리미음

재료

쌀 15g, 브로콜리 5g, 물 1컵

이렇게 만드세요

1 불린 쌀과 물 ¼컵을 믹서에 넣고 입자가 남지 않을 때까지 곱게 갈아준다.
2 브로콜리는 줄기 부분은 제거하고 부드러운 꽃봉오리 부분만 잘라 끓는 물에 데친 후 물 ¼컵과 함께 믹서에 곱게 간다.
3 냄비에 ①, ②의 브로콜리, 남은 물 ½컵을 넣고 센 불에서 주걱으로 살살 저어가면서 끓인다.
4 끓기 시작하면 약한 불로 줄이고 10분간 더 끓인 뒤 고운 체에 내린다.

쇠고기미음

재료

쌀 15g, 쇠고기(안심) 10g, 물 1컵

이렇게 만드세요

1 쇠고기는 찬물에 30분간 담가 핏물을 뺀다.
2 불린 쌀과 물 ¼컵을 믹서에 넣고 입자가 남지 않을 때까지 곱게 갈아준다.
3 물 ¼컵과 쇠고기를 냄비에 담고 끓인다. 끓어오르면 불순물은 건져내고 약한 불로 줄여 3분간 익혀 믹서에 곱게 간다.
4 냄비에 ②, ③의 쇠고기, 남은 물 ½컵을 넣고 센 불에서 주걱으로 살살 저어가면서 끓인다.
5 끓기 시작하면 약한 불로 줄이고 10분간 더 끓인 뒤 고운 체에 내린다.

쇠고기 배미음

재료

쌀 15g, 쇠고기(안심) 5g, 배 5g, 물 1컵

이렇게 만드세요

1 쇠고기는 찬물에 30분간 담가 핏물을 뺀다.
2 불린 쌀과 물 ¼컵을 믹서에 넣고 입자가 남지 않을 때까지 곱게 갈아준다.
3 끓는 물에 껍질을 벗긴 배를 살짝 데치고, 쇠고기를 3분간 삶아 건진다. 믹서에 배와 쇠고기, 물 ¼컵을 넣고 곱게 간다.
4 냄비에 ②, ③의 쇠고기와 배, 남은 물을 넣고 센 불에서 주걱으로 살살 저어가면서 끓인다.
5 끓기 시작하면 약한 불로 줄이고 10분간 더 끓인 뒤 고운 체에 내린다.

51

이유식 중기 생후 6~8개월

칼로리보다 영양소가 더 중요한 시기로 다양한 재료를 맛보게 하되 어른이 먹는 음식을 벌써부터 먹여서는 안 된다. 이제부터 바른 식습관도 함께 잡아가야 한다.

중기 이유식 원칙

하루 두 번 이유식을 먹인다

중기부터는 아기 밥공기로 반 공기 정도 분량의 이유식을 오전과 오후에 두 번 먹인다. 아기가 활동량이 많아 새로운 음식을 줘도 잘 받아먹을 기분 좋은 배고픈 시간을 이용한다. 초기보다 좀 더 씹어야 하기 때문에 먹는 시간이 좀 더 걸리게 된다.

약간 씹히는 느낌이 나도록 한다

두부 정도의 굳기로 약간 씹히는 정도로 조리한다. 치아의 발육을 위해서나 아기의 씹고자 하는 욕구를 충족시키기 위해서도 재료를 완전히 갈지 않고 조금 씹힐 정도로 하는 것이 좋다. 생후 8개월에는 손으로 집어 먹을 수 있는 음식을 준비하고, 컵도 사용하기 시작한다.

정해진 자리에서 먹인다

이유식을 먹을 때는 언제나 정해진 자리에서 먹이도록 한다. 아기용 식탁 의자를 준비하고, 이유식을 먹는 동안은 정해진 곳에서 움직이지 않고 먹어야 한다는 것을 알려줘야 바른 식습관을 갖게 된다.

중기에 필요한 식품군 및 양과 횟수

식품군	한 끼 분량	횟수	가능 식품	피할 식품
곡류	불린 쌀 15~20g (3~4작은술)	2회	쌀, 찹쌀, 오트밀, 차조, 감자, 고구마	단단한 잡곡 (밀, 보리, 현미 등)
육류	10~20g (2~4작은술)	한 가지를 택해서 1~2회	쇠고기(등심, 안심, 우둔살), 닭고기(안심), 가슴살	돼지고기
어류	10~20g (2~4작은술)		흰살 생선, 새우살, 게살 등	등푸른 생선, 오징어, 조개류
알류	달걀노른자 ½개		달걀노른자	달걀흰자
콩류	두부 10~20g(1/40~1/20모), 콩 3알		두부, 대부분의 콩	두유
우유 및 유제품	유아용 치즈 ½장 또는 플레인 요구르트 ½개	1회(이유식에 넣어서 또는 간식으로 준다)		생우유
채소류	10~20g (2~4작은술)	2~3회(이유식에 넣어서 또는 간식으로 준다)	시금치, 당근, 애호박, 브로콜리, 양배추	향이 강하고 섬유질이 많은 채소 (죽순, 우엉, 깻잎)
과일류	20~30g (4~6작은술)	1~2회(이유식에 넣어서 또는 간식으로 준다)	사과, 배, 수박 등	복숭아, 오렌지, 레몬, 체리, 망고, 파인애플
유지류	2.5g(1~2방울)	1~2회	참기름, 식용유, 버터, 잣, 호두, 깨	버터를 제외한 동물성 지방류, 땅콩류

중기의 하루 치 열량과 영양소

열량	단백질	칼슘	철분	비타민
750㎉	20g	300㎎	8㎎	350㎍RE

※ 이유식 재료는 1회 분량입니다.

쇠고기 양배추죽

재료

쌀 20g, 쇠고기(안심) 15g, 양배추 5g, 물 1컵

이렇게 만드세요

1 쇠고기는 찬물에 30분간 담가 핏물을 뺀다.
2 불린 쌀과 물 ¼컵을 믹서에 넣고 작은 입자가 보일 정도로 갈아준다.
3 냄비에 남은 물과 쇠고기를 담고 끓인다. 끓어오르면 약한 불로 줄여 3분간 삶아 건진 다음 육수는 면포에 거른다.
4 삶은 쇠고기는 사방 0.3㎝ 크기로 썬다. 양배추는 줄기를 도려내고 잎만 골라 같은 크기로 썬다.
5 냄비에 쌀과 쇠고기, ③의 육수를 넣고 센 불에서 주걱으로 살살 저어가면서 끓인다.
6 쌀이 퍼지면 약한 불로 줄이고 양배추를 넣어 한소끔 더 끓인다.

닭안심 양파죽

재료

쌀 20g, 닭고기(안심) 15g, 양파 10g, 물 1컵, 우유 적당량

이렇게 만드세요

1 닭고기는 지방과 힘줄을 제거하고 얇게 저며 우유에 10분간 담가 비린내를 없앤다.
2 불린 쌀과 물 ¼컵을 믹서에 넣고 작은 입자가 보일 정도로 갈아준다.
3 냄비에 남은 물을 붓고 끓으면 양파를 데쳐 건진다.
4 같은 냄비에 닭고기와 남은 물을 붓고 끓인다. 끓어오르면 3분 동안 삶아 건진 다음 육수는 면포에 거른다. 삶은 닭고기는 사방 0.3㎝ 크기로 썬다.
5 냄비에 쌀과 ④의 닭고기, 육수를 넣고 센 불에서 주걱으로 살살 저어가면서 끓인다.
6 쌀이 퍼지면 약한 불로 줄이고 양파를 넣어 한소끔 더 끓인다.

시금치 당근죽

재료

쌀 20g, 시금치 · 당근 15g씩, 물 1컵, 모유(또는 분유) ¼컵

이렇게 만드세요

1 불린 쌀과 물 ¼컵을 믹서에 넣고 작은 입자가 보일 정도로 갈아준다.
2 시금치는 잎부분만 골라 얇게 썬 당근과 끓는 물에 각각 데친 후 사방 0.3㎝ 크기로 썬다.
3 냄비에 쌀과 시금치, 당근, 남은 물을 넣고 센 불에서 주걱으로 살살 저어가면서 끓인다.
4 쌀이 퍼지면 약한 불로 줄이고 모유 또는 분유를 넣어 한소끔 더 끓인다.

감자 버섯죽

재료

쌀 25g, 감자 20g, 양송이버섯 10g, 물 1컵, 모유(또는 분유) ¼컵

이렇게 만드세요

1 불린 쌀과 물 ¼컵을 믹서에 넣고 작은 입자가 보일 정도로 갈아준다.
2 양송이버섯은 밑동을 제거하고 잘게 다진다. 감자는 껍질을 벗긴 후 사방 0.3㎝ 크기로 썰어 끓는 물에 데친다.
3 냄비에 쌀과 양송이버섯과 감자, 남은 물 ¾컵을 넣고 센 불에서 주걱으로 살살 저어가면서 끓인다.
4 쌀이 퍼지면 약한 불로 줄이고 모유 또는 분유를 넣어 한소끔 더 끓인다.

단호박 양파죽

재료

쌀 20g, 단호박 · 양파 15g씩, 물 1컵, 모유(또는 분유) ¼컵

이렇게 만드세요

1 불린 쌀과 물 ¼컵을 믹서에 넣고 작은 입자가 보일 정도로 갈아준다.
2 단호박은 껍질과 씨를 제거하고, 사방 0.3cm 크기로 썰어 삶는다.
3 양파는 사방 0.3㎝ 크기로 썰어 끓는 물에 살짝 데친다.
4 냄비에 쌀, 단호박, 양파와 남은 물 ¾컵을 넣고 센 불에서 주걱으로 살살 저어가면서 끓인다.
5 쌀이 퍼지면 약한 불로 줄이고 모유 또는 분유를 넣어 살살 저어가면서 한소끔 더 끓인다.

닭안심 브로콜리죽

재료

쌀 25g, 닭고기(안심) 15g, 브로콜리 10g, 물 1컵, 모유(또는 분유) ¼컵, 우유 적당량

이렇게 만드세요

1 닭고기는 지방과 힘줄을 제거하고 얇게 저며 우유에 10분간 담가 비린내를 없앤다.
2 불린 쌀과 물 ¼컵을 믹서에 넣고 작은 입자가 보일 정도로 갈아준다.
3 냄비에 남은 물과 닭고기를 넣고 끓인다. 끓어오르면 약한 불로 줄여 3분간 삶아 건진 다음 육수는 면포에 거른다. 닭고기는 사방 0.3㎝ 크기로 썬다.
4 브로콜리는 부드러운 꽃봉오리 부분만 잘라 끓는 물에 데친 후 사방 0.3㎝ 크기로 썬다.
5 냄비에 ②, ③, ④를 넣고 센 불에서 주걱으로 저어가며 끓인다.
6 쌀이 퍼지면 약한 불로 줄이고 모유 또는 분유를 넣고 주걱으로 살살 저어가면서 한소끔 더 끓인다.

당근 대구살죽

재료

쌀 25g, 대구살 15g, 당근 10g, 물 1컵

이렇게 만드세요

1 불린 쌀과 물 ¼컵을 믹서에 넣고 작은 입자가 보일 정도로 갈아준다.
2 냄비에 남은 물을 붓고 끓으면 얇게 썬 당근을 데치고, 대구살은 결대로 찢어 곱게 다진 뒤 3분간 삶아 건진다. 육수는 따로 면포에 거른다.
3 당근과 대구살은 사방 0.3㎝ 크기로 잘게 썬다.
4 냄비에 ②의 육수와 쌀과 ③을 넣고 센 불에서 주걱으로 저어가며 끓인다.
5 쌀이 퍼지도록 끓으면 약한 불로 줄이고 주걱으로 저어가면서 한소끔 더 끓인다.

대구살 양배추 시금치죽

재료

쌀 25g, 대구살 15g, 양배추 · 시금치 5g씩, 물 1컵

이렇게 만드세요

1 불린 쌀과 물 ¼컵을 믹서에 넣고 작은 입자가 보일 정도로 곱게 간다.
2 남은 물을 붓고 끓으면 양배추와 시금치를 데치고, 다진 대구살을 3분간 삶아 건진다.
3 양배추와 시금치는 사방 0.3㎝ 크기로 썬다.
4 냄비에 모든 재료를 넣고 센 불에서 주걱으로 저어가며 끓인다.
5 쌀이 퍼지도록 끓으면 약한 불로 줄이고 주걱으로 살살 저어가면서 한소끔 더 끓인다.

이유식 후기 생후 9~10개월

활동량이 늘어난 아기가 5대 영양소를 골고루 섭취할 수 있도록 식단을 짠다. 쇠고기, 닭고기 등 단백질 식품을 하루 2~3회 정도 먹이는 것이 좋다.

후기 이유식 원칙

하루 세 번 가족과 식사한다

이제 아기는 하루 세 번 이유식을 먹게 되는데, 가능하면 가족들의 식사 시간과 함께 하면 좋다. 식사 시간은 너무 길지 않게 30분 정도로 제한하고 손으로 쥐고 먹을 수 있는 음식을 준비해 스스로 먹게 해도 좋다.

바나나 굳기 정도로 조리한다

쌀알이 그대로 보이는 된죽으로 시작해 후반에는 진밥을 먹을 수 있도록 진행한다. 밥을 끓여 무르게 만드는데, 바나나 굳기 정도가 적당하다. 한 끼 분량은 아기 밥그릇으로 된죽 한 공기 정도가 적당하다.

간식을 준비한다

하루 세 번 이유식과 수유만으로는 하루에 필요한 에너지가 충분하지 않을 수 있으므로 삶은 고구마나 감자, 과일 등 간식을 준비하는 것이 좋다. 다만 간식을 많이 먹여 이유식에 영향을 주지 않도록 주의한다. 간식은 이유식에 영향을 주지 않는 정도의 양으로 조절해야 한다.

후기에 필요한 식품군 및 양과 횟수

식품군	한 끼 분량	횟수	가능 식품	피할 식품
곡류	불린 쌀 20~30g (4~6작은술)	3회	쌀, 찹쌀, 오트밀, 감자, 고구마 등	단단한 잡곡 (밀, 보리, 현미 등)
육류	15~25g (3~5작은술)	한 가지를 택해서 2~3회	쇠고기(등심, 안심, 우둔살), 닭고기(안심, 가슴살)	돼지고기
어류	15~25g (3~5작은술)		흰살 생선, 새우살, 게살, 연어살 등	등푸른 생선, 오징어, 조개류
알류	달걀노른자 1개		달걀노른자	달걀흰자
콩류	두부 20~30g (½~⅒모), 콩 3~5알		두부, 대부분의 콩	두유
우유 및 유제품	유아용 치즈 1장 또는 플레인 요구르트 1개	1회		생우유
채소류	20~30g (4~6작은술)	3~4회 (이유식에 넣는다)	시금치, 당근, 애호박, 브로콜리, 양배추 등	죽순 등 향이 강하고 섬유질이 많은 채소
과일류	20~40g (4~6작은술)	1~2회	사과, 배, 수박, 감, 딸기, 키위 등	복숭아, 오렌지, 레몬, 체리, 망고
유지류	2.5g (1~2방울)	2~3회	참기름, 식용유, 버터, 잣, 호두, 깨	버터를 제외한 동물성 지방류, 땅콩류

후기의 하루 치 열량과 영양소

열량	단백질	칼슘	철분	비타민
750kcal	20g	300mg	8mg	350㎍RE

※ 이유식 재료는 1회 분량입니다. 진밥은 불린 쌀과 물을 1:4 비율로 만듭니다.

애호박 두부무른밥

재료

진밥 60g, 애호박 · 두부 · 옥수수 30g씩, 채소육수 ½컵, 참기름 1작은술

이렇게 만드세요

1 애호박과 두부는 사방 0.7㎝ 크기로 썬다. 옥수수는 쪄서 알갱이만 준비한다.
2 뜨겁게 달군 냄비에 참기름을 두르고 애호박을 넣어 투명해질 때까지 볶는다.
3 ②에 진밥과 채소육수, 옥수수를 넣고 센 불에서 주걱으로 저어가며 한소끔 끓인다.
4 약한 불로 줄여 두부를 넣고 뚜껑을 덮어 10분간 익힌다.

버섯 시금치무른밥

재료

진밥 60g, 양송이버섯 30g, 시금치 20g, 물 ½컵

이렇게 만드세요

1 양송이버섯은 밑동을 제거하고, 갓만 골라 사방 0.7㎝ 크기로 썬다.
2 시금치는 줄기 부분은 제거하고 잎만 골라 끓는 물에 살짝 데친 후 사방 0.7㎝ 크기로 썬다.
3 냄비에 진밥과 ①과 ②, 물을 넣고 센 불에서 주걱으로 저어가며 끓인다.
4 끓어오르면 약한 불로 줄인 후 뚜껑을 덮고 10분간 익힌다.

흑미 닭가슴살무른밥

재료

흑미진밥 60g, 닭가슴살 30g, 물 ½컵

이렇게 만드세요

1 흑미는 쌀과 1:10 정도의 비율로 무르게 밥을 짓는다. 이때 흑미는 찰흑미로 6시간 이상 충분히 불려서 사용한다.
2 닭가슴살은 지방을 제거하고 삶아 사방 0.7㎝ 크기로 썬다.
3 냄비에 흑미진밥과 닭가슴살, 물을 넣고 센 불에서 주걱으로 저어가며 끓인다.
4 끓어오르면 약한 불로 줄인 후 뚜껑을 덮고 10분간 익힌다.

닭가슴살 단호박무른밥

재료

진밥 60g, 닭가슴살 30g, 단호박 20g, 물 ½컵

이렇게 만드세요

1 닭가슴살은 지방을 제거하고 삶아 사방 0.7㎝ 크기로 썬다.
2 단호박은 껍질과 씨를 제거하고 사방 0.7㎝ 크기로 썰어 삶는다.
3 냄비에 진밥과 ①과 ②, 물을 넣고 센 불에서 주걱으로 저어가며 끓인다.
4 끓어오르면 약한 불로 줄인 후 뚜껑을 덮고 10분간 익힌다.

대구살수프

재료

진밥 60g, 대구살 30g, 물 ½컵, 모유(또는 분유) ¼컵

이렇게 만드세요

1 대구살은 결대로 찢어 삶은 뒤 사방 0.7㎝ 크기로 썬다.
2 냄비에 진밥과 대구살, 물을 넣고 센 불에서 주걱으로 저어가며 끓인다.
3 끓어오르면 모유 또는 분유를 넣어 농도를 조절하면서 한소끔 끓인다.

고구마 대구살 브로콜리무른밥

재료

진밥 60g, 고구마 30g 브로콜리 · 대구살 20g씩, 물 ½컵

이렇게 만드세요

1 고구마는 껍질을 벗기고 사방 0.7㎝ 크기로 썰어 끓는 물에 데친다.
2 브로콜리는 꽃봉오리만 골라 데친 후 사방 0.7㎝ 크기로 썬다. 대구살은 결대로 찢어 삶은 뒤 사방 0.7㎝ 크기로 썬다.
3 냄비에 진밥과 ①과 ②, 물을 넣고 센 불에서 주걱으로 저어가며 끓인다.
4 끓어오르면 약한 불로 줄인 후 뚜껑을 덮고 10분간 익힌다.

팽이버섯 브로콜리 쇠고기무른밥

재료

진밥 60g, 쇠고기 30g, 팽이버섯 · 브로콜리 10g씩, 물 ½컵

이렇게 만드세요

1 쇠고기는 찬물에 30분간 담가 핏물을 뺀다.
2 냄비에 물과 쇠고기를 넣고 끓인다. 끓어오르면 3분 동안 삶아 건진 다음 육수는 면포에 거르고, 쇠고기는 사방 0.7㎝ 크기로 썬다.
3 팽이버섯은 0.7㎝ 길이로 썰고, 브로콜리는 꽃봉오리만 잘라 끓는 물에 살짝 데친 뒤 찬물에 헹궈 사방 0.7㎝ 크기로 썬다.
4 냄비에 진밥과 쇠고기, 팽이버섯, 브로콜리, 육수를 넣고 센 불에서 주걱으로 저어가며 끓인다.
5 끓어오르면 약한 불로 줄인 후 뚜껑을 덮고 10분간 익힌다.

채소 두부무른밥

재료

진밥 60g, 감자 20g, 당근 · 애호박 · 두부 15g씩, 물 ½컵, 참기름 1작은술

이렇게 만드세요

1 당근과 애호박은 사방 0.7㎝ 크기로 썰어 끓는 물에 데친다.
2 껍질 벗긴 감자와 두부는 사방 0.7㎝ 크기로 썬다.
3 뜨겁게 달군 냄비에 참기름을 두르고 감자를 넣어 투명해질 때까지 볶는다.
4 ③에 진밥과 당근과 애호박, 물을 넣고 센 불에서 주걱으로 저어가며 끓인다.
5 끓어오르면 약한 불로 줄여 두부를 넣고 뚜껑을 덮고 10분간 끓인다.

이유식 완료기 생후 11~12개월

먹일 수 있는 식재료의 범위가 좀 더 넓어지므로 많은 재료를 활용하고, 다양한 조리법으로 식사 준비를 한다. 이유식에서 유아식으로 넘어가는 중요한 시기다.

완료기 이유식 원칙

진밥과 국, 반찬을 차린다

쌀과 물의 비율을 1:2 정도로 해서 진밥을 만들어 국, 반찬과 함께 먹게 한다. 이제부터 아기에게 제대로 된 식습관을 만들어가야 하므로 어른과 같은 식사 형태로 해주고 인스턴트식품은 먹이지 말고, 나쁜 식습관도 단호하게 제지한다.

하루 두 번 간식을 준다

아직 아기가 한꺼번에 많은 양을 먹을 수 없어 세 끼 식사만으로는 활동에 필요한 에너지가 부족하다. 오전, 오후에 간식을 준비하는데 과일이나 치즈, 삶은 고구마, 밤 등이 좋다.

다양한 조리법으로 편식을 예방한다

매번 같은 방법의 조리법으로 만든 음식은 아기가 싫증을 낼 수 있고, 나중에 다른 조리법의 음식을 안 먹게 될 수도 있다. 한 가지 재료로 여러 가지 조리법을 이용해 만들어 애초부터 편식하지 않게 해야 한다. 엄마가 조금 더 부지런하게 움직여야 아기에게 건강한 밥상을 차릴 수 있다.

완료기에 필요한 식품군 및 양과 횟수

식품군	한 끼 분량	횟수	가능 식품	피할 식품
곡류	불린 쌀 30~40g (6~8작은술)	3회	대부분의 곡류	
육류	25~30g (5~6작은술)	한 가지를 택해서 3회	쇠고기(등심, 안심, 우둔살), 닭고기(안심, 가슴살)	돼지고기
어류	25~30g (5~6작은술)		흰살 생선, 새우살, 게살, 연어살 등	등푸른 생선, 오징어, 조개류
알류	달걀노른자 1개, 메추리알 2~3개		달걀노른자	달걀흰자
콩류	두부 25~30g, 콩 5알		두부, 대부분의 콩	두유
우유 및 유제품	유아용 치즈 1장 또는 플레인 요구르트 1개	1회(모유나 분유를 뗀 후부터는 생우유를 2회 정도 간식으로 줄 수 있다)		
채소류	20~40g (4~8작은술)	4~5회(이유식에 넣어서 또는 간식으로 준다)	시금치, 당근, 애호박, 브로콜리, 양배추 등	향이 강하고 섬유질이 많은 채소 (죽순, 우엉, 깻잎)
과일류	30~40g (6~8작은술)	1~2회(이유식에 넣어서 또는 간식으로 준다)	대부분의 과일	
유지류	2.5~5g (½~1작은술)	2~3회	대부분의 유지류	

완료기의 하루 치 열량과 영양소

열량	단백질	칼슘	철분	비타민
900~1000㎉	20g	300㎎	8㎎	350㎍RE

브로콜리 옥수수볶음밥

재료

밥 60g, 브로콜리 20g, 옥수수(통조림) 1큰술, 포도씨유 · 소금 약간씩

이렇게 만드세요

1 브로콜리는 두꺼운 줄기 부분은 제거하고 꽃봉오리 부분만 끓는 물에 데친 뒤 찬물에 헹궈 굵게 다진다.
2 달군 팬에 포도씨유를 두르고 밥과 옥수수, 브로콜리를 넣어 볶는다.
3 소금으로 간을 하여 완성한다.

연근 청경채밥

재료

밥 60g, 연근 30g, 청경채 20g, 통깨 약간

이렇게 만드세요

1 청경채는 잎을 한 장씩 떼어 씻은 뒤 '∨'자 모양으로 썰어 잎만 사용한다. 끓는 물에 데쳐 찬물에 헹구고 물기를 꼭 짜 1㎝ 크기로 썬다.
2 껍질 벗긴 연근은 사방 1㎝ 크기로 썰어 끓는 물에 부드럽게 삶는다.
3 밥에 청경채와 연근을 넣고 고루 섞고 통깨를 뿌린다.

쇠고기 무밥

재료

밥 60g, 쇠고기 안심(또는 등심) 30g, 무 20g, 물 1컵

이렇게 만드세요

1 쇠고기는 찬물에 30분간 담가 핏물을 뺀다.
2 쇠고기는 푹 삶아 건진 뒤 사방 1㎝ 크기로 썬다. 쇠고기를 삶은 육수는 그대로 둔다.
3 무는 사방 1㎝ 크기로 썬 후 ②의 육수에 부드럽게 삶는다.
4 밥에 ③의 육수 ¼컵과 쇠고기, 무를 넣고 섞어 냄비에서 뜸을 들인다.

시금치 버섯우동

재료

우동면 50g, 시금치 20g, 양송이버섯 10g, 삶은 달걀 ½개, 멸치다시마 육수 1컵

이렇게 만드세요

1 시금치는 중간 줄기 부분까지만 잘라 끓는 물에 데친 후 1㎝ 크기로 썬다.
2 양송이버섯은 얇게 슬라이스하여 살짝 데친다.
3 삶은 달걀은 사방 1㎝ 크기로 썬다.
4 끓는 물에 우동면을 데쳐 물기를 뺀 후 그릇에 담는다.
5 ④에 모든 재료를 올린 후 따뜻한 멸치다시마 육수를 붓는다.

닭고기 채소덮밥

재료

밥 60g, 닭고기(안심) 30g, 파프리카 20g, 시금치 · 청경채 · 양파 5g씩, 물 ¼컵, 포도씨유 · 검은깨 · 간장 약간씩

이렇게 만드세요

1 닭고기는 사방 1㎝ 크기로 썰어 삶는다. 육수는 면포에 거른다.
2 양송이버섯은 얇게 슬라이스하여 살짝 데친다.
3 삶은 달걀은 사방 1㎝ 크기로 썬다.
4 끓는 물에 우동면을 데쳐 물기를 뺀 후 그릇에 담는다.
5 ④에 모든 재료를 올린 후 따뜻한 멸치다시마 육수를 붓는다.

쇠고기 토마토국수

재료

소면 50g, 토마토 40g, 쇠고기 등심(또는 안심) 20g, 애호박 · 양파 5g씩

이렇게 만드세요

1 쇠고기는 찬물에 30분간 담가 핏물을 뺀다.
2 파프리카, 시금치, 청경채, 양파는 사방 1㎝ 크기로 썬다.
3 달군 팬에 포도씨유를 두르고 닭고기와 ②의 채소를 넣어 볶다가 ①의 닭고기 육수를 부어 끓으면 간장으로 간한다.
4 밥 위에 ③을 얹고 검은깨를 뿌린다.

닭고기 채소스크램블

재료

닭고기(가슴살) 30g, 달걀 1개, 방울토마토 3개, 브로콜리 · 양송이버섯 10g씩, 포도씨유 · 소금 약간

이렇게 만드세요

1. 닭고기는 사방 1cm 크기로 썰어 끓는 물에 살짝 데친다.
2. 브로콜리는 꽃봉오리 부분만 골라 굵게 다진다. 방울토마토는 꼭지를 떼고 십자 모양으로 칼집을 내 끓는 물에 살짝 데친 후 껍질을 제거하고 8등분 한다. 양송이버섯은 사방 1cm 크기로 썰어 끓는 물에 살짝 데친다.
3. 달군 팬에 포도씨유를 두르고 달걀물을 부어 젓가락으로 저어 스크램블을 만든 후, 부드러울 때 ①과 ②의 채소, 소금을 넣어 한 번 더 볶는다.

멸치 김주먹밥

재료

밥 60g, 잔멸치 1큰술, 구운 김 1장, 삶은 달걀 ½개, 소금 약간

이렇게 만드세요

1. 잔멸치는 끓는 물에 넣어 부드럽게 데친 후 체에 밭쳐 물기를 제거하고 잘게 다진다.
2. 구운 김은 비닐팩에 넣고 잘게 부수고, 삶은 달걀은 사방 1cm 크기로 썬다.
3. 밥에 모든 재료를 넣고 주걱으로 섞은 후 지름 2cm 크기의 동그란 모양이 되도록 빚는다.

54 아이주도이유식

요즘 엄마들의 PICK! 아이의 자존감을 높여주는 즐거운 식사법을 소개한다. 미국, 유럽의 육아맘 사이에서는 이미 유명한 아이주도이유식의 의미와 방법, 다양한 레시피를 살펴보자.

· **도움말 및 요리** 옥한나(라임맘)

아이주도이유식이란

'아이주도이유식'이 등장하면서 최근의 우리나라 이유식 방식은 떠먹이는 죽 이유식, 아이주도이유식, 그리고 이 둘을 병행하는 이유식, 세 가지 형태로 구분이 된다. 'Baby Led Weaning(BLW)'. 말 그대로 아이가 이유식을 먹는 것에 관해서 주도성을 가지고 하는 이유식 방법이다. 아이는 자신의 본능과 발달에 초점을 맞추어 스스로 무엇을 먹을지, 얼마나 먹을지, 어떻게 먹을지 결정하고 식사하는 것이다. 그렇기에 정해진 틀과 기준보다는 내 아이가 원하는 방향으로 또 내 가족만의 스타일에 맞게 자연스럽고 편안하게 진행하는 것이 무엇보다 중요하다. 부모는 아이가 즐겁게, 안전하게, 다양하게, 충분히 먹을 수 있게 도와주고, 가족 구성원 모두 함께 식사하며 건강한 식습관을 보고 배울 수 있도록 응원하는 역할을 하는 것이다. 먹는 법을 터득하는 것은 아이이지만, 아이에게 먹일 건강하고 영양 풍부한 음식을 준비하고, 아이의 식사량을 파악하고, 아이가 선호하는 음식, 도전해 볼 만한 음식을 고민하고 주는 것은 부모의 역할이다. 아이주도이유식은 단순히 '스스로 먹는 아이가 되기 위한 여정'이 아닌 '건강한 성인으로 성장해 나가는 여정'의 첫걸음으로, 그 첫걸음을 함께하는 부모의 세심한 관심과 애정, 도움을 바탕으로 아이와 부모가 함께 하는 식사라고 할 수 있다.

아이주도이유식의 장점

1 아이는 자신의 발달 속도에 맞춰 성장할 수 있다.
2 스스로 선택하고 판단해서 성취해가는 과정 속에서 아이의 자존감이 높아진다.
3 새로운 것을 탐구하고 스스로 무언가를 해내는 일은 식사 시간을 즐겁게 해준다.
4 가족과 식사 시간을 함께 공유하면서 먹는 즐거움, 소속감, 건강한 식습관, 식사 예절 등을 배울 수 있다.
5 다양한 음식을 접한 경험은 새로운 음

식에 대한 두려움을 줄여준다.

6 자신만의 속도와 양에 맞춰 먹는 습관으로 자연스럽게 식욕 조절 능력을 배울 수 있다.

7 음식을 스스로 먹는 과정 속에서 손과 눈의 협응능력, 소근육을 발달시키고, 자율성과 주도성을 기르게 돼 두뇌 발달에 도움이 된다.

성공적인 아이주도이유식을 위한 4가지 기본 원칙

1 아이의 본능을 믿고 맡긴다.

2 편안한 환경 속에서 자주 연습할 수 있도록 충분한 기회와 시간을 준다.

3 가족의 식사에 함께 참여하면서 즐겁고 건강한 식습관을 배울 수 있도록 해준다.

4 다른 아이와 비교하지 않고, 있는 그대로의 내 아이를 이해하고 공감해준다.

아이주도이유식의 시작

생후 6개월 정도가 되면 상체를 스스로 꼿꼿이 세워 앉을 수 있는데, 손을 뻗어 음식을 집고 입으로 가져갈 수 있으면 아이주도이유식을 시작할 준비를 마친 것이다. 아이에게 제공하는 음식의 가짓수는 3~4가지가 적당하며, 내 아이가 평균적으로 먹는 양을 가늠해 그에 맞게 음식을 제공하면 된다. 아이의 발달 단계에 따라 손의 사용도 점점 정교해지기 때문에 아이가 손으로 쥐거나 잡기 쉽고 먹기 쉬운 음식을 단계적으로 줘야 한다.

아이주도이유식 단계별 포인트

1단계 | 6개월

음식과 친해지는 시기

구강기라 모든 물건을 손으로 집어서 입으로 가져가 물고 빨면서 탐구한다. 아이 주먹만 한 음식이나 긴 스틱 모양의 음식을 손바닥 전체를 이용해 집을 수 있다. 음식을 으깨고, 뭉개고, 먹고, 뱉고, 던지고, 오감으로 느끼면서 음식과 친해지는 시기다. 손으로 음식을 잡았을 때 그 위쪽 부분을 먹는다고 생각하고, 5~6cm 정도 길이의 스틱 형태로 음식을 만들어주는 것이 좋다. 힘 조절이 쉽지 않으므로 음식을 너무 익혀서 쉽게 으깨지거나, 덜 익혀서 먹기 힘들지 않도록 적절하게 익혀서 준다.

2단계 | 7~8개월

먹는 것과 아닌 것을 구분할 수 있는 시기

적당한 힘으로 집을 수 있고, 손바닥 안에 있는 음식도 입에 넣을 수 있다. 스틱 형태가 아닌 좀 더 작은 크기의 음식도 먹을 수 있다. 아이는 먹는 것과 아닌 것을 슬슬 구분할 수 있다. 씹는 능력도 좋아져 삼킬 수 있는 양이 제법 많아진다. 밥볼이나 파스타, 국수, 완자, 뇨키, 전, 포리지와 같은 다양한 크기의 음식을 제공해주면 먹는 연습을 하기에 좋다.

3단계 | 9~11개월

식사라는 것을 확실하게 인지하는 시기

엄지와 검지를 이용해서 음식을 집을 수 있고, 음식을 집어서 다른 것에 찍어 먹을 수 있다. 숟가락, 포크에 관심이 생겨 스스로 떠먹을 수도 있고, 그릇째 들고 스스로 국물을 마실 수도 있다. 아이가 이것이 식사라는 것을 확실하게 인지하는 시기다. 탐구와 장난이 줄고, 먹는 양이 대폭 늘어난다. 다양한 크기와 질감의 것들을 잘 다룰 수 있다.

4단계 | 12~15개월

먹는 양이 늘고 흥미가 생기는 시기

이전보다 훨씬 능숙하게 도구를 사용할 수 있다. 먹는 양이 많이 늘고 음식에 대한 호불호가 이전보다 강해지지만 도구를 사용하게 되면서 먹는 일에 흥미가 생기고 즐겁게 식사를 한다. 도구 사용이 익숙하지 않아 밥 먹는 시간이 길어질 수도 있지만 흘리고 묻히는 음식의 양은 점차 줄어든다. 다양한 형태나 질감의 음식을 얼마든지 먹을 수 있는 능력이 생긴다.

5단계 | 16~24개월

밥 먹는 것보다 노는 것이 좋은 시기

도구를 아주 능숙하게 사용하고 음식을 흘리는 양도 굉장히 적어진다. '맛있어요', '더 주세요' 같은 간단한 표현도 할 수 있다. 간만 적게 하고 아주 맵지 않으면 엄마, 아빠가 먹는 것 대부분을 함께 먹을 수 있다. 이 시기의 아이들은 모방 심리가 강하기 때문에 부모가 건강한 식습관의 모범이 되어야 한다. 걷고 뛰고 말하는 등 할 수 있는 것들이 많아져서 먹는 것보다 노는 것이 더 즐거운 시기다. 항상 일정한 시간에 자기 자리에 앉아서 먹을 수 있게 도와줘야 한다.

쇠고기 브로콜리 밥스틱

아이 1~2번 먹는 양 6개월부터

재료

다진 쇠고기 25g, 브로콜리 10g, 무 15g, 밥 70g, 물 1큰술

이렇게 만드세요

1 브로콜리와 무는 칼로 잘게 다진다.
2 달군 냄비에 물 1큰술, 다진 쇠고기, 브로콜리, 무를 넣고 물이 졸아들고 재료들이 다 익을 때까지 중간 불에서 볶는다. 쇠고기를 더 작게 자르고 싶으면 볶고 난 후 칼로 한 번 더 잘게 다진다.
3 볼에 밥, 쇠고기, 브로콜리, 무를 넣고 고루 섞는다.
4 스틱이나 완자 모양으로 빚는다.
5 에어프라이어 용기 안에 종이포일을 깔고, 그 위에 스틱을 겹치지 않게 놓는다.
6 에어프라이어 170℃에서 15분간 굽거나 식용유를 살짝 두른 팬에 올린 뒤 약한 불에서 굴려가며 굽는다.

고구마 단호박매시스틱

아이 1~2번 먹는 양 6개월부터

재료

고구마 70g, 단호박 40g, 쌀가루 또는 오트밀가루 1/2~1큰술

이렇게 만드세요

1 고구마는 껍질을 벗기고, 단호박은 껍질과 씨를 제거하고 준비한다.
2 찜기에 고구마와 단호박을 넣고 푹 찐 다음 포크로 곱게 으깬다.
3 볼에 고구마매시, 단호박매시, 쌀가루를 넣고 고루 섞는다. 재료의 수분이 많으면 쌀가루를 추가해 농도를 조절한다.
4 스틱이나 완자 모양으로 빚는다.
5 에어프라이어 용기 안에 종이포일을 깔고, 그 위에 스틱을 겹치지 않게 놓는다.
6 170℃ 에어프라이어에 20분간 굽거나 식용유를 살짝 두른 팬에 올린 뒤 약한 불에서 굴려가며 굽는다.

고구마 당근 치즈볼

아이 1~2번 먹는 양 7개월부터

재료

고구마 70g, 당근 30g, 슬라이스치즈 1장

이렇게 만드세요

1 고구마는 껍질을 벗겨서 준비한다.
2 찜기에 고구마와 당근을 넣고 푹 찐 다음 포크로 곱게 으깬다.
3 볼에 고구마매시, 당근매시, 슬라이스치즈를 넣고 전자레인지에 40초간 돌려 치즈를 녹인다.
4 스틱이나 완자 모양으로 빚는다.
5 손에 묻지 않게 만들고 싶으면 한 번 더 굽는다. 에어프라이어 용기 안에 종이포일을 깔고, 그 위에 볼을 겹치지 않게 놓는다.
6 에어프라이어 180℃에서 10분간 굽거나 식용유를 살짝 두른 팬에 약한 불에서 굴려가며 굽는다.

쇠고기스틱

아이 1~2번 먹는 양 6개월부터

재료

다진 쇠고기 100g, 두부 40g, 양파 10g, 브로콜리 5g, 전분가루 또는 오트밀가루 2작은술, 식용유 약간

이렇게 만드세요

1 양파는 잘게 다지고, 브로콜리는 찜기에 살짝 쪄서 잘게 다진다.
2 두부는 칼등으로 눌러 곱게 으깬 후 면포나 키친타월로 물기를 제거한다.
3 볼에 모든 재료를 넣고 치대듯이 고루 섞는다.
4 스틱이나 완자 모양으로 빚는다.
5 달군 팬에 식용유를 약간 두르고 중간 불에서 타지 않게 굴려가며 굽는다.

tip 쇠고기스틱 같은 완자류도 너무 바짝 구우면 촉촉한 육즙이 날아가기 때문에 고기가 적당히 익을 정도로만 굽는 것을 권해요.

바나나 베리포리지

아이 1~2번 먹는 양 · 7개월부터

재료

바나나 · 딸기 50g씩, 오트밀 · 블루베리 30g씩, 우유 또는 물 200ml

이렇게 만드세요

1 잘 익은 바나나와 딸기는 포크로 대강 으깬다.
2 블루베리는 포크나 칼등으로 눌러 대강 으깬다.
3 냄비에 우유를 붓고 약한 불에서 데운다.
4 오트밀, 바나나와 블루베리, 딸기를 넣고 되직해질 때까지 저어가며 끓인다.
5 오트밀이 부드럽게 퍼지면 불을 끈다.

tip 우유는 모유나 분유로 대체 가능해요.

고구마 분유파스타

아이 1번 먹는 양 · 6개월부터

재료

고구마 35g, 분유물 또는 모유 1/2컵, 슬라이스치즈 1/2장, 파스타(푸실리) 40g

이렇게 만드세요

1 파스타면은 끓는 물에 넣고 10~11분 정도 삶는다.
2 고구마는 찜기에 부드럽게 푹 찐 다음 포크로 곱게 으깬다.
3 으깬 고구마와 분유물을 볼에 넣고 잘 섞이도록 풀어준 다음 체에 덩어리가 없도록 한 번 걸러낸다.
4 ③을 팬에 넣고 약한 불에서 끓으면 파스타면과 치즈를 넣고 걸쭉해질 때까지 저어가면서 1분 정도 졸인다.

tip 다진 채소를 넣고 함께 익히거나 익힌 다진 고기를 얹어 마음껏 응용해도 좋습니다.

tip 파스타면 대신에 밥 50g을 넣고 만들면 리소토로 변신!!

tip 분유물 또는 모유는 우유나 두유, 오트밀유 등으로 대체할 수 있고, 고구마 대신 단호박이나 감자를 넣고 만들 수 있어요.

쇠고기 치즈김밥

아이 1~2번 먹는 양 9개월부터

재료

다진 쇠고기 50g, 슬라이스치즈 · 김밥김 2장씩, 밥 150g, 참기름 1/2큰술, 식용유 적당량

쇠고기양념 간장 · 설탕 · 참기름 1/2작은술씩, 다진 마늘 1/3작은술

이렇게 만드세요

1 밥에 참기름을 넣어 잘 섞는다.
2 쇠고기는 양념에 재워 달군 팬에 식용유를 두르고 중간 불에서 노릇하게 볶는다.
3 치즈는 1cm 간격으로 길게 자른다.
4 반으로 자른 김밥김 위에 밥을 깔고, 치즈와 볶은 쇠고기를 넣고 만다.
5 2cm 두께로 자른다.

tip 간을 하지 않는 아이라면 쇠고기는 양념을 빼고 볶아주세요.

사과 간장비빔국수

아이 1번 먹는 양 8개월부터

재료

사과 1/4개(25g), 애호박 20g, 표고버섯 1/2개(15g), 소면 또는 중면 60g, 식용유 적당량

양념 간장 · 올리고당 2작은술씩, 참기름 1작은술

이렇게 만드세요

1 분량의 재료를 섞어 양념을 만든다.
2 사과, 표고버섯, 애호박은 얇게 채 썰고, 식용유를 살짝 둘러 달군 팬에 표고버섯과 애호박을 넣어 중간 불에서 볶아 익힌다.
3 끓는 물에 소면을 넣고 5~6분 삶아 찬물에 헹궈 체에 밭친다.
4 볼에 면과 양념을 넣고 버무린 다음 사과, 표고버섯, 애호박을 넣고 살살 섞는다.

tip 여기에 다진 고기 볶음을 올려 먹으면 부족한 단백질을 채울 수 있어요. 올리고당 대신 사과를 강판에 갈아 즙을 낸 다음 사과즙을 넣어 응용해도 맛있답니다.

tip 간을 하지 않는 아이라면 간을 빼고 조리하세요.

마파두부덮밥

아이 1~2번 먹는 양 10개월부터

재료

다진 돼지고기 35g, 두부 1/4모, 애호박 20g, 양파 15g, 밥 100g, 다진 마늘 1/3작은술, 참기름 1/2작은술, 전분물(물 1큰술 + 전분가루 1작은술), 식용유 적당량

소스 된장 · 맛술 · 굴소스 1/2작은술씩, 물 70ml

이렇게 만드세요

1 양파, 애호박은 잘게 다진다.
2 두부는 사방 1cm 크기로 자른다.
3 달군 팬에 식용유를 두르고 중간 불에서 다진 마늘, 양파, 애호박을 볶는다.
4 양파가 투명해지면 돼지고기와 두부를 넣고 중간 불에서 노릇하게 볶다가 소스를 넣어 약한 불에서 끓인다.
5 재료가 알맞게 익으면 전분물과 참기름을 넣고 빠르게 저어서 농도를 맞춘다.
6 그릇에 밥을 담고 ⑤를 얹는다.

tip 간을 하지 않는 아이라면 된장과 굴소스를 빼고 조리하세요.

바나나 시금치머핀

머핀 6개 분량 7개월부터

재료

바나나 60g + 토핑용 바나나 60g, 시금치 20g, 박력분 100g, 베이킹파우더 3g, 우유 50g + 우유 10g, 포도씨유(카놀라유) 또는 녹인 버터 20g

이렇게 만드세요

1 박력분, 베이킹파우더는 체에 한 번 걸러서 섞는다.
2 포도씨유와 우유 50g을 거품기로 고루 섞은 다음에 ①에 넣어 날가루가 없을 정도로만 주걱으로 뒤집듯이 가볍게 섞는다.
3 시금치는 살짝 데쳐서 물기를 제거하고 칼로 아주 잘게 다진 다음에 우유 10g과 섞는다.
4 바나나는 포크로 대강 으깬다. 토핑용 바나나는 5~7mm 두께로 자른다.
5 ②의 반죽을 반으로 나눠 하나는 ③을, 다른 하나는 ④를 가볍게 섞는다.
6 머핀 틀 80% 정도로 반죽을 담는데 바나나 섞은 반죽을 먼저 고루 나눠 담고, 그 위에 시금치 섞은 반죽을 담는다. 토핑용 바나나를 가운데에 얹는다.
7 180℃로 예열된 오븐에 30분 굽는다.

tip 시금치 대신에 케일이나 브로콜리, 간 당근 또는 비트 등을 넣어 다양하게 활용해 보세요.

tip 반죽을 나누지 않고 한꺼번에 섞어서 만들어도 좋아요.

tip 우유는 모유나 분유로 대체 가능해요.

아이주도이유식 참고 도서

라임맘의 실패 없는 아이주도이유식 & 유아식
라임맘 옥한나 지음 / 중앙books

아이 스스로 집어먹고 탐색하며 똑똑해지는 아이주도식사법의 모든 것을 담고 있다. 전 세계적으로 인기를 끌고 있는 방식이지만 아직 국내에는 정보가 부족한 아이주도식사법에 대해 개념부터 방법, 자주 묻는 Q&A까지 상세하게 담은 책이다. 저자가 딸 라임이를 위해 손수 개발한 이유식 및 유아식 레시피 591개를 공개했으며, 실제 아이주도이유식을 해본 엄마들의 생생한 후기까지 엿볼 수 있다.

실는 순서

아기 병 예방과 돌보기

아이를 키우다 보면 감기처럼 흔한 질병은 물론 이름은 낯익으나 어떻게 돌봐야 할지 알 수 없는 질병과 수차례 맞닥뜨리게 된다. 맞혀야 할 예방접종은 뭐가 또 그리 많고 비싼지, 어디까지 맞혀야 하는 건지도 고민스럽다. 미리미리 질병을 예방하고 응급 상황에서도 당황하지 않을 수 있는 대처법을 알아본다.

55

예방접종

예방접종은 시기를 놓치지 않고 접종할 수 있도록 의료기관에 알림 서비스를 신청해둔다. 돌 전후까지는 날짜를 신경을 쓰다가도 시간이 지나면서 추가 접종을 놓치기 일쑤이므로 메모해 두고 꾸준하게 관심을 가진다.

예방접종 기본 원칙

아이의 컨디션을 살핀다

열이 있는 경우 급성 질환이 있을 가능성이 있고, 접종 부작용에 따른 발열과 구별이 어렵기 때문에 접종을 미루는 것이 좋다. 감기에 걸렸거나 겉으로 보이는 특별한 증상은 없더라도 감기를 앓고 난 지 며칠 지나지 않았다면 아이의 컨디션이 완전히 좋아질 때까지 기다렸다 맞히는 것이 좋다.

가능하면 평일 오전에 접종한다

예방접종의 가장 큰 걱정은 부작용이다. 가능하면 병원이 붐비지 않는 평일 오전에 접종하고 아이의 상태를 살펴보는 것이 좋다. 혹시라도 문제가 있으면 오후에 다시 소아청소년과를 찾아야 한다. 예방접종뿐 아니라 아이의 병원 진료는 가능한 한 오전을 권장한다.

접종 후 병원에서 20~30분간 머문다

부모들이 가장 간과하는 부분이다. 접종 후 바로 병원을 떠나기보다는 20~30분 정도 병원에 머물면서 아이에게 특별한 증상이 없는지 살피는 것이 좋다. 집으로 돌아와서도 24시간 정도는 아이의 상태를 관찰한다. 갑자기 열이 나거나, 처지거나, 평소에 비하여 많이 보채거나 또는 경련을 일으키면 바로 병원을 찾아야 한다.

접종 후 무리하는 일이 없도록 한다

접종 당일과 다음 날은 너무 뛰놀게 하거나 아이에게 무리가 되는 일은 피하는 것이 좋다. 접종 당일에는 가능하면 목욕도 시키지 않는 것이 좋은데, 이는 아이를 피곤하지 않게 하기 위해서다.

예방접종 도우미 사이트를 활용한다

예방접종 도우미 사이트에 접속해 회원 가입을 하면 아이의 예방 접종 일정과 지금까지의 예방접종 내역까지 살펴볼 수 있다. 하지만 간혹 병 · 의원에서 전산 등록을 하지 않아 누락된 경우도 있어 접종을 받았는데도 기록이 뜨지 않는 경우가 있으니 육아수첩에 꼼꼼히 메모해 비교하는 것이 좋다. 의료기관 방문 시 예진표를 작성할 때 예방접종 사전 알림 수신에 동의하면 메모하는 습관이 없는 부모에게 유용하다.

육아 수첩을 지참한다

아이가 태어났을 때 받은 육아수첩은 평생 간직해야 할 물건임을 잊지 말자. 신생아 때부터 아이의 예방접종 기록을 날짜와 접종 기관과 함께 기재해둔다. 어른이 되어서도 꼭 필요한 자료이므로 기록은 그때그때 정확히 남겨야 세월이 지나도 헷갈리는 일이 없다.

필수 예방접종

BCG

결핵에 대한 면역력을 길러주는 예방접종으로 보통 팔에 접종한다. 결핵을 완벽하게 예방하지는 못하지만 생후 1년 이내 결핵 감염에 따른 합병증, 예를 들어 결핵성 뇌막염, 속립 결핵 등의 발생을 감소시키거나 약하게 발생하도록 해 준다. 부작용은 거의 없지만 접종 한 달쯤 후에 접종 부위가 곪거나 붓는 부작용이 나타나기도 하는데 대개 저절로 낫는다. 간혹 부작용 때문에 안 맞히는 부모들이 있는데 가능하면 생후 4주 이내에 접종을 하고, 늦어도 생후 3개월 이내에 꼭 한다. 생후 3개월 이후로 미뤄진 경우에는 접종을 받기 전에 투베르쿨린 검사(Tuberculin skin test)를 시행해 음성인 경우에만 접종한다. 백신으로는 피내용과 경피용 두 가지가 있는데, 현재는 피내용만 권장되고 있다. 접종은 대부분의 의료기관에서 무료로 접종 가능하다.

B형 간염

생후 0, 1, 6개월에 3회 기초접종을 하는데, 보통 허벅지에 접종한다. 단, 엄마가 B형 간염 표면항원(HBsAg) 양성인 경우에는 면역글로불린(HBIG)과 B형 간염 1차 접종을 생후 12시간 이내 각각 다른 부위에 접종해야 한다. 출생 시 체중이 2kg 미만이면서 임신 주수 37주 미만인 미숙아는 출생 직후 접종한 B형 간염 1차 접종을 횟수에 포함시키지 않고 출생 후 1, 2, 6개월에 걸쳐 3회 접종(미숙아는 총 4회 접종)을 시행한다. B형 간염 3회 접종 완료 후(생후 9개월 이상~15개월 미만) 항원 · 항체 검사를 받도록 한다. 1차 항원 · 항체 검사결과에 따라 항체 미형성 시 B형 간염 재접종 및 재검사도 무료로 받을 수 있다.

※ 추가 1차 접종 → 항원 · 항체 정량검사 → 항체 형성 시 종료

※ 추가 1차 접종 → 항원 · 항체 정량검사 → 항체 미형성 → 2, 3차 재접종 → 항원 · 항체 정량검사 → 종료

DPT(DTaP)

디프테리아(D), 백일해(P), 파상풍(T)의 영문 첫 글자를 따서 DPT라 부르고 DPT를 개량시킨 것이 DTaP다. 3가지 백신을 혼합해 맞는 것인데 접종 후 1~3일 동안은 접종 부위가 붓고 열이 나면서 통증이 조금 있지만 대부분 큰 이상은 없다. 생후 2, 4, 6개월에 3회 기초 접종(3차 접종 가능 시기 6~18개월)과 만 4~6세 때 1회 추가 접종이 있다. 요즘은 DPT와 폴리오 혼합 백신인 테트락심이나 DPT, 폴리오와 뇌수막염 혼합 백신인 펜탁심을 사용한다.

폴리오(IPV)

소아마비는 소아에게 하지 마비를 일으키는 질병으로 요즘은 생백신인 경구용 소아마비는 접종하지 않고 있으며, 사백신인 주사용 소아마비만 접종한다. 요즘은 DPT와 폴리오 혼합백신을 접종한다.

Hib성 뇌수막염(b형 헤모필루스 인플루엔자균)

생후 2, 4, 6개월에 1회씩 3회 기초 접종, 그리고 생후 12~15개월에 4차 접종을 하는데 만약 생후 15개월이 지난 아기라면 1회 접종만 한다. 접종 시기를 놓친 경우에는 소아청소년과 전문의와 상의한다.

폐렴구균

폐구균에 의해 걸리는 질병을 예방하는 것으로 뇌수막염, 패혈증, 중이염, 폐렴을 예방할 수 있다. 생후 2, 4, 6개월에 3회 접종 후 12~15개월 사이에 추가 접종이 권장되며 뇌수막염 접종 등 다른 백신과 동시에 접종할 수 있다. 접종 시기를 놓친 경우에는 소아청소년과 전문의와 상의한다.

MMR

홍역, 볼거리, 풍진의 혼합 백신으로 생후 12개월째에 수두와 함께 접종하는 것이 좋다. 4~6세에 추가 접종을 하는데 늦어도 12세까지는 추가 접종을 하는 것이 좋다. 단, 홍역이 유행할 때는 생후 6개월부터 홍역만 단독으로 예방접종하거나 MMR 접종을 할 수 있다. 대신 이후에도 표준 접종 일정대로 2회를 접종한다.

일본 뇌염

일본 뇌염 바이러스를 가진 모기에 의해 전염되는 것으로 두통, 발열을 동반하고 심하면 뇌성마비, 경련, 지능 및 언어 장애, 성격 장애 등의 후유증을 남기며 사망하기도 한다. 불활성화 백신은 돌 이후 1차 접종을 하고 1~2주 간격으로 2차 접종, 그 후 1년 뒤 한 번 더 접종한다. 그리고 만 6세와 만 12세에 추가 접종한다. 최근 생백신은 2회 접종으로 종료한다.

수두

수두는 전염성이 강하고 흉터를 남길 수 있어 예방접종하는 것이 좋다. 접종을 하더라도 수두에 걸릴 수 있지만 미리 접종한 아이들은 약하게 지나가거나 물집도 작게 잡힌다. 생후 12~15개월에 1회만 접종하고 필요 시 4~6세에 추가 접종을 할 수 있다.

장티푸스

선택 접종으로 유행지역을 방문하는 경우 접종한다. 청결을 유지하면 예방할 수 있는 질병이지만, 집에서는 신경 쓸 수 있다 해도 외식을 하다 보면 완벽한 예방은 어렵다. 만 2세부터 접종하며 3년마다 추가 접종한다. 주사와 먹는 약 두 가지가 있으며 먹는 약은 만 5세부터 복용할 수 있다.

선택 예방접종

로타바이러스 장염

장염은 아이들에게 감기만큼 흔한 질병이다. 감기처럼 열이 나고, 구토, 설사를 동반하기도 하다가 탈수증으로 사망에까지 이를 수 있다. 로타바이러스 장염은 일단 감염되면 특별한 치료법이 없으므로 백신을 맞아 예방하는 것이 중요하다. 액체 형태의 짜먹이는 경구용 백신으로 2회 접종하는 로타릭스와 3회 접종하는 로타텍 두 가지 종류가 있다.

인플루엔자

인플루엔자 예방접종을 했다고 해서 감기에 걸리지 않는 것은 아니다. 하지만 계절형 독감은 합병증의 발생 빈도가 높으므로 접종을 통해 예방하는 것이 좋다. 독감은 보통 12월에서 3월 사이 많이 발생하므로 생후 6개월 이상 아기는 9~11월 사이 접종하는 것이 좋다. 인플루엔자 예방접종은 매년 건강한 아이라도 맞아야 하는 필수 예방 접종으로 가을이 되면 온 가족이 함께 접종을 하는 것이 좋다. 6개월 미만의 영아가 있는 경우에는 영아를 제외한 모든 가족 구성원이 접종을 받도록 한다. 첫해에는 4주 간격으로 2회 접종하며 이후에는 매년 1회씩 접종을 받는다. 생후 6개월~만 8세 이하 어린이는 연 1~2회, 만 9세 이상 소아 및 성인은 1회 접종이다.

A형 간염

A형 간염은 어릴 때 걸리면 가볍게 앓고 지나가 문제가 되지 않지만, 어른이 되어 걸리면 위험할 수 있다. 황달을 동반한 간염, 전격성 간염, 재발성 간염 등 증상이 심하고 심각한 후유증을 남기기 때문. 필수 예방 접종으로 생후 12~23개월에 1차 접종 후 6개월 이상 경과 후 2차 접종을 하는데, 30세 이하 엄마들도 항체 검사 후 항체가 없으면 맞을 것을 권장한다.

사람유두종바이러스

필수 접종으로 국내에는 가다실과 서바릭스 두 제품이 있다. 가다실은 만 9~13세 6개월 간격으로 2회 접종, 만 14~26세 이상은 첫 접종 시 0, 2, 6개월 간격으로 3회 접종한다. 사람유두종바이러스는 가급적 동일한 백신으로 접종할 것을 권장한다.

2021 표준 예방접종 일정표 (소아용)

	대상 전염병	백신 종류 및 방법	필수 예방 횟수	0개월	1개월	2개월	4개월	6개월	12개월	15개월	18개월	24개월	36개월	만 4세	만 6세	만 11세	만 12세
국가 필수 예방 접종	결핵	BCG(피내용)	1회	1회													
	B형 간염	HepB	3회	1차	2차			3차									
	디프테리아 파상풍 백일해	DTaP	5회			1차	2차	3차		추가 4차				추가 5차			
		Td / Tdap	1회													추가 6차	
	폴리오	IPV	4회			1차	2차	3차						추가 4차			
	b형 헤모필루스 인플루엔자	PRP-T / HbOC	4회			1차	2차	3차	추가 4차								
	폐렴구균	PCV(단백결합)	4회			1차	2차	3차	추가 4차								
		PPSV(다당질)	-									고위험군에 한하여 접종					
	홍역 유행성이하선염 풍진	MMR	2회						1차					2차			
	수두	Var	1회						1회								
	A형 간염	HepA(생백신)	2회						1~2차								
	일본뇌염	IJEV(불활성화 백신)	5회						1~2차				3차		추가 4차		추가 5차
		LJEV(약독화 생백신)	2회						1차				2차				
	인플루엔자	Flu(사백신)	-					매년 접종									
		Flu(생백신)	-									매년 접종					
	인유두종 바이러스	HPV4(가다실) / HPV2(서바릭스)	2회													1~2차	
기타 예방 접종	로타 바이러스	RV1(로타릭스)	2회			1차	2차										
		RV5(로타텍)	3회			1차	2차	3차									
	결핵	BCG(경피용)	1회	1회													

* 질병관리본부 예방 접종도우미 (nip.cdc.go.kr)

56

어린이집 단골 전염병

집에서는 감기 한 번 걸리지 않았던 아이도 어린이집이나 놀이방에 다니기 시작하면 사정이 달라진다. 같은 공간을 쓰는 아이들에게서 옮아오는 흔한 질병과 돌보기 방법.

주의해야 할 질병

감기

감기 증상이 있어도 어린이집을 쉬는 경우는 거의 없기 때문에 아이가 감기 증상이 없다가도 옮아오는 경우가 많다. 평소 아이에게 수분을 충분하게 먹이고 면역력을 키우는 데 신경 쓴다. 어린이집에 보낼 때는 여벌 옷을 보내두어 땀에 젖거나 추울 때 필요한 케어를 받을 수 있도록 대비한다.

바이러스성 장염

공기 중의 균이 호흡기나 손, 오염된 음식물 등을 통해 몸속으로 들어와 장염을 일으킨다. 고열이 나고 열성 경련을 일으키기도 하며 구토, 설사 등의 증상이 나타난다. 손을 자주 씻기고 기저귀를 간 후 엄마도 꼭 비누로 손을 씻어야 한다. 아이가 장염에 걸리면 가능한 한 어린이집을 보내지 않아야 하고 부득이하게 보내야 할 경우에는 선생님께 알려 아이가 다른 아이들과 최대한 접촉을 줄이는 공간에서 생활하도록 한다. 아이의 손은 물론 기저귀를 간 후 선생님들도 손을 깨끗이 자주 씻어주길 당부해야 한다.

수족구

수족구는 예방 백신이 없어, 생활 속에서 조심하는 것 외에는 방법이 없다. 치료도 마찬가지. 별다른 치료약이 없어 증상이 시작되고 7~10일 정도 호전되길 기다려야 한다. 주로 5세 미만 아이에게서 발병하며 어린이집의 새 학기가 시작되는 3월에 유행하는 경우가 많다. 외출 후에는 손과 이를 깨끗이 닦고, 기저귀나 외출복은 바로 갈아입히는 것이 좋다. 한 번 걸렸다고 다시 안 걸리는 것이 아니므로 단체 생활을 하는 내내 주의해야 한다. 손이나 발에 수포가 올라오면 아이가 긁지 않게 한다. 입안에 수포가 돋으면 아이가 잘 먹지 못하기 때문에 돌보기가 매우 까다롭다.

수두

예방접종을 했다고 해도 수두가 유행하면 100% 안전하다고 할 수 없다. 다만 예방접종을 하면 그 증상이 가볍게 지나간다. 주로 기침이나 재채기를 통해 감염되는데 감염률이 90% 정도로 강해 어린이집에서 한 명이 감염되면 집단 발병하는 일이 많다. 수두가 유행할 때는 위생에 더욱더 신경 쓰고, 단백질과 비타민, 무기질이 풍부한 밥상으로 면역력을 길러야 한다. 수두 감염 시에는 병변에 모두 가피가 생길 때까지 격리를 해야 한다.

약 먹이기

아이를 키우면 관심 없던 비상약도 미리 한두 가지 사고, 구급함도 만들게 된다. 문제는 약을 어떻게 먹여야 할지, 보관은 어떻게 하는지에 있다.

처방 약 먹이기

약국에서 복약 설명을 꼭 듣는다

약제비에는 환자에게 복용 방법 등을 설명하는 복약지도료가 포함되어 있다. 약에 대한 설명을 요구하는 것은 당연한 일이므로 부끄러워할 필요도 미안해할 이유도 없다. 약에 대한 설명, 보관에 대한 설명을 자세히 듣고 궁금한 점이 있으면 그 자리에서 꼼꼼히 확인한다.

처방 받은 약은 끝까지 먹인다

아이의 증상이 나아진 것 같다고 생각해서 처방받은 약을 임의로 중지하는 일을 반복하다 보면 오히려 약에 대한 내성을 키울 수 있다. 의사가 처방한 기간 동안 처방된 방법대로 올바로 복용하는 것이 중요하다.

미리 섞어두지 않는다

시럽에 가루약을 섞어 먹일 때 미리 약을 타두는 경우가 많다. 하지만 이 경우 섞은 약을 오랫동안 방치하는 것은 금물. 약이 변질될 수 있으므로 섞은 약은 바로 먹이고, 약을 가지고 외출할 때는 미리 섞지 말고 필요한 만큼 따로 담아 가져간다.

음료에 섞어 먹이지 않는다

아이가 좋아하는 음식이나 음료에 약을 섞어 먹이는 경우가 많은데 약의 성분에 대해 잘 모르거나 약과 함께 먹여도 좋은 음료인지 모를 때는 섞지 않도록 한다. 음료에 섞어 먹이면 약효가 떨어지고 소화가 잘 되지 않을 수 있고, 약에 따라 우유나 주스 등에 섞으면 안 되는 것도 있으니 반드시 의사나 약사에게 확인한다.

약 쉽게 먹이는 방법

분위기를 자연스럽게 한다

뭔가 무시무시한 일이 준비되고 곧 너에게 닥칠 일이라는 분위기를 풍기면 예민한 아이들은 금세 알아챈다. 약을 먹는 일은 무서운 일이 아니고 아픈 곳을 낫게 하는 것이라고 알려주고 즐거운 분위기에서 먹도록 해야 한다. 별일 아닌데 부모가 먼저 호들갑을 떨지 않도록 하고, 약을 잘 먹은 아이는 칭찬해준다.

먹기 쉬운 형태로 만든다

아이가 가루약은 잘 먹지 못하지만 물약이나 알약은 잘 먹는다면 의사와 상의해 아이가 잘 먹는 형태로 대체하는 것도 좋은 방법이다. 특정 시럽의 향을 싫어하는 아이에게는 물을 좀 많이 타서 주어도 된다.

시럽은 입으로 흘려 먹인다

단맛이 나는 시럽은 아이들이 대부분 잘 먹지만 잘 먹지 않을 때는 아이의 고개를 젖히고 혀 옆으로 흘러 들어가게 먹인다. 한 번에 많은 양을 목구멍에 투약하면 기관지에 들어갈 위험이 있으므로 주의한다.

조금씩 나누어 먹인다

약을 한꺼번에 먹기 힘들어 하면 10분 정도

에 걸쳐 나누어 먹인다. 약을 자꾸 토하는 아이는 약을 먹이기 전에 설탕물을 한 숟가락 정도 먹이면 덜 토하는 경우도 있다.

약 먹이는 도구를 활용한다

소량의 가루약은 엄마 손가락에 묻혀 빨린다. 이때 손가락은 아이 입속에 충분히 집어넣어야 약을 뱉어내지 않으며 손가락은 미리 잘 소독해야 한다. 주사기 모양의 약 먹이는 여러 도구들도 있으므로 활용해본다.

안전한 약 보관법

항생제

병원에서 처방받은 항생제는 실온에서 3시간이 지나면 효력을 거의 상실한다. 냉장 보관하더라도 7~14일 정도 지나면 약효가 떨어지므로 유효기간을 확인해 보관하고, 냉장고에 두었다고 안심하고는 오랜 시간이 지난 후에 비슷한 증상이 나타났다고 해서 임의로 복용하지 않는다.

시럽

그늘지고 선선한 실온에 보관한다. 유효기간은 약 설명서에 기재된 것을 참고하되 개봉 후 실온에 2주 이상 두었던 것은 복용하지 않는다.

가루약

본래의 약 봉투에 담겨진 그대로 상온에 보관한다. 약 봉투에는 약을 지은 날짜, 유효기간 등을 메모해둔다. 하지만, 조제약은 오래 두었을 경우 비슷한 증상이라 하더라도 임의로 복용하는 것은 권장하지 않는다.

한약

3~4개월 정도 냉장 보관이 가능하다. 보관한 지 3개월 이상이 되었으면 맛과 향을 확인하고, 한약을 지은 곳에 복용에 대해 문의하는 것이 좋다.

구급상자 속 상비약

해열 · 진통제

해열 · 진통제는 아이를 키우는 동안 떨어뜨리면 안 될 상비약. 한밤중 열이 오르는 등 병원에 가기 힘들 때 사용하되, 열이 한 번에 떨어지지 않는다고 과용해서는 안 된다.

체온계

체온계는 재기 쉬운 것이 가장 좋다. 이마, 귀, 겨드랑이 등 어디에 사용할지 생각하고 구매한다.

종합 감기약

콧물, 코막힘, 기침, 발열 등 가벼운 감기 증상이 있을 때 먹일 수 있다.

일회용 밴드

가벼운 상처나 찰과상에 필요하다. 다양한 사이즈로 구비하면 좋다.

소독 솜

소독약과 솜을 따로 준비해둘 필요 없이 소독용 에탄올이 묻혀진 솜으로 구매한다. 하나씩 개별 포장되어 있어 위생적이고 사용하기에도 편리하다.

소독용 요오드

상처를 치료하기 전 안전하게 살균 · 소독한다. 개봉 후 유효기간은 반드시 확인할 것.

습윤드레싱제

화상 · 진물이 많이 나는 상처에 사용할 수 있다. 최근에는 습윤치료법이 흉터를 남기지 않는다고 알려져 많이 선호한다. 습윤드레싱제는 가능하면 개봉 후 바로 사용하는 것이 좋다.

면봉

연고를 바를 때는 손으로 바르지 말고 면봉을 이용한다. 위생상 좋고 약 성분이 변질되는 것도 예방할 수 있다.

피부 외용 연고

화상, 찰과상, 베였을 때 등 피부에 외상이 생겼을 때 사용할 수 있는 복합 상처용 종합 연고로 준비한다.

외용제

모기나 벌레 등에 물렸을 때 가려움증을 가라앉히고 긁어서 생기는 상처를 예방한다.

체온계의 종류

고막체온계는 고막과 고막을 둘러싼 피부에서 발생하는 적외선을 이용해 체온을 측정하는 도구로 보통 1~2초 내외의 짧은 시간에 체온을 잴 수 있어 편리하다. 귀지의 영향이나 재는 사람의 테크닉에 따라 오차가 생길 수 있다. 적외선 이마 체온계는 체온 변화에 가장 민감한 이마 표면의 온도를 측정해 체온을 재는 것으로 쉽고 빠르게 결과를 얻을 수 있다. 고막체온계보다 더 정확하다는 평이 있으나 측정자에 따라 오차가 생길 수 있다. 요즘 많이 사용하는 비접촉식 체온계는 피부에 닿지 않고 체온을 측정하는 도구로 피부 접촉이나 귓속 삽입 등의 불편함과 감염 등에 대한 걱정을 줄일 수 있다. 전자체온계는 펜 타입의 날씬한 디자인으로 주로 구강이나 겨드랑이, 항문을 통해 측정한다. 체온 측정이 정확하고 사용이 간편하다는 장점이 있다.

58 열

열이 나는 것만으로는 감기라고 단정 짓기 어렵다. 대개는 감기이지만 그렇지 않은 경우도 있으니 주의해야 한다. 38℃ 이상의 고열에는 특히 신경 써야 한다.

기본 돌보기

밤중에 열이 날 때는 아이의 상태에 따라 처치한다

37.6℃ 이상의 발열이 지속되면 아이의 옷을 가볍게 해주고 지켜본다. 이후에도 열이 38℃ 이상으로 지속되면 아이의 상태에 따라 처치를 한다. 아이가 평소와 같이 잘 놀고 컨디션이 괜찮아보이면 계속 관찰하지만 아이가 처지거나 많이 끙끙거리면 해열제를 먹인다. 또한 이전에 열성 경련을 일으킨 적이 있는 아이라면 열이 나는 초기에 해열제를 먹인다. 최근에는 미지근한 물로 닦아주는 것을 권장하지 않는다.

바로 병원에 가야 할 증상인지 살핀다

생후 3개월 미만 아기가 열이 나는 경우, 전에 경련을 일으킨 적이 있거나 경기를 하거나 의식이 없는 경우, 머리를 아파하거나 목이 뻣뻣한 경우, 갑자기 침을 못 삼키고 질질 흘리거나 항문 체온이 40.5℃ 이상일 때, 목이나 귀 · 배도 함께 아프다고 할 때, 소변을 보며 아파할 때, 열성 경련을 할 때는 바로 병원을 찾는다. 미열인 경우에도 24시간 이상 지속된다면 병원을 방문해 원인을 찾고 필요한 치료를 받는 것이 좋다.

해열제는 6시간 간격으로 먹인다

해열제는 6시간 간격으로 먹일 수 있는데, 열이 떨어지지 않는 경우에는 4시간 간격으로 먹여도 좋다. 38℃ 이상 열이 머물며 잘 떨어지지 않을 때 먹이는데 반드시 정량을 지키고 자주 먹이거나 좌약을 동시에 사용해서는 안 된다. 또한 만 2세 이하 아이의 경우는 소아청소년과 의사와 상의한 후 약을 먹이고, 3개월 이전 아이는 임의로 해열제를 사용하지 않는다. 몸에 이상이 생기면 열로써 증상을 알려준다. 해열제는 열을 1~1.5℃ 정도 떨어뜨리는 효과만 있을 뿐 질병 자체를 낫게 하는 것은 아니므로 경과를 관찰해야 한다.

집 안을 환기시킨다

집 안 온도를 약간 서늘하게 해주는 것이 좋다. 방 안도 충분히 환기를 시켜준다. 환기 후에는 창문을 닫고, 환기를 시키는 동안에도 아이가 온도 변화를 서서히 느낄 수 있도록 조절한다.

옷은 느슨하게 풀어준다

몸을 조이는 옷은 열을 내리는 데 도움이 되지 않으므로 기저귀를 찬 아이라면 기저귀까지 벗기거나, 옷을 다 벗겨도 좋다. 열이 나 보채고 운다고 엄마가 자꾸 안아주면 오히려 열을 보온하는 효과가 있으므로 열이 있는 동안은 안아주지 않는 것이 낫다.

미지근한 물수건을 머리나 몸통에 올려 놓는다

물수건으로 전신을 닦는 것을 권장하지는 않는다. 다만 열이 너무 심한 경우에는 미지근한 물수건을 머리나 몸통에 올려 놓는다. 미지근한 물을 분무기에 담아 아이에게 뿌려줘도 된다. 또한 알코올은 사용하지 않는다. 최근 중국에서 부모가 2세 남자아이의 열을 내리겠다고 알코올로 마사지를 해 사망에 이르게 한 경우가 있었다. 알코올은 아이 몸에 흡수되면 문제가 될 수 있으므로 절대 사용해서는 안 된다.

수분 섭취에 신경 쓴다

열이 나면 우리 몸은 열을 떨어뜨리려고 땀을 많이 흘리게 된다. 그만큼 몸에서 수분이 빠져나가는 것이므로 아이가 갈증을 느끼지 않더라도 자주 물을 마시게 해야 한다. 열이 나면 먹는 양 또한 줄어서 수분 부족 증상을 보이기 쉽다.

냉각 제품은 주의한다

냉베개, 냉각시트 등은 갑작스러운 체온 저하를 일으켜 오히려 열을 낼 수 있다. 체온이 저하되면 체온을 유지하려는 반사작용을 일으키기 때문이다. 근육의 떨림 등으로 고열이 나거나 열성 경련을 유발할 수 있으므로 주의한다.

온몸을 마사지해준다

열이 날 때 꼭 체한 아이처럼 손발이 차가운 경우가 있다. 아이들이 감기에 걸려 열이 나면 손발이 차가워지는 경우는 아주 흔한 일이다. 이럴 때는 혈액 순환이 잘 되도록 손바닥을 비벼 손을 따뜻하게 만든 후 온몸을 마사지해준다.

부위별 체온 재기

귀

간편하면서도 빨리 잴 수 있고 아이도 크게 불편해하지 않기 때문에 병원과 가정에서 보편적으로 사용하는 방법. 체온계가 고막을 향하도록 밀어 넣고 버튼을 누른다. 세 번 정도 반복해서 재 정확성을 기하는 것이 좋다. 37.6℃ 이상이면 열이 있는 것으로 판단한다.

겨드랑이

겨드랑이 땀을 잘 닦은 다음 수은주 부분이 겨드랑이 한가운데 놓이도록 하여 팔을 내려 밀착시킨다. 4~5분 정도 후 눈금을 읽는다. 아이가 움직이면 정확한 체온을 재기 어려우므로 엄마가 팔을 잘 잡고 체온계가 떨어지지 않도록 주의해야 한다. 37.4℃ 이상이면 열이 있는 것으로 판단한다.

항문

체온계 수은주에 바셀린을 바르고 항문을 손으로 벌려 체온계를 집어넣는다. 체온을 가장 정확히 재는 방법으로 생후 6개월 미만의 아기는 0.6~1.2㎝, 그 이상 아기는 1.2~2.5㎝ 깊이까지 넣고 3분 후 눈금을 읽는다. 38℃ 이상일 때 열이 있는 것으로 판단한다. 최근에는 거의 사용하지 않는 방법이다.

입

아이가 깨물 가능성이 있으면 절대 입에 넣고 재지 않는다. 혀 밑에 체온계를 넣고 입을 다물게 한 다음 2분 후 37.6℃ 이상일 때 열이 있는 것으로 판단하는데 요즘은 거의 사용하지 않는 방법이다.

감기 이외 열을 동반하는 질병

장염

열이 나고 구토와 설사, 반복적인 복통 때문에 힘들어 하고 대변 냄새가 지독하다.

폐렴

발열 또는 기침 등의 증상이 있다. 특히 밤에 기침이 심하여 잠을 잘 못 자고 속에서 깊은 기침을 한다. 열이 없는 경우도 있다. 증상이 심해지면 숨이 가빠지며 숨쉴 때 힘들어 하는 증세를 보인다.

편도선염

고열이 나면서 오한과 두통이 갑자기 나타난다. 또 목이 아파서 음식물을 잘 삼키지 못한다.

성홍열

열과 함께 입안에 빨갛게 반점이 생기며 붓고, 혀가 딸기같이 붉게 변한다.

볼거리

40℃ 가까운 고열이 나거나 미열이 나기도 하며, 귀밑이나 턱밑, 입안의 림프절이 붓고 아파한다.

중이염

38~39℃ 정도의 열이 나고 귀가 아프다. 고열이 나다 고막이 터지면서 열이 내리거나 4~5일 정도 지속되기도 한다.

홍역

초기에는 별 증세가 없고 미열이 나면서 재채기와 기침을 한다. 얼굴에 핀 홍역꽃이 사라지면서 열도 함께 내린다.

기침

기침을 단순히 감기라고 생각해선 안 된다. 기침은 병을 알리는 신호이자 몸속에 들어온 나쁜 것을 밖으로 내뱉는 행동으로 임의로 약을 먹일 일이 아님을 명심해야 한다.

기본 돌보기

집 안 습도 조절에 신경 쓴다

공기가 건조하면 호흡기 점막을 자극해 기침이 더 심해질 수 있으므로 습도 조절에 신경 써야 한다. 가습기를 틀거나 빨래 등을 널어 실내가 건조해지는 것을 막고, 집 안을 깨끗하게 하여 먼지나 곰팡이 등이 없도록 한다. 환기를 할 때는 실내외 온도 차가 크지 않도록 주의한다.

평소보다 많은 수분을 공급한다

가래가 호흡기 점막에 달라붙으면 기침이 더 많이 나올 수 있으므로 끈적끈적한 가래를 녹이려면 수분을 충분하게 공급해야 한다. 또 기침이 심해지면 몸에서 배출되는 수분의 양도 늘어나 평소보다 많은 수분이 필요해진다. 물을 끓여 식힌 후 실온에 두고 미지근한 상태로 조금씩 자주 마시도록 한다.

가래가 심하면 배출을 돕는다

가래가 심해 아이가 괴로워하면 가래를 배출할 수 있도록 도와줘야 한다. 허리를 반듯하게 해서 앉힌 다음 엄마 손바닥을 오목하게 만들어 아이의 등을 가볍게 두드려주거나 가슴을 문질러준다. 큰 아이라면 숨을 크게 들이마셨다가 한꺼번에 힘껏 내뱉게 할 수도 있다. 아이 스스로 가래를 배출하기는 쉽지 않으니 심할 경우에는 병원을 찾아 도움을 받는다.

임의로 약을 먹이지 않는다

상비약으로 기침을 함부로 줄이면 기침은 잦아들지 몰라도 병의 원인을 제대로 알아내 치료하지 못하고 합병증을 불러올 수도 있으므로 임의로 감기약을 먹여서는 안 된다. 영유아의 기침은 모세기관지염이나 폐렴의 증상일 수 있다. 아이가 기침을 할 때는 소아청소년과 의사에게 진료를 받고 처방에 따라 약을 복용해야 한다.

집에서 푹 쉬는 것이 중요하다

기침을 많이 해도 감기 정도로 쉴 필요가 없다고 생각해 어린이집에 보내는 경우가 많은데, 아플 때 가장 기본적인 돌보기는 아이를 푹 쉬게 하는 것이다. 또 기침은 다른 아이들에게 질병을 옮기는 빠른 통로이기도 하므로 다른 아이들을 위해서라도 아이를 집에서 쉬게 하는 것이 좋다.

음식물은 조금씩 나누어 먹인다

기침이 심할 때는 음식물을 먹는 것이 쉽지 않다. 이유식을 먹는 아이라면 평소보다 묽게 하고, 간은 약하게 한다. 충분히 식혀 먹이되 양도 평소보다 조금씩 떠서 아이가 먹기 편하게 한다.

아이를 앉혀 등을 쓸어준다

밤새 기침 때문에 잠자는 것도 힘들어 한다면 베개나 쿠션 등으로 등을 받쳐 잠깐 앉아 있게 한다. 위에서 아래로 천천히 부드럽게 등을 쓸어주면 누워서 기침을 하느라 힘들었던 아이를 진정시키는 효과가 있다.

감기 이외 기침을 동반하는 질병

모세기관지염

호흡기 질환 가운데 가장 흔하게 걸리는 병이 모세기관지염이다. 모세기관지염에 걸린 아이들은 쌕쌕거리며 기침을 심하게 하고, 가래가 끓고, 콧물도 나고, 숨을 가쁘게 쉰다. 심해지면 호흡 곤란이 나타나기도 한다. 열은 날 때도 있고 안 날 때도 있으나 2~3일 동안 갑자기 증상이 심해지기도 한다. 천식과 증상이 비슷하며 간혹 천식과 겹치기도 한다.

폐렴

고열, 기침, 가래와 함께 맥박과 호흡이 빨라지고 숨쉬기가 곤란해지는 증상을 보인다. 명치 부분이 쑥 들어가기도 하며 코에서 이상한 소리가 난다. 아이들은 성인보다 약해 몸이 힘들고 처지며 식욕도 떨어진다.

기관지 천식

쌕쌕거리는 기침을 하고 밤에 증세가 심하며 찬 공기를 들이마시거나 운동을 하고 나면 갑자기 심해지기도 한다. 심한 경우 발작적인 호흡 곤란을 일으키며 갈비뼈 사이가 쑥쑥 들어가는 모습도 보인다. 천식은 유발 요인이 있어 반복적으로 발병하는 것이 특징이다. 유발 요인으로는 감기, 담배 연기, 찬 공기, 지나친 운동, 스트레스 등이 있다.

급성 후두염

컹컹 개 짖는 소리와 같은 기침 소리를 내는 것이 특징이다. 낮에는 멀쩡하다가도 밤이 되면 증상이 심해지는데, 숨이 차고, 숨 쉴 때 그르렁 소리가 나기도 하며 목도 쉰다. 기침이 심하면 호흡 곤란을 일으킬 수도 있으므로 주의 깊게 관찰해야 한다. 아침에 호전된다 하더라도 나은 것은 아니므로 병원에 데려가야 한다.

급성 기관지염

쇳소리를 내면서 기침을 심하게 하지만 열은 그렇게 높지 않다. 콧물과 함께 가래가 끓고 가슴 통증 등이 있으나 감기와 구별이 쉽지 않다. 방치하면 만성 기관지염으로 진행될 수 있으니 계속 쇳소리를 내며 잦은 기침을 하면 병원을 찾도록 한다.

응급치료가 필요한 기침

생후 3개월 미만 아기가 기침을 할 때

생후 6개월까지는 잘 아프지 않는다는 말만 철석같이 믿고 아기의 기침을 무심하게 넘겨서는 곤란하다. 특히 생후 3개월 미만 아기가 기침을 할 때는 반드시 의사에게 보여야 한다. 생후 3개월이 안 된 아기도 감기에 걸리며, 이 시기 아이들은 면역성이 부족해 갑자기 모세기관지염이나 폐렴으로 발전하기 쉽다.

음식이 기도에 걸렸을 때

아이가 기침을 하며 침을 흘리고 숨쉬기를 곤란해 하면 기도 질식을 의심해야 한다. 아이들은 뭐든지 손에 잡히는 대로 입으로 가져가기 때문에 아이들이 혼자 놀 때는 주변에 두는 작은 물건은 먹을 것 하나라도 조심해야 한다. 이때는 즉시 119에 도움을 요청하거나 가까운 응급실로 바로 가야 한다.

숨쉬기를 힘들어할 때

기침을 많이 하던 아이가 헉헉대며 숨쉬기 힘들어하고 입술이나 손톱 밑이 파랗게 변하면 기도나 기관지가 수축하였거나 막혔을 가능성이 있다.

침을 갑자기 많이 흘릴 때

기침을 하던 아이가 갑자기 침을 많이 흘리고 잘 삼키지 못할 때는 수족구나 인두염, 후두개염에 걸렸을 가능성이 있다. 이 중 후두개염은 드물지만 매우 위험한 병이므로 숨을 가쁘게 쉬고 숨 쉴 때 입을 벌리며 기침을 하면 병원을 찾아야 한다.

고열, 가슴통증, 피 섞인 가래를 동반할 때

기침이 심해지면서 고열이 나거나, 가슴을 아파하거나, 피 섞인 가래가 나오면 폐렴이나 기도에 이물질이 들어가 염증을 일으킨 것일 수 있다. 이럴 때는 최대한 빨리 응급실로 가야 한다.

기침의 변화가 있을 때 대처법

밤에 기침을 하다가도 자고 일어나면 멀쩡한 경우 대개 괜찮겠지 하고 넘어가는 일이 많다. 그러나 밤 기침이 계속될 때는 다른 병이 원인일 수도 있으므로 반드시 진찰을 받는다. 새벽 기침도 마찬가지. 단순한 감기가 아니라 알레르기나 천식, 축농증 등 다른 병일 수도 있으니 병원 진료를 받도록 한다. 마른 기침은 평소와 달리 심해진다거나 가래가 나오는 등 다른 증상이 동반되어 나타나면 진찰을 받아보는 것이 좋다.

60

발진

아기 몸에 이상이 생겼음을 알리는 신호 중 하나이지만 대개는 좋아지는 경우가 많다. 놀라지 말고 동반 증상과 열이 나는지 여부를 살피면서 상태를 체크한다.

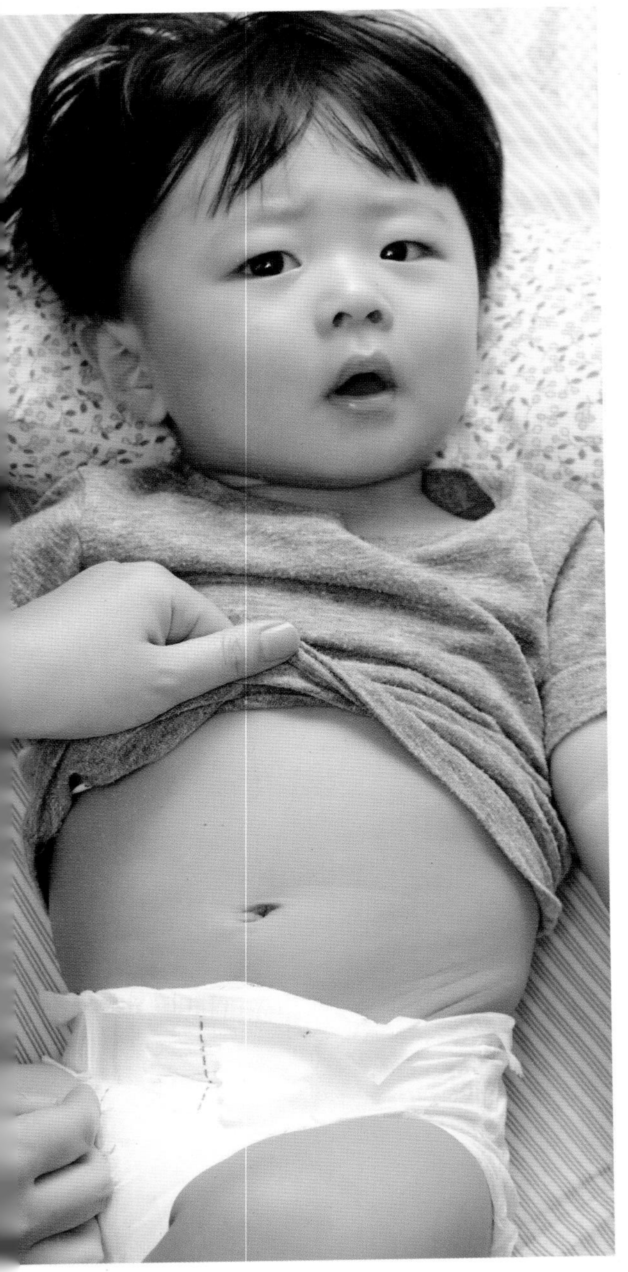

기본 돌보기

발진 정도를 살핀다

발진이 생겼다면 먼저 아이의 옷을 벗겨 귀, 입안, 몸통, 다리 등 전신의 발진 상태를 살펴본다. 발진의 원인이나 병명을 알아볼 수 있는 중요한 단서가 되기 때문. 당황스럽더라도 확인해두었다가 진찰받을 때 설명하면 치료에 도움이 된다.

체온을 확인한다

발진의 색깔이나 모양에 따라 병을 진단해 볼 수도 있지만 흔히 나타나는 몇 가지 발진은 부모의 눈으로 구별하기가 쉽지 않다. 우선은 체온을 재서 열에 의한 발진인지 아닌지 확인한다. 발진 중에는 열이 오르다가 떨어진 후에 나타나는 경우도 있으므로 체온의 변화와 발진 상태를 잘 살펴보고, 고열이 난다면 병원으로 가야 한다.

단순 발진이라면 상태를 지켜본다

발진 이외 다른 증상이 없다면 아이의 몸을 닦아주고, 특히 손을 깨끗이 해준다. 그리고 상태를 좀 더 지켜보도록 한다.

가려움증을 덜어준다

아이가 가려워하면 엄마가 손바닥으로 환부를 톡톡 두드려주면 도움이 된다. 또 찬물로 찜질을 해주거나 찬 거즈를 환부에 덮어 식혀주면 가려움증을 덜어줄 수 있다. 단, 찬물이나 차가운 공기에 노출되어 두드러기가 생겼을 때는 찬 찜질은 피한다.

발진을 동반하는 질병

수두

10~21일(대부분 노출 후 14~16일경) 정도의 잠복기를 거친 후 37~38℃의 열이 나기 시작하며, 하루 정도 지나 얼굴부터 가슴, 배 등에 붉은 발진이 나타난다. 또 하루 정도가 지나면 발진에 물이 고여 물집이 잡히고 3~4일간 머릿속은 물론 입안과 성기 등 온몸에 물집이 퍼지는데, 매우 가려운 게 특징이다. 이때 긁어내면 평생 흉터로 남을 수도 있으니 조심해야 한다. 물집이 잡힌 후 며칠이 지나면 딱지가 지면서 회복된다.

성홍열

고열, 구토, 두통, 복통, 인후염 등을 동반하며 온몸에 좁쌀 크기의 붉은 반점이 다닥다닥 나타나는 것이 특징이다. 몹시 가려워하며 2~3일 후에는 혀에 새빨간 딸기 모양의 오톨도톨한 발진이 생긴다. 차츰 증세가 호전되어 발진이 없어지면 피부가 잘게 벗겨지지만 흉터는 남지 않는다.

돌발 발진

생후 6~15개월 사이의 아기들이 잘 걸린다. 39~40℃를 오르내리는 고열이 3~4일 계속되며 목이 붓거나 귀 뒤의 림프절이 붓기도 한다. 열이 내림과 동시에 온몸에 작고 붉은 발진이 나타나는데 가려움증은 없다. 특별한 치료는 필요 없으나 전염의 위험이 있으므로 주의해야 한다.

풍진

전염성이 매우 강하다. 감기 증상이 나타나며 얼굴부터 발진이 생겨 빠른 시간 안에 온몸으로 퍼진다. 또 목, 귀 뒤, 뒤통수 아래의 림프절도 붓는다. 증상은 홍역과 비슷하나 그보다는 가벼운 편으로 온몸에 퍼진 발진은 사흘쯤 지나면 다 없어져 '사흘 홍역'이라고도 한다.

홍역

감기와 비슷한 증상이 3~5일간 지속되다 갑자기 열이 더 나면서 몸에 발진이 돋는다. 목, 귀 뒤, 뺨의 뒷부분에서 시작된 열꽃은 곧 얼굴로 퍼지고, 하루 정도 지나면 팔과 가슴, 그다음 날에는 배와 등으로 퍼지는 등 점차 아래로 내려가는 것이 특징이다. 2~3일 후면 발끝까지 퍼지며 이때부터는 차츰 열도 떨어지고 나아진다.

아토피 피부염

가려움증이 있는 붉은 반점이 돋으면서 물집이 생기고, 진물이 나는 딱지가 생긴다. 돌 전에는 양볼, 목, 머리, 귀 등에 나타나다가 돌 이후에는 팔이나 정강이 등 눈에 보이는 부분으로 옮겨가고 만 3~4세 무렵에는 팔 안쪽, 무릎 안쪽, 귀밑 등 살이 겹치는 부분에 나타난다. 자꾸 긁으면 염증이 생기고 진물이 나는데, 이 과정이 반복되면 피부가 두꺼워지고 거칠어진다.

진료가 필요한 발진

음식이나 약을 먹고 나타났을 때

음식이나 약물 알레르기의 경우 대개 비교적 크기가 넓으면서 경계가 분명하게 피부가 부풀어 오른다. 조그만 반점들을 점점이 뿌려놓은 모양일 수도 있고, 커다란 반점이 한두 개 생기는 경우도 있다.

심하게 가려운 수포가 생겼을 때

피부가 가려우면 아이들은 깨끗하지 못한 손으로 긁기 쉽다. 코나 입 주위의 수포나 짓무름을 긁어 상처가 생기고 주위로 번지면 농가진이 될 수 있다. 수두나 수족구병도 그 원인일 수 있다.

피부에서 진물이 많이 날 때

아토피 피부염이 심해지면 진물이 난다. 그리고 기저귀를 채웠던 부위가 빨갛게 변하고 피부가 벗겨지면서 짓무를 정도로 기저귀 발진이 악화되면 진물이 흐른다. 진물이 나는 상태까지 이르면 꼭 치료가 필요하다.

자줏빛 반점이 있을 때

열이 나지는 않지만 의심스러운 붉은 반점이 있다면 병원을 찾는다. 패혈증 등 여러 감염성 질환을 의심할 수 있다.

눈이 충혈되어 있을 때

고열이 5일 이상 지속되며, 다양한 모양과 크기의 발진이 생기고 눈이 충혈되면 가와사키병을 의심해볼 수 있다. 혀와 입술이 빨개지며 림프절이 커지고 손과 발의 껍질이 벗겨지는 등의 증상이 나타난다. 심장에 합병증이 올 수 있으므로 진단과 치료가 매우 중요하다.

자꾸 긁어 염증이 생겼을 때

발진이 생기면 피부가 가렵기 때문에 자꾸만 긁어 상처가 난다. 그러다 보면 발진이 더 심해지기도 하고, 2차 감염에 의한 화농으로 상처가 날 수도 있어 빨리 치료해 주는 것이 좋다. 병원에 가지 않고 임의로 피부 연고제를 바르는 것은 피해야 한다.

좀 더 지켜봐도 괜찮을 발진

✔ **가려워하지 않을 때**
두드러기는 불과 몇십 분 사이에 나왔다가 들어가기도 하고 금방 다른 곳으로 옮겨가기도 한다. 아이 얼굴에 두드러기가 나타났을 경우 함부로 약을 먹이지 말고 원인이 무엇인지 알아내야 한다. 대부분의 엄마들이 식중독을 의심하지만 음식물이 원인이 아닌 경우도 많다. 그래도 두드러기의 원인으로 의심되는 음식은 일단 먹이지 않는다. 얼굴에 두드러기가 났어도 열이 없고 아이가 가려워하지 않으면 조금 지켜볼 수 있다. 두드러기가 문제가 되는 경우는 호흡 곤란을 동반할 때다. 얼굴에 두드러기가 생기고, 아이가 처지거나 호흡이 불안정하면 바로 병원으로 가야 한다.

✔ **엉덩이에 발진이 생겼을 때**
엉덩이나 외음부, 사타구니 등에 일어나는 발진은 기저귀 발진인 경우가 많다. 기저귀를 자주 갈아주거나 벗겨두고, 깨끗한 물로 두드리듯 씻겨 잘 말려준 상태로 1~2일간 지켜본다. 상태가 호전되지 않고 심해지면 의사의 진찰을 받는다.

61 구토

아이들은 우유를 잘 먹고 나서도 울컥 토해내는 경우가 많다. 아직 위의 발달이 미숙하기 때문. 단순 구토일 때는 괜찮지만 동반 증상이 있다면 주의 깊게 살펴야 한다.

기본 돌보기

고개를 옆으로 돌려준다

아이가 토할 때는 우선 입속의 이물질이 기도를 막지 않도록 하는 것이 중요하다. 고개를 옆으로 돌려 구토물이 밖으로 흘러나오도록 한다.

탈진이 되지 않도록 한다

계속해서 구토를 할 때는 자칫 탈수 증상이 나타날 수 있으므로 수분 섭취에 신경 써야 한다. 물도 한꺼번에 많이 먹으면 토할 수 있으므로 조금씩 자주 먹인다. 가능한 한 전해질 용액을 먹인 후 보리차나 끓여서 식힌 물을 먹인다.

오줌을 잘 안 누면 병원에 가야 한다

아이가 밤사이 자꾸 토하더라도 오줌을 잘 누고 있다면 탈진의 위험이 없어 다음 날 병원에 가도 되지만, 오줌을 8시간 이상 보지 않았거나 기운 없이 몸이 처지면 바로 응급실로 가야 한다. 병원에 가기 전, 구토는 몇 번이나 했는지, 어떤 색깔, 어떤 냄새가 났는지, 구토 전에 먹은 음식은 무엇인지, 구토 이외 증상은 무엇인지 체크한다.

구토를 동반하는 질병

위식도 역류

가벼운 위식도 역류는 별 문제가 없지만, 심하면 간혹 폐렴을 일으키기도 한다. 피를 섞인 토사물을 보이거나 사레가 잘 걸리는 아이들은 병원 진료를 받아야 한다. 위식도 역류가 아주 심한 경우 수술이 필요할 수도 있다.

유문협착증

생후 2개월도 안 된 아기가 매번 수유 후 토한다면 유문협착증을 의심해볼 수 있다. 일반적으로 생후 2~3주 후부터 증상이 나타나며 갈수록 심해지고 몸무게도 증가하지 않는다. 유문협착증은 수술로 금방 좋아질 수 있다.

장중첩증

갑자기 심하게 울기를 반복하며 토하고 혈변을 보는 일도 있다.

장염

초기에는 감기와 유사한 증상을 보이다가 구토를 하고 물처럼 심한 설사를 10회 이상 한다.

잘 토하는 아이 평소 돌보기

- 과식하지 않게 한다.
- 수유 후에는 꼭 트림을 시킨다.
- 분유를 너무 진하게 타서 먹이지 않는다.
- 스트레스를 받지 않게 한다.

응급실에 가야 하는 구토

- ✔ 토사물에 피나 초록빛을 띤 노란 것이 섞여 있을 때
- ✔ 머리를 심하게 부딪힌 후 구토할 때
- ✔ 구토로 인해 탈수 현상을 보일 때
- ✔ 구토와 함께 의식이 희미해질 때
- ✔ 복통이 2시간 이상 동반될 때
- ✔ 구토가 6시간 이상 지속될 때
- ✔ 심하게 울며 구토한 뒤 괜찮아지기를 반복할 때
- ✔ 구토가 지속되면서 소변을 8시간 이상 보지 않을 때

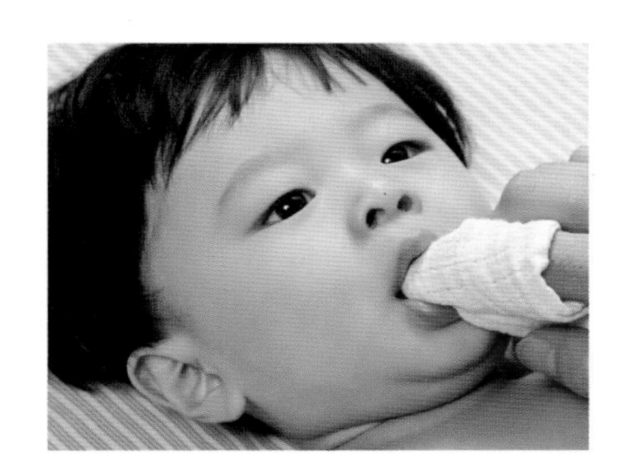

62 설사

모유를 먹는 아이들은 분유를 먹는 아이들보다 변을 묽게 보는 경향이 있으므로 설사와 잘 구분해야 한다. 설사를 하면 변 보는 횟수가 증가하고 물기도 많아진다.

기본 돌보기

수분 섭취가 중요하다

아이의 몸은 어른보다 작기 때문에 설사를 조금만 심하게 해도 탈수 증상이 나타날 수 있어 수분 섭취에 신경 써야 한다. 약국에서 파는 에레드롤이나 페디라라는 전해질 용액을 상비해 두었다가 먹이면 좋다. 여기에는 포도당과 설탕 · 소금 같은 성분이 들어있어 기본적인 염분과 열량을 보충해줄 수 있다. 설사를 많이 해도 수분 섭취를 충분히 하면 당장 큰일이 나지는 않으므로 병원에 데려가기 전까지 가장 신경 써야 할 부분이다.

모유는 계속 먹여도 된다

가벼운 설사를 할 경우 모유는 계속 먹여도 된다. 설사가 심한 경우에는 의사의 처방에 따라 전해질 용액을 먹이다가 바로 모유를 먹일 수도 있다. 이유식을 먹는 아이라면 차거나 기름진 음식은 피하고 과일 주스도 먹이지 않는 것이 좋다.

무턱대고 특수 분유 · 지사제를 먹이지 않는다

특수 분유는 설사를 치료하는 분유가 아니므로 설사를 한다고 해서 소아청소년과 전문의와 상의 없이 특수 분유를 먹이는 일이 없도록 한다. 지사제 역시 마찬가지. 무턱대고 원인 파악도 되지 않았는데 설사만 멈추게 하면 오히려 병이 더 심해질 수 있다.

아이를 계속 굶기지 않는다

설사가 심한 경우라면 전해질 용액을 먹이지만 그렇지 않다면 가능한 한 아이를 굶기지 않아야 한다. 설사를 잦아들게 하겠다고 계속 굶기면 오히려 탈진의 원인이 된다. 과일은 가능하면 삼가고 부드럽고 소화하기 쉬운 음식으로 먹인다.

설사를 동반하는 질병

로타바이러스 장염

로타바이러스가 침투해 생기는 병으로, 일단 감염되면 특별한 치료법이 없고, 고열 · 설사 · 구토 등을 동반한다. 심하면 탈수증까지 와서 결국 병원에 입원하는 경우가 많다. 우리나라의 경우 기온이 떨어지는 계절에 소아청소년과 방문의 주된 원인이 바로 로타바이러스 장염이었으나, 최근에는 계절과 상관없이 발병률이 고루 분포하는 상황이다. 생후 2 · 4 · 6개월에 3회 접종(또는 2회) 하는 예방 백신으로 미리 예방할 수 있다.

과민성 장증후군

과민성 장증후군인 경우 변비와 설사가 반복된다. 장에 가스가 자주 차며 열이나 구토 증세는 없다. 고구마, 사과 등의 식이섬유가 많은 음식을 먹이면 자연스럽게 낫는다.

유당불내증

수유를 한 지 얼마 되지 않아 설사를 하는 경우, 변에서 악취가 심하며 쉰 냄새가 나는데 이는 젖당 분해 효소가 제 기능을 발휘하지 못해 생기는 것이다. 젖당이 소화 흡수가 잘 되지 않으므로 심한 경우 젖당이 빠져 있는 특수 분유를 먹여야 한다.

감기증후군 · 독감

감기를 심하게 앓으면서 설사를 동반한다. 미음같이 부드럽고 자극이 없는 음식을 조금씩 먹인다.

설사 증상이 있을 때 건강 수칙

- 손을 자주 깨끗이 씻는다.
- 변기 청소를 자주 한다.
- 방바닥을 잘 닦아준다.
- 설사가 묻은 옷은 따로 세탁한다.
- 설사 처리를 한 부모의 손을 잘 닦는다.
- 설사 뒤처리 후 엉덩이를 잘 말려준다.

63 변비

섬유질이 부족해도, 생우유를 너무 많이 먹어도, 특별한 이유 없이도 아이들에게는 변비가 잘 생긴다. 평소 식습관을 점검하고 생활습관을 고치면 점차 편해질 수 있다.

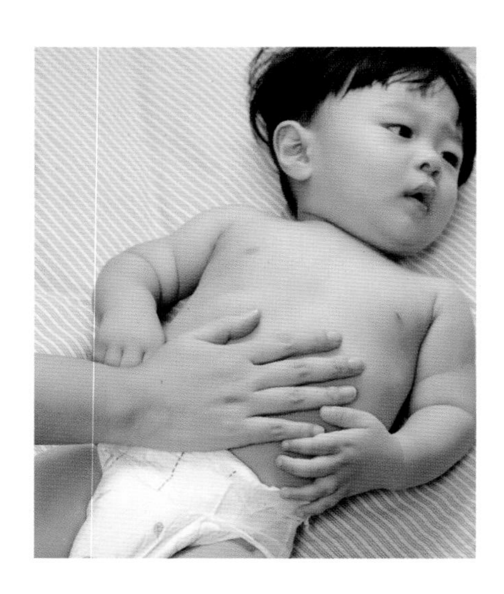

집에서의 기본 돌보기

수분을 충분히 섭취한다

무조건 잘 먹는다고 변이 만들어지는 것이 아니다. 섬유질이 풍부한 음식을 먹어야 변이 잘 뭉쳐진다. 우유에는 섬유질이 거의 없어 돌 이후 생우유를 많이 먹으면 변비가 생기기 쉽다. 우유는 하루 500㎖ 정도면 충분하다. 칼슘이 많고 섬유질이 상대적으로 적은 과자 등의 섭취도 줄인다. 섬유질이 많은 채소나 과일은 물론 곡류를 잘 섭취해야 하고, 섬유질이 제 기능을 하게 도와주려면 큰 아이들의 경우 하루 6~8컵 정도의 물을 마시게 해야 한다. 또 장이 미숙한 아이들에게 유산균이나 식이섬유를 먹이면 변비도 해결되고 장도 튼튼해진다.

과즙보다 과일을 먹인다

채소나 과일을 많이 먹이고 있는데 변비가 생겼다면 먹이는 방법에 문제가 있는 것은 아닌지 살펴본다. 과일을 먹일 때는 과즙보다는 과일을 껍질째로, 혹은 강판에 갈아 먹여야 한다.

변을 참는 일이 없게 한다

어른들도 그렇지만 아이들도 낯선 환경에서는 변을 참으려고 하는 경향이 있다. 이런 일들이 반복되면 변비가 생기기 쉽다. 참지 않고 변을 볼 수 있도록 낯선 환경에서는 아이가 편안한 마음을 가질 수 있도록 도와야 한다.

변을 보면 칭찬과 보상을 해준다

변을 보는 제일 좋은 방법은 아침에 일어나거나 음식을 섭취해 장 운동이 활발해질 때 따뜻한 물을 한 컵 마시게 하고 변기에 10~15분 정도 앉아 있게 하는 것이다. 변을 보지 않더라도 절대 스트레스를 주지 말고, 변을 보면 칭찬과 보상을 꼭 해준다. 대변 훈련을 시작하면 아이들의 스트레스는 부모의 생각보다 훨씬 커진다. 아이는 아직 준비가 되어 있지 않은 상태인데, 강요하며 스트레스를 주지 않도록 한다. 대변훈련은 시기를 조금 늦춰도 상관없지만 변비는 한 번 생기면 제자리로 돌리기가 쉽지 않다.

적당한 운동은 필수다

먹고 많이 움직여야 장의 운동도 활발해져 변을 만드는 데 도움이 된다. 아직 스스로 움직이지 못하는 아기라면 배를 마사지해주고 배에 가스가 차지 않도록 한다.

관장은 집에서 하지 않는다

변비를 해결하는 가장 손쉬운 방법으로 관장을 생각하기 쉬운데 집에서 관장을 하는 것은 옳지 않다. 관장은 꼭 필요한 경우에만 의사의 진료에 의해 행해져야 한다. 집에서는 오일을 묻힌 면봉을 아이의 항문에 1㎝ 정도만 넣고 살살 돌리며 자극을 주면 변을 보게 하는 데 도움이 될 수 있다.

변비에 대해 미리 알아두기

- 아기들은 일주일에 한 번 정도 변을 보기도 한다.
- 요구르트는 변비에 도움이 되지 않는다.
- 정장제는 선택사항이지만 정량을 초과하지 않는다.
- 심하고 오래된 변비는 치료가 필요하다.
- 모유만 먹는 아기가 2~4주 이내 1회 이상 변을 보지 않으면 병원 진료를 받는다.

64 경련

열이 있을 때 하는 경련은 대개 별 문제가 없지만 복합 열성경련과 구별해야 하므로 소아청소년과 전문의의 진료가 필요하다.

열이 있을 때 돌보기

당황하지 말고 상태를 잘 지켜본다

고열 때문에 경련을 하게 되는 열성경련은 아이를 키우며 흔히 경험하는 일이다. 아이가 의식이 없어지면서 눈이 돌아가고 손발을 떨면서 전신이 뻣뻣해지는데, 대부분 별다른 문제없이 좋아지기도 하므로 당황하지 말고 잘 지켜보는 것이 중요하다. 손발을 잡아주거나 인공호흡을 하지 말고 옷을 벗겨 편하게 한 후 옆에서 지켜보며 시간을 체크하고, 아이의 상태를 잘 관찰한다. 복합 열성경련과 구별해야 하므로 소아청소년과 전문의의 진료를 받아야 한다. 복합 열성경련은 경련을 15분 이상 하거나, 하루 2번 이상 발생하거나, 부분 발작이나 경련 후 신경학적인 이상 소견이 보이는 경우다. 단순 열성경련에 비해 발달 지연이나 뇌전증으로 이행될 가능성이 높으므로 주의한다. 의원이나 병원에 가게 된다면 관찰한 내용을 잘 기억해 설명해야 한다.

구토 증상이 있으면 고개를 돌려준다

경련을 하면서 만약 아이가 토한다면 고개를 옆으로 돌려 기도가 막히는 일이 없도록 해야 한다. 아이가 손발을 떠는 모습에 놀라 손발을 꽉 잡아주기 마련인데 가만히 지켜보는 것이 좋다.

5분 이상 지속되면 병원으로 간다

열성경련이 5분 이상 지속된다면 병원으로 가야 한다. 의식 없는 아기를 안고 뛰지 않도록 조심하고 아이가 계속 움직일 테니 머리를 잘 받쳐 데려가야 한다. 경련이 멎은 아이도 마찬가지. 경련을 해도 머리가 나빠지거나 간질이 되지는 않으므로 안심해도 된다.

입안에 아무것도 넣지 않는다

혀를 깨물까 봐 입안에 숟가락을 넣거나 하는 것은 오히려 혀를 다치게 하는 행동이다. 아이가 숨을 못 쉰다고 인공호흡을 하는 것도 오히려 입안에 음식물이 있으면 음식물이 기도를 막아 위험해질 수 있다. 음식을 먹다 경기를 하면 손가락에 수건을 감아 빼낸다.

반복되면 신중하게 대처한다

세 명 중 한 명꼴로 재발하기 때문에 열성경련을 한 경험이 있다면 미리 열성경련에 대해 잘 알아두어야 한다. 자주 재발한다면 다른 질병을 의심해야 하고, 경련이 일어날 때는 매번 처음 겪는 것처럼 신중하게 대처해야 한다.

열이 없을 때 돌보기

열이 없을 때 경련을 한다면 반드시 병원 진료를 받아야 한다. 당뇨가 있는 아이라면 저혈당을 의심할 수 있고 약물 중독이 원인일 수 있다. 경련이 5분 이상 지속되거나, 15초 이상 숨을 쉬지 않거나, 머리를 다친 후 경련이 일어났다면 바로 응급실로 가야 한다.

열성경련이어도 병원에 가야 할 경우

- ✔ 5분 이상 경련을 할 때
- ✔ 24시간 이내 2번 이상 경련을 할 때
- ✔ 15초 이상 숨을 쉬지 않을 때
- ✔ 다친 후에 경련을 할 때
- ✔ 여러 번 경련이 반복될 때
- ✔ 신체의 한 부분만 경련을 할 때

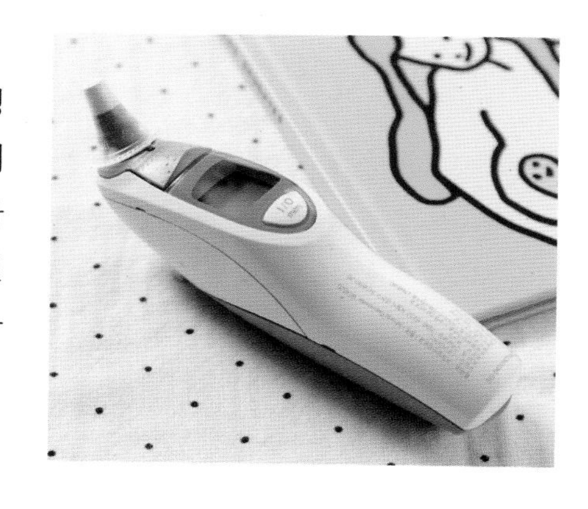

65 안전사고와 응급 처치

아이를 키우다 보면 생각지도 못했던 사건 · 사고가 일어나고 가끔은 부모도 당황스러운 일이 벌어질지 모른다. 침착하게 대처하는 지혜가 필요하다.

응급 처치 시 기본 수칙

당황하지 말고 우선 119 신고를 한다

언제 어디서든 응급 상황이 생겼을 때 바로 병원으로 가기 어렵거나 혼자 해결하기 힘들 때는 우선 119로 신고부터 한다. 시간을 지체하면 지체할수록 손해. 심호흡을 크게 하고 마음을 진정시키며 119에 전화하고 출동을 부탁한 후, 상황에 대해 설명하고 구급대원들이 도착하기 전까지 해야 할 일에 대해 묻고 실행한다.

부모부터 침착해야 한다

아이들은 아플 때 부모의 표정과 감정 때문에 더 놀라고 더 아픔을 크게 느낀다고 한다. 아이가 놀라지 않도록 부모가 침착하게 행동해야 한다. 목소리와 행동에서도 떨림과 걱정이 느껴지지 않도록 최대한 마음을 가라앉히고, 심호흡으로 감정을 조절한다.

아이를 진정시킨다

말을 알아듣는 아이라면 엄마, 아빠가 빨리 조치를 취할 것이고 아무 일도 일어나지 않을 것이라고 말해준다. 지금 이 순간 가장 아프고, 놀라고, 걱정이 많은 것은 아이일 것이다. 예민하고 건강 상태가 좋지 않은 아이면 자신의 피를 보고 더 놀라 쇼크가 올 수도 있으므로, 아이가 상처를 보지 않도록 부모의 눈을 보게 하며 계속 이야기를 나누는 것도 방법이다.

아이를 억지로 옮기지 않는다

아이가 움직이지 못하거나 움직임이 부자연스럽다면 오히려 건드리는 것이 2차 부상으로 이어질 수 있다. 움직이지 않고 그 자리에서 아이를 진정시키며 119구조대를 기다린다.

이상 증상이 있을 땐 빨리 응급실로 간다

한밤중에 병원에 바로 가기 힘들 때는 아이의 상태를 지켜보면서 부모가 판단을 내려야 한다. 의식이 혼미하거나, 지속되는 구토 · 경련 등의 증상이 있을 때는 주저 말고 응급실을 찾아야 한다.

이물질은 무조건 토하게 해서는 안 된다

아이가 비누를 먹었다면 토하게 하지 말고 병원으로 가야 한다. 알칼리성이 강한 양잿물이나 황산, 염산, 석유, 휘발유 등을 먹었을 때는 절대 토하게 해서는 안 된다. 자칫 식도나 입에 산이나 알칼리에 의한 화상을 한 번 더 입을 수 있기 때문. 석유나 휘발유의 경우 토하게 하다 잘못하면 폐로 들어가 폐가 손상될 수도 있다.

상처 부위는 소독한다

상처가 나면 소독은 필수. 과산화수소수나 요오드액을 상비해두고 아이가 상처를 입으면 즉각 소독을 할 수 있도록 해야 한다.

피가 나면 지혈부터 한다

작은 상처일 경우 소독 거즈를 상처에 대고 압박하며 피가 멈추길 기다린다. 상처가 심할 때는 손바닥 전체로 압박해 주고 압박붕대로 단단히 감싼다.

상황별 응급 처치

이물질을 삼켰을 때

1 아이를 팔에 올려놓은 뒤 머리와 목을 안정시키고 아이의 몸을 60도 각도로 바닥을 향하도록 한다.
2 손바닥으로 등의 양쪽 어깻죽지 사이를 네 차례 세게 그리고 아주 빠르게 때린다.
3 위의 방법으로 안 되면 아이를 딱딱한 바닥에 눕히고 두 손가락으로 흉골 부위를 네 차례 압박한다.
4 그래도 숨을 못 쉬면 엄지손가락과 집게손가락으로 입을 벌린 다음 혀를 잡아주어 혀가 기도를 막지 않도록 한다.
5 아이가 숨을 못 쉬면 인공호흡을 하면서 병원으로 옮긴다.

귀에 이물질이 들어갔을 때

1 물이 들어갔을 때는 귀를 밑으로 하고 면봉으로 가볍게 수분을 흡수시킨다.
2 벌레가 들어갔을 때는 귀에 빛을 비춰서 빛을 따라 나오도록 유도한다. 담배 연기도 효과가 있다.
3 작은 콩이나 돌 같은 이물질이 들어갔을 때는 알코올 2~3방울이나 올리브유를 조금 귀에 넣어 콩이 부풀지 않게 하고 병원으로 간다.

눈에 이물질이 들어갔을 때

1 눈을 감고 가만히 있으면서 눈물과 함께 흘러내리도록 한다.
2 깨끗한 물에 눈이 잠기도록 한 다음 눈을 깜박거려 본다.

코에 이물질이 들어갔을 때

1 절대 거꾸로 세워 등을 두드리지 말고 코의 한쪽을 누르고 코를 푸듯 빼내 본다.

높은 곳에서 떨어졌을 때

1 일단 외상이 있는지 살펴본다.
2 외견상 문제가 없다면 2시간 정도 곁에서 지켜보며 의식이 있는지, 잘 걷는지, 다른 문제는 없는지 잘 관찰한다.
3 2시간 정도는 물만 먹이고 음식물은 먹이지 않는다.
4 3~4일간 지켜보면서 조금이라도 이상 증상이 발생하면 바로 병원 진료를 받아야 한다.
5 기운이 없거나 구토, 경기를 하거나 귀나 코에서 피나 액체가 나온다면 즉시 병원으로 간다.

어깨 · 팔이 빠졌을 때

1 어깨를 무리하게 만지지 말고 가장 편한 자세를 취하고 병원으로 간다.
2 팔꿈치가 빠지면 팔을 못 움직이므로 팔을 구부리고 간다.
3 빠진 팔은 구부려 가슴에 놓고 삼각건이나 보자기를 팔에 둘러 목에 묶고 가슴과 팔 사이에 수건을 넣는다. 아이를 앉은 자세로 병원으로 옮긴다.

팔 · 다리가 부러졌을 때

1 아이가 몸을 뒤틀지 않도록 진정시킨다.
2 부러진 부위 양옆에 나무 또는 단단한 종이박스로 부목을 대고 붕대로 고정한다.
3 피가 난다면 상처 부위를 심장보다 높게 하고 지혈을 한 후 병원으로 간다.

발목을 삐었을 때

1 발목을 약간 높게 한다.
2 부기가 심하면 발목에 스펀지나 수건을 대고 탄력붕대로 감는다.
3 통증이 가시면 찬물에 적신 거즈를 비닐로 싼 다음 발목에 대고 탄력붕대로 감는다.
4 병원을 찾아 진료를 받는다.

이가 부러지거나 빠졌을 때

1 입안에서 피가 난다면 일단 식염수나 소금물로 입안을 깨끗이 헹군다.
2 치아 손상 정도와 입안의 상처를 확인한 후 식염수에 적신 거즈를 물려 지혈한다.
3 치아 조각을 흐르는 물에 가볍게 헹군 후 식염수나 우유에 넣어 치과에 가져간다.
4 치아에 흙이나 모래가 묻었더라도 결코 문질러 씻어서는 안 된다.

화상을 입었을 때

1 흐르는 물이나 얼음물로 15분 이상 식혀준다.
2 옷을 입은 채 데었다면 옷은 벗기지 말고 덴 부위의 옷을 가위로 찢어준다.
3 물집이 생기면 절대 터뜨리지 않는다. 병균에 감염될 수 있다.
4 화상 부위는 공기에 노출되면 흉터가 남게 되므로 붕대를 감아둔다.
5 몸의 상당 부분 화상을 입었을 때는 깨끗한 타월에 2%의 중조수나 물을 적셔 몸 전체를 감싸고 즉시 병원으로 간다.

감전이 되었을 때

1 플라스틱이나 나무막대를 이용해 아이를 전선에서 떼어놓는다.
2 창백하거나 쇼크 증상이 있으면 아이를 눕혀 다리를 높여준다.
3 맥박을 확인하고 약하면 즉시 심폐소생술을 실시한다.
4 의식이 돌아오더라도 무조건 병원 진료를 받는다.

물에 빠졌을 때

1 호흡이 있는지 없는지 확인하고 숨을 쉬게 해야 한다.
2 인공호흡은 일정 속도로 끈기 있게 계속 해서 스스로 숨을 쉴 때까지 도와야 한다.

개에게 물렸을 때

1 상처 부위를 흐르는 물에 씻는다.
2 깨끗한 천이나 거즈로 소독하고, 개의 광견병 유무를 확인한다.
3 물린 상처가 심한 경우 바로 병원에 가서 적절한 치료를 받는다.

벌에 쏘였을 때

1 벌에 쏘인 자리를 관찰하고 벌의 독침을 빼낸다.
2 벌이나 일반 벌레의 독은 산성이므로 암모니아수를 발라 중화시킨다.
3 빨갛게 붓거나 물집이 생기면 항히스타민제 연고를 바른다.
4 머리에 벌침을 쏘였거나 의식이 흐릿해지는 경우, 호흡 곤란 증세 등 기타 다른 증상이 동반될 때는 병원으로 가야 한다.

개미에 물렸을 때

1 물린 부위를 물로 잘 씻고, 항히스타민제 연고를 바른다.
2 물집이 생기면 피부과나 소아청소년과를 찾는다.
3 몸에 두드러기가 나고 호흡 곤란 증세를 보이면 바로 병원으로 간다.

코피가 멈추지 않을 때

1 앉히거나 일으켜 세우고 고개를 앞으로 숙이게 한다.
2 10분 정도 입으로 숨을 쉬며 콧방울 위를 꽉 막으며 압박해보고 코피가 계속되면 병원에 간다.

집 안 안전사고 예방법

- 바닥은 미끄럽지 않은 장판이나 바닥재를 깔고 욕실은 미끄럼 방지 스티커를 붙여둔다.
- 창문 가까이에 아이가 올라설 수 있는 소파, 가구 등을 두지 않는다.
- 아이의 손이 닿는 곳에 물건을 쌓아두지 않는다.
- 콘센트에는 안전덮개를 씌워둔다.
- 방문이나 현관문 등은 바람에 닫히지 않도록 안전장치를 한다.
- 냉장고, 싱크대, 가스레인지 등은 아이가 만지지 못하도록 잠금장치를 한다.
- 주방 세제, 약, 살충제 등은 아이 손이 절대 닿을 수 없는 곳에 둔다.

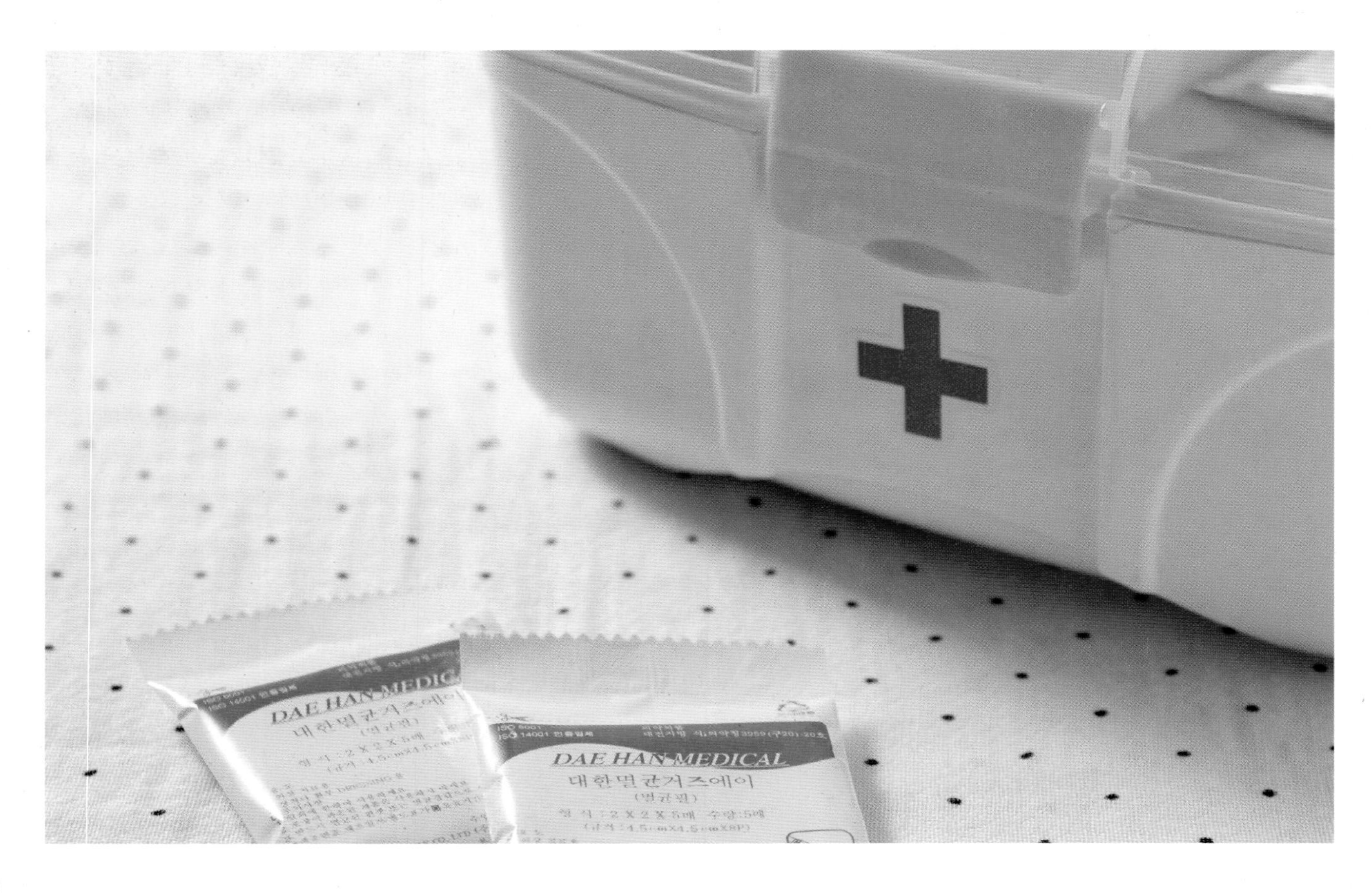

응급실 가야 할 때

한밤중에 아이가 아프면 응급실에 꼭 가야 하는 상황인지부터 살펴야 한다. 준비물을 챙기고 어느 병원 응급실로 갈지도 결정해야 한다.

응급실 가기 전 준비

아이의 키 · 체중을 숙지한다

신속한 응급 처치와 약물 처방을 위해 아이의 정확한 키와 체중은 꼭 필요한 정보다. 아이의 키와 체중은 변화가 많으므로 자주 체크하여 항상 숙지하고 있어야 한다.

아이의 대변 기저귀를 가져간다

아이가 구토를 했거나 설사를 했다면 변이 묻은 기저귀를 싸가지고 가서 의사에게 보이면 도움이 된다. 열이 있다면 체온 변화를 메모했다가 가져간다.

담요 · 장난감 등을 챙긴다

종합병원의 응급실은 생각보다 대기 시간이 길어질 수 있다. 아이를 위한 물건들을 챙겨야 한다. 이불은 물론 아이가 지루하지 않을 수 있도록 장난감도 챙긴다.

복용하던 약물이 있었다면 가져간다

복용하고 있었던 약물이 있거나 병원 진료 기록이 있다면 가져가서 의사에게 보이고, 아이의 증상을 순서대로 잘 정리해 전달한다. 아이를 가장 가까이서 돌본 사람이 아이에 대해 제일 잘 알고 있으므로 과장하거나 모자람 없이 전달한다. 약물 알레르기나 평소 앓고 있는 질병이 있다면 반드시 잊지 말고 의사에게 말해야 한다.

119구조대를 이용할 때

인공호흡 · 심폐소생술이 먼저다

아이가 숨을 쉬지 않거나 의식이 없을 때는 먼저 인공호흡 · 심폐소생술을 하는 것이 우선이다. 도움 받을 수 있는 사람이 옆에 있다면 옆 사람에게 연락해주기를 부탁하며 실시한다. 응급 상황에서는 시간을 지체하지 않는 것이 정답이다.

주소 · 전화번호 · 사고 유형을 정확히 전달한다

출혈이 심할 때, 골절이 심해 움직이지 못할 때, 교통사고, 추락사고나 화상을 입었을 때는 119에 연락한다. 최대한 침착하게 사고가 난 곳의 위치, 장소, 전화번호, 사고 유형을 전달해서 신속하게 구급대가 도착할 수 있도록 한다.

종합병원을 이용할 때

꼭 가야 할 응급 사항인지 판단한다

종합병원의 경우 사람이 많아 접수를 하고 진료를 받기까지 대기 시간이 길고 초진 뒤 소아청소년과 의사의 진료를 받기까지 검사와 절차가 복잡하다. 진료비 역시 만만치 않아 정말 필요한 경우가 아니라면 오전까지 지켜보았다가 소아청소년과를 찾는 편이 나을 수도 있다.

소아 전용 응급센터를 알아둔다

일반 응급센터와 달리 소아 전용 응급센터를 운영하는 병원들이 있다. 24시간 소아청소년과 전문의가 상주해 바로 필요한 세부적인 소아과 진료를 받을 수 있다. 성인 환자와 분리되어 있어 감염 위험이 적고, 예진실, 수술실, 수유실이 한 곳에 모여 있어 안정적인 치료를 받을 수 있다. 그러나 야간이나 주말에는 환자들로 인하여 혼잡하다.

야간에 문을 여는 집 근처 소아청소년과 의원을 알아둔다.

365일 야간 · 휴일에도 소아과 전문의의 진료를 받을 수 있는 곳을 알아둔다. 밤 12시까지 운영되기 때문에 우리 동네에 달빛 어린이 병원이 있다면 필요할 때 아주 요긴할 것이다. 오래 기다리지 않고 바로 진료를 볼 수 있고 진료비도 상대적으로 저렴하다. 응급 의료 포털 사이트 E-Gen에서 동네병원, 응급실, 약국, 응급처치, 응급상황 시 대처 요령 등을 확인할 수 있다.

영유아 건강검진

생후 4개월부터 71개월까지의 영유아를 대상으로 이루어지는 영유아 건강검진은 무료 서비스로, 전국 영유아 건강검진 기관에서 받을 수 있다.

건강검진 잘 받는 노하우

시기에 맞춰 미리 예약한다 영유아 건강검진을 받을 수 있는 기관이 따로 정해져 있고, 각 기관마다 하루 검진을 하는 대상의 수를 정해놓고 있어 당일 신청이 불가능할 수 있다. 시기에 맞춰 검진을 받고 싶다면 평소 다니는 소아과에 수개월 전부터 예약을 해두는 것이 좋다.

문진표를 작성해간다 국민건강보험 건강IN(www.nhis.or.kr)에 접속한 후, 문진표/영유아발달선별검사를 클릭해 해당 검진 차수에 맞춰 문진표를 작성한다. 병원에 가서 작성하려면 잘 기억나지 않는 것이 있을 수 있고, 아이를 상대로 미처 확인해보지 못한 문항이 있을 수 있으므로 집에서 미리 작성해 가면 도움이 된다.

검사 결과는 잘 보관한다 어린이집이나 유치원에서 영유아 건강검진 결과서를 요청하는 경우가 있으므로 검사 결과지는 잘 보관해둔다. 개월별로 잘 정리해두면 좋은 추억거리도 된다.

구강 검진도 꼭 챙긴다 영유아 건강검진은 늘 다니는 소아과에서 하지만, 구강검진은 치과를 가야 하기 때문에 그냥 지나치는 경우가 많다. 하지만, 아이들의 구강 검진도 꼭 필요하고 중요한 검진이므로 잊지 말고 챙기도록 한다.

이상소견이 있을 경우 해당 분야 전문의를 찾아간다 검진 결과 이상소견이 있을 경우 영유아 검진기관에서 정밀검사를 받도록 안내 또는 진료를 의뢰한다. 검진 결과 통보서를 지참하고 전문의를 찾아가는데, 신체계측 결과 이상 시 소아청소년과, 시각 이상 소견 시 안과, 청각 이상 소견 시 이비인후과, 발달 선별검사 결과 이상 시 소아신경, 소아재활, 소아정신 등 발달 전문 의료기관에 의뢰해 정밀 검사를 받을 수 있다. 발달평가 결과 '심화평가권고' 영유아에 대해 국가와 지방자치단체에서 정밀검사비를 지원한다.

검진 시기	검진 항목	검진 방법
1차 (생후 4~6개월)	문진 및 진찰	문진표, 진찰, 청각 및 시각문진, 시각검사
	신체계측	키, 몸무게, 머리둘레
	건강교육	안전사고 예방, 영양, 수면, 영아돌연사증후군
2차 (생후 9~12개월)	문진 및 진찰	문진표, 진찰, 청각 및 시각문진, 시각검사
	신체계측	키, 몸무게, 머리둘레
	발달평가 및 상담	검사도구에 의한 평가 및 상담
	건강교육	안전사고 예방, 영양, 구강
3차 (생후 18~24개월)	문진 및 진찰	문진표, 진찰, 청각 및 시각문진, 시각검사
	신체계측	키, 몸무게, 머리둘레
	발달평가 및 상담	검사도구에 의한 평가 및 상담
	건강교육	안전사고 예방, 영양, 대소변 가리기
	구강검진(생후 18~29개월)	문진표, 진찰, 구강보건교육 등
4차 (생후 30~36개월)	문진 및 진찰	문진표, 진찰, 청각 및 시각문진, 시각검사
	신체계측	키, 몸무게, 머리둘레, 체질량지수
	발달평가 및 상담	검사도구에 의한 평가 및 상담
	건강교육	안전사고 예방, 영양, 정서 및 사회성, 전자미디어 노출
5차 (생후 42~48개월)	문진 및 진찰	문진표, 진찰, 청각 및 시각문진, 시력검사
	신체계측	키, 몸무게, 머리둘레, 체질량지수
	발달평가 및 상담	검사도구에 의한 평가 및 상담
	건강교육	안전사고 예방, 영양, 정서 및 사회성
	구강검진(생후 42~53개월)	문진표, 진찰, 구강보건교육 등
6차 (생후 53~60개월)	문진 및 진찰	문진표, 진찰, 청각 및 시각문진, 시력검사
	신체계측	키, 몸무게, 머리둘레, 체질량지수
	발달평가 및 상담	검사도구에 의한 평가 및 상담
	건강교육	안전사고 예방, 영양, 개인위생
	구강검진(생후 54~65개월)	문진표, 진찰, 구강보건교육 등
7차 (생후 66~71개월)	문진 및 진찰	문진표, 진찰, 청각 및 시각문진, 시력검사
	신체계측	키, 몸무게, 머리둘레, 체질량지수
	발달평가 및 상담	검사도구에 의한 평가 및 상담
	건강교육	안전사고 예방, 영양, 취학 전 준비

BOOK in BOOK

북인북

1 280일간의 태교 여행

2 0~3세 오감 자극 놀이법

3 두뇌발달 교육법

BOOK in BOOK 1

280일간의 태교 여행

임신 사실을 안 순간부터 예비 엄마의 마음은 바빠진다. 언제부터 무엇을 어떻게 해야 배 속의 태아에게 좋은 영향을 줄 수 있는지 궁금하기 때문이다. 태교는 태아가 건강하게 자랄 수 있도록 좋은 자극을 주는 것이면 충분하다. 그러기 위해서는 무엇보다 엄마의 행복이 가장 중요하다. 280여 일을 빛나게 해줄 태교법을 알아봤다.

엄마와 아빠가 함께 하는 맞춤 태교

배 속의 태아와 함께 하는 임신 기간은 엄마, 아빠에게 특별한 순간이자 소중한 추억이 된다. 태아에게 좋다는 태교법을 욕심껏 이것저것 하기보다는 엄마와 태아에게 안정감을 주면서 남편도 아빠가 될 준비를 함께 할 수 있는 태교법을 찾아 꾸준히 실천한다.

태교 효과 100배 높이는 맞춤 태교 원칙

태아가 엄마 자궁에 있을 때 얼마나 충분한 영양을 공급받고 편안한 환경에서 생활했는지 여부는 태아의 건강은 물론 지능까지 좌우한다. 그렇다고 해서 부담을 가질 필요는 없다. 어떤 태교를 하든지 태아와 엄마가 건강한 환경 속에서 친밀한 교감을 나누면 된다. 무엇보다 태교가 예비 엄마만의 전유물은 아니라는 사실을 명심하자. 태교는 임신을 계획할 때부터 부부가 함께 고쳐야 할 식습관이나 생활 습관을 체크하며 미리부터 준비해야한다. 무엇보다도 부부가 함께하는 태교는 아내의 기분을 안정시켜 태아에게 좋은 영향을 준다는 것을 잊지 말자.

남편과 함께 태교 계획을 세운다

남편과 함께 태교를 시작해야 할 때, 중점적인 태교 시기 등에 대해 알아보며 배 속 태아와 열 달 동안 하고 싶은 계획을 세운다. 주변 상황, 임신 시기, 임신부의 건강 상태에 따라 계획은 조금씩 달라질 수 있으므로 부담을 갖지 말고 아이와 만날 날을 즐겁게 만들어 주는 것이라는 생각으로 이야기를 나눠 결정한다.

태교법은 2가지 이상 선택한다

상황에 따라 미리 계획한 태교법을 실천하지 못할 수도 있으므로 미리 정한 태교법 외에 부수적으로 몇 가지를 더 선택하는 게 좋다. 임신부와 태아의 건강 상태, 분만 방법에 따라 계획은 변경될 수 있다. 조산기가 있거나 고위험 임신부일 경우 움직임이 많은 운동 태교는 삼가고 음식 태교와 뇌 호흡 태교로 체력을 보강하고 짬이 날 때마다 음악을 듣거나 태담을 나누며 몸과 마음이 안정되도록 신경 쓴다.

태교 일기를 쓴다

매일 밤 잠들기 전 배 속의 태아를 생각하면서 태교 일기를 쓴다. 형식을 정해놓을 필요는 없다. 그날 있었던 일이나 신체의 변화, 엄마의 마음 상태 등을 적으면서 아기를 생각하다 보면 마음까지 평온해진다. 태아의 초음파 사진과 매달 불러오는 엄마의 배 모양을 담은 사진, 아빠가 엄마의 배에 손을 대고 있는 사진 등을 덧붙여 글로 기록하는 형식에 다양한 재미를 더하는 것도 좋다. 요즘은 임신 때부터 아기를 낳고 난 후까지 매일 일기나 아기의 성장 발달을 기록하면 인쇄물로 묶어 출간해주는 스마트폰 앱이 많다. 무료 포토다이어리는 가족 모두에게 특별한 추억이 될 뿐 아니라 돌잔치 때 소품으로 활용해도 좋아 인기다.

다양한 태교 교실에 참여한다

구청이나 병원, 기업 등 다양한 곳에서 운영하는 임신부 태교 강좌를 찾아보고 참가한다. 각 분야의 전문가로부터 태교법이나 임신·출산에 관한 정보를 얻을 수 있으며, 젖병, 기저귀, 분유 등 각종 육아용품도 무료로 선물 받는 좋은 기회다. 남편과 함께 예비 부모 수업에 동참하면 특별한 경험이 된다.

가족 모두가 태교에 참여한다

전통 태교에서는 임신을 하면 남편은 물론 온 집안 사람들이 새 생명의 잉태를 축하하는 마음으로 몸가짐을 조심했다. 가족들의 배려 없이는 태교에서 가장 중요한 임신부의 심리적인 안정을 유지할 수 없다. 임신부가 화내거나 근심하거나 놀라는 등으로 마음이 다치는 일이 없도록 가족 모두가 태교에 동참하는 것도 중요하다.

임신 시기별 추천 태교

임신 1개월 임신 사실을 확인하면 태교를 위한 좋은 환경 만들기에 힘쓴다. 집 안은 아늑하고 편안하게 꾸미고 평온한 음악을 자주 들으며 긍정적인 마음을 갖도록 노력한다. 태교 계획은 여유롭게 짜야 실천하기 쉽다.

임신 2개월 태교 일기를 써본다. 임신 사실을 확인했을 때의 심정과 앞으로의 계획, 몸의 변화를 세세하게 기록하면 특별한 임신 기간을 보낼 수 있다.

임신 3개월 태반이 불안정하고 입덧이 심한 시기이므로 가벼운 산책이나 독서, 음악 태교 등으로 정적인 태교를 한다. 특히 이 시기에는 태아가 소리와 진동에 반응하므로 음악 태교를 시작해도 좋다.

임신 4개월 즐거운 취미 생활은 임신부의 정서적 안정과 집중력 향상에 좋은 영향을 미친다. 평소 흥미를 가지고 있던 취미를 시작해보거나 배워본다.

임신 5개월 태동을 통해 예비 엄마는 아기에 대한 강한 애착을 경험할 수 있다. 태동을 느낄 때마다 태아에게 말을 건네는 태담 태교를 하며 교감을 느껴본다. 손뜨개나 십자수 등 손을 움직이는 작업은 정신 안정과 태아의 뇌 발달에도 좋다.

임신 6개월 아빠와 엄마 목소리를 구별할 수 있을 만큼 태아의 청각이 발달하는 시기다. 아빠가 엄마의 배를 쓰다듬으며 노래나 이야기를 자주 건네면 태아는 정서적으로 안정되며 감성이 풍부한 아기로 자란다.

임신 7개월 기분이 우울한 날에는 명상과 함께 복식호흡을 해본다. 태아에게 산소가 충분히 전달되어 두뇌 발달에 도움을 준다.

임신 8개월 동화책이나 그림책을 통한 동화 태교는 임신부와 태아에게 편안함과 안정감을 준다. 뇌세포가 활발하게 늘어나고 청각이 완성되는 시기이므로 음악의 진동이나 리듬을 자주 들려준다.

임신 9개월 외부 소리를 거의 알아들을 수 있으므로 주말에는 가까운 공원이나 수목원을 찾아 자연의 소리를 들려준다.

임신 10개월 엄마가 출산에 대해 불안해 하면 태아 역시 이를 느끼므로 지금까지 익숙하게 해왔던 태교법을 잘 정리하면서 차분하고 편안하게 마음을 가다듬으며 출산 때까지 최선을 다한다.

설렘으로 시작하는 아빠 태교

임신과 육아에 있어 엄마 이상으로 아빠의 역할이 중요시되고 있다. 아빠 태교의 첫걸음은 배 속 태아에게 아빠의 존재를 인식시키는 것이다. 무엇보다 태아와 엄마, 아빠가 항상 함께라는 생각으로 열 달을 보내는 마음가짐이 중요하다.

실생활에서 하나씩 실천하는 아빠 태교 원칙

예비 아빠는 임신의 기쁨도 잠시, 가장으로서의 책임감에 더해 불안감을 느낀다. 가장으로서의 책임감과 불안감조차도 자연스러운 것임을 이해한다면 불안한 마음은 곧 기쁨으로 바뀔 수 있다. 아빠 태교는 이렇듯 부담을 벗고 아기의 든든한 울타리가 되어준다는 마음가짐이면 충분하다. 더불어 아내의 변화에 관심을 가지며 함께 즐거운 임신 기간을 보내기 위해 최선을 다한다. 부모가 임신 기간 중 어떻게 느끼고 행동하는가에 따라 아기의 성격과 인품, 두뇌 발달 정도가 달라진다. 아빠 태교가 임신 계획부터 출산하는 그 순간까지 중요한 이유다.

작은 일에도 관심을 갖는다

임신을 하면 호르몬의 변화로 입덧과 신체의 변화, 감정의 기복을 경험한다. 이를 몰라주는 남편의 무관심한 태도는 아내에게 가장 큰 스트레스이며 부부싸움의 원인이 되기도 한다. 엄마가 아빠 때문에 스트레스를 받으면 배 속 태아도 편할 순 없다. 예비 아빠들은 임신한 아내의 기분과 몸의 변화를 챙기면서 충분한 휴식을 취할 수 있도록 돕고 되도록 부부싸움을 피한다.

집안일을 함께 한다

임신 초기에는 입덧으로, 중기와 후기에는 불어나는 배로 인해 집안일을 하기 쉽지 않다. 대부분의 집안일은 오래 서 있거나, 허리를 구부리는 등 임신부의 몸에 부담을 주는 자세가 많다. 특히 직장에 다니는 임신부는 출퇴근만으로도 몸에 부담을 많이 느끼므로 설거지나 청소 등의 집안일을 남편이 주도적으로 하도록 한다.

아내를 즐겁게 해준다

퇴근 후 어깨나 발을 마사지해주거나 사랑의 편지, 꽃 선물 등으로 아내에게 소소한 즐거움을 주면 배 속 태아에게도 그 기분이 전달된다. 주말에는 공통된 취미 활동을 하거나 산책이나 여행, 아기 용품 쇼핑 등으로 함께 시간을 보내면 기분 전환도 되고 부부의 사랑도 더욱 돈독해질 것이다.

태어날 아기를 위한 준비를 한다

초음파 사진이나 아기의 심장 소리 등을 정리해 보관하고 임신 기간 중 기억에 남는 아기에 대한 추억을 적은 메모장을 준비하며 아빠의 설렘을 표현해보자. 아기가 자란 후에 보여주면 아빠의 사랑을 느끼고 스스로를 소중히 여기게 될 것이다. 또한 본인과 아내의 몸에도 해로울 뿐만 아니라 태어날 아기에게도 나쁜 영향을 주는 담배나 술 등은 끊어 건강한 몸으로 아기와 만날 수 있도록 준비한다.

아빠 태교 십계명

1. 부드러운 스킨십으로 아내의 마음을 편안하게 해준다.
2. 엽산, 견과류 등 임신부에게 좋은 음식을 챙기며 가끔씩 맛있는 요리를 만든다.
3. 아내와 함께 산책하면서 태아와 대화한다.
4. 아내와 하루 10분 이상 음악 감상을 한다.
5. 아내의 배에 귀를 대고 태동을 느끼고 태담을 나눈다.
6. 정기 검진 때 아내와 같이 병원에 간다.
7. 출산용품과 아기용품을 아내와 함께 미리 준비한다.
8. 아내의 팔과 다리를 마사지해준다.
9. 아내와 충분한 대화 시간을 가진다.
10. 되도록 빨리 귀가하여 아내와 함께 시간을 보낸다.

아기와 교감을 나누는 태담 태교

태담은 배 속에 있는 태아와 끊임없이 대화로 교감을 나누는 태교다. 아빠와 엄마가 일상적으로 배 속 태아에게 건네는 대화는 태아의 좌뇌와 우뇌를 고르게 발달시켜 지적 능력을 키워줄 뿐 아니라 정서 발달에도 도움이 된다.

아기에게 사랑을 전하는 태담 태교 원칙

태담은 태아와 대화를 주고받으며 엄마, 아빠의 사랑을 전하는 태교법이다. 특별한 준비물이나 방법은 없지만 태명을 지어 부르면서 이야기를 하면 좋다. 태아는 엄마 배 속에서 엄마의 말을 통해 간접적으로 세상을 경험한다. 때문에 아침에 일어나 잠들 때까지 일상생활에서 겪는 모든 일들을 온전히 전달한다는 마음으로 속속들이 이야기해주는 것이 좋다. 밥을 먹거나 집안일을 하거나 외출을 할 때도 끊임없이 이야기를 들려주며 하루 종일 수다쟁이가 되는 것도 좋다. 임신 5개월이 되면 태아는 청각과 함께 오감이 발달하고 8개월이 되면 완성된다. 이때 엄마나 아빠가 배 속 태아에게 말을 걸면 태동을 통해 반응하기도 한다. 신기한 점은 몸에서 울리는 엄마의 소리보다 밖에서 나직이 들려오는 굵고 편안한 아빠 목소리에 태아가 더 잘 반응한다는 것이다. 아빠 태담이 익숙지 않다면 태담하듯 규칙적으로 배 속 태아에게 동화책을 읽어주자. 태아의 기억력과 지능 계발에 도움이 된다. 무엇보다도 엄마, 아빠의 밝고 따뜻한 목소리와 사랑스러운 어조로 말해주면 효과적이다. 이야기를 할 때도 "…하면 안 돼" 보다는 "…보다는 좋을 거야" 식의 긍정적인 표현을 쓴다. 이런 표현은 태어날 아기를 낙천적이고 긍정적인 성격으로 만들어준다.

임신 초기, 임신에 대한 기쁨을 표현한다

아기가 찾아온 것에 대해 온 가족이 기뻐하고 있다고 이야기해준다. 입덧이나 몸의 변화 등 엄마가 배 속 태아로 인해 처음 느끼는 것들에 대해 조곤조곤 얘기하며 아기와 함께 컨디션을 조절해 나간다.

임신 중기, 소재의 범위를 넓힌다

배가 나오고 태동을 느끼기 시작하면서 태아의 모든 것을 직접적으로 알아차리는 시기로, 엄마는 물론 아빠에게도 태담에 대한 소재가 넓어진다. 자연 현상이나 사물을 보면서 태아에게 그에 대한 느낌이나 모양, 색깔 등을 설명해주거나 태동이 느껴질 때 배를 톡톡 두드리면서 태아에게 말을 거는 발차기 게임도 해본다.

임신 후기, 다양한 방법으로 깊이 있게 소통한다

임신 초기나 중기보다 좀 더 깊이 있는 내용을 이야기한다. 수시로 배를 쓰다듬으며 칭찬을 해주고 기운을 북돋워주는 말을 하면서 다가오는 출산에 대한 엄마, 아빠의 기대감을 표현한다. 동물이나 꽃 등 주변 사물의 이름을 가르쳐주고 숫자나 문자, 글자 카드를 활용하며 보여주는 것도 재미있다.

주제를 정한 이색 태담

1. 병원에 다녀올 때마다 달라진 초음파 사진 속 모습이나 그날의 검진 결과에 대한 소회를 이야기한다.
2. 태몽이나 그날 꾼 기분 좋은 꿈 내용을 아기에게 이야기하며 엄마가 느낀 상쾌한 기분을 전한다.
3. 열 달이라는 시간 동안 변하는 계절의 모습과 날씨, 자연에 대해 태담을 한다. 특히 계절마다 피는 예쁜 꽃은 예쁜 것만 보고 생각하라는 태교의 기본을 저절로 실천하게 한다.
4. 배 속 태아의 모습이 누구를 닮아 어떻게 생겼을지, 딸일지 아들일지에 대해 상상하면서 아기에게 말을 걸어본다.
5. 시각, 미각, 촉각을 자극하는 음식을 만들거나 먹으면서 만드는 과정이나 식재료 소개, 음식의 맛에 대해 설명해본다.
6. 집안의 행사나 엄마, 아빠에게 일어난 기쁜 소식을 들려주면 엄마의 좋은 감정이 배 속 태아에게 그대로 전달된다.

잠재력을 키우는 동화 태교

동화책을 읽어주는 동화 태교는 일상적인 대화를 나누는 태담과는 다른 교감의 시간을 선사한다. 매일 엄마가 읽어주는 다양한 스토리에 담긴 감정과 언어의 리듬은 태아의 청각과 뇌신경은 물론 모든 감각과 신경에 긍정적인 자극을 전달해 배 속 태아의 잠재력을 키워준다.

효과적인 동화 태교 원칙

엄마, 아빠가 다정한 목소리로 하루 30분, 태아에게 동화책을 읽어주면 태아의 뇌가 꾸준히 자극을 받아 뇌 기능이 조직화되는 것을 돕고, 태아의 청력계와 사회성 및 정서 발달에도 영향을 미친다고 한다. 특히 태아의 청각이 가장 예민한 저녁 8시에 아빠가 읽어주면 중저음의 목소리가 양수를 통해 더 효과적으로 전달된다. 무엇보다도 책을 읽는 시간이 즐거워야 배 속의 태아도 행복하다. 내용이 어려운 교양 도서보다 짧은 시간에 읽을 수 있는 에세이나, 훈훈한 감동이 있는 쉽고 재미있는 책이라면 장르를 가리지 말고 읽어준다.

계획을 세워 실천한다

임신을 한 순간부터 열 달이라는 시간은 계획과 실천의 연속이다. 다양한 계획에 책을 읽어주기 편안한 일정한 시간을 하루 30분 정도 정해 동화 태교를 실천해본다. 이때 무조건 앉아서 읽기보다는 편안한 옷으로 갈아입고 실내에서 가볍게 걸어다니며 읽으면 엄마에게는 운동 효과가, 태아에게는 약간의 진동이 두뇌를 자극해 더욱 효과적이다.

이야기를 만들어 들려준다

엄마, 아빠가 이야기를 만들어 동화처럼 들려주는 것도 좋다. 어렵게 느껴진다면 엄마, 아빠의 어린 시절을 추억하며 노트에 기록했다가 이야기로 만들어 읽어본다. 앨범을 보며 그때 그 시절의 이야기나 주변 환경에 대해 이야기해주는 것도 좋다. 신문이나 잡지를 보며 새로운 문화 트렌드나 경제의 큰 흐름을 알려주는 기사를 꼼꼼하게 이야기하듯 읽어주고 엄마나 아빠의 생각을 함께 나눠보는 것도 흥미롭다.

주인공 이름을 태명으로 바꿔 읽는다

동화책 주인공의 이름을 태명으로 바꿔 넣어 모든 문장을 대화체로 읽어준다. 태아와 주인공이 동일 인물처럼 느껴져 태아와의 관계 형성에 도움이 된다.

생동감 있게 읽어준다

엄마 눈앞에 아기가 앉아 있다고 생각하면서 생동감 있게 동화책을 읽어준다. 마치 구연동화를 하듯이 재미있게 읽어줘야 배 속의 태아도 즐거워한다. 세밀화로 그린 자연 동화나 글씨 없는 그림책을 보면서 태아와 이야기를 나누는 것도 좋은 방법이다.

임신 시기별로 책을 선별해 읽는다

임신 초기와 중기에는 단조로우면서도 그림이 많아 상상력을 키울 수 있는 그림책, 명작동화, 창작동화 등을 권한다. 후기에는 알찬 지혜와 높은 이상을 키워주는 과학책이나 위인전을 추천한다. 물론 학창 시절 즐겨 보던 재미있는 만화도 좋다. 엄마를 웃게 해 임신부의 몸에 엔도르핀을 만들어 준다.

글쓰기 태교를 병행한다

엄마가 글을 읽고 쓰는 작업을 병행하면 감성과 지성이 치우치지 않고 균형 잡힌 아기를 낳는 데 도움이 된다. 글쓰기는 태교 일기로 시작해 주변 사물과 현상을 살펴보고 이야기를 재미있게 지어본다. 또한 좋은 구절이나 문장을 베껴서 써보거나 암기하면 더 효과가 크다. 엄마, 아빠가 함께 각종 사물의 그림이나 사진을 오려 그림책을 만들어 읽어주거나 태아의 성장과 관련된 초음파, 태교여행 등의 사진으로 그림책을 꾸며보는 것도 태교에 큰 힘이 될 것이다.

두뇌 발달에 도움이 되는 학습 태교

학습 태교는 엄마가 수학, 영어, 한자 공부를 함으로써 자연스럽게 태아의 두뇌에 자극을 주는 태교다. 태아가 자연스럽게 학습에 흥미를 갖도록 유도하는 취지의 태교이므로 영어 노래 듣기나 물건 계산하기 등 부담스럽지 않은 선에서 즐거운 마음으로 하는 것이 중요하다.

이중 언어 신경망을 형성해주는 영어 태교

배 속 아기에게 다양한 매체를 통해 영어를 들려줌으로써 이중 언어 신경망을 형성시킬 수 있다. 예비 부모가 영어를 잘 못한다고 걱정할 필요는 없다. 영어 태교는 태아와의 유대 관계를 돈독하게 함으로써 태아에게 안정감을 준다는 점에서 일반 태교와 다르지 않다. 평소 영어로 자주 얘기해주고 영어 노래나 동화를 들려준다. 영어로 하는 태담 역시 즐거운 마음으로 하는 것이 중요하다.

실천법

영어 그림책 글보다 그림이 풍부한 그림책을 선택하고 무엇보다 엄마의 마음을 편안하게 만들어 주는 꿈과 희망, 또는 행복을 느낄 수 있는 주제가 좋다. 가급적 의성어와 의태어가 많은 그림책이 태아에게 말을 건네기 편하다. 영어 그림책 CD를 가벼운 마음으로 여러 번 듣고 들려주는 데 그치지 말고 엄마와 태아 둘만의 대화를 만들어간다.

영어 노래 평소 좋아하는 팝송이나 노래 중에 배 속의 태아에게 기분 좋은 자극이 될 만한 것을 골라 직접 불러준다. 먼저 가사를 음미한 뒤 녹음된 노래를 틀고 악보를 반복해서 듣는다. 그런 다음 엄마가 가벼운 동작을 곁들여 노래를 불러준다. 임신 중기부터는 배 속의 태아도 사람의 목소리를 들을 수 있을 정도로 청각이 발달하므로 CD보다는 엄마가 직접 불러준다.

영어 비디오 아기가 등장하는 애니메이션이나 유아용 비디오 시리즈를 보는 영어 태교법은 시각 · 청각 효과를 동시에 얻을 수 있다. 영화를 보며 소리를 들으려고 하기보다는 영화에 나오는 아름다운 영상과 음악을 느끼며 소리를 듣는 데 집중한다. 완전한 문장이 아니더라도 표현하고자 하는 말들을 태아에게 직접 소리 내어 말해주는 것이 좋다.

논리적인 사고로 태아의 뇌 자극을 주는 수학 태교

임신부가 논리적인 사고를 하면 태아의 뇌 발달에 영향을 준다는 연구 결과가 있다. 배 속에 있을 때부터 수학을 친근하게 여기고 여러 문제들을 탐구하고 푸는 방법을 발견해나가면 태아의 논리성과 두뇌 발달에 좋은 밑거름이 된다. 가계부를 쓰거나 과일을 모양 내어 깎는 일 등 생활 속에서 수학과 관련된 일들을 태교에 적용하되 이런 장면들은 태아에게 이야기해주는 것이 중요하다.

실천법

가계부 쓰기 가계부 쓰기는 일상생활에서 가장 수학적인 활동이다. 기본적인 연산은 물론 기초적인 회계학까지 다루는 작업이므로 임신 기간에 가계부를 써보자.

분류하기 수학적 개념 발달의 전제가 되는 기초능력으로 놀이를 통해 유사성 등을 익힐 수 있다. 빨래를 갤 때 "이 양말은 누구 양말일까?"라는 식으로 양말의 특징을 말해주며 짝 찾기 놀이를 해본다. 책꽂이의 책들을 분야별로 묶어가며 내용을 설명해줘도 좋다.

수학 문제 풀기 태아의 두뇌를 발달시키기 위해서는 끊임없이 뇌에 자극을 줘야 한다. 간단한 수학 문제에 도전해보는 것도 좋다. 초등학교 과정에 나오는 구구단, 방정식 등의 문제도 좋고 정석을 풀어보는 것도 괜찮다.

태아의 정서 발달에 좋은 한자 태교

한자 태교는 단순이 지능 계발이 아니라 태아의 정서 발달에도 도움을 줄 수 있다. 한자를 필사하면서 엄마의 마음을 차분하게 해 태아에게 심리적인 안정을 주고 좋은 뜻을 지닌 한자 글귀를 읽어주면서 교훈을 줄 수 있다. 한자 태교를 위해서는 글자가 너무 작거나 두꺼워 부담이 느껴지는 옥편은 피한다. 초등학생용 한문책이나 만화 등이면 기분 좋게 태교에 임할 수 있다. 예를 들어 뫼 산(山)을 가르칠 때는 엄마가 경험했던 산에 대한 이야기를 들려준다. 붓글씨나 펜으로 하루에 익힐 분량의 한자를 써서 카드를 만들어도 좋다. 효도, 우애, 대인관계 등 기본적인 행동철학이 들어 있는 〈사자소학〉의 글귀를 읽으면 태교 이전에 예비 부모에게도 많은 교훈을 준다.

건강한 아기를 키우는 음식 태교

음식 태교는 태아와 산모의 건강 모두를 위한 가장 기본적인 태교다. 엄마의 영양 상태에 따라 태아 때만이 아닌 출생 후 아이의 성장에도 영향을 주는 음식. 중요성을 잊지 말고, 영양의 균형을 갖춘 음식을 기분 좋게 챙겨 먹는 음식 태교를 실천한다.

골고루 조금씩 먹는 음식 태교 원칙

음식 태교는 쉽게 따라 할 수 있으면서 효과가 좋은 태교법 중 하나다. 일생 중에 가장 빠른 성장 속도를 보이는 태아에게 시기별로 필요한 음식을 사랑으로 전해주는 것이야말로 엄마와 배 속의 태아가 신체적 · 정서적으로 가장 쉽게 교감을 나눌 수 있는 방법이다. 그러므로 많이 먹기보다 한 끼라도 정성을 다해 골고루 차린 음식을 기분 좋게 먹는 것이 중요하다. 양질의 신선한 음식을 먹는 것 못지않게 맛있게 먹는 자세가 중요하다. 똑같은 음식이라도 맛있게 먹을 때와 맛없게 먹을 때 흡수되는 영양소에는 차이가 있다. 제대로 차린 밥상에서 밥을 먹는 것도 음식 태교다. 음식은 그릇에 정갈하게 담아 차려서 먹는다. 여유롭게 음식을 즐기면서 천천히 먹는 것을 태아도 좋아한다. 기름기 적은 담백한 조리법으로 만들며, 자극이 강한 양념을 피한 저염, 저열량, 고단백 식단을 준비해 임신성 질병을 예방한다. 임신 초기에는 입덧으로, 후기에는 커진 태아로 인해 위가 눌려 소화 기능이 떨어지므로 과식하기보다는 평상시보다 30% 적게, 조금씩 자주 먹는 게 중요하다. 또한 칼슘 섭취를 위해 하루 2잔의 우유와 엽산제, 철분제 복용도 잊지 않는다.

임신 초기, 태아 성장을 생각한 음식

임신 초기에는 태아의 몸이 각 기관으로 분화해서 발달하는 시기이므로 단백질과 칼슘이 풍부한 쇠고기, 두부, 버섯, 멸치, 녹황색 채소 등을 챙긴다. 입덧으로 고생하기 쉬우므로 소화가 잘 되고 입맛이 당기는 차가운 음식, 새콤한 음식, 샐러드 등으로 조리해 먹는다.

임신 중기, 철분이 풍부한 음식

입덧이 끝나고 식욕이 서서히 돌아오는 시기이자 태아의 신체 발달이 활발해지는 임신 중기의 영양 섭취는 특히 중요하다. 태아의 두뇌 발달과 근육 형성을 위한 양질의 단백질을 비롯해 철분이 풍부한 음식을 섭취한다. 이 시기에는 태아가 모체의 철분을 흡수해 자신의 혈액을 만들기 시작하므로 철분이 풍부한 시금치, 미역, 쇠고기와 해조류, 어패류 등을 충분히 먹는다. 임신중독증이 생기지 않도록 과식을 피하고 저염식을 하며, 통밀이나 현미 같은 도정하지 않은 통곡물을 섭취하는 것도 좋다.

임신 후기, 두뇌 발달을 돕는 음식

태아의 두뇌 조직이 정교하게 분화되어 발달하는 시기로 단백질과 비타민이 풍부한 음식을 끼니마다 섭취한다. 통곡물, 뿌리채소, 해조류, 과일 등을 충분히 섭취한다. 막달에 가까워지면 부종이 생기기 쉬우므로 염분과 수분 섭취를 제한하며, 필수 지방산이 풍부한 콩이나 깨, 견과류를 많이 먹는다. 소화가 잘 되지 않으므로 조금씩 자주 먹고 변비에 걸리기 쉬우므로 섬유질을 충분히 섭취한다.

음식 태교 좋은 차 & 음식

오미자차 오미자에 많이 함유된 천연 갈락탄 성분은 몸의 기운을 안으로 수렴하여 수축 작용을 일으키고, 땀샘이 확장되는 것을 막아 땀을 조절하고 더위를 잊게 하는 데 효과가 있어 무더운 여름철 임신부에게 좋다.

매실차 매실은 피로 회복과 노화 방지에 탁월한 효과가 있는 대표적인 열매다. 해독과 살균 작용도 뛰어나다. 임신하면 어깨 결림, 두통, 요통 등의 증상이 나타나는데 이럴 때 매실차를 마시면 효과가 나타난다. 특히 더위에 지쳐 식욕이 없거나 음식을 잘못 먹어 설사가 나고 메스꺼울 때 마시면 금방 그 효과를 느낄 수 있다.

둥굴레차 감기에 걸려 목이 아프거나, 몸살이 나서 으슬으슬 한기가 들 때 따끈한 둥굴레차를 두어 잔 마시면 몸이 스르르 풀린다. 자양강장의 효능이 강해서 허약하거나 팔다리가 쑤실 때, 원인 없이 식은땀과 열이 날 때 마시면 좋다.

감성 지능을 높이는 미술 태교

태교는 엄마가 좋은 것을 보고 느끼는 것에서 시작한다. 그런 의미에서 미술 태교는 엄마의 풍부한 감성을 태아에게 전해주는 가장 대표적인 태교법이다. 전시회 나들이를 통해 바람도 쐬고, 그림으로 집 안도 단장해보면 임신 기간에 활력을 줄 수 있다.

그림을 다양하게 접하는 미술 태교 원칙

미술 태교는 임신부와 배 속 태아의 집중력을 길러주어 뇌 발달을 돕고 마음을 안정시킨다. 느낌이 좋은 그림은 태아의 감성과 지성 발달을 도우며 오감 발달에도 자극을 준다. 하지만 무턱대고 아무거나 그리거나 명화라면 무조건 보는 식의 두서 없는 미술 태교는 효과가 없다. 엄마가 진정으로 기쁨을 느껴야 하므로 평소 자신이 좋아하는 유명 작가의 그림으로 시작해본다.

그림을 자주 볼 수 있는 환경을 만든다

화장대 위, 거울, 문, 냉장고, 화장실 등 집 안 곳곳에 좋아하는 그림이나 엽서, 포스터나 액자를 전시한다. 그림의 종류는 풍경화, 판화, 일러스트, 잘생기고 예쁜 연예인 사진 등 스스로 보고 좋은 기운을 얻을 수 있다면 무엇이든 좋다. 그림을 볼 때마다 태아에게 그림의 느낌에 대해 설명하며 말을 거는 태담 태교를 병행하자. 좋아하는 화가의 화집을 마련해 시간이 날 때마다 꺼내보는 것도 방법이다.

이해하기 쉬운 풍경화나 구상화를 선택한다

그림은 아름다움을 느낄 수 있고 선과 색이 부드러우면서 선명한 그림이 좋다. 어려운 추상화보다는 채도가 높고 배경이 단조롭지 않으면서 많은 이야기가 담긴 풍경화나 구상화를 선택한다. 특히 모네, 르누아르, 드가 등 인상주의 화가의 작품은 색상이 환하고 빛으로 충만하기 때문에 태아의 시각을 자극하는 데 효과적이다.

직접 그려본다

하얀 도화지 위에 연필, 물감, 크레파스, 찰흙 등 다양한 재료로 그림을 직접 그리면 억눌렸던 마음의 스트레스까지 해소할 수 있다. 손가락 운동도 활발하게 이뤄져 태아의 뇌 활동도 활발하게 한다. 요즘은 도안이 그려져 색칠을 하는 컬러링북이나 종이를 오려 소품을 만드는 페이퍼아트북, 혼자서 그리기를 독학할 수 있는 일러스트 실용서, 캘리그래피 책 등을 서점에서 다양하게 만날 수 있다. 취향에 따라 한두 권씩 골라 미술 태교를 하면 소소한 즐거움을 느낄 수 있다.

미술관을 찾아간다

몸에 무리가 가지 않는 선에서 산책하는 기분으로 미술관을 찾아가본다. 미술관은 그림뿐 아니라 주변 경치도 좋아 색다른 분위기를 접할 수 있다. 미술관 주변을 산책하며 마음의 안정을 취할 수 있다. 직접 가는 게 힘들다면 국내외 유명 박물관 및 미술관 사이트를 방문해 사이버 화랑을 이용해도 충분하다.

추천 명화 태담

모네 〈수련 연못〉 "아가야, 햇살이 반짝이는 수련의 모습이 아름답지? 이 그림은 모네라는 아저씨가 그린 것인데 햇빛에 반짝이는 연못의 풍경이 참 인상적이구나. 아가도 그림 속의 꽃이나 나무랑 반짝이는 물결이 잘 보이지? 엄마 배 속에서 편안한 마음으로 지내다가 곧 엄마랑 만나자."

렘브란트 〈유대인 신부〉 "이 그림은 네덜란드의 렘브란트라는 화가가 그린 것인데 아주 다정한 부부의 초상화란다. 부부란 이처럼 서로 사랑하고 아끼는 마음으로 가정을 이루고 그래서 아기도 태어나는 거란다."

밀레 〈만종〉 "프랑스의 화가 밀레는 자연의 아름다움과 숭고함을 잘 아는 화가란다. 그래서 그의 그림에는 언제나 자연에 순응하는 소박한 사람들의 모습이 그려져 있어. 엄마는 우리 아기도 이처럼 아름다운 자연 속에서 부지런히 일하면서 감사하는 마음을 가진 사람으로 자랐으면 좋겠구나."

레오나르도 다 빈치 〈모나리자〉 "아가야, 이 그림이 세상에서 가장 아름다운 미소를 가진 여인이라고 불리는 '모나리자'야. 어떠니? 혹시 우리 아가도 지금 엄마 배 속에서 웃고 있을까? 빨리 만나보고 싶구나, 우리 아가의 미소 짓는 얼굴을…."

순산을 돕는 운동 태교

임신 중 적절한 운동은 태아와 임신부 모두에게 긍정적인 영향을 끼친다. 임신부는 점점 무거워지는 몸 때문에 약해지는 체력을 키우면서 순산을 위한 준비를 할 수 있고, 태아는 부드러운 흔들림 속에서 편안함과 엄마와의 일체감을 느낀다.

즐기면서 하는 운동 태교 원칙

임신을 하면 행동 하나하나가 모두 조심스러워진다. 하지만 적당한 운동은 임신부의 몸을 건강하게 만들 뿐 아니라 자연 분만에 필요한 호흡법을 익히며 태교 효과까지 볼 수 있다. 임신부는 운동을 하는 동안 감정적으로 안정감을 느끼고 태아는 양수의 부드러운 흔들림 속에서 편안함을 느낀다. 또한 임신 중 운동은 출산 후 몸매 가꾸기에도 도움을 준다. 유산 위험이 있는 임신 초기 3개월과 조산 위험이 있는 임신 7개월 이후에는 무리한 운동을 삼가도록 한다. 모든 운동은 임신부의 체력이 허락하는 선에서, 의사와 상의 하에 진행하도록 하고 피로하거나 배가 땅기는 느낌이 들면 즉시 중단한다.

걷기

임신 중 할 수 있는 가장 좋은 운동이다. 부담 없이 쉽게 시작할 수 있고 체중이 많이 늘어나는 임신 말기에도 가능하다. 비교적 쉽고 가벼운 운동임에도 체지방을 연소시키는 데 효과적이며 각종 근육을 발달시켜 순산을 도와준다. 자궁 수축이 적은 시간대인 오전 10시부터 오후 2시 사이가 가장 좋은 시간이나 임신부의 컨디션에 따라 조절한다. 식사 직후나 햇볕이 뜨거울 때는 피한다. 신발은 관절이나 태아에 무리가 가지 않도록 밑창에 에어쿠션이 있어 충격을 잘 흡수하고 푹신하고 부드러우며 가벼운 것을 선택한다.

수영

부드럽게 물결을 따라 몸을 움직이는 수영은 근육이나 관절에 무리가 덜 가고 임신부 요통이나 어깨 결림 등 가벼운 트러블을 완화시키는 데 도움이 되어 임신부에게 좋다. 태아에게도 산소 공급이 활발하게 이루어지고 물속에서 엄마가 움직이는 동안 흔들림이 기분 좋게 전달되어 뇌 자극을 해주는 운동이다. 그러나 세균 감염에 대한 우려가 있으므로 수영장은 가급적 물이 깨끗한 새벽에 이용하는 것이 좋으며, 자궁구가 열릴 우려가 적은 임신 34주까지만 하는 것이 바람직하다. 하루에 30분에서 1시간씩 일주일에 2~3회 정도가 적당하다.

요가나 발레

몸을 이완시켜 순산을 도와주는 요가나 발레도 좋다. 요가와 발레는 호흡을 통해 몸을 이완시켜 전신을 유연하게 하고 근력 강화를 해주는 한편 집중력을 기르는 데 효과적이다. 특히 부종이 심하거나 혈압이 높거나 몸이 무겁게 느껴지는 임신부에게 효과적이다. 임신 14주 이후에 시작하면 무리가 없다.

스트레칭

식사 후 1시간 정도 휴식을 취한 뒤 충분히 소화가 되어 편하게 움직일 수 있을 때 스트레칭을 해보자. 어깨 결림이나 허리 통증, 다리 저림 등의 증세를 없애주고 기분을 상쾌하게 해준다. 경쾌한 음악을 틀어놓고 리듬에 맞춰 몸을 흔들어도 좋고 가벼운 스트레칭 동작을 반복해도 좋다. 1회 2~3분씩 하루 3~5회 무리가 가지 않는 선에서 즐거운 마음으로 실시한다.

에어로빅

태아에게 산소를 충분히 공급할 수 있는 운동 중 하나로 임신부의 체중 조절과 변비를 예방해주는 효과가 뛰어나다. 임신 5개월 이후에 시작하고 배가 땅기는 등 이상 증세가 있으면 휴식을 취한다. 가벼운 동작으로 일주일에 3회 정도 실시하고 운동 전후 스트레칭으로 반드시 몸을 풀어준다.

촉각으로 사랑을 전하는 DIY 태교

세상에서 단 하나뿐인 엄마표 선물을 만드는 DIY 태교는 엄마의 손을 자극해 태아의 뇌 발달에 도움을 준다. 임신 기간 중 즐거운 취미생활이 되어줄 뿐 아니라 세상에 단 하나뿐인 엄마표 출산준비물을 준비하게 되어 의미가 뜻깊다.

엄마의 즐거운 마음이 중요한 DIY 태교 원칙

'엄마가 손을 많이 움직이면 똑똑한 아이를 낳는다'는 말이 있다. 손의 촉각을 통한 긍정적인 자극들이 태아의 뇌 신경세포 발달을 촉진시키는 데 효과적이기 때문이다. 첫 시작은 아기의 총명함을 위해서지만 하다 보면 빠져드는 게 DIY 태교다. 임신부의 시간을 빠르게 가도록 만들어주고 나만의 작품이 완성된다는 생각에 성취감도 느낄 수 있다. 더군다나 그게 태어날 아기가 사용할 것이라는 설렘까지 안겨준다. 엄마의 기쁨은 아기의 행복과도 직결된다는 생각으로 DIY 태교에 도전해보자. 더군다나 아기가 태어나면 당분간 무언가를 직접 만든다는 건 쉽지 않으므로 임신 기간 동안 태아와 엄마를 위해 시도해 보면 좋다.

출산준비물 키트를 구입한다

가장 손쉽게 시작할 수 있는 만들기 태교는 바로 직접 출산준비물을 준비하는 것이다. 아기가 태어나 처음 입는 배냇저고리, 신생아 때 꼭 필요한 흑백 모빌과 초점책, 아기의 첫 번째 친구가 되어줄 애착인형 등 세상에 단 하나뿐인 엄마표 선물을 만들면 뜻 깊다. 아기용품 전문숍이나 패브릭숍 등에서 이런 출산준비물을 만들 수 있는 재료를 키트로 만들어 판매하고 있으므로 적극 활용한다.

DIY 강좌에 참여한다

임신 6~7개월이 되면 태아는 시각, 미각, 촉각, 청각, 후각의 오감을 엄마의 자궁 속에서 느낄 수 있다. 손을 이용한 다양한 DIY 활동은 임신부는 물론 배 속 태아의 집중력을 길러주어 두뇌 발달에 효과적이다. 임신 중 만들기 태교에 대한 관심이 늘어나면서 문화센터나 산부인과에서 다양한 DIY 태교 강좌를 개설하고 있다. 바느질이나 뜨개질은 물론 아이 옷 만들기 강좌까지 범위가 넓다. 아기를 위한 선물도 만들고 출산 시기가 비슷한 임신부들을 만나 서로의 생각을 나누는 시간을 가질 수 있어 기분 전환에도 좋다.

다양한 취미를 즐긴다

두 개의 심장이 뛰는 특별한 순간을 소소한 즐거움으로 가득 채워보자. 예비 엄마에게는 새로운 취미를, 태아에게는 오감을 자극해줄 다양한 DIY를 권한다. 요즘 유행하는 컬러링 책이나 페이퍼아트 등 가벼운 활동부터, 평소 배우고 싶었던 취미생활을 하며 흥미와 만족감을 느껴보자. 앙금케이크나 마카롱 만들기 등의 원데이 쿠킹클래스에 참여하거나 위빙, 매듭, 도자기 굽기 등의 클래스를 찾아 태아와 교감해보자.

태교 스크랩북을 만든다

정기검진 때마다 한두 장씩 받는 초음파 사진은 그때그때 정리해두는 것이 좋다. 예쁜 노트에 시기별로 초음파 사진을 붙이고 그날의 엄마의 몸 상태와 감정을 메모해보자. 엄마, 아빠의 어릴 적 사진을 붙이고 색연필, 마스킹테이프 등 다양한 미술 재료로 노트를 꾸며본다. 스크랩북 활동을 통해 태아에 대한 존재감도 높이고 아기가 태어났을 때 특별한 핸드메이드 노트를 선물할 수 있어 좋다.

플라워 태교를 한다

색감이 곱고 은은한 향기가 나는 꽃과 싱그러움을 느낄 수 있는 녹색 식물은 임신 중 가까이 하면 더할 나위 없이 긍정적인 자극을 준다. 집 안 곳곳 꽃을 꽂거나 개운죽, 아이비 등을 수경 재배해 생기를 불어넣어보자. 목화나 다육식물을 활용해서 리스를 만들어 인테리어 장식으로 활용해도 좋다.

자연에서 힐링하는 숲 태교

가까운 숲이나 삼림욕장에서 즐길 수 있는 숲 태교는 도시 생활 중심인 현대인에게 필요한 태교법이다. 아름다운 경치를 즐기며 걷다 보면 산소 호흡량이 평소보다 2~3배 늘어나 기분 전환이 되고 태아에게도 풍부한 산소를 공급해 준다.

임신부와 아기를 위한 숲 태교 원칙

임신 중 태아에게 충분한 산소를 공급하기 위해서는 임신부 혈액 속의 산소 농도를 높여야 한다. 그런 의미에서 울창한 숲을 즐거운 마음으로 걸으면서 청정한 산소를 충분히 마실 수 있는 숲 태교는 임신부에게 훌륭한 활동이다. 특히 나무가 내뿜는 피톤치드와 테레빈 향 등은 비타민과 음이온을 함유해 임신부의 두통이나 불면증 완화에도 효과적이다. 굳이 멀리까지 숲을 찾아 떠날 필요는 없다. 가까운 공원이라도 나무가 많은 곳을 찾아 거닐어보자. 이때 태아에게 끊임없이 말을 걸어 교감을 나누거나 즐거운 기분을 고조시키는 음악을 들으면 더욱 효과적이다. 일주일에 2~3회 정도가 적당하며, 식사 직후나 햇볕이 지나치게 따가운 때는 주의한다.

취향에 맞게 숲과 조우한다

숲 태교는 말 그대로 숲을 가볍게 걸으며 경치를 감상하며 마음을 편하게 하는 것이다. 가까운 숲을 찾아 산책, 삼림욕을 하면서 쉬거나 숲에서 열리는 음악회, 요가, 풍욕, 출산교육 강좌 등에 참여해 숲을 오감으로 즐겨도 좋다.

숲 산책으로 임신 트러블을 이겨낸다

숲에서 하는 보행은 최적의 유산소 운동이다. 임신부의 폐활량을 증가시키고 체내 산소의 공급과 배출을 원활하게 해주어 태아의 산소량을 높여준다. 혈액순환이 좋아져 다리와 허리의 통증이 사라지고 체중 조절 및 고혈압을 예방해준다. 자연과 함께 꾸준히 걷다 보면 분만 시 진통을 이겨내는 데도 효과적이다.

임신부의 안전에 주의한다

숲 태교는 부담 없이 할 수 있지만 야외인 만큼 임신부의 건강관리에 신경 쓴다. 숲속의 날씨는 도심과 달리 시시각각 변하므로 카디건이나 담요를 준비해 체온의 변화가 없도록 한다. 숲속에서 가장 주의해야 할 점은 낙상 사고다. 비가 온 뒤에는 바닥을 잘못 디뎌 미끄러지지 않도록 조심한다.

맨발로 걸어본다

전국의 숲이나 공원 등에는 산책로의 일부를 맨발로 걸을 수 있는 지압 보도 코스가 마련된 곳이 많다. 또한 숲길이 잘 닦인 곳이나 흙이 고운 곳이라면 충분히 맨발로 걸을 수 있다. 임신부는 흙과 돌이 발바닥에 자극을 줘 혈액순환이 좋아지고 태아에게는 자연의 감각과 땅의 느낌을 전달할 수 있다.

숲 태교 프로그램에 참가한다

특별한 숲 태교를 하고 싶다면 산림청에서 운영하는 숲 태교 프로그램이나 자연치유센터에서 운영하는 태교 캠프에 참여하자. 보통 5~7월, 9~10월에 국공립 치유의 숲이나 산림욕장에서 열린다. 숲속 명상, 맨발 걷기는 물론 자연 모빌 만들기, 꽃 편지 쓰기, 편백 마사지 등 다양한 체험 활동이 있다.

자연 태교를 병행한다

가까운 공원이나 호수에서 보고, 걷고, 느끼고 호흡하는 자연 태교는 모체 건강을 튼튼하게 해줄 뿐 아니라 태아의 정서 안정에도 좋은 영향을 준다. 신선한 공기를 마시며 심신을 건강하게 하고, 꽃이며 나무며 다양한 자연물을 오감으로 느끼고 즐긴다. 공원이나 숲에서는 태아에게 좋은 공기를 공급할 수 있다. 이때 임신부는 공기를 깊게 들이마셨다 조금씩 내뱉는 복식호흡을 해야 폐가 충분히 열려 태아에게 산소가 많이 공급된다.

태아를 인격체로 대하는 전통 태교

예부터 태교는 임신 중 가장 중요한 일이었다. 임신부는 물론 남편과 온 가족이 태어날 아기를 위해 태교에 임했을 정도로 아기에 대한 사랑과 정성을 기울인 전통 태교. 오늘날에야 밝혀지고 있는 조상들의 지혜에 대해 알아본다.

태아와 교감을 나누는 전통 태교 원칙

전통 태교의 중요성은 태어난 뒤 스승에게 배우는 10년보다 태중 교육 10개월이 더 중요하다는 옛말에서 짐작할 수 있다. 아기의 인성은 태아 때부터 형성된다고 생각해 특히 임신 전부터 부모의 몸과 마음가짐을 가지런히 했다. 임신 열 달 동안에는 가려야 할 음식, 삼가야 할 행동, 부성 태교의 중요성을 언급하며 태교를 위해 온 집안사람들이 조심했다. 우리나라 전통 태교법은 전통 태교서인 〈태교신기〉에 주로 담겨 있다. 태담을 할 때는 부드럽지만 분명한 말투로 하고, 억양은 높낮이를 살리는 것이 좋으며, 배를 쓰다듬거나 두드리는 식의 태담을 시작하는 신호를 만들도록 권한다. 아무리 좋은 음악을 듣고 여러 가지 태교를 한다고 해도 바르지 못한 생각으로 가득 차 있다면 태아에게 좋은 영향을 줄 수 없다. 주로 행동을 단정하게 하고 좋은 생각과 말을 함으로써 마음까지 깨끗하게 한다는 의미로 정서적인 교감을 중시하는 현대의 태교와 크게 다르지 않다.

부성 태교를 배운다

가부장제 사회에서도 부성 태교를 강조하고 있을 정도로 임신은 집안의 중요한 일이었다. 임신하면 남편들은 언어와 행동을 조심해 아내가 화를 내거나 놀라는 일, 걱정이 될 만한 말은 삼갔다. 특히 살생을 금했으며 땔감을 준비할 때에도 큰 나무는 건드리지 않았다고 한다. 장차 태어날 아기에 대한 소망과 좋은 아버지의 자세를 끊임없이 되새기며 열 달을 보냈다.

예쁜 음식을 먹는다

임신부가 모양이 예쁘고 색이 고운 음식을 먹으면 기분이 좋아져 그 기분이 태아에게도 그대로 전달되어 편안한 상태가 된다. 전통 태교에서는 임신부는 모양이 반듯하고 모가 나지 않은 것을 골라 먹었다. 모양이 비뚤어진 것, 빛깔이나 냄새가 좋지 않은 것, 벌레가 먹어 상한 것, 닭고기나 오리고기 등의 가금류 등은 피했다.

언행을 조심한다

임신부는 말 한마디도 조심해야 한다. 남의 허물을 이야기하거나 사람을 속이는 말은 하지 말아야 한다. 화를 내며 싸우거나 남을 속이는 일, 말할 때 요란스럽게 손짓하는 일, 남에게 모진 말을 하고 꾸짖거나 헐뜯는 일 등은 하지 않는다. 바람이 불고 비오는 날은 외출을 삼가고 험한 곳을 건너지 말며 무거운 것은 들지 않는다.

외국의 태교

유대인의 태교 전통 임신법인 '닛다'에 따라 여성의 생리 기간인 6일 동안과 끝난 후의 약 7일 동안은 동침할 수 없고 이 기간이 지나 배란일이 가까워지는 시기에만 부부의 성생활이 가능했다. 유대인들은 〈탈무드〉와 랍비의 가르침에 따라 생활했는데, 랍비는 임신부를 친딸처럼 여기며 각별하게 보살폈다.

미국의 태교 미국의 태교에서 주목할 점은 '남편의 지극한 관심'과 ' 베이비 샤워'라는 풍습이다. 대부분의 남편은 임신 10개월 동안 매주 한 번 ' 라마즈 교육'에 참여해 안전 출산과 건강한 아기 낳기에 대한 공부를 한다. 또한 아기가 태어나기 한두 달 전에 엄마의 여자 친구들을 초대하여 태어날 아기를 위한 축하를 하는 베이비 샤워 파티를 한다.

프랑스의 태교 출산을 고통과 두려움으로 받아들이기보다는 새 생명을 탄생시키는 기쁜 일로 자연스럽게 받아들이도록 하는 데 중점을 둔다. 특히 프랑스 임신부들은 몸매 관리에 아주 철저해 과식하지 않고 임부복도 몸에 꼭 달라붙는 미니스커트나 스판 소재의 바지 등을 즐겨 입는다.

BOOK in BOOK 2

0~3세 오감 자극 놀이

3세 미만 아이들에게 오감 자극은 두뇌 발달에 도움을 줄 뿐 아니라, 부모와 아이 사이의 애착관계를 두텁게 하는 필수 조건이다. 이 시기의 아이들은 신체 발달이 눈에 띄게 달라지므로 아이의 성장 발달에 따른 적절한 자극이 중요하다. 머리끝에서 발끝까지 고루 자극을 주며, 하루 종일 아이를 까르륵 웃게 할 방법을 알아보자.

0~1세 놀이

이 시기 아기들은 시각이나 청각 등이 급속히 발달하므로 다양한 놀이를 통해 오감을 자극해 주는 활동이 특히 중요하다. 성장 발달에 맞는 놀이 자극은 잠재력을 일깨워주고, 아기를 건강하게 키우는 기초가 된다.

0~1세 잠재력 자극 놀이

마사지

대근육 발달과 더불어 아기의 운동능력이 향상되는 시기이므로 아기의 몸 구석구석을 만져주는 것으로 신체 발달을 도울 수 있다. 아기를 눕혀놓은 뒤 다리, 가슴, 배는 물론이고 손가락, 발가락 끝까지 고루 자극하며 마사지를 해준다. 아기가 뒤집으려고 하는 시기에는 아기가 몸을 옆으로 돌려 뒤집을 수 있도록 도와주면 좋다. 엄마의 손은 물론이고 부드러운 사물을 아기의 손이나 발에 닿게 해서 아기가 다양한 촉감을 느끼게 하는 것도 누워 있는 아기를 즐겁게 한다.

모빌 보기

아기의 시력이 급격히 발달하는 시기. 아기의 눈에 잘 보이는 곳에 흑백 모빌, 컬러 모빌, 움직이는 모빌 등을 달아두어 시력 발달을 돕는다. 아기는 자라면서 모빌에 손을 뻗기도 하고 움직이는 모빌을 따라 눈을 움직이면서 눈과 손의 협응력을 키운다. 모빌이 움직이는 것을 보게 하면서 엄마가 노래를 불러주거나 아기에게 말을 걸어주는 것도 좋다. 모빌을 잘 보게 되면 초점책을 활용해 본다. 아기의 주변에 초점책을 병풍처럼 둘러놓고 아기가 고개를 돌릴 때마다 초점을 맞출 수 있도록 한다.

이야기 걸기

옹알이를 시작하면서 아기가 언어의 첫걸음을 떼기 시작한다. 이때 엄마는 수다쟁이가 되어야 한다. 아기의 말에 끊임없이 반응해주고 엄마도 아기에게 말을 걸어준다. 아기의 목소리를 녹음해 들려주는 것도 좋다. 아기는 자신의 목소리를 들으면 더 소리를 내고 싶은 욕구를 가지게 되며, 아직 의미 있는 말을 하지는 못해도 엄마의 반응을 통해 소리가 자신이 필요한 것을 전달한다는 것을 깨닫게 된다. 아기의 옹알이를 무시하지 말고 아기의 목소리에 귀 기울이며 부지런히 이야기 놀이를 하자.

음악 듣기

다양한 소리 자극은 아기에게 무한한 상상력을 길러준다. 집 안에서 낼 수 있는 소리 외에 자연에서 나는 소리도 많이 들려주는 것이 좋다. 아기와의 외출이 힘들다면 녹음된 소리를 활용한다. 새소리, 파도 소리, 동물 소리 등을 들려주면서 아기에게 무슨 소리인지 말해준다. 이때 엄마가 다양한 의성어로 표현해주는 것도 좋다. 즐거운 리듬의 동요, 클래식 등 여러 분야의 다양한 음악을 들려준다. 엄마와 아빠 이외의 가족들의 목소리를 녹음해 아기에게 들려주거나 이야기를 들려주어도 재미있다.

까꿍 놀이

손수건을 들어 엄마의 얼굴을 가렸다가 "까꿍" 하고 아기 앞에 얼굴을 드러낸다. 시각과 지각을 발달시키며 엄마가 보이지 않아도 존재한다는 것을 깨닫게 된다. 아기가 익숙해지면 아기의 옆이나 뒤에서 같은 놀이를 하면서 아기가 소리 나는 방향으로 몸을 움직이게 한다. 기억력과 집중력 발달에 도움이 되며, 놀이를 통해 물체의 정확한 위치를 찾는 일도 가능해진다. 아기가 좋아하는 물건을 감춰보거나 아기로부터 엄마의 위치를 점점 더 멀리하면서 아기가 더 넓게 움직일 수 있도록 유도한다.

짝짜꿍 놀이

짝짜꿍, 잼잼, 도리도리 등 반복적인 놀이는 아기들의 대근육과 소근육 발달에 매우 도움이 된다. 리듬감 있는 언어로 아기에게 재미를 주면 손놀림이 발달되며 두뇌 발달, 협응력 발달에도 좋다. 처음에는 한가지만을 반복하다가 아기가 익숙해지면 여러 동작을 한꺼번에 섞어서 따라 하게 해보자. 이때 엄마도 아기 앞에서 함께 해본다. 아기가 엄마 모습을 따라 하지 않고 엄마의 말에 집중해서 기억해 동작을 할 수 있도록 유도한다. 아기의 집중력을 크게 키울 수 있다.

블록 치기

양손에 블록을 잡고 서로 부딪쳐 소리를 내보게 한다. 눈과 손의 협응력을 길러주고 청각 자극에도 도움이 된다. 블록 이외의 물건들을 활용해도 좋은데 소리가 나지 않는 물건이나 촉감이 좋은 물건을 골라보자. 이 시기 아기는 2~3개의 블록을 쌓는 일이 가능해지므로 쌓기 놀이를 통해 쌓고 부수기를 반복해볼 수도 있다. 블록은 쌓기 쉬운 단순한 형태가 좋으며 아기가 잘 쌓지 못하면 조금 도와주어도 좋다.

손가락으로 과자 집기

이 시기 아기는 손의 움직임이 매우 복잡해져서 바닥에 떨어진 작은 물건들도 집어 올리고, 손가락을 자유롭게 펴거나 구부리는 것에 능숙해진다. 장난감을 쥐고 자연스럽게 다른 손으로 옮겨 쥘 줄도 안다. 이 시기에는 가방 끈이나 줄에 많은 관심을 보이므로 이런 물건들을 주어 손을 많이 움직여보게 한다. 긴 끈을 가지고 놀 때는 엄마가 곁에서 지켜보도록 한다. 모양이 다른 과자를 아기가 집어먹게 하는 것도 좋다. 다만 이 시기 아기들은 뭐든지 입으로 가져가 탐색하려 하므로 위험한 물건을 삼키지 않도록 주의해야 한다.

숨바꼭질

대상 영속성이 발달하는 아기를 위해 까꿍 놀이 외에 장난감으로 숨바꼭질 놀이를 한다. 아기가 좋아하는 장난감을 수건이나 이불 밑에 숨겨놓고 찾게 하는 것. 아기는 수건 밑에 숨겨진 장난감을 찾으면서 눈에 보이지 않아도 대상이 존재한다는 사실을 몸소 확인하게 된다. 숨바꼭질 놀이를 하면서 "오뚝이가 어디에 숨었을까", "와, 여기 있었네" 하는 이야기들로 아기의 흥미를 자극한다.

그림책 놀이

아기와 함께 그림책을 보며 노는 것은 아기에게 사물에 대한 흥미를 일깨워주고 언어 발달에 도움이 된다. 세밀한 선이나 미묘한 색상은 아직 이해할 수 없는 때이므로 단순하고 정확하게 그려져 있는 원색의 그림책을 선택해서 보여준다. 아기들은 가끔 보고 느낀 것을 그림책으로 다시 보면 매우 좋아한다. 그림책의 강아지 그림을 손가락으로 가리키면서 "멍멍이"라고 말해주면 한층 흥미를 가지고 더욱 좋아하게 된다. 자동차를 보면서 "붕붕"이나 "빠방"이라고 해주는 등 의성어나 의태어를 덧붙이면 더 재미있어 한다.

스카프 놀이

보들보들 부드러운 스카프 한 장을 준비한다. 아기 앞에서 스카프를 흔들며 아기가 스카프가 이동하는 쪽으로 고개를 돌려가며 쳐다볼 수 있게 한다. 음악을 틀어놓고 리듬에 맞춰 스카프를 흔들어 봐도 좋다. 아기의 시각 발달과 리듬 감각을 키우는 데 도움이 된다. 아기가 스카프를 만져 부드러운 촉감을 느끼게 하고, 부모가 흔드는 스카프를 잡아보게 하면 손과 눈의 협응력도 키울 수 있다.

쿠션 놀이

대근육과 운동능력이 발달하는 시기이므로 다양한 신체 놀이를 하는 것이 좋다. 아기가 아직 소파에 올라갈 수는 없더라도 어딘가 자꾸 발을 올리며 올라가려는 의지를 보일 때, 너무 높지 않은 쿠션이나 베개를 준비한다. 아기가 기어서 쿠션이나 베개를 넘어갈 수 있도록 한다. 아기가 힘들어하면 엉덩이나 발바닥을 살짝 밀어서 아기가 힘을 받을 수 있도록 한다. 아기가 걷게 되는 데 필요한 근육들을 발달하게 도와주며, 성취감도 북돋울 수 있다. 아기가 능숙해지면 쿠션이나 베개의 높이를 높여본다.

아기와의 놀이 규칙

1. 엄마와 아기가 놀이에만 집중할 수 있는 시간과 장소를 선택한다.
2. 아기와 눈을 맞추며 아기에게 관심이 있다는 것을 표시한다.
3. 놀이를 끝마치지 못해도 초조해하지 않는다.
4. 아기를 지나치게 자극하지 않는다.
5. 내 아기와 다른 아기의 발달 정도를 절대 비교하지 않는다.
6. 아기가 특정 놀이를 잘하지 못하더라도 몇 번이고 다시 도전해서 성공의 기쁨을 맛볼 수 있도록 용기를 준다.

1~2세 놀이

혼자 할 수 있는 일이 폭발적으로 늘어나고 신체 조절 능력도 크게 향상되는 시기이므로 아이의 몸과 마음이 더욱 튼튼해질 수 있도록 신체 놀이를 자주 하도록 한다. 대근육과 소근육을 고루 자극할 수 있는 놀이라면 더욱 좋다.

1~2세 신체 단련 놀이

종이 징검다리 건너기

종이를 징검다리처럼 일정 간격으로 놓고 건너보게 한다. 이때 아이가 미끄러져 넘어지지 않도록 주의해야 한다. 아이가 놀이에 익숙해지면 종이 징검다리의 간격을 조금씩 벌려 놓는다. 종이 외에 쿠션이나 방석, 베개 등을 활용할 수도 있다. 큰 종이 위에 올라서는 놀이로도 변형이 가능하다. 처음에는 펼쳐진 신문지 위에, 그다음에는 반으로 접은 신문지 위에 올라선다. 점점 더 작아지는 종이 위에 올라서면서 균형 감각을 익힐 수 있다.

공놀이

아이와 마주 앉아 공을 주고받는다. 처음에는 속도를 느리게 했다가 점점 더 속력을 높인다. 앉아서 공을 주고받는 일에 능숙해지면 일어서서 주고받는다. 그다음에는 공을 한 번 땅에 튕겨 받아보게 한다. 아이 혼자 공놀이를 하게 하려면 공을 벽에 던져 받아보게 한다. 아이의 키에 맞춰 농구 골대를 설치해 공을 통과시켜 볼 수도 있다. 커다란 짐볼 위에 올라서서 엄마 손을 잡고 점프를 해보거나 스스로 중심을 잡고 앉아보게 한다. 목표 지점을 정하고 엄마와 공을 굴려 출발 지점으로 돌아오는 놀이를 해본다.

풍선 놀이

풍선에 적당히 바람을 불어넣어 공중에 띄운다. 손으로 풍선을 쳐서 아이와 엄마가 서로 주고받는다든지 풍선을 발로 차서 목표 지점까지 가져가 본다. 풍선에 물을 넣어 풍선의 다른 질감을 느껴본다. 말랑말랑한 풍선의 촉감을 아이와 느껴보고 물풍선을 살살 굴려보거나 허락되는 공간에서 물풍선을 던져본다. 물을 담는 양에 따라 물풍선의 성질이 달라지고, 아무리 던져도 물풍선이 쉽게 터지지 않는 등 풍선이 가진 색다른 특징을 경험해보면서 아이들은 더욱 즐거워한다.

훌라후프 놀이

훌라후프를 세워 그 안으로 통과하게 한다. 노래를 부르면서 통과하다가 노래가 끝났을 때 훌라후프 안에 서게 되는 사람이 술래가 된다든지 하는 식의 규칙을 정한다. 작은 훌라후프를 여러 개 땅에 놓고 훌라후프 안에서만 점프를 해본다. 아이가 훌라후프와 친숙해지면 훌라후프를 앞으로 굴려보거나 굴러오는 훌라후프를 잡아볼 수도 있다. 신체 조절 능력을 길러주며 근육 단련에도 큰 효과가 있다.

볼링 놀이

빈 통이나 같은 크기의 장난감을 나란히 세워두고 조금 떨어진 곳에서 공을 굴려 쓰러뜨린다. 손으로 공을 굴리는 것이 아니라 목표를 정해두고, 그 목표물을 향해 공을 굴리는 것이므로 집중력이 함께 요구되는 운동이다. 목표물의 개수를 늘린다든지, 공의 크기에 변화를 준다. 또한 공을 굴리는 위치와 목표물의 거리를 점점 더 멀리함으로써 힘과 거리 조절 능력도 키워나간다.

직선을 따라 걷기

바닥에 눈에 잘 띄는 색 테이프를 길게 붙이고 그 선을 따라 걷게 해본다. 발바닥을 확실하게 바닥에 붙이고 천천히 걸을 수 있도록 한다. 익숙해질수록 아이의 발걸음이 빨라진다. 아이가 어려워하면 처음에는 엄마가 먼저 걸으며 방법을 알려준다. 양팔을 올려서 균형을 잡으면 조금 더 쉽게 걸을 수 있다. 놀이를 통해 손과 발의 협응력을 키우며 균형 감각도 익히게 된다.

쪼그리고 앉아 있기

블록이나 자동차 등을 주어 아이가 가지고 놀게 하는데, 발바닥만 땅에 붙인 채 쪼그리고 앉도록 유도한다. 정면에서 엄마가 시범을 보이며 앉아서 같이 놀이를 해주면 더 좋다. 아직 발바닥을 땅에 확실히 붙이지 못해 뒤뚱거리며 걷는데 쪼그리고 앉으면 발바닥으로만 지탱해야 하므로 아이의 자세가 점차 안정적으로 변한다. 너무 오래 쪼그리고 앉아 있으면 아이가 힘들어하므로 시간은 너무 길지 않게 한다.

엄마 손잡고 점프하기

소파나 계단, 의자 등에 아이를 세워놓고 엄마가 아이의 양손을 잡아 번쩍 들어 바닥에 내려놓는다. 처음에는 낮은 곳에서 하다가 아이가 익숙해지면 점점 높은 곳에서 시도해본다. 점프는 아이의 순발력을 키워주고 담력을 기르는 데에도 도움이 된다.

옆으로 걷기

한쪽 발을 옆으로 이동시키고 다른 한 발을 떼어 먼저 발 옆으로 이동시켜 붙인다. 이 동작이 익숙해지면 나중 발을 먼저 발보다 더 옆으로 움직여 X자로 걸어나가게 한다. 아이가 중심을 잡기 힘들어하면 엄마가 손을 잡아 도와준다.

이불 놀이

이불에 아이를 태워 끌고 다니는 이불 썰매, 아이를 이불에 태워 흔드는 이불 그네 등 이불은 계절에 상관없이 집 안에서 할 수 있고 아이들도 좋아하는 최고의 놀잇감 중 하나. 이불에 아이를 눕게 하고 돌돌 말아 김밥 놀이를 할 수도 있다. 아이와의 스킨십을 통해 친밀감을 더욱 높일 수 있어 좋다. 이불 그네를 태울 때는 아이가 이불에서 떨어지지 않도록 주의해야 하며, 집 안에서 가장 넓고 안전한 공간을 택하되 만약의 경우를 대비해 두툼한 이불을 아래 깔아두는 것이 좋다.

1~2세 오감 발달 놀이

종이 찢어 붙이기

아이들의 스트레스 해소에 좋은 대표적인 놀이법으로 종이 찢기, 신문지 격파하기 등을 꼽을 수 있다. 우선 아이에게 마음껏 종이를 찢으며 소리를 들어보게 한다. 종이는 크게, 길게, 작게 다양한 크기로 찢어볼 수 있다. 찢은 종이는 그냥 버리지 말고 다시 재활용해본다. 둥글게 뭉쳐 공을 만들 수도 있고, 커다란 종이 위에 붙여보면서 하나의 그림으로 완성시킬 수 있다.

손바닥 도장 찍기

아이의 손바닥에 물감을 묻혀 자유롭게 찍어본다. 손가락 끝에만 찍어서 그림을 완성할 수 있고, 손바닥 전체를 찍어 그림으로 표현할 수도 있다. 다양한 색깔을 손에 묻혀보면서 아이는 색깔의 다채로움을 눈으로 직접 확인하게 된다. 이때 가능한 한 밝은색부터 찍어가는 것이 색깔 표현을 잘 할 수 있는 방법. 아이의 손바닥으로 완성한 특별한 그림은 가족들이 모두 볼 수 있는 곳에 전시해두어 아이가 성취감을 느낄 수 있도록 유도한다.

빨대 놀이

빨대를 불어 바람을 만든다. 그 바람으로 여러 가지 사물을 움직여볼 수 있다. 작은 탁구공을 탁자에 올려두고 움직여보거나 색종이를 작게 잘라 불어보게 한다. 움직이는 사물을 보면서 아이는 재미를 느끼게 된다. 빨대로 피리를 만들어 불어보거나 빨대를 이용해 목걸이를 만들 수도 있다. 빨대의 색깔이 다양하므로 색깔별로 분류하거나 크기별로 분류해보는 놀이도 할 수 있다.

밀가루 놀이

밀가루를 온 집 안에 흩날리게 하며 놀게 하는 것이 쉽지 않다면 밀가루 반죽을 활용하면 된다. 물을 넣는 양에 따라 밀가루의 질감이 어떻게 달라지는지 느끼게 해보고, 아이에게 힘을 주어 반죽을 해보게 한다. 밀가루에 녹차, 백년초, 단호박 등 다양한 천연 가루를 섞어 밀가루의 색깔을 변화시켜볼 수도 있다. 엄마가 도움을 주어 밀가루 반죽이 완성되면 반죽을 가지고 여러 가지 모양을 만들어 보아도 좋다. 모양이 완성되면 그대로 그늘에 말려 물감을 칠해볼 수 있다.

모래 놀이

모래의 까칠까칠한 질감은 밀가루와는 또 다른 감촉을 선물한다. 모래성을 쌓아보고 모래 위로 자동차 길을 내어보자. 구멍을 뚫어 터널을 만드는 등 자동차 경주장을 만들 수 있다. 아이가 평소 가지고 놀던 자동차를 가지고 모래 위 자동차 경주 놀이를 해보자. 공간지각력을 발달시키고 아이에게 상상력을 불어넣을 수 있다. 아이의 장난감이나 모래놀이세트를 활용해 모래를 가득 담아 다양한 모양을 찍어내볼 수도 있다. 꼭 바닷가에 가지 않아도 좋다. 놀이터 모래가 걱정된다면 깨끗한 놀이용 모래를 활용하면 된다.

찍기 놀이

찍기 놀이를 할 수 있는 도구는 무궁무진하다. 감자나 무, 고구마 등을 반으로 잘라 음각이나 양각으로 모양을 내어 도장처럼 만들어 찍어볼 수 있고 과일이나 채소의 단면에 그대로 물감을 묻혀 찍어보아도 좋다. 아이는 이 놀이를 통해 색채 감각을 키울 수 있을 뿐 아니라 사물의 단면을 관찰하고 비교할 수 있다. 아이의 장난감을 찍어보는 것도 좋다. 보이는 면뿐만 아니라 장난감의 밑바닥 등 평소 관심이 없었던 부분까지 살펴보는 계기를 만들어준다.

병뚜껑 비틀어 열기

플라스틱 용기에 작은 장난감을 넣어 아이의 흥미를 유발한 후 아이가 직접 뚜껑을 열어보게 한다. 이때 뚜껑은 느슨하게 닫아 아이가 힘을 조금만 주면 열 수 있도록 한다. 아이가 익숙해지면 조금씩 세게 닫아둔다. 병뚜껑을 열려면 한 손으로는 병의 몸통을 잡고, 다른 한 손으로 뚜껑을 비틀어 열어야 한다. 이것은 손목을 비틀고 손가락 끝에도 힘을 넣어야 하는 고도의 기술. 이때 뚜껑의 크기는 아이 손으로 잡았을 때 너무 크지 않은 것으로 택해야 한다.

단추 채우기

첫돌이 지나 한두 달이 되면 모자나 양말을 스스로 쓰거나 벗을 수 있게 된다. 생후 1년 6개월 정도 된 아이는 양말도 잡아당겨서 벗지만 신는 것은 아직 할 수 없다. 2세가 되면 스스로 단추를 채울 수 있다. 단추 채우기는 섬세한 손가락 운동으로 뇌의 발달을 촉진시킨다. 옷의 단추를 다 채우는 것이 아이에게는 버거운 일이므로 처음부터 욕심내지 말고 엄마가 어느 정도 채운 다음 마지막 단추만 채우게 하는 것부터 시작한다.

자연 놀이

장난감이 넘쳐나는 세상이지만 자연에서 노는 것만큼 좋은 것은 없다. 계절마다 달라지는 자연 소재도 아이의 좋은 놀잇감이 된다. 특히 집 밖에서 쉽게 구할 수 있는 나뭇잎, 나뭇가지, 꽃 등을 활용하면 창의력을 키우는 좋은 놀이를 할 수 있다. 나뭇잎 왕관, 꽃잎으로 장식한 옷, 나뭇가지로 만든 집 등 만들 수 있는 것이 무궁무진하다. 색종이나 스티로폼 등 다른 재료들과 결합하면 아이가 평소 가지고 노는 장난감과는 전혀 다른 질감과 모양의 놀잇감이 탄생된다.

욕실 그림 그리기

욕실 타일 벽은 물감으로 그림을 그려도 잘 지워지므로 목욕 전 시간을 충분히 이용한다. 손바닥이나 발바닥으로 그림을 그릴 수도 있고 붓을 이용해도 좋다. 종이와는 다른 질감 위에 그림을 그리면서 아이는 색다른 경험을 할 수 있다. 그림을 지울 때도 아이의 참여를 유도한다. 욕실에서 놀이를 할 때는 부모가 항상 아이 곁을 지키고 미끄러지지 않도록 주의를 기울여야 한다.

자유분방한 바깥 놀이

비눗방울 놀이 비눗방울이 바닥에 떨어지면 미끄러워 집 안에서는 좀처럼 하기 힘든 놀이. 욕실에서 할 수도 있지만 역시 미끄러질 염려가 있다. 햇빛 좋은 날엔 비눗방울을 불러 나가자. 영롱한 비눗방울을 잡아보고 터트려보면서 즐거움을 만끽할 수 있다.

물 그림 그리기 바닥에 물로 그림을 그려본다. 물조리개에 물을 담아 동그라미, 세모 등 여러 가지 그림을 그린다.

분무기 무지개 만들기 분무기를 뿌리면 무지개가 생기는 현상을 발견할 수 있다. 좀처럼 커다란 무지개는 보기 힘들므로 분무기 무지개를 통해 무지개가 생기는 원리에 대해서도 설명해줄 수 있다.

목욕 시간이 즐거워지는 목욕 놀이

손으로 물 받아보기 갑자기 뜨거운 물이 나오지 않도록 주의하면서 손으로 물을 받아보게 한다. 손가락 사이로 물이 흐르는 느낌을 느껴보고 물줄기에 손을 가까이, 멀리 대보면서 차이를 느껴보게 한다.

장난감 띄우기 물속에 다양한 물건을 넣어본다. 어떤 물건이 물 위에 둥둥 뜨고, 어떤 물건이 물속으로 가라앉는지 살피게 한다.

물고기 건지기 물고기를 띄워놓고 그물이나 작은 도구를 이용해 물고기를 건져보게 한다. 정해진 시간 안에 누가 더 많이 물고기를 건지는지 시합한다.

2~3세 놀이

아이와의 외출이 잦아지고 더욱 다양한 놀이들이 가능해진다. 야외활동의 범위를 점차 넓혀가면서 아이와 보다 구체적이고 규칙이 있는 놀이들을 함께 해보자. 또래 친구들과 놀이를 하면서 적극적으로 사회성을 발달시켜야 할 시기다.

2~3세 두뇌 자극 놀이

종이 접기

색종이, 전단지, 신문지, 달력 등을 이용해 다양한 종이 접기를 해본다. 비행기, 종이배, 모자 등 다양한 종이 접기는 아이의 소근육 발달에 매우 도움이 된다. 곤충, 공룡 등 아이의 관심사가 집중된 분야의 종이 접기를 하면 아이의 호기심 자극은 물론이고 집중력을 키워줄 수 있다. 처음부터 너무 어려운 것을 접으면 아이에게 종이를 접는 것이 너무 복잡하고 힘들게 느껴질 수 있고 엄마 자신도 포기하기 쉬우므로 우선 쉽고 단순한 것에서부터 시작하는 것이 좋다. 종이를 반으로 접었을 때 나오는 모양, 다시 폈을 때 원래의 모양으로 돌아오는 원리 등을 알려주면서 종이 접기에 재미를 느끼도록 한다.

놀이터 놀이

다양한 놀이터 놀이가 가능해지는 시기. 미끄럼틀, 시소 등을 타며 즐거움을 만끽할 수 있다. 하지만 놀이터는 다양한 연령층의 아이들이 함께 어울려 노는 곳이므로 항시 주의를 기울여야 한다. 가능한 한 큰 아이들이 학교에 가고 없는 시간을 이용하는 것이 유리하다. 놀이터 기구에 돌을 두드려 소리도 들어보고 놀이터에 숨겨진 다양한 도형 모양도 찾아보자. 꼭 놀이기구를 타야 하는 것은 아니다. 놀이터에 나가 다른 아이들이 노는 모습을 보게 하며 또래 아이들과 어울려 놀게 하는 것이 사회성을 기르는 데 많은 도움이 된다.

퍼즐 놀이

퍼즐 맞추기는 가장 기본적인 조각으로 나누어진 것부터 시작한다. 처음부터 너무 어려운 것에 도전하면 퍼즐을 다 맞추지도 못하고 포기하게 된다. 퍼즐이 완성되었을 때 나타나는 모습은 아이가 평소 좋아하고 관심 있는 것이면 더 좋다. 퍼즐을 꼭 다 사야 하는 것은 아니다. 두꺼운 종이를 이용하면 집에서도 얼마든지 간단하게 퍼즐을 만들 수 있다. 아이의 실력이 향상되어감에 따라 퍼즐의 단계를 바꿔준다.

기차 놀이

가족들이 모두 참여해 기차 놀이를 한다. 노래를 부르면서 집 안을 돌아다닌다거나 공터에 나가서 해볼 수도 있다. 한 사람이 하나의 기차가 될 수도 있고, 여럿이 합쳐서 기다란 기차를 만들 수도 있다. 아이가 기장이 되게 하여 원하는 방향으로 가보게 하면서 성취감과 책임감을 가르칠 수 있다. 아이들의 친구가 여러 명 모였을 때는 아이들끼리 해보아도 좋다. 꼬리잡기를 하면서 아이들의 운동 능력도 크게 향상된다. 아이들이 뛰다가 넘어질 수 있으므로 안전한 장소를 선택한다.

달리기 시합 하기

엄마, 아빠와 달리기 시합을 해본다. 사람이 아니라 나뭇잎과 바람 등 자연과 달리기 시합을 할 수도 있다. 마음껏 뛰면서 에너지를 발산하고 신체 조절력도 키울 수 있다. 아이들은 엄마, 아빠가 쫓고 쫓기기만 해도 까르륵 웃으며 즐거워한다. 아이의 친구들이 함께 모였을 때는 결승선을 두고 달리기 시합을 해도 좋다. 손 마주 잡고 달리기, 발목 묶고 달리기, 깃대 돌아오기, 과자 먹고 오기 등 같은 달리기 시합이라도 방법을 달리하면 새로운 놀이가 된다.

나무 안아보기

공원에 나가면 여러 품종의 다양한 나무들을 만날 수 있다. 어떤 나무들은 아이의 품 안에 쏙 들어오고 또 어떤 나무는 엄마가 안기에도 버겁다. 나무를 안아보면서 나무의 향을 맡아보고 나무의 이름도 알아본다. 엄마와 아이가 함께 손을 잡고 나무의 둘레를 재보면서 나무의 나이도 가늠해볼 수 있다. 나무마다 나뭇잎의 모양은 어떻게 다른지, 열매를 맺는지, 꽃을 피우는지도 살펴본다. 아이에게 자연을 사랑하는 마음을 심어주면서 살아 있는 자연학습을 할 수 있다.

가면 놀이

종이를 이용해 아이 얼굴에 맞는 가면을 만든다. 얼굴의 모습은 무엇이든 좋다. 동물 모양이어도 좋고 아이 얼굴을 형상화해도 좋다. 신문지를 물에 적셔 신문지 죽을 만든 다음 바가지 위에 붙여 굳힌 후 탈을 만들어도 좋다. 다양한 소재의 가면을 만들어 가족들만의 가족 무도회를 열거나 연극을 해볼 수도 있다. 가발이나 소품 등을 적절히 활용하면 가면 놀이가 더욱 풍부해진다.

도미노 놀이

블록 등을 이용해 도미노 놀이를 할 수 있다. 도미노를 세우는 동안 집중력을 발휘할 수 있다. 너무 긴 도미노는 아이의 실력으로 힘들기 때문에 적당한 길이의 도미노를 세우고 쓰러뜨리기를 반복한다. 주르륵 밀려 쓰러지는 도미노를 보면서 아이들은 더욱 신이 나 도미노 세우기에 집중한다. 한 번만 실수해도 그동안 세운 도미노가 쓰러질 수 있어 아이들은 초집중력을 발휘하게 된다. 처음에는 직선으로만 세웠던 도미노를 점차 그 형태를 달리하면서 도미노를 어떻게 세우면 좋을지 고민하는 등 수학적 사고능력이 커진다.

돌멩이 색칠하기

돌멩이를 깨끗하게 닦아 말린 후 돌멩이 위에 다양한 그림을 그려본다. 그려보는 필기구도 연필, 크레파스, 물감, 파스텔 등 여러 가지를 활용해보자. 꽃이나 곤충, 동물을 그려넣거나 우리 가족의 얼굴을 그려도 좋다. 큰 돌멩이, 작은 돌멩이, 세워둘 돌멩이 등 돌멩이의 모양에 따라 그림의 모양도 달라지게 해본다. 야외에 나갔을 때는 돌멩이뿐 아니라 낙엽 위에 그림을 그려볼 수도 있다. 꽃잎을 두드려 즙을 내어 돌멩이에 색칠을 해보고, 돌멩이 위에 그림을 그릴 수도 있다.

노래 따라 부르기

아이와 동요를 부르면서 동요에 맞는 동작을 함께 해본다. 가사에 따라 어떻게 표현하면 좋을지 아이에게 생각해보게 하자. 리듬감과 순발력을 키워줄 수 있고 창의력도 자라난다. 노래 리듬에 맞춰 아무렇게나 춤을 춰도 좋다. 혹은 노래에 나오는 어떤 일정한 단어에서 박수를 쳐본다든지, 발을 구른다든지 규칙을 정해 게임을 해본다. 단순하게 듣는 음악감상도 좋지만 아이가 좀 더 음악에 집중할 수 있고 매일 듣는 노래라도 다르게 기억할 수 있게 된다.

그대로 멈춰라

"즐겁게 춤을 추다가 그대로 멈춰라~" 하는 노래와 함께 몸을 움직이다가 멈춰보는 놀이. 아이들은 제자리에서 콩콩거리기도 하고 엉덩이를 씰룩거리기도 하다가 노래와 함께 멈춰선다. 여러 명이 함께 하면 더욱 즐거움이 커지는 놀이로 별것 아닌 것처럼 여겨져도 아이들의 집중력과 순발력을 요하는 게임이다. 점점 더 노래의 속도를 빨리하거나 노래의 속도를 늦췄다 빠르게 했다 하며 변화를 주면 아이들의 집중력을 극대화하는 효과가 있다.

채소 인형 만들기

자투리 채소가 많다면 인형을 만들어본다. 채소, 파스타, 잡곡류 등 어떤 식재료도 좋다. 평소 아이가 잘 먹지 않는 채소를 활용하면 더 좋다. 아이가 낯설고 싫어하던 식재료를 재미있게 받아들일 수 있는 계기가 되어준다. 채소 모양틀을 이용하면 여러 가지 모양을 만들 수 있으므로 이용해보도록 한다. 완성된 음식을 담을 때도 활용하면 아이가 잘 먹지 않던 음식도 먹게 할 수 있다. 브로콜리 코, 당근으로 만든 귀… 하나씩 없애가면서 이야기를 나누다 보면 아이도 거부감 없이 채소를 먹을 수 있다.

자석 낚시 놀이

바다에 사는 다양한 바다 생물을 그려 오린 후 클립을 끼운다. 바닥에 바다 생물을 늘어놓고 자석을 단 낚싯대로 낚아보게 한다. 흔들리는 자석 낚싯대 때문에 척척 잡기가 쉽지 않다. 아이가 너무 힘들어한다면 낚싯줄을 짧게 해서 흔들림을 줄여주도록 한다. 시간을 정해놓고 엄마와 아이가 누가 더 많이 잡는지 시합을 해보아도 좋다. 물고기만 낚는다거나 불가사리만 잡기로 한다든가 새로운 규칙을 제안하면서 놀이의 방법을 바꿔본다.

컬러 점토 놀이

점토는 다양한 색깔로 되어 있어 아이가 모양을 만드는 데 훨씬 수월하다. 또 점토를 섞어 새로운 색깔을 만들어낼 수도 있다. 점토를 밀대로 밀어보거나 모양칼로 모양을 내어 보다 세밀한 표현을 해보자. 찍기틀을 이용해 모양을 찍을 수도 있다. 손으로도 콕콕 찍어보고 두드려도 보고 뭉쳐보기도 하자. 점토의 성질을 느껴보고 굳은 후에는 어떻게 달라지는지도 느껴보게 한다.

흉내내기 놀이

아이들은 흉내내기를 좋아한다. 모방능력이 늘어나는 시기이므로 여러 가지 흉내내기 놀이를 해본다. 동물의 울음소리, 동물의 걸음걸이, 아빠가 말하는 모습, 엄마가 요리하는 모습 등 어떤 것이어도 좋다. 아이의 관찰력이 늘어나고 표현력은 더욱 풍부해진다. 흉내를 내는 상대가 꼭 살아 있는 것이 아니어도 된다. 나무가 되었다고 생각하고 서 있어보면서 나무는 어떤 생각을 할까 나무의 입장이 되어본다. 때로는 바람이 되고 꽃이 되어볼 수도 있다. 아이들은 이러한 경험을 통해 다른 사람의 입장에서 생각하고 배려할 수 있는 힘을 키울 수 있다.

마트 놀이

아이와 물건을 사고 파는 놀이, 마트에서 일하는 사람들, 마트에서 물건을 사는 사람들의 역할을 해보면서 마트의 기능과 그곳에서 일하는 사람들의 역할을 이해시킨다. 마트에 가서 지켜야 할 규칙에 대해 자연스럽게 알 수 있고, 마트에 갔을 때의 기억을 자연스럽게 떠올릴 수 있다.

거울 놀이

거울 앞에서 다양한 표정을 지어본다. 웃는 표정, 우는 표정, 기쁜 표정, 슬픈 표정 등 다양한 얼굴의 모습을 가까이 들여다볼 수 있다. 또한 거울의 성질을 이해할 수 있도록 오른손을 들었을 때 거울의 나는 어느 손을 드는지 반사의 원리도 알게 한다. 거울은 깨지기 쉬운 물건이므로 거울을 가지고 놀 때는 엄마가 아이 옆에서 주의를 기울이도록 하며, 커다란 거울이 있다면 몸 전체를 비춰보며 놀아본다. 거울에 그림을 그려보거나 거울 속 풍경에 대해 이야기를 나눠볼 수도 있다.

주방 악기 놀이

주방은 아이들에게 호기심 천국이다. 평소 엄마가 요리하면서 쓰는 도구들이 탐은 나지만 위험하다고 만지지 못하게 하는 물건들 투성이이기 때문이다. 이런 아이를 위해 가끔은 주방 악기들을 마음껏 풀어놓아보자. 냄비는 물론이고 프라이팬, 냄비 뚜껑, 도마, 국자, 숟가락, 젓가락 등이 모두 훌륭한 악기가 된다. 마음껏 두드리거나 쳐보면서 소리를 내보고 서로 어떤 다른 소리를 내는지도 들어보게 한다. 주방 소품들의 이름도 알려줄 수 있는 일석이조의 기회다.

페트병 놀이

쓰레기를 줄이려고 해도 가족들이 생활하다 보면 각종 재활용품이 쌓이게 된다. 그중에서도 가장 흔한 것이 페트병. 페트병에 콩 같은 곡물을 넣고 흔들어 소리를 내어보거나 페트병을 자르고 색종이를 오려 붙여 장난감을 만들 수도 있다. 페트병끼리 두드려 소리를 내보고 페트병을 하나씩 들고 페트병 싸움을 할 수도 있다. 각종 플라스틱 용기나 캔, 우유갑도 재활용하면 아이와 다양한 놀이가 가능하다. 아이와 재활용품을 활용한 놀잇감을 만들 때는 안전에 주의하고 깨끗하게 닦아 말린 후 사용하는 것이 좋다.

가베 놀이

가베 등의 교구 수업은 교구를 구입하는 비용이 만만치 않고 수업을 따로 들어야 하기 때문에 부담이 큰 것이 사실. 알고 보면 가베도 얼마든지 엄마표로 만들 수 있다. 꼭 원목을 활용하지 않아도 좋다. 물론 오랫동안 두고 사용하기 위해서는 원목이나 단단한 질감의 재료를 쓰면 좋겠지만 종이나 채소 등을 활용할 수도 있다. 오이나 당근 등을 잘라서 나비, 꽃, 기차 등을 만들어보는 것으로 엄마표 가베 수업을 시도해보자.

자투리 공간 활용하는 계단 놀이

가위바위보 계단을 오르고 내릴 때 가위바위보를 해서 이긴 사람만이 오르거나 내려가도록 한다. 가위로 이겼을 때는 한 칸, 바위로 이겼을 때는 두 칸, 보로 이겼을 때는 세 칸 등의 규칙을 정한다.
뛰어내리기 계단에서 뛰어내리는 것은 아이의 신체 조절력은 물론 담력 향상에 도움이 된다. 처음에는 낮은 곳에서부터 엄마의 손을 잡고 시도하다가 익숙해지면 점점 더 멀리, 높이 시도한다.
다리 올렸다 내리기 다리를 교대로 한 발씩 계단 위로 올렸다 내리기를 반복한다. 속도를 빠르게 하면서 노래를 불러보거나 점차 익숙해지면 두 다리를 모아 한 번에 계단 위로 올렸다가 내려본다.

쌍둥이 놀이

쌍둥이를 키우는 부모가 아이 모두와 함께 한 번에 놀아주는 것은 참 어렵다. 그렇다고 한 아이만 데리고 놀 수도 없는 노릇. 아이들끼리 협력하고 때로는 경쟁할 수 있는 놀이가 정답이다.

둘이 하면 2배 즐거운 놀이

종이 막대로 겨루기

종이를 길게 말아 막대기를 만든다. 딱딱한 도구는 아이들이 휘두르다 서로에게 상처를 낼 수도 있으므로 피한다. 종이 막대기도 끝이 날카로울 수 있으므로 둥글게 다듬어주고 주의를 기울여야 한다. 겨루기를 통해 아이들은 서로의 힘을 조절하는 법을 배운다. 종이 막대는 기다란 망원경으로도 사용할 수 있다. 종이 망원경을 통해 보이는 것은 어떤 모습인지 비교해보게 한다. 서로의 모습을 바라보거나 망원경 속 서로의 눈을 바라보는 것도 재미있다.

보물찾기

모래 속에 평소 아이들이 좋아하는 장난감을 숨겨본다. 누가 더 빨리 찾는지 내기를 하면 아이들은 더욱 집중력과 경쟁심을 발휘한다. 아이들이 어느 정도 자랐다면 보다 넓은 공간을 활용해도 좋다. 집 안 전체 공간을 활용하거나 놀이터, 공원의 일정 범위 안에 숨겨 보자. 보물과 함께 아이들에게 전해주고 싶은 선물을 함께 두어도 좋다. 보물은 꼭 물질적인 것이 아니어도 된다. 아이에게 주고 싶은 메시지를 적어 전하거나 때로는 숨겨둔 보물을 찾는 것이 아니라 아이들 스스로 보물을 만들어보는 미션을 내보기도 한다.

가위바위보로 모래 뺏기

아이들 앞에 모래를 수북히 쌓아놓고 깃발을 꽂는다. 깃발을 쓰러뜨리지 않고 누가 더 모래를 많이 가지는가 내기하는 게임. 이때 엄마, 아빠도 함께 참여해 팀을 짜도 좋다. 아이들은 선의의 경쟁을 통해 성취욕을 배울 수 있다. 또한 깃발을 쓰러뜨리지 않기 위해 집중할 수 있다. 모래를 만지면서 모래의 감촉을 충분히 느끼고 각자 모은 모래로 여러 가지 모형도 만들어보는 등 놀이를 연장해본다.

배 만들기

나뭇잎 배, 나무젓가락 배, 종이배 등 아이들과 함께 다양한 재료를 활용해 배를 만들어본다. 이때 아이들은 각자 서로 다른 재료를 이용해도 좋고 각자의 의견에 따라 같은 재료를 이용해도 좋다. 각자가 만들어 완성한 배를 가지고 누구의 배가 더 잘 물에 뜨는지, 속도는 누구의 것이 더 빠른지 내기해본다. 가까운 곳에 흐르는 물이 있다면 배를 가지고 나가서 띄워볼 수도 있다. 배를 만들고 띄우기까지 여러 과정을 통해 아이들은 서로 의견을 나누고 서로가 가진 장점과 아이디어를 배울 수 있다.

종이뭉치 눈싸움

신문지나 전단지 등 버리는 종이를 활용한 놀이. 신문지를 구겨 뭉쳐서 눈뭉치처럼 만든다. 크고 작게 종이뭉치를 만들어서 눈싸움을 하듯 던져본다. 꼭 눈이 많이 내린 겨울이 아니어도 얼마든지 눈싸움을 즐길 수 있다. 이때 종이뭉치를 더욱 단단하게 하려면 어떻게 하면 좋을지 의견을 말해본다. 실을 돌돌 감아 모양을 내볼 수도 있다. 두껍고 얇은 서로 다른 두께감의 종이를 뭉치면서 종이의 종류에 따라 다르게 뭉쳐진다는 것도 알 수 있게 된다.

종이컵 전화기 놀이

종이컵 밑바닥에 구멍을 뚫어 실로 두 개의 종이컵을 연결하여 전화기를 만든다. 실을 통해 전달되는 서로의 음색을 들어보고 하고 싶은 말을 전해본다. 가까이에서 하다가 점점 거리를 넓혀본다. 점점 사라져가는 유선 전화에 대해서도 알려주고 멀리 있을 때 소리를 잘 전달하는 방법에 대해서도 이야기를 나눠보자. 실로 연결했을 때와 그렇지 않았을 때의 차이점은 무엇인지, 종이컵 말고 다른 것을 이용할 때는 어떤 차이가 있는지에 대해서도 비교해본다.

함께 그림 완성하기

혼자서는 완성하기 힘든 크기의 그림을 함께 그리고 색칠하는 미션을 준다. 아이들이 각자 나름대로의 영역과 역할을 나눠서 자기 책임을 다하게 하고 완성했을 때의 성취감을 맛보게 한다. 역할 분담을 하고 그림을 완성시키는 과정 속에서 각자의 장단점을 발견하고 서로를 격려할 수 있다. 색칠하는 방법 외에도 종이를 찢어 붙이기 등 다양한 소재를 활용해 그림을 완성해본다. 아이들의 의견을 적극 수용하고 마음껏 개성을 발휘할 수 있도록 돕는다.

글자 만들기

둘 또는 셋이 합심하면 혼자서는 완성할 수 없었던 글자를 만들어 볼 수 있다. 아이들이 글자를 완성하면 사진을 찍어 보여준다. 같은 글자라도 어떻게 표현할지 다양한 방법을 생각해보게 되면서 아이들의 창의력과 표현력이 길러진다. 엄마와 아빠도 아이디어를 더해 아이들의 글자 만들기를 도와보자. 아이들의 글자 사진을 모아 단어나 문장을 만들어보면 성취감이 커진다.

매트 신체놀이

매트 또는 미끄럽지 않은 이불을 바닥에 깔아둔다. 아이들끼리 서로 손을 마주 잡고 일어서기, 등을 대고 일어서기, 껴안고 굴러보기 등 서로의 도움과 협력으로 할 수 있는 신체놀이를 해본다.

데칼코마니 놀이

서로가 서로의 거울이 되어보기로 한다. 서로 마주 보고 서서 상대가 하는 동작을 그대로 따라 하는 놀이. 오른손, 왼손을 번갈아 들어보기도 하고 다리를 천천히 들어올리게도 한다. 아이들이 서로의 마음과 눈빛을 주고받으면서 쌍둥이임을 실감하게 하는 순간들이 나타날 것이다. 서로 다양한 몸짓과 표정을 만들어보고 노래도 불러본다. 엄마, 아빠가 마주 보고 하고, 아이들이 마주 보고 하면서 어느 팀이 더 서로의 마음을 잘 읽어내는지도 시합해본다.

상황극 놀이

한 명이 이야기를 만들고, 다른 한 명은 그 이야기에 따라 움직여 보는 놀이. 혹은 서로 역할을 맡아 다양한 상황을 만들어 연기한다. 평소 서로가 하는 행동을 바꿔서 해보는 것도 재미있다. 서로의 입장에서 생각해볼 수도 있게 된다. 장난감을 가지고 놀 때도 아이들은 스스로 상황을 만들 줄 안다. 상황에 대한 주제를 엄마가 굳이 만들어주지 않아도 된다. 상황극을 만들기 전 다양한 재활용품으로 필요한 소품이나 놀잇감을 직접 제작하고, 무대를 꾸며보아도 좋다.

물총 놀이

여름에는 바깥에서, 그 외의 계절에는 욕실에서 즐길 수 있다. 물총에 물을 가득 담아 땅 위에 그림을 그리거나 글씨를 써볼 수 있고, 아이들끼리 물총을 겨누며 놀 수 있다. 물총을 선택할 때는 물줄기의 세기가 너무 세지 않은지, 아이들이 들기에 적당한 무게인지 확인한다. 욕실에서 물총 놀이를 할 때는 색깔이 있는 물을 활용해도 좋다. 타일에 그림을 그리고 말끔히 욕실을 청소하면서 아이들끼리 목욕까지 하고 나면 부모에게도, 아이들에게도 훌륭한 이벤트가 되어준다.

고무줄놀이

골목길에서 고무줄놀이를 하는 풍경이 사라진 지 오래. 하지만 형제자매가 있는 아이들에게는 언제 해도 즐거운 놀이다. 음악에 맞춰 고무줄을 넘어보고, 칙칙폭폭 기차를 만들어보자. 아이들이 고무줄을 다루는 것에 익숙해지고 신체능력이 발달하면 한 줄 고무줄, 두 줄 고무줄놀이에도 도전해본다. 고무줄이 끊어지면서 아이들의 피부에 상처를 낼 수도 있으므로 고무줄놀이를 할 때는 부모가 특별히 주의를 기울인다.

쌍둥이 놀이의 주의점

비교하지 않는다

태어나는 순간부터 비교당하는 것을 운명처럼 받아들이게 되는 쌍둥이들이다. 신나게 놀 때만큼은 두 아이를 비교하는 일이 없도록 하자.

둘을 똑같다고 생각하지 않는다

아이를 키우는 엄마가 가장 먼저 깨닫는 일이지만 쌍둥이라고 해서 두 아이가 똑같을 수 없다. 놀이를 할 때 아이들 각자의 개성과 장점을 살려주자.

협력과 경쟁을 적절히 조율한다

둘 혹은 그 이상이 함께 놀아야 하기 때문에 다툼이 나기도 쉽다. 협력하는 놀이와 경쟁하는 놀이를 적절히 섞어서 아이들의 협동심과 배려심을 길러준다.

BOOK in BOOK 3

두뇌발달 교육

바른 아이로 키우고 싶은 것은 모든 부모의 바람이다. 건강하기만을 바라다가도 가르치고 싶은 것이 점점 늘어나고, 그 모든 것을 잘 해주길 바라게 되는 것이 어쩔 수 없는 부모 마음이다. 아이들의 무한한 잠재력을 일깨워주는 월령별 두뇌발달 놀이를 알아본다.

바른 생활 습관 들이기

0~3세 아이들의 생활 습관은 평생의 습관을 다지는 기초가 된다. 밥 먹기, 옷 입기 등 부모가 보기에는 하찮은 일들이더라도 아이에게는 모든 것이 처음임을 명심하자. 서툴더라도 스스로 해낼 수 있도록 격려해야 한다.

올바른 식습관 들이기

정해진 자리에서 먹는다

이유식을 시작할 때부터 아이를 쫓아다니며 먹이는 일이 없도록 한다. 아이에게 이유식이나 밥을 먹일 때는 언제나 정해진 장소에서, 정해진 시간에 규칙적으로 먹이도록 한다. 밥을 잘 먹지 않는 아이라도 쫓아다니면서 밥을 먹이다 보면 이것이 습관이 되어 밥 먹이기는 더더욱 어려워진다. 아이가 간식 때문에 밥을 먹는 양이 적다고 판단된다면 당연히 간식을 줄여야 한다. 부모로서 쉬운 일은 아니지만 평생 아이의 건강을 바로잡는 첫 단추라고 생각해야 한다. 밥은 정해진 시간에 먹지 않으면 먹을 수 없다는 것도 말해주고, 밥을 먹지 않고 돌아다니기만 한다면 과감히 밥상을 치워야 한다. 편식을 할 때 역시 싫어하는 음식은 조금씩이라도 먹어볼 수 있도록 조리법에 신경 쓴다.

숟가락 · 젓가락을 사용한다

처음부터 숟가락, 젓가락을 잘 사용할 수 있는 아이는 없다. 흘리는 것이 반 이상. 아이의 얼굴은 물론이고 옷이며 식탁, 바닥까지 더러워지기 일쑤다. 그것을 참지 못하고 자꾸만 아이 입에 밥을 떠먹여주면 아이 스스로 할 수 있는 기회를 뺏게 되는 것이다. 더러운 것을 참지 못하는 부모일지라도 이 시기만은 참고 견디자.

편식하지 않는다

편식하는 습관을 바로잡는다는 것은 쉬운 일이 아니다. 이유식기에는 아무 재료로 만든 것이나 잘 먹던 아이라도 자라면서 편식할 수 있다. 어린이집이나 유치원을 다니면서 집에서 먹어보지 않은 음식을 맛보게 되거나 짜고 달콤한 맛을 알기 시작하면 안 그랬던 아이도 편식을 시작할 수 있다. 아이가 항상 골고루 먹을 수 있도록 하고, 밥상에는 언제나 아이가 좋아하는 음식과 싫어하는 음식을 함께 두어 먹지 않으려고 하는 음식이라도 한 번쯤 먹여보려는 노력을 게을리하지 않아야 한다.

올바른 수면 습관 들이기

정해진 시간에 잠자리에 든다

늦게 자는 부모가 아이가 일찍 자길 바란다면 모두가 일찍 자는 분위기부터 만들어야 한다. 아이가 잠든 후 다시 일어나더라도 처음에는 아이와 함께 자는 노력을 해야 한다. 우선 집 안의 모든 불을 끄고, 조용한 잠자리 분위기를 조성한다. 시간을 정해 그 시간에는 하던 일을 멈추고 잠자리에 드는 것을 생활화하는 것이 중요하다. 여행을 갔을 때나 주말에도 그 약속은 지키도록 한다. 한 번 리듬이 깨지면 다시 되돌리는 데에는 그보다 많은 시간을 필요로 하기 때문이다.

침실에서 TV · 휴대폰은 보지 않는다

요즘은 침실에서 휴대폰을 보는 일이 많아졌다. 아이는 물론이고 잠자리에 들었다면 부모도 휴대폰을 켜는 일이 없도록 한다. 이는 아이가 잠든 후에도 마찬가지다. 휴대폰의 불빛은 잠자는 사람의 숙면을 방해할 뿐 아니라 잠자리에 들기 전 TV나 휴대폰을 보면 금세 잠들기도 힘들다. 잠자리에 들기 적어도 30분 전에는 TV를 끄고, 휴대폰도 가능하면 침실에 두지 않는다. 아이가 어두운 것에 무서움을 느낀다면 간접 조명을 두어 아이가 잠들기 전에만 켜두었다가 잠이 들면 끄도록 한다.

올바른 버릇 들이기

장난감을 제자리에 정리한다

아이가 스스로 장난감을 정리할 수 있는 시기 이전에는 아이 앞에서 장난감을 정리하는 모습을 보여주는 것으로 아이에게 좋은 습관을 들여줄 수 있다. 아이가 스스로 정리할 수 있는 시기가 되면 놀이가 끝난 후에는 함께 정리하면서 정리도 일종의 놀이라는 것으로 인식하게 한다. 이런 습관은 유치원에 보내기 전에 성립되어야 한다. 늦어도 초등학교에 들어가기 전에 정리정돈 습관을 들여야 한다. 정리정돈 습관은 자신의 물건에 대한 애착을 만들어 자기 것을 잘 관리할 줄 아는 아이로 키운다.

외출 전 약속을 정한다

외출 전에 지켜야 할 약속을 미리 정한다. 특히 쇼핑을 나갈 때, 매번 떼를 쓰는 아이라면 이 약속은 더 중요하다. 우리가 어디에 가는지, 가면 무엇을 얼마나 살 것인지 아이에게 미리 말해주고, 외출 후에는 손발을 닦고, 이를 닦는 습관도 들여야 한다. 특히, 익숙하지 않은 낯선 해외 감염병이 국내로 유입하는 일들이 점점 더 많아지는 것을 감안하면 외출 후 청결 습관은 매우 중요하다. 처음에는 아이가 번거롭고 귀찮게 여길지도 모르지만 꼭 지킬 수 있도록 교육한다.

공공장소에서의 예절을 가르친다

어른들께 인사 잘하기, 사람 많은 곳에서 소리 지르지 않기, 공공화장실에서 줄서기, 엘리베이터 차례대로 타기, 지하철 정류장에서 차례 지키기 등 아이에게 가르쳐야 할 공공장소에서의 예절은 수없이 많다. 이것을 매번 하나씩 따로 가르치기는 매우 힘든 일. 부모에게도 좋은 습관이 배어 있어야 아이가 그대로 따라 학습할 수 있다. 아이와 외출을 할 때는 모범이 될 수 있는 행동에 더욱 신경 쓰되, 아이가 잘 지키지 못하는 것들은 자주 반복해 알려주고 지킬 수 있도록 해야 한다.

존댓말을 사용한다

아이가 말을 배우기 시작하면 처음부터 유아어보다는 표준어로 가르치는 것이 좋다. 또한 존댓말은 생활화되지 않으면 상황에 따라 아이가 자신도 모르게 어른들께 반말을 쓸 수 있으므로 집 안에서도 존댓말을 쓰는 습관을 들이는 것이 좋다. 아이가 존댓말 쓰는 것을 어렵게 여긴다면 부부끼리 존댓말을 쓰는 것으로 아이에게 충분한 교육이 될 수 있다. 언어는 자주 노출되는 만큼 배우는 것도 빠르기 마련이다.

인사하는 습관을 들인다

인사를 잘 하는 아이들은 어디를 가나 칭찬받기 마련이다. 승강기에서 만나는 동네 어른들, 어린이집 선생님, 방문학습 선생님께 아이가 언제나 바른 자세로 인사할 수 있도록 한다. 아이가 인사를 잘 하게 하려면 부모가 인사 잘 하는 모습을 보여주는 것이 중요하다. 항상 밝은 얼굴로 먼저 이웃들에게 다가서는 노력을 해야 한다. 인사를 할 때는 바르게 서서 정중하게 고개를 숙일 수 있도록 하고, 상황에 따른 적절한 표현도 알려준다.

전화 예절을 가르친다

휴대폰을 일상적인 물건으로 사용하게 되면서 아주 어릴 때부터 아이들이 전화기를 가지고 노는 경험이 시작된다. 때문에 필요할 때만 쓰기보다는 많은 사람과 용건이 없어도 통화를 하거나 전화기를 사용하는 일이 많아졌다. 아이 앞에서 전화를 할 때는 상대방에게 공손한 말씨를 쓰는 모습을 보여주고, 전화기를 던지거나 함부로 다루는 일이 없도록 하자. 전화를 받거나 걸 때는 자신이 누군지 먼저 밝히고, 어른과 통화할 때는 기다렸다 끊도록 가르친다.

독서 습관 들이는 법

매일 한 권이라도 꾸준히 읽어준다

꾸준히 하는 것만큼 습관 들이기 좋은 것도 없다. 아이를 키우면서 매일 책을 읽어준다는 것이 쉬운 일인 것 같아도 그렇지 않다. 시간이 부족한 날이라도 짧은 동화책 한 권을 꼭 읽히도록 한다.

의성어 · 의태어로 관심을 갖게 한다

아이가 어리다면 노래나 규칙적인 리듬으로 책을 읽어주어도 좋다. 특히 의성어 · 의태어가 많은 책은 아이의 흥미를 유발할 수 있다.

책을 이용한 놀이를 한다

평소 아이와 놀이를 할 때도 책을 활용한다. 책으로 집을 만든다든지, 기찻길을 만들면서 생활 속에서 항상 책을 가까이 한다.

자신감 키워주기

아이가 어느 순간부터 슬금슬금 눈치 보는 일이 잦아진다면 아이가 자신감을 잃고 있는 것은 아닌지 살펴야 한다. 선천적으로 내향적이고 예민한 아이라면 자신감 키우기에 더욱 신경 써야 한다.

아이가 눈치를 보는 이유

양육자가 자주 바뀌거나 분리불안이 있다

아이를 돌보는 사람이 자주 바뀌거나 엄마가 늘 곁에 없어 다른 사람과 지내는 일이 많은 아이들은 상대적으로 심리적 안정감을 느끼지 못하고 다른 사람의 눈치를 보는 아이로 자라기 쉽기 때문에 아이가 대리모와 친밀한 유대관계를 맺을 수 있도록 신경 써야 한다. 또한, 엄마가 곁에 없어도 엄마가 늘 아이를 생각하고 있다는 것을 느낄 수 있도록 하고, 아이와 떨어지는 시간에는 엄마가 언제 돌아올 것인지 약속하고 실천에 옮겨야 한다. 약속만 하고 지키지 않는다면 언제 올지 모르는 엄마 때문에 아이의 불안감은 더 커진다.

야단맞는 일이 잦다

잘 하려고 했던 행동에 오히려 야단을 맞거나 정확한 이유를 이해하지 못한 채 꾸지람을 들은 경험이 있으면 다음 행동에 스스로 제약을 갖게 된다. 아이의 행동을 잘 살피고 아이의 입장에서 아이의 행동 의도를 파악하고, 혼을 낼 때는 무엇 때문에 혼이 나는 것인지 아이가 이해하고 받아들일 수 있도록 노력해야 한다.

스스로 해내는 일이 적다

어떤 일이건 곁에서 도와주는 이들이 있어 스스로 해 낸 경험이 적다든지, 스스로 하려고 해도 "왜 그것밖에 못하느냐" 등 비난의 말을 많이 듣는다면 자기 비하를 하기 쉽다. 부모 역시 아이 앞에서 행동할 때는 언제나 당당하고 눈치 보는 일이 없도록 한다. 아이들은 부모의 거울임을 잊지 말자. 선천적으로 예민한 아이들은 상대적으로 자신감을 잃기 쉬우므로 항상 칭찬의 말을 아끼지 말아야 한다.

자신감 키워주기 프로젝트

칭찬을 자주 한다

작은 일에도 아이가 잘한 행동에는 칭찬을 아끼지 않도록 한다. 칭찬 받고 자란 아이는 자신감을 갖고 긍정적인 사고를 하게 된다. 하지만, 지나친 칭찬이나 진심을 담지 않은 건성건성한 칭찬은 금물. 과잉칭찬은 오히려 자기중심적인 아이로 만들어 다른 사람들을 배려하지 못하고 남들이 항상 자신을 주목해주기 바라게 된다. 칭찬을 할 때는 아이의 행동 과정을 칭찬하고 구체적으로 칭찬하는 것이 중요하다. 아이의 칭찬받을 만한 행동에 평가를 내려 칭찬하기보다는 노력한 과정을 칭찬해야 한다.

아이가 선택할 기회를 준다

생활 속에서 가능한 한 아이에게 선택의 기회를 자주 주도록 한다. 무엇을 입을지, 어디를 가면 좋을지, 어떤 것을 사면 좋을지 등 사소한 것에서부터 시작해도 좋다. 선택의 기회를 가진 아이들은 자신이 상황을 주도한다는 생각으로 자신감을 갖게 된다. 또한 자신의 선택으로 인해서 얻어지는 결과물을 보며 선택을 할 때 얼마나 신중해야 하는가에 대해서 스스로 깨닫게 된다. 스스로 한 결정에 후회하지 않는 책임감에 대해서도 배울 수 있다. 무슨 일이든 스스로 해 보도록 격려하고 아이 혼자 해낼 수 있는 환경을 만들어주는 것이 중요하다.

다른 아이와 비교하지 않는다

어른들도 다른 사람으로 하여금 남과 비교하는 말을 들으면 기분이 좋지 않다. 기분이 좋지 않을뿐더러 하고 싶었던 일도 하기 싫고, 어차피 잘 해봐야 비교 대상에 미치지 못할 거라는 생각에 지레 포기하고 만다. 아이들도 마찬가지. 특히 가까운 형제자매일수록 서로를 비교하는 일을 삼가도록 해야 한다. 그러지 말아야지 하면서도 부모에게도 역시 쉬운 일은 아니다. 큰아이에게 "어떻게 동생만 못해"라는 말은 절대 금물. 부모뿐만 아니라 동생 눈치까지 보는 아이로 만들게 된다.

일관성 있는 부모가 된다

부모가 변덕스럽거나 부모의 기분에 따라 아이를 대하는 태도가 달라지는 일이 많을수록 아이는 부모의 기분을 살피느라 눈치를 보게 된다. 아이에게는 항상 일관적인 태도, 일관적인 칭찬을 하는 일이 중요하다. 부모의 기분에 따라 같은 일에도 어떤 날은 칭찬을 하고, 어떤 날은 나무라면 아이는 자신이 하는 행동에 자신감을 잃을 수밖에 없다. 야단을 친 후에는 의기소침하거나 우는 아이에게 더 소리를 지른다든지 윽박지르지 말고 사랑하기 때문에 혼도 낸다는 것을 아이가 느낄 수 있도록 사랑을 표현한다.

아이를 비난하지 않는다

"왜 이렇게밖에 못해", "도대체 너는 누굴 닮아 이 모양이냐" 등의 아이를 비난하는 말로 아이의 의지를 꺾거나 잘못한 행동에 비난을 퍼붓지 않도록 한다. 아이를 따뜻하게 감싸주고 격려해주는 분위기 속에서 자란 아이가 자존감이 높고 자신감 있게 자란다. 아이를 향해 나도 모르게 비난의 말을 하지 않으려면 부모 스스로 화가 났을 때 자신의 마음부터 다스릴 줄 알아야 한다.

부부가 서로를 존중한다

아이가 항상 보는 부모의 모습은 그대로 아이에게 학습된다고 해도 과언이 아니다. 아이 앞에서는 부부가 항상 서로를 존중하고 존경하는 모습을 보여야 한다. 서로에게 폭언을 일삼는다든지, 매일 싸움만 한다면 아이에게 자신감은커녕 제대로 된 부모 역할을 할 수 없다. 또한 어느 한쪽으로 치우친 부모의 모습을 보이는 것도 좋지 않다. 너무 가부장적인 아버지, 혹은 너무 독단적인 어머니의 모습만을 보게 되면 부부 어느 한쪽의 자신감 없고 주눅 든 모습 역시도 아이에게 부정적인 영향을 미치기 때문이다.

리더십 동화책을 읽어준다

아이들을 위한 다양한 리더십 동화가 있으므로 아이와 매일 한 권씩 꾸준히 읽어보자. 아이가 친구관계를 힘들어하지 않도록 단체생활을 시작하기 전에 그에 맞는 연령대의 사회성 발달 관련 도서, 학교에 가기 전 리더십 동화를 읽으면 많은 도움을 받을 수 있다. 부모 역시 미처 생각지 못했던 부분들을 책에서 다루고 있는 경우가 많아 부모에게도 공부가 된다. 리더십은 하루아침에 만들어지는 것이 아니므로 노력이 필요하다.

배려심을 키운다

상대방 말을 잘 듣는 사람, 상대방을 잘 배려할 줄 아는 사람, 의사소통 능력이 뛰어난 사람이 리더로서의 능력을 발휘하고 사람들의 공감도 얻어낼 수 있는 법. 필요할 때 자신의 고집을 세우는 것도 좋지만 나의 의견을 상대방에게 잘 설명하고, 다른 사람의 의견을 경청할 줄 알아야 한다는 것을 평소 가족들 사이에서 배울 수 있는 환경을 만든다.

독립심, 자립심을 키운다

스스로 자기의 일을 잘할 수 있어야 다른 사람도 잘 이끌 수 있다. 스스로 하는 일이 적다면 그만큼 리더로서의 입지가 좁아진다. 다양한 경험도 중요하다. 다른 사람보다 많은 경험은 리더십을 발휘하는 데 큰 힘이 된다. 뭐든 아이가 스스로 할 수 있도록 돕고, 잘하지 못하더라도 기다려줄 줄 아는 부모가 되자.

아이가 결정하면 좋을 일

오늘은 무엇을 입을까
아침마다 아이가 입을 옷은 아이가 정해보게 하자. 스스로 좋아하는 색, 좋아하는 디자인, 좋아하는 신발을 골라볼 수 있다.

무엇을 하고 놀아볼까
엄마가 놀이를 제안해도 좋지만 아이가 하고 싶은 놀이는 무엇인지 말해보게 하고, 스스로 새로운 놀이법을 생각해보게 하자.

무엇을 가지고 나갈까
아이들은 애착 물건을 하나쯤 갖기 마련인데 외출을 할 때 무엇을 가지고 나가면 좋을지 생각해볼 시간을 갖게 하면 쓸데없는 물건을 가지고 나가는 일을 줄일 수 있다.

한글 가르치기

자유롭게 놀리는 것이 최고라고 생각했던 엄마도 또래 아이들이 한글을 줄줄 읽고 쓰기 시작하면 마음이 흔들린다. 요즘은 초등학교 입학 전에 한글을 떼는 것이 대세. 너무 서둘러도 너무 늦어서도 안 될 한글 교육법.

한글 교육, 언제가 적기일까?

많은 전문가들의 의견에 따르면 적어도 만 48개월 이후 시작하는 것이 한글 교육의 적기라고 한다. 하지만 주변을 살펴보면 그 이전에 이미 한글 교육을 시작하는 엄마들도 많다. 요즘은 아빠들도 아이들의 교육에 적극적이라 아빠들이 더 서두르는 경우도 적지 않다. 그렇다면 한글은 언제 시작하는 것이 좋을까.

그 시기를 한마디로 딱 꼬집어 말할 수는 없지만 적어도 '아이가 시작할 준비가 되어 있을 때'가 적당한 표현일 것이다. 아무리 부모가 노력해도, 선생님이 와서 가르친다 하더라도 아이가 글자에 관심을 보이지 않는다면 교육에 공들이는 시간만큼의 효과를 기대하기 어렵다. 그렇다면 내 아이가 글자에 관심을 갖는다는 것을 어떻게 알 수 있을까. 아이에게 관심이 있는 부모라면 그 시기는 얼마든지 알아맞힐 수 있다. 어느 날, 아이가 글자에 대해 궁금해할 때, 책을 읽는 시늉을 할 때, 글자를 쓰려고 할 때 등 아이가 스스로 글자에 대한 호기심을 드러내고 있다면 그때가 바로 한글 교육을 시작할 적기다.

한글 교육을 시작하는 적기가 되었다면 그다음 고민해야 할 것은 어떻게 시킬 것인가다. 한글을 교육할 수 있는 가장 일반적인 방법은 학습지, 동화책 등을 이용한 엄마표 한글 학습법 등을 들 수 있다. 책을 많이 읽어주다 보니 스스로 한글을 깨우쳤다고 말하는 옆집 이야기에 좌절할 필요는 없다. 모든 아이들이 책을 읽는 것만으로 한글을 깨우치는 것은 아니므로 지레 내 아이의 학습능력을 과소평가하지 말자. 엄마 스스로 글자를 가르친다는 강박관념을 버리고 다양한 매체와 생활 속 자료로 이야기를 들려주고 아이가 글꼴에 관심을 갖기 시작하면 차츰 단계를 높여 한글을 알려준다.

엄마표 한글 떼기

1단계 단어 카드를 활용한다

가장 흔하면서도 생각보다 쉽지 않은 것이 단어 카드. 부지런한 엄마가 아니라면 카드 만드는 것만도 엄두가 안 날지 모른다. 단어 카드를 활용한다면 엄마가 만들든, 시중에 나와 있는 카드를 사용하든 상관없다. 많은 엄마들이 냉장고나 텔레비전 등 사물에 직접 관련 단어 카드를 붙여두는 일이 많은데 그보다는 한군데에 단어 카드를 모아 붙여두는 것이 좋다. 아이가 어느 정도 글자를 익혔다고 생각이 들면 붙여둔 단어 카드의 위치를 섞어서 아이가 제대로 단어를 기억하는지 확인하는 것이 필요하다.

2단계 동화책을 함께 읽는다

아이가 글꼴 그림과 익숙해진 후에는 스스로 읽고 이해하는 능력을 키워나가도록 도와야 한다. 읽기 능력을 키워주려면 동화책이 가장 효과적이다. 동화책은 아이가 좋아하는 소재, 그림으로 된 것을 골라 엄마와 아이가 함께 읽어나가는 것으로 시작한다. 처음부터 아이가 다 읽게 하면 아이들은 금세 지치기 마련. 글밥은 점점 늘려나가야 하며 처음에는 엄마가 읽다가 아이가 아는 단어 정도만 짚어 읽어보는 것으로 시작한다. 책을 다 읽고 난 후 책의 내용에 대해 이야기해보는 습관을 들이면 아이의 기억력과 이해력 발달에 도움이 된다. 책은 아이 수준에 맞춰 처음부터 끝까지 읽는 습관을 통해 성취감을 길러준다.

3단계 생활 속 자료를 활용한다

우리의 생활 속에는 엄청난 양의 한글 자료들이 넘쳐난다. 거리의 간판, 아이가 먹는 간식의 포장지, 수많은 전단지 등 모든 것이 한글 학습 자료가 될 수 있다. 매일 만나는 어린이집 차량, 아이가 좋아하는 만화 제목 등 우선 아이의 관심이 많은 것부터 지나치지 말고 읽어 보자. 아이의 읽기 능력이 크게 향상됨을 느낄 수 있을 것이다. 하지만, 제대로 표기되지 않거나 잘못된 외래어 표기들도 있을 수 있으므로 주의를 기울여야 한다. 여러 개의 간판에서 아는 글자만 찾아내는 게임 등 쉬운 것부터 시작하면 된다.

4단계 자음과 모음을 알게 한다

아이가 통문자를 읽기 시작하면 아이에게 자음과 모음이 만나 글자가 된다는 것을 설명해 준다. 아이들은 자음, 모음을 구분하고 이해하는 것이 쉽지 않다. 이럴 때는 컴퓨터 자판을 활용하면 보다 재미있고 쉽게 설명할 수 있다. 처음에는 컴퓨터에 그림을 그려보는 등 컴퓨터 활용에 재미를 준 다음, 마음껏 자판을 두드릴 수 있도록 한다. 아이들은 자판을 두드리면서 자연스럽게 자음과 모음이 만나야 글자가 완성된다는 원리를 이해할 수 있다. 자판을 두드리면서 자음과 모음을 소리내어 읽어본다.

5단계 쓰기 연습을 시작한다

아이들이 쓰기를 시작하면 글자에 흥미를 잃기 쉽다. 억지로 글자를 쓰게 하지 않는 것이 좋은데, 너무 많은 양을 쓰게 할 필요도, 줄이나 칸이 있는 공책에 글자를 쓰게 할 필요도 없다. 처음부터 이런 쓰기 연습으로 아이를 힘들게 하면 오히려 역효과가 나기 쉽다. 좀 비뚤더라도 글자를 쓰는 것에 즐거움을 느끼게 하는 것이 좋으므로, 가능한 한 글자를 베껴 쓰게 하기보다는 그림처럼 그려보는 것에서 출발하도록 한다. 아이가 쓰고 싶은 글자부터 써보고, 필기구는 연필보다 크레파스, 색연필 등 굵고 색이 다양한 것으로 시작한다.

6단계 책을 읽은 후 이야기 시간을 갖는다

한글을 어느 정도 알게 되어 아이 스스로 책을 읽을 수 있으면 짧은 동화책을 읽어보고 생각이나 느낌을 말해보도록 한다. 줄거리보다는 책에서 기억나는 인상적인 내용, 다음에 일어날 일에 대한 상상을 말해보는 것이 좋다. 생각하고 느낀 것을 전부 글로 표현하기에는 아이에게 역부족이므로 그림으로 표현하거나 말로 이야기하는 것으로 충분하다. 아이가 좋아하는 책은 반복적으로 읽으면서 책에 나오는 단어들이나 좋은 문장들을 익히게 하면 아이의 표현력도 좋아진다.

재미있는 한글 놀이법

한글 낚시

아이가 익힌 단어들, 혹은 모음과 자음을 적은 카드를 만든다. 클립을 끼워 바닥에 펼쳐놓은 뒤 아이와 부모가 번갈아 서로가 말한 단어를 낚아본다. 아이가 낚을 때도, 아이가 문제를 낼 때도 결국은 아이가 학습하는 효과를 얻게 된다.

단어 카드 기차

단어 카드를 이용한 끝말잇기 시합을 한다. 호랑이–이빨–빨래 하는 식으로 연결하면 된다. 아이 혼자서 얼마나 길게 이을 수 있는지 도전해 봐도 좋고, 가족들이 돌아가며 하나씩 연결할 수도 있다. 카드를 여러 장 준비하는 것이 도움이 된다.

카드 찾기

벽에 단어 카드를 붙여둔다. 가족 중에 한 사람이 단어를 부르면 그 단어에 달려가 빨리 찾는 놀이다. 집중력과 함께 눈과 손의 협응력도 키울 수 있다.

간판 읽기

아이가 어느 정도 한글을 익히게 되면 걸으면서, 버스를 타고 이동하면서 보이는 간판을 읽어본다. 처음에는 글자를 찾고, 익숙해지면 단어를 찾아볼 수 있다.

아이와 동화책 만드는 법

아이의 그림과 글씨로 완성한다

동화책이라고 해서 거창하게 생각할 필요는 없다. 큰 종이를 적당한 크기로 접어 작은 책 모양을 만든 후 한 가지 주제로 아이가 직접 그림을 그리고 글자를 써넣어 동화책을 완성한다.

각종 전단지, 사진을 활용한다

아이가 그리고 쓰는 것에 어려움을 느낀다면 각종 사진을 활용하면 된다. 전단지 등에는 다양한 사진이 있어 활용하기 좋다. 글자도 오려 붙여 넣는다.

영어 가르치기

언제 시작하면 좋을지, 어떻게 시작하면 좋을지 가장 고민이 많은 부분이 영어 교육. 엄마 자신이 영어를 잘 못한다고 아이의 학습까지 포기할 필요는 없다. 함께 배운다는 마음으로 시작해보자.

영어 교육, 언제가 적기일까?

평생을 공부한 것 같은데도 좀처럼 영어 실력이 늘지 않는다고 느끼는 엄마라면 아이의 영어 교육에 누구보다 관심이 클 것이다. 나처럼 되지 않게 하고 싶다는 생각에 마음이 조급해져 좋다는 영어 동화책을 사고 영어 유치원을 고민하는 것이 사실. 하지만 돌이켜 생각해보자. 학창 시절, 우리는 왜 영어가 재미없었을까.

아이가 영어에 대한 어려움을 느끼지 않고 자연스럽게 영어와 친해지게 하고 싶다면 엄마부터 영어와 친해질 필요가 있다. 어차피 우리나라 말도 아니지 않은가. 외국인처럼 말해야 한다는 강박관념부터 버려야 한다. 중요한 것은 자신감! 엄마의 엉터리 발음이 아이들에게 큰 영향을 미치지 않는다. 엄마의 잘못된 발음과 원어 발음을 함께 듣고 배우면 아이들은 스스로 잘못된 발음을 고쳐 나갈 줄 안다. 영어로 말하는 것을 부끄러워하고 즐거워하지 않는 엄마 모습만이 아이에게 영향을 줄 뿐이라는 것을 잊지 말자. 영어 교육의 적기는 대체로 만 5~7세로 알려져 있는데, 요즘 엄마들의 실질적인 교육 시기는 더 빠른 경우도 많다. 중요한 점은 영어가 언어라는 것이다. 영어는 단어도 문법도 아니다. 영어 교육에 성공하기 위한 핵심은 바로 여기에 있다. 아이가 모국어를 어떻게 습득했을까. 그것을 안다면 정답은 쉽게 알 수 있다. 바로 노출의 빈도. 아이가 생활하는 환경에 모국어만큼 얼마나 영어를 노출시킬 수 있는가가 관건이다. 모국어를 말하게 되기까지 아이에게 수많은 말들을 들려주고 기다렸음을 잊지 말자.

엄마표 영어 학습 비법

생활 속에서 자연스럽게 들려준다

영어 유치원, 영어 학원도 좋지만 어느 일정한 장소, 어느 일정한 시간에만 사용하는 영어는 아이에게 '공부'라는 인식을 심어주게 된다. 또한 정해진 시간이나 장소에서만 사용하는 것이라고 생각할 수 있어 우리말처럼 생활 속에서 자연스럽게 듣고 쓰는 것이 중요하다. 꼭 문장으로 완성해서 아이에게 말을 걸 필요는 없다. 색깔, 사물의 이름 등 간단한 단어를 들려주는 것에서 시작해도 좋다. 아이의 실력은 물론이고 엄마의 실력도 차츰 향상되어 갈 것이다.

영어 놀이를 자주 한다

영어를 일단 가르쳐야겠다는 생각이 들면 많은 엄마들이 우선 단어를 외우게 하고 문자를 익히게 한다. 하지만 아이들에게 읽고 쓰는 일이 얼마나 지루하고 재미없는 일인지 생각한다면 이것이 얼마나 잘못된 일인지 깨닫게 된다. 한글을 배울 때도 문자를 쓰는 일은 어느 정도 언어를 익힌 후에 이루어지듯이 영어도 마찬가지로 생각하면 쉽다. 한글도 제대로 쓰기 힘들어하는 아이에게 영어 단어를 쓰면서 외우게 하는 것은 아이를 힘들게 만들 뿐이다. 영어 카드나 다양한 영어 교구를 활용한 놀이법으로 영어에 대한 호기심, 재미를 주는 것이 우선이다.

아이에게 맞는 영어 학습법을 선택한다

이제 처음 영어를 시작하는 아이에게 너무 어려운 수준의 영어책을 주면 처음부터 지레 겁을 먹거나 포기하기 쉽다. 아이로 하여금 영어에 대한 흥미를 갖게 하려면 쉽고 간단한 영어로 아이에게 재미를 주어야 한다. 교재는 글자보다 그림이 더 많은 것, 아이가 보면 재미있을 만한 애니메이션, 리듬감이 있는 영어 동요 등 활용할 수 있는 학습법은 얼마든지 있다. 평소 아이의 성향을 잘 파악해 아이에게 어떤 방법이 가장 효율적일지 생각해보고 내 아이에게 맞는 영어 학습법을 선택해야 한다.

문법에 연연하지 않는다

돌이켜보면 학창시절 영어 교육은 문법에 너무 치우쳐 있어서 아직도 많은 사람들이 쓰기, 읽기에는 강한 반면 외국인 앞에서는 꿀 먹은 벙어리가 되는 경우가 많다. 머릿속에서만 맴맴 도는 외국어가 무슨 소용일까. 우리나라 말의 문법도 어른이 되어서까지 정확하게 알고 사용하는 이들이 드물다. 문법을 가르치느라 아이가 언어를 즐겁게 배울 수 있는 경험의 시간을 뺏지 않도록 하자.

단어와 숙어에 집착하지 않는다

학교나 학원에서 단어 시험을 많이 보다 보니 단어 외우기에 집착하는 엄마들이 많다. 마치 한글 받아쓰기에 집착하는 것과 같다. 단어, 숙어를 많이 알면 영어 학습에 도움이 되기는 한다. 하지만 단어, 숙어에만 집착하다 보면 아이의 영어 실력은 그저 단어를 많이 아는 것에 그칠 수 있다. 짧더라도 문장을 완성해 말해보는 연습을 하도록 하자. 영어를 말할 때는 틀려도 좋으니 자신감 있게, 당당한 목소리로 말해보도록 한다.

영어 동화책을 가까이 한다

많이 듣고 많이 읽는 것도 중요하다. 아이에게 동화책을 많이 읽히는 것처럼 영어 동화책을 많이 읽는 것 역시 필요하다. 아이 스스로 읽기 전에는 엄마가 읽어주거나 세이펜 등의 도움을 받아도 좋다. CD나 비디오, 유튜브 등 다양한 미디어 자료를 활용하는 것도 좋다.

품앗이 육아의 도움을 받는다

아무래도 혼자서 아이의 영어 교육을 하는 것이 자신 없고 힘에 부친다면 영어를 잘하는 엄마와 협력을 하는 것도 좋은 방법이다. 여러 명의 엄마들이 모여 각자의 장점을 살려 한 가지씩 아이의 교육을 맡는다면 사교육비를 절약할 수 있을 뿐만 아니라 엄마들만의 재치와 강점을 살려 아이들을 위한 최적의 교육을 할 수 있다.

즐거운 영어 놀이법

손가락 인형극 보여주기

엄마의 손에, 아이의 손에 동화책에 등장했던 캐릭터를 활용한 손가락 인형을 만들어 끼운다. 각자가 맡은 캐릭터에 따라 여러 가지 대화를 나눠본다. 아이가 아직 말하는 영어를 어려워한다면 엄마가 질문하고 아이는 간단하게 답할 수 있는 것에서 시작한다. 살아 있는 캐릭터로 아이가 더 흥미롭게 영어에 접근할 수 있도록 돕는다.

영어 동요 따라 부르기

생활 속에서 영어 동요를 듣는 일이 많도록 한다. 아이가 어느새 흥얼흥얼 따라 부를 수 있게 되기 때문이다. 좀 더 적극적으로 영어 동요를 활용하고 싶다면 자주 반복되어 나오는 단어에서 손뼉을 치는 게임을 한다든지, 악기를 두드려본다든지, 다음에 나올 단어를 예상해 보는 등 보다 집중해서 들어야 하는 상황을 설정한다.

가족 영어 연극 개최하기

영어를 즐겁게 할 수 있으려면 가족 구성원도 자연스럽게 영어를 쓰는 모습을 아이에게 보여주는 것이 중요하다. 간단한 영어 연극을 계획해보자. 가족 모두가 합심해서 집 한쪽에 무대를 마련하고 각자의 대사를 외워서 한 편의 연극을 만든다. 아이가 평소 좋아하는 내용의 애니메이션이나 동화를 주제로 하면 좋다. 연극의 내용은 너무 길지 않게 부모가 조절해 줄 필요가 있다.

영어 찾기 놀이

한글과 마찬가지로 영어도 생활 속에서 자주 발견하다 보면 얼마나 우리 생활에 밀접하고 필요한 언어인지 자연스럽게 알게 된다. 간판에 쓰인 영어나 집 안에 있는 물건들에 쓰여 있는 단어들부터 시작한다.

영어 동화책 읽어주는 법

음과 리듬을 살려 노래처럼 읽는다
아이들은 즐거운 느낌의 음과 리듬을 좋아하므로 의성어, 의태어가 반복되는 책을 골라 노래처럼 불러주면 쉽게 익힐 수 있다.

영어 동요, 영어 비디오와 연결한다
동화책과 관련 있는 동요나 애니메이션이 있다면 책을 읽기 전후에 듣고 보여주면 같은 내용을 반복함으로써 학습 효과가 더욱 높아진다.

조기 경제 교육

조기 경제 교육이 최근 중요한 학습으로 대두되고 있다. 어려서부터 제대로 된 경제관념을 세우면 어른이 되어 더욱 향상된 경제활동 능력과 자신의 꿈을 실현하는 기틀을 마련할 수 있다.

경제 교육, 왜 필요한 걸까?

세계적인 유명 자산가들의 공통점은 어린 시절 조기 경제 교육을 받은 것이라고 한다. 전문가들에 따르면 조기 경제 교육은 자신의 욕구를 알고 그것을 참을 줄 알기 시작하는 만 3세부터 시작하는 것이 좋다고 한다. 경제 교육 없이 갖고 싶은 것을 말만 하면 무조건 얻게 되는 어린 시절을 보내면 아이들은 성인이 되어서도 갖고 싶은 것은 무조건 가져야만 하는 물욕에 시달리기 쉽다. 또한, 자신이 가진 능력의 범주 안에서 효율적인 소비를 하는 것이 불가능해져 궁극적으로 행복한 삶을 영위하기가 쉽지 않다. 이처럼 조기 경제 교육은 내 아이의 삶을 지탱하는 기초이자, 힘이 되는 매우 중요한 학습이다. 아이의 경제 교육을 어렵게 여길 필요는 없다. 아이의 경제 교육은 갖고 싶어 하는 것을 자제할 줄 아는 힘을 길러주고, 저축하고 기부하는 생활을 통해 풍요롭고 건강한 삶을 살게 하는 데 있다. 아이가 부자로 살기를 바라는가?
그렇다면 아이에게 부를 물려주는 것, 아이가 갖고 싶어 하는 것을 모두 가질 수 있게 하는 것보다 아이 스스로 경제 개념을 가지고 자랄 수 있도록 해야 한다. 우리의 삶은 모든 것이 경제와 관련되어 있다고 해도 과언이 아니다.
최근에는 전문 교육기관의 다양한 경제 교육 캠프, 경제 교육 프로그램들이 늘어나고 있는 추세다. 조금만 관심을 기울이면 즐겁고 재미있게 아이에게 효율적인 경제 교육을 할 수 있다.

엄마표 경제 교육

돼지저금통을 놓는다

아이들에게 가장 쉬운 경제 교육 방법은 우선 저축을 하는 것이다. 심부름을 했을 때, 정해진 약속을 잘 지켰을 때 등 규칙을 정해 아이에게 용돈을 주고 저금통에 저축을 하는 일부터 시작해보자. 동전이 모아져 얼마나 큰돈이 되는지 아이가 직접 눈으로 확인할 수 있고, 매일 저축하는 습관을 통해 자연스럽게 절약하는 생활을 익히게 된다.

아이 이름의 통장을 만든다

절약하는 습관이 몸에 밴 사람들 중에 은행을 멀리하는 사람은 없다. 은행이라는 곳을 친숙하게 느낄 수 있도록 아이 이름의 통장을 만들고 자주 은행에 가도록 하자. 아이가 저축하는 재미를 느끼면 통장마다 목표액을 설정한다든지, 목표액에 도달하고 나면 그 돈으로 다음에는 무엇을 할 것인지 통장에 이름을 붙여둔다. 아이가 정말 갖고 싶었던 것을 사도 좋고, 꼭 필요할 때 쓸 수 있도록 금액을 계속해서 불려나가도 좋다.

소꿉놀이를 한다

아이에게 화폐의 개념을 심어주고 싶다면 소꿉놀이를 자주 하는 것이 도움이 된다. 물건을 사고 팔고, 물건의 가격을 매기면서 자연스럽게 수의 개념을 배우고, 화폐의 가치에 대해서도 생각할 수 있게 된다.

물물교환을 해본다

화폐가 없던 시절에는 물물교환이 경제의 기초였다. 아이에게 물물교환을 해보게 하자. 친구들과 서로에게 필요한 물건을 바꿔보게 하면 아이들끼리 자연스럽게 물건의 가치에 대해 생각해보게 된다. 또한, 새로운 물건을 구입할 때 그 물건이 내게 꼭 필요한 것인지, 중고가 되었을 때 어느 정도의 가치가 있을지도 가늠할 수 있게 된다.

마트에 가기 전 약속을 한다

마트에 가서 꼭 무엇인가를 사야 하는 아이라면 마트에 가기 전 무엇을 살지 미리 계획하도록 한다. 무계획적인 쇼핑은 하지 않는 것이 습관이 되도록 해야 한다. 충동적인 구매는 비경제적일 뿐 아니라 좋지 않은 소비 습관을 만든다. 또한 꼭 필요한 물건이 있지 않을 때 쇼핑을 하는 일도 없도록 하는 것이 좋다.

정리정돈하는 습관을 들인다

정리정돈하는 습관을 들이는 것은 필요한 물건을 체크하는 기본 단계. 자신의 물건을 정리정돈할 줄 모르면 집에 있는 줄도 모르고 또 사는 이중 소비를 하게 되기 쉽다. 물건을 잘 정리하면 내게 지금 있는 물건과 꼭 필요한 물건, 다 써서 새로 구입해야 되는 물건 등을 한눈에 파악할 수 있어 계획적인 소비가 가능해진다.

벼룩시장에 참여한다

동네 벼룩시장이나 유치원 등에서 여는 벼룩시장 등 다양한 마켓에 직접 참여한다. 아이의 오래된 장난감, 이제는 보지 않는 책, 입지 않는 옷 등을 정리해 아이가 가격을 매겨보고 판매에도 참여하게 한다. 돈을 버는 일이 얼마나 힘든 것인지 알게 되면 쓰는 일에 당연히 한 번 더 생각하는 습관을 갖게 된다. 또한 벼룩시장에서 필요한 물건을 저렴하게 사는 습관도 길러보자. 새로운 물건이 아니어도 되는 물건, 오래된 물건의 가치, 재활용할 줄 아는 지혜에 대해서 자연스럽게 배울 수 있다.

용돈기입장을 적게 한다

아이가 화폐에 대해 알게 되고 기본적인 덧셈, 뺄셈을 할 수 있게 되면 용돈기입장을 적게 한다. 한 주, 한 달 단위로 아이에게 용돈을 주고 아이가 직접 수입과 지출, 사용내역을 적게 하면서 규모 있는 생활을 꾸려가게 한다. 스스로 자신의 지출내역을 점검하면서 불필요한 소비를 하지 않을 수 있다.

어렵지 않은 경제 놀이

화폐 만들기

아직 큰 단위의 숫자를 아이가 어려워한다면 화폐를 만들면서 필요한 화폐 숫자만 익히게 하자. 50, 100, 1000, 10000, 50000원의 숫자를 적어보고 화폐 한 장, 두 장을 더한 값, 화폐를 세어 계산하는 방법 등을 익히고 어느 돈이 더 큰 것인지도 알게 한다. 아이로 하여금 화폐에 더 큰 관심을 갖게 하고 싶다면 화폐박물관 등을 방문해 보는 것도 도움이 된다.

물건 팔고 사보기

아이의 장난감, 가족의 물건 등 여러 가지를 내어놓고 물건 값을 정한다. 아이와 함께 만든 화폐를 이용해 필요한 물건을 각자의 바구니에 담고 물건 값을 계산해본다. 처음에는 50원, 100원 정도로만 계산할 수 있도록 하고 점점 단위를 크게 한다.

거스름돈 받아보기

아이스크림이나 과자 등 아이의 간식이나 등 물건을 소량 구입할 일이 있다면 큰 마트보다는 가까운 슈퍼마켓을 이용해보자. 아이가 직접 필요한 물건을 구매하고 현금으로 계산을 한 후, 거스름돈까지 잊지 않고 챙길 수 있는 연습을 반복하다 보면 화폐의 가치를 깨닫게 된다.

예산 내에서 물건 사기

쇼핑을 하기 전 아이에게 필요한 물건이 무엇인지 체크한 다음, 얼마의 돈을 가지고 그 물건들을 살 것인지 계획한다. 물건을 사면서 예산을 벗어나지 않도록 선택하는 방법을 배우고, 지금 꼭 필요하지 않은 물건은 사지 않는 습관을 길러준다. 예산 내 물건 사기는 아이 혼자 힘으로는 버거울 수 있으므로 부모가 아이에게 조금씩 힌트를 주면서 생각할 수 있도록 돕는다.

아이와 경제 동화 읽기

어려운 수개념을 자연스럽게 익힌다

요즘 수학은 단순한 연산을 넘어 문제를 잘 읽고 이해해야 풀 수 있는 문제들로 교과과정이 구성되어 있다. 경제 동화는 아이들에게 이러한 수학적 사고는 물론 경제 개념을 심어줄 수 있는 쉽고 재미있는 방법이다.

다양한 직업에 대해 알 수 있다

경제 동화 중에는 다양한 직업군에 대해 소개하는 경우가 많은데, 엄마, 아빠 혹은 다른 가족 구성원의 직업뿐 아니라 세상에 있는 다양한 직업에 대해 알 수 있어 아이의 꿈과 비전을 심어주는 데 도움이 된다.

예체능 교육 시작하기

음악, 미술, 체육… 다방면에 재능을 가진 아이로 키우고 싶은 것은 모든 부모의 바람이다. 하지만, 다 가르친다는 것이 현실적으로 쉽지 않다. 시작하면 좋은 시기가 분야별로 다르므로 전문가와의 상담이 필요하다.

예체능 교육, 언제가 적기일까?

아이가 예체능에 특별한 재능을 보이지 않더라도 기본적인 예체능 교육을 하는 것이 최근 교육 트렌드. 영어보다 예체능 교육을 우선으로 하는 부모들도 점점 늘어나는 추세다. 음악이나 미술, 발레 등 예체능 교육을 모두 전문 학원에서 가르치려 하면 사교육비가 기하급수적으로 늘어난다. 그런데 아이를 키우다 보면 오히려 예체능 교육이야말로 전문가가 아닌 엄마표로 가르친다는 것이 매우 어려운 일임을 깨닫게 된다.

아이의 예술적 재능을 키워주고 싶다면 우선 전문가에게 데려가기 전에 아이에게 다양한 경험을 해보게 하는 것이 필요하다. 음악회나 미술 전람회, 각종 전시와 연극 · 영화 관람 등 생활 속에서 실천할 수 있는 일들부터 시작해보자. 그림 그리기, 다양한 음악 감상, 가족 연극 개최 등 생각해보면 생활 속에서 해볼 수 있는 예체능 교육도 많다. 이러한 예술적 경험을 하고 자란 아이들은 그렇지 않은 아이들보다 예술 분야에 대한 관심이 높고 지능 발달도 빠른 편이다. 공부 못하는 아이들이 예체능을 전공한다고 생각했던 것은 다 옛날이야기. 오히려 예체능을 전공하려면 실기와 공부, 두 마리 토끼 모두를 잡아야 하기 때문에 요즘에는 예체능을 공부하는 아이들의 학습량이 월등히 많고 원하는 대학을 들어가는 것도 훨씬 더 힘든 실정이다. 아이가 특별한 분야에 두각을 나타낸다고 판단되거나 예체능 전공을 꿈꾼다면 각 분야에 따라 시작하면 좋은 시기가 다른 만큼 아이에게 꼭 가르치고 싶은 것이 있다면 해당 전문가를 찾아 상담을 받아보는 게 좋다.

예체능 교육법의 원칙

너무 일찍 서두르지 않아도 좋다

예체능의 시작 시기는 분야별로 약간 차이가 있지만 너무 일찍 서두를 필요는 없다는 것이 대부분 전문가들의 의견이다. 아이가 아직 준비가 되지 않았는데 몰아치면 오히려 그 분야에 흥미를 잃기 쉽고, 너무 힘들게만 받아들일 수 있다. 특히, 악기의 경우 나중에 시작했다가 다른 아이들보다 뒤처질까 봐 고민스럽다는 엄마들이 많은데 취미로 삼을 악기 교육이라면 서두를 필요가 없다. 다만, 악기 전공을 꿈꾼다면 언제 시작하면 좋을지 전문가 상담을 받아 볼 것을 권한다.

자주 칭찬하고 격려한다

잘하면 좋지만 잘하지 못한다고 해서 아이를 다그치거나 윽박지르지 않아야 한다. 일반적인 학습에 비해 예체능에 대해서는 본전을 뽑아야 한다고 생각하는 경우가 많다. 아이가 싫증내지 않고 점점 더 향상되는 모습을 보이는 것으로 칭찬과 격려를 아끼지 말아야 한다. 칭찬과 격려가 아이를 더욱 그 분야에 관심을 갖게 만들고 발전을 도울 수 있는 지름길이다. 아이가 프로처럼 잘해내길 바라고 무리한 요구를 하면 아이의 의욕을 꺾고 아이 스스로 배우려 하는 의지를 버리게 만든다.

다른 아이와 비교하지 않는다

예체능의 경우는 함께 배우는 아이들이 서로 실력 차이가 나기 마련이다. 함께 시작한 다른 아이가 월등한 재능을 보인다고 해서 내 아이와 비교하면서 아이를 비난하거나 스트레스를 주는 일이 없도록 주의하자. 내 아이는 그만의 장점을 가지고 있다는 것을 항상 기억해야 한다. 아이들마다 가진 능력은 서로 다르다. 당연히 배우고 습득하는 일에 있어서 빠를 수도 있고 늦을 수도 있다. 아이의 개성을 존중해주고, 아이 스스로도 자신의 강점을 키워갈 수 있도록 도와주는 것이 부모의 일이다.

부모도 함께 체험한다

아이가 배우고 공부하는 분야에 부모가 함께 관심을 가지고 참여한다는 것이 생각보다 쉬운 일은 아니다. 특히 부모의 관심 분야가 아닐 때는 더더욱 그러하다. 아이가 교육 받고 있는 분야의 체험을 함께할 수 있는 방법에 대해 고민하자. 함께 공부할 수는 없어도 공감대를 형성하는 것만으로 아이에게는 더할 나위 없이 좋은 격려의 방법이 된다. 함께 공연을 보고, 전시회를 관람하고, 필요한 전문가를 만나 조언을 듣는 등 아이가 하는 일에 부모가 관심을 가지고 있음을 느끼게 하는 것이 커다란 힘이 된다.

아이의 신체조건과 취향을 고려한다

아무리 가르치고 싶은 것이라 할지라도 도저히 아이의 성격과 맞지 않는다든지, 아이가 가진 신체조건으로는 해내기 힘든 것이라면 무조건 가르칠 것이 아니라 다시 한 번 생각하고 결정해야 한다. 이것이 아이에게 꼭 필요한지, 지금 꼭 시작해야만 하는지를 고려한다. 단지 엄마의 욕심으로 아이의 상황은 생각하지 않고 밀어붙이면 교육의 효과도 떨어질뿐더러 아이만 힘들게 만들 뿐이다. 또 무엇이든 끝까지 하는 것도 중요하지만 억지로 한다고만 해서 정답이 아니므로 아이가 중간에 힘들어 할 때는 그 이유를 면밀히 살피고 학습을 지속할 것인지에 대한 고민을 해보아야 한다.

아이 스스로 즐길 수 있는 것을 택한다

다른 사람들이 가르치니까, 혹은 가르쳐야 좋다고 하니까 선택하기보다는 아이가 배우고 싶어 하는지, 아이가 배우면서 즐겁고 재미있을지 생각해야 한다. 무엇이든 즐기며 배울 수 있다는 것은 행복한 일이다. 아이의 배움은 이제 시작단계에 있는데 엄마의 요구에 의해 억지로 한다면 무슨 의미가 있을까. 예체능 교육은 미리 체험을 해보는 1일 체험수업도 가능한 경우가 많으므로 일단 체험을 해보고 결정하는 것도 좋다.

엄마들에게 인기 있는 예체능 교육

피아노

어렸을 때부터 리듬감각을 키우기 위해서는 문화센터 등에서 유아 음악 수업을 듣는 것이 음감을 키우는 데 도움이 될 수 있다. 본격적인 피아노 교육이란 대체로 일반 학원과 개인 레슨으로 나눌 수 있는데 만약, 장래 피아니스트를 꿈꾼다면 일반 학원보다는 개인 레슨을 통한 개별적 교수법이 효과가 큰 편이다.

미술

아이들의 미술은 낙서에서 시작된다. 전문적인 미술 교육은 적어도 3세 이상은 되어야 하므로 그전에는 미술놀이 기관이나 방문학습을 통해 아이가 자유롭게 그림을 그릴 수 있도록 하는 것이 좋다. 유치부나 초등학교 저학년까지는 보통 동네 미술학원을 보내는 것이 일반적. 예술학교 진학을 염두에 두고 있다면 초등학교 고학년부터는 전문가가 있는 미술학원에 보내는 것이 좋다.

발레

발레는 보통 5~6세 이후에 시작하기를 권한다. 처음에는 아이들이 발레 동작을 익히는 것이 쉽지 않으므로 전문적인 발레학원보다는 문화센터 정도에서 시작하는 것이 좋다. 9세 이상 정도 되면 전문적인 발레 동작을 익힐 수 있는데 이때 아이의 신체조건, 가능성 등을 염두에 두고 학원이나 개인 레슨을 통해 예술학교 진학을 준비할 수 있다.

스케이트

피겨스케이팅은 초급부터 8급까지 급수를 모두 따야 국가대표가 될 수 있어 적어도 초등학교 저학년에는 시작해야 한다. 너무 어릴 때는 뼈에 무리가 갈 수 있으므로 7세 이후가 좋으며 아이스링크 단체 강습으로 시작할 수 있지만, 전문 선수를 꿈꾼다면 개인 레슨을 받기를 권한다.

예체능 교육의 필요성

인생이 더욱 풍요로워진다

음악, 미술, 체육 등 예체능 분야를 스스로 즐길 수 있게 되면 그렇지 않은 사람보다 더욱 풍요로운 인생을 즐기는 것이 가능해진다. 스트레스를 해소하고자 할 때도 예체능은 훌륭한 돌파구가 된다.

평생을 함께 할 취미가 만들어진다

어렸을 때 자신에게 잘 맞는 악기를 다룰 수 있게 되거나 그림, 조각을 좋아하는 등 예체능 분야의 취미를 갖게 되면 평생을 함께 하는 친구 하나를 만드는 셈. 나이가 들어서까지 꾸준히 할 수 있어 더욱 좋다.

우리 아이 잘 자라고 있나요?

소아 발육 표준치

남아				여아		
신장(cm)	체중(kg)	머리둘레(cm)	연령	신장(cm)	체중(kg)	머리둘레(cm)
49.88	3.35	34.46	출생시	49.15	3.23	33.88
54.72	4.47	37.28	1개월	53.69	4.19	36.55
58.42	5.57	39.00	2개월	57.07	5.13	38.25
61.43	6.38	39.13	3개월	59.80	5.85	39.53
63.89	7.00	40.51	4개월	62.09	6.42	40.58
65.90	7.51	41.63	5개월	64.03	6.90	41.46
67.62	7.93	42.56	6개월	65.73	7.30	42.20
69.16	8.30	43.98	7개월	67.29	7.64	42.83
70.60	8.62	44.53	8개월	68.75	7.95	43.37
71.97	8.90	45.00	9개월	70.14	8.23	43.83
73.28	9.16	45.41	10개월	71.48	8.48	44.23
74.54	9.41	45.76	11개월	72.78	8.72	44.58
75.75	9.65	46.07	12개월	74.02	8.95	44.90
76.92	9.87	46.34	13개월	75.22	9.17	45.18
78.05	10.10	46.58	14개월	76.38	9.39	45.43
79.15	10.31	46.81	15개월	77.51	9.60	45.66
80.21	10.52	47.01	16개월	78.61	9.81	45.87
81.25	10.73	47.20	17개월	79.67	10.02	46.06
82.26	10.94	47.37	18개월	80.71	10.23	46.24
83.24	11.14	47.54	19개월	81.72	10.44	46.42
84.20	11.35	47.69	20개월	82.70	10.65	46.58
85.13	11.55	47.84	21개월	83.67	10.85	46.74
86.05	11.75	47.98	22개월	84.60	11.06	46.89
86.94	11.95	48.12	23개월	85.52	11.27	47.04
87.12	12.15	48.25	24개월	85.72	11.48	47.18
91.93	13.30	48.94	2.5세	90.68	12.71	47.93
96.50	14.74	49.83	3세	95.41	14.20	48.85
99.79	15.78	50.21	3.5세	98.65	15.22	49.26
103.07	16.83	50.54	4세	101.89	16.26	49.61
106.34	17.89	50.83	4.5세	105.14	17.30	49.94
109.59	18.96	51.11	5세	108.37	18.36	50.24
112.77	20.08	51.40	5.5세	111.57	19.45	50.55
115.92	21.34	51.68	6세	114.73	20.66	50.86
119.01	22.73		6.5세	117.83	21.97	
122.05	24.22		7세	120.82	23.39	
127.87	27.53		8세	126.67	26.56	
133.41	31.33		9세	132.64	30.20	
138.85	35.53		10세	139.12	34.40	
144.70	40.21		11세	145.76	39.09	
151.42	45.43		12세	151.66	43.74	

소아 발육 그래프 남아

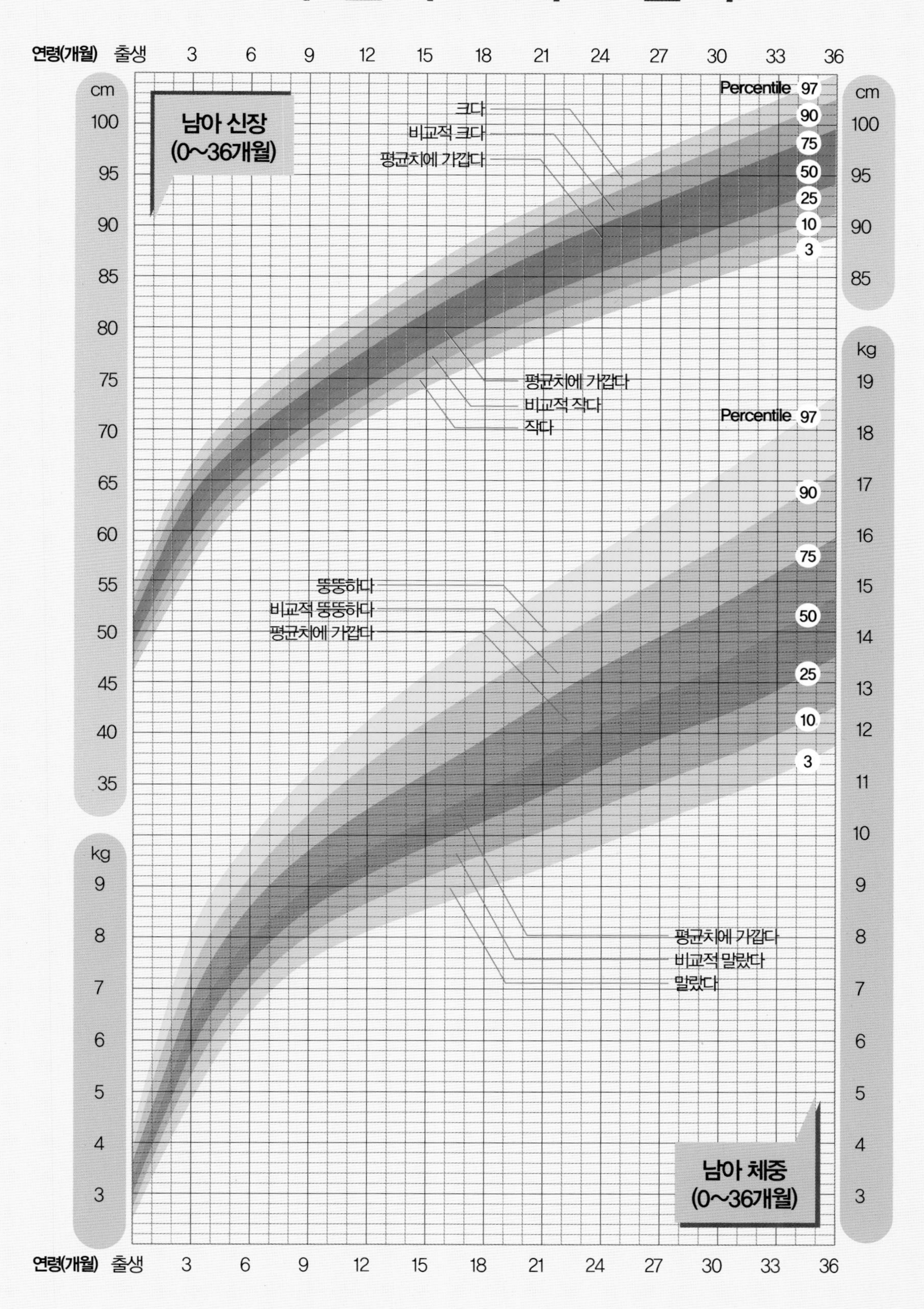
연령(개월) 출생 3 6 9 12 15 18 21 24 27 30 33 36
남아 신장
(0~36개월)
cm
크다
비교적 크다
평균치에 가깝다
평균치에 가깝다
비교적 작다
작다
Percentile 97 90 75 50 25 10 3
남아 체중
(0~36개월)
kg
뚱뚱하다
비교적 뚱뚱하다
평균치에 가깝다
평균치에 가깝다
비교적 말랐다
말랐다
Percentile 97 90 75 50 25 10 3

우리 아이 잘 자라고 있나요?

소아 발육 그래프 여아

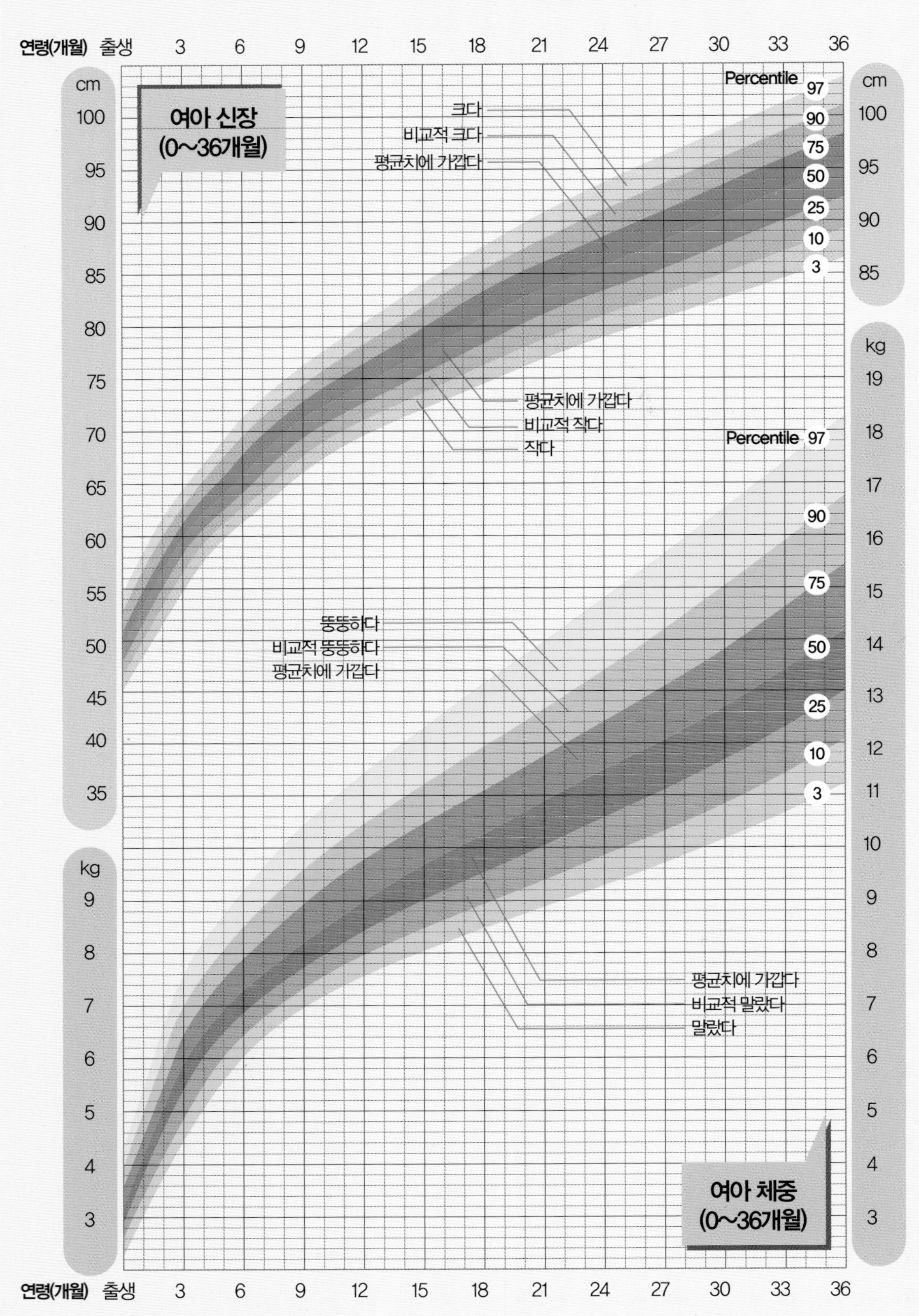

발행일 초판 1쇄 2008년 10월 9일
개정1판 1쇄 2012년 5월 30일
개정8판 1쇄 2023년 8월 20일

발행인 박장희
부문대표 정철근
제작총괄 이정아
편집장 조한별
편집 장여진

진행 한혜선 이미종 이승아 황의경
사진 이종수
일러스트 배은경(배은경작업실)
표지 디자인 ALL designgroup
내지 디자인 정해진(onmypaper)
개정 디자인 변바희 김미연
마케팅 김주희 한륜아 이나현

발행처 중앙일보에스(주)
주소 (03909) 서울시 마포구 상암산로 48-6
등록 2008년 1월 25일 제2014-000178호
문의 jbooks@joongang.co.kr
홈페이지 jbooks.joins.com
네이버 포스트 post.naver.com/joongangbooks
인스타그램 @j__books

ISBN 978-89-278-6976-4 13590